Essener Beiträge zur Mathematikdidaktik

Reihe herausgegeben von

Bärbel Barzel, Fakultät für Mathematik, Universität Duisburg-Essen, Essen, Deutschland

Andreas Büchter, Fakultät für Mathematik, Universität Duisburg-Essen, Essen, Deutschland

Florian Schacht, Fakultät für Mathematik, Universität Duisburg-Essen, Essen, Deutschland

Petra Scherer, Fakultät für Mathematik, Universität Duisburg-Essen, Essen, Deutschland

In der Reihe werden ausgewählte exzellente Forschungsarbeiten publiziert, die das breite Spektrum der mathematikdidaktischen Forschung am Hochschulstandort Essen repräsentieren. Dieses umfasst qualitative und quantitative empirische Studien zum Lehren und Lernen von Mathematik vom Elementarbereich über die verschiedenen Schulstufen bis zur Hochschule sowie zur Lehrerbildung. Die publizierten Arbeiten sind Beiträge zur mathematikdidaktischen Grundlagen- und Entwicklungsforschung und zum Teil interdisziplinär angelegt. In der Reihe erscheinen neben Qualifikationsarbeiten auch Publikationen aus weiteren Essener Forschungsprojekten.

Weitere Bände in der Reihe http://www.springer.com/series/13887

Katharina Mros

Mathematiklernen zwischen Anwendung und Struktur

Elemente einer didaktischen Theorie mathematischer Symbole

 Springer Spektrum

Katharina Mros
Essen, Deutschland

Dissertation der Universität Duisburg-Essen, Fakultät für Mathematik, 2020

Dissertation zum Erwerb des Doktorgrades Dr. rer. nat.

Die vorliegende Arbeit ist als Dissertation unter dem Titel: „Das Wechselspiel von Anwendungs- und Strukturorientierung im Mathematikunterricht der Grundschule – Interpretative Rekonstruktion epistemologischer Deutungsanforderungen" an der Universität Duisburg-Essen, von der Fakultät für Mathematik, 2020, angenommen worden.

Datum der mündlichen Prüfung: 26.10.2020
Erstgutachter: Prof. Dr. Heinz Steinbring, Universität Duisburg-Essen
Zweitgutachterin: Prof. Dr. Elke Söbbeke, Bergische Universität Wuppertal

ISSN 2509-3169   ISSN 2509-3177   (electronic)
Essener Beiträge zur Mathematikdidaktik
ISBN 978-3-658-33683-7   ISBN 978-3-658-33684-4   (eBook)
https://doi.org/10.1007/978-3-658-33684-4

Planung/Lektorat: Marija Kojic
Springer Spektrum ist ein Imprint der eingetragenen Gesellschaft Springer Fachmedien Wiesbaden GmbH und ist ein Teil von Springer Nature.
Die Anschrift der Gesellschaft ist: Abraham-Lincoln-Str. 46, 65189 Wiesbaden, Germany

Für David und Thomas

Geleitwort

Viele mag es überraschen, dass in mathematischen Lern- und Verstehensprozessen in der Grundschule ein produktiver Gebrauch von *echten* mathematischen Symbolen in fundamentaler Weise möglich ist. In dieser Hinsicht werden Symbole nicht bloß als die bekannten Zeichen für Zahlen und zugehörige Operationen verstanden, sie können in der Grundschule aber auch nicht im Sinne der elementaren Algebra in Form von »Buchstaben« ausgedrückt und verwendet werden. In welcher Weise kann es Grundschulkindern gelingen, das Potenzial echter mathematischer Symbole jenseits ihrer vordergründigen Rolle als markante Zeichen der Arithmetik in der Grundschule und ohne den hier nicht möglichen Vorgriff auf ihre Form und Bedeutung in der Algebra zu nutzen?

Diese Forschungsfrage hat Frau Mros in ihrem Projekt in theoriebasierter Grundlagenarbeit und mit empirischen Erhebungen eingehend untersucht. Um unter den gegebenen spezifischen Rahmenbedingungen der üblichen Darstellungen mathematischer Symbole ein breiteres Symbolverstehen der Kinder produktiv in den Blick nehmen zu können, ist bewusst der geläufige Bereich von Zeichenträgern für Symbole in der Grundschule ausgeweitet worden. Neben den bekannten arithmetischen Zahl- und Operationszeichen wurden auch Zeichnungen, Diagramme und konkrete Materialien (Arbeits- und Anschauungsmittel) im Sinne von Zeichenträgern mathematischer Symbole zur Bearbeitung von alltagsnahen Problemen eingesetzt. Diese Vielfalt von Zeichenträgern im Prozess kindlicher Gebrauchs- und Deutungsweisen ist substanziellen Umwandlungen und Veränderungen unterworfen. Werden Zeichenträger z. B. zunächst unmittelbar als direkte Abbilder für reale Phänomene verstanden, so können sie später eine abstrakte Funktion im Rahmen eines vernetzten mathematischen Systems einnehmen. So werden z. B. Holzwürfel oder Plättchen nicht durch gewohnte äußere

Darstellungen bzw. Schreibweisen der (etwa algebraischen) mathematischen Symbole abgelöst. Aber trotz ihrer Materialität übernehmen sie selbst in einem systemisch-relationalen Kontext die Rolle eines ausgereiften mathematischen Symbols.

Mit einem neuen theoretischen Konstrukt (»*didaktische Theorie mathematischer Symbole (ThomaS)*«) hat die Autorin einen differenzierten Analyserahmen geschaffen, um die Besonderheit mathematischer Symbole im Unterricht der Grundschule in ihrer Aspektevielfalt charakterisieren zu können. In der Konstellation einer Wechselbeziehung zwischen »*Anwendung und Struktur*« modelliert dieses Konstrukt drei Sichtweisen von kindlichen Symboldeutungen: (1) Alltagssicht, (2) Zahlen-und-Größen-Sicht, (3) Systemisch-relationale Sicht. Die beiden ersten Sichtweisen sind aus der Unterrichtspraxis geläufig und bekannt. Die Kinder konzentrieren sich vornehmlich auf konkrete oder vorgestellte reale Aspekte der Anwendungssituation (1 *Alltagssicht*) oder sie nutzen Anzahlen von realen bzw. vorgestellten realen Objekten zum Zählen, zum Vergleichen von Anzahlen und in (elementaren) Rechenverfahren (2 *Zahlen-und-Größen-Sicht*). Die dritte Sicht charakterisiert für das kindliche Deuten von Symbolen in der Grundschule einen fundamental neuen Aspekt von spezifischen *mathematischen* Merkmalen, die den Symbolen inhärent sind. Mathematische Symbole sind nicht einfach »Merkmale«, die einigen identifizierbaren dinglichen Objekten in einer Anwendung zugeordnet werden. In der *systemisch-relationalen Sicht* stehen Symbole nicht länger für *gegenständliche Aspekte per se*. Symbole werden hier in einer *beziehungsreichen Struktur* verortet: Mathematische Symbole erhalten ihre Bedeutung durch ein Wechselspiel mit anderen Symbolen.

In der Grundschule ist es nur möglich, in Beispiel-gebundener Weise Symboldeutungen (der 3. Sicht) bei der Bearbeitung von ausgewählten Anwendungsproblemen zu entwickeln und zu kommunizieren. Kindliche Deutungsaktivitäten kann man dabei nicht einfach durch bloßes Beobachten direkt interpretieren. Änderungen des kindlichen Symbolverstehens zeigen sich z. B. in metonymischen Umwandlungen, die alltägliche Dinge im Zuge einer mathematischen Bearbeitung von Anwendungsproblemen erfahren. Folgendes Beispiel ist dafür paradigmatisch: Im Kontext einer Aufgabe zum Kirschenpflücken sind die beteiligten Personen (ein Opa und zwei Kinder) zunächst Menschen aus einer vorgestellten Realität und werden von den Schulkindern auch entsprechend gezeichnet, mit Material erstellt und beschrieben. Im Wechsel zur systemisch-relationalen Sicht kann man dann zu der (elementaren, mathematischen) Gleichung gelangen: »1 Opa = 3 Kinder« – eine Gleichung, die in der Realität natürlich nicht unmittelbar gilt. In einer Mathematisierung erhält diese Gleichung aber eine Bedeutung, da sie zum Ausdruck bringt, dass der Opa und drei Kinder in der gleichen Zeit die gleiche Menge an Kirschen pflücken. Die an der Untersuchung beteiligten Grund-schulkinder benutzen natürlich keine tatsächlichen Gleichungen. Sie können jedoch die mit der Gleichung veränderte mathematische Symbolbedeutung exem-plarisch durch Erklärungen und Handlungen an Arbeits- und Anschauungsmitteln zum Ausdruck bringen.

Die mathematikdidaktischen Forschungen von Frau Mros werden in dieser bedeutungsvollen wissenschaftlichen Grundlagenarbeit systematisch aufbereitet. Dazu wird das theoretische Konstrukt »*didaktische Theorie mathematischer Symbole (ThomaS)*« auf einer ausführlich gesicherten Theoriebasis und durch sorgsame interpretative Analysen mit präzisen mathematikdidaktischen For-schungsmethoden entwickelt. Das wesentliche Ergebnis dieser Arbeit ist die Herausbildung eines neuartigen mathematikdidaktischen Grundlagenkonzepts in sorgsamer Weiterentwicklung von vorhandenen didaktischen Theorieelementen.

Essen   Heinz Steinbring
im Februar 2021

Danksagung

Mit der vorliegenden Dissertationsschrift erreicht mein seit November 2016 andauerndes Forschungsvorhaben seinen erfolgreichen Abschluss. In dieser Zeit haben mich viele unterschiedliche Personen begleitet, denen ich aus tiefstem Herzen dankbar bin.

Allen voran möchte ich meinem sehr geschätzten Doktorvater Prof. Dr. Heinz Steinbring danken. Bereits im Studium hat er meine Neugier und Freude an mathematikdidaktischen Erkenntnissen geweckt und mich so dazu inspiriert, selbst in der Forschung aktiv zu werden und dieses spannende Forschungsprojekt zu entwickeln und durchzuführen. Lieber Heinz, herzlichen Dank für die vielen intensiven Gespräche, die produktiven Diskussionen, deine großartigen Ideen und wertvollen wissenschaftlichen Ratschläge. In allen Phasen meiner Promotion warst Du stets mit offenem Ohr und kritischen Fragen an meiner Seite und hast mich zum Weiterdenken ermutigt. Danke, dass ich in dieser Zeit so viel von Dir lernen durfte.

Mein nächster Dank gilt meiner Zweitgutachterin, Frau Prof. Dr. Elke Söbbeke. Auch sie begleitete mein Forschungsprojekt voller Begeisterung, zahlreichen konstruktiven Gedanken und kritischen Fragen. Liebe Elke, vielen Dank für die vielen gewinnbringenden Diskussionen und die fruchtbare Zusammenarbeit. Deine Rückmeldungen empfand ich stets als ermutigend und äußerst hilfreich.

Mein herzlicher Dank gilt Dr. Eva-Maria Schulte-Wissing, Dr. Frederike Welsing, Lara Vanflorep und Iris Schweizer für unsere außerordentlich bereichernde Zusammenarbeit. Die zahlreichen und intensiven gemeinsamen UMWEG-Treffen zur interpretativen Auswertung der empirischen Daten haben entscheidend zum Gelingen meiner Arbeit beigetragen.

Auch möchte ich meinen Kolleginnen und Kollegen der Mathematikdidaktik an der Universität Duisburg-Essen danken, die mir mit hilfreichen Impulsen im Forschungskolloquium zur Seite standen. Hier möchte ich insbesondere Dr. Lisa Göbel und Ruth Bebernik danken, die mich darüber hinaus in all der Zeit mit ihrem fachlichen Rat aber insbesondere mit vielen informellen Gesprächen begleitet haben.

Mein lieber Dank gilt den ‚Schlauen Füchsen' sowie den Schülerinnen und Schülern, die mit Begeisterung an der Pilotierung und Hauptstudie teilgenommen haben. Auch möchte ich den Lehrerinnen und Frau Dr. Claudia Böttinger danken, die die Durchführung ermöglicht und mit großem Interesse verfolgt haben. Vielen Dank, liebe Claudia, für Deine Begleitung und Unterstützung vor allem zu Beginn des Promotionsvorhabens. In diesem Zusammenhang danke ich auch Sina Gerlings und Ann-Kathrin Schörding für ihre technische Unterstützung bei den Video-Aufnahmen sowie bei der zeitaufwendigen und sehr detaillierten Transkription ausgewählter Interviews. Für die sehr sorgfältige Korrektur des Manuskripts danke ich Rosi Hullen ganz herzlich.

Zu guter Letzt danke ich meiner Familie. Ohne Eure Unterstützung und Ermutigung hätte ich die Dissertation nicht fertigstellen können. Vielen Dank, dass Ihr mir die Kraft und den nötigen Rückhalt gegeben und mich in schwierigen Phasen motiviert habt.

Essen   Katharina Mros
im Februar 2021

Einleitung

Jeder Mensch hat täglich mit *Symbolen* zu tun. Sie begegnen ihm nicht nur in Form von Buchstaben, sondern auch als Straßenschilder, Piktogramme, Skizzen in Bedienungsanleitungen, Emoticons, als Zahlzeichen, Operationszeichen, Diagramme, Tabellen, Funktionsgraphen, Bilder, Materialien und vielem mehr. All diesen aus dem Alltag und dem Mathematikunterricht vertrauten Beispielen ist gemein, dass die symbolische Bedeutung *nicht per se* in ihnen enthalten ist und dem Betrachter automatisch ersichtlich wird. Die Bedeutung muss *aktiv* von einem interpretierenden Subjekt in das Symbol hineingelesen werden. Dies mag auf den ersten Blick trivial erscheinen, da jeder Mensch in seinem Leben bereits unzählige solcher Interpretationen getätigt hat. Im Kontext von Lehr-Lernprozessen, in denen *mathematische Symbole* gedeutet werden, stellt es die Schülerinnen und Schüler jedoch zusätzlich vor die komplexe Anforderung, *Beziehungen und Strukturen* zu erkennen, denn Symbole im Mathematikunterricht repräsentieren in erster Linie abstrakte Beziehungen und Strukturen.

Das von Emilia gezeichnete Bild illustriert Facetten dieser zum einen alltagsnahen sowie zum anderen mathematischen Symboldeutung. Bei der Betrachtung des Beispiels *ohne Einbezug von weiteren Erläuterungen* könnte man annehmen, dass es sich um ein schönes Bild handelt, was vielleicht ein Kind in seiner Freizeit gemalt hat (vgl. Abb. 1). Den Lesenden wird es wenig Schwierigkeiten bereiten, einzelne gezeichnete Objekte zu erkennen. Versuchen Sie es gerne selbst, bevor Sie weiterlesen oder die nebenstehend aufgeführten kindlichen Beschreibungen zum Bild hinzuziehen!

„Also, ich habe erst mal die schon aufgestellten Boote gemalt – die fünf großen und die sechs kleinen. Dann einen Steg zum Wasser zu den Booten. Dort im Wasser steht schon ein Mann, der den Kindern auf die Boote hilft, aber den sieht man nicht. Hier

Abb. 1 Emilias Zeichnung
mit Erläuterung

Emilias Zeichnung im Prä-Interview

habe ich die Lehrerin gemalt, die schon den Schlüssel für ein Fach geholt hat, wo man
Jacken und Wertsachen rein tun kann, und hier habe ich schon die ersten fünf Kinder
gemalt, die gleich auf die Boote dürfen und auf die anderen Kinder warten. Das ist der
Verkäufer und hier steht, wie viel Geld die Lehrerin bezahlen muss. Und hier sind die
Schlüssel für die Fächer und das ist die Kasse." (Z. 99)

Also das ist so ein Spiel. Hier sind fünf Reihen und hier sind acht. Dann rechne ich
acht mal fünf gleich vierzig. Und hier sind es sechs und vier. Dann rechne ich vier mal
sechs gleich vierundzwanzig." (Z. 113)

(Bereinigte Zusammenfassungen; Emilia)

Im oberen Teil des Bildes sind Boote gezeichnet, wobei sich zwei verschiedene Größen identifizieren lassen. Im unteren Bereich können unterschiedliche
Personen erkannt werden. Eine davon befindet sich in einer Art ‚Box' oder ‚Häuschen'. Wegen der zweifachen Beschriftung von »50« kann vermutet werden, dass
es sich hierbei um die Darstellung einer Verkaufssituation handelt. Rechts auf
dem Tresen würde sich in dieser Interpretation die Kasse befinden, linksseitig
ein Geldschein. Die aufgrund ihres Zopfes als Frau oder Mädchen erkennbare

Person scheint hier wegen ihrer Nähe und Zugewandtheit zum Häuschen als Kundin zu fungieren. Das Element zwischen den Booten und den weiteren Personen könnte als eine Art Zugang zu den Booten aufgefasst werden, möglicherweise als ein Steg. Wahrscheinlich haben Sie selbst eine vergleichbare Klassifizierung der gezeichneten Objekte für sich vorgenommen und vielleicht sogar ohne die Notwendigkeit, Emilias Erklärung mit einzubeziehen. Dies verdeutlicht, wie vertraut der Mensch im *alltäglichen Umgang* mit Symbolen ist. Eine solche Zeichnung kann wie selbstverständlich gedeutet werden!

Was sagt nun Emilia selbst zu ihrer Zeichnung? Sie erklärt (vgl. in Abb. 1 rechts oben), dass sie fünf große und sechs kleine Boote gemalt habe, ganz so, wie es bereits vermutet wurde. Auch die Verkaufssituation wird angesprochen und der Steg als solcher benannt. Emilia fügt darüber hinaus ihrer Beschreibung weitere Merkmale hinzu, wie den unsichtbaren Mann oder das Fach für Wertsachen und Jacken. Zudem verdeutlicht sie, dass es sich um eine Lehrerin handelt sowie um Kinder, was eine Schulausflugssituation nahelegt.

Neben dieser eher ‚typischen‘, also aus dem Alltag sehr vertrauten Interpretation der Zeichnung kann diese jedoch auch unter einer gänzlich anderen Perspektive betrachtet werden (vgl. in Abb. 1 rechts unten). Dafür bezieht sich Emilia ausschließlich auf den oberen Teil der Zeichnung, der untere scheint folglich nicht länger von Relevanz zu sein. Die Boote, also die länglichen Formen, können als „Reihen" wie in einem „Spiel" gesehen werden. Jede der fünf Reihen im rechten oberen Bereich enthält acht Kreiskritzel, jede der sechs Reihen im linken vier. Folglich kann Emilia über die Rechnungen $8 \cdot 5 = 40$ und $6 \cdot 4 = 24$ die Anzahl der Kreiskritzel bestimmen. Im Kontext der Aufgabenstellung, zu der Emilia diese Zeichnung erstellt hat, wird ersichtlich, dass sie damit die verfügbaren Plätze der großen als auch kleinen Booten berechnet hat. Über deren Addition kann sie weiter ermitteln, wie viele Kinder insgesamt am Schulausflug teilnehmen ($40 + 24 = 60$). Im Unterschied zu der aus dem Alltag vertrauten Form der Symbolnutzung werden in dieser ‚mathematischen‘ Interpretation die einzelnen Kreiskritzel als Bestandteil einer multiplikativen Feldstruktur gesehen. Ihnen wird damit eine gewisse *Struktur* aufgeprägt, die zur Lösungsfindung unter Bestimmung der Anzahlen der Kreiskritzel und Boote sowie deren multiplikative und anschließend additive Verknüpfung der Produkte verhilft.

Im Mathematikunterricht der Grundschule ist es üblich, die lebensweltliche Situation der Kinder mit einzubeziehen, um daran mathematische Vorerfahrungen aufzugreifen und weiterzuentwickeln, sodass Einsichten über die Realität mit Hilfe der Mathematik erweitert und vertieft werden. Zugleich sollen in dieser daran vorgenommenen Tätigkeit Beziehungen und Gesetzmäßigkeiten aufgedeckt werden, die die mathematischen Phänomene strukturieren. Im Lehrplan

für Grundschulen in Nordrhein-Westfalen (MSW 2008, 55) werden diese beiden
Facetten als eines von fünf Leitprinzipien unter der *Anwendungs- und Strukturorientierung* zusammengefasst, die die Beziehungshaltigkeit der Mathematik
verdeutlichen. Das Leitprinzip der *Vernetzung verschiedener Darstellungsformen*
fordert weiter, dass dazu außerdem unterschiedliche Darstellungsformen in Form
von Bildern, Sprache, mathematischen Symbolen und Handlungen am Material
als Lernhilfen wie auch Lerngegenstand hinzugezogen werden.

Die Schülerinnen und Schüler werden somit in mathematischen Lehr- und
Lernprozessen dazu angehalten, im besonderen Verhältnis von Lebenswelt
und Mathematik geeignete Darstellungsformen heranzuziehen bzw. anhand von
Arbeits- und Anschauungsmitteln eigene Repräsentationen und Deutungen zu entwickeln. Emilias Zeichnung entstand in einem solchen Zusammenhang: Sie wurde
vor die Anforderung gestellt, eine geeignete Darstellung zur Lösung einer sachlich eingekleideten Textaufgabe zu entwickeln. Die von ihr daran vorgenommenen
Deutungen zeigen auf, dass es möglich ist, gänzlich verschiedene Sichtweisen auf ein und dieselbe Zeichnung einzunehmen: Zum einen kann hierbei die
Sachsituation in den Vordergrund treten, zum anderen die Mathematik.

In der Mathematikdidaktik für die Grundschule wird diese Beziehung zwischen *Sache und Mathematik* kontrovers diskutiert. Bereits Winter (1994, 11)
verweist auf ein fundamentales Problem in dem Verhältnis von *Anwendungs- und
Strukturorientierung*:

> „Auf jeden Fall werden, wenn man die Sache ernst nimmt, Diskontinuitäten zwischen
> Lebenswelt und arithmetischen Begriffen wahrnehmbar, die grundsätzlicher Natur
> sind. […] In der Didaktik ist bisher das Verhältnis zwischen innen und außen, zwischen
> rein und angewandt allzu harmonisch-optimistisch eingeschätzt worden."

Eine grundlegende Schwierigkeit besteht darin, dass die Beziehung zwischen
Sache und Mathematik nicht als eine direkte Eins-zu-Eins-Zuordnung zwischen
Elementen aus der Lebenswelt der Kinder und den *Elementen der Mathematik, wie
beispielsweise der Arithmetik,* verstanden werden kann. Diese Beziehung erfordert letztlich die Umdeutung einer narrativ und linear aufgebauten Sachsituation
in eine operative mathematische (bzw. arithmetische) Struktur. Das Wechselspiel zwischen einer sequenziell aufgebauten alltagsnahen Sachsituation und einer
zugehörigen operativen mathematischen Struktur ist für den Unterricht der Grundschule eher als ein *stoffdidaktisches Problem*, das heißt, mit unterrichtspraktischen
Vorschlägen behandelt worden. Es fehlen empirische Untersuchungen, in denen

hierzu ein epistemologisch orientierter Blick eingenommen wird, indem *individuelle Vorstellungen* und *eigene Deutungen* von Grundschulkindern zur *Verbindung von Sache und Mathematik* sorgsam rekonstruiert werden.

Im vorliegenden Forschungsvorhaben werden deshalb vielfältige Deutungen von Grundschulkindern der (dritten und) vierten Klasse erhoben und zu dem Verhältnis von Anwendungs- und Strukturorientierung näher untersucht. Das Forschungsprojekt erhält daraus resultierend den Namen *Das Wechselspiel von Anwendungs- und Strukturorientierung – Interpretative Rekonstruktion epistemologischer Deutungsanforderungen* (kurz: *‚AuS-ReDen'*). Darin wird das Ziel verfolgt, die an die Schülerinnen und Schüler gestellten epistemologischen Anforderungen zu identifizieren und ein potenzielles Spektrum der kindlichen Deutung aufzuzeigen. Unter Einbezug verschiedener wissenschaftlicher Forschungsrichtungen sowie Rekonstruktionen empirisch erhobener Symbolhandlungen in Interaktionen soll die *Problematik von kindlichen symbolgestützten Deutungen in mathematischen Lehr-Lernprozessen* in einem eigens dafür entwickelten Theoriekonstrukt gebündelt werden. Das Konstrukt *didaktische Theorie mathematischer Symbole (kurz: ThomaS)* ist damit selbst Untersuchungsobjekt, indem es auf das besondere Verhältnis von *Sache* und *Mathematik* aufmerksam macht und versucht, die in der epistemologisch orientierten Analyse rekonstruierten Merkmale bei der ‚Umwandlung' von einer eher konkret dinglichen Sachsituation in eine mathematische, operativ-systemische Struktur zu erfassen. Gleichzeitig wird das Theoriekonstrukt auch als zentrales Forschungsergebnis verstanden, das zum einen als Beitrag zur Erweiterung der mathematikdidaktischen Theorie aufgefasst wird und zum anderen als Analyseinstrument zur Einordnung von getätigten Deutungen herangezogen werden kann.

Für qualitative (mathematikdidaktische) Forschungsprozesse ist es von entscheidender Bedeutung, sich die *besonderen Bedingungen des jeweiligen Forschungsfeldes*, in diesem Fall die Besonderheiten des Lehrens und Lernens von Mathematik, bewusst zu machen und eine Sensibilität dafür zu entwickeln, welche möglichen Erkenntnisprobleme sich in dem jeweiligen Untersuchungsbereich ergeben könnten. Für das vorliegende Forschungsprojekt konnten zwei wesentliche Vorab-Bedingungen identifiziert werden: die *epistemologischen Besonderheiten des mathematischen Wissens* sowie die spezifischen Probleme der *Kommunikation und Interaktion über mathematisches Wissen*. Es ist erforderlich, sich zunächst mit den jeweiligen Besonderheiten und Charakteristika aus theoretischer Sicht auseinanderzusetzen, bevor daraus resultierende Konsequenzen abgeleitet werden, die in den durchzuführenden Analysen sorgsam beachtet werden müssen.

Diese in Kapitel 1 entwickelten Erkenntnisse finden in unterschiedlichster Weise in den nachfolgenden weiteren Theoriekapiteln Berücksichtigung und werden somit als eine Art *Metatheorie* aufgefasst. Die aus den Bedingungen des Forschungsfeldes abgeleiteten Konsequenzen werden stets mit den Inhalten der theoretischen Grundlegung (Kapitel 2–4) mitgedacht und unter Einbezug von mehr oder weniger expliziten Bezügen rückblickend vernetzt. Dies betrifft auch den empirischen Teil der Arbeit. In den Ausführungen zur Planung und Durchführung der klinischen Interviews sowie in den sorgsamen interpretativen Rekonstruktionen der kindlichen Deutungen und daraus abgeleiteten Erkenntnisse (Kapitel 5–8) werden die gewonnenen Einsichten zur problemhaften Basis von Kommunikation und Interaktion über mathematisches Wissen und die an die Grundschulkinder gestellten epistemologischen Anforderungen beachtet. Dieser stets einzubeziehenden Metatheorie schließt sich die weitere Theoriebasierung des Forschungsvorhabens an. Sie setzt sich aus ausgewählten Erkenntnissen dreier wissenschaftlicher Perspektiven zusammen, die jeweils in einem eigenen Kapitel behandelt werden.

Symbolische Deutungen sind im alltäglichen Leben eines Menschen und der Kinder präsent. Deshalb ist es für Kinder zunächst vielleicht naheliegend, diese alltagsnahen Symboldeutungen auf mathematische Zeichenträger zu übertragen. Aus didaktischer Perspektive ist es jedoch unerlässlich, zwischen diesen beiden Symboldeutungen zu differenzieren. Um diese Differenzierung der Symboldeutung besser zu verstehen, ist es wichtig, zunächst die Entwicklung des frühen symbolischen Verstehens im kindlichen Spiel bzw. die Symbolisierungsfähigkeit im Allgemeinen zu betrachten (Kapitel 2). In der Entwicklungspsychologie wird untersucht, wie bereits Kleinkinder symbolische Handlungen vollziehen und welche Einsichten dafür notwendig sind. Es wird ausgearbeitet, auf welcher Basis diese ersten symbolischen Deutungen entstehen. Auch im Mathematikunterricht der Grundschule werden diese im kindlichen Spiel gewonnenen Vorerfahrungen aufgegriffen, indem mit vermeintlich konkreten Arbeits- und Anschauungsmaterialien sowie Aufgaben mit lebensweltlichen Bezügen gearbeitet wird (Kapitel 3). Es ist jedoch erforderlich, solche Deutungen unter Berücksichtigung der epistemologischen Besonderheiten mathematischen Wissens weiterzuentwickeln, was anhand verschiedener interessanter Beispiele verdeutlicht wird. In diesem Kapitel werden zudem wichtige mathematikdidaktische Begriffe herangezogen und erläutert, wie beispielsweise die Unterscheidung von Veranschaulichungsmitteln und Anschauungsmitteln (Krauthausen 2018), das E-I-S-Prinzip (Bruner 1974) sowie die empirische und theoretische Mehrdeutigkeit von Zeichen und Symbolen

(Voigt 1993, Steinbring 1994, Söbbeke 2005). Zudem können die Ausarbeitungen als aktueller Forschungsstand verstanden werden, aus dem sich verschiedene Funktionen von Arbeits- und Anschauungsmittel ableiten lassen. Die dritte zur Theoriebasierung beitragende Wissenschaft ist die Semiotik (Kapitel 4). Diese befasst sich im Wesentlichen damit, wie Zeichenträger eine Bedeutung bzw. Referenz erhalten, also wie etwas zu einem Symbol wird. Neben der Diagrammatizität und Referenz werden als wesentlich erachtete Aspekte der Ikonizität erläutert. Insgesamt muss hierbei die epistemologische Perspektive in besonderer Weise hervorgehoben werden, da sich die Semiotik nicht im Speziellen mit mathematischen, sondern allgemein mit Zeichen jeglicher Art beschäftigt. Das bereits einleitend erwähnte Beispiel von Emilias Zeichnung wird hier unter anderem zu illustrativen Zwecken herangezogen, um die interne Strukturierung und konstruktive Funktion als spezifische Charakteristika *mathematischer semiotischer Mittel* hervorzuheben. Zudem wird die besondere Mediation von Zeichenträger und ihrer Bedeutung/Bezeichnung in mathematischen Lernprozessen herausgestellt. Das epistemologische Dreieck (z. B. Steinbring 2005) berücksichtigt diese Bedingungen mathematischen Wissens und versucht als eigenständige Theoriegrundlage zu erklären, wie in der Mathematik Zeichen in der aktiven Auseinandersetzung und Interaktion eine Bedeutung erhalten. Damit weist das epistemologische Dreieck einen hohen Nutzen für die in dieser Arbeit geplanten Entwicklung des Theoriekonstrukts auf.

Die ausgearbeiteten Erkenntnisse aus der Entwicklungspsychologie, der Mathematikdidaktik und der Semiotik werden im anschließenden Kapitel 5 unter dem Wechselspiel von Anwendungs- und Strukturorientierung zusammengeführt und mit den Einsichten der interpretativen Rekonstruktionen epistemologischer Deutungen in der *didaktischen Theorie mathematischer Symbole* gebündelt. Das Theoriekonstrukt *ThomaS* bildet folglich das Kernstück der Forschungsarbeit und wird als dessen zentrales Ergebnis betrachtet. Aufgrund seiner mathematikdidaktischen, theorieerweiternden Funktion und um den Lesenden eine notwendige Orientierung und theoretische Grundlegung für das Verstehen der einzelnen Interviewanalysen zu geben, wird es dem empirischen Teil vorangestellt, obwohl die drei Sichtweisen und zwei Übergänge des Theoriekonstrukts neben den wissenschaftlichen Erkenntnissen ebenfalls aus den Analysen entwickelt wurden und als Ergebnis der Forschungsarbeit eigentlich in späteren Kapiteln zu verorten wären.

Im Anschluss wird das Design der vorliegenden Untersuchung erläutert (Kapitel 6). Hierfür erfolgt zunächst eine ausführliche Darstellung des eigens für die Studie entwickelten Aufgabennetzwerks. Neben zunächst kurz gehaltenen, allgemeinen Ausführungen zur interpretativen empirischen Forschung wird des

Weiteren im Speziellen die in der Mathematikdidaktik bekannte Methode des klinischen Interviews vorgestellt und für die eigene Studie als geeignetes Verfahren zur Datengewinnung legitimiert. Es folgt eine Beschreibung der Konzipierung der Pilotierung und der daraus entwickelten Hauptstudie. In diesem Zusammenhang wird neben der Planung und Durchführung der Untersuchungen auch die Dokumentation des Datenmaterials sowie dessen Auswertung erklärt.

In Kapitel 7 werden drei ausgewählte Szenen mit verschiedenen Grundschulkindern sorgsam unter Berücksichtigung der besonderen Bedingungen des Forschungsfeldes analysiert. Hierbei werden sowohl das epistemologische Dreieck wie auch das Theoriekonstrukt *ThomaS* (didaktische Theorie mathematischer Symbole) als Analyseinstrumente herangezogen. Die einzelnen interpretativen Rekonstruktionen kindlicher Deutungen werden im Anschluss jeder Analyse ganzheitlich interpretiert und die darin gewonnenen Erkenntnisse zusammenfassend dargestellt.

Das abschließende Kapitel 8 wird zugleich als Diskussion und Fazit verstanden, in dem zusätzlich einige Hinweise für weitere Forschungsperspektiven enthalten sind. Nach der verallgemeinernden Zusammenfassung der Analyseergebnisse mit wissenschaftstheoretischen Rückbezügen werden sowohl ihre Bedeutung für die Mathematikdidaktik als auch für die Schulpraxis entfaltet. Die zentralen Erkenntnisse aus Theorie und Empirie werden als Weiterführung mit daraus resultierenden Schlussfolgerungen in übersichtlicher Form konkretisiert.

Inhaltsverzeichnis

Abbildungsverzeichnis

Tabellenverzeichnis

Besondere Bedingungen des Forschungsfeldes

Was ist *Mathematik*? Was sind *mathematische Objekte*? Was ist *mathematisches Wissen* (als Wissen über mathematische Objekte)? Wenn man sich die Frage nach dem besonderen Charakter oder der epistemologischen Natur mathematischen Wissens stellt, ist eine übliche Antwort, dass *Mathematik* ein objektiver und logisch konsistenter Wissensbestand ist, der in der Realität hinsichtlich Gesetzen und idealen Objekten von mathematischen Forschern entdeckt wird. Diese Auffassung versteht Mathematik als ein autonomes, bereits bestehendes, ideales Objekt, in dem universell gültige und wohl definierte, zweifelsfreie Wahrheiten existieren (vgl. Steinbring 2005, 7). Diese Einheitlichkeit und Kohärenz mathematischen Wissens resultiert aus der Kommunikation unter Mathematikern, die sie als formalisierte mathematische Beweise und deren Regeln hin zu einem kohärenten Ganzen entwickelt hat (vgl. ebd., 14). Die *Mathematik als Wissenschaft* ist folglich in einer spezifischen Kommunikationskultur zwischen Mathematikern entstanden, die in gewisser Weise darauf ausgerichtet ist, Mathematik als ein valides, kohärentes und objektives *Produkt* zu erschaffen.

In dieser Arbeit wird ein anderes Verständnis der epistemologischen Natur mathematischen Wissens als erste besonders zu beachtende Bedingung des Forschungsfeldes zugrunde gelegt. Da sich das Forschungsvorhaben auf die Deutungsprozesse von Lernenden bezieht, kann mathematisches Wissen nicht als ein fertiges, in der Welt bereits existierendes Produkt angesehen werden, sondern wird als sozial konstruiertes Wissen verstanden. Gegenüber der eingangs erwähnten Betrachtung der Mathematik als *sozial-kulturell existierendes Produkt* ist es gerade für das Lernen und die Aneignung mathematischen Wissens wichtig, Mathematik als *Prozess* anzusehen (vgl. Steinbring 2005, 15). Zudem werden mathematische Begriffe als theoretische Begriffe mit einer sozialen Existenz verstanden,

K. Mros, *Mathematiklernen zwischen Anwendung und Struktur*, Essener Beiträge zur Mathematikdidaktik, https://doi.org/10.1007/978-3-658-33684-4_1

denen keine empirische Bedeutung zugesprochen werden kann. Sie müssen stattdessen als Elemente in einer systemisch-relationalen Struktur mit vielfältigen
Beziehungen zu den anderen Elementen dieses Systems aufgefasst werden. Um
Zugang zu diesen nicht direkt sinnlich wahrnehmbaren Strukturen als Bestandteile
des begrifflichen mathematischen Wissensnetzwerks zu erhalten, sind semiotische
Mittel unverzichtbar, was entsprechende Folgerungen für das Lernen von Mathematik nach sich zieht. Mathematischen Zeichen und Symbolen[1] wird folglich
eine entscheidende Rolle zugesprochen. Die Bedeutung eines mathematischen
Zeichens, und damit dessen begrifflicher Kern, muss aufgrund der vorgegebenen
epistemologischen Bedingungen von einem (lernenden) Subjekt aktiv in einem
sinnstiftenden Kontext hergestellt werden. Das Verhältnis von mathematischen
Zeichen und Symbolen bzw. allgemein *semiotischen Mitteln* und mathematischen
Objekten ist dabei von besonderer Art. Die semiotischen Zeichenträger sind nicht
mit der mathematischen Bedeutung gleichzusetzen, jedoch gestaltet das gewählte
Darstellungssystem die Möglichkeiten von potenziell hineinsehbaren Relationen
mit.

Diese hier in aller Kürze erwähnten epistemologischen Besonderheiten mathematischen Wissens werden unter Einbezug der Ansichten verschiedener Mathematiker und Philosophen detailliert ausgearbeitet. Es wird zudem der häufig
herangezogene Vergleich der Mathematik zum Schachspiel angeführt, um einerseits auf Gemeinsamkeiten, andererseits auf Unterschiede hinzuweisen, die sich
auf die Bedeutung der jeweils verwendeten Zeichen bzw. Figuren beziehen. An
zwei weiteren Beispielen werden außerdem verschiedene der zuvor herausgearbeiteten Aspekte illustriert. Dazu wird das Unärsystem (ein Additionssystem) als
Beispiel eines Darstellungssystems aufgegriffen, um im Vergleich zum Dezimalsystem herauszustellen, welche Möglichkeiten das jeweilige Darstellungssystem
eröffnet, Relationen in dieses hineinzusehen. Zusätzlich wird die Problematik der
Bedeutung einer Zahl, und damit auch die *besondere Art der Beziehung zwischen
semiotischen Mitteln und nicht direkt sinnlich wahrnehmbaren mathematischen
Begriffen*, anhand eines Beispiels aus der Grundschule (3. Klasse) erläutert. Das
Unterkapitel 1.1 schließt mit einer kurzen rückblickenden Zusammenfassung, bei
der zugleich perspektivisch die Relevanz der aufgeführten Inhalte und damit die
Relevanz der epistemologischen Bedingungen mathematischen Wissens für die
nachfolgenden Kapitel dieser Arbeit herausgestellt werden.

---

[1]Die Begriffe *Zeichen* und *Symbol* werden hier in Kapitel 1 synonym verwendet. Es folgen
weitere begriffliche Ausdifferenzierungen (vgl. Abschnitt 2.1 und insbesondere Kapitel 4),
jedoch ist von entscheidender Relevanz, dass ein Zeichen/Symbol als *etwas* verstanden wird,
das herangezogen wird, *um auf etwas Anderes als sich selbst zu verweisen.*

Um die problemhaltige Basis von Kommunikation bzw. Interaktion als zweite Bedingung des Forschungsfeldes verstehen zu können (Abschnitt 1.2), wird ein Verständnis von Kommunikation in Übereinstimmung bzw. Wechselbeziehung zum im vorherigen Unterkapitel dargestellten Verständnis von mathematischem Wissen ausgearbeitet. Dazu wird das von dem Soziologen und Systemtheoretiker Niklas Luhmann eingeführte Konzept von Kommunikation herangezogen, das er in der systemtheoretischen Charakterisierung von Gesellschaft ausgearbeitet hat (Luhmann 1997). Damit die Aspekte des hier zugrunde gelegten Kommunikationsbegriffs nachvollziehbar werden, erfolgt zunächst eine kurze theoretische Grundlegung einzelner Teilaspekte seiner komplexen Theorie (Abschnitt 1.2.1), bevor eine Begriffsbestimmung vorgenommen wird und die damit verbundenen Folgen für spätere Analysen des empirischen Datenmaterials präzisiert werden (Abschnitt 1.2.2). An dieser Stelle wird darüber hinaus erklärt, worin die analoge Problemgrundlage der Epistemologie mathematischen Wissens und Kommunikation besteht: Die semiotischen und kommunikativen Mittel sind nicht mit dem zu identifizieren, worauf sie verweisen sollen, und dürfen entsprechend nicht mit dem, was sie bedeuten sollen, gleichgesetzt werden!

Abschließend werden die wichtigsten herausgearbeiteten Elemente der Epistemologie mathematischen Wissens und der Kommunikation als Konsequenzen für das Forschungsprojekt zusammengefasst aufgeführt (Abschnitt 1.3). Die epistemologischen Besonderheiten mathematischen Wissens bilden dabei die Grundlage für die nachfolgenden Kapitel, sodass bei den weiteren theoretischen Ausführungen (Kapitel 2, 3 und 4) immer wieder auf diese zurückgeblickt wird. Zudem stellen sie ein wichtiges Fundament für die Ausbildung und Entwicklung des theoretischen Konstrukts zu sachbezogenen Deutungen von Grundschulkindern dar (Kapitel 5), sodass es für die qualitativen Transkriptanalysen (Kapitel 7) ebenfalls von Bedeutung ist. Während Aspekte der problemhaften Basis von Kommunikation in den Theoriekapiteln eine eher untergeordnete Rolle spielen, so erhalten sie jedoch in besagten Analysen eine große Relevanz, da dort Interaktionsprozesse und Bedeutungsaushandlungen detailliert betrachtet werden. Des Weiteren liefern die Aspekte der problemhaften Basis von Kommunikation wertvolle Einsichten dazu, inwieweit sich die in dem Forschungsprojekt gewonnenen Erkenntnisse in der Mathematikdidaktik sowie der unterrichtlichen Praxis umsetzen lassen (Kapitel 8).

1.1 Die epistemologischen Besonderheiten mathematischen Wissens

Manche Mathematiker vertreten die Auffassung, dass die Objekte, mit denen sie arbeiten, real existieren (eine Form des Platonismus, auch Realismus genannt); manche sehen den Kern der Mathematik im Vollziehen logischer Schlüsse von bedeutungslosen Axiomen (Formalismus) und manche vertreten beide Auffassungen: Platonismus als „Werktags-Religion" und Formalismus als „Sonntags-Religion" (Hersh 1998, 13; Übersetzung KM). Um dieser „Schizophrenie" entgegenzuwirken, schlägt Hersh vor, mathematische Objekte als real existierend und bedeutungsvoll anzusehen. Sie sollten dabei aber weder als *materiell* noch als *geistig* – im Sinne von der Teilhabe an einer ausschließlich privaten Subjektivität – betrachtet werden. Neben diesen zwei *Arten der Existenz* („matter" und „mind") stellt er die sozial-kulturell-historische (kurz: soziale) Existenz. Zu dieser zählt er u. a. das Christentum, den Islam, den Buddhismus, den Feminismus, aber auch Darwins Evolutionstheorie, Beethovens fünfte Symphonie und Einsteins Relativitätstheorie. Mathematik hat nach Hersh eine *soziale Existenz*, in der mathematische Konzepte als reale, geteilte Konzepte Bestandteil des geteilten Denkens von Mathematikern sind. Er nennt als Beispiel die natürlichen Zahlen: ‚Fünf', als Adjektiv gebraucht, kann sich auf die empirische Beobachtung beziehen, dass ein Mensch fünf Finger an seiner rechten Hand hat. Hier gibt es keine begriffliche Schwierigkeit, außer individuelle Eigenschaften festzustellen, wie ob es sich um lange oder kurze Finger handelt. ‚Fünf' in der Mathematik bedeutet aber mehr als diese physikalische Eigenschaft, die Objekten als individuelles Merkmal zugeschrieben werden kann. Betrachtet wird dazu zunächst ein größeres Element der natürlichen Zahlen wie beispielsweise:

$$\left(\left(2^{1.000.000} \right)^{10.000.000} \right)^{100.000.000}$$

Es ist fraglich, welche physikalische Bedeutung diese Zahl hat, da ihr keine physikalische Bedeutung in dem Sinne, dass sie eine Anzahl von Objekten in dieser Welt repräsentiert[2], zukommt. ‚Fünf' in der Mathematik bedeutet aber mehr als diese physikalische Eigenschaft. Ihre Bedeutung liegt in den Eigenschaften und Relationen, die die Zahl ‚5' in der abstrakten Theorie der Mathematik einnimmt.

---

[2]Man denke an die Anzahl aller Sandkörner oder gar aller Atome. Selbst wenn die hier gewählte Zahl solch eine Anzahl widerspiegeln sollte, so könnte doch jederzeit eine weitere Potenz mit einer beliebigen Ziffernanzahl hinzugefügt werden und auch noch eine weitere...

‚Fünf' ist also ein Element in einem systemisch-relationalen, theoretischen Kontext mit unendlichen Relationen zu den anderen Elementen dieses Systems. ‚Fünf' ist beispielsweise prim zu der oben benannten Zahl und kleiner als diese. Sie besitzt viele weitere Eigenschaften und Relationen – unter anderem in den Mengen der natürlichen, reellen und komplexen Zahlen. Folglich ist die Zahl ‚fünf' „kein materielles Objekt, kein geistiges Objekt, sondern ein geteilter Begriff, und existiert im sozialen Bewusstsein von Mathematikern und anderen" (Hersh 1998, 14; Übersetzung KM). Es lässt sich festhalten, dass mathematische Objekte keine empirischen Eigenschaften besitzen, sondern in der abstrakten Theorie der Mathematik als Elemente mit Relationen und Beziehungen zu anderen Elementen dieses Systems und somit als *systemisch-relationale Begriffe* beschrieben werden können.

Auch Benacerraf (vgl. 1984, 290) erläutert dieses Verhältnis von Zahlen und Objekten bei der Frage danach, was Zahlen sind und *nicht* sind, und gelangt dabei zu einem ähnlichen Schluss: Jede Menge von Objekten kann in einer Folge angeordnet werden. Demnach ist das, was wirklich zählt, nicht irgendeine Eigenschaft an den Objekten der gewählten Menge, sondern eine Eigenschaft an der Beziehung, unter der sie eine Abfolge bilden. Anders ausgedrückt heißt es, dass nicht die Individualität jedes einzelnen Elements wesentlich ist, sondern die Struktur, die sie gemeinsam aufweisen. Objekte erfüllen somit nicht die Rolle von einzelnen Zahlen, das ganze System der Objekte führt diese Aufgabe aus oder nichts tut es. Aus diesem Grund argumentiert Benacerraf (1984, 291):

„Therefore, numbers are not objects at all, because in giving the properties (that is, necessary and sufficient) of numbers you merely characterize an *abstract structure* – and the distinction lies in the fact that the 'elements' of the structure have no properties other than those relating them to other 'elements' of the same structure."

Und weiter heißt es:

„To *be* the number 3 is no more and no less than to be proceeded by 2, 1, and possibly 0, and to be followed by 4, 5, and so forth. And to *be* the number 4 is no more and no less than to be preceded by 3, 2, 1, and possibly 0, and to be followed by .... *Any* object can *play any role of* 3; that is, any object can be the third element in some progression. What is peculiar to 3 is that it defines that role – not by being a paradigm of any object which play it, but by representing the relation that any third member of a progression bears to the rest of the progression".

Folglich sind Zahlen keine Dinge oder Eigenschaften, sie sind *keine materiellen Objekte* in dem Sinne, dass man sie sinnlich wahrnehmen könnte, dennoch *existieren* sie als sozial geteilte Konstrukte (vgl. Hersh 1998, 13). Eine Zahl erhält dadurch ihre Bedeutung, dass sie im Zahlsystem verstanden, durch ihre Beziehungen zu den anderen Zahlen in diesem System definiert wird und folglich eine *systemische Beziehung* darstellt. Die Zahl 3 ist somit nicht, wie es Hersh auch am Beispiel der Zahl 5 herausstellt, ein empirisches Objekt. Jedes Objekt kann demnach 3 sein. Was 3 konstituiert, ist ihre Position im System der (natürlichen) Zahlen als Nachfolger von 2 und Vorgänger von 4 und demnach ihre Relation in diesem System. Dieses Argument wird gestützt durch die Verschiedenheit der Benennung dieser Position. „Zwei", „deux", „two", „2" sollen alle für dieselbe Zahl stehen, sind allerdings gänzlich unterschiedliche Bezeichnungen. Dies zeigt, dass unabhängig von der Benennung der Zahl eine Bedeutung existiert. Diese ist die Position im System, die von eben jener bestimmten Ausdrucksweise gekennzeichnet wird (vgl. Benacerraf 1984, 292 f.).

Diese Beispiele zum Zahlbegriff zeigen, dass mathematische Objekte und somit auch mathematisches Wissen nicht aus Dingen oder Eigenschaften bestehen und folglich nicht direkt sinnlich fassbar sind. Es sind auch nicht die Namen der mathematischen Objekte, von denen oftmals fälschlicherweise angenommen wird, dass bereits sie allein die Bedeutung des mathematischen Begriffs enthalten. Mathematisches Wissen ist prinzipiell *unsichtbares Wissen*, dessen begrifflicher Kern in *nicht direkt sichtbaren systemisch-relationalen Strukturen* besteht.

Auch der deutsche Philosoph Ernst Cassirer (1874–1945) befasst sich mit Zeichen und Symbolen, denen er als Mittel der Erkenntnis eine *bedeutungsgenerierende Funktion* zuschreibt (vgl. Nöth 2000, 40). Mathematische Begriffe sind hierbei als „Relationsbegriffe" und nicht als „Dingbegriffe" zu verstehen (Cassirer 1980). Nichtsdestotrotz sind auch in der Mathematik als Wissenschaft Verdinglichungen im Sinne von Hypostasierungen unumgänglich:

> „[weil] selbst in der wissenschaftlichen Erkenntnis die scharfe Scheidung zwischen dem Dinge einerseits, der Eigenschaft, dem Zustand und der Beziehung andererseits sich nur ganz allmählich und unter dauernden gedanklichen Kämpfen durchsetzt. Immer wieder begegnet es auch hier, dass die Grenzen des ‚Substanziellen' und des ‚Funktionellen' sich verwischen, daß es zu einer halb mythischen Hypostase reiner Funktions- und Beziehungsbegriffe kommt" (Cassirer 1973, 76).

Steinbring (2005, 82) spricht in diesem Zusammenhang von einem *Wechselspiel von Vergegenständlichung und Strukturbildung*, das den Prozess der mathematischen Wissenskonstruktion begleitet:

„Processes of the construction of new mathematical knowledge are subject to an inter-
play between structure and object. On the one hand, a relevant relation has to be
identified and anticipated. On the other, the mathematical relation is ‚hypostatized'
by means of this process in order to be operationally anchored in the logical structure
of the existing knowledge and also used productively. Furthermore there are problem
contexts in which hypostatized relations have to be 'resolved' back into their relational
structure. Thus there occurs a flexible, varying change between a way of reading of
mathematical entities as 'quasi empirical' operational, mathematical objects and as
relational, structural constructions".

Die mathematischen Begriffe als systemisch-relationale Strukturen werden so in
einer nachträglichen Vergegenständlichung in neue Objekte umgewandelt, um es
den Schülerinnen und Schülern zu ermöglichen, mit diesen Relationsbegriffen
umzugehen, als *wären* sie konkrete Gegenstände bzw. Dingbegriffe, denn die reine
Relation ist weder kommunizierbar noch denkbar und braucht gegenständliche
Träger beispielsweise in Form von *semiotischen Mitteln*: Mathematische Begriffe
als

„[…] *theoretische Begriffe* sind nicht Dinge, die man einfach fertig übermitteln könnte.
Ihr Inhalt besteht in *Beziehungen* und *Relationen* zwischen den Dingen und *nicht
in Substanzen oder Eigenschaften*. Daher bedarf das theoretische Denken […] der
'*Visualisierung'* […], um Beziehungen vergegenwärtigen zu können" (Otte 1983, 190;
Hervorhebung KM).

Damit unterscheidet sich mathematisches Wissen grundsätzlich von Wissen aus
anderen Wissenschaften wie beispielsweise der Medizin. Duval bezeichnet diesen
Unterschied als „paradoxical character of mathematical knowledge" (2000, 61)
bzw. später auch als „cognitive paradox of access to knowledge objects" (2006,
106):

„[…] there is an important gap between mathematical knowledge and the knowledge
in other sciences such as astronomy, physics, biology, or botany. We do not have any
perceptive or instrumental access to mathematical objects, even the most elementary,
as for any object or phenomenon of the external world. We cannot see them, study them
through a microscope or take a picture of them. The only way of gaining access to
them is using signs, words, or symbols, expressions or drawings. But, at the same time,
mathematical objects must not be confused with the used semiotic representations. This
conflicting requirement makes the specific core of mathematical knowledge. And it
begins early with numbers which do not have to be identified with digits and the used
numeral systems (binary, decimal)" (Duval 2000, 61; Hervorhebung im Original).

Mathematische Begriffe sind niemals *sinnlich* wahrnehmbar: Während es in der Medizin möglich ist, Rötungen sowie Schwellungen mit dem bloßen Auge zu erkennen, Herzgeräusche und den Luftstrom in der Lunge mit Hilfe eines Stethoskops abzuhören, die Stoffwechselentgleisung eines Diabetikers durch den Geruchssinn des Arztes wahrzunehmen und den Puls eines Patienten mit der Hand zu erfühlen, ist es nicht möglich, mathematische Begriffe zu *sehen*, zu *hören*, zu *riechen* oder zu *erfühlen* – auch nicht mit Unterstützung von Instrumenten (eines Stethoskops oder Mikroskops), wie Duval (2006, 107) es hervorhebt. Die einzige Möglichkeit, Zugang zu den prinzipiell *unsichtbaren, mathematischen systemisch-relationalen Strukturen* zu erhalten und mit ihnen zu operieren, ist durch *semiotische Repräsentationen*. Diese notwendigen semiotischen Repräsentationen dürfen jedoch nicht mit dem begrifflichen mathematischen Wissen verwechselt werden. Auch Otte (2001) und Resnik (2000) weisen auf diesen paradoxen Charakter hin:

> „A mathematical object, such as 'number' or 'function', does not exist independently of the totality of its possible representations, but it is not to be confused with any particular representation, either" (Otte 2001, 3).

> „[I]n certain branches of mathematics the symbols and diagrams have often been confused with the very mathematical objects they are supposed to denote or represent. Thus we not only take the result of manipulating numerals or geometric diagrams on paper Turing machines as direct evidence of properties of numbers, geometric figures or abstract Turing machines, we also tend to confuse numerals with numbers, drawings with figures, and paper machines with abstract ones" (Resnik 2000, 361; zitiert nach Steinbring 2006, 137).

Durch diese konfliktbehaftete Voraussetzung als spezifisches Charakteristikum mathematischen Wissens wird der Lerner vor zwei gegensätzliche Anforderungen gestellt: Um mathematische Aktivitäten vorzunehmen, müssen notwendigerweise semiotische Repräsentationen verwendet werden. Die Wahl der Art der Repräsentation durch das erkennende Subjekt ist in gewissem Rahmen frei gestaltbar (vgl. Duval 2006, 107 und 126). Semiotische Mittel sind folglich nicht gleichzusetzen mit den begrifflichen Bedeutungen, sondern sind durch die jeweiligen systemischen Regelungen, die gelten, als Elemente in diesem System zu sehen. Damit verweisen die semiotischen Mittel weder auf empirische, dingliche Objekte, noch sind es die individuellen Eigenschaften oder Substanzen eines semiotischen Mittels, die die Bedeutung des mathematischen Begriffs konstituieren.

An dieser Stelle kann der häufig vollzogene Vergleich der Mathematik zum Schachspiel herangezogen werden, um einerseits gewisse Gemeinsamkeiten, aber vor allem einen zentralen Unterschied herauszustellen. Bei einem Schachspiel ist jede einzelne Figur an ihren individuellen Merkmalen/Eigenschaften erkennbar. Der König als größte Figur wird häufig mit einem Kreuz an dessen oberem Ende versehen und ist durch seine Benennung, seine Größe und des Symbolcharakters als wichtigste Figur des Spiels gekennzeichnet. Auch die anderen Figuren erhalten durch ihre jeweilige Größe und Formgebung ihre konventionsbedingte Bedeutung als diese oder jene Spielfigur. Im Schachspiel kommt den einzelnen Figuren allerdings eine weitere Rolle zu, wenn diese als Spielfigur angesehen werden: König zu sein, heißt, dass sich die Figur in einem Zug auf ein angrenzendes Feld weiterbewegen kann, sofern dieses nicht von einer gegnerischen Figur bedroht wird. Wenn ein Spieler den gegnerischen König matt setzt, hat der Spieler die Partie gewonnen. Neben den üblichen Zugregeln existieren einige Sonderregeln, wie die Rochade, bei der der König und der Turm bestimmte Bedingungen erfüllen müssen, um einen spezifischen Zug ausführen zu dürfen (für die ausführlichen Regelungen vgl. z. B. *Die FIDE – Schachregeln* des deutschen Schachbundes 2014). Auf diese Weise kennzeichnen die Spielregeln den Umgang mit den verschiedenen Spielfiguren, wodurch ihre eigentliche Rolle und Bedeutung charakterisiert wird: Der König als Spielfigur ist an seinem Aussehen als solcher zu erkennen. Die äußerlichen Merkmale dienen lediglich der Unterscheidung der einzelnen Figuren, die Bedeutung der Figur ergibt sich jedoch nicht aus dem Verweis auf einen König, wie man ihn beispielsweise aus den Geschichtsbüchern kennt, sondern aus den der Figur zugeschriebenen spezifischen Regeln und Nutzungsweise im Spiel.

> „It is impossible to 'define' chess otherwise than by stating a set of rules. […] The chessboard and the pieces are helpful, but they can be dispensed with. The essential thing is to know how the pieces move and act" (Feller 1968, 1).

Demnach sind beim Schach nicht die individuellen Merkmale der Figuren, wie sie geformt sind oder wie sie heißen, ausschlaggebend, sondern die Regeln des Umgangs mit den Figuren, die ihnen aufgrund phänomenologischer Unterschiede zugeschrieben werden und ihre entsprechende Rolle als diese oder jene Figur kennzeichnen. Das Aussehen selbst könnte, wie Feller es auch ansatzweise erwähnt, anders ausfallen. Wichtig ist, dass sich die Elemente in einer erkennbaren Form unterscheiden, sodass ihnen die spezifischen Regeln für diese Form oder besser gesagt Rolle zugeordnet werden können. Eine phänomenologische Unterscheidung der Objekte (Spielfiguren) ist demnach notwendig, um Einigkeit darüber zu erlangen, welches Objekt welchen Regeln zugehört, und eine kognitive

Überlastung des Gehirns durch Zuschreibung verschiedener Regeln zu phänomenologisch gleichen Objekten zu vermeiden. Man stelle sich nur einmal vor, man
würde Schach nicht mit den konventionalisierten Figuren, sondern beispielsweise
mit gleichfarbigen runden, flachen Spielsteinen, wie es bei dem Spiel ‚Dame'
üblich ist, spielen. (Prinzipiell ist es jedoch vorstellbar, dass das Schachspiel auch
damit funktionieren würde.)

In der Mathematik liegt die Bedeutung der semiotischen Mittel nun ebenfalls
nicht in den empirischen Eigenschaften oder sichtbaren/beobachtbaren Merkmalen, sondern, vergleichbar mit den Regeln im Schachspiel, in der Position, die das
Element im System einnimmt und die durch entsprechende systemische Regelungen gekennzeichnet ist (vgl. Ausführungen zu Hersh 1998, Benacerraf 1984 und
Duval 2000 bzw. 2006; vgl. Feller 1968). Jedoch gibt es im Unterschied zum
Schachspiel, bei dem jede Figur *isoliert voneinander* unterschiedliche Regeln
erhält, in der Mathematik eine andere Grundbeziehung und Austauschbarkeit
aufgrund des Wechselbezugs zwischen den beteiligten und repräsentierten Elementen. Die Zahlen ‚fünf' und ‚drei' erhalten ihre Position im Verhältnis zu den
anderen Elementen des Zahlsystems. Sie sind Bestandteil des Dezimalsystems,
können als Ziffern jedoch an unterschiedliche Positionen geschrieben werden und
sich mal auf fünf Einer, mal auf fünf Tausender beziehen. Beim Schach sind es
die Regeln für den *Umgang* mit den Spielfiguren („how the pieces act and move"
(Feller 1968, 1)), die zur entscheidenden Bedeutung führen, die aber für jede Figur
verschieden sind. In der Mathematik steht jedoch nicht nur das *Operieren* als eine
Art des Umgangs im Fokus, sondern auch die Position der jeweiligen Elemente im
System zueinander und damit ihre systemischen Beziehungen[3]. Die Zahlen Drei
und Fünf sind ungerade Zahlen; während die eine Zahl Vier als Nachfolger hat,
ist Vier der Vorgänger der anderen; der Unterschied zwischen den beiden Zahlen
beträgt zwei usw. Damit erhalten mathematische Begriffe *Wechselbezüge zueinander*, während im Schach die einzelnen Spielfiguren – abgesehen von einigen
wenigen Ausnahmeregeln wie die Rochade– eher isoliert nebeneinanderstehen.
Der Bauer und der Turm haben ihre je spezifischen Regeln des Umgangs mit

---

[3]Ein Beispiel, wie gleichartige Holzwürfel als Elemente in einer Art Rechtecksanordnung
aufgrund ihrer Beziehung zu den anderen Holzwürfeln und ihrer jeweiligen Position in das hineingedeutete System eine Bedeutung erhalten, wird in Abschnitt 3.4.3 aufgeführt. Daran wird
überdies eine andere Art der Austauschbarkeit als beim Schachspiel (Rochade, Umwandlung)
als grundsätzliche Eigenschaft und nicht als Ausnahmeregelung erkennbar. Zudem erhalten
sie neben den Operationen an ihnen (Zusammenschieben, Umlegen) insbesondere durch ihre
jeweilige Position als Elemente in einem System ihre Bedeutung, sodass nicht in erster Linie
konventionelle Regeln (bestimmte Zugregeln beim Schachspiel), sondern der grundsätzlich
enthaltene Wechselbezug zwischen den beteiligten repräsentierten Elementen von Belang ist.

ihnen. Allerdings hat der Bauer oder dessen Regeln keinen prinzipiellen Bezug zum Turm selbst oder dessen Regeln. Es liegt somit im Unterschied zum Schachspiel über die spezifischen operationalen Regeln hinaus eine *verbindende Idee* zwischen den einzelnen mathematischen Elementen vor. Für Feller beruht jede mathematische Struktur auf dem Zusammenspiel von drei Aspekten. Als Konsequenz ist die Mathematik im Unterschied zum Schachspiel keine reine Erfindung mit einem zugrundeliegenden, erdachten Regelwerk. Stattdessen basiert die sie auf einem intuitiven, verbindenden Hintergrund im Zusammenspiel mit einem formal logischen Inhalt und einer Anwendung:

> „In each field we must carefully distinguish three aspects of theory: (a) the formal logical content, (b) the intuitive background, (c) the applications. The character, and the charm, of the whole structure cannot be appreciated without considering all three aspects in their proper relation" (Feller 1968, 1).

Die Mathematik selbst ist folglich *kein erfundenes Spiel* wie Schach oder „das Studium einer idealen, bereits vorhandenen, zeitlosen Realität" (Davis & Hersh 1985, 435). Sie „hat einen Inhalt", „ihre Aussagen sind sinnvoll", sie ist zu „wissenschaftlichem Konsens fähig" und kann mit ihren „Denk- und Argumentationsweisen" *„reproduzierbare* Resultate" aufstellen (ebd.).

Die vorherigen Ausführungen erlauben die Schlussfolgerung, dass Mathematik eine *soziale Existenz* aufweist (vgl. Hersh 1998, 13) und (neben der physikalischen Welt und der zweiten Welt des Bewusstseins, das sich aus der materiellen Welt entwickelt hat) zu einer *dritten Welt* als nichtmaterielle Kultur der Menschheit gehört:

> „Die Existenz dieser [nichtmateriellen] Kultur ist untrennbar mit dem individuellen Bewußtsein der Mitglieder dieser Gesellschaft verbunden, sie sind aber qualitativ verschieden von den Phänomenen des individuellen Bewusstseins" (Davis & Hersh 1985, 435).

Diese philosophische Perspektive versteht *mathematische Konzepte als reale, geteilte Konzepte, die Bestandteil des geteilten Denkens von Mathematikern* sind. Der wissenschaftliche Konsens mit Aufstellung von reproduzierbaren Resultaten als Form der Einheitlichkeit und Kohärenz mathematischen Wissens resultiert aus der Kommunikation unter Mathematikern, die sie als formalisierte mathematische Beweise und deren Regeln hin zu einem kohärenten Ganzen entwickelt hat (vgl. Steinbring 2005, 14). Mathematik als Wissenschaft ist somit in einer spezifischen Kommunikationskultur zwischen Mathematikern entstanden, die in gewisser Weise darauf ausgerichtet ist, Mathematik als ein valides, kohärentes und objektives *Produkt* zu erschaffen.

Gegenüber der Betrachtung der Mathematik als *sozial-kulturell existierendes Produkt* ist es, gerade für das Lernen und die Aneignung mathematischen Wissens wichtig, Mathematik als *Prozess* anzusehen (vgl. Steinbring 2005, 15). Der prozesshafte Charakter der Mathematik für das Lernen wird von Freudenthal (1977, 114) durch Mathematik als *Aktivität* herausgestellt:

> „Es ist richtig, dass man Worte wie Mathematik, Sprache, Kunst in doppelter Bedeutung verwendet. Bei der Kunst ist es ganz klar; es gibt die fertige Kunst, die der Kunsthistoriker studiert, und es gibt die Kunst, die der Künstler betreibt. Dass es mit der Sprache ähnlich steht, scheint nicht so auffallend zu sein; Sprachwissenschaftler betonen es jedenfalls ausdrücklich und nennen es eine Entdeckung de Saussures. Dass es neben der fertigen Mathematik noch Mathematik als Tätigkeit gibt, weiß jeder Mathematiker unbewußt, aber nur wenigen scheint es bewußt zu sein, und da es nur selten betont wird, wissen es Nichtmathematiker gar nicht" (Freudenthal 1977, 110).

Durch die Beschreibung der *Mathematik als Tätigkeit* wird die Eigenaktivität des lernenden Schülers als aktiver Prozess betont, indem im Lernprozess eigenständige, subjektive Erfindungen vorgenommen werden (vgl. Freudenthal 1977, 118). Demnach findet die Entstehung mathematischen Wissens grundsätzlich im Kontext individueller Interpretationsprozesse statt. Das lernende Kind baut in seinem Mathematiktreiben nach und nach ein immer dichter werdendes Netz aus Beziehungen und Relationen zwischen den mathematischen Objekten auf, womit es neue Bezüge zu seinem vorherigen Wissen herstellt. Deshalb kann es nicht ausreichend sein, bestimmte Regeln für einzelne semiotische Repräsentationen (oder wie beim Schachspiel Regeln für die einzelnen phänomenologisch unterscheidbaren Figuren) lediglich auswendig zu lernen. Steinbring (2005) fasst die Bedingungen, in denen mathematisches Wissen entsteht, zusammen und weist damit auf einen wesentlichen Unterschied zwischen der Kultur der Mathematiker, in der soziale Einheitlichkeit und Kohärenz vorherrschend sind (Produkt), und der Lehr-Lernkultur, in der mathematisches Wissen erst entwickelt wird (Prozess), hin:

> „Apart from focusing on a finished, generally valid mathematical (research) product, development processes are neither uniform, universal nor homogeneous. Subjective characteristics of those keeping the process going, as well as situated representations, notations and interpretations of mathematical knowledge, are manifold, divergent, and partly heterogeneous. In the process of developing mathematical knowledge, cultural contexts, subjective influences, and situated dependencies are both effective and

inevitable, and are the reasons for an observable diversity and a nonuniformity of the emerging knowledge. In this regard, a learning student cannot be compared with a professional mathematician. The latter has many years of experience in mathematical communication with his colleagues, in the negotiation of correctness of a mathematical assertion by using the communicative rules of a formal proof. Such professional communication aims directly at the uniform mathematical product in question, while the learning student is requested to develop and perfect such forms of mathematical communication with his classmates. The latter development process is essentially influenced by cultural aspects of teaching, by learning conditions which are subjective, by individual cognitive abilities, and by situated exemplary mathematical expressions and interpretations. Therefore, in the process of developing, learning and imparting mathematics, divergence and nonuniformity in understanding and interpreting are central" (Steinbring 2005, 15).

Die Verbindung zwischen mathematischem Begriff und einem möglichen mathematischen Zeichen ist weder direkt noch zwingend gegeben. Stattdessen muss diese durch einen aktiven kognitiven Vorgang von einem (lernenden) Subjekt selbst hergestellt werden (vgl. Krauthausen 2018, 311). Die jeweilige unsichtbare, systemisch-relationale Struktur wird nicht von den semiotischen Mitteln selbst ‚gezeigt', sondern wird von einem Subjekt in die verwendeten semiotischen Mittel *hineingesehen* (vgl. Krauthausen 2018, 311; vgl. auch Lorenz 1995, 10 und 2000, 20). Somit ist die *„Unterscheidung* zwischen der *Repräsentation des Wissens* (in Form von Zeichen) und dem Wissen selbst oder der *Bedeutung des Wissens* ein wichtiges Charakteristikum des theoretischen mathematischen Wissens" (Steinbring 1989, 29; Übersetzung und Hervorhebung KM). Dabei wird eben jene Bedeutung des Wissens aktiv durch die Konstruktion von Beziehungen im komplexen System des theoretischen, mathematischen Wissens hergestellt (vgl. Steinbring 1991, 72). Das Subjekt, das diese Beziehung herstellt, ist an die epistemologischen Bedingungen des begrifflichen mathematischen Wissens gebunden. Die herzustellende Beziehung ist demnach keine willkürliche, sondern fügt sich in einen „subjektiv-objektiven Gesamtzusammenhang" (ebd., 77). Diese epistemologischen Bedingungen liegen in den systemisch-relationalen Strukturen, wie sie beispielsweise von einer Anwendungs- oder Sachsituation vorgegeben werden und die nicht beliebig umgedeutet werden dürfen.

Gleichzeitig ist die Beziehung zwischen der semiotischen Repräsentation und dem mathematischen Begriff aber auch abhängig vom Interesse des Subjekts und von dessen Erkenntniszielen: „Sie ist eindeutig und zugleich beinhaltet sie Möglichkeiten vieldeutiger Interpretationen. Sie ist ein Wechselspiel subjektiver Spielräume und Ziele wie auch objektiver Bedingungen und Strukturen" (ebd.).

Trotz der nicht beliebig umdeutbaren epistemologischen Bedingungen ist das Subjekt allerdings frei in der *Art der Repräsentation*: „In order to do any mathematical activity, semiotic representations must necessarily be used even if there is *the choice of the kind of semiotic representation*" (Duval 2006, 107; Hervorhebung KM). Mathematisches Wissen und dessen Bedeutungsgehalt besteht folglich aus einem zweifachen Beziehungsgefüge: Einerseits aus einer objektiven Beziehung zwischen der symbolischen Repräsentation und dessen angedachter mathematischen Struktur, die andererseits durch das lernende Subjekt selbst – in teilweise frei wählbaren Arten der Repräsentationsmittel – hergestellt werden muss (vgl. Steinbring 1989, 31). Dabei gibt die Art der Repräsentationsmittel bzw. das gewählte Darstellungssystem die Möglichkeiten für Relationen vor, die in die mathematischen Zeichenträger von einem epistemischen Subjekt hineingesehen werden können:

> „Each new semiotic system provides new means of representation and processing for mathematical thinking. So that for any mathematical object we can have different representations produced by different semiotic systems" (Duval 2000, 59).

> „One only has to look at the history of the development of mathematics to see that the development of semiotic representations was an essential condition for the development of mathematical thought" (Duval 2006, 106).

> „Mathematical activity needs to have different semiotic representation systems that can be freely used according to the task carried out, or according to the question asked. Some processes are easier in one semiotic system than in another one, or even can be made in only one system. But in many cases it is not only one representation system that is implicitly or explicitly used but at least two" (Duval 2006, 108).

An den nachfolgenden zwei Beispielen werden nun jeweils verschiedene zuvor herausgearbeitete Aspekte illustriert. Zunächst wird das Unärsystem (ein Additionssystem) als Beispiel solch eines von Duval aufgeführten Darstellungssystems aufgegriffen, um im Vergleich zum Dezimalsystem herauszustellen, welche Möglichkeiten das jeweilige Darstellungssystem eröffnet, Relationen in dieses hineinzusehen. Zusätzlich wird die Problematik der Bedeutung einer Zahl und damit auch die *besondere Art der Beziehung zwischen semiotischen Mitteln und nicht direkt sinnlich wahrnehmbaren mathematischen Begriffen* anhand eines Beispiels aus der Grundschule (3. Klasse) erläutert.

Das als Beispiel eines Darstellungssystems geltende *Unärsystem* begegnet uns im Alltag in Form von Strichlisten. Unter anderem in der Gastronomie erfahren sie eine häufige Verwendung, um die Anzahl der konsumierten Getränke auf Bierdeckeln festzuhalten. Eine grundlegende Besonderheit des Unärsystems liegt in der Verwendung lediglich ein und desselben Symbols, das die Wertigkeit 1 besitzt. Durch die ausschließliche Verwendung desselben Symbols, üblicherweise ein senkrechter Strich, ist das Unärsystem für einfache Zählaufgaben geeignet, bei dem eine Erhöhung um 1 durch das Anhängen eines weiteren Symbols repräsentiert wird. Für eine bessere Lesbarkeit werden die Symbole in Gruppen zusammengefasst, wie es ein fünfter Strich, der quer über die vier zuvor gezogenen senkrechten Striche gezogen wird, symbolisiert. Additionsaufgaben sind in diesem System folglich leicht durchzuführen, indem die zwei zu addierenden Summanden hintereinandergeschrieben werden: $|||+|||||=||||||||$ oder $111 + 11111 = 11111111$. Es wird ersichtlich, dass die verwendeten Symbole im Unärsystem keine stellenabhängige Bedeutung besitzen. Während 111 im Dezimalsystem einhundertelf bedeutet, verweist sie im Unärsystem auf die Anzahl drei. Demnach ist die Bedeutung der einzelnen Ziffern im Unärsystem kontextfrei, wohingegen im Dezimalsystem unterschiedliche Stellenwerte (Einer, Zehner, Hunderter, …) für deren Deutung herangezogen werden. Die Darstellung größerer Zahlen wird im Unärsystem schnell unübersichtlich. Außerdem ist es nicht möglich, nicht ganzzahlige Zahlen mit einem Komma darzustellen oder kompliziertere Rechnungen vorzunehmen. Wenn es allerdings darum geht, eine Anzahl, wie beispielsweise den Konsum verschiedener Getränke, über einen längeren Zeitraum zu bestimmen, eignet sich das Unärsystem als Darstellungssystem vortrefflich. Um letztendlich den Rechnungsbetrag zu ermitteln, wird der Einfachheit halber die Strichanzahl allerdings in das heute übliche Dezimalsystem übertragen und mit den entsprechenden Getränkepreisen in diesem Darstellungssystem multipliziert. Anders als beim Unärsystem schreibt das Dezimalsystem den einzelnen Stellenwerten eine bestimmte Bedeutung zu und charakterisiert so die Beziehung dieser Werte zueinander. Diese Funktionsweise ist bedingt durch die vielfältigen Beziehungen zwischen den einzelnen Elementen, sodass die Bedeutung einer Zahl in ihrer Rolle in diesem System gedeutet werden muss. (Die Zahl 111 muss somit als 1 Hunderter, 1 Zehner, 1 Einer gedeutet werden.) Das erlaubt, Einzelpreise wie beispielsweise von Getränken in der Gastronomie, die uns häufig als nicht ganzzahlige Zahlen begegnen, mit einem Komma darzustellen und diese aufzusummieren oder mit einer bestimmten Anzahl zu multiplizieren. Dieser kurze Exkurs zeigt, dass sich mit Wahl des Darstellungssystems entscheidende Möglichkeiten für das Hineinsehen von Strukturen und Relationen für das Subjekt ergeben.

Im zweiten Beispiel wird die Problematik der *Bedeutung einer Zahl* und damit auch die *besondere Art der Beziehung zwischen semiotischen Mitteln und nicht direkt sinnlich wahrnehmbaren mathematischen Begriffen* anhand einer hier stark zusammengefassten Unterrichtssequenz aus einer dritten Klasse illustrativ erläutert. Aus einer didaktischen Perspektive wirft dieses Beispiel durchaus auch weitere Fragen bezüglich des Lehrens und Lernens von Mathematik auf, die aufgrund des Fokus dieses Kapitels jedoch nicht näher betrachtet werden. Die hier herangezogene Unterrichtssequenz mit Svenja soll exemplarisch die besondere Mediation zwischen den vorgeschlagenen Zeichen/Symbolen und den nicht direkt sinnlich wahrnehmbaren systemisch-relationalen Strukturen aufzeigen.

Das Ziel der Lehrperson für die Unterrichtsstunde, aus der die ausgewählte Sequenz stammt, ist die Erweiterung des Zahlenraums von 100 auf 1000 (vgl. hierfür ausführlich Steinbring 2005, 40–46). Die Schülerinnen und Schüler werden unter anderem aufgefordert, in fünfziger Schritten, beginnend bei Null, mit Hilfe des Tausenderbuchs weiter zu zählen. Einige Zahlen dieser 50er-Reihe sind in Ziffernschreibweise im Tausenderbuch eingetragen, andere fehlen und müssen strukturell erschlossen werden. In einer späteren Unterrichtsphase entsteht ein Problem, das sich auf Fragen wie die folgenden bezieht: „Was kommt nach tausend? Wie heißt die Zahl? Was ist der Name der Zahl? Wie wird die Zahl richtigerweise in Ziffern geschrieben?" Ein Kind ist in der Lage, die gesuchte Zahl als „tausendfünfzig" zu benennen. Daraufhin werden drei Vorschläge für ihre Notation getätigt: Kai notiert „1050", Marc schlägt „1005" vor und Svenja schreibt „10050". Die Konstruktion der für die Kinder neuen Zahlen fand in einer früheren Unterrichtsphase auf Grundlage der konkreten Positionen der Zahlen im Tausenderbuch und somit auf Basis von (existierenden) *empirischen Qualitäten* statt, weshalb die von den drei Kindern getätigten Notationen als Abkürzungen für den verbal geäußerten Zahlnamen „tausendfünfzig" verstanden wurden. Demnach wird die Notation in der Ziffernschreibweise als Synonym des Namens verstanden. Die zuvor herausgearbeitete Existenz einer Zahl, ihre Bedeutung aufgrund ihrer Position in einem System, die nur in Relation zu den anderen Elementen dieses Systems gedeutet werden kann (vgl. Hersh 1998; Benacerraf 1984), scheint in dieser Unterrichtsepisode gänzlich vernachlässigt zu werden. Anhand der von den Kindern herangezogenen Erklärungen dazu, welche Schreibweise die richtige ist, kann jedoch rekonstruiert werden, dass sich die Rolle des mathematischen Zeichens beginnt zu verändern: Zunächst fokussiert Svenja auf die syntaktische Struktur der Ziffernschreibweise, indem sie die Notation „1050" mit „250" vergleicht. Felix zieht die Stellenwerttafel heran, wodurch er den Referenzkontext für seine Erklärung wechselt. Die Stellenwerttafel ermöglicht es ihm, „1050" nicht länger als eine empirische, auf dem Tausenderbuch begründete mathematische Kurzschreibweise für den verbalen Ausdruck „tausendfünfzig" zu interpretieren. Stattdessen sieht er diese als Bestandteil eines symbolischen, strukturierten Systems, in dem mathematischen Symbolen ihre Bedeutung auf Grundlage der in dem mathematischen Symbol selbst enthaltenen internen Struktur (arithmetische

Relationen zwischen den einzelnen Positionen der Zahlzeichen; die Stellenwerte und ihre Beziehungen untereinander) zugeschrieben wird. Der neue, veränderte Referenzkontext selbst stellt eine symbolische, relationale Struktur dar.

Dieses stark zusammengefasste Beispiel zeigt, dass empirisch begründete Interpretationen von mathematischen Symbolen wie den Zahlzeichen prinzipiell im Unterricht vorkommen und für die Schülerinnen und Schüler vielleicht auch einen ersten Zugriff auf neu zu erlernende mathematische Inhalte darstellen. Wichtig ist hierbei anzumerken, dass sich der Mathematikunterricht (der Grundschule) nicht auf rein empirische Annahmen beschränken darf, da mathematische Objekte nicht als empirische Objekte in einer *Welt der Dinge*, sondern als Beziehungen und Strukturen in einer *Welt der Relationen* verstanden werden müssen (vgl. auch Söbbeke 2005, insbesondere S. 71–75 und S. 131–140; Steenpaß 2014, insbesondere S. 65 f. und S. 114; Steinbring 2015a, insbesondere S. 291; Kapitel 3 und Abschnitt 4.4). Darüber hinaus kommt dem besonderen Verhältnis zwischen den verwendeten semiotischen Mitteln und mathematischen Begriffen eine wichtige Relevanz zu: Weder der Name („tausendfünfzig") noch die verschiedenen angebotenen Notationsweisen („1050", „1005", „10050") machen die Bedeutung der gesuchten Zahl aus. Es ist ihre Relation und Position im (Dezimal)System, das diese konstituiert und von einem lernenden Subjekt aktiv in einem sinnstiftenden Kontext gedeutet und in die Darstellung hineingesehen wird.

In den vorherigen Absätzen wurde ausgearbeitet, dass mathematische Objekte als unsichtbare, systemisch-relationale Strukturen Bestandteile eines begrifflichen mathematischen Wissensnetzwerks sind und folglich vielfältige Wechselbezüge zueinander aufweisen. Diesen mathematischen Begriffen kommt eine soziale Existenz zu, sodass sie als geteilte Konzepte des geteilten Denkens von Mathematikern aufzufassen sind. In diesem Zusammenhang kann davon gesprochen werden, dass sich Mathematik als einheitliches, kohärentes Produkt aus der Kommunikation unter Mathematikern entwickelt hat. Für Lehr-Lernprozesse und Unterrichtsinteraktionen ist es jedoch entscheidend, Mathematik als Tätigkeit und somit als aktiven Prozess zu verstehen, in dem mathematisches Wissen in individuellen Interpretationsprozessen entsteht. Schülerinnen und Schüler müssen das Wissen über mathematische Begriffe erst erlernen. Um Zugang zu diesen mathematischen Begriffen zu erhalten, nutzen die Lernenden semiotische Mittel als Repräsentationen. Die Bedeutung der mathematischen Begriffe und somit das mathematische Wissen darf jedoch nicht mit den verwendeten semiotischen Mitteln verwechselt werden. Die teilweise frei wählbaren Arten semiotischer Repräsentationsmittel selbst eröffnen und limitieren die potenziellen Möglichkeiten eines epistemischen Subjekts, Relationen in die mathematischen Zeichenträger hineinzusehen. Die herzustellende Beziehung zwischen Zeichenträger und Bedeutung des theoretischen mathematischen Wissens muss von den Lernenden selbst in einem aktiven Prozess hergestellt werden und fügt sich in einen subjektiv-objektiven Gesamtzusammenhang. Das besondere Verhältnis dieser semiotischen Mittel bzw. mathematischen Zeichenträger zu ihrer eigentlichen Bedeutung bildet ein fundamentales Konzept für die vorliegende Forschungsarbeit und wird insbesondere in den Kapiteln zu Arbeits- und Anschauungsmitteln als semiotische Zeichenträger für mathematisches Wissen (Kapitel 3), aber auch bei der Entwicklung des frühen symbolischen Verstehens im kindlichen Spiel aus Sicht der Lern- und Entwicklungspsychologie (Kapitel 2) und bei der Betrachtung verschiedenster semiotischer Theorien in Bezug zur Mathematik (Kapitel 4) aufgegriffen. Somit fungieren die Inhalte des vorliegenden Unterkapitels 1.1 als eine Art Metatheorie, die insbesondere in den nachfolgenden theoretischen Grundlagen der im Fokus stehenden Forschungsproblematik (Kapitel 2, 3 und 4) sowie in der Planung, Durchführung, den Analysen und Erkenntnissen der Hauptstudie (Kapitel 5, 6, 7 und 8) stetig aufgegriffen werden.

1.2   Kommunikationsbegriff nach Luhmann

Zunächst erfolgt eine kurze theoretische Grundlegung einzelner Teilaspekte der komplexen Systemtheorie Luhmanns. Hierfür werden die System-Umwelt-Differenz, die Autopoiesis und die Beobachtung verschiedener Ordnungen als systeminterne Konstruktionen neben weiteren Aspekten ausgewählt und zusammengefasst dargestellt (Abschnitt 1.2.1). Diese Grundlegung soll dabei helfen, das dem Forschungsvorhaben zugrundegegelegten Begriffsverständnis von Kommunikation, das dem von Luhmann entspricht (Abschnitt 1.2.2.1), nachzuvollziehen. Dieses wird genutzt, um einen Bezug zu den epistemologischen Bedingungen mathematischen Wissens (Abschnitt 1.1) auszuarbeiten und die damit verbundenen Folgen für spätere Analysen des empirischen Datenmaterials in Form von transkribierten Interaktionen zu präzisieren (Abschnitt 1.2.2.2).

1.2.1   System-Umwelt-Differenz und Autopoiesis

Zentral für Luhmanns Systemtheorie ist die Unterscheidung oder *Differenz* als „eine Form mit zwei Seiten [...], nämlich das jeweils bezeichnete System *und* die jeweils nicht bezeichnete Umwelt" (Luhmann 1996, 14). Unter *System* versteht man im alltäglichen Sinn „ein kompliziertes Gebilde, das irgendwie geregelt funktioniert. Mit Luhmanns Worten: ein System ist ‚organisierte Komplexität', die durch die ‚Selektion einer Ordnung' ‚operiert'" (Berghaus 2011, 38). Mit *Operationen* „produziert und reproduziert" sich ein System selbst und „nur ein System kann operieren" (Luhmann 1995a, 26 f.; zitiert nach Berghaus 2011, 38). Neben biologischen Systemen, die sich auf lebende Organismen wie Zellen und Gehirne beziehen, unterscheidet Luhmann zwischen psychischen und sozialen Systemen (vgl. Baraldi, Corsi & Esposito 1997, 142–144 und 176–178). Die verschiedenen Systemtypen operieren auf ihre eigene charakteristische Weise:

> „Biologische Systeme leben. Psychische Systeme operieren in Form von Bewusstseinsprozessen wie Wahrnehmung und Denken. Und die charakteristische Operationsweise sozialer Systeme […] ist Kommunikation. Die Operationen aller drei Systemtypen […] folgen denselben Leitprinzipien. Diese sind: die System/Umwelt-Differenz und die Autopoiesis" (Berghaus 2011, 38).

Es sei anzumerken, dass der Mensch und auch mehrere Menschen kein System sind bzw. bilden (vgl. Luhmann 1997, 24). Vielmehr hat ein Mensch Anteil an verschiedenen Systemtypen (z. B. Körper als biologisches und Bewusstsein als psychisches System). Ein Mensch ist demnach ein „Konglomerat autopoietischer, eigendynamischer, nichttrivialer Systeme" (Luhmann 2002, 82).

„Autopoietische Systeme sind Systeme, die nicht nur ihre Strukturen, sondern auch die Elemente, aus denen sie bestehen, im Netzwerk eben dieser Elemente selbst erzeugen" (Luhmann 1997, 65). Den Begriff der Autopoiesis gebraucht Luhmann in Anlehnung an den Biologen Humberto Maturana, der diesen auf die Organisation von Lebewesen anwendet. Für soziale Systeme ist die Autopoiesis recht leicht nachvollziehbar: Nur Leben kann neues Leben produzieren und sich somit reproduzieren. Luhmann hat diesen Begriff erweitert und neben dem biologischen System das soziale und psychische System mit den je spezifischen Operationsweisen der Kommunikationen bzw. der Gedanken bestimmt. Die spezifischen Operationsweisen bewirken eine Schließung des Systems, weil nur Gedanken denken, Lebewesen leben und Kommunikation kommuniziert (vgl. Luhmann 1997, 105).

> „Alle autopoietischen Systeme sind also durch eine operative Schließung gekennzeichnet. Mit diesem Begriff wird die Tatsache bezeichnet, daß die Operationen, welche zur Produktion neuer Elemente eines Systems führen, von früheren Operationen desselben Systems abhängig und Voraussetzung für folgende Operationen sind (*siehe* Selbstreferenz). Diese Schließung ist die Grundlage der Autonomie des betreffenden Systems und ermöglicht die Unterscheidung von seiner Umwelt" (Baraldi, Corsi & Esposito 1997, 29).

Das beschriebene Merkmal der *operationalen/operativen* oder *selbstreferentiellen Geschlossenheit* (vgl. auch Luhmann 1997, 68) bestimmt das System als autonomen Bereich, der sich von seiner Umwelt unterscheidet, in dem das System innerhalb seiner Grenzen operiert. Trotz dieser von den Operationen gezogenen Grenze ist das System nicht unabhängig oder isoliert von seiner Umwelt. Denn gerade durch die Differenz des Systems zur Umwelt begründet es seine Existenz und ist in der Lage, zu operieren (vgl. Baraldi, Corsi & Esposito 1997, 195; vgl. auch Luhmann 1997, 63). Charakteristisch für Luhmanns Systemtheorie lassen sich somit zusammenfassend die Paradoxien *Offenheit durch Geschlossenheit* und *Unabhängigkeit durch Abhängigkeit* formulieren. Ausschließlich aufgrund der operativen Geschlossenheit von Systemen können diese eine hohe Eigenkomplexität aufbauen, sodass ein System die Hinsichten, in denen es auf Bedingungen seiner Umwelt reagiert, spezifizieren kann, „während es sich in allen übrigen Hinsichten dank seiner Autopoiesis Indifferenz leisten kann" (Luhmann 1997, 68).

Umwelt gibt es nicht als eine feste Größe, sie ist vielmehr vom System selbst erzeugt und dementsprechend für jedes System eine andere.

> „Für das Bewusstsein eines Menschen als psychisches System ist alles, was in der Welt seine Aufmerksamkeit erregt, was es als Außen wahrnimmt und worüber es nachdenkt, Umwelt. Sogar der eigene Leib (als biologisches System) sowie Kommunikation und soziale Kontakte (als soziale Systeme), an denen der Mensch teilhat sind in diesem Verhältnis aus Sicht des psychischen Systems Umwelt" (Berghaus 2011, 42).

Bedingung für die Umwelt ist die Annahme der Existenz einer *Realität* oder „Welt – das […] ist […] nichts als Wildnis […… und] Chaos" (Luhmann 1997, 527). Die Welt ist „kein Riesenmechanismus, der Zustände aus Zuständen produziert und dadurch die Systeme selbst determiniert", sondern „ein unermeßliches Potenzial für Überraschungen, [sie] ist virtuelle Information, die aber Systeme benötigt, um Informationen zu erzeugen, oder genauer: um ausgewählten Irritationen den Sinn von Information zu geben" (ebd., 46). Die Welt besteht als Chaos und nicht aus bereits vorhandenen Unterscheidungen. Die ungeordnete Welt wird von einem System (durch Unterscheidung) herangezogen und somit zu dessen *spezifischer Umwelt*. Aus der Umwelt dringen Irritationen zu dem System vor, dieses kann ausgewählten Irritationen einen Informationswert zuordnen. Systeme sind also *umweltoffen* und gleichzeitig *operativ geschlossen* (vgl. auch Berghaus 2011, 56).

Die Instanz, die über die System-Umwelt-Differenz entscheidet, nennt Luhmann (z. B. 1997, 69) den *Beobachter*. Dieser Begriff ist nicht ausschließlich den psychischen Systemen zuzuordnen. Stattdessen ist er abstrakt und unabhängig von der spezifischen Operationsweise des Systems zu verstehen. Beobachten heißt „Unterscheiden und Bezeichnen" (Luhmann 1997, 69). Beobachten ist neben dem Operieren die zweite zentrale Aktivität von Systemen.

> „Was wie in der Welt beachtet und damit betrachtet werden sollte, gibt die Welt nicht objektiv vor. Sie bietet [...] ein unermessliches Potential für unendlich viele mögliche Unterscheidungen. Welche davon tatsächlich realisiert werden und welche nicht, kommt vom Beobachter. Damit fügt jeder Beobachter seinem Beobachtungsgegenstand etwas hinzu, nämlich seine Unterscheidungskategorien, und nimmt etwas weg, nämlich das von ihm als unwichtig Ausgesonderte" (Luhmann 1995b, 99; zitiert nach Berghaus 2011, 46).

Erkenntnisse können demnach keine Abbildungen der Realität sein. Sie sind Beobachtungen der Realität und somit Konstrukte, da sie auf Unterscheidungen beruhen. Diese Unterscheidungen trägt ein Beobachter an die Welt heran, weshalb sie nicht als „vorgegebene Weltattribute oder ontologisch oder transzendental feststellbare Dekomponate (,Kategorien')" zu verstehen sind (Luhmann 2007, 119). Entsprechend beobachtet ein Beobachter unter Berücksichtigung seiner eigenen, bereits vorhandenen Beobachtungskategorien (vgl. Luhmann 1997, 470)[4]. Gleichzeitig darf diesem operativen Konstruktivismus allerdings keine Beliebigkeit der Erkenntnis unterstellt werden (vgl. Luhmann 1994, 8). Die vom Beobachter produzierten Konstruktionen müssen der Realität angemessen und zu ihr konsistent sein (vgl. Luhmann 2007, 109 und 111). Die so entstehenden Konstruktionen eines Systems werden von Luhmann auch als Informationen benannt, wobei er *Information* anders als in unserem alltäglichen Sprachgebrauch üblich versteht:

> „Information ist eine überraschende Selektion aus mehreren Möglichkeiten. Sie kann als Überraschung weder Bestand haben noch transportiert werden; sie muß systemintern erzeugt werden, da sie einen Vergleich mit Erwartungen voraussetzt. Außerdem

---

[4]Auch Knowlton (1966, 161) spricht von Kategorien als „human contrivances, not relentless division of nature". Er versteht eine Kategorie hierbei allgemein als eine Sammlung von Dingen, die unter einem bestimmten formalen und *kriterialen Attribut* dieser Kategorie als zugehörig erklärt werden. Diese Attribute werden von einem Individuum in Abhängigkeit von dessen Absichten und Zielen an die Objekte herangetragen und zur *Unterscheidung* genutzt, wobei das Individuum das hinter der Unterscheidung stehende Konzept bereits erworben haben muss: Um Tomaten anhand ihrer Farbe als reif bzw. unreif zu klassifizieren, muss das Konzept ,Reife' zunächst erworben und anschließend von dem einteilenden Menschen auch als solches zur Kategorienbildung herangezogen werden. Dies wird unter dem Aspekt der *Ikonizität* in Abschnitt 4.2.1 näher erläutert und hier bereits aufgeführt, um auf diesen Zusammenhang hinzuweisen.

sind Informationen nicht rein passiv zu gewinnen als logische Konsequenzen von Signalen, die aus der Umwelt empfangen werden. Vielmehr erhalten sie immer auch eine volitive Komponente, das heißt einen Vorausblick auf das, was man mit ihnen anfangen kann. Bevor es zur Erzeugung von Informationen kommen kann, muss sich also ein Interesse an ihnen formieren" (Luhmann 1997, 71 f.).

Informationen werden demnach nicht direkt aus der Umwelt empfangen. Erst dadurch, dass ein System bzw. ein Beobachter auf Interesse beruhende Unterscheidungen vornimmt, sich für dieses oder jenes und damit gegen etwas anderes entscheidet, werden Informationen systemintern produziert.

Neben dieser Beobachtung *erster Ordnung*, die Unterscheidungen vornimmt und es ermöglicht, „die inneren Prozesse eines Systems von dem [zu] unterscheiden, was ihm nicht zugehört" und „Kausalbeziehungen zwischen Innen und Außen" festzustellen (Baraldi, Corsi & Esposito 1997, 125), existieren auch *Beobachtungen zweiter und dritter Ordnung*. Ein Beobachter erster Ordnung *ist* selbst Teil dessen, was er beobachtet. Das heißt, er ist „mittenmang". Diese Teilhabe produziert einen „blinden Fleck". Denn wie sehr sich der Beobachter auch bemüht, er kann „immer etwas nicht erkennen" (Berghaus 2011, 46). Einem Außenstehenden, einem Beobachter des Beobachters, ist dies hingegen möglich, jedoch produziert dieser dabei einen weiteren blinden Fleck, für den ein dritter Beobachter benötigt wird, usw. Dies soll an einem kurzen Beispiel (vgl. ebd., 49 f.) illustriert werden: Massenmedien (als soziale Systeme) können die Gesellschaft (als deren Umwelt) beobachten. Dies ist die Beobachtung erster Ordnung. Wenn nun der Soziologe Niklas Luhmann (als psychisches System) seinerseits die Massenmedien (als Umwelt) beobachtet, spricht man von der Beobachtung zweiter Ordnung. Die Leser von Luhmanns Publikationen (als psychische Systeme) beobachten ihrerseits Luhmann bei seiner Beobachtung der Massenmedien, die wiederum die Gesellschaft beobachten. Daraus folgt, dass jeder Beobachter andere Beobachtungen beobachten und vergleichen kann. Er hat dabei allerdings immer nur einen Ausschnitt im Blick, was auf seine an die Umwelt herangetragenen Unterscheidungskategorien und Konstruktionen aus systemrelativer Sicht zurückzuführen ist. Ein Beobachter, unabhängig welcher Ordnung, kann niemals das große Ganze überblicken. Er wird aufgrund seiner Beobachtungskategorien und seines aktuellen Interesses immer etwas übersehen bzw. als unwichtig aussondern.

1.2.2 Kommunikation

In dem vorangegangenen Abschnitt wurden wichtige theoretische Grundlagen von Luhmanns komplexer Systemtheorie ausgewählt und zusammengefasst dargestellt (1.2.1), um beim Verstehen seines nun folgenden *Kommunikationsbegriffs* zu helfen (1.2.2.1). Um eine Begriffsbestimmung vorzunehmen, wird zunächst anhand des klassischen Sender-Empfänger-Modells herausgearbeitet, was Kommunikation *nicht* ist. Anschließend werden die aus Abschnitt 1.2.1 bekannten Grundlagen aufgegriffen, um sich dem Kommunikationsbegriff aus Luhmanns Sicht nach und nach anzunähern. Dabei wird ein Schaubild verwendet, um das für die Kommunikation wichtige Verhältnis der Systemarten ‚psychisches' und ‚soziales System' zu illustrieren. In einem weiteren Schaubild wird der Kommunikationsbegriff als aus der Synthese dreier Selektionen bestehend verdeutlicht und so die zuvor erklärten Selektionen zusammengefasst. Abschließend wird auf die für das Forschungsvorhaben essenzielle Schlussfolgerung verwiesen: Die Bedeutung der verwendeten kommunikativen Mittel liegt nicht in diesen selbst! Diese Schlussfolgerung wird im anschließenden Abschnitt 1.2.2.2 aufgegriffen und unter der problemhaften Basis von Kommunikation bzw. Interaktion ausführlich thematisiert. Es ist sowohl für die Durchführung der Interviews als auch ihrer Analysen erforderlich, die von den Kindern getätigten Aussagen in einem *theoriebasierten, rationalen und argumentativ gestützten Konnex* zu interpretieren. Anhand des Interviewbeispiels mit Annika (Selter & Spiegel 1997) wird ein solcher Umgang illustriert und theoretisch eingebettet. Somit werden die im Unterkapitel 1.1 ausgearbeiteten epistemologischen Bedingungen mathematischen Wissens sowie wichtige theoretische Aspekte aus dem Luhmannschen Kommunikationsbegriff der Systemtheorie als *analoges Problem* zusammengeführt und in Bezug auf das Forschungsvorhaben präzisiert.

1.2.2.1 Eine Begriffsbestimmung

Was ist Kommunikation bzw. was ist Kommunikation *nicht*? Klassischerweise wird Kommunikation als Abfolge von Nachrichtenübermittlungen zwischen einem Sender und einem Empfänger (Sender-Empfänger-Modell) verstanden. Der Sender kodiert das, was kommuniziert werden soll, anhand eines Zeichensystems wie unsere Sprache. Dies ermöglicht eine interpersonelle Übertragung als Nachricht. Der Empfänger dekodiert die übermittelten Zeichen und stellt für sich eine Bedeutung her. Indem er auf die ursprüngliche Nachricht mit einer eigenen Nachricht reagiert, wird er selbst zum Sender und sein Gesprächspartner zum Empfänger (vgl. z. B. Heringer 2017, 13). Demnach bestünde Kommunikation aus den beiden Aktionen *senden* und *empfangen*, bei denen eine Art

Übertragung von Gedanken stattfände, sofern die Kommunikation nicht gestört
wird (durch laute Geräusche oder Unachtsamkeit des Empfängers). Luhmann
postuliert, dass diese „klassische Metapher [...], Kommunikation sei eine »Übertragung« von semantischen Gehalten von einem psychischen System, das sie
schon besitzt, auf ein anderes" (Luhmann 1997, 104), aufgegeben werden muss.
Gedankenübertragung ist nicht möglich, denn es „gibt keine Möglichkeit, direkt
in den Gedankenfluß eines Bewußtseins einzutreten; man kann die Gedanken
nur von außen in der Weise und der Form des jeweiligen Beobachters beobachten" (Baraldi, Corsi & Esposito 1997, 142–143). Nur ein psychisches System
kann denken, ein soziales nur kommunizieren (vgl. z. B. Luhmann 1997, 105).
Deshalb sind Tätigkeiten wie ‚jemandem seine Gedanken mitzuteilen' in Luhmanns Theorie nicht möglich. Nichtsdestotrotz stehen Kommunikationssysteme
und psychische Systeme in einem besonderen Verhältnis zusammen, das sich aus
der System-Umwelt-Differenz und der damit einhergehenden Autopoiesis aufgrund der daraus resultierenden operativen Geschlossenheit und Umweltoffenheit
ergibt. Psychische Systeme bilden die Voraussetzung für das Zustandekommen
von sozialen Systemen. Genauso wie auch ein biologisches System (beispielsweise der menschliche Körper) benötigt wird, damit psychische Systeme (wie das
menschliche Bewusstsein/das Gehirn) operieren können. Luhmann spricht auch
davon, dass verschiedene Systeme *strukturell aneinander gekoppelt* sind und sich
ko-evolutiv entwickeln. Sie schaffen sich durch Interpenetrationen die notwendigen Umweltvoraussetzung und sind offen für Irritationen (vgl. Baraldi, Corsi &
Esposito 1997, 87; vgl. Luhmann 1997, 103). Das Bewusstsein ist in dem Sinne
Voraussetzung für Kommunikation. Gleichzeitig bilden

> „Kommunikationssysteme und psychische Systeme (oder Bewußtsein) [...] zwei klar
> getrennte autopoietische Bereiche; ausgeschlossen sind sowohl ein direkter Eingriff
> der Kommunikation in die psychischen Prozesse der Teilnehmer (nicht alles, was kom-
> muniziert wird, wird vom Bewußtsein rezipiert – das Bewußtsein bestimmt autonom,
> was eine Information darstellt) als auch ein operativer Eingriff des Bewußtseins in die
> Kommunikation (die Gedanken sind nur sozial relevant, wenn sie zum Gegenstand der
> Kommunikation werden, und ihre kommunikative Bedeutung ist von der psychische
> Bedeutung getrennt). Diese beiden Systemarten sind jedoch in einem besonderen engen
> Verhältnis miteinander verbunden und bilden wechselseitig eine »Portion notwendiger
> Umwelt«: Ohne Teilnahme von Bewußtseinssystemen gibt es keine Kommunikation,
> und ohne Teilnahme an Kommunikation gibt es keine Entwicklung des Bewußtseins"
> (Baraldi, Corsi & Esposito 1997, 86).

Dementsprechend muss man sich von dem klassischen Sender-Empfänger-Modell
verabschieden. Das besondere Verhältnis vom physischen und sozialen System

wird einem Schaubild nach Heinz Steinbring, wie er es für die Vorlesung zu ,Mathematik lehren und lernen – Grundprobleme der *Kommunikation* mathematischen Wissens' (02. Dezember 2015; Folien 9–12) ausgearbeitet hat, herangezogen, um die Portion notwendiger Umwelt, die die jeweiligen Systeme für sich bilden, anschaulich darzustellen (vgl. Abb. 1.1).

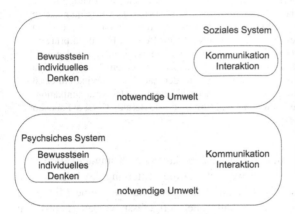

Abb. 1.1 Verhältnis vom psychischen und sozialen System (vgl. Steinbring 2015b, 9 ff.)

Luhmann versteht Kommunikation als „Letztelement" oder „spezifische Operation sozialer Systeme": Kommunikation besteht aus der Synthese dreier Selektionen (1) Mitteilung; (2) Information; (3) Verstehen der Differenz zwischen Information und Mitteilung" (Baraldi, Corsi & Esposito 1997, 89; vgl. auch Luhmann 1997, 72 und 190). *Information* kann nicht von einem System aus der Umwelt empfangen werden. Sie muss aktiv auf Grundlage von Beobachtung, Unterscheidung und Interesse systemintern als mögliche Konsequenz auf eine Irritation aus der Umwelt konstruiert werden (vgl. Luhmann 1997, 46 und 71 f.; Luhmann 2007, 119). Wie schon *Information* beruht auch *Mitteilung* auf Selektion. Aus der Fülle an Informationen, die ,*Alter*' zur Verfügung stehen, muss dieser auswählen, was und was er nicht als Mitteilung äußern möchte. Entsprechend ist die Mitteilung, die ,Alter' vornimmt, ungleich der Information, über die ,Alter' verfügt. Es liegt also eine Differenz zwischen der Information als erste Selektion (welcher überraschenden Irritation der Umwelt ein Informationswert zugeordnet wird) und der Mitteilung als zweite Selektion (für bzw. gegen bestimmte Inhalte und Darstellungsweisen) vor. Die dritte Selektion liegt im *Verstehen*, dass ‚Alter' eine Mitteilung getätigt hat, die sich von den Informationen, die ‚Alter' zur Verfügung hat, unterscheidet. Zusammenfassend spricht man von Kommunikation,

> „[…] wenn Ego versteht, daß Alter eine Information mitgeteilt hat; diese Information kann ihm dann zugeschrieben werden. Die Mitteilung einer Information (Alter sagt zum Beispiel »Es regnet«) ist nicht an sich Information. Die Kommunikation realisiert sich nur, wenn sie verstanden wird: wenn die Information (»Es regnet«) und Alters Intention für die Mitteilung (Alter wird zum Beispiel Ego dazu bringen, einen Regenschirm mitzunehmen) als unterschiedliche Selektionen verstanden werden. Ohne Verstehen kann Kommunikation nicht beobachtet werden: Alter winkt Ego zu, und Ego läuft ruhig weiter, weil er nicht verstanden hat, daß der Wink ein Gruß war. Das Verstehen realisiert die grundlegende Unterscheidung der Kommunikation: die Unterscheidung zwischen Mitteilung und Information" (Baraldi, Corsi & Esposito 1997, 89).

Damit wird der Sender / Mitteilende als Hauptakteur der Kommunikation vom Mitteilungsempfänger abgelöst. Nur wenn dieser die Mitteilung des Mitteilenden als Mitteilung wahrnimmt, liegt Kommunikation vor. So kann eine Mitteilung als Mitteilung gemeint sein (Winken) und auch aufgefasst werden (Gruß). Sie kann aber auch nicht als Mitteilung gemeint sein (Verscheuchen einer Fliege) und trotzdem als Mitteilung aufgefasst werden (Gruß). In beiden Fällen liegt Kommunikation vor. Wenn jedoch Ego eine von Alter als Mitteilung intendierte Mitteilung (Winken) nicht als Mitteilung auffasst (sondern als Verscheuchen einer Fliege), liegt trotz der Mitteilungsabsicht von Alter keine Kommunikation vor. Gesetzt den Fall, dass Alter eine Mitteilung tätigt und diese von Ego als solche auch verstanden wird, so kann Ego in die Rolle von Alter wechseln und seinerseits eine Mitteilung tätigen, was eine Art vierter Selektion im Kommunikationsprozess entsprechen würde (vgl. Berghaus 2011, 101). Der ersten Kommunikationseinheit schließt sich somit eine zweite an, die Luhmann als *Anschlusskommunikation* benennt (denn Kommunikation produziert und reproduziert sich stetig weiter). Schematisch lassen sich die verschiedenen aufeinanderfolgenden Kommunikationseinheiten wie folgt darstellen (vgl. Berghaus 2011, 103):

(1) Selektion der Information durch Alter
(2) Selektion der Mitteilung durch Alter
(3) Selektion des Verstehens durch Ego
(4) Annahme/Verstehen des Sonnvorschlags von Ego als
   (1) Selektion der Information, sodass Ego zu Alter wird
   (2) Selektion der Mitteilung von Alter (ehemals Ego)
   (3) Selektion der Annahme/des Verstehens von Ego (ehemals Alter)
   (4) bzw.   (1) Selektion der Information durch Alter
            (2) Selektion der Mitteilung durch Alter
            (3) Selektion des Verstehens durch Ego

usw.

Mit der Sprache als Verbindungsmittel zwischen Kommunikationssystemen und psychischen Systemen muss zwischen der Mitteilung, die aus Worten, aber auch Gestik, Mimik, Zeichen oder Bildern bestehen kann, und der möglichen dahinterstehenden Information unterschieden werden. *Die Bedeutung liegt demnach nicht in den verwendeten kommunikativen Mitteln selbst.* Es muss darüber hinaus unterschieden werden zwischen dem, was der Mitteilende meint (‚Es regnet.‘ – Nimm einen Regenschirm mit!) und dem, was der Mitteilungsempfänger als Bedeutung der getätigten Mitteilung zuweist (‚Es regnet‘ – Lass uns zuhause bleiben!). Folglich muss jede/r Gesprächsteilnehmer/in ihr/sein eigenes Verstehen selbst aktiv in der sozialen Kommunikation herstellen und für sich die Bedeutung (re)konstruieren, da diese nicht direkt mit den kommunikativen Mitteln transportiert oder gar als Gedanken direkt in ein anderes psychisches Bewusstsein übertragen werden kann. Steinbring (2009) erläutert dies unter Rückbezug zu Saussures Unterscheidung von Bezeichnetem (Bedeutung; Signifikat) und Bezeichnendem (Lautbild; Signifikant)[5]:

„Nach Luhmann werden wechselweise von den Teilnehmerinnen und Teilnehmern im kommunikativen System durch *Mitteilungen* (bzw. Handlungen) ›Bezeichnende‹ als Hinweise auf *Informationen* (›Bezeichnete‹) gegeben. Der Mitteilende kann nur ein Bezeichnendes mitteilen, aber das vom Mitteilenden intendierte Bezeichnete, welches dann erst zu einem verstandenen Zeichen führen kann, bleibt offen und relativ unbestimmt; es kann nur vom Mitteilungsempfänger hergestellt werden, indem er selbst ein neues Bezeichnendes artikuliert. Der Empfänger darf das mögliche Bezeichnete *nicht strikt* dem Redner zuordnen, er muss es ›selbst herstellen‹, es entsteht in der sozialen Kommunikation" (Steinbring 2009, 96; Hervorhebung im Original).

---

[5]Die Unterscheidung von Bezeichnetem und Bezeichnendem nach Saussure wird im Unterkapitel 2.1 aufgegriffen und in Kürze ausgeführt. In Kapitel 4 werden zur Ausdifferenzierung weitere semiotische Theorien herangezogen.

1.2.2.2 Relevanz von Luhmanns Kommunikationsbegriff für das Forschungsvorhaben

Die von Luhmann benannte problemhafte Basis von Kommunikation bzw. Interaktion existiert in Forschungsprozessen in doppelter Hinsicht. In mathematischen Interaktionen äußern die Beteiligten Mitteilungen, die von den anderen Beteiligten wahrgenommen (Beobachtung erster und zweiter Ordnung), für sich interpretiert und dessen Bedeutung rekonstruiert werden muss, bevor eine weitere Mitteilung getätigt werden kann, in der sich ein mögliches Verstehen der ersten getätigten Mitteilung zeigt. In Analysen solcher Gesprächssituationen werden eben jene getätigten Mitteilungen erneut interpretiert und ein Verstehen seitens der Forscherin/des Forschers erzeugt (Beobachtung dritter Ordnung). Dies kann dazu führen, dass Differenzen zwischen möglichen gemeinten Informationen und verstandenen Mitteilungen der Beteiligten rekonstruiert werden.

Darüber hinaus ist es erforderlich, dass die von den Kindern getätigten Mitteilungen in einem *theoriebasierten, rationalen und argumentativ gestützten Konnex* interpretiert werden. Durch die Herstellung von Zusammenhängen, Beziehungen und Argumenten wird so eine Form konstruiert, in der die Einzeläußerungen der Kinder sinnvoll gedeutet werden können und sich Hinweise bzw. Erklärungen auf die Art und Weise, aber auch die Richtigkeit der Aussage finden lassen. Als Beispiel sei hier ein Dialog der Drittklässlerin Annika mit einer Interviewerin angeführt (vgl. Selter & Spiegel 1997, 61 ff.). Darin erscheint eine Einzelaussage Annikas für sich genommen schlichtweg falsch. Ihre mögliche intendierte Bedeutung kann jedoch in einem solchen rationalen, argumentativ gestützten Konnex sinnvoll rekonstruiert werden kann.

Im Rahmen eines Interviews soll Annika am Anfang des dritten Schuljahres die Divisionsaufgabe $60 \div 4$ lösen. Ihre Antwort „13" beginnt sie auf Nachfrage der Interviewerin wie folgt zu begründen: „Ich hab erst 8 durch 4 gerechnet, das waren 12" (Z. 4; ebd., 61). Die Mitteilende tätigt eine Mitteilung, deren Bedeutung bzw. Information offensichtlich infrage steht und auf den ersten Blick als falsch erscheint. (Acht geteilt durch vier ist schließlich zwei und nicht zwölf!). Die Mitteilungsempfängerin äußert ihrerseits eine Mitteilung (als zweiten Teil und somit zweite Selektion der Anschlusskommunikation). Dadurch zeigt sie, dass sie die Differenz zwischen der getätigten Mitteilung und der dahinterstehenden Information versteht (dritte Selektion der ersten Kommunikationseinheit bzw. erste Selektion der zweiten Kommunikationseinheit). Die Interviewerin als Mitteilungsempfängerin erzielt allerdings kein inhaltliches Verstehen ihrerseits, weshalb der Sinnvorschlag der Mitteilenden (zunächst) abgelehnt wird: „Also, ich muss jetzt gleich mal dich unterbrechen. Du hast nämlich gesagt, 8 durch 4 ist 12" (Z. 6; ebd.). Eine genaue Betrachtung und Analyse der ersten und der nachfolgenden Erklärungen von Annika deutet allerdings darauf hin, dass diese durchaus vernünftige Überlegungen zur Lösung der Divisionsaufgabe angestellt hat (vgl. Selter & Spiegel 1997, 89): Die Zahl 60 hat sechs Zehner (6 · 10) und in jedem Zehner steckt eine Acht (10 = 8 + 2), somit steckt Acht sechsmal in der 60 (6 · 10 = 6 · 8 + *Rest*). Weil Vier zweimal in Acht passt (8 = 2 · 4), passt Vier zwölfmal in die 60 (6 · 10 = 6 · 8 + *Rest* = 12 · 4 + *Rest*). Demnach kann man Annika nicht unterstellen, dass sie mit ihrer Aussage die Rechnung ‚8 ÷ 4 = 12' meint. Vielmehr meint sie wahrscheinlich, dass Acht das Doppelte von Vier ist. Und wenn Acht schon sechsmal in 60 passt, dann passt Vier doppelt so oft in 60, nämlich zwölfmal.

Psychische Systeme sind folglich keine *trivialen Maschinen*, die Input (z. B. 60 ÷ 4) erhalten und diesen nach bestimmten Regeln in Output transformieren (60 ÷ 4 = 15). Allerdings versuchen einige Lehrpersonen, ihre Schülerinnen und Schüler wie triviale Maschinen zu erziehen,

> „[…] wenn diese auf bestimmte Fragen richtige Antworten geben müssen. Wenn die Antwort falsch ist, ist sie falsch, wenn sie richtig ist, ist sie richtig. Wenn sie falsch ist, hat die Maschine einen Fehler, wenn sie richtig ist, ist es gut. In dem System ist nicht vorgesehen, dass der Schüler [/die Schülerin] zum Beispiel die Frage infrage stellt oder kreative Auswege sucht, also die mathematischen Formeln auf ihre Ästhetik hin betrachtet, wie konkrete Poesie auf dem Blatt verteilt oder etwas macht, was sich nur erklären lässt, wenn man weiß, in welchem Zustand er [/sie] sich gerade befindet" (Luhmann 2009, 98 f.).

Wird die Erwartung des Lehrers nicht erfüllt und ein anderer oder kein Output generiert, nimmt dieser an, dass die Maschine alias das Bewusstsein des Schülers/der Schülerin kaputt sei und entsprechend repariert werden müsse. Aus Sicht trivialer Maschinen produziert Annika in dem Beispiel einen falschen Output, denn 8 ÷ 4 = 12 ist schlichtweg falsch. Überdies ist es fraglich, in welchem Zusammenhang dieser Zwischenschritt mit der eigentlich erfragten Lösung von 60 ÷ 4 steht. Die (hier stark gekürzte) interpretative Analyse der Forscher (Beobachtung dritten Grades) von Annikas Äußerungen aus der Sicht von nicht trivialen Maschinen ermöglicht eine Rekonstruktion von Annikas Verstehen in ihrem *individuellen rationalen Konnex* (vgl. Steinbring 2015b, 15; siehe auch Steinbring 2015a, 281), wohingegen Annikas Aussagen von der Interviewerin (Beobachtung zweiten Grades) (zunächst) nicht verstanden werden. Steinbring (2013, 64 f.) fasst die hier herausgearbeitete problembehaftete Basis von Kommunikation und Interaktion als das „doppelte Verstehensproblem" in der interpretativen mathematischen Forschung in den folgenden zwei Punkten zusammen:

(1) „Das wechselseitige Verstehen der Teilnehmerinnen in mathematischen Inter-
    aktionen ist *nicht direkt möglich*, sondern erfordert die Einordnung auftreten-
    der kommunikativer Mitteilungen in einen aktiv herzustellenden rationalen
    Konnex von begrifflichen Vorstellungen und einer gemeinsamen Handlungs-
    praxis."

(2) „Die interpretative mathematische Forschung kann Verstehensvorgänge in
    realen mathematischen Interaktionen *nicht durch bloßes Beobachten direkt auf-
    klären*, sondern muss (dokumentierte) mathematische Interaktionen mit Hilfe
    von Forschungsmethoden in einen theoretisch fundierten, rationalen Konnex
    von wissenschaftlichen Begriffen und Modellen einordnen und so objektiv
    nachvollziehbare Deutungen rekonstruieren" (Hervorhebung KM).

Kommunikative Mittel in mathematischen Deutungsprozessen als solche sind
folglich von dem, was mit ihnen intendiert ist und welche Bedeutung sie transportieren, zu unterscheiden. Sowohl die Beteiligten (Beobachtung zweiter Ordnung)
als auch die Forschenden (Beobachter dritter Ordnung) müssen die Informationen aus den Mitteilungen (nach Luhmann) sinnvoll für sich rekonstruieren,
weshalb der interaktive Prozess (in Lehr-Lernsituationen) ein komplexer ist.
Damit benennt Luhmann das, was Duval im *paradoxen Charakter mathematischen Wissens* (2000, 61) bzw. später als *kognitiven Paradox des Zugangs zu
mathematischen Objekten* (2006, 106) für das Verhältnis von semiotischen Mitteln und mathematischem Bedeutungsinhalt beschreibt, als *analoges Problem* für
die kommunikativen Mittel und deren Bedeutungsinhalt. Die Mitteilungen in der
Kommunikation entsprechen den semiotischen Mitteln für den Zugang zu nicht
sinnlich wahrnehmbarem, prinzipiell unsichtbarem, begrifflichen mathematischen
Wissen. Die Informationen, die mit den Mitteilungen intendiert werden, sind
nicht mit den Mitteilungen (Worten, Bezeichnungen, Zeigegesten, etc.) gleichzusetzen. Sie müssen vom Mitteilungsempfänger selbst und quasi neu in seinem
Verstehenskontext hergestellt werden. Die mathematischen semiotischen Mittel
dürfen z. B. vom lernenden Kind nicht direkt mit dem mathematisch begrifflichen Wissen gleichgesetzt werden. Die semiotischen Zeichenträger verweisen
– möglicherweise – auf das begriffliche Wissen in nicht sinnlich wahrnehmbaren
systemisch-relationalen Strukturen. Dieses unsichtbare begriffliche mathematische Wissen muss gemäß den vorliegenden epistemologischen Bedingungen vom
lernenden Kind selbst rekonstruiert werden. Dies schließt mit ein, dass auch
mögliche Bedeutungsverschiebungen im Rahmen einer mathematischen Struktur
eigenständig erkannt und neu rekonstruiert werden müssen, da auch diese nicht
in den Mitteln selbst liegen, sondern darin, was damit gemeint ist.

1.3   Konsequenzen für das Forschungsprojekt

Die epistemologischen Besonderheiten mathematischen Wissens (Abschnitt 1.1) wie auch die problemhafte Basis von Kommunikation und Interaktion (Abschnitt 1.2) sowie deren Verknüpfung bilden ein wichtiges Fundament dieser Forschungsarbeit. Sie lassen sich in den folgenden Punkten zusammenfassen:

Epistemologische Besonderheiten mathematischen Wissens:

– Mathematisches Wissen und mathematische Objekte als mathematische Begriffe sind selbst niemals sinnlich wahrnehmbar und somit prinzipiell ‚unsichtbar'. Der begriffliche Kern mathematischen Wissens besteht folglich in nicht direkt sinnlich wahrnehmbaren systemisch-relationalen Strukturen.

– *Systemisch-relational* bedeutet, dass einzelne Elemente in Relation, also in Beziehung zueinander stehen und dabei Teil eines gemeinsamen zugrundeliegenden Systems sind. So ist die natürliche Zahl 5 eine Primzahl, die Hälfte von 10 und steht in einer Vorgänger- bzw. Nachfolger-Beziehung zu den Zahlen 4 und 6. Diese drei Elemente sind gleichzeitig ebenfalls Teil des dezimalen Stellenwertsystems. Die verschiedenen Ziffern 4, 5 und 6 erhalten, an verschiedenen Positionen notiert, durch die dezimale Struktur ihre Bedeutung. Beispielsweise werden sie in der Schreibweise 465 als 4 Hunderter, 6 Zehner und 5 Einer verstanden. Es ist gleichzeitig möglich, die zugrundeliegende Struktur des Stellenwertsystems zu verändern. Dies geschieht beispielsweise durch die Wahl einer anderen Basis und somit eines anderen zugrundeliegenden Systems. In dem für Datenverarbeitung genutzten Hexadezimalsystems (Basis 16) wird die Zahl 465 als „1d116" notiert. Das in der Informatik wichtige Binärsystem (Basis 2) hat für 465 die Schreibweise „1110100012".

– Um Zugang zu mathematischem Wissen zu erhalten und mit ihnen zu operieren, sind semiotische Mittel unverzichtbar, diese notwendigen semiotischen Mittel dürfen jedoch nicht mit dem begrifflichen mathematischen Wissen identifiziert und verwechselt werden.

– Die Beziehung zwischen einer Repräsentation und einem mathematischen Objekt muss aktiv vom lernenden Subjekt hergestellt werden. Dabei ist das Subjekt frei in der Wahl der Art der Repräsentation, nicht aber in der epistemologischen Bedeutung des mathematischen Inhalts, wie es durch die Anwendungssituation in Form von mathematischen Beziehungen/Strukturen konstituiert ist.

– Das gewählte Darstellungssystem bzw. die gewählte Art der Repräsentation gestaltet die Möglichkeit, Strukturen und Beziehungen in diese hineinzusehen, mit.

Analog zu dem kognitiven Paradox des Zugangs zu mathematischen Objekten für das Verhältnis von semiotischen Mitteln und mathematischem Bedeutungsinhalt kann die *problemhafte Basis von Kommunikation und Interaktion* aufgeführt werden, die sich in den nachfolgenden wesentlichen Punkten zusammenfassen lässt:

– Erkenntnisse sind keine Abbildungen der Realität, sondern Beobachtungen und damit Konstrukte, da sie auf Unterscheidungen beruhen, die ein Beobachter durch seine eigenen Beobachtungskategorien an die Welt heranträgt. Die vom Beobachter produzierten Konstruktionen müssen der Realität angemessen und zu ihr konsistent sein

– Kommunikation ist keine Gedankenübertragung von einem Individuum auf das andere, sondern setzt sich aus den drei Selektionen Information, Mitteilung und Verstehen zusammen. In Kommunikationsprozessen müssen die Beteiligten deshalb zwischen der hinter einer getätigten Mitteilung stehenden Information und der mit kommunikativen Mitteln getätigten Mitteilung unterscheiden. Die Bedeutung/Information einer Mitteilung kann folglich an dieser selbst nicht direkt abgelesen werden, sondern muss aktiv und individuell von jeder/m Gesprächsteilnehmer/in selbst in der sozialen Interaktion rekonstruiert werden. Kommunikative Mittel in mathematischen Deutungsprozessen als solche sind folglich – analog zu den semiotischen Mitteln – von dem, was mit ihnen intendiert ist und welche Bedeutung sie transportieren, zu unterscheiden. Sowohl die Beteiligten (Beobachtung zweiter Ordnung) als auch die Forschenden (Beobachter dritter Ordnung) müssen die Informationen aus den Mitteilungen sinnvoll für sich rekonstruieren.

– Die von den Beteiligten getätigten Mitteilungen müssen in einem theoriebasierten, rationalen und argumentativ gestützten Konnex rekonstruiert und interpretiert werden, indem durch die Herstellung von Zusammenhängen, Beziehungen und Argumenten eine Form konstruiert wird, in der die Einzeläußerungen (insbesondere der Kinder) sinnvoll gedeutet werden können und sich Hinweise bzw. Erklärungen auf die Art und Weise, aber auch die Richtigkeit der Aussage finden lassen.

Die hier getroffenen, für das Forschungsvorhaben essenziellen Aussagen finden in unterschiedlichster Weise in den nachfolgenden Kapiteln dieser Arbeit Berücksichtigung. Damit kann das erste Kapitel zu den epistemologischen Besonderheiten mathematischen Wissens und zur problemhaften Basis von Kommunikation und Interaktion als eine Art *Metatheorie* aufgefasst werden. Insbesondere in den Kapiteln zur Entwicklung des frühen symbolischen Verstehens im kindlichen Spiel aus Sicht der Lern- und Entwicklungspsychologie (Kapitel 2), zu Arbeits- und Anschauungsmitteln als semiotische Zeichenträger für mathematisches Wissen (Kapitel 3) und bei der Betrachtung verschiedener semiotischer Theorien in Bezug zum Mathematiklernen (Kapitel 4), aber auch in den darauffolgenden Kapiteln werden die epistemologischen Besonderheiten mathematischen Wissens immer wieder aufgegriffen. Mit der in den Kapitel zwei bis vier vorgenommenen theoretischen Grundlegung werden die epistemologischen Besonderheiten darüber hinaus in der zentralen Erkenntnis des Forschungsprojekts, dem Theoriekonstrukt *ThomaS* (Kapitel 5), empirisch gestützt zusammengeführt. In den Ausführungen zur Planung und Durchführung der Analysen und Erkenntnissen der Hauptstudie (Kapitel 6, 7 und 8) spielt außerdem in besonderer Weise die problemhafte Basis von Kommunikation und Interaktion eine äußerst wichtige Rolle, auf die entsprechend den hier dargestellten wesentlichen Punkten Rücksicht genommen wird. Auch in diesem eher empirischen Teil der Arbeit werden die epistemologischen Besonderheiten mathematischen Wissens in Zusammenhang mit der ausgearbeiteten theoretischen Basierung für die Forschungsproblematik aufgegriffen, wenn es darum geht, die von den Kindern in die semiotischen Zeichenträger hineingesehenen Bedeutungen anhand ihrer getätigten kommunikativen Mittel zu rekonstruieren. Inwiefern die Inhalte dieses ersten Kapitels, genauer gesagt, die epistemologischen Besonderheiten mathematischen Wissens, als Metatheorie aufgefasst werden, wird nachfolgend in Kürze beschrieben. Dieser Absatz soll zudem als Überleitung zum nachfolgenden Kapitel 2 zur Symbolentwicklung im kindlichen Spiel und somit als Überleitung von der Metatheorie zur Theoriebasierung der Forschungsproblematik verstanden werden.

In dem vorliegenden Forschungsprojekt werden die teilnehmenden Kinder explizit dazu aufgefordert, eigenständig Zeichenträger zu konstruieren, zu nutzen und zu erklären. Dafür scheint ein Blick auf die Anfänge der Symbolentwicklung und somit auf die Entwicklung des frühen symbolischen Verstehens, wie es sich im kindlichen Spiel entwickelt, lohnenswert. Bereits im Kleinkindalter verfügen die Kinder über erstaunliche symbolische Fähigkeiten, die in alltäglichen und zumeist spielerischen Situationen ihren Ursprung und ihre Anwendung erfahren. Wird nun diese im Spiel entwickelte Erfahrung im Umgang mit Symbolen auf mathematische Zeichenträger übertragen, so müssen zusätzlich zu den bereits erworbenen Fähigkeiten die epistemologischen Besonderheiten mathematischen Wissens Berücksichtigung erfahren. Auch im Mathematikunterricht der Grundschule werden diese im kindlichen Spiel gewonnenen Vorerfahrungen aufgegriffen, indem mit vermeintlich konkreten Arbeits- und Anschauungsmaterialien sowie Aufgaben mit lebensweltlichen Bezügen gearbeitet wird. Auch hier müssen didaktische Annahmen um die in Abschnitt 1.1 aufgeführte epistemologische Perspektive erweitert werden. Die epistemologischen Besonderheiten mathematischen Wissens müssen erneut bei der Betrachtung unterschiedlicher semiotischer Theorien berücksichtigt werden, wenn es darum geht, eine Bedeutung bzw. Bezeichnung zu den verwendeten Zeichenträgern zu generieren. Sie finden als wesentlicher Bestandteil Einzug in das theoretisch und empirisch generierte Theoriekonstrukt. In diesem Sinne kann die nachfolgende theoretische Basierung für die Forschungsproblematik als eine Art Fortsetzung der hier getätigten Aussagen verstanden werden. Hierbei werden die epistemologischen Besonderheiten mathematischen Wissens (und später auch die Aussagen zur problemhaften Basis von Kommunikation und Interaktion) auf die verschiedenen, herangezogenen Theoriebereiche der Semiotik, der Arbeits- und Anschauungsmittel in der Mathematikdidaktik und der Symbolentwicklung im frühen kindlichen Spiel übertragen und innerhalb ihres Theoriebereichs ausdifferenziert.

Die Entwicklung des frühen symbolischen Verstehens im kindlichen Spiel aus Sicht der Lern- und Entwicklungspsychologie

Bevor das frühe symbolische Verstehen und damit einzelne wichtige Meilensteine und Fähigkeiten in der Symbolentwicklung thematisiert werden, erscheint es erforderlich, zuerst einen kleinen allgemeinen Blick auf das *Spiel* zu werfen. In diesem machen schon Kleinkinder erste symbolische Erfahrungen, sodass das *Spiel* bzw. das *Spielen* hier zunächst begrifflich eingeordnet wird und unterschiedliche Spielformen identifiziert werden. Es wird erklärt, inwiefern bereits diese einleitenden, kurzgehaltenen, theoretischen Ausführungen Bezüge zum vorliegenden Forschungsprojekt aufweisen und für dessen Theoriefundierung bedeutend sind. Anhand dieser ersten grundlegenden Einsichten lässt sich zudem der daran anschließend beschriebene Aufbau des Kapitels ableiten.

Bereits seit Jahrhunderten beschäftigen sich Pädagogen und Philosophen wie Aristoteles (384–322 v. Chr.), Schleiermacher (1768–1834), Fröbel (1782–1852), Piaget (1896–1980) und Wygotski (1896–1934) mit Versuchen, das *Spiel* begrifflich zu beschreiben: Aristoteles fasste das Spiel als Gegensatz zur Arbeit auf; für Schleiermacher war es ein Gegensatz zu dem mit Schuleintritt einsetzenden „Ernst des Lebens"; Fröbel stellt den pädagogischen Nutzen der Freude am Spielen für das Lernen heraus; und für Piaget und Wygotski ist entscheidend, dass ein Objekt im Symbolspiel zu einem anderen Objekt transformiert werden kann, es also etwas anderes als sich selbst repräsentiert (vgl. Hauser 2013, 18). Zusätzlich spricht Piaget im Zusammenhang mit dem Spiel von einer „Konsolidierungsfunktion", also die „Konsolidierung von Fähigkeiten" und das „Üben bereits erworbener Schemata". Im Spiel ginge es folglich weniger um „Akkomodation", sondern dieses stelle vielmehr den „assimilativen Pol der Denkentwicklung" dar (Hauser 2013, 18). Im Unterschied zu Piaget betont Wygotski die Rolle der Gleichaltrigen oder auch Erwachsenen als „kompetenten Anderen, von welchem

K. Mros, *Mathematiklernen zwischen Anwendung und Struktur*, Essener Beiträge zur Mathematikdidaktik, https://doi.org/10.1007/978-3-658-33684-4_2

die Kinder lernen können" (Hauser 2013, 18), wobei von der „Zone der nächsten Entwicklung" gesprochen wird (Heinze 2007, 274). Hauser (2013, 20 ff.) benennt fünf Merkmale eines exklusiven Spielbegriffs, die dort ausführlich nachgelesen werden können und hier übersichtshalber zusammengefasst aufgeführt werden:

(1) Unvollständige Funktionalität: Das unmittelbare Ziel des Spielens ist der Spaß an einer Tätigkeit, wobei der damit verbundene funktionale Nutzen höchstens einen Nebeneffekt darstellt.
(2) So-tun-als-ob: Gespielte Verhaltensweisen sind Möglichkeiten/Varianten, die in der Realität noch nicht bestehen müssen. Das zeigt sich insbesondere in unvollständigen, übertriebenen und ungeschickten Verhaltensweisen.
(3) Positive Aktivierung: Spiel hat immer ein verstärkendes Element. Demnach ist es spontan oder freiwillig, absichtlich, spaß-machend, lohnend, verstärkend, sich selbst genügend oder spannend, wobei die intrinsische Motivation den höchsten Stellenwert einnimmt.
(4) Wiederholung und Variation: Im Spiel wird in variierender Weise wiederholt, sodass die Flexibilität in Verhalten und Denken mit zunehmendem Alter wächst.
(5) Entspanntes Feld: Ein im entspannten Feld spielendes Individuum ist gekleidet, gesund, angemessen gesättigt und nicht unter Stress; es fühlt sich wohl.

Im Unterschied zu Hauser (2013) fasst Einsiedler (1999) den Spielbegriff als injunkt auf, also mit fließenden Übergängen zu anderen Verhaltensformen. Das heißt, dass auch wenn ein einzelnes Merkmal nicht vorhanden ist, trotzdem bei deutlicher Existenz der anderen Merkmale von Spiel gesprochen wird (Einsiedler 1999, 12). Die von ihm benannten vier Merkmale sind Flexibilität bzw. intrinsische Motiviertheit (durch freie Wahl zustande kommend), Mittel-vor-Zweck (stärker auf den Spielprozess als auf ein Spielergebnis gerichtet), positive Emotionen und So-tun-als-ob (von realen Lebensvollzügen abgesetzt) (vgl. Einsiedler 1999, 12 f. und 15).

Neben einer Begriffsbestimmung des Spiels bzw. des Spielens als synonymen Gebrauch werden in der Literatur vielfältige Spielformen beschrieben. Diese unterschiedlichen, identifizierbaren Spielformen können logisch in einen Entwicklungsverlauf eingeordnet werden. Dabei enden die jeweiligen Spielformen mit dem Erwerb einer neuen Entwicklungsstufe jedoch nicht abrupt, sondern werden mit einbezogen und umgestaltet, sodass das Spiel als „entwicklungslogisch" bezeichnet wird (Heinze 2007, 270 f.). Der Aspekt, dass eine neue Spielform aus einer schon bestehenden hervorgeht, sich jedoch nicht als summierende Merkmale der früheren Spielform beschreiben lässt, wird auch als „Emergenz" aufgefasst. Diese ist im Modell zur Entwicklung der Spielformen beim Kind bei Mogel (2008, 137 ff.) enthalten. Darüber hinaus finden weitere „synergetische Prozesse" wie das „Zusammenführen von ganz bestimmten Entwicklungslinien [...], die neue Spielqualität hervorbringen", Berücksichtigung (Mogel 2008, 138). Eine systemische Einordnung der Spielabfolge findet sich bei Heinze (2007, 270; vgl. in der Tab. 2.1 links). Einsiedler (1999) spricht von der *Makrosequenz* als Grobeinteilung der kindlichen Spielentwicklung und unterschiedet die vier Spielformen des psychomotorischen Spiels, des Phantasie- und Rollenspiels, des Bauspiels und des Regelspiels, die jeweils in der Literatur verschieden benannt werden (vgl. Einsiedler 1999, 22 f.; 58 ff.; vgl. in der Tab. 2.1 rechts). Als Übersicht sind diese beiden Einteilungen der Spielentwicklung tabellarisch gegenübergestellt sowie verschiedene Benennungen der einzelnen Phasen aufgeführt.

Tab. 2.1 Die Spielentwicklung nach Heinze (2007) und Einsiedler (1999)

Die Makrosequenz der Spielentwicklung vom Säugling zum Schulkind	
nach Heinze (2007, 270)	nach Einsiedler (1999, 22 f.; 58 ff.)
Sensumotorisches Spiel (Funktionsspiel)	psychomotorisches Spiel, auch benannt als: Funktionsspiel (Bühler) manipulatives Spiel sensomotorisches Spiel (Piaget) Übungsspiel (Piaget)
Informationsspiel (Exploration)	
Konstruktionsspiel	Bauspiel, auch benannt als: Konstruktionsspiel
Symbolspiel (Fiktionsspiel)	Phantasie- u. Rollenspiel, auch benannt als: symbolisches Spiel Fiktionsspiel Illusionsspiel So-tun-als-ob-Spiel
Rollenspiel	
Regelspiel	Regelspiel

Wie der knapp gehaltene Versuch einer Begriffsbestimmung und der grob skizzierte Entwicklungsverlauf des Spielens bereits nahelegen, stellt das Spiel ein wesentliches und zentrales Merkmal der Entwicklung und Bildung in der frühen Kindheit dar, mit dem sich die Lern- und Entwicklungspsychologie in vielfältiger Weise auseinandersetzt. An dieser Stelle wird die Diskussion einer Begriffsbestimmung des Spiels und eine detaillierte Darstellung bzw. Unterscheidung der einzelnen Spielformen nicht weiter fortgeführt. Stattdessen vermag bereits dieser kurze Einblick in die Lern- und Entwicklungspsychologie aufzuzeigen, warum es für das vorliegende Forschungsprojekt als lohnenswert erscheint, sich dem Spiel als Bestandteil der frühen kindlichen Entwicklung zu widmen: das Herausbilden der Symbolisierungsfähigkeit als symbolische Handlungen im Als-ob-Spiel bzw. im Symbol-, Fantasie- und Rollenspiel.

Wie die Ausführungen zur Symbolentwicklung aus der Spiel-Forschung aufzeigen werden, entwickelt sich bereits im frühen Kindesalter ein grundlegendes, breites, symbolisches Denken mit vielfältigen Zeichenträgern und unterschiedlichen Bedeutungen/Bezeichnungen[1]. Quasi alles kann herangezogen werden, um auf etwas Anderes als sich selbst zu verweisen. Im kindlichen Spiel können die so herangezogenen Gegenstände oder Personen überdies flexibel umgedeutet werden: Ein Stock wird mal als Pferd, mal als Feuerwehrschlauch symbolisiert. Das Kind schlüpft in verschiedene Rollen und kann innerhalb eines Spiels zwischen diesen hin und her wechseln. Es wird sich herausstellen, dass die Referenten, auf die die herangezogenen Dinge und Personen verweisen, immer dinglicher bzw. pseudo-dinglicher Natur sind. Das heißt, dass ihnen individuelle, charakteristische, zumeist visuell wahrnehmbare Eigenschaften zugeschrieben werden. Ein Cowboy kennzeichnet sich dadurch aus, dass er einen Hut trägt, ein Lasso schwingt und mit einem Revolver schießt; beim Kaffeekränzchen der Puppen werden (Replica-)Gegenstände herangezogen, die für Tassen, Löffel, Zucker und Kuchen stehen.

Diese alltägliche Sicht auf Symbole, die sich bereits in der frühen Kindheit entwickelt, findet im Alltag vielfach Verwendung (man denke nur an Verkehrszeichen oder Symbole am Flughafen). Sie spielt deshalb ebenfalls im Mathematikunterricht der Grundschule, aber auch bereits in den Kindertagesstätten eine große Rolle, wenn es nun darum geht, *mathematische Zeichen* zu deuten. Ziel des Mathematikunterrichts darf es jedoch nicht sein, bei dieser alltäglichen, dinglichen Symboldeutung stehen zu bleiben. Stattdessen muss sich die Deutung zu einer systemisch-relationalen ausdehnen, wie es in Abschnitt 1.1 beschrieben wurde. Hierbei kommt der Symbolentwicklung der frühen Kindheit, die sich im fortschreitenden Leben des Menschen als symbolisches Wesen fortsetzt, weiterhin eine zentrale Bedeutung zu. Deshalb wird sie an dieser Stelle ausführlicher betrachtet. Zudem bildet sie die Basis für das symbolische Denken und wird

---

[1]Für eine detaillierte Begriffsbestimmung der hier aufgeführten Komponenten des Zeichens, Zeichenträgers, Symbols, der Bedeutung und Bezeichnung wird auf das Kapitel 4 verwiesen. Hier wird das Symbol zunächst grundlegend im Sinne DeLoaches (2002) als etwas verstanden, das für etwas Anderes steht, und der Begriff des Zeichens synonym dazu verwendet, sodass im Wesentlichen ein eher alltagsnahes Verständnis des Zeichens/Symbols angenommen wird.

dementsprechend auch in der *didaktischen Theorie mathematischer Symbole* neben weiteren Ebenen aufgenommen (vgl. Kapitel 5). Die nachfolgenden Unterkapitel bilden die theoretische Grundlage für diese erste Ebene im Theoriekonstrukt, die später als *Alltagssicht* benannt wird.

Zunächst erscheint es wichtig, eine Bestimmung des Begriffs *Symbol* aus der Sicht der Entwicklungspsychologin DeLoache (2002) aufzugreifen (vgl. Abschnitt 2.1), bevor in einem weiteren Schritt die Anfänge des Spielens in den Blick genommen werden, um nachzuvollziehen, welche grundlegenden Fähigkeiten Kleinkinder im Spiel erwerben, die als Voraussetzung für ein erstes Symbolverständnis gelten (vgl. Abschnitt 2.2). Zusätzlich wird ersichtlich, dass die verschiedenen Spielformen eng miteinander verknüpft sind. Sie können nicht trennscharf voneinander unterschieden werden und treten zuweilen zeitgleich auf. Nachdem das *psychomotorische Spiel* und damit zusammenhängende weitere Spielformen skizziert worden sind, wird das *Bau- bzw. Konstruktionsspiel* als Übergang vom *Objekt-* zum *Symbolspiel* zusammengefasst dargestellt (vgl. Abschnitt 2.3). Es wird eine Begriffsbestimmung des *Fantasie- und Rollenspiels* vorgenommen (vgl. Abschnitt 2.4.1), bevor in tabellarischer Form dessen Entwicklungsverlauf abgebildet wird (vgl. Abschnitt 2.4.2; Tab. 2.2). Bereits in der Tab. 2.2 enthaltene, aber auch in den ersten Spielformen erworbene Fähigkeiten werden anschließend als Meilensteine in der Entwicklung des Symbolverständnisses aufgeführt (vgl. Abschnitt 2.4.3). Neben den Begriffen der *Objektpermanenz,* der *Objektsubstitution,* der *Dezentrierung* und der *Dekontextualisierung* wird überdies erläutert, was unter der *dualen Repräsentation* zu verstehen ist. Abschließend werden die zentralen Erkenntnisse in Bezug zum eigenen Forschungsvorhaben gesetzt (vgl. Abschnitt 2.5). Dabei wird illustrativ ein Beispiel zur Förderung der mathematischen Kompetenz im Vorschulbereich herangezogen. Ziel ist es nicht, die beiden leicht variierenden Varianten des Trainingsprogramms zum *Zahlenland* (Friedrich & Munz 2006; Preiß 2007) im Detail zu beschreiben oder gar weiterführend kritisch zu hinterfragen, sondern beispielhaft den Unterschied zwischen einer pseudo-dinglichen und einer systemisch-relationalen Deutung von Zahlen herauszustellen.

2.1   Das Symbol – eine erste grundlegende Begriffsbestimmung nach DeLoache

Im Rahmen der kognitiven Entwicklung von Kleinkindern beschäftigt sich Judy S. DeLoache (2002; 2004) im Besonderen mit der Entwicklung des Symbolverständnisses. Sie definiert das *Symbol* in grundlegender Weise als „something that someone intends to stand for or represent something other than itself" (2002, 73). Damit spricht sie fünf essentielle Komponenten des Symbols an, die im Folgenden näher betrachtet werden.

Die Komponente „someone" hebt hervor, dass der Mensch eine symbolische Spezies ist und es nur dem Menschen zu eigen ist, kreativ und flexibel verschiedenste Symbolarten zu gebrauchen (vgl. DeLoache 2004, 66). Es ist die Aufgabe eines jeden Kindes, sein Symbolverständnis zu entwickeln und auszubauen, um zur gesellschaftlichen Teilnahme befähigt zu werden (vgl. DeLoache 2002, 75). Außerdem wird hierbei angedeutet, was unter der Komponente „intention" näher beschrieben wird: Ein Symbol ist nicht von sich aus ein Symbol, sondern nur, weil jemand, eben eine Person, ein Mensch, ihm diesen Charakter zuschreibt.

Das Verb ‚zuschreiben' führt zur zweiten Komponente der Definition: Die von DeLoache gewählten Verben „represent" und „stand for" können auch beschrieben werden als „refer to", „denote" oder „to be about something" (DeLoache 2004, 67). Symbole repräsentieren also Dinge, sie referieren oder verweisen auf etwas, sie denotieren etwas bzw. schreiben etwas eine Bedeutung zu oder stellen etwas dar. Symbole sind demnach mehr als bloß mit ihrem Referenten assoziiert (vgl. ebd.). Im Gebiet der Kunsttheorie hat sich auch Goodman in seiner „Sprache der Kunst" (1997) damit beschäftigt, wie Symbole als Repräsentationen funktionieren. Es wäre seiner Meinung nach eine naive Auffassung, davon zu sprechen, dass etwas etwas Anderes repräsentiere, nur weil sich diese zwei Elemente ähnlich seien. Er untermauert seine These mit dem Beispiel, dass „ein Gemälde den Herzog von Wellington repräsentieren [kann], aber der Herzog repräsentiert nicht das Gemälde" (Goodman 1997, 16). Es ist demnach nicht die Ähnlichkeit, die das Verhältnis von Symbol zu dessen Referenten bestimmt, bzw. kann kein Grad der Ähnlichkeit als hinreichende Bedingung für Repräsentation angesehen werden (vgl. Goodman 1997, 17; siehe auch Abschnitt 4.2.1[2]).

Die dritte Komponente von DeLoaches Definition bezeichnet die Involviertheit eines „something". Dieses Wort wird gleich zweimal genannt und betont somit, dass fast alles für etwas Anderes stehen kann. Dies beinhaltet das gesprochene Wort, das geschriebene Wort, Gesten, Bilder, Zahlen, Graphen, Diagramme, Karten und vieles mehr. Gleichermaßen kann nahezu alles symbolisiert werden, also als Referent des Symbols dienen (vgl. DeLoache 2002, 76). Dabei hebt DeLoache hervor, dass das Symbolisieren in verschiedenen Modalitäten auftreten kann, diese in Relation zueinander stehen und sich somit auch beeinflussen können (vgl. 2004, 67).

---

[2]Der Aspekt der Ähnlichkeit bzw. *Ikonizität* wird in Kapitel 4 in Zusammenhang mit der Semiotik detaillierter dargestellt und ebenfalls kritisch betrachtet (vgl. Abschnitt 4.2; aber auch 4.1.1).

Des Weiteren bedürfen Symbole einer Intention („intention"). Nichts ist von sich aus ein Symbol. Nur dadurch, dass jemand etwas mit dem Ziel der Denotation oder Repräsentation nutzt, erhält es seinen symbolischen Charakter, bzw. wenn jemand intendiert, dass eine referentielle Relation zwischen zwei Entitäten existiert (vgl. DeLoache 2002, 77). Auch Werner und Kaplan (1963) betonen wie Goodman (1997), dass Symbolisierung nicht auf dem Grad der Ähnlichkeit beruht, sondern, dass *die symbolische Relation in* einem *intentionalen Akt der Zuschreibung einer Referenz hergestellt wird*:

"It should be emphasized here that expressive similarity of two entities does not suffice to establish one of the entities as a symbolic vehicle for the other: expressive similarity obtains between many entities without these entities being conceived in a symbolic relationship. In order for a symbolic relationship to be established, an *intentional act of denotative reference* is required: it is this act which culminates in one entity being 'taken' to designate another and which transforms an expressive entity into a *symbolic vehicle*" (Werner & Kaplan 1963, 21).

Weiter heißt es außerdem:

"Through this act of reference, the symmetrical relationship which obtains between entities that are merely similar are transformed into an asymmetrical relationship, in which one entity is taken as signifier and the other as signified" (ebd.).

Die von ihnen angesprochene und bei der Symbolnutzung entstehende asymmetrische Relation kann ebenfalls im Zusammenhang mit Goodmans Beispiel des Herzogs gesehen werden. Dabei bildet das Gemälde des Herzogs von Wellington den „signifier" und der Herzog selbst den „signified". Diese Unterscheidung des Symbols lässt sich auf Ferdinand de Saussures (1857–1913) Annahme der dyadischen Struktur des *sprachlichen Zeichens* als signe zurückführen. Sie scheint überdies in DeLoaches dritter Komponente des „something" enthalten zu sein. Für Saussure besteht das sprachliche Zeichen aus dem *Signifikanten* und dem *Signifikat*, die mental miteinander verbunden sind (vgl. Nöth 2000, 74). Der Signifikant (franz. signifiant; engl. signifier) als das Bezeichnende ist das Lautbild des Wortes. Der Signifikat (franz. signifié, engl. signified) als das Bezeichnete bezieht sich auf die Vorstellung, die Bedeutung, den Inhalt des Wortes. Die Beziehung zwischen dem Signifikat und Signifikant und somit auch das sprachliche Zeichen selbst ist arbiträr. Dies bedeutet nicht, dass das sprachliche Zeichen willkürlich oder gar beliebig wäre. Es bezeichnet stattdessen „das Fehlen einer Motiviertheit bzw. Natürlichkeit des Zeichens" (Nöth 2000, 338). Als Beispiel führt Saussure die Lautfolge ,Sch-w-e-s-t-e-r' an. Die Lautfolge weist von sich aus keinerlei innere Beziehung mit der Vorstellung einer ,Schwester' auf. Sie könnte ebenso gut von einer anderen als dieser Lautfolge dargestellt werden, wie es im Englischen mit ,s-i-s-t-e-r' der Fall ist (vgl. Saussure nach Nöth 2000, 338). Es besteht somit keine inhaltliche Beziehung zwischen dem Signifikat und seinem Signifikant. Dennoch ist die Beziehung von Bezeichnendes und Bezeichnetes nicht vom Individuum frei wählbar. Sie beruht auf einem kollektiven Einverständnis, auf einer Übereinkunft (lat. conventio) einer Sprachgesellschaft und somit auf dem Prinzip der Konvention. Saussure selbst prägte den Begriff der *Semiologie* als allgemeine Wissenschaft von den sprachlichen Zeichen in der menschlichen Kultur und ihren Gesetzen, sodass es nicht verwundert, dass das Prinzip der *Arbitrarität* und *Konventionalität* (als „Kollektivgewohnheit") der sprachlichen Zeichen die Grundlage seiner Theorie bilden (vgl. Nöth 2000. 72). Die Entwicklungspsychologie befasst sich nicht nur mit dem kindlichen Erwerb des *sprachlichen* Zeichensystems, sondern mit der Entwicklung des Verständnisses von Symbolen bzw. Zeichen *im Allgemeinen*. Somit werden *Lernprozesse* betrachtet. Über die Annahmen der Konventionalität (sowie auch der Ähnlichkeit) hinaus ist es deshalb interessant, wie Kinder ein solches Verständnis erhalten, dass ein Signifikant (im weitesten Sinne) mit einem Signifikat in Verbindung gebracht wird. Die kurzen Anmerkungen zur Semiologie sollen deshalb lediglich als Ergänzung bzw. Erweiterung des Verständnisses von *Zeichen* bzw. *Symbolen* aufgefasst werden. Zudem unterstützen sie die grundlegende Orientierung der nachfolgenden fünften Komponente, dass ein Symbol (Signifikant/Bezeichnendes) für etwas Anderes als sich selbst (Signifikat/Bedeutung) steht.

Die fünfte und letzte Komponente der Definition von DeLoache bezieht sich auf die Relation zwischen Symbol und Referent als „other than itself": Jedes Symbol referiert auf etwas Anderes, als sich selbst. Für Kinder stellt diese Erkenntnis einen großen Entwicklungsschritt dar und ist eng mit der „dual representation" (DeLoache 2002, 2004) verknüpft, die bei Werner und Kaplan (1963) mit anklingt:

> „The distinctive mark of the concept as employed here is its inherent duality: [...] a symbol entails a 'vehicle' which through its particular formal and qualitative properties, represents a 'referent', that is, an object, a concept, or a thought. 'Representation' in the sense used here implies more than simple and direct expression of meaning by a vehicle: it implies some awareness, however vague, that vehicle and referential object are not identical but are, in substance and form, two totally different entities" (ebd., 16).

Die *duale Repräsentation* beschreibt, dass ein symbolisches Objekt immer zweifach gesehen werden muss (vgl. DeLoache 2004, 69). Näheres dazu wird unter
dem Abschnitt der Meilensteine in der Entwicklung des Symbolverständnisses
beschrieben (vgl. Abschnitt 2.4.3) und hier lediglich als Ausblick aufgeführt.
Dieser erste grundlegende hier aufgeführte Versuch einer Begriffsbestimmung
des *Symbols* vermag lediglich einen kleinen Einblick in das komplexe wissenschaftliche Feld der *Semiotik* zu geben. Es erscheint jedoch für das hiesige
Forschungsvorhaben zunächst ausreichend, ein Symbol als *etwas* anzunehmen,
das *jemand beabsichtigt, etwas Anderes als sich selbst zu repräsentieren.* Dieser
Grundgedanke des Symbols wird in späteren Kapiteln aufgegriffen und durchaus
weiter ausdifferenziert, soll jedoch in der Form das Kernelement seiner begrifflichen Bedeutung umfassen, auf die immer wieder Bezug genommen wird. In den
nachfolgenden Unterkapiteln werden die Begriffe des Symbols bzw. des Zeichens
synonym und entsprechend des aufgeführten Versuchs einer Begriffsbestimmung
als etwas aufgefasst, das *jemand beabsichtigt, auf etwas Anderes als sich selbst zu
referieren.*

2.2 Die Anfänge des Spielens – Grundlagen für ein erstes Symbolverständnis

Als erste Phase des Spielens wird das *psychomotorische Spiel* (häufig auch
als *Funktionsspiel* bezeichnet) aufgeführt. Es ist durch „einfachste spielerische Bewegungen" sowie „Betätigungen mit dem eigenen Körper" (Einsiedler
1999, 58) gekennzeichnet. Bereits Säuglinge strampeln mit den Beinen, erproben ihre Stimme, sprudeln mit ihrem Speichel und nehmen die verschiedensten
Gegenstände in den Mund (vgl. Hauser 2013, 84). Im Krabbelalter werden unterschiedliche Objekte auch im Raum isoliert voneinander untersucht, bevor mehrere
Gegenstände kombinatorisch verwendet werden. Es wird angenommen, dass die
Kinder „Materialmerkmale und erste physikalische Gesetzmäßigkeiten kennenlernen" (Einsiedler 1999, 22). Neben der „Funktionslust" (Mogel 2008, 105),
einer Lust an der Funktion der Dinge, steht in dieser Phase somit auch die
Auseinandersetzung mit dem Material im Fokus. Das Kind erlebt sich selbst
zugleich als „Bewirker" und „Beobachter" seiner Spieltätigkeiten und dessen
Wirkungen, bevor zielorientiertere Spielhandlungen entstehen und mit den Gegenständen experimentiert wird (vgl. Mogel 2008, 105; vgl. auch Hauser 2013,
85 f.). Aufgrund zunehmender motorischer Fähigkeiten sind die Kinder in der
Lage, sich räumlich zu orientieren, und sie zeigen sich an der Beschaffenheit
der Gegenstände interessiert (vgl. Heinze 2007, 271). Heinze spricht in diesem

Zusammenhang auch vom *Informationsspiel* als „Exploration" (Heinze 2007, 271). Hauser vertritt die Ansicht, dass die Exploration gleitend in das Funktionsspiel übergeht, sodass sich diese beiden Formen nur schwer auseinanderhalten lassen (vgl. Hauser 2013, 85). Überdies ist fraglich, inwieweit das Funktionsspiel tatsächlich dem Spielen zugeordnet werden sollte, oder ob dieses nicht viel eher wie die Exploration und das Eltern-Kind-Spiel als Vorläufer des Spiels zu klassifizieren sei, da all diesen das wichtige Spielkriterium des „Als-ob" fehlt, womit das Funktionsspiel nicht alle Merkmale der von ihm beschriebenen und hier zuvor skizzierten Spieldefinition aufweise (vgl. Hauser 2013, 85). Bereits hier wird ersichtlich, dass in der Fachliteratur noch Uneinigkeit darüber besteht, welche einzelnen Spielphasen identifiziert und voneinander abgegrenzt werden können. Überdies sind die einzelnen Spielphasen häufig eng miteinander verknüpft, können fließend ineinander übergehen und dementsprechend häufig nicht getrennt voneinander betrachtet werden. So nimmt das Funktionsspiel in den ersten sechs Monaten des ersten Lebensjahres stark zu und in der Mitte des zweiten Lebensjahres wieder stark ab. Es kommt aber durchaus auch in späteren Lebensphasen vor, wenn Erwachsene mit einem Stift beispielsweise beim Telefonieren auf Papier kritzeln oder diesen beim Nachdenken drehen und wenden (vgl. Hauser 2013, 85 f.). Auch Einsiedler beschreibt, dass die sensomotorischen Spiele nicht ausschließlich Bestandteil der ersten 18 Lebensmonate eines Kindes sind, sondern durchaus „in einer Kontinuität mit den späteren Bewegungsspielen in Kindheit und Jugend, ja auch im Erwachsenenalter" stehen (Einsiedler 1999, 58). Diese Kontinuität wird bereits an den verschiedenen Benennungen und der unterschiedlichen Anzahl der Entwicklungsstufen in der Makroebene (vgl. Tab. 2.1) erkennbar. Sie erschwert sowohl die Beschreibung der einzelnen Phasen als auch die präzise Aufführung ihrer zeitlichen Entwicklungsabfolge. So spricht Einsiedler (1999) im Zusammenhang mit den psychomotorischen Spielen auch vom „Sozialspiel" und vom „Objektspiel", wobei nicht eindeutig hervorgeht, inwieweit sie als Beispiele der psychomotorischen Spiele anzusehen sind oder als sich von diesen abgrenzend gesehen werden müssen.

Im Sozialspiel steuern erwachsene Mitspieler die Reizmenge sowie den Rhythmus des Spielens und richten ihre Spielhandlungen auf die Bedürfnisse des Kindes aus (vgl. Einsiedler 1999, 61). Als Beispiel kann das Guck-guck-Spiel genannt werden (siehe auch Einsiedler 1999, 65–68). Im Objektspiel steht das Spielen mit Gegenständen im Fokus. Es ist dabei häufig in die spielerischen Interaktionen zwischen Kind und Erwachsenem integriert (vgl. ebd., 68), sodass Sozialspiel und Objektspiel durchaus gleichzeitig auftreten können. Für das Objektspiel wird angenommen, dass die Kinder physikalisches Wissen erwerben; zum Beispiel „Eigenschaftsbegriffe wie hart, weich, biegsam, eckig, rund" aber auch „Statik- und Mechanikwissen wie Standfestigkeit, schaukeln, kippen, fallen, rollen" sowie „Zweck-Mittel-Wissen wie Lärm erzeugen, in Bewegung bringen" (ebd., 71). Dabei wird zwischen einem ersten Stadium des Wissenserwerbs von „einfache[m] physikalischen Wissen" und einem zweiten Stadium als Erwerb „relationalen Wissens" ausgegangen. Es kann außerdem zwischen *einfachem* und *passendem relationalen Spiel* unterschieden werden. Beim einfachen relationalen Spiel bringen Kinder Gegenstände zueinander, wie einen Löffel an eine Kanne stoßen (Höhepunkt 9. Monat). Beim passenden relationalen Spiel gebrauchen die Kinder das Spielzeug sachrichtig, können also beispielsweise einen Löffel in eine Tasse stellen (Höhepunkt vom 13. bis zum 20. Monat). „Relational" bezieht sich in diesem Kontext also auf das funktionale bzw. sachrichtige Zueinander-in-Beziehung-Bringen von verschiedenen Objekten. Als weitere Beispiele seien eine Tasse auf eine Untertasse stellen oder einen Telefonhörer ans Ohr zu führen genannt (also eine funktionsgerechte Nutzungsweise von Spielzeug im Gegensatz zum Ausprobieren der eigenen Körperfunktionen, wie es Bühler mit dem Funktionsspiel beschreibt). Hierbei „überlappen" sich folglich das Objektspiel und das psychomotorische Spiel.

Überdies setzt zu diesem Zeitpunkt (etwa ab dem ersten Geburtstag) das einfache Symbolspiel ein, sodass das sensomotorische Spiel vom repräsentationalen Spiel abgelöst wird. Dafür ist es erforderlich, dass das Kind im psychomotorischen Spiel sich selbst als „Adressat und Auslöser von Handlungen erlebt" und im Sozialspiel „sinnvolle Handlungsabfolgen und Sprachmuster" wahrnimmt (Einsiedler 1999, 32). Überdies muss es die Fähigkeit der „synchronen Identifikation" (ebd.) erwerben. Dabei ist das Kind in der Lage, identische Objekte, Ereignisse oder Phänomene wie das eigene Spiegelbild in unterschiedlichen Situationen wiederzuerkennen. Auch die Erkenntnis der *Objektpermanenz* (vgl. auch Abschnitt 2.4.3), die mit den vorgestellten Erinnerungen an Personen und Objekte beginnt, ist ein wichtiger Schritt in der Entwicklung der Symbolisierungsfähigkeit. Nachdem das Kind im Objektspiel die Eigenschaften der verschiedensten Gegenstände erkundet hat, können diese zunehmend zur Symbolisierung von nicht real vorhandenen Objekten benutzt werden. Gedachte Handlungen können gespielt werden, was „das erste Symbolverständnis und den flexiblen Umgang mit Bedeutungen" stimuliert (Einsiedler 1999, 32).

Überdies werden zusätzlich zu den bereits erwähnten Spielformen Bewegungsspiele (ausführlich nachzulesen bei Hauser 2013, 86–92) und Konstruktionsspiele wie das „Bauen mit Lego oder Duplo [...] oder das Bauen von Landschaften mit Holzklötzen und einfachen Holzimitaten" (ebd., 116 f.) zunehmend in der frühen Kindheit interessanter. Folglich treten bereits im jungen Kindesalter eine Vielfalt und Vermischung der verschiedensten Spielformen auf. So stehen insbesondere das Objekt-, das Bau- und das Symbolspiel in Zusammenhang zueinander, weshalb nach der hier aufgeführten Beschreibung des Objektspiels zunächst das Bau- bzw. Konstruktionsspiel näher betrachtet wird (vgl. Abschnitt 2.3). Auch im Forschungsprojekt hantieren die Kinder mit „vielfältig verwendbaren Bauelementen" (Hauser 2013, 117) und konstruieren damit eigenständig ein Produkt. Da für das Forschungsvorhaben im Besonderen die Entwicklung des Symbolverständnisses junger Kinder von Interesse ist, wird daran anschließend der Fokus auf das Fantasie- und Rollenspiel als wichtiges Element in der Entwicklung des kindlichen Symbolverständnisses gelegt. Dafür wird zunächst eine Begriffsbestimmung vorgenommen (vgl. Abschnitt 2.4.1) und als tabellarische Übersicht die zeitliche Entwicklung dieser Spielform aufgeführt (vgl. Tab. 2.2), bevor einzelne wichtige Meilensteine der Entwicklung dieser Spielform und somit des Symbolverständnisses beschrieben werden (vgl. Abschnitt 2.4.3). Zwar werden die einzelnen, hier bereits stark zusammengefassten weiteren Spielformen nicht detailliert aufgeführt, jedoch werden darin wichtige Fähigkeiten erworben, die als Voraussetzung des Symbolverständnisses gelten und in besagten Meilensteinen deshalb auch benannt werden.

2.3   Das Konstruktions- und Bauspiel

Das Konstruktions- oder Bauspiel (hier als Synonyme verwendet) steht in einem kontinuierlichen Zusammenhang zu den Tätigkeiten im Objektspiel. Einsiedler spricht sogar von einem „Kontinuum zwischen dem spielerischen Manipulieren mit Klötzen (klopfen, fallenlassen), einer einfachen Reihenbildung damit und dem Aufstellen länglicher Klötze zu vier Wänden eines ‚Zimmers'" (Einsiedler 1999, 101). Daran wird deutlich, dass das Bauspiel kein disjunktes Konzept ist. Es ist stark mit dem Objektspiel (als dessen Fortsetzung), aber auch mit dem Fantasiespiel verbunden (vgl. ebd., 104), da die dabei entstehenden Bauten gedeutet und teilweise auch fantasierte Spielhandlungen an diesen vollzogen werden. Deshalb wird es auch als „Zwischenform zwischen Objekt- und Symbolspiel" beschrieben (ebd., 101). Das Bauspiel im Allgemeinen lässt sich wie folgt durch akzentuierende Merkmale näher bestimmen:

„Kindliche Bauspiele sind Spiele, bei denen die Kinder nicht mehr nur um des Spielprozesses willen spielen (wie beim Objektspiel), sondern mehr oder weniger zielstrebig ein dreidimensionales Spielprodukt herstellen wollen; es handelt sich um ein Spiel, da bauspielerische Tätigkeiten überwiegend intrinsisch motiviert sind, mit Freude ausgeführt werden und das Ergebnis meist ein Spielprodukt im Sinne einer ‚Scheinwelt' ist" (ebd., 104).

Weiter heißt es, dass die Kinder die im Objektspiel erworbenen Kenntnisse zur
Beschaffenheit, Farbe, Form, usw. von Gegenständen ausbauen. In „Reihungs-
bauspielen [erwerben sie] selbstständig relationales Wissen" wie „Klassenbegriffe
(Klötzen, Stangen)" oder „Größer-Kleiner Relationen" und machen „topologische
Erfahrungen" (ebd., 105). Im Bauspiel lernen Kinder Gesetze der Mechanik und
der Statik kennen. Kinder rücken beispielsweise schiefe Klötze zurecht oder ver-
breitern die Basis, wenn sie einen bestehenden Turm höher bauen wollen (vgl.
ebd.).

Die Entwicklung der Bauspiele lässt sich grob anhand von drei Stufen
beschreiben (zusammengefasst nach Einsiedler 1999, 106 ff.). Die Bauspiele der
Kinder gegen Ende ihres ersten Lebensjahres zeigen einen *unspezifischen Umgang*
mit den Materialien. Hierbei untersuchen die Kinder die Gegenstände (wie Würfel) und stecken diese aufeinander, jedoch formen sie noch keine Gestalt. Es
folgt eine Phase des *spezifischen Bauens*. In dieser bilden die Kinder Würfelreihen, bauen Türme oder verwenden die Steckverbindungen der Materialien des
Matador Baukastens zur Konstruktion von Gebilden. Dabei lässt sich analog
zum Zeichnen eine Art „‚Kritzelperiode' des Bauens" ansetzen. Die Kinder stellen „dreidimensionale Bauprodukte ohne ‚Thema'" her und fügen „Würfel und
Stangen ohne bestimmtes Bauziel" zusammen (ebd., 106). Erst in einer weiteren Stufe (etwa ab der Mitte des vierten Lebensjahres) beginnt die *beabsichtigte
Herstellung eines darstellenden Werkes* mit klaren Bauabsichten und einem Hand-
lungsplan. Beim Bauen der Kinder vom vierten bis zum zehnten Lebensjahr kann
„zunächst eine quantitative und anschließend eine qualitative Veränderung" (ebd.,
108) beobachtet werden: Die Sechs- und Siebenjährigen bauten mehr als die Vier-
und Fünfjährigen, während die Zehnjährigen weniger Bauwerke herstellen, diese
jedoch komplexer gestalten.

Die hier aufgeführten Aspekte zum Bau- und Konstruktionsspiel werden insbesondere im Zusammenhang mit *Arbeits- und Anschauungsmitteln* (Kapitel 3)
aufgegriffen sowie analog zu der zeichnerischen Entwicklung von Kleinkindern
betrachtet (Abschnitt 3.4.1). Weiter werden anhand des Beispiels mit gleichartigen
Holzwürfeln mögliche veränderte Rollen dieser „Bauklötze" als Zählgegenstände
(Abschnitt 3.4.2) sowie als Elemente in einer systemisch-relationalen Struktur
(Abschnitt 3.4.3) aufgezeigt. Das Bau- und Konstruktionsspiel wird demnach in
den nachfolgenden Absätzen nicht in der Form aufgegriffen und auf das Forschungsvorhaben bezogen, wie dies mit dem Fantasie- und Rollenspiel geschieht.
Stattdessen soll das kurz gehaltene Unterkapitel 2.3 als Grundlage für das besagte
spätere Kapitel 3 dienen und insbesondere mit Bezug zu einem konkreten, theoretisch möglichen Beispiel des Forschungsvorhabens in Verbindung gebracht
werden. Da es sich inhaltlich jedoch dem *Spiel* zuordnen lässt und als Übergang

zwischen dem Objektspiel zum Symbolspiel aufzufassen ist, wird es an dieser Stelle aufgeführt und stellt somit einen kleinen Ausblick auf das dritte Kapitel dar.

2.4   Fantasie- und Rollenspiele – die Entwicklung des Symbolverständnisses

In den bereits beschriebenen Spielformen des psychomotorischen Spiels, des Informationsspiels, des Objektspiels und des Sozialspiels erwirbt das Kind wichtige Voraussetzungen für das teilweise zeitgleich beginnende und mit den anderen Spielformen in Verknüpfung stehende Symbolspiel bzw. Fantasie- und Rollenspiel. In dieser späteren Spielform werden wichtige Meilensteine der Entwicklung des kindlichen Symbolverständnisses ausdifferenziert. Nach einer Begriffsbestimmung dieser hier synonym gebrauchten Ausdrücke des Fantasie- und Rollenspiels (Abschnitt 2.4.1) wird in tabellarischer Form dessen Entwicklungsverlauf abgebildet (Abschnitt 2.4.2). Es folgt die Beschreibung ausgewählter erworbener Fähigkeiten wie der *Objektpermanenz*, der *Objektsubstitution*, der *Dezentrierung*, der *Dekontextualisierung* und der *dualen Repräsentation* (Abschnitt 2.4.3). Diese in der Entwicklung des Symbolverständnisses als wichtige Meilensteine benannten Fähigkeiten zeigen auf, dass Kinder bereits mit Eintritt in die Grundschule über ein differenziertes Symbolverständnis verfügen. Damit können sie langjährige Erfahrungen im Umgang mit einer alltäglichen, spielerischen Symbolnutzung vorweisen. Diese Erfahrungen werden folglich ebenfalls in den Mathematikunterricht der Grundschule eingebracht – sei es aufgrund der Verwendung verschiedenster Materialien als Arbeits- und Anschauungsmittel, als Textaufgaben mit lebensweltlichem Bezug seitens der Lehrpersonen oder auch bei der eigenständigen Auswahl, Deutung und Nutzung von zur Lösung einer kontextuell eingekleideten mathematischen Textaufgabe. Somit weist dieses Unterkapitel 2.4 eine hohe Relevanz für die Forschungsproblematik auf. Dies ist insbesondere dann der Fall, wenn die getätigten symbolischen Deutungen der teilnehmenden Viertklässler theoretisch fundiert erklärt und in das entwickelte Theoriekonstrukt eingeordnet werden (vgl. Kapitel 5). Wichtige Konsequenzen werden deshalb abschließend unter Einbezug eines aus der vorschulischen Bildung stammenden Beispiels ausgearbeitet (Abschnitt 2.5).

2.4.1   Eine Begriffsbestimmung des Fantasie- und Rollenspiels

Sowohl Einsiedler (1999) als auch Hauser (2013) fassen die Fantasie- und Rollenspiele gleichermaßen zusammen als eine Spielform auf. In der Literatur wird diese auch unterschiedlich als Fiktionsspiel, Illusionsspiel, Als-ob-Spiel und Symbolspiel benannt (vgl. Einsiedler 1999, 22; vgl. auch Hauser 2013, 94). In der vorliegenden Arbeit werden all diese Spielformen ebenfalls unter dem Begriff des *Fantasie- und Rollenspiels* zusammengefasst verstanden. Einsiedler (1999) versteht darunter Spieltätigkeiten,

> „bei denen Kinder konkrete Materialien benutzen oder Handlungen und Situationen hervorbringen, die als Zeichen für gedachte, in der Phantasie repräsentierte Materialien, Handlungen und Situationen stehen [...]. Dieses Spiel kann Replikagebrauch, Nachahmungshandlungen, irreale Spielideen, Metagespräche u.a.m. umfassen; dadurch ist Phantasie- und Rollenspiel begrifflich weiter bestimmt als Symbolspiel, das sich überwiegend auf Objektsubstitution bezieht" (ebd., 75).

Er hebt außerdem hervor, dass Fantasie- und Rollenspiele in Beobachtungen zwar recht gut identifiziert werden können, eine „völlig disjunkte Abtrennung reiner Phantasiehandlungen" jedoch schwierig sei, da Kinder das Fantasiespiel häufig mit beispielsweise dem Bauspiel vermischen (ebd., 76). Allgemein gesprochen ist das Symbol- bzw. Fantasiespiel die erste Möglichkeit für Kinder, sich mit *Zeichen* auseinanderzusetzen, also die „Bedeutung von den Gegenständen abzulösen" und „Abstraktionen vorzunehmen" (ebd., 32). Damit kann diese Spielform als „Vorläufer des abstrakten, systematischen und institutionalisierten Lernens" (ebd.) klassifiziert werden. Im Symbol- bzw. Fantasiespiel agiert das Kind nicht nur mit der Umwelt. Es macht sich diese stattdessen selbst verfügbar, indem das Kind sich durch die „Symbolisierung von Gegenständen, Handlungen und Situationen *Bedeutungsträger*" erschafft (ebd.; Hervorhebung KM). Nach Piaget wird deshalb das Fantasie- bzw. Symbolspiel als „Assimilation" bezeichnet, die nämlich eben dies besagt: „das Kind ordnet sich die Wirklichkeit unter" (Hauser 2013, 96).

2.4.2   Überblick über die Entwicklung des Fantasie- und Rollenspiels

Die nachfolgende Tabelle (Tab. 2.2) gibt eine Übersicht über die zeitliche Entwicklung und unterschiedlichen Phasen des Fantasiespiels. Sie orientiert sich an verschiedenen, bereits bestehenden Zusammenstellungen dieser Art und ist in der hier aufgeführten Form aus Hauser (2013, 105 f.) entnommen.

Tab. 2.2 Phasen des Fantasiespiels (Hauser 2013, 105 f.)

Monate	Phase	Beschreibung und Beispiel
< 12	Vorsymbolisch	Verständnis für einen sinnvollen spielerischen Objektgebrauch werden [sic] sichtbar. Handlungen beziehen sich auf das Selbst, sind isolierte Ereignisse und sind spontan. Beispiele: Kind nimmt einen Spielzeugkamm auf und berührt damit kurz die Haare. Kind schließt die Augen und stellt sich schlafen.
12–15	Symbolisch und selbstbezogen	Als-ob-Handlungen sind selbstbezogen. Es werden reale Alltagsgegenstände benutzt. Beispiele: Kind tut so, als ob es aus einem Spielzeugfläschchen trinkt. Kind füttert sich selbst mit leerem Löffel.
13–18	Dezentriert und fremdbezogen	Handlungen beziehen sich auf andere Akteure oder auf Aktivitäten anderer Akteure und Objekte. Beispiele: Kind füttert Puppe mit leerem Löffel. Kind bewegt ein Spielzeugauto mit entsprechenden Geräuschen.
16–19	Lineare Sequenzen (Kombinationen aus einem Schema)	Eine Handlung kann wiederholt auf mehr als einen Rezipienten bezogen werden. Beispiele: Kind füttert sich selbst oder Puppe in beliebiger Abfolge. Kind kämmt zuerst das eigene Haar, dann das der Mutter.
18–24	Kombinatorische Sequenz mit einzelnem Rezipienten (Kombination mehrerer Schemata)	Verschiedene Handlungen werden auf denselben Partner bezogen, oder Objekte werden kombiniert. Verschiedene Schemata werden zueinander in Beziehung gesetzt. Beispiele: Kind füttert und badet Puppe und in beliebiger Abfolge. Kind kombiniert Materialien, z. B. Tasse und Löffel, stapelt Klötze.
18–26	Geplante Aktion	Einzelhandlungen lassen erste einfache Planung erkennen. Beispiele: Kind sucht nach, verlangt nach, bietet Materialien an, die zum Spiel gehören. Kind sucht ein Tuch und spielt dann Bügeln.
> 20	Objektsubstitution, Objekttransformation	Ein Objekt wird durch ein anderes ersetzt: Beispiel: Kind benutzt Sprühdosendeckel als Tasse.

(Fortsetzung)

Tab. 2.2   (Fortsetzung)

Monate	Phase	Beschreibung und Beispiel
21–30	Handlungsträger – Attribution	Charakteristika eines anderen werden auf sich übertragen. Beispiel: Kind nimmt stimmliche oder physische Eigenschaften eines anderen an, z. B. einer Katze, eines Chauffeurs.
>30	Geordnete Abfolgen/Geplante Handlungskombinationen	Sequenzen folgen der logischen Ordnung, lassen Planung erkennen. Vertraute Alltagssituationen (wie Krankenhaus, Einkaufen) werden als fiktive Szenen nachgespielt. Beispiele: Kind hebt eine Flasche auf, sagt ‚Baby‘, füttert die Puppe und deckt sie dann mit einem Tuch zu, Kind knetet den Keks-Teig, backt ihn und isst ihn in der konventionellen Abfolge.
>30	Fantasie-Transformation	Nicht gegenwärtige, phantasierte Objekte werden genutzt und eingesetzt. Beispiel: Kind platziert Als-ob-Kuchen auf Teller, interagiert mit imaginiertem Charakter.
>36	Skript-Entwicklung	Alltägliche Skripte werden korrekt und flexibel angewendet. Beispiel: Kind spielt Verkäuferin und kann mitten im Ablauf neu starten, wenn eine zweite Kundin kommt, indem sie z. B. die erste Kundin aktiv verabschiedet.
>48	Perspektivenübernahme, Zeitverständnis, Konjunktiv	Abläufe werden miteinander verknüpft, Perspektiven in einfacher Weise aufeinander bezogen. Die Möglichkeitsform wird angedeutet. Beispiele: Kind spielt Mutter und sagt der Baby-Puppe: „Wenn ich den Rasen gemäht habe, gehen wir Eis essen". Kind behandelt im Verkaufs-Spiel verschiedene Kunden, als ob sie verschiedene Gefühlslagen hätten. Kind sagt im Meta-Spiel: „Und jetzt würde es furchtbar regnen."
Später	Regelspiele, soziodramatisches Spiel	Verwendung komplexer Skripte und vereinfachter Konjunktivformen. Kinder spielen z. B. Schule, Geburtstagsparty, Heirat oder Batman. Z. B. wenn die Kinder sagen ‚Du würdest jetzt den Arzt spielen‘.

2.4.3   Ausgewählte Meilensteine in der Entwicklung des Fantasie- und Rollenspiels

Ein wichtiger Meilenstein in der frühkindlichen Entwicklung des symbolischen Denkens, der ebenfalls grundlegend für die Deutungen der Kinder im Forschungsprojekt ist, stellt die *Objektsubstitution* dar. Hierbei wird ein vorhandener

Gegenstand in etwas Anderes umgewandelt bzw. transformiert und folglich symbolisch als auf etwas verweisend gedeutet. Voraussetzung für die Objektsubstitution ist die *Objektpermanenz*. Ebenfalls eng mit der Objektsubstitution verknüpft ist die *duale Repräsentation*, bei der der vorhandene Gegenstand als auch dessen symbolische Relation zu seinem zugeschriebenen Referenten gleichzeitig mental repräsentiert werden müssen. Bei der Transformation von Objekten spielt überdies die Ähnlichkeit eine gewisse Rolle, obwohl kein Grad der Ähnlichkeit als hinreichende Bedingung für Repräsentation angesehen werden kann. In gewisser Weise kann deshalb von einem Spannungsfeld zwischen Ähnlichkeit und Arbitrarität gesprochen werden, in dem sich die Kinder befinden, wenn es darum geht, einen Gegenstand für einen im Spiel benötigten Referenten heranzuziehen. So gelingt es jüngeren Kindern zunächst besser, bestimmte Symbolspiele mit Replica-Spielsachen zu vollziehen, bevor sie im Zuge der *Dekontextualisierung* in der Lage sind, funktional uneindeutige und später sogar funktional falsche Objekte für Objektsubstitutionen heranzuziehen. Mit der *Dezentrierung* geht schließlich eine Flexibilisierung des Fantasiespiels einher, bei der die Kinder zwischen verschiedenen Rollen hin und her wechseln und zunehmend unterschiedliche Perspektiven übernehmen können.

Die bereits hier kurz in Zusammenhang gebrachten Meilensteine in der Entwicklung des Fantasiespiels werden nachfolgend erneut aufgegriffen und ausführlicher beschrieben, um aufzuzeigen, was jeweils im Detail unter ihren Begriffen zu verstehen ist. Dabei werden einzelne, bereits in der Tab. 2.2 beschriebene Phasen aufgegriffen. Ziel ist es nicht, den Entwicklungsverlauf im Detail wiederzugeben. Vielmehr werden wichtige Begriffe eingeführt und die komplexen Anforderungen aufgezeigt, denen sich Kinder bereits im jungen Alter stellen, wodurch sie bei Eintritt in die Grundschule über ein differenziertes Symbolverständnis verfügen. In den ersten beiden Absätzen werden die Objektpermanenz und die Objektsubstitution erklärt. Es folgen jeweils ein weiterer Absatz zur Dezentrierung, Dekontextualisierung und dualen Repräsentation, bei der auch Ergebnisse der Scale-Model-Tasks aufgeführt werden.

Als Kernmerkmal des Fantasiespiels nennt Einsiedler die „*Substitution von abwesenden Objekten und Situationen*" (Einsiedler 1999, 76). Das heißt, dass ein vorhandener Gegenstand umgewandelt wird: In der Objekttransformation wird eine Schachtel zu einem Auto, oder Abwesendes wird nur innerlich symbolisiert. Hauser nennt diesen ‚So-tun-als-ob'-Aspekt auch als „das definierende Merkmal" für das Fantasiespiel (Hauser 2013, 93). ‚Als-ob' bedeutet, „dass ich zwar etwas tue, was es im ernsthaften Leben auch gibt, aber ich tue es nicht richtig, ich tue nur so" (ebd.). Weiter klassifiziert er, dass ‚So-tun-als-ob' dann der Fall ist, „wenn der Geist absichtlich (gewissermaßen mutwillig) die Realität falsch interpretiert und auf der Grundlage dieser Falsch-Repräsentation handelt, als ob diese wahr wäre", was „der kindliche Geist [...] schon in einem sehr frühen Alter kann" (ebd., 95; vgl. Tab. 2.2: ab einem Alter von 20 Monaten). Voraussetzung für solche *Objektsubstitutionen* ist die kognitive Fähigkeit der *Objektpermanenz*. Diese besteht darin, „Objekte in der Vorstellung behalten zu können, auch wenn ich sie gerade nicht mehr wahrnehmen (sehen, hören, riechen, tasten, schmecken) kann" (Hauser 2013, 96). Bischof-Köhler definiert die Objektpermanenz wie folgt: „Das permanente Objekt ist unabhängig von seiner angetroffenen Existenzform auf der Vorstellungsebene repräsentiert, auf der es gleichsam als ‚Doppelgänger' das reale Objekt vertritt" (Bischof-Köhler 2011, 69).

Ein Säugling im Alter von vier oder fünf Monaten verfügt bereits über erste Bewegungskoordinationen (wie Hand-Augen- und Hand-Mund-Koordination). Er kann also mit einem Gegenstand eine zielbezogene Handlung ausführen, wie beispielsweise ein Spielzeug greifen und dieses zum Mund führen. Wird jedoch dieser Gegenstand von einem Tuch o. Ä. verdeckt, so ‚verschwindet' dieser für den Säugling, als wäre er tatsächlich ‚nicht mehr da'. Das Kind glaubt demnach, dass ein Gegenstand nur so lange ‚da ist', wie es diesen auch wirklich *sehen* kann (vgl. Mogel 2008, 106). Erst in der zweiten Hälfte des ersten Lebensjahres entwickelt das Kind allmählich den Begriff der *Objektkonstanz* bzw. *Objektpermanenz*. Hierbei wird dieser Irrtum überwunden und das Kind kann sich den Gegenstand auch dann als gegenwärtig erhalten, wenn dieser aus dem Blickfeld gerät (vgl. ebd.). Aufgrund der Objektpermanenz ist das Kind schließlich in der Lage, sich auch beobachtete Tätigkeiten eines Erwachsenen einzuprägen, diese später abzurufen und auszuführen. Es kann also Nachahmungen aufschieben (als *verzögerte Imitation*), wodurch Verhaltensweisen freier vom Kontext und zu einem flexibleren Inventar werden, mit dessen Hilfe die Realität nach Belieben variiert werden kann (vgl. Hauser 2013, 96). Gemäß Piaget „beginnt Symbolisierung mit der verzögerten Imitation", da der erinnerte Handlungsablauf wie ein verwandeltes Objekt eine Symbolfunktion hat (ebd., 97).

Mit Eintritt in die Phase der Fantasie- und Rollenspiele sind die ersten Handlungen des Kindes noch sehr stark „selbstbezogen" oder „egozentrisch" (Einsiedler 1999, 85; vgl. Tab. 2.2 Phase „Symbolisch und selbstbezogen" im Alter von 12–15 Monaten): Das Kind ahmt zunächst eine ihm vertraute Handlung mit dem eigenen Körper nach. Wie der Tab. 2.2 entnommen werden kann, findet etwa ab dem 13. Monat eine *Dezentrierung* statt. Die besagte Handlung muss sich nicht mehr ausschließlich auf das Kind selbst beziehen. Sie kann sich auch auf andere Akteure oder Objekte beziehen: wie Puppen, die gefüttert werden, oder Autos, die mit entsprechenden Geräuschen bewegt werden. Die Dezentrierung äußert sich demnach in einem „Wechsel von eher selbst- zu eher fremdbezogenes Spielen" (Hauser 2013, 99; vgl. auch Einsiedler 1999, 85 f.). Der Begriff *Dezentrierung* geht auf Piaget zurück und bezeichnet allgemein gesprochen „die Fähigkeit, mehrere Dimensionen eines Sachverhalts im Denken gleichzeitig zu berücksichtigen" (Hauser 2013, 98; vgl. auch Bischof-Köhler 2011, 315 ff.). Aufgrund des nun möglich werdenden Perspektivwechsels (beginnend im zweiten Lebensjahr) erhält das Fantasiespiel einen hohen Grad an Flexibilität. Die Kinder können mit zunehmendem Alter zwischen den verschiedenen Rollen der gespielten Situation hin- und herwechseln. Im fünften Lebensjahr setzt sich diese „Theory of Mind" vollständig durch und „die Kinder verstehen, dass ihre eigenen Perspektiven sich von denen der anderen unterscheiden können" (Hauser 2013, 99; zur Theory of Mind vgl. auch Bischof-Köhler 2011, 320 ff.).

Dekontextualisierung bezeichnet allgemein gesprochen das „Herauslösen eines Verhaltens aus seinem Kontext" (Hauser 2013, 100). Die Kinder brauchen anfänglich Unterstützungsmaterialien in Form von „Replica-Spielsachen, also Spielimitate von zum Beispiel Löffel, Gabeln, Autos" (Hauser 2013, 100; vgl. auch 114 f.). Sie handeln folglich erst mit sehr realitätsnahen Materialien, dann mit „einzelnen Objekten als Symbolen für einen gedachten Gegenstand" bis sie sich auch von diesen Kontexten lösen können und „Spielhandlungen ganz ohne Unterstützungsmaterial" ausführen, die Handlungen also „intern repräsentieren" können (Einsiedler 1999, 86). Fast alle zweijährigen Kinder sind in der Lage, mit einem vorhandenen Spielgefäß und einem Spielpferd eine Fantasieszene zu spielen, in der sie ein Pferd füttern sollen. Noch sehr viele Kinder können diese Szene ebenfalls spielen, wenn eines dieser beiden Objekte *substituiert* wurde. Das heißt, dass entweder kein konkretes Spielzeugpferd oder Gefäß vorhanden ist, sondern eines davon durch einen anderen Gegenstand wie beispielsweise durch eine Muschel oder einen Bauklotz ersetzt wird. Wenn beide Objekte, also sowohl das Spielgefäß als auch das Spielpferd substituiert werden, gelingt es immerhin noch einem Drittel der zweijährigen Kinder, die beschriebene Szene nachzuspielen (vgl. Einsiedler 1999, 86). Es wird überdies ersichtlich, dass die Schwierigkeit in zunehmend dekontextualisierten Spielsituationen „durch funktional uneindeutige Objekte (z. B. Klötze für Tassen) und mehr noch bei funktional falschen Objekten (z. B. dem Benutzen eines Autos als Tasse) erhöht" wird (Hauser 2013, 100). Erst gegen Ende des vierten Lebensjahres kann von den Kindern erwartet werden, dass sie souverän mit stark dekontextualisierten Objekten spielen (vgl. ebd.).

Die *duale Repräsentation* beschreibt, dass ein symbolisches Objekt immer zweifach gesehen werden muss: sowohl als ein konkretes Objekt als auch als Repräsentation von etwas Anderem als sich selbst. Das konkrete Objekt selbst als auch dessen relationale Repräsentation müssen vom Kind mental vorgestellt werden, damit es erfolgreich mit dem Objekt als Symbol handeln bzw. interagieren kann (vgl. DeLoache 2004, 69). Kinder im Alter von etwa neun Monaten gelingt die Unterscheidung zwischen einem Symbol und dessen möglichen Referenten noch nicht. So konnte beobachtet werden, dass Kinder diesen Alters, die eine realistische Farbfotografie von einem Gegenstand bekamen, versuchten, mit diesem zu hantieren, indem sie beispielsweise nach diesem zu greifen versuchten (vgl. ebd., 68). Dies könnte möglicherweise mit dem Objektspiel zusammenhängen, in dem die Kinder die Abbildung des Gegenstands benutzen wollen, um Erkundungen an diesem vornehmen, als wäre sie dieser Gegenstand selbst. Erst im Fantasiespiel entwickeln die Kinder ein Verständnis für einen sinnvollen spielerischen Objektgebrauch, der Als-ob-Handlungen an besagten Objekten ermöglicht.

In *Scale-Model-Tasks* wurden jungen Kindern unterschiedlichen Alters (zwischen zwei und vier Jahren) mit Hilfe eines Symbols (eines Modells, einer Karte, einem Bild oder einem Video) Informationen über den Aufenthaltsort eines versteckten Spielzeugs gegeben. Beispielsweise beobachteten Kinder, wie ein Miniaturspielzeug irgendwo in einem Modell („scale model") von einem Raum versteckt wurde, oder wie der Versuchsleiter auf das Bild eines Raumes zeigt, um auf den Aufenthaltsort des versteckten Spielzeugs hinzuweisen. Um nun das versteckte Spielzeug zu finden, müssen die Kinder die symbolische Relation zwischen dem Raum und dessen Modell bzw. Bild herstellen. Sie müssen, mit anderen Worten gesprochen, „representational insight" erworben haben:

„One must detect and mentally represent, at some level, the relation between the symbol and what it stands for, its referent. The attainment of this insight depends on the interaction of several factor, including the degree of physical similarity between symbol and referent, the level of information provided about the symbol-referent relation, and the amount of prior experience the child has had with symbols" (DeLoache 2000, 329).

Repräsentationale Einsicht und erfolgreiche Symbolnutzung erfordert den Aufbau *dualer Repräsentationen*: „one must mentally represent both the symbol itself and its relation to its referent" (ebd.) und „thus refers to the existence of multiple mental representations of a single symbolic entity" (ebd., 330). Der symbolische Gegenstand[3] – das Modell, das Bild, etc. – ist sowohl konkreter als auch abstrakter Natur: Es handelt sich um ein reales Objekt, das zur gleichen Zeit ebenfalls

---

[3]Später in der Arbeit wird dieser auch als *Zeichenträger* benannt (vgl. Kapitel 4).

für etwas Anderes als sich selbst steht. Um das Objekt als Symbol nutzen zu können, müssen beide Facetten seiner dualen Realität mental repräsentiert werden:
sowohl das konkrete Objekt als solches wie auch seine abstrakte Relation zu seinem Referenten. Einerseits müssen die Kinder im Scale-Model-Task folglich das
Modell selbst sehen bzw. für sich mental repräsentieren, andererseits müssen die
Kinder gewissermaßen durch dieses Modell hindurchsehen und mental die Relation zwischen dem Modell und dem Raum, für das es steht, repräsentieren (vgl.
ebd.).

2.5   Konsequenzen für das Forschungsprojekt

Generell ist auffällig, dass im kindlichen Fantasie- und Rollenspiel zunehmend
eine Vielfalt und Flexibilität bei der Auswahl der Symbole zu erkennen ist: Prinzipiell kann und wird alles herangezogen, um durch Objektsubstitution und mit
dem Erwerb der dualen Repräsentation und der zunehmenden Dezentrierung und
Dekontextualisierung auf etwas Anderes als sich selbst zu verweisen. Kinder
benutzen dafür sich selbst als Person; einzelne Körperteile wie einen ausge-
streckten Finger, den man an den Mund führt und durch Hin-und-Her-Bewegen
als symbolisierte Zahnbürste benutzen kann; dem Referenten ähnliche Objekte
oder von diesem gänzlich verschieden; sowie Gedachtes, Vorgestelltes, Unsichtbares. Konstant bleibt dabei lediglich, dass sich die Kinder augenscheinlich
auf etwas beziehen, das durch dessen individuelle Eigenschaften gekennzeichnet ist. Herangezogene Gegenstände oder auch innerliche Symbolisierungen von
Abwesendem referieren in erster Linie auf andere Gegenstände oder Personen:
Replica-Gegenstände verweisen auf ihre realen Vertreter, die Puppe steht für ein
Baby/Kind, das gebadet, gefüttert und gewaschen wird. Diese Gegenstände oder
Personen zeichnen sich durch die ihnen eigenen, individuellen Merkmale aus. Ein
Bauklotz, der zu einem Auto wird, kann geschoben und mit Motorengeräuschen
versehen werden, die für die Eigenschaft des Fahrens kennzeichnend sind. Viel-
leicht erhält das so symbolisierte Auto in der mentalen Vorstellung des Kindes die
Farbe Rot oder ist einer bestimmten Automarke angehörig, sodass sich dieses von
einem zweiten Auto-Bauklotz mit anderer Farbe und Marke unterscheiden kann.

Im Fantasiespiel mit einzelnen Gegenständen und insbesondere im Rollenspiel,
bei dem die Kinder vermehrt in die Rollen von verschiedenen Personen schlüpfen,
werden die Gegenstände und Personen überdies zunehmend narrativ miteinander
verknüpft. Personen, die bereits zuvor durch ihnen eigene, individuelle Merkmale
wie Größe, Aussehen, Kleidung, Besitz usw. gekennzeichnet waren, erhalten charakteristische Eigenschaften und werden in eine eigene Geschichte eingebettet.

So ist die Prinzessin lieb und in ihrem Ballkleid wunderschön anzusehen. Sie wird aber von dem bösen, feuerspuckenden Drachen entführt und muss von einem mutigen Prinzen hoch zu Ross aus dem Turm befreit und vor dem fiesen Ungetüm gerettet werden. Auch im Nachspielen alltäglicher Situationen und dem Aufbau, der Verwendung und Verknüpfung von einfachen und später komplexen Skripten, wie dem Verkaufsspiel, erhalten die verschiedenen Kunden vielleicht individuelle Eigenschaften wie mürrisch oder freundlich, trägt einen Hut, hat immer einen Korb dabei usw. Diese Spiele können in verschiedenster Weise wiederholt und vielfach variiert werden, wobei die Kinder gewisse Regeln beachten. In alltäglichen Situation werden die ausgebildeten Skripte berücksichtigt: Zunächst muss ein Teig geknetet, gebacken, der fertige Kuchen geschnitten und auf einen Teller gelegt werden, bevor das Kind mit einer (vorgestellten) Gabel ein Stück davon abtrennen, der Puppe an den Mund führen und diese somit füttern kann. Dazwischen können allerdings beliebige Handlungen eingeführt werden. Beispielsweise kann die Backzeit dazu genutzt werden, die Puppe zu waschen, oder zwischen den einzelnen Bissen unterhalten sich verschiedene gemeinsam am Tisch sitzende und befreundete Puppen miteinander. Im Spiel von Prinzessin, Prinz und Drache werden märchenhafte Abläufe und Eigenschaften, die den Kindern aus Büchern und Geschichten bekannt sind, berücksichtigt und die einzelnen Handlungen in eine logische Abfolge gebracht.

Alles in allem ist für das kindliche Fantasie- und Rollenspiel kennzeichnend, dass sich die verwendeten Symbole auf individuelle, charakteristische Eigenschaften wie Farbe, Größe, äußerliche Erscheinung (schön – hässlich), Besitz, Kleidung, bestimmte Verhaltensweisen (fahren, feuerspucken) etc. und alltägliche oder narrativ logische Handlungsabläufe beziehen. Diese Art der Symbolisierung wird deshalb als *dinglich* bzw. *pseudo-dinglich* benannt, weil die Kinder immer individuell identifizierbare Eigenschaften als charakteristische Merkmale des Referenten für symbolische Handlungen heranziehen. Es wird also auf etwas verwiesen, das selbst dinglich ist (wie ein Auto) oder aufgrund der Zuschreibung bestimmter individueller Eigenschaften oder typischer, konkreter Handlungen als dinglich behandelt wird (pseudo-dinglich).

Auch mit Beginn des mathematischen Denkens stehen anfänglich die individuellen Dinge im Vordergrund, wie es auch in der beschriebenen Unterrichtssequenz zu Svenja und der Zahl ‚1050' bereits Erwähnung gefunden hat (vgl. Abschnitt 1.1). Als weiteres Beispiel kann aufgeführt werden, dass die Kinder die Zahlwortreihe zunächst als auswendig aufgesagte Sequenz wie das Alphabet „ohne kardinaler Bedeutung" als eine „zusammenhängende Lauteinheit" erlernen (Lorenz 2012, 22; Niveau 1). Später werden konkrete Dinge gezählt (vgl. Lorenz 2012, 23; Niveau 2 und 3): Wie viele Äpfel liegen auf dem Tisch? Wie

viele Bananen? Wie viele Kinder sind in der Gruppe? Die Zahlen sind dabei sehr
stark mit den einzelnen Zählobjekten verknüpft. Sie werden eher als empirische
Eigenschaften von den Objekten[4] und somit als *pseudo-dinglich* betrachtet. Erst
auf einer weiteren Stufe (Niveau 4) kann das Kind nicht nur Gegenstände zählen,
„sondern auch Zahlen selbst" (Lorenz 2012, 150). Dadurch wird dieses Niveau als
Vorstufe zur Addition und Subtraktion angesehen. Neben den einzelnen Zahlwor-
ten lernt das Kind auch Zählprinzipien und Zahlaspekte. Um diese Entwicklung zu
unterstützen, werden deshalb verschiedene Förderansätze entwickelt. Eine wichtige Funktion von Kindergärten und Kindertagesstätten neben vielen anderen ist
es, die Vorschulkinder auf die Grundschule vorzubereiten und somit auch die
individuelle frühkindliche Entwicklung mathematischer Kompetenzen zu fördern.
Dies kann beispielsweise durch Trainingsprogramme erfolgen wie „Entdeckungen
im Zahlenland" (Preiß 2007) und „Komm mit ins Zahlenland" (Friedrich 2006;
Friedrich & Munz 2006). Aufgrund ihrer Ähnlichkeit können beide Trainingsprogramme zusammenfassend als ein Beispiel zur Förderung des frühkindlichen
mathematischen Lernens betrachtet werden. Sie werden nachfolgend als kleiner
Exkurs zur Unterscheidung einer eher alltäglichen und eher relationalen Sicht auf
Zahlen beschrieben.

   In Anlehnung an den mathematischen Begriff des Zahlenraums ist das *Zahlenland* ein Ort, in welchem die Zahlen zuhause sind (vgl. Friedrich & Munz
2006, 136). Jede Zahl hat dabei einen eigenen Wohnort, der als „Zahlengarten"
bezeichnet wird (ebd.). Diese Zahlengärten sind dem Ordnungsaspekt der Zahlen
nach hintereinander angeordnet. Der Zahlengarten der Drei befindet sich zwischen
dem der Zwei und dem der Vier. Jeder Garten ist als eine bestimmte geometrische
Form konstruiert. Der Zahlengarten der Fünf ist beispielsweise ein Fünfeck „und
kann an jeder Ecke verziert werden (Eins-zu-Eins-Zuordnung)" (Friedrich 2006,
7; vgl. auch Friedrich & Munz 2006, 136). Darüber hinaus befinden sich in jedem
Zahlengarten entsprechend dem ‚Bewohner' desjenigen Gartens eine bestimmte
Anzahl an Fenstern sowie weitere Gegenstände. Im Zahlengarten der Fünf befindet sich so „ein Haus mit fünf Fenstern (Anzahl- oder kardinaler Zahlaspekt) und
aufsteckbarer Hausnummer (Kodierungsaspekt) sowie ein Zahlenturm, mit dessen Hilfe Zahlzerlegungen (Rechenaspekt: 1 + 4 oder 3 + 2) veranschaulicht
bzw. konstruiert werden können" (Friedrich 2006, 7 f.). Der ‚Bewohner' selbst ist
als „Zahlenpuppe" mit einem eigenen „spezifischen Charakter bzw. eine[r] unver-
wechselbare[n] Identität" (Friedrich & Munz 2006, 136) gestaltet: „Die Puppe
Eins trägt eine Zipfelmütze, die Zwei eine Brille ... die Neun besitzt 5 Zähne oben

---

[4]Bereits im Unterkapitel 1.1 wurde angeführt, dass dies auch Hersh (1998) mit der Zahl ‚5'
und den fünf Fingern an der rechten Hand herausstellt.

und 4 unten, die Zehn hat 2 mal 5 Finger" (ebd.). Neben der Personalisierung der
Zahlen und ihrer Ausstattung mit „beseelten Eigenschaften" (ebd.) wird der narrative Aspekt der Zahlen betont: Die Zahlen werden in der konkreten Lebenswelt
der Kinder erkundet und in Märchen bzw. Geschichten personifiziert: So erzählt
die Geschichte über die Eins „von der Eins und ihrem Einhorn", die Geschichte
der Zwei darüber, dass alle Zweien alles zweimal sagen, die Geschichte der Drei
darüber, dass diese drei Wünsche erfüllen kann, die der Vier, dass diese krank
wird und die der Fünf, dass sie Besuch von fünf Kindern bekommt (Friedrich
& Munz 2006, 136). Auch Preiß (2007) ergänzt die in der Mathematikdidaktik
benannten Zahlaspekte (Kardinalzahlaspekt, Ordinalzahlaspekt, Operatoraspekt,
Codierungsaspekt, Maßzahlaspekt, Rechenzahlaspekt; vgl. Krauthausen 2018, 44)
um den narrativen Aspekt, auf den „besonders große[r] Wert" gelegt wird und der
„ein zentrales Anliegen der ‚Entdeckungen im Zahlenland'" bildet (Preiß 2007, 3).
Demnach besäßen Zahlen „eine emotionale oder symbolische Bedeutung" (Preiß
2006, 68; zitiert nach Gasteiger 2010, 80; vgl. auch Preiß 2007, 3). Dies entspräche dem Bedürfnis, „den abstrakten Zahlen eine Bedeutung zu geben, die mit uns
und der Welt zu tun hat. Deshalb werden die Zahlen im Zahlenhaus als Freunde
begrüßt und besitzen dort eine Wohnung" (Preiß 2006, 69; zitiert nach Gasteiger
2010, 80 f.; vgl. auch Preiß 2007, 90).

Die hier in kurzer Form zusammengefassten Trainingsprogramme werden in
verschiedener Literatur kritisiert (vgl. beispielsweise Schuler 2013, 81 und Gasteiger 2010, 82 ff.). Für das vorliegende Forschungsvorhaben scheint es auffällig,
dass das im Fantasie- und Rollenspiel entwickelte Symbolverständnis in der frühkindlichen Bildung auf mathematische Zahlzeichen übertragen wird. Die Zahlen
erhalten in den beiden vorgestellten Trainingsprogrammen augenscheinlich ihre
Bedeutung aufgrund ihrer Geschichte (narrativer Aspekt) und auch über die ihnen
eigenen, individuellen hinzugefügten Eigenschaften. Zahlen werden zu „Freunden" personifiziert, die einen Wohnort mit besonderen Möbeln haben; Zahlen
tragen Accessoires wie eine Mütze oder eine Brille; Zahlen können Wünsche
erfüllen, krank werden oder Besuch bekommen und singen ihr jeweils eigenes
Lied. Entsprechend dieser Merkmalszuschreibungen werden Zahlen behandelt, als
seien sie *dinglicher* Natur und ausschließlich aufgrund ihrer individuellen Eigenschaften interessant und bedeutend. Damit wird die eigentliche Bedeutung der
Zahlen verklärt und der Aufbau

„[n]icht tragfähige[r] Zahlenvorstellungen [...] durch Rahmenhandlungen, wie z. B.
das Agieren mit den personifizierten Zahlen in ihren Häusern, das Spiel mit den
Zahlenpuppen oder durch die Zahlgeschichten (z. B. die Geschichte der Zwei, die

alles zweimal sagt; Friedrich, De Galgóczy 2004, S. 24) in den oben vorgestellten Trainingsprogrammen unterstützt" (Gasteiger 2010, 83).

Diese Sichtweise auf Zahlen bzw. auf mathematische Inhalte oder mathematische Zeichen im Allgemeinen scheint in solchen Trainingsprogrammen der mathematischen Frühbildung, aber auch im Mathematikunterricht der Grundschule[5] eine auffallend wichtige Rolle zu spielen. Das im kindlichen Fantasie- und Rollenspiel entwickelte Symbolverständnis wird hier augenscheinlich auf die Welt der Mathematik übertragen und dort fortgeführt. Insbesondere in den beispielhaft beschriebenen Förderkonzepten des Zahlenlandes findet eine simple, wenig reflektierte Übernahme dieser alltäglichen Sicht auf Symbolisierungen für die Welt der mathematischen Symbole statt. Die im kindlichen Spiel erworbenen Grundlagen sind wesentlich für ein Verständnis von Symbolen im Allgemeinen. Es erfordert darüber hinaus jedoch weitere Differenzierungen des *mathematischen* Symbolgebrauchs. Das so im ersten Kapitel ausgearbeitete Verständnis von den besonderen theoretischen Anforderungen mathematischer Symbole findet in dem Beispiel allerdings keine weitere Berücksichtigung. Die epistemologischen Besonderheiten mathematischen Wissens stellen jedoch eine wichtige Theoriegrundlage und ausdifferenzierte Sicht des Gebrauchs von *mathematischen Symbolen* dar. Nichtsdestotrotz ist die im kindlichen Spiel entwickelte Grundlage des Symbolverständnisses eine wesentliche, die die Kinder aufgrund der langjährigen Erfahrungen und Umgang mit ihr im kindlichen Spiel auch im Mathematikunterricht der Grundschule begleitet – und dies sogar bis zum Ende ihrer Grundschulzeit, wie es die Zeichnungen und Materialdarstellungen von Viertklässlern in der Pilotierung und der Hauptstudie aufzeigen werden. Die teilnehmenden Kinder sollen Deutungen zu eingekleideten Textaufgaben vornehmen. Darin wird wegen der Einbettung der mathematischen Aufgabe in einen Sachverhalt in gewisser Weise ebenfalls eine Art ‚Geschichte‘ erzählt. In diese müssen sich die Kinder zunächst hineinfinden und mathematisch deuten, um die Aufgabe zu lösen. Aus diesen Gründen wird auch das *alltägliche Symbolverständnis* explizit im Forschungsprojekt berücksichtigt. Es sei jedoch darauf verwiesen, dass ein *mathematisches* Symbolverständnis nicht mit einem alltäglichen Symbolverständnis – in dem individuelle, charakteristische Eigenschaften der bezeichneten Dinge und Personen im Vordergrund stehen – gleichgesetzt werden darf. *Mathematische*

---

[5]Für ein solches Beispiel für den Mathematikunterricht in der Grundschule wird auf Steinbring (1994a) verwiesen. Darin beschreibt er, wie eine Lehrerin die Tiere Frosch und Känguru zu nutzen versucht, um den Kindern eine Hilfestellung für die Addition mit Zehnerübergang zur Verfügung zu stellen (vgl. insbesondere die Seiten 193–196).

Zeichen müssen als Elemente eines Systems betrachtet werden, die in vielfältigen systemisch-relationalen Beziehungen zu den anderen Elementen dieses Systems stehen (vgl. Abschnitt 1.1). Sie dürfen also nicht als Dinge (oder Personen) mit individuellen Eigenschaften und somit *nicht pseudo-dinglich* gedeutet werden, sondern *systemisch-relational*.

Nachfolgend sind die essenziellen, in diesem Kapitel ausgearbeiteten theoretischen, in der Lern- und Entwicklungspsychologie begründeten Erkenntnisse als Aufzählung aufgeführt. Sie bilden mit den hier abschließend formulierten Konsequenzen eine wichtige Grundlage für die Entwicklung des mathematikdidaktischen Theoriekonstrukts *ThomaS* (Kapitel 5). Außerdem liefern sie bedeutende Erklärungsansätze für die Auswahl der den Kindern in der Hauptstudie zur Verfügung stehenden Materialien, die sowohl aus dem Mathematikunterricht entstammen als auch vertrauten Alltagsgegenständen entsprechen (Abschnitt 6.1), sowie der Wahl und des Umgangs der teilnehmenden Kinder mit den Zeichenträgern zur Bearbeitung eingekleideter Textaufgaben. Zudem mag in dem Wissen über die Entwicklung der kindlichen Symbolkompetenz (neben anderen Theorien) eine Erklärung für die unverzichtbare Rolle und vielfältige Verwendung von *Arbeits- und Anschauungsmitteln* sowie deren (teilweise) lebensweltlichen bzw. gegenständlichen und sachlichen Bezügen begründet liegen, die als wesentlicher Bestandteil des Forschungsprojekts im nächsten Kapitel theoretisch betrachtet werden.

– Als für das Forschungsvorhaben grundlegende und von der Entwicklungspsychologin DeLoache (2002, 73) vorgenommene Begriffsbestimmung kann für das Symbol als unverzichtbares semiotisches Mittel, um potenziell Zugang zu mathematischem Wissen zu erhalten, festgehalten werden: „A symbol is something that someone intends to stand for or represent something other than itself".
– Im psychomotorischen Spiel als erste Phase des Spielens lernen Kinder Materialmerkmale und erste physikalische Eigenschaften kennen. In dieser Spielform erleben sie sich (erstmals) zugleich als Bewirker und Beobachter ihrer eigenen Spieltätigkeiten. Darüber hinaus erwerben die Kinder im mit dem psychomotorischen Spiel verknüpften Objekt- und Sozialspiel Wissen über sinnvolle Handlungsabfolgen (wie Skripte) und Sprachmuster. Auch erlangen sie als wichtigen Schritt in der Entwicklung der Symbolisierungsfähigkeit die Erkenntnis der Objektpermanenz.
– Im Konstruktionsspiel, der Zwischenform des Objekt- und Symbolspiels, wird das erworbene Wissen über die Beschaffenheit von Objekten, Mechanik, Statik und Relationen der Objekte zueinander (wie Klassenbegriffe und

Größer-Kleiner-Relationen) erweitert. Analog zum Zeichnen lässt sich eine Art Kritzelperiode des Bauens beschreiben: In der Phase des spezifischen Bauens (nach einer ersten Phase des unspezifischen Umgangs mit den Materialien) bilden die Kinder beispielsweise Würfelreihen, bevor sie im Alter von etwa drei bis vier Jahren mit der beabsichtigten Herstellung eines darstellenden Werkes auf Grundlage eines Handlungsplans mit klaren Bauabsichten beginnen.

– Im Fantasiespiel entwickelt sich das für das Spielen entscheidende Element des So-tun-als-ob. Es ist die erste Möglichkeit für Kinder, sich mit Zeichen und Symbolen auseinanderzusetzen: Durch Assimilation (Piaget) – also durch die Symbolisierung von Gegenständen, Handlungen und Situationen – erschaffen sich die Kinder Bedeutungsträger, womit sie ihre Umwelt selbst gestalten und sich folglich die Wirklichkeit unterordnen. Als Kernelement des Fantasiespiels lässt sich damit die Substitution von abwesenden Objekten und Situationen nennen. Ein vorhandener Gegenstand wird hierbei durch Objekttransformation zu einem anderen umgewandelt. Mit der Dezentrierung erhält das Fantasiespiel mit zunehmendem Alter wegen des möglich werdenden Perspektivwechsels eine höhere Flexibilität. Aufgrund der Dekontextualisierung können Kinder zunehmend Spielhandlungen ohne Unterstützungsmaterial vornehmen. Sie sind dazu in der Lage, mehrere Spielobjekte durch funktional uneindeutige oder funktional falsche Objekte zu substituieren, die auch in vielfältigen (womöglich sogar ungewöhnlichen) Kontexten Verwendung finden können. Dies gelingt ihnen, weil sie ein so gebrauchtes symbolischen Objekt in zweifacher Weise sehen – nämlich als konkretes Objekt als auch als Repräsentation von etwas anderem als sich selbst. Dies wird mit dem Konzept der dualen Repräsentation beschrieben.

– Für das kindliche Fantasie- und Rollenspiel ist kennzeichnend, dass sich die verwendeten Symbole auf individuelle, charakteristische Eigenschaften wie Farbe, Größe, äußerliche Erscheinung, Besitz, Kleidung, bestimmte Verhaltensweisen etc. sowie auf alltägliche oder narrativ logische Handlungsabläufe beziehen. Diese Art der Symbolisierung wird deshalb als dinglich bzw. pseudo-dinglich bezeichnet. Die Kinder ziehen individuell identifizierende Eigenschaften als charakteristische Merkmale des Referenten für ihre symbolischen Handlungen heran. Somit wird auf etwas verwiesen, das selbst dinglich ist (wie ein Auto) oder aufgrund der Zuschreibung bestimmter individueller Eigenschaften oder typischer konkreter Handlungen als dinglich behandelt wird (pseudo-dinglich). Beim Zählen konkreter Gegenstände wie Spielpferden oder Äpfel werden die Zahlwörter zunächst stark mit den einzelnen Zählobjekten verknüpft und eher als empirische Eigenschaften der Zählobjekte angesehen. Die Zahlen bzw. die Zahlwörter selbst werden folglich als pseudo-dinglich betrachtet. Im Mathematikunterricht (der Grundschule) darf es jedoch nicht bei einer solchen Sicht verbleiben. Stattdessen müssen die epistemologischen Besonderheiten mathematischen Wissens Berücksichtigung finden. Die mathematischen Objekte sowie deren Zeichenträger müssen von den Lernenden als systemisch-relationale Strukturen aufgefasst und in einem stetig wachsenden Wissensnetz mit vielfältigen Verknüpfungen zu den anderen Elementen dieses Systems verstanden und weiterentwickelt werden (vgl. Abschnitt 1.1).

Arbeits- und Anschauungsmittel als semiotische Zeichenträger für mathematisches Wissen

Im Mathematikunterricht der Grundschule nehmen Arbeits- und Anschauungsmittel eine unverzichtbare Rolle ein. In der traditionellen Sicht wird oft unausgesprochen davon ausgegangen, dass sich die mathematischen Begriffe selbst unmittelbar zugänglich in den konkreten Materialien befänden. Die so angenommene Konkretheit und Direktheit der Materialien müssen jedoch differenzierter betrachtet werden, wie es bereits in den vorangegangenen Kapiteln 1 und 2 für *mathematische Symbole* herausgestellt wurde und auch der nachfolgende Auszug aus dem Lehrplan für Grundschulen in Nordrhein-Westfalen postuliert:

> „Mathematische Begriffe und Operationen können durch Handlungen mit Material, durch Bilder, Sprache und mathematische Symbole dargestellt werden. Die verschiedenen Darstellungen stellen einerseits eine wichtige Lernhilfe dar, andererseits sind sie aber auch Lerngegenstand mit eigenen Anforderungen für die Schülerinnen und Schüler, die Bedeutungen und Formen des Gebrauchs erlernen müssen. Die Beziehungen zwischen verschiedenen Darstellungsformen werden nicht nur in Einführungsphasen hergestellt, um die konkreten Verständnisgrundlagen zu erhalten" (MSW 2008, 55).

Mathematische Begriffe sind *theoretische Begriffe,* deren Inhalt *nicht* in Substanzen und Eigenschaften besteht, sondern aus Beziehungen und Relationen (vgl. Otte 1983, 190; vgl. auch Abschnitt 1.1). Mathematisches Wissen als theoretisches Wissen bedarf folglich der Repräsentation, der Visualisierung, der semiotischen Mittel bzw. eines *vermittelnden Mediums,* um den relationalen Charakter mathematischer Begriffe zugänglich zu machen.

K. Mros, *Mathematiklernen zwischen Anwendung und Struktur*, Essener Beiträge zur Mathematikdidaktik, https://doi.org/10.1007/978-3-658-33684-4_3

„Die Relationen sind selbst amedial, sie bedürfen immer gegenständlicher Objekte als Träger, um dem Denken und der Vorstellung zugänglich zu sein. Die ‚reine' Relation ist nicht denkbar, sie braucht eine passende Darstellung oder Repräsentation in einem gegenständlichen Medium" (Dörfler 1988, 111).

Im Mathematikunterricht der Grundschule werden entsprechend der didaktischen Prinzipien der *Anschaulichkeit* und der *Handlungsorientierung* mathematische Begriffe häufig durch eine Bezugnahme auf *konkrete Dinge und Sachverhalte* unter *Nutzung von Materialien* verschiedenster Art eingeführt. Dies wurde ebenfalls in Kapitel 2 zur Entwicklung des frühen symbolischen Verstehens angedeutet. Im Lehrplan sind die Bezugnahme und Nutzung als Kompetenzerwartung am Ende der Schuleingangsphase für die inhaltsbezogene Kompetenz *Zahlen und Operationen* unter dem Schwerpunkt *Zahlvorstellungen* aufgeführt: „Die Schülerinnen und Schüler wechseln zwischen *verschiedenen Zahldarstellungen* und erläutern Gemeinsamkeiten und Unterschiede an *Beispielen*" (MSW 2008, 61; Hervorhebung KM). Gerade im arithmetischen Anfangsunterricht nehmen dementsprechend die Materialien als vermittelndes Medium eine unverzichtbare Rolle ein und werden in der Mathematikdidaktik als selbstverständlich für die Unterstützung des Mathematiklernens der Kinder betrachtet (vgl. Schipper 2003, 222). Mit ihrem Einsatz und ihrer Nutzung werden im Anfangsunterricht vor allem zwei Ziele verfolgt: die Förderung des Zahl- und Operationsverständnisses sowie die Entwicklung von Rechenstrategien. Dazu gehören Übungen zur Zahldarstellung wie das Legen einer bestimmten Anzahl von Plättchen, Übungen zur Zahlauffassung wie das Zählen von abgebildeten Gegenständen und die Förderung des Grundverständnisses für Addition und Subtraktion durch Übersetzung von Rechengeschichten in Materialhandlungen (zusammenlegen, dazulegen, weglegen). Die Kinder sollen das Rechnen erlernen, indem aus den zunächst sehr konkreten Materialhandlungen Operationen entstehen, bei denen diese Handlungen mental vollzogen werden und sie keinen konkreten Handlungsvollzug mehr benötigen (vgl. ebd., 222 f.).

In diesen beiden Zielformulierungen wird die Wichtigkeit und Unverzichtbarkeit von Materialien sowie Handlungen an ihnen und der Bezug zu konkreten Gegenstände sowie Sachsituationen herausgestellt. Auch die hier ausgearbeiteten Erkenntnisse zur Entwicklung des frühen symbolischen Verstehens im kindlichen Spiel (Kapitel 2) unterstützen den (anfänglichen) materiellen, handlungsorientierten, gegenständlichen bzw. sachlichen Bezug. Gleichzeitig darf sich jedoch der arithmetische Anfangsunterricht nicht auf diese rein *empirischen, gegenständlichen, sachlichen* Bezüge beschränken, wie es auch implizit in den von Schipper (2003) formulierten Zielen enthalten ist. Bereits hier muss eine Sicht auf die

Zahlen und Operationen angestrebt werden, die deren *begriffliche mathematische Bedeutung* als *Beziehungen* und *Relationen* ermöglicht – also eine *relationale, systemische Sicht* (die Fünf als Nachfolger von Vier und Vorgänger von Sechs, als Hälfte von Zehn, usw.; also die Fünf als Element im System der Zahlentheorie mit vielfältigen Beziehungen zu den anderen Elementen).

Um ein differenzierteres Verständnis von Arbeits- und Anschauungsmitteln zu erzielen, wird neben einer Begriffsbestimmung (Abschnitt 3.1) auf einige traditionelle Annahmen zum Umgang mit den verschiedenen materiellen und bildhaften Repräsentationen und zum Verständnis der den Repräsentationen innewohnenden Konkretheit zurückgeblickt (Abschnitt 3.2). Es folgt eine kritische Betrachtung dieser Konkretheit, in dem Zusammenhang wird auch die Bedeutung der empirischen und theoretischen Mehrdeutigkeit vorgestellt (Voigt 1993; Steinbring 1994b) sowie eine veränderte Sicht auf das sogenannte E-I-S-Prinzip nach Bruner (1974) eingenommen (Abschnitt 3.3). Im Besonderen wird herausgestellt, dass den im Mathematikunterricht der Grundschule verwendeten Arbeits- und Anschauungsmitteln selbst eine semiotische Funktion seitens der Schülerinnen und Schüler zugesprochen werden muss, um diese als Träger von Beziehungen und Relationen und somit als Träger von ‚abstrakten‘ mathematischen Begriffen anzusehen. Diese zentrale Idee, die für jegliche Arbeits- und Anschauungsmittel gilt, wird zusätzlich am Beispiel der Holzwürfel bzw. dessen bildhafter Darstellung und ersten Kritzeleien von Kleinkindern illustriert (Abschnitt 3.4). In Anlehnung an die in den qualitativen Untersuchungen verwendeten Aufgabenkontexte werden sachbezogene Fragestellungen herangezogen sowie entsprechende theoretisch denkbare Lösungen ausführlich vorgestellt. Dieses Unterkapitel kann als Ausblick auf das später vorgestellte und eigenständig entwickelte mathematikdidaktische Theoriekonstrukt *ThomaS* (Kapitel 5) sowie auf die Analysen der verschiedenen Bearbeitungen, Darstellungsformen und Deutungen der an der Studie teilnehmenden Kinder (Kapitel 7) betrachtet werden. Zugleich werden darin die aus der Literatur gewonnenen zentralen Erkenntnisse mit der eigenen Forschung zusammengebracht und weiterentwickelt sowie Aspekte des *Bau-* und *Konstruktionsspiels* (Abschnitt 2.3) aufgegriffen. Die gewonnenen zentralen Erkenntnisse werden abschließend in einem Fazit zusammengefasst und mit dem nachfolgenden Kapitel 4 verknüpft (Abschnitt 3.5).

3.1   Arbeits- und Anschauungsmittel: eine Begriffsbestimmung

Die im Mathematikunterricht (der Grundschule) verwendeten Repräsentationen werden in der Fachliteratur in vielfältiger Weise und ohne einheitlichen Sprachgebrauch als Arbeitsmittel, Lernmaterialen, Anschauungsmittel, Veranschaulichungen, Bilder, Diagramme oder Lernhilfen sowie in der englischsprachigen Literatur oftmals als *manipulatives* bezeichnet. Diese Termini beziehen sich auf *didaktische Materialien,* die speziell für den Mathematikunterricht entwickelt wurden. Andererseits nutzen Lehrpersonen auch *informelle Materialien* wie Gegenstände des alltäglichen Gebrauchs oder im Alltag entstandene Fotografien, Zeichnungen, Skizzen sowie Bilder aus den neuen Medien.

> „Manipulatives are concrete objects (rods, blocks, etc.) that are designed to facilitate children's mathematical development. […] Manipulatives are constructed to allow children to learn naturally through play and exploration. There are formal manipulative systems, such as Dienes Blocks and Cuisenaire Rods, which are designed specifically to teach mathematics. However, teachers also use many informal types of manipulatives, which can include household objects (paper clips, coins, etc.) and pieces of candy or cereal. In addition, manipulatives have moved into the digital age" (Uttal 2003, 98).

Inzwischen gibt es eine Fülle von und Vielfalt an Materialien und Veranschaulichungen, wie sie bereits Radatz (1993), Schipper (1995), Wittmann (1993) und Lorenz (1998) herausstellten, und die sich in den letzten Jahren durch die Einführung digitaler Werkzeuge noch ausgeweitet hat. Sarama und Clements sprechen auch von „Computer Manipulatives" (2009, 145–150; vgl. auch Clements & McMillen 1996, 270–279). Zu diesen Arbeitsmitteln (analog und digital) zählen bunte Wendeplättchen, Würfel und Mehrsystemblöcke, Punktfelder (20er Punktefeld, 100er Punktefeld), der Rechenstrich, die Einspluseinstafel und die Stellenwerttafel – um nur einige wenige aufzuzählen.

Krauthausen (2018) unternimmt den Versuch einer Begriffsklärung, bei dem er zwischen *Veranschaulichungsmitteln* und *Anschauungsmitteln* unterscheidet. *Veranschaulichungsmittel* würden hauptsächlich von der Lehrperson eingesetzt werden, um mathematische Ideen zu illustrieren oder zu visualisieren, sodass den Kindern aufgrund einer möglichst *konkreten* Darstellung das Lernen und Verstehen vereinfacht wird. Das so in erster Linie als Veranschaulichungsmittel eingesetzte, konkrete, handgreifliche bzw. digitale Material dient der Lehrperson als *Demonstrationswerkzeug* und *Übermittlungsmaterial* (vgl. Krauthausen 2018,

310). Zusammengefasst steht hinter dem traditionell geprägten Begriff der *Veranschaulichungs*mittel die Auffassung, dass Lernen in der einfachen Übernahme von präsentierten Informationen bestünde (vgl. Kautschitsch 1994, 79) und Wissen von einem Lehrenden auf die Lernenden aufgrund der Darbietung geeigneten Materials *übermittelt* werden könne (vgl. Krauthausen 2018, 310).

Demgegenüber entspricht der Begriff der *Anschauungs*mittel einem eher aktivistischen Lernverständnis. Die Materialien werden in den Händen der Lernenden als Werkzeuge zum eigenständigen Mathematiktreiben und zum Verstehen mathematischer Begriffe und Ideen angesehen (vgl. ebd.). Damit hat ein Perspektivwechsel stattgefunden: von Materialien und Darstellungen als in erster Linie *didaktischen* Werkzeugen für Demonstrations- bzw. Übermittlungszwecke hin zu *Denk*werkzeugen mit *epistemologischer Funktion*, wobei die Kinder diese zunehmend selbstständiger und sachgerecht nutzen (vgl. ebd.). Krauthausen selbst spricht davon, dass die Unterscheidung von Veranschaulichungs- und Anschauungsmitteln keine trennscharfe Zuschreibung darstellt. Schließlich kommt der Lehrperson für die Auswahl der Materialien und den Umgang mit ihnen (Einführung, Verwendungszusammenhang und Aktivitäten) eine entscheidende Verantwortung zu. Als neutraleren Begriff wählt er deshalb *Arbeitsmittel,* die sowohl in dem hier beschriebenen Sinn als Veranschaulichungs- wie auch als Anschauungsmittel eingesetzt werden können (vgl. ebd.).

Im Folgenden wird, an Krauthausens Versuch der Begriffsklärung anknüpfend, von *Arbeits- und Anschauungsmitteln* gesprochen. Darunter werden sowohl konkrete Materialien – seien diese nun *didaktische* oder *informelle* Arbeitsmittel – als auch bildhafte Darstellungen jeglicher Formen (Skizzen, Zeichnungen, Fotos, Bilder usw.) mit den verschiedensten Sachbezügen sowie Abbildungen der konkreten Materialien verstanden. Wie die nachfolgenden Ausführungen zeigen, werden Arbeitsmittel als Denkwerkzeuge mit epistemologischer Funktion verstanden, die eigenständig von den Kindern genutzt und durchaus mehrdeutig interpretiert werden dürfen. Um dies hervorzuheben, wird ergänzend zum neutralen Begriff des Arbeitsmittels von *Anschauungsmitteln* gesprochen. Der Begriff der *Veranschaulichungsmittel* wird verwendet, wenn im Besonderen die Verwendung der Arbeitsmittel in einer traditionellen Sicht als Demonstrationswerkzeug bzw. Übermittlungsmaterial hervorgehoben wird. Nachfolgend werden nun einige ergänzende Aspekte zur traditionellen Sicht auf die im Mathematikunterricht verwendeten Arbeitsmittel vorgestellt. Zudem werden kritische Punkte zu den darin vertretenen Annahmen herausgearbeitet, um so ein differenzierteres Gesamtbild der Rolle von Arbeits- und Anschauungsmittel zu entwerfen.

3.2 Die Konkretheit der Arbeits- und Anschauungsmittel aus traditioneller Sicht

Unter Rückbezug auf Piaget wird häufig postuliert, dass gerade jüngere Kinder konkrete Erfahrungen für das Lernen benötigen, weshalb zum Umgang mit und zur Nutzung von verschiedensten Werkzeugen, darunter auch physikalische Materialien, für das Erkunden, Entdecken und Kommunizieren mathematischer Ideen ermutigt wird (vgl. Ball 1992, 16; vgl. auch McNeil & Uttal 2009, 137–139). In diesem Kontext werden häufig die Bruner'schen Repräsentationsmodi (Bruner 1974, 16 f., 49) genannt, die mit der von Piaget entwickelten Stufenfolge in Verbindung stehen (vgl. Bruner 1974, 18; Wittmann 1978, 81 ff.). Bei dem sogenannten *E-I-S-Prinzip* gibt es drei verschiedene Modalitäten der Wissensdarstellung, die einen aufsteigenden Abstraktionsgrad wiedergeben: enaktiv, ikonisch und symbolisch. In der *enaktiven* Ebene werden neue mathematische Inhalte *handelnd* an physikalischen Materialien erarbeitet. In der *ikonischen* Ebene wird auf die materiellen, physischen Eigenschaften der Materialien verzichtet und diese stattdessen *bildlich* dargestellt. Die *symbolische* Ebene bezeichnet den ersten beiden Ebenen gegenüber eine *abstrakte* Darstellung mit symbolischem, also referentiellem Charakter. Zu ihr gehören die mathematischen Zahlzeichen und Operationszeichen. Eine Additionsaufgabe kann so in den verschiedenen Ebenen wie folgt repräsentiert werden: In der enaktiven Ebene werden zu drei Plättchen zwei weitere gelegt und es wird abgezählt, wie viele Plättchen insgesamt auf dem Tisch liegen; in der ikonischen Ebene wird dies bildhaft mit den Gruppierungen von drei und zwei Plättchen dargestellt; in der symbolischen Ebene wird schließlich die Aufgabe konventionell als $3 + 2 = 5$ notiert.

Im aktuellen Lehrplan für Grundschulen in Nordrhein-Westfalen werden diese drei Repräsentationsmodi implizit unter der inhaltsbezogenen Kompetenz zu *Zahlen und Operationen* unter dem Schwerpunkt *Operationsvorstellungen* sowohl für die Erwartungen am Ende der Schuleingangsphase als auch am Ende der Klasse 4 aufgeführt: „Die Schülerinnen und Schüler wechseln zwischen verschiedenen Darstellungsformen von Operationen (mit Material, bildlich und sprachlich) hin und her" (MSW 2008, 61). Das E-I-S-Prinzip wird hier zwar nicht direkt angesprochen, jedoch kann es mit dem Darstellungswechsel als Umgang mit den und Deutungen der verschiedenen Repräsentationsformen aufgefasst werden. Der eingangs aufgeführte Auszug des Lehrplans (vgl. MSW 2008, 55) hebt die Verwendung von Materialien, Bildern und (mathematischen und sprachlichen) Symbolen hervor, und damit die Berücksichtigung aller drei Repräsentationsmodalitäten für das Lernen und Lehren im Mathematikunterricht im Allgemeinen.

In einer traditionellen Sicht auf das *handelnd* verwendete Arbeitsmaterial wird angenommen, dass sich die gewünschten mathematischen Konzepte und Ideen *unmittelbar* und *konkret greifbar* im Material selbst befänden. Aufgrund des Einsatzes und der Benutzung dieser konkreten Gegenstände würden schlussfolgernd die mathematischen Begriffe ebenfalls direkt sinnlich erfahrbar gemacht werden (vgl. Ball 1992, 17). Man hofft, dass den Kindern die ansonsten unzugänglichen, abstrakten mathematischen Begriffe durch die Konkretheit der Materialien zugetragen werden. Im Wesentlichen sollen die so verwendeten konkreten und greifbaren „Arbeitsmittel den Lehrpersonen und Kindern einen Weg um die scheinbare Undurchsichtigkeit mathematischer Symbole geben" (Uttal et al. 1999, 186; Übersetzung KM). Konkrete Materialien würden folglich zu einer Aneignung und zu einem einsichtsvollen Verständnis von mathematischen Begriffen „in einer einfachen und direkten Weise" führen (Nührenbörger & Steinbring 2008, 158; Übersetzung KM). Selbiges wird nicht nur für die konkreten, physikalischen Materialien angenommen, sondern ebenfalls für deren bildhafte, *ikonische* Darstellungen, die sich oftmals auch auf Sachverhalte und Alltagsgegenstände beziehen. Im arithmetischen Anfangsunterricht wird die Bedeutung der Zahlen vornehmlich als Mittel, um Dinge abzuzählen, eingeführt. Rechenoperationen werden durch konkrete Tätigkeiten des Hinzufügens (Addition) oder Wegnehmens (Subtraktion) gedeutet (vgl. Steinbring 1994b, 8). Solche mathematischen Tätigkeiten werden in entsprechenden „Zahlenbildern" (ebd.) dargestellt: Alle Kinder in einem Bild können gezählt werden; weglaufende Kinder verweisen auf eine Subtraktionsaufgabe, ebenso wie abbrennende Streichhölzer, gegessene Äpfel, geknackte Nüsse und wegfliegende Vögel; hinzukommende Kinder verweisen auf eine Additionsaufgabe; eine Multiplikation wird klassischerweise mit Hilfe von Flaschenkästen und Eierkartons dargestellt usw. (vgl. Steinbring 2005, 26). Viele Lehrpersonen nehmen an, dass sich die angezielte Rechenaufgabe oder Zahl praktisch im Bild befände und von den Kindern darin ‚nur entdeckt' werden müsse (vgl. Voigt 1993, 151). Die manipulierbaren Materialien und standardisierten *didaktifizierten* (Zahlen-)Bilder mit lebensweltlichem Bezug müssten in dieser Annahme lediglich korrekt in einer erwarteten und erlernten Weise dekodiert werden (vgl. Steinbring 2005, 25 f.). Damit werden diese Veranschaulichungsmittel häufig als „sprechende Bilder und ‚konkrete' Repräsentationen abstrakter Begriffe und Sachverhalte" angesehen (Jahnke 1984, 32), die den Kindern das, was sie zu sagen haben, unmittelbar mitteilen würden (vgl. auch Jahnke 1989).

Veranschaulichungen seien folglich „selbstevident" und werden häufig als „rein methodische Hilfsmittel" benutzt (Jahnke 1984, 32). Außerdem trage das arithmetische Veranschaulichungsmittel die mathematische Struktur bereits selbst in sich (man denke insbesondere an die Eierkartons), wodurch die Materialien und Bilder das kindliche Lernen bestimmen sowie die Entwicklung des Begriffsverständnisses steuern (vgl. Lorenz 2000, 20).

> „Concreteness thus has come to be regarded as a panacea for improving young children's learning of abstract symbols and concepts; educators often have assumed that abstract or symbolic information can be communicated by making it concrete" (Uttal et al. 1999, 179).

Diese Konkretheit wurde in dreifacher Weise beschrieben. Zum ersten sind die Materialien den Kindern sichtbar vorliegend und können *angefasst* werden. Sie sind also *manipulierbar* und es können *konkrete Handlungen* an ihnen durchgeführt werden. Zweitens weisen die in den Schulbüchern vielfach enthaltenen (Zahlen-) Bilder Bezüge zu den Kindern vertrauten und bekannten Gegenständen und zu potenziell alltäglich erfahrbaren sachlichen Situationen auf.

Abb. 3.1 Mögliche Zahldarstellungen mit Plättchen und spielenden Kindern

Sie sind also konkret, weil sie sich auf *konkrete Gegenstände* und *konkrete Situationen* beziehen. Drittens enthalten die Materialien und Darstellungen selbst bereits die ‚abstrakten' mathematischen Begriffe (als Beziehungen in einem komplexen System): Die Zahl 5 kann auch in einem Zahlenbild mit zehn Kindern als Vorgänger von sechs, Nachfolger von vier und die Hälfte von zehn angesehen werden. Die Fünf könnte damit potenziell als Element im System der Zahlentheorie mit vielfältigen Beziehungen zu den anderen Elementen dieses Systems betrachtet werden (vgl. Abb. 3.1). Da diese Beziehungen in der Struktur des verwendeten Arbeitsmaterials prinzipiell enthalten sind, liegt eine dritte Art der Konkretheit in der *augenscheinlich unmittelbaren und konkreten Zugänglichkeit* zu den doch direkt im Material/im Bild enthaltenen begrifflichen mathematischen Beziehungen. Im alltäglichen Mathematikunterricht werden die Arbeitsmittel demnach oft als äquivalent zu den mathematischen Begriffen betrachtet. Es wird zudem allzu schnell angenommen, dass die Kinder allein durch die Nutzung der Arbeitsmittel die mathematischen Konzepte und Operationen erlernt und verinnerlicht haben (vgl. Nührenbörger & Steinbring 2008, 160). In einer naiven Auffassung und fast schon formalistischen Anwendung der drei Bruner'schen Repräsentationsmodi werden mathematische Begriffe zunächst handelnd am konkreten Material eingeführt, bevor weiter an deren ikonischen Darstellungsformen gearbeitet wird. Schließlich werden die Aufgaben auf einer letzten Ebene rein symbolisch mit abstrakten Zeichen gelöst werden. In dieser Sicht werden Arbeitsmittel als „unambiguous learning medium" (Nührenbörger & Steinbring 2008, 162) betrachtet.

> „Based on a 'copy-theory' point of view it was assumed for a long time that mathematical knowledge was a copy of external seeing and acting in the mind of a child and was transmitted as such from the teaching to the learning person (Lorenz, 1998). The external 'seeing' of mathematical concepts and operations in manipulatives could therefore lead to the development of an analogous internal seeing. Based on manipulatives, mathematical ideas were initially demonstrated by the teacher in a concrete-acting and linguistically accompanied manner which was followed by a practicing, passively imitating repetition by the students" (Nührenbörger & Steinbring 2008, 161).

Inzwischen wird die Vorstellung, dass die Arbeitsmittel selbst die mathematischen Ideen in sich tragen, als „Mythos" bezeichnet (Clements & Sarama 2018, 3), denn ohne ein begriffliches Verständnis des mathematischen Inhalts sind Arbeitsmittel allein keine Hilfe. Sie müssen von den Kindern „*mathematisch*" gedeutet werden (ebd., 4).

3.3   Kritische Positionen zur Konkretheit der Arbeits- und Anschauungsmittel

Mathematisches Wissen und Arbeitsmittel stehen ohne Frage in Lern- und Verstehensprozessen in einer engen Beziehung zueinander, sie sind jedoch nicht *identisch*. Die Beziehung dieser beiden Elemente muss immer von einem Subjekt durch die Konstruktion von Interpretationen über das Arbeitsmaterial als Erklärungsgrundlage für (neues) mathematisches Wissen hergestellt werden (vgl. Nührenbörger & Steinbring 2008, 159). Es muss *aktiv* entdeckt und in Form von mentalen Bildern, Begriffen und Operationen internalisiert werden (vgl. ebd., 161; Aebli 1980, Piaget & Inhelder 1979). Das konkrete Material darf nicht (länger) als ein Katalog angesehen werden, der die mathematischen Begriffe verschiedenster Repräsentationsformen von sich aus enthält und von den Kindern nur benutzt werden muss, um sich diese passiv anzueignen.

> „My main concern about the enormous faith in the power of manipulatives, in their almost magical ability to enlighten, is that we will be misled into thinking that mathematical knowledge will automatically arise from their use. [...] Unfortunately, creating effective vehicles for learning mathematics requires more than just a catalog of promising manipulatives. The context in which any vehicle – concrete or pictorial – is used is as important as the material itself. By context, I mean the ways in which student work with the material, toward what purposes, with what kinds of talk and interaction. The creation of a shared learning context is a joint enterprise between teacher and students and evolves during the course of instruction. Developing this broader context is a crucial part of working with any manipulative. The manipulative itself cannot on its own carry the intended meanings and uses" (Ball 1992, 18).

Eine instruktive Unterrichtsform, bei der die Lehrperson den Kindern die Nutzung der Materialien aufzeigt und diese sie anschließend in Übung passiv imitieren und wiederholen, muss folglich kritisch hinterfragt werden (Nührenbörger & Steinbring 2008, 162). Arbeits- und Anschauungsmittel sind selbst *Lernstoff* wie jeder andere „Unterrichtsstoff" auch und keine „selbstredenden Bilder": Sie *können* erlernt werden, gleichzeitig *müssen* sie das auch und können aber auch wie jeder andere unterrichtliche Inhalt mit der Zeit vergessen werden (vgl. Schipper & Hülshoff 1984, 56). Voigt (1993) greift diese beschriebene Problematik auf und untersucht, wie Grundschulkinder eigenständig didaktizierte bildliche Darstellungen zu Zahlen und Operationen verstehen, ohne diese, der Erwartung der Lehrperson entsprechend, als richtig oder falsch zu klassifizieren. Statt von einem „Nicht-Verstehen" sollte von einem „Anders-Verstehen" seitens der Kinder gesprochen werden (Voigt 1993, 148). Die Beispiele zu dem Bild „Affe und Wärter" (vgl. Voigt 1993, 149, siehe auch Steinbring 1994b, 10 und 17 sowie Krauthausen 2018, 321 f.) zeigen vielfältige Deutungen auf (vgl. Abb. 3.2), obwohl ursprünglich nur eine einzige Rechenaufgabe als ‚richtige Lösung' vorgesehen war.

Empirische Mehrdeutigkeit von Sachbildern

5 - 3 = 2	Der Wärter gibt von seinen fünf Bananen zwei dem Affen.
3 + 2 = 5	Die Summe aller Bananen von Wärter und Affe ist fünf.
1 + 1 = 2	Der Wärter und der Affe ergeben zwei.
3 - 2 = 1	Der Wärter hat eine Banane mehr als der Affe.
5 - 4 = 1	Es gibt eine Banane mehr als Hände und daher fällt dem Wärter gleich die Banane herunter.
...	...

Abb. 3.2   Vielfältige Deutungen zu „Affe und Wärter"

Viele Lehrpersonen nehmen trotz dieser vielfältigen, möglichen Ideen und damit zusammenhängenden Rechnungen an, dass sich die angezielte Aufgabe $5–3 = 2$ direkt im Bild befände. Analog wird dies für die Einführung der Zahl ‚5' an einem Bild-Beispiel illustriert (vgl. Voigt 1993, 152 ff.), indem verschiedene Objekte in fünffacher Weise dargestellt sind: 5 Enten auf dem See, 5 Kinder am See mit 5 kleinen Schiffchen, 5 Personen an einer Bank, ein Spiel mit nummerierten 5 Feldern, 5 Bäume und 5 fliegende Vögel. In der von Voigt herangezogenen Unterrichtsinteraktion erreicht die Lehrerin durch Suggestivfragen, dass ihre Schülerinnen und Schüler dieses Bild als „Fünferbild" (ebd., 153) erkennen. Auch wenn die Lehrperson gute Absichten verfolgt und vermeintlich didaktische Prinzipien berücksichtigt, so entspricht ihr Handeln doch in einigen Punkten einem Handeln, dass von einem „Lernen durch Belehrung" ausgeht (ebd., 154). Es folgen weitere Beispiele zum Mathematiklernen als „sozial regulierte Eingewöhnung in die schulmathematische Tradition", die bei Voigt nachgelesen werden können (ebd., 159–165).

Anstatt nun eine Eindeutigkeit der Bedeutung für solche Bilder anzustreben, die die Lernenden augenscheinlich selbständig in alleiniger Auseinandersetzung mit der „Sache" erlangen können, sollten Lehrpersonen bewusst die „Mehrdeutigkeit von Bildsachaufgaben sowie von Textaufgaben, von Rechengeschichten usw." annehmen und die mathematische Bedeutung von Bildern in der sozialen Interaktion verhandeln (Voigt 1993, 154). In diesem Sinne plädiert auch Steinbring (1994, 16) dafür, die potenzielle Mehrdeutigkeit von verbildlichten Sachsituationen zuzulassen und produktiv für das Lernen und Verstehen von Mathematik zu nutzen. Er unterscheidet bei der Interpretation von Anschauungsmitteln und Diagrammen die beiden gegensätzlichen Formen der empirischen und theoretischen Mehrdeutigkeit (vgl. ebd.). Im Rahmen der *empirischen Mehrdeutigkeit* gibt es keine *eindeutig* richtige Interpretation einer verbildlichten Sachsituation.

Das Sachbild von ‚Affe und Wärter' kann so in vielfältiger Weise gedeutet und daraus resultierend verschiedene mögliche und zugleich nachvollziehbare Rechnungen notiert werden (vgl. Abb. 3.2). Jedoch erhalten die herangezogenen und gedeuteten Zahl- und Operationszeichen weiterhin die Funktion, *Namen* für empirische Gegenstände bzw. *konkrete Zusammenfügungen oder Trennungen* von Anzahlen von Gegenständen zu sein, sodass eine *empirische, pseudo-dingliche Bedeutungskonstruktion* für die mathematischen Zeichen aufrechterhalten wird (vgl. Steinbring 1994b, 17; vgl. auch Abschnitt 2.5 und 4.4). Für den arithmetischen Anfangsunterricht würde dies heißen, dass Zahlen wie *Fünf* oder *Drei* ihre Bedeutung dadurch erhalten, dass sie auf 5 Kinder, 5 Boote, 5 Äpfel etc. verweisen. Diese Gegenstände erhalten so neben anderen als weitere die Eigenschaft *fünf* zu sein. *Fünf* wird so als Adjektiv gebraucht wie ‚rot' oder ‚schwer' oder als wären es eben fünf *lange* oder *kurze* Finger einer menschlichen Hand, wie es Hersh (1998) beschreibt (vgl. Abschnitt 1.1).

Im Mathematikunterricht der Grundschule ist es bereits im arithmetischen Anfangsunterricht notwendig, sich von diesen empirischen Bezügen und der oftmals damit einhergehenden pseudo-dinglichen Bedeutungskonstruktion zu lösen und ein Anschauungsmittel im Sinne eines *strukturierten, relationalen Diagramms* zu deuten.

> „In der schwierigen Beziehung zwischen mathematischen Zahlzeichen und Operationen auf der einen Seite und Sachkontexten und Sachelementen auf der anderen Seite muß darauf geachtet werden, daß Diagramme und Anschauungsmittel auch schon im Anfangsunterricht nicht einfach als zusätzliche Hilfsmittel für eine empirische Begründung des Wissens genutzt werden. Der spezifische epistemologische Charakter solcher Darstellungs- und Anschauungsmittel liegt darin, daß sie in besonderer Weise zwischen der *mathematisch relationalen Struktur* der Zeichen und Operationen und einer *sachlich-inhaltsbezogenen Struktur* von empirischen Elementen und Sachsituationen vermitteln können. Um diese Vermittlungsfunktion herstellen und nutzen zu können, muß man Diagramme als relationale Strukturen nutzen; die ikonischen Elemente in Diagrammen sollte man nicht eindeutig interpretieren und ablesen, sondern mögliche, vielfältige Strukturen in den Diagrammen explorieren, ausbauen sowie mehrdeutig interpretieren und nutzen" (Steinbring 1994b, 11).

So wird eine Sichtweise auf das Lernen als „Eingewöhnung in eine Kultur des mathematischen Gesprächs" eingenommen, in der die Bedeutung der Zahl- und Operationszeichen nicht länger (nach einem ersten Zugang) als lokal an empirischen Gegebenheiten fixiert betrachtet wird, sondern als „relativ autonome[s] Netz von Beziehungen in der Zahlenwelt, die der Schüler individuell konstruiert" (Voigt 1993, 160). Für eine solche *relationale Bedeutungskonstruktion* müssen die vermittelnden, strukturierten Diagramme im Sinne einer *theoretischen Mehrdeutigkeit* verstanden werden (vgl. Steinbring 1994b, 18). Das heißt, dass die in dem Diagramm enthaltenen Beziehungen und Strukturen *mehrdeutig* interpretiert werden können. Durch die Herstellung und Erkundung von verschiedenen Beziehungen sowie das bewusste Umdeuten dieser Beziehungen zwischen den Elementen des Diagramms werden Zahl- und Operationszeichen nicht länger als Namen für oder Handlungen an empirisch fassbaren Gegenständen angesehen (also pseudo-dinglich). Sie beziehen sich stattdessen auf vielfältige Beziehungen in einem System (wie das der Zahlentheorie). Die einzelnen Elemente in einem Anschauungsmittel können so eine Variablenfunktion übernehmen, wie sie Steinbring (1994, 17) und Jahnke (1984, 9) herausstellen. Die Elemente werden hierbei *relational-systemisch* gedeutet – also als *Elemente mit vielfältigen Beziehungen/Relationen* zu den anderen Elementen des (Zahl-) *Systems*.

Diesen Wechsel von einer empirischen, pseudo-dinglichen zu einer theoretischen, relational-systemischen Sichtweise hat Steinbring (1994, 11–15) am Beispiel des unbeschrifteten Zahlenstrahls in einer Unterrichtsstudie mit Kindern in zwei Grundschulklassen des zweiten Schuljahres aufgezeigt. Für den unbeschrifteten Zahlenstrahl kann eine relativ freie Skalierung gewählt werden, bei der der Abstand zwischen den einzelnen Strichen 1, 10 oder auch 100 betragen kann. Dadurch werden mehrdeutige Interpretationen ausdrücklich nahegelegt. Der Zahlenstrahl kann von den Kindern aktiv für ihre Zwecke definiert, angepasst und schließlich angewandt werden, sodass sowohl die Aufgaben ,5–2' und ,50–20' als auch ,0,5–0,2' in ein und denselben Zahlenstrahl hineingedeutet werden können (vgl. auch Steinbring 1994b, 18). Ähnliches arbeitet Söbbeke (2005, 26) für das Hunderterpunktfeld aus, bei dem ein Punkt einerseits als ein Einer, andererseits aber auch als ein Zehner oder ein Prozent angesehen werden kann.

Damit lässt sich auch eine strikte Trennung der drei Repräsentationsmodi nach Bruner (enaktiv – ikonisch – symbolisch) nicht aufrechterhalten. Dies illustriert Söbbeke (2005) mit den Wendeplättchen als vielgenutztes Anschauungsmittel im Mathematikunterricht der Grundschule. Daran wird deutlich,

> „dass auch der *handelnde* Umgang mit dem *konkreten Material* einen höchst symbolischen Charakter haben kann. So symbolisiert beispielsweise *ein* Plättchen in der Stellenwerttafel nicht nur eine ,1', sondern abhängig von seiner Lage in der Stellenwerttafel, möglicherweise auch ,100' oder sogar ,1.000.000'. So können drei Plättchen, die sich in der Einer- und Hunderterspalte einsortiert finden, als Menge von 3 Plättchen gedeutet werden, zugleich aber, und das ist das besondere am symbolischen Material, die Zahl ,102' darstellen. Verschiebt man nun ein Plättchen von der Einerspalte in die Zehnerspalte, wird – obwohl immer noch 3 Plättchen vorhanden sind – eine *neue* Deutung, eine Umdeutung des Materials [als 111] notwendig" (Söbbeke 2005, 16).

Die Stellenwerttafel wie auch die Plättchen erhalten Variablencharakter und können in verschiedenster Weise benutzt und gelesen werden. Dadurch verweisen die verwendeten Arbeits- und Anschauungsmittel nicht nur auf bereits Bekanntes. Sie ermutigen Lernende darüber hinaus aufgrund ihres symbolischen und mehrdeutigen Charakters zu weiteren Erkundungen (vgl. Nührenbörger & Steinbring 2008, 167). Selbiges gilt natürlich für die ikonische Darstellung der Plättchen, wie sie bei Söbbeke (2005, 16) abgebildet ist. Auch andere bildlich dargestellte Gegenstände könnten in ähnlicher Weise betrachtet werden: Eine abgebildete Banane könnte für eine einzelne Banane stehen. Sie könnte aber auch das Gewicht eines Kilogramms Bananen beschreiben. Ebenso denkbar wäre auch ein Gewicht von 10 Kilogramm oder 100 Gramm Bananen.

Bereits Wittmann beschreibt die Natur der Plättchen als „gleichzeitig konkret und abstrakt", weshalb sie „idealer Vermittler zwischen Realität und mathematischer Theorie" (Wittmann 1994, 44) sind. Krauthausen und Scherer (2007) sprechen in diesem Zusammenhang auch von der „Doppelnatur" der Plättchen, die sich mit Amphibien, die sowohl auf dem Land als auch im Wasser leben können, vergleichen lassen (ebd., 250). Nührenbörger und Steinbring (2008) fassen die in den Arbeits- und Anschauungsmitteln enthaltene ‚Doppelnatur' als *semi-concrete* auf:

> „The relational character of mathematics is emphasized by manipulatives which are structured in themselves and are at the same time 'semi-concrete'. 'Semi-concrete' means the interchangeable concrete features which are not significant for mathematical activities are pushed into the background and more general, neutral aspects come to the fore so that the manipulatives can be understood as representatives for other objects. For the mathematical cognition process a certain vagueness of the manipulatives in this respect is a guarantee for a basic 'openness' which is indispensable for the use of manipulatives" (Nührenbörger & Steinbring 2008, 165 f.).

Die Stellenwerttafel als solche weist eine interne Struktur auf, in die die konkreten Plättchen als Materialien gelegt oder bildhaft gezeichnet werden können. Die Plättchen werden innerhalb dieser dezimalen Struktur nicht länger als konkrete Materialien betrachtet, sondern als *Zeichenträger,* die auf *mathematische Begriffe* verweisen. Die individuellen Eigenschaften (Farbe, Form, Größe) der herangezogenen Arbeits- und Anschauungsmittel treten in den Hintergrund zugunsten allgemeinerer, neutraler Aspekte. Die dinglichen Eigenschaften als solche sind austauschbar, da es für mathematische Aktivitäten und Deutungen irrelevant ist, welche Farbe oder Dicke die Materialien aufweisen. In einer solchen mathematischen Perspektive ist auch irrelevant, ob es sich nun um Plättchen, Würfel oder

sogar reale Bananen handelt. Die herangezogenen Arbeits- und Anschauungsmittel als solche sind weiterhin konkret: Sie können angefasst und manipuliert
werden. Gleichzeitig sind sie abstrakt, weil sie in einer veränderten Rolle mit
symbolischer Funktion benutzt werden können. Sie sind dann nicht mehr von sich
aus als Plättchen, Würfel etc. interessant, sondern beispielsweise in der Stellenwerttafel als Einer oder Zehner – also aufgrund ihrer Funktion auf *etwas Anderes
als sich selbst* bzw. auf etwas von ihnen Verschiedenes zu *verweisen*. Sie werden
somit (wie auch die Zahl- und Operationszeichen) zu *abstrakten, symbolischen
Zeichen*.

3.4 Verschiedene Funktionen von Arbeits- und Anschauungsmitteln

In den vorangegangenen Unterkapiteln wurde herausgearbeitet, dass Arbeits- und
Anschauungsmittel unterschiedliche Funktionen einnehmen können. Einerseits
sind die verschiedenen Materialien konkreter Natur, können manipuliert werden
und sich auf konkrete Gegenstände und sachliche Situationen beziehen. Andererseits besitzen sie das Potenzial, als mathematische Zeichenträger zu fungieren,
wenn sie als systemisch-relationale Elemente einer zugrundeliegenden Struktur
mit vielfältigen Beziehungen zu den anderen Elementen dieses Systems gedeutet
werden. In den nachfolgenden Abschnitten werden drei Funktionen, die Arbeits-
und Anschauungsmittel einnehmen können, beispielhaft anhand von gleichartigen Holzwürfeln beschrieben: Holzwürfel als Bauelemente, als Zählgegenstände
und als Elemente in einer systemisch-relationalen Struktur. Bei der Betrachtung
der ersten und dritten Funktion wird über Aktivitäten und Deutungen mit dem
konkreten Material der Holzwürfel auch eine zweite Ebene berücksichtigt. In dieser wird versucht, die Aspekte der materiellen Möglichkeiten auf ein ikonisches
Pendant zu übertragen.

Zunächst wird das beispielhaft herangezogene Material der Holzwürfel unter
der Funktion als *Bauelemente* betrachtet (Abschnitt 3.4.1). In einer konkreten
Nutzungsweise erhalten diese eine hohe Relevanz in alltäglichen, kindlichen
Spielsituationen, die auch als Konstruktionsspiel (vgl. Abschnitt 2.3) bezeichnet
werden. Analog zu den einzelnen Phasen des Bauens lässt sich auf ikonischer
Ebene eine Art *Kritzelperiode* beschreiben, die ebenfalls aus entwicklungspsychologischer Sicht betrachtet und unter dieser ersten Funktionsweise aufgegriffen
wird. Die zunächst unspezifischen Bauwerke und Kritzel erhalten mit zunehmender Erfahrung und zunehmendem Alter über die Lust der Kinder, mit ihnen

explorative Handlungen zu vollführen, hinaus eine Darstellungsfunktion. Bei dieser weisen die materiellen bzw. ikonischen Zeichenträger zunehmend Analogien zu realen Bauwerken (Häuser) bzw. realen Gegenständen oder Personen (Familienmitglieder) auf. Die Darstellungsfunktion ist eng mit dem Bauspiel sowie dem Fantasie- und Rollenspiel und folglich auch mit der kindlichen Entwicklung des Symbolverständnisses verknüpft. Sie kann außerdem als Grundlage dafür betrachtet werden, dass Kleinkinder erste mathematische Erfahrungen sammeln können, indem sie beispielsweise die Zahlwortreihe mit den einzelnen Würfeln verknüpfen. Als weitere Funktion werden deshalb die Holzwürfel als *Zählgegenstände* betrachtet (Abschnitt 3.4.2). Diese können über ihre verweisende Funktion hinaus operational miteinander verknüpft werden. Anhand einer Studie wird aufgezeigt, dass die Holzwürfel aktiv von einem epistemischen Subjekt vor einem anderen Hintergrund – nämlich der Welt der Zahlen – gedeutet werden müssen. Erst vor diesem veränderten Deutungshintergrund können die Holzwürfel als Zeichenträger für Zahlen, an denen besagte operationale Veränderungen durchgeführt werden sollen, angesehen werden.

Am ausführlichsten wird die dritte und für das Forschungsvorhaben wichtigste Funktion der Arbeits- und Anschauungsmittel betrachtet: Holzwürfel als Elemente in einer systemisch-relationen Struktur (Abschnitt 3.4.3). Dafür wird der in der Studie verwendete Aufgabenkontext ‚Kirschen pflücken' (vgl. auch Abschnitt 6.1) illustrativ herangezogen. An zwei Fragestellungen werden mögliche Materialdarstellungen aufgeführt sowie potenzielle Deutungen und Umdeutungen ausformuliert. Die materiellen bzw. bildhaften Darstellungen mit den ausführlich ausgearbeiteten unterschiedlichen Deutungen und möglichen Umdeutungen der Holzwürfel stellen ein wichtiges Element des Forschungsprojektes dar. Auf die hier getätigten Aussagen wird im empirischen Teil der vorliegenden Arbeit in mehr oder weniger direkter Form zurückgegriffen. Sie können somit als Vorausschau auf die für das theoretische Konstrukt entwickelte, *systemisch-relationale Sichtweise* (Kapitel 5) verstanden und zudem als grundlegende Orientierung für bestimmte Rekonstruktionen in den Analysen (Kapitel 7) betrachtet werden. Darüber hinaus werden hier essenzielle theoretische Annahmen zu den Bedingungen des Forschungsfeldes (die epistemologischen Besonderheiten mathematischen Wissens; vgl. Abschnitt 1.1) mit den in den vorherigen Unterkapiteln (Abschnitt 3.1, 3.2 und 3.3) ausgearbeiteten theoretischen Annahmen weiterführend verknüpft. In einem abschließenden Unterkapitel werden die wichtigsten Erkenntnisse als Konsequenzen für das Forschungsprojekt zusammengefasst (Abschnitt 3.5).

3.4.1   Würfel als Bauelemente und erste Kritzeleien als Schöpfung mit zunehmender Bedeutung

Nachdem die Kinder im *Objektspiel* (vgl. Abschnitt 2.2) die physikalischen Eigenschaften von Holzwürfeln (Farbe, Form, Geschmack, etc.) erkundet haben, können diese in einer konkreten Nutzungsweise in für Kleinkinder alltäglichen Spielsituationen auch als Bauelemente im *Konstruktionsspiel* (vgl. Abschnitt 2.3) dienen. Zunächst steht also der Erwerb der Handlung selbst, als das Greifen und Aufeinandersetzen der Würfel, im Fokus. Wie ist das Material beschaffen? Wie fühlt es sich an? Wie kann ich es in die Hand nehmen und festhalten? Was passiert, wenn ich es loslasse oder gar auf den Boden werfe? Anders gesagt, sammelt das Kleinkind erste Erfahrungen mit dem Material und mögliche Handlungen an ihm, sodass diese zunächst einmal selbst als solche im Fokus stehen.

Im Entwicklungsverlauf des Spielens beginnen die Kinder schließlich mit dem Material weitere, zuerst recht zufällige Konstruktionen zu erschaffen, bevor gezieltere Bauprodukte entstehen. Die gleichartigen Holzwürfel können dabei nebeneinander- und/oder aufeinandergestellt und verschoben werden, um beispielsweise einen möglichst hohen Turm zu konstruieren. Bei einer solchen Konstruktion erfährt das Kind über die dem Material eigenen physikalische Eigenschaften hinaus auch physikalische Gesetze: Wie können die Würfel am besten aufeinandergelegt werden, damit sie nicht herunterfallen? Die Erprobung verschiedener Strategien und konkreter Handlungen, wie das akkurate Aufeinanderplatzieren einzelner Würfel, das Ruhighalten der Hand und die Vermeidung plötzlicher Bewegungen, die den bisher gebauten Turm zum Einsturz bringen könnten, stehen dabei im Zentrum der Aufmerksamkeit. Kann ein hoher Turm dadurch erreicht werden, dass ich die einzelnen Würfel passgenau in einer Reihe übereinanderstaple? Oder ist ein stabilisierendes, breiteres Fundament notwendig, das es durch die versetzte Platzierung der Würfel erlaubt, einen weitaus höheren Turm zu bauen? Wie genau sollte solch ein Fundament erstellt werden?

Als erste Phase des Konstruktionsspiels lässt sich ein *unspezifischer Umgang* mit den Materialien identifizieren. Die Kinder untersuchen hierbei zwar die Gegenstände und stecken sie aufeinander, jedoch formen sie damit noch keine Gestalt. In der zweiten Phase des *spezifischen Bauens* werden Türme oder andere Gebilde konstruiert (vgl. Einsiedler 1999, 106). Analog zu diesen beiden Phasen des Konstruktionsspiels sind die ersten gezeichneten ‚Bilder' von Kleinkindern zu sehen. Zunächst muss das Kind lernen, wie es einen Stift halten kann und wie mit dessen Hilfe Striche auf ein Stück Papier gebracht werden können – wie also „Kritzelformen und Kritzelstruktur" (Richter 1997, 25) überhaupt entstehen. Diese Kritzeleien haben zunächst keine andere Bedeutung, als einfach mit Hilfe von „spurgebender Materialien wie Bleistift, Kugelschreiber, Farbstift, Pinsel, Kreide u. a." auf „spurwiedergebende[n] Dokumente[n] wie Papier, Schiefertafel u. a." gezeichnet zu sein (Richter 1997, 26). Einsiedler (1999, 106) spricht in ähnlicher Weise von einer „‚Kritzelperiode' des Bauens", bei der die Kinder „dreidimensionale Bauprodukte ohne ‚Thema'" herstellen und „Würfel und Stangen ohne bestimmtes Bauziel" zusammenfügen.

Mit zunehmendem Alter verändern sich die Kritzeleien über „Hiebkritzel", „Schwingkritzel", „Kreiskritzel" und „Verschiedengeformte[…] Kritzel" zu „Isolierten Kreiskritzeln". Mit letzterem beginnt um die Mitte des zweiten Lebensjahres eine neue Phase, in der den Kreiskritzeln eine „Darstellungsfunktion" zukommt und ein Inhalt bzw. Sinn hinzugefügt wird (Richter 1997, 26; für eine Übersicht über die Phasen der Kinderzeichnung vgl. auch Schuster 2001, 53 ff.). Die Kinderzeichnungen werden nicht mehr ausschließlich um ihrer selbst willen produziert, sondern mit der Absicht, auf etwas Anderes als sich selbst zu verweisen. „Diese Bedeutungsgebungen sind noch instabil und lassen sich in der Zeichnung selbst nicht in jedem Fall entdecken" (Richter 1997, 27). Ein sinnunterlegter, isolierter Kreiskritzel kann je nach Lust des Kleinkindes mal auf einen Hund und mal auf einen Mann verweisen. Dies ist möglich, weil der Kritzel selbst keinerlei bzw. kaum Ähnlichkeit mit dem aufweist, was es nach der Aussage des Kindes bezeichnen soll. Betrachtet man den Kritzel als solchen, also ohne verbalen Kommentar des Kindes, lässt sich nur erraten, was eine mögliche Bedeutung sein könnte. Die vom Kind vorgenommenen Bedeutungszuschreibungen sind zunächst scheinbar willkürlich – also ohne oder mit sehr wenigen rudimentären Analogien zwischen der Zeichnung und dem gezeichneten Gegenstand – instabil und wechselnd.

Am Ende des dritten und zu Beginn des vierten Lebensjahres finden sich neben dieses schwer deutbaren, anfänglichen Kritzelelementen vermehrt erste Darstellungsanteile wie der sogenannte „Kopffüßler" (Richter 1997, 35). Ein Kopffüßler ist eine „*Verknüpfung* von Kreisgebilden/Spiralgebilden (‚isolierten Kreiskritzeln') mit Linienpaaren" (Richter 1997, 39 f.). Der Kreiskritzel stellt den Kopf eines Menschen dar, an dem direkt die Beine (und Arme) als zwei bzw. vier wegführende (vertikale und horizontale) Linien anschließen. Deshalb müsste die Zeichnung eigentlich „Kopfbeinler" (Schuster 2001, 65) genannt werden. Mit zunehmenden Alter werden die Kopffüßler differenzierter dargestellt: Zu dem Kopf wird außerdem ein Rumpf gezeichnet sowie Elemente des Gesichts (vgl. Richter 1997, 40 f.). In der hier kurz aufgezeigten Entwicklung erhalten die Zeichnungen einen anderen Stellenwert. Zunächst sind sie etwas, das das Kind erschaffen hat und die von sich aus als Zeichnungen bzw. Kritzeleien interessant sind, bevor sie vermehrt eine Darstellungsfunktion mit mehr und mehr erkennbaren Analogien erhalten. Beispielsweise verweisen verschiedene Kopffüßler oder differenzierte Formen von diesen auf Menschen wie Familienmitglieder. Auch die zur Erkundung von physikalischen Eigenschaften und als Bauelemente verwendeten Würfel können mit zunehmendem Alter unter einer anderen Perspektive in den Blick genommen werden. Sie verweisen beispielsweise als Bauwerke auf konkrete Häuser. Wie im Konstruktionsspiel aufgeführt (vgl. Abschnitt 2.3), können außerdem die im Bauspiel entstandenen Gebilde mit dem Fantasie- und Rollenspiel (vgl. Abschnitt 2.4) verknüpft werden bzw. wechseln die Kinder stetig zwischen diesen Spielformen hin und her. Die produzierten Bauwerke erhalten im Fantasiespiel zunehmend eine symbolische Funktion – beispielsweise als mögliches Schloss des Prinzen oder Turm des Drachen, der die Prinzessin gefangen hält. Ein anderer denkbarer Kontext ist die Einführung in die Welt der Zahlen als einzelne Zählobjekte mit dinglichen Eigenschaften (vgl. Abschnitt 2.5), wie es nachfolgend näher ausgeführt wird.

3.4.2 Würfel als Zählgegenstände

Die Würfel, die im Konstruktionsspiel zu Gebilden geformt werden, können ebenfalls herangezogen werden, um ihnen *Zahlen* zuzuschreiben. Besagte Würfel werden also zu *Zählgegenständen* und erhalten somit analog zu den späteren Kritzeleien eine *abstraktere Darstellungsfunktion*. Sie verweisen nicht länger auf etwas ihnen Ähnliches, sondern auf etwas ihnen Zugeschriebenes[1]. Einzelne Würfel können in diesem beschriebenen Sinne von Kleinkindern im Alter von etwa zwei bis drei Jahren herangezogen werden, um erste Erfahrungen mit der Zahlwortreihe *eins, zwei, drei, vier, usw.* zu sammeln und diese sprachlich korrekt und in der richtigen Reihenfolge (Zählprinzip der stabilen Ordnung) zu reproduzieren (vgl. Krauthausen 2018, 45). Im Rahmen eines *Zählkontextes* werden die Würfel abgezählt; werden einzelne Zahlwörter nach dem *Eindeutigkeitsprinzip* zugeordnet (vgl. ebd., 48 f.). Die Würfel selbst sind in dieser Sichtweise zumindest nicht ausschließlich als Bauelemente interessant. Ihnen wird zusätzlich zu ihrer Funktion als greifbarer Gegenstand mit physikalischen Eigenschaften die Eigenschaft zugeschrieben, *eins, zwei* oder *drei* zu sein. Neben den Holzwürfeln können auch andere Gegenstände in dieser Weise gezählt werden. Damit erhalten die zum Zählen herangezogenen Gegenstände zusätzlich die Funktion, auf

---

[1]In Bezug auf den Aspekt der Ähnlichkeit/Ikonizität, die kein hinreichendes Kriterium für eine Repräsentation ist, wird auf Abschnitt 4.2 und 2.1 verwiesen.

diese Zahlen zu *verweisen*. Später wird in der frühkindlichen Förderung bzw. im Mathematikunterricht der Grundschule auf den ersten Erfahrungen mit der Zahlwortreihe und dem Eindeutigkeitsprinzip aufbauend das *Zahlbegriffsverständnis,* bestehend aus den schon teilweise angeführten Zahlaspekten und Zählprinzipien, ausgebaut, gefestigt und systematisiert (vgl. ebd., 43).

Die Holzwürfel (wie prinzipiell auch andere Gegenstände oder didaktische Arbeitsmittel) können neben ihrer Funktion, Zählgegenstände zu sein, unterstützend als Arbeits- und Anschauungsmittel im Mathematikunterricht auch dafür benutzt werden, eine (schriftlich notierte) Additionsaufgabe zu lösen. Dafür werden die beiden Summanden in einem ersten Schritt mit der entsprechenden Anzahl von Würfeln getrennt voneinander dargestellt und in einem zweiten Schritt zusammengeschoben, bevor ihre Gesamtanzahl bestimmt wird. Hughes (1986) konnte in seiner Studie jedoch auch beobachten, dass die Kinder zur Ermittlung des Ergebnisses die Notation der mathematischen Symbole *nachgebaut,* die Würfel also augenscheinlich als eine Art Bauelemente für die ihnen präsentierten mathematischen Zahl- und Operationszeichen benutzt haben.

„The children were asked to use the bricks to represent the underlying concepts that were expressed in the written [addition and subtraction] problems. For example, the children were asked to use bricks to solve written problems, such as $1 + 7 = ?$. Overall, the children performed poorly. Regardless of whether they could solve the written problems, they had difficulty representing the problems with the bricks. Moreover, the children's errors demonstrated that they failed to appreciate that the bricks and written symbols were two alternate forms of mathematical expression. Many children took the instruction literally, using the bricks to physically 'spell out' the written problems [...]. For example, they might make a line of bricks to represent the '1' and two intersecting lines to represent the '+' and so on" (Uttal et al. 1999, 187).

Anstatt die Würfel analog zum Turmbau als eine Art Bauelemente für die mathematischen Zahl- und Operationszeichen zu betrachten, müssen diese aktiv vor einem anderen Hintergrund gedeutet werden: der Welt der Zahlen. Während ein Würfel als Repräsentant für die Zahl 1 und sieben Würfel als Repräsentant für die Zahl 7 gesehen werden können, die als zwei getrennte Mengen auf einem Tisch liegen, kann die Operation der Addition durch die Handlung des Zusammenschiebens der beiden Teilmengen beschrieben werden. Gleichzeitig verlieren die Würfel selbst nichts von ihrer Konkretheit. Sie bleiben konkrete Objekte, die jedoch nun in einem anderen Deutungszusammenhang stehen und auf mathematische Konzepte verweisen. Wie die von Wittmann (1994, 44) als „ideale Vermittler zwischen Realität und mathematischer Theorie" beschriebenen Plättchen können so auch die Würfel zu „Amphibien" (Krauthausen & Scherer 2007, 250) werden, die „gleichzeitig konkret und abstrakt" sind (Witmann 1994, 44).

Wendeplättchen wie auch Holzwürfel werden im Zusammenhang der mathematischen Theorie zu Zähldingen, mit denen auch Additionsaufgaben gelöst werden können. Dadurch ermöglicht die Arbeit am konkreten Material gegenüber der schriftlichen Notation von $1 + 7$ eine Art Verselbstständigung sowie Flexibilität und somit auch eine Verallgemeinerung: Während der Betrachtung der Repräsentation von 1 und 7 als zwei Teilmengen in Form von Würfeln kann sich ein Kind von den mathematischen Zeichen selbst lösen: Im entsprechenden Deutungszusammenhang findet ein eigenständiges Handeln an den Würfeln (als Anzahlen) statt. Diese Verselbstständigung kann beispielsweise darin resultieren, dass weitere Teilmengenzerlegungen und somit Aufgaben mit dem gleichen Ergebnis entdeckt werden ($2 + 6$; $3 + 5$; $0 + 8$ usw.), die so vielleicht nicht unbedingt im Kontext der mathematisch-symbolischen Notation ($1 + 7$) gefunden worden wären. Die Repräsentation wird also flexibler, und zwar dadurch, dass konkrete Handlungen am Material vollzogen werden (gegensinniges Verändern durch Verschieben eines Würfels der einen in die andere Teilmenge). In dem Verschieben der Würfel liegt somit eine spielerische Möglichkeit, viele verschiedene Aufgaben mit gleichem Ergebnis zu finden oder sogar verallgemeinernd das Gesetz der Konstanz der Summe zu verstehen (Ausbau eines Wissensnetzes, vgl. auch Abschnitt 2.5).

3.4.3 Arbeits- und Anschauungsmittel als Elemente in einer systemisch-relationalen Struktur

Zusätzlich zur Betrachtung der Würfel als Zählobjekte können diese durch bestimmte, angeordnete Legweisen und Deutungen als *Elemente in einem komplexen System* interpretiert werden. Für diese systemisch-relationale Deutung der Würfel ist es zunächst erforderlich, dass das epistemische Subjekt den konkreten Umgang mit den Würfeln als Bauelemente beherrscht (diese also bewusst zueinander platzieren kann). Zudem muss das Subjekt in der Lage sein, die Würfel als etwas anderes als sich selbst bzw. auch als diskrete Zähldinge anzusehen. Diese Sichtweise begleitet Lernende in der Grundschule, wenn es darum geht, eingekleidete mathematische Textaufgaben mit unterschiedlichen Darstellungsformen wie dem Material der Holzwürfel oder auch bunter Steckwürfel zu lösen. In den Untersuchungen zum vorliegenden Forschungsprojekt haben Grundschulkinder eine solche Aufgabe erhalten. Darin werden (je nach Teilaufgabe) zwei bzw.

drei Personen benannt. Diese können mit Hilfe der Materialien *nachgebaut* werden, wie es in der nachfolgend aufgeführten Abbildung anhand von Steckwürfeln
und Holzwürfeln der Fall ist (vgl. Abb. 3.3). Zusätzlich zu ihrer Funktion als
Bauelemente erhalten die Würfel hier eine verweisende Funktion.

Opa und Kind mit Steckwürfeln (Jonas)   Opa und Kinder mit Holzwürfeln (Odelia)

Abb. 3.3   Würfel mit verweisender Funktion auf die Personen Opa und Kind(er)

Jonas (vgl. in Abb. 3.3 links) hat aus den ihm zur Verfügung stehenden Materialien die Steckwürfel ausgewählt, um diese als Bauelemente zur Konstruktion
der beiden Personen ‚Opa' und ‚Jakob' zu nutzen. Es scheint sogar, als trage der
Opa (als linke Figur) einen grünen Pullover mit blauer Hose und schwarzen Schu-
hen. Gleichzeitig kann man sowohl die Hände und Ohren als auch zwei Haare
(gelbe Steckwürfel) sowie zwei Augen (schwarze Steckwürfel) anhand ihrer Positionierung innerhalb dieser Figur zumindest erahnen. Zusätzlich wirkt diese Figur
größer als die rechte. Auch ohne Jonas' bestätigende Aussage kann deshalb die
Vermutung angestellt werden, dass es sich bei der linken, größeren Figur (als
größeren Erwachsenen) um den Opa und bei der rechten, kleineren Figur (als
kleineres Kind) um Jakob handelt. Im Unterschied zu Jonas standen Odelia bei
der Bearbeitung ausschließlich die gleicharten Holzwürfel zur Verfügung. Dies
hat sie jedoch nicht daran gehindert, die in der Textaufgabe benannten Personen (Opa, Jakob und Annika) zunächst ebenfalls nachzubauen (vgl. in Abb. 3.3
rechts). Dabei bezieht sie sich augenscheinlich auf die unterschiedlichen Größen
von Kindern und Erwachsenen: Odelia konstruierte den Opa als größere Pyramide
(bestehend aus sechs Würfeln) und die beiden Kinder als zwei kleinere Pyramiden
(bestehend aus drei Würfeln).
     Beiden Darstellungen ist gemeinsam, dass die vorhandenen Gegenstände
(Holz- und Steckwürfel) durch die *„Substitution von abwesenden Objekten"* in
der *Objekttransformation,* zu anderen Objekten umgewandelt werden (Einsiedler

1999, 76; vgl. auch Abschnitt 2.4.3). Die Würfel selbst weisen keinerlei Ähnlichkeit oder Beziehung zu den benannten Personen auf, wie es beispielsweise Replica-Spielsachen (Spielimitate) oder Lego- bzw. Duplofiguren tun würden (vgl. auch Hauser 2013, 100). Aus diesem Grund kann hier von einer starken *Dekontextualisierung* gesprochen werden. Damit zeigen sowohl Jonas als auch Odelia, dass sie bereits über vielfältige, alltägliche Erfahrungen im Umgang mit Symbolen verfügen und die im Konstruktionsspiel entworfenen, an empirischen Eigenschaften orientierten Figuren für ein potenzielles Symbolspiel nutzen können. Diese Übernahme der alltäglichen Symboldeutung ist somit auch für den Mathematikunterricht der Grundschule von hoher Relevanz. Jedoch müssen darüber hinaus weitere Differenzierungen vorgenommen werden, um sich den Besonderheiten des *mathematischen* Symbolgebrauchs bewusst zu werden (vgl. auch Abschnitt 2.5 bzw. Abschnitt 1.1). Dieser Symbolgebrauch erübrigt sich nicht darin, die Würfel ausschließlich als *Zählobjekte,* verknüpft mit der Zahlwortreihe, also als *pseudo-dinglich* zu betrachten (vgl. bspw. Ausführungen zum Zahlenland, Abschnitt 2.5). Die Würfel müssen über ihre Eigenschaft, auf Zahlen zu verweisen, auch als Elemente in einer zugrundeliegenden systemisch-relationalen Struktur mit vielfältigen Beziehungen zu den anderen Elementen dieses (Zahl-) Systems verstanden werden. So könnten dieselben von Odelia zur Konstruktion von Pyramiden als Personen gebrauchten Holzwürfel in einer anderen Legweise und Deutung genutzt werden, um ihnen eine systemisch-relationale Bedeutung zuzusprechen.

Anhand einer sachbezogenen Textaufgabe, die in umformulierter Weise in den Untersuchungen des vorliegenden Forschungsvorhabens Verwendung findet, soll eine solche Deutung an einer theoretisch möglichen Würfelkonfiguration verdeutlicht werden (vgl. Abb. 3.4). Es sei angemerkt, dass den beiden Lernenden Jonas und Odelia diese Aufgabe in ähnlicher Form vorlag, während sie die bereits abgebildeten Materialdarstellungen der verschiedenen Personen als für sie wichtige Aspekte zur Bearbeitung der Aufgabenstellung konstruierten. Die alltäglich gewonnenen Erfahrungen im Umgang mit Symbolen sind demnach stets in den Handlungen und Deutungen der Kinder präsent und sollten auch von den Lesenden mitgedacht werden, wenn es nachfolgend um die komplexe Anforderung geht, Materialien wie die Holzwürfel in einer systemisch-relationalen Nutzungsweise zur Lösung einer eingekleideten Textaufgabe heranzuziehen.

Wichtige Angaben der Kirschen-Aufgabe d):	Theoretisch mögliche Würfelkonstellation:
Annika, Jakob und sein Opa pflücken Kirschen. Jakob und Annika können in einer halben Stunde je 1 kg Kirschen pflücken. Der Opa pflückt 3 kg Kirschen in einer halben Stunde. Jakob, Annika und Opa wollen 40 kg Kirschen pflücken. *Wie lange brauchen die Drei dafür?*	

Abb. 3.4 Reduzierte Aufgabenstellung d) Kirschen und eine mögliche Würfelkonstellation

Für die als Foto abgedruckte Konstellation kann aufgrund der Würfelanzahl recht schnell angenommen werden, dass ein Würfel ein Kilogramm Kirschen repräsentiert: Die 40 Würfel stehen für die in der Textaufgabe vorgegebene Gewichtsmenge von 40 Kilogramm Kirschen. In dem hier abgebildeten Foto sind diese 40 Würfel bereits in einer bestimmten Weise angeordnet und zueinander positioniert. Denkbar wäre jedoch auch, dass die 40 Würfel zunächst ungeordnet als ‚Würfelhaufen' also ‚rein' als 40 Zählobjekte vorliegen. Mit der Verwendung von 40 Würfeln als 40 kg Kirschen (in geordneter oder ungeordneter Weise) ist allerdings die hier zu illustrativen Zwecken formulierte Frage *„Wie lange brauchen die Drei dafür?"* noch nicht beantwortet. Zusätzlich zu der Gesamtmenge von 40 kg müssen die verschiedenen Personen (Annika, Jakob, Opa) sowie deren Pflückgeschwindigkeiten (Kind 1 kg/30 min; Opa 3 kg/30 min) mit dieser gepflückten Menge an Kirschen in Verbindung gebracht werden und die von den drei Personen benötigte Gesamtpflückzeit abgelesen werden. Dafür bedarf es einer angeordneten Legweise, in der die Bedeutung der Würfel durch ihre Position und Anordnung zu den anderen Würfel als Elemente in einem System gegeben ist. Eine Sichtweise auf die Würfelkonstellation als Zeilen und Spalten führt dazu, dass die gepflückte Menge an Kirschen (die 40 Würfel) sowohl den einzelnen Personen als auch der dafür benötigten Pflückzeit zugeordnet werden kann (vgl. Abb. 3.5).

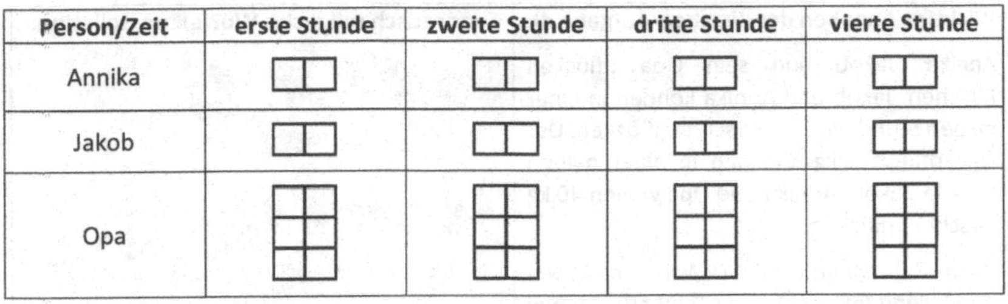

Person/Zeit	erste Stunde	zweite Stunde	dritte Stunde	vierte Stunde
Annika	⊟	⊟	⊟	⊟
Jakob	⊟	⊟	⊟	⊟
Opa	⊞	⊞	⊞	⊞

Abb. 3.5 Systemisch-relationale Würfelkonstellation: „Wie lange brauchen die Drei dafür?"

So bedeutet die erste Zeile, dass ein Kind, z. B. Annika, in vier Stunden acht Kilogramm Kirschen pflückt. Die zweite Zeile bezeichnet analog dazu das zweite Kind, hier Jakob. Die dritte Zeile bezieht sich auf den Opa, der in vier Stunden 24 kg pflückt. Es lässt sich die Antwort auf die zuvor gestellte Frage, wie lange die Drei für 40 kg Kirschen pflücken müssen, als Anzahl der Spalten, nämlich als vier Stunden ablesen. Ein Würfel wird in diesem System nicht nur im Sinne eines Zählobjekts als die Pflückmenge von einem Kilogramm Kirschen gedeutet. Durch die Anordnung der Würfel zueinander wird darüber hinaus ein Würfel auch in Beziehung zu den anderen sachlich und mathematisch relevanten Elementen gesetzt. Letztendlich repräsentiert ein in diesem Zusammenhang gedeuteter Würfel die Pflückgeschwindigkeit einer Person (Pflückmenge pro Person pro Zeiteinheit). Allerdings erhalten nicht nur die konkreten Würfel in dieser systemisch-relationalen Deutung eine andere Bedeutung. Auch den Handlungen, die an diesen vorgenommen werden können, wird vor diesem Deutungshintergrund eine andere Bedeutung zugesprochen. Dies wird nachfolgend an einer weiteren Fragestellung im selben Kontext illustriert.

Die in diesem Kapitel herangezogene Frage *„Wie lange brauchen die Drei dafür?"* fehlt in der eigentlichen Formulierung des Aufgabenteils d) der durchgeführten Untersuchungen. Stattdessen kann die vollständig formulierte Aufgabenstellung im Kontext *Kirschen pflücken* der nachfolgenden Abb. 3.6 entnommen werden. Analog zur Abb. 3.4 ist hierbei ebenfalls eine der theoretisch möglichen Würfelkonfiguration abgebildet.

Wichtige Angaben der Kirschen-Aufgabe d):	Theoretisch mögliche Würfelkonstellation:
Annika, Jakob und sein Opa pflücken Kirschen. Jakob und Annika können in einer halben Stunde je 1 kg Kirschen pflücken. Der Opa pflückt 3 kg Kirschen in einer halben Stunde. Jakob, Annika und Opa wollen 40 kg Kirschen pflücken. *Nach 2 Stunden und 30 Minuten haben Annika und Jakob keine Lust mehr und gehen lieber spielen. Wie lange muss Opa noch alleine Kirschen pflücken, bis insgesamt 40 kg gepflückt sind?*	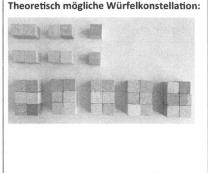

Abb. 3.6   Vollständige Aufgabendarstellung d) Kirschen mit möglicher Würfelkonstellation

Aufgrund der Würfeldarstellung in der tabellarischen Sicht der Würfel als Zeilen und Spalten mit jeweils zugeschriebener Bedeutung lässt sich nun die Fortführung dieser Aufgabe zügig durch Umlegen der ersten Würfelkonstellation lösen. Diese erste Würfelkonstellation ist im oberen Bereich der Abb. 3.7 abgebildet. Die jeweils drei rechten Würfel in den Zeilen der beiden Kinder sind dabei rot markiert. In der Weiterführung der Aufgabenstellung pflücken Annika und Jakob lediglich zweieinhalb Stunden mit dem Opa zusammen Kirschen. Deshalb müssen die entsprechend überzähligen Würfel als Pflückmengen der Kinder in der dritten und vierten Stunde entfernt werden, was durch die rote Markierung hervorgehoben wird. Im mittleren Teil der Abb. 3.7 sind die rot markierten Würfel in den Zeilen für Annika und Jakob bereits entfernt. Hier pflücken Annika und Jakob jeweils 2,5 Stunden lang Kirschen, wobei jeder fünf kg schafft. Die rot markierten sechs Würfel als ursprünglich sechs Kilogramm Kirschen der Kinder muss nun der Opa zusätzlich alleine pflücken. Deshalb können die Würfel in der Konstellation zusammengeschoben und in die Zeile des Opas gelegt werden. So können dieselben sechs Würfel, die zuvor als sechs Kilogramm Kirschen den beiden Kindern zugeordnet werden, durch Umlegung und Umdeutung als sechs Kilogramm Kirschen des Opas interpretiert werden. Der Opa muss nun eine Stunde länger (also fünf Stunden) und sechs Kilogramm mehr als zuvor pflücken (also 30 kg).

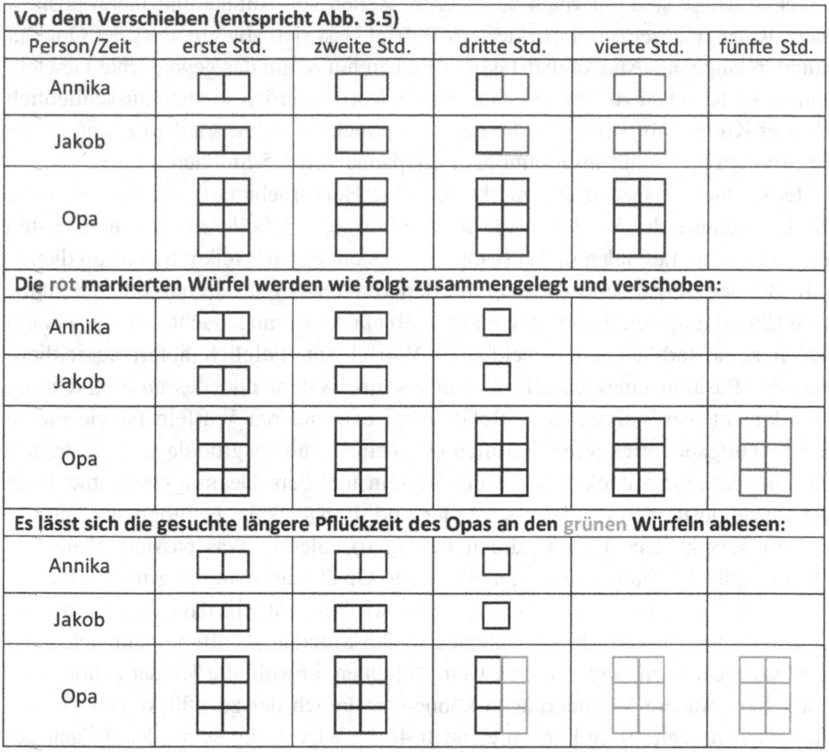

Vor dem Verschieben (entspricht Abb. 3.5)					
Person/Zeit	erste Std.	zweite Std.	dritte Std.	vierte Std.	fünfte Std.
Annika	⊞	⊞	⊞	⊞	
Jakob	⊞	⊞	⊞	⊞	
Opa	⊞	⊞	⊞	⊞	

Die rot markierten Würfel werden wie folgt zusammengelegt und verschoben:

Annika	⊞	⊞	☐		
Jakob	⊞	⊞	☐		
Opa	⊞	⊞	⊞	⊞	⊞

Es lässt sich die gesuchte längere Pflückzeit des Opas an den grünen Würfeln ablesen:

Annika	⊞	⊞	☐		
Jakob	⊞	⊞	☐		
Opa	⊞	⊞	⊞	⊞	⊞

Abb. 3.7 Systemisch-relationale Würfelkonstellation „Wie lange pflückt der Opa alleine?"

Wie lange muss der Opa also *noch alleine weiterpflücken,* um die gewünschten 40 kg Kirschen zu erhalten? Die Antwort auf diese Frage lässt sich nach diesem am konkreten Material vollzogenen Handlungen leicht an der Würfeldarstellung ablesen – sofern man diese wie eine Tabelle mit Zeilen für die einzelnen Personen und Spalten für den stündlichen Zeitverlauf deutet, in der die Würfel als Pflückmengen der einzelnen Personen in einer bestimmten Zeitspanne interpretiert werden. Dies ist im unteren Bereich der Abb. 3.7 dargestellt. Annika und Jakob pflücken 2,5 Stunden mit dem Opa mit und schaffen 10 kg. Damit ‚enden' die ersten beiden Zeilen innerhalb der dritten Spalte. In der Zeile unter den Pflückmengen der Kinder ist die Pflückmenge des Opas von 15 kg im selben Zeitabschnitt aufgeführt. Damit haben die Drei zusammen in den ersten 2,5 Stunden 25 kg gepflückt. Der Opa muss alleine also noch weitere 15 kg Kirschen pflücken. Diese sind unterhalb der ‚leeren' Zeilen von Annika und Jakob positioniert. Anhand dieser (grün markierten) Würfel lässt sich ablesen, dass der Opa 2,5 Stunden länger als Annika und Jakob pflücken muss, um das gewünschte Gewicht von 40 kg Kirschen zu erhalten. Drei grüne Würfel werden so nicht ausschließlich als drei Kilogramm Kirschen, die der Opa pflückt, gezählt, sondern *ebenfalls* als 30 Minuten und somit insgesamt als Zeitspanne von 2,5 Stunden.

Es sei hier ergänzend angemerkt, dass die Hervorhebung durch Farben sowie die Einordnung der Würfel in die hier aufgezeigte Tabelle einzig einem ersten Zugang für die Lesenden in das komplexe System der Würfelkonfiguration dienen soll. Bei der Aufgabenbearbeitung mit den konkreten Würfeln muss die tabellarische Einordnung vom interpretierenden Subjekt selbst mitgedacht werden. Zudem liegen keine farblich unterscheidbaren Würfel vor. Folglich liefert ausschließlich die Position eines einzelnen Würfels im System und dessen Betrachtung als Element dieses Systems in Relation zu den anderen Würfeln (sowie die in der Textaufgabe formulierten Bedingungen) eine Deutungsgrundlage. Je vertrauter das epistemische Subjekt mit diesem System und dem Deutungszusammenhang der Würfelpositionen ist, desto schneller und *direkter* kann es mögliche Antworten auf verschiedene Fragen (durch Umlegen) ablesen: Was passiert, wenn die Oma mitpflückt, die genauso schnell ist wie Opa? Legt man die grün markierten Würfel in eine separate Zeile darunter, so wird ersichtlich, dass Annika, Jakob, Opa und Oma zu viert 40 kg Kirschen in 2,5 Stunden schaffen. Demnach muss der Opa nicht noch länger alleine weiterpflücken, obwohl die Kinder schon spielen gehen. Andere Veränderungen können bezüglich der zu pflückenden Menge an Kirschen (statt 40 kg können es auch 46 kg oder 28 kg sein), der Anzahl der helfenden Kinder (Jakob bringt weitere Freunde mit) und der Zeit, in der die Kinder mithelfen (sie gehen schon nach 1 Stunde oder erst nach 4 Stunden spielen), vorgenommen werden.

Die Würfel selbst sind gleichartig; sie unterscheiden sich also prinzipiell nicht durch ihre äußere Erscheinungsform. Als Unterscheidungsgrundlage dient folglich allein die Position der Würfel in dem hier hergestellten systemisch-relationalen Deutungszusammenhang. Demnach können die Aufgabenvariationen allein durch Umlegen und Deuten der Würfel vor diesem Hintergrund recht zügig beantwortet werden. Das epistemische Subjekt *sieht* nicht mehr die Würfel als solche mit ihrer Form, Größe und Farbe. Stattdessen *blickt es durch diese hindurch* auf die ihnen zugeschriebene Bedeutung. Ein Hantieren mit den Würfeln kommt in so einer Sicht einem Hantieren mit ihrer symbolischen Bedeutung gleich. Diese besteht außerdem nicht in einer ‚einfachen' Bedeutungszuschreibung wie beispielsweise ‚ein Würfel = 1 kg Kirschen', sondern in einer ‚dreifachen' Zuschreibung: ein

Würfel steht für 1 kg Kirschen, das von einer bestimmten Person in einer Zeitspanne von 30 Minuten gepflückt wird (kurz: ein Würfel = 1 kg pro Person pro
30 min). Das epistemische Subjekt sieht dementsprechend den Würfel als konkretes Material und gleichzeitig die ihm zugeschriebene symbolische Bedeutung.
Diese wiederum besteht nicht aus einem, sondern gleich aus drei zueinander in
Beziehung stehenden Elementen und lässt sich unter dem physikalischen Begriff
bzw. mathematischen Größe der *Geschwindigkeit* zusammenfassen.

Die Würfel, wie auch Materialien oder Anschauungsmittel im Allgemeinen,
haben abhängig von ihren Benutzern unterschiedliche Rollen und Funktionen
„als konkrete Materialien oder auch als abstrakte Symbole" (vgl. Nührenbörger &
Steinbring 2008, 170; Übersetzung KM). Uttal (2003, 106) spricht in dem Zusammenhang von mehrdeutigen Bildern von „Seeing One Thing in Two Different
Ways": Das Bild einer alten, faltigen Frau kann so zur Darstellung einer jungen,
wunderschönen Frau werden; in einem zweiten Bild wird nicht länger ein Hase,
sondern plötzlich eine Ente gesehen. Die Materialien können einerseits als solche gesehen und benutzt werden, um beispielsweise einen möglichst hohen Turm
zu bauen, oder um auszuprobieren, wie etwas mit einem Stift zu Papier gebracht
werden kann. Andererseits können sie auch als Zählgegenstände oder gar Elemente in einem System gesehen werden. Die Arbeitsmittel erhalten also einen
hochgradig abstrakten, symbolischen Charakter: Ein Würfel allein kann entweder
als ein Kilogramm Kirschen gesehen werden. Oder er wird als komplexe mathematische Größe *Pflückgeschwindigkeit* gedeutet und bezieht sich damit sowohl
auf das besagte Gewicht der Kirschen wie auch auf eine Person und Zeitspanne.

> „Manipulatives receive their particular meaning when they are seen and needed by the
> learners more and more in the form of material symbols which serve for representing
> mathematical structures, relations and patterns" (Nührenbörger & Steinbring 2008,
> 178).

> „[Manipulatives] are not spontaneously working methods as means of help in order
> to directly understand abstract mathematics, but that they become, in the course of
> mathematical learning processes, quasi-symbolical representatives for mathematical
> operations, structures and concepts" (ebd., 179)

Erst wenn ein epistemisches Subjekt eine solche differenzierte Sichtweise auf die
Würfel als Pflückgeschwindigkeiten in einem relationalen System eingenommen
hat und diese als *Symbole für mathematische Strukturen* betrachtet, könnte sich die
dem Material eigene *Konkretheit* ebenfalls auf den Zugriff auf die in das Material
hineingesehene Beziehungen erstrecken – wie sie fälschlicherweise in der traditionellen Sicht auf das *Veranschaulichungsmaterial* angenommen wurde. Ist das

Subjekt mit dieser illustrativ vorgestellten Deutung der Würfel als relationales System vertraut, können Antworten auf die verschiedensten Fragen, sogar über unterschiedliche Sachkontexte hinweg, durch Umlegungen und der entsprechenden Interpretation in dem hergestellten Deutungszusammenhang *direkt* abgelesen werden. Die systemischen Relationen befinden sich somit für dieses Subjekt selbst in dem *konkreten* Material. Durch *konkrete* Handlungen an diesem werden die hineingesehenen mathematischen Beziehungen ebenfalls *konkreter* und direkter zugänglich. Es sei betont, dass dies nicht darin begründet ist, dass das *Veranschaulichungsmittel* bereits selbst diese Strukturen enthalte und nur von den Lernenden in naiver Weise ‚entdeckt' werden müsse, denn

> „[the] concrete didactical materials only become productive mathematical manipulatives in the context of their *use be the students* – they do not simply exist without an interpretation by the learner" (Nührenbörger & Steinbring 2008, 178).

Stattdessen müssen die Lernenden das *Anschauungsmittel* zunehmend selbständig, sachgerecht und produktiv als Denkwerkzeug mit epistemologischer Funktion (vgl. Krauthausen 2018, 310) nutzen. Sie müssen die Beziehung zwischen dem Anschauungsmittel und dem (neuen) mathematischen Wissen selbst durch die Konstruktion von Interpretationen und Deutungszusammenhängen (in der Interaktion) *aktiv* herstellen (vgl. Nührenbörger & Steinbring 2008, 159) und als Netz von Beziehungen individuell konstruieren (vgl. Voigt 1993, 160). Sobald die Lernenden solch eine Sicht einnehmen, kann in *differenzierter Weise* davon gesprochen werden, dass die *Konkretheit des Materials* zu einer *Konkretheit und direkten Zugänglichkeit mathematischer Relationen* in b*estimmten, komplexen Deutungszusammenhängen* führt.

Die Bearbeitung der verschiedenen Aufgaben im Kirschen-Kontext wurde ausführlich am Beispiel der Würfel als konkretes, greifbares Material ausgearbeitet. Dieselben Aufgaben können jedoch nicht nur mit Würfeln als Materialien, sondern auch anderweitig bearbeitet werden. Generell sind die verschiedensten didaktischen und ebenfalls alltäglichen Materialien denkbar: Die Würfel können durch Plättchen ersetzt werden, durch Spielwürfel mit Notation der Zahlen eins bis sechs an den Seitenflächen, durch Äpfel oder Bananen, durch Spielfiguren der verschiedenen prominenten Spielehersteller etc. sowie auch Mischungen der unterschiedlichen Materialien. Wichtig ist, dass von der phänomenologischen Gestalt der herangezogenen Gegenstände abgesehen und ihr Symbolcharakter in den Vordergrund gestellt wird. Hierbei werden besagte Äpfel oder Spielfiguren als *eher ablenkend* im Sinne des „'high-distractor' materials" gekennzeichnet. Materialien wie die hier verwendeten Würfel (oder auch einfarbige Plättchen) weisen im Vergleich dazu eine unscheinbarere phänomenologische Gestalt auf. Sie sind deshalb tendenziell als *weniger ablenkend* und somit als „'low-distractor' materials" zu klassifizieren (Martin 2009, 143).

Analog zu den unterschiedlichen Materialien ist auch eine *zeichnerische* Bearbeitung der verschiedenen Aufgaben im Kirschen-Kontext möglich. Dafür können einerseits besagte Materialien bildlich dargestellt und andererseits frei gezeichnete Skizzen herangezogen werden. Auch bei diesen bildhaften Bearbeitungen der Aufgabenstellung können natürlich hoch komplexe zeichnerische Figuren gewählt werden, die eine gewisse Vergleichbarkeit mit ihrem materiellen Pendant aufweisen: Konkrete Spielfiguren, einzelne Personen oder Pferde, genauso wie Gegenstände können in ihrem vollen Detailreichtum gezeichnet werden. Es hat sich in den durchgeführten Untersuchungen und der Reflektion über die darin entstandenen kindlichen Darstellungsformen gezeigt, dass sich schlichte, einfach gewählte, gleichartige Formen als äußerst effizient erweisen. Dies gilt insbesondere bezüglich des zeichnerischen Zeitaufwands. Striche, Dreiecke oder die von Kleinkindern produzierten „Kreiskritzel" (Richter 1997, 29) können analog zu der hier dargestellten Anordnung der Würfel positioniert werden. Daran wird deutlich, dass die hier getätigten Ausführungen zum Material der Holzwürfel folglich ebenfalls auf bildhafte Darstellungen übertragbar sind. Bereits die Repräsentation der Würfel als Quadrate in den Tabellen legt diese Übertragbarkeit und Analogie nahe (insbesondere Abb. 3.5 und Abb. 3.7). Tatsächlich wurden somit implizit beide Darstellungsvarianten – die materielle und zeichnerische – an Beispielen vorgestellt. Für die Betrachtung einer rein zeichnerischen und somit bildhaften Variante wird auf das im nachfolgenden Kapitel 4 enthaltene Beispiel zu Emilias detailliert gezeichneten Booten und auch auf die von ihr später gewählten gleichartigen und schlichten Form der Striche mit der ihnen zugeschriebenen Bedeutung verwiesen (vgl. Abschnitt 4.3).

3.5 Konsequenzen für das Forschungsprojekt

In der traditionellen Sicht wird angenommen, dass Arbeitsmittel im Mathematikunterricht als konkrete wahrnehmbare Gegenstände geeignet sind, direkt und spontan das Verständnis und die Kenntnis abstrakten mathematischen Wissens zu erlangen (vgl. Nührenbörger & Steinbring 2008, 177 f.). Arbeits- und Anschauungsmittel müssen jedoch als Träger für relationale Strukturen genutzt werden, damit sie die ihnen zugeschriebene „Vermittlungsfunktion" wahrnehmen können (vgl. Krauthausen 2018, 321). Unabhängig von der Wahl und den entsprechenden physikalischen bzw. phänomenologischen Eigenschaften der zur Aufgabenlösung herangezogenen Arbeits- und Anschauungsmittel muss diesen eine *verweisende, referentielle* Funktion zugesprochen werden. Dadurch erhält das Material einen ambivalenten Charakter: Es ist konkret, weil es angefasst und manipuliert werden kann bzw. weil es sich auf eine konkrete und potenziell reale, sachliche Situation oder einen Gegenstand bezieht. Gleichzeitig sind Arbeits- und Anschauungsmittel insofern abstrakter Natur, als dass sie benutzt werden, *um auf etwas Anderes als sich selbst zu verweisen.*

In der Welt der Mathematik bedeutet es, dass die Mittel auf mathematische Strukturen, Relationen und Beziehungen referieren. Das heißt, dass die den Arbeitsmaterialien zugeschriebene Rolle sich in mathematischen Lern- und Verstehenssituationen verändern muss. Als Konsequenz müssen ebenfalls die vielfach formalistisch herangezogenen drei Repräsentationsmodi nach Bruner (1974) in der Form sehr viel differenzierter reflektiert werden. Auch *enaktive* und *ikonische* Elemente können in gewissen Deutungskontexten und Handlungspraktiken zu Bestandteilen in einem relationalen System werden und dadurch selbst abstrakt bzw. *symbolisch* sein. Dies wurde im Besonderen an den konkreten und abgebildeten Würfelkonstellationen im Zusammenhang mit den dazu ausgeführten möglichen Deutungen aufgezeigt. Folglich müssen alle drei Repräsentationsmodi als symbolisch betrachtet werden und nicht ausschließlich die mathematischen Symbole wie Zahl- und Operationszeichen selbst.

Damit die Würfel (abgebildet oder konkret) und auch Arbeits- und Anschauungsmittel im Allgemeinen (denn letztlich kann *alles* benutzt werden) für verschiedene Aufgabenstellungen sowie über diverse Aufgabenkontexte hinweg als strukturelle Beziehungen gedeutet werden können, müssen „*mehrdeutige* Interpretationen möglich, zugelassen, wertgeschätzt, aufgesucht und verschiedene Beziehungen erkundet und genutzt werden" (Krauthausen 2018, 321 mit Bezug zu Steenpaß (2014)). Voraussetzung dafür ist eine prinzipielle Offenheit der Arbeits- und Anschauungsmittel, die sich auch in der von Voigt (1993) und Steinbring (1994b) formulierten *empirischen und theoretischen Mehrdeutigkeit* widerspiegelt. Einerseits können die herangezogenen Materialien als auf empirische, konkrete Gegenstände verweisend betrachtet werden, in deren Deutungszusammenhang wiederum unterschiedliche Interpretationen möglich sind. (Man denke an den Wärter und den Affen.) Andererseits müssen die Materialien über diesen gegenständlichen Bezug hinaus, also nicht länger *pseudo-dinglich,* in einer *systemisch-relationalen* Sicht gedeutet werden. (Man denke an die Würfel als Pflückgeschwindigkeiten, die zeitliche Abfolge und die verschiedenen helfenden Personen.)

Es ist „weniger das Material [...], das den Begriff im Denken prägt, sondern der Umgang mit dem Material. Nicht das Veranschaulichungsmittel zeigt einen Zahlaspekt oder die arithmetischen Operationen, sondern Menschen denken Strukturen in die konkreten Gegenstände hinein" (Lorenz 2000, 20).

Hierbei wird der Irrtum richtiggestellt, dass das Veranschaulichungsmittel selbst das kindliche Lernen bestimme, da es die mathematische Struktur in sich trage (vgl. ebd.). Mit dieser Richtigstellung wird ersichtlich, dass die Arbeitsmittel nicht selbst als solche im Fokus der Aufmerksamkeit stehen sollten, sondern die von den Kindern in diese hineingedachte Bedeutung. Die Arbeitsmittel als *semiotische Mittel* können unter bestimmten Umständen auf mathematische Strukturen und Relationen verweisen, sofern das Kind sie trotz ihrer Konkretheit als abstrakte Symbole mit referentieller Funktion in der Welt der Mathematik betrachtet.

Mit der *referentiellen Funktion* von *Symbolen* wird ein Bezug zur *Semiotik* als Wissenschaft und Lehre der *Zeichen* hergestellt. *Zeichen* im weitesten Sinn als Zahl- und Operationszeichen, aber auch als Arbeits- und Anschauungsmittel im Allgemeinen (Skizzen, Bilder, Zeichnungen, Materialabbildungen, konkreten Materialien, ...) kommt im Mathematikunterricht eine zentrale Stellung zu. Deshalb werden einige ausgewählte semiotische Theorien im nachfolgenden Kapitel 4 in Auszügen vorgestellt sowie deren Bezug zur Mathematik herausgearbeitet. Ergänzend zu den verschiedenen Zeichenmodellen wird überdies das epistemologische Dreieck (z. B. Steinbring 2005) betrachtet (Abschnitt 4.4), das sich in besonderer Weise mit der Analyse von Zeichen in der *Mathematikdidaktik* befasst. Im Zusammenhang mit dem epistemologischen Dreieck werden auch die bereits hier verwendeten Begriffe *(pseudo-) dinglich* bzw. *empirisch* und *systemisch-relational* an verschiedenen Beispielen weiter ausgeschärft. Bevor dies geschieht, werden zunächst die wichtigsten Punkte dieses Kapitels als Übersicht zusammengefasst. Mit den hier formulierten Konsequenzen für das Forschungsprojekt stellen sie eine Art Zwischenfazit dar, das zusätzlich zu seiner schlussfolgernden Funktion die wichtige Funktion erhält, als Orientierung für nachfolgende Kapitel zu dienen.

– Die vielfältigen analogen sowie digitalen Materialien, die im Mathematikunterricht (der Grundschule) Verwendung finden, werden in der Fachliteratur in verschiedener Weise benannt. Teilweise wird außerdem mit diesen jeweiligen Benennungen Unterschiedliches verstanden, weshalb für das vorliegende Forschungsprojekt eine Begriffsbestimmung vorgenommen wird, die sich der von Krauthausen (2018) anschließt. Er spricht von Veranschaulichungsmitteln, wenn die Funktion des Materials in erster Linie als Demonstrationswerkzeug und Übermittlungsmaterial beschrieben wird. Demgegenüber steht der Begriff der Anschauungsmittel. Damit wird ein Perspektivwechsel von Materialien als Demonstrationswerkzeuge hin zu Materialien als Denkwerkzeuge mit epistemologischer Funktion und somit ein Wechsel zu einem eher aktivistischen Lernverständnis vollzogen. In dem Verständnis werden diese Mittel als Werkzeuge in den Händen der Lernenden zum eigenständigen Mathematiktreiben und zum Verstehen mathematischer Begriffe und Ideen angesehen. Wenn in dieser Arbeit nun die Rede von Arbeits- und Anschauungsmitteln ist, wird explizit zu dem neutraleren Begriff der Arbeitsmittel diese veränderte Sicht angesprochen. Mit der Verwendung des Begriffs Veranschaulichungsmittel wird hingegen die traditionelle Sicht hervorgehoben.

– Aus traditioneller Sicht sind Arbeits- und Anschauungsmittel in dreifacher Weise konkret: Sie können angefasst bzw. manipuliert werden; sie beziehen sich auf konkrete Gegenstände und konkrete, alltäglich erfahrbare, sachliche Situationen; sie selbst enthalten bereits unmittelbar und konkret zugänglich die ‚abstrakten‘ mathematischen Begriffe. Es ist jedoch wichtig, die herangezogenen Arbeitsmittel nicht mit dem mathematischen Wissen zu identifizieren. Es darf außerdem nicht angenommen werden, dass nur eine richtige Lösung zu einer gewählten Darstellungsform existiere. Stattdessen müssen im Sinne der empirischen und im Besonderen der theoretischen Mehrdeutigkeit vielfältige Deutungen akzeptiert und unterstützt werden, sodass die Arbeitsmittel zunehmend als strukturierte, relationale Diagramme mit potenziell vielfältigen Anwendungsbereichen und sachlichen Bezügen verstanden werden. Die Bedeutung einer Zahl kann so beispielsweise nicht länger als lokal an empirischen Gegebenheiten fixiert betrachtet werden. Sie muss in einer entwickelten Gesprächskultur als relativ autonomes Netz von Beziehungen in der Zahlenwelt – also als Elemente einer relational-systemischen Struktur mit vielfältigen Beziehungen zu den anderen Elementen dieses Systems – individuell von den Lernenden (re)konstruiert werden. Ein so gedeutetes Arbeitsmittel erhält auch auf enaktiver und ikonischer Ebene einen höchst symbolischen Charakter mit eigener zugrundeliegender Struktur. Dadurch werden konkrete Materialien wie Plättchen (als Vermittler zwischen Realität und mathematischer Theorie) zu Zeichenträgern, die auf abstrakte mathematische Begriffe verweisen. Das Beispiel der Holzwürfel zeigt illustrativ drei mögliche Funktionen auf, die ein Material einnehmen kann: Würfel als Bauelemente, Würfel als Zählgegenstände und Würfel als Elemente in einer systemisch-relationalen Struktur.

Besondere Charakteristika der Nutzung und Funktion semiotischer Mittel in mathematischen Deutungsprozessen

Nach den Kapiteln zur Entwicklung des frühen symbolischen Verstehens im kindlichen Spiel aus Sicht der Lern- und Entwicklungspsychologie (Kapitel 2) sowie zu Arbeits- und Anschauungsmitteln als semiotische Zeichenträger für mathematisches Wissen (Kapitel 3) folgt nun das dritte zur Theoriebasierung gehörende Kapitel. Im Unterschied zu den beiden vorangegangenen wird nicht ausschließlich eine theoretische Grundlegung vorgenommen, bei der die für das Forschungsproblem relevanten Erkenntnisse der jeweiligen theoretischen Ausrichtung anhand einschlägiger Fachliteratur dargestellt und die daraus für das Forschungsprojekt resultierenden Konsequenzen schlussfolgernd ausgearbeitet werden. Kapitel 4 beginnt zwar mit der Wiedergabe von Aspekten von ausgewählten bestehenden semiotischen Theorien (Abschnitt 4.1 und 4.2). Die so eingeführte Theorie wird im Anschluss jedoch zusammengeführt und weiterführend genutzt, indem sie auf ein konkretes, empirisches Beispiel angewandt wird und daran kritische Punkte, insbesondere bezüglich des Verstehens mathematischer Symbole, aufgezeigt werden. Hierbei werden auch Erkenntnisse aus den vorangegangenen Kapiteln genutzt. Die Konzipierung von Kapitel 4 ist folglich insbesondere von der der zwei vorangegangenen Kapitel zu unterscheiden: In der vorliegenden Forschungsarbeit wird eine eigenständige Theorieentwicklung betrieben, die bestrebt ist, zur Ausdifferenzierung und zu einem besseren Verständnis der besonderen Mediation zwischen mathematischen Zeichenträgern und ihrer Bedeutung beizutragen (Abschnitt 4.3 und 4.4).

Bevor nun mit der zielgerichteten Rezeption ausgewählter semiotischer Theorien begonnen wird, ist es zunächst erforderlich, sich in dem umfangreichen theoretischen Feld der Semiotik zu orientieren. Aufgrund der vielfältigen existierenden Theorien und der daraus resultierenden Diversität werden deshalb zunächst

K. Mros, *Mathematiklernen zwischen Anwendung und Struktur*, Essener Beiträge zur Mathematikdidaktik, https://doi.org/10.1007/978-3-658-33684-4_4

bereits an dieser Stelle wichtige Inhalte der Semiotik einleitend angesprochen. Im Anschluss daran werden der Aufbau und die Funktion des vorliegenden Kapitels detaillierter beschrieben, wobei bereits erste Verknüpfungen der einzelnen Inhalte angedeutet werden.

Semiotische Theorien sind so vielfältig vorhanden und anwendbar wie der Status der Semiotik selbst. Sie wird beispielsweise als Wissenschaft, Lehre, Forschungsfeld, Theorie und Projekt beschrieben und sowohl von Linguisten als auch Psychologen, Biologen und Soziologen verwendet (vgl. z. B. Nöth 2000, XI). Der Gegenstandsbereich der Semiotik ist – allgemein gesprochen – der der *Zeichen.* Auch ein Zeichen wird in der Semiotik in verschiedenster Weise definiert und modelliert. Als mögliche Orientierung für das vorliegende Kapitel zur Definition eines Zeichens wird dieses „als eine komplexe semiotische Einheit von Zeichenträger, Bedeutung und Bezeichnung [bzw. Referenzobjekt] definiert" (Nöth 2000, 131). Hier liegt bereits die erste Schwierigkeit in der begrifflichen Bestimmung verborgen, denn in vielen semiotischen Theorien wird nicht explizit zwischen dem Zeichenträger als Komponente des Zeichens und dem Zeichen als komplexe semiotische Einheit unterschieden. Deshalb kann sich der Begriff des Zeichens je nach Zeichenmodell mal auf die Komponente des Zeichenträgers und mal auf die Einheit des Zeichens beziehen. Hinzu kommt, dass diese Unterscheidung von klassischen Vertretern wie Peirce und Saussure nicht immer konsequent befolgt worden ist (vgl. ebd.).

Die verschiedenen Zeichenmodelle unterscheiden sich neben vielen anderen Aspekten hinsichtlich ihrer Auffassung von Zeichen als triadische, dyadische oder monadische Modelle, wobei letzteres aufgrund des Zusammenfallens von Zeichenträger und Inhalt als naive Sichtweise auf das Zeichen vernachlässigt wird. Im dyadischen Modell besteht das Zeichen aus einem Zeichenträger und dem Bezeichneten, was sich entweder auf die Bedeutung oder Bezeichnung bezieht. In triadischen Modellen sind neben dem Zeichenträger die Bedeutung wie auch die Bezeichnung Korrelate des Zeichens (vgl. Nöth 2000, 136). Für jedes dieser Korrelate sowie das Zeichen selbst haben verschiedene Semiotiker unterschiedliche Benennungen gewählt. Einige für diese Arbeit ausgewählte Zeichenmodelle sind dafür in Anlehnung an Nöth (2000, 138 und 141) in tabellarischer Form den zuvor benannten Korrelaten des Zeichens zugeordnet und soll hier als Übersicht, erster Zugang sowie Orientierung dienen (vgl. Tab. 4.1 Übersicht über ausgewählte Zeichenmodelle).

Tab. 4.1 Übersicht über ausgewählte Zeichenmodelle

Autoren	Zeichen	Zeichenkorrelate		
		Zeichenträger	Bedeutung	Referenzobjekt / Bezeichnung
Saussure	Zeichen	Signifikant	Signifikat	-----------------
Cassirer	Symbol(ische Form)	Konkret wahrnehmbares Zeichen	Inhalt, Bedeutung	-----------------
Peirce	Zeichen	Repräsentamen	Interpretant	Objekt
Ogden & Richards	[Zeichen]	Symbol	Gedanke oder Referenz	Referent
Morris	Zeichen	Zeichenträger	Signifikatum	Denotatum

Bereits diese wenigen exemplarisch herangezogenen Zeichenmodelle weisen auf die Vielfalt und Diversität des Zeichenbegriffs hin. Ziel dieses Kapitels kann es deshalb nicht sein, diverse semiotische Perspektiven im Detail zu beschreiben, diese aufeinander zu beziehen und so feine Unterscheidungen in den einzelnen verwendeten Begrifflichkeiten zu den Korrelaten von Zeichen herauszuarbeiten[1]. Stattdessen werden einzelne semiotische Perspektiven ausgewählt, die zuweilen in der mathematikdidaktischen Forschung Berücksichtigung finden bzw. für das Forschungsprojekt *AuS-ReDen* interessant erscheinende theoretische Ansätze beinhalten. Dabei wird versucht, eine möglichst einheitliche Verwendung der hier eingeführten Begrifflichkeiten einzuhalten. Wie sich zeigen wird, stellt dies bereits eine besondere Herausforderung dar, weil in der für das Kapitel herangezogenen Sekundärliteratur nicht immer eindeutig hervorgeht, auf welches Korrelat des Zeichens (einzelne Korrelate oder in ihrer Gesamtheit als *Zeichen*) sich einzelne Begriffsverwendungen beziehen. Zuweilen wird auch nicht explizit zwischen *Bedeutung* als Inhalt und *Bezeichnung* als Bezugsobjekt oder Referent unterschieden. Für die vorliegende Arbeit ist im Besonderen die Unterscheidung

---

[1] Bei besonderem Interesse an der detaillierten Beschreibung der einzelnen Zeichenkorrelate, wie sie in verschiedenen semiotischen Perspektiven Verwendung finden, sowie Interesse an zahlreicher, vertiefender Literatur wird auf Winfried Nöths *Handbuch der Semiotik* (2000) verwiesen. Darin stellt er klassische Vertreter der Semiotik sowie ihre jeweiligen Zeichenmodelle vor (S. 59–130), betrachtet aber außerdem auch explizit, in welchem Verhältnis die dort eingeführten verschiedenen Begriffsbestimmungen zueinander stehen, indem er die Kapitel u. a. an den einzelnen Korrelaten (im Besonderen Zeichenträger und Bedeutung) und z. B. Objektdimensionen (Ikon, Index, Symbol) ausrichtet (S. 131–226).

zwischen Zeichenträger und dem Bezeichneten, unabhängig von dessen Verwendung als Bedeutung oder Bezeichnung, von Interesse, wie es auch bereits
in dem ersten Versuch einer Begriffsbestimmung des Zeichens/Symbols bei
DeLoache in Kapitel 2 als grundlegend hervorgehoben wurde (Abschnitt 2.1).
Es wird zudem ein zentraler Fokus auf die Mediation zwischen Zeichenträger
und Bedeutung/Bezeichnung gelegt, sowie untersucht, was diese Mediation in
mathematischen Deutungsprozessen leitet. Weitere Forschungsfragen zur theoretischen Unterscheidung von Bedeutung und Bezeichnung in den verschiedenen
Zeichenmodellen sowie den Zeichenprozess betreffende Details sind Gegenstand
des komplexen Forschungsfeldes der Semiotik, weshalb diese hier nicht vertieft
aufgegriffen und herausgearbeitet werden sollen (und können).

In diesem Kapitel werden wesentlich erscheinenden Charakterisierungen und
Begriffe der ausgewählten semiotischen Theorien herangezogen, um das in dieser Arbeit untersuchte mathematikdidaktische Forschungsproblem besser und
vielleicht tiefgehender zu verstehen, sodass neue, wissenschaftliche, mathematikdidaktische Einsichten gewonnen werden können, die die in dieser Arbeit
eingenommene epistemologische Perspektive (vgl. Abschnitt 1.1) gewinnbringend
erweitern. Das im Fokus stehende Forschungsproblem befasst sich damit, wie
Grundschulkinder semiotische Mittel für die Darstellung und Lösung von sachbezogenen Textaufgaben verwenden. Bereits hieran wird ein für die vorliegende
Forschungsarbeit und Semiotik gemeinsamer Ausgangspunkt deutlich: Zeichen,
die für etwas anderes als sich selbst stehen, werden von den an der Studie teilnehmenden Viertklässlern benutzt und gedeutet. Wie erklären semiotische Theorien
diese Mediation zwischen den verwendeten semiotischen Mitteln als Zeichenträger und ihrer Bedeutung/Bezeichnung? Was reguliert diese Mediation? Die
Ausführungen in Kapitel 3 haben aufgezeigt, dass die Bedeutung der im Mathematikunterricht der Grundschule verwendeten Arbeits- und Anschauungsmittel
nicht selbst in den Mitteln steckt, sondern diese aktiv von dem lernenden Kind
hineingedeutet werden (vgl. z. B. Söbbeke 2005) und dabei die Kommunikation
und Interaktion in mathematischen Lehr-Lernprozessen sowie die epistemologischen Bedingungen mathematischen Wissens ausdrückliche Berücksichtigung
erfahren müssen (vgl. Kapitel 1; Steinbring 2005; Schülke 2013).Von besonderem Interesse sind dabei die Genese und Veränderungen in den Gebrauchs-
und Funktionsweisen dieser Mittel. Deshalb werden die skizzierten semiotischen Theorien auch auf mögliche Anwendungen und ihre Nutzung für das
mathematikdidaktische Forschungsproblem untersucht. Ergänzend zu den vielfältigen semiotischen Theorien wird das Modell des epistemologischen Dreiecks
(Steinbring 1989, 1991, 2005), das die grundsätzliche semiotische Perspektive
von Zeichenträger und Bedeutung/Bezeichnung für mathematische Zeichen unter

didaktischer Perspektive und epistemologischen Bedingungen betrachtet, herangezogen und benutzt, um die Herstellung dieser Beziehung und somit die Mediation auszuschärfen.

Der Aufbau dieses umfassenderen Theoriekapitels gestaltet sich demnach wie folgt: Zunächst wird ein zentraler Fokus auf das Peircesche Konzept des Diagramms gelegt. Nach einer kurz gehaltenen Beschreibung von Peirces triadischem Zeichenmodell wird das Ikon als Zeichenrelation, zu der auch das Diagramm zählt, erläutert (Abschnitt 4.1). Dabei wird der Bedeutung und/oder Bezeichnung besondere Aufmerksamkeit entgegengebracht. Der Begriff des Ikons, der von Peirce geprägt wurde, wird bei vielen weiteren semiotischen Vertretern aufgegriffen und unter anderem stark kritisiert. Es werden einzelne Versuche, der Ikonizitätskritik zu begegnen, aufgeführt. Anhand dieser erweiterten semiotischen Theorien können mögliche theoriegeleitete Einsichten für die Mediation zwischen Zeichenträger und Bedeutung/Bezeichnung gewonnen werden, die sich auf die sachlichen Elemente der in der Studie verwendeten mathematischen Textaufgaben beziehen (Abschnitt 4.2). Folglich werden semiotische Perspektiven aufgezeigt, die sowohl eine Sichtweise auf semiotische Mittel als bezugnehmend auf mathematisch relevante Beziehungen und Strukturen als auch eine Sichtweise bezugnehmend auf (mögliche) sachliche Elemente des Kontextes der Textaufgabe in den kindlichen Darstellungen und Deutungen thematisieren.

Nach den theoretischen Ausführungen folgen eine erste, illustrierende Beschreibung und Analyse von verschiedenen Zeichnungen und dazugehörigen Deutungen der Viertklässlerin Emilia. Verschiedene ausgewählte Aspekte der in den vorangegangenen Unterkapiteln herangezogenen semiotischen Perspektiven werden hierbei für eine weiterführende, vertiefende semiotische Analyse dieses Beispiels herangezogen. Die verschiedenen Annahmen der semiotischen Perspektiven werden so auf ihre Nützlichkeit und Anwendbarkeit für mathematische Lehr-Lernprozesse von Grundschulkindern, insbesondere hinsichtlich der Mediation zwischen Zeichenträger und Bedeutung/Bezeichnung, überprüft und anhand kritischer Punkte reflektiert (Abschnitt 4.3). Diese Mediation ist ein zentrales Element in Steinbrings epistemologischem Dreieck (z. B. 2005). Durch seinen Status als ein Mittel zur Charakterisierung spezifischer epistemologischer Aspekte mathematischen Wissens, welches durch Zeichenträger kodiert wird (vgl. Steinbring 1998, 172), ist es neben seiner theoriebildenden Funktion als Analyseinstrument in der Mathematikdidaktik bekannt. Aus diesen Gründen wird auch das epistemologische Dreieck ausführlich vorgestellt. Es werden dabei Hinweise zu einer möglichen Analyse des Beispiels von Emilia gegeben sowie die besondere Mediation zwischen Zeichenträger und Bedeutung/Bezeichnung in

mathematischen Lehr-Lernprozessen erarbeitet (Abschnitt 4.4). Dieses Unterkapitel stellt ein Kernstück der Arbeit dar. Es werden zentrale Erkenntnisse zum
epistemologischen Dreieck zusammengefasst aufgezeigt sowie weiterführende
Zusammenhänge hergestellt und zusätzliche Bedingungen expliziert, die zwar
in den unterschiedlichsten Texten von Steinbring prinzipiell enthalten sind und
wohl mitgedacht wurden, jedoch in der Form bisher nicht ausformuliert wurden.
Das Unterkapitel schließt mit einem Fazit, dass die für das Forschungsvorhaben
wichtigsten ausgearbeiteten semiotischen Inhalte zum epistemologischen Dreieck
zusammenfasst. Sowohl dem Unterkapitel 4.4 aber auch dem Unterkapitel 4.3
wird eine theoriebildende Funktion mit eigenständig vorgenommener Ausdifferenzierung zugesprochen. Sie bilden damit eine essenzielle Grundlage für das
nachfolgend in Kapitel 5 beschriebene theoretische Konstrukt *ThomaS*.

4.1 Diagrammatizität und Referenz im Mathematikunterricht

Der als Begründer der neueren Allgemeinen Semiotik geltende Charles Sanders
Peirce (1839–1914) ist sicherlich einer der bekanntesten Semiotiker. Sein semio-
tisches Zeichenmodell wird auch in aktuelleren Forschungsvorhaben von einigen
Mathematikdidaktikern zur theoretischen Ausdifferenzierung und/oder Analyse-
zwecken herangezogen (z. B. Bikner-Ahsbahs 2005; Presmeg 2006; Schreiber
2006, 2010; Krause 2016; Ott 2016). Deshalb scheint es naheliegend, sich
Peirces triadisches Zeichenmodell – bestehend aus Repräsentamen, Objekt und
Interpretant – näher anzusehen.

Zunächst werden die einzelnen Korrelate seines Zeichenmodells beschrieben, wobei ein besonderer Fokus auf die Objektdimension mit der Ikonizität
gelegt wird (Abschnitt 4.1.1). Einige Aspekte zur Ikonizität selbst werden im
späteren Verlauf des Kapitels unter Einbezug verschiedener semiotischer Zeichenmodelle wie das von Morris, was auf Peirce zurückzuführen ist, aufgegriffen,
kritisch reflektiert und zu präzisieren versucht (siehe Abschnitt 4.2). An dieser Stelle wird das Peircesche Konzept des Diagramms als besondere Form
des Ikons in den Mittelpunkt gestellt. Diesem kommt laut Dörfler (z. B. 2006,
2015) und Hoffmann (z. B. 2000, 2003) im Mathematikunterricht eine besondere
Bedeutung zu, weshalb sich der Mathematikunterricht an der diagrammatischen
Tätigkeit orientieren sollte. Einige von Dörfler und Hoffmann beschriebene
Aspekte zur Diagrammatizität werden zusammengefasst vorgestellt, bevor das
von Schreiber durchgeführte Projekt ‚Mathe-Chat' (2010) als Beispiel für die

Nutzungsweise dieses theoretischen Konzepts in der mathematikdidaktischen Forschung herangezogen wird. Als wichtig erscheint, dass dem Diagramm überdies eine Selbstreferenz zugeschrieben werden kann, es sich also nicht zwangsläufig auf andere Referenzobjekte als sich selbst bezieht (Abschnitt 4.1.2). So kann ein Diagramm einerseits aufgrund seines Charakters als konstruktiver Entwurf und mögliches Modell bei Mathematisierungsprozessen fungieren, das für verschiedene Interpretationen herangezogen wird und Unterschiedliches bezeichnet (Dörfler 2006), weil dessen Relata frei wählbar, austauschbar und veränderlich sind (Hoffmann 2000). Andererseits können Diagramme aber auch als eigenständige Objekte, also unabhängig von möglichen Referenten bzw. Referenzobjekten untersucht werden. In seiner semiotischen Perspektive auf Mathematik plädiert Rotman (2000) dafür, die Mathematik als Tätigkeit zu betrachten, für die Zeichen unverzichtbar sind. Diese Tätigkeit besteht aus dem komplexen Zusammenspiel von Subjekt, Person und Agent, die sich ihres jeweilig eigenen Sprachcodes, dem Code, dem Meta-Code und dem virtuellen Code bedienen und so in einer Einheit aus ,scribbling and thinking' Mathematik betreiben. Sowohl Rotman als auch Dörfler nehmen hierbei folglich eine Sichtweise ein, Mathematik als Wissenschaft als selbstreferentiell zu bezeichnen. Entsprechend kann darauf verzichtet werden, Diagramme als Zeichen für etwas von ihnen Verschiedenes anzusehen (Dörfler 2006, 2015). In diesem Zusammenhang wird der Begriff der diagrammatischen Referenz (Dörfler 2011) erklärt und der Sprechweise von mathematischen Objekten als Träger der diagrammatischen Regeln und Beziehungen zwischen verschiedenen Darstellungen eine Legitimation verliehen (Dörfler 2015).

Das Peircesche Konzept des Diagramms sowie dessen mögliche und potenziale Anwendung im Mathematikunterricht nimmt eine eher relationale, strukturelle Sichtweise in den Blick. Diese Sichtweise liefert möglicherweise weiterführende Einsichten, die für die Beschreibung und Rekonstruktion der Rollen und Funktionen semiotischer Mittel bei den von Grundschulkindern vorgenommenen Deutungen von mathematischen, sachbezogenen Textaufgaben hilfreich sind. Die Mediation zwischen Zeichenträger (hier dem Diagramm) und einer möglichen Bedeutung bzw. Bezeichnung steht im speziellen Fokus der Arbeit. Dabei erscheint der Aspekt der Referenz (unabhängig von dessen Verständnis als Bedeutung und/oder Bezeichnung) bei der Betrachtung des Beispiels interessant. Deshalb wird die Ansicht von Mathematik bzw. mathematischen Objekten und somit auch Diagrammen als selbstreferentiell (Dörfler, Rotman) detaillierter beschrieben, um anschließend die Nützlichkeit dieser Ansicht für den Mathematikunterricht der Grundschule illustrativ erkunden zu können. Abschließend werden die wichtigsten herausgearbeiteten Punkte als Zusammenfassung aufgelistet (Abschnitt 4.1.3). Diese soll als Gerüst für das folgende Unterkapitel 4.3

dienen, in dem die hier dargestellten Aspekte zur Diagrammatizität sowohl illustrativ als auch kritisch reflektierend an einem Beispiel aus dem Projekt *AuS-ReDen* angewendet werden.

4.1.1 Peirces Semiotik und das Konzept des Diagramms im Mathematikunterricht

Grundlegend für das Peircesche Zeichenmodell ist dessen *triadische Struktur,* die sich aus der Relation von drei Korrelaten zusammensetzt:

> „Ein Zeichen, oder *Repräsentamen,* ist etwas, das für jemanden in einer gewissen Hinsicht oder Fähigkeit für etwas steht. Es richtet sich an jemanden, d. h., es erzeugt im Bewußtsein jener Person ein äquivalentes oder vielleicht ein weiter entwickeltes Zeichen. Das Zeichen, welches es erzeugt, nenne ich den *Interpretanten* des ersten Zeichens. Das Zeichen steht für etwas, sein *Objekt.* Es steht für das Objekt nicht in jeder Hinsicht, sondern in Bezug auf eine Art von Idee" (CP 2.228 (1897), zitiert nach Hoffmann 2001, 3).[2]

Das Repräsentamen[3] ist die wahrnehmbare Darstellung der Zeichenrelation, es kann auch ein Gegenstand oder Gedanke sein und ist somit „konkreter, materieller, mentaler oder abstrakter Art" (Nöth 2000, 132). Der Interpretant ist die Wirkung des Repräsentamens auf den Interpreten, also eine Art inneres Zeichens, das durch die Wahrnehmung des Repräsentamens in der Vorstellung eines Beobachters hervorgerufen wird. Das Objekt ist das, was das Repräsentamen ‚repräsentiert' (vgl. ebd., 62–64). Es ist also das, was der Beobachter als das ‚Gemeinte' unterstellt (vgl. Schreiber 2010, 32). Dies kann ein einzelner Gegenstand, eine Klasse von Dingen oder auch ein mentales Konstrukt sein (vgl. Nöth 2000, 63). Die drei Dimensionen der Zeichenrelation differenziert Peirce nach Teilhabe an den von ihm entwickelten Kategorien der Erstheit, Zweitheit und Drittheit weiter aus (vgl. Hoffmann 2003, 62–68; 2005, 55–60; Nöth 2000, 65–67):

Bei der *Interpretantendimension* wird zwischen einem Rhema, einem Dici-Zeichen und einem Argument unterschieden. Eine Klassifizierung als *Rhema*

---

[2]Für eine Abbildung der Peirceschen Triade wird beispielsweise auf Nöth 2000, 140 verwiesen.

[3]In der Literatur wird der Begriff des ‚Zeichens' in verschiedener Hinsicht benutzt. Um Verwechslungen vorzubeugen, werden die Ausdrücke *Repräsentamen* und *Zeichen* allein für das Korrelat in der Zeichentriade verwendet Der Zeichenbegriff im weiteren Sinn bezieht sich auf das Modell des Zeichens als einer triadischen Relation und wird deshalb als *Zeichentriade* benannt.

bedeutet, dass ein Zeichen ein einzelnes Wort im Interpretanten hervorruft; ein *Dici-Zeichen* einen Satz bzw. eine behauptende Aussage und ein *Argument* einen argumentativen Zusammenhang von Sätzen[4].

Bei der *Zeichendimension,* also die Einbindung des Repräsentamens in die triadische Zeichenrelation, wird zwischen den Quali-, Sin- und Legizeichen unterschieden. Das *Qualizeichen* ist „eine Qualität, die ein Zeichen ist" (CP 2.244, zitiert nach Nöth 2000, 64). Es ist also das, was an einem Repräsentamen sinnlich wahrgenommen werden kann, wie die Farbe oder Form. Ein *Sinzeichen* ist „ein tatsächlich existierendes Ding oder Ereignis" (CP 2.245, zitiert nach Nöth 2000, 64), ein bestimmter Buchstabe oder eine Ziffer auf einem Blatt Papier. Ein *Legizeichen* „ist ein Gesetz, [...]. Jedes konventionelle Zeichen ist ein Legizeichen" (CP 2.246, zitiert nach Nöth 2000, 64). Qualizeichen, als qualitative Möglichkeiten, und Legizeichen, als gesetzesartige Zeichen, sind als solche nicht sichtbar. Allein die zweiteilichen Sinzeichen können wahrgenommen bzw. gesehen werden. Die Bedeutung dieser Unterscheidung erklärt Hoffmann (2003, 67) mit Bezug zu mathematischen Lernprozessen an folgendem Beispiel:

> „Wenn ein Kind dazu gebracht wird, sechs Plättchen oder sechs Äpfel oder sechs Kreise mit der Idee ‚sechs' zu assoziieren, dann liegt jedes Mal, wenn sechs Gegenstände ihm die Idee ‚sechs' suggeriert, keine zufällige Verbindung, sondern eine gesetzmäßige Verbindung vor. Semiotisch betrachtet bedeutet dies, dass die Interpretation von sechs Gegenständen durch die Idee ‚sechs' oder umgekehrt die Interpretation der Idee ‚sechs' durch die Idee von sechs Gegenständen durch ein *Legizeichen* vermittelt wird. Die arabische Ziffer ‚6' oder die römische Ziffer ‚VI' oder die Worte ‚sechs' oder ‚six' zu verwenden, um sechs Gegenstände zu bezeichnen, wäre demgegenüber der Gebrauch eines Sinzeichens, das sich zum Legizeichen verhält wie ein *token* zu einem *type*. Es ist nur der ‚Ausdruck' einer Gesetzmäßigkeit, aber nicht diese selbst".

In der *Objektdimension* wird zwischen Ikon, Index und Symbol unterschieden. *Indexikalische Zeichen* sind zweiteilich. Sie lenken die Aufmerksamkeit des Betrachters auf etwas. Ein Index, wie beispielsweise ein Fingerzeig, vermittelt keine Bedeutung. Es behauptet allein, dass das, worauf gezeigt wird, existiert. *Symbolische Zeichen* sind drittheitlich. Sie können nur auf Grundlage einer Gewohnheit, Gesetzmäßigkeit oder Konvention interpretiert werden. Speziell zur Kennzeichnung von mathematischen Symbolen erläutert Hoffmann:

---

[4]Hoffmann (2003) charakterisiert die hier beschriebene Interpretantendimension als ältere Fassung. Sie ist hier nur der Vollständigkeit halber aufgeführt.

„Die Symbole der Mathematik sind uns durch die Kulturgeschichte dieser Wissenschaft überliefert und ihre Bedeutungen gelten als objektiv gegeben. Was den Schülerinnen und Schülern allein fehlt, sind die Gewohnheiten, die notwendig sind, um diese Zeichen angemessen interpretieren und mit ihnen arbeiten zu können" (Hoffmann 2003, 45).

Und weiter heißt es:

Das mathematische „Zeichen π ist z. B. im Kontext der Geometrie insofern ein *Symbol*, als es seine Funktion nur dann erfüllen kann, wenn es einen Interpretanten gibt, der die Beziehung zwischen diesem Zeichen und dem von ihm bezeichneten Objekt vermittelt. Oder anders herum betrachtet: π funktioniert nur dann als Symbol, wenn es einen Interpretanten genau so determiniert, dass dieser das anschauliche π mit dem, was es symbolisiert, verbindet. Ein Mensch muss aufgrund seiner Gewohnheiten in der Lage sein, ein π *als* Symbol sehen zu können. Kurz gesagt: Symbolisch ist dasjenige Zeichen, das seine Funktion der Bezeichnung eines Objektes allein aufgrund einer allgemeinen Gesetzmäßigkeit erfüllt" (ebd., 64)

Im Gegensatz zum Symbol, ruft das *Ikon* einen Eindruck von Ähnlichkeit des Repräsentamens mit dem Objekt im Interpretanten wach. Beispiele sind Fotografien und Fußabdrücke, Gemälde, logische Graphen und auch mathematische Formeln. Merkmale Ikonischer Zeichen, genauer gesagt, Merkmale von *Hypoikons* (im graduellen Unterschied zu *genuinen Ikons*) sind die folgenden fünf (Nöth 2000, 195):

(a) „die konkrete Realisierung in einem Sin- oder Legizeichen,
(b) ein gewisser Anteil der Mischung des Ikonischen mit dem indexikalischen und symbolischen Elementen,
(c) das Kriterium der Ähnlichkeit
(d) ein Kriterium der Relevanz, wonach zwischen relevant und irrelevant Ähnlichem differenziert werden kann und
(e) ein gewisser Grad an interpretativer Offenheit des Ikons"

Das Kriterium der Ähnlichkeit ist aus logischer Sicht stark kritisiert worden, da alles allem in irgendeiner Weise ähnlich ist (vgl. Abschnitt 4.2). Auch Peirce selbst erkennt an, dass es keine logische Grenze für das Auffinden von Ähnlichkeit gibt. Für ihn ist ein Ikon für einen Gegenstand, dem dieses ähnlich ist, jedoch erst ein ikonisches Zeichen, wenn es von einem Zeichenbenutzer als Zeichen gebraucht wird. Dies bedeutet auch, dass die Interpretation eines Ikons besonders offen ist und von dem Zeichenbenutzer abhängt. Folglich kann sich die Interpretation von Ikonen auch auf überhaupt nichtexistierende, fiktive Objekte erstrecken, wie beispielsweise auf ein Einhorn. Das Kriterium der Ähnlichkeit zwischen Objekt und Zeichen bezieht sich nicht nur auf die Gemeinsamkeit von Merkmalen, Formen oder Eigenschaften. Im Besonderen bezieht es sich darauf, dass Ikone die relationale (abstrakte) Struktur eines Objekts abbilden, weshalb auch mathematische Formeln und *Diagramme* zu den ikonischen Zeichen zählen. Mit *Bildern* und *Metaphern* stellen Diagramme (bezogen auf Hypoikons) drei Grade von Ikonizität dar.

Dörfler (2006, 210 ff.) arbeitet eine Reihe von Aspekten heraus, die er für das Konzept des Diagramms in der Mathematik als wichtig ansieht. Allgemein beschreibt er das Peircesche Diagramm als Kombination von verschiedenen Formen von Inskriptionen, die „in ein (konventionelles) Regelsystem, von Herstellung, Gebrauch und Transformation eingebunden sind" (ebd., 202). Diagramme sind Teil eines Darstellungssystems und nicht isolierte, einzelne Inskriptionen. Das Darstellungssystem liefert die Mittel zur Erstellung, zum Lesen und zur Verwendung der Diagramme nach gewissen Regeln. Neben ihrer primären Eigenschaft, Relationen abzubilden, erhalten Diagramme beispielsweise dadurch einen symbolischen Charakter, dass Konventionen, Regeln bzw. Gewohnheiten den in dem Diagramm enthaltenen Inskriptionen Bedeutungen zuschreiben. Es bedarf folglich einer „Bedienungsanleitung" oder „Legende" (ebd., 210), die explizit gegeben sein kann, die aber auch durch die Teilnahme an der Praxis im Umgang mit Diagrammen gelernt werden kann. Diagramme sind geschriebene und nicht gesprochene Darstellungen, die einen „extra-linguistischen Status" (ebd., 210) dadurch erhalten, dass über sie gesprochen wird, wodurch sie Modelle für etwas Anderes sein können. In der Mathematik kommt Diagrammen als Darstellungsform eine besondere Bedeutung zu. Der Mathematikunterricht sollte sich deshalb an dem Konzept des Diagramms und den hier nachfolgend aufgeführten Aspekten der *diagrammatischen Tätigkeit* bzw. des *diagrammatischen Denkens* orientieren.

Diagrammatisches Denken ist die Konstruktion von Diagrammen, der regelgeleitete und kreative Umgang mit ihnen, das Ausführen von Experimenten mit ihnen, das Beobachten und Festhalten der dabei entstehenden Ergebnisse sowie die Vergewisserung der allgemeinen Gültigkeit. Durch die einzuhaltenden Regeln beschränkt sich der Umgang mit Diagrammen jedoch keineswegs auf ein mechanisches, algorithmisches Operieren. Stattdessen beinhaltet er auch Kreativität beim Konstruieren und Experimentieren (vgl. Dörfler 2006, 211). Mit Peirces Bestimmung der triadischen Zeichenrelation ist ein Instrument gegeben, mit dessen Hilfe man das eigene Denken außerhalb seiner selbst modellieren kann, was als *Diagrammatisierung des Denkens* bezeichnet wird (vgl. Hoffmann 2000, 40). Ein Diagramm als Repräsentationsmittel kann so als eine „Externalisierung und Vergegenständlichung des Gedachten" (ebd., 44) charakterisiert werden. Es hilft dabei, „im eigenen Denken Möglichkeiten zu entdecken, die vorher verborgen waren" (ebd., 41). Wegen dieses Aufzeigens von Möglichkeiten können Diagramme sowohl Mittel als auch Gegenstand des Denkens sein. Als Mittel sind sie Modelle für gegebene und hypothetische Situationen und Prozesse, die durch das diagrammatische Denken untersuchbar werden (vgl. Dörfler 2006, 211). Jede Repräsentation eines solchen Gedachten ist zwar durch das Denken determiniert, aber gleichzeitig benötigt eine solche Repräsentation als Diagramm oder allgemeiner, als triadische Zeichenrelation, Mittel, die außerhalb des Denkenden selbst liegen (vgl. Hoffmann 2000, 41). Jede Darstellung ist somit eine „Fixierung des Unbestimmten und Vagen". Jedoch ergibt sich bereits in Auseinandersetzung mit bzw. bei der Auswahl von geeigneten Repräsentationsmitteln „eine Schärfung des eigenen Denkens" (ebd., 43). Diese führt schließlich im Diagramm zu einer Reduktion der Komplexität, sodass das Diagramm eine Abstraktion und Generalisierung dessen, was das Diagramm repräsentiert, darstellt. Dabei steckt in jeder Vergegenständlichung und somit auch jedem Diagramm immer mehr, als „bewusst im Akt der Konstruktion hineingelegt wurde" (ebd., 42), worin die entscheidende Funktion der Diagrammatisierung für das Lernen liegt.

Unter Einbezug eines Beispiels (Platons Unterrichtung eines Jungen) erklärt Hoffmann (2000), dass eine Darstellung als Diagramm klarer ist als das Denken, das ihm zugrunde liegt. Somit enthält es mehr Informationen, als ursprünglich in das Repräsentationsmittel hineingelegt wurden. Das Diagramm macht unbewusste Implikationen der unausgereiften Gedanken des Jungen (aus dem Beispiel) *sichtbar,* die zuvor nicht sichtbar waren (vgl. ebd., 44). Aufgrund der „wechselseitigen Interpretation von kognitiven Strukturen und ihren Darstellungen [..] in Diagrammen, in Sprache oder in sonstigen Artefakten" (ebd. 45) kann somit Neues entdeckt werden. Für ein solches diagrammatisches Denken sind folgende Aspekte der Zeichentriade wesentlich: Die Bedeutung eines Zeichens ist in seinem Interpretanten repräsentiert und die triadische Zeichenrelation liegt nie abgeschlossen vor. Das heißt, dass jeder Interpretant gleichzeitig Zeichen für einen weiteren Interpretanten ist, sodass die Bedeutung in einer Art unendlicher Folge von Zeichen repräsentiert ist (vgl. Hoffmann 2000, 41). In der Diagrammatisierung findet aufgrund dessen nun ein „kontinuierlicher Prozess der Fixierung und Aktualisierung von Möglichkeiten" statt, wobei durch „die Beobachtung des eigenen Denkens in Diagrammen ein Experimentieren mit diesem Denken nach subjektunabhängigen Regeln möglich wird" (Hoffmann 2000, 43).

In seiner Dissertation zum Projekt ‚*Mathe-Chat*' befasst sich Schreiber (2010) mit der Genese von mathematischen Inskriptionen, die durch Beobachtungen und Experimente an ihnen als *Diagramme* benutzt werden können. In dem Projekt bearbeiten die Lernenden gemeinsam mathematische Textaufgaben. Sie sind dabei allerdings hauptsächlich auf schriftlich-graphische Darstellungen am Computer angewiesen. Die so entstandenen Chat-Produkte werden auf einer Mikroebene analysiert, um die Interaktionstheorie in der mathematikdidaktischen Unterrichtsforschung zu erweitern. Dazu wurde eine semiotische Theorie integriert, die sich auf bestimmte Elemente der Semiotik von Peirce stützt. Diese Elemente sind: das triadische Zeichenmodell, dessen Fundament, das ‚Chaining‘, Diagramme und die Abduktion als besondere Schlussregel. Ziel dieser Weiterentwicklung ist es, ein neues Analyseinstrument zu erarbeiten (vgl. Schreiber 2010, 15–18; vgl. auch 2010, 63). In den sogenannten *Semiotischen Prozess-Karten* werden die Interaktionsanalysen und ihre Interpretation festgehalten. Zudem wird darin der bei den Bedeutungsaushandlungen entstehende komplexe semiotische Prozess abgebildet – und zwar unter Einbezug der triadischen Zeichenrelation mit Repräsentamen, Objekt und Interpretant sowie der Rahmung[5] (vgl. Schreiber 2010, 60–63). Mit den Semiotischen Prozess-Karten zeigt Schreiber (2010) im Wesentlichen den von Hoffman (2000) beschriebenen kontinuierlichen Prozess der Konstruktion von Inskriptionen und deren mögliche Weiterentwicklung zu Diagrammen auf. Schreibers Fokus liegt dabei im Besonderen auf der Benennung der verwendeten Zeichen mit den Begriffen der Peirceschen Triade und der Weiterverwendung eines Interpretanten als Repräsentamen einer (oder mehrerer) nächsten Zeichentriade(n) (vgl. hierzu auch Schreiber 2010, 148 f.). Des Weiteren wird die Charakterisierung der Rahmung fokussiert, die den (teilweise) verknüpften rekonstruierten Triaden zugrundliegt (vgl. Beispiel FLIPPERS und SLEEPERS in Schreiber 2010, 77–82). In dem Beispiel nehmen die Schüler[6] einen Wechsel von unverbundenen Sinzeichen zu Legizeichen vor, der auch mit einem abduktiven Schluss und einem bedeutungsvollen Rahmungswechsel[7] einhergeht. In diesen drei analysierten Aspekten sieht Schreiber eine „Weiterentwicklung des Lernprozesses der FLIPPERS" (2010, 92). Der Rahmungswechsel sei dabei „ein Merkmal für sich vollziehende Lernschritte in der Bearbeitungssituation" (ebd.); mit dem abduktiven Schluss könne ein bestehender „Deutungswiderstand" (ebd.) überwunden werden. Die in der Aufgabenbearbeitung entstehende Inskription der SLEEPERS wird von beiden Schülerpaaren als Diagramm im Peirceschen Sinn

---

[5]Das soziologische Konzept der Rahmung wurde von Goffmann (z. B. 1974, 1977) zur Untersuchung von Alltagserfahrungen in Anlehnung an den Ethnologen und Anthropologen Gregory Bateson entwickelt und für die Mathematikdidaktik von Krummheuer (1982, 1983, 1984, 1989, 1992) adaptiert.

[6]Schreiber (2010) spricht einheitlich von „Schülern". Entsprechend ist nicht bekannt, ob es sich bei den Schülerpaaren der FLIPPERS und SLEEPERS tatsächlich um je zwei Schüler oder ggf. auch um Schülerinnen handelt.

[7]Dieser Rahmungswechsel erfolgt von Rahmung I (Rahmung als dezimale Zahldarstellung) zu Rahmung II (Rahmung als Zahlenfolge).

verwendet, wodurch es überhaupt erst in der Interaktion gewinnbringend eingesetzt werden kann (vgl. ebd., 93). Die dem Diagramm eigenen Konventionen sind
in der Interaktion implizit durch die Praxis des Umgangs mit dem Diagramm
gegeben. Der abduktive Schluss macht es für Schreiber als Konsequenz möglich, diese Konventionen zu erkennen; außerdem geschieht mit ihm das Lernen
dieser Praxis des Umgangs (vgl. Schreiber 2010, 145). Als weitere Schlussfolgerung hält Schreiber fest, dass er die von ihm rekonstruierten, aktivierten
Rahmungen in vier Klassen einteilen konnte: mathematische, soziale, argumen-
tative und andere Rahmungen (vgl. ebd., 149). Abduktive Schlüsse können zu
einer Veränderung der Rahmung führen und stellen „klare Schritte in der Entwicklung der Problemlöseprozesse dar" (ebd., 150). Dabei weisen Inskriptionen
– diagrammatisch verwendet – einen hohen Nutzen für Problemlöseprozesse auf
(ebd., 151). Schreiber schließt sich somit Dörflers Ansicht an: Der Mathematikunterricht sollte sich an dem Konzept des Diagramms und den hier aufgeführten
Aspekten der diagrammatischen Tätigkeit orientieren (vgl. ebd., 41 f. und 151 f.).
Schreiber selbst kann ebenfalls einige von Dörfler genannte Beispiele für Charakteristika von Diagrammen rekonstruieren (vgl. ebd., 146). Nachfolgend werden
diese teilweise beschrieben. Damit dienen sie einer einleitenden Funktion, bevor
Diagramme als eigenständige Objekte, d. h. losgelöst von möglichen Referenzen,
betrachtet werden.

4.1.2 Referenzobjekte und Diagramme

Für Dörfler (2006) liegt eine wichtige Funktion der diagrammatischen Tätigkeit
im Mathematikunterricht im „Vertrautwerden mit den verschiedenen diagrammatischen Inskriptionen, ihren Struktureigenschaften und Operationen" (ebd.,
213). Diese führt zum „Experimentieren mit Diagrammen und Erforschung ihrer
Eigenschaften" als zweite Stufe und schließlich zur „Untersuchung der Beziehung zwischen verschiedenen Typen von Diagrammen" (ebd., 213). Wesentlicher
Bestandteil von Mathematikunterricht sollte das eigenständige Entwerfen und
das Erfinden von Diagrammen in Mathematisierungsprozessen oder bei inner-
mathematischen Überlegungen sein. Des Weiteren spricht er der „Tätigkeit des
Anwendens von fertigen Diagrammen zur Modellierung (Textaufgaben, ange-
wandte Mathematik) durch geeignete Interpretation der variablen Elemente" (ebd.,
214) eine zentrale Bedeutung zu. Diese Modelle können als *eigenständige Objekte*
und damit „losgelöst von möglichen Referenten und Interpretationen" (ebd., 211)
untersucht werden. Unter Rückbezug zu Peirce stellt Dörfler dar, „dass Diagramme nicht (notwendig) etwas Gegebenes bezeichnen, sondern Möglichkeiten"

(ebd., 211) aufzeigen. Diagramme sind also nicht einfach deskriptiv oder beziehen sich referentiell auf Objekte. Eine solche Interpretation der Diagramme ist dabei nicht von vornherein festgelegt. Sie ist in eine „soziale Praxis" eingebettet, in der „über und mit Diagrammen kommuniziert wird" (ebd., 215). Die Bedeutung eines Diagramms resultiert deshalb „nicht aus vorgegebenen Referenten welcher Art auch immer", sondern unerwartet und spontan („emergent") im Lernprozess durch das Operieren mit den Diagrammen (ebd.). Diagrammen kommt folglich die besondere Eigenschaft zu, dass insofern sie „Relationen repräsentieren, deren Relata allein *Möglichkeiten* sind – mehr oder weniger beliebig austauschbar –, sind sie [Diagramme] erstens *offen* für eine letztlich unendliche Menge möglicher Interpretationen, und zweitens erleichtern sie es einem, solche Relationen selbst spielerisch zu verändern" (Hoffmann 2005, 128). Allgemein kann festgehalten werden, dass Diagramme vielfältig einsetzbar sind und durch ihren Charakter als konstruktiver Entwurf Möglichkeiten eröffnen, Neues in sie hineinzusehen. Dasselbe Diagramm kann so prinzipiell für verschiedene Interpretationen herangezogen werden und Unterschiedliches bezeichnen. Folglich ist die Referenz des Diagramms bzw. seiner Relata frei wählbar und kann sich durchaus in Interaktionsprozessen, also in der ‚sozialen Praxis', wieder verändern. Gleichzeitig heißt es aber auch, dass Diagramme als eigenständige Objekte, also gänzlich unabhängig von möglichen Referenten, betrachtet werden können. Diagramme können somit *selbstreferentiell* sein, sich also nicht auf Referenten außerhalb des Diagramms wie beispielsweise auf abstrakte Objekte beziehen. Dies wird in Dörflers Sichtweise auf Mathematik erkennbar und nachfolgend erläutert.

Mit seiner „Charakterisierung von Mathematik als eine (menschliche) Tätigkeit", die „eine bestimmte Form von Materialität und perzeptiver Gegenständlichkeit" aufweist und nach Peirce als „Diagrammatizität" bezeichnet wird (Dörfler 2006, 201), plädiert Dörfler im Gegensatz zur Mathematik als Wissenschaft über abstrakte Objekte für eine „Verschiebung des Blickpunktes auf mathematische Tätigkeiten als ein Arbeiten mit materiellen, wahrnehmbaren und veränderbaren Inskriptionen" (ebd., 203). Im diagrammatischen Denken werden Diagramme also als Forschungsobjekte untersucht. Sie sind nach Dörfler „ein ‚Ersatz' für die abstrakten Objekte" (ebd., 211). Dadurch wird die mathematische Tätigkeit zu einer „sinnlich-empirischen und nicht bloß mentalen" (ebd.). Die Materialität mathematischer Tätigkeiten wird daran deutlich und dadurch betont, dass diagrammatisches Denken mit Hilfe von Operationen an Inskriptionen beobachtbar, beschreibbar und kommunizierbar wird: „Dies betont die Materialität mathematischer Tätigkeiten im Gegensatz zum oben beschriebenen Mentalismus" (ebd., 212). Diese Materialität steht also in gewisser Weise im Gegensatz zu der Ansicht von Mathematik als Wissenschaft über abstrakte Objekte. Mit der

Sichtweise, Diagramme als Forschungsobjekte und diagrammatisches Denken als sinnlich-empirische mathematische Tätigkeiten mit Inskriptionen als Diagramme zu betrachten, folgt Dörfler nach eigener Aussage der Einheit von ‚scribbling and thinking' nach Rotman (vgl. Dörfler 2006, 211 und 215). Rotman (2000) selbst verfolgt das Ziel, eine semiotische Perspektive auf Mathematik einzunehmen. Er plädiert in Abgrenzung zum Formalismus, Intuitionismus und Platonismus dafür, dass die Mathematik eine *Tätigkeit* ist. Für diese Tätigkeit sind Zeichen unverzichtbar, da diese Zeichen selbst die eigentlichen Gegenstände mathematischer Tätigkeiten und somit die mathematischen Objekte selbst sind.

Rotman (2000, 4 ff.) kritisiert drei geläufige semiotische Richtungen, aus denen man erklären kann, was die Mathematik und folglich auch mathematische Objekte sind: Der *Formalismus* reduziert mathematische Zeichen auf ihre materiellen Bezeichnende. Mathematische Zeichen sind hierbei im Prinzip ohne Bezeichnete, also im gewissen Sinn ohne Bedeutung. Mathematik besteht folglich aus der Manipulation von bedeutungslosen Zeichen auf dem Papier (vgl. ebd., 5 f.). Mathematische Objekte sind konkret gegebene, sichtbare Inskriptionen und somit eindeutige, aber bedeutungslose Schriftzeichen (vgl. ebd., 22). Im *Intuitionismus* ist die Mathematik eine rein mentale Konstruktion. Die Bezeichnenden sind zwar nützlich, stellen aber theoretisch lediglich eine unnötige Begleiterscheinung dar (vgl. ebd., 6). Mathematische Objekte sind in diesem Sinn „constructions in the mind" (Rotman 2000, 26). Im *Platonismus* wird die Mathematik als Wissenschaft betrachtet, die sich damit befasst, objektive und logische Wahrheiten zu entdecken und zu validieren. Es wird davon ausgegangen, dass unabhängig von und bereits vor der mathematischen Untersuchung eine objektive Realität existiert (vgl. ebd., 6). Mathematische Objekte mit ihren Eigenschaften existieren unabhängig von jeder sie beschreibenden Sprache und des menschlichen Bewusstseins; sie sind zeitlos, raumlos und subjektlos (vgl. ebd., 30 f.). Mathematische Objekte werden wie auch beispielsweise Planeten *entdeckt* (vgl. ebd., 36) und sind „prelinguistic, presemiotic, precultural" (ebd., 34). Diese drei kurz beschriebenen und geläufigen semiotischen Richtungen legen ein kontroverses Verständnis der Mathematik nahe:

> „[M]athematics seems at the same time to be a meaningless game [formalism, formal aspect], a subjective construction [intuitionism, psychological aspect], and a source of objective truth [Platonism, referential aspect]" (Rotman 2000, 7).

Rotman schlussfolgert deshalb, dass keine dieser Perspektiven als Startpunkt für eine semiotische Betrachtung der Mathematik genutzt werden kann: „Mathematics is an activity, a practice" (Rotman 2000, 7). Teilnehmer dieser *Praxis* befinden sich in einem Prozess des *Kommunizierens,* sowohl mit sich selbst als auch mit anderen:

„The only things mathematicians can be supposed to do with any certainty are scribble and think; they read and write inscriptions that seem to be inescapably attached to systematically meaningful mental events" (Rotman 2000, 12).

Eine semiotische mathematische Praxis muss demnach als ein Amalgam aus ‚denken' und ‚kritzeln' charakterisiert werden (vgl. ebd.). Wie kann in dieser Praxis des Kritzelns und Denkens nun mathematische Aktivität beschrieben werden? Um diese Frage zu klären, vergleicht Rotman mathematisches Denken mit „self-reflective thought experiments" (2000, 13). Er bezieht einige von Peirces Formulierungen mit ein, um zwischen drei verschiedenen mathematischen Instanzen („mathematical agencies") zu unterscheiden, die Teil ihres jeweilig eigenen Sprachcodes sind. Sie lassen sich als ‚vernetzte Triade' darstellen (vgl. Rotman 2000, 52) und wie folgt beschreiben:

1) Der *Code* umfasst die Gesamtheit aller formalen, konventionellen und stringenten mathematischen Zeichenpraxis (definieren, beweisen, das Notieren und die Manipulation von Symbolen), die von der mathematischen Gemeinschaft zugelassen bzw. akzeptiert werden. Der Benutzer des Codes ist das mathematische *Subjekt,* das nach Peirce das Selbst („self") ist. Das Subjekt führt eine reflexive Beobachtung durch, es *imaginiert* bzw. ‚denkt und kritzelt' dabei. Demnach ist das Subjekt diejenige Instanz, die mathematische Texte (im allgemeinen Sinn) liest bzw. schreibt und Zugang zu den im Code erlaubten Sprachmitteln hat (vgl. Rotman 2000, 13 ff.).

2) Der *Meta-Code* bezieht sich auf die informellen, unkonventionellen Formulierungen der natürlichen Sprache, die benutzt wird, um über den von Mathematikern zugelassenen Code zu reden, auf ihn zu referieren und über ihn zu diskutieren (vgl. Rotman 2000, 19) bzw. die informellen Verfahren, die die eigentliche mathematische Praxis vorbereiten (vgl. ebd., 51 f.). Zu den Ressourcen des Meta-Codes gehören die Geschichten, Motive, Bilder, Diagramme und andere sogenannte Heuristiken, die den Sinn der Notationen und logischen Schritte, die die Funktionsweise des Codes steuern, einführen, erklären, legitimieren und verdeutlichen. Die Instanz, die den Meta-Code spricht und in der natürlichen Sprache eingebettet ist, wird *Person* genannt. Sie hat Zugang zu den Metazeichen der natürlichen Sprache und ist dadurch Bestandteil von Geschichte und Kultur. In gewisser Weise kann gesagt werden, dass

die Person diejenige Instanz ist, die die von dem Subjekt produzierten Zeichen interpretiert und ihre Bedeutung herstellt (vgl. ebd., 19).

3) Der *Virtuelle Code* wird als Domäne aller legitim vorstellbaren Operationen verstanden, d. h. als alle einer Idealisierung des Subjekts zur Verfügung stehenden Möglichkeiten. Diese Idealisierung des Subjekts, die die vom Subjekt imaginierten Tätigkeiten der mathematischen Zeichenpraxis ausführt, ist der *Agent* – von Peirce auch als ‚skeleton diagram' benannt. Diese Instanz gilt als Stellvertreter oder Bevollmächtigter des Subjekts. Der Agent wird als fiktionales Selbst vom Subjekt erdacht, um die „exclusive imperatives" wie zählen und addieren auszuführen, während das Subjekt die dazugehörigen „inclusive demands" wie beweisen und definieren ausführt (ausführlicher siehe Rotman 2000, 8 ff.). Die Tätigkeiten des Agents sind auf die rein formalen und mechanischen bestimmbaren Korrelate bezogen, die für das Subjekt in Form der Zeichen als sinnvoll erscheinen.

Alle drei Instanzen vereint – Subjekt, Person und Agent – bilden das, was wir normalerweise als ‚Mathematiker' bezeichnen. Deshalb stellt sich mathematisches Denken als eine dreiseitige Aktivität dar, bei der die Person („Dreamer awake") das Subjekt („Dreamer") beobachtet, wie es sich einen Stellvertreter – den Agent („Imago") – von sich selbst vorstellt. Aufgrund der Ähnlichkeit zwischen Subjekt und Agent lässt sich die Person davon überzeugen, dass das, was der Agent erlebt, das ist, was das Subjekt erleben würde, wenn er oder sie die unidealisierten Versionen der betreffenden Aktivitäten durchführen würde (vgl. Rotman 2000, 52). Diese Zusammenführung der drei Instanzen illustriert Rotman (2000, 15 ff.) anhand von Beispielen für das Beweisen, von denen nun lediglich ausgewählte, wichtig erscheinende Eigenschaften und Konsequenzen aufgegriffen werden.

Rotman charakterisiert einen Beweis als „logisch korrekte Folge von Implikationen", bzw. unter Rückgriff auf Peirces Betonungen sind Beweise Argumente: „Jedes Argument hat eine unterliegende Idee – was er [Pierce] ‚leitendes Prinzip' nannte –, die das, was ansonsten nur eine fehlerlose Folge von logischen Schritten wäre, in ein Instrument der Überzeugung verwandelt" (Rotman 2000, 17; Übersetzung KM). Außerdem ist es durchaus möglich, einen Beweis ohne eine solche Idee – also in einem eingeschränkten Sinne – zu verfolgen, indem man jedem einzelnen logischen Schritt zustimmt. Nichtsdestotrotz ist ein leitendes Prinzip immer anwesend, ob es nun anerkannt wird oder nicht. Denn ohne dieses können Beweise keine Beweise sein (vgl. ebd., 18). Das leitende Prinzip kann jedoch nicht selbst Teil des Beweises sein. Es ist, in anderen Worten, also nicht an das Subjekt gerichtet, da es außerhalb seiner sprachlichen Ressourcen – also außerhalb des

Codes – liegt, die die Mathematik dem Subjekt zur Verfügung stellt. Die zugrundeliegende Idee des Beweises ist im Meta-Code situiert, sodass nicht das Subjekt selbst von dieser überzeugt werden kann, sondern nur die Person. Mathematische Aktivitäten sind demnach nicht nur als das Manipulieren von Zeichen innerhalb des mathematischen Codes zu verstehen, da ein Beweis ohne eine unterliegenden Idee nicht zur Überzeugung der Richtigkeit des Beweises führt:

> „Persuasion and the dialectic of thinking/scribbling that embodies it is a tripartite activity: the Person constructs a narrative, the leading principle of an argument, in the meta-Code; this argument or proof takes the form of a thought experiment in the Code, in following the proof the Subject imagines his Agent to perform certain actions and observes the results; on the basis of these results, and in the light of the narrative, the Person is persuaded that the assertion being proved – which is a prediction about the Subject's sign activities – is to be believed" (Rotman 2000, 35).

Dieses Zusammenspiel von der Manipulation sichtbarer Zeichen und deren Interpretation hat Rotman (2000) als eine semiotische mathematische Praxis charakterisiert:

> „mathematical signs play a *creative* rather than merely descriptive function in mathematical practice. Those things that are 'described' – thoughts, signifieds, notions – and the means by which they are described – scribbles – are mutually constitutive: each causes the presence of the other; so that mathematicians at the same time think their scribbles and scribble their thoughts" (ebd., 34f)

Es kann geschlussfolgert werden, dass

> „what present-day mathematicians think they are doing – using mathematical language as a transparent medium for describing a world of presemiotic reality – is semiotically alienated from what they are, according to the present account, doing – namely, creating that reality through the very language which claims to 'describe' it" (ebd., 36f).

Diese Theorie der semiotischen mathematischen Praxis steht somit jeder Interpretation von mathematischen Zeichen entgegen, die auf eine Trennung der „objects from their descriptions" insistieren (ebd., 37). Denn Mathematik handelt letztlich von sich selbst und bezieht sich somit u. a. nicht auf abstrakte Objekte, die lediglich entdeckt und mit den Zeichen beschrieben werden, da sie prälinguistisch, präsemiotisch und präkulturell sind, wie es im Platonismus angenommen wird:

„**Thus, mathematics**, characterized here as a discourse whose assertions are predictions about the future activities of its participants, **is 'about'** – insofar as this locution makes sense – **itself**. The entire discourse refers to, is ‚true' about, nothing other than its own signs. And since mathematics is entirely a human artifact, the truths it establishes – if such is what they are – are attributes of the mathematical subject: the tripartite agency of Agent/Subject/ Person who reads and writes mathematical signs and suffers its persuasions" (ebd., 41; Hervorhebung KM).

Bei der Charakterisierung der Mathematik als menschliche (diagrammatische) Tätigkeit an materiellen und veränderbaren Inskriptionen, die als Diagramme nicht unbedingt etwas Gegebenes bezeichnen müssen – sich also nicht referentiell auf abstrakte Objekte beziehen – nimmt Dörfler (2006) im Wesentlichen diese Sichtweise ein: Mathematik handelt letztlich von sich selbst und ist somit als *selbstreferentiell* zu betrachten. In der Mathematik als Wissenschaft (also unabhängig von Lehr-Lernprozessen zur mathematischen Begriffsbildung) gibt es Inhalte, wie die Matrizenrechnung und Kettenbrüche, deren zentrale Rolle den dort verwendeten Zeichensystemen zugeschrieben wird. Die Konstruktion von und das Experimentieren – also Handlungen – an diesen Zeichensystemen, die als Diagramme charakterisiert werden können, sowie die Zeichensysteme selbst sind die eigentlichen Gegenstände mathematischer Tätigkeiten. Folglich gäbe es keine zwingende Notwendigkeit, die Existenz von abstrakten Objekten anzunehmen (vgl. Dörfler 2015, 33). Unter der Perspektive von Mathematik als Wissenschaft kann somit weitestgehend darauf verzichtet werden, die dort verwendeten Zeichen bzw. Diagramme als Zeichen für etwas von ihnen Verschiedenes anzusehen (vgl. Dörfler 2006, 2015). In einer anderen Arbeit differenziert Dörfler (2011) seine Ansichten zur Referenz aus, indem er zwischen der diagrammatischen und indexikalischen Referenz unterscheidet. Zudem gesteht er einer Sprechweise über abstrakte Objekte in gewisser Weise eine Legitimation zu. Nachfolgend werden diese beiden Anmerkungen zur Referenz näher betrachtet und zum eigenen Forschungsprojekt in Beziehung gesetzt.

Unabhängig von der Existenzform mathematischer Objekte (real/unabhängig oder fiktiv/ menschlich konstruiert bzw. erfunden) untersucht Dörfler (2011), wie wahrnehmbare und konkret manipulierbare Zeichen und Zeichensysteme in der Mathematik eine Referenz auf eben diese Objekte herstellen. Neben der Namensgebung, deren wesentliche Funktion in der Kommunikation über Mathematik liegt (Zahlwörter, π), lässt sich die Art der Bezugnahme auf mathematische Objekte als diagrammatische Referenz und indexikalische Referenz beschreiben (vgl. ebd., 204 ff.). Beispiele für eine *diagrammatische Referenz* sind Dezimalzahlen, Brüche, Funktionsterme, Funktionsgraph und geometrische Figuren sowie figurierte Zahlen – wie die Dreieckszahlen –, wo Zahlen als Punktmengen oder Strichlisten vorkommen. Solche Punktmengen sind im Peirceschen Sinn Diagramme, deren Objekt die jeweilige Zahl ist. Die so auf mathematische Objekte verweisenden Diagramme besitzen selbst eine innere Struktur:

> „Bei d. R. [diagrammatischen Referenzen] werden den Zeichen selbst Eigenschaften zugeschrieben bzw. werden mit ihnen dann Eigenschaften der referenzierten Objekte (hier die Zahlen) festgelegt. Nach Peirce konstituieren die Diagramme in dieser d. R. eine Sichtweise auf das (sonst unbekannte) Objekt. [...] Da man bei der d. R. von einer strukturellen oder relationalen Ähnlichkeit oder sogar Isomorphie zum referenzierten Objekt ausgeht (zumindest metaphorisch), ist das Operieren mit den Diagrammen gleichsam ein direktes Operieren mit mathematischen Objekten. In diesem semiotischen Sinn sind dann die Diagramme die Objekte, oder etwas differenzierter, die Prototypen der referenzierten Objekte. Die d. R. der jeweiligen Zeichen/ Diagramme ist dabei konstitutiver und konstituierter Bestandteil und/ oder Funktion einer umfassenden (sozialen) Praxis des Handelns mit den Zeichen (‚Strichlistenpraxis‘); d. h. die d. R. ‚gibt‘ es nur innerhalb dieser Praxis, sie ist keine absolute Eigenschaft etwa der Punktmengen/ Strichlisten" (Dörfler 2011, 204 f.).

Im Unterschied zur diagrammatischen Referenz hat das Zeichen im Falle der *indexikalischen Referenz* keine innere Struktur. Die Funktion des Zeichens als Index muss überdies vereinbart werden, beispielsweise: „Sei *n* eine natürliche Zahl". Indizes bzw. die durch sie indizierten mathematischen Objekte sind durch ein formales Regelsystem konstituiert: Sie erhalten ihre Referenz erst durch das auf sie anzuwendende Regelsystem, da sie selbst im Gegensatz zu den diagrammatischen Referenzen keine durch ihre innere Struktur gegebenen möglichen und sinnvollen Handlungen aufzeigen. Sie enthalten also selbst keine Hinweise darüber, was mit ihnen getan werden soll. Es ist jedoch zu beachten, dass Indizes immer als Bestandteile in Diagrammen, die die Relation zwischen den Indizes festlegen, eingebunden sind (vgl. ebd., 205) und dass es zu jeder diagrammatischen Referenz eine korrespondierende Praxis mit indexikalischer Referenz gibt (vgl. Dörfler 2011, 206 bzw. Verweis auf 2007).

Wie die vorliegenden Ausführungen bereits nahelegen, sieht Dörfler eine gewisse Legitimation darin, trotz des selbstreferentiellen Charakters der Mathematik über abstrakte Objekte zu sprechen. Und zwar in dem Sinne, dass diese als Träger der Regeln (und Strukturen bzw. Beziehungen), die für verschiedene Darstellungssysteme gleichermaßen gelten, angesehen werden und diese Begrifflichkeit aus rein linguistischen Gründen verwendet werden, nämlich um über diese Regeln sprechen zu können:

> „Mir erscheint es jedoch einfacher und ohne metaphysische Annahmen auch sinnvoller, die Rede von den abstrakten Objekten als eine Beschreibung der hier aufgezeigten

multiplen Repräsentationen anzusehen. Diese Phänomene sind demnach nicht die (rational nicht erklärbare) Auswirkung von abstrakten Objekten, sondern diese sind umgekehrt eine (sinnvolle) Reaktion im mathematischen Diskurs auf die Erfahrungen mit den von den Mathematikern im Lauf der historischen Entwicklung konstruierten Darstellungen. Diese entstehen als Darstellungen von einander, und für das diesen Darstellungen Gemeinsame in Form von allgemeinen Regeln werden die abstrakten Objekte als Träger dieser Regeln und Eigenschaften rein linguistisch eingeführt. Die abstrakten Objekte sind in dieser Sicht eine Sprechweise über Darstellungen und ihre Beziehungen untereinander" (Dörfler 2015, 41).

Des Weiteren lenkt er ein, dass es letztlich nicht die Qualitäten der beispielsweise auf dem Papier befindlichen Inskriptionen sind, die diese Regeln und Strukturen bzw. Beziehungen enthalten, sondern der Umgang mit ihnen, eingebettet in die von ihm zuvor beschriebene sozial entwickelte Praxis der Mathematiker:

> „In einem subtilen Sinne ist das auch richtig, wenn man nicht die konkreten Inskriptionen am Papier als die mathematischen Objekte ansieht. Deren ‚Aussehen' ist natürlich mathematisch völlig irrelevant, sondern sie werden zu mathematischen Zeichen oder sogar Objekten durch die mit ihnen nach Regeln ausgeführten Operationen. Eine beliebte Analogie (so bei Wittgenstein) ist die mit dem Schachspiel: das Aussehen der Figuren ist ohne Bedeutung, diese erlangen die Figuren (entsprechen in diesem Vergleich den Inskriptionen am Papier) durch ihre Stellung am Brett und die Regeln, wie gezogen werden muss" (Dörfler 2015, 42).

In der vorliegenden Forschungsarbeit wird eine *soziale Existenz mathematischer Objekte* im geteilten Denken der Mathematiker (vgl. Hersh 1998) angenommen. In einer gewissen Weise ist es auch diese Existenz, die Dörfler anspricht, wenn er sagt, dass sich die Regeln und Eigenschaften der Darstellungssysteme sowie deren Beziehungen untereinander als „Reaktion im mathematischen Diskurs auf die Erfahrungen mit den von den Mathematikern im Lauf der historischen Entwicklung konstruierten Darstellungen" (Dörfler 2015, 41) entwickelt haben. Das Gemeinsame dieser Darstellungen sind für ihn die geltenden (diagrammatischen) Regeln und die Beziehungen der verschiedenen Darstellungssysteme zueinander, auf die aus linguistischen Gründen mit der Sprechweise von *abstrakten Objekten* hingewiesen werden kann. Wenn in dieser Arbeit deshalb die Rede von *abstrakten Objekten* ist, wird keine etwa mystische oder metaphysische Annahme wie im Platonismus getroffen, dass diese Objekte außerhalb von Zeit und Raum existieren und nur vom Menschen *entdeckt* zu werden brauchen, folglich also vorgegeben und unbeeinflussbar sind. Stattdessen wird angenommen, dass es sich bei (abstrakten) mathematischen Objekten um *nicht direkt sinnlich wahrnehmbare systemisch-relationale Strukturen* handelt, die sich in der Auseinandersetzung mit einem Zeichensystem entwickeln. Damit sind in gewisser Weise die Regeln eingeschlossen, die das Handeln und Experimentieren an dem Diagramm bzw. der Inskription regeln. Jedoch bilden die Diagramme selbst Strukturen und Relationen ab. Es kommt folglich nicht auf die Qualität der Inskriptionen im Sinne von der Farbe, Größe oder sonstiger Gestalt der Inskriptionen selbst an. Entscheidend ist, wie die einzelnen Elemente zueinander platziert sind und somit Teil in einem System werden, durch das sie ihre Bedeutung erhalten. Der Vergleich mit dem Schachspiel betont, dass die „Stellung am Brett", sprich, die Position innerhalb dieses Systems, neben den Regeln des Umgangs bzw. Spiels von Bedeutung ist. Im Gegensatz zu den einzelnen Figuren beim Schachspiel stehen jedoch die abstrakten Objekte in der Mathematik in relationalen Wechselbezügen zueinander, wie es Unterkapitel 1.1 ausgearbeitet wurde.

Der begriffliche Kern mathematischen Wissens besteht nicht in Substanzen, Eigenschaften oder Namen, sondern in Beziehungen und Relationen, wie in der Position, die ein Element in dem zugrundeliegenden System einnimmt (vgl. Zahl Drei bei Benacerraf 1984). Mathematische Objekte im Mathematikunterricht der Grundschule werden folglich nicht als empirische Objekte in einer Welt der Dinge, sondern als Beziehungen und Strukturen in einer Welt der Relationen verstanden. Um nun mathematische Aktivitäten vornehmen zu können, bedürfen die mathematischen Objekte bzw. die *nicht direkt sinnlich wahrnehmbaren systemisch-relationale Strukturen* der Visualisierung in Form von semiotischen Mitteln (Otte 1983, Duval 2006). Mit Hilfe dieser Mittel können diese Beziehungen und Relationen *vergegenständlicht* werden, wie es Cassirer (1973) mit der *Hypostasierung* und Hoffmann (2000) mit dem *Peirceschen Konzept des diagrammatischen Denken* als „Externalisierung und Vergegenständlichung des Gedachten" (Hoffmann 2000, 44) beschreibt. Die Gedanken des lernenden Kindes werden unter Rückbezug auf zur Verfügung gestellte semiotische Mittel von ihm als „Fixierung des Unbestimmten und Vagen" (ebd., 43) *sichtbar* gemacht. Deshalb plädiert Dörfler für die „Materialität mathematischer Tätigkeiten" (Dörfler 2006, 212), die „sinnlich-empirisch[...]" (ebd., 211) ist. In solch einer Vergegenständlichung kann mehr stecken, als bewusst hineingelegt wurde. Demnach kann gesagt werden, dass diese Vergegenständlichungen sehr wohl Referenzen aufweisen (sie können sich beispielsweise auf Strukturen beziehen). Diese Referenzen sind allerdings vom Kind frei wählbar, also nicht vorgegeben, und können sich im Laufe der Genese und Weiterentwicklung von Zeichenträgern im Zusammenspiel mit der (hier im Forschungsprojekt) vorgegebenen, sachbezogenen Textaufgabe durchaus auch verändern. Diagramme bezeichnen folglich „nicht (notwendig) etwas Gegebenes, sondern Möglichkeiten" (ebd., 211). In diesen Möglichkeiten und dem „kontinuierliche[n] Prozess der Fixierung und Aktualisierung von

Möglichkeiten" (Hoffmann 2000, 43) können sich sowohl die gewählten, notwendigen semiotischen Mittel als auch die Referenzen aufgrund der Entdeckung von neuen Möglichkeiten *verändern.* Die so entstehenden und sich verändernden Diagramme werden in den vorliegenden Untersuchungen folglich als *Mittel des Denkens* betrachtet. Hieran wird ein wesentlicher Unterschied zu Dörflers (2006) Ausführungen zu Diagrammen und Mathematikunterricht deutlich. Für Dörfler ist der Gegenstandscharakter von Diagrammen als Untersuchungs- bzw. „Forschungsobjekte" entscheidend (2006, 211). Diagramme können deshalb als „Ersatz" für solche abstrakten Objekte, also als „eigenständige Objekte", angesehen und „losgelöst von möglichen Referenten und Interpretationen" untersucht werden (ebd.). Diese Art ‚Selbstreferenz' mag im Besonderen für innermathematische Überlegungen zutreffend sein. Es hat sich in den Auswertungen der durchgeführten Studie jedoch gezeigt, dass die Kinder beim „eigenständige[n] Entwerfen und [..] Erfinden von Diagrammen in Mathematisierungsprozessen" (ebd., 214) die selbsterstellten Diagramme (bzw. allgemeiner die ikonischen Zeichen) sehr wohl interpretieren und sich auf konkrete Referenzen beziehen (vgl. nachfolgendes Beispiel ‚*Emilia*' in Abschnitt 4.3).

4.1.3 Zusammenfassende Auflistung der wichtigsten Punkte

- Die triadische Zeichenrelation nach Peirce besteht aus den drei Korrelaten Repräsentamen/Zeichen, Interpretant und Objekt. Es wird überdies zwischen der Interpretantendimension, der Zeichendimension und der Objektdimension als drei Dimensionen der Zeichenrelation differenziert. Im Fokus des Interesses steht insbesondere die Objektdimension, in der zwischen Index, Symbol und Ikon unterschieden wird.
- Merkmale von Ikonen (genauer Hypoikonen) liegen a) in der konkreten Realisierung als Sin- oder Legizeichen, b) im gewissen Anteil der Mischung des Ikonischen mit den indexikalischen und symbolischen Elementen, c) im Kriterium der Ähnlichkeit, d) im Kriterium der Relevanz, wonach zwischen relevant und irrelevant Ähnlichem differenziert werden kann und e) in einem gewissen Grad an interpretativer Offenheit des Ikons. Das Kriterium der Ähnlichkeit zwischen Zeichen und Objekt ist ein besonderes: Es bezieht sich auf die Gemeinsamkeit von Merkmalen, Formen und Eigenschaften, aber im Besonderen darauf, dass Ikone die relationale (abstrakte) Struktur eines Objekts abbilden (können). Diagramme zählen zu den ikonischen Zeichen.
- Merkmale von Diagrammen, die für diese Arbeit wichtig erscheinen, sind die folgenden:

O Diagramme bilden primär Relationen ab. Sie erhalten aber dadurch einen symbolischen Charakter, dass Konventionen, Regeln bzw. Gewohnheiten den in dem Diagramm enthaltenen Inskriptionen Bedeutungen zuschreiben.

O Diagramme können wegen ihrer Ikonizität sowohl Gegenstand als auch Mittel des Denkens sein. Sie können als Mittel somit Modelle für gegebene und hypothetische Situationen und Prozesse (also für etwas Anderes) sein, die den Charakter eines konstruktiven Entwurfs aufweisen und die durch das diagrammatische Denken untersuchbar werden.

O Diagramme zeigen durch den kontinuierlichen Prozess der Fixierung und Aktualisierung Möglichkeiten auf, sodass viele Interpretationen möglich sind und ihre Relationen spielerisch verändert werden können. Die Bedeutung des Diagramms resultiert deshalb spontan in Lern- und Interaktionsprozessen und ist somit in eine soziale Praxis eingebettet.

O Diagramme können als eigenständige Objekte und damit unabhängig von möglichen Referenten und Interpretationen untersucht werden. In einem gewissen Sinn sind sie selbst die mathematischen Objekte und somit, wie die Mathematik als Wissenschaft auch, selbstreferentiell.

O Ein Diagramm (oder allgemeiner: ein Zeichen) als Repräsentationsmittel kann als Externalisierung und Vergegenständlichung des Gedachten charakterisiert werden. Diese Externalisierung/Vergegenständlichung führt zur Schärfung des eigenen Denkens, zur Reduktion der Komplexität, zur Abstraktion und zur Generalisierung dessen, was das Diagramm repräsentiert. Folglich können zuvor im Denken verborgene Möglichkeiten entdeckt werden. In jedem Diagramm, in jeder Vergegenständlichung steckt somit mehr, als bewusst in die Konstruktion hineingelegt wurde. Dadurch werden unbewusste Implikationen des unausgereiften Denkens sichtbar gemacht und Neues kann entdeckt werden.

O Als Bezugnahme auf mathematische Objekte lässt sich neben der indexikalischen Referenz die diagrammatische Referenz anführen. Bei der diagrammatischen Referenz werden den Zeichen selbst in einer umfassenden sozialen Praxis des Handelns Eigenschaften zugeschrieben, die sich auf die strukturellen oder relationalen Ähnlichkeiten zum referenzierten Objekt beziehen. Diagramme, wie beispielsweise Strichlisten, besitzen somit eine eigene innere Struktur, die jedoch keine absolute Eigenschaft der Strichlisten ist, sondern in der ‚Strichlistenpraxis‘ deutlich wird.

– Mathematik als eine Tätigkeit bzw. eine semiotische Praxis wird durch das Zusammenspiel aus ‚scribble and think‘ charakterisiert. Dabei bilden die drei Instanzen Subjekt, Person und Agent, die über ihren jeweilig eigenen Sprachcode verfügen, den Mathematiker. Mathematiker erschaffen ihre

Realität durch den kreativen Umgang mit mathematischen Zeichen. Folglich handelt die Mathematik (als Wissenschaft) letztlich von sich selbst; sie ist selbstreferentiell.

– Mathematische Tätigkeiten dürfen nicht nur als das Manipulieren von Zeichen innerhalb des mathematischen Codes verstanden werden, da ein Beweis ohne unterliegende Idee bzw. leitendes Prinzip kein Beweis, also kein Instrument der Überzeugung sein kann. Ihnen wird eine kreative Funktion zugesprochen.

4.2   Ikonizität – Ähnlichkeit als Beziehung zwischen Zeichenträger und Bezeichnetes / Bedeutung

Peirce hat nach eigener Aussage mit seiner Trichotomie, der Objektdimension, die sich auf die Beziehung zwischen Objekt und Repräsentamen als Ikon, Index oder Symbol bezieht (vgl. Abschnitt 4.1), die „grundlegendste Einteilung der Zeichen" (CP 2.2275 nach Nöth 2000, 66) beschrieben. Dabei ist für ihn bei der begrifflichen Bestimmung des Ikons primär, dass sich das Repräsentamen „kraft der ihm eigenen Merkmale auf das Objekt bezieht" (CP 2.247 nach Nöth 2000, 193). Die Ähnlichkeit des Repräsentamens zu seinem Objekt stellt eher ein sekundäres Kriterium dar (vgl. Nöth 2000, 193). Nichtsdestotrotz prägte Peirces Definition die in der allgemeinen Semiotik verwendete Terminologie. Dort wird ein Ikon als Zeichen verstanden, das

> „das von ihm bezeichnete Objekt auf Grund seiner Ähnlichkeitsbeziehung repräsentiert. Der Zeichenträger hat Merkmale oder Eigenschaften, die auch dem bezeichneten Objekt des Zeichens eigen sind und wird aus diesem Grunde als Zeichen für das Objekt interpretiert" (Nöth 2000, 193).

Viele Autoren haben folglich den Begriff des Ikons für ihre unterschiedlichen Zeichenmodelle herangezogen. So tat dies auch der Psychologe und Philosoph Charles W. Morris, der bei George H. Mead im Jahr 1925 promovierte[8].

Charles W. Morris (1901–1979) hat sich mit Bezug zur Ästhetik der Zeichentheorie (1939) zugewandt und sich in seiner Semiotik in wesentlichen Zügen an

---

[8]Für weitere Informationen zu dem Werdegang, der Forschung und verhaltenstheoretischen Grundlegung der Semiotik von Morris wird auf Roland Posner (1981, 52–97) verwiesen. In kurzer Form wird hier lediglich das triadische Zeichenmodell von Morris beschrieben, weil sich beispielsweise Knowlton (1966) und Blanke (2003) in ihren Ausführungen, die in diesem Unterkapitel 4.2 thematisiert werden, auf dieses oder zumindest Teile davon beziehen. Außerdem gilt es neben Peirce als weiteres Beispiel für die vielfältigen semiotischen Theorien, die über *Zeichen* und auch *Ikone* existieren.

Peirce orientiert, sich in mancher Hinsicht jedoch von ihm abgewendet. So steht bei Morris das Zeichen ebenfalls in einer triadischen Beziehung. Jedoch definiert er andere Korrelate als Peirce. Morris spricht von einem *Zeichenträger* (als ein materielles Etwas; ein physikalisches Objekt, was als Zeichen dient), der mit dem *Denotat* bzw. *Designat* (das, worauf sich das Zeichen bezieht; Semantik), mit *anderen Zeichenträgern* (Zeichenkombinationen, Relation der Zeichen zueinander; Syntaktik) und mit dem *Interpreten* bzw. *Interpretanten* (die Wirkung des Zeichens; Pragmatik) in Beziehung steht (vgl. Nöth 2000, 88 ff.). In teilweiser Anlehnung an Peirce, teilweise im Gegensatz zu ihm definiert Morris *Index, Ikon* und *Symbol* wie folgt:

> „Ein *Index* bezeichnet das, worauf es die Aufmerksamkeit lenkt. Ein indexikalisches Zeichen leistet keine Charakterisierung dessen, was es denotiert. [...] Wenn ein charakterisierendes Zeichen in sich selbst die Eigenschaft aufweist, die ein Objekt haben muß, wenn es sein Denotat sein soll, nennt man es *Ikon*; anderenfalls heißt das charakterisierende Zeichen *Symbol*" (Morris 1938, 24 nach Nöth 2000, 93).

Morris definiert, wie auch Peirce, das Ikon über dessen Ähnlichkeitsbeziehung zum Objekt: „[E]in ikonisches Zeichen [ist] jedes Zeichen [...], das in gewisser Weise dem ähnelt, was es denotiert" (Morris 1973, 193) und ein

> „Zeichen ist in dem Maße *ikonisch*, wie es selbst die Eigenschaften seiner Denotate hat; sonst ist es *nicht-ikonisch*. [...] Ein Zeichen, das in gewissem Ausmaß ikonisch ist, kann auch nicht ikonische Eigenschaften haben, die für seine Signifikation irrelevant sind" (Morris 1973, 99).

Die Denotation ist für Morris die Relation zwischen Zeichen und Referent, die im Falle des Ikons eine Ähnlichkeit bezeichnet. Aufgrund der Unbestimmtheit des ikonischen Zeichens, die dadurch gegeben ist, dass Ikonizität wie jede Ähnlichkeitsbeziehung nicht objektiv messbar ist, fanden um deren semiotischen Status viele Diskussionen statt (vgl. Nöth 2000, 193).

In diesem Unterkapitel werden zunächst einige ausgewählte kritische Aspekte genannt, um aufzuzeigen, dass eine ikonische Zeichendefinition, die sich ausschließlich auf der Ähnlichkeit zwischen einem Zeichenträger und dem Objekt, auf das sich der Zeichenträger beziehen soll, beruht, nicht ausreichend ist (Abschnitt 4.2.1). In diesen (wie vermutlich auch weiteren) Argumenten liegt begründet, warum sich diverse Autoren mit der spezifischen Relation zwischen Zeichenträger und Objekt beschäftigt haben und versuchten, diese zu präzisieren (Abschnitt 4.2.2). Ein solcher Versuch besteht zum Beispiel darin, die Ikonizität mit *Graden* bzw. unter Hinzunahme einer *Ikonizitätsskala* oder eines *Kontinuums* zu beschreiben. Morris selbst brachte die Idee in die Diskussion um den Ikonizitätsbegriff ein und weitere Autoren wie Wallis und Knowlton sind ihm dabei gefolgt. Während Wallis (1975) zwei Extreme als Pole dieser Skala definiert, greift Knowlton (1966) auf das semantische Dreieck von Ogden und Richards (1923 bzw. 1966; dt. 1974) zurück, um über dessen Weiterentwicklung vier Arten der zeichenbezogenen Verbindung von Zeichenträger und Objekt als Kontinuum zu beschreiben. Diese führen ihn zu einer Taxonomie von visuell-ikonischen Zeichen mit 27 logischen Typen. Diese können wiederum in die drei übergeordneten Kategorien der realistischen, analogischen und logischen Bilder eingeordnet werden. Einen Versuch zur Präzisierung der Ikonizität anderer Art unternimmt Blanke (2003) mit Rückgriff auf die Arbeiten der Gruppe μ. Diese hat das Modell der Ikonizität als Ähnlichkeitsrelation zwischen den zwei Komponenten des *Zeichenträgers* und des *dargestellten Objekts* um ein drittes, aus der Wahrnehmungspsychologie bekanntes, erweitert. Dieses dritte Element des von Blanke weiterentwickelten ikonischen Dreiecks ist der *(sensorische) Typ,* der in gewisser Weise diese Beziehung zwischen Zeichenträger und dem Objekt, auf das sich der Zeichenträger beziehen soll, mitreguliert. Diese beiden Versuche, der Ikonizitätskritik nachzukommen, liefern möglicherweise weiterführende Einsichten, die für die Beschreibung und Rekonstruktion der Rollen und Funktionen semiotischer Mittel bei den von Grundschulkindern vorgenommenen Deutungen von mathematischen, sachbezogenen Textaufgaben hilfreich sind.

Nachdem die Ausführungen zu Peirces Konzept des Diagramms und dessen mögliche und potenziale Verwendung im Mathematikunterricht aufgezeigt wurde (Abschnitt 4.1), wird geprüft, ob sich für diese auf Relationen und Strukturen fokussierende (mathematische) Sicht weitere Aspekte ergeben. Außerdem wird der Fokus explizit daraufgelegt, wie Bilder (im weitesten Sinn) neben ihrer *ästhetischen Funktion* eine *referentielle Funktion* und somit als Zeichenträger eine Bedeutung erhalten. Dabei können neben den mathematisch relevanten Beziehungen und Strukturen natürlich auch sachliche Elemente des Kontextes der Textaufgabe in den kindlichen Darstellungen Einzug finden. Es liegt durchaus im Forschungsinteresse, auch diese Darstellungen und dazu getätigten kindlichen Deutungen zu berücksichtigen. Deshalb werden sowohl theoretische Aussagen zu *logischen Bildern* bzw. *Schemata* als auch zu *realistischen Bildern* bzw. *Pleromata* – deren Deutung möglicherweise Blankes Element des Typs beinhalten – miteinbezogen (Abschnitt 4.2.2). Die Anwendbarkeit und Nützlichkeit der dargestellten Versuche, den Ikonizitätsbegriff zu präzisieren, wird anschließend an einem Beispiel aus der Studie überprüft. Das vorliegende Unterkapitel liefert dafür wichtige inhaltliche Orientierung. Es dient somit der theoretischen Darstellung und Präzisierung. Mit den Ausführungen zur diagrammatischen Tätigkeit (Abschnitt 4.1.1) bildet es folglich die Basis für die Analyse des Beispiels Emilia (Abschnitt 4.3), das zur Gewinnung neuer Forschungserkenntnisse beiträgt.

4.2.1   Ikonizitätskritik

Die Entwicklungspsychologin DeLoache (2004, 66) plädiert dafür, dass „iconicity should not be considered criterial in thinking about symbols", weil selbst das realistischste Farbfoto lediglich eine Sichtweise bezüglich seines Referenten ausdrückt (vgl. auch Abschnitt 2.1). Auch der Kunstphilosoph Nelson Goodman vertritt die Ansicht, dass Ähnlichkeit kein notwendiges Kriterium dafür ist, dass sich beispielsweise ein Bild auf etwas Anderes bezieht:

> „Tatsache ist, daß ein Bild, um einen Gegenstand repräsentieren zu können, ein Symbol für ihn sein, für ihn stehen, auf ihn Bezug nehmen muß; und daß kein Grad an Ähnlichkeit hinreicht, um die erforderliche Beziehung der Bezugnahme herzustellen. Ähnlichkeit ist für die Bezugnahme auch nicht *notwendig*; fast alles kann für fast alles andere stehen. Ein Bild, das einen Gegenstand repräsentiert – ebenso wie eine Passage, die ihn beschreibt –, nimmt auf ihn Bezug und, genauer noch: *denotiert* ihn. Denotation ist der Kern der Repräsentation und unabhängig von Ähnlichkeit" (Goodman 1997, 17; Hervorhebung im Original).

In seiner Dissertation verwendet Blanke (2003, 1) den von Peirce geprägten Begriff des *Ikons* für „wahrnehmungsnahe Zeichen". Ein Ikon ist also ein Zeichen, das das Bezeichnete in einer gewissen Hinsicht wahrnehmbar macht, weil es ihm ähnlich ist. Diese Ähnlichkeit wird für Blanke in zwei konträren Modellen erklärbar: Einerseits beruht sie auf der natürlichen Motiviertheit des Zeichens: „Der Sinn befindet sich demnach von Natur aus im Bild" (ebd., 3). Andererseits entsteht der Eindruck der Ähnlichkeit als Ergebnis der Anwendung von bestimmten kulturspezifischen Interpretationsregeln, wodurch es „also die Kultur [ist], die den Bildern ihren Sinn verleiht" (ebd.). Blanke stellt eine zentrale, seine Arbeit leitende These über die Pragmatik des ikonischen Zeichens auf:

> „Die Bedeutung ikonischer Zeichen wird nicht mehr allein durch die Ähnlichkeit oder durch Konvention erklärt, sondern als Ergebnis eines Schlussfolgerungsprozesses, in dem der Zeichenbenutzer diese beiden Faktoren relativ zu der Situation berücksichtigt, in der das Zeichen verwendet wird" (Blanke 2003, 4).

Die von Barthes einst formulierte Frage, wie der Sinn zum Bild komme, muss demnach dahingehend umformuliert werden, „wie der Interpret *vom Bild zum*

Sinn" (ebd.) gelangt. Schließlich ist die Bedeutung eines ikonischen Zeichens wesentlich von dessen Verwendung durch einen Zeichenbenutzer bestimmt (vgl. ebd., 5). Dieser Streit über die Natürlichkeit und Konventionalität der Ikonizität wird von Blanke ausführlich aufgezeigt (vgl. 2003, 9–25). Hierzu bezieht er Charles Morris und Roland Barthes, die sich für Natürlichkeit der ikonischen Zeichenrelation aussprachen, mit ein. Ihnen gegenüber plädierten Umberto Eco und Nelson Goodman als Kritiker der Ikonizität für eine konventionalistische Auffassung. Hier werden nun einige dieser Argumente des Streits herausgegriffen und beispielhaft aufgeführt, um aufzuzeigen, unter welchen Gesichtspunkten eine solche Kritik gerechtfertigt wird.

Die Ikonoklasten Nelson Goodman und Umberto Eco versuchen in ihrer Ikonizitätskritik aufzuzeigen, dass *„die Begriffe ‚Ähnlichkeit' und ‚bildliche Darstellung'" keinesfalls koextensiv sind, woraus sie den Schluss ziehen, dass man den Ähnlichkeitsbegriff nicht als Kriterium für die Abgrenzung einer Zeichenklasse verwenden kann"* (Blanke 2003, 14). Goodman entwickelt dafür nach Blanke fünf Argumente (vgl. ebd., 14–16), die sich teilweise in der Form auch bei Eco wiederfinden:

- Das *Reflexivitätsargument* besagt, dass „Ähnlichkeit im Gegensatz zu Darstellung reflexiv ist: Ein Baum ähnelt sich selbst, stellt aber nicht sich selbst dar" (Blanke 2003, 14), bzw. „kann ein Gemälde den Herzog von Wellington repräsentieren, aber der Herzog repräsentiert nicht das Gemälde" (Goodman 1997, 16).
- Das *Symmetrieargument* besagt, dass ein Bild einem Baum im gleichen Maße ähnelt wie ein Baum einem Bild, aber der Baum stellt nicht das Bild dar. Die Darstellungsrelation geht folglich nur in eine Richtung.
- Das *Trivialitätsargument* besagt, dass alle möglichen Objekte einander ähnlich sind, ohne sich selbst zu repräsentieren, weshalb Ähnlichkeit keine hinreichende Bedingung bildlicher Darstellung sein kann, denn „die Feststellung, dass zwei Objekte Eigenschaften miteinander teilen, lässt völlig offen, ob aufgrund dieser Tatsache eine Zeichenrelation zwischen den beiden Gegenständen besteht oder nicht" (Blanke 2003, 15).
- Das *Fiktionalitätsargument* besagt, dass „im Fall fiktionaler Bilder überhaupt kein Objekt existiert, dem das Bild ähnlich sein könnte" (Blanke 2003, 15), wie es bei einem Einhorn der Fall ist (vgl. Goodman 1997, 35).
- Das *Aspektargument* besagt, dass es ‚die' Wirklichkeit so nicht gibt, weshalb man sie auch nicht kopieren kann (vgl. Blanke 2003, 16). „Mit anderen Worten, nichts wird jemals entweder seiner Eigenschaften völlig entkleidet oder in der Fülle seiner Eigenschaften repräsentiert. Ein Bild repräsentiert niemals bloß x, sondern repräsentiert vielmehr x als einen Mann oder repräsentiert x als einen

Berg oder repräsentiert die Tatsache, daß x eine Melone ist" (Goodman 1997, 21).

Auch Knowlton (1966) kritisiert die allgemein bekannte Definition von ikonischen Zeichen als unzulänglich, wenn es darum geht, eine Metasprache für die Kommunikation über *Bilder* zu entwickeln, die Bilder als *Zeichen* ansieht und als solche analysiert werden sollen. Er zieht dafür Morris' Semiotik beispielhaft heran und erklärt zunächst den Unterschied zwischen *Zeichen* und *Zeichenträger:*

> „we shall follow Morris in referring to the physically embodied word or picture as a *sign vehicle*, and to the disposition to respond that is regularly evoked by a sign vehicle as, simply, a *sign*. Thus, the spoken and written versions of 'man' involve a single sign; but also involved, and simultaneously, are two highly distinctive types of vehicle" (Knowlton 1966, 163; Hervorhebung KM).

Bei der Analyse von Bildern muss unterschieden werden, unter welcher Hinsicht diese betrachtet werden. Wenn ein Bild etwa als Zeichenträger für ein anderes Zeichen benutzt wird, ihm also zugeschrieben wird, auf etwas Anderes als sich selbst zu referieren, dann wird dieser Zeichenträger als *verweisender* oder *referentieller Zeichenträger* („referential vehicle") bezeichnet. Ist das Bild jedoch selbst für sich genommen interessant, richtet es also die Aufmerksamkeit auf sich selbst und nicht auf eine andere Referenz, dann nennt man das Bild „emotive vehicle". Es wird folglich nicht als Zeichen betrachtet. Diese Art Bilder sind dann ästhetische Objekte, die in erster Linie eine *emotionale Funktion* haben, und nicht referenziell sind (vgl. ebd., 170). Eine Definition, die nun Bilder als referentielle und wie Morris als ikonische Zeichenträger unter Hinzunahme einer Ähnlichkeitsbeziehung definiert, ist unter den folgenden Aspekten unzulänglich:

> „Thus, the definition of Morris and others […] have not been sufficiently explicit in recognizing (a) that the iconicity of a sign must be determined with reference to the criterial attributes that are common to sign vehicle and an exemplar of the sign's referent category, and (b) that the degree of criteriality of attributes is partly dependent on the interpreter of the vehicle" (Knowlton 1966, 165).

Eine Kategorie bezieht sich allgemein auf eine Sammlung von Dingen, die unter einem bestimmten Aspekt dieser Kategorie als zugehörig erklärt werden. Dabei muss beachtet werden, dass solche Kategorien immer menschliche Erfindungen, also keine natürlichen Einteilungen sind und sie demnach von den Absichten und Zielen des jeweiligen, einteilenden Menschen abhängen. Um nun diese Kategorien zu beschreiben, bedarf es verschiedener Attribute. Knowlton setzt hierbei den Schwerpunkt auf *formale* Attribute, die sich auf die wahrnehmbare Erscheinungsform wie Farbe, Form und Größe beziehen. Unter den formalen Attributen lassen sich *kriteriale Attribute* („criterial attributes") finden, die „the potential to act as discriminada for sorting and resorting the objects in the perceptual world" (ebd., 162) aufweisen. Beispiele sind die Farbe für die Reife von Äpfeln oder die farbliche Unterscheidung von Limonen und Zitronen. Das heißt, dass von all den potenziell kriterialen Attributen, die ein Zeichenträger und Exemplar des Referenten teilen, nur ein Teil von dem Hersteller des Zeichens benutzt worden sein könnte, um den Zeichenträger zu produzieren, und zwar in eben jener Hinsicht, unter der er den Referenten darstellen möchte[9]. Der Interpret dieses Zeichenträgers muss das Konzept, das mit dem Zeichenträger bezeichnet werden soll, bereits zuvor erworben haben, um es dem Zeichenträger zuzuordnen. Ikonische Zeichen haben demnach einen *postkonzeptionellen Status:*

> „'There are no signs whose denotation and signification depend *solely* on their resemblance to that which they denote' (p. 245; italics mine) [Knowlton quoted Bierman 1962]. This writer believes that Bierman's position is valid *if* (as implied, to be iconic) a sign's denotation and signification must depend *solely* upon the sign's resemblance to its referent. But if signification depends also upon prior mastery of the concept signified by the icon – which is the argument of the preceding paragraphs – then the icon, if schematized and thereby made barren of detail, may evoke the verbal name of the concept, thence the concept" (Knowlton 1966, 167; Hervorhebung im Original).

In gewisser Hinsicht ist dies auch in einem von Barthes Grundgedanken zur ikonischen Zeichenrelation wiederzuerkennen. Dieser besagt, dass die ikonische Kategorisierung auf der Wahrnehmungskompetenz beruht und dass die Interpretation ikonischer Zeichen ein kulturabhängiges Hintergrundwissen erfordert (vgl. Blanke 2003, 13). Erst wenn also das Konzept bzw. das die Wahrnehmung beeinflussende kulturabhängige Hintergrundwissen, auf welches das ikonische Zeichen verweisen soll, erworben und „gemeistert" wurde, kann das ikonische Zeichen auch als solches interpretiert werden. Auch Eco kritisiert den Ikonizitätsbegriff unter diesen Aspekten (vgl. Blanke 2003, 17–20): „Das wahrgenommene Objekt konstituiert sich erst in der Wahrnehmung" (ebd., 19), die bereits „*kein bloßes Registrieren der Wirklichkeit, sondern kulturabhängig*" ist, sodass die „*Ähnlichkeit zwischen ikonischen Zeichen und dargestelltem Objekt* [...] *ein Element der Konventionalität*" beinhalten kann (ebd., 20; Hervorhebung im Original). Demnach

---

[9]Damit weist Knowltons Verständnis von Kategorien gewisse Ähnlichkeiten zu den von Luhmann angeführten Unterscheidungs- bzw. Beobachtungskategorien auf, die ein Beobachter als Konstrukte an die Welt heranträgt und mit deren Hilfe Informationen systemintern produziert (vgl. Abschnitt 1.2.1; vgl. Luhmann 1997, 2007).

kann geschlussfolgert werden, dass die „*allgemeine Definition der Ikonizität als ‚Besitz gemeinsamer Eigenschaften von Zeichen* [‚Zeichen' meint hier Zeichenträger im Sinne von Morris] *und Referent'* [...] *präzisiert werden* [*muss*], damit die Klasse der ikonischen Zeichen sinnvoll eingesetzt werden kann" (ebd.; Hervorhebung im Original).

4.2.2   Graduelle Unterschiede ikonischer Zeichen

Auch für Morris selbst führte seine Definition des Ikons zu zwei problemhaltigen Fragestellungen (vgl. Morris & Hamilton 1965, 361): Welche gemeinsamen Eigenschaften werden als relevant für Ikonizität betrachtet? Wie viele gemeinsame Eigenschaften müssen gefunden werden, um zwischen einem ikonischen und einem nicht ikonischen Zeichen unterscheiden zu können? Deshalb wurde vorgeschlagen, von *Graden der Ikonizität* zu sprechen. Mehrere Autoren sind Morris mit Versuchen gefolgt, die graduellen Unterschiede ikonischer Zeichen zu beschreiben.

Für Wallis (1975) gibt es zwei Extreme von ikonischen Zeichen[10], *Schemata* und *Pleromata:*

„There are two extreme forms of iconic signs. On the one hand are the extremely simplified ones: let us call them, in agreement with common usage, 'schemata'. On the other hand are the iconic signs rich in detail: in a former paper I suggested calling them 'pleromata', from the Greek word pleroma 'fullness'" (Wallis 1975, 7).

Zwischen diesen beiden Extremen lassen sich viele Zwischenstufen ausmachen. Ikonische Zeichen können sich durch *Schematisierung* und *Pleromatisierung* verändern:

„Between schemata and pleromata there are many intermediary stages. In the course of time there may be a passage from average iconic signs to schemata: I call this process 'schematization'. Another time the reverse process occurs – the passage from average iconic signs to pleromata – 'pleromatization'" (ebd.).

---

[10] Wallis definiert ikonische Zeichen unter Rückgriff auf den Begriff der Ähnlichkeit wie folgt: „When an object with the mentioned features [a sensibly perceptible object] evokes in the receiver a thought [in its broadest sense] about an object [in its broadest sense] other than itself owing to the resemblance of appearance (appearance understood in the broadest sense, not restricted to the visual sphere), I speak of ‚likeness' or an ‚iconic sign'" (Wallis 1975, 1).

Morris und Hamilton sprechen selbst von einer *Ikonizitätsskala*. Dabei stehen Zeichen, die wenig bis gar keine Ikonizität aufweisen, an dem einen und Zeichen mit hohem Ikonizitätsgrad am anderen Ende der Skala. Zwischen diesen beiden Extremen können weitere Zeichen abhängig von deren Ikonizitätsgrad platziert werden. Diese Skala eliminiert zwar das Problem der Frage danach, wie viele gemeinsame Eigenschaften Objekt und Zeichen aufweisen müssen. Allerdings bleibt die Frage danach, welche Eigenschaften essentiell für Ikonizität sind, bestehen. Es wird vermutet, dass dies auch mit verschiedenen Zeichensituation variiert. Denn Eigenschaften, die für die Ikonizität eines Zeichenträgers in einer Situation von Bedeutung sind, müssen in einer anderen Situation nicht relevant sein (vgl. Morris & Hamilton 1965, 361).

Knowlton (1966) spricht nun nicht von einer Ikonizitätskala, wohl aber von einem *Kontinuum* von nicht ikonischen bis ikonischen Zeichen. Dafür zieht er Ogden und Richards' (1923/1966 engl. bzw. 1974 dt.)[11] semantisches Dreieck heran. Aus diesem Grund wird das semantische Dreieck hier kurz mit seinen Eigenschaften und besonderen Beziehungen vorgestellt, bevor Knowltons Kontinuum betrachtet wird. Ogden und Richards (1974) benutzten für ihr semantisches Dreieck die Unterscheidung zwischen Symbol, Gedanke oder Bezug und Referent (Bezugsobjekt).[12]

Die Beziehung zwischen dem Gedanken und dem Referenten kann mehr oder weniger direkt oder auch indirekt sein. Zwischen einem Gedanken und einem Symbol gibt es kausale Beziehungen: Die Symbolik wird dadurch bewirkt, dass erstens ein Mensch einen Bezug vornimmt und zweitens durch gesellschaftliche und psychologische Faktoren im Akt des Bezugnehmens (also der Referenz) (vgl. ebd., 18). Als zentrale These formulieren sie, dass die Relation von Symbol und Referent als *indirekte* charakterisiert werden muss:

> „Zwischen dem Symbol und dem Referenten gibt es keine andere relevante Beziehung als die indirekte, die darin besteht, daß das Symbol von jemandem dazu benutzt wird, einen Referenten zu vertreten. Symbol und Referent sind also nicht direkt miteinander verknüpft (und wenn wir aus grammatikalischen Gründen eine solche Beziehung implizieren, so handelt es sich lediglich um eine zugeschriebene, nicht um eine wirkliche

---

[11] Knowlton (1966) bezieht sich in seinen Ausführungen auf die englische Originalausgabe von 1923. Im Jahr 1966 wurde sie unverändert nachgedruckt und 1974 erschien eine deutsche Übersetzung dieser Version. In nachfolgenden Angaben werden die der Autorin vorliegenden Versionen von 1974 und, bei Bedarf die Version der englischen Sprache von 1966 zum Ausschluss von Übersetzungen herangezogen.

[12] Für eine entsprechende Abbildung wird auf Ogden & Richards (1974, 18) und Nöth (2000, 140) verwiesen.

Beziehung), sondern nur indirekt über die beiden Seiten des Dreiecks" und „Ein Sonderfall tritt dann ein, wenn das verwendete Symbol mehr oder weniger dem Referenten gleicht, für den es benützt wird, wie beispielsweise dann, wenn es ein lautnachahmendes Wort ist, oder ein Bild, eine Geste, eine Zeichnung" (Ogden & Richards 1974, 19 und Fußnote).

Wichtig erscheint, dass Knowlton für die von Ogden und Richards gewählten Bezeichnungen andere Begriffe wählt, die in der nachfolgenden Tab. 4.2 mit den in der Einleitung (Tab. 4.1) eingeführten Bezeichnungen gegenübergestellt werden, um hier eine begriffliche Orientierung zu geben:

Tab. 4.2 Benennungen der Korrelate des Zeichens

Knowlton (1966, 162)	Ogden & Richards (1966, 11; 1974, 18)	Nöth (2000, 141)
conceptions of the interpreter of the sign	thought or reference (Gedanke, Bezug)	Bedeutung
the sign vehicle	symbol (Symbol)	Zeichenträger
the referent of the sign	referent (Referent, Bezugsobjekt)	Referenzobjekt / Bezeichnung

Mit Bezugnahme zu dem vorgestellten semantischen Dreieck entwickelt Knowlton (1966, 171 f.) für Bilder, die als verweisende/referentielle Zeichenträger benutzt werden, ein Kontinuum von nicht ikonischen bis ikonischen Zeichen. Dieses stellt die Gemeinsamkeiten und Unterschiede zwischen Zeichenträger und Referent illustrativ dar. Er unterscheidet vier Arten der zeichenbezogenen Verbindung, von denen zumindest die zweite und dritte mit den Begriffen „Schemata" und „Pleromata" von Wallis in Verbindung gebracht werden könnten:

(1) Arbiträr: Die Verbindung ist nicht ikonisch und muss gelernt werden.
(2) Größtenteils arbiträr: Hoch schematisierte ikonische Zeichen.
(3) Lebensecht, wenn auch konventionalisiert
(4) In erster Linie perzeptiv, nicht arbiträr: Die Unterscheidung zwischen Referent und Zeichen beginnt zu verschwinden oder verschwindet.

Für die Kategorien zwei und drei wird anschließend ein erster Versuch unternommen, eine Taxonomie von visuell-ikonischen Zeichen zu entwickeln. Diese ist unabhängig von der physikalischen Beschaffenheit der Zeichenträger (z. B. unabhängig von der Dicke des Papiers; unabhängig davon, ob Buntstifte oder

Acrylfarbe benutzt wurde), berücksichtigt jedoch den verbalen Kontext (bspw. ein nebenstehender, illustrierender Text), in dem sie eingebettet sind, mit (vgl. Knowlton 1966, 174 ff.). Dafür wird zwischen Elementen („elements"), Mustern („pattern") und Verbindungsreihenfolge („order of connection") unterschieden. Diese Teile können ikonisch („iconic"), analogisch („analogical") oder arbiträr („arbitrary") sein. Sie führen so zu 27 logisch möglichen Typen von visuellen Repräsentationen, die sich in die drei übergeordneten Kategorien realistische Bilder, analogische Bilder und logische Bilder einordnen lassen. Als erste und wichtigste Unterscheidung können die Elemente als ikonisch für realistische, als analogisch für analogische und arbiträr für logische Bilder genannt werden (vgl. insbesondere „Tab. 4.1" bei Knowlton 1966, 175).

Repräsentationen mit ikonischen Elementen sind *realistische Bilder.* Voraussetzung ist, dass es die Absicht des Kommunizierenden ist, eine Referenz zu dem abgebildeten Objekttyp herzustellen („to the type of object portrayed"; Knowlton 1966, 176). Eine Fotografie von Arbeitern in einer Kleiderfabrik ist insofern ein realistisches Bild, als dass beispielsweise der nebenstehende illustrierende Text von Fabriken, Arbeitern und Stoffzuschnitten handelt. Ein und derselbe Zeichenträger kann unter einer anderen Perspektive jedoch ein *analogisches Bild* sein. Die darin enthaltenen Elemente werden als analogisch charakterisiert und verweisen auf etwas Anderes, als tatsächlich dargestellt wird. Das Bild von den Fabrikarbeitern wird so in einem medizinischen Buch herangezogen, um die Weise zu beschreiben, wie die besondere Struktur des DNA-Moleküls funktioniert, um die Anweisungen zu tragen, die zur Bestimmung der genetischen Eigenschaften erforderlich sind. In ähnlicher Weise kann ein Bild von einem Golfballspieler durch die Bildunterschrift zu einer Darstellung von Elektron und Photon werden. Zusammenfassend kann festgehalten werden, dass analogische Bilder entweder die phänomenale oder nicht-phänomenale Welt über Brücken zur (visuellen) Phänomenwelt repräsentieren. Damit wird dieser Art der Repräsentation ein großer potenzieller Wert zugesprochen. Denn wenn immer sich ein Zustand im nicht-phänomenalen Bereich befindet – wenn das Objekt beispielsweise nicht sinnlich greifbar ist –, kann eine mögliche Repräsentation als analogisches Bild herangezogen werden. *Logische Bilder* sind stark schematisierte Repräsentationen. Durch diese Schematisierung wird versucht, die nicht-kriterialen Attribute zu eliminieren. Die dargestellten Elemente werden als *arbiträr* charakterisiert, während Muster und/oder Reihenfolge isomorph mit dem dargestellten Sachverhalt sind. Das Potenzial logischer Bilder liegt somit in der Möglichkeit, Beziehungen und Strukturen zwischen Elementen darstellen zu können. Als Beispiele werden eine Straßenkarte und ein Schaltplan genannt, bei dem die Elemente arbiträr, die Beziehungen der Elemente jedoch ikonisch sind. Neben diesem ersten Typ logischer

Bilder, lassen sich zwei weitere Typen ausmachen. Ein Beispiel für einen zweiten Typ ist die Repräsentation der Struktur eines Atoms. Eine so von Physikern herangezogene Repräsentation ist nun jedoch kein Bild eines (prinzipiell real existierenden und potenziell sichtbaren) Atoms selbst, sondern ein Bild der Theorien über Atome. Hier sind die Elemente arbiträr und die Beziehungen analogisch. Bei dem dritten Typ logischer Bilder wird im Gegensatz zu den anderen Typen nicht davon ausgegangen, dass der Referent in irgendeiner physischen Weise existiert, da dieser eine Idee ist und somit im Grund genommen überhaupt nicht sichtbar ist. Als Beispiel dient hier das mathematische Problem, die Summe der positiven ganzen Zahlen von 1 bis 10 zu ermitteln. Dies geschieht relativ einfach mit rein mechanischen Mitteln. Allerdings kann man dieses Additionsproblem sehr schnell lösen, wenn man jeweils zwei Zahlen geschickt kombiniert, wie es der junge Gauß getan hat:

$$(1 + 10) + (2 + 9) + (3 + 8) + (4 + 7) + (5 + 6) = 5 * 11 = 55.$$

„That which Gauss *might* have done was to directly 'examine' a visual-iconic image that *may* have looked like the accompanying illustration: an illustration of the kind this writer would suggest might fruitfully be considered a logical picture" (Knowlton 1966, 179).

Diese Ausführungen zeigen, dass ein ikonisches Zeichen mehr bezeichnen kann, als nur etwas, dass ihm ähnlich ist („what was like itself" – Knowlton 1966, 181 mit Bezug zu Morris 1946, 194), und dass dessen Bedeutung stark vom verbalen Kontext, in dem es auftritt, abhängt.

Auch die Gruppe μ, bestehend aus sechs belgischen Semiotikern des 20. Jahrhunderts, hat sich mit der Ikonizitätskritik befasst. Sie ist jedoch einem Paradigmenwechsel gefolgt und analysiert deshalb im Gegensatz zu Goodman und Eco Zeichenprozesse unter Berücksichtigung der Modellierung kognitiver Prozesse. Dabei stellen sie – wie auch Goodman und Eco in ihrem *Aspektargument* – heraus, dass die Idee einer *Kopie der Wirklichkeit* vor allem naiv ist, weil allein schon die *Idee der Wirklichkeit* naiv ist (vgl. Blanke 2003, 29). Im Unterschied leitet die Gruppe μ daraus jedoch ab,

„dass eine Semiotik des Visuellen auf einer Wahrnehmungstheorie fußen muss, welche die naive Auffassung des als schon natürlich gegebenen Objekts durch eine differenziertere Sichtweise ersetzt, die aber andererseits die nicht weniger naive Gegenreaktion (Boussac 1986) vermeidet, sämtliche Wahrnehmung per Dekret zu einer konventionellen Angelegenheit zu erklären" (Blanke 2003, 29 f.).

Um deshalb der Kritik an einer Ikonizitätsdefinition nachzukommen, die eine Ähnlichkeitsrelation zwischen Zeichenträger und dargestelltem Objekt vorsieht, erweitert die Gruppe μ dieses aus zwei Elementen bestehende Modell um ein drittes, aus der Wahrnehmungstheorie bekanntes: das Element des *Typs*. Somit präzisiert sie die Ähnlichkeit als Transformationsbeziehung zwischen Zeichenträger und Dargestellten, die um die Relationen dieser beiden Elemente zum Typ erweitert werden (vgl. Blanke 2003, 49 bzw. Blanke 1998, 289).

Bezugnehmend auf das Beispiel »Haus« erläutert Blanke:

„Nehmen wir als Beispiel die Bleistiftzeichnung eines Hauses. Die Zeichnung als solche, also das Papier mit den darauf befindlichen Pigmenten, ist der Zeichenträger. Das abgebildete Haus ist von der Zeichnung unterschieden, hat aber bestimmte Eigenschaften mit ihr gemein. Es weist die gleichen Verhältnisse von Breite und Höhe auf wie die Verfärbungen auf dem Papier, und auch die Form, die Zahl und die Positionen der Fenster und andere Einzelheiten der Zeichnung entsprechen dem abgebildeten Haus. Diese Details des abgebildeten Hauses sind auf der Zeichnung sichtbar – im Gegensatz zu anderen Eigenschaften, die man ausgehend vom Zeichenträger rekonstruieren muß. Das abgebildete Haus ist kein zweidimensionales Gebilde aus Papier und Farbe von beispielsweise 8 x 10 cm Größe, sondern es ist dreidimensional, besteht aus Stein und Glas (oder anderen für den Häuserbau verwendeten Materialien), und seine Größe wird sich innerhalb bestimmter üblicher Maße bewegen. Die Rekonstruktion dieser Eigenschaften ist nur dann möglich, wenn man weiß, daß es eine Klasse von Objekten – eben die der Häuser – gibt, die einerseits solche Merkmale aufweisen, wie sie dem Zeichenträger und dem abgebildeten Haus gemeinsam sind, andererseits aber auch Merkmale wie Dreidimensionalität, Größe, Materialbeschaffenheit, die nicht der Zeichenträger, wohl aber das Dargestellte aufweist. Die Menge von Merkmalen [visuellen Eigenschaften], die die Klasse der ‚Häuser‘ definiert, ist der [visuelle] Typ [der hier als ikonischer Typ »Haus« funktioniert]. Sowohl der Zeichenträger als auch das dargestellte Haus sind – wenn auch auf unterschiedliche Weise – Manifestationen [Varianten] dieses Typs, da sie beide eine Reihe von für den Typ konstitutiven Eigenschaften aufweisen" (Blanke 1998, 288; Anmerkungen KM unter Einbezug von Blanke 2003, 50 f.).

Zwischen dem Zeichenträger (ikonische Zeichnung eines Hauses) und dem Dargestellten (Konstruktion eines Hauses durch die Wahrnehmung in Abhängigkeit von den Interessen des Subjekts, mentales Objekt) besteht eine Ähnlichkeitsbeziehung – Transformation genannt. Der Zeichenträger sowie das Dargestellte werden aus Sicht des Typs (hier die wesentlichen, typischen, visuelle wahrnehmbaren Merkmale des Konzepts »Haus«) als konform gesehen. Der Typ »Haus« wird mittels des Zeichenträgers (die Haus–Zeichnung) wiedererkannt und er wird durch das Dargestellte (mental konstruiertes Haus) stabilisiert.

Zum Beispiel »Haus« heißt es außerdem weiter:

„Die ikonische Kategorisierung des Zeichens besteht nicht allein in der Wahrnehmung eines zweidimensionalen Gebildes aus Papier, auf dem sich Verfärbungen in einer Größe von 6 x 7 cm befinden, sondern beinhaltet die Rekonstruktion eines dreidimensionalen Objekts, das wesentlich größer ist, aus Stein und Glas etc. gemacht ist und im Übrigen einige der Eigenschaften hat, die auch die Verfärbungen auf dem Papier aufweisen, so etwa die Größenverhältnisse oder die Tatsache, dass sich an dieser und jener Stelle ein Fenster befindet. Dieses dargestellte Objekt ist nicht das Zeichen [der Zeichenträger] selbst, denn das Zeichen [der Zeichenträger] differenziert vom Dargestellten durch die nicht mit dem Typ konformen Eigenschaften. Das Dargestellte ist ein Konstrukt, das ausgehend vom Zeichen [Zeichenträger] und vom Typ /Haus/ durch Transformationen gebildet wird. Dieses Konstrukt ist nicht unmittelbar wahrnehmbar, denn man hat nicht das dargestellte Haus selbst vor sich, sondern das Zeichen [den Zeichenträger], also das verfärbte Stück Papier. Dennoch hat das Dargestellte eine bestimmte Form der Präsenz im Zeichen [Zeichenträger], da die gemeinsamen Eigenschaften von Zeichen [Zeichenträger] und Dargestelltem direkt wahrnehmbar sind. Man kann deshalb sagen, dass man das Dargestellte zwar nicht direkt wahrnimmt, dass man es aber ‚in‘ dem ikonischen Zeichen [Zeichenträger] wahrnimmt" (Blanke 2003, 57 f.).

Der *sensorische Typ,* wie Blanke den Typ im ikonischen Dreieck versteht, ist die „Gesamtheit der eine Objektklasse definierenden sensorischen Merkmale". Dabei klammert er den enzyklopädischen Typ als Konzept, das „alles Wissen [umfasst], das mit einer Objektklasse verbunden ist", aus (ebd., 36). Wenn ein Objekt nun einem sensorischen Typ zugeordnet wird, ist dies die *Kategorisierung* des Objekts, die im „Erkennen bestimmter Eigenschaften des Objekts als Realisierung der Merkmale des Typs" besteht (ebd., 41). Anders ausgedrückt heißt das, dass das wahrnehmende Subjekt einem (materiellen) Objekt bestimmte Eigenschaften zuerkennt. Die Gesamtheit dieser Eigenschaften bilden den Typ, mit dem das Objekt kategorisiert wird. Der Typ selbst ist immer ein mentales Objekt bzw. (aufgrund der Wahrnehmung und Zuerkennung von Eigenschaften durch das Subjekt) die *intensionale Identität* eines materiellen Objekts (vgl. ebd., 40).

„Die Eigenschaften des Objekts, die der Definition des Typs entsprechen, sind die *relevanten* Eigenschaften des Objekts. Diejenigen seiner Eigenschaften, die keine Entsprechung in der Definition des Typs finden, werden vernachlässigt – sie sind für die Kategorisierung mit diesem Typ nicht relevant" (Blanke 2003, 41 f.).

Einige relevante Eigenschaften des materiellen Objekts *Tomate* sind die folgenden: rot, rund, kleiner als eine Faust, grüner Stiel (Blütenrest). Die so beschriebene Tomate, die zu Hause auf dem Küchentisch liegt, ist ein Exemplar des Typs und gehört so der Objektklasse der Tomaten an. Wenn die Tomate auf dem Tisch nun einen schwarzen Fleck aufweist, ist es jedoch keine in Bezug auf diesen Typ relevante Eigenschaft und spielt deshalb auch für die Kategorisierung des Objekts als Typ Tomate keine Rolle (vgl. Blanke 2003, 41 f.).

In gewisser Weise kann hier eine Ähnlichkeit zu Knowltons (1966) Kategorienbegriff gesehen werden, die durch verschiedene Attribute beschrieben werden. Knowlton fokussiert in seinen Ausführungen ebenfalls auf die formalen Attribute (Farbe, Form, Größe) als wahrnehmbare Erscheinungsform und unterschiedet dabei *kriteriale Attribute,* also in Blankes Worten *relevante Eigenschaften,* von nicht-kriterialen Attributen, also *nicht-relevanten* Eigenschaften (vgl. Knowlton 1966, 162). Für Knowlton ist deshalb Morris' Ikonizitätsbegriff sowohl unter dem Aspekt der Berücksichtigung der gemeinsamen Eigenschaften des Zeichenträgers und des Exemplars der Referentkategorie des Zeichens als kriteriale Attribute als auch bezüglich der Berücksichtigung des Interpreten des Zeichenträgers unzulänglich (vgl. Knowlton 1966, 165). In ähnlicher Weise, allerdings unter Einbezug des Typs, schlussfolgert Blanke, dass

> „die ikonische Zeichenrelation nicht allein als Besitz irgendwelcher gemeinsamen Eigenschaften definiert ist. Alles teilt mit allem irgendwelche Eigenschaften, wie die Ikonizitätskritiker treffend bemerkt haben (Trivialitätsargument). Der bloße Besitz gemeinsamer Eigenschaften allein, so die Gruppe μ, macht noch keine ikonische Zeichenrelation aus. *Gemeinsame Eigenschaften zweier Objekte sind nur dann konstitutiv für eine Zeichenrelation, wenn die Objekte als Varianten desselben Typs kategorisiert werden,* wenn also die gemeinsamen Eigenschaften als relevante Eigenschaften in Bezug auf ein und denselben Typ aufgefasst werden" (Blanke 2003, 52).

4.2.3 Zusammenfassende Auflistung der wichtigsten Punkte

– Verschiedene Autoren wie DeLoache (2004), Goodman (1997), Blanke (2003) und Knowlton (1966) führen unterschiedliche Argumente dafür auf, dass Ähnlichkeit bzw. Ikonizität allein kein Kriterium für eine referentielle Verbindung von Zeichenträger und Bezeichnung/Bedeutung darstellt. Erst wenn ein Zeichenträger, wie beispielsweise ein Bild, unter der referentiellen Funktion, auf etwas anderes als sich selbst verweisend, und nicht länger mit emotionaler Funktion als ästhetisches Objekt benutzt wird, kann dieses zum Zeichen werden. Die zwischen Zeichenträger und Bezeichnung/Bedeutung bestehende Ähnlichkeitsbeziehung wird dabei von einem Zeichenbenutzer und Einbezug der ihm wichtigen, formalen, kriterialen Attribute hergestellt. Dadurch erhalten ikonische Kategorisierungen einen postkonzeptionellen Status. Das heißt, dass die ikonische Kategorisierung auf der Wahrnehmungskompetenz beruht. Sie erfordert ein kulturabhängiges Hintergrundwissen, das erst erworben sein

muss, damit das ikonische Zeichen auch als solches interpretiert werden kann.
Folglich muss eine allgemeine Definition der Ikonizität als Besitz gemein-
samer Eigenschaften von Zeichenträger und Bezeichnung/Bedeutung unter
Einbezug der kriterialen Attribute und spezifischen Verwendung durch einen
Zeichenbenutzer präzisiert werden.

– Viele Versuche, diese Ikonizitätsdefinition zu präziseren, beziehen sich darauf,
die graduellen Unterschiede ikonischer Zeichen zu beschreiben.

○ Morris und Hamilton (1965) sprechen von Graden der Ikonizität bzw. einer
Ikonizitätsskala mit zwei Extremen, zwischen denen weitere Zeichen, abhängig
von ihrem Ikonizitätsgrad, platziert werden können. Ein Extrem bezeichnet
dabei Zeichen, die wenig bis gar keine Ikonizität aufweisen, das andere bezieht
sich auf Zeichen mit einem hohen Ikonizitätsgrad.

○ Für Wallis (1975) besteht die Ikonizitätsskala aus den zwei Extremen
der Schemata und Pleromata, zwischen denen sich viele Zwischenstufen
ausmachen lassen und sich ikonische Zeichen durch Schematisierung und
Pleromatisierung durchaus auch verändern können.

○ Knowlton (1966) spricht unter Rückbezug zu Ogden und Richards' semioti-
schem Dreieck (1923/1966 bzw. 1974) von einem Kontinuum nicht ikonischer
bis ikonischer Zeichen mit insgesamt vier Arten der zeichenbezogenen Verbindung. Die beiden mittleren Kategorien differenziert er anschließend zu
27 logisch möglichen Typen weiter aus, die sich wiederum in die übergeordneten Kategorien der realistischen Bilder, analogischen Bilder und logischen
Bilder einordnen lassen.

○ Unter Rückgriff auf die Arbeiten der Gruppe μ spricht Blanke (2000,
2003) von einem ikonischen Dreieck, in dem zwischen Zeichenträger, sen-
sorischem Typ und Dargestelltem unterschieden wird. Analog zu Knowltons
(1966) kriterialen Attributen beinhaltet der visuelle Typ relevante gemeinsame
Eigenschaften, sodass neben dem Besitz dieser Eigenschaften erst eine Kategorisierung als Varianten desselben Typs zur Herstellung einer Zeichenrelation
ausreichend ist.

4.3   Interne Strukturierung und konstruktive Funktion als spezifische Charakteristika mathematischer semiotischer Mittel – Das Beispiel von Emilia

Nachdem in den vorangegangenen Unterkapiteln 4.1 und 4.2 ausgewählte Aspekte
verschiedener semiotischer Theorien mit zielgerichteter Fokussierung auf das

der Arbeit zugrundeliegende, interessierende Forschungsproblem dargestellt wurden, werden relevante gewonnene Einsichten nun an einem empirischen Beispiel
aus dem Projekt *AuS-ReDen* angewendet. Das bereits in der Einleitung aufgeführte Beispiel ‚Emilias Deutungen und Bearbeitungen der Boots-Aufgabe' dient
dabei jedoch nicht ausschließlich illustrativen Zwecken. Stattdessen werden auch
kritische Punkte herausgearbeitet, die neue Fragen aufwerfen, aber auch Rückschlüsse bezüglich der Differenzierung der Mediation von Zeichenträger und
Bedeutung/Bezeichnung ermöglichen. Somit findet anhand des Beispiels eine
theoretische Weiterführung der semiotischen Perspektive statt, die rückblickend
und weiter ausdifferenzierend erneut und mit Einbezug der epistemologischen
Perspektive im nachfolgenden Unterkapitel 4.4 betrachtet wird. Hierbei werden
zentrale theoretische Erkenntnisse generiert, die Schlussfolgerungen für das im
Forschungsprojekt entwickelte Theoriekonstrukt (Kapitel 5) und spätere Analysen
(Kapitel 7) erlauben.

Bevor Aspekte der vorgestellten semiotischen Theorien auf das Beispiel
Anwendung finden können, müssen zunächst die ausgewählten, von Emilia zur
Aufgabenbearbeitung vorgenommenen Zeichnungen präsentiert und Ausschnitte
der jeweils zugehörigen Erklärungen zusammenfassend und möglichst neutral
beschrieben werden (Abschnitt 4.3.1). Nach jeder so vorgenommenen Beschreibung erfolgt eine erste Analyse, die auf in Emilias Deutung und Zeichnung
enthaltene Auffälligkeiten hinweisen soll, aber keinesfalls als vollständig erachtet wird. Diese Analysen dienen dem Zweck, eine erste Orientierung darüber zu
geben, welche unterschiedlichen Zeichnungen in der Bearbeitung verschiedener
Textaufgaben zum selben Kontext (hier: ‚Ruderboote') entstehen und wo wichtige Unterschiede in der Verwendung und Deutung der semiotischen Mittel liegen
können. Als Ausblick kann bereits hier aufgeführt werden, dass an dem ausgewählten Beispiel drei verschiedene Sichtweisen identifiziert werden können, wie
sie auch im Konstrukt *didaktische Theorie mathematischer Symbole* (Kapitel 5)
enthalten sind. Der Fokus dieses Unterkapitels liegt nun nicht in der detaillierten Beschreibung dieser Sichtweisen. Es soll die Spanne der möglichen, von
Kindern vorgenommenen Deutungen sowie potenzielle Anwendungen der zuvor
theoretisch beschriebenen semiotischen Perspektiven aufzeigen und dabei wichtige, relevante Hinweise auf die im Theoriekonstrukt enthaltenen Sichtweisen
geben. In einem zweiten Schritt werden deshalb die beschriebenen und erstmalig analysierten Zeichnungen und Deutungen unter Einbezug der vorgestellten
semiotischen Theorien betrachtet (Abschnitt 4.3.2). In der Entwicklung von Emilias Zeichenträger und dessen Deutungen wird dabei der Wechsel von einer eher
darstellenden, die Realität abbildenden Funktion hin zu einer internen Strukturierung mit konstruktiver Funktion, bei der mit den semiotischen Mitteln eine Art

neue, veränderte Realität generiert wird, deutlich. Es scheint deshalb, als müsse die herangezogene semiotische Perspektive um eine epistemologische erweitert werden. Aus diesem Grund schließt sich die Betrachtung des epistemologischen Dreiecks (vgl. u. a. Steinbring 2005) als grundlegendes Modell der epistemologischen Theorieperspektive in der Mathematikdidaktik an. Dieses erlaubt es, die Analysen von Emilias Deutungen und Zeichnungen zur Boots-Aufgabe zu präzisieren und weiter auszuschärfen (Abschnitt 4.4.3). Somit dient Emilias Beispiel als zentrales Element zur Ausdifferenzierung der besonderen Mediation mathematischer Zeichenträger und ihrer Bedeutung/Bezeichnung bei der Genese, Veränderung und Entwicklung der Nutzungs- und Funktionsweisen der eingesetzten semiotischen Mittel. Das vorliegende Unterkapitel mit der Fortführung der darin entwickelten Gedanken und Erkenntnisse wird deshalb als wesentlich für die Konzipierung des Theoriekonstrukts und – damit einhergehend – ein ausdifferenzierteres Verständnis des mathematikdidaktischen Forschungsproblems zur Nutzungsweise mathematischer Zeichenträger im komplementären Wechselspiel mit lebensweltlichen Aspekten des Sachverhalts verstanden.

4.3.1   Beschreibung von Emilias Zeichnungen mit erster Analyse

Im Rahmen des Prä-Interviews bearbeitet die Viertklässlerin Emilia eine mathematische Textaufgabe im Kontext ,Ruderboote'. Dabei sollten die verschiedenen Teilaufgaben mit unterschiedlichen Mitteln bearbeitet werden: mit Rechnungen, Zeichnungen und Material. Für den Aufgabenteil a) war so die rechnerische Bearbeitungsform vorgegeben, für den Teil b) eine zeichnerische und für Teil c) eine materielle. Für die Aufgabenteil d) und e) durfte Emilia selbst eine der drei Bearbeitungsformen wählen und entschied sich für die materielle und rechnerische Variante. Aufgrund der schnellen Bearbeitungszeit und Emilias Auswahl der Bearbeitungsformen entwickelte die Interviewerin spontan eine weitere Aufgabenstellung, die Emilia mit einer Zeichnung lösen sollte. In den beiden nachfolgenden Abschnitten werden die in diesem Interview entstandenen Zeichnungen zum Aufgabenteil b) und f) mit Emilias vorgenommenen Erklärungen und Deutungen betrachtet. Dafür werden zunächst die Aufgabenstellung und Emilias Zeichnungen präsentiert sowie ihre jeweiligen Erklärungen möglichst neutral beschrieben, bevor eine erste, auf Auffälligkeiten verweisende Analyse erfolgt. In Abschnitt 4.3.1.1 wird Emilias Zeichnung und Deutung der Teilaufgabe b) thematisiert, in Abschnitt 4.3.1.2 ihre Bearbeitungen zur Teilaufgabe f). Hierbei liegt die Besonderheit vor, dass Emilia eine erste Zeichnung erstellt, sich umentscheidet und den vorhandenen Platz für andere Zeichenträger nutzt. Sie wird deshalb anschließend von der Interviewerin aufgefordert, eine neue und übersichtlichere Zeichnung zu erstellen. Beide so zum Aufgabenteil f) entstandenen Zeichnungen werden vorgestellt. Sie werden sowohl einzeln als auch als eine Art Entwicklungsfolge mit Rückzügen zur Zeichnung vom Aufgabenteil b) in Abschnitt 4.3.2 betrachtet. Dem Abschnitt 4.3.1 kommt somit eine eher darstellende Funktion mit ersten interpretativen Gedanken zu, die als Grundlegung für weitere, vertiefendere semiotische Analysen und aufkommende, weiterführende Fragen dient.

4.3.1.1 Zeichnung zur Teilaufgabe b) im Kontext ‚Boote'

Zur Teilaufgabe b) erstellt Emilia die folgende Zeichnung (Abb. 4.1):

b) Eine Schule macht mit ihren Schülerinnen und Schülern einen Ausflug an den schönen Essener Baldeneysee. Das Wetter ist sehr sonnig und deshalb möchten die Schüler auf Ruderbooten den See erkunden. Es gibt kleine Boote für jeweils 4 Kinder und große Boote für jeweils 8 Kinder. Die Lehrerin bucht 5 große und 6 kleine Boote.

- Wie viele Kinder fahren in den kleinen Booten?

- Wie viele Kinder fahren in den großen Booten?

- Wie viele Kinder nehmen insgesamt am Ausflug teil?

Abb. 4.1 Emilias Zeichnung zur Teilaufgabe b) im Kontext ‚Boote'

Zusammenfassung von Emilias erster Deutung ihrer Zeichnung zu b)
Auf die Aufforderung der Interviewerin, „dann fass doch mal zusammen, was du da jetzt gemalt hast", erklärt Emilia ihre Zeichnung. Emilia hat zuerst die schon aufgestellten Boote – also fünf große Boote (rechts) und sechs kleine Boote (links) – gemalt und anschließend einen Steg zum Wasser. Ein Mann, den man gerade nicht sieht, steht im Wasser, um den Kindern in die Boote zu helfen. Die Lehrerin (Person mittig mit grünem Oberteil) hält schon den Schlüssel für ein Fach, in dem Wertsachen und Jacken aufbewahrt werden können, in der Hand. Emilia hat

die ersten fünf wartenden Kinder gemalt. Im Stand steht ein Verkäufer mit einer Kasse, auf der steht, wie viel Geld die Lehrerin bezahlen muss (50 €).

Erste interpretative Überlegungen zu Emilias erster Deutung ihrer Zeichnung zu b)
Die Logik von Emilias Narration ist im Wesentlichen an konkreten Sacheigenschaften orientiert. Diese hat sie detailliert in ihre Zeichnung eingearbeitet und im Vergleich zu den genannten Sachelementen in der Textaufgabe um eigene Vorstellungen erweitert. So erhält die Lehrerin augenscheinlich lange Haare, die mit einem Haarband zu einem Zopf gebunden sind, ein grünes Oberteil und eine lilafarbene, kurze Hose. Emilia imaginiert und rekonstruiert für sich mit den ihr zur Verfügung stehenden zeichnerischen Mitteln die beschriebene Situation. Dabei sind ihr einzelne Details bzgl. der Farbe, der Größe und der Form der in der Aufgabe beschriebenen Elemente sehr wichtig. Folglich fokussiert Emilia auch in der Erläuterung ihrer Zeichnung auf die ihr wichtigen Merkmale in der von ihr aus dem Text heraus imaginierten, konkreten Situation des Sees (Kinder, Boote, Steg, Kasse, Verkäufer, Lehrerin). Die so dargestellten Gegebenheiten werden mit individuellen (dinglichen) Eigenschaften ausgestattet: Die Boote erhalten eine längliche Form, mit Kreiskritzeln als Sitzplätze in einer spezifischen Anordnung; sie sind durchnummeriert (rechter Rand des Boots); vorne ist Platz für die Füße (linker Rand) und ein Boot enthält sogar einen Rettungsring und ein Seil (kleines Boot Nummer 6). Zudem ergänzt Emilia ihr wichtig erscheinende Elemente der Schulausflugssituation, die so konkret nicht in der Aufgabenstellung benannt werden: Von einem Schlüssel, den die Lehrerin von einem Verkäufer in einem Verkaufsstand erhält, ist so im Text nicht die Rede. Er gehört aber wohl scheinbar für Emilia zu einer möglichen Schulausflugssituation an einen See mit dazu. Emilia erweitert folglich die beschriebene Situation um die von ihr wichtig erscheinenden und (hinzu) imaginierten Sachelemente. Das Dargestellte ist im Wesentlichen eine reale, wenn auch imaginierte Situation mit (potenziell) realen Objekten und empirischen Eigenschaften. Folglich nutzt Emilia in ihrer Zeichnung semiotische Mittel als *Repräsentation von dinglichen Eigenschaften.*

Zusammenfassung von Emilias zweiter Deutung ihrer Zeichnung zu b)
Im weiteren Verlauf des klinischen Interviews fragt die Interviewerin Emilia bei der gemeinsamen Betrachtung der fertig erstellten Zeichnungen, woran sie die Ergebnisse erkenne. Für Emilia ist das wie ein Spiel: Sie hat die Boote absichtlich mit Nummern versehen und kann so (wie bei „Reihen") mit dem Finger über die Bootsnummer fahren, bis sie zur größten gelangt. Bei den großen Booten ist das die Nummer fünf (also fünf Reihen). Anschließend kann sie mit dem Finger über die links neben der Zahl gemalten Kreiskritzel fahren und feststellen, dass es

insgesamt acht (Kreiskritzel) sind. Emilia rechnet „acht mal fünf gleich vierzig" und zeigt, dass sie mit den kleinen Booten ebenso verfahren kann (sechs Reihen und vier Kreiskritzel/Plätze, also „vier mal sechs gleich vierundzwanzig").

Erste interpretative Überlegungen zu Emilias zweiter Deutung ihrer Zeichnung zur Teilaufgabe b)

In der hier zusammengefassten Interaktion richtet sich der Fokus verstärkt auf die in der Textaufgabe genannten Zahlen und ihren Zusammenhang. Viele in der ersten Sichtweise noch als wichtig erscheinende Elemente bleiben bei der Fokussierung auf die Ergebnisse unberücksichtigt. Lediglich diejenigen Sachelemente, die mit einer Zahl verknüpft werden können, werden beachtet. Ein großes Boot als eine größere ovale Form mit Kreiskritzeln wird mit der Zahl acht verknüpft, ein kleines Boot als kleinere ovale Form mit Kreiskritzeln analog dazu mit der Zahl vier. Neben der Fokussierung auf die mathematischen Elemente des Aufgabentextes und deren zeichnerischer Darstellung werden diese von Emilia durch arithmetische Operationen miteinander verbunden. Ergänzend zu den Anzahlen der Kreiskritzel in einem Boot hat Emilia die Boote mit Nummernschildern versehen, die die jeweilige im Aufgabentext benannte Anzahl der großen (5) und kleinen Boote (6) aufzeigen. Emilias Erklärung kann so zusammenfassend interpretiert werden, dass die höchste Nummerierung ihr die jeweilige Anzahl der kleinen und großen Boote aufzeigt. Diese muss sie anschließend mit vier bzw. acht (Kreiskritzel) multiplizieren, wodurch Emilia Antworten auf die Frage nach den Anzahlen der Kinder in allen kleinen bzw. allen großen Booten erhält. Die Logik von Emilias Narration ist hier im Wesentlichen an arithmetischen Zusammenhängen orientiert und löst sich (teilweise) von den dinglich-materiellen Eigenschaften der Sachelemente: Es ist nun augenscheinlich nicht mehr wichtig, dass die größeren Boote auch größer gemalt sind, eine ovale Form haben, und dass eines ein Rettungsseil enthält. Es erscheint jedoch wichtig, dass jedes mathematisch relevante Element, also jeder einzelne Sitzplatz, als Kreiskritzel aufgezeichnet ist und so seine eigene semiotische Repräsentation erhält. Für Emilias Lösungsfindung hätte jeweils das Boot mit der größten Nummerierung ausgereicht. Trotzdem bezieht sie die anderen Boote als „Reihen" in ihre Erklärung mit ein, indem sie bei Nummer eins startet. Die Zahlen werden in diesem Beispiel von Emilia zum Rechnen und somit zur Ermittlung von Ergebnissen verwendet. Weitere Relationen, die potenziell in der Aufgabe in Form einer systemisch-relationalen Struktur enthalten sind, werden nicht weiter berücksichtigt. Es wird jedoch eine veränderte Deutung der Sachsituation erkennbar, die sich nicht länger ausschließlich auf dingliche Eigenschaften bezieht, sondern auch *Zahlen und arithmetische Zusammenhänge* in den Blick nimmt.

4.3.1.2 Zeichnungen zur Teilaufgabe f) im Kontext ‚Boote'

Die von Emilia erstellte erste Zeichnung zur Teilaufgabe f) sowie die konkrete Aufgabenstellung sind der Abb. 4.2 zu entnehmen:

f) Eine Schule macht mit ihren 68 Schülerinnen und Schülern einen Ausflug an den schönen Essener Baldeneysee. Das Wetter ist sehr sonnig und deshalb möchten die Schüler auf Ruderbooten den See erkunden. Es gibt kleine Boote für jeweils 4 Kinder und große Boote für jeweils 8 Kinder. Die Lehrerin möchte 12 Boote so buchen, dass jedes Kind einen Platz bekommt.

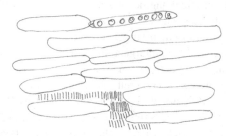

- Wie viele kleine Boote muss sie buchen?

- Wie viele große Boote muss sie buchen?

Abb. 4.2   Emilias erste Zeichnung zur Teilaufgabe f) im Kontext ‚Boote'

Zusammenfassung der Entstehung der ersten Zeichnung zur Teilaufgabe f) und Emilias erster Deutung
Bei der Bearbeitung der Teilaufgabe f) im Kontext ‚Ruderboote' zeichnet Emilia zuerst zwölf längliche Formen als Boote. Es wird keine bestimmte Anordnung (wie bspw. bei Teilaufgabe b)) erkennbar. Sie subtrahiert 8 von 68 (gleich 60) und malt acht Kreiskritzel in die obere Form. Emilia trennt vorne und hinten einen Bereich ab, den sie mit »1« (vorne) als Nummer und »g« (hinten) für „groß" beschriftet. Emilia überlegt und entscheidet sich, eine „kleine Rechnung" zu machen: Sie malt 68 blaue Striche und möchte diese durch Einzeichnen von Kreisen aufteilen. Mit einem roten Stift will sie nach vier bzw. acht blauen Strichen einen roten ergänzen. Sie verzählt sich allerdings zwischenzeitlich, sodass Emilia sechs Vierer-Blöcke, einen Fünfer-Block, einen Sechser-Block, drei Achter-Blöcke und einen Neuner-Block erhält. Deshalb schlägt die Interviewerin vor, eine neue Zeichnung anzufertigen.

Erste interpretative Überlegungen zur Entstehung und Emilias Deutung ihrer Zeichnung zur Teilaufgabe f)
Bei der ersten Bearbeitung und in ihren Deutungen zu dieser zweiten Teilaufgabe fokussiert Emilia auf die Gesamtanzahl der Boote (12), die als längliche Formen

analog zur Teilaufgabe b) gezeichnet werden. Auch hier scheint es wichtig, dass die Boote zunächst eine den (realen) Booten ähnliche Form erhalten, auch wenn Emilia noch nicht sagen kann, um wie viele große und kleine Boote es sich handelt. Ebenso verhält es sich mit den Sitzplätzen: Nachdem Emilia entschieden hat, dass das erste Boot ein großes ist, malt sie acht Kreiskritzel in eine längliche Form. Außerdem erhält dieses Boot eine Nummer, wie eine Art Name oder Kennzeichnung des Bootes, sowie die Markierung »g« als eine Art Metazeichen oder Legende zur zusätzlichen Kennzeichnung „groß". In ihren Deutungen und zeichnerischem Vorgehen wirkt es zunächst, als würde Emilia bestimmte Sachelemente der Textaufgabe mit alltagsbezogenen Eigenschaften (der Form der Boote und Sitzplätze, Kennzeichnung des Bootes mit einer Zahl) rekonstruieren. Sie fokussiert aber bereits zu Beginn ihrer Äußerungen auf die im Text enthaltenen Zahlen. Emilia verfolgt hierbei das Ziel, die 68 genannten Kinder so auf die Boote zu verteilen, dass in jedem der 12 Boote vier bzw. acht Kinder sitzen. Somit erhalten die zeichnerisch dargestellten Elemente zwar dinglich-materielle Eigenschaften. Diese ausgewählten Sachelemente werden allerdings mit mathematischen Eigenschaften verknüpft. Es wird überdies versucht, eine Verbindung zwischen ihnen herzustellen, sodass der Fokus der Sichtweise von Zahlen und arithmetischen Zusammenhängen geprägt ist.

Interessanterweise findet in Emilias Deutung der Sachaufgabe ein augenscheinlich spontaner Umbruch und somit eine eigenständige Verschärfung statt, die Aufgabe nur mit Strichen in zwei verschiedenen Farben zu lösen. Dies wird an dem Darstellungswechsel von Booten (als längliche Formen mit Kreiskritzel) zur Gesamtanzahl der Kinder bzw. der Sitzplätze (als Striche) erkennbar. Ein Grund dafür, warum Emilia diesen Wechsel vollzieht, könnte in der veränderten Anforderung der Textaufgabe liegen (strukturgleiche Aufgabe im selben Kontext wie Teilaufgabe b)), in der nun nicht die Anzahlen der Boote gegeben sind, die ein ‚Vorwärtsrechnen' ermöglichen, sondern die Gesamtanzahl aller Kinder und Boote, die die Strategie des ‚Rückwärtsrechnens' erfordert (vgl. auch Abschnitt 6.1).

Zusammenfassung der Entstehung und Emilias Deutung der zweiten Zeichnung zur Teilaufgabe f)
Nach Aufforderung der Interviewerin, eine neue (übersichtlichere) Zeichnung anzufertigen, zeichnet Emilia 68 blaue Striche in zwei Reihen (38 Striche in der oberen, 30 in der unteren) und fügt anschließend (nach vier bzw. acht blauen Strichen) rote Striche hinzu. Dies kommentiert sie und verwendet dabei die Ausdrucksweisen „Achterschiff" bzw. „Viererschiff". Dadurch erhält Emilia elf kleine und drei große, also insgesamt vierzehn ‚Schiffe'. Die Interviewerin weist Emilia

daraufhin, dass dies zu viele seien und fragt, was Emilia machen könne. Emilia radiert zwei rote Striche, die sich jeweils zwischen zwei Viererschiffen befinden, weg und kommentiert: „Das hier weg den Strich dann hab ich ja noch acht und dann kann ich den schon mal in ein machen und die zwei auch in ein dann hab ich nur noch zwölf". Emilia erhält so die Lösung »7« kleine und »5« große Boote, die sie anschließend unter die Zeichnung (vgl. Abb. 4.3) schreibt.

Abb. 4.3 Emilias zweite Zeichnung zur Teilaufgabe f) im Kontext ‚Boote‘

Erste interpretative Überlegungen zu Emilias Deutung ihrer zweiten Zeichnung zur Teilaufgabe f)
Mit der durchgängigen Verwendung eines (einzelnen) Zeichenträgers (hier in Form von Strichen) löst sich Emilia von den dinglichen Eigenschaften der in der Aufgabe enthaltenen Sachelemente. Die Striche weisen überhaupt keine sichtbaren Ähnlichkeiten mit ihnen auf! Die (*metonymischen*[13]) Ausdrucksweisen „Viererschiff", „Achterschiff" und „den schon mal in ein machen und die zwei auch" legen nahe, dass die mathematisch relevanten dinglichen Elemente der Sachsituation (Kinder, Boote, Sitzplätze) durch Zuordnungen letztlich zu abstrakten Entitäten von Anzahlträgern (kleine Boote als Träger der Anzahl 4; große

---

[13]Der Begriff der Metonymie wird ebenfalls in den weiterführenden Analyse des Beispiels von Emilia verwendet. In Abschnitt 4.4.3 wird er nochmals explizit aufgegriffen und dort auch näher erklärt. Er ist bereits an dieser Stelle ausblickend aufgeführt und wird auch in den Analysen (Kapitel 7) mehrfach Erwähnung finden. Insgesamt wird die Metonymie als wichtiges Sprachmittel der Kinder verstanden, dessen potenzielle Bedeutung sorgsam in einem argumentativ gestützten rationalen Konnex rekonstruiert werden muss.

Boote als Träger der Anzahl 8) werden, mit denen operative Änderungen durchgeführt werden können. So hat die Gleichung *,zwei 4er-Boote = ein 8er-Boot'* in der realen Sachsituation keine Geltung, sondern nur in der systemischen mathematischen Struktur. Emilia verändert folglich ihre Zeichnung und erhält durch Wegradieren zweier roter Striche aus vier Viererbooten zwei Achterboote, wodurch sie ihre gezeichnete Gesamtanzahl der Boote von 14 auf die von der Aufgabe vorgegebene Anzahl 12 reduziert. Dieser *interne Austausch* als operative Veränderung (,zwei 4er-Boote = ein 8er-Boot') ist ein charakteristisches Merkmal der *systemisch-relationalen Sicht,* weshalb Emilias zweite Zeichnung und Deutungen zur Teilaufgabe f) dieser Deutungsebene zu sachbezogenen Textaufgaben zugeordnet wird. Bei der Betrachtung der Entwicklung der drei erstellten Zeichnungen kann so der von Emilia vorgenommene Wechsel von einer darstellenden, die Realität abbildenden Funktion der Zeichenträger hin zu einer internen Strukturierung mit konstruktiver Funktion, bei der mit den semiotischen Mitteln der Striche eine Art neue, veränderte Realität generiert wird, aufzeigt werden. Dies wird nachfolgend in detaillierter Weise anhand der vertiefenden semiotischen und epistemologischen Analyse ausgearbeitet.

4.3.2 Weiterführende Analysen von Emilias Zeichnungen im Kontext ,Boote'

Die in Abschnitt 4.3.1 vorgestellten Bearbeitungen und Deutungen Emilias zu den Aufgabenteilen b) und f) im sachlichen Kontext ,*Ruderboote'* werden nachfolgend über die bereits beschriebenen, ersten interpretativen Überlegungen hinaus in differenzierter Weise betrachtet. Es wird das Ziel verfolgt, die in Unterkapitel 4.1 und 4.2 vorgestellten Merkmale verschiedener semiotischer Perspektiven an einem konkreten Beispiel zu erproben, um weiterführende und hilfreiche Erkenntnisse für die theoretisch (und empirisch) begründete Beschreibung und Rekonstruktion der Rollen und Funktionen semiotischer Mittel bei den von Grundschulkindern vorgenommenen Deutungen von mathematischen, sachbezogenen Textaufgaben zu erhalten. Anhand von Emilias Zeichnungen und daran vorgenommenen Deutungen sowie Umdeutungen werden dabei zwei Charakteristika von *mathematischen* Zeichenträgern erkennbar, die über eine die Realität abbildende, repräsentative Funktion hinausgehen. Diese Charakteristika beziehen sich auf die in den Zeichenträgern bzw. die in ihrer zugeschriebenen Bedeutung enthaltene Struktur und konstruktive Funktion, mit den Mitteln eigenständig eine neue Realität zu konstruieren. Neben einer semiotischen Perspektive, die in erster Linie ikonische Aspekte und damit eine eher abbildende Funktion der Zeichenträger in den Blick nimmt, muss folglich eine epistemologische Perspektive herangezogen werden, um die Besonderheiten mathematischer Zeichenträger zu berücksichtigen und die von den Kindern vorgenommenen graduellen Umdeutungen und Neukonstruktionen in differenzierter Weise zu verstehen. Diese Ausdifferenzierung erfolgt in Unterkapitel 4.4, wobei das vorliegende Unterkapitel 4.3 bereits wichtige relevante Aspekte herausstellt, die sowohl im Unterkapitel 4.4 fortgeführt werden, aber auch Schlussfolgerungen für das in dieser Arbeit generierte Theoriekonstrukt (Kapitel 5) erlaubt.

Der Aufbau dieses Teilkapitels ist an den beiden Bearbeitungen Emilias zur Teilaufgabe b) und f) orientiert. Jeweils zu Beginn von den beiden entsprechend gewählten Abschnitten 4.3.2.1 und 4.3.2.2 wird ein kurzer Überblick über den weiteren Verlauf und insbesondere die dafür herangezogenen semiotischen Theorien gegeben. Zur besseren Orientierung und Übersichtlichkeit sind die daran anknüpfenden Abschnitte mit entsprechenden Überschriften benannt. Es sei erwähnt, dass Auszüge aus dem Original-Transkript mit Emilias wörtlichen Äußerungen und Handlungen aufgeführt werden sowie an verschiedenen Stellen die von ihr generierten Zeichnungen. Sowohl 4.3.2.1 als auch 4.3.2.2 enden mit einem zusammenfassenden Kommentar, der überdies Konsequenzen aufzeigt und damit die durchgeführten Analysen am Beispiel von Emilia in den erweiterten Kontext der Arbeit stellt.

4.3.2.1 Zeichnung zur Teilaufgabe b): Realität abbildende Funktion und Ähnlichkeit

Nachdem Emilias Zeichnung und ihre erste Deutung dieser im vorangegangenen Abschnitt 4.3.1.1 zusammengefasst vorgestellt und erste interpretative Gedanken geäußert wurden, werden nachfolgend ausgewählte Aspekte der im Unterkapitel 4.2 beschriebenen semiotischen Theorien herangezogen und auf das Beispiel angewendet. Dies geschieht in zwei Abschnitten. Im ersten Abschnitt werden Wallis (1975) Ikonizitätsskala sowie Knowltons (1966) Taxonomie von visuell-ikonischen Zeichen herangezogen, im zweiten Blankes (1998, 2003) ikonisches Dreieck. Ein zusammenfassender Kommentar wird anschließend für das Forschungsvorhaben relevante Konsequenzen aufzeigen und einen Ausblick auf nachfolgende Kapitel geben.

Bezüge zur Ikonizitätsskala (Wallis) und zur Taxonomie von visuell-ikonischen Zeichen (Knowlton)
Emilias erste Zeichnung zur Teilaufgabe b) entspricht im Wesentlichen dem, was Wallis als *Pleromat* beschrieben hat. Das damit von ihm als eines von

zwei als Extreme beschriebene ikonische Zeichen bezieht sich auf dessen Detailreichtum (vgl. Wallis 1975, 7). Dieser von Emilia gezeichnete Detailreichtum betrifft zum einen die einzelnen Elemente wie die Lehrerin mit ihrer Kleidung und Frisur, zum anderen die gesamte Situation, die um weitere zu dem Kontext ,*Ruderboote'* passende Sachelemente wie den Verkäufer im Verkaufsstand mit Kasse und Schlüsseln ergänzt wurde. Dieser Detailreichtum ist es auch, der dem Bild in gewisser Weise eine *emotionale Funktion* zuweist, sodass dieses für sich genommen als ästhetisches Objekt betrachtet werden könnte. Emilia *nutzt* ihre Zeichnung jedoch nicht als *emotionalen Zeichenträger* („emotive vehicle"), sondern als *verweisenden* oder *referentiellen Zeichenträger* („referential vehicle"), der für sie auf eine potenziell reale (wenn auch imaginierte) Schulausflugssituation hinweist. Wie Ogden und Richards als zentrale These herausstellen, ist diese Relation zwischen Zeichenträger und Referent bzw. Bezugsobjekt eine *indirekte,* die bewusst über „die Konzeptionen des Interpretierenden des Zeichens" hergestellt werden muss (vgl. Knowlton 1966, 162). Anhand von Emilias Aussagen in Kombination mit den von ihr verwendeten Zeigegesten kann rekonstruiert werden, dass sie die von ihr gezeichneten Elemente benutzt, um auf Referenzobjekte, hier in Form von den ihr wichtigen Elementen einer wie in der Textaufgabe beschriebenen Schulausflugssituation, zu verweisen (Ausschnitt Transkript: Prä-Interview Emilia im Kontext Boote, Zeile 99) (Abb. 4.4).

„[legt die Hand unterhalb der langhaarigen Person in der lila Hose.] ähm hier hab ich die Lehrerin gemalt die schon den Schlüssel für die *[legt die Hand in den Schoß]* Umk- äh für die (.) für son Fach geholt hat wo man Jacken und Wertsachen rein tun kann und hier hab ich schon die ersten *[deutet locker mit der linken Hand auf die fünf Personen in der rechten Hälfte]* fünf Kinder gemalt da wo sie äh sch-schon warten auf die anderen Kinder und die ersten sind und gleich drauf dürfen und das *[tippt unter die Figur links in dem ,Stand']* is der Verkäufer und hier *[fährt mit dem Zeigefinger der linken Hand den Balken links im Rechteck nach]* steht wie viel Geld sie bezahlen *[legt die Finger links neben die ,Lehrerin']* müssen d-die Lehrerin und hier *[legt die linke Hand im C-Griff auf das Rechteck in der oberen Hälfte des ,Standes' und auf die sieben mal sieben Rechtecke im unteren Teil]* sind halt die Schlüssel zu dem Fach und das *[tippt auf das mit »50€« beschriftete Rechteck direkt unterhalb des ,Verkäufers']* die Kasse."*

Abb. 4.4 Emilia – Zeile 99

„[*legt die Hand unterhalb der langhaarigen Person in der lila Hose.*] ähm hier hab
ich die Lehrerin gemalt die schon den Schlüssel für die [*legt die Hand in den Schoß*]
Umk- äh für die (.) für son Fach geholt hat wo man Jacken und Wertsachen rein tun
kann und hier hab ich schon die ersten [*deutet locker mit der linken Hand auf die fünf
Personen in der rechten Hälfte*] fünf Kinder gemalt da wo sie äh sch-schon warten auf
die anderen Kinder und die ersten sind und gleich drauf dürfen und das [*tippt unter
die Figur links in dem ,Stand'*] is der Verkäufer und hier [*fährt mit dem Zeigefinger
der linken Hand den Balken links im Rechteck nach*] steht wie viel Geld sie bezahlen
[*legt die Finger links neben die ,Lehrerin'*] müssen d-die Lehrerin und hier [*legt die
linke Hand im C-Griff auf das Rechteck in der oberen Hälfte des ,Standes' und auf die
sieben mal sieben Rechtecke im unteren Teil*] sind halt die Schlüssel zu dem Fach und
das [*tippt auf das mit »50 €« beschriftete Rechteck direkt unterhalb des ,Verkäufers'*]
die Kasse.“

Unter Rückgriff auf Ogden und Richards' semantisches Dreieck entwickelt
Knowlton (1966) ein Kontinuum nicht-ikonischer bis ikonischer Zeichen. Zusätzlich unternimmt er einen ersten Versuch für eine Taxonomie von visuell-
ikonischen Zeichen, in der er zwischen realistischen, analogischen und logischen
Bildern unterscheidet (vgl. ebd., 171 ff.). Emilias erstellte Zeichnung zur Teilaufgabe b) im Kontext ,*Ruderboote*' kann so mit einem ersten Zugriff als
realistisches Bild eingestuft werden: Die von ihr gezeichneten einzelnen Elemente sind *ikonisch*. Das heißt, die Zeichenträger weisen Ähnlichkeiten zu den
von Emilia benannten zugehörigen Referenzobjekten auf. Die Elemente selbst
sind überdies in bestimmter Weise zueinander platziert: die Boote auf dem oberen Teil des Bildes, die sich im Wasser befinden; der Steg, der zu den Booten
führt; im unteren Bereich die Kinder, die über den Steg zu den Booten gelangen wollen; und ebenfalls im unteren Bereich und etwas abseits die Lehrerin in
der Nähe des Verkaufsstandes, in dem ein Käufer an einer Kasse steht. Emilias
Zeichnung ist somit eine realistische visuell-ikonische Repräsentation von verschiedenen von ihr vorgestellten (und potentiell realen) Objekten in einer von
ihr imaginierten Schulausflugssituation, auf die sie sich (zunächst) auch mit den
einzelnen Zeichenträgern ihrer Zeichnung beziehen möchte.

Betrachtung mit dem ikonischen Dreieck (Blanke)
Die Ähnlichkeit als Transformationsbeziehung zwischen Zeichenträger und Dargestelltem wird von der Gruppe μ um die Relation dieser beiden Elemente zum
Typ erweitert (vgl. Blanke 2003, 49 bzw. 1998, 289). Das von Emilia in der Zeichnung zu Teilaufgabe b) Dargestellte ist im Wesentlichen eine reale – wenn auch
von ihr vorgestellte – Situation, also etwas ,Wirkliches'. Die Boote wie auch die
Kinder können aufgrund der ihnen zugeschriebenen individuellen Eigenschaften

mehr oder weniger *unmittelbar* als solche identifiziert werden[14]. So unterscheidet Blanke (1998) *zwischen Dargestelltem* (hier: die von Emilia imaginierte Sachsituation des Baldeneysees mit vorhandenen und hinzugefügten realen Objekten der Wirklichkeit), *dem Zeichenträger* (oder Ikon) (hier: das von Emilia gezeichnete Bild) *und dem Typ* (hier: die wesentlichen und charakterisierenden visuellen Merkmale und Vorkommnisse in einer See-, Boote- und Schulkinder-Situation). Der Zeichenträger spricht nicht für sich selbst, es bedarf des Dargestellten (der imaginierten Sachsituation zur Textaufgabe) als Inhalt des Bildes und mentales Konstrukt, das die Identifikation eines Referenten als extensionale Einheit ermöglicht (vgl. Blanke 1998, 288 f. und 2003, 57). Zugleich reguliert der Typ die Beziehung zwischen Zeichenträger und Dargestelltem; im fortschreitenden semiotischen Prozess werden Merkmale des Typs zunehmend ausdifferenziert. Somit gibt der Typ vor, was wesentliche Kennzeichnungen der (imaginierten) konkreten Situation des Baldeneysees sind, und reguliert die Beziehungen zwischen dem Zeichenträger und der von Emilia aus dem Aufgabentext konstruierten, imaginierten konkreten Sachsituation (dem Dargestellten) sinnvoll und einsichtsvoll. In der hier von Emilia eingenommenen Sichtweise auf ihre Zeichnung kann folglich eine Analyse mittels des ikonischen Dreiecks und der besonderen Berücksichtigung des Typs (Blanke) sinnvoll sein.

Weiterführende Überlegungen zu Emilias Umdeutung
Neben dieser ersten, stark auf Ähnlichkeit beruhenden und somit an den individuell dinglichen Eigenschaften der Sachelemente interessierten Deutung nimmt Emilia im Interaktionsverlauf nach Rückfrage der Interviewerin bezüglich ihrer ermittelten Ergebnisse ebenfalls eine gänzlich andere Sichtweise auf ein und dieselbe Zeichnung ein (Ausschnitt Transkript: Prä-Interview Emilia im Kontext Boote, Zeile 113) (Abb. 4.5).

---

[14]Dies ist aufgrund der Erfahrungen bei der alltäglichen Symboldeutung und dessen Ausdifferenzierung, wie sie Kleinkinder bereits sehr früh erlernen und vornehmen, möglich (vgl. Kapitel 2). Zudem ist es natürlich erforderlich, dass das interpretierende Subjekt die Konzepte ‚Kind' und ‚Boot' für sich erworben hat (siehe auch postkonzeptioneller Status ikonischer Zeichen; bzw. kulturabhängiges Hintergrundwissen; Knowlton 1966, 167 bzw. Blanke 2003, 13).

„Ich hab hier [*fährt mit dem Finger über die rechten Teile von G1-5 auf und ab*] fünf Boote ich hab das extra nämlich mit den Nummern gemacht damit ich hier [*tippt mit dem Zeigefinger der rechten Hand auf die „5" in G5*] bis fünf habe und [*fährt mit dem Zeigefinger der linken Hand die Ovale in G5 nach*] acht also das is [*fährt mit der linken Hand links neben G1-5 von oben nach unten*] halt son [*fährt mit der rechten Hand über die rechten Teile von G1-5 nach unten*] is son Spiel [*fährt rechts wieder hoch und runter über G1-5*] hier sind fünf Reihn und [*fährt mit der linken Hand von rechts nach links in G5 nach links*] hier sind acht und dann rechne ich [*fährt mit der linken Hand von links nach rechts in G5*] acht mal fünf [*tippt mit rechts auf die „5" in G5*] gleich vierzich. Und hier [*fährt mit der rechten Hand die rechten Teile von K1-6 von oben nach unten nach*] sechs und [*fährt K6 von links nach rechts bis zum letzten Oval nach*] vier. Dann rechne ich vier mal sechs gleich [*legt die Hände in den Schoß*] vierunzwanzich."

Abb. 4.5 Emilia – Zeile 113

Trotz der vielfältigen von Emilia gezeichneten sachlichen Elemente, die für sie zu einer ‚typischen' Schulausflugssituation an einen See gehören, sowie deren detailreiche, individuelle Ausgestaltung blendet Emilia in ihrer zweiten Deutung der Zeichnung viele dieser sachlichen Elemente aus und fokussiert auf die für die Aufgabenbearbeitung relevanten Aspekte. Der untere Teil der Zeichnung mit dem Steg, der Lehrerin und der Verkäufer finden dabei keine weitere Beachtung. Stattdessen rücken die Boote im oberen Teil in den Vordergrund. Dies geschieht jedoch nicht, weil sie einen Rettungsring und ein Rettungsseil enthalten (kleines Boot Nummer sechs) oder weil vorne Platz für Füße ist (jeweils linke Abtrennung in den länglichen Formen) oder weil sie als Boote mit einer länglichen Form auf einem See schwimmen. Die Boote werden unter der Perspektive fokussiert, jeweils eine bestimmte Anzahl an Sitzplätzen aufzuweisen, nämlich vier bzw. acht, und als große bzw. kleine Boote, die ebenfalls jeweils in einer bestimmten Anzahl auftreten, nämlich als fünf große und sechs kleine Boote. Diese Anzahlen verknüpft Emilia zusätzlich miteinander. Sie erhält die Rechnungen ‚acht mal fünf gleich vierzig' und ‚vier mal sechs gleich vierundzwanzig'. Diese muss sie nur noch additiv miteinander verknüpfen, um die Gesamtanzahl der Kinder als 64 zu ermitteln.

Unter Einbezug von Knowltons Taxonomie von visuell-ikonischen Zeichen (1966) könnte davon gesprochen werden, dass Emilias Zeichnung unter dieser zweiten Deutung als eine Variante des *logischen Bildes* aufgefasst wird, da in

Form von Emilias ‚Spiel der Reihen' Beziehungen zwischen den Elementen hergestellt werden. Allerdings stellt Emilias Zeichnung keine stark schematisierte Repräsentation dar, die sich mit einer Straßenkarte oder einem Schaltplan vergleichen ließe, was Knowlton als Beispiele für diese erste Variante der logischen Bilder aufführt. Emilias Bild weiterhin als *realistisches Bild* zu charakterisieren, scheint aufgrund der nach wie vor vorherrschenden Ikonizität zwischen den Zeichenträgern der länglichen Formen mit Kreiskritzel und ihrer Bedeutung als Boote deshalb naheliegend. Allerdings können anhand einer solchen vorgenommenen Klassifikation keine weiteren einsichtsvollen Erkenntnisse über die von Emilia unterschiedlichen, vorgenommenen Deutungen sowie die besondere Mediation *mathematischer* Zeichenträger und ihrer Bedeutung gewonnen werden. Selbiges gilt für Wallis Ikonizitätsskala (1975), da eine Verortung auf der Skala als (eher) Pleromat oder (eher) Schemata diese Unterscheidung von ‚alltäglichen' und mathematischen Zeichen nicht explizit in den Blick nimmt. Auch das ikonische Dreieck mit der Unterscheidung von Dargestelltem, Typ und Zeichenträger vermag es nicht, diese Besonderheit in den Mittelpunkt zu stellen, weil sich der Typ an *visuellen* und somit *sichtbaren* Eigenschaften orientiert. Eine Analyse der von Emilia vorgenommenen Umdeutung mittels dieser beispielhaft herangezogenen semiotischen Theorien scheint deshalb zu keinen nennenswerten Einsichten zu führen.

Zusammenfassender Kommentar und Konsequenzen
Im Rahmen der in dem Beispiel von Emilia zum Ausdruck kommenden Wahl der Zeichenträger und deren erster Deutung kann (noch) nicht davon gesprochen werden, dass mathematische Beziehungen eine Relevanz erhalten. Die von Emilia gewählten Zeichenträger sind sehr stark an den dinglichen Eigenschaften der in der Textaufgabe benannten und von ihr imaginierten, erweiterten Situation orientiert. Es kann deshalb begründet von *ikonischen Relationen* gesprochen werden, die ebenfalls in Emilias Erklärungen und Deutung der Zeichnung fokussiert werden. Deshalb scheint es sinnvoll, dass an dieser Stelle keine epistemologische, sondern ggf. eine (allgemeine) semiotische Perspektive Anwendung findet, um ein besseres Verständnis von Emilias Deutung zu erlangen. Die hier aus dem Unterkapitel 4.2 aufgegriffenen Merkmale ausgewählter semiotischer Theorien können so Aufschluss über die Relevanz der Ikonizität in den kindlichen Deutungen von Emilia aufzeigen und bestätigen außerdem die Präsenz der kindlichen, im Alltag entwickelten Symbolisierungskompetenz, wie sie in Kapitel 2 ausgearbeitet wurde. Auch im Mathematikunterricht bzw. in mathematischen Gesprächen über eingekleidete Textaufgaben und deren Bearbeitungen können

so Zeichenträger unter einer *eher darstellenden, die Realität abbildenden Funktion* genutzt werden, wie dies Emilia in dem aufgeführten Beispiel illustriert. Es ist deshalb wichtig, auch diese von den Kindern vorgenommenen Deutungen im entwickelten Theoriekonstrukt zu berücksichtigen, um das besondere Verhältnis als komplementäres Wechselspiel von Sache und Mathematik besser fassen zu können und so das Forschungsproblem differenzierter zu verstehen. Aspekte der vorgestellten semiotischen Theorien müssen deshalb insbesondere hinsichtlich der ikonischen, auf Ähnlichkeit beruhenden Relation zwischen Zeichenträger und Bedeutung/Bezeichnung bei der Konzipierung und Ausdifferenzierung der *didaktischen Theorie mathematischer Symbole* explizit einbezogen werden, wie es auch anhand der Ausführungen zur *Alltagssicht* angestrebt wird (vgl. Kapitel 5).

Sobald Kinder jedoch Umdeutungen (oder allgemein gesprochen: Deutungen anderer Art) vornehmen und so ihre Sicht verändern, indem sie sachliche Elemente bzw. ihre individuellen, dinglichen Eigenschaften zugunsten von mathematischen Beziehungen wie beispielsweise arithmetischen Verbindungen (hier: die multiplikative und additive Verknüpfung der Anzahlen zur Gleichung ‚8*5 + 4*6 = 64‘) ausblenden, scheint es nicht ausreichend, eine allgemeine semiotische Perspektive einzunehmen. Stattdessen müssen die besonderen Bedingungen mathematischen Wissens Berücksichtigung finden, die bei der Auswahl und Deutung *mathematischer* Zeichenträger bedeutend werden. Dafür bedarf es der epistemologischen Perspektive, die explizit die Mediation von mathematischen Zeichenträgern und deren Bedeutung in den Blick nimmt. Aus diesem Grund wird das epistemologische Dreieck herangezogen, das sowohl als theoretische Fundierung sowie als Analyseinstrument aufgefasst wird und verwendet werden kann. Dieses wird im nachfolgenden Unterkapitel 4.4 ausführlich beschrieben, dessen Kernelemente expliziert und im Sinne der Theorieentwicklung fortgeführt.

4.3.2.2 Zeichnungen zur Teilaufgabe f): konstruktive Funktion und Strukturierung

Nachdem Emilias Zeichnung und ihre erste Deutung dieser im vorangegangenen Abschnitt 4.3.1.2 zusammengefasst vorgestellt und erste interpretative Gedanken geäußert wurden, werden nachfolgend ausgewählte Aspekte der in den Unterkapiteln 4.1 und 4.2 beschriebenen semiotischen Theorien herangezogen und auf das Beispiel angewendet. Im ersten Abschnitt werden erneut Wallis Ikonizitätsskala (1975, 7), die von Knowlton (1966, 171 ff.) erarbeitete Taxonomie von visuell-ikonischen Zeichen sowie Blankes ikonisches Dreieck (1998; 2003) zur Betrachtung von Emilias erster Zeichnung zur Teilaufgabe f) herangezogen. Hierbei werden gleichzeitig Vergleiche und Rückbezüge zu Emilias Zeichnung zum Aufgabenteil b) hergestellt. In einem zweiten Abschnitt wird die diagrammatische

Tätigkeit bzw. das Konzept des Diagramms, wie sie von Hoffmann (2000, 2005) und Dörfler (2006, 2015) unter Rückbezug zu Peirce beschrieben werden, in der weiterführenden Analyse integriert. Es werden außerdem Bezüge zur Einigkeit von *scribble and think'* (Rotman 2000), der *diagrammatischen Referenz* (Dörfler 2011), zur *(Un-) Sichtbarkeit* (Wißing 2016) und der *Selbstreferenz* (Dörfler 2006, 2010, 2015) hergestellt. Im Besonderen sei betont, dass bei der hier vorgenommenen Analyse explizit die *konstruktive Funktion und Strukturierung* von Emilias gewählten Zeichenträgern sowie deren Deutung im Mittelpunkt des Interesses steht.

Interpretationen zur Entstehung der ersten Zeichnung f) sowie Aspekte der Ikonizität
Bei der Lösung der Teilaufgabe f) beginnt Emilia die zeichnerische Bearbeitung damit, dass sie die in der Textaufgabe benannte Gesamtanzahl der Boote als zwölf längliche Formen zeichnet (vgl. Abb. 4.6), die in keiner erkennbaren Weise eine bestimmte Position zueinander erhalten, wie dies beim Aufgabenteil b) mit der Unterscheidung von links untereinander platzierten kleinen und rechts untereinander platzierten großen Booten der Fall war. Folglich spiegelt sich in Emilias Zeichnung die Offenheit und Fragestellung wider, wie viele kleine und große Boote gebucht werden müssen. Hieran wird auch der Konflikt zwischen Emilias Wunsch, die großen und kleinen Boote zu zeichnen, und dem Nicht-Wissen über deren genaue jeweilige Anzahl deutlich. Einzig die Gesamtanzahl der gebuchten Boote ist bekannt und lässt sich entsprechend in Emilias Darstellung wiederfinden. Den länglichen Formen kommen dabei eine eher darstellende, die von Emilia imaginierte *Realität abbildende Funktion* zu. Diese lassen sich auf die Zeichnung zur Teilaufgabe b) zurückführen und weisen, insbesondere mit der Ergänzung der acht Kreiskritzel in einer der oberen länglichen Formen sowie mit der Nummerierung, Merkmale der Ikonizität auf. Auch wenn diese erste Zeichnung zur Teilaufgabe f) nicht über den Detailreichtum der Zeichnung zur Teilaufgabe b) verfügt, bei der neben den Booten auch die Lehrerin, ein Mann im Wasser, ein Verkäufer als weitere sachliche Elemente ergänzt und jeweils mit individuellen, charakteristischen, dinglichen Eigenschaften ausgestattet wurden, besteht nach wie vor eine Verbindung zu den in der Textaufgabe benannten sachlichen Elementen. Emilia versucht, die von ihr zur Aufgabe imaginierte Realität abzubilden, wobei sie sich jedoch auf die mathematisch relevanten Elemente und ihrer Darstellung fokussiert. Weitere alltägliche Aspekte werden ausgeblendet. Nichtsdestotrotz sind die gewählten Zeichenträger für die sachlichen Elemente, die mit mathematisch relevanten Eigenschaften verknüpft sind, ihrer Bedeutung ähnlich. Es handelt sich bei dieser ersten (in der Entwicklung stehenden) Zeichnung nun nicht zwangsläufig um ein Pleromat (Wallis 1975, 7) oder ein realistisches Bild

(Knowlton 1966, 171 ff.), wie die Zeichnung zur Teilaufgabe b) verstanden werden könnte. Allerdings steht die Zeichnung zu f) dieser Seite der Ikonizitätsskala weitaus näher als dem Schemata oder dem logischen Bild.

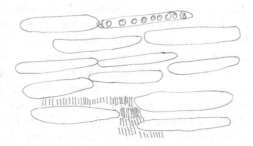

Abb. 4.6 Emilias erste Zeichnung f)

Mit Hilfe dieser die Realität abbildenden Zeichenträger, für die eine längliche Form mit Kullern als Boote gewählt wurde, versucht Emilia die in der Aufgabenstellung benannten 68 Kinder auf die Boote zu verteilen. Sie entscheidet eher willkürlich, ein großes Boot zu zeichnen, indem sie für die ersten 8 Kinder 8 Kreiskritzel in eine obere Form einzeichnet und 8 von 68 subtrahiert. Somit stellt die bis dahin gezeichnete Darstellung zur Teilaufgabe f) eine Art Mischung zwischen einer Sicht, die sehr stark an dinglichen Eigenschaften ausgerichtet ist, und einer Sicht, die sich auf die mit den Dingen verknüpften Anzahlen fokussiert, dar. Die Zeichnung kann deshalb auch als eine Art Brücke oder Übergang von einer Sicht zur nächsten betrachtet werden. Sie zeigt jedoch aufgrund der anschließenden Veränderungen weitere interessante Aspekte für einen möglichen zweiten Umbruch und erneuten Sichtweisenwechsel mit potenziell einsichtsvollen Umdeutungen und neuen Erkenntnissen auf. Nachdem Emilia die 8 Kreiskritzel in eine erste längliche Form eingezeichnet hat, findet augenscheinlich ein Umdenken statt. Denn anstatt diese Idee des probierenden Aufteilens weiter zu verfolgen, kreiert Emilia neue Zeichenträger. Diese Zeichenträger als Striche weisen nun nicht länger Ähnlichkeiten mit den in der Aufgabe benannten sachlichen Elementen auf. Dies wird im nachfolgenden Abschnitt näher betrachtet.

Entwicklung der Zeichnung zur Teilaufgabe f) und Vergleich zur Zeichnung zur Teilaufgabe b) sowie Aspekte der Ikonizität

Allgemein lässt sich Emilias Bearbeitung der Aufgabe f) als Prozess charakterisieren, in dem semiotische Mittel zur Herstellung einer (mathematischen) Inskription ausgewählt werden. Im Gegensatz zur detaillierten Zeichnung der Bootssituation (Aufgabe b)) werden in der weiteren Bearbeitung (Aufgabe f)) die mathematisch irrelevanten, konkreten Sachelemente und dinglichen Eigenschaften umgedeutet. Hierdurch verändert sich die aus dem Aufgabentext imaginierte Sachsituation grundlegend. Die zuvor bildhaft dargestellten Boote werden auf Anzahlen von Strichen reduziert (Abb. 4.7). Die Zeichnung weist keine sichtbaren Ähnlichkeiten mit den in der Aufgabe enthaltenen Sachelementen auf. Deren Verhältnis zueinander besteht nun nicht länger als eine Beziehung zwischen dinglichen Eigenschaften des Dargestellten und einem ikonischen Zeichenträger, wie es mit Hilfe des ikonischen Dreiecks und des (visuellen) Typs nach Blanke (1998; 2003) beschrieben werden kann. Augenscheinlich findet in Emilias Deutung der Sachaufgabe – und somit in ihrer Aufgabenbearbeitung – ein spontaner Umbruch statt. Es scheint, dass Emilia ihre erste Strategie verwirft. Anstatt eine bestimmte Anzahl an Kreiskritzeln nach beliebiger Auswahl eines kleinen oder großen Bootes in eine der bereits gezeichneten zwölf länglichen Formen als Sitzplätze einzuzeichnen und die gewählte Anzahl (vier bzw. acht) von den noch nicht verteilten Kindern (68) abzuziehen (wie sie es für das erste Beispiel $68 - 8 = 60$, also 8 Kreiskritzel in die erste längliche Form durchführt und prinzipiell fortführen könnte), entscheidet sie sich, eine andere semiotische Darstellung in Form von Strichen zu wählen. Im Unterschied zur ersten Zeichnung (Aufgabe b)), die sich aufgrund ihres Detailreichtums als *Pleromat* (Wallis 1975) und *realistisches Bild* (Knowlton 1966) charakterisieren lässt, muss die zweite Zeichnung zur Teilaufgabe f) der anderen Seite der Ikonizitätsskala zugeordnet werden. Dabei dient die erste Zeichnung zur Teilaufgabe f) als Brücke zwischen dieser zweiten und der Zeichnung zur Teilaufgabe b). Deshalb kann von einer *Schematisierung* gesprochen werden, bei der das *Pleromat* seines Detailreichtums entledigt und so zu einem *Schemata* umgewandelt wird (vgl. Wallis 1975, 7). Durch diese Schematisierung wurde der erfolgreiche Versuch unternommen, die nicht-kriterialen Attribute der einzelnen dinglichen, jedoch mathematisch relevanten Sachelemente zu eliminieren. Folglich wurden in einer gewissen Art und Weise die Kinder mit ihren individuellen Eigenschaften, die in die Boote einsteigen sollen, bzw. die Kreiskritzel als Sitzplätze in den Booten in Strichen als arbiträr dargestellte Elemente umgewandelt.

Abb. 4.7 Emilias zeichnerische Entwicklung – b) und f).

Des Weiteren stehen die von Emilia gezeichneten Elemente in Beziehung zueinander. Ein roter Strich unterteilt die Strichliste in Vierer- und Achtergruppierungen. Dadurch werden Umwandlungen durch das Ausradieren oder zusätzliche Einzeichnen weiterer roter Striche möglich. Der so von Emilia vorgenommene interne Austausch, der in der Gleichung ‚4 Viererboote = 2 Achterboote' deutlich wird, hat allerdings in der realen Sachsituation keine Geltung, sondern nur in der systemischen mathematischen Struktur. Diese kann als möglicher Referent der Striche-Zeichnung charakterisiert werden. Dieser existiert allerdings nicht in irgendeiner physischen Weise und ist somit im Grunde genommen überhaupt nicht sichtbar, wie es Knowlton unter Einbezug des mathematischen Beispiels vom jungen Gauß beschreibt (vgl. 1966, 197). Die von Emilia erstellte Zeichnung mit den Strichen als arbiträren Elementen wird folglich als *logisches Bild* und *Schemata* klassifiziert.

Die Entwicklung von Emilias Zeichnungen im Zusammenhang mit der diagrammatischen Tätigkeit
In gewisser Weise kann bei Emilias Bearbeitung der Teilaufgabe f) von der *diagrammatischen Tätigkeit* gesprochen werden, wie sie Dörfler (2006, 2015) und Hoffmann (2000, 2005) mit Bezug zu Peirce beschreiben. Emilias Zeichnungen,

sowohl die unvollendete mit den länglichen Formen und Kreiskritzeln als auch die Striche, stellen Externalisierungen und Vergegenständlichung ihrer Gedanken dar (vgl. Hoffmann 2000, 44). Hoffmann charakterisiert jede Form der Darstellung als eine „Fixierung des Unbestimmten und Vagen", wobei sich jedoch bereits in Auseinandersetzung mit bzw. bei der Auswahl von geeigneten Repräsentationsmitteln „eine Schärfung des eigenen Denkens" (ebd., 43) ergibt. In dieser Auswahl befindet sich Emilia: Zunächst orientiert sie sich an ihrer ersten Zeichnung, die ihr zu einer erfolgreichen Lösung der Teilaufgabe b) verhalf. Sie scheint jedoch nicht mit der von ihr gewählten Darstellung zufrieden zu sein, weshalb sie die Striche als ‚geeignetere' Repräsentationsmittel auswählt. In gewisser Weise führt dieser Wechsel zu einer Fokussierung des Denkens und Reduktion der Komplexität. Es sind nun nicht länger die konkreten Eigenschaften der Boote, wie die längliche Form und die darin enthaltenen Sitzplätze als Kreiskritzel selbst sowie ihre spezielle Positionierung zueinander, die im Zentrum ihres Interesses stehen. Stattdessen fokussiert Emilia auf die gegebene Gesamtanzahl der Schulkinder, die sie eigenschaftslos als einfache blaue Striche darstellt und sie durch Abtrennung von roten Strichen auf die großen und kleinen Boote aufteilt. Neben der Reduktion der Komplexität kann also von einer Abstraktion dessen, was repräsentiert werden soll, gesprochen werden. Hoffmann beschreibt diese beiden Eigenschaften als Teil des diagrammatischen Denkens und somit auch des Diagramms (vgl. Hoffmann 2000, 43). Dabei steckt in jeder Vergegenständlichung und somit auch in jedem Diagramm immer mehr, als „bewusst im Akt der Konstruktion hineingelegt wurde" (ebd., 42). Folglich spricht man von einem „kontinuierlichen Prozess der Fixierung und Aktualisierung von Möglichkeiten" (ebd., 43), wodurch unbewusste Implikationen des unausgereiften Denkens sichtbar gemacht werden und Neues entdeckt werden kann.

In diesem Zusammenhang kann auch auf Rotman (2000) mit seiner Einigkeit von *scribbling and thinking* verwiesen werden. Emilias erste Zeichnung zur Teilaufgabe f) wies bereits die Möglichkeit auf, die Kinder auf die Boote als Kreiskritzel auf die länglichen Formen zu verteilen. Diesen Gedanken verfolgt sie möglicherweise auch weiterhin in ihrer zweiten Zeichnung als eine Art *zugrundeliegende Idee* oder *leitendes Prinzip*. Jedoch beginnt sie im Gegensatz zur ersten Zeichnung zu f) nicht mit den von der Teilaufgabe vorgegebenen 12 Booten, auf die die Kinder aufgeteilt werden. Stattdessen startet Emilia von den Kindern als 68 Strichen, die sie anschließend in Vierer- und Achtergruppen einteilt und jeweils vier bzw. acht Striche / Kinder als kleine bzw. große Boote umdeutet. Diese Einteilung der Striche in Vierer- und Achtergruppen eröffnet zudem die Möglichkeit des leichteren Durchführens von Veränderungen bzw. Anpassungen und somit die Möglichkeit des Austausches, an den Emilia bei der Konstruktion

des Striche-Diagramms nicht zwangsläufig gedacht haben muss. Mit den so entstandenen abstrakten Entitäten von Anzahlträgern können schließlich operative
Veränderungen durchgeführt werden: Durch das Wegradieren zweier roter Striche
macht Emilia aus vier Vierergruppen zwei Achtergruppen und reduziert somit die
Gesamtanzahl der Gruppen von 14 auf die vorgegebenen 12.

Die Entwicklung der Zeichnungen als Prozess des ,Denkens und Kritzelns'
Emilias Deutungs- und Veränderungsprozess bei der Konstruktion ihrer Striche-
Repräsentation entspricht dem, was Rotman als eine *semiotische mathematische
Praxis* charakterisiert:

> „Those things that are ,described' – thoughts, signifieds, notions – and the means
> by which they are described – scribbles – are mutually constitutive: each causes the
> presence of the other; so that mathematicians at the same time think their scribbles and
> scribble their thoughts" (Rotman 2000, 34 f.).

In diesem Prozess des *,Denkens und Kritzelns'* bzw. des Fixierens und Aktua-
lisierens von Möglichkeiten kann Emilia ihre (unausgereiften) Gedanken und
darin enthaltene unbewusste Implikationen *sichtbar* machen, um etwas Neues
zu entdecken. Damit beschränkt sich Emilias Umgang mit der Repräsentation
der Striche nicht auf ein mechanisches, algorithmisches Operieren. Es zeigt vielmehr ihre Kreativität bei der Konstruktion und im Experimentieren (vgl. Dörfler
2006, 11; kreative Funktion von mathematischen Zeichen auch bei Rotman 2000,
34). Durch den Wechsel der Darstellung der Boote und Kinder als *,ovale Formen mit Kreiskritzeln'* hin zu *,Gruppierungen von Strichen'* wird für Emilia
die neue Möglichkeit der operativen Veränderung und somit in gewisser Weise
auch eine mathematische Struktur sichtbar. Diese spiegelt sich in der Gleichung
$2 \cdot (2 \cdot 4) = 2 \cdot (1 \cdot 8)$ wider: ,vier 4er-Boote = zwei 8er-Boote' bzw. ,vier
4er-Gruppen = zwei 8er-Gruppen'.

Striche mit diagrammatischer Referenz
Dörfler hat Strichlisten, wie Emilia sie hier in gewisser Art und Weise verwendet,
als Beispiele für Diagramme aufgeführt, die „selbst eine innere Struktur" (Dörfler
2011, 204) aufweisen. Bei Emilias Verwendung der Striche kann insofern von
einer *diagrammatischen Referenz* gesprochen werden, bei der den Zeichen (hier:
den durch rote Striche getrennten blauen Strichen) selbst Eigenschaften zugeschrieben werden (vgl. ebd.). Dabei ist die diagrammatische Referenz Teil der
sozialen Praxis des Handelns mit diesen Zeichen (von Dörfler auch als ,Strichlis-
tenpraxis' benannt) und keine absolute Eigenschaft von Emilias Strichen selbst.

Erst durch die *Handlungen,* die Emilia an den Strichen ausführt, sie als rote Trenn-
striche einzeichnet und diese dann an bestimmten Stellen wieder wegradiert, um
operationale Veränderungen vorzunehmen, wird diese innere Struktur und damit
die diagrammatische Referenz erkennbar. Die eigentliche Bedeutung des Diagramms, nämlich die ihm zugrundeliegenden Strukturen und somit Möglichkeiten
der Austauschbarkeit und spielerischen Veränderungen (Hoffmann 2005, 128),
resultiert folglich spontan und unerwartet in Emilias Lernprozess durch das Operieren mit den Strichen (vgl. Dörfler 2006, 215). Die Striche selbst bezeichnen
nicht notwendigerweise etwas Gegebenes, wie die konkreten Boote auf dem See
oder die Kinder in der Schulausflugssituation. Sie zeigen vielmehr Möglichkeiten
und Relationen zwischen den verschiedenen Anzahlen auf und wie diese unter
Einhaltung bestimmter Regeln spielerisch verändert bzw. ausgetauscht werden
dürfen.

Als Randbemerkung kann hier aufgeführt werden, dass Emilia in späteren
Bearbeitungen verschiedenster Sachsituationen immer wieder auf die Verwendung
von Strichen zurückgreift. Auch Schreiber (2010) konnte in seiner Studie beobachten, dass die FLIPPERS und SLEEPERS bei der Bearbeitung einer neuen
Aufgabe (jeweils ‚*Schnecke und Brunnen*', jedoch mit anderen Zahlen) auf ein
bereits entwickeltes Diagramm zurückgreifen und dieses zur Lösung einer weiteren Problemstellung heranziehen (vgl. ebd., 101 und 143). Unabhängig vom
Kontext bilden die Striche für Emilia Relationen und Strukturen ab, sodass sie
ihre entwickelten Strichlisten vielfältig und sogar über Aufgabenkontexte hinweg einsetzen kann. Theoretisch ist es somit möglich, Emilias Strichliste als
Lösung für die Textaufgabe ‚*Reifenwechsel*' (vgl. Abschnitt 6.1.1) zu nehmen: Ein
Viererboot in Form von vier blauen Strichen, die von den anderen durch rote abge-
trennt werden, wird so zu einem Auto; ein Achterboot zu einem LKW mit acht
Reifen. Durch einfache Transformationsprozesse eignet sich eine solche Striche-
Darstellung auch für die Bearbeitung der Aufgabe ‚*Tiere am See*' sowie natürlich
für vielfältige weitere Aufgaben in anderen Kontexten (vgl. Abschnitt 6.1.2).
Fliegen mit je sechs Beinen und Enten mit je zwei Beinen werden dafür mit
ihren Pendants der anderen Kontexte gleichgesetzt bzw. ausgetauscht. Eine Fliege
würde so einem LKW mit sechs Reifen entsprechen. Drei Enten bilden eine Fliege
oder besagten LKW mit sechs Reifen.

Emilias Strichliste als sinnlich-empirisches Diagramm?
Die von Emilia konstruierte und veränderte Repräsentationsform der Striche kann
folglich als ein Diagramm klassifiziert werden, das zu dem Peirceschen Konzept
des Diagramms zumindest starke Ähnlichkeiten aufweist. Die getätigten Ausführungen zeigen, dass Emilia ihre Zeichnungen zur Teilaufgabe f) als Mittel des

Denkens benutzt. Das so entstandene Striche-Diagramm kann als Modell für die gegebene bzw. hypothetische Situation gelten, die in der Sachaufgabe beschrieben wird und die Emilia sich zu dieser Sachaufgabe vorstellt. Das Diagramm weist zudem den Charakter eines konstruktiven Entwurfs auf und wird durch das diagrammatische Denken untersuchbar und veränderbar (vgl. Dörfler 2006, 211). Dörfler plädiert in diesem Zusammenhang für „Materialität und perzeptive Gegenständlichkeit in mathematischen Tätigkeiten" (Dörfler 2006, 201), die „sinnlich-empirisch" (ebd., 211) ist und im Gegensatz zur Ansicht von mathematischen, abstrakten Objekten steht. Emilias Striche-Diagramm selbst sowie die von ihr daran durchgeführten Handlungen sind *sinnlich-empirisch:* Beide können ‚beobachtet' und ‚beschrieben' werden und Emilia ‚kommuniziert' in ihrer eigenen Art über die so von ihr durchgeführten mathematischen Tätigkeiten (vgl. auch Dörfler 2006, 212). Auch die ‚Anwendung' (für die das Striche-Diagramm als Modell und konstruktiver Entwurf genutzt wird) in Form der sachbezogenen Textaufgabe, die auf den Baldeneysee mit Booten verweist, kann als potenziell reale Schulausflugssituation stattfinden und somit gesehen (bzw. wie von Emilia imaginiert) werden. In der Sprechweise von abstrakten Objekten als Träger der Regeln für die Verwendungsweise eines Diagramms bzw. von Darstellungen und ihre Beziehungen untereinander sieht Dörfler eine gewisse Legitimation (vgl. Dörfler 2015, 41). Emilias Striche-Diagramm ist nun nicht nur durch Gebrauchsregeln gekennzeichnet. Es weist stattdessen eine eigene, zugrundeliegende systemisch-relationale Struktur auf, die sich in den Beziehungen zwischen den im Diagramm enthaltenen Inskriptionen (hier: den Strichen) befindet. Diese systemisch-relationale Struktur kann zwar mit Hilfe von Inskriptionen und Emilias Erklärungen sichtbarer und somit sinnlich erfahrbarer gemacht werden. Jedoch sind Beziehungen und Strukturen per se nicht direkt sinnlich wahrnehmbar. Sie müssen erst hineingedeutet, also aktiv konstruiert werden und mit Zuhilfenahme von semiotischen Mitteln erklärbar gemacht werden (siehe auch Ausführungen zu Duval in Abschnitt 1.1).

Wißing (2015, 2016) beschreibt in ihrem Forschungsprojekt „KidZ – GrundschulKinder deuten Zahlenmuster" (Wißing 2015, 1001) dieses komplexe Zusammenspiel von *sichtbaren und unsichtbaren Elementen* am Beispiel von mathematischen (Zahlen-)Mustern. Sie sieht diese als „zwei komplementäre Komponenten, die sich wechselseitig bedingen" (Wißing 2016, 1070). Weiter unterscheidet sie dabei zwischen *phänomenologisch sichtbaren (An-) Ordnungen* und *gesetzmäßigen, strukturellen Zusammenhängen*. Diese Zusammenhänge, „die den Phänomenen an der Oberfläche zugrunde liegen und zum Teil nicht direkt sichtbar sind" (vgl. Wißing 2016, 1070), müssen herangezogen werden, um die sichtbaren, phänomenologischen Elemente, also „das visuell Wahrnehmbare" (ebd.), deuten und erklären zu können. Ausgehend von und im Wechselspiel mit den Sachelementen der Aufgabenstellung erstellt Emilia einen komplexen Striche-Zeichenträger, der die potenzielle systemische Struktur von Zahlen und Größen (als ‚nicht direkt sinnlich wahrnehmbares‘ mathematisches Objekt) intendiert. Die Bedeutung der semiotischen Mittel kann hier nicht länger durch den Bezug auf dingliche Entitäten ‚direkt mit den Sinnen‘ zugänglich gemacht werden. Man könnte vielleicht konstatieren, dass etwa das Striche-Diagramm zugleich mit den Strichen auch die intendierte systemische Struktur sichtbar und zugänglich macht. Eine solche Hypostasierung (vgl. Cassirer 1973, siehe auch Abschnitt 1.1) der Inskription zu einer ‚sichtbaren Struktur‘, also eine Identifikation des Striche-Diagramms mit der ihm ‚innewohnenden‘ Struktur, ist allerdings nur dann möglich, wenn der Verstehens- und Lösungsprozess (des lernenden Kindes) abgeschlossen ist. Untersucht man jedoch die Genese von Problemlöse- und Deutungsprozessen von Kindern, dann ist es erforderlich davon auszugehen, dass den Kindern die angezielte systemische Struktur zunächst unsichtbar und sinnlich nicht erfassbar bleibt, wenn die Kinder vor der Bearbeitung der Problemstellung – hier in Form von sachbezogenen Textaufgaben – stehen. Deshalb scheint es für das vorliegende Forschungsvorhaben nicht einsichtssinnvoll, Dörflers Auffassung von Diagrammen als sinnlich-empirisch zu folgen.

Emilias Strichliste als eigenständiges, selbstreferentielles Objekt?
Das von Emilia konstruierte und entwickelte Striche-Diagramm könnte in der Form, in der es am Ende der Aufgabenbearbeitung f) vorliegt, als eigenständiges Objekt, „losgelöst von möglichen Referenten und Interpretationen" (Dörfler 2006, 211), und somit nicht als Mittel, sondern als Gegenstand des Denkens betrachtet und analysiert werden (vgl. ebd.). Denn in der Mathematik kann darauf verzichtet werden, die dort verwendeten „Zeichen als Zeichen für etwas von ihnen Verschiedenes anzusehen" (Dörfler 2015, 34), weil die Mathematik letztlich von sich selbst handelt: „Thus, mathematics […] is 'about' […] itself" (Rotman 2000, 41). Diagramme, wie das von Emilia, gelten insofern als „ein ‚Ersatz' für die abstrakten Objekte" (Dörfler 2006, 211), bzw. sind sie *selbstreferentiell*.

Für die Untersuchung und Rekonstruktion von Lern- und Verstehensprozessen (von Grundschulkindern) scheint es allerdings wenig hilfreich zu sein, diesem von Emilia konstruierten Diagramm eine absolute Selbstreferenz zuzuweisen. Dieses Diagramm ist in einem Lernprozess der Schülerin entstanden. Es hat sich in den Bearbeitungen verschiedener Teilaufgaben nach und nach entwickelt und ist – bei allen Transformationen – mit Bedingungen der Ausgangsproblemstellung verbunden. Die einzelnen Inskriptionen beziehen sich letztlich nicht mehr auf reale Boote, Kinder, eine Lehrerin und einen Schulausflug zu einem See mit ihren jeweiligen konkreten, dinglichen Eigenschaften. Sie weisen überdies keine äußerliche, phänomenologische Ähnlichkeit mit ihnen auf. Nichtsdestotrotz benennt Emilia ihre Gruppierungen als „Viererschiff" bzw. „Achterschiff". Sie bezieht sich also auf konkrete, in der Sachaufgabe enthaltene, dingliche Sachelemente. Diese sind jedoch nicht mehr als sachbezogene konkrete Elemente, wie längliche Boote, die auf einem See schwimmen, von Interesse. Stattdessen werden diese Begrifflichkeiten gewählt, um *metonymisch*[15] auf die mathematisch relevanten dinglichen Elemente der Sachsituation (je vier Kinder, die in einem Viererschiff, und je acht Kinder, die in einem Achterschiff einen Platz finden) zu referieren. Die Ausdrücke „Viererschiff" und „Achterschiff" werden durch Zuordnungen letztlich zu *abstrakten Entitäten von Anzahlträgern*. Diese Anzahlträger stehen überdies in Beziehung zueinander, insofern als dass die Gesamtanzahl der Entitäten 68 in zwölf Gruppen von je vier bzw. acht Entitäten eingeteilt werden soll. Aus den mathematisch relevanten dinglichen Elementen der Sachsituation werden so in gewisser Weise Strukturen und operative Beziehungen, die sich aus den folgenden Charakteristika zusammensetzen:

- Die Boote bzw. von Emilia als „Schiffe" benannten Sachelemente werden zu *Trägern der Anzahl 4* (oder m) und *Trägern der Anzahl 8* (oder n).
- Anzahl der *Träger der Anzahl 4* (bzw. *m*); Anzahl der *Träger der Anzahl 8* (bzw. *n*) [hier von Emilia als Ergebnis ermittelt: 7 *Träger der Anzahl 4* und 5 *Träger der Anzahl 8*]
- Summe aller *Träger der Anzahl 4* (bzw. *m*) und Anzahl der *Träger der Anzahl 8* (bzw. *n*) [hier in der Sachaufgabe vorgegeben: 12]
- Summe aller Anzahlen von *Trägern der Anzahl 4* (oder *m*) und *Trägern der Anzahl 8* (oder *n*) [hier in der Sachaufgabe vorgegeben: 68]
- Als Gleichungssystem: $4m + 8n = 68$ und $n + m = 12$

Nichtsdestotrotz braucht Emilia die in der Sachaufgabe enthaltenen Elemente, also externe Referenzen (hier die umgedeuteten Sachelemente, die in metonymischer Weise benannt werden), um das spontan von ihr entwickelte Striche-Diagramm zu erklären und ihm so Bedeutung zu verleihen. Im Mathematikunterricht der Grundschule fehlen den Kindern die mathematischen Ausdrucks- und Schreibweisen, um eine solche Aufgabe (Boote Teilaufgabe f)) in einem Gleichungssystem mit zwei (ganzzahligen) Unbekannten zu lösen. Deshalb müssen sie auf andere semiotische Mittel, wie z. B. Striche, zurückgreifen, um

---

[15]Der Begriff der *Metonymie* wird in Abschnitt 4.4.3 (neben den hier vorgenommenen Erklärungen) konkretisiert.

die mathematische Aufgabe darzustellen und zu lösen. Darüber hinaus hilft der
Kontext (hier: Boote am See), den die sachbezogene Textaufgabe als mögliche
Referenz zur Verfügung stellt, um nun mit einer anderen Deutung der Sachelemente über die mathematischen Beziehungen in metonymischen Sprechweisen
zu reden. Emilia redet somit zwar über Boote, meint allerdings keine schwim-
menden Objekte auf einem See. Sie referiert damit auf Anzahlträger, die in einer
systemisch-relationalen Struktur auftreten.

Im Mathematikunterricht der Grundschule bestehen mathematische Tätigkeiten
so zuweilen aus einem Wechselspiel von Anwendungs- und Strukturorientierung, in dem die Anwendungssituation als Referenz für mathematische Strukturen
benutzt wird. Für die Analyse solcher Tätigkeiten von Grundschulkindern im
Rahmen von mathematischen Lern- und Verstehenssituationen ist es somit angebracht davon auszugehen, dass semiotischen Mitteln, wie beispielsweise auch
Emilias diagrammatisch genutzte ‚Strichliste‘, eine Referenz zugeschrieben wird
– sie also nicht als selbstreferentiell zu betrachten. Die Kinder in dieser Studie werden immer wieder nach Erklärungen und Bedeutungen der von ihnen
genutzten und konstruierten (zeichen- und materialgebundenen) semiotischen Mittel gefragt, mit denen sie Sachaufgaben unter verschiedenen Sichtweisen mit
Hilfe von Zeichenträgern darstellen. Es ist folglich unerlässlich, dass die von
den Kindern erstellten Zeichnungen immer unter Einbezug der Deutungen des
jeweiligen Kindes betrachtet und analysiert werden. Das Striche-Diagramm erhält
erst dadurch eine Bedeutung, dass Emilia Erklärungen benutzt, die die Bedingungen der Ausgangsproblemstellung einbeziehen, und indem sie in metonymischen
Sprechweisen Referenzen zur Sachsituation herstellt. In gewisser Weise ‚steuern‘ die mathematischen Bedingungen der Sachaufgabe Emilias Handlungen bzw.
Operieren im Zeichensystem, sodass diese als legitim, richtig, passend oder den
Bedingungen entsprechend charakterisiert werden können.

So gibt die Sachsituation vor, dass es sich um 68 Kinder handelt, die am
Ausflug teilnehmen, und auf 12 Boote aufgeteilt werden, in denen jeweils entweder vier oder acht Kinder Platz haben. Entsprechend zeichnet Emilia 68 Striche,
die durch weitere rote Striche in Vierer- und Achter-Blöcke eingeteilt werden.
Außerdem wandelt Emilia vier Vierer-Boote in zwei Achterboote um. Sie nimmt
also ‚sinnliche‘ Handlungen vor, die sich jedoch an den vorgestellten mathematischen Zahlbeziehungen der Aufgabenstellung als systemisch-relationale Struktur
orientieren und so nicht willkürlich sind. In einer gewissen Weise kann davon
gesprochen werden, dass die in der Aufgabe enthaltenen, ‚nicht direkt sinnlich
wahrnehmbaren‘ Strukturen Emilias Handlungen somit beeinflussen. Sie erkennt
an, dass nicht vierzehn, sondern zwölf Boote benutzt werden sollen, und bemerkt,
dass die Zahlen vier und acht in einem mathematischen Verhältnis stehen, welches

sie zur Beantwortung der Frage, „Wie viele große/kleine Boote muss die Lehrerin buchen?", benutzen kann. Die systemisch-relationale Struktur, die die Gültigkeit der Gleichung ‚zwei 4er-Boote = ein 8er-Boot' bedingt, ist zwar selbst in der Aufgabenstellung enthalten, muss allerdings aktiv von einem epistemischen Subjekt hineingedeutet werden.

Die Gebrauchsregeln mit den operativen Veränderungen basieren für Emilia letztlich auf den mathematischen Bedingungen der Aufgabe. Im Wechselspiel zwischen Zeichnung (scribbles, hier den Strichen) und auf Grundlage der imaginierten mathematischen Zahlbeziehungen der Aufgabenstellung (thoughts) entsteht die systemisch-relationale Struktur. Die dinglichen Elemente der Sachsituation und ihre Eigenschaften werden in diesem Diagramm durch ein System mathematischer Beziehungen ersetzt, die die Mediation zwischen den Inskriptionen und ihrer Referenzen begrifflich regulieren. Eine solche Gruppierung von Strichen kann somit als Sichtbarmachung von nicht direkt sinnlich zugänglichen Beziehungen/Strukturen aufgefasst werden. Die Bedeutung und das Funktionieren eines solchen Diagramms samt der passenden Gebrauchsregeln basieren auf seiner Genese in der Bearbeitung lernender Kinder, erhält also durch Referenz auf eine sich transformierende Sachsituation und sich verallgemeinernder mathematischer Regeln und Beziehungen ihre Bedeutung/Existenz, wie es am Beispiel von Emilias Umdeutungen, Herstellung und Umwandlung verschiedener Inskriptionen versucht wurde aufzuzeigen.

Das Konzept des Peirceschen Diagramms scheint im Besonderen einen hohen Nutzen für innermathematische Problemstellungen aufzuweisen, bei denen den Mathematikern die üblichen, konventionellen Darstellungssysteme bereits wohl vertraut sind. Hierbei kann es durchaus legitim sein, von Selbstreferenz zu sprechen, wie es Dörfler (2006) und Rotman (2000), aber auch Brunner (2015, 24) unter Rückbezug zu Dörfler (2010) beschreiben:

„Wie Dörfler (2010, S. 26) gehe ich daher im Zusammenhang mit Diagrammen in der Mathematik im Hinblick auf die Peircesche Zeichentriade von einem Zusammenfallen von Objekt und Repräsentamen (Zeichen) aus. Dörfler schreibt (2010, S. 26):

Die erkenntnisleitende Funktion des Objektes übernimmt dann das Diagramm, das insbesondere in der Mathematik nicht nur Mittel, sondern auch Gegenstand der Erkenntnis ist: wir untersuchen nicht mit Hilfe von Diagrammen von diesen wesentlich verschiedene Objekte, sondern die Diagramme selbst sind die Gegenstände der Untersuchungen und Beobachtungen. In den Diagrammen und den Regeln für ihre Manipulationen und Transformationen liegt auch die dem Objekt sonst innewohnende ‚Widerständigkeit'. Die Eigenschaften von und Beziehungen zwischen Diagrammen sind nicht einfach von diesen abzulesen, sondern müssen unter intellektueller Anstrengung im Prozess des diagrammatischen Schließens aufgedeckt und konstruiert werden. Dies ist ein

offener Prozess, der oft zu Überraschungen führt, worauf auch schon Peirce ausdrücklich hingewiesen hat. Gerade dieser Fokus auf die Diagramme basierend auf ihren
wahrnehmbaren und materialiter manipulierbaren Inskriptionen leistet die von mir
angestrebte Entmystifizierung des mathematischen Handelns und ersetzt eine metaphysische Ontologie durch die Ontologie der Diagramme, die die Mathematiker selbst
entwerfen, konstruieren und untersuchen."

Emilias semiotischer Zeichenträger (Striche-Darstellung zur Bootsaufgabe f))
wird zu einem Diagramm, das zumindest in Teilen mit dem Peirceschen „Diagramm" Ähnlichkeiten aufweist. Ein wichtiger Unterschied liegt jedoch in der
Annahme, dass Emilia Referenzen benutzt, um das von ihr konstruierte Striche-
Diagramm zu beschreiben, obwohl es prinzipiell selbstreferentiell sein kann – also
ohne Anwendungsbezug analysiert werden könnte. Es wirkt folglich so, als würden Repräsentamen und Objekt, wie es Dörfler in dem Zitat postuliert, in Emilias
Deutungen nicht zusammenfallen, da die Referenz auf die Sachsituation als metonymische Sprechweise über die im Diagramm enthaltene systemisch-relationale
Struktur benötigt wird. In dieser Referenz liegt außerdem die Legitimation davon
zu sprechen, dass die Textaufgabe Emilias Handlungen steuert (12 Boote, 68 Kinder, große (8)/kleine (4) Boote) und dass sie diese Referenzen von einem realen
Boot auf dem See hin zu einem Anzahlträger verändert (blaue Striche durch rote
abtrennen, an denen operative Veränderungen durchgeführt werden können; ‚zwei
4er-Boote = ein 8er-Boot').

Zusammenfassender Kommentar und Konsequenzen
Emilias Wahl der Zeichenträger und deren Deutung ist zu Beginn der Entwicklung
der Zeichnung zur Teilaufgabe f) stark an Aspekten orientiert, die auf Zeichenträger mit *ikonischen Relationen* und in erster Linie auf *die Realität abbildende
Funktion* zurückzuführen sind, die bereits bei der Bearbeitung der Teilaufgabe
b) Verwendung fanden. Im Unterschied zur Teilaufgabe b) blendet Emilia jedoch
viele als zuvor wichtig erscheinende sachliche Elemente und ihre spezifischen,
dinglichen Eigenschaften aus. Sie fokussiert stattdessen die mathematisch relevanten Sachelemente und die ihnen jeweils zugeschriebenen Anzahlen, die sie
zudem arithmetisch miteinander verknüpft. Die im Unterkapitel 4.2 und bereits
zur Analyse von Emilias Zeichnung zur Teilaufgabe b) herangezogenen semiotischen Theorien geben weiterhin Aufschluss über potenziell in den Deutungen
der Kinder enthaltene ikonische Relationen. Darüber hinaus werden mathematische Aspekte zunehmend bedeutend, die allerdings aufgrund des besonderen
Verhältnisses von Sache und Mathematik nach wie vor mit der sachlichen Situation verknüpft sind. Es erscheint somit naheliegend, dass für die Kinder ebenfalls

ikonische Aspekte bedeutend sind. In der Betrachtung der Entwicklung von unterschiedlichen Zeichenträgern zu ein und demselben Kontext können so semiotische Theorien nach wie vor Erklärungen und Hilfestellungen zur Verfügung stellen, um die daran vorgenommenen Deutungen der Kinder besser verstehen und theoretisch einordnen zu können. Darüber hinaus ist es jedoch erforderlich, die *Besonderheiten mathematischen Wissens* zu berücksichtigen und wie sich diese in den Deutungen und von den Kindern gewählten Zeichenträgern rekonstruieren lassen.

In der weiteren Entwicklung ihrer Zeichnung verändert sich Emilias Deutung und Wahl der Zeichenträger mit ikonischen Relationen, die neben Ähnlichkeitsaspekten auch Anzahlen und deren arithmetische Verknüpfung in den Blick nimmt, dahingehend, dass Emilia die Zeichenträger eigenständig auf Striche reduziert, an denen sie zudem operative Veränderungen durchführen kann. Die Zeichenträger werden zunehmend als mathematische Symbole gedeutet, die nicht länger auf Ähnlichkeiten beruhen, sondern eine eigene zugrundeliegende Struktur erhalten. Damit dienen die Zeichenträger nicht länger der Repräsentation einer bereits bekannten Realität, wie dies beim Aufgabenteil b) durch die Aufgabenstellung mit konkret angegebenen Anzahlen von großen und kleinen Booten und der Beschreibung der sachlichen Situation beispielsweise gegeben war. Die Striche ermöglichen Emilia aufgrund ihrer Arbitrarität konstruktive Möglichkeiten, eine *mögliche Realität eigenständig zu gestalten.* Durch graduelle Umdeutungen mit einhergehenden Manipulationen erschafft sie große und kleine Boote. Diese lassen sich in die jeweils andere Form umwandeln, indem Emilia den in der Aufgabenstellung enthaltenen epistemologischen Bedingungen mathematischen Wissens folgt. Erst im Anschluss an die Einteilung der Striche zu Gruppierungen von vier bzw. acht nimmt sie eine Zuordnung dieser Gruppierungen als große bzw. kleine Boote vor, sodass sie sich *nachträglich* mit Hilfe der Zeichenträger *eine neue Wirklichkeit konstruiert.* Die Zeichenträger erhalten so nicht länger eine *die Realität abbildende,* sondern eine *die Realität konstruierende Funktion.* Hierbei wird den dafür herangezogenen Zeichenträgern eine interne Struktur aufgeprägt, bei der die Elemente aufgrund der Position zu den anderen Elemente des Systems, in dem sie stehen, eine Bedeutung erhalten.

In gewisser Weise kann davon gesprochen werden, dass Emilia *diagrammatisch tätig* wird und im Prozess des *Denkens und Kritzelns* kreativ Möglichkeiten fixiert, aktualisiert und so unbewusste Implikationen sichtbar macht, um etwas Neues zu entdecken. Anstatt mit 12 länglichen Formen die in der Aufgabenstellung beschriebene Realität abzubilden, hantiert Emilia mit den Strichen, indem sie Manipulationen des Gruppierens und Umgruppierens vornimmt, um im Anschluss auf die Bootsanzahlen schließen zu können, und sich so die Realität mit fünf

großen und sieben kleinen Booten eigenständig konstruiert. Dieser Strichlistenpraxis kann folglich eine *diagrammatische Referenz* zugesprochen werden. Die
Strichliste als Diagramm lässt sich auf vielfältige sachbezogene Kontexte anwenden. Eine Betrachtung der Diagramme als *sinnlich-empirisch* scheint jedoch bei
der Analyse kindlicher Darstellungen zu mathematischen Aufgaben nicht hilfreich
zu sein, da erst in einem komplexen Problemlöse- und Deutungsprozess Einsichten bezüglich der in der Textaufgabe prinzipiell enthaltenen systemischen Struktur
entstehen und noch nicht per se in die Zeichenträger hineingelegt werden. Eine
solche *Hypostasierung* als Sichtbarmachung der Struktur ist folglich erst nach
Abschluss der Verstehens- und Lösungsprozesse von Kindern möglich. Bei der
Genese von Problemlöse- und Denkprozessen von Grundschulkindern, wie dies
im vorliegenden Forschungsprojekt untersucht wird, scheint es darüber hinaus
auch nicht einsichtsvoll, solchen potenziell von Kindern kreierten Diagrammen
eine *Selbstreferenz* zuzuschreiben, da diese nach wie vor von den Kindern mit
der Ausgangsproblemstellung verbunden sind.

Um in differenzierter Weise die Entwicklungen und von den Kindern vorgenommenen Umdeutungen nachvollziehen zu können, ist es somit über eine
semiotische Perspektive hinaus einsichtsvoll, eine epistemologische Perspektive
heranzuziehen, die neben potenziell ikonischen Aspekten die im Unterkapitel 1.1
herausgearbeiteten und in Kapitel 3 auf Arbeits- und Anschauungsmittel in der
Theorie der Mathematikdidaktik angewendeten *epistemologischen Besonderheiten
mathematischen Wissens* berücksichtigt. Mathematischen Zeichenträgern kommt
im Unterschied zu den auf Ähnlichkeit beruhenden Zeichenträgern in erster Linie
keine die Realität abbildende Funktion zu. Ihre Aufgabe besteht darin, potenziell auf systemisch-relationale Strukturen zu verweisen, die als Beziehungen
aktiv von einem epistemischen Subjekt in die mathematischen Zeichenträger hineingedeutet und durchaus auch konstruktiv (um)interpretiert und (um)gedeutet
werden können. Dabei stehen die von den Kindern vorgenommenen Deutungen in einem Entwicklungsprozess, bei dem unterschiedliche, mit der sachlichen
Ausgangssituation verknüpfte Referenzen für Erklärungen und Deutungen herangezogen werden. Semiotische Theorien geben dabei teilweise Hinweise und
erste Orientierungen auf fundierte, theoriebasierte Einordnungen (vgl. Kapitel 5 – ‚Alltagssicht'). Zur Gewinnung weiterer einsichtsvoller Erkenntnisse, um
das im Wechselspiel stehende Verhältnis von Sache und Mathematik anhand
der kindlichen Deutungen und von den Kindern ausgewählten Zeichenträgern
differenzierter zu verstehen, wird das epistemologische Dreieck als theoretische Grundlegung erweiternd herangezogen und nachfolgend beschrieben sowie
ebenfalls zur Betrachtung von Emilias Beispiel herangezogen.

4.4   Die besondere Mediation von Zeichenträger und Bedeutung / Bezeichnung

In diesem Unterkapitel wird die epistemologische Theorieperspektive herangezogen, um an die aufgeführten, verschiedenen semiotischen Perspektiven anzuschließen und diese bezüglich der besonderen mathematischen semiotischen Deutungen aufzugreifen und entsprechend auszudifferenzieren bzw. fortzuführen. Dazu wird zunächst ein in der Mathematikdidaktik bekanntes Modell der epistemologischen Theorieperspektive vorgestellt: das *epistemologische Dreieck* (Steinbring 1989, 1991, 2005). Dieses nimmt die grundlegende semiotische Funktion eines Zeichenträgers als auf etwas Anderes als sich selbst verweisend in den Blick. Damit ist insbesondere die Unterscheidung von Zeichenträger und Bezeichnetem, unabhängig von dessen Verwendung als Bedeutung oder Bezeichnung, enthalten. Das epistemologische Dreieck, dessen Entstehung in der Mathematikdidaktik erfolgte, ist nicht als ein allgemeines semiotisches Zeichenmodell aufzufassen, das das Ziel verfolgt, die einzelnen Konstituenten des Zeichens und ihre Relationen zueinander zu beschreiben und so neben den bereits vielfach existierenden semiotischen Theorieperspektiven eine weitere darzustellen. Es ist eine Fragestellung der Semiotik als wissenschaftliche Disziplin, die verschiedenen bereits existierenden semiotischen Theorien zueinander in Beziehung zu setzen, Gemeinsamkeiten und Unterschiede herauszuarbeiten sowie im Besonderen die begriffliche Unterscheidung von Bedeutung und Bezeichnung abzubilden. Nichtsdestotrotz ist auch im epistemologischen Dreieck in einer besonderen Weise die Rede von „Zeichen", welche sich gemäß dem Selbstverständnis der Mathematik auf die typischen mathematischen Zeichen wie Zahl*zeichen*, Operations*zeichen*, Variablen, Tabellen, Funktionsgraphen usw. beziehen und auch zum Teil als solche benannt sind. Es werden demnach grobe Einordnungen zu den vorherigen ausgearbeiteten Komponenten und vorgestellten Perspektiven vorgenommen. Der zentrale Fokus der nachfolgenden Abschnitte liegt jedoch auf der Mediation von Zeichenträger und Bedeutung/Bezeichnung sowie auf den besonderen epistemologischen Bedingungen (vgl. Abschnitt 1.1), die diese Mediation leiten und bei der Betrachtung von *mathematischen* Zeichen in den Blick genommen werden müssen. Diesen Zeichen kommen in mathematischen Lern- und Verstehensprozessen häufig eine *konstruktive Funktion* zu. Die Zunahme der *internen Strukturierung* der semiotischen Mittel verhilft dazu, nicht länger die Realität abzubilden, sondern diese neu und produktiv zu gestalten – wie es Emilia mit ihrem Wechsel von der Abbildung der Schulausflugssituation zu den Strichen mit einer bestimmten, handelnden Praxis und Deutung zu tun vermag (vgl. Abschnitt 4.3, insbesondere 4.3.2.2).

Der Aufbau des Unterkapitels gestaltet sich demnach wie folgt: Zunächst wird das Modell des epistemologischen Dreiecks in seiner grundsätzlichen Form beschrieben, um dieses als solches vorzustellen sowie grobe Einordnungen der dort verwendeten Terminologie zu den drei Korrelaten des Zeichens vorzunehmen (Abschnitt 4.4.1). Nach dieser grundlegenden Vorstellung werden die beiden als *Zeichen/Symbol* und *Gegenstand/Referenzkontext* benannten Eckpunkte des Dreiecks ausdifferenzierend anhand elementarer Beispiele zu den natürlichen Zahlen sowie den Dezimalzahlen (als Größen) und somit zum *Zahlbegriff* beschrieben (Abschnitt 4.4.2). Hierbei wird bereits die dritte als *Begriff* benannte Ebene des epistemologischen Dreiecks angesprochen und in den Beispielen erläutert. Nach dieser illustrativ vorgenommenen Ausdifferenzierung der unterschiedlichen Ebenen des epistemologischen Dreiecks erfolgt ein präzisierender Rückblick (Abschnitt 4.4.3). In diesem werden die zunächst illustrativ vorgestellten Eckpunkte sowie im Besonderen die Mediation von Zeichenträger und Bedeutung/Bezeichnung im epistemologischen Dreieck unter Rückgriff auf die vielfältig existierenden Texte von Steinbring sowie mit Bezug zu Emilias Zeichnungen und Deutungen zur Boots-Aufgabe (vgl. Abschnitt 4.3) präzisiert und weiterführend ausgeschärft. Zusätzlich werden zunehmend Verweise zu den bereits vorgestellten semiotischen Theorien vorgenommen. So wird das epistemologische Dreieck beispielsweise mit dem semantischen Dreieck von Ogden und Richards (1923; 1974) verglichen. Diese Ausführungen sind deshalb als Rückblick auf die in diesem Unterkapitel angeführten Inhalte sowie auf die semiotischen Perspektiven der vorherigen Unterkapitel (4.1 und 4.2) zu betrachten, da diese um das Forschungsfeld der Mathematik und somit um die epistemologischen Bedingungen mathematischen Wissens (vgl. Abschnitt 1.1) erweitert werden. Das Unterkapitel schließt mit einem Fazit, das die wichtigsten Inhalte zur besonderen Mediation von Zeichenträger und Bedeutung/Bezeichnung für mathematische Zeichen in übersichtlicher Form zusammenfasst (Abschnitt 4.4.4).

Dieses Unterkapitel 4.4 stellt zusammen mit dem Unterkapitel 4.3 ein wichtiges Kernstück der vorliegenden Forschungsarbeit dar und wird als essenzielle Grundlage für die Entwicklung des in Kapitel 5 beschriebenen Theoriekonstrukts betrachtet. Neben der Darstellung von zentralen, von Steinbring (z. B. 2005) bereits prinzipiell benannten Merkmalen des epistemologischen Dreiecks werden weiterführende Zusammenhänge hergestellt und daran anknüpfend zentrale, bisher in dieser Form nicht aufgeführte Bedingungen expliziert. An dieser Stelle wird die besondere Konzipierung von Kapitel 4 (im Unterschied zu Kapitel 2 und 3) deutlich: Für die vorliegende Forschung wird eine eigenständige Theorieentwicklung betrieben, die bestrebt ist, zur Ausdifferenzierung und zu einem besseren

Verständnis der besonderen Mediation zwischen mathematischen Zeichenträgern und ihrer Bedeutung beizutragen.

4.4.1   Das epistemologische Dreieck

Mathematisches Wissen wird in Form von semiotischen Mitteln erfasst und kodiert, die für sich allein genommen zunächst keine Bedeutung haben und nicht mit den mathematischen Objekten identisch sind (vgl. Abschnitt 1.1). Vor diesem Hintergrund wurde das epistemologische Dreieck (vgl. Abb. 4.8) als „systemische Grundfigur [...] für die Regulierung der Beziehung zwischen der symbolischen Ebene, der Ebene situativer Bezüge sowie der Ebene des Begriffs" (Steinbring 1991, 73) entwickelt. Das epistemologische Dreieck darf jedoch nicht in einer Weise verstanden werden, dass „eine der Ecken in diesem Dreieck apriori existiert oder definiert wird und dann eindeutige Definitionen für die anderen liefert, sondern es ist als ein sich wechselweise definierendes Gleichgewichts-System zu interpretieren" (ebd.).

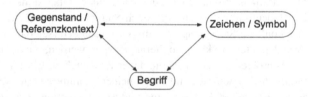

Abb. 4.8   Das epistemologische Dreieck (z. B. Steinbring 1991, 72)

Als grobe Einordnung kann die symbolische Ebene, bestehend aus Zeichen/Symbol, dem Zeichenträger zugeordnet werden. Die Ebene situativer Bezüge als Gegenstand/Referenzkontext wird herangezogen, um einen möglichen infrage stehenden Zeichenträger zu erklären, und kann sich, wie nachfolgende Beispiele noch aufzeigen werden, zum einen auf konkrete Gegenstände als Referenten im Sinne der *Bezeichnung* beziehen, andererseits kann hierunter auch eine *Bedeutung* im weitesten Sinn aufgefasst werden[16]. Neben dieser grundsätzlichen Verpflichtung der semiotischen Position kommen neue Aspekte hinzu, die insbesondere

---

[16]Zur Unterscheidung von *Bedeutung* und *Bezeichnung* sei an die unterschiedlichen Korrelate von triadischen Zeichenmodellen erinnert. Es ist eine Fragestellung der Semiotik als wissenschaftliche Disziplin, diese begriffliche Unterscheidung abzubilden. Sie findet bei der Ausdifferenzierung und Anwendung des epistemologischen Dreiecks insofern keine

die epistemologischen Bedingungen mathematischen Wissens für Lernprozesse aufgreifen. Zum einen wird die Mediation von Zeichen/Symbol und Gegenstand/Referenzkontext durch mathematisch begriffliche Aspekte reguliert. Des Weiteren kann sich ein Wechsel von der Fokussierung auf eine äußerliche, dingliche Eigenschaft bzw. einer Vorstellung davon, hin zu einem systemischen Standpunkt vollziehen. Diese Dualität ist bereits potenziell in der Kennzeichnung von Gegenstand/Referenzkontext enthalten sowie in analoger Weise im Zeichen/Symbol.

4.4.2 Die Dualität von Zeichen / Symbol und Gegenstand / Referenzkontext

In der Mathematik existieren vielfältige Zeichenträger, wie die elementaren Operationszeichen und Zahlzeichen. In der frühkindlichen mathematischen Entwicklung sowie insbesondere auch im Mathematikunterricht der Grundschule werden häufig konkrete, empirische Gegenstände oder auch situationale Bezüge in Form von Sachsituationen und Sachbilder als erklärende Referenzkontexte herangezogen, um einem Zahlzeichen oder auch einem Operationszeichen eine mathematische Bedeutung zu geben (vgl. auch Steinbring 2005, 25 f.; vgl. auch Kapitel 3). Eine konkrete Sammlung von fünf Gegenständen (seien es nun Stühle, Äpfel oder Wendeplättchen) kann so herangezogen werden, um den fraglich gemachten Zeichenträger ‚5‘ zu erklären. Dem Zahlzeichen, ‚5‘ im Speziellen und mathematischen Zeichenträger im Allgemeinen, kommt so eine *semiotische* oder auch eine *referentielle Funktion* zu, und keine *emotionale* bzw. *ästhetische Funktion,* wie es Knowlton (1966) in Bezug auf Bilder beschreibt, die von sich aus interessant sind. Ein mathematischer Zeichenträger verweist ebenso wie ein nicht mathematischer Zeichenträger (wie Verkehrszeichen) auf etwas von ihm Verschiedenes. Dadurch ist er nicht selbst als physikalisches Objekt (Papier und Tinte; Verkehrsschild) wichtig, sondern in Bezug auf seine referentielle oder semiotische Funktion (fünf in der Zahlentheorie; Haltebeschränkung). Diese semiotische Funktion ist den Kindern bereits im frühen Alter bekannt und im Grundschulalter problemlos zugänglich (vgl. Kapitel 2). Wenn nun fünf Äpfel (konkrete oder abgebildete) als erklärender Gegenstand/Referenzkontext für den infragestehenden Zeichenträger ‚5‘ herangezogen werden, so geschieht dies in der Mathematik nicht in einer naiven Weise, dass damit auf den Geschmack der

---

Beachtung, als dass die spezifischen Unterschiede unberücksichtigt bleiben. Zu näheren Ausführungen der *Bedeutung* in der Semiotik wird auf Nöth (2000, 152 ff.) verwiesen.

Äpfel, ihren Geruch, ihres (un)reifen Zustands oder, wie es Blanke (1998, 288; 2003, 41 f.; Abschnitt 4.2.2) mit den Beispielen ‚Haus' und ‚Tomate' beschreibt, unter Berücksichtigung visueller, typisierender Merkmale, wie der Farbgebung und der Form, verwiesen wird. Die Mediation erfolgt, kurz gesagt, nicht zwischen ‚5' und den Äpfeln an sich mit all ihren gegenständlichen, individuellen Eigenschaften. In der Mathematik sind diese Äpfel insofern interessant und bedeutend, als dass sie als *Zählobjekte* genutzt werden können, an denen durch den Zählvorgang dem fragliche Zeichenträger eine Bedeutung verliehen werden kann. Das lernende Kind kann nacheinander jedem einzelnen Apfel eine bestimmte Zahl in einer bestimmten Reihenfolge zuweisen und die fünf gegenständlichen oder abgebildeten Äpfel in diesem mathematischen Kontext mit seinen spezifischen Handlungsweisen (‚zählen') als ein Beispiel für ‚5' ansehen. (Schließlich kann ‚5' alles sein: 5 Äpfel, 5 Tische, 5 Kinder, 5 Boote usw.) Somit handelt es sich bereits in dieser Form der Mediation um einen *relativierten* Gegenstandsbezug, der schon epistemologischen Bedingungen mathematischen Wissens unterliegt, die folglich auch nicht beliebig umgedeutet werden können. Die Mediation von Zeichen/Symbol und Gegenstand/Referenzkontext wird demnach grundsätzlich *begrifflich* reguliert. In dem Beispiel von ‚5' und ‚5 Äpfeln' wird die Mediation begrifflich durch Zählprinzipien wie das Eindeutigkeitsprinzip, das Prinzip der stabilen Ordnung, das Kardinalzahlprinzip, das Abstraktionsprinzip, das Prinzip der beliebigen Reihenfolge (vgl. Krauthausen 2018, 49 f.) und durch Zahlbegriffsaspekte wie dem Ordinalzahlaspekt und dem Kardinalzahlaspekt (vgl. ebd., 44) reguliert (vgl. Abb. 4.9).

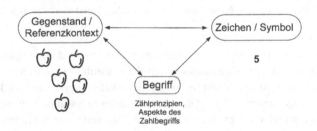

Abb. 4.9 Die Mediation von Zahlen und Gegenständen

In der Mathematik sind folglich (konkrete oder abgebildete) Gegenstände wie Äpfel, Häuser, Tomaten, Plättchen prinzipiell nicht an sich interessant, sondern bezüglich ihrer begrifflich regulierten, referentiellen Funktion als *Zählgegenstände*. Eine als *pseudo-dinglich* oder *empirisch* beschriebene Deutungsweise eines lernenden Kindes bezieht sich auf diese hier am Beispiel beschriebene Mediation des Zeichenträgers ‚5' und verschiedenen zur Erklärung herangezogenen fünf Gegenständen. An einem Beispiel zum *unbeschrifteten Zahlenstrahl mit Bogen* aus dem qualitativen Forschungsvorhaben *KoRa*[17] (Steenpaß 2014) wird nachfolgend eine weitere solche empirische, pseudo-dingliche Deutungsweise beschrieben. Bei der Frage danach, welches Zahlenkärtchen am besten zu einem vorliegenden unbeschrifteten Zahlenstrahl mit Bogen passt, entscheidet sich Sonja für die Aufgabe »12 + 7«. Sie umkreist verschiedene Striche, sodass sie eine erste Gruppierung, bestehend aus vier kleinen, eine zweite, bestehend aus zwei kleinen, sowie eine dritte Gruppierung aus einem mittleren und zwei kleinen Strichen erhält, die sie anschließend erklärt (vgl. Abb. 4.10; für eine ausführliche Darstellung und Analyse vgl. Steenpaß 2014, 154 ff.).

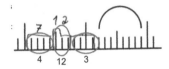

Abb. 4.10 Sonjas Deutung eines unbeschrifteten Zahlenstrahls (Steenpaß 2014, 1)

„Also was hier drin ist der mittlere Strich (zeigt auf den eingerahmten mittleren Strich) und die zwei Kleinen (zeigt auf die zwei kleinen Striche rechts daneben) das sind zwölf. [...] Wir haben das ja auch in Mathe gelernt, dass die ganz Kleinen immer Einer sind, die Mittleren Fünfer oder Zehner und die ganz Großen Hunderter" (Steenpaß 2014, 1).

Sonja verwendet die einzelnen Skalierungsstriche sowie deren (unterschiedliche) Längen, um diesen als Einzelobjekten die eindeutige Eigenschaft als Einer bzw. Zehner zuzuordnen. Somit nutzt sie die Skalierungsstriche als konkrete, empirische *Dinge,* denen aufgrund der phänomenologisch wahrnehmbaren Eigenschaft, klein, mittel oder groß zu sein, feste Zahlwerte zugeschrieben werden – und zwar unabhängig von ihrer *Position* innerhalb des Symbolsystems ‚Rechenstrich mit Bogen' und folglich unabhängig von deren Beziehung zueinander bzw. von den Abständen der Striche zueinander (vgl. Steenpaß 2014, 157). Sonjas Nutzungsweise des Rechenstrichs wird dementsprechend als *pseudo-dinglich*

---

[17]Grundschulkinder deuten Anschauungsmittel: Eine epistemologische Kontext- und Rahmenanalyse zu den Bedingungen der visuellen Strukturierungskompetenz.

klassifiziert, bei der die „wahrgenommenen Objekte [vorliegende oder abgebildete Gegenstände wie Striche, Plättchen oder Äpfel] als konkrete Einzelobjekte mit [eindeutigen oder mehrdeutigen] vorherbestimmten Bedeutungen und [eindeutigen oder mehrdeutigen] konkreten Eigenschaften verstanden" werden (ebd., 117). Damit knüpft Steenpaß explizit an der von Söbbeke (2005) formulierten Ebene der *konkret empirischen Deutungen* im Konstrukt der visuellen Strukturierungsfähigkeit von Grundschulkindern an: In der Ebene der konkret empirischen Deutungen wird die wechselseitige Beziehung zwischen Gegenstand/Referenzkontext und Zeichen/Symbol als von *empirischen* Herangehensweisen und Deutungen klassifiziert (vgl. ebd., 119). Das heißt, dass eine Sicht auf *Einzelelemente,* also auf einzelne Striche oder Plättchen, dominiert, ohne dass diese in strukturelle Beziehungen zueinander gesetzt werden. Sie werden stattdessen „nach ihren äußeren Merkmalen erkannt und klassifiziert" (ebd., 136). Folglich stehen diese isoliert nebeneinander, sodass Söbbeke von einer Nutzungsweise des Anschauungsmittels als „Informationsquelle" für Zahlen und Anzahlen (vgl. ebd.) spricht.

In dem hier angeführten Beispiel zum Zeichenträger ‚5' besteht nun der Referenzbereich aus ungeordnet dargestellten diskreten Gegenständen, die im Unterschied zum ‚unbeschrifteten Zahlenstrahl mit Bogen' primär *keine* eigene (intendierte) Struktur aufweisen. Es ist jedoch durchaus denkbar, dass diesen herangezogenen, gegenständlichen Einzelelementen eine Struktur zugedacht wird, wodurch sich eine Entwicklungsspanne von eher dinglich nahen Referenzbereichen (ungeordnet abgebildeten Äpfeln oder Plättchen) zu systemischen Relationen ergibt (wie Plättchen in der Stellenwerttafel). Diese Dualität ist in der Kennzeichnung von Gegenstand und Referenzkontext im epistemologischen Dreieck bereits prinzipiell enthalten und soll an weiteren Beispielen ausdifferenziert werden. Überdies zeigt sich diese Entwicklungsspanne nicht nur im Referenzbereich, sondern auch auf der symbolischen Ebene, wie es auch in analoger Weise die Kennzeichnung als Zeichen/Symbol nahelegt.

Der Ausbau, die Festigung und die Systematisierung des Zahlbegriffsverständnisses wird als fundamentale Aufgabe des mathematischen Anfangsunterrichts angesehen und stellt eine komplexe Anforderung dar. Schließlich können die natürlichen Zahlen in der Grundschule nicht einfach wie in der Mathematik als Fachwissenschaft mit Hilfe der Peano-Axiome definiert werden (vgl. Krauthausen 2018, 43). Über die bereits aufgeführten Zählprinzipien und den Kardinal- sowie Ordinalzahlaspekt hinaus gehört auch der Maßzahlaspekt zu den Aspekten des Zahlbegriffs und somit zum Zahlbegriffsverständnis. Neben ersten grundlegenden Maßzahlen für Größen (vgl. ebd., 153) werden Dezimalzahlen in den Grundschuljahren im Zusammenhang mit Größen und Sachrechnen eingeführt und als dezimale Schreibweise von Größen (Geldwerte, Länge, Gewicht, Rauminhalte) interpretiert (vgl. ebd., 157). Auch im Lehrplan ist dieser Zusammenhang explizit unter der inhaltsbezogenen Kompetenz *Größen und Messen* als Erwartung am Ende der Klasse 4 für den Schwerpunkt *Größenvorstellung und Umgang mit Größen* aufgeführt: „Die Schülerinnen und Schüler rechnen mit Größen (auch mit Dezimalzahlen)" (MSW 2008, 65). Als zweites Beispiel werden deshalb die Größen *13,875 km* und *5,2* € ausgewählt. Diese zu erklärenden Zeichenträger können – wie im ersten Beispiel zur ‚5' – *dinglich* als eine bestimmte Länge eines gemessenen Weges oder mit Hilfe von Rechengeld als 5 €- Schein und 20 ct-Münze, also als konkrete Münzen und Scheine, gedeutet werden. Andererseits können diese Zeichenträger jedoch auch als *abstrakte Werte* unter Hinzunahme der Dezimalstellenwerttafel interpretiert werden. Dies ist in der nachfolgenden Abb. 4.11 aufgeführt (in Anlehnung an Steinbring 1997, 291 und Steinbring 2006, 142):

Abb. 4.11 Die Mediation von Größen und strukturellen Referenzkontexten

Der Referenzbereich selbst enthält nun eine *relationale Struktur,* bei der die einzelnen Elemente dekadisch durch die Stellenwerte miteinander verknüpft sind.

„Die Stellentafel ist nicht durch konkrete Geldmünzen, oder durch Benennungen der Stellenwerte (Hunderter, Zehner, einer, Groschen, Pfennig) definiert, sondern durch die hinter den Bezeichnungen stehenden und aktiv zu sehenden *Beziehungen zwischen den benachbarten Stellen*: mal 10, durch 10" (Steinbring 1997, 292).

Diese relationale, dekadische Struktur befindet sich nun nicht ausschließlich im Referenzbereich, sondern prinzipiell durch die konventionelle Notation als *13,875 km* und *5,2* € ebenfalls im Symbolbereich. Damit ist die Notation nicht etwa nur ein abkürzender Name für eine Entfernung oder einen Geldwert, sondern selbst ein beziehungsreicher Zeichenträger. Der anfänglich gegenständliche oder empirische Charakter der Deutung des fraglichen oder in Aspekten fraglich gemachten Zeichenträgers tritt so in den Hintergrund und wird durch Relationen ersetzt, sodass der Referenzkontext selbst (wie auch der Zeichenträger) als ein strukturelles System zu interpretieren ist. Infolgedessen wird es möglich und in interaktiven Aushandlungsprozessen häufig auch notwendig, dass die Positionen des Zeichenträgers und des Referenzkontextes durch einen subjektiven Interpretationsakt *getauscht* werden: Im scheinbar erklärenden Referenzkontext kann eine Fraglichkeit entstehen, sodass potenziell durch Umdeutungen ein Wechsel der Rollen herbeigeführt wird, um diese neue Fraglichkeit zu erklären (vgl. Steinbring 2005, 27; 2006, 143).

Das Stellenwertsystem könnte einerseits einen relativ vertrauten Referenzkontext darstellen, der herangezogen wird, um die dezimale Schreibweise der Größen und damit die dekadische zugrundeliegende Struktur der konventionellen Notation (teilweise[18]) zu erklären. Andererseits könnte das Stellenwertsystem auch den (in Aspekten) fraglich gemachten Zeichenträger darstellen, der mit der Hilfe der konventionellen Notation der Größe und der ihr zugrundeliegenden dekadischen Struktur erklärt wird. Diese *Austauschbarkeit* ist eine wichtige Eigenschaft des epistemologischen Dreiecks. Folglich sind weder Referenzkontext noch Zeichenträger „external, fixed given circumstances, but mental ideas which embody structures" (Steinbring 2006, 143). An einem bereits aus dem ersten Kapitel vertrauten Beispiel wird diese Austauschbarkeit verdeutlichend illustriert (vgl. Steinbring 2005, 40 ff., vgl. auch Abschnitt 1.1).

In dieser Unterrichtssequenz, bei der die Schülerinnen und Schüler mit Hilfe des Tausenderbuchs in Fünfzigerschritten weiterzählen, entsteht das Problem, welche Zahl nach tausend kommt: Wie heißt diese Zahl? Wie wird die Zahl richtigerweise in Ziffern geschrieben? Ein Kind ist in der Lage, die gesuchte Zahl als „tausendfünfzig" zu benennen. Daraufhin werden drei Vorschläge für ihre Notation getätigt: Kai notiert „1050", Marc schlägt „1005" vor und Svenja schreibt „10050". Die Stellenwerttafel kann herangezogen werden, um eine mögliche Ziffernschreibweise der gesuchten Zahl vor dem Hintergrund eines strukturellen Referenzkontextes zu begründen (vgl. Abb. 4.12). Gleichzeitig kann aber auch in dem so herangezogenen Referenzkontext der Stellenwerttafel eine Fraglichkeit entstehen, deren Bedeutung womöglich (teilweise) mit Hilfe

---

[18]Ein Referenzkontext kann herangezogen werden, um den ganzen, in Frage stehenden Zeichenträger zu erklären. Dabei kann eine neue Fraglichkeit im Referenzkontext entstehen. Der Referenzkontext wechselt dann möglicherweise in die Rolle des Zeichenträgers, sodass dieser zum ‚neuen' zu erklärenden Zeichenträger wird. Dieser neue Zeichenträger steht nun nicht gezwungenermaßen als gesamter Zeichenträger in Frage. Stattdessen ist es auch möglich, dass die Fraglichkeit nur bezüglich eines Aspekts des Zeichenträgers entsteht. Deshalb ist im Text von einer ‚teilweisen Fraglichkeit' und von ‚in Aspekten fraglich gemachten Zeichenträger' die Rede.

der arithmetisch-symbolischen Schreibweise (oder gar des Zahlnamens) geklärt werden könnte.

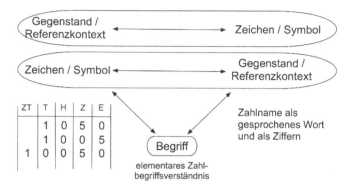

Abb. 4.12 Austauschbarkeit von Zeichen und Referenzkontext

4.4.3 Präzisierender Rückblick: Die besondere Mediation

Die hier angeführten verschiedenen Beispiele haben aufgezeigt, dass in der Entstehung und Entwicklung von mathematischen Verstehens- und Deutungsprozessen Referenzen (im weitesten Sinne) von den lernenden Kindern herangezogen werden, um einen (in Aspekten) fraglich gemachten Zeichenträger zu erklären. Insofern ist es für die Untersuchung und Erforschung von mathematischen *Lern- und Verstehensprozessen* nicht angemessen, von einer *Selbstreferenz* der Zeichenträger auszugehen, wie sie von Dörfler (2015) für die Mathematik als Fachwissenschaft plädiert wird. Diese im Mathematikunterricht der Grundschule notwendigerweise herangezogenen Referenzen sind jedoch nicht in einem naiven Sinne Namen oder konkrete Gegenstände, die als solche mit ihren individuellen Eigenschaften herangezogen werden. Stattdessen sind diese Referenzen als Referenzkontexte selbst zunehmend strukturierte semiotische Mittel. Sie sind somit selbst auch Zeichenträger mit einer eigenen internen Struktur, an denen Deutungen vorgenommen und Handlungsweisen durchgeführt werden können, um den in Frage stehenden Zeichenträger zu erklären.

Der Zeichenträger ‚5' kann nicht durch den Namen ‚fünf' erklärt werden. Es sind auch nicht die äußerlichen Merkmale der herangezogenen Gegenstände als Äpfel oder Plättchen, sondern letztendlich Strukturen. Zwar können in einem ersten Zugang diese Gegenstände (konkret oder abgebildet) als mögliche Referenzen herangezogen werden, wie es auch Emilia bei der Bearbeitung der Boots-Aufgabe tut (vgl. Abschnitt 4.3). In der Genese und Entwicklung ihrer Zeichnungen als Zeichenträger zeigt sich jedoch, dass Emilia die anfänglich als konkrete Gegenstände in ihrer vorgestellten Realität gedeuteten Boote mit den ihnen typischen Eigenschaften (längliche Form, Sitzplätzen, auf dem See) und weiteren wichtigen Zusätzen (Platz für die Füße, Nummernschild, Rettungsseil, Rettungsring) zu abstrakten Entitäten von Anzahlträgern umdeutet. Die Gruppierungen von vier bzw. acht Strichen beziehen sich letztlich nicht mehr auf die realen Boote mit ihren konkreten, dinglichen Eigenschaften. Nichtsdestotrotz zieht Emilia sowohl für die länglichen, gezeichneten Elemente, die anfänglich in der Bearbeitung des Aufgabenteils b) auf reale Boote verweisen, ebenso wie für ihre Gruppierungen, die in der Bearbeitung des Aufgabenteils f) Anzahlträger darstellen, die für sie augenscheinlich synonymen Benennungen von „Boote" und „Schiffe" in beiden Bearbeitungen heran. Bei der vorangegangen weiterführenden semiotischen Analyse (Abschnitt 4.3.2.2) wurde diese Sprechweise als *metonymisch* charakterisiert. Emilia nutzt ein und dasselbe Wort (*Boot* bzw. *Schiff*), um zum einen auf konkrete, reale, schwimmende Objekte auf einem See zu verweisen. Andererseits bezieht sie sich auf die mathematisch wichtige Eigenschaft als Anzahlträger von vier bzw. von acht, die als Gruppierungen in einer systemisch-relationalen Struktur auftreten. Metonymien lassen sich im Unterschied zu Metaphern wie folgt beschreiben:

> „Metaphors are transformations of meaning in which the symbol acquires a new referent; metonymies are renamings in which the referent requires a new name" (Steinbring 1998, 180).

> „By means of a metaphor new meaning can be created, or at least a meaning which is new for the hearer. By means of a metonymy a new local name is created, – and very often abandoned later. Metaphors are formed by similarity, or by analogy. Metonymies are formed by contiguity" (Bauersfeld & Zawadowski 1981, 4).

In Emilias Sprechweise von *Booten* und *Schiffen* findet eine Bedeutungsverschiebung statt. Die Fokussierung auf *Boote* mit den ihnen eigenen, typischen Eigenschaften wandelt sich zu einer Fokussierung auf *Boote* mit den ihnen zugeschriebenen Anzahlen (von Sitzplätzen bzw. Kindern). Dieser neue Referent bzw. diese neue Bedeutung bedarf eigentlich eines neuen Namens, also eines *renamings*. Wie jedoch bereits angemerkt wurde, fehlen den Kindern in der Grundschule oftmals die sprachlichen Mittel, um solche Merkmalszuschreibungen ebenso wie die Beziehungen der Elemente untereinander und im System zu benennen. Deshalb verwendet Emilia weiterhin denselben Namen, der ihr bereits aus der sachbezogenen Textaufgabe und ihrer ersten Zeichnung *nahegelegt* wird (,kleines Boot für 4 Kinder', ,großes Boot für 8 Kinder'). Sie *meint* allerdings etwas gänzlich anderes. In der Bearbeitung und Deutungen zu der Teilaufgabe f) stellt Emilia folglich die von Bauersfeld und Zawadowski (1981) beschriebene *Nähe* her. Die Bezeichnung *Boot* wird dementsprechend nicht *metaphorisch* verwendet, weil dieses den Zahlen *4* oder *8* besonders *ähnlich* wäre oder *Boot* und *4* im Sprachgebrauch als *analog* anzusehen wären. Stattdessen wird sie von Emilia *metonymisch* genutzt, weil durch die Einbettung in den sachlichen Zusammenhang der Schulausflugssituation eine *Nähe* zwischen den Anzahlen *4* und *8* sowie *kleinen* und *großen Booten* (als Anzahlträger) hergestellt wird. Diese Bedeutungsverschiebung von einem Boot als schwimmender Gegenstand auf einem See hin zu einem Anzahlträger in einer systemischen Struktur und das damit einhergehende Verstehen Emilias kann nicht *direkt* in der mathematischen Interaktion *beobachtet* werden.

Kommunikative Mittel in mathematischen Deutungsprozessen als solche sind– analog zu den semiotischen Mitteln – von dem, was mit ihnen intendiert ist und welche Bedeutung sie transportieren, zu unterscheiden. Folglich müssen sowohl alle an der mathematischen Interaktion Beteiligten selbst (*Beobachtung zweiter Ordnung*) als auch die Forschenden (*Beobachter dritter Ordnung*) die *Bedeutung* bzw. *Information* einer *Mitteilung* nach Luhmann (1997) aktiv und individuell für sich rekonstruieren. In sorgsamen interpretativen Analysen müssen die von den Beteiligten getätigten *Mitteilungen* in einem *theoriebasierten, rationalen und argumentativ gestützten Konnex* von begrifflichen Vorstellungen und einer gemeinsamen Handlungspraxis rekonstruiert und interpretiert werden. Dies geschieht, indem durch die Herstellung von Zusammenhängen, Beziehungen und Argumenten eine Form konstruiert wird, in der die Einzeläußerungen sinnvoll gedeutet werden können und sich Hinweise bzw. Erklärungen auf die Art und Weise, aber auch Richtigkeit der Aussage finden lassen (vgl. Abschnitt 1.2). Wenn Emilia von *Booten* spricht, kann deshalb nicht automatisch angenommen werden, dass sie sich auf diese als Gegenstände und somit in einer konkret-dinglichen (als reale Boote auf dem See) oder pseudo-dinglichen (als reale Boote mit der zusätzlichen Eigenschaft von vier bzw. acht Sitzplätzen) Weise bezieht. Stattdessen muss die Bedeutung/Information der Mitteilung „Boot" sorgsam in einen theoretisch fundierten, rationalen Konnex eingeordnet werden, um so objektiv nachvollziehbare Deutungen zu rekonstruieren, und die Mitteilung „Boot" gegebenenfalls als abstrakter Anzahlträger in einem System von Beziehungen betrachtet werden.

In der Entwicklung von Emilias Zeichnungen als Zeichenträger zeigt sich, dass sie die anfänglich als konkrete Gegenstände in ihrer vorgestellten Realität gedeuteten Boote zu abstrakten Entitäten von Anzahlträgern umdeutet. Diese

Umdeutung ermöglicht eine *Austauschbarkeit* und *Gleichsetzung* der Elemente der Sachsituation. Zwei Viererboote können so durch Wegradieren eines Strichs in ein Achterboot umgewandelt werden. Dieselbe so erstellte Zeichnung mit Gruppierungen von vier und acht Strichen könnte ebenfalls als *Diagramm* für weitere sachbezogene Textaufgaben (Tiere am See, Reifen in der Werkstatt) genutzt werden. Die einzelnen Elemente sind folglich nicht länger durch bestimmte Eigenschaften identifizierbar, sondern durch nicht direkt sinnlich wahrnehmbare Beziehungen, über die in metonymischer Weise mit referentiellem Bezug auf die als Textaufgabe vorliegende Sachsituation gesprochen werden kann, die aber so in der imaginierten Sachsituation nicht möglich sind. In der Realität können nicht so ohne Weiteres zwei Viererboote zusammengeklebt werden, um ein Achterboot zu erhalten, geschweige denn, dass ein Auto in zwei Enten transformiert werden könnte oder man die Beine von drei Enten zusammenfügt, um so aus sechs Entenbeinen eine Fliege zu erhalten. Diese Gleichsetzungen und Austauschbarkeiten erlauben eine Flexibilität im Umgang mit den Zeichenträgern und Referenzkontexten, weil es nicht mehr die Gegenstände sind, die gleichgesetzt werden. Was gleichgesetzt wird, sind die mit den Gegenständen verknüpften mathematischen Zahlen und Größen, die in vielfältiger Weise ebenfalls zueinander in Beziehung stehen und in das strukturelle System der Zahlentheorie eingebettet sind. Die in und mit dem epistemologischen Dreieck eingenommene Perspektive nimmt explizit diese Entwicklung des Referenzkontextes von pseudo-dinglichen zu strukturell-systemischen Deutungen eines potenziell ebenfalls systemischen Zeichenträgers sowie dessen Umdeutungen und (Weiter-) Entwicklungen in den Blick. Diese sind überdies in der dualen Kennzeichnung von Gegenstand/Referenzkontext und Zeichen/Symbol enthalten.

Die Mediation zwischen Zeichen und Gegenstand bezieht sich im Wesentlichen auf die referentielle bzw. semiotische Funktion von Zeichenträgern im Allgemeinen, wie sie auch Emilia für die Erklärung ihrer ersten Zeichnung zur Bootsaufgabe unter besonderer Berücksichtigung der individuellen, dinglichen Eigenschaften tätigt. Der von ihr erstellte Zeichenträger weist potentiell jedoch erste mathematische Beziehungen in Form von operativen Verbindungen auf. Diese stellt Emilia unter Rückbezug auf die beiden Multiplikationsaufgaben $8 \cdot 5 = 40$ und $4 \cdot 6 = 24$ und deren additive Verknüpfung $40 + 24 = 60$ her, wobei sie die spezifische Positionierung der Boote als *Reihen* wie ‚in so einem Spiel' begründet und ausnutzt. Die Mediation zwischen Zeichen und Referenzkontext wird hier folglich *begrifflich* reguliert (vgl. Abb. 4.13). Sie erschöpft sich demnach nicht allein in der semiotischen Funktion von Zeichenträgern, da sie damit epistemologischen Bedingungen mathematischen Wissens unterliegt.

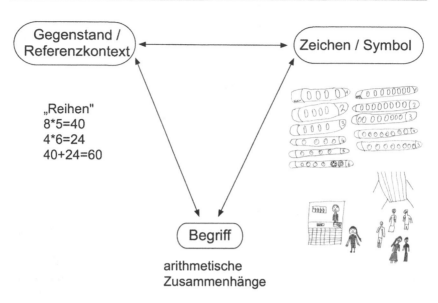

Abb. 4.13 Emilias Zeichnung b) – epistemologisches Dreieck

    Durch die spontane Reduktion der gezeichneten Kinder auf den arbiträr
gewählten Zeichenträger der Striche sowie der Umdeutungen dieser Striche als
Gruppierungen von vier bzw. acht Kindern zu kleinen bzw. großen Booten werden von Emilia mehr und mehr strukturelle Beziehungen in den Zeichenträger
wie auch den Referenzbereich hineingedeutet. Diese strukturellen Beziehungen
werden folglich im epistemologischen Dreieck (vgl. Abb. 4.14) als (struktureller) Referenzkontext und Symbol benannt. Sie ermöglichen überdies eine flexible
Gleichsetzung und Austauschbarkeit.

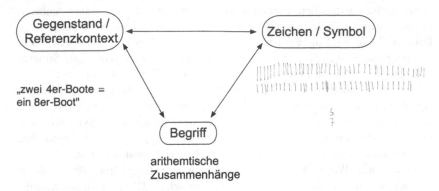

Abb. 4.14 Emilias Zeichnung f) – epistemologisches Dreieck

Zusammenfassend charakterisiert Steinbring die Unterscheidung von Zeichen und Symbol unter Bezugnahme auf die *semiotische* und *epistemologische* Funktion *mathematischer* Zeichen wie folgt:

> „The distinction made in the characterization 'signs / symbols' is a consequence of the following consideration. Primarily, 'sign' is to be understood as a given material object (of different forms, e.g. as a cipher, a letter, an icon, a diagram, or a painting, a gesture, a concrete thing, etc.), where this sign is important, not as an object, but with regard to its function, that it stands for or is in reference to, something else. [...] The difference between sign and symbol shall be defined as follows: First, symbols also have the function of a sign, i.e. they refer to something else. For example, the symbol 17.05 € represents a certain amount of money or a price with respect to the value of an object. A (mathematical) symbol is mainly characterized by the property that it possesses in itself an internal relational structure. The symbol 17.05 € has such a structure, given to it by the decimal position system, but the traffic sign STOP does not indicate such a structure. Consequently, the double characterization as 'sign/symbol' shall express the possible difference in the use of mathematical 'notations': in a first and direct use as signs referring to something else and in an extended, deeper perception as a symbol having its own relational structure" (Steinbring 2005, 21 f.).

Damit unterscheiden sich Steinbrings verwendete Begrifflichkeiten von denen der in der Einleitung zu Kapitel 4 sowie in den Unterkapiteln 4.1 und 4.2 kurz vorgestellten semiotischen Perspektiven: Peirce versteht das *Symbol* als Charakterisierung der Objektdimension, eingebettet in die triadische Struktur eines Zeichens (im weitesten Sinn). Im Unterschied dazu weist Steinbrings *Symbol* (ebenso wie sein *Zeichen*) mögliche Eigenschaften des Repräsentamens bzw.

genauer, eines materiellen, konkreten (physikalischen), sinnlich wahrnehmbaren Zeichenträgers auf, wie es von Morris beschrieben wird (vgl. Nöth 2000, 132). Darüber hinaus wird diesem besonderen mathematischen Zeichenträger *Symbol* im Unterschied zu Steinbrings *Zeichen* eine eigene, interne relationale Struktur zugesprochen. Mit der Unterscheidung von *Zeichen/Symbol* verfolgt Steinbring folglich die Absicht, sowohl die *semiotische Funktion,* dass dem Zeichenträger (Zeichen) eine von ihm externe Bedeutung/Bezeichnung zugesprochen wird, als auch die *epistemologische Funktion,* dass der Zeichenträger (Symbol) selbst (zusätzlich zu seiner semiotischen Funktion) eine eigene, interne relationale Struktur aufweist, in seine theoretischen Überlegungen einzubeziehen.

In analoger Weise ist die Unterscheidung von *Gegenstand* (bzw. häufig als *Objekt* benannt) sowie *Referenzkontext* zu sehen. Dieser vertraute Gegenstand/Referenzkontext wird von einem epistemischen Subjekt herangezogen, um den (in Aspekten) fraglich gemachten Zeichenträger zu deuten.

> „Im Verlaufe der Entwicklung des theoretischen, mathematischen Wissens im eigentlichen Sinne wird es immer mehr notwendig, daß man anstelle einer eindeutigen Beziehung zwischen einzelnen Elementen eines Referenzbereichs und eines Zeichensystems, sowohl den Referenzbereich als auch das Zeichen / Symbolsystem als eine reichhaltige Struktur sieht und demgemäß Beziehungen zwischen den strukturellen Verbindungen von Referenzkontext und Zeichensystem herstellt" (Maier & Steinbring 1998, 316).

Als Folge dessen deutet ein epistemisches Subjekt nach und nach vielfältige Beziehungen sowohl in den Zeichenträger selbst hinein als auch in den herangezogenen, erklärenden Referenzkontext als wechselseitige Bezugnahme.

> „Signs and operational procedures become more extensive, more structured and varied, and, in reaction, the domain of objects and problems is simultaneously enlarged and modified. In addition it must be remarked that 'object' cannot any longer be conceived of as *empirical* objects; they have been transformed into *theoretical* objects in the course of their development through teaching. This implies, in particular, that it is not simply the empirical quality which is interesting for a mathematical investigation, but the hidden potential relational structures in and between objects that are fundamental and have to be established" (Steinbring 1989, 30).

Es ist möglich, dass in Lehr-Lernprozessen eine relativ direkte Beziehung zwischen einem Zeichen und einem Objekt hergestellt wird, wie es u. a. am Beispiel des Zeichenträgers *5,20 €* als konkrete Münzen und Scheine ersichtlich wurde. In mathematischen Interaktionen können jedoch sowohl der Symbolbereich als auch der Referenzbereich („domain of objects and problems") in wechselweisem

Bezug ausgeweitet und verändert werden. *Empirische* Gegenstände werden so zu *theoretischen* Gegenständen transformiert und *strukturell* erweitert, sodass sich *direkte Beziehungen* zwischen einzelnen Elementen zu *systemischen Beziehungen* wandeln (vgl. Maier & Steinbring 1998, 316 ff.).

Im Fokus sind nicht länger die einzelnen, empirischen, individuellen Eigenschaften der Schulausflugssituation, die Emilia in ihrer ersten Zeichnung zur Teilaufgabe b) erstellt und teilweise sehr explizit beschreibt (vgl. Abschnitt 4.3). Diese dinglichen, sachbezogenen Elemente, wie die Kinder und die Boote, werden zu abstrakten Entitäten in Form der Striche umgedeutet. Ein von Emilia gezeichnetes Kind, das zu einem bestimmten Sitzplatz in einem Boot (als Kreiskritzel in einer länglichen Form) gehen möchte, wird ebenso wie die einzelnen Boote zunächst relativ unabhängig voneinander betrachtet. Im Laufe der Interaktion verknüpft sie die Anzahl der Sitzplätze der einzelnen Boote multiplikativ mit der Gesamtanzahl der Boote, um so auf die Kinder in den jeweils kleinen und großen Booten zu schließen sowie anschließend additiv die Gesamtanzahl der Kinder in allen Booten zu bestimmen. Die detailliert gezeichneten Elemente der Sachsituation werden von Emilia bei der Bearbeitung einer weiteren Teilaufgabe auf Striche und somit auf Anzahlträger reduziert, die sie ebenfalls operativ miteinander verknüpft (68 Striche in Vierer- und Achtergruppen einteilen). Zudem werden operationale Veränderungen möglich. Diese erlauben Emilia, eine systemisch-relationale Sicht auf den Striche-Zeichenträger einzunehmen, sodass die Gleichung ,zwei 4er-Boote = ein 8er-Boot' eine Bedeutung erhält. Die konkreten, empirischen Objekte wurden von Emilia folglich zu einem *strukturellen Referenzkontext* umgedeutet. Dadurch wurde sowohl der Referenzbereich wie auch der Symbolbereich umgedeutet und strukturell erweitert.

Die Beziehung – und somit die von einem epistemischen Subjekt vorgenommene Mediation – von Zeichen/Symbol und Gegenstand/Referenzkontext im epistemologischen Dreieck muss gegenüber einer eingenommenen semiotischen Perspektive insofern präzisiert werden, als dass keine direkte Beziehung zwischen dem Symbolbereich und dem Bereich der Bezeichnung bzw. Bedeutung vorliegt. Diese kann auch nicht erschöpfend über einen *Gedanken/Bezug* als indirekte Beziehung, wie Ogden und Richards (1923; 1974) es für ihr semiotisches Dreieck aufführen, beschrieben werden (vgl. Abschnitt 4.2.2). Im Unterschied zu den hier dargestellten semiotischen Perspektiven, die sich auf dyadische oder triadische Modelle mit den Korrelaten des Zeichenträgers sowie Bedeutung und/oder Bezeichnung beziehen, ist es aus einer epistemologischen Perspektive auf mathematische Zeichenträger entscheidend, eine weitere und zwar *eine begriffliche Ebene* zu berücksichtigen, die die wechselseitige Bezugnahme der beiden anderen Ebenen reguliert. Die Wichtigkeit dieser begrifflichen Ebene für *mathematische*

Zeichen und der *Entwicklung mathematischen Wissens in Lehr-Lernprozessen* lässt sich unter Rückgriff auf das semiotische Dreieck (Ogden & Richards 1974) präzisieren.

Die Frage danach, wie ein geeigneter Referent (Bezeichnung) für ein gegebenes Symbol (Zeichenträger) gefunden wird, beantworten Ogden und Richards (1974, 129–163) unter Hinzunahme der „Theorie der Definition". Die Grundidee besteht nach Steinbring (1998) darin, zunächst nach Referenten für Symbole zu suchen, die von allen an der Diskussion Beteiligten geteilt werden. Definitionen zusammen mit bestimmten Prinzipien erlauben es, den Bezug zwischen dem Symbol und dem betreffenden Referenten aus dem elementaren und akzeptierten Bezug zwischen einem bekannten Referenten und dem Symbol durch bestimmte Verbindungsregeln abzuleiten. Daraus folgt, dass der Bezug zwischen Symbol und Referent zum einen (so genau wie möglich) durch Verbindungsregeln definiert wird. Andererseits unterliegt die Eindeutigkeit dieses Bezugsverhältnisses sozialen Verhandlungen (vgl. Steinbring 1998, 173). Zusammenfassend kann deshalb für das semiotische Dreieck („the triangle of meaning") festgehalten werden, dass

> „[t]he establishment of the reference between symbol and referent in the triangle of meaning is thus subject to the interplay between rule-based definitions and social negotiations. The meaning created in establishing a reference is both objective and subjective. In the beginning, there is the individual, reduced notion of the sign, that is, the thought or reference in the (limited) triangle of meaning: this notion must be extended to a communicable notion, even to a notion relatively objectified by its definition in the generalized triangle in order to permit the thought or reference to regulate the relationship between symbol and referent" (ebd.).

Am Anfang steht eine individuelle, subjektive und somit reduzierte Idee des Symbols. Diese Idee muss auf eine kommunizierbare, durch eine Definition relativ objektivierte Idee ausgeweitet werden, um es dem Gedanken/Bezug zu ermöglichen, die Beziehung zwischen Symbol und Referent zu regulieren. Damit unterliegt diese indirekte, nicht fest gegebene Beziehung und demnach die Konstruktion der Bedeutung regelbasierten Definitionen und sozialen Aushandlungen. Diese fasst Steinbring (2000; siehe auch 2005, 24) als eine Art Definitionsprozess mit vereinbarten Konstruktionsweisen auf, „in dem man durch soziale Konventionen und logische Übereinstimmungen eine verhältnismäßig präzise Definition empirischer Objekte erreichen kann" (Steinbring 2000, 11). Wenn nun allerdings ein Zeichen und Referent eine *mathematische* Idee oder ein *mathematisches* Konzept konstituieren, muss über den Gedanken/über die Referenz hinaus eine produktive Mediation zwischen Symbol und Referent vorliegen:

„If a sign and referent constitute a mathematical concept, then there must be a productive mediation between symbol and object beyond thought/reference. It is not sufficient to obtain communicative agreement and unambiguity of definition with regard to the reference between symbol and referent. If the relationship between symbol and referent refers to a mathematical concept, this concept is not exhausted by definitions or subjective notions. The mathematical concept is not identical with thought/reference but requires a theory; concepts reflect new *relationships* and are no mere images of representation" (Steinbring 1998, 173).

Eine wichtige Gemeinsamkeit zwischen dem semiotischen und dem epistemologischen Dreieck liegt in der indirekten Beziehung zwischen dem Zeichen/Symbol und dem Referenten. Während dieser Bezug jedoch bei Ogden und Richards (1974) vornehmlich in der kommunikativen Übereinstimmung und in einer in der Gesellschaft entwickelten, eindeutigen Definition begründet ist, konstituiert dieser Bezug in der Mathematik und insbesondere im Mathematik*unterricht* ein mathematisches Konzept, das nicht durch Definitionen oder subjektive Vorstellungen ausgeschöpft wird. Es wird eine Theorie benötigt, wie beispielsweise die Zahlentheorie, die (neue) Relationen aufzeigt. Für die Entwicklung mathematischer Bedeutungen (und somit dem Begriff) reicht es demnach nicht aus, den Bezug zwischen Symbol und Referent als sozial konventionalisierte Namen für empirisch imaginierte Elemente zu betrachten. Es ist stattdessen notwendig, eine konzeptuelle Beziehung für die Herstellung des indirekten Bezugs zwischen Symbol und Referent zu entwickeln. Der Gedanke/die Referenz im semantischen Dreieck muss deshalb über die Definition eines lokalen, empirischen Begriffs hinaus auf die Ebene der konzeptuellen, relationalen Abstraktion differenziert werden (vgl. Steinbring 1998, 178). Für Steinbring liegt deshalb folglich ein wesentlicher Unterschied zwischen dem semiotischen und dem epistemologischen Dreieck darin, dass „die Konstruktion von Beziehungen zwischen ‚Zeichen/Symbol' und ‚Gegenstand/Referenzkontext' über den ‚Begriff' nicht zu endgültigen, eindeutigen Definitionen" führt; sie wird stattdessen „als eine komplexe Wechselbeziehung verstanden" (Steinbring 2000, 11).

Die Mediation und damit die Herstellung von Beziehungen zwischen Zeichen/Symbol und Gegenstand/Referenzkontext wird als komplexe, von einem Subjekt herzustellende Wechselbeziehung verstanden, die „jedoch nicht willkürlich ist, sondern sich in einem verwickelten subjektiv-objektiven Gesamtzusammenhang fügt" und somit „subjektive[n] Spielräume" in Form von „vieldeutige[n] Interpretationen" wie auch „objektive[n] Bedingungen und Strukturen" (Steinbring 1991, 77) unterliegt. Dieser *subjektiv-objektive Gesamtzusammenhang* wird unter Rückbezug zu zwei Weisen mathematischen Wissens aufgegriffen und mit der philosophischen Unterscheidung zwischen einer subjektiven Ontologie von der Realität und etablierten subjekt-unabhängigen (logischen) Strukturen der Welt identifiziert und anhand dessen präzisiert (vgl. Steinbring 2000, 29 ff.). Folglich gibt es zwei Arten von Verstehen, die zueinander komplementär sind und sich wechselseitig bedingen: das *logische Verstehen* und das *ontologische Verstehen*. Beim logischen Verstehen wird beispielsweise formal ein rechnerischer Zusammenhang auf der Ebene der subjektunabhängigen, konsistenten Strukturbedingungen nachvollzogen. Beim ontologischen Verstehen werden mathematische (Begriffe) als neue und ganzheitlich hergestellte Beziehungen, die korrekt in die logische Struktur eingebunden werden und für das Subjekt persönliche und neue Einsichten ermöglichen, subjektiv konstruiert (vgl. Steinbring 2000, 34 f.).

> „Mathematische Begriffe sind [...] soziale Konstrukte, bzw. in der kulturellen Praxis der Unterrichtsklasse interaktiv konstruiert. Andererseits besitzen mathematische Begriffe zugleich eine relativ autonome (immaterielle) Existenz, z. B. als ‚mathematische Objekte' (Bereiter 1994; Dörfler 1995), die in der subjekt-unabhängigen ‚logischen Struktur' der mathematischen Welt verankert sind. Eine zentrale Konsequenz dieser theoretischen Auffassung ist, daß der Lernprozeß mathematischen Wissens nicht auf eine individuelle und sozial interaktive Anpassung an die sozialen und kulturellen Bedingungen der Klasse und des Lehrers reduziert werden kann, sondern daß sich Lernen, Verstehen und Begründen zugleich auf ein (relativ) autonomes mathematisches Wissen beziehen, wobei dieses Wissen systemisch (als sich selbst entwickelndes System) und nicht als ein fertiges, hierarchisches Produkt existiert" (Steinbring 2000, 27 f.).

Ein epistemisches Subjekt könnte die ersten natürliche Zahlen 1,2,3,4,5, ... als mathematische Objekte (Begriff) mit Bezug auf reale Gegenstände wie beispielsweise verschiedene Plättchen (Gegenstand/Referenzkontext) konstruieren. Dabei kann es jedoch die das Zahlsystem bestimmende, subjekt-unabhängige, logische Struktur als Erhöhung um eins nicht willkürlich abändern. Das Subjekt kann allerdings unter Berücksichtigung dieser Struktur für ihn neue mathematische Objekte und damit mathematische Begriffe in dieser Welt der Zahlen konstruieren wie beispielsweise den Begriff ‚Primzahl'. Dieses neu zu benennende Objekt (Begriff) ist nicht direkt sinnlich wahrnehmbar, da es nicht durch (visuelle) Eigenschaften definiert ist, sondern durch mathematische Beziehungen, nämlich als ‚eine Zahl, die nur durch eins und sich selbst teilbar ist'. Die Frage danach, ob ‚5' (oder ‚17') eine Primzahl ist oder nicht, kann das Subjekt anhand dieser Beziehung Schritt für Schritt (durch den Versuch des Teilens durch die Zahlen 2, 3 und 4 bzw. 2, 3, 4, 5 und usw.) überprüfen, wie es auch Rotman (2000, 17 f.) in Bezug zu einem logisch korrekten Beweis beschreibt (vgl. Abschnitt 4.1.2): Jeder einzelne logische Schritt für sich kann vom Subjekt nachvollzogen und akzeptiert werden. Darüber hinaus bedarf es eines *leitenden Prinzips,* einer *unterliegenden Idee,*

das/die vom lernenden Kind in diese einzelnen Schritte hineingedeutet werden
muss, damit diese sich in ein Instrument der Überzeugung (und des ontologischen
Verstehens) wandeln können.

Der Erwerb neuen mathematischen Wissens besteht folglich nicht ausschließlich in der Aneignung automatisierter Regeln, die zu einer „Gleichsetzung von
Zeichen und *Gegenstand*" und somit „zu einer Reduktion des neuen auf das
alte Wissen" führt (Steinbring 1991, 88). Es erfordert die Reflektion begrifflicher Beziehungen, wie sie deshalb im epistemologischen Dreieck als dritte Ebene
enthalten ist.

> „Eine begriffliche Definition ist komplexer, offener, unverbindlicher als eine Regel-
> gestützte Definition. Es ist eine Definition, die eindeutig und vieldeutig zugleich
> ist: *vieldeutig* durch ihre potenziell unerschöpflichen noch unbekannten Bezugskon-
> texte, die auch zu Verallgemeinerungen Anlaß geben, und eindeutig durch die jeweils
> vom Subjekt aktuell hergestellten Beziehungen und konkreten Nutzungsweisen. Die
> begriffliche Definition versucht die Wechselbeziehung zwischen Zeichen und Gegen-
> stand im epistemologischen Dreieck zu entwickeln, die Regel-gestützte Definition
> beschränkt sich tendenziell auf die Zeichen" (ebd., 77)

Die Trennung von Zeichenträgern und Referenzkontext im epistemologischen
Dreieck hilft dabei, mathematische Bedeutung nicht auf ihre algorithmischen und
formalen Aspekte zu reduzieren, wie dies Brunner (2015 in Bezug auf Dörfler
2015) mit der Gleichsetzung von *Repräsentamen* und *Objekt* propagiert und damit
die *fachwissenschaftliche* Mathematik als selbstreferentiell ansieht, wobei *mathematische Objekte* als *Regeln* betrachtet werden. Mathematiklehrpersonen müssen
folglich Problembereiche, Lernsituationen und Aktivitäten anbieten, die dabei
helfen, dass die Lernenden in relativ eigenständiger Weise die Bedeutung mathematischer Begriffe verstehen. Dies kann dadurch gelingen, dass die Lernenden
Relationen und Beziehungen zwischen den Aspekten der Zeichenträger und den
Referenzkontexten rekonstruieren. Das mathematische Objekt (Begriff) in Form
von Strukturen und Relationen existiert weder a priori noch ist es als unveränderlich zu charakterisieren. Stattdessen wird es im Lehr-Lernprozess subjektiv
hergestellt, verändert und weiterentwickelt (vgl. Steinbring 1989, 29).

4.4.4   Fazit

Die von einem epistemischen Subjekt vorgenommene wechselseitige Beziehung
und somit die Mediation von Zeichen/Symbol und Gegenstand/Referenzkontext,
die zudem begrifflich reguliert wird, lässt sich in den nachfolgenden Punkten

als zentrales Ergebnis dieses Unterkapitels beschreiben. Diese Ausführungen bilden die essenzielle Grundlage, auf der die Entwicklung der *didaktischen Theorie mathematischer Symbole (ThomaS)* beruht. Zudem werden sie als eigenständige Theorieentwicklung verstanden, da über die Beschreibung der Kennzeichen des epistemologischen Dreiecks hinaus eine so bisher noch nicht formulierte Ausdifferenzierung der besonderen Mediation zwischen mathematischen Zeichenträgern und ihrer Bedeutung stattfindet. Im Unterschied zu den vorherigen Theoriekapiteln endet dieses folglich nicht mit einer reinen *Zusammenfassung*. Stattdessen werden hier wichtige theoretische Erkenntnisse konkretisiert. Diese resultieren aus der Erweiterung der semiotischen Perspektive um die epistemologische Perspektive – insbesondere anhand des epistemologischen Dreiecks als Theoriegrundlage sowie dessen Anwendung auf das Beispiel *Emilia*. Implizit werden hier ebenfalls Rückbezüge zu den im Unterkapitel 1.1 ausgearbeiteten epistemologischen Besonderheiten mathematischen Wissens als besondere Bedingungen des Forschungsfeldes hergestellt.

Der begriffliche Kern mathematischen Wissens besteht in ‚nicht direkt sichtbaren' und somit niemals sinnlich wahrnehmbaren systemisch-relationalen Strukturen. Die einzige Möglichkeit, Zugang zu diesen systemisch-relationalen Strukturen zu erhalten und mit ihnen zu operieren, besteht durch Zeichen und somit semiotische Repräsentationen aller Art. Mathematisches Wissen wird folglich in Form von semiotischen Mitteln erfasst und kodiert. Diese Mittel für sich allein genommen haben zunächst allerdings keine Bedeutung und sind nicht mit den mathematischen Objekten identisch. Erst durch die Interpretation eines epistemischen Subjektes wird einem Zeichenträger eine Bedeutung zugeschrieben. Handelt es sich dabei um einen *mathematischen* Zeichenträger, wird diese Mediation zusätzlich *begrifflich* reguliert. Im epistemologischen Dreieck als ein sich wechselweise definierendes Gleichgewichts-System zur Regulierung der Beziehung zwischen der symbolischen Ebene, der Ebene situativer Bezüge sowie der Ebene des Begriffs (vgl. Steinbring 1991) ist diese Mediation enthalten. Es darf dabei jedoch nicht angenommen werden, dass eins dieser Elemente a posteriori existiert. Stattdessen entstehen sie in der sozialen Interaktion über mathematische Inhalte und können erst nach sorgsamen interpretativen Rekonstruktionen der dabei vorgenommenen Deutungen ermittelt werden. In jedem Fall dürfen die notwendigen semiotischen Mittel als Zeichen/Symbole nicht mit dem begrifflichen mathematischen Wissen identifiziert werden. Durch diese konfliktbehaftete Voraussetzung als spezifischem Charakteristikum mathematischen Wissens werden die Lernenden vor zwei gegensätzliche Anforderungen gestellt, wie es im folgenden Abschnitt ausgeführt wird.

Um mathematische Aktivitäten vorzunehmen, müssen die Lernenden notwendigerweise semiotische Repräsentationen verwenden. Die Wahl der Art der Repräsentation durch das erkennende Subjekt ist in gewissem Rahmen frei gestaltbar. Auf der anderen Seite ist das erkennende Subjekt jedoch an die epistemologischen Bedingungen des begrifflichen mathematischen Wissens gebunden und kann die systemisch-relationale Struktur nicht beliebig umdeuten. In diesem Zusammenhang wird das bereits bekannte Beispiel der Zahl ‚5' aufgegriffen. Diese kann zum fraglichen Zeichen im epistemologischen Dreieck werden. Als erklärender Referenzkontext könnten ‚fünf (abgebildete oder konkrete) Äpfel' herangezogen werden. Diese Äpfel sind in der Mediation zwischen dem mathematischen Zeichen und dessen Bedeutung insofern interessant, als dass sie als Zählobjekte genutzt werden können. Demnach wird die Mediation zwischen Zeichen und Referenzkontext begrifflich durch Zählprinzipien und Aspekte des Zahlbegriffs reguliert. Anstatt besagter fünf Äpfel ist es aber auch möglich, andere Gegenstände heranzuziehen. Ebenso kann auch ein anderer Zeichenträger zur Darstellung der Zahl 5 herangezogen werden (z. B. eine Strichliste, die römische Zahl V, usw.). In gewisser Weise ist das epistemische Subjekt demnach *frei in der Wahl der Art der Repräsentation* (sowohl im Zeichen als auch im Referenzkontext). Die Mediation zwischen einem Zeichenträger und dessen Bedeutung ist jedoch *begrifflich* festgelegt. Das heißt, dass – unabhängig von der Wahl eines geeigneten Zeichenträgers der Zahl 5 und eines erklärenden Referenzkontextes – die Aspekte des Zahlbegriffs nicht beliebig verändert werden können. In der aktiven Herstellung der Wechsel-Beziehung zwischen Zeichenträger und Referenzkontext wird das epistemische Subjekt demnach vor zwei gegensätzliche Anforderungen gestellt: Das lernende Subjekt ist *einerseits* frei in der Wahl der *Art der Repräsentation, andererseits* aber festgelegt in der *epistemologischen Bedeutung* des mathematischen Inhalts, wie diese in der Anwendungs- bzw. Referenzsituation in Form von mathematischen Beziehungen/Strukturen eindeutig konstituiert ist. Insofern ist die Mediation zwischen einem Zeichen und dessen Bedeutung/Referenz durch die Komplementarität von gleichzeitig offen und festgelegt charakterisiert. Die Offenheit ist durch die freie Wahl der Repräsentation gegeben, die Geschlossenheit ergibt sich aufgrund des festgelegten, verbindlichen mathematischen Objektes als nicht sinnlich wahrnehmbare, systemisch-relationale Strukturen.

(1) Die Mediation ist durch eine Komplementarität von gleichzeitig *offen und festgelegt* charakterisiert.

Wie bei dem Beispiel zur Zahl 5 angedeutet, ist es möglich, dass Zeichenträger und Referenzkontext im epistemologischen Dreieck ihre ‚Rollen‘ *tauschen* können. Anhand der mathematischen Größen 13,875 km und 5,2 € sowie des Zahlwortes „tausendfünzig" und deren Verschriftlichung(en) wurde diese Austauschbarkeit konkretisiert. Ihnen gemeinsam ist, dass sich eine jeweils angepasste Stellenwerttafel als Referenzkontext heranziehen lässt, um die Bedeutung der aufgeführten Zeichen/Symbole zu erklären. In besagtem Referenzkontext der Stellenwerttafel könnte jedoch wiederum eine Fraglichkeit entstehen, sodass mit Hilfe der dezimalen Schreibweise die dekadische zugrundeliegende Struktur der konventionellen Notation (teilweise) erklärt wird. Die ‚Rollen‘ bzw. der Status eines fraglichen, in Frage stehenden Zeichens/Symbols und eines möglichen, erklärenden Gegenstandes/Referenzkontextes können demnach in (interaktiven) Entwicklungsprozessen *wechseln* bzw. *ausgetauscht* werden: Aspekte des zunächst einmal erklärenden Referenzkontextes können fraglich/erklärungsbedürftig werden und die früher einmal fraglichen Aspekte eines Zeichens/Symbols können sich zu erklärenden Referenzen verändern.

(2) Die Mediation ist *veränderlich:* Die ‚Rollen‘ von Zeichen/Symbol und Objekt/Referenzkontext sind nicht a-priori vorgegeben, sondern potenziell austauschbar.

In diesen (interaktiven) Entwicklungsprozessen können in der wechselseitigen Bezugnahme nach und nach vielfältige Beziehungen sowohl in den Zeichenträger selbst als auch in den herangezogenen, erklärenden Referenzkontext hineingedeutet werden. Die direkten Beziehungen zwischen den einzelnen Elementen wandeln sich in dieser Weise zu systemischen Beziehungen. Beispielsweise könnte der Wert 5,2 € in einer relativ direkten Beziehung mit konkreten Münzen und Scheinen dargestellt werden. Mit Einbezug der entsprechenden Stellenwerttafel wird jedoch der Referenzbereich ausgeweitet, wodurch die empirischen Gegenstände zu theoretischen Gegenständen transformiert werden (vgl. Steinbring 1989, Maier & Steinbring 1998). In einer ersten Deutung betrachtete Emilia die von ihr gezeichneten Elemente der Kinder und der Sitzplätze in den Booten relativ unabhängig voneinander. Im Laufe der Interaktion mit der Interviewerin verknüpft sie jedoch die Anzahl der Sitzplätze in den einzelnen Booten multiplikativ mit der Gesamtanzahl der Boote. Emilia kann dadurch auf die Anzahl der Kinder in den jeweils kleinen und großen Boote schließen sowie anschließend additiv die Gesamtanzahl der Kinder in allen Booten bestimmen. Durch die Veränderung der Zeichnung als ‚Strichliste‘ reduziert Emilia die sachlichen Elemente auf Anzahlträger, die sie operativ miteinander ver-knüpft. In der systemisch-relationalen Sicht auf die so entwickelte Zeichnung erhält damit die Gleichung ‚zwei 4er-Boote = ein 8er-Boot' eine Bedeutung und erlaubt es Emilia, Veränderungen vorzunehmen, um die vorgegebene Gesamtan-zahl der Boote zu erreichen. Die Mediation zwischen Zeichen/Symbol und Gegenstand/Referenzkontext vollzieht sich im Rahmen mathematischen Wissens letztlich zwischen semiotischen Mitteln/Zeichen(-trägern) auf beiden Seiten, und damit zwischen Strukturen/Beziehungen – und nicht zwischen einer semioti-schen Repräsentation (Zeichenträger) und einem (konkreten oder theoretischen und individuell identifizierbaren) Gegenstand.

(3) Die Mediation erfolgt letztlich zwischen *semiotischen Mitteln* (Zeichenträ-gern), die auf nicht direkt sinnlich wahrnehmbare Strukturen/Beziehungen verweisen.

Diese drei Bedingungen markieren den Kern der epistemologischen Perspek-tive auf mathematisches Wissen, die zudem die Mediation im epistemologischen Dreieck präzisieren und in der nachfolgend beschriebenen Entwicklung und Ausdifferenzierung der *didaktischen Theorie mathematischer Symbole (ThomaS)* Berücksichtigung finden (Kapitel 5).

Das Konstrukt: *Didaktische Theorie mathematischer Symbole*

Das Konstrukt *didaktische Theorie mathematischer Symbole* (kurz: *ThomaS*) bündelt die zentralen Forschungserkenntnisse aus Theorie und Empirie, womit es als wichtigster Bestandteil und bedeutendstes Ergebnis der hier vorliegenden Forschungsarbeit angesehen wird. In den vorangegangenen vier Kapiteln wurden theoretische Grundlagen aus den unterschiedlichen Forschungsbereichen der Lern- und Entwicklungspsychologie (Kapitel 2), der Arbeits- und Anschauungsmittel in der Mathematikdidaktik (Kapitel 3) und der Semiotik (Kapitel 4) herangezogen und um die besonderen Bedingungen des Forschungsfeldes (Kapitel 1) angereichert, wobei stets die epistemologischen Besonderheiten mathematischen Wissens im zentralen Fokus standen. Die so ausgearbeiteten Erkenntnisse werden im Theoriekonstrukt zusammengeführt. Zudem finden die in den empirischen Untersuchungen der Pilotierung und der Hauptstudie gewonnenen Einsichten – in Form von rekonstruierten Deutungen der teilnehmenden Viertklässler – Berücksichtigung. Dabei ist das Theoriekonstrukt bewusst dem methodischen Vorgehen (Kapitel 6) und den Analysen vorangestellt, um den Lesenden vorab eine essenzielle Orientierung zu bieten und die Verständlichkeit der durchgeführten und in Kapitel 7 aufgeführten Analysen zu erhöhen, obwohl es als Ergebnis der Arbeit an dessen Ende platziert werden müsste. Zudem wird das Konstrukt als Beitrag zur Theorieerweiterung verstanden und deshalb als dem theoretischen Teil der Arbeit zugehörig empfunden. Es kann zusammenfassend als reflektierte, theoretische, übersichtliche Ansammlung von Merkmalen zum Grundproblem der kindlichen symbolischen Deutungen des besonderen *Verhältnisses von Sache und der Mathematik* beschrieben werden. Das Theoriekonstrukt weist bei dieser Darstellung des Grundproblems eine interne Konsistenz sowie einen systemischen Zusammenhang auf.

© Der/die Autor(en), exklusiv lizenziert durch Springer Fachmedien Wiesbaden GmbH, ein Teil von Springer Nature 2021
K. Mros, *Mathematiklernen zwischen Anwendung und Struktur*, Essener Beiträge zur Mathematikdidaktik, https://doi.org/10.1007/978-3-658-33684-4_5

Die hier einleitend nur kurz aufgeführte Genese des Theoriekonstrukts wird im ersten Unterkapitel (5.1) ausführlicher erörtert, indem die Zusammenführung der theoretischen Vorannahmen sowie ihre Ausdifferenzierung (Abschnitt 5.1.1) und die Bedeutung der empirisch erhobenen Daten (Abschnitt 5.1.2) aufgeführt werden. Auch dieses Unterkapitel würde an anderer Stelle, nämlich unter der Methodik (Kapitel 6), ebenfalls als angebracht erscheinen. Es wird jedoch als legitim erachtet, zunächst die Entstehung eines solchen komplexen Konstrukts aufzuführen, bevor dieses selbst präsentiert wird. Vor dieser Darstellung erfolgt zunächst die epistemologische Analyse des Verhältnisses von Sache und Mathematik als komplementäre Wechselbeziehung (Abschnitt 5.2.1). In diesem Zusammenhang werden den Lesenden eine vereinfachte Version des Theoriekonstrukts (Abschnitt 5.2.2) sowie vielfältige Beispiele aus den Pilotinterviews (Abschnitt 5.2.3) vorgestellt. Das Unterkapitel 5.2 wird demnach als entscheidende Vorbereitung für die nachfolgenden Erklärungen der einzelnen Sichtweisen und Übergänge im Theoriekonstrukt (5.3) verstanden. Im Unterkapitel 5.3 werden die gewonnenen theoretischen Erkenntnisse gebündelt, weshalb vielfältige Verweise zu den vorherigen Kapiteln hergestellt sowie darin benannte Autoren, Zitate und Fachbegriffe aufgegriffen werden. Es werden aber auch die den Lesenden aus diesem Kapitel bekannten Beispiele, sowie in den Analysen (Kapitel 7) verwendete Beispiele mit eben jenen Erkenntnissen vernetzt. Das Kapitel schließt mit einer tabellarischen Übersicht des Konstrukts *didaktische Theorie mathematischer Symbole* (5.4), die die zuvor aufgeführten spezifischen Charakteristika der Sichtweisen und Merkmale des potenziellen ersten und zweiten Übergangs in stark komprimierter Form zusammenfasst und somit als Grundlage für die Einordnung der in den Analysen rekonstruierbaren Deutungen der Kinder dient.

5.1   Zur Genese des Theoriekonstrukts

Zunächst soll herausgestellt werden, dass ein Theoriekonstrukt grundsätzlich keine bloße Ansammlung von Merkmalen darstellt, sondern eine interne Konsistenz mit einem systematischen Zusammenhang aufweist. Aus diesem Grund wurde das Konstrukt sorgsam auf Stimmigkeit überprüft und stetig anhand theoretischer Erkenntnisse und unter Berücksichtigung der Analysen des Datenmaterials abgeglichen und überarbeitet. Zu Beginn des Projektes wurde deshalb zunächst ein Prototyp als Arbeitsgrundlage entwickelt, der die vom Lehrplan der Primarstufe (NRW) geforderte zentrale Leitidee der Struktur- und Anwendungsorientierung als eine Art Spannungsfeld und für das Konstrukt grundlegende theoretische Orientierung enthält. Darin heißt es:

„Anwendungs- und Strukturorientierung verdeutlichen die Beziehungshaltigkeit der Mathematik. Anwendungsorientierung meint einerseits, dass mathematische Vorerfahrungen in lebensweltlichen Situationen aufgegriffen und weiterentwickelt werden. Andererseits werden Einsichten über die Realität mit Hilfe mathematischer Methoden neu gewonnen, erweitert und vertieft. Das Prinzip der Strukturorientierung unterstreicht, dass mathematische Aktivität häufig im Finden, Beschreiben und Begründen von Mustern besteht. Dazu werden die Gesetze und Beziehungen aufgedeckt, die Phänomene aus der Welt der Zahlen, der Formen und der Größen strukturieren. So werden auch Vorgehensweisen wie Ordnen, Verallgemeinern, Spezifizieren oder Übertragen entwickelt und geschult" (MSW 2008, 55).

Diese beiden zentralen Prinzipien des Mathematikunterrichts dürfen nicht als Gegensätze verstanden werden, denn „Strukturen und Gesetzmäßigkeiten gibt es zum einen in der *Welt der Zahlen* und *Formen* aufzudecken, zum anderen und insbesondere aber auch in der *Lebenswelt*" (Krauthausen 2018, 352), wodurch sie eng miteinander verknüpft sind. Dieses besondere Verhältnis von *Sache* und *Mathematik* wird im nachfolgenden Unterkapitel 5.2 als komplementäre Wechselbeziehung zwischen strukturellen, systemisch-relationalen Beziehungen und dinglichen Elementen sowie sachlogischen Zusammenhängen in einer epistemologischen Analyse näher thematisiert und hier als Ausblick sowie Kernmerkmal des in dieser Arbeit entwickelten Konstrukts „*didaktische Theorie mathematischer Symbole*" kurz „*ThomaS*" (Abschnitt 5.3 und 5.4) aufgeführt.

Die bereits am Anfang der Entwicklung des Theoriekonstrukts stehende Orientierung bezieht sich folglich auf der einen Seite auf sachliche, lebensnahe, alltägliche Erfahrungen der Lebenswelt der Kinder und auf der anderen Seite auf mathematische Zusammenhänge, wobei diese nach wie vor in enger Verbindung mit der Lebenswelt stehen (können). Diese prototypische Orientierung wurde anschließend als offenes Konzept stetig unter Rückbezug zu und im Wechselspiel von theoretischen Vorannahmen und neuen, im Datenmaterial rekonstruierbaren Deutungen zunehmend fokussiert, verfeinert und überprüft. Es lässt sich folglich festhalten, dass das Konstrukt *ThomaS* anhand zweier Hauptstränge entwickelt wurde:

1) aus theoretischen Vorannahmen mit sorgsamer wissenschaftstheoretischer Fundierung, die im Konstrukt fokussiert und ausdifferenziert werden, und
2) a posteriori aus interpretativen, epistemologisch orientierten Analysen von klinischen Interviews.

Bei der theoretischen Fundierung (als erster Hauptstrang) fanden vor allem die epistemologischen Besonderheiten des prinzipiell nicht sinnlich wahrnehmbaren und nur mit Repräsentationen zugänglichen mathematischen Wissens als besondere Bedingungen des Forschungsfeldes Berücksichtigung (Abschnitt 1.1). Des Weiteren wurden Erkenntnisse aus der mathematikdidaktischen Forschung zu Arbeits- und Anschauungsmitteln als Grundlegung (Kapitel 3) sowie verschiedene semiotische Theorien herangezogen und um die eingenommene epistemologische Perspektive erweitert (Kapitel 4). Überdies war es erforderlich, lernpsychologische Voraussetzungen und entwicklungspsychologische Grundlagen zur Entwicklung des Symbolverständnisses im kindlichen Spiel heranzuziehen, um neben den bisherigen theoretischen Vorannahmen einen umfangreichen Einblick zur kindlichen entwicklungspsychologischen Perspektive auf das Forschungsproblem zu erhalten (Kapitel 2).

Der zweite Strang besteht aus interpretativen Analysen des Datenmaterials. Zur Planung, Durchführung, Erhebung und Auswertung wird an dieser Stelle auf das nachfolgende Kapitel 6 verwiesen. Es sei lediglich noch als zentraler Punkt erwähnt, dass sich die Analyse als sorgsame Rekonstruktion und Interpretation der von den Kindern getätigten Äußerungen in einem theoriebasierten relationalen und argumentativ gestützten Konnex unter epistemologischer Perspektive (also unter Einbezug der spezifischen Bedingungen des Forschungsfeldes zu den epistemologischen Besonderheiten mathematischen Wissens und Kommunikation; vgl. Kapitel 1) charakterisieren lässt.

Das theoretische Konstrukt *ThomaS* entstand folglich im stetigen Wechselspiel von theoretischen Vorannahmen, neuen Hinweisen bzw. Fragen und Deutungen, die die Sichtung des Datenmaterials der Pilotierung und der Hauptstudie ergaben und zu weiteren theoretischen Annahmen führten. Dadurch konnte das Theoriekonstrukt auf seine Stimmigkeit sowie interne Konsistenz geprüft und überarbeitet werden, bevor es nach weiteren Betrachtungen und Analysen des Datenmaterials jeweils erneut geprüft, überarbeitet und somit fokussiert und verfeinert wurde. Nachfolgend werden zunächst zentrale theoretische Erkenntnisse der vorangegangenen Kapitel 1, 2, 3 und 4 herausgestellt und zusammengeführt, um die Genese der *Alltagssicht* und der *systemisch-relationalen Sicht* als zentrale Bestandteile des Konstrukts aufzuführen (Abschnitt 5.1.1). Es folgen erste Hinweise zur Erhebung der Daten der Pilotierung und der Hauptstudie (Abschnitt 5.1.2). Damit enthält dieses Unterkapitel bereits erste Aspekte des Designs (Kapitel 6), die jedoch zunächst als Ausblick und Orientierung verstanden werden sollen und hier in erster Linie dazu dienen, die Genese des Konstrukts von der empirischen Seite aus für die Lesenden transparenter darzustellen. Auf die Aufführung von aussagekräftigen, gekürzten Beispielen, die die theoretischen Erkenntnisse stützen und weitere Ausdifferenzierungen erlauben, wird an dieser Stelle verzichtet und auf das ebenfalls in Kapitel 5 enthaltene Beispiel von Peter und Mogli verwiesen (Abschnitt 5.2.3).

5.1.1 Zusammenführung der theoretischen Vorannahmen und ihre Ausdifferenzierung

Das Konstrukt *didaktische Theorie mathematischer Symbole* dient dazu, die verschiedenen Deutungsweisen von unterschiedlichsten Zeichenträgern fassen und beschreiben sowie die unterschiedlichen Deutungen voneinander abgrenzen zu können. Dafür ist es zunächst von entscheidender Bedeutung zu verstehen, wie sich das kindliche Symbolverstehen entwickelt, bevor es in mathematischen Zusammenhängen Anwendung findet und sich entsprechend der epistemologischen Bedingungen mathematischen Wissens verändern muss.

Im *Symbol- bzw. Fantasiespiel* erhalten Kleinkinder die erste Möglichkeit, sich mit *Zeichen* auseinanderzusetzen, indem sie sich die Umwelt selbst verfügbar machen und durch Symbolisierungen verschiedenste Bedeutungsträger erschaffen (vgl. Einsiedler 1999, 32; Abschnitt 2.4.1). Aufgrund der erworbenen Erkenntnis der *Objektpermanenz* und dem Aufbau *dualer Repräsentationen* gelingt es dem Kind mit zunehmenden Alter, abwesende Objekte und Situationen zu *substituieren* und zu *transformieren* (vgl. Einsiedler 1999, 76; vgl. DeLoache 2004, 69; DeLoache 2000, 329; Abschnitt 2.4.3). Mit Hilfe der *Dezentrierung* und *Dekontextualisierung* erhält das Fantasiespiel überdies eine Flexibilisierung (vgl. Einsiedler 1999, 85 f; Hauser 2013, 99 f; 2.4.3), wobei gleichzeitig lineare und kombinatorische Sequenzen, geordnete Abfolgen und geplante Handlungskombinationen sowie die Entwicklung von alltäglichen Skripten zunehmende Planung und komplexer werdende Symbolhandlungen erkennen lassen (vgl. Hauser 2013, 105 f; Abschnitt 2.4.2). Die Kinder lernen bereits in sehr jungem Alter, dass prinzipiell alles herangezogen werden kann, um auf etwas anderes als sich selbst zu verweisen. Für das kindliche Fantasie- und Rollenspiel ist kennzeichnend, dass sich die ausgewählten und symbolisch verwendeten Zeichenträger auf individuelle, charakteristische Eigenschaften und alltägliche bzw. narrativ logische Handlungsabläufe, also auf *(pseudo-) dingliche* Eigenschaften des Referenten beziehen. Die Kinder als Zeichenbenutzer nutzen folglich zumeist visuell wahrnehmbare und narrativ logische Eigenschaften des Referenten, um mit Hilfe des Zeichenträgers, der ausgewählte Eigenschaften mit dem Referenten teilt, auf diesen zu verweisen (Abschnitt 2.5).

Mit Beginn des Mathematikunterrichts, sei es in ersten Trainingsprogrammen (z. B. Zahlenland) oder in der ersten Klasse, ‚verschwindet' diese Art der Symbolnutzung nicht, nur weil nun *mathematische Zeichen* benutzt und gedeutet werden müssen. Stattdessen ist diese Form der Symbolisierung als alltägliches Symbolverständnis aufgrund der langjährigen Erfahrung der Kinder mit dem Fantasie- und Rollenspiel auch im Mathematikunterricht der Grundschule von zentraler

Relevanz (vgl. z. B. Steinbring 1994, 193 ff ‚Frosch und Känguru'). So werden mathematische Begriffe gemäß den didaktischen Prinzipien der Anschaulichkeit und Handlungsorientierung häufig durch eine Bezugnahme auf konkrete Dinge und Sachverhalte unter Nutzung von Materialien verschiedenster Art eingeführt (vgl. z. B. Schipper 2003; Kapitel 3). Anders als in der traditionellen Sicht auf diese Arbeitsmittel angenommen wurde, befinden sich nun die mathematischen Begriffe nicht konkret zugänglich und in gewisser Weise direkt sichtbar im Material oder in ikonischen Darstellungen und müssen auch nicht nur ‚einfach' in Bildern mit lebensweltlichem Bezug ‚entdeckt' werden (vgl. Ball 1992; Voigt 1993; Jahnke 1984; Uttal et al. 1999; Lorenz 2000; Steinbring 2005; Nührenbörger & Steinbring 2008; Abschnitt 3.2).

Nichtsdestotrotz sind die herangezogenen Arbeitsmittel aufgrund ihrer Physikalität und ihrem möglichen lebensweltlichen Bezug auf Gegenstände und Situationen konkreter Natur, was allerdings nicht gleichbedeutend damit ist, dass auch die begrifflichen mathematischen Beziehungen unmittelbar und konkret zugänglich wären. Erst wenn diese Arbeitsmittel mathematisch (vgl. Nührenbörger & Steinbring 2008; Clements & Sarama 2018) und im Sinne der empirischen und theoretischen Mehrdeutigkeit (vgl. Voigt 1993; Steinbring 1994) gedeutet werden, erwerben diese das Potenzial, als Erklärungsgrundlage für neues mathematisches Wissen herangezogen und als strukturiertes, relationales Diagramm gedeutet zu werden (Steinbring 1994; Nührenbörger & Steinbring 2008) (Abschnitt 3.3). Dadurch erhalten Arbeitsmittel einen spezifischen epistemologischen Charakter, weil sie „in besonderer Weise zwischen der *mathematisch-relationalen Struktur* der Zeichen und Operationen und einer *sachlich-inhaltsbezogenen Struktur* von empirischen Elementen und Sachsituationen vermitteln können" (Steinbring 1994, 11). Arbeitsmittel weisen folglich eine „Doppelnatur" auf, sind wie „Amphibien" (Krauthausen & Scherer 2007, 250), also „semi-concrete" (Nührenbörger & Steinbring 2008, 165), wodurch sie zu „ideale[n] Vermittler[n] zwischen Realität und mathematischer Theorie" (Wittmann 1994, 44) werden.

Die unterschiedlichen Funktionen, die Arbeits- und Anschauungsmittel annehmen können, ist am Beispiel der (gezeichneten) Holzwürfel ausführlich dargestellt und erläutert worden (Abschnitt 3.4). Bereits an diesem kurzen Beispiel wird ersichtlich, dass die Natürlichkeit und Selbstverständlichkeit des Deutens von und Spielens mit Symbolen aus der frühen Kindheit auch in mathematischen Kontexten eine gewisse Präsenz und Relevanz erhält und dass sich die von den Kindern verwendeten Zeichenträger und deren Deutungen unter Berücksichtigung der epistemologischen Besonderheiten mathematischen Wissens (Abschnitt 1.1) weiterentwickeln muss. Dies lässt sich in gewisser Weise ebenfalls in den Ausführungen zu ausgewählten semiotischen Theorien und deren beispielhafter

Illustration ihrer Anwendung anhand von Emilias Zeichnungen und Deutungen zur Bootsaufgabe (Abschnitt 4.3) erkennen. Emilias Deutungen beziehen sich einerseits fundamental auf die visuell wahrnehmbaren Merkmale und Ähnlichkeiten der Zeichenträger und ihrer Bedeutung/Bezeichnung im Sinne der *Ikonizität* bzw. Ähnlichkeit (Wallis 1975; Knowlton 1966; Blanke 1998, 2003; Abschnitt 4.2). Andererseits weist eine von Emilia als *Diagramm* benutzte und damit besondere ikonische Inskription eine eigene innere Struktur auf. Anhand einer solchen Repräsentation, die primär Relationen als Vergegenständlichung des Gedachten mit vielfältigen, spielerischen Interpretationsmöglichkeiten enthält und in Lern- und Interaktionsprozessen eingebettet ist, können besagte innere Strukturen durch *Handlungen* deutlich werden (Peirce; Hoffmann 2000, 2001, 2003, 2005; Dörfler 2006; 2010, 2015) (Abschnitt 4.1). Diese zunächst eingenommene semiotische Perspektive auf Emilias Zeichnungen lässt sich um die für das Forschungsfeld essenzielle epistemologische Perspektive erweitern. Mit der Kenntnis über die epistemologischen Besonderheiten mathematischen Wissens muss dafür die Mediation mathematischer Zeichenträger und Referenzkontexte, die *begrifflich* reguliert wird, in den Blick genommen werden. Diese begriffliche Mediation mathematischer Zeichenträger und Referenzkontexte ist Bestandteil des epistemologischen Dreiecks und wurde in Auseinandersetzung mit der Fachliteratur weiter spezifiziert (vgl. Steinbring 1989; 1991, 1997, 1998, 2000, 2005, 2006; Steinbring & Maier 1998; Abschnitt 4.4). Sie ist durch eine Komplementarität von gleichzeitig *offen und festgelegt* charakterisiert. Außerdem ist sie *veränderlich* und erfolgt letztlich zwischen semiotischen Mitteln, die nicht auf direkt sinnlich wahrnehmbare *Strukturen und Beziehungen* verweisen (vgl. insbesondere Abschnitt 4.4.4).

Aus den theoretischen Erkenntnissen der Lern- und Entwicklungspsychologie des frühen Symbolverstehens im kindlichen Spiel (Kapitel 2), der mathematikdidaktischen Forschung zur Verwendung von Arbeits- und Anschauungsmitteln als semiotische Zeichenträger für mathematisches Wissen in der Grundschule (Kapitel 3) und der Semiotik als grundlegende wissenschaftliche Theorie (Kapitel 4), die um die epistemologischen Besonderheiten mathematischen Wissens erweitert wurde (Abschnitt 1.1 und 4.4), lassen sich zwei Sichtweisen rekonstruieren, die das grundlegende Fundament des Konstrukts *didaktische Theorie mathematischer Symbole* zu sachbezogenen Deutungen bilden: 1) die *Alltagssicht*, die sich auf (pseudo-)dingliche, visuell wahrnehmbare Eigenschaften bezieht und Ähnlichkeiten in den Blick nimmt, sowie 2) die *systemisch-relationale Sicht*, bei der die einzelnen Elemente ihre Bedeutung durch ihre Relation zu den anderen Elementen und aufgrund ihrer Position in einem zugrundeliegenden System erhalten. Die empirische Untersuchung und sorgsamen, interpretativen Transkriptanalysen

(Abschnitt 5.1.2 und Kapitel 7) tragen nach dieser theoretischen, grundsätzlichen Orientierung dazu bei, die beiden bereits hergeleiteten Sichtweisen anhand konkreter Beispiele auszuschärfen, mögliche weitere Sichtweisen zu rekonstruieren (die *Zahlen-und-Größen-Sicht*) und Übergänge zwischen den verschiedenen Sichtweisen zu identifizieren.

Es sei an dieser Stelle betont, dass das theoretische Konstrukt in seiner Gesamtheit und insbesondere die Unterscheidung der drei Ebenen mit ihren beiden Übergängen, ihre jeweiligen Bezeichnungen und der Charakterisierung der einzelnen Elemente in ihrer begrifflichen Endfassung nicht nur ein Ergebnis dieser hier zusammengefassten theoretischen Fundierung ist. Es ist stattdessen im Wechselspiel mit den im Rahmen des Forschungsprojektes vorgenommenen, sorgsamen interpretativen Analysen des Datenmaterials entstanden. Das heißt, dass teilweise erst diese Analysen und dabei rekonstruierbare unterschiedlichste Deutungen der Kinder dazu angeregt haben, bestimmte theoretische Perspektiven aufzugreifen bzw. diese um bestimmte Punkte zu erweitern und auszudifferenzieren, sodass ein in dieser Weise wissenschaftstheoretisch fundiertes Konstrukt entwickelt werden konnte. Die hier vorgenommene Trennung zwischen den theoretischen Vorannahmen mit ihrer weiteren Ausdifferenzierung von den nachfolgenden, stark zusammengefassten Erkenntnissen der Analysen (Abschnitt 5.1.2) ist somit lediglich eine künstliche, um die für das Verständnis der Lesenden förderliche Linearität der Inhalte zu erhalten.

5.1.2   Ausdifferenzierung des Theoriekonstrukts anhand der Daten

Basierend auf ersten theoretischen Annahmen für das Deuten unterschiedlicher Zeichenträger wurden zunächst erste Aufgaben mit unterschiedlichen kontextuellen Bezügen entwickelt und in einer Pilotierung explorativ mit verschiedenen Schülerinnen und Schülern erprobt (vgl. Abschnitt 6.2.2). Die so durchgeführten Interviews wurden im Anschluss interpretativ ausgewertet und die dabei gewonnenen Erkenntnisse für weitere erkundende Interviews genutzt. Außerdem wurden sie für eine erste Spezifikation des bis dahin entwickelten, prototypischen Theoriekonstrukts herangezogen. Dabei konnten erstmalig die theoretisch angenommenen Sichtweisen der *Alltagssicht* und der *systemisch-relationalen Sicht* in ihren Grundzügen anhand empirischen Datenmaterials rekonstruiert werden. Die bei der Planung, Durchführung und Analyse der Pilotierung sowie ersten Ausdifferenzierung des theoretischen Konstrukts gewonnenen Einsichten und Erkenntnisse wurden anschließend zur Entwicklung der Hauptstudie genutzt (vgl. Abschnitt 6.3). Nach deren Durchführung wurde diese ebenfalls ausgewertet (siehe auch Abschnitt 6.4). Dafür wurden umfangreiche sowie zahlreiche Deutungsprozesse der Kinder herausgesucht, bei denen die Teilnehmenden ihre hergestellten Zeichenträger der Interviewerin und/oder einem anderen Kind erklärt und somit gedeutet bzw. auch umgedeutet haben. Die Verfasserin selbst hat diese Szenen in Eigenarbeit gründlich betrachtet sowie ausführlich analysiert und ebenfalls in verschiedenen Arbeitsgruppen (AG EInmaL[1], im mathematikdidaktischen Forschungskollegium der Universität Duisburg-Essen, EMZ[2], UMWEG[3]) bei paralleler Weiterentwicklung und Ausdifferenzierung des theoretischen Konstrukts diskutiert und interpretiert. Bei den Diskussionen wurde das Ziel verfolgt, möglichst viele Perspektiven und Deutungsmöglichkeiten auf das Geschehen im Interview zu erhalten. Der stetige Rückbezug zu theoretischen Vorannahmen und deren Erweiterung durch fundamentale, erkenntnisgenerierende Perspektiven waren dabei von zentraler Relevanz. Im Wechselspiel mit den empirischen Daten konnte der Prototyp des theoretischen Konstrukts mit zunehmenden Analysen von kindlichen Deutungen und neuen, theoretischen Perspektiven a posteriori ausdifferenziert und argumentativ gestützt werden.

Am Ende dieses umfangreichen und zeitlich intensiven Prozesses steht das Konstrukt *didaktische Theorie mathematischer Symbole*, wie es im nachfolgenden Abschnitt 5.2.2 zunächst nach einer epistemologischen Analyse des Verhältnisses von Sache und Mathematik (Abschnitt 5.2.1) kurz vorgestellt wird und anschließend dessen einzelne Sichtweisen sowie Übergänge detailliert beschrieben werden (Abschnitt 5.3). Damit ist das theoretische Konstrukt aus den zu Beginn des Kapitels benannten Gründen dem Design der Pilotierung und Hauptstudie (Kapitel 6) sowie den Analysen (Kapitel 7) vorangestellt, obwohl es erst nach dessen Durchführung und Auswertung fokussiert und ausdifferenziert werden konnte.

---

[1]Epistemologische Interaktionsforschung mathematischer Lehr- und Lernprozesse (Universität Duisburg-Essen; Leitung Prof. Dr. Heinz Steinbring)

[2]Erkennen mathematischer Zusammenhänge (Forschungskreis der Bergischen Universität Wuppertal, Universität zu Köln, Universität Münster, Universität Paderborn, Technische Universität Dortmund und Universität Duisburg-Essen; wechselnde Leitung mit wechselnden Standorten)

[3]Untersuchungen zum Mathematiklernen (in der Grundschule) – Wuppertal-Essen-Gruppe (Bergische Universität Wuppertal, Universität Duisburg-Essen; Leitung Prof. Dr. Elke Söbbeke und Prof. Dr. Heinz Steinbring)

5.2   Epistemologische Analyse des Verhältnisses von Sache und Mathematik

Bereits bei der Beschreibung der Genese des theoretischen Konstrukts wurde im Zusammenhang mit den beiden zentralen Prinzipien der Anwendungs- und Strukturorientierung des Mathematikunterrichts der Grundschule auf die enge Verknüpfung der *Welt der Zahlen und Formen* sowie der *Lebenswelt* hingewiesen (Abschnitt 5.1; vgl. auch Krauthausen 2018, 352; MSW 2008, 55). Dieses besondere Verhältnis von *Sache* und *Mathematik* als komplementäre Wechselbeziehung zwischen strukturellen, systemisch-relationalen Beziehungen und dinglichen Elementen sowie sachlogischen Zusammenhängen stellt das wesentliche Kernelement des in diesem Projekt entwickelten theoretischen Konstrukts dar. Zunächst galt diese Beziehung als erste, prototypische Orientierung, unter der sowohl wissenschaftliche Theorien (vgl. Abschnitt 5.1.1) als auch die im erhobenen Datenmaterial der Pilotierung sowie der Hauptstudie rekonstruierbaren Deutungen der teilnehmenden Kinder betrachtet wurden (vgl. Abschnitt 5.1.2; Kapitel 6 zur Methodik; Abschnitt 4.3 grundlegende Analyse Emilia; Abschnitt 5.2.3 grundlegende Analyse Peter und Mogli; Kapitel 7 ausführliche Analysen). In dem Wechselspiel von theoretisch gewonnenen Erkenntnissen aus den unterschiedlichen wissenschaftlichen Forschungsgebieten und theoretischen Vorannahmen sowie den empirisch gewonnenen Erkenntnissen wurde das Theoriekonstrukt und somit auch dessen Kernelement als offenes Konzept stetig ausdifferenziert und weiterentwickelt. Die nachfolgenden Absätze nehmen das besondere Verhältnis von *Sache* und *Mathematik* in einer epistemologischen Analyse in den Blick (Abschnitt 5.2.1). Damit wird das Ziel verfolgt, die angesprochene prototypische Orientierung als Wechselbeziehung zwischen den beiden komplementären Komponenten der strukturellen, systemisch-relationalen Beziehungen und dinglichen Elementen sowie sachlogischen Zusammenhängen auszuschärfen. Im Anschluss daran wird in tabellarischer Form eine vereinfachte Version des Theoriekonstrukts mit zentralen Elementen der einzelnen rekonstruierten Sichtweisen aufgeführt, um einen ersten Zugriff auf das Konstrukt zu erhalten (Abschnitt 5.2.2). Dieses Theoriekonstrukt dient als Instrument, um zum einen Zugang zu dem beschriebenen, besonderen Verhältnis von *Sache* und *Mathematik* als mathematikdidaktisches Grundproblem zu erhalten. Zum anderen wird darin eben jenes Verhältnis sowohl von theoretischer als auch empirischer Seite differenziert in den Blick genommen. Zusätzlich dazu wird das besondere Verhältnis unter Rückbezug auf das Interviewpaar Peter und Mogli an konkreten Schüleraussagen und deren möglichen Interpretationen illustriert (Abschnitt 5.2.3). Die unterschiedlichen Darstellungen des Paares stammen aus der Pilotierung, wobei insbesondere das dritte Interview mit den dort getätigten Deutungen der Schüler ein zentrales Kernelement zur Entwicklung der Interviewserie der Hauptstudie und zur ersten empirischen Ausdifferenzierung der systemisch-relationalen Sichtweise bildet (vgl. auch Abschnitt 6.2.2).

5.2.1   Die komplementäre Wechselbeziehung zwischen Sache und Mathematik

Bei jeder Bearbeitung von Aufgaben, die sich auf einen sachlichen Kontext beziehen und wie sie in der Pilotierung und der Hauptstudie dieser Arbeit ebenfalls herangezogen wurden, muss eine Beziehung der besonderen Art zwischen der *Sache* und der *Mathematik* hergestellt werden. Einerseits werden die in der Aufgabe benannten mathematischen Zahlen und Größen mit den Elementen der beschriebenen sachlichen Situation *verknüpft*, andererseits sind die mathematischen und sachlichen Elemente jedoch voneinander zu *unterscheiden*. Das besondere Verhältnis von Sache und Mathematik ist bereits von Winter wie folgt beschrieben worden:

„Auf jeden Fall werden, wenn man die Sache ernst nimmt, Diskontinuitäten zwischen Lebenswelt und arithmetischen Begriffen wahrnehmbar, die grundsätzlicher Natur sind. Schon die Frage, was von Interesse und Bedeutung ist, kann zu zwiespältigen Antworten führen: Von der Lebenswelt her gesehen interessieren am Phänomen Gewicht von Menschen biologische, medizinische, soziale, ästhetische, sportliche u. a. Gesichtspunkte, während in der arithmetischen Begriffswelt etwa Rechengesetze der Addition und Subtraktion im Bereich der natürlichen Zahlen die Aufmerksamkeit erregen und beanspruchen. Weitere Diskontinuitäten ergeben sich unvermeidlich, wenn Sachprobleme (im Beispiel Gewichtsabnahme, Abmagerungskur) mit mathematischen Mitteln formuliert und diskutiert werden sollen. Allein die Aussage ‚Vater ist heute 84 kg schwer‘ ist nur unter bestimmten Voraussetzungen eine wahrheitsgemäße Feststellung; unklar bleiben die näheren Umstände, die aber sachlich wichtig sein können (Uhrzeit der Wägung, Qualität der Waage, Genauigkeit der Wägeablesung). Vielleicht ist mit ‚84 kg‘ ein Intervall, etwa 83,5 kg bis 84,5 kg gemeint. Arithmetisch ist ein Riesenunterschied zwischen 84 und 84,001 – von der Sache her wäre hier aber das Unterscheidenwollen zwischen 84 kg und 84,001 kg geradezu schwachsinnig" (Winter 1994, 11).

Zusammenfassend charakterisiert Winter das Verhältnis der mathematischen Welt und der sachlichen Welt: „In der Didaktik ist bisher das Verhältnis zwischen innen und außen, zwischen rein und angewandt allzu harmonisch-optimistisch

eingeschätzt worden" (Winter 1994, 11). Wie bereits in Kapitel 3 für die Konkretheit der Arbeits- und Anschauungsmittel herausgestellt wurde (vgl. insbesondere
Abschnitt 3.2), kann somit auch für das Verhältnis von Sache und Mathematik nicht angenommen werden, dass sich die Mathematik direkt und unmittelbar
in den jeweiligen Sachverhalten befände und entsprechend mit den Kindern
vertrauten und bekannten Alltagsgegenständen und potenziell alltäglich erfahrbaren sachlichen Situationen in direkter Weise verknüpft wäre. Auch enthalten
die Sachverhalte nicht selbst in unmittelbarer Weise bereits die ,abstrakten'
mathematischen Begriffe (als Beziehungen in einem komplexen System, bei dem
jedes Element in vielfältigen Beziehung zu den anderen Elementen dieses Systems steht). Wie auch die Arbeits- und Anschauungsmittel stehen in Lern- und
Verstehensprozessen die bekannten Alltagsgegenstände und potenziell alltäglich
erfahrbaren sachlichen Situationen in einer engen Beziehung zum mathematischen Wissen (vgl. Abschnitt 3.3). Diese Beziehung muss ebenfalls von einem
epistemischen Subjekt in aktiven Deutungs- und Interpretationsprozessen hergestellt werden. Die individuellen Eigenschaften der in der sachlichen Situation
benannten Elemente ebenso wie die von Winter (1994) aufgeführten lebensweltlichen Gesichtspunkte treten dabei in den Hintergrund zugunsten der in den
Aufgabe potenziell enthaltenen systemischen Struktur. Steinbring (2001, 174)
beschreibt diese Vermittlung zwischen der Sache und der Mathematik nicht als
eine „Eins-zu-Eins-Übersetzung, bei der die konkreten Sachelemente direkt mit
mathematischen Symbolen und Operationszeichen verbunden werden". Stattdessen stellt er für diese Vermittlung „die Konstruktion von Beziehungen, Strukturen
und Zusammenhängen im Sachkontext [als wesentlich heraus], denn letztlich zielt
die Mathematik [als Wissenschaft der Muster und Strukturen] auf solche Strukturen" (Steinbring 2001, 174). Zwischen der Sache und der Mathematik kann
folglich also keine Eins-zu-Eins-Übersetzung vermitteln, ebenfalls ist jedoch das
Vernachlässigen von sachlichen Details nicht ausreichend, wie es Schwarzkopf
mit Bezug zu Steinbring weiter ausführt:

> „Die Beziehung zwischen Sachverhalt und Mathematik wird nicht hergestellt durch
> Vernachlässigen von ausreichend vielen sachlichen Details zur Vorbereitung einer
> Übersetzung, sondern durch eine theoretische Veränderung des empirischen Sachver-
> halts zur strukturellen Erweiterung des Sachverhalts [...]. Erst eine solche strukturelle
> Erweiterung kann es ermöglichen, die Symbole aus der Sachwelt in adäquaten mathe-
> matischen Referenzkontexten zu interpretieren. Diese begriffliche Beziehung muss
> i. A. erst noch konstruiert werden, sie stellt eine neue Deutungsgrundlage her [...] und
> entspricht eher einer Erfindung als einer Übersetzung" (Schwarzkopf 2006, 104).

Demnach ist es bei der Bearbeitung von sachlich eingekleideten Textaufgaben nicht ausreichend, die Darstellung von einer realistischen, lebensechten Darstellung zu einer arbiträren Darstellung mit willkürlich zugeschriebenen Merkmalen ohne äußerliche Ähnlichkeit zu abstrahieren. Diese Spanne der Darstellung wird am nachfolgenden Beispiel der in der Mathematikdidaktik bekannten Pferde-Fliegen-Aufgabe (vgl. z. B. Wittmann & Müller 2005, 68) und für die vorliegende Forschungsarbeit entwickelten Varianten dieser Aufgabe mit veränderten Zahlen und Kontexten (vgl. Abschnitt 6.1) aufgezeigt. Genauer gesagt, werden dafür verschiedene Möglichkeiten zur Repräsentation eines Pferdes aufgezeigt (vgl. Abb. 5.1).

| lebensecht, farbig | lebensecht, schwarz/weiß | Silhouette | stilisiert | auf Kopf und Beine reduziert | arbiträr |

Abb. 5.1 Verschiedene Darstellungen eines Pferdes

Mit anderen Worten ist es nicht ausreichend, die einzelnen gemeinsamen Merkmale des Zeichenträgers und dessen zugeschriebener Bedeutung/Bezeichnung auf relevante, kriteriale Attribute der ikonischen Relation zu reduzieren (vgl. Abschnitt 4.2) bzw. arbiträre Zuschreibungen ohne Ähnlichkeitsbeziehung, abgesehen von der Anzahl (der Beine), herzustellen. So vorgenommene Abstraktionen mögen schon allein aus praktikablen Gründen – wie der Zeitersparnis bei der Herstellung eines solchen Zeichenträgers – als eine Vereinfachung verstanden werden, bei der für die Bearbeitung der Aufgabe von unnötigen Informationen und Details abgesehen werden muss. Damit werden die Schülerinnen und Schüler aber auch bereits vor die (große) Anforderung gestellt, zu erkennen, dass die für die Aufgabe zentrale Eigenschaft des Pferdes deren Funktion als Merkmalsträger von vier ist bzw. die zentrale Eigenschaft der Fliege deren Funktion als Merkmalsträger von sechs ist. Darüber hinaus müssen außerdem aktiv Beziehungen und Strukturen in den sachlichen Kontext hineingesehen werden. Drei Pferde können so beispielsweise in zwei Fliegen umgewandelt werden, was unter einer mathematischen Perspektive sinnhaft ist, im Sachzusammenhang allerdings unmöglich wäre.

Es muss folglich eine strukturelle Erweiterung des Sachverhalts stattfinden, wobei eine begriffliche Beziehung konstruiert wird, die dann eine neue Deutungsgrundlage bildet. Die sachlichen Elemente mögen dabei gleichsam präsent sein. Jedoch werden ihre individuellen dinglichen Eigenschaften zugunsten der ihnen zugeschriebenen Anzahlen bzw. Größen als Elemente einer systemischrelationalen Struktur ausgeblendet. Trotz der veränderten Fokussierung auf strukturelle Beziehungen können die individuellen dinglichen, aus dem Alltag bekannten Eigenschaften der sachlichen Elemente jederzeit wieder in Erinnerung gerufen werden. Dies scheint darin begründet zu liegen, dass sich die systemisch-relationale Struktur auf Grundlage des in der Textaufgabe beschriebenen sachlichen, mit Alltagsbezügen angereicherten Zusammenhangs entwickelt hat. Ein weiterer Grund stellt vermutlich die langjährige alltägliche Erfahrung im Umgang mit Symbolen dar, die in alltäglichen Situationen eher weniger auf Strukturen und vielmehr durch Objektsubstitution und dem ‚so-tun-als-ob‘ Element des kindlichen Spiels (vgl. Kapitel 2) auf konkrete Gegenstände oder sachlogische Handlungsabfolgen verweisen. In einer solchen alltäglichen Symbolnutzung werden vielfach ikonische Relationen zwischen den gewählten Zeichenträgern und ihrer Bedeutung/Bezeichnung hergestellt (vgl. insbesondere Abschnitt 4.2).

So ist es nicht verwunderlich, dass auch die Bearbeitungen der an der Studie teilnehmenden Kinder solche Ähnlichkeitsbeziehungen aufweisen und damit die Relevanz einer solchen *Alltagssicht* verdeutlichen. Die Art der semiotischen Darstellung und Deutung der Situation mit Hilfe von den Kindern selbst gewählter Zeichenträger kann so teilweise als Nachbau der in der Textaufgabe benannten lebensweltlichen Situation charakterisiert werden. Eine solche Darstellung kann möglicherweise ohne weitere Erklärungen ganz wie ein ästhetisches Objekt (vgl. Knowlton 1966, 170) verstanden und betrachtet werden. Nachfolgend werden dazu einige kurz gehaltene Beispiele aus der Studie herangezogen, die jedoch nicht im Detail analysiert werden.

Die ersten ausgewählten Beispiele stellen Bearbeitungen unterschiedlicher Teilaufgaben im Kirschen-Kontext (vgl. Abschnitt 6.1.2) dar. In den eingekleideten Textaufgaben heißt es, dass Jakobs Opa einen Garten mit vielen Kirschbäumen hat und die beiden mit Annika Kirschen pflücken. Die Pflückgeschwindigkeiten der einzelnen Personen sind vorgegeben (1 Kind schafft 1 kg/halbe Stunde, Opa schafft 3 kg/halbe Stunde). In den Teilaufgaben variieren die pflückenden Personen, ihre Pflückdauer und das zu pflückende Gewicht der Kirschen. Es ist auffällig, dass bei einigen Bearbeitungen der benannte Opa *größer als* die Kinder Jakob und Annika dargestellt wird. Dies geschieht durch eine große Flasche wie bei Mogli oder eine größere Pyramide, bestehend aus sechs gleichartigen aufeinandergetürmten Holzwürfeln (3 Würfel – 2 Würfel – 1 Würfel) wie bei Odelia (vgl. Abb. 5.2). Mogli und Odelia fokussieren demnach auf ein wichtiges Unterscheidungsmerkmal. Mit dessen Hilfe wählen sie geeignete Zeichenträger aus und machen sich somit den in der Entwicklung des kindlichen Fantasiespiels erworbenen Meilenstein der Objektsubstitution zunutze (vgl. Einsiedler 1999, 76; vgl. Hauser 2013, 93 ff). Die beiden in der Aufgabe als Annika und Jakob benannten Kinder unterscheiden sich von dem Opa, weil sie einem kleineren Gegenstand zugeordnet werden. Bei Mogli sind dies zwei aufrecht positionierte Metalldosen und bei Odelia entsprechend zwei kleinere Pyramiden aus drei aufeinandergetürmten Holzwürfeln. Zusätzlich werden teilweise die beiden Kinder als Annika und Jakob noch unterschieden, indem ihnen eine bestimmte Farbe zugeordnet wird. So ergänzt Mogli zur bestehenden Abbildung einen weißen und einen roten Steckwürfel, die er auf den beiden Metalldosen positioniert, sodass er diese voneinander unterscheiden kann.

Nachbau: Kirschen-Aufgabe

Mogli   Jonas   Odelia

Abb. 5.2 Nachbau der Kirschen-Aufgabe von Mogli, Jonas und Odelia

Jonas benutzt ebenso wie Odelia gleichartige Holzwürfel. Jedoch türmt er die Würfel in einer speziellen Weise auf einer quadratischen Platte auf, welche er auf zwei kleinen Bechern positioniert hat. Er ergänzt außerdem rote Steckwürfel und erhält so einen Zeichenträger, der starke Ähnlichkeit zu einem realen Kirschbaum aufweist. Jonas konstruiert überdies konkrete Figuren aus Steckwürfeln, die sich nun nicht nur hinsichtlich ihrer Größe unterscheiden, sondern darüber hinaus auch zusätzlich weitere individuelle Eigenschaften erhalten wie Augen, Hände, Pullover, Hosen und Schuhe. Die Steckwürfel werden von Jonas somit als eine Art Bauelemente benutzt, wie dies auch im kindlichen Bau- und Konstruktionsspiel üblich ist (vgl. Abschnitt 2.3, siehe auch Abschnitt 3.4.1). Die von Jonas gewählten und zusammengebauten Zeichenträger spiegeln somit sehr deutlich die sachliche Situation wider und werden deshalb als Nachbau dieser charakterisiert. In gewisser Weise können die so entstandenen Elemente als Replica-Spielsachen für ein nachfolgendes Symbolspiel dienen (vgl. Abschnitt 2.4.3).

Ähnliche Nachbauten der an den Untersuchungen teilnehmenden Kinder lassen sich ebenfalls bei den Bearbeitungen weiterer Aufgaben mit unterschiedlichen
Kontexten finden (vgl. Abb. 5.3). Kaelyn baut so den in der Container-Aufgabe
erwähnten Gabelstapler (links: Steckwürfel mit zwei Holzwürfeln) ebenso wie
einen Kran (rechts: weiße und blaue Steckwürfel) nach. Jonas nutzt die Holzwürfel bei der Blumen-Aufgabe als Tischbeine, darauf positioniert er die verschiedenen Flächen als Tischplatten, auf denen er kleine Becher als Blumenvasen
platziert, in denen sich Strohhalme als Rosen (rot) und Nelken (blau und gelb)
befinden. Tinka zieht für ihre Darstellung sowohl kleine als auch große Becher
heran, auf die sie jeweils ein grünes Plättchen legt. Darum herum positioniert sie
auf den kleinen Bechern jeweils drei rote Plättchen für die Rosen bzw. auf den
großen Bechern sieben gelbe Plättchen für die Nelken. Insgesamt erinnert so ein
Becher in gewisser Weise an eine Vase und die Plättchen in ihrer gelegten Form
an Blumen mit grünem Blütenboden und roten bzw. gelben Blütenblättern.

Nachbau: Container   **... und Blumen**

Kaelyn   Jonas   Tinka

Abb. 5.3 Nachbau der Container- von Kaelyn und Blumen-Aufgabe von Jonas und Tinka

In der vorgestellten Situation erhalten die einzelnen Elemente (Kran, Blume,
Tisch, Opa) aufgrund der Ähnlichkeit ihrer individuellen Eigenschaften zur dinglichen Welt eine Bedeutung. Es scheint den Kindern in einer alltäglichen Sichtweise
auf die Aufgabenstellung und ihrer Bearbeitung wichtig zu sein, dass die einzelnen benannten Elemente auch als solche zu erkennen sind, weshalb sie sich dieser
ikonischen Relation bedienen (vgl. Abschnitt 4.2). Die von den Kindern benutzten
Zeichenträger sind so gewählt, dass sie gemeinsame kriteriale Attribute mit der
ihnen zugeschriebenen Bedeutung/Bezeichnung aufweisen (Knowlton 1966). Mit
anderen Worten, sie sind so gewählt, dass die Zeichenträger und das Dargestellte
als Varianten desselben sensorischen Typs bzgl. ihrer relevanten Eigenschaften
kategorisiert werden (Blanke 2000, 2003; siehe auch Abschnitt 4.2.2 und 4.2.3).
Auf den ersten Blick fokussieren Mogli, Jonas, Odelia, Kaelyn und Tinka mit
ihren Darstellungen in erster Linie mehr auf die *Sache* und weniger auf die

Mathematik. Dies kann sich aber ebenso schnell verändern, indem die Kinder Umdeutungen anhand ihrer Darstellungen vornehmen und so die Sichtweise wechseln.

Im Konstrukt *didaktische Theorie mathematischer Symbole* ist neben dieser eingenommenen Alltagssicht auch die *Zahlen-und-Größen-Sicht* enthalten, bei der bestimmte sachliche Elemente und/oder ihre individuellen Eigenschaften zunehmend ausgeblendet werden. Nach wie vor reden die Kinder auch bei potenziellen Umdeutungen der erstellten Darstellungen von denselben dinglichen Elementen und hantieren mit den ursprünglich dinglichen Elementen zugeschriebenen Zeichenträgern. Sie verknüpfen jedoch die Benennungen und Zeichenträger zunehmend mit den ihnen zugeschriebenen Zahlen und Größen. Die Repräsentation eines Pferdes (vgl. Abb. 5.1) ist in dieser Deutung nicht länger dahingehend interessant, dass man es reiten kann, dass es braun ist, einen Schweif und eine Mähne besitzt. Stattdessen ist es in seiner Funktion als Anzahlträger von vier bedeutend. Zudem können die den Pferden zugeschriebenen Anzahlen arithmetisch miteinander verknüpft werden, sodass das Kind Aussagen wie „fünf Pferde haben fünf mal vier also zwanzig Beine" treffen kann.

Bei einem Gespräch über die Lösung zu einer Teilaufgabe im Kirschen-Kontext wechselt auch Peter die Sichtweise auf seine ursprüngliche Zeichnung (vgl. Abschnitt 5.2.3.1; Abb. 5.4). Zunächst referiert ein gezeichneter ‚Eimer' auch auf einen solchen als Behälter, in dem Kirschen gesammelt werden. Im Interaktionsverlauf deutet er die beiden bereits gezeichneten Eimer jedoch um, indem er zwei weitere ergänzt und diese so als vier Kilogramm interpretiert, die Jakob in zwei Stunden pflücken kann. Mit dieser Fokussierung blendet er die weiteren, nach wie vor in der Zeichnung enthalten sachlichen Elemente mit ihren individuellen Eigenschaften aus. Der gezeichnete Garten mit den Kirschbäumen, der Opa und die Leitern finden in dieser Zahlen-und-Größen-Sicht keine explizite Beachtung. Die Eimer sind nicht mehr als solche von Interesse, sondern nur noch hinsichtlich ihrer Funktion, jeweils ein Kilogramm Kirschen zu repräsentieren und dass sie zu vier Kilogramm verknüpft werden können.

Abb. 5.4 Peters Zeichnung

Nichtsdestotrotz werden die herangezogenen Zeichenträger in dieser Zahlen-
und-Größen-Sichtweise eher *pseudo-dinglich* konstruiert (vgl. Steinbring 1994,
17; vgl. auch Abschnitt 3.3 und 4.4.2). So werden die Zahlen *Sechs* und *Vier*
eher als Adjektive aufgefasst, die der Fliege bzw. dem Pferd als dessen pseudo-
dingliche Eigenschaft zugeordnet werden. Die benannten Anzahlen bzw. Größen
werden in der ihnen so zugeschriebenen Rolle als vergleichbar mit den anderen,
individuell-dinglichen Eigenschaften wie der Mähne, der Flügel oder die Möglichkeit des Reitens oder Fliegenkönnens angesehen. Über eine pseudo-dingliche
Bedeutungskonstruktion, die zwar schon begrifflich reguliert wird (durch Zählprinzipien und Zahlaspekten), ist es allerdings darüber hinaus erforderlich, eine
systemisch-relationale Struktur in die Zeichenträger hineinzulegen und die Zeichenträger entsprechend mit einer zugrundeliegenden Struktur zu konstruieren.
Der Opa mit seinen grauen Haaren, der gerne seinen Enkeln Geschichten am
Kamin vorliest und einen großen Garten voller Kirschbäume hat, wird so zu einer
Art Maschine, die durchaus vergleichbar mit einem Kran oder einem Gabelstapler sein kann, weil das Wichtigste nicht länger seine individuellen Eigenschaften
sind, sondern seine Pflückgeschwindigkeit von 3 kg Kirschen in 30 min. Diese
dem Opa zugeordnete Größe steht in einer bestimmten, von der Aufgabe vorgegebenen Beziehung zur Pflückgeschwindigkeit der Kinder: Er ist nämlich dreimal
so schnell, sodass drei Kinder einen Opa ergeben können (metonymisch auf
die Pflückmengen in einer vorgegebenen Zeit bezogen gesprochen). In einer
systemisch-relationalen Sicht erhalten demnach die einzelnen Sachelemente ihre

Bedeutung in einem relationalen System als Beziehung zu den anderen Elementen dieses Systems, sodass im Alltag unmögliche Umorganisationen und Umstrukturierungen der Materialdarstellungen möglich werden, die nicht länger von den alltäglichen Bedingungen reguliert werden, sondern von den epistemologischen Bedingungen, die in der Aufgabenstellung enthalten sind.

Einen solchen Zeichenträger konstruieren Peter und Mogli mit dem Material der Holzwürfel (vgl. Abschnitt 5.2.3.2; Aufgabenteile e) bis g)). Für sie steht ein gelegter Würfel für ein Kilogramm Kirschen, der je nach Position im zugrundeliegenden System als dem Opa oder einem Kind zugehörig erklärt wird und an der zusätzlich auch die Zeit abgelesen werden kann. Die nebeneinander positionierten Würfel einer Zeile könnten so dem Jakob zugeordnet werden, der aufgrund der sechs in der Zeile liegenden Würfel sechs Kilogramm Kirschen in drei Stunden pflückt. Weitere Zeilen repräsentieren die Pflückmenge und Pflücklänge weiterer Personen. Für den Aufgabenteil e) sind es so sechs Zeilen mit je drei Gruppierungen von je zwei Würfeln, die besagen, dass Jakob mit fünf weiteren Freunden 36 Kilogramm Kirschen in sechs Stunden pflücken kann (vgl. in Tab. 5.1 links). Hilft nun der Opa mit, muss Jakob nicht so viele Freunde mitbringen, um 36 Kilogramm in drei Stunden pflücken zu können. Durch das ,Zusammenschieben von drei Freunden' können die Würfel der drei untersten Zeilen in einen Opa umgewandelt werden (vgl. in Tab. 5.1 rechts). Aufgrund dieser Verschiebung stellen Peter und Mogli fest, dass Jakob im Aufgabenteil f) lediglich zwei

Tab. 5.1 Würfeldarstellung Kirschen: ,3 Kinder = 1 Opa'

Aufgabenteil e)				Aufgabenteil f)	
	Erste Stunde	Zweite Stunde	Dritte Stunde		3 Stunden
Jakob	⬚⬚	⬚⬚	⬚⬚	Jakob	⬚⬚⬚⬚⬚⬚
Freund 1	⬚⬚	⬚⬚	⬚⬚	Freund 1	⬚⬚⬚⬚⬚⬚
Freund 2	⬚⬚	⬚⬚	⬚⬚	Freund 2	⬚⬚⬚⬚⬚⬚
Freund 3	⬚⬚	⬚⬚	⬚⬚	Opa	⬚⬚⬚⬚⬚⬚
Freund 4	⬚⬚	⬚⬚	⬚⬚		
Freund 5	⬚⬚	⬚⬚	⬚⬚		

weitere Freunde als Unterstützung braucht.[4] Dieser interne Austausch, der sich
metonymisch gesprochen in der Gleichung ‚1 Opa = 3 Kinder' ausdrücken
lässt, ist im Alltag in dieser Form unmöglich. Drei Kinder können in der Realität niemals zu einem Opa verschmelzen, genauso wenig, wie drei Pferde zu
zwei Fliegen werden. Diese Umorganisation der Materialdarstellung ist einzig
auf Grundlage ihrer Deutung als *strukturiertes, relationales Diagramm* mit unter-
liegendem System, das *theoretisch mehrdeutig* interpretiert werden kann, möglich
(vgl. Steinbring 1994, 11; vgl. Abschnitt 3.3 und 4.4.3).

Die vorangegangenen Ausführungen haben gezeigt, dass die Elemente des
sachlichen Kontexts, die durchaus auch mit vielfältigen ikonischen Relationen
zwischen Zeichenträgern und Bedeutung/Bezeichnung dargestellt werden können,
in einem potenziellen mathematischen Kontext jedoch ebenfalls zu Trägern von
Zahlen und Größen umgedeutet werden: Das Pferd als Merkmalsträger der Zahl
vier; ein Kind als Merkmalsträger der Größe ein Kilogramm pro halbe Stunde.
Aufgrund mancher kindlichen Interpretation der eingekleideten Textaufgabe werden diese Zahlen und Größen den im Text benannten sachlichen Elementen in
einer eher pseudo-dinglichen Bedeutungskonstruktion zugewiesen. In der Arbeit
mit den selbstgewählten Zeichenträgern ist es aber auch möglich, dass weniger die
Dinge an sich oder die Zahlen/Größen als ausschließliche Eigenschaften dieser
Dinge für das Denken und die Überlegungen des deutenden Kindes von Relevanz
sind. Die Ikonizität als intendierte Ähnlichkeit zwischen Zeichenträger und Referent, und damit die individuell dinglichen Eigenschaften des Referenten, werden
durch eine Struktur, die in der Anordnung der Zeichenträger zueinander und die in
sie hineingedeuteten Beziehungen und Zusammenhänge zu sehen ist, ersetzt. Die
in der Aufgabe benannten sachlichen Elemente werden austauschbar. Ihre Beziehungen treten in den Vordergrund, sodass Gleichungen wie ‚1 Opa = 3 Kinder'
oder ‚3 Pferde = 2 Fliegen' eine Gültigkeit erhalten.

Bei der Aufgabenbearbeitung und Erklärung der Zeichenträger sprechen die
Schülerinnen und Schüler allerdings nach wie vor von den dinglichen Elementen
der in der Textaufgabe enthaltenen sachlichen Situation als eine Art ‚sprachli-
cher Hilfe und Stütze'. Diese dinglichen Benennungen können sich zuweilen auf

---

[4]Die in dem aktuellen Unterkapitel sehr kurz gehaltenen Ausführungen dienen dem Zweck,
die Komplementarität von Sache und Mathematik näher zu beschreiben, wofür Peters und
Moglis Deutungen als eines von vielfältigen Beispielen herangezogen wird. Eine detailliertere
Beschreibung der Entstehung, Veränderung und jeweiligen Deutung der unterschiedlichen
Würfelkonstellationen von Peter und Mogli befindet sich im Abschnitt 5.2.3.2. Sie können
hier als Ausblick verstanden werden. Ebenfalls wird auf das Abschnitt 3.4.3 verwiesen, in
dem theoretisch mögliche Würfeldarstellungen zu Aufgaben im Kirschen-Kontext vorgestellt
und ihre Funktion als Elemente in einer systemisch-relationalen Struktur beschrieben werden.

das alltägliche Element der Sachaufgabe mit seinen individuellen Eigenschaften beziehen, da die Bearbeitung und Gedanken der Schülerinnen und Schüler stark mit der sachlichen Situation verknüpft sind. Oder aber es wird *metonymisch* verwendet, sodass mal der reale Opa mit seinen grauen Haaren und großem Garten mit vielen Kirschbäumen gemeint ist und mal die ihm zugeordnete Position als Element eines Systems mit vielfältigen Beziehungen zu den anderen Elementen dieses Systems. Folglich ist auch eine systemisch-relationale Bedeutungskonstruktion eines Zeichenträgers als theoretisch mehrdeutiges Diagramm mit eigener zugrundeliegender Struktur im kindlichen Verständnis nach wie vor mit der sachlichen Situation verknüpft, auf dessen Grundlage die Darstellung entstand. Daran zeigt sich die bereits von Winter (1994, 11) beschriebene besondere Beziehung zwischen Mathematik und Sache. Epistemologisch betrachtet ist das Verhältnis von Sache (Alltag, Lebenswelt) und Mathematik (Strukturen, systemisch-relationale Beziehungen) ein höchst mehrdeutiges, welches sich in den Deutungen der Kinder als sowohl miteinander verknüpft sowie voneinander unterscheidbar wiederfinden und rekonstruieren lässt. Diese komplementäre Wechselbeziehung zwischen Sache und Mathematik ist als Kernelement im nachfolgend vereinfacht dargestellten Konstrukt *didaktische Theorie mathematischer Symbole* enthalten.

5.2.2 Eine erste Annäherung an das Theoriekonstrukt ‚ThomaS'

Das Konstrukt *didaktische Theorie mathematischer Symbole (kurz: ThomaS)* besteht aus insgesamt drei Sichtweisen und zwei Übergängen zwischen diesen. Dabei stellt es jedoch keine Stufenfolge dar. Die einzelnen Sichtweisen können gemischt auftreten bzw. können Kinder spontan bei der Deutung ein und derselben zeichnerischen oder materiellen Darstellung zwischen diesen wechseln. Jede dieser drei Sichtweisen hat ihre Berechtigung, wie es sowohl in der Theorie hergeleitet als auch mit Hilfe der Analysen des empirischen Datenmaterials ausdifferenziert werden konnte. Um eine erste Annäherung zum theoretischen Konstrukt zu erhalten, ist nachfolgend eine vereinfachte Version als Vorausschau auf das eigentliche Konstrukt mit jeweiliger Beschreibung der wesentlichen Kernelemente der drei Sichtweisen aufgeführt (vgl. Tab. 5.2).

Tab. 5.2   Annäherung an das Theoriekonstrukt ‚ThomaS'

Sichtweise	Beschreibung
Alltagssicht	In dieser Sichtweise werden (pseudo-) dingliche, visuell wahrnehmbare Eigenschaften der sachlichen Elemente dargestellt, sodass die gewählten Zeichenträger der ihnen zugesprochenen Referenzen im Sinne der Ikonizität *ähnlich* sind. In der Entwicklungspsychologie entspricht diese Sichtweise der Erschaffung verschiedenster Bedeutungsträger im kindlichen Symbol- und Fantasiespiel.
Übergang I	
Zahlen-und-Größen-Sicht	Während in der Alltagssicht vornehmlich individuelle, visuell wahrnehmbare Eigenschaften von Interesse sind, werden die sachlichen Elemente in dieser Sichtweise zunehmend mit Zahlen bzw. Größen verknüpft, die wiederum durch mathematische Operationen miteinander verbunden werden können. Die einzelnen Sachelemente sind weiterhin bedeutend und präsent, ihre individuellen, dinglichen Eigenschaften treten jedoch zugunsten der ihnen zugeschriebenen Zahlen und Größen zunehmend in den Hintergrund, sodass sich die gewählten Zeichenträger ebenfalls weniger an ikonischen Aspekten, sondern eher an Anzahlen und Größen orientieren.
Übergang II	
Systemisch-relationale Sicht	Wie die epistemologische Analyse des komplementären Verhältnisses von Sache und Mathematik zeigt, wird auch in dieser Sichtweise von den in der Aufgabe aufgeführten sachlichen Elementen gesprochen. Die zur Aufgabenbearbeitung verwendeten Zeichenträger erhalten ihre Bedeutung jedoch nicht aufgrund ihrer Ähnlichkeit zu den sachlichen Elementen. Sie sind stattdessen mit Zahlen und Größen verknüpft und zusätzlich in ein strukturelles System eingebettet. Die einzelnen Zeichenträger erhalten in der systemisch-relationalen Sicht ihre Bedeutung aufgrund ihrer spezifischen Position in dem zugrundeliegenden System und durch ihre Relation zu den anderen Elementen dieses Systems.

5.2.3   Beispiele aus der Pilotierung zur weitergehenden Charakterisierung der drei Sichtweisen

Ergänzend zu der epistemologischen Analyse des besonderen Verhältnisses von Sache und Mathematik mit den sehr stark zusammengefassten Deutungen einzelner Kinder zu ihren materiellen Darstellungen (Abschnitt 5.2.1) sowie einer ersten Übersicht über das in dem Projekt entwickelte theoretische Konstrukt (Abschnitt 5.2.2) werden nachfolgend weitere Beispiele aufgegriffen. Dies geschieht, um einerseits die komplementäre Wechselbeziehung auszudifferenzieren und andererseits Charakteristika des Theoriekonstrukts und dessen Bestandteile detaillierter auszuarbeiten. Die Beispiele entstammen den Partnerinterviews mit Mogli und Peter, die an der Pilotierung im Rahmen der ‚Schlauen Füchse'[5] teilnahmen und auch später noch einmal für ein drittes Interview eingeladen wurden. Der sachliche Kontext, in den die Interviewaufgaben eingekleidet waren, ist ebenfalls Kontext des zweiten und dritten Post-Interviews der Hauptstudie: ‚*Kirschen pflücken*' (vgl. auch Abschnitt 6.1.2). Es werden verschiedene Szenen ausgewählt und vorgestellt, um die jeweils besonderen Aspekte der drei identifizierten einzelnen Sichtweisen und mögliche Wechsel einhergehend mit Umdeutungen aufzuzeigen. Dafür werden die von Mogli und Peter vorgenommenen Deutungen zusammenfassend rekonstruiert. Es wird auf eine ausführliche Analyse, wie sie in Kapitel 7 für ausgewählte Transkriptausschnitte vorgenommen wird, insofern verzichtet, als dass lediglich *Schritt 5: Interpretative Analyse der Szene unter epistemologischer Perspektive* (vgl. Abschnitt 6.4) in stark verkürzter Form mit einer Einordnung in das Theoriekonstrukt durchgeführt wird. Auch die konkreten Transkripte werden nicht aufgeführt. Stattdessen werden die Aussagen der Kinder im Wortlaut, aber teilweise sprachlich korrigiert und zusammengefasst mit wichtig erscheinenden, handelnden Aktivitäten der Kinder wiedergegeben. Damit wird versucht, die wesentlichen Elemente der jeweiligen Sichtweisen anschaulich, in möglichst knapp und verständlich gehaltener Weise an konkreten Schülerdeutungen zu rekonstruieren. Den Lesenden soll ermöglicht werden, daran Aspekte der beschriebenen komplementären Wechselbeziehung zwischen Sache und Mathematik für sich zu identifizieren. Überdies dienen die hier aufgeführten Beispiele als Hinführung zur Beschreibung der einzelnen Sichtweisen im Theoriekonstrukt (Abschnitt 5.3), auf die die Lesenden zurückschauen können.

Die einzelnen Abschnitte 5.2.3.1 und 5.2.3.2 beginnen zunächst mit einer groben Verortung der ausgewählten Szene bzw. Materialdarstellung, indem relevante Aspekte des vorangegangenen Interaktionsverlaufs zusammengefasst werden. Zudem werden die erstellten Darstellungen abgebildet und die Schüleraussagen

---

[5]Bei den ‚Schlauen Füchsen' handelt es sich um eine nachmittags und außerschulisch stattfindende Förderung mathematisch interessierter Grundschulkinder der vorwiegend dritten und vierten Klasse. Unter der Leitung von Dr. Claudia Böttinger werden je nach gewähltem Schwerpunkt arithmetische substantielle Lernumgebungen rein mathematisch oder mit einem historischen Thema verknüpft behandelt. Im Abschnitt 6.2.2 wird die dort durchgeführte Pilotierung detailliert beschrieben.

im Wortlaut wiedergegeben. Es folgt die kurz gehaltene Rekonstruktion der vorgenommenen, kindlichen Deutungen, anhand derer charakteristische Merkmale der verschiedenen Sichtweisen aufgezeigt werden. Ein zusammenfassender Rückblick schließt die jeweiligen Unterkapitel ab.

Als weitere Orientierung zum Aufbau sei angemerkt, dass in Abschnitt 5.2.3.1 Deutungen der Alltagssicht, der Zahlen-und-Größen-Sicht sowie Merkmale des ersten Übergangs rekonstruiert werden können. Betrachtet wird dabei eine Zeichnung von Peter, die dieser im Dialog mit der Interviewerin überarbeitet und anschließend erneut deutet. Insgesamt werden hier zwei Szenen betrachtet. In der ersten Szene beschreibt Peter der Interviewerin seine erste Zeichnung und in der Fortführung der Szene deren Überarbeitung. In einer zweiten Szene erklärt Peter erstmalig Mogli seine zeichnerische Darstellung.

In Abschnitt 5.2.3.2 werden implizit Merkmale des zweiten Übergangs aufgeführt. Es lassen sich Merkmale der Alltagssicht, der Zahlen-und-Größen-Sicht aber vor allem auch der systemisch-relationalen Sicht rekonstruieren. Dafür wird eine Würfeldarstellung von Peter herangezogen und, zusätzlich zu den von ihm vorgenommenen Deutungen, weitere, potenziell mögliche Deutungen erläutert. Es folgt eine Beschreibung der an Peters Darstellung vorgenommenen Veränderungen. Die so entstandene neue Darstellung wird als Grundlage für die Bearbeitung weiterer Teilaufgaben herangezogen. Sie werden somit als Fortführung verstanden und ebenfalls betrachtet, um insbesondere die charakteristischen Merkmale der systemisch-relationalen Sicht herausarbeiten zu können. Insgesamt werden hier somit die Würfeldarstellungen und Deutungen zu vier unterschiedlichen Teilaufgaben im Kirschen-Kontext in den Blick genommen.

Zur besseren Übersicht über den Aufbau dieser beiden Teilkapitel wurden überdies weitere Überschriften für die jeweiligen Absätze eingefügt, die neben inhaltlichen Hinweisen ebenfalls jeweils durch eine Abkürzung auf die vordergründige, im theoretischen Konstrukt enthaltene, rekonstruierbare Sichtweise bzw. auf einen Übergang verweisen. Dafür finden die folgenden Abkürzungen Verwendung: AS für Alltagssicht, ZuGS für Zahlen-und-Größen-Sicht und SRS für systemisch-relationale Sicht bzw. Ü1 und Ü2 für den entsprechenden ersten und zweiten Übergang.

5.2.3.1 Peters Erklärungen und Überarbeitung seiner Zeichnung (Kontext‚Kirschen')

Szenische Verortung mit Darstellung von Peters Zeichnung und seiner ersten Erklärung

Mogli und Peter bearbeiten den Aufgabenteil a) unabhängig voneinander mit jeweils einer Rechnung. Diese werden einzeln mit der Interviewerin besprochen. Anschließend erstellen Peter und Mogli zu derselben Aufgabe ebenfalls eigenständig eine jeweils für sie passende Zeichnung. Sowohl die Aufgabenstellung als auch Peters Rechnung und seine fertiggestellte Zeichnung sind in Abb. 5.5 abgebildet. Nachfolgend wird ein Ausschnitt des Interviews aufgegriffen, in dem Peter der Interviewerin seine aus seiner Sicht zur Aufgabe passende Zeichnung erklärt. Diese im Interviewverlauf thematisierte Zeichnung unterscheidet sich jedoch von der hier als Endprodukt abgebildeten Zeichnung insofern, als dass lediglich zwei der vier von Peter als ‚Eimer' benannten Elemente gezeichnet sind. Dieser Unterschied wird durch die hier zur Veranschaulichung eingefügten roten Kreise aufgezeigt. Die in den Kreisen enthaltenen zeichnerischen Elemente müssen bei der Betrachtung des nachfolgenden Interviewausschnittes entsprechend ‚weggedacht' werden, da sie im weiteren Interviewverlauf und folglich von Peter erst nach seiner ersten Beschreibung ergänzt wurden.

Aufgabe : Kirschen pflücken

a) Jakob ist 9 Jahre alt. Er hilft seinem Opa in dessen Garten mit vielen Kirschbäumen beim Pflücken. Jakob kann in einer halben Stunde einen kleinen Eimer (aus dem Sandkasten) Kirschen von 1 kg Gewicht pflücken.

– Wie viele Kirschen kann er in 2 Stunden pflücken?

Er kann 4 kg Kirschen in 2 Stunden Pflücken

Abb. 5.5 Peters rechnerische und zeichnerische Lösung zu Kirschen a)

Die ausgewählte Szene (20:32–24:20 min) stammt aus dem ersten mit Peter und Mogli im Rahmen der ‚schlauen Füchse' durchgeführten Partnerinterview im Januar 2017, bei dem erstmalig der Kontext ‚Kirschen' erprobt wurde. Nach der eigenständigen Bearbeitung und Erklärung der Lösung des Aufgabenteils a) hat Peter zu diesem eine für ihn passende Zeichnung erstellt. Die Zeichnung beschreibt er nach Aufforderung der Interviewerin wie folgt:

> „Das hier ist der Garten [*macht eine kreisförmige Bewegung über die schwarzen Striche*]. Dann hab ich zwei Kirschbäume gemacht [*zeigt auf die ‚Bäume'*], dann mit den Leitern, wo die raufgehen können [*zeigt auf eine ‚Leiter' und bewegt den Finger nach oben*], damit sie die Kirschen auch pflücken können. Und da steht ja auch ‚aus dem Sandkasten' [*zeigt auf den Aufgabentext*]. [*Zeigt auf Nachfrage auf die gelb bemalte Fläche.*] Und dann ist das Jakob [*zeigt auf die linke Figur*] und das sein Opa [*zeigt auf die rechte Figur*] und dann gehen die gerade mit den Eimern [*zeigt auf einen ‚Eimer'*] da drauf [*zeigt auf eine ‚Leiter'*]."

Rekonstruktion von Peters erster Deutung (AS)
Anhand von Peters Beschreibung wird offensichtlich, dass er sich stark an den im Text beschriebenen Elementen orientiert. Er hat zunächst den „Garten" bestehend aus vielen, nebeneinander platzierten Strichen für den Gartenzaun sowie der grün gezeichneten Wiese gemalt. Mit seiner kreisförmigen Handbewegung über besagten Gartenzaun benennt er seine Zeichnung als „Garten" und begrenzt dessen Umfang zugleich. Innerhalb des Gartens befinden sich „zwei Kirschbäume". Die dafür verwendeten Zeichenträger weisen Ähnlichkeiten zu potenziell realen Bäumen auf: Sie haben jeweils einen braunen Stamm mit einer grünen Baumkrone, in der schemenhaft braune Äste zu erkennen sind und rote Kreiskringel eingezeichnet wurden, die wohl die Kirschen der „*Kirsch*bäume" repräsentieren sollen. Zusätzlich spricht Peter von „Leitern", die jeweils als zwei mehr oder weniger parallele braune Striche, die mit weiteren Querstrichen verbunden sind, zur Baumkrone hinführend gezeichnet wurden. Eine Geste unterstützt die Funktion der Leiter als ‚nach oben führend', um die Baumkrone und die dort hängenden Kirschen zu erreichen und diese somit auch ‚pflücken zu können', wie es Peter ebenfalls im Wortlaut ausdrückt.

Auch die beiden im Text benannten Personen ‚Jakob' und ‚Opa' sind als spezifische Figuren in Form von Strichmännchen mit Armen, Beinen, Köpfen, Gesichtern, Händen und Haaren dargestellt. Es entsteht überdies der Eindruck, als sei die rechte, als Opa benannte Figur größer gezeichnet als die linke, wodurch sich die Figuren als Kind und Erwachsener anhand ihrer Körpergröße unterscheiden lassen könnten. Peters Beschreibung ist überdies zu entnehmen, dass Opa und Jakob „mit den Eimern da drauf" gehen. Augenscheinlich haben sowohl Opa als auch Jakob je einen Eimer, der links neben ihnen auf der Wiese steht und als eine Art braunes Rechteck mit weiterem, leicht gebogenem Strich gezeichnet wurde. Diesen Eimer tragen sie vermutlich ihren Weg über die Leiter hoch in die Baumkrone, um ihn dort zum Sammeln der gepflückten Kirschen zu nutzen – wenn man versucht, Peters letzte Aussage weiterführend zu interpretieren. Damit greift Peter die konkret im Text genannten sachlichen Elemente „Garten", „Opa", „Jakob", „Eimer" und „Kirschbäume" auf und versucht, diese in seiner Zeichnung zu integrieren. Seine starke textliche Orientierung wird dabei besonders durch den direkten gestischen Verweis auf den Einschub „aus dem Sandkasten" hervorgehoben. Dieser wurde ebenfalls als gelbliche Fläche in den Garten eingezeichnet. Augenscheinlich stammen die beiden den Personen zur Verfügung stehenden „Eimer" aus diesem.

Neben der starken Orientierung an den im Text genannten sachlichen Elementen fügt Peter überdies weitere Elemente bzw. spezifische Eigenschaften besagter sachlicher Elemente seiner bildlichen Darstellung und deren Deutung hinzu. So werden zwar die Personen und die Kirschbäume benannt, nicht aber die Leitern, die für Peter wichtig erscheinen und für ihn zu einer solchen Situation des Kirschenpflückens dazu gehören. Die von ihm gewählten Zeichenträger sind dabei den ihnen zugesprochenen Referenzen im Sinne der Ikonizität *ähnlich*, d. h., dass Peter sich auf die zeichnerische Darstellung der (pseudo-) dinglichen, visuell wahrnehmbaren Eigenschaften der sachlichen Elemente fokussiert. Aufgrund dieser Ähnlichkeitsbeziehung, die, mit Blankes (2003, 50 f) Worten ausgedrückt, in der erkannten Konformität des Zeichenträgers und Dargestellten aus der Sicht des visuellen Typs als typische, visuelle Merkmale des Konzepts ‚Gartens' begründet liegt, können auch andere Rezipienten Peters Zeichnung als die eines Gartens mit spezifischen Elementen wie die der Bäume und Personen unabhängig von Peters Erklärung erkennen. Die Ähnlichkeitsbeziehung ist es auch, die die Zeichnung als detailreiches, ikonisches Zeichen und somit als „Pleromat" (Wallis 1975, 7) klassifizieren lässt. Der Detailreichtum bezieht sich jedoch nicht wie bei Emilia (Aufgabenbearbeitung b); Abschnitt 4.3.2.1), auf die Ausschmückung der Bootssituation mit vielen weiteren, im Aufgabentext nicht benannten sachlichen Elementen, sondern fast ausschließlich auf die Details der einzelnen Elemente an sich. Wie auch Emilias Bild kann Peters Zeichnung für sich genommen als ästhetisches Objekt, also als „emotive vehicle" (Knowlton 1966, 170) mit nicht zwangsläufig referentieller Funktion betrachtet werden. Peters Zeichnung wird so eher zu den realistischen Bildern (vgl. Knowlton 1966, 176) gezählt.

Neben der an typischen, auf Ähnlichkeit bzw. visuellen Merkmalen beruhenden Wahl der Zeichenträger ist auch die *Logik von Peters Narration* an der potenziell alltäglich erfahrbaren Situation des Kirschenpflückens orientiert. Dies wird bereits in Form von ‚Skripten' im kindlichen Symbol- und Fantasiespiel erworben und könnte als ‚geordnete Abfolge' der den im ‚Standbild' enthaltenen

Personen zugeschriebenen, vorgestellten Handlungen nachgespielt werden (vgl. Abschnitt 2.4.2). Zunächst stehen die Personen mit den Eimern neben jeweils ‚ihrem eigenen' Kirschbaum. Mit Hilfe einer Leiter können Jakob und Opa schließlich bis in die Baumkrone klettern, um dort Kirschen zu pflücken. Diese wiederum müssen in einem Eimer gesammelt werden.

Zusammenfassend kann festgehalten werden, dass die Logik von Peters Beschreibung an sachlichen Zusammenhängen ausgerichtet ist und somit als eine alltägliche, sachlogische Narration aufgefasst werden kann. Mit Hilfe der spezifischen Wahl seiner Zeichenträger versucht er überdies, die von ihm imaginierte Situation des Kirschenpflückens detailliert nachzuzeichnen. Dafür nutzt er (pseudo-) dingliche, visuell wahrnehmbare Eigenschaften der sachlichen Elemente, um eine auf Ikonizität beruhende Beziehung zwischen Zeichenträger und Referenz/Bedeutung herzustellen. Peters zu diesem Zeitpunkt eingenommene Sichtweise auf seine zeichnerische Darstellung kann folglich begründet der *Alltagssicht* zugeordnet werden.

Weiterer Interaktionsverlauf mit Umdeutung (insbesondere Ü1, Ansätze ZuGS)
Nach Peters erster Beschreibung stellt die Interviewerin die Frage, wie sein Bild zu der Aufgabe passe. Damit möchte sie vermutlich einen Wechsel zur *Zahlen-und-Größen-Sicht* anregen. Dies versucht die Interviewerin, indem sie explizit das häufig im Mathematikunterricht verwendete Nomen „Aufgabe" und das Verb „passen" gebraucht, um eine weitere Erklärung zur Stimmigkeit der im Text aufkommenden Fragestellung und der Zeichnung aus Peters Perspektive zu erhalten. Peters Antwort darauf lautet wie folgt:

> „[*Betrachtet den Aufgabentext.*] Weil der Jakob [*zeigt auf die linke Figur*] hilft dann dem Opa in dem Garten mit den Kirschbäumen [*zeigt auf den linken Baum*] beim Pflücken und mit dem Eimer hier [*zeigt auf das Wort ‚Eimer'*] und mit dem Sandkasten [*zeigt auf das Wort ‚Sandkasten'*]."

Damit verweist Peter erneut auf die ihm wichtig erscheinenden und auch im entsprechenden Detailreichtum gezeichneten sachlichen Elemente, die ebenfalls im Aufgabentext Erwähnung finden. Für ihn ist die Zeichnung vermutlich eine passende, weil die dort benannten Elemente „Jakob", „Opa", „Garten", „Kirschbäume", „Eimer" und „Sandkasten" in seiner Zeichnung enthalten sind. Trotz des Impulses der Interviewerin verbleibt Peter somit in seiner bereits ursprünglich eingenommenen, alltäglichen Sichtweise auf die Aufgabe und auf die entsprechend von ihm gewählten Zeichenträger.

Die Interviewerin versucht daraufhin erneut, einen Bezug zu den in der Aufgabe benannten Größen und dem von Peter auch bereits berechnetem Ergebnis
herzustellen, und fragt: „Und wie siehst du dein Ergebnis von vier Kilogramm
in deinem Bild?". Darauf scheint Peter zunächst keine Antwort zu wissen, was
sich aus der danach folgenden langen Pause von etwa 30 Sekunden ableiten lässt.
Die Interviewerin räumt Peter mehr Zeit zum Nachdenken ein und fragt nach
einer weiteren Minute, ob er eine Idee habe. Daraus ergibt sich der nachfolgende
kleine Dialog:

> Peter: „Vielleicht noch zwei Eimer machen, damit da auch vier Kilogramm [*zeigt auf
> seine berechnete Lösung*], weil da steht nur einmal mit einem Kilogramm."
>
> Interviewerin: „Und du meinst dann, vier Eimer für vier Kilogramm?"
>
> Peter: „Ja. Weil der Jakob die vier Kilogramm pflückt." [Peter malt anschließend zwei
> weitere Eimer, wie sie bereits in der oben abgedruckten Zeichnung dargestellt sind.
> Die ausgewählte Szene endet hier.]

Die konkretere Nachfrage der Interviewerin, wie Peter sein errechnetes Ergebnis
von vier Kilogramm in seiner Zeichnung sehen könne, regt ihn zum Nachdenken und schließlich zu einer *Umdeutung* an. Anstatt einen Eimer lediglich als
einen Behälter mit einer bestimmten Form, in dem die Kirschen gesammelt werden, anzusehen, wird dieser mit der Größe von einem Kilogramm verknüpft.
Zudem ‚gehört' ein Eimer nicht länger dem Jakob und der andere dem Opa.
Stattdessen werden beide bereits gezeichneten Eimer als Gewicht von Kirschen
Jakob zugeordnet und ebenfalls zwei weitere dazu gezeichnet, „weil der Jakob
die vier Kilogramm pflückt". Der (gezeichnete) Eimer, der seinen Ursprung in
einer alltäglichen Sicht hat und entsprechend individuelle, visuell wahrnehmbare
Eigenschaften aufweist, die für Peter bei der Wahl eines geeigneten Zeichenträgers von Interesse waren, wird in diesem Dialog mit der Größe von ‚einem
Kilogramm Kirschen' verknüpft. Damit findet ein Wechsel von der *Alltagssicht*
zur *Zahlen-und-Größen-Sicht* statt. Die einzelnen Eimer als Sachelemente sind
weiterhin bedeutend und präsent. Jedoch treten die ihnen individuellen, dinglichen Eigenschaften zunehmend zugunsten der ihnen zugeschriebenen Größe in
den Hintergrund. Darüber hinaus können die den jeweiligen Eimern zugeschriebenen Größen miteinander verknüpft werden, wie es Peter unter Rückbezug zu
seiner berechneten Lösung andeutet: „Vielleicht noch zwei Eimer machen, damit
da auch vier Kilogramm, weil da steht nur einmal mit einem Kilogramm". Zu den
bereits gezeichneten Eimern müssen zwei weitere hinzukommen, damit die vier
Kilogramm, die Jakob pflückt, in Peters Zeichnung erkennbar werden. Zudem
verweist der kausal eingeleitete Nebensatz auf die in der Aufgabe enthaltene

Bedingung, dass Jakob in einer halben Stunde ein Kilogramm Kirschen pflücken kann. Da Jakob, wie Peter bereits zuvor berechnet hat, nun jedoch zwei Stunden lang (als das Vierfache von einer halben Stunde) pflückt, erreicht er entsprechend auch das vierfache Gewicht von vier Kilogramm Kirschen. Damit zeigt sich, dass trotz Peters ursprünglich detailreicher Rekonstruktion des im Aufgabentext beschriebenen Sachverhalts Umdeutungen möglich sind. Seiner in einer Alltagssicht entstandenen Zeichnung und deren Deutung bleibt Peter zunächst auf weitere Nachfrage der Interviewerin treu, bis ein Impuls mit Rückbezug zu Peters berechnetem Ergebnis von vier Kilogramm ihn zu einer Umdeutung anregt.

Es kann festgehalten werden, dass die zum Umdeuten anregenden Angebote der Interviewerin *Möglichkeiten* darstellen, die von den teilnehmenden Kindern benutzt werden können, aber nicht unbedingt *müssen*. Solche Umdeutungen entstehen folglich mehr oder weniger spontan, das heißt, mit unterschiedlicher Nachdenkzeit in der Interaktion mit der Interviewerin oder auch anderen Mitschüler*innen und ihren entsprechenden Nachfragen oder Anregungen. Des Weiteren zeigt Peters Umdeutung, dass auf ein und dieselbe Darstellung verschiedene Sichtweisen eingenommen werden können. Eine hoch detaillierte Zeichnung, die sich auf die Rekonstruktion der in der Aufgabe benannten, sachlichen Elemente und ihre individuelle Ausschmückung bezieht sowie ggf. sogar Erweiterungen der sachlichen Situation enthält, kann ebenfalls unter der *Zahlen-und-Größen-Sicht* betrachtet werden. Dieser spontan in der Interaktion entstandene Wechsel führt in der ausgewählten Szene dazu, dass Peter seine Zeichnung anpassen möchte, indem er zusätzlich zu seiner Umdeutung der Eimer als mit einem Kilogramm Kirschen verknüpft zwei weitere zeichnet, sodass daran Jakobs Gesamtpflückmenge erkennbar wird. Die bereits hier aufgeführten Punkte, die in der Form im Interaktionsverlauf teilweise lediglich angedeutet, aber begründet vermutet werden können, zeigen sich deutlicher im weiteren Interviewverlauf, wenn Peter aufgefordert wird, seine Zeichnung Mogli zu erklären.

Rekonstruktion von Peters zweiter Deutung (ZuGS)
Nachdem Peter und Mogli den ersten Aufgabeteil a) mit einer Rechnung und einer Zeichnung sowie einen zweiten Aufgabenteil erst mit einer Rechnung und anschließend mit Material in Einzelarbeit bearbeitet haben, tauschen sie sich über ihre gefundenen Ergebnisse und Darstellungen aus. In der zweiten zu illustrativen Zwecken ausgewählten Szene (43:56–44:54 min) erklärt Peter Mogli seine überarbeitete Zeichnung zum Aufgabenteil a) wie folgt:

> „Ich habe hier vier Eimer gemalt [*zeigt auf zwei ,Eimer'*] also dann für jeden Eimer
> ein Kilogramm, weil der kann ja vier Kilogramm in zwei Stunden pflücken, weil das

ja vier halbe sind, und in einer halben Stunde kann er ja ein Kilogramm machen. Und vier halbe Stunden sind ja zwei Stunden und deshalb kann er in zwei Stunden vier Kilogramm machen. Und dann hab ich hier die zwei Kirschbäume gemalt [*zeigt auf die ‚Bäume'*] mit den Leitern dran [*zeigt auf die linke ‚Leiter'*], damit die da auch hochkommen, und den Sandkasten [*zeigt auf das Wort im Aufgabentext*] hier [*zeigt auf die gelb bemalte Fläche*] und der Garten hier [*macht eine kreisende Bewegung über die dunklen, äußeren Striche*]. Der Gartenzaun. Und dann hilft der hier [*zeigt auf die linke Figur*] irgendwie seinem Opa." [Ende der ausgewählten Szene.]

Im Unterschied zu seiner vorherigen Erklärung startet Peter bei der Deutung seiner überarbeiteten Zeichnung mit der Beschreibung der vier Eimer als jeweils einem Kilogramm Kirschen, die „er" (also Jakob) in zwei Stunden pflückt. Zusätzlich erklärt Peter, was er gerechnet hat, um zwei Stunden und vier Kilogramm zu erhalten. Damit ist die von ihm eingenommene Sicht auf die Zeichnung hier nicht länger der von ihm ursprünglich eingenommenen *Alltagssicht* zuzuordnen, sondern der *Zahlen-und-Größen-Sicht*. Peter spricht zwar nach wie vor von den in bestimmter Weise, an visuellen, individuellen Merkmalen orientiert gezeichneten Eimern, jedoch werden diese sachlichen Elemente nicht mehr an sich als solche fokussiert. Stattdessen wird die den Eimern zugeordnete Größe von einem Kilogramm Kirschen als dessen wichtigste Eigenschaft in den Mittelpunkt gestellt und zusätzlich auf die dafür benötigte Zeit verwiesen. Die Eimer werden in der mathematischen Theorie nun zu Zähldingen, die darüber hinaus auch rechnerisch miteinander verknüpft werden können (vgl. auch Abschnitt 3.4.2) Peter fokussiert zu Beginn seiner Erklärung folglich zunächst auf die Nennung der mathematischen Elemente (Gewicht und Zeit), wie diese in seiner Darstellung zu erkennen sind (als Eimer), und auch darauf, wie sie berechnet wurden. Die Logik seiner Narration ist somit an arithmetischen Zusammenhängen orientiert: Die benannten Größen werden operational miteinander verknüpft und die den Eimern ursprünglich zugeschriebenen individuellen Eigenschaften (z. B. ‚aus dem Sandkasten') werden vernachlässigt.

Interessanterweise endet Peters Erklärung jedoch nicht damit. Stattdessen fährt er fort und erklärt die Bedeutung/Referenz der anderen von ihm gewählten Zeichenträger: die Kirschbäume mit Leitern, den Sandkasten, den Garten mit Gartenzaun, die Personen, sowie die Handlungen des ‚Leiter Hochsteigens' und des ‚Helfens'. Über mögliche Gründe für Peters fortsetzende Beschreibung können nur Mutmaßungen angestellt werden. Es wird jedoch ersichtlich, dass er spontan von der rekonstruierbaren *Zahlen-und-Größen-Sicht* zurück in die *Alltagssicht* wechselt und somit erneut zwei Sichtweisen mehr oder weniger parallel auf ein und dieselbe Zeichnung einnimmt. Dies betont, dass es sich bei den im Theoriekonstrukt enthaltenen Sichtweisen nicht um eine Stufenfolge handelt. Je nach Anforderung und empfundenem Aufforderungscharakter seitens der Interaktionspartner kann flexibel zwischen den Sichtweisen hin und her gewechselt werden, wie es in den ausgewählten Szenen insbesondere von Peter gezeigt wurde. Außerdem zeigt sich die Präsenz der im kindlichen Spiel entwickelten Symbolfähigkeit, die sich in ihren Anfängen stark auf Ähnlichkeiten zwischen Objekt und Referenz beziehen, wie beispielsweise bei Replica-Spielsachen. Erst im Verlauf der Entwicklung können diese von einem Subjekt intentional herangezogenen Objekte (vgl. Abschnitt 2.1) durch Dekontextualisierung, Dezentrierung und Substitution (vgl. Abschnitt 2.4.3) ausgetauscht und flexibler im Symbolspiel eingesetzt werden. Über diese grundlegenden, im kindlichen Spiel erworbenen Fähigkeiten hinaus erfordert der *mathematische* Symbolgebrauch weitere Differenzierungen. Er darf folglich nicht mit einem alltäglichen Symbolverständnis gleichgesetzt werden, in dem individuelle, charakteristische Eigenschaften der bezeichneten Dinge und Personen im Vordergrund stehen (vgl. Abschnitt 2.5). Stattdessen müssen *mathematische Zeichen* zunehmend als Elemente eines Systems betrachtet werden, die in vielfältigen systemisch-relationalen Beziehungen zu den anderen Elementen dieses Systems stehen (vgl. Abschnitt 1.1).

Die Verknüpfung der im Text benannten sachlichen Elemente mit mathematischen Zahlen bzw. Größen ist ein erster Schritt in die Richtung, sich von den individuellen dinglichen Eigenschaften der Sachelemente zu lösen, um diese zunehmend innerhalb der Welt der Zahlen zu deuten, wie dies Peter zu Beginn seiner Erklärung der Bedeutung der Eimer und der Verknüpfung der benannten Größen miteinander auch tut. Trotz der dem Mathematikunterricht ähnlichen (Interview)Situation und expliziten Erklärung der Interviewerin, dass mathematische Gespräche über mathematische Inhalte geführt werden, nutzt Peter nachfolgend jedoch erneut vielfältige (pseudo-)dingliche, alltagsbezogene Referenzen. Die im Aufgabentext beschriebene *Sache* steht somit nach wie vor in einer komplementären Wechselbeziehung zur *Mathematik*. Sie wird von den Kindern stets mitgedacht, auf sie zurückverwiesen und ,verschwindet' folglich nicht einfach, sobald eine mathematische Perspektive eingenommen wird.

Zusammenfassender Rückblick
Peters erste Erklärung seiner Zeichnung, seine Überarbeitung und erneute Erklärung haben wesentliche, zentrale Elemente der beiden im Theoriekonstrukt enthaltenen Sichtweisen der *Alltagssicht* und der *Zahlen-und-Größen-Sicht* aufgezeigt. Auch Aspekte eines möglichen Übergangs und flexiblen Wechsels zwischen diesen beiden Sichtweisen konnten identifiziert werden. Darüber hinaus wurden

die wichtigen Eigenschaften des Theoriekonstrukts, *keine* Stufenfolge darzustellen, sowie die stets vorhandene komplementäre Wechselbeziehung zwischen *Sache* und *Mathematik* herausgestellt und Rückbezüge zur theoretischen Basis (Kapitel 1, 2, 3 und 4) hergestellt. Nachfolgend werden weitere Szenen vorgestellt. Diese stammen aus dem dritten mit Mogli und Peter durchgeführten Partnerinterview im März 2017. Bei diesem Interview sollten sie ebenfalls Aufgaben im Kirschen-Kontext bearbeiten. Jedoch stand ihnen dafür ausschließlich das Material der gleichartigen Holzwürfel zur Verfügung. Betrachtet werden die Bearbeitungen zu den Aufgabenteilen d) bis g).

5.2.3.2   Peters Erklärungen und Überarbeitung seiner Würfeldarstellung (Kontext ‚Kirschen')

Szenische Verortung mit Abbildung von Peters Würfeldarstellung und dessen Erklärung
Nachdem Peter und Mogli erstmalig in zwei aufeinanderfolgenden Partnerinterviews im Januar 2017 den Aufgabenkontext ‚Kirschen pflücken' erprobt hatten, wurden sie etwa zwei Monate später im März 2017 erneut zu einem dritten Partnerinterview eingeladen. Aufgrund des zeitlichen Abstands startete das dritte Interview mit einem ausführlichen Rückblick. Bei diesem wurden sowohl die einzelnen Aufgabenstellungen als auch die jeweils von Peter und Mogli generierten Rechnungen, Zeichnungen und materiellen Darstellungen der Aufgabenteile a) bis d) besprochen. Anschließend sollte der Aufgabenteil d) erneut in Einzelarbeit materiell bearbeitet werden. Allerdings wurde den teilnehmenden Kindern hierfür nicht länger eine Vielfalt an unterschiedlichsten Materialien zur Verfügung gestellt, sondern ausschließlich das Material der *gleichartigen Holzwürfel* (siehe auch Abschnitt 6.3.1.2.4). Nachfolgend wird die von Peter generierte Darstellung mit der dazugehörigen Erklärung aufgeführt, zusammenfassend interpretiert und ebenfalls in das theoretische Konstrukt eingeordnet. Die abgebildete Tabelle (vgl. Tab. 5.3) enthält sowohl wichtige Informationen aus den Aufgabenteilen a) bis c) als auch den Aufgabenteil d) selbst. Zusätzlich werden Peters materielle Lösung sowie seine wörtliche, lediglich sprachlich leicht angepasste Erklärung aufgeführt. Da Peter sich vieler Zeigegesten bedient, ist in eckigen Klammern eine Zahl genannt, die sich ebenfalls in der Würfeldarstellung finden lässt. Damit soll angedeutet werden, auf welchen Teil seiner Darstellung sich Peter in seiner Erklärung bezieht.

Tab. 5.3 Informationen und Erklärung zu Peters Würfelkonstruktion Kirschen d)

Wichtige Informationen aus den Aufgaben a) bis c)

a) Jakob hilft seinem Opa in dessen Garten mit vielen Kirschbäumen beim Pflücken. Jakob kann in einer halben Stunde einen kleinen Eimer (aus dem Sandkasten) Kirschen von 1 kg Gewicht pflücken.

b) Die Freundin Annika schafft genauso viele Kirschen wie Jakob.

c) Der Opa pflückt auch Kirschen. Er ist beim Pflücken dreimal so schnell wie Jakob.

Aufgabe: Kirschen pflücken

d) Es gibt noch immer Kirschen in Opas Garten. Also pflücken die drei am folgenden Tag wieder Kirschen. An diesem Tag wollen sie 40 kg Kirschen pflücken. Nach 2 Stunden und 30 Minuten haben Annika und Jakob keine Lust mehr und gehen lieber spielen. Wie lange muss Opa noch alleine Kirschen pflücken, bis insgesamt 40 kg gepflückt sind?

Peters Würfeldarstellung zum Aufgabenteil d)

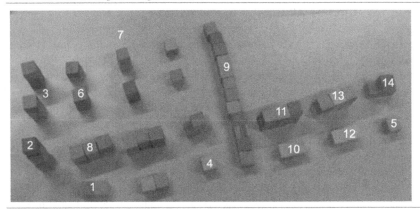

Peters Erklärung der Würfeldarstellung zum Aufgabenteil d)

„Also die beiden [*nimmt die Hand zu (1)*] Klötze hier, die waagerecht zueinanderstehen, sollen eine Stunde darstellen. Und das hier soll den Opa darstellen [*zeigt auf (2)*] und das hier Annika oder Jakob [*zeigt auf die beiden Türme zu (3)*], das ist egal. Und dann sol- und in einer halben Stunde, das wäre jetzt eine halbe Stunde [*nimmt einen Würfel aus (1) weg*]. Ein Einzelnder, so wie hier dieser Einzelnde [*zeigt auf (4)*] und dieser Einzelnde [*zeigt auf (5)*] soll eine halbe Stunde darstellen [*legt den Würfel wieder zurück zu (1)*]. Machen die eigentlich. Und jedes von den beiden soll eben ein Kilogramm darstellen und in einer Stunde haben die halt beide zwei [*zeigt auf (6)*]. Und dann noch eine Stunde [*zeigt auf die Spalte (7)*] und der Opa macht das ja dreimal schneller [*zeigt auf (8)*]. Eins, zwei, drei [*zählt die in (8) enthaltenen Zweiertürme und zeigt jeweils auf einen*], dreimal schneller und dann hörn die eben hier hab ich eine Mauer gemacht [*zeigt auf (9)*], damit man weiß, also deutlicher weiß, wann Annika und Jakob aufhören, Kirschen zu pflücken. Und dann macht der eben nochmal hier eine Stunde lang [*zeigt auf (10)*] das [*zeigt auf (11)*], eine Stunde lang [*zeigt auf (12)*] das [*zeigt auf (13)*] und dann nochmal eine halbe Stunde lang [*zeigt auf (5)*] die drei nochmal [*zeigt auf (14)*] und das sollen halt drei Kilogramm sein. Und ja und dann ergibt das halt zusammen [*macht eine kreisende Handbewegung*] vierzig Kilogramm.“

Anhand von Peters Beschreibung seiner Darstellung unter zu Hilfenahme vieler Zeigegesten wird seine Deutung der Würfelkonstellation anschließend zusammenfassend rekonstruiert. Anhand der so vorgenommenen Rekonstruktion werden sowohl Aspekte der *Alltagssicht* und *Zahlen-und-Größen-Sicht* als auch Ansätze bzw. Möglichkeiten für *systemisch-relationale* Deutungen aufgezeigt und voneinander abgegrenzt. Dazu werden insbesondere die von ihm gewählten Zeichenträger betrachtet, die sich auf die Personen sowie die „Mauer", die Zeit und das gepflückte Gewicht an Kirschen beziehen. Darüber hinaus lassen sich anhand dieses Beispiels wichtige Hinweise zur Anwendung des Theoriekonstrukts auf empirisches Datenmaterial ausformulieren.

Die Personen sowie die ‚Mauer' (AS)
Bei der Bearbeitung des Aufgabenteils d) stand Peter dieses Mal nur das Material der Holzwürfel zur Verfügung, welches prinzipiell *gleichartig* ist. Die einzelnen Würfel sind somit nicht anhand ihrer phänomenologischen Gestalt unterscheidbar. Stattdessen müssen andere Wege gefunden werden, um Ähnlichkeiten zu möglichen Referenzen herzustellen bzw. arbiträre Zuschreibungen durch Objektsubstitution mit Dezentrierung und Dekontextualisierung (vgl. Abschnitt 2.4.3) genutzt werden. Für die Darstellung des Opas und der Kinder greift Peter folglich auf ein wichtiges, unterscheidbares Merkmal dieser Personen zurück. Der Opa als Erwachsener ist größer als die beiden Kinder und wird deshalb als ein Turm, bestehend aus fünf Würfeln (Fünferturm bei ‚2'), dargestellt. Die Türme, die Annika und Jakob repräsentieren, sind hingegen um jeweils zwei Würfel kleiner (Dreiertürme bei ‚3'). Bei seiner detaillierten Zeichnung wurden die Personen möglicherweise ebenfalls unterschiedlich groß gezeichnet, erhielten darüber hinaus aber weitere, individuelle, am Alltag orientierte Eigenschaften wie Armen, Beine, Hände, Füße, einen Kopf mit Gesicht und Haaren etc. Im Unterschied zu seiner Zeichnung nutzt Peter bei der Würfelkonstellation folglich lediglich *ein einziges Merkmal*. Dieses Merkmal verweist in seiner phänomenologischen Gestalt als Turm nun nicht aufgrund einer möglichen Ähnlichkeitsbeziehung auf eine Person, wie dies bei den Strichmännchen der Fall war. Stattdessen dient das ausgewählte Merkmal als Unterscheidungshilfe zwischen den verschiedenen im Text benannten Personen, und zwar im Besonderen zwischen Opa als Erwachsenem und den beiden Kindern. Knowlton (1966) spricht in diesem Zusammenhang auch von *formalen, kriterialen Attributen*. Diese werden vom Zeichenbenutzer (hier: Peter) ausgewählt, um das Zeichen in eben dieser Hinsicht unter Zuhilfenahme des Attributs als „discriminada for sorting and resorting the objects in the perceptual world" (Knowlton 1966, 162) darzustellen. Damit wurde die generierte Darstellung zwar in ihrem Detailreichtum und dinglichen, auf Ähnlichkeit

beruhenden Referenzen reduziert, jedoch orientiert sich das von Peter gewählte Merkmal des Größenunterschieds nach wie vor an einer alltäglichen, dinglichen Eigenschaft: erwachsene Personen sind groß, Kinder sind klein.

Neben der Darstellung des Opas als (größerer) Fünferturm und der Kinder als (kleinere) Dreiertürme weist ein weiterer von Peter gewählter Zeichenträger einen alltäglichen Bezug auf: die „Mauer" (bei ‚9'). Diese wird in Peters Darstellung dazu benutzt, um die gemeinsame Pflückzeit und -menge der drei Personen von der alleinigen des Opas zu *trennen*, wie eine Mauer auch in der Lebenswelt bestimmte Bereiche (zumeist bezüglich Flächen) voneinander trennt bzw. zueinander begrenzt. Folglich kann festgehalten werden, dass trotz der von der Interviewerin initiierten Anforderung, die Aufgabe nur mit Hilfe eines gleichartiges Zeichenträgers zu bearbeiten, es nicht zu einer vollständigen Vernachlässigung der im Alltag wichtigen (pseudo-)dinglichen, individuell unterscheidbaren Merkmale geführt hat. Stattdessen erhalten insbesondere die an der Pflücksituation beteiligten Personen nach wie vor eine zentrale Bedeutung. Sie werden entsprechend mit dem zur Verfügung stehenden Material an alltäglichen Eigenschaften orientiert von Peter aufgebaut und als solche gedeutet, sodass er hier partiell eine *Alltagssicht* einnimmt. Wie auch im ersten Interview wird die sachliche Welt weiterhin mitgedacht und Aspekte dieser mit Hilfe der Objektsubstitution und Fokussierung auf wesentliche, formale, kriteriale Attribute ebenfalls mit den prinzipiell gleichartigen Zeichenträgern ausgedrückt. Trotz der materiellen Einschränkung und damit der Möglichkeit, die den Sachelementen dinglichen, individuellen Eigenschaften darzustellen, sind diese nach wie vor (zumindest rudimentär) Bestandteil von Peters Bearbeitung, sodass auch hier die Komplementarität von *Sache* und *Mathematik* erkennbar wird.

Die Zeit (ZuGS)
Neben der Darstellung der unterschiedlichen Personen (auf der linken Seite als Türme) erhalten auch die in der Sachsituation vorstellbaren Zeitabschnitte eine Markierung in Peters Darstellung – nämlich als ‚zwei waagerechte Würfel' für eine Stunde bzw. als ein Würfel für eine halbe Stunde. In der Abbildung (vgl. Tab. 5.3) entspricht dies den Würfeln in der zu unterst gelegten Zeile (mit Beschriftungen ‚1', ‚ohne', ‚4', ‚10', ‚12' und ‚5'). Da ‚Zeit' an sich prinzipiell nicht sichtbar ist, also keine visuell wahrnehmbaren, individuellen, dinglichen Eigenschaften aufweist, und auch sonst nicht *direkt* darstellbar ist, stehen die an der Studie teilnehmenden Kinder vor der Herausforderung, eine alternative, für sie einsichtsvolle Repräsentation zu wählen. Für Peter besteht diese Repräsentation aus einer Art ‚Zeitachse', an der entlang er eine bestimmte Anzahl von Würfeln in spezifischer Weise gruppiert hat. Ein

Würfel steht für eine halbe Stunde. Zwei waagerecht zusammengelegte Würfel stehen analog dazu für eine Stunde. Summiert man jeweils die Würfel linksseitig und rechtsseitig der Mauer so erhält man jeweils einen Zeitabschnitt von 2,5 Stunden. Jedem Würfel dieser untersten Zeile wird folglich eine spezifische Größe zugeordnet, die sich operational mit den Größen der anderen in dieser Zeile befindlichen Würfel verknüpfen lässt. Peter fokussiert sich somit auf die Darstellung wichtiger, in der Textaufgabe enthaltener, mathematischer Elemente. Zusätzlich können diese additiv miteinander verknüpft werden, wie es seine Aufzählung „Und dann macht der eben nochmal hier eine Stunde lang … das … eine Stunde lang … das … und dann nochmal eine halbe Stunde lang …" implizit enthält. Damit ist die Wahl der Zeichenträger und Beschreibung ihrer Bedeutung als einer Art Zeitachse einer *Zahlen-und-Größen-Sicht* zuzuordnen.

Das Gewicht der gepflückten Kirschen im Zusammenhang zu den Personen und der Zeit (ZuGS)
Analog zur zeitlichen Größe können die Pflückmengen betrachtet werden, da diese ebenfalls als wichtige in der Textaufgabe enthaltene, mathematischen Elemente dargestellt sind und operational miteinander verknüpft werden können. Betrachtet werden zunächst die links der Mauer positionierten Würfel. Neben den Türmen (linke, erste Spalte), die jeweils für eine spezifische Person stehen, sowie der Zeitachse (unterste, vierte Zeile) lassen sich unterschiedlich aufgetürmte Würfelgruppierungen identifizieren (farbliche Markierung). Für eine mögliche, einsichtsvollere Beschreibung wird Peters materielle Darstellung in eine bildliche übertragen und zusätzlich dazu entsprechende Zeilen- und Spaltenangaben eingefügt (vgl. Tab. 5.4).

Tab. 5.4 Peters verbildlichte Würfeldarstellung Kirschen d) (links der ‚Mauer')

	erste Spalte	zweite Spalte	dritte Spalte	vierte Spalte	fünfte Spalte	...
erste Zeile						...
zweite Zeile						...
dritte Zeile						...
vierte Zeile						...

Peter erklärt zu den beiden als Zweierturm aufgestapelten Würfeln (erste Zeile, zweite Spalte), dass diese jeweils ein Kilogramm darstellen und von Annika bzw. Jakob in einer Stunde gepflückt werden. Mit der fortsetzenden Aufzählung „Und dann noch eine Stunde" sowie der Zeigegeste oberhalb der dritten Spalte kann angenommen werden, dass die darin befindlichen Würfel ebenfalls als Kilogramm Kirschen gedeutet werden. In Verbindung mit der Zeitachse (vierte Zeile) und den Personen (erste Spalte) kann unter Einbezug von Peters Erklärung eine mögliche, von ihm gemeinte Deutung der Würfel rekonstruiert werden. Der ersten Spalte ist zu entnehmen, welche Person Kirschen pflückt. Dabei wird nicht zwischen Jakob und Annika bzw. deren Pflückmengen unterschieden („das ist egal"). Die entsprechende Anzahl der Kilogramm Kirschen kann den weiteren Spalten derselben Zeile entnommen werden. Dabei steht eine Spalte für eine Stunde bzw. für eine halbe Stunde, wie es auch an den in der vierten Zeile platzierten Würfeln erkennbar wird. In einer Stunde pflückt Jakob bzw. Annika somit zwei Kilogramm Kirschen. Zu den Pflückmengen des Opas erklärt Peter, dass dieser „dreimal schneller" ist und ihm folglich drei solcher Zweiertürme in derselben Zeiteinheit von einer Stunde zugeordnet werden. Anhand von Peters Würfelkonstellation kann also aufgrund der Zeitachse (vierte Zeile), der Personenachse (erste Spalte) und der jeweils darin enthaltenen Würfelanzahl als Pflückgewicht der Kirschen Folgendes abgelesen werden:

– Erste Zeile: In der ersten Stunde (zweite Spalte) pflückt Jakob (bzw. Annika; erste Spalte) zwei Kilogramm Kirschen, in der zweiten Stunde (dritte Spalte) ebenfalls zwei Kilogramm und in einer weiteren halben Stunde (vierte Spalte) ein weiteres Kilogramm Kirschen. In 2,5 Stunden pflückt Jakob 5 Kilogramm Kirschen (orange markierte Würfel).

– Zweite Zeile: In der ersten Stunde (zweite Spalte) pflückt Annika (bzw. Jakob; erste Spalte) zwei Kilogramm Kirschen, in der zweiten Stunde (dritte Spalte) ebenfalls zwei Kilogramm und in einer weiteren halben Stunde (vierte Spalte) ein weiteres Kilogramm Kirschen. In 2,5 Stunden pflückt Annika 5 Kilogramm Kirschen (orange markierte Würfel).

– Dritte Zeile: In der ersten Stunde (zweite Spalte) pflückt Opa (erste Spalte) sechs Kilogramm Kirschen, in der zweiten Stunde (dritte Spalte) ebenfalls sechs Kilogramm und in einer weiteren halben Stunde (vierte Spalte) drei weitere Kilogramm Kirschen. In 2,5 Stunden pflückt Opa 15 Kilogramm Kirschen (grün markierte Würfel).

– Alle drei Personen pflücken in den ersten 2,5 Stunden (vierte Zeile) gemeinsam 25 Kilogramm Kirschen (farblich markierte Würfel der ersten bis dritten Zeile).

Der von Peter als „Mauer" (fünfte Spalte) benannte Zeichenträger trennt die gemeinsame Pflückzeit der drei Personen von der alleinigen des Opas ab, „damit man weiß, also deutlicher weiß, wann Annika und Jakob aufhören". Der Opa pflückt anschließend weiter Kirschen, und zwar so lange, bis sie zusammen 40 Kilogramm erreicht haben, wie es von der Aufgabenstellung verlangt wird. Anhand der Positionierung der noch fehlenden Würfel als 15 Kilogramm Kirschen rechts der Mauer (vgl. Tab. 5.5) wird erkennbar, dass der Opa weitere 2,5 Stunden lang Kirschen pflücken muss, um die geforderten 40 Kilogramm zu erhalten. Dies wird von Peter auch mündlich benannt: „... und dann ergibt das halt zusammen vierzig Kilogramm". Es kann weiter abgelesen werden:

– Fortsetzung dritte Zeile: In der ersten Stunde (sechste Spalte) pflückt Opa *alleine* sechs Kilogramm Kirschen, in der zweiten Stunde (siebte Spalte) ebenfalls sechs Kilogramm und in einer weiteren halben Stunde (achte Spalte) drei weitere Kilogramm Kirschen. Der Opa pflückt somit 15 kg Kirschen in 2,5 Stunden *alleine weiter*. (Insgesamt muss Opa also 5 Stunden lang Kirschen pflücken.)

– Die erste und zweite Zeile enthalten nach der „Mauer" keine weiteren Würfel, weshalb Annika und Jakob in dieser Zeit (also nach 2,5 Stunden) keine weiteren Kirschen pflücken (leere Spalten sechs bis acht).

Tab. 5.5   Peters verbildlichte Würfeldarstellung Kirschen d) (rechtsseitig der ‚Mauer')

	erste Spalte	...	fünfte Spalte	sechste Spalte	siebte Spalte	achte Spalte
erste Zeile		...				
zweite Zeile		...				
dritte Zeile		...				
vierte Zeile		...				

An Peters Würfelkonstellation ist auffällig, dass er sich auf die für die Bearbeitung der Aufgabenstellung wichtigen mathematischen Elemente bezieht. Peter wählt Zeichenträger für die beteiligten Personen, die Pflückmengen und die Zeit. Andere ausschmückende Elemente wie die Kirschbäume, der Sandkasten oder der Garten werden im Unterschied zu seiner detaillierten Zeichnung nicht dargestellt. Einzig bei der Repräsentation der Personen bedient sich Peter einer aus der Lebenswelt bekannten Unterscheidungshilfe und stellt den Opa als Erwachsenen größer als die Kinder dar (Dreiertürme und Fünferturm, erste Spalte). Peter nutzt auch die alltägliche Funktion einer Mauer, etwas voneinander abzugrenzen.

Trotz dieser beiden, eher an individuellen Merkmalen orientierten Referenzen, die prinzipiell als charakteristisch für die Alltagssicht angesehen werden, wird Peters materielle Repräsentation und seine Deutung dieser jedoch insgesamt der *Zahlen-und-Größen-Sicht* zugeordnet. Begründet liegt dies in der starken Fokussierung auf die Darstellung der mathematisch wichtigen Elemente (Personen, Pflückmenge und Pflückzeit) sowie deren operationale Verknüpfung miteinander. Auch die Logik seiner erklärenden Narration ist an diesen arithmetischen Zusammenhängen orientiert. Es kann darüber hinaus angemerkt werden, dass Peter in seiner Beschreibung zwar Charakteristika der Alltagssicht aufgreift, diese allerdings (vor allen Dingen im Unterschied zu seiner erstellten Zeichnung) von sehr geringer Relevanz sind. Nichtsdestotrotz sind sie vorhanden, werden von ihm benannt und scheinen dadurch unterschwellig mitgedacht zu werden.

Es wird deutlich, dass die Sichtweisen folglich nicht trennscharf in den Deutungen der Kinder rekonstruierbar sind, sondern sehr häufig sogenannte *Mischformen* auftreten, die stärkere Tendenzen zur einen bzw. zur anderen Sicht aufweisen. Daran wird erneut die komplementäre Beziehung zwischen der Sache und der Mathematik erkennbar. Die von Peter herangezogenen und gedeuteten Zeichenträger in Form verschiedener Würfelgruppierungen erhalten in seiner gewählten Repräsentation weiterhin eher die Funktion, *Namen* für empirische Gegenstände (insbesondere Opa und Jakob) bzw. *konkrete Zusammenfügungen* von Anzahlen von ‚Gegenständen' (zeitliche Abschnitte und Gewicht von Kirschen) zu sein. Damit wird die aus der Alltagssicht stammende, *empirische, pseudo-dingliche Bedeutungskonstruktion* für mathematische Zeichen aufrechterhalten (vgl. Steinbring 1994, 17; vgl. auch Abschnitt 3.3) und ebenfalls in der *Zahlen-und-Größen-Sicht* fortgesetzt. Es gelingt Peter bei der Deutung seiner Würfelkonfiguration noch nicht, diese als Diagramm mit eigenen, vielfältigen relationalen Strukturen zu nutzen, sodass dieses seinem potenziell epistemologischen Charakter als Vermittler „zwischen der der *mathematisch relationalen Struktur* der Zeichen und Operationen und einer *sachlich-inhaltsbezogenen Struktur* von empirischen Elementen und Sachsituationen" (Steinbring 1994, 11) gerecht werden könnte.

Weiterhin ist auffällig, dass Peter die in der Aufgabe enthaltenen, unterschiedlichen, wichtigen mathematischen Elemente getrennt voneinander repräsentiert. Sowohl die Personen als auch die Zeit und das gepflückte Gewicht an Kirschen werden durch je eigene Zeichenträger dargestellt. Die Personen sind als Türme in der linken, ersten Spalte aufgeführt. Die Zeit in der vierten Zeile ist in halbe Stunden bzw. Stunden unterteilt. Jedes einzelne gepflückte Kilogramm wird auch als einzelner Würfel, die durchaus auch zu zweit, dritt oder sechst gruppiert sein können, repräsentiert. Erst diese einzelnen gewählten Zeichenträger werden schließlich anhand der rekonstruierbaren und in die Darstellung hineingedeuteten Achsen (Zeit- und Personenachse) verbal einander zugeordnet. Als Folge lassen sie Rückschlüsse für die Beantwortung der im Aufgabentext enthaltenen Fragestellung zu. Diese separate, voneinander ‚getrennten' Repräsentationen der relevanten mathematischen Elemente (Personen, Zeit, Gewicht) als eigenständige Zeichenträger ist ein wichtiges Entscheidungskriterium für die Einordnung der eingenommenen Sicht. Solange diese Trennung vorliegt, wird die kindliche Deutung der *Zahlen-und-Größen-Sicht* zugeordnet, da es den Kindern in erster Linie nach wie vor darum geht, mit den Zeichenträgern *etwas zu zeigen* (die Personen, das gepflückte Gewicht, einen Zeitabschnitt, ...) und so eine eher pseudo-dingliche Bedeutungskonstruktion auch für mathematische Zeichen aufrechtzuerhalten.

Erst eine Zusammenführung der relevanten Sachelemente als das gleichzeitige Ablesen von mindestens zwei Referenten anhand eines einzigen Zeichenträgers (bzw. einer Zeichenträgerkonstellation, bestehend aus beispielsweise einer bestimmten Anzahl und gewisser Weise gruppierter Holzwürfel) führt zu einer Einordnung der Deutung als *systemisch-relational*. In dieser Sichtweise nutzen die Kinder die gewählten Zeichenträger als Diagramme mit vielfältigen relationalen Strukturen, die exploriert, ausgebaut sowie mehrdeutig interpretiert werden können (vgl. Steinbring 1994, 11). In einer solchen Sicht wird es möglich, die Deutung nicht mit den Referenzen zu beginnen, also nicht zuerst die einzelnen Personen, Zeitabschnitte und das Gewicht der gepflückten Kirschen anhand der Zeichenträger *zu zeigen*. Stattdessen können aufgrund der Anzahl sowie Position der Würfel zueinander Relationen zwischen den Zeichenträgern hergestellt werden, die ihrerseits *Rückschlüsse* auf potenziell mögliche Referenzen zulassen. Das heißt, dass erst das Hantieren, Interpretieren und (Um-)Deuten zu vielfältigen, möglichen Bedeutungszuschreibungen (als bestimmte Personen, Zeitabschnitte und Gewicht von Kirschen) und schließlich auch zur Lösung führt.

Nachfolgend wird diese wichtige Unterscheidung zwischen dem *Zeigen* einerseits und andererseits dem *einsichtsvollen Operieren* mit den Zeichenträgern detaillierter aufgegriffen. Dafür wird die Entstehung von Peters Würfelkonstellation näher beschrieben, die die Einordnung von Peters Deutung als *Zahlen-und-Größen-Sicht* stützt. Es wird zudem versucht, eine weiterführende Perspektive auf die Würfelkonstellation einzunehmen, die Hinweise für potenziell mögliche, systemisch-relationale Deutungen zulässt. Das so aufgegriffene und fortführend betrachtete Beispiel soll den Lesenden als Hilfestellung dienen, das komplexe komplementäre Verhältnis Sache und Mathematik und dessen Ausdifferenzierung im theoretischen Konstrukt sowie die Unterscheidung der *Zahlen-und-Größen-Sicht* und *systemisch-relationalen Sicht* besser zu verstehen.

Potenziell mögliche, weiterführende Deutung von Peters Würfeldarstellung (potenzielle SRS)
Für die Bearbeitung der Teilaufgabe d) nutzt Peter eine Würfelkonstellation, in der die wichtigen mathematischen Elemente, die in der sachbezogenen Aufgabenstellung benannt sind, als einzelne, voneinander unterscheidbare Zeichenträger aufgeführt sind und entsprechend auch unabhängig voneinander gedeutet werden können. So können anhand der in der ersten Spalte enthaltenen Würfeltürme die Personen, anhand der in der vierten Zeile enthaltenen Zweiergruppierungen bzw. einzelnen Würfel die Zeit abgelesen werden und anhand der in der verbildlichten, tabellarischen Darstellungsform farblich markierten Würfel die Anzahl der gepflückten Kilogramm Kirschen. Peters rekonstruierbare Lesart der ersten Spalte

und vierten Zeile als eine Art Personen- bzw. Zeitachse eröffnet nun die Möglich-keit, die einzelnen Würfelgruppierungen zueinander in Beziehung zu setzen. So gibt die erste Zeile Aufschluss darüber, welches Gewicht an Kirschen ein Kind in einem bestimmten Zeitabschnitt pflückt. Für Peter scheint es dabei allerdings wichtig zu sein, die Personen- und Zeitachse mit entsprechenden Würfeln separat darzustellen und jeweils für sich genommen deuten zu können. In gewisser Weise werden die Personen, die Zeit und die gepflückten Kilogramm Kirschen zwar miteinander verknüpft, dass Peter beschreiben kann: „in einer Stunde haben die halt beide zwei". Peter meint hier wahrscheinlich, dass Jakob und Annika jeweils zwei Kilogramm Kirschen in einer Stunde pflücken. Allerdings werden all diese Elemente getrennt voneinander als eigene Zeichenträger in der Darstel-lung aufgeführt. Ihm scheint es in erster Linie somit darum zu gehen, mit den von ihm gewählten Zeichenträgern die ihnen zugeschriebenen, festen Referenzen *aufzuzeigen*. Dies wird auch in der Entstehung der Darstellung deutlich, wie es nachfolgend erklärt wird.

Wie in der kurzen Verortung der ausgewählten Szene im Interviewverlauf erwähnt, wurde der Aufgabenteil d) bereits im zweiten Interview mit einer Fülle an Material bearbeitet. Diese Bearbeitungen wurden dann im dritten Interview als Rückblick erneut ausführlich aufgegriffen. Die Interviewerin forderte Peter und Mogli dazu auf, denselben Aufgabenteil d) erneut, allerdings nur mit dem Mate-rial der Holzwürfel zu bearbeiten. Somit war die Lösung den beiden Kindern natürlich bereits bekannt. Folglich konnten sie dies auch bei der Entstehung einer für sie geeigneten Würfelkonstellation nutzen (vgl. Szene Peter 08:10–14:31 min). Peter beginnt den Aufbau seiner Würfelkonstellation, indem er die ‚Zeitachse' legt. Zunächst positioniert er fünf Würfel links der ‚Mauer', dann fünf Würfel rechts. Anschließend möchte er Stifte als Begrenzung legen, erinnert sich dann aber augenscheinlich an die Aufforderung ‚nur Holzwürfel' und baut die besagte ‚Mauer' entsprechend aus Würfeln auf. Weiter legt Peter zwei Würfel als zwei Kilogramm Kirschen nebeneinander in die erste Zeile. Er türmt links daneben drei Würfel als Repräsentation für ein Kind übereinander, baut einen weiteren Dreierturm als zweites Kind und einen Fünferturm als Opa darunter. Dann wid-met er sich erneut der ersten Zeile, also den gepflückten Kilogramm Kirschen des ersten Kindes. Peter legt diese zu Ende sowie weitere fünf Würfel in die zweite Zeile als Pflückmengen für das zweite Kind. In diesem Zuge entscheidet er sich, die Würfel für das gepflückte Gewicht an Kirschen nicht länger nebeneinander zu legen. Stattdessen türmt er jeweils zwei Würfel übereinander und passt die bereits gelegten Würfel an, sodass sie so wie in der abgebildeten Darstellung positio-niert sind. Peter legt die Würfel für gepflückte Kilogramm Kirschen in die dritte

Zeile links der Mauer und zuletzt ebenfalls rechts der Mauer, womit er seine Würfelkonstellation fertigstellt.

Diese kurz gehaltene Beschreibung der Entstehung der Würfelkonstellation lässt erkennen, dass Peter mit der Zeit- und Personenachse startet. Ihm ist es wichtig, diese Achsen als separate Zeichenträger zu legen, bevor er anhand dieser die gepflückten Kilogramm Kirschen an bestimmten Stellen in der Würfelkonstruktion positioniert. Erst mit Hilfe dieser repräsentierenden und konkret gelegten Achsen gelingt Peter die erwähnte Verknüpfung der Personen, ihrer Pflückzeit und Menge. Auch in der oben aufgeführten Beschreibung seiner Darstellung fokussiert er stark auf die konkrete Bedeutung der einzelnen Zeichenträger als Personen, Zeit und gepflückte Kilogramm Kirschen. Folglich *zeigt* er mit den Zeichenträgern in erster Linie diese Referenzen auf. Lediglich rudimentär werden einzelne Verknüpfungen konkret mündlich von ihm geäußert. Weitere Deutungen, wie sie hier im Text mit den Gedankenstrichen für die jeweiligen, in die Darstellung hineingesehenen Zeilen aufgeführt sind, werden in dieser konkreten Form nicht von ihm benannt. Sie können nur (möglicherweise) nach einer detaillierten, sorgsamen, epistemologischen Analyse rekonstruiert werden, was an dieser Stelle aber zu weit führen würde. Wichtig erscheint, dass solche Deutungen bereits anhand von Peters Darstellung *möglich* werden, auch wenn Peter selbst diese im ausgewählten Interviewausschnitt nicht vornimmt. Sobald man sich als Betrachter die von Peter gelegte Würfelkonstellation mit Wissen über deren Entstehung und Bedeutung anschaut, ist es möglich, die von Peter hineingedeuteten Achsen für Personen und Zeit *anders* zu sehen. Dieses *Anderssehen* bezieht sich darauf, dass andere als die von Peter gewählten Zeichenträger auf die Zeit und Personen verweisen können. Deutlicher wird dies, sobald man die von Peter als Achsen gelegte Würfel für die Stunden bzw. halben Stunden, die Mauer und die verschieden großen Türme für die unterschiedlichen Personen *entfernt*. Natürlich ist es auch möglich, diese andere Deutung auf Peters Würfeldarstellung einzunehmen, ohne das Entfernen bestimmter Würfel. Jedoch erscheint es zu illustrativen Zwecken sinnvoll, dies an dieser Stelle vorzunehmen. Die Lesenden können nach der Beschreibung dieser anderen Sichtweise eigenständig zurückschauen und die hier getroffene Behauptung für sich überprüfen. Nach der Entfernung der aufgeführten Elemente (Zeit-, Personenachse und Mauer) erhält man folgende ‚reduzierte' Würfelkonstellation Tab. 5.6):

Tab. 5.6 Peters reduzierte Würfeldarstellung Kirschen d)

	erste Spalte	zweite Spalte	dritte Spalte	vierte Spalte	fünfte Spalte	sechste Spalte
erste Zeile						
zweite Zeile						
dritte Zeile						

Diese weist nun eine sehr starke Ähnlichkeit zu einer den Lesenden bereits aus dem dritten Kapitel zu Arbeits- und Anschauungsmitteln bekannten Repräsentation auf (Tab. 5.7; siehe auch Abb. 3.5):

Tab. 5.7 Verkürzte Würfelkonstellation „Wie lange pflückt Opa alleine?"

Person/Zeit	erste Std.	zweite Std.	dritte Std.	vierte Std.	fünfte Std.
Annika					
Jakob					
Opa					

In beiden Darstellungen ist es möglich, die Zeit- und Personenachse bei der Betrachtung der Holzwürfel mitzudenken. Die hier vorgenommene Beschriftung als ‚Zeilen' und ‚Spalten' bzw. ‚Personen' und ‚Zeiten' können weggelassen werden. Ein Würfel wird so in Relation zu den anderen Würfeln interpretiert. Aus der Aufgabenstellung sind die mathematischen Bedingungen als Pflückgeschwindigkeiten vorgegeben: Die Pflückgeschwindigkeit eines Kindes beträgt 1 kg/halbe Stunde; die eines Erwachsenen (wie den Opa) beträgt 3 kg/halbe Stunde. Eine Gruppierung von zwei Würfeln kann so als ‚zwei Kilogramm Kirschen in einer Stunde von einem Kind gepflückt' gedeutet werden. Analog dazu bezeichnet ein einzelner Würfel die Hälfte – also ‚ein Kilogramm in einer halben Stunde von einem Kind gepflückt'. Das Dreifache, also eine Gruppierung von sechs Würfeln, bedeuten ,sechs Kilogramm in einer Stunde, die von einem Opa gepflückt werden' („Opa ist dreimal so schnell"). Durch die jeweiligen Gruppierungen als einem, zwei, drei oder sechs Würfel werden folglich Schlussfolgerungen zu den Pflückgeschwindigkeiten möglich. Unter Zuhilfenahme der Lage der Würfel zueinander werden dadurch Rückschlüsse auf das gepflückte Gewicht an Kirschen, die Anzahl der Personen und die dafür benötigte Zeit möglich.

Prinzipiell kann diese Deutung bereits mit Peters Würfelkonstellation vorgenommen werden. Dazu wird ein und derselbe Würfel bzw. ein und dieselbe Würfelgruppierung nicht nur als eine der drei Größen gedeutet (wie es Peter tut), sondern gleichzeitig als Gewicht, Zeit und Person. Diese drei Größen lassen sich somit als Pflückgeschwindigkeit zusammenfassen. Die entsprechenden Pflückgeschwindigkeiten sind zusätzlich in eine systemisch-relationale Struktur eingebettet, sodass die Position der Würfel(gruppierungen) zueinander ebenfalls relevant und bedeutungsvoll ist. Damit wird es möglich, mit den gewählten Zeichenträgern nicht nur auf ,fest zugeschriebene' Referenzen zu verweisen, sondern durch ein Operieren mit ihnen, diese flexibel umzudeuten. Eine solche Deutung der Würfel als Elemente in einer systemisch-relationalen Struktur mit vielfältigen Beziehungen zu den anderen Elementen dieses Systems wurde in Abschnitt 3.4.3 ausführlich beschrieben, ebenso wie mögliche, mit Umdeutungen verbundene Handlungen an solch einer Würfelkonstellation. Die Würfel als Elemente in einer systemisch-relationalen Struktur mit vielfältigen Beziehungen zu den anderen Elementen dieses Systems dienen so als strukturelles, relationales Diagramm, an dem Veränderungen und Umdeutungen vorgenommen werden können, um beispielsweise weitere Aufgabenstellungen zu bearbeiten.

So wäre denkbar, dass die Oma noch mithilft. Durch Umlegen der Würfel ehemals rechtsseitig der Mauer unterhalb des Opas werden diese umgelegten fünf Würfel nun nicht länger als alleinige Pflückzeit des Opas gedeutet. Stattdessen referieren sie auf eine weitere Person, die mit den anderen Personen 2,5 Stunden lang Kirschen pflückt. (Oder Jakob fragt noch einen Freund und der hilft Opa, Annika und ihm mit, sodass der Opa nur eine Stunde und vierzig Minuten alleine weiterpflücken muss.) Die anfänglich zum Aufzeigen benutzten Würfel können umgelegt und in ihrer umgelegten Position neu gedeutet werden. Dabei findet ein einsichtsvolles Operieren mit den Würfeln statt, anhand dessen neue Referenzen und Aufgabenlösungen erschaffen werden. Damit wird der Charakter von Anschauungsmitteln als *Denkwerkzeuge* mit epistemologischer Funktion, die von den Kindern zunehmend zum eigenständigen Mathematiktreiben und zum Verstehen mathematischer Begriffe bzw. Ideen genutzt werden (vgl. Krauthausen 2018,

310; vgl. auch Abschnitt 3.1), hervorgehoben, und wie es bereits von Steinbring benannt wird:

> „Der spezifische epistemologische Charakter solcher Darstellungs- und Anschauungsmittel liegt darin, daß sie in besonderer Weise zwischen der *mathematisch relationalen Struktur* der Zeichen und Operationen und einer *sachlich-inhaltsbezogenen Struktur* von empirischen Elementen und Sachsituationen vermitteln können. Um diese Vermittlungsfunktion herstellen und nutzen zu können, muß man Diagramme als relationale Strukturen nutzen; die ikonischen Elemente in Diagrammen sollte man nicht eindeutig interpretieren und ablesen, sondern mögliche, vielfältige Strukturen in den Diagrammen explorieren, ausbauen sowie mehrdeutig interpretieren und nutzen" (Steinbring 1994, 11).

Wie diese Ausführungen bereits vermuten lassen, werden Deutungen einer solchen Würfelkonstellation als systemisch-relationale Struktur insbesondere durch Handlungen des Umlegens und Deutungen der ‚neuen‘ Darstellung erkennbar. Zusätzlich verfügen die an der Pilotierung und Hauptstudie teilnehmenden Kinder (bzw. Grundschulkinder im allgemeinen) nicht über die sprachlichen Mittel und wissenschaftlichen Erkenntnisse, um den Forschenden mitzuteilen, dass sie nun eine solche Sichtweise auf die gewählten Zeichenträger einnehmen. Und auch, wenn man sie direkt danach fragt, woran sie jetzt den Opa oder Jakob erkennen, werden sie diesen nicht zwangsweise als in einer Würfelgruppierung, die sie zuvor noch als Kilogramm Kirschen beschrieben haben, enthaltend beschreiben. Stattdessen werden die Kinder vielfach zurück in eine alltägliche Sicht wechseln, indem sie sich auf entfernte Zeichenträger als Repräsentationen des Opas beziehen oder für diesen einen neuen Zeichenträger erschaffen möchten. Folglich sind Handlungen und somit auch weiterführende Aufgaben, die ein Umlegen und Umdeuten erforderlich machen, essentiell für die begründete Rekonstruktion einer möglichen systemisch-relationalen Sicht. Denn an diesen Handlungen wird die flexible Austauschbarkeit erkennbar, die erst durch ein Zusammenführen von mehr als einem sachlichen Element in ein und demselben Zeichenträger ausführbar wird und die sich vorher nur vermuten oder begründet annehmen lässt. Diese Austauschbarkeit ist es auch, die Hinweise dafür liefert, dass die Anschauungs- und Arbeitsmittel unter *theoretischer* bzw. *struktureller Mehrdeutigkeit* (vgl. Steinbring 1994, 18) verstanden werden.

Kommentar zum weiteren Vorgehen
Zur Betrachtung des flexiblen Umlegens – und damit einhergehend von *Austauschbarkeiten* und der zunehmenden *theoretischen Mehrdeutigkeit* – wird nun eine weitere Szene aus dem dritten mit Mogli und Peter durchgeführten Interview

der Pilotierung herangezogen. Dafür ist es zunächst erforderlich, den weiteren Interaktionsverlauf nach der betrachteten Deutung von Peter zur Teilaufgabe d) zu beschreiben. Es ist anzumerken, dass diese Beschreibung keine objektiv gehaltene darstellt, wie es für die Analysen in Kapitel 7 als separater Analyseschritt benannt wird, sondern bereits mögliche Rekonstruktionen und Interpretationen enthält, die in kürzester Form notiert sind. Der Zweck dieser angereicherten, kurzen Beschreibung dient der Hinführung zur ausgewählten Szene, sodass diese besser verstanden werden kann. Die ausgewählte Szene und die zuvor ablaufende Interaktion werden ebenfalls nicht im Sinne einer ausführlichen, qualitativen, interpretativen, epistemologischen Analyse betrachtet. Sie werden mit dem Ziel herangezogen, die unterschiedlichen Sichtweisen anhand von aus der Pilotierung stammenden Beispielen zu illustrieren, und zwar hier mit dem Schwerpunkt auf die *systemisch-relationale Sichtweise* und mögliche Merkmale, die einen Wechsel zu dieser Sicht herbeiführen können.

Veränderungen an Peters Würfelkonstellation zur Teilaufgabe d)
Im Verlauf des Interviews wurden inzwischen beide von den Kindern gelegten Würfelkonstellationen zum Aufgabenteil d) gemeinsam besprochen. Mogli und Peter sitzen anschließend weiterhin an Peters Tisch mit dessen Darstellung. In der Interaktion entscheidet die Interviewerin spontan, bestimmte Würfelgruppierungen aus Peters Darstellung zu entfernen und die beiden Kinder damit vor die Anforderung zu stellen, diese veränderte Würfelkonstellation ‚neu' zu deuten. Zunächst entfernt sie die in der ersten Spalte enthaltenen Türme mit drei bzw. fünf Würfeln. Peter erkennt den Opa nun daran, dass dieser dreimal so schnell ist, also das Dreifache eines Kindes pflückt und außerdem alleine weiterpflückt, womit er sich insgesamt auf die in der dritten Zeile enthaltenen Würfelgruppierungen bezieht. Die Interviewerin entfernt anschließend die vierte Zeile und somit die Zeichenträger der Zeitachse. Peter sieht anhand der gepflückten zwei Kilogramm eines Kindes die Pflückzeit von einer Stunde. Nach Aufforderung der Interviewerin entfernt Mogli ebenfalls die von Peter als ‚Mauer' benannte Würfelgruppierung. Peter erkennt anhand der größeren Lücke, dass Annika und Jakob aufhören. Er stellt bei der Aussage fest, dass die Würfel der dritten Zeile nicht direkt nebeneinander liegen, sondern die rechten drei Gruppierungen etwas tiefer positioniert sind. Weil es schöner und ordentlicher ist, wenn sie auf der gleichen Höhe sind, möchte Peter diese nach oben schieben. Die Interviewerin nutzt diesen rein ästhetischen Grund provokativ, um die Würfel, ehemals rechts der Mauer, nun nach unterhalb der linken zu verschieben. Dies sei jedoch laut Peter nicht dasselbe und man könne die Würfel so nicht positionieren. Der Opa würde dann 12 kg in einer Stunde pflücken, und das wäre falsch, weil er ja nur

dreimal schneller sei als die Kinder. Die Interviewerin fragt, ob es sich um denselben Opa handeln müsse oder es vielleicht auch ein zweiter sein könne. Peter
und Mogli deuten anschließend gemeinsam die Aufgabe um und stellen fest, dass
keiner alleine weiterpflücken muss, weil der zweite Opa ebenso viel pflückt, wie
der erste alleine weitergepflückt hätte.

Merkmale des zweiten Übergang (Ü2)
Bereits diese kurze Beschreibung liefert Hinweise darauf, wie ein möglicher
Wechsel von einer *Zahlen-und-Größen-Sicht* zu einer *systemisch-relationalen
Sicht* aussehen kann. Ein erster wichtiger Punkt scheint dabei die Einschränkung auf die Benutzung des Materials der Holzwürfel zu sein, also auf einen
vielfach vorhandenen gleichartigen Zeichenträger. Dadurch kann die Bedeutung
dieser zur Verfügung stehenden Zeichenträger leichter verändert werden. Dieses scheint für die Kinder eine wichtige Unterstützung im Hinblick auf eine
systemisch-relationale Sicht zu sein, da die Zeichenträger *Holzwürfel* keine (oder
zumindest nur wenig) phänomenologisch sichtbare und auf Ähnlichkeit basierende Eigenschaften aufweisen und somit nicht bestimmte Deutungen nahelegen.
Die Kinder werden folglich weniger von diesen Merkmalen abgelenkt bzw. dazu
verleitet, diese zu fokussieren. Das darf nun nicht in einer Weise verstanden
werden, als würden allein aufgrund der reduzierten Materialauswahl *keine*, auf
Ähnlichkeit beruhende Beziehungen zwischen Zeichenträger und Bedeutung hergestellt werden. Bereits anhand von Peters Deutungen wird ersichtlich, dass trotz
der materiellen Einschränkung Ersatzstrategien herangezogen werden, um eine
Ähnlichkeitsbeziehung herzustellen. Peter nutzt so den Größenunterschied von
Erwachsenen und Kindern, um den Opa als *größeren Turm* und die Kinder als
kleinere Türme zu repräsentieren. Die Materialeinschränkung stellt die Kinder
jedoch vor die Herausforderung, für sich zu überlegen, welche Aspekte zur Aufgabenbearbeitung ihnen wirklich wichtig sind und wie ausführlich sie diese in den
gleichartigen Zeichenträgern realisieren möchten. Es sei noch einmal betont, dass
allein die Reduktion auf die Benutzung der Würfel nicht zwangsläufig zu einer
systemisch-relationalen Sichtweise führen muss. Bereits Schwarzkopf (2006,
104) hat herausgestellt, dass eine Beziehung zwischen Sache und Mathematik
nicht „durch das Vernachlässigen von ausreichend vielen sachlichen Details zur
Vorbereitung einer Übersetzung" ausreichend ist. Abstraktionen der sachlichen
Elemente, die von mathematischer Relevanz sind, mögen zwar eine Vereinfachung darstellen, trotz allem muss der Sachverhalt zusätzlich strukturell erweitert
und somit eine neue Deutungsgrundlage geschaffen werden.

Neben der Reduktion des vorhandenen Materials auf die ausschließliche Nutzung von Holzwürfeln scheinen überdies die Handlungen der Interviewerin in der Interaktion bedeutend für einen Sichtweisenwechsel zu sein. Die Interviewerin entschließt sich spontan dazu, bestimmte Würfelgruppierungen aus Peters Darstellung zu entfernen bzw. umzulegen. Dieses Entfernen der Würfel dient nicht dem Zweck, die Kinder zu einer ‚richtigen' Lösung oder ‚richtigen' Sichtweise hinzuführen. Stattdessen wird damit das Ziel verfolgt, die Kinder vor eine neue Anforderung zu stellen. Bei dieser Anforderung sollen sie versuchen, die vorhandene Würfelkonstellation um- und somit neu zu deuten. Ziel ist es, so ein möglichst großes Spektrum an kindlichen Symboldeutungen zu erhalten, um ein entsprechend differenziertes Theoriekonstrukt konzipieren zu können. Es sei ausdrücklich betont, dass Peter und Mogli auch erlaubt war, die neue Würfelkonstellation als nicht länger passend zur Aufgabe zu deuten, weil die entfernten Elemente für sie wesentliche Bestandteile darstellen. Die spontan getroffene Entscheidung der Interviewerin, bestimmte Würfel zu entfernen bzw. umzudeuten, führte in der Pilotierung zu gehaltvollen und interessanten Einsichten. Dies betrifft sowohl die Gestaltung der Hauptstudie (vgl. Abschnitt 6.3.1.2.4) als auch die im Theoriekonstrukt enthaltene Deutungsvielfalt, da Peter und Mogli in der Lage waren, spontan auf diese Anforderung mit Umdeutungen zu reagieren. Peter kann nach wie vor anhand der reduzierten Würfelkonstellation die Pflückmengen, Pflückzeiten und Personen erkennen. (Vermutlich gelingt ihm dies aufgrund der nun nicht länger konkret gelegten, sondern ‚hineingedachten' Personen- und Zeitachse sowie der Anzahl der Würfel.)

Seine Deutung weist darüber hinaus eine gewisse Konsistenz auf, wenn er sagt, dass ein solches Verschieben der Würfel, wie es die Interviewerin vornimmt, falsch sei, da dies nicht den in der Aufgabenstellung benannten Bedingungen entspräche. Gleichzeitig ist daran aber auch eine gewisse Fragilität seiner Deutung der Würfel als gepflückte Kilogramm Kirschen, die anhand der Achsen bestimmten Personen und Zeiten zugeordnet werden, zu erahnen. Die verschobenen Würfel hätten in einer konsequenten Lesart aufgrund des Abstandes zu den darüber liegenden Würfeln des Opas als zu einer weiteren Person gehörig interpretiert werden müssen, anstatt zum Opa selbst zugehörig. Erst der Vorschlag der Interviewerin lässt für Mogli und Peter den Einbezug eines zweiten Opas, der so natürlich nicht in der Aufgabe benannt wurde und ihnen deshalb vielleicht nicht als durchaus akzeptable Deutungsmöglichkeit in den Sinn kam, zulässig erscheinen, sodass sie die Aufgabe und sachliche Situation entsprechend umdeuten können.

Zusammenfassung (Ü2) und Kommentar zum weiteren Vorgehen
Anhand der hier vorgenommenen Beschreibung des weiteren Interaktionsver-
laufes werden Beispiele für einen möglichen Übergang zwischen der *Zahlen-
und-Größen-Sicht* zur *systemisch-relationalen Sicht* erkennbar. Die Anregungen
der Interviewerin in Form der Reduktion auf die Benutzung des Materials der
Holzwürfel, die Reduktion der von den Kindern konstruierten Würfeldarstellung
durch das Wegnehmen bestimmter Elemente und das Umlegen von Würfeln stellen dabei neue Anforderungen dar, die die Kinder zu Um- und Neudeutungen
der Würfeldarstellung veranlassen können, insbesondere wenn hier zusätzlich
unterschiedliche kindliche Deutungen aufeinandertreffen und kommunikative
Aushandlungen stattfinden.

Es folgt nun eine Fortführung der Beschreibung des weiteren Interviewverlaufs und somit auch der Bearbeitungen des Aufgabenteils e). Die von Peter
generierte Lösung gründet sich dabei auf der bereits vorgestellten Lösung zum
Aufgabenteil d). An ihr werden überdies Veränderungen vorgenommen, die zu
unterschiedlichen Darstellungsvarianten führen. Eine dieser Varianten findet sich
zu Beginn der ausgewählten Szene auf dem Tisch und wird als Grundlage für den
zu betrachtenden Aufgabenteil f) genutzt. Aus diesem Grund kann auf die (kurze)
Beschreibung des weiteren Interviewverlaufs und der Darstellung der darin generierten Würfelkonstellationen für ein Verständnis der kindlichen Deutungen nicht
verzichtet werden.

Die Herstellung und Deutung von Würfelkonstellationen zu den Aufgaben e) bis g)
Im fortschreitenden Interviewverlauf erfolgt ein Vergleich zwischen den beiden
von Peter und Mogli konstruierten Darstellungen zum Aufgabenteil d). Dabei
werden die Würfelgruppierungen sowohl von den Kindern als auch von der
Interviewerin mehrfach verändert (gestapelt, nebeneinander, gedreht), bevor sich
Peter und Mogli eigenständig mit dem weiteren Aufgabenteil e) befassen. Auch
diese Lösungen werden gemeinsam besprochen. An den Darstellungen werden
anschließend Änderungen in Form von Reduktion und Verschiebungen vorgenommen sowie mögliche dazu passende Deutungen erfragt. Die Aufgabenstellung e)
sowie Peters ikonisierte Würfelkonstellation sind mit Deutungshinweisen in der
nachfolgenden Tabelle (Tab. 5.8) aufgeführt.

Tab. 5.8   Aufgabentext e) und Peters Würfeldarstellung

Aufgabenteil e)		Erste Stunde	Zweite Stunde	Dritte Stunde
	Jakob	⊞	⊞	⊞
Es gibt noch immer Kirschen in Opas Garten. Jakob möchte 36 kg Kirschen in 3 Stunden schaffen Wie viele Freunde muss Jakob mitbringen, damit sie das gemeinsam schaffen? (Jeder Freund schafft genauso viele Kirschen wie Jakob.)	,Lücke'			
	Freund 1	⊞	⊞	⊞
	Freund 2	⊞	⊞	⊞
	Freund 3	⊞	⊞	⊞
	Freund 4	⊞	⊞	⊞
	Freund 5	⊞	⊞	⊞
	Zeit (insg. 3 Std.)	⊟	⊟	⊟
		Erste Stunde	Zweite Stunde	Dritte Stunde

In der untersten Zeile der Tab. 5.8 ist die Zeit dargestellt. Je ein Würfel steht für eine halbe Stunde, eine Gruppierung von zwei Würfeln bedeutet folglich eine Stunde. Diese Art der Darstellung ist bereits aus Peters Bearbeitung des Aufgabenteils d) bekannt. Dort hat er die Zeit in vergleichbarer Weise als Zweiergruppierungen von Würfeln für eine Stunde bzw. als ein Würfel für eine halbe Stunde in die unterste Zeile gelegt. In der ersten Zeile ist das von Jakob gepflückte Gewicht von sechs Kilogramm Kirschen erkennbar. Jeder Freund ist genauso schnell und mit fünf Freunden schafft Jakob in drei Stunden 36 Kilogramm Kirschen. Damit lassen sich die einzelnen Personen anhand der Zeilen erkennen. Im Unterschied zum Aufgabenteil d) hat Peter hier jedoch darauf verzichtet, jede Person als einen bestimmten Würfelturm separat zu repräsentieren. Er hat sie folglich für sich als nicht länger notwendig erachtet und weggelassen. Die separate Darstellung der Zeit scheint jedoch zunächst nach wie vor bedeutend zu sein, obwohl auch hier die Zeichenträger der untersten Zeile entfernt werden könnten. Dies tut die Interviewerin auch und Peter erkennt die reduzierte Version als neue Darstellung an. In der Interaktion werden die Würfel der Konstellation außerdem in verschiedenster Weise zusammengeschoben. Für Mogli und Peter macht dies wenig Unterschied zu der ersten Würfelkonstellation, da die Lösung nach wie vor erkennbar ist. Dieses Zusammenschieben ist in der Tabelle (Tab. 5.9) als zwei Varianten abgebildet, die Peter und Mogli jeweils kurz akzeptierend kommentieren.

Tab. 5.9 Variante 1 und 2 von Peters Würfeldarstellung zur Teilaufgabe e)

Erste Variante e)		Zweite Variante e)
☐☐☐☐☐☐	Jakob	☐☐☐☐☐☐
	‚Lücke'	
☐☐☐☐☐☐		
☐☐☐☐☐☐		
☐☐☐☐☐☐	Fünf Freunde	(5×5 Gitter)
☐☐☐☐☐☐		
☐☐☐☐☐☐		

Während die zweite Variante vor Mogli und Peter auf dem Tisch liegt, liest die Interviewerin den Aufgabenteil f) vor. Dies kennzeichnet den Beginn der ausgewählten Szene. Sofort erklärt Mogli, er wisse die Lösung bereits. Die Interviewerin fordert ihn auf, diese an der Würfelkonstellation zu zeigen. Mogli schiebt daraufhin die letzten drei Würfelreihen mit dem Kommentar „Der Opa pflückt dreimal so viel, also pflückt er diese Menge" nach unten. Anschließend trennt Mogli das darüberliegende 2×6-Rechteck in zwei Reihen mit je sechs Würfel. Jakob ist nach wie vor in der obersten Reihe repräsentiert und der Opa in den von Mogli weggeschobenen drei zusammenliegenden, unteren Würfelreihen. Anhand der beiden Reihen in der Mitte kann ganz schnell die Lösung von zwei Freunden abgelesen werden (vgl. in Tab. 5.10 links).

In dieser Interaktion bietet die Interviewerin spontan eine weitere Aufgabenstellung, hier als ‚g)' benannt, an. Auch diese beantwortet Mogli sofort mit „drei Freunde". Peter und Mogli legen die Würfelkonstellation mit dem Kommentar „in zweieinhalb Stunden" um, indem sie von jeder Reihe den rechten Würfel beiseite schieben. Mogli legt diese sechs Würfel mit der Aussage „Und das ist alles das, was ein Freund pflückt" über das Würfelrechteck für, metonymisch gesprochen, den Opa (vgl. in Tab. 5.10 rechts). Peter konstatiert, dass es „aber einer mehr sei". Daraufhin meint Mogli, dass eine Person einfach ein Kilogramm mehr pflücken müsse oder jeder eben jeder ein bisschen länger. Damit ist die Aufgabe für die beiden gelöst.

Tab. 5.10 Aufgabenkontexte f) und ‚g)' sowie Peters und Moglis gemeinsame Würfeldarstellungen

Aufgabenteil f)	Aufgabenteil ‚g)', spontan erdacht
Es gibt noch immer Kirschen in Opas Garten. Jakob möchte 36 kg in 3 Stunden schaffen. Jakob fragt seinen Opa und der hilft mit. Wie viele Freunde muss Jakob jetzt noch mitbringen, damit sie gemeinsam 36 kg Kirschen in 3 Stunden schaffen?	„Sie wollen das jetzt nicht in drei Stunden schaffen, sondern in zweieinhalb. Wie viele Freunde braucht Jakob dann? Der Opa hilft mit."

Lösung f)		Lösung ‚g)'	
Jakob	☐☐☐☐☐☐	Jakob	☐☐☐☐☐
Freund 1	☐☐☐☐☐☐	Freund 1	☐☐☐☐☐
Freund 2	☐☐☐☐☐☐	Freund 2	☐☐☐☐☐
		Freund 3	☐☐☐☐☐
Opa	(3×6 Würfelgitter)	Opa	(3×6 Würfelgitter)

Rekonstruktion von Peters und Moglis Deutungen (SRS)

Ausgehend von der zweiten, veränderten Variante von Peters ursprünglicher Darstellung zur Teilaufgabe e) (vgl. in Tab. 5.10 rechts) ist Mogli in der Lage, die Lösung für die weitere Aufgabenstellung f) zu erkennen. Die ursprünglich als fünf Kinder verstandenen und als Rechteck zusammengeschobenen fünf Reihen mit je sechs Würfeln (sie schaffen 6 kg in 3 Stunden) werden von Mogli bei seiner Erklärung so verschoben, dass drei Reihen die Pflückmenge des Opas repräsentieren. Jakob pflückt nach wie vor mit (erste Reihe). Die dazwischen befindlichen Reihen können auseinandergeschoben und so als zwei Freunde gedeutet werden. Zuvor lag die Lösung der Aufgabe e) auf dem Tisch, bei der ausschließlich Kinder mithalfen. Ein Opa pflückt nach den Bedingungen der Aufgabe dreimal so schnell, wie ein Kind. Was Mogli mit der Verschiebung der drei unteren Reihen und dem Kommentar tut, kann als die *Umwandlung von drei Kindern in einen Opa* verstanden werden und lässt sich mit der Gleichung ‚3 Kinder = 1 Opa' beschreiben. ‚Kinder' und ‚Opa' sind dabei metonymisch zu verstehen. Das heißt, dass sich die gewählten Worte nicht länger auf ihre aus dem üblichen Sprachgebrauch bekannte Bedeutung eines Opas als älteren Erwachsenen mit möglicherweise weißen Haaren und einem Bart bezieht, der gerne in seinem Schaukelstuhl sitzt und seinen Enkeln Geschichten vorliest, bzw. auf die eines Kindes, das gerne auf dem Spielplatz spielt. Diese alltägliche Sicht auf die beiden Personen wird hier ersetzt durch die diesen Personen zugeschriebenen Größen der Zeit und des Gewichts, die sich zusammenfassend als Pflückgeschwindigkeiten den jeweiligen Personen zuordnen lassen. ‚Opa' bedeutet somit *metonymisch* gesprochen, dass eine (stärkere) Person in einer halben Stunde drei Kilogramm Kirschen pflückt, bzw. bezogen auf die von Mogli verschobenen Reihen, dass ‚Opa' in drei Stunden 18 kg Kirschen schafft. Die Ausdrücke ‚Freund', ‚Kind' und auch ‚Jakob' können hier synonym verwendet werden für die Pflückgeschwindigkeit einer (schwächeren) Person. Metonymisch gesprochen bedeuten sie somit, dass eine kindliche Person ein Kilogramm pro halbe Stunde bzw. in Moglis Lösung, dass eine kindliche Person sechs Kilogramm in drei Stunden pflückt. Deshalb werden neben der (stärker) Person des Opas drei weitere Personen (nämlich Jakob und zwei Freunde) benötigt.

Durch das Umlegen als Handlung am Material wird deutlich, dass Mogli nicht länger von einer festen, zugeschriebenen Referenz der einzelnen Zeichenträger ausgeht, wie dies noch Peter bei seiner Darstellung zum Aufgabenteil d) getan hat. Für Peter mussten dort zu Beginn die einzelnen Personen und Zeitabschnitte in Form von Achsen mit jeweils eigenen Würfelgruppierungen aufgeführt sein, damit er das gepflückte Gewicht Kirschen den entsprechenden Personen und Zeitabschnitten zuordnen und bei einer späteren Erklärung ablesen konnte. Für ihn war es somit wichtig, zunächst einen Zeichenträger mit Referenz auf den Opa zu legen und anschließend die ihm zuzuordnenden Größen als separate Zeichenträger zu erstellen. Bei Moglis Vorgehen bei der Lösung des Aufgabenteils f) – und wie bereits mit der Beschreibung der gemeinsam gefundenen Lösung zum Aufgabenteil ‚g)' angedeutet – finden keine solchen festen Referenzen Verwendung. Die zuvor als Kinder benannten Reihen mit ihren Pflückmengen innerhalb einer vorgegebenen Zeit müssen nicht zwangsweise als solche gedeutet werden. Stattdessen zeigt sich durch das Umlegen, dass Mogli mit Hilfe der Zeichenträger eine neue Symbolisierung erschafft, mit deren Deutung er sich *im Anschluss* auf entsprechende Referenzen bezieht. Mogli zeigt mit den Würfeln nicht länger feste Referenzen, sondern operiert mit ihnen und deutet sie im Sinne der *theoretischen Mehrdeutigkeit* als strukturiertes Diagramm um. An diesem können relationale Bedeutungskonstruktionen vorgenommen werden (vgl. Abschnitt 3.3), die die epistemologischen Besonderheiten mathematischen Wissens berücksichtigen (vgl. Abschnitt 1.1).

Demnach nutzt Mogli die Würfelrepräsentation in einer flexiblen Weise, womit sich Parallelen zu der von Emilia zeichnerisch, nur mit Strichen bearbeiteten Bootsaufgabe f) erkennen lassen (vgl. Abschnitt 4.3). Die von Mogli als ‚Freund' und ‚Opa' bezeichneten sachlichen, mathematisch relevanten Elemente werden wie bei Emilia das Vierer- und Achterschiff zu *abstrakten Entitäten von Trägern von Anzahlen bzw. Größen.* Diese *Träger* stehen überdies in Beziehung zueinander. Dadurch werden die mathematisch relevanten dinglichen Elemente der Sachsituation in gewisser Weise zu Strukturen und operativen Beziehungen. Im Kontext des Kirschenpflückens (Aufgabenteil f)) setzen sich die Strukturen und Beziehungen aus den folgenden Charakteristika zusammen:

– Ein als Opa benanntes Sachelement wird zum Träger der Größe 3 kg/halbe Stunde/(stärkere) Person.
– Ein als Kind, Freund oder Jakob benanntes Sachelement wird zum Träger der Größe 1kg/halbe Stunde/(schwächere) Person.
– Die Aufgabenstellung gibt vor, dass „ein Opa" und „mindestens ein Kind (Jakob)" benötigt werden.
– Gegeben ist überdies die gesamte Pflückmenge aller beteiligten Personen in einer bestimmten Pflückzeit als 36 kg in 3 Stunden.
– Gesucht ist folglich die Anzahl der weiteren, helfenden Kinder.

Bei Emilia sind es die Striche, mit denen sie flexibel aus einer vorgegebenen Anzahl an Kindern Boote formen und diese anschließend auch als Anzahlen von großen und kleinen Booten benennen kann, ohne diese zuvor separat zu repräsentieren. Bei Mogli sind es die Würfel, die sich entsprechend ihrer Anzahl und Position zueinander entweder auf drei Kinder oder einen Opa beziehen können. Im Unterschied zu Peters Lösung und Deutung seiner Würfelkonstellation des Aufgabenteils e) und insbesondere d) wird hier folglich die Begründungsgrundlage umgekehrt. Nicht länger von den sachlichen Elementen ausgehend, sondern nach den den Sachelementen zugeschriebenen Anzahlen bzw. Größen werden die Zeichenträger ausgewählt und zueinander positioniert. Es wird nicht länger der ‚reale Opa' in einer Alltagssicht gesehen, sondern nur noch die ihm zugeordnete Pflückgeschwindigkeit, eingebettet in einer systemisch-relationalen Struktur. Die Würfel als Zeichenträger werden so nicht länger benutzt, um die Zeit, die Person oder das Gewicht an Kirschen in separater Weise darzustellen. Ihre Funktion besteht nun darin, mit ihrer Hilfe herauszufinden, was wovon in welchem Maße benötigt wird, um so von den Würfeln auf eben jene Größen zu schließen.

Auch bei der Lösung des von der Interviewerin spontan eingebrachten Aufgabenteils ‚g)' ist Mogli in der Lage, die auf dem Tisch liegende Würfelrepräsentation mit Peter für ihre Zwecke umzulegen und neu zu deuten. Ausgehend von den
Würfeln reduzieren sie die Dauer, die die bereits vorhandenen Personen pflücken,
um eine halbe Stunde, indem sie den jeweils rechten Würfel einer jeden Zeile entfernen. Da nach wie vor dieselbe Pflückmenge erreicht werden soll, müssen die
entfernten Würfel als ‚weiterer, neuer Freund' umgedeutet werden. Dafür benötigt
Mogli nun nicht eine separate Repräsentation dieses Freundes. Er ist in der Lage,
sowohl das gepflückte Gewicht der Kirschen, die Zeit und den Freund *gleichzeitig* in ein und derselben Würfelgruppierung zu sehen, was in erster Linie an
den von Peter und Mogli vorgenommenen Handlungen und neuen Deutung und
nicht an erklärenden Worten erkennbar wird. Damit lässt sich die hier eingenommene Sicht als *systemisch-relational* bezeichnen, wobei das Mindestkriterium, in
ein und demselben Zeichenträger mehr als eine Referenz zu sehen, erfüllt ist und
sich folglich von der Zahlen-und-Größen-Sicht abgrenzen lässt.

Zusammenfassender Rückblick
Die Erstellung, Veränderung und (Um-)Deutungen von Peters Würfelkonstellation
zur Teilaufgabe d) im Kirschenkontext sowie die anschließende weitere Bearbeitung der Aufgabenteile e) bis g) haben wesentliche, zentrale Elemente der im
Theoriekonstrukt enthaltenen Sichtweisen der *Zahlen-und-Größen-Sicht* und der
systemisch-relationalen Sicht aufgezeigt sowie aufschlussreiche Hinweise für den
Übergang zwischen diesen Sichtweisen geliefert. Zusätzlich wurde aufgezeigt,
dass auch in einer systemisch-relationalen Sicht auf eine Würfelkonfiguration
diese nach wie vor mit der sachlichen Situation verknüpft ist. Diese Verknüpfung liegt insofern vor, als dass die an der Studie teilnehmenden Kinder die
sachliche Situation für sich strukturell erweitert und einen Zeichenträger mit eigener, zugrundliegender relational-systemischer Struktur erschaffen haben, bei der
Beschreibung dieser Zeichenträger jedoch Referenten des sachlichen Kontextes in
metonymischen Sprechweisen heranziehen. So werden drei Kinder in einen Opa
umgewandelt, oder wie Emilia es sagen könnte, können zwei Viererschiffe mit
einem Achterschiff gleichgesetzt werden. Das besondere Verhältnis als komplementäre Wechselbeziehung zwischen *Sache* und *Mathematik* ist somit in allen hier
aufgeführten Beispielen präsent und als Kernmerkmal Bestandteil des Konstrukts
didaktische Theorie mathematischer Symbole.

5.3   Sichtweisen und Übergänge im Theoriekonstrukt

Das Konstrukt *didaktische Theorie mathematischer Symbole – ThomaS* bündelt die zentralen Forschungserkenntnisse der vorliegenden Arbeit. Damit wird es als theoretische Ausdifferenzierung verstanden, das zur Theoriebildung beiträgt, indem die beschriebene Forschungsproblematik aufgegriffen wird. Sowohl die Anwendungs- als auch die Strukturorientierung sind als zentrale Leitideen im Kernlehrplan Primarstufe für NRW ausformuliert (vgl. MSW 2008, 55), jedoch darf das Verhältnis zwischen der *Sache* und der *Mathematik* nicht allzu harmonisch eingeschätzt werden (vgl. Winter 1994, 11). Die komplementäre Wechselbeziehung zwischen Sache und Mathematik erschöpft sich nicht, wie die Beispiele belegen, aus einer Übersetzung der Sachelemente in mathematische Symbole (vgl. Steinbring 2001, 174). Stattdessen müssen von einem epistemischen Subjekt aktiv Strukturen, Beziehungen und Zusammenhänge konstruiert werden, wobei der Sachverhalt theoretisch verändert, strukturell erweitert und eine neue Deutungsgrundlage hergestellt wird (vgl. Schwarzkopf 2006, 104). Diese Beziehungen werden als nicht direkt sinnlich wahrnehmbare, systemisch-relationale Strukturen verstanden und bilden aus epistemologischer Perspektive den begrifflichen Kern mathematischen Wissens (vgl. Abschnitt 1.1 und 1.3). Um Zugang zu den systemischen Strukturen zu erhalten, sind semiotische Mittel unverzichtbar. Dabei ist das epistemische Subjekt frei in der Art der Repräsentation, nicht aber in der epistemologischen Bedeutung, wie es durch die Anwendungssituation konstituiert ist. Sobald Grundschulkinder aufgefordert werden, eine sachlich eingekleidete Textaufgabe mit Hilfe von unterschiedlichen Arbeits- und Anschauungsmitteln (frei wählbare Zeichenelemente und vorgegebene Materialauswahl) zu bearbeiten, befinden sie sich in einem Spannungsverhältnis, das aus der komplementären Wechselbeziehung zwischen Sache und Mathematik besteht. Bei der Bearbeitung müssen die Kinder folglich Entscheidungen darüber treffen, welche Zeichenträger unter welcher Funktion, also mit welcher Bedeutung/Bezeichnung herangezogen werden, um einerseits alltagsbezogene, sachliche Elemente und andererseits systemisch-relationale Strukturen darzustellen.

Bevor die im Theoriekonstrukt enthaltenen drei Sichtweisen mit ihren jeweiligen Unterebenen und spezifischen Merkmalen der Symbolisierung sowie potenziellen Übergängen nacheinander beschrieben werden, müssen einige grundlegende Anmerkung erfolgen. Ziel der Konstruktion des theoretischen Konstrukts ist die Zusammenführung und Darstellung der wechselweise aufeinander bezogenen, gewonnen Erkenntnisse der theoretischen Fundierung und der Analyseergebnisse in einer möglichst *greifbaren Darstellungsform*. Dadurch entsteht der begründete und auch zutreffende Eindruck, dass es sich um ein klares, gut strukturiertes Konstrukt mit eindeutigen, voneinander differenzierbaren und somit trennscharfen, unterscheidbaren Ebenen handelt. In den Äußerungen der Kinder ist die Klarheit und Eindeutigkeit in dieser Reinform jedoch nicht zu finden. Auch handelt es sich bei dem theoretischen Konstrukt nicht um ein Stufenmodell, in das die fortschreitenden Kompetenzen der Kinder eingeordnet werden. Stattdessen werden die von den Kindern erstellten Darstellungen mit den ihnen zugehörigen, sorgsam in detaillierten, epistemologischen Analysen rekonstruierten kindlichen *Deutungen* den einzelnen Sichtweisen zugeordnet. Die getätigten Deutungen können sich nach Interaktionsverlauf, gestellten Fragen und Anforderungen spontan und jederzeit verändern, sodass auch neue Deutungen bzw. Umdeutungen rekonstruiert werden, die möglicherweise einen Wechsel der Sichtweisen nach sich ziehen. Dabei treten viele *Mischformen* auf, wobei die Darstellungen der Kinder gleichzeitig Charakteristika der verschiedenen Sichtweisen aufweisen, wodurch potenzielle Deutungswechsel begünstigt werden. Somit ist es wahrscheinlich, dass eine spezifische kindliche Deutung einer bestimmten Darstellung der einen Sichtweise zugeordnet wird, eine kurz darauf getätigte Deutung jedoch einer anderen Sichtweise angehört. Ansätze solcher Deutungswechsel und Mischformen sind bereits im Beispiel von Peter und Mogli aufgezeigt worden. Diese auftretenden, sorgsam zu rekonstruierenden Deutungswechsel und Mischformen sind auf das komplementäre Verhältnis von Sache und Mathematik zurückzuführen, welches sich somit ebenfalls im Theoriekonstrukt entsprechend widerspiegelt.

In den nachfolgenden Abschnitten wird das Konstrukt *didaktische Theorie mathematischer Symbole* mit seinen drei Sichtweisen der *Alltagssicht* (Abschnitt 5.3.1), der *Zahlen-und-Größen-Sicht* (Abschnitt 5.3.2) und der *systemisch-relationalen Sicht* (Abschnitt 5.3.3) sowie ihren jeweiligen, potenziellen Übergängen beschrieben. Dazu werden zunächst für die jeweilige Sichtweise relevante Erkenntnisse aus den theoretischen Grundlagen (Kapitel 1, 2, 3 und 4) in stark zusammengefasster und somit fokussierter Form aufgegriffen. Unter Einbezug dieser aufgeführten Erkenntnisse und mit Rückbezug zu den bereits bekannten Beispielen von Emilia (vgl. Abschnitt 4.3) sowie Peter und Mogli (vgl. Abschnitt 5.2.3) werden die Kernelemente als spezifische Charakteristika der einzelnen Sichtweisen, ihre Unterscheidungen und mögliche Übergänge thematisiert. Um die jeweiligen Abschnitte abzuschließen, werden die einzelnen spezifischen Charakteristika der jeweiligen Sichtweisen und Übergänge tabellarisch zusammengefasst. Ebenso werden prägnante, teilweise bereits zuvor benannte Beispiele für die jeweilige Sicht in stark komprimierter Form dargestellt. Die Merkmale der Sichtweisen und Übergänge werden als Abschluss des fünften Kapitels in übersichtlicher Form noch einmal als Tabelle aufgeführt (vgl. Abschnitt 5.4).

5.3.1 Alltagssicht

Aus der Lern- und Entwicklungspsychologie ist bekannt, dass sich das frühe symbolische Verstehen im kindlichen Spiel entwickelt (vgl. Kapitel 2). Mit dem Erwerb der *Objektpermanenz* erreichen die Kinder einen wichtigen Meilenstein in der Entwicklung ihrer Symbolisierungsfähigkeit. Babys sind in der Lage, Objekte in ihrer Vorstellung zu behalten, auch wenn sie diese gerade nicht wahrnehmen (vgl. Hauser 2013, 96; Bischof-Köhler 2011, 69; Mogel 2008, 106). Neben der Objektpermanenz ist die Fähigkeit zur *dualen Repräsentation* von entscheidender Bedeutung. Bei dieser wird ein symbolisches Objekt in zweifacher Weise, nämlich als Objekt als solchem und als Repräsentation von etwas anderem gesehen (vgl. DeLoache 2004, 68 f.; 2000, 329 f). Mit zunehmender *Dezentrierung* fokussieren sich die Handlungen des Kindes nicht mehr in erster Linie auf (nachahmende, selbstbezogene) Handlungen mit dessen Körper. Als Konsequenz werden auch andere Akteure oder Objekte im fremdbezogenen Spiel eingebunden (Einsiedler 1999, 85 f.; Hauser 2013, 98 f.; Bischof-Köhler 2011, 315 ff.). Bei diesen anfänglich in das Spiel einbezogenen Objekten handelt es sich in erster Linie um Unterstützungsmaterialien in Form von Replica-Spielsachen, also Spielimitation (vgl. Hauser 2013, 100 und 114 f.), die folglich eine sehr hohe Ähnlichkeit zu den Objekten aufweisen, die sie symbolisieren.

Auch wenn diese Ähnlichkeit bzw. Ikonizität kein erforderliches bzw. hinreichendes Kriterium für die referentielle Beziehung zwischen Zeichenträger und Bedeutung/Bezeichnung darstellt (vgl. DeLoache 2004, 66; Goodman 1997, 17; Blanke 2003, 4; Knowlton 1966, 165; vgl. Abschnitt 2.1 und 4.2), so kommt diesem im frühkindlichen Spiel und somit auch in der Entwicklung der Symbolisierungsfähigkeit doch eine entscheidende Bedeutung zu. Mit Verweis auf die durchgeführten Studien von Fein (1975; 1981) beschreibt Einsiedler (1999, 86), dass es fast allen zweijährigen Kindern gelingt, eine Fantasieszene mit solchen der Realität nahen Replica-Spielsachen (Spielzeugpferd und Gefäß) zu spielen, bei der ein Pferd gefüttert werden soll. Demnach erhält die Ähnlichkeitsbeziehung zwischen verwendetem Zeichenträger und der ihm zugeschriebenen Bedeutung/Bezeichnung einen hohen Stellenwert. Ohne diese mögliche Ähnlichkeitsbeziehung weisen viele Kinder Schwierigkeiten bei der Herstellung einer referentiellen Beziehung in zunehmend *dekontextualisierten* Spielsituationen auf. Erst gegen Ende des vierten Lebensjahres gelingt es den Kindern, souverän mit dekontextualisierten Objekten zu spielen (vgl. Hauser 2013, 100). Die Replica-Spielsachen werden durch funktional uneindeutige oder falsche Objekte ersetzt, sodass schließlich alles herangezogen werden kann, um ein nicht vorhandenes Objekt zu repräsentieren. Damit ist das Kernmerkmal des kindlichen Spiels als

„Substitution von abwesenden Objekten und Situationen" (Einsiedler 1999, 76), auch als ‚So-tun-als-ob-Aspekt' bezeichnet (Hauser 2013, 93), angesprochen, das im Kindergartenalter erworben und ausgebaut wird.

Nichtsdestotrotz scheint die anfänglich wesentliche Komponente der Ähnlichkeitsbeziehung zwischen gewähltem Objekt als Zeichenträger und dessen zugeschriebener, referentiellen Bedeutung/Bezeichnung auch in der weiteren Entwicklung eine hohe Relevanz zu haben. Dies kann im alltäglichen Rollenspiel von Kindergarten- und Grundschulkindern beobachtet werden. Auch in den empirischen Untersuchungen, die für die vorliegende Forschungsarbeit in Form einer Pilotierung und Hauptstudie vorgenommen wurden, spielt die Ikonizität, bei der die Ähnlichkeitsbeziehung zwischen Zeichenträger und Bedeutung/Bezeichnung innerhalb eines spezifischen Verwendungskontextes von einem Zeichenbenutzer als Besitz gemeinsamer Eigenschaften unter Einbezug wichtiger formaler, kriterialer Attribute hergestellt wird (vgl. Abschnitt 4.2.3), eine nicht zu vernachlässigende Rolle. Emilias erste Zeichnung zur Lösung der Boots-Aufgabe enthält für die Aufgabenbearbeitung wichtige mathematische Elemente in Form der Sitzplätze und Bootsanzahlen. Jedoch erweiterte Emilia die Zeichnung darüber hinaus um sachliche, für sie relevante, typische Elemente der von ihr imaginierten Schulausflugssituation am See. Und auch Peter nutzt seine Zeichnung im Kirschen-Kontext dazu, um die in der Textaufgabe benannten und von ihm detailliert vorgestellten sachlichen Elemente zunächst ohne Bezug zu Zahlen und/oder Größen aufzuzeichnen. Somit stellt die Ikonizität ein für die Kinder wichtiges Kriterium ihrer Symbolisierungsfähigkeit dar, und das nicht nur in der frühkindlichen Entwicklung ihrer Symbolkompetenz, sondern weitergehend ebenfalls in den Bildungseinrichtungen der Kindergärten (vgl. Zahlenland, Abschnitt 2.5) und Grundschulen.

Durch die dem Material der Arbeits- und Anschauungsmittel zugeschriebene Konkretheit wurde lange Zeit angenommen, dass sich in diesen konkret greifbaren Materialien die gewünschten mathematischen Konzepte ebenfalls unmittelbar darin befänden und somit ebenfalls direkt sinnlich erfahrbar werden (vgl. Ball 1992, 17; Uttal et al. 1999, 186; Nührenbörger & Steinbring 2008, 158). Aber nicht nur haptischem Material, sondern auch dessen ikonischen Darstellungen, häufig angereichert durch Sachverhalte und Alltagsgegenstände, wird eine solche Form der Konkretheit zugeschrieben (vgl. Abschnitt 3.2). Die angezielte Rechenaufgabe befände sich schließlich selbst im Bild, sie müsse von den Kindern nur darin entdeckt werden (vgl. Voigt 1993, 151). Beispielsweise verweisen weglaufende Kinder, abgebrannte Streichhölzer oder geknackte Nüsse auf eine Subtraktionsaufgabe (vgl. Steinbring 1994, 8). Hiermit wird versucht, eine Art Ikonizität zwischen der lebensweltlichen Situation und dem mathematischen

Inhalt herzustellen, sodass die so verwendeten Arbeitsmittel schließlich das kindliche Lernen bestimmen und die Begriffsentwicklung steuern würden (vgl. Lorenz 2000, 20). Es hat sich jedoch gezeigt, dass diese vermeintliche Selbstevidenz (vgl. Jahnke 1984, 32) von Arbeitsmittel nicht zutreffend ist. Stattdessen werden sie in vielfältiger Weise und im Sinne der empirischen Mehrdeutigkeit (Voigt 1993, 48 ff.; vgl. Abschnitt 3.3) von Kindern gedeutet. Wie es von den Kritikern der Ikonizität bereits angemerkt wurde, muss diese von einem Zeichenbenutzer in Form vom Besitz gemeinsamer, relevanter, kriterialer Attribute zwischen Zeichenträger und dessen Bedeutung in einem spezifischen Verwendungskontext erst einmal selbst hergestellt werden (vgl. Abschnitt 4.2.3). Dabei kann sich diese hergestellte Ähnlichkeit auf einen möglichen mathematischen Zusammenhang im Sinne einer pseudo-dinglichen Deutung (wegzugehen entspricht Subtraktion) beziehen. Andererseits kann diese ikonische Relation auch in einer gewissen Sicht ausschließlich zwischen Zeichenträgern und den ihnen zugeschriebenen, sachlichen Elementen mit deren dinglichen Eigenschaften in einer der Kindern aus dem Alltag vertrauten Situation bestehen. In bestimmten Deutungssituationen illustriert Peter dies mit dem Kirschenbild in der Pilotierung und Emilia mit den Booten. Auch Jonas (vgl. Abschnitt 3.4.3) nutzt die farblich unterschiedlichen Steckwürfel in einem ersten materiellen Zugriff auf die Bearbeitung der Aufgabenstellung im Kirschen-Kontext dazu, die darin benannten Personen (Jakob und Opa) und den Kirschbaum im Sinne des *Konstruktionsspiels* (vgl. Abschnitt 2.3) (nach)zubauen. Wie auch Peters und Emilias Zeichnungen weist Jonas' Darstellung dabei Ähnlichkeiten zu den potenziell realen Personen und einem potenziell realen Kirschbaum auf, sodass diese die zusätzliche Funktion der *Darstellung* erhalten (vgl. Abschnitt 3.4.1).

Sowohl die theoretischen Überlegungen zu den Grundlagen aus der Entwicklungspsychologie, der Semiotik sowie der Didaktik von Arbeits- und Anschauungsmitteln wie auch aussagekräftige, empirische Beispiele haben gezeigt, dass der Ikonizität als Ähnlichkeitsbeziehung zwischen Zeichenträger und Bedeutung/Bezeichnung innerhalb eines spezifischen Verwendungskontextes, bei der ein Zeichenbenutzer den Besitz gemeinsamer Eigenschaften unter Einbezug wichtiger formaler, kriterialer Attribute herstellt (vgl. Abschnitt 4.2.3), eine nicht zu vernachlässigende Relevanz zugesprochen werden muss. Aus diesem Grund wird sie im Theoriekonstrukt unter der *Alltagssicht* explizit aufgenommen. Die hauptsächliche Ausrichtung dieser Sichtweise bezieht sich auf die *Rekonstruktion und Darstellung des in der Textaufgabe beschriebenen Sachverhalts.* Die darin benannten, einzelnen Sacelemente werden dabei in unterschiedlichem Detailreichtum *nachgebaut*. Die Kinder wählen und erschaffen sich folglich Zeichenträger, die sich in erster Linie auf aus dem Alltag bekannte und für diesen bedeutende, visuell wahrnehmbare Eigenschaften der sachlichen Elemente beziehen. Diese sachlichen Elemente können alle oder auch nur teilweise im Text benannt sein. Außerdem können weitere, hinzu imaginierte Sachelemente herangezogen werden, bis die Kinder die sachliche Situation in ihrer Zufriedenheit mit Hilfe der gewählten Zeichenträger darstellen. Als wichtiges und entscheidendes Kriterium bei der Wahl der Zeichenträger ist die intendierte Ähnlichkeitsbeziehung zwischen diesem und dessen Bedeutung/Bezeichnung. Die Ähnlichkeitsbeziehung wird teilweise von den Kindern bei der Beschreibung ihrer Repräsentation direkt angesprochen. Teilweise erfragt die Interviewerin explizite Aspekte dieser möglichen ikonischen Relation, aber teilweise wird sie in der Interaktion auch als selbstverständlich hingenommen. Es erscheint somit interessant zu sein, die von den Kindern hergestellte Repräsentation als solche, also ohne die Deutung der Kinder, in einem ersten Zugriff zu betrachten, um eine gewisse Sensibilität für potenzielle, in den Zeichenträger hineingelegte Ähnlichkeitsbeziehungen zu entwickeln. Bei dieser ersten, eher oberflächlichen Betrachtungsweise darf jedoch nicht verweilt werden. Es müssen darüber hinaus die verbalen Aussagen und die verwendete Gestik der Kinder mit einbezogen werden, um eine solche, potenziell auf alltäglichen, sachlichen, dinglich-individuellen Eigenschaften basierende Deutung im Sinne der Alltagssicht rekonstruieren zu können. Wenn die Logik der kindlichen Narration ebenfalls an den Sacheigenschaften ausgerichtet ist, kann begründet davon gesprochen werden, dass das Kind (wie Peter und Emilia auch zu Beginn ihrer Äußerungen) eine *Alltagssicht* einnimmt.

Allerdings kann sich der Fokus der kindlichen Sicht ebenso schnell verändern, wenn beispielsweise in der Interaktion andere Fragen gestellt werden oder das Kind selbst den Fokus verschiebt. Hierbei kann ggf. eine Art *erster Übergang* identifiziert werden. Dieser findet zumeist spontan statt, wenn das Kind selbst eine andere Perspektive auf den von ihm gewählten Zeichenträger einnimmt (aufgrund des Kontextes „Matheaufgaben" und nicht „Kunstunterricht") oder die Interviewerin bzw. ein anderes Kind bestimmte Fragen stellt. Bei Emilia lässt sich dieser Übergang an der Rückfrage der Interviewerin zu den Ergebnissen erkennen, woraufhin Emilia ihre ‚Reihen' beschreibt. Bei Peter führt die Frage danach, inwiefern seine Zeichnung zur Aufgabe passe, zunächst jedoch nicht zu einem Wechsel der Sichtweise. Erst nach weiteren Überlegungen entscheidet er sich, seine Zeichnung durch das Hinzufügen von zwei weiteren ‚Eimern' anzupassen. Ebenso schnell ist es möglich, dass die Kinder von einer anderen Deutung zurück in die Alltagssicht wechseln, sollte eine für sie entsprechende Frage formuliert werden, die dies erforderlich macht. Der hier als *erster* benannte Übergang ist somit in beide Richtungen möglich und wird nur als solcher benannt, um ihn von einem *zweiten* Übergang unterscheiden zu können.

Die Möglichkeit des Wechselns von einer Sicht in die Alltagssicht lässt den Schluss zu, dass die alltäglich gewonnenen Erfahrungen im Umgang mit Symbolen folglich stets in den Handlungen und Deutungen der Kinder präsent sind und demnach vermutlich auch stets in den anderen Sichtweisen mitgedacht werden. Zusätzlich entstehen diese Deutungen auf Grundlage der in der sachlichen Situation beschriebenen mathematischen Bedingungen, sodass diese weiterhin in Form von Metonymien in den Aussagen der Kinder enthalten sind (vgl. Emilia, Abschnitt 4.3.2.2). Das bedeutet, dass eine potenziell eingenommene Alltagssicht ebenfalls in den anderen Sichtweisen mitgedacht wird und die Kinder ohne größere Schwierigkeiten in diese (zurück) wechseln können, unabhängig davon, welche Deutungen sie zuvor vorgenommen haben. Dieser Zusammenhang wurde als komplementäre Wechselbeziehung zwischen Sache und Mathematik beschrieben (vgl. Abschnitt 5.2.1) und wird als grundlegende Eigenschaft des hier vorgestellten Theoriekonstrukts verstanden. Die Tab. (5.11) fasst die einzelnen spezifischen Charakteristika der Alltagssicht und des ersten Übergangs zusammen.

Tab. 5.11 Zentrale Merkmale der Alltagssicht und des ersten Übergangs

Alltagssicht
Rekonstruktion und Darstellung des Sachverhalts
– Logik der Narration an Sacheigenschaften orientiert – detaillierter/ggf. erweiternder Nachbau der Situation – semiotische Mittel als Repräsentation von dinglichen, visuell wahrnehmbaren Eigenschaften der sachlichen Elemente – Ähnlichkeitsbeziehung als ikonische Relation zwischen gewählten Zeichenträgern und zugesprochenen Referenzen (offensichtliche/alltagsbezogene Referenzen)
erster Übergang
– erfolgt spontan aus eigenem Antrieb oder in der Interaktion mit der Interviewerin bzw. einer Schülerin/eines Schülers aufgrund einer veränderten Anforderung – trotz detailreicher Rekonstruktion kann auf dieselbe Zeichenträgerkonfiguration eine Sicht eingenommen werden, bei der Zahlen und Größen fokussiert sowie sachliche Elemente (teilweise) ausgeblendet werden (Umfokussierung)

Beispiel 1: Prä-Interview Emilia
Nach der Aufforderung, zusammenzufassen, was sie gemalt habe, erläutert Emilia ihre Zeichnung zur Bootsaufgabe b) (Abb. 5.6). Emilia habe zunächst die schon aufgestellten kleinen und großen Boote gezeichnet. Ein Steg führe zu den Booten und ein Mann, den man gerade nicht sehe, stünde im Wasser, um den Kindern

auf die Boote zu helfen. Die Lehrerin habe bereits den Schlüssel für die Umklei-
dekabinen bzw. Fächer für Jacken und Wertsachen geholt. Die ersten fünf Kinder
warten schon darauf, die Boote zu besteigen, und dürften gleich dran sein. Der
Verkäufer sei erkennbar, ebenso wie weitere Schlüssel im Hintergrund und der
Preis, den die Lehrerin bezahlen müsse.

Abb. 5.6 Beispiel Emilia AS

Mit ihrer Zeichnung rekonstruiert Emilia den in der Textaufgabe beschriebenen Sachverhalt und erweitert diesen darüber hinaus mit weiteren, von ihr hinzu
imaginierten sachlichen Elementen (Steg, Mann, Fächer, Verkäufer, Schlüssel,
Geld). Diese vielfältigen sachlichen Elemente werden mit zahlreichen individuellen, visuell wahrnehmbaren Eigenschaften ausgestattet, sodass die von Emilia
gewählten Zeichenträger intendierte Ähnlichkeiten zu ihrer jeweiligen Bedeutun-
gen/Bezeichnungen aufweisen. Die Logik von Emilias Narration ist ebenfalls auf
sachlogische Zusammenhänge ausgerichtet. So schildert sie ihr aus dem Alltag
bekannte Handlungsabfolgen: Zuerst ziehen sich die Kinder um, manche sind schneller und müssen warten, dass ihnen ein Mann in die Boote hilft. Zugang zu den

Umkleiden bzw. Fächern für Jacken erhalten die Kinder von der Lehrerin, die vorher Geld bezahlt und einen Schlüssel bekommen hat. Die hier aufgeführte Deutung Emilias zur abgebildeten Zeichnung ist folglich der *Alltagssicht* zuzuordnen.

Im weiteren Interaktionsverlauf erfragt die Interviewerin den Zusammenhang zwischen der Zeichnung und der Aufgabe, woran die Initiierung des als im Theoriekonstrukt benannten *ersten Übergangs* erkennbar wird. Für Emilia bewirkt die gestellte Frage eine Umfokussierung, bei der sie auf die neue Anforderung reagiert und nicht länger die einzelnen gezeichneten Objekte in dem Sinne, was sie gemalt habe, in den Blick nimmt. Die Boote werden nicht länger als schwimmende Objekte auf einem See gedeutet, mit Sitzen, wobei vorne Platz für die Füße und hinten eine Nummer vermerkt ist. Stattdessen blendet sie die vielfältigen individuellen, dinglichen Eigenschaften der so phänomenologisch unterscheidbaren sachlichen Elemente aus und wechselt damit die auf die Zeichnung eingenommene Sichtweise. Die Boote werden als Träger von Anzahlen, die arithmetisch miteinander verknüpft werden, interpretiert, womit sie auf die den relevant erscheinenden, sachlichen Elementen zugeschriebenen Zahlen (Anzahl Sitzplätze, Anzahl Boote) fokussiert.

Emilia kann folglich auf ein und dieselbe Zeichnung mit der daran vorgenommenen detailreichen Rekonstruktion zwei unterschiedliche Sichtweisen einnehmen. Dabei lässt sich zudem der *erste Übergang* anhand der durch die Frage der Interviewerin veränderten Anforderung erkennen. Dieser Deutungswechsel wird im ersten Beispiel am Ende des nachfolgenden Abschnitt 5.3.2 zur *Zahlen-und-Größen-Sicht* erneut aufgegriffen. Der Wechsel wird jedoch an dieser Stelle ebenfalls schon erwähnt, da daran die jeweilige Verknüpfung der Sichtweisen und Übergänge deutlich wird.

Beispiel 2: Pilotierung Peter
Die zur Teilaufgabe a) im Kirschenkontext erstellte Zeichnung (Abb. 5.7) erklärt Peter ebenso wie Emilia unter Einbezug von sachlichen Merkmalen. Er habe den Garten mit zwei Kirschbäumen gezeichnet. Über die beiden Leitern an den Bäumen können Opa und Jakob die Kirschen erreichen und so auch in ihre Eimer pflücken, die sie dafür aus dem Sandkasten mitnehmen. Die von ihm gewählten Zeichenträger sind dabei den ihnen zugesprochenen Referenzen im Sinne der Ikonizität ähnlich. Peter fokussiert auf die zeichnerische Darstellung der dinglichen, visuell wahrnehmbaren Eigenschaften der im Text benannten sachlichen Elemente. Dabei schmückt er im Unterschied zu Emilia die Sachsituation als solche jedoch nicht weiter aus. Peters Narration ist ebenfalls an einer potenziell alltäglich erfahrbaren Situation orientiert, nämlich der des Kirschenpflückens: Zunächst stehen die Personen neben einem Kirschbaum. Mit Hilfe der Leitern klettern Opa und Jakob nach oben, um die Kirschen zu erreichen. Diese wiederum

pflücken und sammeln sie in dafür vorgesehene Behälter. Peters beschriebene Deutung wird ebenfalls der *Alltagssicht* zugeordnet.

Abb. 5.7 Beispiel Peter AS

Auch in diesem Beispiel erfragt die Interviewerin im weiteren Interaktionsverlauf die Passung zwischen der Zeichnung und der Aufgabe, woran die Initiierung des als im Theoriekonstrukt benannten *ersten Übergangs* erkennbar wird. Im Unterschied zu Emilia deutet Peter jedoch seine Zeichnung nicht um, sondern verweist nach wie vor auf die im Detailreichtum gezeichneten sachlichen Elemente, die in der Aufgabenstellung erwähnt werden. Somit verbleibt Peter zunächst in seiner bereits ursprünglich eingenommenen Alltagssicht. Daran wird deutlich, dass nicht jeder initiierte Übergang automatisch zu einer vom Kind vorgenommenen Umdeutung und damit einhergehenden Umfokussierung führt.

Beispiel 3: Zweites Post-Interview Jonas
Auf die Aufforderung der Interviewerin zu erklären, was er gebaut habe, erläutert Jonas seine Materialdarstellung zum Aufgabenteil c) im Kirschenkontext (Abb. 5.8). Er habe einen Kirschbaum dargestellt, außerdem auch Eimer und wollte einen Menschen malen. Die Figuren seien Jakob (rechts) und Opa (links). Auch in dieser kurzen Beschreibung fokussiert Jonas auf die in der Textaufgabe benannten, sachlichen Elemente. Diese hat er mit Hilfe des Materials nachgebaut und sich

dabei offensichtlich an den individuellen, dinglichen Eigenschaften eines Kirschbaumes (mit Stamm aus Bechern, Krone aus Holzwürfeln und roten Steckperlen als Kirschen), der Eimer (kleine Becher) und der Personen (mit unterschiedlich farbigen Steckwürfeln nachgebaut, sodass beispielsweise Gesichter erkennbar werden) orientiert. In seiner sehr kurz gehaltenen ersten Deutung beschreibt Jonas darüber hinaus keine weiteren, aus dem Alltag vertrauten Handlungsabfolgen. Allein auf Grundlage der offensichtlichen Ähnlichkeitsbeziehung zwischen den von Jonas gewählten Zeichenträgern und zugeschriebener Referenz und aus Ermangelung an weiteren Erklärungen zur weiteren Funktion sowie möglicherweise auch Anzahl der positionierten Becher als Eimer wird seine hier getätigte Deutung der Materialdarstellung ebenfalls der *Alltagssicht* zugeordnet.

Abb. 5.8 Beispiel Jonas AS

5.3.2 Zahlen-und-Größen-Sicht

Im Mathematikunterricht der Grundschule und auch bereits in der frühkindlichen mathematischen Bildung stehen anfänglich den einzelnen Zahlen zugeschriebene, individuelle Eigenschaften im Vordergrund. In den beispielhaft aufgeführten Förderprogrammen zum ‚Zahlenland‘ wird eine solche Sicht auf Zahlen als personifizierte Charaktere mit vielen individuellen, (pseudo-)dinglichen Eigenschaften in den Mittelpunkt gestellt (vgl. Preiß 2007; Friedrich 2006; Friedrich & Munz 2006; Gasteiger 2010, 80 ff.; Schuler 2013, 81). Es scheint, als würde das alltägliche, im Fantasie- und Rollenspiel entwickelte Symbolverständnis auf die Welt der

Mathematik übertragen, dort recht wenig reflektiert übernommen und fortgesetzt.

Trotzdem existiert ein gewisser Unterschied zwischen einer alltäglichen Symbol-deutung und der Deutung eines Zeichenträgers in einem mathematischen Kontext, wie es nachfolgend am Beispiel der natürlichen Zahlen verdeutlicht werden kann (vgl. auch Abschnitt 2.5 und 4.4.2).

Nachdem die Kinder die Zahlwortreihe als eine Art auswendig aufgesagte Sequenz erlernt haben, können sie mit zunehmender Entwicklung schließlich auch konkrete Dinge zählen (vgl. Lorenz 2012, 22). Dabei sind die Zahlen nach wie vor sehr stark mit den einzelnen Zählobjekten verknüpft und werden eher als empirische Eigenschaften dieser Objekte (also als beschreibende Adjektive), wie es Hersh (1998) mit der Zahl ‚5' und den fünf Fingern der rechten Hand her-ausstellt, angesehen. So werden auch im Mathematikunterricht der Grundschule häufig konkrete empirische Gegenstände oder situationale Bezüge in Form von Sachsituationen und Sachbildern als erklärende Referenzkontexte herangezogen, um einem Zahlzeichen eine Bedeutung zu geben (vgl. auch Steinbring 2005, 25 f.). Eine Sammlung von fünf Gegenständen, wie beispielsweise fünf Äpfel, wird so als Erklärungsgrundlage für die Zahl ‚5' herangezogen (vgl. Steinbring 2006, 141). Dies geschieht mit zunehmender Entwicklung des Verständnisses von Zählprinzipien und Zahlaspekten jedoch nicht in einer naiven Weise, dass damit auf die Äpfel an sich mit ihrem Geschmack, ihrer Form und Farbgebung, kurz gesagt auf ihre gegenständlichen, individuellen Eigenschaften verwiesen wird, wie dies in der alltägliche Symbolnutzung der Fall ist. In der Mathematik sind die beispielhaft gewählten fünf Äpfel insofern interessant und bedeutend, als dass sie als *Zählobjekte* genutzt werden können (vgl. auch Abschnitt 3.4.2). Somit liegt im Unterschied zu einer gänzlich alltäglichen Symbolnutzung eine andere Form der Mediation von Zeichenträger und Bedeutung mit *relativiertem Gegenstands-bezug* vor, der schon epistemologischen Bedingungen mathematischen Wissens unterliegt und grundsätzlich begrifflich reguliert wird (vgl. Abschnitt 4.4.2).[6]

Es lässt sich schlussfolgern, dass sich die *Alltagssicht* insofern von der *Zahlen-und-Größen-Sicht* unterscheidet, als dass die Mediation von Zeichenträger und Bedeutung/Bezeichnung begrifflich reguliert wird. Sie unterliegt somit bereits

---

[6]Eine solche empirische bzw. pseudo-dingliche Deutungsweise lässt sich in Sonjas Verwen-dung der Skalierungsstriche des Zahlenstrahls erkennen, denen sie als konkrete, empirische Dinge aufgrund ihrer unterschiedlichen Längen jeweils feste Zahlwerte zuschreiben kann (vgl. Steenpaß 2014, 157; vgl. Abb. 4.10). Anhand der äußeren, phänomenologisch wahrnehmbaren Merkmale von einzelnen Elementen ist somit die vorherbestimmte Bedeutung erkennbar, ohne dass die Elemente in strukturelle Beziehungen zueinander gesetzt werden. In diesem Zusam-menhang spricht Söbbeke (2005, 5, 136) auch von einer Nutzungsweise des verwendeten Arbeitsmittels als „Informationsquelle" für Zahlen und Anzahlen bzw. Operationen.

den epistemologischen Bedingungen mathematischen Wissens, auch wenn nach wie vor eine empirische und somit *pseudo-dingliche Bedeutungskonstruktion* für Zahlen als Namen oder Zuschreibungen von Eigenschaften aufrechterhalten wird. Die in der Textaufgabe benannten, mathematisch relevanten sachlichen Elemente werden mit Zahlen oder Größen verknüpft, wobei jeder Referent seine eigene Repräsentation erhält. Emilia zeichnet jedes einzelne kleine und große Boot mit den jeweils entsprechenden Sitzplätzen für die am Ausflug teilnehmenden Schülerinnen und Schüler. In seiner Würfelkonstellation legt Peter Wert darauf, dass die einzelnen drei Personen als unterscheidbare Personen (Erwachsener-Kinder), die jeweiligen Kilogramm Kirschen und die Zeit als je separaten Würfelgruppierungen und somit getrennt voneinander aufgeführt werden. Darüber hinaus können diese separaten Zeichenträger verbal miteinander verknüpft werden und so beispielsweise operationale Verbindungen zwischen einzelnen Anzahlen hergestellt werden. Emilia orientiert sich an arithmetischen Zusammenhängen, wenn sie von ‚so einem Spiel' spricht. Bei diesem verknüpft sie die in den Reihen enthaltene Anzahl an Kreiskritzel (4 bzw. 8 Sitzplätze) multiplikativ mit der Gesamtanzahl der Reihen (als 6 kleine bzw. 8 große Boote). In einem weiteren Schritt addiert sie die beiden Produkte, um so die Gesamtanzahl der teilnehmenden Schülerinnen und Schüler zu erhalten. Sowohl Emilias Zeichnung zur Bootsaufgabe als auch Peters (veränderte) Zeichnung zum Kirschen-Kontext zeigen auf, dass es trotz einer detailreichen Rekonstruktion mit vielen ikonischen Relationen und ausführlicher bzw. sogar erweiterter Darstellung des Sachverhalts im Sinne der Alltagssicht möglich ist, eine andere, auf mathematische Elemente fokussierende Sicht auf ein und dieselbe Zeichenträgerkonfiguration einzunehmen oder bereits vorgenommene Änderungen diese andere Sicht ermöglichen (wie bei Peter).

Insgesamt lassen sich bei einer eingenommenen *Zahlen-und-Größen-Sicht* zwei Ebenen unterscheiden: die Darstellung mathematischer Elemente und die arithmetische Verbindung mathematischer Elemente. Bei der *Darstellung mathematischer Elemente* fokussieren die Kinder auf die in der Textaufgabe benannten, wichtigen mathematischen Elemente und deren Darstellung mit Hilfe der ihnen zur Verfügung stehenden Zeichenträger. Dabei erhält jeder Referent seine eigene Zeichenträgerkonfiguration, wie dies auch Peter mit der Wahl für unterschiedliche Zeichenträger für die Personen (Dreier- und Fünfer-Türme), das Gewicht der Kirschen (aufgestapelte Würfelgruppierungen von zwei, sechs bzw. einem Würfel) und die Zeit (zwei nebeneinandergelegte Würfel bzw. einzelne Würfel in der untersten Zeile) tut. Berechnungen bzw. mathematische Bearbeitungen bleiben (zunächst) unberücksichtigt. Es entsteht der Eindruck, als würden die Kinder die in der Aufgabe benannten Anzahlen in eine für sie geeignete Repräsentation übertragen. Dabei kann die Besonderheit auftreten, dass ein Element

(bspw. der Opa) mehrfach repräsentiert wird oder einer Zeichenträgerkonstellation wechselnde Bedeutungen zugewiesen werden (bspw. ein Viererturm als ein
Opa, dann als etwas anderes). Sobald die benannten Anzahlen operational miteinander verbunden werden, wird die vorgenommene Deutung der Kinder in die
zweite Ebene, in die der *arithmetischen Verbindung mathematischer Elemente*
eingeordnet. Die Logik der Narration ist nun nicht länger an Sacheigenschaften, sondern an arithmetischen Zusammenhängen orientiert. Wie Emilia dies
bei der Bearbeitung der Bootsaufgabe tut, werden einzelne, dinglich-materielle
Eigenschaften der sachlichen Elemente vernachlässigt und zwar zugunsten der
den Sachelementen zugeordneten, bekannten Anzahl und deren multiplikativen
und anschließend additiven Verknüpfung zur Ermittlung aller am Schulausflug
teilnehmenden Kinder.

Wie bereits in den Ausführungen zum ersten Übergang angedeutet, ist es
je nach gestellter Anforderung möglich, dass ein deutendes Kind sowohl zwischen diesen beiden Unterebenen als auch zwischen der Alltagssicht und der
Zahlen-und-Größen-Sicht wechselt. Solch ein Wechsel wird dem Kind besonders
nahegelegt, wenn die von ihm produzierte Darstellung neben den mathematisch
relevanten weitere sachliche Elemente als separate Zeichenträgerkonstellationen
aufweist. Es ist somit möglich, von der Alltagssicht trotz detaillierter Rekonstruktion und Darstellung des Sachverhalts in eine Zahlen-und-Größen-Sicht zu
wechseln. Peter ergänzt dafür in seiner Zeichnung lediglich zwei weitere Eimer.
Die damit in seiner Zeichnung enthaltenen *vier* Eimer deutet er nicht länger als
Pflückbehälter von Opa und Jakob, sondern als Zeichenträger für vier Kilogramm
Kirschen. Sobald Peter jedoch Mogli seine Zeichnung beschreibt, wechselt er mit-
ten in seiner Erklärung zurück in die Alltagssicht, um auch die anderen, in seiner
Zeichnung enthaltenen Elemente zu beschreiben, obwohl er die gestellte Aufgabenstellung bereits erfolgreich beantwortet hat. Dieses Beispiel zeigt einerseits,
dass es sich bei dem theoretischen Konstrukt nicht um eine Stufenfolge handelt,
und andererseits, dass die sachliche Situation auch bei veränderten Darstellungen stets von den Kindern mitgedacht wird und sie flexibel in eine alltägliche
Symboldeutung wechseln können (vgl. komplementäre Wechselbeziehung zwischen Sache und Mathematik; Abschnitt 5.2.1). Außerdem wird deutlich, dass
die Übergänge und Sichtweisen im Theoriekonstrukt zum Teil nicht trennscharf
und isoliert voneinander zu betrachten sind. Sie werden stattdessen häufig in
den Äußerungen der Kinder als miteinander verknüpft rekonstruiert. Aus diesem Grund wird nachfolgend ebenfalls der *erste Übergang* in der tabellarischen
Zusammenfassung aufgeführt, obwohl dieser bereits bei der *Alltagssicht* Erwähnung fand. Er ist jedoch sowohl mit der *Alltagssicht* als auch mit der hier fokussierten *Zahlen-und-Größen-Sicht* verknüpft. Die Tab. (5.12) fasst die einzelnen

spezifischen Charakteristika des ersten Übergangs, der Zahlen-und-Größen-Sicht und des zweiten Übergangs zusammen.

Tab. 5.12   Zentrale Merkmale der Zahlen-und-Größen-Sicht und der beiden Übergänge

erster Übergang

– erfolgt spontan aus eigenem Antrieb oder in der Interaktion mit der Interviewerin bzw. einer Schülerin/eines Schülers aufgrund einer veränderten Anforderung
– trotz detailreicher Rekonstruktion kann (auf dieselbe Zeichenträgerkonfiguration) eine Sicht eingenommen werden, bei der Zahlen und Größen fokussiert sowie sachliche Elemente (teilweise) ausgeblendet werden (Umfokussierung)

Zahlen-und-Größen-Sicht

Darstellung mathematischer Elemente

– Fokussierung auf mathematische Elemente und deren Darstellung
– Berechnungen bzw. Bearbeitungen bleiben unberücksichtigt
– jeder Referent erhält seine eigene Repräsentation/ Zeichenträger (Trennung der Sachelemente)
– eine Art Übersetzung/Übertragung der Aufgabe in Anzahlen (mit der semantischen Besonderheit, dass ein Element mehrfach präsentiert ist oder einer Repräsentation wechselnde Bedeutungen zugewiesen werden)

Arithmetische Verbindung mathematischer Elemente

– Logik der Narration an arithmetischen Zusammenhängen orientiert
– erste (operationale) Verbindung der Anzahlen miteinander
– (teilweise Loslösung von dinglich-materiellen Eigenschaften?)

zweiter Übergang

– spontan aus eigenem Antrieb bei der Entwicklung geeigneter Zeichenträger
– in der Interaktion mit der Interviewerin durch die neue Anforderung
○ Aufgabe mit nur einem Materialtyp zu lösen (Holzwürfel)
○ Verschärfungen durch Reduktion der Materialdarstellung (Wegnehmen) und Umlegungen von Materialien mit jeweiliger Erfragung neuer Deutungen
○ strukturgleiche Aufgaben im selben oder in weiteren Kontexten zu lösen
– trotz Verschärfung: Nachbau/Rekonstruktion der Geschichte mit Ersatzstrategien

Beispiel 1: Prä-Interview Emilia
In der Interaktion mit der Interviewerin wechselt Emilia ihre Deutung der Zeichnung zur Bootsaufgabe b) (Abb. 5.9). Trotz der detailreichen Rekonstruktion und Darstellung des Sachverhalts mit ausschmückenden, sachlichen Elementen, die jeweils detailliert, mit individuellen, dinglichen Merkmalen gezeichnet wurden, kann Emilia auf ein und dieselbe Zeichnung eine andere Sichtweise einnehmen.

Initiiert wird dieser Deutungswechsel dabei von der Interviewerin, die nicht länger danach fragt, was Emilia gezeichnet habe. Stattdessen richtet sie den Fokus darauf, wie das gezeichnete Bild zur Aufgabe passe. Diese von der Interviewerin vorgenommene Initiierung eines potenziellen Deutungswechsels wird als Bestandteil des *ersten Übergangs* charakterisiert. Dieser wurde bereits bei der Beschreibung des ersten Beispiels zur Alltagssicht aufgegriffen und muss aufgrund der Verknüpfung der Sichtweisen und Übergänge ebenfalls hier Erwähnung finden.

Abb. 5.9   Beispiel Emilia ZuG

Die von der Interviewerin spontan im Interaktionsverlauf gestellte Frage kann im Sinne dieses ersten Übergangs als veränderte Anforderung verstanden werden, die Emilia augenscheinlich dazu anregt, eine andere Sichtweise auf ihre Zeichnung einzunehmen. Emilia erläutert zunächst, dass die Lehrerin fünf große Boote mit je acht Kindern und sechs kleine Boote mit je vier Kindern bucht. Diese zeigt sie gestisch in ihrer Zeichnung. Anhand der Beschriftung als „klein" bzw. „groß" sowie an der in den ovalen Formen enthaltenen Anzahl an vier bzw. acht Kreis-kritzeln können die Boote voneinander unterschieden werden. Außerdem sind jeweils die kleinen und großen Boote durchnummeriert, sodass ihre Gesamtanzahl daran abgelesen werden kann. Würde Emilias Erklärung an dieser Stelle enden, so ließe sich ihre Deutung der Unterebene *Darstellung mathematischer Elemente* der *Zahlen-und-Größen-Sicht* zuordnen. Emilia fokussiert sich aufgrund der von der Interviewerin erfragten Passung von Bild und Aufgabe (erster Übergang) auf die mathematischen Elemente und ihre Darstellung. In diesem Fall sind es die Anzahlen der kleinen und großen Boote mit ihren jeweiligen Sitzplätzen. Mit den länglichen Formen und Kreiskritzeln erhält jeder Referent seinen eigenen Zei-chenträger. Weitere Berechnungen bleiben an dieser Stelle unberücksichtigt und es wirkt, als hätte Emilia die in der Aufgabenstellung enthaltenen Anzahlen in ihre Zeichnung übertragen. Jedoch endet Emilias Erklärung noch nicht. Stattdes-sen sähe sie die Boote wie ein Spiel. Aufgrund der notierten Zahlen in den großen bzw. kleinen Booten kann sie deren Gesamtanzahl bestimmen, die sie wiederum mit der Anzahl der Kreiskritzel im jeweiligen Boot multipliziert. Sobald sie die Anzahlen der Kinder in den großen Booten als „acht mal fünf gleich vierzig" und in den kleinen Booten als „vier mal sechs gleich vierundzwanzig" berech-net hat, können die ermittelten Produkte anschließend addiert werden, um so die Gesamtanzahl aller am Ausflug teilnehmenden Kinder zu erhalten. Damit orien-tiert sich Emilias Narration an arithmetischen Zusammenhängen, wobei sie die im Text benannten Anzahlen operational miteinander verbindet. Gleichzeitig blendet sie die zuvor als wichtig erachteten, individuellen dinglichen Eigenschaften der sachlichen Elemente aus, um sich ganz auf die mathematischen Elemente und deren Verknüpfung zu fokussieren. Somit wird Emilias Deutung der Unterebene *arithmetische Verbindung mathematischer Elemente* der *Zahlen-und-Größen-Sicht* zugeordnet.

Damit dient Emilias Zeichnung sowohl als ein Beispiel für die Alltagssicht, des ersten Übergangs, als auch der Zahlen-und-Größen-Sicht mit ihren beiden Unterebenen. Sie zeigt damit zweierlei auf: Einerseits können ein und dieselben Zeichenträger in verschiedenster Weise gedeutet werden. Zum anderen müssen die Sichtweisen und Übergänge stets als miteinander verknüpft betrachtet werden. Erst sorgsame, epistemologische Analysen und Rekonstruktionen der kindlichen Deutungen erlauben eine Einordnung in die entsprechenden Sichtweisen des Theoriekonstrukts.

Beispiel 2: Pilotierung Peter
Im Rahmen der Pilotierung wurde Peter zu einem dritten Interview eingeladen. In diesem stellt er sich der Anforderung, den Aufgabenteil d) im Kirschenkontext

erneut zu bearbeiten. Dieses Mal standen ihm dafür lediglich die gleichartigen Holzwürfel als Materialtyp zur Verfügung. Zwar muss die von ihm erstellte Würfeldarstellung (Abb. 5.10) insgesamt als eine Mischform charakterisiert werden, bei der sich sowohl Merkmale der Alltagssicht (unterschiedlich große Holztürme für Jakob, Annika und Opa; die Mauer) und Ansätze der systemisch-relationalen Sicht (Potenzial der Zeit- und Personenachse) identifizieren lassen. Am prägnantesten sind jedoch spezifische Merkmale der Zahlen-und-Größen-Sicht anhand Peters Würfelkonfiguration und seiner dazugehörigen Deutung rekonstruierbar. Trotz des Größenunterschieds der Personen, der sich in den unterschiedlichen Größen der Türme widerspiegelt, sowie der aus dem Alltag bekannten, abgrenzenden Funktion der Mauer fokussiert Peter auf die Darstellung wichtiger mathematischer Elemente in Form der Pflückzeiten und Pflückmengen, die er überdies arithmetisch miteinander verknüpft. Dabei erhält jeder Referent seine eigene Würfelgruppierung, sodass einem Zeichenträger eine Referenz in Form von Person, Gewicht oder Zeit zugeschrieben werden kann. Damit liegt im Unterschied zur systemisch-relationalen Sicht nach wie vor eine Trennung der Sachelemente vor. Der durch die Reduktion auf denselben Materialtyp der Würfel initiierte *zweite Übergang* führt folglich nicht dazu, dass Peter zu einer systemisch-relationalen Sicht wechselt. Die von ihm eingenommene Deutung auf die abgebildete Würfeldarstellung lässt sich insgesamt folglich der *arithmetischen Verbindung mathematischer Elemente* der *Zahlen-und-Größen-Sicht* zuordnen.

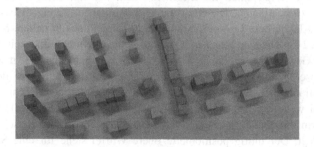

Abb. 5.10 Beispiel Peter ZuG

An Peters (wie auch zuvor an Emilias) Darstellung wird ersichtlich, dass die einzelnen Sichtweisen nicht in der reinen Form, wie sie im Theoriekonstrukt aufgeführt werden, in den Aussagen der Kinder rekonstruierbar sind. Stattdessen treten viele Mischformen auf, die Charakteristika der jeweils unterschiedlichen

Ebenen aufweisen können. Zudem führt auch die Reduktion auf einen Materialtyp, die als Bestandteil und neue Anforderung für den *zweiten Übergang* formuliert ist, nicht zwangsweise zu einem Wechsel der Sichtweisen. Es können Ersatzstrategien herangezogen werden, die sich auf aus dem Alltag bekannte Eigenschaften beziehen, sodass trotz der verschärften Anforderung Aspekte des Sachverhalts oder gar der Sachverhalt selbst dargestellt wird. So nutzt Peter den Größenunterschied der Kinder und Erwachsenen, um durch entsprechende Würfeltürme auf den Opa bzw. Annika und Jakob zu verweisen. Weitere, von der Interviewerin vorgenommene Handlungen des Wegnehmens und Umlegens mit jeweiliger Erfragung der neuen Deutungen, wie sie ebenfalls als Charakteristika des zweiten Übergangs benannt sind, können potenziell zu vielfältigen Interpretationen und einem Wechsel der Sichtweisen führen. In der weiteren Bearbeitung unterschiedlicher Aufgabenteile im Kontext der Kirschen wird ein solcher Wechsel, der in der Interaktion zum Aufgabenteil d) bereits angedeutet wird, erkennbar. Der mit der Aufgabenbearbeitung der Teile e) bis g) einhergehende Wechsel wird im zweiten Beispiel am Ende des nachfolgenden Abschnitt 5.3.3 zur *systemisch-relationalen Sicht* erneut aufgegriffen, jedoch an dieser Stelle ebenfalls schon erwähnt, da daran die jeweilige Verknüpfung der Sichtweisen und Übergänge deutlich wird.

Beispiel 3: Drittes Post-Interview Nahla

Analog zu Peter wird auch an Nahla im dritten Post-Interview die Anforderung gestellt, einen Aufgabenteil im Kirschenkontext nur mit dem Materialtyp der Holzwürfel zu bearbeiten. Die ihr vorgelegte Aufgabenstellung e) besagt, dass Annika und Jakob dem Opa eine Stunde lang beim Pflücken helfen. Sie wollen insgesamt 22 kg Kirschen pflücken. Gesucht ist die alleinige Pflückzeit des Opas, um dieses Gewicht an gepflückten Kirschen zu erhalten. Nahla legt zur Bearbeitung dieser Aufgabenstellung zunächst 22 Würfel linksseitig auf den Tisch. Mittig positioniert sie einen Würfel sowie drei weitere darunter. Rechtsseitig legt Nahla zwei weitere Würfel (einer davon liegt außerhalb des Bildes), bevor die Interviewerin ihre Deutung erfragt. Nahla habe zunächst 22 kg Kirschen als 22 Würfel gelegt. Der mittig positionierte obere Würfel stehe für eine Stunde, in der die drei Personen Kirschen pflücken. Dabei seien die darunterliegenden drei Würfel Annika, Jakob und Opa. Nach einer Stunde gehen Annika und Jakob spielen, das sähe man in den beiden rechts positionierten Würfeln. Mit ihrer Deutung dieser ersten generierten Materialdarstellung (Abb. 5.11) fokussiert Nahla die im Text benannten, für die mathematische Bearbeitung wesentlichen Elemente. Jeder Referent, d. h. die 22 kg Kirschen, die gemeinsame Pflückzeit, die einzelnen Personen in dieser Pflückzeit, sowie Annika und Jakob erhalten ihre jeweilige eigene

Würfelkonfiguration. Es scheint, als würde Nahla diese Referenten nach und nach aufbauen und so in einer eigenen Art und Weise den Text in Anzahlen übersetzen bzw. übertragen. Dabei liegt die semantische Besonderheit vor, dass ein Element, wie beispielsweise Annika und Jakob mehrfach repräsentiert werden: einmal als Personen, die in einer Stunde mitpflücken, und einmal als Personen, die spielen gehen. Alles in allem wird Nahlas Darstellung nach dieser ersten Bauphase und ihre dazugehörige Deutung der Unterebene *Darstellung mathematischer Elemente* der *Zahlen-und-Größen-Sicht* zugeordnet, weil sich Nahla zwar stark auf die mathematischen Elemente und ihre Darstellung fokussiert, aber die mathematischen Elemente werden weder weiter miteinander verknüpft, noch werden weitere ausschmückende, sachliche Objekte oder individuelle Eigenschaften der benannten Referenten herangezogen.

Abb. 5.11 Beispiel Nahla ZuG

In der weiteren Bearbeitung der Aufgabenstellung legt Nahla zusätzlich zu den bereits bestehenden Würfeln eine weitere Teildarstellung rechtsseitig auf den Tisch (Abb. 5.12). Diese besteht aus einem oberen Würfel und zwei Zweier-Reihen darunter. Der einzelne Würfel wird als ‚eine Stunde' benannt, die erste Zweier-Reihe repräsentiere die beiden Kinder Annika und Jakob. Die zweite Zweier-Reihe steht für ihre gemeinsame Pflückmenge von (irrtümlicherweise) zwei Kilogramm Kirschen innerhalb der angegebenen Pflückzeit von einer Stunde. Damit stellt Nahla eine Teilstruktur her, die nicht eine memo-rierende, sondern eine (Teil-) Ergebnis generierende Funktion erhält. Erstmalig werden die einzelnen Größen (Zeit, Personen, Gewicht) miteinander in Beziehung gebracht. Die zur Repräsentation der beiden Kilogramm Kirschen herangezogenen Würfel hat Nahla dafür zunächst dem Karton mit den ihr zur Verfügung ste-henden, weiteren Würfeln entnommen. Durch das Entfernen und anschließende Ersetzen dieser beiden Würfel durch zwei Würfel des ungeordneten Würfel-haufens wird überdies eine arithmetische Verbindung der beiden Teilstrukturen über die vorgegebene Gesamtpflückmenge von 22 Kilogramm Kirschen her-gestellt. Dies geschieht, indem (irrtümlicherweise) zwei davon (anstatt vier) den Kindern und 20 (anstatt 18) dem Opa zugeordnet werden. Die zu diesem Zeitpunkt bestehende Darstellung Nahlas kann aufgrund dieses trotz falscher Annahmen bestehenden operationalen Zusammenhangs begründet der Unterebene *arithmetische Verbindung mathematischer Elemente* der *Zahlen-und-Größen-Sicht* zugeordnet werden.

Abb. 5.12 Beispiel Nahla ZuG -2

Im weiteren Verlauf der Bearbeitung entwickelt sich Nahlas Würfelkonstellation und ihre jeweilige Deutung weiter. Diese Entwicklung sei hier jedoch nur als Ausblick erwähnt, sie wird unter den Beispielen der nachfolgenden Sicht in zusammenfassender Weise aufgegriffen. Das ausgewählte, hier zusammenfassend und in verkürzter Form betrachtete Beispiel Nahlas wird sehr detailliert in Abschnitt 7.2 analysiert.

5.3.3 Systemisch-relationale Sicht

Mathematische Begriffe dürfen nicht als empirische Objekte in einer *Welt der Dinge* verstanden werden, sondern als Beziehungen und Strukturen in einer *Welt der Relationen* (vgl. auch Söbbeke 2005, insbesondere S. 71–75 und S. 131–140; Steenpaß 2014, insbesondere S. 65 f. und S. 114; Steinbring 2015b, insbesondere S. 291; Abschnitt 1.1; Kapitel 3 und Abschnitt 4.4). Diese mathematischen Begriffe sind als nicht direkt sichtbare, systemisch-relationale Strukturen in ein begriffliches, mathematisches Wissensnetzwerk eingebettet und weisen vielfältige Wechselbezüge zueinander auf. Um Zugang zu den systemisch-relationalen Strukturen zu erhalten, sind semiotische Mittel unverzichtbar und auch vom epistemischen Subjekt frei wählbar; sie dürfen jedoch nicht mit dem mathematischen Wissen verwechselt werden (vgl. Duval 2000, 61; Duval 2006, 106). Die Relationen selbst sind amedial und bedürfen der Visualisierung. In diesem Zusammenhang spricht auch Cassirer (1973, 1980) davon, dass mathematische Begriffe als Relationsbegriffe *vergegenständlicht* werden. In der *Hypostasierung* werden so mathematische Begriffe in einer nachträglichen Vergegenständlichung in neue Objekte in Form von Repräsentationen umgewandelt, sodass der Mensch mit diesen neuen Objekten hantieren kann, als würde er mit den mathematischen Beziehungen hantieren. Im Unterschied zum Schachspiel sind es jedoch nicht ausschließlich die spezifischen operationalen Regeln des Umgangs mit den einzelnen Spielfiguren bzw. Zeichenträgern. Für Feller (1968) beruht jede mathematische Struktur darüber hinaus auf einer *verbindenden Idee* zwischen den einzelnen Elementen. Damit ist die Mathematik zu wissenschaftlichem Konsens fähig und kann reproduzierbare Resultate aufstellen (vgl. Davis & Hersh 1985, 435). Sie hat folglich eine *soziale Existenz* (vgl. Hersh 1998, 13), die sich aus formalisierten Beweisen und deren Regeln in der Kommunikation unter Mathematikern hin zu einem kohärentem Ganzen entwickelt hat (vgl. Steinbring 2005, 14).

Für Lehr- und Lernprozesse ist es sinnvoll, Mathematik nicht als ein bereits sozial-existierendes *Produkt* in der Wissenschaft, sondern als *Prozess* anzusehen, bei dem die Lernenden die für sie neuen mathematischen Zeichen in sinnstiftende Kontexte deuten müssen (vgl. Freudenthal 1973, 110 ff.; Steinbring 2005, 15; Krauthausen 2018, 311). Dabei ist das Subjekt, dass die Beziehung zwischen Zeichenträger und seiner Bedeutung herstellt, an die epistemologischen Bedingungen des begrifflichen mathematischen Wissens gebunden. Die herzustellende Beziehung ist demnach keine willkürliche, sondern fügt sich in einen „subjektiv-objektiven Gesamtzusammenhang" (Steinbring 1991, 77). Mit der freien Auswahl eines Darstellungssystems werden dabei die Möglichkeiten für Relationen, die von einem epistemischen Subjekt in die mathematischen Zeichenträger hineingesehen werden können, vorgegeben (vgl. Duval 2000, 59; 2006, 106 und 108). Die bereits gewählten Zeichenträger können im diagrammatischen Sinn sowohl Gegenstand als auch Mittel des Denkens sein. Dadurch zeigen sie im kontinuierlichen Prozess der Fixierung und Aktualisierung Möglichkeiten auf, sodass viele Interpretationen möglich werden und ihre Relationen spielerisch verändert werden können (vgl. Dörfler 2006, 210 ff.; Hoffmann 2000, 41 ff.; vgl. Abschnitt 4.1.1 und 4.1.3). In der Externalisierung und Vergegenständlichung des Gedachten steckt häufig mehr, als bewusst in die Konstruktion hineingelegt wurde. Deshalb lassen sich in der Tätigkeit von ‚scribble and think' mit ‚unterliegender Idee' bzw. ‚leitendem Prinzip' neue Relationen in die Darstellung hineindeuten, die ausdifferenziert werden können (vgl. Rotman 2000, 7 ff.; vgl. Abschnitt 4.1.2). Die so entstehenden Zeichenträger müssen zunehmend als strukturierte, relationale Diagramme gedeutet werden und sich von potenziell mit den Arbeitsmitteln einhergehenden pseudo-dinglichen Bedeutungskonstruktionen lösen (vgl. Steinbring 1994, 11). Für eine relationale Bedeutungskonstruktion müssen diese Diagramme im Sinn einer theoretischen Mehrdeutigkeit verstanden werden, wobei vielfältige systemische Beziehungen hergestellt und auch bewusst umgedeutet werden (vgl. Voigt 1993, 160; Steinbring 1994, 18; Krauthausen 2018, 321; vgl. auch Steinbring & Maier 1998, 316 ff.; vgl. Abschnitt 3.3 und Abschnitt 4.4.3). Daran wird die epistemologische Funktion von Diagrammen als Arbeitsmittel erkennbar (vgl. Krauthausen 2018, 310).

Es kann folglich davon gesprochen werden, dass im Unterschied zur semiotischen Mediation zwischen Zeichenträger und dessen potenzieller Bedeutung/Bezeichnung die Mediation zwischen *mathematischen* Zeichenträgern und dessen Bedeutung/Bezeichnung von besonderer Art ist: Sie wird zusätzlich durch epistemologische Bedingungen und somit *begrifflich* reguliert (vgl. insbesondere Abschnitt 4.4.3). Diese epistemologischen Bedingungen wurden bereits in der Zahlen-und-Größen-Sicht aufgeführt. In dieser Sichtweise handelt es sich jedoch eher um einen *relativierten Gegenstandsbezug* mit grundsätzlicher begrifflicher Regulation (bspw. Zahlaspekte), sodass von einer *pseudo-dinglichen*

Deutungsweise gesprochen wird. In der *systemisch-relationalen Sicht* liegt eine differenziertere Mediation zwischen Zeichenträger und Bedeutung/Bezeichnung vor. Das für diese Sichtweise formulierte Mindestkriterium, dass mindestens zwei sachliche, mit mathematischen Anzahlen/Größen verknüpfte Elemente in ein und demselben Zeichenträger zusammengeführt und gleichzeitig abgelesen werden, kann als Bedingungen für relationale Bedeutungskonstruktionen mit vielfältigen systemischen Strukturen betrachtet werden. Dadurch wird es möglich, nicht länger mit dem Zeichenträger etwas zu *zeigen*, sondern mit Hilfe des Zeichenträgers zu *operieren* und anschließend Rückschlüsse für potenzielle Bedeutungen/Bezeichnungen zu ziehen.

Emilia zeichnet so nicht länger die Boote als ovale Formen mit entsprechenden Anzahlen von vier bzw. acht Kreiskritzel. Stattdessen wechselt sie die Form der Zeichenträger zu gleichartigen Strichen. Die Striche verteilt Emilia als Kinder auf die Boote, indem sie die blauen Striche durch rote entsprechend unterteilt. Mit Hilfe dieses in eine soziale Praxis eingebetteten Diagramms können anschließend Veränderungen vorgenommen werden, um den in der Aufgabenstellung enthaltenen epistemologischen Bedingungen zu entsprechen. Die Gleichung ,2 Viererboote $=$ 1 Achterboot' erhält in Emilias Deutung der Situation eine Relevanz, die so in der alltäglichen Situation nicht angewandt werden kann: Durch das Wegradieren von zwei Strichen reduziert Emilia ihre Gesamtbootsanzahl von 14 auf 12 (vgl. Abschnitt 4.3). Ihr anfänglicher Versuch, konkrete Boote mit ihren Größen *aufzuzeigen*, hat sich somit gewandelt. Sie *operiert* zunächst mit den Zeichenträgern und zieht anschließend Rückschlüsse auf die zu wählenden Referenten. Auch bei Peters und Moglis Deutungen und Veränderungen der Würfelkonstellation kann dieser Wechsel beobachtet werden. Die beiden Jungen deuten einen Würfel nicht länger als festgeschriebene Referenz von einer Person, einer Zeit- oder Gewichtsangabe. Dadurch sind sie in der Lage, durch einfaches Umlegen die letzten erfragten Aufgabenteile zügig zu beantworten. Dies liegt einerseits in der Zusammenführung dieser drei aus der sachlichen Situation bekannten Elemente (Person, Zeit, Gewicht) zu Pflückgeschwindigkeiten begründet. Des Weiteren werden die Elemente in einem komplexen Würfelsystem gedeutet, in dem jede Würfelgruppierung ihre Bedeutung aufgrund der Positionierung innerhalb dieses Systems sowie im Verhältnis zu den anderen Elementen dieses Systems erhält. Auch Peter und Mogli operieren somit zuerst mit den Zeichenträgern und schreiben ihnen anschließend ihre jeweilige Bedeutung zu.

In den drei Unterebenen der *systemisch-relationalen Sicht* ist jeweils das Mindestkriterium des gleichzeitigen Ablesen von mindestens zwei Referenten anhand einer Zeichenträgerkonstellation, also die Zusammenführung von verschiedenen sachlichen Elementen in eine Zeichenträgerkonstellation, enthalten. Das Kriterium grenzt zudem diese dritte Sichtweise von der *Zahlen-und-Größen-Sicht* ab. Zusätzlich ist die an den Beispielen aufgezeigte Spanne, *mit dem Zeichenträger etwas zeigen* und *mit dem Zeichenträger operieren*, in den drei Unterebenen der *systemisch-relationalen Sicht* aufgeführt. In der ersten Unterebene stehen die Zeichenträger *ohne Wechselbezüge* zueinander. Eine potenziell mögliche Anordnung der Zeichenträger zueinander wird an der Oberfläche nicht sichtbar, auch wenn die Kinder diese ggf. mitdeuten. Als Beispiel sei ein ungeordneter Würfelhaufen genannt, wobei jeder Würfel für ein Kilogramm Kirschen steht und der gesamte ,Haufen' zur Pflückmenge des Opas in einer bestimmten Zeit zugehörig erklärt wird. Der Würfelhaufen *zeigt* dabei, wie viel Kilogramm der Opa insgesamt in drei Stunden pflückt, nämlich 18 kg. Als Folge können anschließend weitere Überlegungen angestellt werden, während der ,Haufen' als eine Art Erinnerungsstütze dient, mit ihm allerdings (in der aktuellen Deutung) nicht weiter hantiert wird.

In der zweiten Unterebene der systemisch-relationalen Sicht weisen die Zeichenträger *lokale Wechselbezüge* zueinander auf. Im Unterschied zur ersten Unterebene werden hier die Zeichenträger teilweise visuell zueinander angeordnet. Jedoch geschieht dies in einer Form, bei der Bestandteile der Darstellung lokale oder partielle strukturierte Anordnungen aufweisen. Die verschiedenen Teile sind zwar arithmetisch miteinander verknüpft, variieren aber in ihrer Darstellung, sodass keine sichtbare, strukturierte Anordnung aller mathematisch relevanten Aspekte und ihrer Relationen zueinander erkennbar werden. So könnte die Pflückmenge des Opas in einer bestimmten Zeit als eine Teilstruktur aufgeführt sein und nebenstehend die Pflückmengen der Kinder. Die Darstellung der Pflückmenge des Opas wäre in diesem Fall kein ungeordneter Würfelhaufen, sondern beispielsweise drei nebeneinander liegende Gruppierungen als drei Rechtecke von je sechs Würfeln. Die Pflückmenge der Kinder könnte separat davon als zwei Sechserreihen gelegt sein. Damit existieren bei solch einer Darstellung keine verbindenden Achsen, wie dies bei Mogli und Peter mit der Zeit- und Personenachse der Fall war. Zwar können diese beiden Teilaspekte der Darstellung verbal von den interviewten Kindern miteinander verknüpft und so zueinander in Beziehung gesetzt werden, die beiden Teilstrukturen müssen jedoch getrennt voneinander mit der ihnen zugrundeliegenden, jeweils unterschiedlichen Struktur interpretiert werden. Sie können deshalb erst in einem anschließenden zweiten Schritt in Relation zueinander gebracht werden. Eine Rechtecksgruppierung von sechs Würfel kann so als eine Stunde, die der Opa pflückt, gedeutet werden; eine Sechserreihe steht für ein Kind, das drei Stunden lang pflückt und sechs Kilogramm schafft. Nach separater Deutung dieser beiden Teilstrukturen können sie zueinander in Beziehung gesetzt werden, indem die interviewten Kinder festhalten, dass alle Personen drei Stunden pflücken und alle Würfel gezählt oder die entsprechenden Teilmengen als Kilogramm Kirschen addiert werden. Eine oberflächlich sichtbare, aufgabenüberdeckende, mehrdimensionale Anordnung mit aufeinander bezogenen, ganzheitlichen Strukturen ist Bestandteil der dritten Unterebene. In dieser wird es aufgrund der unterliegenden Struktur und den vielfältigen Beziehungen zwischen den systemisch-relational eingebetteten Zeichenträgern möglich, mit ihnen zu operieren. Am Beispiel des Kirschenkontextes ist eine solche unterliegende Struktur mit aufgabenüberdeckender Anordnung beschrieben worden (vgl. Abschnitt 3.4.3). Aufgrund der unterliegenden Struktur im gewählten Darstellungssystem entstehen Möglichkeiten des Austausches, wobei zwischen *internem* und *externem Austausch* unterschieden werden kann. Ein *interner Austausch* bezieht sich auf Veränderungen, die die Kinder anhand ihrer Darstellung zu *einem* bestimmten sachlichen Kontext vornehmen. Emilia kann, metonymisch gesprochen, zwei Viererboote in ein Achterboot umwandeln; Peter und Mogli machen aus drei Kindern einen Opa. Denkbar ist es jedoch auch, dass Umdeutungen und damit einhergehende potenziell notwendige Umwandlungen vollzogen werden, wenn eine bereits bestehende Darstellung auf einen anderen, *zweiten* sachlichen Kontext übertragen wird. Die Viererboote werden so zu PKW mit je vier Reifen, die Achterboote zu LKW mit je acht Reifen (Kontext Reifenwechsel). Drei Kinder, die in einer Stunde je zwei Kilogramm Kirschen pflücken können, werden zu drei Enten umgedeutet; das innerhalb von einer Stunde gepflückte Gewicht von sechs Kilogramm Kirschen des Opas wird zu einer Fliege (Kontext: Tiere am See). Während in den vorherigen Deutungsweisen die jeweiligen sachlichen Kontexte stets als potenzielle Referenten der Zeichenträger und ihrer Beziehungen zueinander mitgedacht wurden, müssen sich die Kinder beim *externen Austausch* in dieser letzten Deutungsweise erstmalig vollständig vom Kontext entfernen. Sie müssen in umgekehrter Weise nicht eine neue Darstellung zum Kontext legen, sondern eine bereits angedachte Struktur auf einen neuen Kontext übertragen. Dies geschieht, indem Umdeutungen und ggf. kleinere Veränderungen durch Zusammen- oder Auseinanderschieben vorgenommen werden. *Damit handelt es sich hier um ein relationales Diagramm, das im Sinne der theoretischen Mehrdeutigkeit interpretiert werden kann und sich auf vielfältige Aufgabenvarianten mit diversen unterschiedlichen, sachlichen Kontexten anwenden lässt.* Emilia kreiert bereits im Prä-Interview ein solch relationales Diagramm in Form ihrer ‚Strichliste', eingebettet in der ihr eigenen, spezifischen Nutzungsweise. Diese Strichliste nutzt Emilia sowohl in der Intervention als auch in den Post-Interviews zur Bearbeitung von weiteren Aufgaben in den unterschiedlichsten sachlichen Kontexten. Ein Strich bezieht sich in ihren Deutungen im Prä-Interview auf ein Kind in einem Vierer- oder Achterboot, im nächsten Kontext ist es das Bein einer Fliege, was sie jedoch auch zu einem Pferdebein umdeuten kann (Intervention). Im ersten Post-Interview nutzt sie die Striche als zugeschriebenen Geldwert von einem Euro, wobei vier Striche als vier Euro für eine Tüte mit Karamellbonbons und acht Striche als acht Euro für eine Tüte mit Schokosahnebonbons stehen.

Analog zu den von Emilia gewählten und gezeichneten Strichen können die materiellen Holzwürfel und ebenso andere, vielfältig vorhandene, gleichartige Materialien oder zeichnerische Formen angesehen werden. Bereits in der Pilotierung wurden Peter und Mogli vor die Anforderung gestellt, nur einen Materialtyp zur Lösung von Teilaufgaben im Kirschenkontext zu nutzen. Diese Reduktion des zur Auswahl stehenden Materials, verknüpft mit der neuen Anforderung, eine Aufgabe ausschließlich damit zu bearbeiten, wird als Bestandteil des *zweiten Übergangs* im theoretischen Konstrukt verstanden. Eine solche Reduktion kann dabei spontan in der Auswahl und Entwicklung einer geeigneten Darstellung erfolgen, wie bei Emilias Entstehung der Strichliste aus den ovalen Formen mit Kreiskritzeln für Boote. Die Reduktion ist jedoch (auf Grundlage des Pilotinterviews mit Peter und Mogli) ebenfalls bewusst für das dritte Post-Interview eingeplant (vgl. Abschnitt 6.3.1.2.4), um die Kinder zu möglichen weiterführenden Deutungen anzuregen. Dabei können die Kinder Ersatzstrategien heranziehen, sodass sie mit Hilfe der Holzwürfel die sachliche Situation rekonstruieren bzw. ausgewählte, individuelle Eigenschaften der genannten sachlichen Elemente im Sinne der Alltagssicht in ihre Darstellung integrieren. Ansätze davon sind auch in Peters Würfeldarstellung zu finden. Bei dieser zieht er den Größenunterschied von Erwachsenen und Kindern für ihre jeweilige Repräsentation als Türme heran sowie die aus dem Alltag vertraute, abgrenzende Funktion der ,Mauer'. In diesem Fall wird die Anforderung an die Kinder weiter verschärft, indem nach der Besprechung der eigenständig generierten Darstellung einzelne Würfel bzw. Würfelgruppierungen entfernt und/oder umgelegt werden. Die Verschärfungen des Wegnehmens und Umlegens werden, wie die Reduktion auf einen Materialtyp auch, als neue Anforderung an die Kinder verstanden und ebenfalls als Bestandteil des zweiten Übergangs angesehen. Auch weiterführende Aufgaben im selben bzw. auch in weiteren Kontexten können sich dieser Verschärfung als neue Anforderung anschließen. So werden beispielsweise Peter und Mogli dazu aufgefordert, weitere Teilaufgaben zu lösen, während ihre vorherige Darstellung noch präsent vor ihnen auf dem Tisch liegt. Durch eigenständiges Umlegen und anschließendes Deuten kann Mogli so die Würfelreihen entsprechend der in der Aufgabenstellung vorgegebenen Personen anpassen und drei Kinder als einen Opa umdeuten. Im dritten Post-Interview werden den teilnehmenden Kindern explizit weitere

Aufgabenstellungen mit anderen sachlichen Kontexten vorgelesen und erfragt, welche Aufgabe ebenfalls zu der bereits generierten Darstellung passen könnte und warum (nicht) bzw., was sie an der Darstellung verändern müssten, damit diese passt. Potenziell können die Fragen der Interviewerin somit einen internen bzw. externen Austausch anregen, den die Kinder ohne diese Anforderung prinzipiell nicht handelnd am Material vollzogen hätten, weil es dafür andernfalls keinerlei Notwendigkeit gab. Bei Emilia entstand spontan ein interner Austausch, weil sie zufälligerweise zu viele Boote erstellt hatte und sie so aufgrund der in der Aufgabe genannten Bedingungen eine Veränderung der Zeichnung sowie deren Umdeutung vollziehen musste (ihre vierzehn Boote mussten auf zwölf reduziert werden; ‚2 Viererboote = 1 Achterboot‘). Damit solche veränderten Deutungen nicht dem Zufall des Interaktionsverlaufs überlassen werden, werden explizit strukturgleiche Aufgaben im selben Kontext (wie bei Emilia sowie Peter und Mogli) und in weiteren Kontexten als neue Anforderungen an die Kinder gestellt.

Die Bestandteile des zweiten Übergangs – die Reduktion auf einen Materialtyp, die Verschärfung der Anforderung durch Entfernen und/oder Umlegen von Würfeln und die Bearbeitung weiterer Aufgaben im selben und/oder anderen Kontext – *können* die Kinder dazu anregen, neue Deutungen zu bzw. Umdeutungen ihrer Darstellung vorzunehmen. Dadurch vollziehen sie möglicherweise einen Sichtwechsel, sei dies von der Zahlen-und-Größen-Sicht in die systemisch-relationale Sicht oder innerhalb der systemisch-relationalen Sicht, also zwischen ihren Unterebenen. Da die Darstellung unter Bezug zu einer sachlich eingekleideten Textaufgabe entstanden ist, ist es auch denkbar, dass die Kinder jederzeit von einer getätigten (mathematischen) Deutung in eine alltägliche, die sachliche Situation rekonstruierende Sicht wechseln. Es sei deshalb betont, dass alle Bestandteile des zweiten Übergangs als neue Anforderungen verstanden werden, die *potenziell* zu neuen Deutungen bzw. Umdeutungen der Kinder führen können. Die Kinder sind jedoch frei in der Art ihrer Deutung und sollen keinesfalls zu einer bestimmten Deutung geführt werden.

Des Weiteren ist es bedeutend, dass die von den Kindern vorgenommenen Deutungen in einem theoriebasierten, rationalen und argumentativ gestützten Konnex rekonstruiert werden (vgl. Steinbring 2015a, 18; Abschnitt 1.2 bzw. 1.3), um die kindlichen Deutungen in das theoretische Konstrukt einordnen zu können. Aufgrund des sachlichen Bezuges können sich die in den kindlichen Deutungen verwendeten Ausdrücke einerseits auf ihre aus dem Alltag vertrauten Referenten (Opa als alter Mann mit grauen Haaren) beziehen. Andererseits können dieselben Ausdrücke jedoch auch metonymisch (ein Opa als Pflückgeschwindigkeit; ‚1 Opa = 3 Kinder‘) herangezogen werden. Für Emilia sind die Boote im Verlauf der Interaktion nicht länger schwimmende Objekte auf einem See, sondern werden zu

Anzahlträgern, mit denen unter den epistemologischen Bedingungen mathematischen Wissens Umwandlungen vollzogen werden können. Das heißt, dass auch in einer systemisch-relationalen Sichtweise Rückbezüge in Form von Metonymien auf die im Aufgabentext benannten Referenten vollzogen werden. Damit wird auch in dieser Sichtweise das komplementäre Verhältnis von Sache und Mathematik erkennbar, womit es sich auf das gesamte Theoriekonstrukt erstreckt. Die Tab. (5.13) fasst die einzelnen spezifischen Charakteristika des zweiten Übergangs und der systemisch-relationalen Sicht zusammen.

Tab. 5.13 Zentrale Merkmale der systemisch-relationalen Sicht und des zweiten Übergangs

zweiter Übergang
– spontan aus eigenem Antrieb bei der Entwicklung geeigneter Zeichenträger – in der Interaktion mit der Interviewerin durch die neue Anforderung o Aufgabe mit nur einem Materialtyp lösen (Holzwürfel) o Verschärfungen durch Reduktion der Materialdarstellung (Wegnehmen) und Umlegungen von Materialien mit jeweiliger Erfragung neuer Deutungen o strukturgleiche Aufgaben im selben oder in weiteren Kontexten lösen – trotz Verschärfung: Nachbau/Rekonstruktion der Geschichte mit Ersatzstrategien
Systemisch-relationale Sicht
Mindestkriterium als Voraussetzung: Zusammenführung der Sachelemente als gleichzeitiges Ablesen von mindesten zwei Referenten anhand eines Zeichenträgers bzw. einer Zeichenträgerkonfiguration
Zeichenträger ohne Wechselbezüge
– ‚Teilstruktur‘, die an der Oberfläche nicht sichtbar ist (ungeordneter Würfelhaufen) – mit dem Zeichenträger etwas zeigen
Zeichenträger mit partiellen/lokalen Wechselbezügen
– teilweise lokale, partielle Anordnung ohne übergreifende/einheitliche Form: Teile variieren in ihrer visuellen Darstellungen, sind aber arithmetisch miteinander verknüpft – keine sichtbare Anordnung aller mathematisch relevanten Aspekte und ihrer Relationen zueinander
Zeichenträger mit umfassenden/globalen Wechselbezügen
– aufgabenüberdeckende/komplette Anordnung: aufeinander bezogene/oberflächlich sichtbare Anordnungen der Teilstrukturen – mehrdimensionale Anordnung, die eine unterliegende Struktur repräsentiert: Repräsentation der Beziehungen mathematisch relevanter Elemente – interner (1 Opa = 3 Kinder) und externer Austausch (Auto = Pferd) – mit dem Zeichenträger operieren/Zeichenträger als Dinge, mit denen man operieren kann wie in einem algebraischen System

Beispiel 1: Prä-Interview Emilia
Neben der zeichnerischen Bearbeitung des Aufgabenteils b) im Kontext der Boote wird Emilia ebenfalls aufgefordert, den Aufgabenteil f) zeichnerisch zu lösen. Bei diesem sind nicht länger die Anzahlen der kleinen und großen Boote vorgegeben, sondern lediglich die Gesamtanzahl der am Schulausflug teilnehmenden Schülerinnen und Schüler (68) sowie die Gesamtanzahl der Boote (12). Folglich können die Fragen nach den Anzahlen der kleinen und großen Boote nicht in direkter Weise (von Grundschulkindern) rechnerisch bearbeitet werden.

Zunächst zeichnet Emilia zwölf längliche Formen. Diese stehen augenscheinlich in keiner bestimmten Anordnung zueinander. Sie subtrahiert 8 von 68 (gleich 60) und malt acht Kreiskritzel in die obere Form. Anschließend trennt Emilia vorne und hinten einen Bereich ab, den sie mit »1« (vorne) als Nummer und »g« (hinten) für „groß" beschriftet. Es ist auffallend, dass sie versucht, den Aufgabenteil f) in analoger Weise zum Aufgabenteil b) zu lösen. Sie benutzt ebenfalls eine Darstellung der Boote und Sitzplätze, die eine ähnliche Form zu realen Booten aufweisen. In ihrem zeichnerischen Vorgehen wirkt es somit, als würde sie bestimmte Sachelemente der Textaufgabe mit auf Ähnlichkeit basierenden Eigenschaften in den Blick nehmen. Es kann deshalb angemerkt werden, dass auch diese Zeichnung (Abb. 5.13) spezifische Charakteristika der *Alltagssicht* aufweist. Dies betrifft in erster Linie die Wahl ihrer Zeichenträger. In Emilias Deutungen werden jedoch nicht die hier angesprochenen, dinglich-materiellen Eigenschaften der Boote fokussiert, sondern die mit ihnen verknüpften mathematisch relevanten Eigenschaften. Diese werden überdies operational miteinander verbunden, indem Emilia versucht, die 68 benannten Kinder nach und nach als acht bzw. vier auf die zwölf Boote zu verteilen. Dabei subtrahiert sie jeweils die verteilten Kinder von der Gesamtanzahl ($68-8 = 60$ usw.). Die vorgenommene Deutung muss

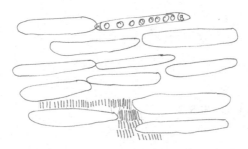

Abb. 5.13 Beispiel Emilia SRS

aufgrund der Fokussierung auf mathematische Elemente und der operationalen Verbindung von Anzahlen mit an arithmetischen Zusammenhängen orientierter Narration der Unterebene *arithmetische Verbindung mathematischer Elemente* der *Zahlen-und-Größen-Sicht* zugeordnet werden.

Anstatt die geschilderte Idee des Aufteilens der Kinder auf die Boote bzw. des Einzeichnens von vier oder acht Kreiskritzel als Sitzplätze weiter zu verfolgen, möchte sich Emilia lieber „eine kleine Rechnung" machen. Sie zeichnet dafür 68 blaue Striche, die sie mit einem roten Strich in Vierer- bzw. Achtergruppen einteilen möchte (Abb. 5.13 unten). An dieser Stelle wird der *zweite Übergang* erkennbar. Emilia wählt spontan aus eigenem Antrieb bei der Entwicklung von für sie geeigneten Zeichenträgern einen bestimmten Typ aus. Sie begrenzt zudem ihre Zeichnung auf die alleinige Nutzung dieses einen Typs in Form eines Striches. (Möglicherweise ist dies ebenfalls auf die veränderte Anforderung des Aufgabenteils f) zurückzuführen, der sich nicht mit grundschulkonformen Mitteln direkt berechnen lässt; vgl. auch Abschnitt 6.1). Ein solcher von Emilia gezeichneter Strich mag zunächst für ein Kind stehen, da die Aufgabenstellung 68 teilnehmende Schülerinnen und Schüler vorgibt. Er kann aber ebenfalls einen Sitzplatz in einem Boot bezeichnen, wie es ihre kommentierten Handlungen als Einteilung in Vierer- und Achtergruppen, als Viererboote bzw. kleine Boote und Achterboote bzw. große Boote nahelegen. Folglich sieht Emilia in den gleichartigen Zeichenträgern mehr als eine Referenz: Einerseits verweisen sie auf die Kinder bzw. Sitzplätze, andererseits ebenfalls auf große oder kleine Boote. Damit ist das Mindestkriterium der *systemisch-relationalen Sicht* erfüllt. Anhand einer weiteren Zeichnung (Abb. 5.14) wird die Einordnung von Emilias Deutung zu dieser Sichtweise deutlicher, sobald sie den internen Austausch von zwei Viererbooten in ein Achterboot vollzieht.

Abb. 5.14 Beispiel Emilia SRS -2

Weil sich Emilia auf dem engen, ihr für die Striche zur Verfügung stehenden Raum häufig verzählt hat, fordert die Interviewerin sie auf, eine neue Zeichnung mit den Strichen zu erstellen und daran ihre Gedanken fortzusetzen. Emilia zeichnet somit erneut, aber dieses Mal größere 68 blaue Striche. Diese teilt sie mit roten Strichen in Vierer- bzw. Achtergruppierungen ein, womit sie die Kinder bzw. Sitzplätze in kleine oder große Boote transformiert (Abb. 5.14). Die Bedeutungszuschreibung der Striche erfolgt somit in nachträglicher Weise. Emilia möchte nicht länger mit dem Zeichenträger etwas zeigen, wie es bei der Bearbeitung des Aufgabenteils b) und der anfänglichen Überlegungen zur ersten Zeichnung beim Aufgabenteil f) noch der Fall war. Stattdessen operiert sie mit den Zeichenträgern, indem sie diese gruppiert und ihnen anschließend eine Bedeutung als kleines oder großes Boot zuschreibt. In einer ersten Lösung erhält sie so elf kleine und drei große, also insgesamt vierzehn Boote. Die Interviewerin macht sie darauf aufmerksam, dass lediglich zwölf Boote gebucht werden. Deshalb nimmt Emilia die bereits beschriebene Umwandlung zweier kleiner Boote in ein großes vor und führt so einen internen Austausch durch. Damit ist offensichtlich, dass Emilias anhand des Strichediagramms vorgenommene Deutung der Unterebene *Zeichenträger mit umfassenden Wechselbezügen* der *systemisch-relationalen Sicht* zugeordnet wird.

Mit den von ihr gewählten Zeichenträgern operiert Emilia, um ihnen anschließend eine Bedeutung als relevante mathematische Elemente (kleine und große Boote) zuzuschreiben. Sie bedient sich dabei aus eigener Motivation heraus – und auch zum Umgang mit der neuen Anforderung, eine strukturgleiche Aufgabe des Typs Rückwärtsrechnens im selben Kontext zu lösen – lediglich eines Typs Zeichenträger. Dieser lässt sich zwar in die Farben blau und rot mit je unterschiedlicher Funktion als für eine Anzahl stehend bzw. diese Anzahl einteilend verstehen. Jedoch ist dies dem zeichnerischen Format geschuldet, um die vorgenommenen Einteilungen deutlicher erkennen zu können. (Materialien wie die Würfel könnten verschoben und so die Abstände zwischen den Gruppierungen erhöht werden. Dies ist jedoch auf Papier in der Form so nicht möglich, weshalb sich Emilia dieser produktiven Alternative bedient.) Ein von ihr gezeichneter blauer Strich verweist so in gleicher Weise auf ein Kind bzw. einen Sitzplatz und als Unterteilung in Vierer- bzw. Achtergruppen ebenfalls auf ein kleines bzw. großes Boot. Damit ist das Mindest-Kriterium der systemisch-relationalen Sicht als Zusammenführung und Ablesen von mindestens zwei Referenten anhand einer Zeichenträgerkonfiguration erfüllt. Die Einordnung von Emilias Nutzungs- und Deutungsweise wird der Unterebene *Zeichenträger mit globalen Wechselbezügen* zugeordnet, weil ihr überdies ein interner Austausch durch die Umwandlung von, metonymisch gesprochen, ‚zwei Viererboote gleich ein Achterboot' gelingt.

Zudem gelingt es Emilia, das so von ihr benutzte Strichediagramm bei nachfolgenden Bearbeitungen in der Intervention und den Post-Interviews von unterschiedlichen Aufgaben mit verschiedenen Kontexten für sich nutzbar zu machen,
sodass potenziell auch ein externer Austausch denkbar wäre.

Zusammenfassend kann festgehalten werden, dass Emilias Zeichnungen zur
Teilaufgabe f) mit deren Entstehung aus der Bearbeitung der Teilaufgabe b)
unterschiedliche Charakteristika aller drei Sichtweisen und der beiden Übergänge
aufzeigen. Die einzelnen Ebenen, Unterebenen und Übergänge stehen folglich
in enger Beziehung zueinander. Sie können nicht zwangsweise in ihrer Klarheit
und Eigenständigkeit in den Aussagen der Schülerinnen und Schüler rekonstruiert werden, sondern treten zumeist als Mischformen auf. Zudem zeigt sich, dass
die in die eingekleidete Textaufgabe hineingelegten, grundlegenden Beziehungen
aktiv in Lern- und Verstehensprozessen rekonstruiert werden und dabei in den
kindlichen Deutungen stets mit der sachlichen Ausgangssituation verknüpft sind.
Auch Emilia spricht nach wie vor von Booten bzw. „Schiffen", wenn sie diese
als Anzahlträger mit der Beziehung ‚2 Viererboote = 1 Achterboot" nutzt. Erst
sorgsame, epistemologische Analysen in einem theoretisch fundierten, rationalen Konnex erlauben begründete Schlussfolgerungen über potenzielle kindliche
Nutzungsweisen und Deutungen der Zeichenträger sowie eine anschließende Einordnung der jeweils getätigten Äußerungen in das Konstrukt *didaktische Theorie
mathematischer Symbole*.

Beispiel 2: Pilotierung Mogli und Peter
Aus der Bearbeitung der Teilaufgabe d) im Kirschenkontext heraus entwickelt
Peter im dritten Interview eigenständig eine weitere Würfelkonstellation zum
Aufgabenteil e) (vgl. Tab. 5.14).

Dabei legt er in vergleichbarer Weise die einzelnen Zeitabschnitte als Zweiergruppierungen von Würfeln in die unterste Zeile. Peter verzichtet jedoch auf die
separate Repräsentation der fünf Freunde mit Jakob und symbolisiert stattdessen
ausschließlich deren Pflückmengen als horizontal gelegte Zweiergruppierungen
oberhalb der ‚Zeitachse'. Folglich scheint die Interaktion mit der Interviewerin
und Mogli zu der Einsicht geführt zu haben, dass diese separate Repräsentation
der einzelnen Personen nicht länger für Peters Aufgabenbearbeitung notwendig ist, wohingegen die separate Darstellung der Zeit zunächst noch bedeutend
ist. Sobald die Interviewerin die zu unterst als Zeitachse gelegte Zeile entfernt, erkennt Peter die neue Würfelkonfiguration jedoch an. Anhand der von
der Interviewerin vorgenommenen Handlungen in diesem stattfindenden Interaktionsverlauf mit Peter und zeitweise Mogli werden als Charakteristika benannte
Bestandteile des *zweiten Übergangs* ersichtlich.

Tab. 5.14 Peters eigenständig entwickelte Würfeldarstellung e)

Aufgabenteil e)	Jakob			
	,Lücke'			
Es gibt noch immer Kirschen in Opas Garten. Jakob möchte 36 kg Kirschen in 3 Stunden schaffen Wie viele Freunde muss Jakob mitbringen, damit sie das gemeinsam schaffen? (Jeder Freund schafft genauso viele Kirschen wie Jakob.)	Freund 1			
	Freund 2			
	Freund 3			
	Freund 4			
	Freund 5			
	Zeit (insg. 3 Std.)			
		Erste Stunde	Zweite Stunde	Dritte Stunde

Auch wenn die Einschränkung auf die alleinige Benutzung des Materials der Holzwürfel nicht direkt zu einem Sichtweisenwechsel führt (vgl. Beispiel 2 in Abschnitt 5.3.2), so scheint die reduzierte Materialauswahl jedoch die Deutungen der auf Ähnlichkeit beruhenden, vielfältigen, farbenfrohen Zeichenträger zu reduzieren. Zudem wird es möglich, die Bedeutung der gleichgestalteten Würfel aufgrund ihrer weniger offensichtlichen ikonischen Relationen ,leichter' zu verändern. Die Würfel selbst weisen keine phänomenologisch sichtbaren und unterscheidbaren, auf Ähnlichkeit basierenden Eigenschaften der sachlichen Elemente auf, die bestimmte Nutzungsweisen der Zeichenträger und damit einhergehende Deutungen nahelegen. So werden die Kinder weniger von diesen Merkmalen abgelenkt bzw. dazu verleitet, diese zu fokussieren. Die neue Anforderung der Einschränkung auf einen Materialtyp, sei dies spontan (wie bei Emilias Strichen) oder durch die Interviewerin initiiert, wird somit als wesentlich für den zweiten Übergang erachtet. Überdies ist es möglich, Verschärfungen an diesen generierten Würfelkonfigurationen durch Handlungen des Wegnehmens und Umlegens seitens der Interviewerin vorzunehmen. So entfernt sie im Interview mit Peter die Zeitachse. Weiter stellt sie Peter und Mogli vor die neue Anforderung, strukturgleiche Aufgaben im selben Kontext zu lösen. Die beiden Jungen nehmen als Bearbeitung selbst Handlungen des Umlegens an der Würfeldarstellung vor. Die führen zu Umdeutungen, was im Folgenden ebenfalls näher ausgeführt wird.

Im Unterschied zum Aufgabenteil e) hilft der Opa im Aufgabenteil f) mit. Durch Veränderung der Würfelkonfiguration kann Mogli, metonymisch gesprochen, drei Kinder in einen Opa umwandeln (vgl. in Tab. 5.15 links und mittig). Und auch diese neue Repräsentation nutzen Peter und Mogli, um den Aufgabenteil g) in kürzester Zeit zu bearbeiten (vgl. in Tab. 5.15 rechts). Sie entfernen die in den jeweiligen Reihen zuletzt gelegten Würfel und positionieren sie unterhalb des zweiten Freundes. Damit reduzieren sie, wie von der Aufgabenstellung angegeben, die Pflückzeit auf 2,5 Stunden. Dazu werden die Würfel der letzten halben Stunde in Kilogramm Kirschen umgewandelt, die von einer weiteren kindlichen Person in den ersten 2,5 Stunden gepflückt wird. (Aufgrund der Spontanität der Entstehung dieses Aufgabenteils bleibt 1 Würfel übrig, sodass jeder 2,5 Stunden ‚und noch ein bisschen mehr' pflücken müsse, wie es Mogli ausdrückt.)

Tab. 5.15 Moglis und Peters Würfeldarstellungen der Aufgabenteile e), f) und g)

Aufgabenteil e)			Aufgabenteil f)		Aufgabenteil g)	
	3 Stunden			3 Stunden		2,5 Stunden
Jakob			Jakob		Jakob	
Kind 1			Kind 1		Kind 1	
Kind 2			Kind 2		Kind 2	
Kind 3					Kind 3	
Kind 4			Opa			
Kind 5					Opa	

Durch das Umlegen als Handlung am Material wird deutlich, dass Mogli und Peter nicht länger von einer festen, zugeschriebenen Referenz der einzelnen Zeichenträger ausgehen. Stattdessen können mit Hilfe der Zeichenträger neue Symbolisierungen erschaffen werden, die erst nach dem Umlegen in die neue Zeichenträgerkonfiguration hineingedeutet werden. Die Würfel als Zeichenträger werden so nicht länger benutzt, um die Zeit, die Person oder das Gewicht an Kirschen in separater Weise darzustellen und somit deren Referenz aufzuzeigen. Ihre Funktion besteht nun darin, mit ihrer Hilfe herauszufinden, was wovon in welchem Maße benötigt wird, um so von den Würfeln und den durchgeführten Handlungen an ihnen auf eben jene Größen zu schließen. Peter und Mogli nutzen in ihrer Darstellung folglich Zeichenträger mit umfassenden bzw. globalen Wechselbezügen. Dabei repräsentiert eine mehrdimensionale, aufgabenüberdeckende Anordnung eine unterliegende Struktur, bei der die einzelnen Zeichenträger ihre Bedeutung aufgrund ihrer Position innerhalb dieses Systems erhalten. Als Folge kann mit den Zeichenträgern operiert werden und im Anschluss an mögliche Veränderungen des Umlegens auf deren Bedeutung geschlossen werden. Zudem ist es möglich, einen internen Austausch vorzunehmen. Peter und Mogli wandeln so drei Kinder in einen Opa um (von e) nach f)), bzw. die Pflückmengen von drei Kindern und Opa in der letzten halben Stunde in die Pflückmenge eines dritten Kindes (von f) nach g)) um. Damit werden die Darstellungen und Deutungen von Peter und Mogli der *systemisch-relationalen Sicht* zugeordnet, genauer ihrer Unterebene der *Zeichenträger mit globalen Wechselbezügen*.

Das Beispiel von Peter und Mogli weist somit wesentliche Charakteristika des zweiten Übergangs auf. Zudem können anhand ihrer Arbeit mit den Würfeln als Zeichenträger über verschiedene Aufgabenteile desselben Kontexts hinweg Zeichenträger mit globalen Wechselbezügen in einer systemisch-relationale Sichtweise rekonstruiert werden. Allerdings erlauben erst die Handlungen und die anschließend neu gedeutete Zeichenträgerkonfiguration eindeutige Rückschlüsse für die Einordnung in diese Sichtweise.

Beispiel 3: Drittes Post-Interview Nahla
Ausgehend von der Darstellung, die als drittes Beispiel in diesem Kapitel zur Zahlen-und-Größen-Sicht bereits aufgeführt wurde (vgl. Abb. 5.15), nimmt Nahla anhand ihrer Würfelkonstruktion weitere Deutungen vor. Nachdem sie eine arithmetische Verbindung der Pflückmengen der Kinder und des Opas über die Gesamtpflückmenge von 22 Kilogramm vorgenommen hat, wendet sie sich den 20 ungeordnet liegenden und (irrtümlicherweise) 20 Kilogramm des Opas repräsentierende Würfeln zu. Diese verschiebt sie nacheinander in Dreier-Gruppen.

Abb. 5.15 Beispiel Nahla SRS

Im Verlauf der ausgewählten und im empirischen Teil der Arbeit ausführlich analysierten Szene (vgl. Abschnitt 7.2) zählt Nahla diese Würfelgruppierungen als Zeiteinheiten von halben Stunden bzw. als vom Opa gepflücktes Gewicht an Kirschen. Drei Würfel als ein und dieselbe Zeichenträgerkonfiguration werden somit als zwei unterschiedliche Referenten gedeutet. Sie können einerseits ‚drei Kilogramm' und andererseits ‚eine halbe Stunde' bedeuten, wobei sich die jeweiligen Einheiten additiv miteinander verknüpfen lassen. Folglich zählt Nahla sechs Dreier-Gruppen als 18 Kilogramm Kirschen und drei Stunden, wobei zwei Würfel aufgrund ihrer irrtümlichen Annahme bzgl. der Pflückmenge der Kinder (zwei anstatt vier Kilogramm), übrig bleiben. Den Würfeln wird damit zusätzlich zu ihrer Funktion, ein bestimmtes Gewicht zu repräsentieren, eine gewisse Struktur aufgeprägt. Diese wird jedoch in ihrer Form nur kurzzeitig durch Nahlas Handlung des Verschiebens angezeigt und ist darüber hinaus an der Oberfläche als solche nicht sichtbar. Nahlas Deutung der linken Teilstruktur, bestehend aus 18 (bzw. 20) ungeordneten Würfeln, wird deshalb der Unterebene *Zeichenträger ohne Wechselbezüge* der *systemisch-relationalen Sicht* zugeordnet.

Im Verlauf der Interaktion mit der Interviewerin verändert sich Nahlas Sichtweise. In einer weiteren Bauphase positioniert sie die Würfel der linken Teilstruktur als Rechteck mit sechs Spalten zu je drei Würfeln, wobei die beiden übrigbleibenden Würfel rechts daneben gelegt werden (vgl. Abb. 5.16). Die zuvor nur durch Nahlas Handlung des Verschiebens erkennbare Struktur der Würfel

Abb. 5.16 Beispiel Nahla SRS -2

wird nun in dieser neuen Anordnung sichtbar gemacht. Drei Würfel einer Spalte
bedeuten, dass der Opa drei Kilogramm Kirschen in einer halben Stunde pflücken
kann. Anhand der Spalten kann folglich die Pflückzeit des Opas abgelesen werden, während die Addition aller bis dahin gezählten, in den Spalten befindlichen
Würfeln Aufschluss über die jeweilige Pflückmenge liefert: halbe Stunde – drei
Kilogramm, eine Stunde -sechs Kilogramm usw. Aufgrund dieser Beziehung der
Würfel zueinander innerhalb der linken Teilstruktur wird diese deshalb der Unterebene *Zeichenträger mit partiellen Wechselbezügen* der *systemisch-relationalen
Sicht* zugeordnet.

Nachdem am Beispiel von Mogli und Peter Deutungen zur Unterebene *Zeichenträger mit globalen/umfassenden Wechselbezügen* der *systemisch-relationalen
Sicht* aufgezeigt werden konnten, können mit Hilfe des Beispiels Nahla die beiden weiteren Unterebenen *Zeichenträger ohne Wechselbezüge* und *Zeichenträger
mit partiellen Wechselbezügen* identifiziert und voneinander abgegrenzt werden.
Die hier vorgenommene Betrachtung soll dabei als äußerst verkürzte Zusammenfassung verstanden werden. Eine detaillierte Analyse der von Nahla getätigten
Deutungen sowie deren entsprechende Einordnung in das Theoriekonstrukt ist im
empirischen Teil der Arbeit nachzulesen (vgl. Abschnitt 7.2). Als Ausblick sei
angeführt, dass die verschiedenen, von Nahla generierten Teilstrukturen unterschiedlichen Sichtweisen zugeordnet werden können, sodass *gleichzeitig* mehrere
bzw. alle drei im Theoriekonstrukt enthaltenen Ebenen in Nahlas Deutungen
rekonstruiert werden können.

5.4   Übersicht der symbolischen Deutungen und Übergänge

Die drei soeben vorgestellten Sichtweisen und zwei Übergänge lassen sich in übersichtlicher tabellarischer Form wie folgt zusammenfassend darstellen (Tab. 5.16):

Tab. 5.16   Das Konstrukt ‚didaktische **Theorie m**athematischer Symbole – ThomaS‘

Alltagssicht	**Rekonstruktion und Darstellung des Sachverhalts** – Logik der Narration an Sacheigenschaften orientiert – detaillierter/ ggf. erweiternder Nachbau der Situation – semiotische Mittel als Repräsentation von dinglichen, visuell wahrnehmbaren Eigenschaften der sachlichen Elemente – Ähnlichkeitsbeziehung als ikonische Relation zwischen gewählten Zeichenträgern und zugesprochenen Referenzen (offensichtliche/alltagsbezogene Referenzen)
erster Übergang	– erfolgt spontan aus eigenem Antrieb oder in der Interaktion mit der Interviewerin bzw. einer Schülerin/eines Schülers aufgrund einer veränderten Anforderung – trotz detailreicher Rekonstruktion kann (auf dieselbe Zeichenträgerkonfiguration) eine Sicht eingenommen werden, bei der Zahlen und Größen fokussiert sowie sachliche Elemente (teilweise) ausgeblendet werden (Umfokussierung)
Zahlen-und-Größen-Sicht	**Darstellung mathematischer Elemente** – Fokussierung auf mathematische Elemente und deren Darstellung – Berechnungen bzw. Bearbeitungen bleiben unberücksichtigt – jeder Referent erhält seine eigene Repräsentation/ Zeichenträger (Trennung der Sachelemente) – eine Art Übersetzung/Übertragung der Aufgabe in Anzahlen (mit der semantischen Besonderheit, dass ein Element mehrfach präsentiert ist oder einer Repräsentation wechselnde Bedeutungen zugewiesen werden) **arithmetische Verbindung mathematischer Elemente** – Logik der Narration an arithmetischen Zusammenhängen orientiert – erste (operationale) Verbindung der Anzahlen miteinander – (teilweise Loslösung von dinglich-materiellen Eigenschaften?)
Zweiter Übergang	– spontan aus eigenem Antrieb bei der Entwicklung geeigneter Zeichenträger – in der Interaktion mit der Interviewerin durch die neue Anforderung ○ Aufgabe mit nur einem Materialtyp lösen (Holzwürfel) ○ Verschärfungen durch Reduktion der Materialdarstellung (Wegnehmen) und Umlegungen von Materialien mit jeweiliger Erfragung neuer Deutungen ○ strukturgleiche Aufgaben im selben oder in weiteren Kontexten lösen – trotz Verschärfung: Nachbau/Rekonstruktion der Geschichte mit Ersatzstrategien

(Fortsetzung)

Tab. 5.16 (Fortsetzung)

Systemisch-relationale Sicht	**Mindestkriterium als Voraussetzung:** Zusammenführung der Sachelemente als gleichzeitiges Ablesen von mindesten zwei Referenten anhand eines Zeichenträgers bzw. einer Zeichenträgerkonfiguration)
	Zeichenträger ohne Wechselbezüge – ‚Teilstruktur', die an der Oberfläche nicht sichtbar ist (ungeordneter Würfelhaufen) – mit dem Zeichenträger etwas zeigen
	Zeichenträger mit partiellen/lokalen Wechselbezügen – teilweise lokale, partielle Anordnung ohne übergreifende/einheitliche Form: Teile variieren in ihrer visuellen Darstellungen, sind aber arithmetisch miteinander verknüpft – keine sichtbare Anordnung aller mathematisch relevanten Aspekte und ihrer Relationen zueinander
	Zeichenträger mit umfassenden/globalen Wechselbezügen – aufgabenüberdeckende/komplette Anordnung: aufeinander bezogene/oberflächlich sichtbare Anordnungen der Teilstrukturen mehrdimensionale Anordnung, die eine unterliegende Struktur repräsentiert: Repräsentation der Beziehungen mathematisch relevanter Elemente – interner (1 Opa = 3 Kinder) und externer Austausch (Auto = Pferd) – mit dem Zeichenträger operieren/Zeichenträger als Dinge, mit denen man operieren kann wie in einem algebraischen System

Methodik und Design der Untersuchung   6

Aufgrund des Forschungsinteresses, das Grundproblem der kindlichen symbolischen Deutungen im besonderen Verhältnis von *Sache und Mathematik* besser zu verstehen, ist es erforderlich, dieses in *qualitativen, interpretativen* Untersuchungen *explorativ* zu erkunden. Im Fokus stehen folglich die Identifizierung und Rekonstruktion kindlicher verbaler Äußerungen und Handlungen sowie der ihnen zugrundeliegenden mathematischen Denkprozesse im interaktiven Geschehen. In der *interpretativen Unterrichtsforschung*[1] wird der Mathematikunterricht als „als ein Ort der Sinnherstellung betrachtet", in dem „mathematische Bedeutungen von Individuen subjektiv konstruiert" werden (Voigt 1995, 154). Mathematik wird dort folglich nicht als *Produkt* aufgefasst, sondern als *Prozess*, wie dies auch in der vorliegenden Arbeit als mit zu berücksichtigende Bedingung des Forschungsfeldes beschrieben wurde (vgl. Abschnitt 1.1, siehe auch Freudenthal 1973, 110 und 118; Steinbring 2005, 15). Im interaktiven Geschehen werden mathematische Begriffe in Abhängigkeit von den wechselweisen Deutungen und Handlungen der Teilnehmenden hervorgebracht, die wiederum „*theoriegeladen*" interpretiert werden (vgl. Voigt 1995, 154).

Für die anstehenden Untersuchungen ist es deshalb erforderlich, eine Methode in Abhängigkeit des Forschungsinteresses zu wählen, die diese Auffassung vom Lernen mathematischer Inhalte teilt. Die Pilotierung wie auch die Hauptstudie werden folglich so konzipiert, dass die teilnehmenden Grundschülerinnen und

---

[1]Für eine ausführliche Beschreibung der interpretativen Forschungsmethode siehe u.a. Bauersfeld 1978; Maier & Voigt 1991; Voigt 1991; Beck & Maier 1994; Cobb & Bauersfeld 1995; Krummheuer & Naujok 1999 und Jungwirth 2003.

© Der/die Autor(en), exklusiv lizenziert durch Springer Fachmedien
Wiesbaden GmbH, ein Teil von Springer Nature 2021
K. Mros, *Mathematiklernen zwischen Anwendung und Struktur*,
Essener Beiträge zur Mathematikdidaktik,
https://doi.org/10.1007/978-3-658-33684-4_6

-schüler möglichst vielfältige Gelegenheiten für symbolhafte Tätigkeiten und Deutungen erhalten. Dazu müssen zunächst geeignete Aufgabenkontexte ausgewählt und erprobt werden (Abschnitt 6.1). Parallel zur Erprobung besagter Aufgabenstellungen und möglicher Bearbeitungen wird zudem eine auf dem Forschungsinteresse beruhende Interviewform entwickelt und zunehmend ausdifferenziert (Abschnitt 6.2).

Alle für die Hauptstudie geplanten und durchgeführten Interviews sowie ihre Dokumentation werden im Folgenden detailliert beschrieben, wobei zusätzlich einige Hinweise zur Intervention und den Rahmenbedingungen der Untersuchung gegeben werden (Abschnitt 6.3). Analog zur Entwicklung einer speziellen Interviewform als Erhebungsmethode soll auch das Verfahren der Interviewanalyse die besonderen Bedingungen des Forschungsfeldes berücksichtigen und explizit auf das Forschungsinteresse ausgerichtet sein (Abschnitt 6.4).

Die einzelnen Phasen des Aufbaus der Untersuchungen sind anhand des zeitlichen Ablaufs in der nachfolgenden Tab. 6.1 jeweils kurz beschrieben. In gewisser Weise spiegelt sich in dieser Übersicht der Aufbau des Kapitels wider.

Tab. 6.1 Aufbau und Zeitplan der Untersuchung

Phase	Beschreibung	Zeitlicher Rahmen
1	**Erste Schritte** Sichtung und Erhebung einschlägiger Fachliteratur zur Einarbeitung in das Forschungsgebiet, Erstellung erster Forschungsfragen, Entwicklung exemplarischer mathematischer Aufgaben, Vorbereitung erster Pilotinterviews	10/16–11/16
2	**Pilotierung Phase I** Durchführung explorativer Einzelinterviews, Erprobung und Weiterentwicklung des Interviewleitfadens, Testung der ausgewählten Aufgaben, Analyse der Kinderdeutungen und ihrer zeichnerischen und materiellen Darstellungen, weitere Einarbeitung in das Forschungsgebiet	11/16–01/17
3	**Pilotierung Phase II** Erprobung, Durchführung und Weiterentwicklung explorativer Partnerinterviews; Erprobung und Weiterentwicklung des Interviewleitfadens; Testung weiterer Aufgaben; Analyse der Kinderdeutungen und ihrer zeichnerischen und materiellen Darstellungen; weitere Einarbeitung in das Forschungsgebiet	01/17–03/17

(Fortsetzung)

Tab. 6.1 (Fortsetzung)

Phase	Beschreibung	Zeitlicher Rahmen
4	**Planung der Hauptstudie** Entwicklung des endgültigen Interviewleitfadens, Entwicklung der Aufgabenstellungen für die Intervention, Kontaktaufnahme mit den Schulen, Organisatorisches (Kameras, Diktiergeräte, Kopien, …)	03/17–04/17
5	**Durchführung der Hauptstudie** Durchführung und Abschluss der Datenerhebung an zwei Grundschulen, technische und organisatorische Verarbeitung der Daten	05/17–06/17
6	**Auswertung der Daten der Hauptstudie** Sichtung der Daten und Transkription einzelner Szenen; interpretative Analyse exemplarischer Szenen aus den erhobenen Daten; Beginn der Theoriebildung zu epistemologischen Charakteristika der Deutungen der Grundschulkinder; Sichtung des gesamten Datenmaterials; vertiefte Literaturrecherche; Fertigstellung des theoretischen Konstrukts aufgrund von Fachliteratur und weiterer exemplarischen interpretativen epistemologischen Analysen	06/17–07/18

6.1   Sachlich eingekleidete Textaufgaben – ein Netzwerk

Das zentrale Ziel der Untersuchung ist es, das *Grundproblem der kindlichen symbolischen Deutungen im besonderen Verhältnis von Sache und Mathematik* anhand eines ausdifferenzierten mathematikdidaktischen Theoriekonstrukts zu beschreiben. Gemäß Luhmanns Kommunikationsbegriff (vgl. Abschnitt 1.2) ist es nicht möglich, dass die Schülerinnen und Schüler ihr Wissen über die Nutzung und Bedeutung unterschiedlicher Zeichenträger als mathematische Symbole mit zunehmenden systemisch-relationalen Beziehungen in quasi direkter Weise dem Zuhörer „eindeutig" mitteilen (im Sinne einer ‚Gedankenübertragung'). Das bedeutet, dass eine Situation geschaffen werden muss, in der die an der Studie teilnehmenden Kinder einerseits die Möglichkeit erhalten, vielfältige symbolische Deutungen vorzunehmen. Und um aufschlussreiche Einsichten über das Spektrum dieser symbolischen Deutungen generieren zu können, müssen sie andererseits im individuellen rationalen Konnex der Handlungspraxis und gemeinsamen begrifflichen Auffassungen sowohl in der Interviewsituation selbst als auch in den anschließenden Rekonstruktionen sorgsam interpretiert werden (vgl. Steinbring 2013, 64; vgl. auch Abschnitt 1.2.2.2). Es ist deshalb erforderlich, eine für die Schülerinnen und Schüler vertraute Situation herzustellen, in der sie solche Deutungen vornehmen und wodurch gleichzeitig Erkenntnisse für das Forschungsanliegen gewonnen werden können.

Die Kinder sind es aus der Praxis des Mathematikunterrichts gewohnt, vielfältige Aufgabenformate zu bearbeiten. Aus diesem Grund ist es naheliegend, auch für die Zwecke des Forschungsvorhabens entsprechende Aufgaben heranzuziehen. Die kindlichen Bearbeitungen dieser Aufgaben dienen als Grundlage der qualitativen interpretativen Rekonstruktion der vorgenommenen Deutungen und Weisen der Symbolnutzung. Es wird betont, dass bei diesen Bearbeitungen nicht das Finden einer (oder mehrerer) richtiger Lösungen der Aufgaben im Fokus steht. Ebenso wenig handelt es sich um eine Untersuchung zur inhaltsbezogenen Kompetenz des Problemlösens, bei der diese wie in üblichen Interventionsstudien getestet, gefördert und erneut getestet wird.

Vor diesem Hintergrund stellt sich die Frage: In welche Anforderungssituationen müssen die Teilnehmenden gebracht werden, damit ein facettenreiches Spektrum der symbolischen Deutungen angeregt wird? Hierfür scheinen zwei Bedingungen hilfreich zu sein. Erstens müssen die Schülerinnen und Schüler im oben beschriebenen Sinne in einer ihnen vertrauten, am Mathematikunterricht orientierten Handlungspraxis ihren situativen, exemplarischen Umgang mit verschiedenen Zeichenträgern zeigen können. Dies wird anhand einer eigens dafür entwickelten Interviewform umgesetzt (vgl. Abschnitt 6.2 und 6.3). Zweitens müssen die dazu herangezogenen Aufgaben so gestaltet sein, dass aus unterschiedlichen semiotischen Mitteln Zeichenträger ausgewählt werden, die zur Lösungsfindung geeignet erscheinen. Hierfür ist es entscheidend, dass die Aufgabenformate nicht nur rechnerisch gelöst werden, sondern auch zeichnerische und materielle Darstellungen als Lösungen explizit eingefordert werden. Zusätzlich müssen die Aufgaben so gestaltet sein, dass in ihnen das besondere *Verhältnis von Sache und Mathematik* potenziell deutlich werden kann. Dementsprechend ist es notwendig, dass der Sachverhalt in angemessener Weise präsentiert wird und darin zugleich eine mathematische Struktur enthalten ist. Die Aufgaben selbst sollten ein gewisses *Variationspotenzial* hinsichtlich der verwendeten Zahlen und Größen, des Bezugs zum Sachkontext, der Spannbreite an potenziellen Zeichenträgern und Bearbeitungsformen aufweisen. Die so herangezogenen Aufgaben lassen sich als sogenannte *Denkaufgaben* klassifizieren (vgl. Krauthausen 2018, 134 ff). Es handelt sich also um Textaufgaben mit mathematischem Inhalt und sachlichen Bezügen, die jedoch prinzipiell austauschbar sind (und daher von klassischen Sachaufgaben sowie der Didaktik des Sachrechnens abzugrenzen sind). In diesem Kapitel werden in erster Linie die in den Interviews verwendeten und teilweise veränderten bzw. weiterentwickelten sachlich eingekleideten Textaufgaben vorgestellt und in Beziehung zueinander gesetzt.

6.1.1   Aufgaben der Prä-Interviews – Vorstellung und Analyse

Für die *Prä-Interviews* werden die beiden Aufgabenkontexte ‚Reifenwechsel' und ‚Ruderboote' in Anlehnung an die in der Mathematikdidaktik wohl bekannte ‚Pferde-Fliegen-Aufgabe' (siehe z. B. Wittmann & Müller 2009, 125) ausgewählt. Die jeweils ersten drei Aufgabenstellungen sind der nachfolgenden Tab. 6.2 zu entnehmen. Sie werden den Kindern im Wortlaut, jedoch mit anderer Formatierung und anderem Layout auf Arbeitsblättern zur Verfügung gestellt. Neben einem Angebot an Material enthalten die Arbeitsblätter entsprechenden Platz für die geforderte Bearbeitungsform.

Die erste im Prä-Interview zu bearbeitende Aufgabenstellung wird von den Grundschulkindern rechnerisch gelöst. Natürlich sind hier unterschiedliche Strategien zum tatsächlichen Vorgehen denkbar, die operativen Verknüpfungen der benannten Zahlen sind dabei jedoch unveränderlich. Zunächst muss die Anzahl der gewechselten Reifen der jeweiligen Fahrzeuge bzw. der Sitzplätze in den jeweiligen Booten multiplikativ ermittelt werden, bevor die berechneten Produkte miteinander addiert werden können. Aufgrund der Verwendung derselben Zahlen trotz unterschiedlicher Sachkontexte gilt für beide Teilaufgaben a) die Rechnung: $3 \cdot 8 + 9 \cdot 4 = 24 + 36 = 60$. Das heißt, dass 24 LKW-Reifen gewechselt wurden bzw. 24 Kinder in den großen Booten fahren und es 36 Autoreifen bzw. 36 Kinder in den kleinen Booten sind. Insgesamt wurden 60 Reifen gewechselt bzw. nehmen insgesamt 60 Kinder am Schulausflug teil.

Tab. 6.2 Aufgaben der Prä-Interviews: ‚Boote' und ‚Reifen' a) bis c)

Aufgaben der Prä-Interviews

Aufgabenkontext „*Reifenwechsel*"

Im Frühjahr tauschen viele Autobesitzer ihre Winterreifen wieder gegen Sommerreifen. Viele lassen das in einer Werkstatt machen. Der Lehrling will seinem Meister richtig zeigen, wie fit er ist, und sagt zum Schluss:

a) „Es wurden an 3 LKW (mit jeweils 8 Reifen) und an 9 PKW die Reifen gewechselt."
Mündliche Vorgabe: Löse die Aufgabe mit einer Rechnung

b) „Es wurden an 5 LKW (mit jeweils 8 Reifen) und an 6 PKW die Reifen gewechselt."
Erstelle eine Zeichnung, mit deren Hilfe du die Lösung finden kannst!

c) „Es wurden an 2 LKW (mit jeweils 8 Reifen) und an 8 PKW die Reifen gewechselt."
Nutze das Material, um eine Lösung zu finden!

Jeder der Teilaufgaben schlossen sich in schriftlicher Form die folgenden drei Fragen an:
– Wie viele LKW-Reifen wurden gewechselt?
– Wie viele PKW-Reifen wurden gewechselt?
– Wie viele Reifen wurden insgesamt gewechselt?

Aufgabenkontext „*Ruderboote*"

Eine Schule macht mit ihren Schülerinnen und Schülern einen Ausflug an den schönen Essener Baldeneysee. Das Wetter ist sehr sonnig und deshalb möchten die Schüler auf Ruderbooten den See erkunden. Es gibt kleine Boote für jeweils 4 Kinder und große Boote für jeweils 8 Kinder.

a) Die Lehrerin bucht 3 große und 9 kleine Boote.
– Mündliche Vorgabe: Löse die Aufgabe mit einer Rechnung
b) Die Lehrerin bucht 5 große und 6 kleine Boote.
– Erstelle eine Zeichnung, mit deren Hilfe du die Lösung finden kannst!
c) Die Lehrerin bucht 2 große und 8 kleine Boote.
– Nutze das Material, um eine Lösung zu finden!

Jeder der Teilaufgaben schlossen sich in schriftlicher Form die folgenden drei Fragen an:
– Wie viele Kinder fahren in den kleinen Booten?
– Wie viele Kinder fahren in den großen Booten?
– Wie viele Kinder nehmen insgesamt am Ausflug teil?

Die zweite (sowie dritte) Aufgabenstellung würde rechnerisch in analoger Weise gelöst werden. Die Grundschulkinder werden für diese Bearbeitung jedoch aufgefordert, eine Zeichnung zu erstellen, mit deren Hilfe sie die Lösung finden können. Hierbei ist den Kindern grundsätzlich freigestellt, das zu zeichnen, was ihnen Kreatives in den Sinn kommt. Das heißt, alles was sie sich mathematisch und sachlich dazu vorstellen, kann prinzipiell mit eigens dafür ausgewählten Zeichenträgern repräsentiert werden. Einzig die individuellen Fähigkeiten des Zeichnens selbst können dabei zum einschränkenden Kriterium werden. Insbesondere im Prä-Interview ist deshalb zu erwarten, dass vielfältige, gänzlich verschiedene Lösungen mit vermutlich vielen sachlichen Bezügen entwickelt werden. Ausgewählte, in den Prä-Interviews entstandene und nachfolgend aufgeführten Zeichnungen (Abb. 6.1) zum Kontext *Reifenwechsel* dienen als illustrative Beispiele:

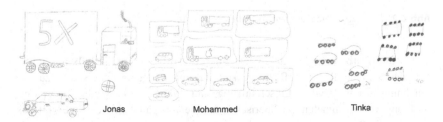

Jonas   Mohammed   Tinka

Abb. 6.1   Zeichnungen im Kontext ‚Reifenwechsel‘

Jonas hat einen LKW und einen PKW in sehr detaillierter Weise gezeichnet. Neben den Fahrzeugen und ihrer entsprechenden Reifenanzahl sind darüber hinaus u. a. Türen, Türgriffe Reflektoren, Speichen, Lenkräder und Spiegel zu erkennen. Zusätzlich zu diesen ikonischen Repräsentationen bediente sich Jonas der Zahlzeichen »5« und »6« sowie des Multiplikationszeichens, die innerhalb der Fahrzeuge notiert sind. Im Unterschied dazu hat Mohammed die jeweilige Fahrzeuganzahl gezeichnet, sodass seine Darstellung fünf LKW und sechs PKW enthält. Diese weisen zwar nicht den Detailreichtum von Jonas Fahrzeugen auf, jedoch werden auch hier beispielsweise unterschiedliche Größen und Marken erkennbar. Tinka hat sich zur Darstellung der LKW und PKW für zwei unterschiedliche Flächen entschieden, zu denen sie in ihrer jeweils eigenen Farbe die entsprechende Reifenanzahl ergänzt hat. Die so sehr stilisierten sechs PKW erhalten je vier roten Reifen und die fünf LKW je acht blaue. Zusätzlich hat Tinka die Lösungen der ersten und zweiten Frage nach den Anzahlen der Reifen (24 PKW- und 40 LKW-Reifen) notiert.

Diese drei beispielhaft präsentierten Lösungen verdeutlichen, wie verschiedenartig Grundschulkinder angesichts der Aufforderung vorgehen, eine mathematische Textaufgabe mit sachlichem Kontext zeichnerisch zu bearbeiten. Es wäre auch denkbar, eine noch stärker stilisierte Zeichnung als Lösung heranzuziehen, bei der von jedweden sachlichen Details abgesehen wird und die jeweiligen Anzahlen in den Fokus geraten. Mit einer solchen in Abb. 6.2 aufgeführten Darstellung könnte die Aufgabenstellung b) im Kontext *Reifenwechsel* ebenso gut im Kontext *Boote* als „passend" akzeptiert werden.

Abb. 6.2 Stilisierte Zeichnung zur Aufgabenstellung b)

Für die Bearbeitung der Aufgabenstellung c) wird den Grundschulkindern verschiedenes Material zur Verfügung gestellt. Damit findet im Unterschied zu den Zeichnungen eine gewisse Einschränkung statt. Während die Kinder in der Entwicklung von geeigneten zeichnerischen Elementen gänzlich frei sind, gibt das Material die Beschaffenheit der Zeichenträger zu einem bestimmten Grad vor. Es ist jedoch möglich und durchaus legitim, mehrere Materialien (ähnlich der einzelnen Striche, Kreise und sonstige Formen auf dem Papier) miteinander zu verbinden und dadurch eine Zeichenträgerkonfiguration zu erschaffen. Die allgemein zur Aufgabenbearbeitung zur Verfügung stehenden Materialien, die sowohl aus dem Mathematikunterricht entstammen als auch vertrauten Alltagsgegenständen entsprechen, sind nachfolgend aufgelistet:

- Steckperlen (nach den beiden Farben gelb und rot in zwei Tüten sortiert)
- Holzwürfel (prinzipiell gleichartig)
- Plättchen (in zwei Größen in drei Dosen: 1) ausschließlich schwarz, klein und groß 2) nach den Farben grün, blau, gelb und rot sortiert, klein 3) bunt durcheinander, klein und groß)
- Mathematische Flächen (Kreise, Quadrate, Dreiecke in jeweils den Farben rot, gelb, blau und grün)
- Sechsseitige Spielwürfel mit den Zahlen 1-6 (rot und blau)
- Steckwürfel (unsortiert in vielen verschiedenen Farben)
- Geld (Spielgeld DM und € sowie echte amerikanische Münzen)
- Muffinförmchen in zwei Varianten: 1) aus Papier mit grün-weißem Muster 2) aus Silikon jeweils vier Stück in den drei Farben rosa, grün und gelb
- Streichhölzer in Streichholzschachteln
- Plastik-Strohhalme (in verschiedenen Farben, in normaler Länge sowie gedrittelt)
- Metallene Bonbondosen (Farben rot-schwarz und blau-weiß)
- Plastikbecher (in den Varianten 1) klein und durchsichtig 2) weiß und groß)

Die Kinder sind angehalten, aus diesen Materialen zunächst geeignete Zeichen-träger auszuwählen. Dazu ist es erforderlich, dass sie sich mit den zur Verfügung stehenden Materialien vertraut machen, wozu ihnen in den Prä-Interviews genü-gend Zeit für die materielle Bearbeitung eingeräumt wird. Es ist zudem zu erwarten, dass die Vielfalt der Lösungen wegen der materiellen Einschränkung nicht mit der der Zeichnungen vergleichbar ist, sich jedoch trotzdem weiterhin gewisse Unterschiede beobachten lassen. In der nachfolgenden Abb. 6.3 sind drei Lösungen zum Aufgabenteil c) im Kontext *Ruderboote* dargestellt.

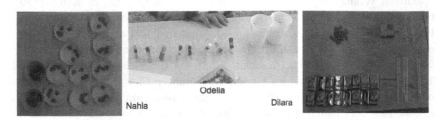

Abb. 6.3 Materialdarstellungen im Kontext ‚Ruderboote‘

Nahla befüllte zwei Muffinsilikonförmchen mit jeweils acht roten Steckper-len und zehn Papierförmchen mit jeweils vier roten Steckperlen. Odelia hat sich im Unterschied hierzu für Becher und bunte Steckwürfel entschieden, mit denen sie analog vorgeht. Die großen Boote werden in beiden Fällen sowohl an dem Material (Silikon im Gegensatz zu Papier) bzw. der Farbe und Größe (groß und wie im Gegensatz zu klein und durchsichtig) der gewählten Zeichenträger sowie der in den Behältern befindlichen Anzahl an anderen Gegenständen als Sitzplätze von den kleinen Booten unterschieden. Dilara wählte die Materialien aus, um mit ihnen die unterschiedlichen Komponenten der rechnerischen Lösung zu reprä-sentieren. Die Gleichung $8 \cdot 4 = 24$ ist mit Hilfe von acht kleinen Bechern für die Anzahl der kleinen Boote, einer roten Steckperle als Malzeichen, vier Holzwürfeln für die Sitzplätze in den kleinen Booten, zwei Strohalmen als Gleich-heitszeichen sowie 24 Steckperlen als Ergebnis der Anzahl aller Sitzplätze in den kleinen Booten aufgeführt. Unten ist die Gleichung $2 \cdot 8 = 16$ in ähnlicher Weise, jedoch mit Strohhalmen für die Faktoren und Metalldosen als Ergebnis der Anzahl aller Sitzplätze in den großen Booten dargestellt. All diese Lösun-gen weisen (eher) keine konkreten sachlichen Bezüge zur *Schulausflugssituation* auf und können deshalb potenziell und mit eher wenig Schwierigkeiten auch als Lösungen des Aufgabenteils c) im Kontext *Reifenwechsel* akzeptiert werden.

Die Funktion dieser ersten drei Teilaufgaben liegt in erster Linie darin, sich sowohl mit der Interviewsituation, der Interviewerin selbst, den vorgegebenen (mathematischen) Kontexten und den unterschiedlichen Bearbeitungsformen vertraut zu machen. Die Kinder können für sich experimentieren, wie sie eine zeichnerische und materielle Lösung gestalten. Die Aufgabenstellungen selbst wurden deshalb so ausgesucht, dass sie aufgrund ihrer Einfachheit vermutlich eher keine große Herausforderung für die Schülerinnen und Schüler darstellen. Zwar wurden die Formulierungen so gewählt, dass der sachliche Kontext etwas ausgeschmückt wurde, der mathematische Inhalt besteht jedoch lediglich in der operativen Verknüpfung der benannten Anzahlen. Natürlich gilt es auch hier zu beachten, dass die Vermittlung zwischen Sache und Mathematik nicht als eine Eins-zu-Eins-Übersetzung aufgefasst wird, sondern ihre Beziehung von einem epistemischen Subjekt in aktiven Deutungs- und Interpretationsprozessen individuell hergestellt wird (vgl. Abschnitt 5.2.1). Im Unterschied zu den weiteren Teilaufgaben der Prä-Interviews können die Lösungen für a) bis c) jedoch mehr oder weniger *unmittelbar* mit Hilfe der vorgegebenen Anzahlen berechnet (bzw. zeichnerisch oder materiell gelöst) werden. Die weiteren für die Prä-Interviews vorbereiteten, strukturell komplexeren Aufgabenstellungen (bei gleichbleibenden Kontexten) sind in der nachfolgenden Tab. 6.3 enthalten.

Tab. 6.3 Aufgaben der Prä-Interviews: ‚Boote' und ‚Reifen' d) und e)

Aufgaben der Prä-Interviews – Fortsetzung
Aufgabenkontexte „*Reifenwechsel*" und „*Ruderboote*"
d) „Es wurden an 12 Fahrzeugen die Reifen gewechselt. Es waren LKW mit jeweils 8 Reifen und PKW dabei. Insgesamt waren es 56 Reifen. Wie viele PKW und wie viele LKW waren dabei?"   e) „Es wurden an 12 Fahrzeugen die Reifen gewechselt. Es waren LKW mit jeweils 8 Reifen und PKW dabei. Insgesamt waren es 84 Reifen. Wie viele PKW und wie viele LKW waren dabei?"
d) Eine Schule macht mit ihren 56 Schülerinnen und Schülern einen Ausflug an (...). Es gibt kleine Boote für jeweils 4 Kinder und große Boote für jeweils 8 Kinder. Die Lehrerin möchte 12 Boote so buchen, dass jedes Kind einen Platz bekommt.   e)Eine Schule macht mit ihren 84 Schülerinnen und Schülern einen Ausflug an (...). Die Lehrerin möchte 12 Boote so buchen, dass jedes Kind einen Platz bekommt.
Jeder der beiden Teilaufgaben schlossen sich in schriftlicher Form die folgenden zwei Fragen sowie die abschließende Aufforderung der Bearbeitung an: – Wie viele LKW waren in der Werkstatt/kleine Boote muss sie buchen?   – Wie viele PKW waren in der Werkstatt/ große Boote muss sie buchen?   Löse die Aufgabe! (Rechnung, Zeichnung oder mit Material)

Wie bereits angedeutet, unterscheiden sich die Aufgabenteile d) und e) von den vorherigen. Mit den hier vorgegebenen mathematischen Elementen als Gesamtanzahl aller gewechselten Reifen bzw. aller am Schulausflug teilnehmenden Kinder sowie der Gesamtanzahl der Fahrzeuge bzw. Boote können die Lösungen auf dieser Grundlage nicht so einfach berechnet oder dargestellt werden. Damit ist gemeint, dass *keine grundschulkonforme, unmittelbare operative Verknüpfung* der vorgegebenen Zahlen 56 (84), 4, 8 und 12 dazu führt, dass die richtige Lösung gefunden wird. Es ist stattdessen erforderlich, andere Strategien heranzuziehen. Eine Möglichkeit besteht darin, die vorgegebene Anzahl der Fahrzeuge zunächst als Anzahl der PKW (bzw. die vorgegebene Anzahl aller Ruderboote zunächst als Anzahl der kleinen Boote) zu sehen. In einer stilisierten Darstellung würde jeder Einheit die Anzahl vier (für vier Reifen bzw. vier Sitzplätze) zugeordnet (Abb. 6.4):

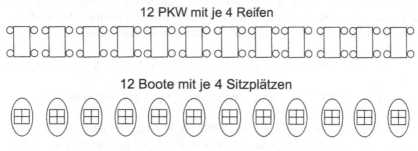

12 PKW mit je 4 Reifen

12 Boote mit je 4 Sitzplätzen

Abb. 6.4 Entitäten als Merkmalsträger 4

Mit dieser Strategie sind $12 \cdot 4 = 48$ Reifen bzw. Sitzplätze (Schulkinder) bereits auf die Fahrzeuge bzw. Boote verteilt. Zum Erhalt der vorgegebenen Gesamtanzahl von 56 Reifen für den Aufgabenteil d) und 84 Schulkinder (Sitzplätze) für den Aufgabenteil e) müssen noch 8 weitere Reifen (Sitzplätze) bzw. 36 weitere Sitzplätze (Reifen), und zwar immer je vier, hinzugefügt werden (Abb. 6.5):

Lösung d) 2 LKW (mit je 8) und 10 PKW (mit je 4 Reifen)

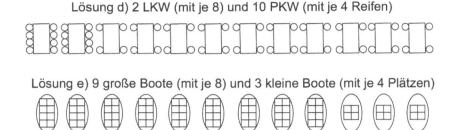

Lösung e) 9 große Boote (mit je 8) und 3 kleine Boote (mit je 4 Plätzen)

Abb. 6.5 Lösungen d) Reifenwechsel und e) Ruderboote

Auf diese Weise werden 2 LKW mit je acht Reifen und 10 PKW mit je vier Reifen für den Aufgabenteil d) sowie 9 große Boote mit je acht Sitzplätzen und 3 kleine Boote mit je 4 Sitzplätzen für den Aufgabenteil e) konstruiert. Die Aufgaben sind damit beispielhaft für jeden Kontext gelöst. Prinzipiell liegen dieser Bearbeitungsstrategie die folgenden Charakterisierungen zugrunde:

- Alle Fahrzeuge haben (mindestens) vier Reifen und einige haben *vier* Reifen mehr.
- Alle Boote haben (mindestens) vier Sitzplätze und einige haben *vier* Sitzplätze mehr.
- Mit diesen Überlegungen gilt es anschließend herauszufinden, wie man die jeweilige Anzahl der Fahrzeuge und Boote, die je *vier Einzeldinge* mehr haben, ermitteln kann.

Mit dieser Charakterisierung wird eine *Beziehung* in den Sachverhalt *hinein-konstruiert*. *Vier Einzeldinge mehr* ist keine Eigenschaft, die den Fahrzeugen oder Booten unmittelbar zu eigen ist, sondern im Vergleich von Fahrzeugtypen und Bootstypen bewusst hergestellt werden muss. Dies hat zur Folge, dass zwischen den beiden verschiedenen Kontexten *Reifenwechsel* und *Ruderboote* trotz aller sachlichen Unterschiede aufgrund der *intern* konstruierten Beziehung (,vier Einzeldinge mehr') eine *strukturelle Gleichheit* vorliegt:

„Wenn in der jeweiligen Sache intern eine neue Beziehung konstruiert wird, wenn aus Sicht der Mathematik also nicht die sichtbaren, konkreten Eigenschaften des Sachverhalts im Zentrum stehen, sondern vielleicht noch unsichtbare Beziehungen zwischen den Sachelementen, dann wird deutlich, dass auch ganz unterschiedliche Sachkontexte

bei aller ‚sachlichen' Unterschiedlichkeit aus mathematischer Perspektive hinsichtlich der im Sachkontext konstruierten Beziehungsstruktur wohl ‚gleich' sein können.
Damit erhalten wir in produktiven Verbindungen zwischen Sache und Mathematik zum
einen interne Beziehungen in den jeweiligen Sachkontexten, die zum anderen zu externen Beziehungen zwischen verschiedenartigen Sachkontexten über die Gleichheit der
Struktur führen können" (Steinbring 2001, 178 ff).

Die strukturelle Gleichheit ermöglicht es, von den individuellen sachlichen Eigenschaften in den jeweiligen spezifischen Kontexten abzusehen und die darin
benannten Elemente in einem *externen Austausch* miteinander gleichzusetzen. Ein
kleines Boot mit vier Sitzplätzen kann genauso gut als ein Auto mit vier Reifen
verstanden werden. Um dieser Beziehungskonstruktion weiter nachzugehen, hat
Steinbring (2001, 179) eine didaktische Analyseperspektive eingenommen, die auf
die hier vorliegenden beiden Sachkontexte übertragen wird. In Anlehnung daran
werden die beiden Gleichungen aufgestellt und die nachfolgenden Kurzbezeich-
nungen gewählt sowie daraus resultierende Schlussfolgerungen gezogen:

$$(1)\ O_1 \cdot a_1 + O_2 \cdot a_2 = A \quad (2)\ O_1 + O_2 = O \quad (a_1 < a_2)$$

A sei die Anzahl aller Einzeldinge (Anzahl aller Reifen, aller Sitzplätze)
O sei die Anzahl aller Objekte (Anzahl aller Fahrzeuge, aller Boote)
a_i sei die Anzahl aller Einzeldinge pro Objekt (4 Reifen, 8 Reifen, 4 Sitzplätze,
8 Sitzplätze)
O_i sei die Anzahl der Objekte der Art i (Anzahl der PKW, Anzahl der LKW,
Anzahl der kleinen Boote, Anzahl der großen Boote)

Mit diesen Bezeichnungen lassen sich die vorgenommenen inhaltlichen Charakterisierungen kontextübergreifend wie folgt kurz ausdrücken:

„Es werden an allen Fahrzeugen *vier* Reifen vergeben" $O \cdot a_1$

„Es werden an allen Booten *vier* Sitzplätze vergeben" $O \cdot a_1$

„Es bleiben dann noch weitere Reifen über (für die Fahrzeuge mit 4 Reifen mehr)"
$A - O \cdot a_1$

„Es bleiben dann noch weitere Sitzplätze über (für die Boote mit 4 Plätzen mehr)"
$A - O \cdot a_1$

„Einige Fahrzeuge haben 4 Reifen mehr"	$O_2 \cdot (a_2 - a_1)$
„Einige Boote haben 4 Sitzplätze mehr"	$O_2 \cdot (a_2 - a_1)$

Die Anzahl der weiteren, jeweils vier Reifen ist gleich der Anzahl der 8-reifigen Fahrzeuge mal zwei Reifen $(A - O \cdot a_1) = O_2 \cdot (a_2 - a_1)$

Die Anzahl der weiteren, jeweils vier Sitzplätzen ist gleich der Anzahl der 8-sitzplätzigen Boote mal zwei Sitzplätzen $(A - O \cdot a_1) = O_2 \cdot (a_2 - a_1)$

Dies führt zur Lösung: $O_2 = \frac{(A - O \cdot a_1)}{(a_2 - a_1)}$.

Die in den Sachverhalten konstruierten Beziehungen *vier Reifen mehr* und *vier Sitzplätze mehr* erlauben es auf Seiten der mathematischen Lösungsstrategie, die zwei Gleichungen auf eine Gleichung für das unbekannte O_2 zurückzuführen. Für die zeichnerisch gelösten Aufgabenteile d) und e) ergeben sich folglich:

$$\frac{(56 - 4 \cdot 12)}{(8 - 4)} = 2 \text{ (Anzahl der LKQW)} \qquad \frac{(84 - 4 \cdot 12)}{(8 - 4)} = 9 \text{ (Anzahl der großen Boote)}$$

6.1.2 Aufgaben der Post-Interviews – Vorstellung und Vernetzung

Für die *Post-Interviews* werden die beiden Aufgabenkontexte ‚Bonbons' und ‚Kirschen pflücken' ausgewählt. Die ersten (teilweise gekürzten) Aufgabenstellungen sind der nachfolgenden Tab. 6.4 zu entnehmen. Sie werden im Wortlaut (zumindest die ungekürzten Teile), jedoch mit anderer Formatierung und anderem Layout den teilnehmenden Grundschulkindern auf Arbeitsblättern mit entsprechendem Platz und Material für die geforderte Bearbeitungsform zur Verfügung gestellt.

Tab. 6.4   Aufgaben des ersten Post-Interviews ‚Bonbons'

Aufgaben des ersten Post-Interviews
Aufgabenkontext „*Bonbons*"
In einem Süßigkeitenladen kann man Bonbons kaufen. Die teuren, aber ganz leckeren Schokosahnebonbons kosten 8 € pro Tüte. Die einfachen Karamellbonbons kosten 4 € pro Tüte.   a) Der Verkäufer nimmt 12 Tüten Bonbons. 3 Tüten davon sind mit Schokosahnebonbons gefüllt und die anderen 9 sind mit Karamellbonbons gefüllt. Der Verkäufer mischt die ausgewählten Tüten zusammen und verpackt sie anschließend als 12 gemischte Tüten.   b) 14 Tüten Bonbons – 7 Tüten Schokosahnebonbons und 7 Tüten Karamellbonbons.   c) 16 Tüten Bonbons – 12 Tüten Schokosahnebonbons und 4 Tüten Karamellbonbons.
Jeder der Teilaufgaben schlossen sich in schriftlicher Form die folgenden vier Fragen an: – Wie viel € kosten die ausgewählten Tüten Schokosahnebonbons?   – Wie viel € kosten die ausgewählten Tüten Karamellbonbons?   – Wie viel € kosten alle Bonbons in den ausgewählten Tüten zusammen?   – Wie viel € kostet eine gemischte Tüte Bonbons?
d) Schokosahnebonbons 8 €, Karamellbonbons 4 € (…) Der Verkäufer möchte aus beiden Sorten 12 gemischte Tüten zusammen mischen und jede Tüte soll 7 € kosten.   e) Fruchtbärchen 7 €, Weingummis 3 €, 12 gemischte Tüten, Preis einer Tüte 4 €   f) Schokosahnebonbons 8 €, Karamellbonbons 4 €, Der Verkäufer hat von diesen beiden Sorten insg. 12 Tüten verkauft. Er sagt: „Ich habe dafür 68 € bekommen."   g) Fruchtbärchen 7 €, Weingummis 3 €, 18 Tüten, 106 € bekommen
Jeder der Teilaufgaben schlossen sich in schriftlicher Form die folgenden zwei Fragen an: – Wie viele Tüten Schokosahnebonbons/Fruchtbärchen und   – wie viele Tüten Karamellbonbons/Weingummis muss er nehmen/hat er verkauft?

Bei den Aufgabenstellungen der Prä-Interviews werden bewusst Kontexte ausgewählt, deren sachliche Elemente und ihre Eigenschaften unmittelbar den kindlichen *Sinnen* zugänglich sind. Es handelt sich bei den Objekten (Fahrzeuge und Boote) und Einzeldingen (Reifen und Sitzplätze bzw. Kinder) um Anzahlen, die in einer potenziell realen sachlichen Situation *gesehen* werden können. Der Aufgabenkontext des ersten Post-Interviews unterscheidet sich in dieser Hinsicht von den Kontexten *Reifenwechsel* und *Ruderboote*. Die im Kontext *Bonbons* benannten Objekte sind unterschiedliche Sorten Bonbons, die natürlich ebenfalls sichtbar sind. Auch mag es nicht schwerfallen, sich diese in Tüten verpackt vorzustellen. Jeder dieser Tüten wird allerdings ein *Preis* und damit ein *Geldwert* zugeordnet, also eine mathematische Größe, die im sozialen Bewusstsein der Menschheit als Einheit zur Bestimmung des Wertes eines Objekts konstruiert wurde. Damit ist die Größe *Geld* nicht unmittelbar den Sinnen zugänglich. Sie ist ein Konstrukt, dessen Wertigkeit sich in den eigens dafür entwickelten Geldscheinen und Geldmünzen widerspiegelt. Zusätzlich dazu ist nicht benannt, wie viele Bonbons (als Anzahl oder Gewicht) sich in jeder Tüte befinden. Diese unbekannte, nicht numerisch angegebene Größe könnte die Grundschulkinder vor die weitere Anforderung stellen, diese für die Aufgabenbearbeitung als nicht relevant zu akzeptieren. Jeder Tüte als Objekt wird dementsprechend nicht eine bestimmte Bonbonanzahl einer Sorte als einzelne Dinge, sondern ihr Wert in Euro zugeordnet. Im Unterschied zu den Reifen und Sitzplätzen (oder auch Beinen und Blumen, vgl. Intervention 1 und 2 in Abschnitt 6.3.3), die den Objekten (den Fahrzeugen und Booten bzw. Tieren und Vasen) unmittelbar *anhaften*, ist eine Tüte nicht in dieser Form mit dem ihr zugeschriebenen Geldwert verbunden. Er muss eigenständig einer solchen Tüte zugehörig angesehen werden. Zwar lässt sich der Geldwert beispielsweise mit Geldscheinen repräsentieren, jedoch sind auch diese Repräsentationen nicht der eigentliche Wert als Bedeutung (bzw. als mathematischer Begriff) an sich und dürfen dementsprechend auch nicht miteinander verwechselt werden (vgl. Duval 2000, 2006; vgl. Abschnitt 1.1)! Aufgrund dieser individuellen Konstruktion als Zuordnung des Geldwertes zu einer Tüte Bonbons sind die Aufgabenstellungen des ersten Post-Interviews von der Sache her und bezüglich der erforderlichen symbolischen Deutung anspruchsvoller als die Kontexte der Prä-interviews und ersten sowie zweiten Interventionseinheit.

Neben diesen unterschiedlichen Anforderungen der Aufgaben der Prä-Interviews und des ersten Post-Interviews werden die Aufgabenstellungen jedoch bewusst in sich teilweise gleichender Weise gewählt. Einer/einem aufmerksamen Leserin/Leser könnte bereits aufgefallen sein, dass sich die Kontexte des Aufgabenteils a) zwar grundlegend voneinander unterscheiden, die Anzahlen der Objekte und Einzeldinge jedoch identisch sind. Während im Prä-Interview die Rede von PKW mit 4 Reifen/kleinen Booten mit 4 Plätzen und LKW mit 8 Reifen/großen Booten mit 8 Plätzen die Rede ist, geht es im Post-Interview um eine Tüte Schokosahnebonbons für 8 € bzw. eine Tüte Karamellbonbons für 4 €. Die aufgeführte Rechnung $3 \cdot 8 + 9 \cdot 4 = 60$ hat entsprechend über alle drei Kontexte hinweg ihre Gültigkeit.

Im Kontext *Bonbons* ist es neben der Ergänzung der Währungseinheit hinaus jedoch zusätzlich erforderlich, dieses berechnete Ergebnis als Gesamtpreis aller ausgewählten Tüten durch 12 zu teilen, um den Preis einer einzelnen gemischten Tüte Bonbons zu erhalten. Dadurch werden die Grundschulkinder vor eine weitere Deutungsanforderung gestellt: Was bedeutet es *mathematisch*, wenn der Verkäufer die Bonbons der ausgewählten Tüten *mischt* und anschließend als gemischte Tüten *verpackt*? Im Sachverhalt werden die beiden Bonbonsorten in unterschiedlichen Anteilen miteinander vermischt, wobei die genaue Anzahl besagter Bonbons nicht bekannt ist. Was bekannt ist, ist die Anzahl der ausgewählten Tüten einer Sorte, die in gewisser Weise die Menge (oder auch Gewicht) der Bonbons in der Einheit

„Tüte" bündelt. Jeder Tüte wird dabei ein bestimmter Geldwert, nämlich 8 € oder 4 € angeheftet. Mathematisch könnte man sich vorstellen, dass entsprechend nicht die Bonbons, sondern diese Geldwerte als Anzahlen ‚vermischt' – also addiert – werden. Im Anschluss wird das so ‚gemischte Geld' wieder zurück auf die Tüten verteilt (60 ÷ 12). Es kann folglich ermittelt werden, dass eine gemischte Tüte im Aufgabenteil a) 5 € kostet.

Weitere Aufgabenstellungen, die sich gleichen, sind Teil e) der Prä-Interviews und Teil d) des ersten Post-Interviews. In beiden ist vorgegeben, dass es sich um 12 Objekte handelt, denen bestimmte Einzeldinge der Anzahlen vier und acht zugeordnet werden. Die Summe der Einzeldinge ist im Kontext der *Boote* und *Reifen* direkt mit 84 benannt. Im Kontext der *Bonbons* muss diese in einem ersten Schritt aus dem angegebenen Preis einer gemischten Tüte (7 €) ermittelt werden, indem dieser mit der Anzahl der vorgegebenen Tüten (12) multipliziert wird. Ist der Gesamtpreis der gemischten Tüten ermittelt, so ist die Lösung der Aufgabenstellung in den unterschiedlichen Sachkontexten identisch. Das heißt, die Aufgabe im Kontext *Bonbons* kann beispielsweise zeichnerisch mit derselben Strategie gelöst werden, wie es in den Skizzen zu den Kontexten *Reifen* und *Boote* dargestellt ist und in der nachfolgenden Abb. 6.6 illustriert wird: Alle Tüten kosten mindestens 4 € und manche kosten 4 € mehr.

12 Tüten mit je 4€ (Karamellbonbons) = 48€

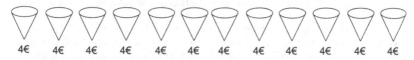

Es müssen noch weitere 84€ - 48€ = 36€ und zwar immer je vier hinzugefügt werden:

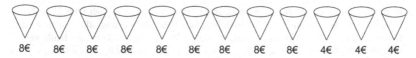

Lösung: 9 Tüten mit je 8€ (Schokosahnebonbons) und 3 Tüten mit je 4€ (Karamellbonbons)

Abb. 6.6 Lösung d) ‚Bonbons'

In analoger Weise wird hier eine interne Beziehung in den sachlichen Kontext hineinkonstruiert, die bewusst als strukturelle Erweiterung hergestellt wird (vgl. Schwarzkopf 2006, 104) und allen drei Sachkontexten gemeinsam ist. Diese strukturelle Beziehung führt dazu, dass trotz aller Unterschiedlichkeit die sachlichen Kontexte aus mathematischer Perspektive sehr wohl als gleich angesehen werden können (vgl. Steinbring 2001, 178 f).

Für die weiteren beiden Post-Interviews wird (unter anderem) der Aufgabenkontext ‚Kirschen pflücken‘ ausgewählt, dessen Aufgabenstellungen in der nachfolgenden Tab. 6.5 enthalten sind. Sie entsprechen im Wortlaut den verwendeten Formulierungen, unterscheiden sich jedoch hinsichtlich Formatierung und Layout von den tatsächlichen Arbeitsblättern.

Tab. 6.5 Aufgaben des zweiten und dritten Post-Interviews: ‚Kirschen pflücken‘

Aufgaben des zweiten und dritten Post-Interviews
Aufgabenkontext „*Kirschen pflücken*"
a) Jakob ist 9 Jahre alt. Er hilft seinem Opa in dessen Garten mit vielen Kirschbäumen beim Pflücken. Jakob kann in einer halben Stunde einen kleinen Eimer (aus dem Sandkasten) Kirschen von 1 kg Gewicht pflücken. Wie viele Kirschen kann er in 2 Stunden pflücken? (Rechnung)
b) Die Freundin Annika hilft beim Pflücken. Sie schafft genauso viele Kirschen wie Jakob. Wie lange brauchen Annika und Jakob zusammen, um 10 kg Kirschen zu pflücken? (Zeichnung)
c) Am nächsten Tag pflücken Annika und Jakob wieder Kirschen. Jetzt pflückt auch der Opa Kirschen. Er ist beim Pflücken dreimal so schnell wie Jakob. Die Drei pflücken insgesamt 3 Stunden lang Kirschen. Sie haben natürlich zwischendurch auch mehrere Pausen gemacht. Wie viele Kirschen haben die Drei in 3 Stunden zusammen gepflückt? (Material)
d) Es gibt noch immer Kirschen in Opas Garten. Also pflücken die Drei am folgenden Tag wieder Kirschen. An diesem Tag wollen sie 40 kg Kirschen pflücken. Nach 2 Stunden und 30 Minuten haben Annika und Jakob keine Lust mehr und gehen lieber spielen. Wie lange muss Opa noch alleine Kirschen pflücken, bis insgesamt 40 kg gepflückt sind? (Material)
e) Es gibt noch immer Kirschen in Opas Garten. An diesem Tag will der Opa 22 kg Kirschen pflücken. Annika und Jakob helfen ihm. Eine Stunde lang pflücken sie zu dritt Kirschen, dann gehen Annika und Jakob spielen. Wie lange muss Opa noch alleine Kirschen pflücken, bis insgesamt 22 kg Kirschen gepflückt sind? (ausgewähltes Material)
f) Es gibt noch immer Kirschen in Opas Garten. Jakob möchte 36 kg Kirschen in 3 Stunden schaffen. Wie viele Freunde muss Jakob mitbringen, damit sie das gemeinsam schaffen? (Jeder Freund schafft genauso viele Kirschen wie Jakob.)
g) Es gibt noch immer Kirschen in Opas Garten. Jakob möchte 36 kg Kirschen in 3 Stunden schaffen. Jakob fragt seinen Opa und der hilft mit. Wie viele Freunde muss Jakob jetzt noch mitbringen, damit sie gemeinsam 36 kg Kirschen in 3 Stunden pflücken?

Wie auch schon bei den vorherigen Aufgabenstellungen dient der Aufgaben-teil a) als Einführung in den sachlichen Kontext sowie dem unmittelbaren und üblichen Bedürfnis der Kinder, zu rechnen. Neben den mathematisch relevanten Elementen wird die Sachsituation ebenfalls ein wenig ausgeschmückt, um die Vor-stellung der Kinder anzuregen. Im Aufgabenteil b) und c) werden nach und nach die weiteren Personen Annika und Opa mit ihren individuellen Pflückgeschwin-digkeiten eingeführt. Hierfür ist es wichtig, zu verstehen, was „genauso viel" und „dreimal so schnell" bedeutet. Jakob und Annika können als Kinder in einer hal-ben Stunde ein Kilogramm Kirschen pflücken. Der Opa als Erwachsener schafft in derselben Zeit drei Kilogramm Kirschen. Auch bei diesen beiden Aufgabentei-len geht es in gewisser Weise um ein erstes Zurechtfinden im Sachkontext, wobei dies neben der rechnerischen Bearbeitung auch als Zurechtfinden in der Wahl von geeigneten zeichnerischen und materiellen Zeichenträgern charakterisiert werden kann.

Diese ausgedehnte Phase des Einfindens scheint insbesondere erforderlich, weil es sich bei den sachlichen Elementen nicht länger um simple Objekte handelt, denen Einzeldinge als Eigenschaften zugeordnet werden. Stattdessen werden Personen *Pflückgeschwindigkeiten* zugeschrieben. Das heißt, es müssen zwei mathematische Größen miteinander verknüpft werden. Zusätzlich sind diese zu verknüpfenden Größen als solche selbst nicht unmittelbar wahrnehmbar. Bei Gewichten vermag man noch gewisse Unterschiede im direkten Vergleich füh-len zu können, jedoch muss auch hier die Waage als Werkzeug zur Ermittlung des tatsächlichen Gewichts herangezogen werden. Denkbar wäre, ggf. aus der *Menge* gewisse Rückschlüsse zu ziehen. Beispielsweise wird es so möglich, eine bestimmte Anzahl an gepflückten Kirschen als Pflückgewicht der Kinder zu repräsentieren und die dreifache Anzahl als Pflückgewicht des Opas. In einer sol-chen potenziellen Repräsentation wird jedoch *vereinfachend* angenommen, dass es möglich wäre, von der Anzahl der Dinge konkrete Rückschlüsse auf deren Gewicht zu ziehen, obwohl tatsächliche *Kirschen* nahezu immer unterschied-lich schwer sind. Während sich Gewichtsangaben notfalls behelfsmäßig über die Anzahl von Objekten darstellen lassen, ist dies mit der Größe *Zeit* nicht so einfach umsetzbar. Die teilnehmenden Grundschulkinder werden vor die Anforde-rung gestellt, dieser unsichtbaren Größe einen Zeichenträger zuzuordnen. Hierbei kann nicht auf potenziell ikonische Relationen und Vereinfachungen zurückge-griffen werden, wie bei der Repräsentation von Kirschen als Gewichtsangaben. Es müssen gänzlich arbiträre Zuschreibungen stattfinden, um zeitliche Abläufe zu visualisieren. Als Zeichnung könnte dies beispielsweise in einer Art *Comic* geschehen. Dafür werden unterschiedliche Bilder gezeichnet, die den Verlauf des

Pflückens darstellen. Beim Material könnte analog anhand unterschiedlicher, voneinander abgetrennter Bereiche ein solcher Verlauf illustriert werden. Sowohl bei ihrer Zeichnung als auch in der Materialdarstellung bedient sich Odelia im zweiten Post-Interview dieser Strategie (Abb. 6.7):

Abb. 6.7 Odelias Lösungen im Kontext ‚Kirschen pflücken': b) Zeichnung und c) Material

Odelia hat ihre Zeichnung in fünf Abschnitte eingeteilt, denen sie die jeweils vergangene Zeit als Überschrift zuweist. Jeder Abschnitt enthält zudem zwei Körbe oder Eimer, einen für Annika und einen für Jakob, wobei die darin enthaltenen Kreiskritzel einzelne Kirschen repräsentieren. Darunter schreibt Odelia die jeweilige Gesamtpflückmenge der beiden Kinder in besagtem Zeitabschnitt: halbe Stunde – 2 kg, 1 Stunde – 4 kg, anderthalb Stunden – 6 kg, 2 Stunden – 8k g und zweieinhalb Stunden – 10 kg. Neben der Einteilung greift Odelia somit auf Buchstaben und Zahlen zurück, um den zeitlichen Verlauf sowie Zuwachs am Gewicht der gepflückten Kirschen aufzuzeigen. Auch in ihrer Materialdarstellung finden sich diese Elemente wieder. Mit Streichhölzern hat Odelia die einzelnen Bereiche voneinander abgegrenzt. In jedem Bereich befinden sich drei Plastikbecher als Sammelbehälter für die gepflückten Kirschen. Das jeweils von einer Person gepflückte Gewicht wird darin mit einem Spielwürfel repräsentiert. Im ersten Abschnitt (oben links) zeigen die Würfel deshalb die Augen eins, eins und drei, im zweiten (oben mittig) zwei, zwei und sechs usw. Die Gesamtpflückmenge ist zusätzlich separat in den Würfeln außerhalb der Eimer abzulesen. Im ersten Bereich zeigt der dafür gelegte Spielwürfel die Augenanzahl fünf, im zweiten zwei Spielwürfel zehn usw. Neben den Bereichen weisen zudem die einzelnen Holzwürfel auf den zeitlichen Verlauf hin: Ein Holzwürfel steht für eine halbe Stunde. Im ersten Bereich kann diese halbe Stunde entsprechend an einem Holzwürfel abgelesen werden, im zweiten Bereich wird die Zeit von einer Stunde an zwei aufeinander getürmten Holzwürfeln abgelesen usw. Im sechsten Bereich

(unten links) ist schließlich das Ergebnis enthalten: Anhand der sechs Holzwürfel wird ersichtlich, dass die Personen drei Stunden lang gepflückt haben. Opa
hat 18kg und die Kinder haben je 6 kg geschafft (Augenzahlen der Spielwürfel in den Bechern). Die Gesamtpflückmenge als gesuchte Lösung ist den sechs
Spielwürfeln mit der jeweiligen Augenanzahl fünf als 30 kg zu entnehmen.

Im weiteren Verlauf des zweiten Post-Interviews wird zuletzt der Aufgabenteil
d) bearbeitet. Bei diesem gilt es, sich nicht nur der im Sachverhalt enthaltenen
proportionalen Beziehung bewusst zu werden. Stattdessen fallen die beiden Kinder als Pflücker unerwarteterweise nach zweieinhalb Stunden aus. Das hat zur
Konsequenz, dass der Opa den Ausfall kompensieren und somit länger arbeiten muss. Die Grundschulkinder müssen für sich die Bedeutung rekonstruieren,
was es heißt, *gemeinsam* und *alleine* (weiter) Kirschen zu pflücken. Dafür ist es
entscheidend, die Zeitangaben in ordinaler Weise als *erste, zweite* usw. (halbe)
Stunde zu verstehen. In den *ersten* zweieinhalb Stunden pflücken alle drei Personen *gemeinsam* Kirschen. Dann gehen Annika und Jakob spielen. Der Opa
pflückt anschließend *alleine* weiter. Von der zu pflückenden Gesamtpflückmenge
(40 kg) muss die gemeinsam gepflückte Menge (25 kg), also die Pflückmenge
von allen drei Personen in den ersten zweieinhalb Stunden, subtrahiert werden.
Die Differenz (15 kg) pflückt Opa alleine weiter, wofür er zweieinhalb Stunden
benötigt. (Eine potenzielle materielle Lösung mit ausschließlich dem Material der
Holzwürfel wird in Abschnitt 3.4.3 vorgestellt, bei der durch Umlegen bestimmter Holzwürfel von einer vorherigen Lösung die alleinige Pflückzeit des Opas
ermittelt wird.)

Einerseits kann aufgrund des erhöhten Anspruchs und der materiellen Bearbeitungsform die Aufgabenstellung als Fortsetzung des Aufgabenteils c) verstanden
werden. Andererseits dient sie zum Abschluss des zweiten Post-Interviews ebenfalls als Hinführung zur Aufgabenstellung e) im *dritten Post-Interview*. Bei
dieser werden die Grundschulkinder vor die weitere Anforderung gestellt, die
Aufgabe nicht nur mit (frei wählbarem) Material, sondern mit dem auf ausschließlich Holzwürfel begrenzten Material zu bearbeiten. Die Aufgabenstellung
selbst ist mit Teil d) vergleichbar, es wurden lediglich andere Angaben zur
gemeinsamen Pflückzeit und gewünschten Gesamtpflückmenge gemacht. Nach
der Erstellung einer Würfelrepräsentation wird diese zudem von der Interviewerin
verändert, indem ausgewählte Würfel entfernt oder umgelegt werden. Die durch
Reduktion und Umlegeprozesse entstandene Darstellung soll ebenfalls von den
Kindern gedeutet werden (vgl. Abschnitt 6.3.1.2.4), bevor sich die Teilaufgabe f)
anschließt.

Bei dieser blieb ganz bewusst der Opa als Pflücker unberücksichtigt. Stattdessen pflückt Jakob ausschließlich mit seinen Freunden Kirschen, die genauso

schnell sind wie er. In drei Stunden schaffen Jakob und *fünf Freunde* die geforderten 36 kg. Zur Lösung dieser Aufgabe können beispielsweise 36 Holzwürfel als Zeichenträger für 36 kg so gelegt werden, dass an ihnen einerseits die Pflückzeit und andererseits die Personen abgelesen werden können (für eine ähnliche Darstellung siehe auch Tab. 5.15). Eine solche Würfelrepräsentation kann anschließend als Ausgangslage herangezogen werden, um den Aufgabenteil e) durch einfaches Zusammenschieben bestimmter Würfel zu lösen. Zu illustrativen Zwecken wird dafür die nachfolgende (teilweise bereits bekannte) Tab. 6.6 aufgeführt:

Tab. 6.6 Potentielle Lösungen mit Holzwürfel im Kontext ‚Kirschen pflücken': e) und f)

Aufgabenteil e)	Erste Stunde	Zweite Stunde	Dritte Stunde	Aufgabenteil f)	3 Stunden		
Jakob	⊟	⊟	⊟	Jakob	⊟	⊟	⊟
Freund 1	⊟	⊟	⊟	Freund 1	⊟	⊟	⊟
Freund 2	⊟	⊟	⊟	Freund 2	⊟	⊟	⊟
Freund 3	⊟	⊟	⊟	Opa	⊞	⊞	⊞
Freund 4	⊟	⊟	⊟				
Freund 5	⊟	⊟	⊟				

Insbesondere diese beiden letzten Aufgabenteile verdeutlichen die *gemeinsamen*, in den Sachzusammenhang hineinzudeutenden Beziehungen. Aufgrund der systemisch-relationalen Struktur ist es möglich, Aktivitäten des Austauschens vorzunehmen. Die achtzehn Würfel, die die Pflückmenge von drei Kindern im Aufgabenteil e) repräsentieren, können zusammengeschoben und so in einen »Opa« umgewandelt werden. Das heißt, dass die 18 Würfel weiterhin drei Stunden und 18 kg repräsentieren, die ihnen zugeordnete Person sich jedoch als pflückende ‚Maschine' verändert. Metonymisch gesprochen lässt sich dieser *interne Austausch* in der Gleichung ‚*3 Kinder = 1 Opa*' ausdrücken. Dieser Zusammenhang ist nur unter mathematischer Perspektive sinnvoll. Sachlich gesehen, werden drei Kinder niemals zu einem Opa umgewandelt. Die unterschiedlichen Aufgabenteile im Kontext *Kirschen pflücken* zielen als ein aufeinander aufbauendes *Netzwerk* darauf, dass eine solche intern konstruierte systemisch-relationale Struktur zur Bearbeitung weiterer Aufgabenteile vorteilhaft ausgenutzt wird.

Nach diesen Bearbeitungen schließt sich im dritten Post-Interview eine weitere Aufgabe an, die manchen Kindern bereits aus den Prä-Interviews vertraut ist. Die darin enthaltenen Anzahlen wurde so abgewandelt, dass sie potenziell mit den Pflückgeschwindigkeiten der Kinder und des Opas übereinstimmen, um besagtes *Aufgabennetzwerk* ebenfalls auf weitere Kontexte zu übertragen. Die Aufgabenstellung sollte mit dem ausgewählten Material der ausschließlich schwarzen, aber in zwei Größen vorhandenen Plättchen bearbeitet werden und lautet (Tab. 6.7):

Tab. 6.7 ,Ruderboote' im dritten Post-Interview mit Plättchendarstellung als Lösung

Aufgaben des dritten Post-Interviews - Fortsetzung	
Aufgabenkontext „*Ruderboote*" – Teil 2	
a) Eine Schule macht einen Ausflug an den schönen Essener Baldeneysee. Die 40 Kinder wollen mit Ruderbooten den See erkunden. Es gibt kleine Ruderboote für jeweils eine Person und große Ruderboote für jeweils 3 Personen. Die Lehrerin möchte 20 Boote buchen. Wie viele kleine Boote muss die Lehrerin buchen? Wie viele große Boote muss die Lehrerin buchen? (ausgewähltes Material)	20 Boote mit je einem Kind Es müssen noch weitere 40 - 20 = 20 und zwar immer je zwei hinzugefügt werden: Lösung: 10 kleine und 10 große Boote

Die Grundschulkinder werden nach Gemeinsamkeiten und Unterschieden sowie Besonderheiten der Würfel- und Plättchendarstellung befragt, bevor weitere unterschiedliche Kontexte thematisiert werden. Dazu liest die Interviewerin die Aufgabenstellungen vor und fragt, zu welcher der beiden Darstellungen diese passe und warum, bzw. was bei den anderen Darstellungen fehlt, damit sie als Lösung akzeptiert werden könnten. Auch diese Formulierungen werden in einer Tab. 6.8 benannt:

Tab. 6.8 Verschiedene Aufgabenkontexte des dritten Post-Interviews

Aufgaben des dritten Post-Interviews – Fortsetzung II

Verschiedene Aufgabenkontexte

1) In einem Klassenraum gibt es 20 Tische. Auf jedem Tisch steht eine Vase mit Blumen. In einigen Vasen ist jeweils eine Rose. In anderen Vasen sind jeweils 3 Nelken. Insgesamt gibt es 40 Blumen. Wie viele Vasen mit Rosen/Nelken gibt es?

2) An einem See sind Fliegen und Enten. Insgesamt sind es 10 Köpfe mit 40 Beinen. Wie viele Enten sind am See? Wie viele Fliegen sind am See?

3) In einem Stall sind Fliegen und Pferde. Insgesamt sind es 8 Köpfe mit 40 Beinen. Wie viele Pferde sind im Stall? Wie viele Fliegen sind im Stall?

4) In einer Werkstatt wurden an 8 Fahrzeugen die Winterreifen getauscht. Es wurden nur PKW Reifen (jeder PKW hat 4 Reifen) und LKW Reifen (jeder LKW hat 6 Reifen) getauscht. Insgesamt wurden 40 Reifen getauscht. Wie viele PKW/LKW waren in der Werkstatt?

5) In einem Klassenraum gibt es 7 Tische. Auf jedem Tisch steht eine Vase mit Blumen. In einigen Vasen sind jeweils 4 Rosen In anderen Vasen sind jeweils 6 Nelken. Insgesamt gibt es 40 Blumen. Wie viele Vasen mit Rosen/Nelken gibt es?

6) In einer Werkstatt wurden an 12 Fahrzeugen die Winterreifen getauscht. Es wurden nur Motorradreifen (jedes Motorrad hat 2 Reifen) und LKW Reifen (jeder LKW hat 6 Reifen) getauscht. Insgesamt wurden 40 Reifen getauscht. Wie viele LKW waren in der Werkstatt? Wie viele Motorräder waren in der Werkstatt?

Nacheinander wird nachfolgend analysiert, inwieweit die in der Tab. 6.7 aufgeführte Plättchendarstellung auf diese sechs Aufgabenstellungen und ihre jeweiligen Kontexte übertragen werden kann bzw. welche Änderungen vorgenommen werden müssen, damit dies möglich wird. In den Interviews selbst können die Kinder ebenfalls Veränderungen vornehmen. Die Reihenfolge der zusätzlichen Sachkontexte wird dabei jedoch nicht vorgegeben. Dies hat zur Folge, dass unterschiedliche Darstellungen auf dem Tisch liegen, sobald die weiteren Sachkontexte herangezogen werden. Demnach muss immer die präsente Plättchenkonfiguration beachtet werden, die als Grundlage für die nächste fungiert, sodass sich dahingehend abweichende Umdeutungen und Umwandlungen ergeben. Die nachfolgenden Äußerungen sind entsprechend als Beispiele aufzufassen, denkbar wären noch weitere Verknüpfungen bzw. Anmerkungen dazu, warum eine solche Umwandlung eben nicht in einfacher Weise geschehen kann. Auch könnte überlegt werden, inwieweit die zur Aufgabe f) entwickelte Würfeldarstellung verändert werden muss, damit sie ebenfalls als Lösung besagter Kontexte dient. Neben Umgruppierungen muss hierbei allerdings immer die Gesamtanzahl der Einzeldinge um vier erhöht werden. Die angesprochenen Beispiele sind in der nachfolgenden Aufzählung angeführt. Die Nummerierung bezieht sich auf den in der Tabelle mit gleicher Nummer versehenen Sachkontext. Die jeweiligen Änderungen von einer als Grundlage gewählten Darstellung zur eigentlichen Lösung sind in roter Farbe hervorgehoben.

(1) Die Plättchendarstellung zum Kontext *Boote* kann ohne weitere Veränderungen herangezogen werden, um ebenfalls als Lösung für die erste Aufgabenstellung im Kontext *Blumen* akzeptiert zu werden. Anstelle der 20 Boote mit je einem Kind werden die Plättchen dafür als 20 Tische mit je einer Rose *umgedeutet*. Von den 40 geforderten Blumen müssen folglich noch 20 (immer je zwei) verteilt werden. Daraus ergibt sich, dass sich in 10 Vasen je eine Rose und in 10 Vasen je drei Nelken befinden (Abb. 6.8).

10 Vasen mit Rosen und
10 Vasen mit Nelken

Abb. 6.8 Plättchen (1)

(2) Im abgewandelten Kontext *Enten-Fliegen* erhalten die Objekte (also die Tiere) genau die *doppelte* Anzahl an Einzeldingen (also an Beinen). Das heißt, dass *zwei* Einer-Boote zu einer Ente und *zwei* Dreier-Boote zu einer Fliege umgedeutet werden. Die Plättchendarstellung muss insofern angepasst werden, als dass jeweils zwei Gruppen derselben Mächtigkeit zusammengeschoben werden. Dies bewirkt zugleich eine *Halbierung* der Gesamtanzahl der Objekte. Anstatt der 20 Boote ist nach dem Zusammenschieben die Rede von 10 Tieren (bzw. Tierköpfen).

(3) Im Kontext *Pferde-Fliegen* kann die Plättchendarstellung (2) (Abb. 6.9) als Grundlegung herangezogen werden. Die Materialien müssen so zusammengeschoben werden, dass die Enten in Pferde umgewandelt werden, also folglich aus Tieren mit zwei Beinen Tiere mit vier Beinen gemacht werden. Auf diese Weise erhält man zwei Pferde und (weiterhin) fünf Fliegen, womit allerdings ‚eine Ente' übrig bleibt. Da damit die geforderte Kopfanzahl 8 erfüllt ist,

müssen besagte ‚Ente' und eine bestimmte Anzahl an Tieren so verändert werden, dass ausschließlich Pferde und Fliegen in der Lösung enthalten sind. Es erscheint einfach, dafür eine ‚Fliege' zur ‚Ente' hinzuzufügen, um acht Beine zu erhalten, die dann bei gleichbleibender Kopfanzahl auf ‚zwei Pferde' aufgeteilt werden können.

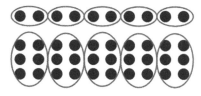

5 Enten und 5 Fliegen

Abb. 6.9　Plättchen (2)

(4) Die Lösung (3) (Abb. 6.10) kann ohne weitere Veränderungen der Darstellung an sich für diese Aufgabenstellung (4) im Kontext *Reifen* akzeptiert werden. Die Fliegen müssen dafür lediglich als LKW (mit je sechs Reifen) und die Pferde als PKW umgedeutet werden.

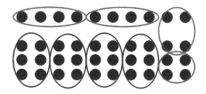

4 Pferde und 4 Fliegen

Abb. 6.10　Plättchen (3)

(5) Zur Bearbeitung der zweiten Aufgabenstellung im Kontext *Blumen* ist es sinnvoll, sich an der Plättchendarstellung (3) (Abb. 6.10) zu orientieren. Eine Vase mit Nelken entspricht einer Fliege, eine Vase mit Rosen einem Pferd. Beiden Kontexten ist gemeinsam, dass es sich um 40 Einzeldinge handelt. Im Falle

der *Blumen* werden diese allerdings auf nur *sieben* und nicht *acht* Objekte verteilt. Es ist demnach erforderlich, die Plättchen so umzugruppieren, dass eine bestimmte Anzahl an Vasen so zusammengefügt werden, dass eine Vase ,verschwindet'. So können drei Vasen mit Rosen (als ursprünglich drei Pferde) in zwei Vasen mit Nelken transformiert werden (Abb. 6.11).

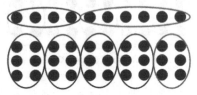

1 Vase mit Rosen und 6 Vasen mit Nelken

Abb. 6.11   Plättchen (5)-1

Es wäre auch denkbar, die Darstellung (2) (Abb. 6.9) als Grundlage zu nehmen. Dann müssten drei Enten in eine Vase mit sechs Nelken und zwei Enten in eine Vase mit Rosen umgewandelt werden, wodurch sich zugleich die Anzahl der Objekte von zehn auf sieben reduziert (Abb. 6.12).

1 Vase mit Rosen und 6 Vasen mit Nelken

Abb. 6.12   Plättchen (5)-2

(6) Zur Lösung des abgewandelten Kontexts *Reifenwechsel* kann die Plättchendarstellung (2) (Abb. 6.9) als Grundlage herangezogen werden. Die Anzahlen der Einzeldinge (zwei und sechs) an den Objekten (Motorrad und LKW) sind bei derselben Gesamtanzahl aller Einzeldinge (40) identisch. Lediglich die Anzahl der Objekte muss von zehn auf zwölf erhöht werden. Dazu wird ein

LKW in drei Motorräder umgewandelt, wodurch zugleich zwei Fahrzeuge hinzukommen und die Aufgabe gelöst ist (Abb. 6.13).

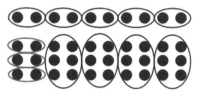

8 Motorräder und 4 LKW

Abb. 6.13 Plättchen (6)

Während die Aufgaben der Interviews und Intervention bereits so angelegt sind, dass sie ein gewisses Potenzial zum Entdecken der ihnen zugrundeliegenden strukturellen Gleichheit aufweisen, so erfolgt in dieser letzten Aufgabe der Interviewserie unter mathematischer Perspektive eine explizite Zusammenführung vieler in der Studie verwendeten Sachkontexte. An ihr wird die bewusste Auswahl der Aufgabenstellungen deutlich, die sowohl interne Austauschvorgänge, aber eben auch über die unterschiedlichen Sachkontexte hinweg Möglichkeiten für Umwandlungen bietet. In jedem Fall ist es erforderlich, dass die Grundschülerinnen und -schüler jedoch aktiv und individuell für sich diese potenziell enthaltenen systemisch-relationalen Beziehungen hineinkonstruieren und auf diese Weise den Sachverhalt strukturell erweitern, was eher einer Erfindung anstatt einer Übersetzung entspricht (vgl. Schwarzkopf 2006, 104; siehe auch Steinbring 2001, 174; Abschnitt 5.2.1).

6.2 Entwicklung einer Interviewform als geeignete Erhebungsmethode

Neben der Auswahl und Entwicklung geeigneter Aufgabenstellungen ist es erforderlich, dass die an den Untersuchungen teilnehmenden Grundschülerinnen und -schüler in einer ihnen vertrauten Situation zu vielfältigen symbolischen Deutungen angeregt werden, deren Rekonstruktionen zugleich als Basis für die Ausdifferenzierung des Konstrukts der *didaktischen Theorie mathematischer Symbole* dienen. In *Interviews* können in mehr oder weniger analoger Weise zur unterrichtlichen Situation verschiedene mathematische Aufgabenstellungen bearbeitet werden, über deren Lösungen anschließend ein Austausch stattfindet. Das *klinische Interview* findet deshalb als Erhebungsmethode in vielfältigen Formen und Varianten in der mathematikdidaktischen Forschung Verwendung. Beck und Maier (1993, 148) fordern aufgrund dieser Vielfalt dazu auf, den Begriff des klinischen Interviews nicht ohne weitere Erklärungen zu benutzen, sondern die jeweilige Vorgehensweise und die für das entsprechende Forschungsvorhaben angemessene Konstruktion der Interviewform zu beschreiben. Nachdem das klinische Interview als Erhebungsinstrument in der mathematikdidaktischen Forschung allgemein beschrieben wurde (Abschnitt 6.2.1), wird deshalb ausführlich die Entwicklung der eigens für die Untersuchung konstruierten Interviewform anhand der Pilotierung – als Phase der Exploration und Erprobung – aufgezeigt (Abschnitt 6.2.2). Die Entwicklung dieser neuen Interviewform folgt der „Maxime, das eigene Forschungsinstrument in bezug [sic] auf die konkreten Erfordernisse der Forschungsstation und in Abstimmung mit den jeweiligen Fragestellungen zu entwickeln und zu optimieren" (Beck & Maier 1993, 153f). Anhand der von Beck und Maier formulierten Beschreibungsdimensionen sowie unter Berücksichtigung der von Selter und Spiegel (1997) benannten Leitprinzipien werden die spezifischen Merkmale der für die Hauptstudie entwickelten Interviewform schließlich konkret ausdifferenziert (Abschnitt 6.3.1). Das mit den *klinischen Interviews* erhobenen Datenmaterial sowohl der Pilotierung und insbesondere der Hauptstudie stellt die Basis für die Rekonstruktion der Deutungen der Kinder und ihrer der Fokussierung im Theoriekonstrukt *ThomaS* dar (vgl. Kapitel 5).

6.2.1 Das Interview in der mathematikdidaktischen Forschung

In vielen mathematikdidaktischen Forschungsprozessen wird das Interview als Erhebungsinstrument eingesetzt und dabei trotz der vielfältigen konkreten Erscheinungsformen typisierend als *klinisches Interview* bezeichnet. Diese

Benennung ist auf die Entwicklung aus der *klinischen Methode* zurückzuführen. Der Psychologe Jean Piaget verstand die von ihm ausgearbeitete Methode als einen geeigneten Mittelweg zwischen standardisierten Tests und offener Beobachtung. Mit ihrer Hilfe konnte er Aufschluss über die Denkprozesse erhalten, die den Handlungen und verbalen Äußerungen von Kindern und Jugendlichen zugrunde liegen (vgl. Selter & Spiegel 1997, 100 f.). In der sogenannten *revidierten klinischen Methode* werden dafür neben den verbal getätigten Antworten auch Handlungen (am Material) angeregt und miteinbezogen, um das „mangelhafte Vermögen der Kinder, ihre Gedankengänge zu verbalisieren", angemessen zu berücksichtigen (ebd., 101). In der Mathematikdidaktik wird die revidierte klinische Methode mit dem klinischen Interview gleichgesetzt. Aufgrund der Abgrenzung dieser Erhebungsmethode zu standardisierten Tests und offener Beobachtung lässt sie sich als *halbstandardisiert* beschreiben.

Die Hauptintention bei der Anwendung von klinischen Interviews besteht darin, die Gedankengänge des teilnehmenden Kindes nachzuvollziehen. Dieses soll nicht durch geschicktes Fragen möglichst zeitnah zu einer richtigen Lösung geführt werden. Ebenso werden negative Reaktionen vermieden. Rückmeldungen werden stattdessen situationsangemessen und ermutigend gegeben, sodass das Verhalten der/des Interviewenden von „*bewusster Zurückhaltung*" geprägt ist. Das heißt, dass die interviewende Person „sparsam, aber gezielt interveniert, indem sie durch situationsadäquate Fragen oder Impulse ihr offenkundiges Interesse an den Denk- und Handlungsweisen der Kinder deutlich zum Ausdruck bringt" (ebd., 101). Das klinische Interview berücksichtigt damit zum einen die „*Unvorhersehbarkeit* der Denkwege durch einen nicht im Detail vorherbestimmten Verlauf" und zum anderen das „Kriterium der *Vergleichbarkeit* durch verbindlich festgelegte Leitfragen bzw. Kernaufgaben" (Selter & Spiegel 1997, 101).

Das klinische Interview im Sinne Piagets ist durch die nachfolgenden vier Merkmale gekennzeichnet (vgl. Beck & Maier 1993, 148). Erstens: Es handelt es sich um „Gespräche eines Versuchsleiters mit einzelnen Kindern". Zweitens: Dessen „Grundlage sind möglichst natürliche, [...] an konkretes Material gebundene Problemsituation[en]". Drittens: Die Kinder sollen durch gezielte Fragen und Impulse dazu angeregt werden, sich mit der Situation (handelnd) auseinanderzusetzen und diese zu beurteilen. Weitere Fragen zielen auf Begründungen oder Revisionen der ersten Äußerungen des Kindes ab. Die interviewende Person ist bemüht, „das Kind dahin zu führen, daß es durch Experiment und eigene Einsicht zu einer den Normen der Erwachsenen entsprechenden Beurteilung kommt". Und viertens: Dieses letzte Merkmal bezieht sich auf die wörtliche Dokumentation des

Gesprächsverlaufs, anhand dessen eine „Theorie qualitativ unterschiedener Stufen der geistigen Entwicklung entworfen bzw. bestätigt" werden kann. Für die Anwendung des klinischen Interviews als Erhebungsinstrument zur Gewinnung von Erkenntnissen über das *mathematische* Denken von Kindern haben auch Selter und Spiegel (1997) zehn Leitprinzipien formuliert. Sie werden an dieser Stelle vollständig aufgelistet und in späteren Abschnitten vereinzelt mit Bezug zum vorliegenden Forschungsprojekt näher aufgegriffen. Für eine ausführliche Erläuterung der einzelnen Prinzipien in der Mathematikdidaktik allgemein wird auf Selter und Spiegel (1997, 107 ff.) verwiesen. Die Leitprinzipien beinhalten: Zielgerichtete Flexibilität, angenehme Gesprächsatmosphäre, Transparenz, Herausforderung statt Belehrung, Annahme von Rationalität, Erzeugung (sozio-) kognitiver Konflikte, Entdeckung der Langsamkeit, Achtung vor Gesprächsroutinen, Relativität der Information und Reflexion des Designs.

6.2.2   Die Pilotierung – Entstehung der (neuen) Interviewform

Die Pilotierung fand im Zeitraum von November 2016 bis März 2017 im Rahmen der „Schlauen Füchse" an der Universität Duisburg-Essen statt. Bei den Schlauen Füchsen handelt es sich um eine nachmittags und außerschulisch stattfindende Förderung mathematisch interessierter Grundschulkinder vorwiegend der dritten und vierten Klasse. Unter der Leitung von Dr. Claudia Böttinger werden in den insgesamt pro Semester stattfindenden 10 Sitzungen je nach gewähltem Schwerpunkt arithmetische substantielle Lernumgebungen rein mathematisch oder mit einem historischen Thema verknüpft behandelt.

Traditionell beginnt jede dieser Sitzungen mit dem Vorlesen einer Geschichte mit mathematischem Bezug im Theaterkreis sowie der Besprechung der in der vorherigen Woche verteilten Knobelaufgabe. Sie endet mit einer Blitzlichtrunde, bei der jedes Grundschulkind eine gestellte Frage z. B. zum Lernzuwachs ‚blitzschnell' beantwortet. Der Beginn und der Abschluss umfassen etwa 15-20 Minuten, sodass zur Thematisierung des mathematischen Inhalts bis zu 75 Minuten zur Verfügung stehen. Die freiwillig an der Pilotierung teilnehmenden Kinder, deren Eltern die erforderliche Einverständniserklärung zuvor unterzeichneten, sollten an diesem einleitenden und abschließenden Ritual teilnehmen, um ihr Zugehörigkeitsgefühl zur Gemeinschaft weiterhin zu fördern. Während die übrigen Kinder der Gruppe sich überdies mit einem bestimmten mathematischen Inhalt beschäftigten, wurden von November bis Januar nacheinander insgesamt acht Kinder (vier der mittwochs und vier der donnerstags stattfindenden Gruppe) in einem separatem Raum für etwa 55 bis 70 Minuten *einzeln* interviewt und im Januar *paarweise* weitere sechs Kinder. Eines dieser Paare wurde überdies (aufgrund der vorlesungsfreien Zeit) unabhängig von den Schlauen Füchsen unter Rücksprache mit den Eltern erneut im März eingeladen.

Die Erklärung des Vorhabens und Ablaufs der Pilotinterviews erfolgte zum Stundenanfang der Schlauen Füchse. Hierbei sowie erneut zu Beginn des Interviews wurde betont, dass die teilnehmenden Kinder eine Art von Knobelaufgaben bearbeiten würden, wozu sie ihre Gedanken und Ideen der Interviewerin mitteilen sollten. Es wurde über dies darauf hingewiesen, dass die Interviewerin viele Nachfragen stellen würde. Diese Nachfragen seien kein Anzeichen dafür, dass die Kinder etwas falsch gemacht hätten. Es ginge stattdessen im Sinne der zuvor beschriebenen Leitprinzipien (Abschnitt 6.2.1) darum, die von den Kindern entwickelten Ideen nachvollziehen und besser verstehen zu können. Nach jedem dieser mathematischen Gespräche notierte sich die Interviewerin stichpunktartig wichtig erscheinende erste Eindrücke zu den Symbolisierungen und Deutungen der Kinder, zur Konzeption der Aufgabenformate, zu gestellten Fragen, Ideen für weitere Impulse und Hinweise zur Technik wie die Position der Kamera. Die videografierten Interviews und ersten Eindrücke wurden anschließend in der Arbeitsgruppe ‚*EInmaL*' (Epistemologische Interaktionsforschung mathematischer Lehr-Lernprozesse) besprochen und diskutiert. Die so generierten Gedanken und Ideen wurden zum Teil in den nachfolgenden Interviews integriert und exploriert, sodass sich diese stetig weiterentwickelten. Die einzelnen Phasen der Pilotierung mit dem erhobenen Datenmaterial und dem zeitlichen Ablauf können der nachfolgenden Tab. 6.9 entnommen werden. Sie dient überdies als Orientierung für die nächsten Abschnitte, in denen die aufgeführten Phasen und anhand derer die Entwicklung einer neuen Interviewform für die spezifischen Erfordernisse des Forschungsinteresses näher beschrieben werden.

Tab. 6.9 Übersicht über die Phasen der Pilotierung

Phase	Zeitlicher Rahmen	Datenmaterial
Pilotierung I	November 2016	3 Einzelinterviews
	Dezember 2016	4 Einzelinterviews
	Januar 2017	1 Einzelinterview
Pilotierung II, Teil I	Januar 2017	5 Partnerinterviews (3 Paare)
Pilotierung II, Teil II	März 2017	1 Partnerinterview

6.2.2.1 Pilotierung Phase I: Ausdifferenzierung eines ersten Interviewleitfadens

Die ersten durchgeführten acht Einzelinterviews (November 2016 bis Januar 2017) werden der ersten Phase der Pilotierung zugeordnet. Sie dienten dem Ziel, die bis dahin entwickelten Aufgabenformate im Kontext der *Blumen, Bonbons* und *Kirschen* zu erproben, die verschiedenen Bearbeitungsformen der rechnerischen, zeichnerischen und materiellen Lösungsfindung zu testen und insgesamt die Symbolisierungen, bestehend aus der Erschaffung von für die Kinder geeigneten Zeichenträgern, sowie die von ihnen genannten Deutungen dieser *explorativ* zu erkunden. Dafür wurde ein erster, kurz gehaltener Interviewleitfaden vorbereitet, der zunächst wenige Hinweise und Fragen enthielt. In erster Linie wurde darin der grobe Ablauf des Interviews festgehalten. Er lässt sich somit eher als Orientierung charakterisieren, die viel Spielraum und Offenheit erlaubte. Diese erste Orientierung wird hier stichpunktartig in tabellarischer Form aufgeführt (vgl. Tab. 6.10).

Tab. 6.10   Erster Interviewleitfaden der Pilotierung Phase 1

Erster Interviewleitfaden der Pilotierung Phase I	
Beschreibung	Hinweise
Begrüßung	Erklärung des Vorhabens zu Stundenanfang der Schlauen Füchse Betonung: Knobelaufgaben; Anregung, Gedanken und Ideen mitzuteilen
Erster Teil: ausrechenbare Zwillingsaufgabe	– Lies dir die Aufgabe durch. Erkläre mir das Gelesene mit deinen Worten. – Löse die Aufgabe (rechnerisch). Platz auf dem Blatt zum Ausprobieren, weitere Blätter. Sag am besten immer laut, was du denkst und machst. – Was hast du gemacht? (beschreiben) – Male ein passendes Bild dazu! (malen) – Was hast du gemacht? Kannst du vielleicht noch ein anderes Bild malen? – Ich habe hier ganz viel Material mitgebracht. Stelle damit die Aufgabe dar! – Was hast du gemacht? Warum funktioniert das? (ggf. eine mitgebrachte Darstellung alias Foto von Material oder Bild mitbringen und Kind diese deuten lassen)

(Fortsetzung)

Tab. 6.10 (Fortsetzung)

Erster Interviewleitfaden der Pilotierung Phase I	
Zweiter Teil der Zwillingsaufgabe	– Lies dir die Aufgabe durch. Erkläre mir das Gelesene mit deinen Worten. – Was ist anders? – Wie könnte man diese Aufgabe lösen? Hast du eine Idee? – Mal doch mal auf, was du schon weißt. Hilft dir das weiter? – Du kannst gerne das Material nutzen.
Allgemeiner Hinweis	– Spontane Reaktionen des Kindes abwarten – Gedankengänge erfragen und ggf. gemeinsam weiterentwickeln

Nach jedem in der ersten Phase der Pilotierung durchgeführten Interview konnten mittels der aufgezeichneten Bearbeitungen der Kinder sowie einer ersten Reflektion ihrer Darstellungen die Aufgabenformate sowie das Frageverhalten der Interviewerin dahingehend modifiziert werden, dass mehr Möglichkeiten zur Symbolisierung geschaffen sowie sensiblere Nachfragen und Impulse zur Weiterarbeit mit der erstellten zeichnerischen und materiellen Lösung entwickelt wurden. So erwies es sich als erforderlich, den Schülerinnen und Schülern für jede Bearbeitungsform (Rechnung, Zeichnung, Material) eine andere Aufgabe zu stellen. Bei dieser blieben zwar Aufgabenformat und Kontext identisch, jedoch wurde mit anderen Zahlen und Größen gearbeitet. Folglich musste die Bearbeitungsform tatsächlich genutzt werden, um eine neue Lösung zu generieren und nicht etwa ein ästhetisches Bild zu der Aufgabe zu malen. Überdies stellte sich heraus, dass die Nachfragen der Interviewerin das Antwortverhalten der Schülerinnen und Schüler stark prägten. Es wurden deshalb verschiedene konkrete Fragen entwickelt, notiert und erprobt, um einerseits suggestive Nachfragen zu vermeiden. Andererseits wurden dadurch die von der Interviewerin vorgenommenen Deutungen, die das Kind entsprechend aufgreifen und für sich als die ‚richtigeren‘ interpretieren kann, reduziert. Demnach dienten die Pilotinterviews der ersten Phase hauptsächlich der Ausdifferenzierung des Interviewleitfadens, in dem die von Selter und Spiegel (1997, 107 ff.) formulierten Leitprinzipien (zunehmend) Berücksichtigung fanden. Einige dieser Leitprinzipien werden in den folgenden Abschnitten, bezogen auf die erste Phase der Pilotierung, aufgegriffen.

Zur angenehmen Gesprächsatmosphäre:
Aus dem Mathematikunterricht sind es Grundschulkinder in der Regel gewohnt, vorgelegte Textaufgaben zu lesen und anschließend direkt, quasi ‚mechanisch‘ zu

berechnen (vgl. z.B. Krauthausen 2018, 126 und Oehl 1962, 190 f.). Dementsprechend soll dem Bedürfnis des direkten Ausrechnens ebenfalls in den Interviews
begegnet werden. Folglich besteht die erste Aufgabe nach dem Verständnis und
der Klärung möglicher Rückfragen zur Aufgabenstellung darin, die formulierte
Textaufgabe *rechnerisch* zu lösen. Erst nachdem sich die Kinder auf diesem ihnen
bekannten Terrain bewegt, ein gewisses Selbstvertrauen aufgebaut und sich an die
neue Situation des Interviews mit der damit verbundenen Technik (Aufnahmege-
räte) gewöhnt haben, sollten die Kinder die für sie vermutlich unbekanntere und
anspruchsvollere Anforderung angehen, (weitere) Textaufgaben *zeichnerisch* und
mit *Material* zu lösen.

Zur zielgerichteten Flexibilität:
Generell wurde der Interviewleitfaden zu Beginn sehr offen als Ablaufplan
angelegt, um flexibel auf das Denken und Handeln des jeweils teilnehmenden
Kindes reagieren zu können. Damit der Flexibilität der von Selter und Spiegel geforderten Zielgerichtetheit zunehmend entsprochen werden konnte, wurden
Impulse erprobt, die Sachkenntnisse im jeweiligen Bereich erweitert und diese
aufgrund der unterschiedlichen Denkwege, Erklärungen und Handlungen der Kinder ausdifferenziert. Der Leitfaden wurde zunehmend verfeinert und auf das
Forschungsinteresse bezogen sensibilisiert.

Zur Annahme von Rationalität:
Bereits in der Interviewsituation (und in späteren Betrachtungen der Video-
Aufnahmen) verfolgte die Interviewerin das Ziel, die von den Kindern getätigten
Mitteilungen in einem *rationalen Konnex* zu interpretieren, wie unter Bezug
zum Kommunikationsbegriff nach Luhmann in Abschnitt 1.2.2 ausgearbeitet
wurde. Konnte die vom Kind eingenommene Sichtweise im ersten Moment nicht
verstanden werden, so wurde stets versucht, dem Kind gegenüber das eigene
Nicht-Verstehen zu äußern und mit dem Hinweis, diese (interessante) Idee besser verstehen zu wollen, um weitere Erklärungen gebeten. Insbesondere die hier
aufgeführten Punkte zur zielgerichteten Flexibilität und Annahme der Rationalität im Zusammenhang mit der Durchführung der Pilotinterviews führte dazu,
dass die Interviewerin eine gewisse Sensibilität gegenüber dem Verhalten der
Schülerinnen und Schüler und somit ein gewisses Gespür für mögliche, spontane (Suggestion vermeidende) Nachfragen entwickeln konnte. Die hier von der
Interviewerin erworbenen Erfahrungen – auch zur Beachtung von Gesprächsroutinen als ebenfalls wichtiges Leitprinzip – sollten sich als äußerst hilfreich für die
Durchführung der Interviews der Hauptstudie herausstellen.

Zur Erzeugung kognitiver Konflikte:
Als letzter Punkt sei das Leitprinzip der Erzeugung kognitiver Konflikte angesprochen, für deren Anregung es „gewissenhafter Vorbereitung oder der Geis-
tesgegenwart der Interviewerin, mit welcher Frage oder Aussage sie das Kind
als Nächstes konfrontiert, dass zwei von ihm für korrekt gehaltene Aussagen
nicht zueinander passen" (Selter & Spiegel 1997, 104), bedarf. Die Erzeugung
kognitiver Konflikte seitens der Interviewerin stellte sich in der ersten Phase
der Pilotierung als eher schwierig heraus. Die Interviewerin als erwachsene Person, die die Aufgaben vorbereitet und mitgebracht hat sowie viele Fragen stellt,
gleicht in ihrer Rolle doch eher einer Lehrerin; beziehungsweise wird sie trotz
der Bekundungen, vom Kind lernen zu wollen, häufig als solche wahrgenommen. Dies konnte vielfach in den unbewussten, aber doch sehr präsenten (aus
dem Unterricht bekannten) Routinen im Gesprächsverlauf beobachtet werden.
Die Kinder erklärten nicht länger ihre eigene Idee näher, sondern versuchten
herauszufinden, welche Antwort die Interviewerin wohl erwarten könnte. Zudem
wurden manche Konflikte vom Kind nicht als solche erkannt oder verstanden,
sodass die Nachfragen und Anregungen zu zunehmender Verunsicherung geführt
haben. Aus diesem Grund wurde entschieden, eine *zweite Phase der Pilotierung*
zu starten, um die Form der *Partnerinterviews* zu erproben. Die jeweils zwei an
dem Interview teilnehmenden Kinder stellen – im Unterschied zur Situation ‚Interviewerin und Kind' – prinzipiell gleichberechtigte Kommunikationspartner dar.
Durch die eigenständige Bearbeitung mit den verschiedenen Denkwegen und Darstellungen sowie dem anschließenden Austausch über die jeweiligen generierten,
unterschiedlichen Lösungen wurde angenommen, dass *soziokognitive Konflikte*
erzeugt werden. Die Kinder können sich außerdem selbst Fragen stellen. Fragen
der Interviewerin zielen in den Augen der Kinder vermutlich eher darauf ab, auch
dem anderen Kind ein Verständnis des Lösungsweges zu ermöglichen. Der vom
Kind wahrgenommene Fokus ist damit nicht auf möglicherweise falsche Aussagen
und Darstellungen ausgerichtet, sodass das Kind eher bestrebt ist, weiterführende
Erklärungen zur generierten Idee vorzunehmen.

6.2.2.2 Pilotierung Phase II: Erprobung von Partnerinterviews

Der erste Teil der zweiten Phase der Pilotierung fand im Januar 2017 statt und
besteht aus fünf Partnerinterviews mit drei Paaren. Dabei wurden zwei Paare
jeweils zweimal in aufeinanderfolgenden Terminen und ein Paar einmal interviewt. Die zweite Phase der Pilotierung diente in erster Linie der Erprobung
des Formats der Partnerinterviews und den damit zusammenhängenden entstehenden Fragen u. a. bzgl. des Interviewablaufs, der Gestaltung der Einzel- und

Partnerarbeit, der Anzahl und Position der Kameras, der Sitzpositionen der Schüler/innen zueinander in den jeweiligen Arbeitsphasen sowie der Erkundung des zeitlichen und organisatorischen Aufwands und Ablaufs im Allgemeinen. Auch wurden die Aufgabenkontexte *Boote* und *Maschinen* erstmalig getestet, wobei sich letzterer Kontext aufgrund seiner abstrakten Formulierung als wenig geeignet herausstellte und deshalb für die Intervention der Hauptstudie in Anlehnung an *Kirschen* zu *Containern* und *Eismaschinen* umgewandelt wurde. Die Interviewerin sah sich darüber hinaus mit der Anforderung konfrontiert, zwei Kinder in ihren jeweiligen Einzelarbeitsphasen zu betreuen. Sie musste entsprechende spontane, Suggestion vermeidende Nachfragen stellen, um die Lösungen und Denkwege der Kinder zu den erstellten Darstellungen unabhängig voneinander rekonstruieren zu können, bevor sich die Kinder diese in Partnerarbeit gegenseitig erklärten. Damit wurden jeweils zwei Erklärungen der teilnehmenden Schüler/innen zu der jeweiligen Darstellung im Interview aufgezeichnet: Eine Erklärung gilt der Interviewerin. Diese war sogar teilweise bei der Entstehung der Lösung nicht anwesend, weil sie mit dem anderen Kind gesprochen hat. Infolgedessen entsteht ein echter Bedarf an sprachlichen Ausführungen und Handlungen seitens des Kindes. Nachfragen sind eher auf das Unverständnis der Interviewerin zurückzuführen, womit Verunsicherungen vermieden werden können. Die zweite Erklärung gilt dem anderen Kind. Dieses kennt zunächst lediglich die Aufgabenstellung und die eigene Lösung, jedoch nicht die des Partners. Auch hier entsteht folglich ein echter Gesprächsbedarf, der ggf. sogar zu soziokognitiven Konflikten führt.

Die Betrachtung der Partnerinterviews und die Rekonstruktion sowie Interpretation der entstandenen Darstellungen und Deutungen führte darüber hinaus zu der Idee, den Kindern lediglich eine reduzierte Materialauswahl zur Verfügung zu stellen. Grund dafür lieferten die vielfältigen, detailreichen, auf Ähnlichkeit zielenden zeichnerischen und materiellen Darstellungen der Kinder. Es stellte sich die Frage, was diese Kinder wohl mit einem Material unternehmen würden, welches an sich keine Möglichkeiten der Unterscheidung liefert, weil es in seiner Beschaffenheit und seinem Aussehen (nahezu) identisch ist (z.B. Holzwürfel). Deshalb wurde eines der Paare (Mogli und Peter) zu einem weiteren Interview im März 2017 eingeladen (zweiter Teil der zweiten Phase der Pilotierung). Während in den vorangegangenen Interviews die später als *Alltagssicht* und *Zahlen-und-Größen-Sicht* benannten Deutungen rekonstruiert werden konnten, ließen sich erstmalig im Interview mit Mogli und Peter Ansätze zur *systemisch-relationalen Sicht* entdecken. Der für dieses Interview erstellte Leitfaden wird nachfolgend stichpunktartig und in zusammengefasster, fokussierter Form tabellarisch aufgeführt (Tab. 6.11). Neben dem Aufzeigen der Entwicklung des Interviewleitfadens dient der tabellarische Überblick als wesentliche Grundlage für das in der Hauptstudie geplante dritte Post-Interview.

Tab. 6.11 Zusammengefasster Interviewleitfaden der Pilotierung Phase 2

Zusammengefasster Interviewleitfaden der Pilotierung Phase II, Teil 2	
Beschreibung	Hinweise
Begrüßung	Knobelaufgaben; Anregung, Gedanken und Ideen mitzuteilen
Rückbezug zu vorherigem Interview	– An was erinnert ihr euch? – Wiederholung der Aufgabenstellungen – Erklärungen zu den erstellten Darstellungen
Arbeitsauftrag d)	– Bearbeitung des Aufgabenteils d) ausschließlich mit dem Material der Holzwürfel
Bearbeitung Einzelarbeit	– Beobachtung – Einzelne Erklärungen, Ideen, Gedanken erfragen – Auf Referenzen achten: Wofür steht ein Holzwürfel/eine Konstellation? Wie wird die Zeit repräsentiert?
Austausch über Darstellungen Partnerarbeit	– Kinder erklären sich gegenseitig, was sie gemacht und herausgefunden haben und sprechen darüber – Bedeutungen/Referenzen erfragen
Vergleich der Bearbeitungen mit Material und Würfel	– Vergleich anregen – Spezifische Fragen zu Bedeutungen/Referenzen sowie im Text angesprochenen Elementen (Kind, Opa, Zeit, Kirschen, ...) Wie kann man erkennen, was die Kinder gepflückt haben?
Weiterführende Aufgabenstellungen e) und f)	– Gemeinsame Bearbeitung der Aufgabenteile – Rückfragen stellen, Erklärungen einfordern

Aufgrund der Anforderung, die Aufgabenstellung mit nur einem einzigen, gleichartigen Material zu bearbeiten und den im Interview entstandenen spontanen Impuls, die beiden Schüler mit weiteren Aufgabenstellungen zu konfrontieren und nach Entfernen bestimmter einzelner Holzwürfel aus der Darstellung der Kinder durch die Interviewerin neue Deutungen zu erfragen, konnten für die Hauptstudie wichtige Erkenntnisse bezüglich der Gestaltung der Interviews wie auch der Ausdifferenzierung des Theoriekonstrukts auf nicht zwei, sondern insgesamt drei mögliche Sichtweisen gewonnen werden. Die Anforderungen, vor die Mogli und Peter im letzten Interview der Pilotierung gestellt wurden, können dabei als Angebote für veränderte Nutzungs- und Deutungsweisen von semiotischen Mitteln aufgefasst werden, sodass die beiden Kinder im Umgang mit den Anforderungen

und dem Gebrauch dieser Mittel diese (möglichen) Umdeutungen in kindgemä-
ßer Weise zeigen konnten. Dies wird in der für die Hauptstudie entwickelten
Interviewform, die die spezifischen Besonderheiten des mathematischen Wissens
und der kindlichen Kommunikationsmöglichkeiten über systemisch-relationale
Strukturen berücksichtigt, im folgenden Kapitel aufgegriffen.

6.3   Erhebung des Datenmaterials: Planung, Durchführung und Dokumentation der Hauptstudie

Wie in den vorherigen Ausführungen bereits zu erkennen ist, dient eine eigens
in der Pilotierung entwickelte Form des klinischen Interviews als Grundlage der
Datenerhebung. Die Eigenschaften dieser neuen Interviewform werden deshalb
zunächst allgemein beschrieben, bevor sich eine detailliertere Deskription mit
Aufführung der jeweiligen Besonderheiten der einzelnen Interviews (Abschnitt
6.3.1) sowie ihrer Dokumentation (Abschnitt 6.3.2) anschließt. Neben den spontanen Äußerungen der Grundschülerinnen und -schüler, die vornehmlich in den
Prä-Interviews erhoben wurden, sollten diese auch Gelegenheit für potenziell weiterführende, vielfältige Deutungen bzw. durch Irritationen hervorgerufene
Umdeutungen erhalten. Um ein möglichst breites Spektrum an kindlichen symbolgestützten Deutungen gewinnen und rekonstruieren zu können, erwies es sich
deshalb als erforderlich, eine *Intervention* durchzuführen (Abschnitt 6.3.3). Die
teilnehmenden Kinder sollten so in eine *neue Deutungskultur* eingeführt werden,
bevor sie erneut in einer Serie von *Post-Interviews* zur Auswahl und dem Umgang
mit den selbst gewählten Zeichenträgern zur Lösung einer sachlich eingekleideten Textaufgabe befragt wurden. In erster Linie wurden die darin vorgenommenen
Deutungen für die sorgsamen interpretativen Analysen zur Bildung und Ausdifferenzierung der *didaktischen Theorie mathematischer Symbole* herangezogen (vgl.
Kapitel 5).

Die in Folge geplante und durchgeführte Hauptstudie besteht pro Schule
aus 8 Prä-Interviews, vier Interventionseinheiten im Klassenverband sowie einer
Serie von Post-Interviews. Es nahmen zwei vierte Klassen an zwei unterschiedlichen Grundschulen in Nordrhein-Westfalen teil. Die Prä-Interviews wurden mit
jedem der insgesamt 16 teilnehmenden Grundschülerinnen und -schüler einzeln
durchgeführt. 12 dieser Kinder wurden zu Paaren zusammengestellt und in den
Post-Interviews in kurzen Abständen insgesamt drei weitere Male interviewt.
Diese und weitere Hinweise sind als Rahmenbedingungen der Untersuchung
abschließend zusammengetragen (Abschnitt 6.3.4).

Die einzelnen Phasen der so durchgeführten Hauptstudie mit dem Gesamtumfang des erhobenen Datenmaterials der Interviews sowie die in den jeweiligen Phasen herangezogenen Aufgabenkontexte sind in der nachfolgenden Abb. 6.14 zusammengefasst dargestellt.

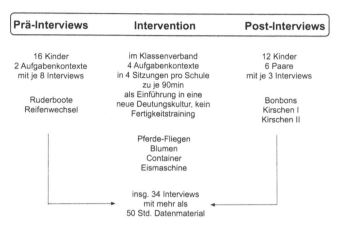

Abb. 6.14 Konzeption der Hauptstudie

Zusätzlich zu dieser Übersicht ist der genaue zeitliche Ablauf der durchgeführten Untersuchung anhand der einzelnen Phasen in einer weiteren Tabelle (Tab. 6.12) aufgeführt.

Tab. 6.12 Zeitlicher Verlauf zur Durchführung der Hauptstudie

Phase	Schule A	Schule B
Prä-Interviews	08.–12. Mai 2017	02.–05. Mai 2017
Intervention	19. Mai–02. Juni 2017	
1. Post-Interviews	08.–09. Juni 2017	07.–13. Juni 2017
2. Post-Interviews	12. Juni 2017	13.–19. Juni 2017
3. Post-Interviews	14. Juni 2017	20.–23. Juni 2017

Sowohl Abb. 6.14 als auch Tab. 6.12 dienen einem ersten Eindruck der geplanten, durchgeführten und dokumentierten Hauptstudie und werden den Lesenden deshalb als Orientierung zu Beginn dieses Unterkapitels zur Verfügung gestellt.

6.3.1   Die Interviews

Die für die Hauptstudie verwendete Interviewform berücksichtigt einerseits die von Selter und Spiegel formulierten Leitprinzipien des klinischen Interviews, andererseits sind in dessen Konzipierung die in der explorativen Phase der Pilotierung gewonnenen ersten empirischen Einsichten sowie zunehmend theoretische Erkenntnisse eingeflossen (vgl. Abschnitt 6.2). Die nachfolgende Beschreibung der so entwickelten Interviewform orientiert sich an den von Beck und Maier formulierten Beschreibungsdimensionen (1993, 149 ff.), auf die bereits hingewiesen wurde (vgl. Abschnitt 6.1.1). Hierbei werden die Interviews zunächst ganzheitlich betrachtet (6.3.1.1), bevor Besonderheiten der Prä- und Post-Interviews (6.3.1.2) gesondert aufgeführt werden.

6.3.1.1 Beschreibung der Interviewform – allgemein
Die folgenden Ausführungen enthalten ausgewählte Beschreibungsdimensionen, deren Merkmale sich auf alle in der Hauptstudie durchgeführten Interviews beziehen. Das heißt, dass diese sowohl auf die Prä-Interviews, die mit einzelnen Kindern durchgeführt werden, als auch auf die Post-Interviews, die paarweise stattfinden und als Interviewserie geplant sind, zutreffen. Einzelne Ausnahmen werden explizit benannt. Generell sei betont, dass in den Interviews eine explorierende Sicht eingenommen wurde, in der den Äußerungen der Schülerinnen und Schüler interessiert und offen begegnet wurde.

Themenschwerpunkt
Den Themenschwerpunkt der einzelnen Interviews bildet das Lösen eingekleideter mathematischer Textaufgaben mit sachlichem Bezug. Aufgrund des entwickelten Netzwerks können die Aufgaben insgesamt als strukturell reichhaltig beschrieben werden. Bei der Herstellung eigener Zeichenträger und deren Deutungen zur Lösung dieser Aufgaben müssen die Schülerinnen und Schüler potenzielle mathematische Begriffe heranziehen und für sich erzeugen. Die dazu in den Interviews rekonstruierbaren Deutungen bilden neben der theoretischen Fundierung die Grundlage zur Bündelung und Ausdifferenzierung der gewonnenen Erkenntnisse im Theoriekonstrukt *ThomaS* (Kapitel 5). Im wechselseitigen Bezug zwischen den in den Daten rekonstruierbaren Deutungen und den aus der Literatur gewonnenen theoretischen Einsichten entstand so eine spezifische, eigens für das vorliegende Forschungsprojekt spezifizierte Form der Auswertung. Folglich kann sowohl bei der Entwicklung des Theoriekonstrukts, bei der Interviewform in der Pilotierung wie auch bei der Datenauswertung der Hauptstudie von einem „ständige[n]

ineinandergreifende[n] Fortschreiten von theoretischer Reflexion [und] Weiterentwicklung der Instrumente, Datenerhebung und -auswertung" (Beck & Maier 1993, 151) gesprochen werden.

Vorgaben, Spezifität, Interaktivität und Dauer
Für jedes Interview wurden bestimmte mathematische Aufgaben in Textform vorbereitet, kariertes Papier für Rechnungen und Blankopapier im erforderten Maße sowie unterschiedlichste Materialien zur Verfügung gestellt. Der Text gab jeweils vor, auf welche Weise die Aufgabe bearbeitet werden soll (Aufgaben a–c). Es war dem Kind anschließend freigestellt, selbst zu entscheiden, mit welcher Darstellungsform es den Aufgabenteil d) bearbeiten wollte. Aufgrund dieser genauen Handlungsaufträge („Erstelle eine Zeichnung"; „Nutze das Material") erhält jedes Interview eine gewisse *„Spezifität"* (Beck & Maier 1993, 154). Die Interviewerin sollte bei den Bearbeitungen der teilnehmenden Kinder spontan auf das Geschehen reagieren (vgl. ebd. *„Interaktivität"*). In den Interviews geschah dies, indem sie beispielsweise zusätzliche Hilfen angeboten oder einem Kind zusätzliche Zeit eingeräumt hat, sodass nicht alle geplanten Aufgabenteile bearbeitet wurden. Die maximale Dauer eines jeden Interviews wurde aufgrund der üblichen Organisation der teilnehmenden Grundschulen auf zwei Schulstunden und somit 90 Minuten begrenzt. Die Kinder sollten jeweils vor und nach den Interviews am üblichen Schulalltag teilnehmen, womit angestrebt wurde, den schulischen Rhythmus möglichst wenig zu stören.

Strukturierung
Jedes Interview kann entsprechend der Konzeption des Interviews und Planung der Interviewleitfäden in spezifische Phasen eingeteilt werden (vgl. ebd., 155). Das Interview ist somit vorstrukturiert. Es lässt sich anhand der Aufgaben und entsprechenden Arbeitsphasen in die folgenden Phasen gliedern (Tab. 6.13):

Tab. 6.13 Vorstrukturierung der Interviews

Intervieweinstieg
Bearbeitung des ersten Aufgabenteils a) mit einer Rechnung
Bearbeitung des zweiten Aufgabenteils b) mit einer Zeichnung
Bearbeitung des dritten Aufgabenteils c) mit einer Materialdarstellung
Gemeinsamer bzw. zusammenfassender Austausch
Bearbeitung der Zwillingsaufgabe (ggf. gemeinsamer Austausch)
Interviewausstieg

Im Wesentlichen ist diese Gliederung sowohl für die Prä- als auch für die Post-Interviews gültig. Bei der Sichtung des erhobenen Datenmaterials wurde sie deshalb als Grundlage für eine erste Phaseneinteilung der einzelnen Interviews herangezogen. Dabei werden die Teilaufgaben und ihre jeweiligen Bearbeitungen als Sinnabschnitte aufgefasst, anhand derer die jeweilige zeitliche Verortung einzelner für die Analyse ausgewählter Szenen in den gesamten Interviewverlauf vorgenommen wird (siehe auch: *Verfahren der Interviewanalyse Schritt 1*, in Abschnitt 6.4). Ein Unterschied zwischen den Interviews besteht im Austausch über die entsprechenden Aufgabenbearbeitungen, der auf die Konzeption als Partner- bzw. Einzelinterview zurückzuführen ist. Außerdem weicht das dritte Post-Interview aus verschiedenen Gründen von dieser Vorstrukturierung ab, wie es nachfolgend noch aufgeführt wird (vgl. 6.3.1.2.4).

Sozialformen des Interviews und Interviewpartner
Die in der Pilotierung und für die Hauptstudie herangezogene konzipierte Form des klinischen Interviews stellt eine Art Mischung aus Partner- und Einzelinterview dar. Die Forscherin selbst ist stets die interviewende Person, die ein bzw. zwei Kinder aus ein und derselben vierten Klasse bezüglich ihrer Gedanken und Deutungen der mathematischen Inhalte interviewt. Jedes an der Hauptstudie teilnehmende Kind wurde insgesamt viermal und somit mehrfach befragt: einmal im Prä-Interview und dreimal mit demselben Partner im Post-Interview. Die Post-Interviews fanden im Abstand von wenigen Tagen statt, sodass zudem von einer Interviewserie gesprochen werden kann.

In den Prä-Interviews fanden grundsätzlich nur Einzelinterviews statt, damit sich die Interviewerin ganz auf die teilnehmenden Kinder konzentrieren und diese kennenlernen konnte. Außerdem sollten die Kinder so die Möglichkeit erhalten, sich mit dem Material, der neuen Situation, dem Aufgabenformat und den an sie gestellten Anforderungen in dem sehr geschützten Rahmen der Eins-zu-eins-Betreuung vertraut zu machen. Hierbei konnte die Interviewerin in direkter Weise bei den Aufgabenbearbeitungen Rückfragen stellen und die gesamte Zeit anwesend und ansprechbar sein, um spontan auf mögliche Schwierigkeiten reagieren zu können.

An den Post-Interviews nahmen immer zwei Kinder gleichzeitig teil. Nach einem gemeinsamen Einstieg (Begrüßung und Klärung des Arbeitsauftrags) arbeiten die Kinder zunächst in Einzelarbeit, während die Interviewerin sich mal bei dem einen, mal bei dem anderen Kind aufhält und diesem Fragen zu dessen Ideen und Deutungen stellt. Das andere Kind arbeitet in dieser Zeit für sich weiter, ohne sich an der ablaufenden Interaktion zwischen Interviewerin und zweitem Kind zu beteiligen. In gewisser Weise fanden auch hier parallel zwei Einzelinterviews statt. Sobald beide Kinder für sich die Aufgabenbearbeitungen (meist

der Teile a) bis c)) abgeschlossen haben, erklären sie dem anderen Kind und
der Interviewerin ihre rechnerischen, zeichnerischen und materiellen Darstellungen (Explikationszwang). Diese Phase des Austausches kommt dem eigentlichen
Partnerinterview gleich. Je nach zeitlichem Verlauf und Planung des Interviews
erfolgt eine erneute Einzelarbeitsphase mit anschließendem Austausch oder eine
gemeinsame Arbeitsphase.

6.3.1.2 Anmerkungen zur Konzeption der einzelnen Interviews

Nachdem die gemeinsamen Merkmale aller Interviews der Hauptstudie beschrieben wurden, werden nun die spezifischen Besonderheiten der insgesamt vier
einzelnen Interviews aufgeführt. Neben der Anzahl der jeweils durchgeführten
Interviews und Beschreibung des detaillierten Ablaufs wird auch der jeweilige
Aufgabenkontext benannt. Die Auswahl zur Reihenfolge der in den Interviews
verwendeten Kontexte fand anhand der *Zugänglichkeit* zu den jeweiligen sachlichen Elementen und der daraus resultierenden Darstellungsanforderung statt
(siehe auch Abschnitt 6.1).

Für die Prä-Interviews wurden deshalb die Aufgabenkontexte *Ruderboote* und
Reifenwechsel ausgewählt, weil sich die benannten Anzahlen auf die sichtbaren,
konkreten (und damit eher leicht zugänglichen) sachlichen Elemente der Boote
bzw. Fahrzeuge und Sitzplätze bzw. Reifen beziehen. Im Kontext *Bonbons* des
ersten Post-Interviews erhält die Größe *Geld* eine besondere Relevanz. Geld in
Form von Scheinen und Münzen ist direkt mit den Sinnen erfassbar (sichtbar
und greifbar). Der den Bonbons zugeschriebene *Geldwert* hingegen ist eine in
der Gesellschaft sozial konstruierte Größe und muss begrifflich von jedem Subjekt individuell konstruiert werden. Nichtsdestotrotz kann dieser mit Hilfe der
potenziellen und üblichen Darstellungsform als Scheine und Münzen repräsentiert werden, wobei der Wert als mathematischer Begriff jedoch nicht mit dieser
Repräsentationsform zu verwechseln ist. Die Bonbons bzw. Bonbontüten sind
dabei als konkrete sachliche Elemente (wie die Boote oder Fahrzeuge) eher leicht
zugänglich.

Im Kontext *Kirschen* des zweiten und dritten Post-Interviews müssen
Gewichts- und Zeitangaben zu Pflückgeschwindigkeiten einer *großen/kleinen* Person zusammengeführt werden. Die einzelnen Größen *Zeit* und *Gewicht* lassen sich
analog zum *Geldwert* unter Einbezug der Hilfsmittel ‚Uhr‘ und ‚Waage‘ (möglicherweise) noch recht gut darstellen. Allerdings ist bereits hier insbesondere
bezüglich des *zeitlichen Verlaufs* der Tätigkeit des Kirschenpflückens ein gewisser Umweg nötig. Beispielsweise können vier kleine, wie ein Comic gezeichnete
Bilder mit unterschiedlichen Uhrzeiten auf einen solchen Verlauf hindeuten. Die
Pflückgeschwindigkeit zu repräsentieren erhöht die an die Kinder herangetragene

Anforderung der Visualisierung ein weiteres Mal. Die beiden Größen selbst sind bereits als arbiträr zu klassifizieren, ihre Zusammenführung erst recht. Demnach sind die einzelnen Aufgabenkontexte der Interviews so gewählt, dass sich die jeweilige Anforderung, geeignete Zeichenträger auszuwählen, insofern erhöht, als dass nicht länger individuell dingliche Merkmale herangezogen werden können, sondern zunehmend arbiträre Zuschreibungen und Bezichungen zwischen den Elementen bedeutend werden.

6.3.1.2.1 Das Prä-Interview

Die insgesamt 16 an den Einzelinterviews teilnehmenden Kinder sollen sich mit den beiden Aufgabenkontexten *Ruderboote* und *Reifenwechsel* beschäftigen, ergo bearbeiten je vier Kinder einer Schule den einen und jeweils vier Kinder den anderen Kontext.

Bei der Begrüßung und Erklärung des Vorhabens ist es (wie auch bei der Pilotierung und den nachfolgenden Post-Interviews) wichtig, eine positive Arbeitsatmosphäre zu erschaffen und herauszustellen, dass die Interviewerin von dem Kind lernen möchte. Deshalb soll dieses möglichst detailliert seine Gedanken mitteilen. Die Interviewerin wird dabei auch viele Nachfragen stellen, um zu verstehen, wie das Kind denkt und was es macht. Es werden verschiedene Aufgaben bearbeitet, wobei das Kind manchmal „richtig knobeln" muss. Wichtig ist, dass es nicht aufgibt, sondern einfach etwas ausprobiert. Wenn das Kind keine Rückfragen hat, wird mit der Bearbeitung der ersten Aufgabenstellung begonnen. Dazu erhält es ein Arbeitsblatt mit einer Textaufgabe, die gelesen und anschließend mit eigenen Worten erklärt werden soll, bevor die Aufgabenstellung bearbeitet wird. Während der Bearbeitung werden spontane Nachfragen gestellt. Zum Ende der Bearbeitung wird das Kind aufgefordert zu erklären, was es gemacht habe und wie es zu der Lösung gekommen sei. Daraus ergibt sich folgendes, für die Aufgabenstellungen a) bis c) gleichbleibendes Vorgehen: 1) Lesen der Aufgabe; 2) Wiedergabe der Aufgabenstellung und Aspekte des Kontextes mit eigenen Worten; 3) Klärung etwaiger Fragen; 4) Bearbeitung der Aufgabe mit vorgegebener Darstellung (Rechnung, Zeichnung, Material) und spontanen Rückfragen; 5) Erklärung, was das Kind gemacht habe, wie es zur Lösung gekommen sei (Rechnung) bzw. wie die Zeichnung/Materialdarstellung zur Aufgabe passe, woran man die Lösung erkenne, was die einzelnen Elemente bedeuten und warum Darstellungen so gewählt wurden (Zeichnung und Material), 6) mit anschließendem Vergleich der zeichnerischen und materiellen Lösung.

Es folgt die Bearbeitung des Aufgabenteils d), der im Unterschied zu den ersten drei Teilaufgaben nicht direkt mit den Mitteln, die einem Grundschulkind zur Verfügung stehen, unmittelbar berechnet werden kann, sondern mit einer anderen Strategie bearbeitet werden muss (siehe auch Abschnitt 6.1). Hier ist es dem Kind freigestellt, die Darstellungsform selbst zu wählen (Rechnung, Zeichnung oder Material). Es war wünschenswert, dass es neben einer möglichen erfolgreichen rechnerischen Lösung außerdem versuchte, eine Lösung mit einer Zeichnung und/oder mit Material zu finden. Für diesen Fall würde sich ein weiterer Aufgabenteil anschließen. Da es in der Pilotierung allerdings nahezu keinem Grundschulkind möglich war, hier eine Lösung mit einer Rechnung zu finden, wurde zwar die Möglichkeit mitbedacht, dass dies einem Kind in der Hauptstudie gelingen könnte, jedoch nicht unbedingt erwartet. Die für die Bearbeitung des Aufgabenteils d) entwickelten nachfolgenden Fragen und Impulse und damit der weitere geplante Interviewverlauf sind in der nachfolgenden Tab. 6.14 aufgeführt:

Tab. 6.14 Leitfaden Prä-Interview, Aufgabenteil d)

d) Versuch Rechnung	„Was machst du? Erkläre! Kannst du eine Lösung finden? Warum nicht? Worin unterscheidet sich diese Aufgabe von der ersten?"
d) Versuch Zeichnung	„Du hast keine Lösung beim Rechnen gefunden. Das ist gar nicht schlimm. Wir versuchen es einfach mal mit einer Zeichnung. Die Zeichnung soll dir bei der Lösung helfen. Es ist also ganz dir überlassen, wie du das machst. Auch hierfür habe ich dir wieder Papier mitgebracht. Schreibe bitte deinen Namen darauf. Hast du dazu eine Frage?" „Was hast du gemacht? Erkläre! Wie passt deine Zeichnung zu der Aufgabe? Woran erkennst du die Lösung? Was bedeutet das hier? Warum hast du das so gemacht?"
d) Versuch Material	„Hmm, auch die Zeichnung hat dir noch nicht bei der Lösung geholfen (dann d sonst e). Wir versuchen das einfach noch mit Material, vielleicht klappt das ja dabei. Ich sagte ja, eine richtige Knobelaufgabe. Finde am besten eine passende Darstellung, die dir hilft, die Aufgabe zu lösen. Du darfst wieder alles verwenden, was du hier siehst. Hast du dazu eine Frage?" „Was hast du gemacht? Erkläre! Wie passt dein Material zu der Aufgabe? Woran erkennst du die Lösung? Was bedeutet das hier? / Wofür steht ein [Material]? Woran erkenne ich die Boote/Kinder/den See? Bzw. Woran erkenne ich die Reifen/LKWs/PKWs? Warum hast du das so gemacht? Kann ich das [Material] auch wegnehmen? Warum/Warum nicht?" – Ggf. Vergleich zur Zeichnung anschließen: „Vergleiche deine Zeichnung mal mit dem Material. Worin unterscheiden sie sich? Woran erkennst du ein großes/kleines Boot/ die Kinder/ den See? Bzw. Woran erkennst du die Reifen/LKWs/PKWs? Woran erkennst du die Lösung?" – Oder: falls keine zeichnerische Lösung bei d) gefunden wurde, aber eine materielle, dann e) mit Zeichnung anfügen, falls es die Zeit erlaubt
Interviewausstieg	Dank und Verabschiedung

In der Pilotierung betrug die Dauer eines solchen Interviews etwa 55-70 Minuten. Mit dem zeitlichen geplanten Rahmen von 60-90 Minuten sollte dieses Interview dementsprechend zum einen durchführbar sein und zum anderen den Kindern genügend Zeit zur Verfügung stellen, um sich in die Aufgabe ein-zudenken und auf die neuen Anforderungen bzgl. der Aufgabe selbst und deren Bearbeitungsformen (zeichnerisch und materiell) einzulassen.

6.3.1.2.2 Das erste Post-Interview

Im ersten Post-Interview beschäftigen sich die zu sechs Paaren zusammengestell-ten Kinder mit dem Aufgabenkontext *Bonbons*. Der Ablauf vom Intervieweinstieg und der Bearbeitung der Aufgabenteile a) bis c) ist vergleichbar mit dem Prä-Interview. Er enthält jedoch eine wichtige Änderung. Da die Kinder inzwischen mit der Anforderung, verschiedene Darstellungsformen zu nutzen, vertraut sind, erhalten sie im ersten Post-Interview zwei Wahlmöglichkeiten. Sie können ers-tens für sich entscheiden, welchen Aufgabenteil sie mit welcher Darstellungsform (Rechnung, Zeichnung, Material) bearbeiten möchten. Zweitens ist auch die Reihenfolge der Bearbeitung der drei Aufgabenteile freigestellt. Diese Entschei-dungsfreiheiten berücksichtigen die individuelle Präferenz der Grundschülerinnen und Grundschüler für eine bestimmte Darstellungsform. Die Kinder-Paare werden vermutlich jeweils unterschiedlich lange für die Aufgabenbearbeitungen benöti-gen. Dementsprechend kann das eine Grundschulkind unter Umständen nur zwei Aufgaben bearbeiten, während das andere bereits alle drei Aufgaben gelöst hat und damit der Austausch über die generieten Lösungen beginnt. Da das ‚lang-samere‘ Kind dann jedoch bereits seine präferierte Bearbeitungsvariante benutzt hat, wird es nicht enttäuscht darüber sein, eine bestimmte Darstellungsform aus zeitlichen Gründen nicht mehr anwenden zu können. Für die Auswertung und damit Rekonstruktion der Deutungen ist es nicht wichtig, dass alle Aufgabenteile von jedem Kind bearbeitet wurden. Deshalb kann diese aus praktikablen Grün-den getroffene Entscheidung des frühzeitigeren Austauschs (ein Kind fertig, das zweite noch nicht) getroffen werden.

Die Bearbeitung der Aufgabenteile a) bis c) findet in Einzelarbeit statt. Hier-bei sitzen die Kinder mit dem Rücken zueinander und mit räumlichem Abstand voneinander an separaten Tischen. In der anschließenden Phase des Austausches über die entstandenen, unterschiedlichen Darstellungen wird diese Trennung auf-gehoben. Dafür setzt sich Kind A zu Kind B an den Tisch, wobei Kind B einen ‚früheren‘ Aufgabenteil mit Material gelöst hat als Kind B. Zunächst erklären sie sich nacheinander ihre Lösungen zum Aufgabenteil a) und vergleichen diese. Während der jeweiligen Erklärungen und im Anschluss daran können gegenseitig Rückfragen gestellt werden. Auch die Interviewerin stellt Fragen zu den Darstel-lungen und geschilderten Strategien, um diese selbst besser verstehen zu können, aber auch dem anderen Kind ein besseres Verstehen zu ermöglichen. Dabei sind auch Vergleiche zwischen zwei Zeichnungen, zwei Materialdarstellungen oder einer Zeichnung und einer Materialdarstellung von besonderem Interesse. Die

Interviewerin gibt hierbei folglich viele Impulse, um diese anzuregen und die Deutungen der Kinder in Erfahrung zu bringen. Den Erklärungen der Kinder können sich Fragen anschließen, die in ähnlicher Form bereits für das Prä-Interview aufgeführt wurden: Woran erkennst du die Lösung? Wie passt das Material/die Zeichnung zu der Aufgabe? Wofür steht dieses [Material]/[Zeichenelement]? Was haben eure Darstellungen gemeinsam/worin unterscheiden sie sich?

Die Aufgabenteile werden am Tisch von Kind B besprochen, bis die Materialdarstellung von Kind A erklärt werden soll. Dafür werden erneut die Sitzplätze gewechselt, sodass beide Kinder und die Interviewerin gemeinsam am Tisch mit der Materialdarstellung von Kind A sitzen. Bei diesem Vorgehen nimmt die Materialdarstellung im Unterschied zum Transport von einem zum anderen Tisch keinen Schaden bzw. erleidet keine unbeabsichtigten Veränderungen. Außerdem ist der Sitzplatzwechsel zeitsparender als die Umpositionierung mancher aufwändigen, detailreichen Materialdarstellungen. Die Erklärungen zu den verschiedenen Aufgabenteilen mit Rückfragen und weiterführenden Fragen werden fortgesetzt, bis alle bearbeiteten Aufgabenteile a) bis c) besprochen und miteinander verglichen wurden. Die Vergleiche der generierten Darstellungen können überdies über die einzelnen Aufgabenteile hinweg erfolgen. Dies wird dadurch möglich, dass der sachliche Kontext stets derselbe ist und nur die Zahlen und Größen verändert sind, wovon beim Vergleich der Darstellungsform (häufig) abgesehen werden kann.

Nachdem alle Aufgabenteile mit den entsprechenden rechnerischen, zeichnerischen und materiellen Lösungen besprochen und übergreifend miteinander verglichen wurden, setzen sich die Kinder zurück an ihre Plätze, um den Aufgabenteil d) zu bearbeiten. Auch hier wird den Kindern die Wahl der Bearbeitungsform selbst überlassen, jedoch wurde die materielle Bearbeitung nahegelegt. Den Kindern sollte dafür genügend Zeit eingeräumt werden. Deshalb wurden für den schneller arbeitenden Partner die weiteren Aufgabenteile e) bis g) mit anderen Bonbonsorten und entsprechend veränderten Preisen vorbereitet. Die erste davon ausgewählte und zu lösende Teilaufgabe soll mit einer anderen Darstellungsweise als Aufgabenteil d) bearbeitet werden. Sobald beide Kinder zu einer Lösung oder auch zu einer akzeptierten Nicht-Lösung des Aufgabenteils d) gekommen sind, findet ein erneuter Austausch statt, bei dem ggf. ein erneuter Sitzplatzwechsel erforderlich wird, sollten beide Kinder die Materialdarstellung gewählt haben. Auch hier werden Fragen zur Strategie und Darstellung gestellt, wie sie bereits aus den früheren Phasen bekannt sind, bevor das Interview mit Dank und Verabschiedung endet.

Bei der Planung wurde auch die Möglichkeit eingeräumt, dass die Bearbeitung und Besprechung der Aufgabenteile a) bis c) aufgrund des anspruchsvollen Sachkontextes mehr Zeit in Anspruch nimmt als erwartet. Für den Aufgabenteil

d) würde in diesem Fall in Partnerarbeit eine gemeinsame materielle Darstellung entwickelt werden. Generell wurden Überlegungen zum zeitlichen Ablauf und der vermuteten Dauer der einzelnen Bearbeitungsphasen angestellt. Diese sollen jedoch lediglich als Orientierung dazu dienen, was prinzipiell in dieser Zeit möglich sein könnte, um die zur Verfügung stehende Zeit möglichst gewinnbringend auszunutzen. Allerdings ist nicht angedacht, dass die vermuteten Zeitspannen als verbindliche Angaben gelten, an die sich die Interviewerin zu halten hat. Stattdessen soll sie spontan entscheiden, wie viel Zeit sie einer jeweiligen Bearbeitungsphase einräumt, welche Phasen ggf. gekürzt, verlängert oder übersprungen werden sollen, und dabei die individuellen Bedürfnisse der Kinder berücksichtigen. So ist es auch legitim, dass die Bearbeitung vor Beendigung eines Aufgabenteils (auch bei den Teilen a) bis c)) aus zeitlichen Gründen abgebrochen und zum Austausch übergegangen wird, in dem dann die ersten Deutungsideen und Darstellungen in Partnerarbeit weiterentwickelt werden können. Der geplante Interviewverlauf wird in der nachfolgenden Tab. (6.15) aufgeführt.

Tab. 6.15 Zusammengefasster Interviewleitfaden des ersten Post-Interviews ‚Bonbons'

Zusammengefasster Interviewleitfaden erstes Post-Interview (Bonbons)
Vorbereitung
Begrüßung und Erklärung des Vorhabens
Aufgabenteil a) bis c) – Arbeitsauftrag (gemeinsam) – Arbeitsphase (Einzelarbeit) – Austausch (gemeinsam): Vorbereitete/spontan entwickelte Fragen, Vergleich
Aufgabenteil d) – Arbeitsauftrag (gemeinsam) – Arbeitsphase (Einzelarbeit, ggf. Partnerarbeit)) – Austausch (gemeinsam): Vorbereitete /spontan entwickelte Fragen, (Vergleich)
Aufgabenteil e) oder f) oder g) – Als ergänzende oder alternative Aufgabenteile – Arbeitsauftrag, Arbeitsphase, Austausch, (Vergleich)
Dank und Verabschiedung

6.3.1.2.3 Das zweite Post-Interview

Für das zweite Post-Interview wurde der Aufgabenkontext *Kirschen* vorbereitet. In Anlehnung an das Prä-Interview und aufgrund der positiven Erfahrungen in der Pilotierung bzgl. des Ablaufs werden die Aufgabenteile a) bis c) in Einzelarbeit mit einer vorgegebenen Darstellungsform bearbeitet (Rechnung, Zeichnung, Material). Im Anschluss findet analog zum ersten Post-Interview ein Austausch über alle generierten Lösungen statt. Auch hier werden die Sitzplätze gewechselt, um gemeinsam an einem Tisch die Lösungen zu besprechen. Ein erneuter Wechsel wird nötig, um ebenfalls eine Erklärung für die Materialdarstellung des zweiten Kindes zu erhalten. Alle Bearbeitungsformen werden miteinander verglichen, es werden Unterschiede und Gemeinsamkeiten herausgestellt und jeweils Rückfragen zu den Erklärungen gestellt.

Nach dem Austausch schließt sich je nach verfügbarer Zeit eine Einzelarbeitsphase mit erneutem Austausch oder aber eine Partnerarbeitsphase an, bei der Aufgabenteil d) mit Material bearbeitet wird. Es wurden außerdem zwei Variationen des Aufgabenteils c) vorbereitet, damit die Interviewerin spontan auf mögliche unterschiedliche Bearbeitungszeiten der Kinder reagieren kann, indem das schnellere Kind eine weitere Teilaufgabe bearbeitet. Das Interview endet mit Dank und Verabschiedung. Der geplante Interviewverlauf wird in der nachfolgenden Tab. (6.16) aufgeführt.

Tab. 6.16 Zusammengefasster Interviewleitfaden des zweiten Post-Interviews ‚Kirschen 1'

Zusammengefasster Interviewleitfaden zweites Post-Interview (Kirschen I)
Vorbereitung und Begrüßung
Aufgabenteile a) bis c) – Arbeitsauftrag: a) Rechnung b) Zeichnung c) Material – Arbeitsphase (Einzelarbeit) – Austausch (gemeinsam) mit vorbereiteten/spontanen Fragen und Vergleich
Aufgabenteil d) – Arbeitsauftrag: Material – Arbeitsphase (Einzel- oder Partnerarbeit) – Austausch (gemeinsam) mit vorbereiteten/spontanen Fragen und Vergleich
Ggf. Bearbeitung der Variation (alleine oder gemeinsam), je nach zeitlichem Verlauf
Dank und Verabschiedung

6.3.1.2.4 Das dritte Post-Interview

Das dritte Post-Interview versteht sich als Fortsetzung des zweiten Post-Interviews. Der dort verwendete Sachkontext wird aufgegriffen und durch die Anforderung, eine weitere Teilaufgabe nur mit dem Material der gleichartigen Holzwürfel zu lösen, verschärft. Als Basis für den Leitfaden ist das Interview mit Mogli und Peter zu sehen (vgl. auch Abschnitt 5.2.3.2). Der Arbeitsphase mit dem Material der Holzwürfel schließt sich ein Austausch über die generierten Darstellungen an, wobei ebenfalls Vergleiche angestrebt werden. Dafür werden die Sitzplätze gewechselt, damit die Materialdarstellungen auf den entsprechenden Tischen verbleiben können. Die Interviewerin entscheidet spontan, welche Darstellung als erste und welche als letzte besprochen wird. An der zweiten Materialdarstellung nimmt sie intuitive Veränderungen vor, indem sie Materialien verschiebt (Umorganisation) oder entfernt (Reduktion) und die Kinder anschließend nach ihren Deutungen dazu befragt. Dies kann sie mehrfach wiederholen, je nach Materialdarstellung und spontanen Ideen ihrerseits und der der Kinder. Kritiker könnten anmerken, dass insbesondere in dem dritten Post-Interview an dieser Stelle eine *Lenkung* der Schülerinnen und Schüler durch die Interaktionen der Interviewerin stattfindet. Um dieser möglichen Kritik zu begegnen, ist es zunächst erforderlich zu überlegen, was unter ‚Lenkung‘ gefasst werden kann und welche Rolle ihr zukommt.

Schon alleine dadurch, dass die Interviewerin anwesend ist und auf die Aussagen und Handlungen der Schülerinnen und Schüler reagiert, *lenkt* sie bereits in gewissem Maße das Geschehen. Damit muss die Planung und Durchführung eines grundsätzlich *lenkungsfreien* Interviews ausgeschlossen werden. Die vorbereiteten und spontanen Fragen sowie Impulse verfolgen überdies das Ziel, die Forschungsproblematik zu sachbezogenen Symboldeutungen der Kinder in der Wissenschaft der Mathematikdidaktik mit ihren entsprechenden Besonderheiten zu beantworten. Entsprechend muss auch hier eine Lenkung – eigentlich eher eine in der gegebenen Situation produzierte neue Deutungsanforderung für die Kinder – aufgrund des Forschungsinteresses vorgenommen werden, um geeignetes und verwertbares Datenmaterial zu erhalten. Demnach stellt die durch Nachfragen hervorgerufene Lenkung in erster Linie keine suggestive Lenkung, beispielsweise im Sinne des *Trichtermusters* (Bauersfeld 1983), dar – auch wenn sich die Interviewerin nicht davon frei sprechen kann, dass die ein oder andere spontan in der Interviewsituation entwickelte Nachfrage einen gewissen Grad an Suggestion enthält. Sie soll vielmehr als *didaktische Führung* verstanden werden, die die Kinder im Sinne des Forschungsinteresses vor neue Anforderungen stellt. Diese Anforderungen sollen die teilnehmenden Grundschulkinder zu neuen Deutungen sowie möglicherweise Umdeutungen anregen, um die Komplexität der sachbezogenen Symboldeutungen zu mathematischen Textaufgaben in ihrer Spanne erfassen zu können. Die Schülerinnen und Schüler werden gebeten, den ersten Aufgabenteil des dritten Post-Interviews ausschließlich mit dem Material der gleichartigen Holzwürfel zu bearbeiten. Im weiteren Verlauf nimmt die

Interviewerin durch Entfernen von einzelnen Elementen eine Reduktion der Materialdarstellung vor oder positioniert einzelne Elemente um. Dadurch wird die an die Kinder herangetragene Deutungsanforderung weiter verschärft. In Vergleichen von unterschiedlichen Darstellungen können überdies Besonderheiten thematisiert und Bezüge zwischen den einzelnen Teilaufgaben desselben sachlichen Kontextes (und später auch zu anderen Sachkontexten) hergestellt werden. Diese sorgsam geplante und in der Pilotierung erprobte didaktische Führung wird in erster Linie über die empirisch gewonnenen Erfahrungen in der Pilotierung begründet, jedoch liefern auch Wygotskis *Zone der nächsten Entwicklung* (z. B. 1977) und Millers Ausführungen zu *neuem Wissen* (1986) theoretische Argumente, auf die an dieser Stelle lediglich hingewiesen wird.

Nach dem intensiveren Austausch über eine der beiden Materialdarstellungen ausschließlich mit Holzwürfeln zum Aufgabenteil e), der Reduktion und/oder Umorganisation des Materials mit Fragen zu neuen Deutungen bzw. Umdeutungen folgt die gemeinsame Bearbeitung von zwei weiterführenden Aufgabenstellungen. Dazu können prinzipiell Elemente des bereits gelegten Materials umgelegt und umgedeutet werden. Es besteht aber auch die Möglichkeit, dass das Schülerpaar gemeinsam eine vollständig neue Darstellung entwickelt. Auch diese Darstellungen werden ausführlich besprochen. Es können sich weitere Materialreduktionen und Umorganisationen anschließen. Die Würfeldarstellung wird nach den Erklärungen und Deutungen des Schülerpaares beiseitegeschoben und ein neuer Arbeitsauftrag erklärt, dessen Aufgabenstellung bereits teilweise aus den Prä-Interviews bekannt ist.

Je nach zeitlichem Verlauf des Interviews werden die Kinder gebeten, die Aufgabe im Sachkontext *Ruderboote* gemeinsam oder einzeln an ihren getrennten Plätzen zu bearbeiten, bevor ein gemeinsamer Austausch über die jeweiligen Darstellungen erfolgt. Entweder erklären sich die Kinder nacheinander ihre Lösungen oder fassen ihre Lösung gemeinsam für die Interviewerin zusammen, wobei in jedem Fall Fragen gestellt werden dürfen. Nach einer Phase der Reduktion und Umorganisation des Materials, wird die Plättchendarstellung mit der zuvor beiseitegeschobenen Würfeldarstellung verglichen. Eine wichtige Frage ist dabei, ob die jeweilige Plättchendarstellung zur Bootsaufgabe auch zum Kirschenkontext passen würde – und andersherum: Warum passt sie? Warum nicht? Dies dient als eine Art Vorbereitung auf die anschließenden Sachkontexte, denen eine der beiden Darstellungen als passend zugeordnet werden soll, obwohl der Kontext ein anderer ist, als er für die Entwicklung der Darstellung benutzt wurde. Selbstverständlich werden auch Antworten akzeptiert, in denen keiner der zur Verfügung gestellten Sachkontexte zu den Darstellungen zugeordnet werden kann. Es werden dann Gründe hierfür erfragt und die Möglichkeit gegeben, Veränderungen in Form von Umorganisationen an den existierenden Darstellungen vorzunehmen. Diese Zuordnungen der unterschiedlichen Sachkontexte zu den Darstellungen dient als Anregung, die aus der Studie bekannten und strukturgleichen Aufgabenkontexte miteinander zu vergleichen, um so möglicherweise weitere Deutungen und/oder neue Erkenntnisse in Bezug auf das Verständnis der Entwicklung von geeigneten Zeichenträgern zu erhalten (siehe auch Abschnitt 6.1.2). Auch das dritte Post-Interview als letztes Interview der Serie endet mit Dank und Verabschiedung. Der geplante Interviewverlauf wird in der nachfolgenden Tab. (6.17) aufgeführt.

Tab. 6.17 Zusammengefasster Interviewleitfaden des zweiten Post-Interviews ‚Kirschen 2'

Zusammengefasster Interviewleitfaden drittes Post-Interview (Kirschen II)
Vorbereitung (nur Würfel u. Plättchen) und Begrüßung
Rückbezug zu vorherigem Interview – „An was erinnert ihr euch?" – Aufgabenstellung(en) erarbeiten (Kirschen) ➔ Fokus auf Größenangaben
Aufgabenteil e) Kirschen – Arbeitsauftrag: ausschließlich Holzwürfel – Arbeitsphase (Einzelarbeit) – Austausch (gemeinsam): Organisation Sitzplätze; Erklärungen; spontane/vorbereitete Rückfragen; Vergleich; Reduktion und Umorganisation der Materialdarstellung mit Erfragung neuer Deutungen; Vergleich alt und neu – 3 Möglichkeiten der Materialdarstellung (mit entsprechenden Reaktionen): a) Beide haben ausschließlich mit Holzwürfeln die Aufgabe gelegt und bearbeitet b) Einer hat ausschließlich mit Holzwürfeln die Aufgabe gelegt und bearbeitet c) Beide sagen, es geht **nicht**, wenn man nur Holzwürfel zur Verfügung hat.
Weiterführende Aufgabenstellungen f) und g) – Arbeitsauftrag – Arbeitsphase (Partnerarbeit) mit begleitenden/anschließenden Erklärungen und Rückfragen
Aufgabenteil Ruderboote – Arbeitsauftrag: ausschließlich einfarbige Plättchen – Arbeitsphase (Einzel- oder Partnerarbeit) – Austausch mit Reduktion und Umorganisation – Vergleich Plättchen- und Würfeldarstellung: Passen Plättchen zur Kirschenaufgabe/Würfel zur Bootsaufgabe?
Zuordnung der Aufgaben zu Darstellungen mit Material – Arbeitsauftrag: Auswahl einer der Repräsentationen zu weiteren Sachaufgaben
Dank und Verabschiedung

6.3.2 Dokumentation der Daten

Die klinischen Interviews wurden von digitalen Videokameras aufgezeichnet, um sowohl die verbalen Äußerungen zu dokumentieren, aber auch insbesondere die von den Kindern erstellten rechnerischen, zeichnerischen und materiellen Lösungen sowie daran vorgenommene Handlungen. Jedes interviewte Kind wurde deshalb von zwei Kameras aus den Perspektiven *frontal* und *seitlich* gefilmt. Entsprechend kamen in den Einzelarbeitsphasen der Post-Interviews vier Kameras zum Einsatz. Während des gemeinsamen Austausches wurden die nicht benötigten beiden Kameras ausgeschaltet und in einer potenziellen weiteren Einzelarbeitsphase wieder eingeschaltet. Die rechnerischen und zeichnerischen Lösungen wurden in allen Interviews zudem auf eigens dafür erstellten Arbeitsblättern produziert, sodass diese für anschließende Analysen verfügbar waren. Sobald ein Kind die Fertigstellung einer materiellen Lösung bestätigt hatte, wurde diese zusätzlich zum Videomaterial abfotografiert und damit ebenfalls entsprechend gesichert und dokumentiert. Die Interviewerin nutzte die (kurze) Zeit nach jedem mathematischen Gespräch, um spontane Eindrücke schriftlich festzuhalten und erste potenziell interessante Deutungen zu notieren. Diese Eindrücke wurden als Grundlage für die Auswahl erster Analysen herangezogen, bevor im anschließenden wechselweisen Prozess der Sichtung und Interpretation weitere Szenen exemplarisch ausgewählt wurden.

Die Grundlage für diese Analysen und Interpretationen stellen neben den Schülerdokumenten und fotografierten Materialdarstellungen die auf Basis der Videos erstellten Transkripte dar. Dabei handelt es sich um die Verschriftlichung von Äußerungen und Handlungen, die „das flüchtige Gesprächsverhalten für wissenschaftliche Analysen auf dem Papier dauerhaft verfügbar machen" (Kowal & O'Connell 2015, 438). Aufgrund des umfangreichen Datenmaterials (von mehr als 50 Stunden Videomaterial allein durch die Interviews) sowie der unterschiedlichen Bedeutsamkeit der Interviewszenen im Hinblick auf das Forschungsinteresse wurden diese jedoch nicht vollständig transkribiert. Stattdessen wurde zu jedem Interview eine sogenannte ‚Datenübersicht' erstellt, in der die generierten Schülerlösungen bildlich sowie ausgewählte dazu vorgenommene Deutungen im zeitlichen Verlauf des Interviews stichpunktartig festgehalten wurden. Neben den spontanen Eindrücken der Interviewerin konnte mit dieser unterstützenden Orientierung ein Überblick über die Szenen mit (vermuteten) symbolgestützten Deutungen der Grundschulkinder gewonnen werden. Die so entstandenen Notizen erlaubten es, für das Forschungsinteresse aufschlussreiche Szenen zu identifizieren. Die ausgewählten Szenen wurden dann von studentischen Hilfskräften und der Verfasserin transkribiert. Hierfür wurde den Hilfskräften zunächst das

Vorgehen erklärt sowie ein kurzer Leitfaden (vgl. Anhang) zur Transkription bereitgestellt. Die erstellten Transkripte wurden in den daran vorgenommenen ersten Analysen durch die Arbeitsgruppe ‚*EInmaL*‘ und die Forschungstreffen ‚*UMWEG*‘ (Untersuchungen zum Mathematiklernen (in der Grundschule) – Wuppertal-Essen-Gruppe unter Einbezug des Videomaterials angepasst und für potenziell weitere Analysen sorgsam überarbeitet und fertiggestellt.

Die Transkription enthält neben den verbalen Äußerungen und Screenshots der generierten (Zwischen-) Ergebnisse ausführliche Beschreibungen der Handlungen. Diese beziehen sich auf Zeigegesten und Umbauprozesse, aber auch beispielsweise auf Sprechpausen von mindestens einer Sekunde und Betonungen. Es sei angemerkt, dass in erster Linie solche Handlungen beschrieben wurden, die eine Relevanz für den Inhalt des Interviewgesprächs aufweisen. Damit stellt jedes Transkript bereits eine Auswahl an beobachtbaren Aktionen dar und somit in gewisser Weise eine erste Interpretation. Diese Fokussetzung ist jedoch notwendig, um sich nicht im Detailreichtum der Interaktionsabläufe zu verlieren. Es wäre möglich, ebenfalls Sprechpausen von kürzerer Dauer, die Blickrichtung und Einzelheiten zur Intonation zu benennen, um nur einige wenige Beispiele zu geben. Auch spielen die Kinder häufig mit den vielfältigen, augenscheinlich äußerst interessanten Materialien. Das heißt, sie halten es in der Hand, lassen es fallen, legen es auf den Tisch, verschieben es usw. Sie nehmen also vielfach begleitende Handlungen vor, die nicht als Unterstützung der verbalen Äußerungen dienen. Die Transkription all dieser Aktionen hätte nicht nur unter der zeitlichen Perspektive eine Herausforderung dargestellt, auch hätte sich die Analyse solcher Transkripte unter dem speziellen Forschungsinteresse der Arbeit als eher (unnötig) schwierig erwiesen. Im Sinne des Forschungsschwerpunkts wurden deshalb hauptsächlich Handlungen (am Material), die als zusätzliche Erklärungshilfen dienen, in den Transkripten aufgeführt. Sie werden dabei möglichst objektiv formuliert, um nicht bereits eine bestimmte interpretative Deutung der Tätigkeit nahezulegen.

6.3.3 Die Intervention

Im Anschluss an die Prä-Interviews finden in den beiden vierten Klassen im Rahmen des Mathematikunterrichts jeweils vier Interventionseinheiten von je etwa 90 Minuten statt. In den Einzelinterviews wurden die *spontanen Deutungen* der Kinder zu sachlich eingekleideten Textaufgaben und ihrer symbolgestützten Bearbeitung erhoben. Ziel der Intervention ist es, dass die Kinder über diese spontanen Symboldeutungen hinaus ihre Fähigkeiten im Austausch mit anderen Kindern und deren Lösungen reflektieren und so neue, ebenfalls mögliche Repräsentationen und daran vorgenommene Deutungen kennenlernen. Dazu bedarf es

der Einführung einer für die Kinder neuen *Deutungskultur*. Beim Vergleichen
der Darstellungen werden ihre Unterschiedlichkeit und Verschiedenheit nicht nur
akzeptiert, sondern sind explizit erwünscht. Im sozialen kommunikativen Austausch können bestimmte Repräsentationen und deren Charakteristika thematisiert
werden, um die Deutungsmöglichkeiten eines Individuums anhand des kollektiven
Wissens anzureichern und den Umgang mit den in Frage kommenden und verwendeten Zeichenträgern zu flexibilisieren. Im Besonderen wird dabei der Fokus
nicht auf rechnerische Lösungen und das Aufsagen eines Ergebnisses gelegt. Im
Aufmerksamkeitsinteresse stehen stattdessen die Darstellungsformen selbst und
damit in entscheidender Weise die individuelle Wahl der Zeichenträger.

Söbbeke (2005, 29) weist auf die Notwendigkeit einer solchen Kultur des Symbolgebrauchs hin, die sich „nicht auf das bloße Betrachten [...] und ein Festlegen
von Eindeutigkeiten beschränkt". Es muss eine Unterrichtskultur entwickelt werden, die die Schülerinnen und Schüler zur eigenen Produktion und Verbalisierung
von verschiedenen individuellen Deutungen, aber auch zum Verstehen und Erklären von Deutungen anderer Kinder herausfordert (vgl. auch Schulte-Wißing 2020,
110 ff.; Steenpaß 2014, 95 ff.; Söbbeke 2005, 374 f.). Damit wird die Intervention *nicht* als Trainingsprogramm verstanden, in dem ‚der richtige Umgang' mit
Zeichenträgern zur Lösung von eingekleideten Textaufgaben vermittelt wird. Die
Schülerinnen und Schüler sollen dementsprechend nicht wie *triviale Maschinen*
(vgl. Luhmann 2009) zu einem gegebenen Input einen bestimmten Output produzieren. Die Intervention zielt auf die Anreicherung von (neuen) Deutungssichten
und nicht auf die Reproduktion ‚einer richtigen' symbolischen Lösung und deren
Deutung. Sie ist zudem nicht mit einer klassischen Intervention gleichzusetzen, in
der die Schülerinnen und Schüler „beispielsweise ein festgelegtes algorithmisches,
prozedurales Verfahren *Schritt für Schritt*" erlernen (Schulte-Wißing 2020, 110)
oder „monokausale Ursache-Wirkungszusammenhänge zwischen Interventions-
aufgaben und eventuellen Lernerfolgen der Schülerinnen und Schüler" aufgestellt
werden (Steenpaß 2014, 98). Dementsprechend wird es für das Forschungsinteresse nicht als notwendig erachtet, das in der Intervention erhobene Datenmaterial
näher zu analysieren. Die Durchführung der Intervention wird hingegen als
wesentlich erachtet, um die Kinder in die besagte ‚neue' Deutungskultur und
daraus resultierende unterrichtliche Konsequenzen einzuführen.

Die in der Intervention verfolgten Ziele lassen sich wie folgt zusammenfassen:

– Sichtung verschiedener Materialdarstellungen und Zeichnungen sowie kommunikativer Austausch mit dem Partner und im Klassenverband über daran
   vorgenommene symbolische Deutungen

– Akzeptanz aller Darstellungen und Deutungen sowie deren Wertschätzung mit vereinzelten Überlegungen zu Vor- und Nachteilen zu den verschiedenen Varianten und der Auswahl der ‚geeigneteren' Form sowie Begründung, die zur Entscheidung geführt hat
– (weiteres) Kennenlernen des zur Verfügung stehenden Materials als potenzielle Zeichenträger zur Repräsentation systemisch-relationaler Beziehungen

Alle Interventionseinheiten begannen mit einer *Einführungsphase*, in der das jeweilige Thema und der geplante Ablauf besprochen sowie auf der Tafel für alle sichtbar schriftlich fixiert wurden. In jeder Doppelstunde wurden verschiedene eingekleidete Textaufgaben zu jeweils demselben sachlichen Kontext bearbeitet, sodass entsprechend der Anzahl der Interventionseinheiten vier unterschiedliche Sachkontexte herangezogen wurden. Um den Kindern die Möglichkeit zu geben, sich in diesen zurechtzufinden, wurde stets der erste Aufgabenteil (bzw. die sachliche Einkleidung) laut vorgelesen und anschließend von einem Kind mit dessen Worten wiedergegeben. Es konnten außerdem Rückfragen zum Verstehen der sachlichen Situation sowie des geplanten Ablaufs gestellt werden.

Der Einführungsphase schloss sich eine *Phase der Einzelarbeit* an. Hierdurch erhielt jedes Kind die Chance, sich individuell mit der sachlichen Situation zu beschäftigen und für sich geeignete Zeichenträger zur Lösungsfindung zu entwickeln. Die (vorgegeben) Bearbeitungsform sowie die Anzahl der zu bearbeitenden Teilaufgaben variierte von Interventionseinheit zu Interventionseinheit. Allen gemeinsam ist jedoch, dass sich die Schülerinnen und Schüler zum Ende der Einzelarbeitsphase miteinander austauschen sollten. In dieser *Phase des Erklärens und Vergleichens* der generierten Darstellungsformen wurde es den Kindern ermöglicht, vielfältige Lösungen und Deutungen kennenzulernen, Vergleiche anzustellen, Unterschiede wahrzunehmen und die eigene Wahl der Zeichenträger sensibel zu reflektieren. Vorbereitete und den Kindern auf Papier zur Verfügung gestellte Fragen, die dem jeweiligen Sachkontext angepasst waren, dienten hierbei als Unterstützung. Die Autorin/Interviewerin selbst versuchte, an den zu unterschiedlichen Zeitpunkten stattfindenden Partnerarbeitsphasen anwesend zu sein, um zusätzliche Rückfragen zu stellen und Impulse zur produktiven Weiterentwicklung der getätigten Deutungen zu geben. Auch die anwesende Lehrperson sowie eine studentische Hilfskraft wurden angeleitet, die Kinder bei diesem Austausch durch gezielte Fragen und produktive Anregungen zu unterstützen. Der Austausch der Schülerinnen und Schüler fand zwischen Sitznachbarn statt, aber auch zwischen Kindern, die ebenfalls die Bearbeitung der Teilaufgaben abgeschlossen hatten und sich so innerhalb des Klassenverbands zu Paaren finden konnten. Es folgte (meist) eine weitere Phase der Einzelarbeit mit einem erneuten

Austausch. An dieser Stelle variiert der genaue Ablauf der einzelnen Interventionsstunden. Allen Interventionseinheiten ist jedoch gemeinsam, dass sie mit einer *Reflexionsphase* im Plenum enden, bei der unterschiedliche Besonderheiten der gewählten Zeichenträger aufgegriffen und explizit anhand von einzelnen Beispielen besprochen wurden.

Hervorgehoben sei zudem der *Museumsgang* der vierten Interventionseinheit als zweite Phase des Austausches. Zur Vorbereitung auf diesen sollten sich zwei Sitznachbarn ihre jeweiligen materiellen Lösungen zur Teilaufgabe c) erklären und sich gegenseitig Fragen stellen. Anschließend haben sie sich darüber beraten, welche Darstellungsform die geeignetere ist, und gemeinsam Argumente für diese Entscheidung entwickelt. Während des Museumsgangs verblieb ein Kind des Paares stets an der ausgewählten Materialdarstellung, um den umhergehenden Kindern besagte Repräsentation und deren begründete Auswahl zu erklären. Das andere Kind erhielt die Möglichkeit, sich die vielfältigen Repräsentationsformen der anderen Paare anzusehen und so unterschiedlichste Deutungen zu hören, die gemeinsam hinterfragt und reflektiert werden konnten.

Die Inhalte der einzelnen Interventionsstunden können der nachfolgenden Übersicht (Tab. 6.18) entnommen werden. Es finden die folgende Abkürzungen Verwendung: Einzelarbeitsphase (EA), Phase des Erklärens und Vergleichens (EV), Rechnung (R), Zeichnung/en (Z), Materialdarstellung/en (M), oder (od).

Tab. 6.18 Übersicht der durchgeführten Interventionseinheiten

Sachkontext/Phase	EA I	EV I	EA II	EV II	Gemeinsame Reflektion
1) Pferde-Fliegen	a) R b) Z	Nachbar	c) R od Z d) R od Z	Nachbar	Vergleich zweier äußerst verschiedener Z. zu b)
2) Blumen	a) R b) M	Kind	c) R od M d) R od M	Kind	Vergleich zweier äußerst verschiedener M. zu c)
3) Container	R, Z, M je 1x	Kind	Ggf. Fortsetzung	(Kind)	Auffälligkeiten Materialdarstellungen
4) Eis am Stiel	a) R b) R c) M	Nachbar, Auswahl Lösung c)	Ggf. d) Z e) Z	Museumsgang	Auffälligkeiten Materialdarstellungen

An der Intervention nehmen nicht nur die interviewten Kinder teil, sondern ebenfalls all ihre Klassenkameraden. Für diese stellen die Aufgabenstellungen insbesondere mit den zeichnerischen und materiellen Bearbeitungsformen eine eher wenig vertraute Anforderung dar. Deshalb wurden diese (auch aus zeitlichen

Gründen) nacheinander in den ersten beiden Interventionseinheiten eingeführt. Die Klassenkameraden sollten dadurch ebenfalls für sich die Möglichkeit erhalten, sich auf die eher ungewöhnlichen Bearbeitungsformen einzulassen und mit dem zur Verfügung gestellten Material vertraut zu machen. Dafür erhielten sie paarweise einen vorbereiten Karton mit vielfältigen Materialien. Auch wenn die Kartons ähnlich bestückt waren, so unterschieden sich die Inhalte doch ein wenig. Deshalb war es den Kindern erlaubt, sich Materialien von anderen Paaren zu leihen – sei es, weil dieses gar nicht oder nicht in ausreichender Menge in ihrem Karton enthalten war.

Für die Unterrichtseinheiten der Intervention wurden vier weitere Kontexte mit mehreren Teilaufgaben herangezogen. Sie werden an dieser Stelle nur in verkürzter Form vorgestellt. Abbildungen der tatsächlich verwendeten Arbeitsblätter befinden sich im Anhang. Die Aufgabenkontexte und beispielhaften Teilaufgaben der *ersten und zweiten Intervention* lauten (Tab. 6.19):

Tab. 6.19   Aufgaben der Intervention 1 und 2

Aufgaben der Intervention 1 und 2	
Pferde-Fliegen	*Blumen*
Bauer Holte ist 45 Jahre alt und lebt auf einem Bauernhof. Er hat natürlich viele Ställe mit vielen Tieren. In einem Stall von Bauer Holte sind Pferde und Fliegen. Bauer Holte zählt: „Es sind 3 (7) Pferde und 9 (5) Fliegen in meinem Stall!" Wie viele Beine haben die Pferde/Fliegen/alle Tiere zusammen? (Rechnung und Zeichnung)	In dem Klassenraum der 3c (4a) gibt es 14 (10) Tische. Auf jedem Tisch steht eine Blumenvase mit Blumen. Es gibt Vasen, in denen sind jeweils 3 Rosen. In den anderen Vasen sind jeweils 7 Nelken. Es gibt 5 (6) Vasen mit Rosen und 9 (4) Vasen mit Nelken. Wie viele Rosen/Nelken/Blumen gibt es? (Rechnung und Material)
Der Bauernhof ist riesengroß. Deshalb sind in einem anderen Stall von Bauer Holte auch Pferde und Fliegen. Aber dieses Mal zählt er etwas anders: „In meinem Stall sind 15 Tiere. Zusammen haben sie 72 Beine" Er möchte nun von Dir wissen: Wie viele Pferde/Fliegen sind im Stall? (Rechnung oder Zeichnung)	In dem Klassenraum der 2b gibt es 12 Tische. Auf jedem Tisch steht eine Blumenvase mit Blumen. Es gibt Vasen, in denen sind jeweils 3 Rosen. In den anderen Vasen sind jeweils 7 Nelken. In den 12 Vasen gibt es insgesamt 52 Blumen. Wie viele Vasen mit Rosen/Nelken gibt es? (Rechnung oder Material)

Die gewählten Aufgabenstellungen sind mit denen in Prä-Interviews herangezogenen vergleichbar. Es handelt sich um mathematische Aufgaben in Textform, die einen sachlichen Bezug aufweisen. Dieser sachliche Kontext ist als solcher jedoch *austauschbar*. Für die Intervention wurden bewusst Aufgaben gewählt, die neben dem sachlichen Inhalt jedoch auch bezüglich der *Anzahlen* variieren. Während in den Prä-Interviews Aufgabenkontexte herangezogen wurden, die eine externe Übertragung der intern im Sachverhalt konstruierten Beziehungen auf den anderen Sachverhalt erlauben, wurde in der Intervention nicht das Ziel verfolgt, solche strukturellen Gleichheiten aufzudecken. Stattdessen sollten insbesondere die an den Interviews teilnehmenden Grundschulkinder möglichst vielfältige Sachverhalte kennenlernen und daran Aufgabenbearbeitungen sowie Deutungen erproben und vergleichen. Dasselbe wurde ebenfalls mit den Aufgabenstellungen und Sachkontexten der *dritten und vierten Intervention* verfolgt (vgl. Tab. 6.20, bzw. Anhang). Bei diesen werden die Kinder zudem vor die weitere Anforderung gestellt, die Größe *Zeit* zeichnerisch und materiell darzustellen. Die an den Interviews teilnehmenden Kinder erhielten so die Möglichkeit, bereits erste Erfahrungen im Umgang mit dieser *nicht visuell wahrnehmbaren Größe* (vgl. auch Krauthausen 2018, 150 ff) zu sammeln. Der zusätzliche stärkere Fokus auf den mathematischen Inhalt der *(Anti-) Proportionalität* sollte zudem als erstes Kennenlernen und Vorbereitung auf die zweiten und dritten Post-Interviews dienen. Auch erfuhren die in den Aufgabenstellungen der dritten und vierten Intervention verwendeten Anzahlen eine Veränderung, wobei außerdem der Zahlenraum erweitert wurde.

Tab. 6.20 Aufgaben der Intervention 3 und 4

Aufgaben der Intervention 3 und 4	
Container	*Eis am Stiel*
Im Hafen werden Schiffs-Container unterschiedlicher Größe auf Güterzüge verladen. Es gibt Gabelstapler und große Kräne. Ein Gabelstapler belädt einen Güterzug von 20 Waggons in 5 Stunden. Ein großer Kran belädt einen Güterzug von 40 Waggons in 5 Stunden. (mind. je 1x R/Z/M) a/b) Wie viele Waggons von Zügen belädt 1 Gabelstapler/1 Kran in 1 Stunde? c) Wie viele Waggons können 2 Gabelstapler in 8 Stunden beladen? d) Wie viele Waggons können 1 Gabelstapler und 1 Kran zusammen in 6 Stunden beladen? e) Wie lange dauert es, wenn ein Gabelstapler und ein großer Kran zusammen insgesamt 126 Waggons beladen sollen? f) Es müssen 84 Waggons von 1 Kran und 1 Gabelstapler beladen werden. Nach 3 Stunden fällt der Gabelstapler aus. Wie lange muss der Kran allein noch die weiteren Container laden?	Die Eisfirma „Schleck" gibt es seit 30 Jahren. Jedes Jahr produzieren sie große Mengen Eis am Stiel. Es gibt viele verschiedene Sorten. „Schleck" produziert das Eis mit Eismaschinen. Eine kleine Eismaschine produziert 200 Eis am Stiel in 8 Stunden. Eine große Eismaschine produziert 400 Eis am Stiel in 8 Stunden. a/b) Wie viel Eis am Stiel produziert 1 kleine/große Maschine in 1 Stunde? (Rechnung) c) Wie lange dauert es, wenn 1 kleine und 1 große Maschine zusammen gleichzeitig 825 Eis am Stiel produzieren? (Material) d) Wie viele Eis am Stiel können 2 kleine und 1 große Eismaschine gemeinsam in 5 Stunden produzieren? (Zeichnung) e) Es müssen 875 Eis am Stiel produziert werden. Wie lange brauchen 3 kleine und 1 große Eismaschine dafür? – e2) Nach 4 Stunden fällt die große Eismaschine aus. Wie lange müssen die 3 kleinen Maschinen noch alleine produzieren?

6.3.4   Rahmenbedingungen der Untersuchung

Wie bereits einleitend aufgeführt, nahmen zwei vierte Klassen von zwei unterschiedlichen Schulen teil, die anonymisierend als Schule A und Schule B bezeichnet werden. Aus jeder Klasse wurden acht Kinder ausgewählt, die an den Prä-Interviews teilnehmen sollten. Hierbei wurde eingeplant, dass möglicherweise nicht alle Kinder (beispielsweise aufgrund von Krankheit) vollständig an der Intervention bzw. an den Post-Interviews teilnehmen können. Mit der Teilnahme von acht Kindern konnte gewährleitet werden, dass die geplanten drei Paare für die Serie der Post-Interviews zustande kommen würden.

Die Auswahl der Kinder erfolgte an Schule B aus praktikablen Gründen. Dort wurden insgesamt acht Einverständniserklärungen von den Eltern unterzeichnet. Entsprechend durften diese acht Kinder videografiert und interviewt werden. An Schule A unterzeichneten nahezu alle Eltern die Einverständniserklärungen. Deshalb wurde die Mathematiklehrperson gebeten, acht leistungsheterogene Kinder auszuwählen. Zusätzlich sollte sie die Auswahl dahingehend treffen, welchen Kindern sie zutrauen würde, bei laufenden Kameras mit einer fremden Person offen über die eigenen mathematischen Ideen zu sprechen. Wenngleich hier das Kriterium der Mathematikleistung zunächst zur Auswahl der teilnehmenden Schülerinnen und Schüler diente, so blieb dieses bei der Durchführung der Hauptstudie, der Analyse und Auswertung der Daten unberücksichtigt.

Nach den Prä-Interviews nahmen die ausgewählten Kinder im Klassenverband an der Intervention teil. Diese besteht aus insgesamt vier Sitzungen von je 90 Minuten. Während die Kinder der Schule A an ihren üblichen Plätzen sitzen bleiben konnten, wurde die Sitzordnung der Schule B dahingehend verändert, dass nur Schülerinnen und Schüler mit Einverständniserklärung von den Kameras aufgezeichnet wurden.

Nach der Intervention wurden die Schülerinnen und Schüler für die Post-Interviews ausgesucht und zu Paaren zusammengestellt. Auch hier erfolgte die Auswahl aus praktikablen Gründen: Von den jeweils acht Kindern, die an den Prä-Interviews teilgenommen haben, wurden diejenigen nicht berücksichtigt, die eine oder mehrere Sitzungen der Intervention versäumt haben oder am ersten abgesprochenen Termin für die Post-Interviews fehlten. Es gab außerdem Kinder, die sich in der Interviewsituation sichtlich unwohl gefühlt und nur wenige Aussagen zu ihren Gedanken getroffen haben. Aus diesem Grund entschied die Interviewerin, diejenigen Kinder auszuwählen, denen die Teilnahme am Interview weniger Umstände (bzw. sogar Spaß) zu bereiten schien. Auch die Zusammenstellung der pro Schule jeweils sechs verbleibenden Schülerinnen und Schülern zu Paaren erfolgte aus praktikablen Gründen. Vielfach arbeiteten die Schülerinnen und Schüler bereits in der Intervention zusammen – insbesondere an Schule B aufgrund der Bedingungen der Videoaufzeichnung. So hatten diese Kinder bereits vielfältige Möglichkeiten erhalten, ihre unterschiedlichen Darstellungen zu besprechen, womit bereits ein intensiver Austausch zwischen ihnen stattgefunden hatte. Ein Paar wurde zusammengestellt, weil beide Kinder im Ganztag angemeldet waren, sodass diese an jedem Wochentag flexibel zwischen der ersten und sechsten Stunde an den Interviews teilnehmen konnten. Die weiteren Zusammenstellungen waren von der Einschätzung der Mathematiklehrperson beeinflusst, die die Fähigkeit der einzelnen Kinder, mit einem bestimmten anderen Kind zusammenzuarbeiten, als gut oder weniger gut beurteilte.

Bei der Planung und Durchführung der einzelnen Post-Interviews wurde außerdem darauf geachtet, dass die jeweiligen Schülerpaare möglichst zu verschiedenen Uhrzeiten interviewt werden. Dies verfolgte den Zweck, zu vermeiden, dass sich ein Paar ausschließlich in den letzten beiden Schulstunden an den mathematischen Gesprächen beteiligte, in denen die Kinder erfahrungsgemäß bereits recht erschöpft sind. Generell wurde überdies auf den Stundenplan und weitere Schulveranstaltungen sowie spontane Änderungen (schulischer und krankheitsbedingter Natur) Rücksicht genommen, sodass sich geplante Termine bis zuletzt noch verschieben konnten. Dadurch können beispielsweise die unterschiedlichen Abstände zwischen den Terminen oder die Reihenfolge der interviewten Paare erklärt werden. Bei der Durchführung der Interviews trat an Schule B außerdem eine Besonderheit auf, die eine recht spontane Reaktion erforderte: Beim dritten Post-Interview hatte die Schulleitung aufgrund hoher Temperaturen in der letzten Woche der Durchführung der Hauptstudie sogenannte *Kurzstunden* angeordnet. Das heißt, dass die Kinder bereits ab mittags unterrichtsfrei hatten. Es konnte folglich nur noch ein Paar pro Tag interviewt werden. Das Interview startete zur üblichen Unterrichtszeit in der ersten Stunde, wurde dann jedoch von der verschobenen großen Pause unterbrochen, an der die Kinder teilnehmen durften, und endete etwa nach den geplanten 90 Minuten in der dritten bzw. vierten Kurzstunde.

Die Zusammenstellung der Paare ebenso wie die in den Transkripten verwendeten Abkürzungen für die an der Studie teilnehmenden anonymisierten Schülerinnen und Schüler sind in der nachfolgenden Übersicht (Tab. 6.21) abgebildet. Zudem können der Tabelle die genauen Daten und Unterrichtsstunden der durchgeführten Post-Interviews entnommen werden.

Tab. 6.21 Zusammenstellung der Paare und Termine der Post-Interviews

	Paar	Kind 1	Kind 2	1. Post-Interview	2. Post-Interview	3. Post-Interview
Schule A	a	Ahmet (A)	Liam (L)	08. Juni 17 3. & 4. Std.	12. Juni 17 1. & 2. Std.	14. Juni 17 5. & 6. Std.
	b	Emilia (E)	Mohammed (M)	09. Juni 17 3. & 4. Std.	12. Juni 17 3. & 4. Std.	14. Juni 17 3. & 4. Std.
	c	Jonas (J)	Tinka (T)	08. Juni 17 5. & 6. Std.	12. Juni 17 5. & 6. Std.	14. Juni 17 1. & 2. Std.
Schule B	a	Kaelyn (K)	Nahla (N)	07. Juni 17 3. & 4. Std.	13. Juni 17 1. & 2. Std.	20. Juni 17 1. & 2. Std.
	b	Bariya (B)	Cade (C)	07. Juni 17 5. & 6. Std.	19. Juni 17 3. & 4. Std.	23. Juni 17 1. & 2. Std.
	c	Halina (H)	Odelia (O)	13. Juni 17 3. & 4. Std.	19. Juni 17 1. & 2. Std.	22. Juni 17 1. & 2. Std.

6.4 Auswertung des erhobenen Datenmaterials: Verfahren der Interviewanalyse

Zu Beginn der Datenauswertung war es aufgrund der Fülle des Videomaterials zunächst erforderlich, eine gewisse Übersicht über die einzelnen Interviewabläufe zu erhalten und anhand von vorläufigen, spontanen Eindrücken der Interviewerin erste potenziell aufschlussreiche Szenen zu identifizieren. Im Prozess dieser wechselweisen *Sichtung* der Interviews und epistemologischen *Analyse* einzelner Szenen – unter zunehmendem Einbezug mathematikdidaktischer, semiotischer und entwicklungspsychologischer Theorien – konnte so das Vorgehen bei der Datenauswertung sukzessiv strukturiert und fokussiert werden. Das heißt, dass für die Rekonstruktion und Analyse der symbolgestützten kindlichen Deutungen eigens ein Vorgehen generiert wurde, das der spezifischen Zielsetzung unter Einbezug der besonderen Bedingungen des Forschungsfeldes gerecht wird. Als Resultat des sich wechselweise bedingenden Prozesses von Sichtung und Analyse können die folgenden *sechs Schritte* zum Vorgehen bei der Interviewanalyse und insbesondere deren Verschriftlichung identifiziert werden:

Schritt 1 Zeitliche Verortung der Szene in dem gesamten Interviewverlauf
Schritt 2 Hinführender Interaktionsverlauf zum Start der Interviewszene
Schritt 3 Betrachtung der ausgewählten Szene (Video und Transkript)
Schritt 4 Zusammenfassende, objektiv gehaltene Wiedergabe der Szene
Schritt 5 Interpretative Analyse der Szene unter epistemologischer Perspektive
Schritt 6 Aufschlussreiche Konsequenzen und Zusammenfassung der Analyse

Dieses in dieser detaillierten Form eigens für das vorliegende Dissertationsprojekt entwickelte Auswertungsverfahren besteht im Wesentlichen aus zwei unterschiedlichen *Texttypen*. Zu Beginn der Analyse einer ausgewählten Interviewszene ist es erforderlich, sich des Inhalts des Datenmaterials bewusst zu werden und diesen unter Fokussierung des Forschungsinteresses aufzubereiten: Wie ist die Szene im Interviewverlauf zu verorten? Welche Hintergründe gilt es zu beachten? Was geschieht in der Szene? In den *Schritten 1 bis 4* entstanden deshalb Textabschnitte, die an der *möglichst objektiven Wiedergabe der Szene* ausgerichtet sind bzw. *der Beschreibung des Rahmens*, in dem diese eingebettet ist. Die Durchführung dieser ersten vier Schritte wird als wesentliche, die Analyse vorbereitende Handlung angesehen. Im Sinne der Leserführung werden die dabei entstandenen Beschreibungen in den *Anhang* ausgelagert. Durch diese *Trennung* soll für die Lesenden eine transparente Unterscheidung erzeugt werden – und zwar zwischen 1) der Datenaufbereitung sowie deren (fokussierte) Wiedergabe und 2) der interpretativen Analyse der bestehenden Daten. Zudem werden hierdurch auch die Ausführungen zu den Analysen kompakter und damit fokussierter. Folglich sind in dem eigentlichen Dissertationstext die wirklich zentralen Inhalte, bestehend aus den *Schritten 5 und 6*, enthalten. Gleichwohl erhalten die Lesenden durch die ausführliche Darstellung der Daten und ihrer Aufbereitung im Anhang die Möglichkeit, sich ein eigenes Bild von der ausgewählten Szene zu machen und daran ggf. eigenständige Analysen vorzunehmen.

Schritt 1 Zeitliche Verortung der Szene in dem gesamten Interviewverlauf
Die Szene wird im ersten Schritt in den Gesamtzusammenhang des Interviews eingeordnet. Im Wesentlichen wird wiedergegeben, welche Aufgabenteile eines bestimmten Kontextes bearbeitet werden. Dabei wird auch die jeweilige Bearbeitungsform (Rechnung, Zeichnung, Material) sowie die zeitliche Dauer benannt. Die Teilaufgaben und deren Bearbeitung werden als Sinnabschnitte aufgefasst, anhand derer das Interview eine gewisse Gliederung erhält. Das Interview wird somit in aller Kürze ganzheitlich beschrieben. Die ausgewählte und zu betrachtende Szene wird im Fließtext kursiv hervorgehoben, um den Lesenden eine bessere Orientierung über ihre Verortung im Interviewverlauf zu geben. Ferner wird die Gesamtinterviewlänge aufgeführt.

Schritt 2: Hinführender Interaktionsverlauf zum Start der Interviewszene
Nach der Verortung der Szene in dem gesamten Interviewverlauf wird in diesem zweiten Schritt detaillierter auf den Interaktionsverlauf eingegangen, der unmittelbar zur ausgewählten Szene führt. Das heißt, dass wichtige, zuvor stattfindende Handlungen und mögliche Interaktionen in etwas ausführlicherer sachlichen Weise

wiedergegeben werden. Dies kann bedeuten, dass beispielsweise die Initiierung einer neuen Aufgabenstellung oder das kindliche Vorgehen bei der Bearbeitung eines Aufgabenteils beschrieben wird, bevor die besagte Aufgabenstellung bearbeitet wird oder ein Austausch mit der Interviewerin und/oder dem anderen am Interview teilnehmenden Kind geschieht. Diese Verortung der Szene in ihrem unmittelbaren Entstehungs- und Handlungskontext stellt notwendige Orientierungen bereit, um ein sinnvolles Verstehen der zu analysierenden Interaktion und insbesondere der darin vorgenommenen Deutungen zu ermöglichen. Zur visuellen Unterstützung und einem leichten Nachvollziehen des Geschehens wird bei Bedarf die in dem hinführenden Verlauf erst entstehende kindliche Lösung der Wiedergabe vorangestellt. Allgemein wird die Beschreibung des hinführenden Interaktionsverlaufs häufig von Abbildungen der kindlichen Konstruktionen begleitet.

Schritt 3: Betrachtung der ausgewählten Szene anhand des Videos/Transkripts
Nach der Beschreibung der Entstehung der ausgewählten Szene wird diese anhand des Videomaterials und/oder des Transkripts betrachtet. Dafür wird den Lesenden das Gesamttranskript ohne weitere Anmerkungen zum inhaltlichen Geschehen und ohne mögliche Strukturierungen im Anhang zur Verfügung gestellt.

Schritt 4: Zusammenfassende, objektiv gehaltene Wiedergabe der Szene
Die zusammenfassende, möglichst objektive Wiedergabe der Szene erfolgt anhand der zuvor vorgenommenen Phaseneinteilung. Die Phaseneinteilung orientiert sich in erster Linie an kommunikativen Merkmalen. Das heißt, dass zu Beginn meist eine Fraglichkeit hergestellt wird, die in den nachfolgenden Handlungen (möglicherweise oder zumindest teilweise) aufgelöst oder verschärft wird. Es gilt zu beachten, dass eine solche Einteilung trotz aller Bemühungen immer auch schon eine gewisse Interpretation enthält. Diese spiegelt sich einerseits in der Strukturierung des Transkripts und andererseits in der Benennung der Phasen und Unterphasen wider. Die anschließende Wiedergabe der Szene ist an besagter Phaseneinteilung ausgerichtet. Auch wenn sie möglichst objektiv gehalten wird, so weist auch diese Deskription eine gewisse Interpretation hinsichtlich der Auswahl der als wichtig erachteten und beschriebenen Handlungen und Aussagen auf. Die Relevanz dieses dritten Schrittes sei in besonderer Weise hervorgehoben: Es ist essenziell, sich zunächst über das tatsächliche Geschehen unvoreingenommen bewusst zu werden, bevor im Anschluss, also mit einer gewissen Distanz, die interpretative Analyse Anwendung findet.

Schritt 5: Interpretative Analyse unter epistemologischer Perspektive
Zu Beginn einer jeden Analyse finden aufgrund der Trennung der Analyseschritte
in Anhang und Dissertationstext zentrale Aspekte der Szene in aller Kürze Erwähnung. Die daran anknüpfende *interpretative, epistemologische Analyse* erfolgt
phasenweise. Dazu wird zunächst benannt, aus welchen Unterphasen die jeweilige
Oberphase besteht und in welcher Weise (getrennt oder zusammen) die einzelnen
Unterphasen analysiert werden. Entsprechend dieser gliedernden Einleitung erfolgt
die Darstellung der zu betrachtenden Transkriptausschnitte mit anschließender
sorgsamer, zeilenweiser interpretativer Rekonstruktion epistemologischer Deutungen. Nach der detaillierten Analyse aller Unterphasen werden diese gemeinsam in
einer *weiterführenden, ganzheitlichen Betrachtung der gesamten Phase* interpretiert. Hierzu wird bei Bedarf das bereits in Abschnitt 4.4 als Theoriegrundlegung
vorgestellte *epistemologische Dreieck* (z. B. Steinbring 2005) zu aufschlussreichen
Analysezwecken herangezogen. Die rekonstruierten und teilweise mit dem Dreieck
näher analysierten Deutungen werden zudem begründet in die *didaktische Theorie
mathematischer Symbole (,ThomaS')* eingeordnet. Die rekonstruierten Sichtweisen
werden in einer abschließenden *Tabelle* in übersichtlicher Form zusammenfassend
präsentiert (vgl. Tab. 6.22).

Tab. 6.22 Zusammenfassung der rekonstruierten Sichtweisen einer Phase

Sichtweise		Phase y
Alltagssicht	Re-Konstruktion und Darstellung des Sachverhalts	x?
Erster Übergang		
Zahlen-und-Größen-Sicht	Darstellung mathematischer Elemente	x
	Arithmetische Verbindung mathematischer Elemente	
Zweiter Übergang		
Systemisch-relationale Sicht	Zeichenträger ohne Wechselbezüge	(x)
	Zeichenträger mit lokalen Wechselbezügen	
	Zeichenträger mit globalen Wechselbezügen	

Hinweise zur Lesart der Tabelle: Ein „x" bedeutet, dass die in derselben Zeile
aufgeführte Sichtweise in besagter Phase rekonstruiert werden konnte. In dem hier
aufgeführten Beispiel wurde in Phase y folglich eine kindliche Deutung rekonstruiert, die der Zahlen-und-Größen-Sicht (genauer: ihrer Unterebene der *Darstellung
mathematischer Elemente*) zugeordnet wird. Ist hinter dem Symbol ein Fragezeichen
aufgeführt, so kann vermutet werden, dass das Kind diese Sichtweise einnimmt; es

haben sich dafür jedoch (bisher) noch nicht ausreichend aussagekräftige Argumente gefunden. Die Klammern zeigen an, dass diese Sichtweise eher begleitend auftritt.

Schritt 6: Zusammenfassung der Analyse und aufschlussreiche Konsequenzen
Nach der wie in Schritt 5 beschriebenen epistemologischen Analyse jeder einzelnen Phase erfolgt im abschließenden Schritt 6 die Zusammenfassung der zentralen Rekonstruktionen der kindlichen Deutungen, ihre Einordnungen in die *didaktische Theorie mathematischer Symbole* und damit einhergehend die Zusammenfassung der Analyseergebnisse. Des Weiteren werden aufschlussreiche Konsequenzen für das Theoriekonstrukt generiert sowie teilweise weitere interessante Einsichten erläutert. Auch dieser Schritt enthält eine tabellarische Übersicht (vgl. Tab. 6.23), in der alle rekonstruierten Deutungen einer Sichtweise phasenweise zugeordnet werden. Zum Abschluss werden die zentralen gewonnenen Ergebnisse als Auflistung und damit in kurzer übersichtlicher Form aufgeführt sowie konkretisiert.

Tab. 6.23 Zusammenfassung der rekonstruierten Sichtweisen aller Phasen

Sichtweise		1	2	3	4	...
Alltagssicht	Re-Konstruktion und Darstellung des Sachverhalts	x	(x)			
Erster Übergang						
Zahlen-und-Größen-Sicht	Darstellung mathematischer Elemente	x	x	x	x	
	Arithmetische Verbindung mathematischer Elemente		x	x		
Zweiter Übergang					x	
Systemisch-relationale Sicht	Zeichenträger ohne Wechselbezüge		x?			
	Zeichenträger mit lokalen Wechselbezügen					
	Zeichenträger mit globalen Wechselbezügen				x	

Epistemologische Analysen ausgewählter Szenen

In diesem Kapitel werden *drei ausgewählte Szenen* anhand der im vorherigen Kapitel 6 vorgestellten Schritte analysiert. Den ersten vier Schritten – bestehend aus der zeitlichen Verortung der Szene im gesamten Interviewverlauf (Schritt 1), der Beschreibung des hinführenden Interaktionsverlaufs zum Start der Interviewszene (Schritt 2), der Betrachtung der ausgewählten Szene anhand des Videos und Transkripts (Schritt 3) und der Phaseneinteilung mit zusammenfassender, möglichst objektiv gehaltener Wiedergabe der Szene (Schritt 4) – kommt dabei eine eher *deskriptive Funktion* zu. Sie sollen dabei helfen, zunächst zu verstehen, *was geschieht* und wie sich die ausgewählte Szene in den *Interaktionszusammenhang fügt*. Erst im Anschluss kann eine sorgsame interpretative Analyse unter epistemologischer Perspektive (Schritt 5) sowie die Zusammenfassung der Analyseergebnisse und Ausführung der aufschlussreichen Konsequenzen (Schritt 6) erfolgen. Aufgrund der („örtlichen") Trennung der 1) Datenaufbereitung sowie deren (fokussierte) Wiedergabe (im Anhang) und 2) der interpretativen Analyse der bestehenden Daten (im Dissertationstext) beginnen die Analysen der ausgewählten Szenen entsprechend mit *Schritt 5*.

Die drei ausgewählten Szenen entstammen den zweiten und dritten Post-Interviews, bei denen die Schülerinnen und Schüler Aufgaben im Kontext ‚*Kirschen pflücken*' bearbeiten (vgl. Abschnitt 6.1.2). Die Reihenfolge der Beispiele orientiert sich dabei an den einzelnen Teilaufgaben. Die erste ausgewählte Szene entstammt so dem zweiten Post-Interview mit *Liam* (Abschnitt 7.1). Dieser kann frei aus den unterschiedlichsten Materialien für sich geeignete Zeichenträger zur Bearbeitung der Teilaufgabe c) auswählen. Anders sieht es bei den Interaktionen mit Nahla und Halina aus. Beide Szenen entstammen dem dritten

Post-Interview. In diesem war es den Kindern erlaubt, die weiteren Aufgaben-teile des Kirschen-Kontextes mit ausschließlich dem gleichartigen Material der Holzwürfel zu bearbeiten. Beide Mädchen erstellen Würfelrepräsentationen für den Aufgabenteil e). Mit der Analyse *Nahla* wird den Lesenden dabei ein Bei-spiel für die Entstehung einer solchen Würfel-Darstellung im teilweisen Dialog mit der Interviewerin aufgezeigt (Abschnitt 7.2). Anhand der Analyse *Halina* wird ersichtlich, wie ein Gespräch über eine konstruierte Darstellung zwischen Halina selbst, der Interviewerin und dem weiteren Kind *Odelia* ablaufen kann (Abschnitt 7.3). Die bewusste Auswahl dieser drei Szenen erlaubt es, einen klei-nen Eindruck von den aufeinander aufbauenden Teilaufgaben zu erhalten. Zudem werden die zu den Teilaufgaben erstellten Darstellungen in unterschiedlichster Weise von den Kindern (um)gedeutet.

Bereits in diesen die Analyse einleitenden Sätzen wird erkennbar, dass die Szenen bewusst zum *selben Kontext* und mit *derselben Bearbeitungsform* (mit Material) ausgewählt wurden. Zur Entwicklung der *didaktischen Theorie mathe-matischer Symbole (ThomaS)* (Kapitel 5) wurden selbstverständlich vielfältige Szenen mit Deutungen zu unterschiedlichen Sachkontexten interpretiert und ein-bezogen. Das Gleiche gilt für die *zeichnerische Bearbeitungsform*. Einige der so erstellten zeichnerischen Zeichenträger sowie daran vorgenommene Deutungen wurden ebenfalls rekonstruiert, wobei Erkenntnisse in die Genese des Theorie-konstrukts eingeflossen sind (vgl. u. a. das Beispiel *Emilia*; Abschnitt 4.3). Für das vorliegende Analyse-Kapitel erscheint es jedoch sinnvoll, die kindliche Bear-beitungsform sowie den sachlichen Kontext zu *begrenzen*, um einen Rahmen zu schaffen, in dem die Rekonstruktionen epistemologischer Deutungen einfacher nachvollzogen werden können. So ist den Lesenden aufgrund dieser Begren-zung der sachliche Kontext sowie deren Bearbeitungsform und unter Umständen sogar die einzelnen Aufgabenteile vertrauter, als wenn die Kontexte und Bear-beitungsform von Beispiel zu Beispiel variierten. Wegen der Ausführlichkeit und des Detailreichtums der im Forschungsprojekt vorgenommenen Analysen wurde zudem entschieden, die hier ausgeführten Analysen auf *drei aussagekräftige Szenen* zu limitieren.

7.1 Analyse Liam: Material als Zeichenträger – Kontext ‚Kirschen' c)

Die erste ausgewählte Analyseszene entstammt dem zweiten Post-Interview mit Liam und Ahmed. Betrachtet wird Liams materielle Bearbeitung des Aufgaben-teils c). Als Orientierung werden sowohl Liams Materialdarstellung aufgeführt als auch die wichtigsten Elemente der zu bearbeitenden Aufgabenstellung genannt (vgl. Abb. 7.1).

In den Aufgabenteilen a) und b) des Kontextes *Kirschen I* wird ersichtlich, dass Jakob und Annika in einer halben Stunde jeweils 1 kg Kirschen pflücken. Im Aufgabenteil c) hilft der Opa den beiden Kindern, wobei dieser dreimal so schnell pflückt wie ein Kind. Die zu beantwortende Frage lautet, wie viel Kilogramm Kirschen die Drei gemeinsam in drei Stunden pflücken. (Antwort: Jedes Kind pflückt 6 kg, der Opa 18 kg, insgesamt sind es also 30 kg.

Abb. 7.1   Liams Materialdarstellung ‚Kirschen' c)

Im Fokus der Szene ist Liams *Erklärung* seiner Darstellung. Für die ersten vier Analyseschritte, in denen unter anderem auch die Bearbeitung des Aufgabenteils c) mit Entstehung dieser materiellen Darstellung beschrieben wird, wird auf den Anhang verwiesen. Nach der zeitlichen Verortung der Szene in dem gesamten Interviewverlauf (Schritt 1), der Beschreibung des hinführenden Interaktionsverlaufs zum Start der Interviewszene (Schritt 2), der Betrachtung der ausgewählten Szene anhand des Videos/Transkripts (Schritt 3) und der Phaseneinteilung mit zusammenfassender, möglichst objektiv gehaltener Wiedergabe der Szene (Schritt 4) als eher vorbereitende Elemente erfolgt im Unterkapitel 7.1.1 die *epistemologische Analyse (Schritt 5)* sowie in 7.1.2 die *Zusammenfassung der Analyse mit aufschlussreichen Konsequenzen* (Schritt 6) des Beispiels *Liam: Material als Zeichenträger*. Insgesamt lässt sich die ausgewählte Szene (K6–1; 39:22–42:50 min) in *fünf Phasen* unterteilen, die gemäß der beschriebenen Analyseschritte (vgl. Abschnitt 6.4) nacheinander interpretiert werden.

7.1.1   Schritt 5: Interpretative Analyse der Szene unter epistemologischer Perspektive

Phase 1 (Z. 1–24): Berichtigung eines Fehlers und Erklärung der Rechnung
Die Phase 1 gliedert sich in drei Unterphasen: die Berichtigung eines Fehlers (Z. 1–11), die Erklärung der Rechnung (Z. 12–20) und die Erklärung der Ermittlung von

sechs Kilogramm Kirschen (Z. 20–24). Zunächst werden die einzelnen Unterphasen nacheinander interpretiert, bevor eine gemeinsame ganzheitliche Analyse mit Einordnung in das Theoriekonstrukt erfolgt.

Phase 1.1 (Z. 1–11) Berichtigung eines Fehlers

1	I	Dann erklär mir mal, was hast du da gemacht?
2	L	Also [*räuspert sich*]
3	I	Ich schieb das hier mal ein bisschen zur Seite, damit die Kamera das gut sehen kann [*verschiebt den Becherturm nach links bzw. etwas zu sich*].
4	L	Ja. Also ich hab die ganze Zeit einen Fehler gemacht. Hab die ganze Zeit gerechnet, eine Stunde ist ein Kilogramm.
5	I	Ja.
6	L	Aber das stimmt nich.
7	I	Neh? #₁ Sondern?
8	L	#₁ Ne. In einer halben Stunde.
9	I	Halbe Stunde ist was?
10	L	Ein Kilogramm.
11	I	Okay.

Nach Aufforderung der Interviewerin, zu erklären, was er gemacht habe (Z. 1), spricht Liam davon, dass er bei der Entwicklung der Materialdarstellung die ganze Zeit fehlerhaft angenommen habe, dass eine Stunde ein Kilogramm sei (Z. 4). Dabei betont er die Anzahl *eins* der *einen Stunde* wie auch des *einen Kilogramms*. Liam ordnet diese Größen einander sogar zu, indem er eine Stunde mit einem Kilogramm durch das Prädikat „ist" als identisch benennt. Diese Gleichsetzung der beiden Größen zeigt zudem eine sprachliche Verkürzung auf. Anstatt davon zu sprechen, dass *in einer Stunde ein Kilogramm Kirschen (von einem Kind) gepflückt wird*, fasst er die Pflückgeschwindigkeit zusammen. Dies geschieht, indem er die beiden Größen *metonymisch* miteinander gleichsetzt und auf die Nennung der entsprechenden Person verzichtet. Aus den Bedingungen der Aufgabe und den nachfolgenden weiteren Ausführungen ist anzunehmen, dass sich Liam hierbei auf die Pflückmenge eines Kindes beziehen muss. Im Gespräch mit der Interviewerin verbessert er die vorgenommene Zuordnung der Größen. Er postuliert, dass eine halbe Stunde (anstatt einer Stunde) ein Kilogramm sei (Z. 8 und 10). Hier wird die in der Textaufgabe enthaltene, vorgegebene epistemologische Bedingung der Pflückgeschwindigkeit eines der beiden Kinder aufgegriffen – nach wie vor, ohne Jakob oder Annika als solche explizit zu nennen. Liam behält dabei eine gewisse sprachlich reduzierte

Ausdrucksweise bei. Er ergänzt allerdings, dass „In einer halben Stunde" (Z. 8) „Ein Kilogramm" (Z. 10) gepflückt würde. Die Gleichsetzung der beiden Größen wird hier in seinen beiden Aussagen augenscheinlich aufgehoben, durch die Frage der Interviewerin von dieser jedoch implizit wieder hergestellt („Halbe Stunde ist was?", Z. 11). Es lässt sich in jedem Fall festhalten, dass die beiden Größen von Liam als besonderes zueinander in Beziehung stehend angesehen werden.

Phase 1.2 (Z. 12–20) Erklärung der Rechnung

12	L	Dann hab ich gerechnet. Also dann al- also dann drei Stunden [*zeigt mit der rechten Hand drei Finger*]. Zwei wusste ich vorhin, dass das vier sind von dem letzte Aufgabe von den. Dann ham- dann warn wir- dann ham wir noch eine Stunde [*zeigt den rechten Zeigefinger*] dann plus diese zwei er- eh Kilogramm Kirschen sind denn äh die beiden sechs [*berührt den rechten und mittleren kleinen Becher. Schiebt die Becher aneinander.*] (.) #2 Also sechs von den Kirschn.
13	I	#2 Das ging mir zu schnell
14		[*Schulglocke läutet.*]
15	L	Also in den beiden sind von denen sechs. [*Spielt mit Bechern.*]
16	I	Sechs #3
17	L	#3 Kil- Sechs- sechs Kilogramm. Von Kirschen. Also von Jan und von Jakob [*hebt den mittleren Becher an*]. Äh von Annika, von Jakob.
18	I	Ok.
19	L	Von Opa äh ist es also dreimal so schneller also der hat hier achtzehn Kirschen [*hält den linken Becher hoch*].
20	I	Ja. **Ich hab noch nicht ganz verstanden, wie kommst du da drauf, dass das dass da sechs Kilo Kirschen drin sein müssen?**

Die in Phase 1.1 identifizierte *metonymische Gleichsetzung* des Gewichts und der Dauer findet sich erneut in Liams Beschreibung seiner Rechnung in der Unterphase 2.1. Vorhin bei der Bearbeitung des Aufgabenteils a) habe *er gewusst*, dass *zwei vier seien*. Durch die vorangestellte Phrase „also dann drei Stunden" und der Kenntnis über die zuvor getätigte Metonymie (Z. 8 und 10) kann diese Aussage als *zwei Stunden sind vier Kilogramm* bzw. als *in zwei Stunden werden vier Kilogramm gepflückt* verstanden werden. Die weitere Berechnung stützt diese Deutung, da er zu den zwei Stunden „noch eine Stunde" ergänzen muss, um die von der Aufgabenstellung geforderten drei Stunden zu erhalten. Diese zu ergänzende Stunde setzt er mit *zwei Kilogramm Kirschen* gleich, die er zu vier dazu addieren muss, um zu seinem genannten Ergebnis von „die beiden sechs" bzw. „Also sechs von den Kirschn" (Z. 12) zu gelangen. Durch die Zuordnung von einer halben Stunde zu einem Kilogramm Kirschen bzw. von einer Stunde zu zwei Kilogramm Kirschen kann Liam recht flexibel und produktiv mit den beiden Größen rechnen. Als Resultat ermittelt er sechs Kilogramm Kirschen für drei Stunden. Die „beiden" muss sich aufgrund des Rückbezugs zu der Bearbeitung des vorherigen Aufgabenteils auf die beiden Kinder Annika und Jakob beziehen, da der Opa erstmalig im Aufgabenteil c) auftritt. Außerdem geben die epistemologischen Bedingungen der Aufgabenstellung vor, dass die Pflückgeschwindigkeit eines Kindes *ein Kilogramm Kirschen in einer halben Stunde* beträgt. Demnach sind die Pflückgeschwindigkeiten von Annika und Jakob gleich, wie es Liam mit der Zusammenfassung von Annika und Jakob zu „die beiden" und der metonymischen Gleichheit von einer halben Stunde und einem Kilogramm bzw. einer Stunde und zwei Kilogramm auch postuliert. Auffällig ist außerdem Liams bereits aufgeführte Formulierung des Ergebnisses als „Also sechs von den Kirschn" (Z. 12). Auch hier wird eine Metonymie erkennbar, bei der „Kirschn" sich auf das *Gewicht der Kirschen in Kilogramm* beziehen, verbal aber lediglich auf das Nomen der *Kirschen* reduziert werden.

Bei der Nennung des Ergebnisses „die beiden sechs" (Z. 12) berührt Liam überdies den rechten und mittleren kleinen Becher, die mit je sechs roten Plättchen gefüllt sind. Damit bezieht er die von ihm gewählte materielle Darstellung erstmalig mit ein. Auch wenn sich Liam nicht verbal zu dieser äußert, kann aufgrund der zur aufgeführten Aussage parallelen Berührung angenommen werden, dass er die von ihm ermittelten sechs Kilogramm Kirschen jeweils in den sechs roten Plättchen symbolisiert sieht. Bei der Wahl der von Liam benutzten Zeichenträger ist auffällig, dass er sich für *rote* Plättchen entscheidet. Zwar hat er zwischenzeitlich während der vorherigen Bearbeitung ebenfalls *gelbe* Plättchen auf den Tisch gelegt, diese jedoch wieder entfernt (vgl. Anhang: Liam, Analyseschritt 2). Auch die weiteren, ihm zur Verfügung stehenden Farben *grün* und *gelb* scheinen für Liams Zwecke nicht geeignet zu sein. Diese bewusst ausgewählten roten Plättchen füllte er überdies in *kleine Becher*, ähnlich ‚einem kleinen Eimer aus dem Sandkasten', wie er im Aufgabenteil a) beschrieben wird. Damit wählte Liam Zeichenträger[1], die eine gewisse Ähnlichkeit zu den im sachlichen Kontext beschriebenen Elementen aufweisen: Rote, runde Plättchen stehen für rote, runde Kirschen, die in einen Eimer bzw. einen kleinen Becher als Miniatur dessen gefüllt werden. Auch der Aspekt, dass sich die roten Plättchen als Kirschen in dem kleinen Becher befinden, weist eine ikonische Relation zu einer potenziell realen Pflücksituation auf, bei der die gepflückten Früchte in Behälter gesammelt werden. Aufgrund der metonymischen

---

[1] Die Begriffe *Zeichenträger* und *Ähnlichkeit* werden in den Analysen nicht in einem alltäglichen Sprachgebrauch herangezogen. Stattdessen werden sie als Fachbegriffe aus den theoretischen Grundlagen zur Semiotik verwendet (vgl. insbesondere Kapitel 4). Das Gleiche gilt für den Gebrauch des Wortes *ikonisch*.

Gleichheit von einem Kilogramm Kirschen und einer halben Stunde kann zusätzlich zur ikonischen Bedeutung der Plättchen als Kirschen angenommen werden, dass ein Plättchen ebenfalls für eine Zeiteinheit, nämlich eine halbe Stunde, steht. Wegen der Abstraktheit der Zeit und ihrer äußerst begrenzten Darstellungsformen (als visuelle Abfolge oder mit der Darstellung einer Uhr) kann nicht davon gesprochen werden, dass die Relation der roten Plättchen zu einer bestimmten Zeiteinheit eine ikonische wäre. Sie ist in gewisser Weise arbiträr, jedoch eventuell naheliegend, da Liam die Zeiteinheit verbal und metonymisch mit den Kirschen verknüpft, weshalb ebenfalls eine Verknüpfung der roten Plättchen mit der Zeit stattfindet. Es kann festgehalten werden, dass ein rotes Plättchen für ein Kilogramm Kirschen steht, wobei eine gewisse Ähnlichkeit zwischen dem vom Liam gewählten Zeichenträger und dem sachlichen Element *Kirschen und Eimer* besteht. Nicht geklärt werden kann die Annahme, dass ein Plättchen ebenfalls für eine bestimmte Zeiteinheit steht. Die metonymische Gleichheit von *einem Kilogramm* und *einer halben Stunde* lässt dies jedoch begründet vermuten.

Die weitere Interaktion in der Phase 1 dient in erster Linie dem besseren Verständnis der Interviewerin. Diese versucht mit Hilfe von Kommentaren (Z. 13 „Das ging mir zu schnell"; Z. 16 „Sechs") und Rückfragen (Z. 20 „Ich hab noch nicht ganz verstanden, wie kommst du darauf ...") Liams metonymische Aussagen für sich in einem rationalen Konnex zu rekonstruieren und dafür von ihm weitere Deutungshinweise zu erhalten. Liam fasst daraufhin noch einmal für sie zusammen: „in den beiden sind von denen sechs" (Z. 15). Er spielt dabei mit den benannten Bechern. Im Sinne des bereits ausgearbeiteten Zusammenhangs von Liams Aussagen und der weiteren Äußerung „sechs Kilogramm. Von Kirschen. Also [...] von Annika, von Jakob" (Z. 17) kann diese verstanden werden als *in den beiden Bechern befinden sich je sechs Kilogramm von den Kirschen, die die beiden Kinder Jakob und Annika gepflückt haben.*

Nachdem die Interviewerin augenscheinlich ein erstes Verständnis geäußert hat („Ok" Z. 18), nutzt Liam den berechneten Wert von sechs Kilogramm Kirschen zur Berechnung der Pflückmenge des Opas. Dieser ist laut Aufgabenstellung „dreimal so schneller", weshalb er „achtzehn Kirschen" gepflückt habe. Während dieser Erklärung hält Liam den linken, mit 18 roten Plättchen befüllten Becher hoch (Z. 19). Auch wenn Liam es nicht explizit verbal äußert, so muss er die sechs Kilogramm der Kinder mit drei multipliziert haben (dreimal so schnell), um das Ergebnis von „achtzehn Kirschen" zu erhalten. Auch hier verweist er metonymisch mit dem Ausdruck „Kirschen" auf *Kilogramm Kirschen (die der Opa pflückt).* Ebenfalls kann hier ein Plättchen aufgrund der gleichen benannten und im Becher befindlichen Anzahl als ein Kilogramm Kirschen gedeutet werden. Ob ein Plättchen ebenfalls mit einer Zeiteinheit verknüpft steht, lässt sich auch hier nur vermuten, ist allerdings nicht naheliegend. Es scheint jedoch recht eindeutig, dass Liam weiterhin die in der Aufgabenstellung benannte Gesamtpflückzeit von drei Stunden bewusst ist. Demnach müsste Liam ein Plättchen als *zehn Minuten* oder drei Plättchen als *eine halbe Stunde* deuten – also anders als bei den beiden Kindern! Das tut Liam an dieser Stelle jedoch nicht. Es kann folglich lediglich festgehalten werden, dass ein Plättchen *ein Kilogramm Kirschen* symbolisiert und *nicht zusätzlich* eine bestimmte Zeiteinheit. Der von Liam hochgehobene Becher mit den 18 Plättchen kann sich außerdem aufgrund der Gestik und verbalen Äußerung auf den Opa beziehen. Es ist jedoch fraglich, ob dieser Becher für den Opa selbst steht. Das Gleiche gilt für die anderen beiden Becher, die zwar in gewisser Weise den jeweiligen Kindern zugeordnet werden (vgl. Z. 12, 15 und 17), aber nicht als *diese selbst* benannt werden.

Phase 1.3 (Z. 20–24) Erklärung der Ermittlung von sechs Kilogramm Kirschen

20	I	**Ja**. Ich hab noch nicht ganz verstanden, wie kommst du da drauf, dass das dass da sechs Kilo Kirschen drin sein müssen?
21	L	Weil in (.) vorhin hatte ich ja die Aufgabe rechnet mit a glaub ich äh zwei Stunden sind ja vier Kilogramm
22	I	Ja
23	L	Danach plus diese eine Stunde sind ja ham ja beide dann ähm die Hälfte und die Hälfte also in dreißig Minuten also ja dann sind eh sechs Kilogramm.
24	I	Hmhm. Ok. **Äh wie siehst du denn jetzt die sechs Kilogramm?**

Die Interviewerin äußert ihr Verstehen bezüglich der gepflückten 18 Kilogramm des Opas („Ja" Z. 20) und zudem ihr Nichtverstehen, wie Liam darauf komme, „dass da sechs Kilo Kirschen drin sein müssen" (Z. 20). Liam wiederholt seine Erklärung, indem er für die Berechnung erneut auf die bereits berechnete Teilaufgabe zurückgreift und diese präzisiert. Zuvor habe er berechnet, dass die Kinder in zwei Stunden zusammen vier Kilogramm pflücken würden (Z. 21). Dies drückt er in seiner ihm eigenen, metonymischen Sprechweise „zwei Stunden sind ja vier Kilogramm" aus. Er stellt die beiden Größen durch das Prädikat *sind* einander gleich. Von dieser Bedingung ausgehend, habe er noch eine weitere Stunde dazu addieren müssen (Z. 23), um die Pflückmenge der Kinder für die geforderten drei Stunden ermitteln zu können. Die Bedeutung der weitere Aussage Liams ist recht schwierig zu rekonstruieren. Er bezieht sich auf zwei von ihm als „Hälfte" benannte mathematische Elemente. Möglicherweise meint er damit, dass *eine Stunde* die Hälfte von *zwei Stunden* darstellt und man entsprechend auch von den *vier Kilogramm* die Hälfte nehmen und dazu addieren müsse, um zu dem Ergebnis von drei Stunden und sechs Kilogramm zu gelangen. Es bleibt offen, warum er die Zeiteinheit

„in dreißig Minuten" benennt, zumal die Interviewerin keine weiteren Rückfragen diesbezüglich stellt. Zum Schluss seiner Aussage wird ersichtlich und noch einmal bestätigt, dass die zuvor als „sechs von den Kirschn" (Z. 12) benannte Pflückmenge der Kinder metonymisch als „sechs Kilogramm" (Z. 23) zu verstehen ist. Die Phase 1 endet mit dem verbal geäußerten und bejahenden Verständnis der Interviewerin: „Hmhm. Ok." (Z. 24), bevor sie eine neue Frage stellt und damit kommunikativ die Phase 2 einleitet.

Ganzheitliche Analyse Phase 1
Die Phase 1 der ausgewählten Szene ist äußerst aufschlussreich und beinhaltet vielschichtige symbolische Deutungen. Zunächst wird Liams *Wahl der Zeichenträger* betrachtet. Dafür werden die von ihm direkt benannten Bedeutungen einbezogen. Ebenso werden die in der epistemologischen Analyse begründet interpretierten Sichtweisen auf diese fortführend aufgegriffen. Anschließend folgt die Betrachtung von Liams *Umgang mit den ausgewählten Zeichenträgern*. Es wird folglich zwischen der *Entscheidung für bestimmte Zeichenträger* und *den an ihnen vollzogenen Handlungen* unterschieden.

Durch die *Wahl* der roten, runden Plättchen als Zeichenträger für das gepflückte Gewicht der Kirschen liegt eine gewisse ikonische Relation zwischen den Zeichenträgern und ihrer Bedeutung vor. Einige der Eigenschaften der in dem sachlichen Kontext aufgeführten Kirschen, werden von Liam bei der Materialauswahl aufgegriffen. Als Folge entscheidet er sich für die *Plättchen*, und zwar nicht für die gelben, grünen oder blauen, sondern für die *roten*. Darüber hinaus wählt er kleine Becher (statt der großen ihm zur Verfügung stehenden Becher), um vermutlich ‚einen kleinen Eimer aus dem Sandkasten' als Pflückbehälter zu symbolisieren, wie es in der Aufgabenstellung a) formuliert ist. Ähnlich der beschriebenen sachlichen Situation befinden sich die Plättchen als (Kilogramm) Kirschen in den kleinen Eimern als Pflückbehälter und werden, wie auch in einer potenziell realen Pflücksituation, darin gesammelt. In dem hinführenden Interaktionsverlauf (vgl. Anhang: Liam, Analyseschritt 1) wurde außerdem der von Liam konstruierte Becherturm mit umgedrehter grüner Muffinform als „Baum" benannt. Auf diesen wird hier nicht weiter eingegangen, sondern als Ausblick auf den weiteren Interaktionsverlauf und dessen Interpretation lediglich angeführt. Es sei jedoch erwähnt, dass ein solcher von ihm angesprochener *Baum* ebenfalls als sachliches Element des beschriebenen Kontextes mit individuellen Eigenschaften dient, wie es in der Analyse der Phase 5 herausgestellt wird. Somit weisen die von Liam gewählten unterschiedlichen Zeichenträger der roten Plättchen, kleinen Eimer und dem Becherturm mit grüner Muffinform individuelle, äußerlich sichtbare, *dingliche* Merkmale auf.

Diese dinglichen Merkmale ließen sich auch in der potenziellen sachlichen Situation wiederfinden. Sie stellen somit eine Gemeinsamkeit der sachlichen Situation und Liams gewählte Repräsentation dar. Aus diesem Grund kann von einer *ikonischen Relation* zwischen den Zeichenträgern und ihrer Bedeutung gesprochen werden. Einige Aspekte der sachlichen Situation wurden so von Liam aufgegriffen und mit Unterstützung der individuellen, unterscheidbaren Eigenschaften des Materials *nachgebaut*. Dabei handelt es sich um alltagsbezogene, recht offensichtliche Zeichenrelationen, bei der die semiotischen Mittel Eigenschaften der sachlichen Elemente repräsentieren, sodass Liams Konstruktion durchaus begründet der *Alltagssicht* zugeschrieben werden kann.

Der *Umgang* mit den Zeichenträgern ist in der Phase 1 des Transkripts stark von *Rechnungen* geprägt. Zunächst verbessert Liam die von ihm zur Berechnung benötigte, falsche Annahme von *einem Kilogramm pro Stunde* zu *einem Kilogramm pro halber Stunde* (Z. 4–10). Weiter erklärt er unter Rückbezug zu einer vorangegangenen Teilaufgabe, wie er die Pflückmengen der Kinder bestimmt habe, wobei er die beiden kleinen Becher mit je sechs roten Plättchen gestisch miteinbezieht (Z. 12–17 und 20–23). Eine zweite Berechnung findet statt, um die Pflückmenge des Opas aus der Pflückmenge eines einzelnen Kindes zu berechnen. Dabei hält er den kleinen Becher mit den 18 roten Plättchen hoch (Z. 19). Wenn auch im vorherigen Absatz ausgeführt wurde, dass sich die von ihm gewählten Zeichenträger in ihrem äußeren Erscheinungsbild durchaus an den Eigenschaften der sachlichen Elemente des Aufgabenkontextes orientieren, so beschränkt sich Liam bei seiner Darstellung jedoch im Wesentlichen auf die beiden Zeichenträger der kleinen Becher und roten Plättchen als bestimmte Pflückmengen, ohne vielfältige weitere Materialien in seiner Darstellung mit einzubeziehen und die sachliche Situation so weiter auszuschmücken.[2] Diese kann er überdies heranziehen, um auf die von ihm berechneten Anzahlen als Pflückmengen der einzelnen Personen materiell zu verweisen. In seinen Erklärungen zieht Liam die Zeichenträger in der Phase 1 des Transkripts ausschließlich heran, um die von ihm benannten *Größen* ‚sechs Kilogramm‘ und ‚achtzehn Kilogramm‘ und somit das *Ergebnis seiner Berechnungen*,

---

[2] An dieser Stelle sei der Vollständigkeit halber lediglich der ‚Baum‘ angeführt. In Anbetracht von dessen Entstehung, die stark im Zusammenhang mit der Interaktion der Interviewerin steht (vgl. Anhang: Liam, Analyseschritt 1 – hinführender Interaktionsverlauf), kann kritisch angemerkt werden, inwieweit sich Liam durch die Fragen der Interviewerin veranlasst fühlte, die angesprochenen Materialien als Bedeutungsträger des Baumes in seiner Darstellung tatsächlich zu integrieren, oder ob er diese kommentarlos weggeräumt hätte, wenn die Interviewerin nicht mehrfach den Becherturm angesprochen hätte. Es lässt sich jedoch festhalten, dass Liam seine Darstellung lediglich mit *einer zusätzlichen Zeichenträgerkonstellation* und nicht mit vielen weiteren Elementen ausschmückt.

allerdings *nicht die Berechnungen selbst*, aufzuzeigen Die einzelnen Mengenabgaben der mathematischen Größe *Gewicht* stehen zunächst für sich nebeneinander (je sechs Kilogramm der Kinder und 18 Kilogramm vom Opa), ohne darüber hinaus arithmetisch miteinander verknüpft zu sein. Folglich fokussiert Liam auf die für ihn wichtigen und für die Aufgabenbearbeitung relevanten mathematischen Elemente und ihrer Darstellung in Form von Anzahlen. (Er erwähnt weder die Farbe *Rot* als bedeutend noch bezieht er den ‚Baum' mit ein). Liams Nutzung und Deutung des Zeichenträger kann somit ebenfalls begründet der *Zahlen-und-Größen-Sicht*, und genauer, der Unterebene *Darstellung mathematischer Elemente* zugeordnet werden. Damit kann Liam trotz der vorhandenen, ikonischen Relationen zwischen den von ihm gewählten Zeichenträgern und ihrer Bedeutung einhergehend mit einer potenziell an individuellen, äußerlich sichtbaren, *dinglichen* Merkmale orientierten Sicht spontan aus eigenem Antrieb eine andere Sichtweise einnehmen. In dieser Sicht findet eine Umorientierung statt, bei der unabhängig von einer (mehr oder weniger) detailreichen Rekonstruktion des Sachverhalts eine auf Zahlen und Größen fokussierende Sicht eingenommen wird, wobei bestimmte sachliche Elemente (wie der ‚Baum') bzw. deren Eigenschaften (rote, runde Plättchen) ausgeblendet werden. Liams Deutung enthält somit implizit Aspekte des im Theoriekonstrukt als *ersten Übergang* benannten Wechsels von der *Alltagssicht* zur *Zahlen-und-Größen-Sicht*.

Aufgrund der von Liam hergestellten metonymischen Gleichheit (Z. 4–10 und 12) der Zeiteinheit von *einer halben Stunde* und der Pflückmenge von *einem Kilogramm*, welches als ein rotes Plättchen symbolisiert wird, könnte überdies eine dritte Sichtweise des theoretischen Konstrukts in dieser Phase rekonstruiert werden. Ein wichtiges Kriterium des Übergangs von der Zahlen-und-Größen-Sicht zur systemisch-relationalen Sicht ist die *Zusammenführung von Sachelementen*. Bei diesem *Mindest-Kriterium* müssen mindestens zwei unterschiedliche Referenzen/Bedeutungen in ein und denselben Zeichenträger hineingesehen werden. Es liegt die Vermutung nahe, dass Liam zumindest in den Plättchen bzw. Kirschen, die die Kinder gepflückt haben, neben dem Pflückgewicht ebenfalls die Pflückzeit erkennen kann. Schließlich weiß er, dass ‚zwei vier sind', also dass zwei Stunden vier Kilogramm sind, und ‚noch eine Stunde' also ‚zwei Kilogramm' dazu, sind „sechs von den Kirschn" (Z. 12) in ‚drei Stunden'. Dieses berechnete Ergebnis sieht er in den rechten und mittleren Bechern, die beide mit je sechs Plättchen befüllt sind, und somit die sechs Kilogramm der Kinder, aber möglicherweise auch die Zeiteinheit von drei Stunden repräsentieren. Weitere Handlungen am Material und Aussagen, die Liam in dem nachfolgenden Interaktionsverlauf vornimmt, werden zeigen, inwiefern sich diese Interpretation stützen lässt. Die Zusammenfassung von Liams rekonstruierten Sichtweisen der Phase 1 kann der nachfolgenden (Tab. 7.1) entnommen werden..

Tab. 7.1 Zusammenfassung von Liams rekonstruierten Sichtweisen der Phase 1

Sichtweise		Liam P1
Alltagssicht	Re-Konstruktion und Darstellung des Sachverhalts	x
Umbruch/Übergang		(x)
Zahlen-und-Größen-Sicht	Darstellung mathematischer Elemente	x
	Arithmetische Verbindung mathematischer Elemente	
Umbruch/Übergang		
Systemisch-relationale Sicht	Zeichenträger ohne Wechselbezüge	x?
	Zeichenträger mit lokalen Wechselbezügen	
	Zeichenträger mit globalen Wechselbezügen	

Phase 2 (Z. 24–34): Erklärung, wie sechs Kilogramm Kirschen im Material sichtbar sind

Die Phase 2 setzt sich nicht aus weiteren Unterphasen zusammen, die gesondert voneinander betrachtet werden könnten. Deshalb folgt bereits im Anschluss an die detaillierte Analyse ihre ganzheitliche Betrachtung unter Einbezug eines epistemologischen Dreiecks und mit Einordnung der in dieser Phase präsenten Deutungen in das Theoriekonstrukt.

24	I	**Hmhm. Ok.** Äh wie siehst du denn jetzt die sechs Kilogramm?
25	L	Äh also wenn ich die raushole [*nimmt den rechten Becher in die Hand*] #$_4$ (unverständlich)
26	I	#$_4$ Ja,mach das ruhig. Zeig mir mal. #$_5$ Leg ruhig auf den Tisch, damit man das sehen kann.
27	L	#$_5$ [*Schüttet die roten Plättchen aus dem rechten Becher in seine Hand, legt den leeren Becher auf den Tisch.*] Also jedes ist eins- ein Kilogramm [*hält ein rotes Plättchen nach oben*].
28	I	Das ist ein Kilogramm.
29	L	[*Legt das hoch gehaltene Plättchen auf den Tisch.*]
30	I	Ja. Eins.
31	L	Das auch [*legt ein zweites rotes Plättchen daneben*]. [*Legt nacheinander alle Plättchen aus seiner Hand auf den Tisch.*]
32	I	Sechs. Ok.
33	L	Und hier auch [*nimmt den mittleren Becher in die Hand*].
34	I	Ja kannst du drin lassen. Das glaub ich dir, #$_6$ wenn du mir das jetzt sagst. **Das heißt ähm wofür genau steht jetzt ein Plättchen?**

Die Phase 2 beginnt mit der Frage danach, wie Liam die von ihm benannten sechs Kilogramm Kirschen in seiner Materialdarstellung sähe (Z. 24). Um diese Frage der Interviewerin zu beantworten, leert Liam zunächst den rechten Becher mit sechs roten Plättchen in seine Hand und legt den leeren Becher zurück auf den Tisch (Z. 25 und 27). Er hält anschließend ein einzelnes rotes Plättchen in die Luft und erklärt: „Also jedes ist eins- ein Kilogramm" (Z. 27), bevor er es auf den Tisch legt (Z. 29). Mit dieser Aussage kann eindeutig festgehalten werden, dass für Liam ein rotes Plättchen für ein Kilogramm Kirschen steht, und damit meint er *jedes* rote Plättchen. Somit wird an dieser Stelle die in der Phase 1 begründete Deutung zur symbolhaften Bedeutung eines Plättchens mit einer verbalen Äußerung Liams bestätigt. Im weiteren Interaktionsverlauf kommentiert die Interviewerin ebenfalls, dass ein Plättchen ein Kilogramm sei (Z. 28) und zählt „eins" (Z. 30). Anschließend legt Liam ein zweites Plättchen mit dem Kommentar „Das auch" auf den Tisch und nacheinander auch in ungeordneter Weise die verbliebenen vier Plättchen (Z. 31). Es scheint, als würde die Interviewerin leise mitzählen, denn als sich alle sechs roten Plättchen auf dem Tisch befinden, kommentiert sie mit „sechs" (Z. 32). Liam reagiert mit der Aussage „Und hier auch", wobei er den mittleren Becher in die Hand nimmt (Z. 33). Damit erklärt er einerseits, dass sich ebenfalls sechs Plättchen in dem mittleren Becher befinden. Andererseits könnte er sich auch unter Bezug zu seiner Aussage in Zeile 27 „Also jedes ist eins- ein Kilogramm" darauf beziehen, dass auch in diesem Becher jedes einzelne Plättchen für ein Kilogramm Kirschen steht. Die Interviewerin scheint erstere Deutung anzunehmen, weshalb sie kommentiert, dass die Plättchen im Behälter verbleiben können, da sie ihm glaube, dass es sechs seien (Z. 34). Ihre anschließende Frage zielt jedoch auf die zweite Deutung. Sie fragt, wofür genau ein Plättchen stünde (Z. 34), und leitet damit die Phase 3 ein.

Ganzheitliche Analyse Phase 2
Zu Beginn der Phase 2 macht die Interviewerin die von Liam berechneten sechs Kilogramm fraglich, und zwar in der Art und Weise, wie er diese sähe (Z. 24). Damit werden diese „sechs Kilogramm" als verbal getätigte Aussage zum *Zeichen* im *epistemologischen Dreieck*, welches Liam mit Hilfe der Herstellung eines *Referenzkontextes* versucht, zu erklären. Er zieht dafür die Materialdarstellung, genauer gesagt, den rechten Becher mit den darin befindlichen roten Plättchen heran. Liam entleert die darin enthaltenen Plättchen. Er zählt sie nacheinander, indem er sie einzeln auf den Tisch legt und gemeinsam mit der Interviewerin als jeweils „ein Kilogramm" (Z. 27 f) benennt. Insgesamt seien es sechs Kilogramm, ebenso wie in dem mittleren Becher (Z. 33), der damit ebenfalls Bestandteil des Referenz-kontextes wird. Diese hergestellte Beziehung zwischen der mathematischen Größe *sechs Kilogramm* als Zeichen und *sechs Gegenständen* – in diesem Falle sechs

rote Plättchen – als Referenzkontext wird *begrifflich* durch grundlegende Aspekte des Zahlbegriffs und Zählprinzipien reguliert. Die Mediation zwischen Zeichen und Referenzkontext erfolgt somit nicht zwischen ‚sechs Kilogramm' und den Plättchen an sich mit all ihren gegenständlichen, individuellen Eigenschaften (wie ‚rot' und ‚rund'). Sie werden von Liam stattdessen als *Zählobjekte* genutzt, um dem fraglich gemachten Zeichenträger eine Bedeutung zu verleihen. Bereits dieser grundlegende Gegenstandsbezug unterliegt somit schon epistemologischen Bedingungen mathematischen Wissens, die folglich nicht beliebig umgedeutet werden können. Die von Liam hergestellte, begrifflich regulierte Beziehung zwischen der mathematischen Größe ‚sechs Kilogramm' und sechs konkreten, roten Plättchen wird mit Hilfe des nachfolgenden epistemologischen Dreiecks aufgeführt (Abb. 7.2).

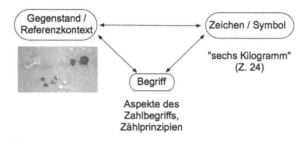

Abb. 7.2 Liam Phase 2 – epistemologisches Dreieck

   Die von Liam vorgenommene Deutung in der Phase 2 der ausgewählten Szene weist aufgrund der begrifflichen regulierten Mediation im epistemologischen Dreieck ein wichtiges Merkmal *mathematischer* Zeichen auf. Liam fokussiert sich in seiner Deutung auf die mathematische Größe ‚sechs Kilogramm' und ihre Repräsentation als sechs Plättchen sowohl des rechten als auch des mittleren Bechers. Die beiden so von ihm repräsentierten Angaben der mathematischen Größe *Gewicht* werden an dieser Stelle jedoch noch nicht miteinander verknüpft. Damit wird die hier vorgenommene Deutung Liams der Unterebene *Darstellung mathematischer Elemente* der *Zahlen-und-Größen-Sicht* eingeordnet. Die Zusammenfassung von Liams rekonstruierten Sichtweisen der Phase 2 kann der nachfolgenden (Tab. 7.2) entnommen werden.

Phase 3 (Z. 34–39): Bedeutung eines Plättchens
Die Phase 3 setzt sich nicht aus weiteren Unterphasen zusammen, die gesondert voneinander betrachtet werden könnten. Deshalb folgt bereits im Anschluss an die

Tab. 7.2 Zusammenfassung von Liams rekonstruierten Sichtweisen der Phase 2

Sichtweise		Liam P2
Alltagssicht	Re-Konstruktion und Darstellung des Sachverhalts	
Umbruch/Übergang		
Zahlen-und-Größen-Sicht	Darstellung mathematischer Elemente	x
	Arithmetische Verbindung mathematischer Elemente	
Umbruch/Übergang		
Systemisch-relationale Sicht	Zeichenträger ohne Wechselbezüge	
	Zeichenträger mit lokalen Wechselbezügen	
	Zeichenträger mit globalen Wechselbezügen	

detaillierte Analyse ihre ganzheitliche Betrachtung mit Einordnung der in dieser Phase präsenten Deutungen in das Theoriekonstrukt.

34	I	**Ja kannst du drin lassen. Das glaub ich dir, #₆ wenn du mir das jetzt sagst.** Das heißt ähm wofür genau steht jetzt ein Plättchen?
35	L	#₆ [*Stößt mit dem mittleren Becher in der Hand an die Tischkante, dieser entleert sich teilweise auf dem Tisch, legt Plättchen zurück in den Becher, stellt den Becher mittig zurück auf den Tisch.*]
36	L	Für ein Kilogramm also für ne halbe Stunde, ein Kilogramm [*schiebt die sechs Plättchen des rechten Bechers zusammen*].
37	I	Hmhm. Also für <u>beides</u>, #₇ für eine halbe Stunde und für ein Kilogramm ₈#
38	L	#₇ Hmhm [*nickt*]. #₈ Hmhm.
39	I	Alles klar. Kannst du ruhig wieder rein tun in den Becher, wenn du möchtest [*deutet Richtung Plättchen*]. **#₉ Und der Opa, der macht was?**

Mit der Frage danach, wofür ein Plättchen stünde (Z. 34), greift die Interviewerin Liams Deutung eines Plättchens als ein Kilogramm Kirschen auf (Z. 27). Gleichzeitig scheint sie sich Liams metonymischer Sprechweise bewusst zu sein, nach der er zu Beginn der ausgewählten Szene eine gewisse Gleichstellung zwischen der Pflückmenge (ein Kilogramm) und der Pflückdauer (eine halbe Stunde) annimmt (Phase 1: Z. 4; 8–10; 12). Entsprechend möchte sie explizit in Erfahrung bringen, inwiefern Liam eine bestimmte Zeitspanne mit einem roten Plättchen zusätzlich zu dessen Bedeutung als einem Kilogramm Kirschen in Verbindung sähe. Liam antwortet: „Für ein Kilogramm also für ne halbe Stunde, ein Kilogramm" (Z. 36). Damit erklärt Liam in seinen kindlichen verbalen Ausdrucksmöglichkeiten, dass für ihn ein Plättchen sowohl für ein bestimmtes Gewicht als auch für eine bestimmte

Zeitspanne stehe. Er sieht somit beide Größen zeitgleich in ein und demselben Zeichenträger repräsentiert. Die Interviewerin fragt präziser nach (Z. 37), um herauszufinden, ob sie dies so richtig verstanden habe. Liam bejaht die Nachfrage (Z. 38). Vor diesem Hintergrund kann somit zumindest für die jeweils sechs Plättchen in den Bechern, die den Kindern zugeordnet werden, begründet festgehalten werden, dass ein Zeichenträger mehr als eine unterschiedliche Größe (in diesem Fall zwei) symbolisiert.

Ganzheitliche Analyse Phase 3
Damit kann die in der Phase 1 rekonstruierte Deutung der Plättchen (der beiden Kinder) als Gewicht und zugleich Zeiteinheit bestätigt werden, wodurch Liams Umgang mit den materiellen Zeichenträgern ebenfalls der *systemisch-relationalen Sichtweise* zugeordnet wird. Die von ihm in den kleinen Bechern positionierten roten Plättchen weisen darüber hinaus keinen erkennbaren oder von Liam beschriebenen Wechselbezug zueinander auf. Sie sind in ihren jeweiligen Behältern ungeordnet und es wird auf ihre jeweilige Anzahl fokussiert. Überdies können die Becher die Position zueinander verändern, ohne dass sich die Bedeutung der Plättchen als Pflückmenge der Kinder in einer bestimmten Zeitspanne zu einer anderen Bedeutung wandelt. Folglich handelt es sich um eine systemisch-relationale Sichtweise, bei der die *Zeichenträger ohne Wechselbezüge* zueinander stehen, wobei eine gewisse Teilstruktur zwar vorhanden (hier: die Aufteilung einer bestimmten Anzahl der Plättchen auf drei Becher), aber aufgrund einer ungeordneten Darstellung (hier: im Becher vermischt) nicht direkt an einer oberflächlichen Anordnung sichtbar ist. Die Zusammenfassung von Liams rekonstruierten Sichtweisen der Phase 3 kann der nachfolgenden (Tab. 7.3) entnommen werden.

Tab. 7.3 Zusammenfassung von Liams rekonstruierten Sichtweisen der Phase 3

Sichtweise		Liam P3
Alltagssicht	Re-Konstruktion und Darstellung des Sachverhalts	
Umbruch/Übergang		
Zahlen-und-Größen-Sicht	Darstellung mathematischer Elemente	
	Arithmetische Verbindung mathematischer Elemente	
Umbruch/Übergang		
Systemisch-relationale Sicht	Zeichenträger ohne Wechselbezüge	x
	Zeichenträger mit lokalen Wechselbezügen	
	Zeichenträger mit globalen Wechselbezügen	

Phase 4 (Z. 39–47): Pflückmenge des Opas und Gesamtpflückmenge
Die Phase 4 lässt sich in zwei Unterphasen unterteilen: die Pflückmenge des Opas
(4.1; Z. 39–43) sowie die Nennung und Berechnung der Gesamtpflückmenge (4.2;
Z. 43–47). Aufgrund der Kürze dieser beiden Unterphasen werden sie gemeinsam
betrachtet. In der anschließenden ganzheitlichen Analyse wird das epistemologische
Dreieck angewendet und Liams Deutung in das Theoriekonstrukt eingeordnet.

39	I	**Alles klar. Kannst du ruhig wieder rein tun in den Becher, wenn du möchtest [** *deutet Richtung Plättchen*]. #9 Und der Opa, der macht was?
40	L	#9 [*Nimmt den leeren, rechten Becher in die Hand, schiebt die Plättchen nacheinander in den Becher unterhalb der Tischkante*] Der der macht dreimal so schnell. Der hat achtzehn Kirschen gepflückt.
41	I	Ja.
42	L	Achtzehn Kilogramm Kirschen.
43	I	Ja ok. Und wie viel Kilogramm schaffen die jetzt insgesamt? Die Drei?
44	L	[*Hat inzwischen alle Plättchen in den Becher geschoben, stellt nun den Becher wieder rechts auf den Tisch.*] Insgesamt schaffen die [*räuspern*] (…) dreißig Kilogramm Kirschen [*räuspern*]
45	I	Was hast du gerechnet?
46	L	[*Husten, räuspern.*] Also achtzehn [*stellt den linken Becher mit 18 Plättchen weiter nach links*] plus zwölf [*schiebt den rechten Becher näher an den mittleren*]. Zehn [*zeigt mit dem Daumen auf den rechten, mit dem Zeigefinger auf den mittleren Becher*] plus [*zeigt auf den linken Becher*] achtzehn sind achtundzwanzig plus dann noch die zwei von der zwölf [*steckt den Daumen in den rechten, den Zeigefinger in den mittleren Becher, schiebt sie zusammen und hält sie aneinandergedrückt fest*] sind dreißig.
47	I	Ja ok. **Uund äh das ist der Baum [***deutet auf den Becherturm mit der Muffinform***], sagst du?**

Nachdem sich Liam und die Interviewerin eingehender mit den sechs Plättchen, die den beiden Kindern zugeordnet werden können, beschäftigt haben, richtet die Interviewerin mit ihrer nächsten Frage das Augenmerk auf den Opa (Z. 39). Dieser pflücke „dreimal so schnell" und habe so „achtzehn Kirschen" gepflückt (Z. 40). Um dieses Ergebnis zu erhalten, muss Liam in der Bearbeitungsphase entweder die Pflückmenge eines Kindes innerhalb von drei Stunden (sechs Kilogramm) mit drei multipliziert haben, oder aber, ausgehend von der im Text benannten Phrase „dreimal so schnell", Opas Pflückgeschwindigkeit von drei Kilogramm in einer halben Stunde ermittelt und entsprechend für drei Stunden berechnet haben. Aus seiner hier getroffenen Aussage geht nicht eindeutig hervor, welche Variante Liam gewählt hat. Es ist lediglich auffällig, dass zuvor in der Interaktion mit der Interviewerin die Rede von „sechs Kilogramm" Kirschen war, die naheliegenderweise mit drei multipliziert werden könnten. Dies wurde bereits in der Analyse der Phase 1 (genauer: Z. 19) vermutet. Auch im hinführenden Interaktionsverlauf gibt es ein Anzeichen für diese Verknüpfung, da hier ein von ihm bemerkter Fehler bei der Pflückmenge der Kinder ihn dazu veranlasst, ebenfalls die Pflückmenge des Opas anzupassen (vgl. 36:01–38:07 min).

Bei der Nennung der Pflückmenge des Opas „Der hat achtzehn Kirschen gepflückt" greift Liam ebenfalls auf eine Metonymie zurück. Verkürzend benutzt er den Ausdruck „Kirschen" für *Kilogramm Kirschen*. Liam selbst präzisiert seine Aussage dahingehend „Achtzehn Kilogramm Kirschen" (Z. 42), wodurch die hier getroffene Annahme bestätigt wird. Die anschließend von der Interviewerin gestellte Frage nach der Gesamtpflückmenge der drei Personen (Z. 43) leitet die zweite Unterphase der Phase 4 ein. Diese schließt sich der Ermittlung und Nennung der einzelnen Teilmengen der drei Personen in gewisser Weise als logische Fortsetzung der Interaktion an.

Liam beantwortet die Frage nach der Gesamtpflückmenge mit „dreißig Kilogramm Kirschen" (Z. 44). Die Interviewerin möchte daraufhin wissen, was Liam berechnet habe, um dieses Ergebnis zu erhalten. Er benennt die von ihm getätigte Additionsaufgabe und erklärt daraufhin sein weiteres Vorgehen: „Also achtzehn […] plus zwölf. Zehn […] plus [..] achtzehn sind achtundzwanzig plus dann noch die zwei von der zwölf […] sind dreißig" (Z. 46).

Die Zahl „achtzehn" bezieht sich offensichtlich auf die zuvor ermittelte Pflückmenge des Opas. Das parallele Verschieben des linken Bechers mit achtzehn Plättchen zeigt, dass Liam die Pflückmenge des Opas in eben jenen repräsentiert sieht. Zu dieser Pflückmenge sollen nun zwölf addiert werden. Dafür muss Liam zunächst die beiden einzelnen Pflückmengen der Kinder addiert haben, um diese entsprechend als „zwölf" benennen zu können. Dass er dies getan hat, wird durch die parallele Gestik des Zusammenschiebens des rechten und mittleren Bechers mit jeweils sechs Plättchen unterstützt. Die Zahl 12 hat Liam anschließend in ihre Stellenwerte als *zehn* und *zwei* zerlegt. Erneut zieht Liam eine gestische Veranschaulichung heran, indem er bei der Nennung des Zahlworts *Zehn* auf den rechten und mittleren Becher deutet, um zu verdeutlichen, dass die Zehn als Bestandteil der Zwölf zu verstehen ist. Über den Zwischenschritt $10 + 18$ berechnet Liam das Ergebnis 28, wobei er auch hier eine gestische Unterstützung heranzieht und bei der Nennung der Achtzehn auf den linken Becher mit 18 Plättchen zeigt. Durch die Addition der noch von der 12 fehlenden zwei Einer erhält er das Ergebnis 30. Die Addition selbst unterstützt er gestisch und materiell zusätzlich dadurch, dass er den Daumen in den rechten Becher (mit sechs Plättchen) sowie einen Finger in den mittleren Becher (18 Plättchen) steckt und diese sowohl zueinander schiebt als auch aneinandergedrückt festhält. Damit zeigt Liam in der Phase 4 auf, wie er die Gesamtpflückmenge aller drei Personen in den vorgegebenen drei Stunden berechnet hat und somit zur Beantwortung der Aufgabenstellung gelangt. Das Material, genauer gesagt, die in den Bechern befindlichen spezifischen Anzahlen von Plättchen, dienen hierbei zur visuellen Unterstützung der abschließenden Berechnung des gesuchten Ergebnisses.

Ganzheitliche Analyse Phase 4
Während in der Phase 1 der ausgewählten Szene die Pflückmengen der einzelnen Personen noch recht isoliert nebeneinander standen und deshalb eher als Beispiel der Unterebene *Darstellung mathematischer Elemente* der *Zahlen-und-Größen-Sicht* anzusehen sind, werden sie hier auf Nachfrage der Interviewerin nach der Gesamtpflückmenge (vgl. Z. 43) additiv miteinander verknüpft. Dies geschieht sowohl verbal als auch materiell, wobei Liam sein Vorgehen in ausführlicher Weise beschreibt.

Zunächst muss er die beiden Pflückmengen der Kinder zusammen addiert haben, um die beiden von ihm benannten Summanden 12 und 18 zu erhalten. Unter Einbezug der Halbschriftlichen Rechenstrategie ‚*schrittweise*' hat Liam den Summanden 12 in seine Stellenwerte zerlegt, nacheinander zum zweiten Summanden hinzugefügt und so das Ergebnis von 30 Kilogramm Kirschen erhalten. In dieser Interaktion stellt die Interviewerin das von Liam als „dreißig Kilogramm Kirschen" (Z. 44) benannte Ergebnis bzw. dessen Ermittlung in Frage (vgl. Z. 45), wodurch diese mathematische Größe bzw. ihre Berechnung unter Einbezug des Materials zum zu erklärenden *Zeichen* im epistemologischen Dreieck (vgl. Abb. 7.3) wird. Für die Beantwortung ihrer Frage zieht Liam zwei verschiedene Erklärungsansätze heran, die er miteinander verbindet. Auf der einen Seite argumentiert er anhand konkreter Zahlen und Berechnungen. Auf der anderen Seite bedient er sich seiner Materialdarstellung, um die benannten mathematischen Elemente gestisch und materiell zu unterstützen. Der zur Erklärung herangezogene *Referenzkontext* besteht folglich aus zwei, nicht voneinander isoliert zu betrachtenden Inhalten: Zahlen und Operationen unter Einbezug der Halbschriftlichen Rechenstrategie ,*schrittweise*' sowie die Visualisierung der Anzahlen und additiven Operation in Form der roten Plättchen innerhalb der drei Becher und dessen Zusammenschieben. Auffallend ist hier, dass Liam nun nicht einen Referenzkontext heranzieht, um die Materialdarstellung als fraglich gemachtes Zeichen zu erklären, sondern diese benutzt, um einer mathematischen Größe bzw. deren Ermittlung Bedeutung zu verleihen. Zuvor in Phase 2 und 3 hat Liam die Bedeutung eines Plättchens als *ein Kilogramm Kirschen* erklärt (vgl. Z. 27), dem zusätzlich bei den Bechern mit sechs Plättchen die Bedeutung von *einer halben Stunde* zugesprochen wird (vgl. Z. 36). Der zuletzt genannte Aspekt wird hier von Liam zwar nicht aufgegriffen, jedoch die Bedeutung eines Plättchens als ein Kilogramm, wodurch er die von ihm durchgeführte Rechnung *innerhalb* des Materials sieht. *Begrifflich* wird die Mediation zwischen diesem aus zwei Teilen bestehenden Referenzkontext und dem fraglichen Zeichen durch *arithmetische Beziehungen* reguliert. Diese äußern sich in der Zerlegung eines Summanden (12) in dessen Stellenwerte (10 und 2) sowie ihrer nacheinander stattfindenden Addition zum ersten Summanden (18 + 10 und 28 + 2), jeweils gestisch von Liam durch das Zeigen der Anzahlen am Material bzw. dessen Zusammenschieben unterstützt.

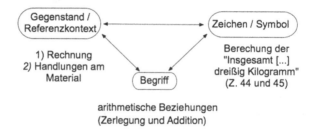

Abb. 7.3 Liam Phase 4 – epistemologisches Dreieck

Aufgrund der Verknüpfung der Pflückmengen miteinander fokussiert Liam nicht länger ausschließlich auf die *Darstellung der mathematischen Elemente* als Anzahlen von Plättchen. Stattdessen nimmt er ihre operationale Verbindung in den Blick, sodass Liams Deutung und Umgang mit dem Material in der Phase 4 der Unterebene *arithmetische Verbindung mathematischer Elemente* der *Zahlen-und-Größen-Sicht* des theoretischen Konstrukts zugeordnet wird. Die Zusammenfassung von Liams rekonstruierten Sichtweisen der Phase 4 kann der nachfolgenden (Tab. 7.4) entnommen werden.

Tab. 7.4 Zusammenfassung von Liams rekonstruierten Sichtweisen der Phase 4

Sichtweise		Liam P4
Alltagssicht	Re-Konstruktion und Darstellung des Sachverhalts	
Umbruch/Übergang		
Zahlen-und-Größen-Sicht	Darstellung mathematischer Elemente	
	Arithmetische Verbindung mathematischer Elemente	x
Umbruch/Übergang		
Systemisch-relationale Sicht	Zeichenträger ohne Wechselbezüge	
	Zeichenträger mit lokalen Wechselbezügen	
	Zeichenträger mit globalen Wechselbezügen	

Phase 5 (Z. 47–57): Bedeutung der Becher (Baum und Eimer)

Die Phase 5 setzt sich nicht aus weiteren Unterphasen zusammen, die gesondert voneinander betrachtet werden könnten. Deshalb folgt bereits im Anschluss an die detaillierte Analyse ihre ganzheitliche Betrachtung mit Einordnung der in dieser Phase präsenten Deutungen in das Theoriekonstrukt.

47	I	Ja ok. Uund äh das ist der Baum [*deutet auf den Becherturm mit der Muffinform*], sagst du?
48	L	Hmhm das ist der Baum.
49	I	Kannst du mir den mal erklärn den Baum?
50	L	Also hier ist der Baum, die haben die Kirschen gepflückt [*zeigt unter die Muffinformhaube*] von da aus [*zieht die Hand weg, führt sie wieder an die Stelle zurück, zieht sie wieder weg*]
51	I	Hmhm.
52	L	Und dann ham die die ham die hier die Kirsche hier rein getan [*stellt den mittleren Becher rechts an den Turm*].
53	I	Ja.
54	L	Also von die also jeder einzelne [*stellt den linken Becher rechts an den Turm*] jeder hatn ähm [*hebt den linken Becher an*] so n Eimer und da tut jeder seins rein.
55	I	Okay. Und woran erkennt die, welcher Eimer von wem ist?

| 56 | L | Äh also bei den beiden isses egal [*deutet auf die beiden Becher mit je sechs Plättchen rechts am Turm*]. Die ham ja eh das alles das beide die die sind ja eh alles gleich. Der Opa [*hebt den linken Becher mit achtzehn roten Plättchen an*] sieht man das am meisten, weil er so viel hat. |
| 57 | I | Ach so. Ok. |

In der Phase 5 erfragt die Interviewerin, wie auch zuvor bei den Plättchen, die Bedeutung der einzelnen verwendeten Becher. Aus dem zur Szene hinführenden Interaktionsverlauf ist der Interviewerin bereits bekannt, dass Liam den Becherturm mit der Muffinform als „Baum" ansieht (Z. 47). Dieser soll explizit von Liam erklärt werden (Z. 49). Liam beschreibt, dass die Personen die Kirschen „von da aus" gepflückt haben und deutet dabei mehrfach unter die Muffinform (Z. 50). Durch seine Handbewegung entsteht der Eindruck, als würde er selbst Kirschen pflücken bzw. als würde er die Tätigkeit des hoch und runter Gehens (bspw. auf einer Leiter, um die Baumkrone zu erreichen) bzw. die Tätigkeit des auf und ab Bewegens des Armes beim Pflückvorgang nachahmen. Auch der Becherturm mit der umgedrehten Muffinform ist einem Baum mit Stamm und Krone nachempfunden. Dadurch werden sowohl Eigenschaften dieses sachlichen Elementes wie auch die sachliche Handlung des Kirschenpflückens von Liam an dieser Stelle aufgegriffen. Er führt weiter aus, dass sie anschließend die Kirschen „hier rein getan" hätten und stellt dabei den mittleren Becher rechts an den Becherturm (Z. 52), den er als *Baum* ansieht. Somit greift Liam eine weitere, im sachlichen Kontext enthaltene Handlung auf. Nachdem die Kirschen von oberhalb des Stammes gepflückt und nach unten gebracht worden sind (Handbewegung, Z. 50), werden sie anschließend in einem dem Baum nahestehendem Behälter gesammelt. In der von Liam dargestellten Situation herrscht dabei die Besonderheit vor, dass jeder Person ein bestimmter Becher als Pflückbehälter zugeordnet wird, wo „jeder seins rein [tut]" (Z. 54). Damit schlägt Liam in gewisser Weise eine Brücke zwischen der von ihm imaginierten Pflücksituation und den in der Aufgabe geforderten Bedingungen. Bei diesen ist es aufgrund der unterschiedlichen Pflückgeschwindigkeiten von Kindern und Erwachsenen notwendig, die Pflückmengen der einzelnen Personen unterscheiden zu können.

Dies nimmt die Interviewerin als Anlass, danach zu fragen, woran man erkennen könne, „welcher Eimer von wem ist?" (Z. 55). Liam erkennt, dass es für die beiden Eimer, die er als den beiden Kindern Jakob und Annika zugehörig ansieht, egal sei, da die beiden „ham ja eh das alles das beide die die sind ja eh alles gleich" (Z. 56). Beide Kinder pflücken in derselben Zeit dieselbe Menge Kirschen. Deshalb muss nicht unterschieden werden, welcher der beiden Becher zu welchem Kind gehört.

Es sei jedoch wichtig, den Opa erkennen zu können. Dies tut Liam auch, denn „der Opa sieht man das am meisten, weil er so viel hat" (Z. 56). Liam bräuchte nicht nachzuzählen, wie viele rote Plättchen sich in dem Becher befinden. Er wisse aufgrund der deutlich sichtbaren höheren Anzahl der Plättchen, dass dieser linke Becher dem Opa zugehörig sei. Aufgrund von Liams Formulierungen kann auch an dieser Stelle nach wie vor nicht eindeutig bestimmt werden, dass ein Becher *für eine bestimmte Person steht*. Liam hebt zwar den linken Becher an, während er von dem Opa spricht. Jedoch scheint es wahrscheinlicher, dass er den Becher mit den 18 Plättchen dem Opa als dessen Gesamtpflückmenge zuordnet, anstatt den Becher selbst als Opa zu sehen. Diese Deutung wird überdies durch die von Liam verwendete Gestik (Z. 50 und 52) sowie der vermutlich ikonisch begründete Wahl des Zeichenträgers ‚kleiner Becher' für einen kleinen Eimer unterstützt. Dadurch ist der Becher eher als Pflückbehälter anzusehen, wie dieser auch in einer potenziell möglichen alltäglichen Pflücksituation üblicherweise in Verwendung ist.

Ganzheitliche Analyse Phase 5
Wie bereits bei der Analyse der ersten Phase als Ausblick aufgeführt wurde, erklärt Liam in der Phase 5 die nähere Bedeutung des Baumes. Aufgrund der Materialauswahl des Becherturms und der umgedrehten grünen Muffinform ähnelt die erstellte Zeichenträgerkonstellation einem potenziell realen Baum mit Stamm und (grüner) Blätterkrone. Diese an individuellen Eigenschaften orientierte Gestaltung des Baumes in Kombination mit der von Liam in seiner Erklärung des Vorgangs des Kirschenpflückens verwendeten Gestik (Z. 50) und dem Sammeln der gepflückten Kirschen in einem Behälter (Z. 52) weisen einen hohen Bezug zu den individuellen Eigenschaften und typischen Handlungsabläufen in der im Aufgabentext beschriebenen sachlichen Situation auf. Das Material und teilweise auch ihre Positionierung zueinander dienen dem Nachbau des sachlichen Kontextes. In seinen verbalen Äußerungen zur Beschreibung seiner Darstellung orientiert sich in der Phase 5 die Logik seiner Narration zunächst ausschließlich an diesen ihm wichtig erscheinenden Sacheigenschaften. Die semiotischen Mittel wurden aufgrund ihrer individuellen, dinglichen Eigenschaften ausgewählt und werden herangezogen, um die Situation des Kirschenpflückens zu beschreiben. Die Aussagen und Deutungen Liams in dieser Phase werden deshalb ebenfalls der *Alltagssicht* zugeordnet, wie es bereits zu Beginn der Analyse in der Phase 1 im Zusammenhang mit der Wahl der roten, runden Plättchen als Kirschen, die in einen kleinen Becher, ähnlich dem eines ‚kleinen Eimers aus dem Sandkasten', gefüllt wurden, angedeutet wurde. In seiner letzten Äußerung wechselt Liam jedoch noch einmal seine Sichtweise, indem er auf die Gleichheit der Plättchen, die den Kindern zugeordnet werden, eingeht

und hervorhebt, dass der Opa viel mehr als die Kinder pflückt, nämlich „am meisten". Ansatzweise wird hier eine *Zahlen-und-Größen-Sicht* erkennbar, bei der die Pflückmengen der Kinder mit denen des Erwachsenen als Größen verglichen und größer-gleich-Relationen als *arithmetische Verbindung mathematischer Elemente* benannt werden. Die Zusammenfassung von Liams rekonstruierten Sichtweisen der Phase 5 kann der nachfolgenden (Tab. 7.5) entnommen werden.

Tab. 7.5 Zusammenfassung von Liams rekonstruierten Sichtweisen der Phase 5

Sichtweise		Liam P5
Alltagssicht	Re-Konstruktion und Darstellung des Sachverhalts	x
Umbruch/Übergang		
Zahlen-und-Größen-Sicht	Darstellung mathematischer Elemente	
	Arithmetische Verbindung mathematischer Elemente	(x)
Umbruch/Übergang		
Systemisch-relationale Sicht	Zeichenträger ohne Wechselbezüge	
	Zeichenträger mit lokalen Wechselbezügen	
	Zeichenträger mit globalen Wechselbezügen	

7.1.2 Schritt 6: Zusammenfassung der Analyse und aufschlussreiche Konsequenzen

Die Ergebnisse der Analyse der ausgewählten Szene und die interpretativen Rekonstruktionen von Liams Deutungen werden abschließend zusammenfassend wiedergegeben. Dazu wird zunächst Liams Wahl der Zeichenträger thematisiert, die eher *alltagsnah* gedeutet werden. Anschließend werden nacheinander Rekonstruktionen betrachtet, die der *Zahlen-und-Größen-Sicht* sowie der *systemisch-relationalen Sicht* zugeordnet werden. Die Zusammenfassung orientiert sich folglich an der Abfolge des Theoriekonstrukts und bündelt Liams Deutungen anhand der darin enthaltenen drei Sichtweisen. Die zusammenfassende Analyse aller Sichtweisen zeigt darüber hinaus Konsequenzen für das theoretische Konstrukt auf. Abschließend werden alle von Liam in der ausgewählten Szene eingenommenen Sichtweisen in einer Tabelle zusammenfassend aufgeführt und geben so noch einmal einen phasenweisen Überblick über die Entwicklung seiner Deutungen.

Mit der Wahl von in kleinen Bechern befindlichen roten Plättchen als Zeichenträger wird eine gewisse, auf Ähnlichkeit beruhende ikonische Relation zu den sachlichen Elementen der roten, runden Kirschen, die in einem kleinen Eimer aus dem Sandkasten gepflückt werden sollen, hergestellt. Auch wenn Liam in der Phase 1 bzw. in der ausgewählten Szene nicht explizit auf die individuellen, unterscheidbaren Eigenschaften des Materials eingeht, so ist die ikonische Relation zwischen den von ihm gewählten Zeichenträgern und ihrer von ihm benannten Bedeutung doch recht offensichtlich. Liams *Wahl der Zeichenträger* wird somit im Theoriekonstrukt der *Alltagssicht* zugeordnet, und bereits für Phase 1 mit aufgeführt, obwohl diese keine explizite Erklärung für seine Entscheidung der Materialien enthält. Trotz dieser aus dem Alltag vertrauten, oberflächlich sichtbaren Merkmale konzentriert sich Liam in seinen Erklärungen in Phase 1, wie auch in den nachfolgenden Phasen 2 und 4, auf die Deutung der Zeichenträger als mathematische Größen. Dies wird in den nachfolgenden Abschnitten noch einmal dargelegt. In gewisser Weise kann somit festgehalten werden, dass die Alltagssicht (insbesondere in Phase 1) von der Zahlen-und-Größen-Sicht überlagert wird, d. h., dass Liam in der Lage ist, auf dieselbe (mehr oder weniger) detaillierte Rekonstruktion des Sachverhalts eine andere Sicht einzunehmen. Er wechselt von der durch den Nachbau nahegelegten *alltagsnahen Deutung* aufgrund der mathematischen Fokussierung seine Sichtweise. Liams Deutung enthält somit implizit Aspekte des im Theoriekonstrukt als *ersten Übergang* benannten Wechsels von der *Alltagssicht* zur *Zahlen-und-Größen-Sicht*.

In Phase 5 werden die von Liam konstruierten Bestandteile seiner Darstellung expliziter unter der *Alltagssicht* betrachtet. Es wird deutlich, dass der von Liam gewählte Zeichenträger des ‚Baumes', bestehend aus einem Becherturm und einer umgedrehten, grünen Muffinform, zu dessen Referenz in ikonischer Relation steht. Der Becherturm *ähnelt* dem Stamm eines Baumes und die Muffinform erinnert an eine Baumkrone. Über diese optischen Auffälligkeiten hinaus beschreibt Liam die Handlung des Pflückens, indem er unter die Muffinform zeigt, die Hand wegnimmt und dasselbe Prozedere noch einmal wiederholt (vgl. Z. 50). Dies stützt die implizite Deutung des Zeichenträgers als auf einen Stamm und eine Baumkrone verweisend. Die Becher benennt Liam als „Eimer" (Z. 54), in denen die „Kirschen" als rote, runde Plättchen „rein getan" werden (Z. 52). Somit wird in Phase 5 die *Wahl der Zeichenträger* recht explizit thematisiert und eine Einordnung von Liams Deutung zur *Alltagssicht* sowohl in Phase 5 als auch rückblickend in Phase 1 bestätigt, weshalb sie in den jeweiligen, die Deutungen zusammenfassenden Tabellen aufgeführt werden (vgl. Tab. 7.6) bzw. bereits wurden (vgl. Tab. 7.1 und Tab. 7.5).

Wie bereits erwähnt, ist es Liam möglich, unabhängig von dem (mehr oder weniger) detaillierten Nachbau der sachlichen Situation deren individuelle Eigenschaften zugunsten der sie symbolisierenden mathematischen Elemente auszublenden. In welcher Weise sich Liam auf diese fokussiert, wird nachfolgend zusammenfassend erläutert. Am Beginn der ausgewählten Szene (Phase 1) steht die Betrachtung einer von Liam als „Fehler" bezeichneten Annahme, dass *eine Stunde ein Kilogramm sei* (vgl. Z. 4). Stattdessen sei eine *halbe Stunde* ein Kilogramm (vgl. Z. 8–10). Auffallend ist hieran insbesondere Liams metonymische Gleichsetzung der beiden unterschiedlichen mathematischen Größen. Bei der weiteren Beschreibung seines rechnerischen Vorgehens greift er auf eine zuvor bearbeitete Teilaufgabe zurück, um mit Hilfe einer erneuten Metonymie eine Art Zwischenergebnis zu nennen: „Zwei wusste ich vorhin, dass das vier sind von dem letzte Aufgabe" (Z. 12). Zu diesem habe er eine Stunde und zwei Kilogramm Kirschen addiert, sodass die beiden Kinder jeweils sechs Kilogramm Kirschen pflücken würden (vgl. auch Z. 15, 17, 21 und 23). Bei seiner Erklärung bedient sich Liam einer weiteren, verkürzenden Metonymie und spricht von „sechs von den Kirschn" (Z. 12). Außerdem bezieht sich Liam erstmalig bei seiner Rechnung auf die von ihm gelegte Materialdarstellung. Bei der Nennung des Ergebnisses „die beiden sechs" (Z. 12) berührt Liam den rechten und mittleren kleinen Becher, wodurch diese implizit den beiden Kindern zugeordnet werden. Beide Becher sind mit jeweils sechs roten Plättchen gefüllt und können so als die jeweils von einem Kind zu pflückenden sechs Kilogramm Kirschen verstanden werden. Das Material dient an dieser Stelle somit nicht der *Ermittlung* der unterschiedlichen Pflückmengen der drei Personen als Zwischenergebnisse, sondern deren *Darstellung*. Anhand von Liams Handlung des Herausnehmens und Zählens der einzelnen sechs Plättchen in der zweiten Phase wird ihre *darstellende Funktion* noch einmal explizit aufgegriffen und in der Interaktion betont (vgl. Z. 24–34). Das zu Analysezwecken herangezogene epistemologische Dreieck unterstützt diese Interpretation ebenfalls. Es wird deutlich, dass die Mediation zwischen den gegenständlichen sechs Plättchen und ihrer Bedeutung als ‚sechs Kilogramm' begrifflich von grundlegenden Aspekten des Zahlbegriffs und Zählprinzipien reguliert wird und nicht von weiteren (arithmetischen oder gar systemisch-relationalen) Beziehungen. Selbiges wird für den dritten kleinen Becher, der mit achtzehn Plättchen befüllt ist und als 18 Kilogramm dem Opa zugeordnet wird (vgl. Z. 19), angenommen. Aus diesen Gründen muss, trotz der von Liam vorgenommenen Rechnungen in Phase 1, seine Deutung der Materialkonfiguration im Theoriekonstrukt der Unterebene *Darstellung mathematischer Elemente* der *Zahlen-und-Größen-Sicht* zugeordnet werden. Diese Einordnung wird dadurch gestützt, dass Liam die benannten mathematischen Größen in seiner Erklärung (noch) nicht operational miteinander verknüpft, sondern als Anzahlen (sprichwörtlich) nebeneinander stehen lässt.

Eine solche arithmetische Beziehung stellt Liam in Phase 4 her, wenn er seine Berechnung zur Ermittlung der Gesamtpflückmenge von 30 Kilogramm erklärt (vgl. Z. 46). Die einzelnen Pflückmengen der drei Personen, symbolisiert als in drei Bechern befindliche Plättchen, werden additiv von Liam miteinander verknüpft. Dies veranschaulicht er arithmetisch mit Hilfe der schrittweisen Berechnung der Summe $18 + 6 + 6$ bzw. $18 + 12$, unterstützt durch Handlungen des Zeigens am und Zusammenschiebens des Materials. Auch hier wurde in der Analyse das epistemologische Dreieck herangezogen, um die begriffliche Mediation herauszuarbeiten. In diesem Fall besteht sie zwischen einer zu erklärenden Größe bzw. deren Ermittlung als Zeichen und dem Material sowie der Rechnung als erklärendem Referenzkontext, die durch arithmetische Beziehungen reguliert wird (Zerlegung eines Summanden in dessen Stellenwerte und nacheinander stattfindende Addition dieser zum ersten Summanden; Zeigen der Anzahlen und die Addition am Material). Liams rekonstruierte Deutung in Phase 4 wird deshalb nicht länger im Theoriekonstrukt der Unterebene *Darstellung mathematischer Elemente*, sondern der *arithmetischen Verbindung mathematischer Elemente* der *Zahlen-und-Größen-Sicht* zugeordnet.

Ebenfalls auffällig ist Liams Zusammenführung der beiden mathematischen Größen *Gewicht* und *Zeit* in der Deutung eines roten Plättchens als *ein Kilogramm Kirschen* und *eine halbe Stunde* bereits in der Phase 1 der ausgewählten Szene: „Ich hab die ganze Zeit gerechnet, <u>eine</u> Stunde ist <u>ein</u> Kilogramm. [...] Aber das stimmt nicht. [...] In einer halben Stunde" (Z. 4, 6 und 8; vgl. auch Z. 9–12). Mit dieser von ihm verwendeten metonymischen Gleichheit *halbe Stunde ist ein Kilogramm* (Z. 9–10) wird das Mindest-Kriterium der *systemisch-relationalen Sicht* erfüllt. Für eine spezifischere Einordnung sind jedoch weitere Äußerungen Liams erforderlich, als die in Phase 1 getätigten. Unter Einbezug von Liams Äußerungen in Phase 3 kann diese in Phase 1 nur ansatzweise vertretene Sichtweise bestätigt werden. Auf die direkte Nachfrage der Interviewerin zur Bedeutung eines einzelnen Plättchens antwortet Liam, dass es für „ein Kilogramm also für ne halbe Stunde" (Z. 36) sei und bejaht darüber hinaus die rückversichernde Frage der Interviewerin (vgl. Z. 37 f). Zumindest die Plättchen in den Bechern, die den Kindern zugeordnet werden, können so zeitgleich als Zeichenträger für zwei unterschiedliche mathematische Größen identifiziert werden. Die Plättchen selbst stehen überdies in keinen weiteren Wechselbezügen zueinander, sondern befinden sich ungeordnet in ihren jeweiligen Bechern. Die von Liam vorgenommene Deutung in Phase 3 sowie rückwirkend in Phase 1 wird somit als *Zeichenträger ohne Wechselbezüge* innerhalb der *systemisch-relationalen Sicht* zugeordnet.

Die hier vorgenommene Zusammenfassung zeigt auf, dass die in den Phasen 1, 2 und 4 rekonstruierten Deutungen der *Zahlen-und-Größen-Sicht* zugeschrieben werden, wobei zunächst die *Darstellung mathematischer Elemente* im Material und deren Erklärung überwiegt. Auf Nachfrage der Interviewerin erklärt Liam allerdings, wie er die Größen und folglich auch ihre entsprechenden Zeichenträger miteinander verknüpft sieht, wodurch seine Deutung schließlich in Phase 4 der *arithmetischen Verbindung mathematischer Elemente* zugeordnet werden kann. Diese in der ausgewählten Szene eher dominierende *Zahlen-und-Größen-Sicht* wird zudem begleitet von einer *systemisch-relationalen* Deutung der den Kindern zugeordneten Plättchen als gleichzeitig Pflückmenge und Pflückzeit sowie der *Alltagssicht* aufgrund von Liams Orientierung an individuellen, dinglichen Eigenschaften der sachlichen Elemente (Kirschen, Eimer, Baum) in Phase 1, aber insbesondere in Phase 5. Damit nimmt Liam in dieser doch recht kurzen Interaktion alle drei im Theoriekonstrukt enthaltenen Sichtweisen ein und wechselt spontan bzw. im Interaktionsverlauf zwischen ihnen hin und her. Insofern können die in den Deutungen der Kinder rekonstruierten Sichtweisen keine Hierarchie darstellen, wenn auch das Theoriekonstrukt selbst eine gewisse hierarchische Steigerung der Anforderungen an das Kind erkennen lässt. Zudem wird deutlich, dass nicht die Kompetenzen der Kinder eingeordnet werden können, sondern konkrete, von ihnen gewählte Zeichenträger sowie daran vorgenommene Handlungen und (sorgsam rekonstruierte) Deutungen.

Liam orientiert sich bei der Wahl seiner Zeichenträger offensichtlich (zunächst) an deren äußerlichen, individuellen und dinglich unterscheidbaren Eigenschaften, die potenziell Ähnlichkeiten zu ihren Referenten aufweisen (Baum, Eimer, Kirschen), wobei er auch Handlungsabläufe einer Kirschenpflücksituation mit einbezieht (Geste des Pflückens, in einen Behälter tun). Allerdings ist er in der Lage, die ursprünglich aus diesen alltäglichen Gesichtspunkten gewählten Zeichenträger bzgl. der mathematischen Fragestellung der Pflückmengen der Personen in einer vorgegebenen Zeitspanne flexibel umzudeuten, sodass diese addiert werden können. Die Plättchen repräsentieren nicht länger einzelne Kirschen, auch wenn er sie metonymisch so benennt, sondern stellen Gewichtsangaben dar, die zudem als Pflückzeit gänzlich umgedeutet werden können. Nicht die Eigenschaften sind im Fokus des Interesses, sondern die Anzahlen der Plättchen sowie ihre Deutung als mathematische Größen und Beziehung zueinander. Zugleich kann Liam aber auch in seiner Deutung ‚zurückgehen', indem er die als mathematische Größen betrachteten Plättchen erneut als Kirschen benennt bzw. den *Baum* und die *Eimer* aus einer alltäglichen Sichtweise erklärt. Der als *erster Übergang* benannte Wechsel kann somit in beide Richtungen verlaufen: Einerseits kann Liam trotz (mehr oder weniger) detaillierter Rekonstruktion des Sachverhalts bzw. dessen sachlicher Elemente eine auf Größen ausgerichtete Sicht einnehmen; andererseits kann ebenso von dieser Größen fokussierenden Sicht erneut auf die individuellen Eigenschaften der gewählten Zeichenträger eingegangen werden und so zur Alltagssicht gewechselt werden.

Zuletzt sei aufgeführt, dass sich Liam in der ausgewählten Szene auf die von der Interviewerin gestellten Bearbeitungsanforderungen bzw. Fragen einlässt, was zu entsprechenden interpretativen Rekonstruktionen der von Liam produzierten semiotischen Bedeutungen der Zeichenträger und deren Einordnungen in das Theoriekonstrukt führt. Den spontanen Reaktionen und Nachfragen der Interviewerin entsprechend, fokussiert Liam unterschiedliche Sichtweisen. Zu Beginn der Szene in Phase 1 ist es Liam zunächst wichtig, einen von ihm bemerkten Fehler richtigzustellen und seine Ermittlung der Pflückmenge der Kinder in ausführlicher Weise sowie die des Opas auszuführen. Dabei lassen sich alle drei im Theoriekonstrukt enthaltenen Sichtweisen in Liams Deutungen rekonstruieren. In der weiteren Interaktion greift die Interviewerin die von Liam angesprochenen Aspekte nach und nach auf, wodurch diese noch einmal expliziter erklärt werden. So führt die Rückfrage nach der Sichtbarkeit der sechs Kilogramm im Material (Z. 24) dazu, dass sich Liam in Phase 2 auf die *Darstellung* dieser mathematischen Größe bezieht. Die explizite Frage nach der Bedeutung eines Plättchens (Z. 34) führt dazu, dass die in Phase 1 vermutete *systemisch-relationale* Deutung in Phase 3 ausdifferenziert wird. Die Frage nach der Gesamtpflückmenge (Z. 43) stellt Liams Berechnungen und somit die *arithmetische Verbindung mathematischer Elemente* in den Mittelpunkt der Phase 4 und die Frage nach dem Zeichenträger des Baumes (Z. 47) in Phase 5 führt zu einem Wechsel in die *Alltagssicht*. Dies zeigt deutlich, dass dem Frageverhalten der mit dem Kind interagierenden Person eine entscheidende Funktion bei dessen Fokussierung und Deutung zukommt, sodass je nach gestellter Bearbeitungsanforderung eine Sichtweise favorisiert wird und andere zugunsten dieser ausgeblendet werden. Es zeigt und bestätigt auch noch einmal die *Flexibilität*, mit der Kinder wie Liam ihre konstruierten Zeichenträger deuten und spontan aufgrund veränderter, interaktiver Anforderungen umdeuten können. Folglich können auch nicht die *Kompetenzen* der einzelnen Kinder anhand der Verwendung des Theoriekonstrukts offenbart werden. Das Konstrukt dient stattdessen einer theoretisch fundierten Einordnung *einzelner rekonstruierter Deutungen,* die in der Auseinandersetzung mit den Zeichenträgern und in der Interaktion (mit der Interviewerin oder einem anderen Kind) entstehen, sodass diese differenzierter betrachtet und aufgrund der wissenschaftstheoretischen Ausrichtung umfassender verstanden werden können.

Die Einordnung der von Liam vorgenommenen, rekonstruierten Deutungen der ausgewählten Szene sind in der nachfolgenden Tabelle anhand der einzelnen Phasen aufgeführt (Tab. 7.6). Zudem werden die daraus resultierenden bzw. weiteren benannten, aufschlussreichen Konsequenzen in den daran anschließend Punkten als Aufzählung zusammengefasst.

Tab. 7.6 Zusammenfassung von Liams rekonstruierten Sichtweisen der Phasen 1–5

Sichtweise		1	2	3	4	5
Alltagssicht	Re-Konstruktion und Darstellung des Sachverhalts	x				x
Erster Übergang		(x)				
Zahlen-und-Größen-Sicht	Darstellung mathematischer Elemente	x	x			
	Arithmetische Verbindung mathemat. Elemente				x	(x)
Zweiter Übergang						
Systemisch-relationale Sicht	Zeichenträger ohne Wechselbezüge	x?		x		
	Zeichenträger mit lokalen Wechselbezügen					
	Zeichenträger mit globalen Wechselbezügen					

- Zu Beginn der Analyse wird zwischen der *Wahl der Zeichenträger* als Entscheidung für/gegen bestimmte Zeichenträger und den *Umgang mit den Zeichenträgern* als an ihnen vollzogenen Handlungen unterschieden. Liam orientiert sich bei der Auswahl von für ihn geeigneter Zeichenträger an deren äußerlichen, individuell dinglich unterscheidbaren Eigenschaften. Die gewählten Plättchen, kleinen Becher sowie die Zeichenträgerkonstruktion des ‚Baumes‘ weisen *ikonische Relationen* zu den Inhalten auf, auf die sie referieren. Darüber hinaus bezieht Liam sogar konkrete Handlungsabläufe einer Kirschenpflücksituation mit ein (Geste des Pflückens, in einen Behälter tun). Aus diesen Gründen wird Liams Wahl der Zeichenträger der *Alltagssicht* zugeordnet. Er ist darüber hinaus jedoch in der Lage, von den oberflächlich sichtbaren Merkmalen abzusehen und sich auf die Deutung der Zeichenträger als *mathematische Größen* zu konzentrieren, die er zudem *arithmetisch miteinander verbindet*. Zusätzlich nimmt Liam sogar eine *systemisch-relationale Deutung* ein, bei der er die Zeichenträger ‚rote Plättchen‘ *gleichzeitig* als die beiden mathematischen Größen Gewicht und Zeit interpretiert.
- Die Analyse des Beispiels *Liam* zeigt damit, dass auf ein und dieselbe Zeichenträgerkonfiguration alle im Theoriekonstrukt enthaltenen Sichtweisen

eingenommen werden können und es möglich ist, *flexibel* zwischen ihnen zu wechseln. Insofern können die in den Deutungen der Kinder rekonstruierten Sichtweisen keine *Hierarchie* darstellen. Zudem wird deutlich, dass nicht die *Kompetenzen* der Kinder eine Einordnung erfahren, sondern die gewählten Zeichenträger, die daran vorgenommenen Handlungen und dazu getroffenen Aussagen. Das Theoriekonstrukt dient damit einer theoretisch fundierten Einordnung *einzelner rekonstruierter Deutungen*, die in der Auseinandersetzung mit den Zeichenträgern und in der Interaktion (mit der Interviewerin oder einem anderen Kind) entstehen, sodass diese differenzierter betrachtet und aufgrund der wissenschaftstheoretischen Ausrichtung, umfassender verstanden werden können.

– In der Analyse der ausgewählten Szene konnte rekonstruiert werden, dass Liam im Interaktionsverlauf seine Sichtweise auf die Zeichenträger flexibel wechselt. Liam hat sich stets an die gestellte Frage und somit an der Bearbeitungsanforderung orientiert. Ein Sichtweisenwechsel bzw. die Fokussierung einer Sichtweise wird demnach potenziell entsprechend der Nachfragen der Interviewerin nahegelegt. Dadurch kann eine *wechselweise Abhängigkeit* der Nachfragen der Interviewerin als mögliche Auslöser von Deutungen oder spontanen Umdeutungen des Kindes identifiziert werden.

– Bei Liams Erklärungen der Materialdarstellung lässt sich eine metonymische Verwendung des Wortes ,Kirschen' sowie damit einhergehend eine metonymische Gleichsetzung von einem Kilogramm Kirschen und einer halben Stunde erkennen. Diese identifizierten *Metonymien* betonen die Notwendigkeit der sorgsamen Interpretation von den kindlichen verwendeten kommunikativen Mitteln in einem *aktiv herzustellenden rationalen Konnex*. Von den verwendeten Worten allein ist es nicht möglich, auf deren Bedeutung zu schließen. Stattdessen ist es erforderlich, die auftretenden kommunikativen Mitteilungen in besagten Konnex von *begrifflichen Vorstellungen und der gemeinsamen Handlungspraxis* einzuordnen.

7.2 Analyse *Nahla: Würfel als Zeichenträger* – Kontext ,Kirschen' e)

Die zweite ausgewählte Analyseszene entstammt dem dritten Post-Interview mit Nahla und Kaelyn. Nachdem mit *Liam* ein Beispiel zur *Erklärung einer Materialdarstellung* als Lösung zur Teilaufgabe c) betrachtet wurde, folgt nun mit *Nahla* ein Beispiel zur *Entstehung einer Würfelrepräsentation* im Aufgabenteil e). Als Orientierung werden die wichtigsten Elemente der zu bearbeitenden

Aufgabenstellung genannt (vgl. Abb. 7.4). Auf die Darstellung von Nahlas Würfelrepräsentation wird an dieser Stelle verzichtet, da diese erst im Verlauf der ausgewählten Szene entsteht und somit Schritt für Schritt im Entstehungsprozess den Lesenden in der Analyse nahegebracht wird.

In den Aufgabenteilen a) und b) des Kontextes *Kirschen I* wird ersichtlich, dass Jakob und Annika in einer halben Stunde jeweils 1 kg Kirschen pflücken. Im Aufgabenteil c) hilft der Opa den beiden Kindern, wobei dieser dreimal so schnell pflückt wie ein Kind. Bei der Teilaufgabe e) ist angegeben, dass Jakob, Annika und Opa gemeinsam eine Stunde Kirschen pflücken, bevor die beiden Kinder spielen gehen. Die zu beantwortende Frage lautet, wie viel Kilogramm Kirschen der Opa noch alleine weiter pflücken muss, damit insgesamt 22 kg Kirschen gepflückt wurden. (Antwort: Jedes Kind pflückt 2 kg und der Opa 6 kg ergo 10 kg in der ersten Stunde; Opa muss noch 12 kg pflücken und dafür braucht er zwei weitere Stunden.)

Abb. 7.4 Informationen zur Bearbeitung der Aufgabenstellung e) Kirschen

Für die ersten vier Analyseschritte, in denen unter anderem auch die Bearbeitung des Aufgabenteils c) mit Entstehung dieser materiellen Darstellung beschrieben wird, wird auf den Anhang verwiesen. Nach der zeitlichen Verortung der Szene in dem gesamten Interviewverlauf (Schritt 1), der Beschreibung des hinführenden Interaktionsverlaufs zum Start der Interviewszene (Schritt 2), der Betrachtung der ausgewählten Szene anhand des Videos/Transkripts (Schritt 3) und der Phaseneinteilung mit zusammenfassender, möglichst objektiv gehaltener Wiedergabe der Szene (Schritt 4) als eher vorbereitende Elemente erfolgt in Abschnitt 7.2.1 die *epistemologische Analyse (Schritt 5)* sowie in 7.2.2 die *Zusammenfassung der Analyse mit aufschlussreichen Konsequenzen* (Schritt 6) des Beispiels *Nahla: Holzwürfel als Zeichenträger.* Insgesamt lässt sich die ausgewählte Szene (K7–1; 04:15–23:00 min) in *sieben Phasen* unterteilen, die gemäß der beschriebenen Analyseschritte (vgl. Abschnitt 6.4) nacheinander interpretiert werden.

7.2.1 Schritt 5: Interpretative Analyse der Szene unter epistemologischer Perspektive

Phase 1 (Z. 1–14): Erste Bauphase e) und Erklärung
Die Phase 1 lässt sich in drei Unterphasen unterteilen: der ersten Bauphase (1.1; Z. 1), der Erklärung der bisherigen Darstellung (1.2; Z. 2–7) und der Rückfragen

der Interviewerin (1.3; Z. 8–14). Sie werden gemeinsam betrachtet und analysiert, da zum einen erst mit Nahlas Erklärung in der zweiten Unterphase Rückschlüsse für die erste Unterphase möglich werden und zum anderen die Interviewerin nachfolgend Verständnisrückfragen stellt, die von Nahla lediglich bejaht werden. In der anschließenden ganzheitlichen Analyse wird darüber hinaus das epistemologische Dreieck angewendet und Nahlas Deutung in das Theoriekonstrukt eingeordnet.

Phase 1.1 (Z. 1) Erste Bauphase; Phase 1.2 (Z. 2–7) Erklärung der bisherigen Darstellung und Phase 1.3 (Z. 8–14) Rückfragen der Interviewerin

1	N	[*Legt zwanzig Würfel als vier Fünferreihen auf den Tisch und schiebt sie in Richtung der Tischkante vor sich, wobei sie deren Anordnung leicht verändert. Legt zwei weitere Würfel dazu. Schiebt die insgesamt zweiundzwanzig Würfel zusammen. Legt einen Würfel mittig auf den Tisch. Legt darunter drei weitere Würfel mit Abstand zueinander. Legt zwei weitere Würfel mit Abstand zueinander an den rechten Tischrand. Spielt mit einem Würfel und betrachtet die Aufgabenstellung.*]
2	I	Nahla, was hast du denn bis jetzt da gelegt?
3	N	Ja ehm [*legt den Spiel-Würfel links auf den Tisch*], also das hier [*umfasst mit beiden Händen die zweiundzwanzig Würfel*] sind jetzt erstmal zweiundzwanzig Kilo Kirschen also sind erstmal zweiundzwanzig [*deutet auf die zweiundzwanzig Würfel*].
4	I	Hmhm. [*Legt das Mäppchen beiseite.*]
5	N	Ähm und das ist jetzt eine Stunde [*hebt den oberen der vier Würfel an*]. Eine Stunde lang pflü- pflücken die ja zu dritt [*zeigt auf bzw. hebt die unteren drei Würfel an*] und nach einer Stunde [*zeigt auf den oberen Würfel*] gehen Annika und Jakob [*hebt die zwei Würfel rechts unten am Tischrand kurz hoch*] dann spielen [*legt die zwei Würfel nebeneinander zurück an den Tischrand*].
6	I	Hmhm.
7	N	Ehm und jetzt muss der Opa noch alleine pflücken [*spielt mit dem Spiel-Würfel*] und jetzt möchte der wissen wie lange er noch pflücken muss. (.)
8	I	Das hier war die Stunde [*umfasst den oberen der vier Würfel*]?
9	N	Hmhm.

10	I	Und das ist- jeweils einer ist eine Person [*tippt nacheinander auf die drei Würfel darunter*]?
11	N	Hmhm.
12	I	Also Annika, Jakob und Opa [*tippt erneut nacheinander auf die drei Würfel*]?
13	N	Hmhm.
14	I	Ok. Interessant. Ich schieb die mal so ein bisschen rüber [*verschiebt die zwei am rechten Tischrand liegenden Würfel; N. spielt mit dem Spiel-Würfel*]. [*Steht auf*] sonst ist die nachher nicht drauf [*verstellt die Kamera*]. **Und was überlegst du weiter Nahla?**

Nachdem gemeinsam die Aufgabenstellung e) besprochen wurde, beginnt Nahla an ihrem Platz mit einer ersten Bauphase, bei der sie 22 Würfel als Würfelhaufen links von sich, einen einzelnen Würfel mit darunter drei weiteren Würfeln mittig sowie zwei Würfel rechts außen positioniert (Z. 1). Die Interviewerin stößt dazu und erfragt, was Nahla da bisher gelegt habe (Z. 2), woraufhin diese mit der Erläuterung ihrer Darstellung nach dieser ersten Bauphase beginnt (Z. 3). Durch das Umfassen des Würfelhaufens und ihrer nachfolgenden Äußerung benennt sie diesen als „zweiundzwanzig Kilo Kirschen" (Z. 3). Die Anzahl „zweiundzwanzig" wiederholt sie erneut in Verbindung mit einer Zeigegeste Richtung der 22 gelegten Würfel. Damit stellt Nahla einen erneuten Bezug zwischen ihrer Aussage und den gelegten Würfeln unter Betonung ihrer Anzahl her. Es scheint ausreichend, diese Würfel zu Beginn als 22 Kilogramm Kirschen zu markieren und sich weiter lediglich in verkürzter Form mit der Nennung der Anzahl auf diese Größe zu beziehen. Jeder einzelne Würfel steht folglich für ein Kilogramm Kirschen. Zu den Kirschen selbst sowie zu weiteren, die Kirschen betreffende Sachelemente (Kirschbäume, Eimer aus dem Sandkasten zum Pflücken) wird kein näherer Bezug hergestellt, weder durch explizite Benennung noch durch die Wahl von Nahlas Zeichenträgern. Diese Wahl ist für die Aufgabenbearbeitung e) zwar auf die gleichartigen Holzwürfel beschränkt, jedoch benutzt Nahla auch keine Ersatzstrategien, wie beispielsweise das Legen der Holzwürfel in einem Kreis, der an runde Kirschen erinnern soll, um Bezug auf deren äußerliche Erscheinungsmerkmale zu nehmen. Die Beziehung der von ihr gelegten Würfel zu ihrer Bedeutung als Kirschen wird allein über ihre Anzahl mit Bezug zu deren Gewicht hergestellt. Sie ist arbiträr und frei von ikonischen, auf Ähnlichkeit der äußerlichen Merkmale beruhenden Relationen.

Nahla fährt nach einem Verstehen ausdrückenden „Hmhm" der Interviewerin (Z. 4) mit ihrer Erklärung fort (Z. 5). Sie hebt den oberen der vier mittig positionierten Würfel mit der Aussage, dass dies eine Stunde sei, an. Für die abstrakte Größe der Zeit, hier in der Einheit „Stunden" fokussiert sich Nahla ebenfalls auf die im Aufgabentext benannte Anzahl ‚eins' und repräsentiert diese, wie bereits die 22 kg Kirschen, entsprechend als einen Würfel. In dieser einen Stunde würden „die ja zu dritt" (Z. 5) Kirschen pflücken. Während dieser Äußerung zeigt Nahla die darunter positionierten drei Würfel durch Hochheben an. Aufgrund der sprachlichen Aussage mit der vorgenommenen Handlung im Kontext der Aufgabenstellung kann begründet geschlussfolgert werden, dass diese drei Würfel jeweils eine der drei Personen Jakob, Annika und Opa repräsentieren. Für Nahla scheint es hier ausreichend zu sein, diese als „zu dritt" zu kennzeichnen, unabhängig davon, welcher Würfel welche Person genau darstellt. Ihr Fokus liegt folglich nicht darauf, die einzelnen Personen zu identifizieren und ihnen eine eindeutige Darstellung (mit ikonischen, die Personen unterscheidbaren Eigenschaften) zuzuordnen. Wichtig erscheint ausschließlich ihre Anzahl, drei zu sein, und dass diese Drei in einer Stunde gemeinsam Kirschen pflücken, bevor Annika und Jakob spielen gehen. Dieses Weggehen der beiden Kinder erkennt Nahla in den beiden rechts außen, etwas abseits von der mittig als Teildarstellung liegenden Würfel (Z. 5). Mathematisch gesehen ist dieser Vorgang als solcher nicht relevant, relevant ist daran lediglich, dass die beiden Kinder als Pflückkräfte ausfallen bzw. nur für insgesamt eine Stunde zur Verfügung stehen. Für Nahla scheint es jedoch wichtig zu sein, dieses Weggehen der beiden Kinder für sich zu repräsentieren. Wie auch bei den anderen Darstellungen der Personen verzichtet Nahla hier ebenfalls auf eine eindeutige Zuordnung eines Würfels als Jakob bzw. als Annika. Einzig über die Anzahl zwei und ihrer etwas abseitigen Positionierung wird diese Zuordnung hergestellt.

Es wirkt, als übertrage Nahla die Bestandteile der Aufgabenstellung nach und nach in eine für sie verständliche Darstellung mit den darin wichtigsten benannten Aspekten. Diese Aspekte beziehen sich in erster Linie auf die im Text aufgeführten Anzahlen, aber auch auf das narrative Element des Weggehens der Kinder, was sie jedoch lediglich unter Bezug zur Anzahl zwei und der abseitigen Positionierung der Würfel repräsentiert. Somit könnte es als eine Art Gedankenstütze fungieren, dass von den drei Personen, die zunächst eine Stunde gemeinsam pflücken, bevor zwei weggehen. Zum Abschluss der Erklärung ihrer ersten Bauphase ergänzt Nahla noch die in der Aufgabenstellung aufgeführte Frage, wie lange der Opa alleine weiter pflücken müsse (Z. 7). Dadurch wird weiterhin nahegelegt, dass Nahla von dem narrativen Aufbau des Textes ausgehend die Würfel als Repräsentationsmittel für die ihr wichtigen Bestandteile auswählt und als eine Art Memo darstellt, indem sie die Geschichte des Textes nach und nach aufbaut.

In der Interaktion mit der Interviewerin wird wiederholt, dass der einzelne Würfel eine Stunde repräsentiere (Z. 8 f.), und bestätigt, dass die drei mittig darunter positionierten Würfel für die drei Personen (Z. 10 f.) bzw. sogar genauer für Annika, Jakob und Opa stünden (Z. 12 f.). Durch das jeweilige Tippen auf einen Würfel und dessen Benennung als die jeweilige Person nimmt die Interviewerin eine eindeutigere Zuordnung vor, als dies Nahla getan und vermutlich auch bei der jeweiligen Bedeutung beabsichtigt hat. Für Nahla scheint es nicht wichtig zu sein, ob der linke oder der rechte Würfel für Annika steht. Wichtig ist ihr die Anzahl der drei pflückenden Personen in einer Stunde, weshalb sie die einzelnen Personen nicht näher spezifiziert. Lediglich bei der Darstellung des Vorgangs des Weggehens der Kinder wird noch erwähnt, dass es sich um Annika und Jakob handle. Dies wiederum ist jedoch wichtig für die Aufgabenbearbeitung, da den Kindern eine andere Pflückgeschwindigkeit als dem Opa zugeordnet wird, weshalb dieser alleine weiterpflücken muss und nicht austauschbar ist, wie beispielsweise die Pflückmengen und -zeiten von Jakob und Annika. Zwischenzeitlich spielt Nahla mit einem im Transkript als „Spielwürfel" bezeichneten Würfel (vgl. Z. 7). Damit ist ein Würfel gemeint, mit dem sie in der Hand spielt und dem im Sinne der Lösung der Aufgabe (zunächst) keine Bedeutung zugesprochen wird. Im weiteren Verlauf des Transkripts wird dieser Spielwürfel jedoch noch anderweitige Verwendung finden und muss deshalb mitgedacht werden.

Ganzheitliche Analyse Phase 1

Insgesamt kann für diese erste Phase festgehalten werden, dass Nahla *arbiträre Zuschreibungen* vornimmt, was durch die Gleichheit der Würfel bedingt sein könnte. Die einzelnen Personen werden nicht unterschieden, sondern gleichsam als jeweils ein Würfel ohne Bezugnahme auf potenziell dinglich materiellen Eigenschaften repräsentiert. Selbiges gilt für die gepflückten 22 Kilogramm Kirschen, die sich in ihrer äußeren Erscheinungsform nur dadurch von den Personen unterscheiden, dass sie als diese Anzahl zusammengeschoben auf dem Tisch liegen. Der von Nahla als „eine Stunde" bezeichnete Würfel mittig oberhalb der drei Würfel ist ebenfalls allein aufgrund ihrer Zuschreibung und der bereits beschriebenen Positionierung als solche erkennbar. Für Nahla kann ein Würfel somit entweder ein Kilogramm Kirschen oder eine Person, aber auch eine Stunde repräsentieren. Dies ist allein abhängig von Nahlas Zuschreibung und der Position des Würfels innerhalb einer der Teilstrukturen (links, mittig, rechts) sowie zueinander (oben, unten, nebeneinander, durcheinander) und nicht von individuell dinglichen Eigenschaften, die potenziell für ikonische Relationen zwischen Referenten und Zeichenträger genutzt werden könnten. Dabei wirkt die bis zu diesem Zeitpunkt gelegte Darstellung, als wolle sich Nahla zunächst vergegenwärtigen, welche Aspekte der Aufgabenstellung relevant sind, um diese in eine Darstellungsform zu übertragen. Offen bleibt, ob Nahla die Phrase „nach einer Stunde gehen Jakob und Annika spielen" aus dem Text aufgreift, oder für sich versteht, dass drei Personen in der ersten Stunde gemeinsam pflücken und der Opa anschließend ab der zweiten Stunde alleine weiterpflückt.

Festhalten lässt sich, dass der Grund des Weggehens der Kinder ebenso wie der von Nahla als zwei abseits gelegene Würfel repräsentierter Vorgang des Weggehens der beiden Kinder für den mathematischen Inhalt irrelevant ist. Abgesehen davon fokussiert Nahla jedoch auf die in der Aufgabenstellung benannten *relevanten* mathematischen Elemente: Es werden 22 Kilogramm Kirschen gepflückt, die als 22 Würfel repräsentiert werden. Eine Stunde lang pflücken die drei Personen gemeinsam, bevor Annika und Jakob spielen gehen, was mit den jeweils restlichen Würfeln dargestellt wird. Und auch die Fragestellung wiederholt Nahla mit ihren Worten. Auffällig ist, dass die beiden Kinder Jakob und Annika in zweifacher Weise repräsentiert werden: Einmal als Personen, die eine Stunde lange Kirschen pflücken, und ein weiteres Mal als Personen, die nach dieser Stunde zum Spielen weggehen. Folglich erhält jedes für die Aufgabenbearbeitung relevante Textelement eine eigene Repräsentation, im Fall der Kinder sogar eine doppelte.

In ihrer ersten Bauphase und Erklärung der dabei entstandenen Darstellung fokussiert Nahla auf die für sie wichtigen Elemente und ihre Repräsentation. Sie hat die ihr schriftlich vorliegende eingekleidete Textaufgabe für sich gedeutet und in eine erste, für sie zugängliche Repräsentationsform umgewandelt.

Im *epistemologischen Dreieck* (vgl. Abb. 7.5) ist es nun möglich, einerseits die Textaufgabe als zu deutendes *Zeichen* aufzuführen, das Nahla versucht, mit Hilfe der Würfel für sich verständlich zu machen. Andererseits wird eben jene Bedeutung der Würfel von der Interviewerin in der Interaktion erfragt, sodass Nahla Elemente der in der sachlich eingekleideten Aufgabenstellung für deren Erklärung als *Referenzkontext* heranzieht. Die Rollen von Zeichen/Symbol und Referenzkontext sind bei der Analyse dieser Phase insofern untereinander austauschbar – je nachdem, ob die Bearbeitung Nahlas als solche und das Finden einer geeigneten Repräsentation oder ihre Erklärung der dafür herangezogenen Arbeitsmittel als Zeichenträger in den Mittelpunkt des Interesses gestellt wird. Beiden gemein ist, dass die Mediation *begrifflich* durch Aspekte des Zahlbegriffs und Zählprinzipien reguliert wird: Für Nahla ist insbesondere die Darstellung von Anzahlen bedeutsam, die als entsprechende Würfelanzahlen in drei voneinander getrennten Teilstrukturen repräsentiert werden. Linksseitig liegt die Gesamtpflückmenge von 22 Kilogramm Kirschen als 22 Würfel. Mittig repräsentiert ein einzelner, oberhalb gelegter Würfel eine Stunde, in der drei Personen als drei darunter in Reihe gelegter Würfel Kirschen pflücken. Rechtsseitig wird das Weggehen der beiden Kinder gesondert als zwei Würfel dargestellt. Dabei erhält jeder Referent seinen eigenen Zeichenträger. Mit

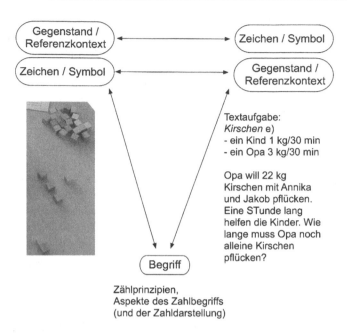

Abb. 7.5　Nahla Phase 1 – epistemologisches Dreieck

der der Darstellung zugesprochenen memorierenden Funktion findet eine Art Übertragung der Aufgabe in Anzahlen statt, wobei die semiotische Besonderheit auftritt, dass die Kinder mehrfach repräsentiert werden – einmal als pflückend und einmal als weggehend. Die Anzahlen als mathematische Elemente stehen dabei für sich nebeneinander, ohne darüber hinaus arithmetisch miteinander verknüpft zu sein. Mathematische Bearbeitungen bzw. Berechnungen bleiben bisher sogar gänzlich unberücksichtigt.

Zwar enthält diese Würfeldarstellung aufgrund des nicht mathematisch relevanten Vorgangs des Weggehens ein der *Alltagssicht* zuzuordnendes Element, jedoch wird diesem im Transkript keine große Bedeutung zugeschrieben und auch auf weitere Ausschmückungen mit alltäglichen bzw. ikonischen Bezügen verzichtet. Auffälliger ist Nahlas Konzentration auf Anzahlen, die (bisher) nicht weiter in Verbindung zueinander gesetzt werden. Deshalb wird Nahlas Deutung und Nutzung der ihr zur Verfügung stehenden Zeichenträger der Würfel begründet der

Zahlen-und-Größen-Sicht, genauer gesagt, ihrer Unterebene der *Darstellung mathematischer Elemente* zugeordnet. Die Zusammenfassung von Nahlas rekonstruierten Sichtweisen der Phase 1 kann der nachfolgenden (Tab. 7.7) entnommen werden.

Tab. 7.7   Zusammenfassung von Nahlas rekonstruierten Sichtweisen der Phase 1

Sichtweise		Nahla P1
Alltagssicht	Re-Konstruktion und Darstellung des Sachverhalts	(x)
Erster Übergang		
Zahlen-und-Größen-Sicht	Darstellung mathematischer Elemente	x
	Arithmetische Verbindung mathematischer Elemente	
Zweiter Übergang		
Systemisch-relationale Sicht	Zeichenträger ohne Wechselbezüge	
	Zeichenträger mit lokalen Wechselbezügen	
	Zeichenträger mit globalen Wechselbezügen	

Phase 2 (Z. 14–19): Initiierung und zweite Bauphase mit Erklärung
Die Phase 2 lässt sich ebenfalls in drei Unterphasen unterteilen: die Initiierung der zweiten Bauphase (2.1; Z. 14–16), die zweite Bauphase (2.2; Z. 17) und die Erklärung der bisherigen Darstellung (2.3; Z. 18–19). Zunächst werden die Initiierung der Bauphase und die eigentliche Bauphase gemeinsam betrachtet und begründete Vermutungen über die Bedeutung der (neu) gelegten bzw. verschobenen Würfel aufgestellt (Phase 2.1 und 2.2.), bevor Nahlas eigene Deutung in der Interaktion mit der hinzukommenden Interviewerin hinzugezogen wird (Phase 2.3). Eine ganzheitlich betrachtende Analyse mit Einordnung in das Theoriekonstrukt erfolgt erst im Anschluss an der kleinschrittigen Interpretation von Nahlas vorgenommener Erklärung unter Rückbezug auf die beiden vorangegangenen Unterphasen und dem Einbezug zweier epistemologischer Dreiecke.

Phase 2.1 (Z. 14–16) Initiierung der zweiten Bauphase und 2.2 (Z. 17) Zweite Bauphase

14	I	**Ok.** **Interessant. Ich schieb die mal so ein bisschen rüber** [*verschiebt die zwei am rechten Tischrand liegenden Würfel; N. spielt mit dem Spiel-Würfel*]. [*Steht auf*] **sonst ist die nachher nicht drauf** [*verstellt die Kamera*]. Und was überlegst du weiter Nahla?
15	N	Ehm ich rechne jetzt erst mal im Kopf und guck dann wie ich das aufbauen
16	I	Kannst du das vielleicht ohne rechnen vorher machen, sondern erst mal mit dem Material? Dass du das mit dem Material lösen kannst? [*Geht.*]
17	N	(…) Bei- in einer halben Stunde schafft Jakob ein Kilo und noch ne halbe Stunde zwei Kilo [*lässt den Spiel-Würfel auf den Tisch fallen*]. [*Überlegt, schiebt die drei einzelnen Würfel zu einer Reihe zusammen. Spielt mit ihnen.*] In einer Stunde schaffen die (…) au (5 Sek.) [*Legt Würfel mit Abstand in einer Dreier-Reihe zurück. Schiebt den darüber liegenden einzelnen Würfel nach rechts. Legt einen neuen Würfel über die Dreier-Reihe. Schiebt die zwei Würfel von der Tischkante als Zweier-Reihe unter den einzelnen rechten Würfel. Legt darunter zwei neue Würfel als zweite Zweier-Reihe. Legt zwei neue Würfel erneut an die Tischkante unten rechts. Behält einen zweiten Spiel-Würfel in der rechten Hand. Überlegt und spielt. Entfernt die Würfel der zweiten Zweierreihe. Nimmt von den zweiundzwanzig Würfeln zwei und legt sie als zweite Zweierreihe. Schiebt den ersten Spiel-Würfel mit der linken Hand höher. Schiebt achtzehn der übrigen zwanzig Würfel als sechs Dreiergruppen in die Tischmitte zu dem ersten Spiel-Würfel. Überlegt und spielt dabei mit den oben zurück gebliebenen zwei Würfeln.*] Hm ne das kann jetzt nicht sein. [*Legt den zweiten Spiel-Würfel aus der rechten Hand in die linke. #Zählt die neunzehn Würfel und tippt dabei mit dem rechten Zeigefinger auf die einzelnen Würfel.*]

Nach der ersten Bauphase und Nahlas Erklärung wird diese von der Interviewerin gefragt, was sie weiter überlege (Z. 14), sowie aufgefordert, die Aufgabe mit dem Material zu lösen, bevor die Interviewerin Nahla alleine weiterarbeiten lässt (Z. 16). Nahlas erste Reaktion auf die Frage der Interviewerin, zunächst rechnen zu wollen (Z. 15), wird von der Interviewerin abgewiesen und somit Nahlas zweite Bauphase initiiert.

Nahla denkt laut, dass Jakob in einer halben Stunde ein Kilogramm und mit einer weiteren halben Stunde zwei Kilogramm schaffe, wobei sie ihren ersten Spielwürfel auf den Tisch fallen lässt. Dieser verbleibt dort zunächst und wird bei späteren Handlungen wichtig werden. Weiter kommentiert Nahla „In einer Stunde schaffen die" (Z. 17), woraufhin sie nach erneuten Überlegungen den einzelnen mittig liegenden Würfel nach rechts schiebt (vgl. Abb. 7.6). Dieser Würfel, ursprünglich als Stunde benannt, in der sie „zu dritt" pflücken, könnte nach wie vor für eine Stunde oder zumindest eine Zeiteinheit stehen, da Nahla ihn an eine neue Position verschiebt, anstatt sich eines neuen Würfels zu bedienen. Stattdessen positioniert Nahla einen neuen Würfel an die ursprüngliche Stelle des verschobenen Würfels, der vermutlich dessen Rolle als eine Stunde, in der sie zu dritt pflücken, einnimmt. Es scheint bedeutsam zu sein, dass Nahla den Würfel verschoben hat, weshalb ein Bezug der neuen Deutung des verschobenen Würfels zu dessen vorheriger Bedeutung angenommen wird. Nahla hätte schließlich auch den neuen Würfel nach rechts außen legen können und sich so das Verschieben erspart. Zudem äußerte sie vor Beginn ihrer Handlungen die Phrase „In einer Stunde schaffen die", was sowohl die Deutungen des einzelnen Würfels als eine Stunde wie auch die nachfolgend beschriebene Deutung der zwei verschobenen Würfel als Annika und Jakob stützt.

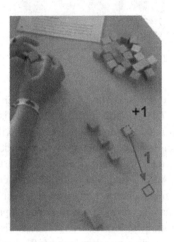

Abb. 7.6 Nahla Phase 2.1 (1)

Unterhalb des verschobenen Würfels schiebt Nahla anschließend die beiden rechts außen liegenden Würfel (vgl. Abb. 7.7), die sie zuvor als Jakob und Annika benannt hat, die weggehen. Analog zur Interpretation des einzelnen Würfels kann auch hier ein Zusammenhang zwischen der ursprünglichen und der neuen Bedeutung angenommen werden. Somit hätte Nahla einen Würfel für eine Zeiteinheit, vermutlich eine Stunde, sowie zwei Würfel für die zwei Personen Jakob und Annika an der rechten Tischseite aufgebaut. Von der Aufgabenstellung her fehlt nun das in der Zeitspanne von den entsprechenden Personen gepflückte Gewicht an Kirschen.

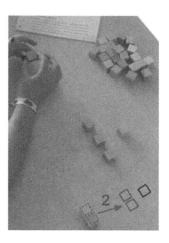

Abb. 7.7 Nahla Phase 2.1 (2)

Dies könnte Nahla mit den beiden neu hinzukommenden Würfeln als zweite Zweier-Reihe (vgl. Abb. 7.8) symbolisieren wollen. Es ist fraglich, ob sie einen Würfel analog zur Bedeutung des Würfelhaufens als ein Kilogramm Kirschen sieht und ob diese beide Würfel dem Jakob zugesprochen werden, wie sie es zu Beginn der Bauphase formuliert, oder vielleicht doch einen Würfel als zwei Kilogramm ansieht, die jeweils von Annika und Jakob gepflückt werden. Sollten diese beiden Würfel als Kilogramm Kirschen aufgefasst werden, so ist verwunderlich, dass Nahla diese unter Zuhilfenahme von zwei neuen Würfel repräsentiert und nicht zwei Würfel des Würfelhaufens umpositioniert. Das stundenweise Pflücken der Kirschen würde hierbei verstanden, als dass von der Gesamtpflückmenge ausgehend die einzelnen Mengen den jeweiligen Personen und Zeiten zugeordnet werden. Stattdessen scheint es, als würden nach wie vor die 22 Würfel des Würfelhaufens als eine Art Memo fungieren. Die als Kilogramm Kirschen gelegten Würfel müssen insgesamt 22 ergeben, woran dieser Haufen erinnert.

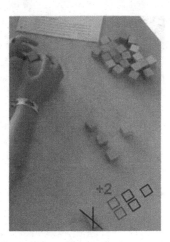

Abb. 7.8 Nahla Phase 2.1 (3)

Den ersten Teil der zweiten Bauphase schließt Nahla damit, dass sie zwei weitere neue Würfel aus dem Karton nimmt, um diese an die alte Position der beiden rechts außen liegenden Würfel zu platzieren, weshalb dieselbe Bedeutung zu den zuvor gelegten Würfeln als Annika und Jakob, die weggehen, angenommen wird. Nahla nimmt sich einen neuen Würfel, den sie ebenfalls als Spielwürfel benutzt. Dieser wird, wie bereits der erste Spielwürfel, als ein Würfel verstanden, mit dem Nahla in der Hand spielt und dem (zunächst) im Sinne der Lösung der Aufgabe keine Bedeutung zugesprochen wird. Vor Nahla liegt die Würfeldarstellung: Abb. 7.9.

Abb. 7.9 Nahla Phase 2.1 (4)

Es folgt ein erneuter Abschnitt, in dem Nahla überlegt und mit dem zweiten Spielwürfel in ihren Händen spielt, bevor sie weitere Handlungen vornimmt, die als zweiter Teil dieser zweiten Bauphase verstanden werden kann. Nahla entfernt nach ihren weiteren Überlegungen die beiden Würfel der zweiten Zweier-Reihe und ersetzt diese durch zwei Würfel des Würfelhaufens (vgl. Abb. 7.10). Damit fungieren diese ursprünglich 22 Würfel nicht länger als Memo, sondern wahrscheinlicher als Gesamtpflückmenge, die den einzelnen Personen und Zeiteinheiten zugeordnet werden. Die zwei Würfel – als (vermutete) Repräsentation von zwei Kilogramm Kirschen – werden durch das Umlegen den beiden Kindern (und nicht länger dem Opa) sowie der vermuteten Zeiteinheit von einer Stunde zugehörig erklärt. Offen bleibt nach wie vor, ob es wirklich beiden Kindern oder ausschließlich Jakob zugeordnet wird oder ob der einzelne Würfel nicht doch lediglich eine halbe Stunde repräsentiert. Es lässt sich jedoch begründet annehmen, dass hier ein erster Bezug zwischen allen in der Aufgabenstellung enthaltenen Größen (Zeit, Person, Gewicht) hergestellt wird. Wie dieser im Detail aussieht, kann nur unter Einbeziehung von Nahlas Deutung rekonstruiert werden.

Abb. 7.10   Nahla Phase 2.1 (5)

Zu diesem Zeitpunkt besteht der Würfelhaufen noch aus 20 Würfeln. Davon schiebt Nahla insgesamt 18 Würfel als sechs Dreiergruppen nach unten zu ihrem ersten Spielwürfel (vgl. in Abb. 7.11 links oben). Dieses Verschieben könnte dem Zählen der verbliebenen Würfel in der ungewöhnlichen Schrittzahl drei entsprechen. Vielleicht stecken aber auch tiefergehende Überlegungen dahinter, worüber der weitere Verlauf des Transkripts Aufschluss geben wird. Es kann an dieser Stelle nur gemutmaßt werden, was hinter dieser besonderen Zählweise steckt. Auffallend ist jedenfalls die ungewöhnliche Anzahl drei, die ebenfalls in der Aufgabenstellung in der Form benannt wird, als dass der Opa dreimal schneller sei. Zudem entspricht 18 der Pflückmenge an Kirschen, die Opa innerhalb von drei Stunden schaffen würde. Nach dem Verschieben überlegt Nahla weiter und spielt dabei mit den übrig gebliebenen zwei Würfeln, bevor sie feststellt, dass das jetzt nicht sein könne und beginnt, die neunzehn Würfel (18 verschobenen und den ersten Spielwürfel) zu zählen. Dieses länger andauernde Spielen mit den zwei übrig gebliebenen Würfeln sowie ihr Kommentar lassen die Vermutung zu, dass Nahla nach dem Verschieben in Dreiergruppen nicht damit gerechnet hat, dass Würfel des Würfelhaufens übrig bleiben. Es lässt sich annehmen, dass Nahla, nachdem sie die zwei der 22 Würfel nach rechts zu den vermuteten Annika und Jakob gelegt hat, die übrigen 20 als Pflückmenge dem Opa zuordnet, was durch die Dreiergruppierungen nahegelegt wird. Ihr Kommentar spricht für die Verwunderung, dass ihre Überlegungen nicht aufgehen, beziehungsweise sie mit ihrem Vorgehen eine Art Rest erhält, der in vielen Aufgabenbearbeitungen der Grundschule so nicht üblich ist, weshalb die Kinder an ganzzahlige Ergebnisse gewöhnt sind. Als Konsequenz zählt sie deshalb diese Würfel nach, wobei ihr erster Spielwürfel mitgezählt und somit als ein Kilogramm

Kirschen umgedeutet wird. Nahla zählt folglich 19 Würfel im unteren Teil des Würfelhaufens sowie zwei Würfel im oberen Teil als insgesamt 21 Würfel. An dieser Stelle kommt die Interviewerin dazu und fragt, „was nicht sein kann" (Z. 18), womit sie die nächste Phase einleitet.

Abb. 7.11   Nahla Phase 2.1 (6)

Phase 2.3 (Z. 18–19) Erklärung der bisherigen Darstellung

18	I	#Was kann nicht sein? [*Setzt sich zu Nahla.*]
19	N	[*Entfernt einen der beiden oben liegenden Würfel.*] Und zwar hab ich jetzt [*legt den zweiten Spiel-Würfel auf den Tisch unter die linken zwanzig Würfel*] hier also das sind halt immer noch in einer Stunde [*zeigt auf den einzelnen Würfel über der Dreierreihe*] arbeiten die drei zusammen [*umfasst die drei Würfel in der Mitte*] und in- nach einer Stunde- also in einer Stunde [*zeigt und berührt mehrfach den einzelnen Würfel rechts über den zwei Zweier-Reihen*] schaffen Jakob und Annika [*hebt die erste Zweier-Reihe an*] zwei Kilo [*hebt die zweite Zweier-Reihe an*] ähm und dann gehen die nach der Stunde- nach einer Stunde [*hebt die zwei Würfel unten rechts hoch*] und das muss der Opa einfach alleine pflücken [*hebt den zweiten Spiel-Würfel an*]. Und jetzt hab ich hier das so [*hantiert mit den Würfelhaufen*] naja ich kann man- weiß nicht ob das so berechnet nennen kann- halt hier so eine halbe Stunde, eine Stunde, ehm eine Stunde dreißig, zwei Stunden, zwei Stunden dreißig, drei Stunden [*schiebt jeweils die Würfel als sechs Dreiergruppen nach unten*] **und jetzt hab ich noch zwei übrig [*hebt die beiden oben liegenden Würfel hoch und behält sie in der Hand*] und nicht drei.**

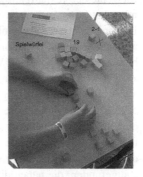

Bevor sich Nahla der Interviewerin zuwendet, entfernt sie einen der beiden links oben liegenden Würfel. Dies wird als Resultat ihres Zählvorgangs aufgefasst und kann als Korrektur des versehentlichen Einbezugs ihres ersten Spielwürfels gesehen werden, der durch das Mitgezählt-werden zu einem Kilogramm Kirschen umgedeutet wurde. Es liegen somit erneut 20 Würfel (als 20 Kilogramm Kirschen) auf dem Tisch, 19 zusammen geschoben und einer darüber. Sie legt ihren zweiten Spielwürfel auf den Tisch unterhalb der 20 Würfel und beginnt damit, ihre Gedanken nach dieser zweiten Bauphase der Interviewerin mitzuteilen (Z. 19).

Nahla fokussiert zunächst auf die mittleren vier Würfel. Der obere Würfel, obwohl inzwischen umgelegt und ausgetauscht, sei nach wie vor eine Stunde, wie dies auch bereits zuvor (Phase 2.2) vermutet wurde. Die drei Würfel darunter beziehen sich ebenfalls weiterhin auf die drei Personen, die zusammen Kirschen pflücken. Damit behält diese mittlere Teilstruktur im Unterschied zu der – aus inzwischen auf zwanzig ungeordnet beieinander liegenden Würfeln reduzierten – linken Teilstruktur ihre memorierende Funktion, dass die drei Personen eine Stunde gemeinsam pflücken.

Nahla wendet sich anschließend den rechts positionierten Würfeln zu. Sie berührt mehrfach den oberen einzelnen Würfel und erklärt dabei: „in einer Stunde". Analog zu den mittig positionierten Würfeln, von denen dieser obere Würfel stammt, dient die erste Würfelreihe dazu, eine Zeiteinheit festzulegen. Während dies bei den mittleren Würfeln eher als Memo verstanden werden kann, bei dem Nahla die wichtigsten Elemente der Textaufgabe zunächst für sich in eine passende Darstellung transformiert hat, kommt dem rechten Würfel keine memorierende, sondern eine (Teil-) Ergebnis generierende Funktion zu. Sie sagt, dass in dieser einen Stunde Annika und Jakob zwei Kilogramm Kirschen pflücken. Dabei hebt sie, wie bereits beschrieben, zuerst den einzelnen Würfel an, dann die erste und anschließend die zweite Zweier-Reihe, wodurch ihre Bedeutung als eine Stunde, als Annika und Jakob bzw. als zwei Kilogramm nahe gelegt wird. Der Würfel für diese eine Stunde entstammt der mittleren Würfeldarstellung und wird hier umgewandelt von einer Stunde, in der sie zu dritt pflücken, zu einer Stunde, in der Jakob und Annika pflücken. Die hier für Annika und Jakob verwendeten Würfel sind aus den Würfeln entstanden, die ursprünglich deren Fortgang symbolisierten. Folglich hat hier eine Umdeutung stattgefunden, die neben diesen beiden Würfeln ebenfalls die Würfel der zweiten Zweier-Reihe und des einzelnen Würfels betrifft. Die von Nahla angenommene Pflückmenge der beiden wird nicht länger von zwei neu dazu gelegten Würfeln repräsentiert, sondern von dem Würfelhaufen als Gesamtpflückmenge umgelegt. Die neu zugeschriebene Bedeutung dieser fünf Würfel stellt eine erste Beziehung zwischen der Zeiteinheit einer Stunde und den beiden Kindern Jakob und Annika her, die in diesem Zeitabschnitt zwei Kilogramm Kirschen pflücken. Diese Beziehung besteht folglich aus einer zeitlichen, ablaufbezogenen Verbindung der im Text benannten und daraus weiter ermittelten Größen, die für das Finden einer Lösung wichtig werden. Zusätzlich besteht eine Verbindung zwischen den 20 links liegenden Würfeln und der zweiten Zweier-Reihe darin, dass Nahla von den 22 Würfeln zwei zu den Kindern gelegt hat und die restlichen als dem Opa zugehörig erklärt. Es findet also eine Aufteilung der im Text vorgegebenen Gesamtpflückmenge in die Pflückmenge des Opas und die Pflückmenge der Kinder statt. Nahla nimmt dabei irrtümlicherweise an, dass Jakob und Annika in einer Stunde gemeinsam zwei anstatt vier Kilogramm schaffen.

Nach dieser Stunde gehen die beiden Kinder, wobei Nahla die zwei Würfel rechts unten anhebt. Die beiden neu gelegten Würfel nehmen folglich die Bedeutung der ursprünglichen zwei dort positionierten Würfel ein, die Nahla in ihrer zweiten Bauphase als Annika und Jakob, die eine Stunde lang Kirschen pflücken, in die rechte Teilstruktur als erste Zweier-Reihe umgelegt hat. Damit ist die vermutete Bedeutung bestätigt, dass es sich nach wie vor um die beiden Kinder handelt, die nun jedoch eine andere Handlung vornehmen, nämlich Kirschen pflücken, anstatt wegzugehen.

Nahla wendet sich der linken Teilstruktur zu, indem sie den darunter liegenden zweiten Spielwürfel anhebt. Die in der linken Teildarstellung verbliebenen 20

Würfel, gedeutet als restliche Kirschen der Gesamtpflückmenge von 22 Kilogramm, „muss der Opa einfach alleine pflücken" (Z. 19). Die einzelnen Abschnitte der Würfeldarstellung (links, mittig, rechts) sind damit nicht länger als isoliert voneinander zu betrachten. Während die mittleren vier Würfel nach wie vor der memorierenden Funktion nachkommen, dass die drei Personen in einer Stunde gemeinsam Kirschen pflücken, besteht zwischen den links und rechts liegenden Würfeln eine Verbindung auf Grundlage der vorgegebenen Gesamtpflückmenge, die entsprechend von Nahlas Berechnungen auf die Kinder als zwei Kilogramm und den Opa als 20 Kilogramm aufgeteilt werden. Diese Verbindung wird allerdings verbal hergestellt, sie kann nicht anhand der Anordnung der Würfel zueinander abgeleitet werden, sodass hier nach wie vor von zwei Teilstrukturen der Darstellung gesprochen wird.

Zum Abschluss ihrer Erklärung wendet sich Nahla den 20 ungeordneten Würfeln zu, die sie in einer gewissen Art und Weise für eine ‚Berechnung' benutzt hat (vgl. Z. 19). Ihr Vorgehen illustriert Nahla, indem sie jeweils drei Würfel als Gruppierung nach unten verschiebt und mit halbstunden-Schritten kommentiert. Dies führt Nahla aus, bis sie 18 Würfel als sechs Dreiergruppen verschoben und bis drei Stunden gezählt hat. Sie habe nun noch zwei übrig und nicht drei. Aufgrund von Nahlas bisheriger Deutung der ungeordneten Würfel als 20 Kilogramm Kirschen, kann mit dieser vorgenommenen, kommentierten Handlung angenommen werden, dass sie drei Würfel nach wie vor als drei Kilogramm Kirschen sieht, diese aber ebenfalls als eine halbe Stunde betrachtet. Die erste Gruppierung bedeutet in diesem Sinne, dass der Opa drei Kilogramm Kirschen innerhalb einer halben Stunde schafft, mit der zweiten Dreiergruppe arbeitet Opa eine Stunde und hat sechs Kilogramm gepflückt, mit der dritten anderthalb Stunden und neun Kilogramm, usw. Damit sieht Nahla diese 18 verschobenen Würfel sowohl als Gewicht als auch als Zeiteinheit, die in einer Verbindung zum Opa stehen. Nach wie vor wird den Würfeln jedoch keine besondere Ordnung aufgeprägt, sie liegen selbst nach dem Verschieben weiterhin ungeordnet und durcheinander auf dem Tisch. Es bleibt offen, ob Nahla die von ihr benannten drei Stunden als Gesamtpflückzeit des Opas oder als dessen alleinige Pflückzeit deutet, also nachdem Annika und Jakob ihm eine Stunde geholfen haben. Nahla ist irritiert, dass sie zwei anstatt drei Würfel übrig hat, sodass sie ihre besondere Zählweise in der Form nicht fortsetzen kann. Zum Teil mag diese Irritation aus der Suggestion des Materials resultieren: Wären Nahlas Überlegungen korrekt, so vermutlich ihre Annahme, würden keine Würfel übrig bleiben. Stattdessen könnte sie drei Würfel als Kilogramm und eine weitere halbe Stunde verschieben. Nahla kommt nicht auf die Idee, dass sie die Würfel an anderer Stelle positionieren könnte. Bereits zuvor traf sie schließlich die richtige Aussage, dass Jakob in einer Stunde zwei Kilogramm Kirschen pflücke (vgl. Z. 17), folglich müssen Annika und Jakob gemeinsam in dieser Stunde vier Kilogramm pflücken. In der Würfeldarstellung hat

Nahla lediglich zwei Würfel als zwei Kilogramm dafür vorgesehen, weshalb die zwei übrig bleibenden Würfel dort zugelegt werden müssten.

Ganzheitliche Analyse Phase 2
Nahlas Darstellung (vgl. Abb. 7.12) gliedert sich nach dieser zweiten Bauphase in vier Teilstrukturen: (1) rechts unten etwas abseits zwei einzelne Würfel; (2) mittig ein einzelner Würfel mit darunter drei nebeneinander positionierten Würfeln; (3) rechts ein einzelner Würfel mit darunter positionierten zwei Zweier-Reihen; und (4) links 20 ungeordnet liegende Würfel (und darunter ein Spielwürfel). Dadurch, dass die ersten beiden Teilstrukturen bereits bei der Analyse der Phase 1 detailliert analysiert worden sind, werden sie im nachfolgenden Abschnitt gemeinsam in kurzer Form zusammenfassend betrachtet, während die rechte und mittlere als neu hinzukommende Teilstrukturen (3) und (4) im Fokus der Aufmerksamkeit stehen.

Abb. 7.12 Nahla Phase 2

Die in der als (1) bezeichneten Teilstruktur enthaltenen beiden Würfel erfahren als Resultat der zweiten Bauphase eine kleine Umdeutung. Sie werden nach oben zur rechten Teilstruktur (3) verschoben und so von Kindern, die weggehen (vgl. Z. 5), zu Kindern, die Kirschen pflücken, umgewandelt. Allerdings werden diese beiden verschobenen Würfel prompt von Nahla durch zwei neue ersetzt, die deren ursprüngliche Bedeutung annehmen (vgl. Z. 19). Sie zeigen somit weiterhin den der *Alltagssicht* zugeschriebenen Vorgang des Weggehens auf und sind mathematisch nur insofern relevant, als dass die beiden Kinder als Pflückkräfte über eine

Stunde hinaus nicht verfügbar sind. Auch der mittleren als (2) bezeichneten Teilstruktur wird nach wie vor eine memorierende Funktion zugesprochen. Sie dient der Darstellung des im Text benannten Elements, dass in einer Stunde drei Personen Kirschen pflücken, wobei die als bestimmte Anzahlen gelegten Würfel eben jene fokussieren und von weiteren phänomenologischen Aspekten wie ikonischen Relationen mit Bezug zu dem äußeren Erscheinungsbild absehen. Auch hier hat eine Verschiebung stattgefunden, und zwar des oberen einzelnen Würfels der mittleren Teilstruktur (2) zur rechten Teilstruktur (3). Dadurch könnte eine Verbindung der beiden Abschnitte bestehen. Diese Stunde, für die der einzelne Würfel steht und in der sie zu dritt Kirschen pflücken, wird quasi herausgenommen und ausschließlich für die beiden Kinder Jakob und Annika betrachtet. Es findet damit eine Umdeutung von einer Stunde, in der sie zu dritt pflücken, zu einer Stunde, in der die beiden Kinder pflücken, statt. Als weitere Konsequenz müsste Nahla anschließend dieselbe eine Stunde der mittleren Teilstruktur entnehmen und ermitteln, welche Pflückmenge der Opa in dieser Zeit erreicht. Wie der Interaktionsverlauf zeigen wird, geschieht dies jedoch nicht. Dieser verschobene obere Würfel der mittleren Teilstruktur (2) wurde allerdings ebenfalls mit Beibehaltung der ursprünglichen Bedeutung als ‚eine Stunde' durch einen neuen Würfel ersetzt, sodass die Teilstruktur als solche nicht umgedeutet wird. Diese mittlere Teildarstellung (2) wird deshalb wie bereits zuvor der Ebene der *Zahlen-und-Größen-Sicht*, genauer ihrer Unterebene der *Darstellung mathematischer Elemente* zugeordnet.

In dieser zweiten Bauphase nimmt Nahla neben dem Verschieben des oberen Würfels der mittleren Teilstruktur (2) und der beiden Würfel der unteren rechten Teilstruktur (1) weitere Veränderungen vor, um die rechte Teilstruktur (3) zu generieren. Zunächst legt sie zwei neue Würfel als zweite Zweier-Reihe unterhalb dieser drei bereits verschobenen, entfernt sie jedoch wieder, um diese zwei Würfel aus der linken Teilstruktur (4) an deren Position zu legen. Diese beiden Änderungen machen auf zwei Punkte aufmerksam, die für die Einordnung der von Nahla vorgenommenen Deutung dieser Teildarstellung relevant sind.

Durch das Hinzufügen zweier weiterer Würfel als zweite Zweier-Reihe der rechten Teilstruktur stellt Nahla erstmalig eine Beziehung zwischen den im Aufgabentext benannten unterschiedlichen Größen her. Sie verbindet die Pflückzeit von einer Stunde (oberer einzelner Würfel) mit den beiden Kindern als Personen (erste Zweier-Reihe) und dem in dieser Zeit (irrtümlicherweise) angenommenen zu pflückenden Gewicht von zwei Kilogramm Kirschen (zweite Zweier-Reihe). Damit kommt den rechten Würfeln (über ihre potenziell memorierende Funktion, dass Annika und Jakob eine Stunde lang mitpflücken) eine (Teil-) Ergebnis generierende Funktion zu, die zum Finden einer Lösung auf die im Text enthaltene Frage beiträgt. Aus der im Aufgabentext angegebenen Pflückgeschwindigkeit der Kinder von einem Kilogramm in einer halben Stunde ermittelt Nahla (fälschlicherweise), dass Jakob und Annika gemeinsam zwei Kilogramm Kirschen in einer Stunde schaffen. Diese auf Proportionalität beruhende Annahme stellt eine arithmetische Beziehung dar, die mit Nahlas Bedeutungszuschreibung der als (rechte) Teilstruktur gelegten Würfel anzunehmen ist. Über die simple *Darstellung der mathematisch relevanten Elemente* hinaus finden somit Verknüpfungen der darin enthaltenen Würfel statt, sodass nicht länger eine Einordnung in dieser ersten Unterebene der *Zahlen-und-Größen-Sicht* als passend erscheint. Der zweite Punkt, der diese Annahme stützt, ist Nahlas Austausch der zwei neu hinzugekommenen Würfel durch zwei Würfel der linken Teilstruktur (4).

Durch dieses Verschieben werden die beiden Teildarstellungen (3) und (4) sowohl miteinander verknüpft als auch umgedeutet. Die ungeordneten 22 Würfel haben nicht länger eine bloß memorierende Funktion, sondern werden als Gesamtpflückmenge gedeutet, die auf die einzelnen pflückenden Personen aufzuteilen ist. Demnach werden zwei Kilogramm den Kindern zugeordnet, während 20 Kilogramm links verbleiben und als Pflückmenge des Opas zu betrachten ist. Damit stellt Nahla einen weiteren arithmetischen Zusammenhang her – dieses Mal über die von ihr gewählten Teilstrukturen hinaus. Die Pflückmenge der Kinder, zusammen mit der Pflückmenge des Opas addiert, muss 22 Kilogramm ergeben bzw. lässt sich dieses entsprechend den im Aufgabentext benannten epistemologischen Bedingungen auf die Personen aufteilen, die hier zunächst von Nahla nur zum Teil beachtet werden. Im epistemologischen Dreieck wird die hier vorgenommene Analyse dieser beiden Teilstrukturen präzisierend illustriert.

Nahlas Darstellung als in Frage stehendes *Zeichen* (vgl. epistemologisches Dreieck Abb. 7.13) wird anhand der unterschiedlichen Teilstrukturen, die mehr bzw. weniger explizit miteinander verknüpft sind, von ihr erklärt und gedeutet. Bei der so von ihr vorgenommenen Deutung (vgl. insbesondere Z. 19) bezieht sie sich auf wichtige, aus dem Aufgabentext bekannte, größtenteils mathematisch relevante Elemente als Bestandteil des *Referenzkontextes*. Die von Nahla vorgenommene Mediation wird *begrifflich* durch arithmetische Beziehungen reguliert, die sich zum einen auf aus dem Aufgabentext zu schließende proportionale Annahmen bezüglich der Pflückmenge der Kinder beziehen und zum anderen auf die additive Beziehung der einzelnen Pflückmengen der unterschiedlichen Personen zueinander unter Berücksichtigung der vorgegebenen Gesamtpflückmenge.

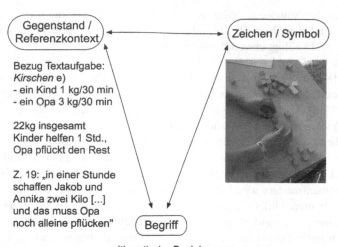

arithmetische Beziehungen
(Proportionalität der Pflückmengen der Kinder und dessen Addition
sowie Aufteilen der Gesamtpflückmenge auf die Personen)

Abb. 7.13   Nahla Phase 2 – epistemologisches Dreieck (1)

Es lässt sich schlussfolgern, dass die rechte Teilstruktur (3) als solche erste Beziehungen der mathematischen Größen zueinander enthält, denen eine (Teil-) Ergebnis generierende Funktion zukommt. Zudem wird über die Darstellung mathematisch relevanter Elemente hinaus die ermittelte Pflückmenge der Kinder in einer Stunde (rechte Teilstruktur) mit dem noch vom Opa zu pflückenden Gewicht an Kirschen verknüpft (linke Teilstruktur). Damit erhalten die linke und rechte Teilstruktur nicht länger eine darstellende Funktion, bei der Berechnungen unberücksichtigt bleiben. Stattdessen müssen sie aufgrund der vorherrschenden und im epistemologischen Dreieck herausgestellten begrifflichen Beziehungen im theoretischen Konstrukt der zweiten Unterebene der *Zahlen-und-Größen-Sicht* zugeordnet werden, nämlich der *arithmetischen Verbindung mathematischer Elemente*.

Interessant ist überdies Nahlas Umgang mit der linken Teilstruktur (4), bestehend aus den verbliebenen 20 Würfeln der Gesamtpflückmenge. Sie teilt der Interviewerin mit, dass diese der „Opa einfach alleine pflücken" (Z. 19) müsse, und zählt anschließend 18 dieser 20 Würfel in einer besonderen Weise. Jeder Würfel repräsentiert dabei weiterhin ein Kilogramm Kirschen. Es können jedoch drei Kilogramm Kirschen gruppiert zusammengeschoben und als eine halbe Stunde gezählt werden. Entsprechend dieser Zählweise verschiebt Nahla insgesamt sechs Dreier-Gruppierungen und erhält drei Stunden als Zeiteinheit, wobei mit ihren Worten „noch zwei übrig [bleiben] und nicht drei" (Z. 19), sodass sie ihre Zählweise nicht weiter fortsetzen kann als bis 18 Kilogramm und drei Stunden. Durch das Gruppieren, Verschieben und zählende Kommentieren deutet Nahla die Würfel um. Sie sind nicht länger ausschließlich als Kilogramm Kirschen zu sehen, sondern gleichzeitig als Dreier-Bündel Zeiteinheiten von je einer halben Stunde. Mit dieser Umdeutung der Würfel der linken Teildarstellung als zu erklärendes *Zeichen* verändert Nahla den zur Erklärung herangezogenen *Referenzkontext* dahingehend, dass sie den Würfeln zusätzlich zu ihrer Funktion, eine bestimmte Anzahl bzw. ein bestimmtes Gewicht zu repräsentieren, eine gewisse Struktur aufprägt (vgl. Abb. 7.14). Diese rudimentäre Struktur ist in ihrer Form an der Oberfläche nicht sichtbar, sondern wird kurzzeitig durch Nahlas Handlung des Verschiebens von jeweils drei Würfeln angezeigt. Die Würfel selbst stehen somit zueinander in Beziehung und werden nicht länger ausschließlich als Anzahlen anzeigende Objekte benutzt. Drei zusammen gruppierte Würfel erhalten neben ihrer Funktion, drei Kilogramm Kirschen zu repräsentieren, zusätzlich aufgrund ihrer besonderen Anzahl ‚drei' (Kilogramm) die Bedeutung von einer halben Stunde. Dies entspricht eben jener implizit in der Textaufgabe benannten Pflückgeschwindigkeit des Opas. Durch entsprechendes additives Verknüpfen der Dreier-Gruppierungen einerseits als Pflückgewicht und andererseits als Pflückzeit könnte Nahla die Schlussfolgerung ziehen, dass der Opa für 18 Kilogramm drei Stunden benötigt (wobei allerdings aufgrund ihrer fälschlichen Annahme bzgl. der Pflückmenge der Kinder zwei Würfel ‚übrig' bleiben). Dadurch, dass diese durch das Verschieben in die Teildarstellung hineingesehene Struktur der Würfel an der Oberfläche nicht sichtbar ist, kann allerdings noch nicht davon gesprochen werden, dass weiterführende Wechselbezüge zwischen den gewählten Zeichenträgern vorliegen. Nichtsdestotrotz wird die Mediation zwischen dem von Nahla gewählten Zeichen und dessen erklärenden Referenzkontext *begrifflich* durch die proportionale Zuordnung reguliert, die Nahla kleinschrittig anhand des Verschiebens von jeweils drei Würfeln als drei Kilogramm und gleichzeitigem Zählen der Zeit als „eine halbe Stunde, eine Stunde, ehm eine Stunde dreißig, zwei Stunden, zwei Stunden dreißig, drei Stunden" (Z. 19) für 18 Würfel (18 Kilogramm) durchführt

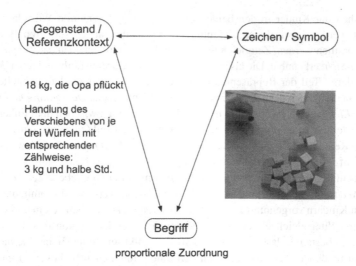

Abb. 7.14   Nahla Phase 2 – epistemologisches Dreieck (2)

Im Umgang mit den gleichartigen Zeichenträgern und dem Versuch der Entwicklung einer geeigneten Darstellung, findet die Umdeutung der Würfel über ihre Repräsentation als Kilogramm Kirschen hinaus in Dreier-Gruppierungen als Zeiteinheiten statt. Zugleich werden damit zwei Sachelemente in einem Zeichenträger zusammengeführt und in die strukturierte Form der Dreier-Gruppierungen transferiert, die jedoch nur aufgrund von Nahlas Handlungen erkennbar wird und nicht anhand einer sichtbaren, bestimmten, oberflächlichen Anordnung. Damit ist das Mindest-Kriterium auf der Ebene der einzelnen Zeichenträger als Voraussetzung für die *systemisch-relationale Sicht* erfüllt: Durch Nahlas vorherige Bestimmung der ungeordneten Würfel als Kilogramm Kirschen und ihren anschließend daran vorgenommenen Handlungen des Gruppierens, Verschiebens und Zählens liest sie die beiden Referenten *Gewicht* und *Zeit* anhand derselben Zeichenträger ab. Es lässt sich weiter jedoch keine weitere Anordnung erkennen. Nahlas Deutung wird aus diesen Gründen der Unterebene *Zeichenträger ohne Wechselbezüge* der *systemisch-relationalen Sicht* zugeordnet.

Wie die hier vorgenommene ganzheitliche Analyse der Phase 2 aufzeigt, müssen die einzelnen Teile von Nahlas Darstellung mit den von ihr vorgenommenen Deutungen in unterschiedliche Sichtweisen des Theoriekonstrukts eingeordnet werden. So geschieht es, dass sowohl ein Aspekt der *Alltagssicht* in der Darstellung als

Weggehen der Kinder in den beiden rechts unten positionierten Würfeln rekonstruiert werden kann als auch Deutungen mit mathematisch stärkeren Bezügen vorgenommen werden. Zeitgleich werden die beiden Unterebenen der *Zahlen-und-Größen-Sicht* erkennbar. Die als einzelner Würfel und Dreier-Reihe gelegten Würfel im mittleren Teil der Repräsentation dienen einer memorierenden, darstellenden Funktion und gelten deshalb als Beispiel für die Unterebene *Darstellung mathematischer Elemente*. Die von Nahla hergestellte Beziehung zwischen dem linken Teil der Darstellung (ungeordnete Würfel) und dem rechten Teil (einzelner Würfel, zwei Zweier-Reihen) weist zudem eine *arithmetische Verbindung mathematischer Elemente* auf. Zuletzt haben Nahlas Handlungen an der linken Teildarstellung gezeigt, dass ebenfalls die *systemisch-relationale-Sicht* mit ihrer Unterebene *Zeichenträger ohne Wechselbezüge* vertreten ist. Das Beispiel Nahlas verdeutlicht somit, dass sich die von Kindern vorgenommenen, rekonstruierbaren Deutungen zu ein und derselben Darstellung gleichzeitig mehreren Sichtweisen des Theoriekonstrukts zuordnen lässt. Dies bestätigt, dass es sich bei dem Konstrukt um keine Hierarchie handelt, sondern fließende Wechsel zwischen den unterschiedlichen Sichtweisen möglich sind und diese durchaus auch zeitgleich in ein und derselben Darstellung präsent sein können. Die Zusammenfassung von Nahlas rekonstruierten Sichtweisen der Phase 2 kann der nachfolgenden (Tab. 7.8) entnommen werden.

Tab. 7.8 Zusammenfassung von Nahlas rekonstruierten Sichtweisen der Phase 2

Sichtweise		Nahla P2
Alltagssicht	Re-Konstruktion und Darstellung des Sachverhalts	(x)
Erster Übergang		
Zahlen-und-Größen-Sicht	Darstellung mathematischer Elemente	x
	Arithmetische Verbindung mathematischer Elemente	x
Zweiter Übergang		
Systemisch-relationale Sicht	Zeichenträger ohne Wechselbezüge	x
	Zeichenträger mit lokalen Wechselbezügen	
	Zeichenträger mit globalen Wechselbezügen	

Phase 3 (Z. 19–31): Bestimmung der Gesamtpflückmenge bzw. die Pflückmengen der beiden Kinder
Die Phase 3 setzt sich nicht aus weiteren Unterphasen zusammen, die gesondert voneinander betrachtet werden könnten. Deshalb folgt bereits im Anschluss an die

detaillierte Analyse ihre ganzheitliche Betrachtung mit Einordnung der in dieser Phase präsenten Deutungen in das Theoriekonstrukt.

Phase 3 (Z. 19–31) Bestimmung der Gesamtpflückmenge bzw. die Pflückmengen der beiden Kinder

19	N	[...] **Und jetzt hab ich hier das so** [*hantiert mit den Würfelhaufen*] **naja ich kann man- weiß nicht ob das so berechnet nennen kann- halt hier so eine halbe Stunde, eine Stunde, ehm eine Stunde dreißig, zwei Stunden, zwei Stunden dreißig, drei Stunden** [*schiebt jeweils die Würfel als sechs Dreiergruppen nach unten*] **und jetzt** hab ich noch zwei übrig [*hebt die beiden oben liegenden Würfel hoch und behält sie in der Hand*] und nicht drei.
20	I	Ja, zählen wir doch nochmal. Wie viele Kilogramm Kirschen hast du denn jetzt verbaut? Also wenn ich das richtig gesehen habe, sind das hier diese vier, ne [*tippt auf die zwei Zweier-Reihen*]?
21	N	Hmhm.
22	I	Für Annika und Jakob- richtig?
23	N	Eh nein, das sind Annika und Jakob [*hebt erste Zweier-Reihe an*] und das sind und das sind zwei Kilo [*hebt die zweite Zweier-Reihe*].
24	I	Ach so das hier ist Annika und das Jakob [*tippt nacheinander auf die Würfel der ersten Zweier-Reihe*].
25	N	Ja.
26	I	Und das ist ein Kilo [*tippt auf den ersten Würfel der zweiten Zweierreihe*] was Annika pflückt [*tippt auf den ersten Würfel der ersten Zweierreihe*]?
27	N	Und ein Kilo [*tippt auf den zweiten Würfel der zweiten Zweierreihe*] was Jakob pflückt [*schiebt den zweiten Würfel der zweiten Zweierreihe leicht zur Seite*].
28	I	In einer Stunde [*zeigt auf den oberen einzelnen Würfel*]?
29	N	Ja.
30	I	Aha [*hebt den Zeigefinger*].
31	N	Obwohl (..) eine Stunde schafft jeder aber zwei Kilo. Also- <u>ach</u> so [*legt die zwei Würfel aus ihrer Hand in die zweite Zweier-Reihe, sodass sie eine Vierer-Reihe bilden*] **jetzt hab ich das hier** [*schiebt die anderen Würfel, sowohl die achtzehn von links als auch die vier von der Mitte, gemeinsam nach oben zur Tischkante, sodass dort zweiundzwanzig Würfel liegen, der einzelne Spiel-Würfel bleibt weiterhin links liegen, lacht*]. Ok, also eine ne- nein- eine halbe Stunde [*schiebt jeweils drei Würfel näher zu sich*], eine Stunde, eine#

Zu Beginn dieser dritten Phase macht Nahla auf eine von ihr als problematisch erscheinende Beobachtung aufmerksam. Während ihrer an der linken Teildarstellung vorgenommenen Handlungen, bei denen sie die Würfel in sechs Dreiergruppen verschiebt und diese jeweils als eine halbe Stunde bis drei Stunden zählt, merkt sie an, sie habe „noch zwei übrig und nicht drei" (Z. 19), weshalb sie augenscheinlich ihr Vorgehen nicht fortsetzen kann, da ein Würfel fehlt, um eine weitere Dreier-Gruppierung zu bilden. Diese von Nahla formulierte Feststellung wird als Initiierung einer neuen Phase verstanden, bei der der Fokus weniger auf der Entwicklung einer zur Bearbeitung der Aufgabenstellung geeigneten Würfelrepräsentation im allgemeinen liegt, sondern eher auf der Bestimmung sowie Visualisierung der Gesamtpflückmenge bzw. der Pflückmenge der Kinder.

Die Interviewerin fordert Nahla auf, zu zählen, wie viel Kilogramm Kirschen sie (insgesamt) in ihrer Darstellung verwendet habe (Z. 20). Damit scheint die Interviewerin anzunehmen, dass sich die übrig bleibenden zwei Würfel – wie bereits zuvor aufgrund des ersten Spielwürfels –aus einer falschen Anzahl der gesamten Pflückmenge ergeben. Augenscheinlich ordnet die Interviewerin gedanklich 18 Würfel der Gesamtpflückmenge dem Opa und vier Kilogramm den beiden Kindern zu, womit die zwei übrig bleibenden Würfel die Gesamtanzahl von 22 um zwei überschreiten würden. Sie sähe die von Nahla gelegten zwei Zweier-Reihen als vier Kilogramm an (Z. 20), was Nahla zunächst auch bestätigt (Z. 21), aber mit der Präzisierung der Interviewerin zu vier Kilogramm von Annika und Jakob (Z. 22) von Nahla verneint wird (Z. 23). Nahla berichtigt, dass es sich bei den Zweier-Reihen um die beiden Kinder handle und um zwei Kilogramm Kirschen. In der nachfolgenden Interaktion erfragt die Interviewerin aufgrund ihrer Fehlannahme noch einmal die Bedeutung aller rechts positionierten Würfel und bittet um Nahlas Bestätigung (Z. 24–30). Die Fehldeutung der Interviewerin könnte mit Nahlas unterschiedlichen Teilstrukturen zusammenhängen. Die 20 linksseitig liegenden Würfel, die zwar in Dreier-Gruppen verschoben werden, aber dennoch ungeordnet zueinander positioniert sind, repräsentieren 20 Kilogramm Kirschen und wurden von Nahla als dem Opa zugehörig erklärt (vgl. Z. 19). Dabei liegen weder zusätzliche Würfel als Repräsentation des Opas noch eine mögliche Zeiteinheit an dieser Seite des Tisches. Im Unterschied dazu werden sowohl Jakob und Annika als Personen als auch die Zeiteinheit von einer Stunde durch eigene Würfel auf der rechten Tischseite repräsentiert, die darüber hinaus in einer bestimmten Anordnung zueinander positioniert sind. Dies könnte ein Grund sein, warum die Interviewerin schließlich die Bedeutung eines jeden rechts positionierten Würfels erfragt: Der linke Würfel der ersten Zweier-Reihe sei Annika, der rechte Würfel sei Jakob (Z. 24); der linke Würfel der zweiten Zweier-Reihe sei ein Kilogramm, das Annika pflücke (Z. 26) und Nahla führt fort, dass der rechte Würfel der zweiten Zweier-Reihe ein Kilogramm sei, das Jakob pflücke (Z. 27). Der einzelne Würfel zeige an, dass dies in einer Stunde geschehe (Z. 28 f). Diese Bedeutungsbestimmung der einzelnen Würfel scheint Nahla zum Nachdenken anzuregen, und sie macht die Feststellung, dass jeder zwei Kilogramm in einer Stunde schaffe, und Nahla folglich die zwei zuvor übrig gebliebenen Würfel zu der zweiten Zweier-Reihe legt, womit diese in eine Vierer-Reihe umgewandelt wird (Z. 31). Damit hat Nahla alle 22 Würfel als Gesamtpflückmenge richtig den drei Personen zugeordnet. Jakob und Annika pflücken in einer Stunde vier Kilogramm Kirschen, der Opa pflückt insgesamt 18 Kilogramm Kirschen.

Ganzheitliche Analyse Phase 3
Der Fokus dieses Transkriptausschnitts liegt auf der von Nahla verwendeten Anzahl von Würfeln als je ein Kilogramm Kirschen bei einem Gesamtpflückgewicht von 22 Kilogramm. In der Interaktion mit der Interviewerin erkennt Nahla ihren Fehler, bisher den Kindern *zusammen* zwei Kilogramm zugeordnet zu haben, statt jedem *einzelnen* der beiden Kinder. Durch das Hinzufügen der zwei übrig gebliebenen Würfel ihrer besonderen Zählweise der ursprünglich 20 linken Würfel zu der rechten Würfelkonstruktion verbindet Nahla die linke und rechte Teilstruktur arithmetisch im Sinne der Aufgabenstellung. Nach wie vor wird den Würfeln der rechten Teilstruktur eine Bedeutung als eine Stunde und zugleich als die beiden Kinder Annika und Jakob zugeschrieben, bzw. sogar präzisiert. Damit werden die von Nahla vorgenommenen Deutungen in dieser Unterphase der *Zahlen-und-Größen-Sicht* zugeordnet.

Die Beziehung zwischen der linken und rechten Darstellung ist durch ihre Gesamtanzahl von 22 Kilogramm, aufgeteilt als 18 Kilogramm, die der Opa pflückt, und vier Kilogramm, die die Kinder pflücken, geprägt und deshalb ein Beispiel der *arithmetischen Verbindung mathematischer Elemente*. Des Weiteren erhalten die mathematisch relevanten Sachelemente eine eigene Repräsentation, die (nochmals) explizit benannt wird: Der obere, einzelne Würfel der rechten Darstellung steht für eine Stunde, in der Annika und Jakob Kirschen pflücken. Die beiden Kinder sind in der Zweier-Reihe darunter erkennbar, der linke Würfel sei Annika, der rechte Jakob, wie die Interviewerin hervorhebt. Darunter in der Vierer-Reihe liegen die Pflückmengen von Annika, womöglich in Gestalt der linken beiden Würfel, und Jakob, womöglich in Gestalt der rechten beiden Würfel. Alle Würfel der rechten Teildarstellung stehen insofern in Verbindung zueinander, als dass die beiden als zwei Würfel repräsentierten Kinder eben in jener einen, als einzelner Würfel repräsentierten Stunde vier Kilogramm Kirschen pflücken, wie dies aus den im Aufgabentext benannten epistemologischen Bedingungen berechnet werden kann. Diese Teilanordnung und ihre Deutung seitens der Interviewerin und Nahla wird demnach ebenfalls der Unterebene *arithmetische Verbindung mathematischer Elemente* zugeordnet. Die übrigen Deutungen der weiteren Teildarstellungen werden nicht thematisiert, ihre zuvor vorgenommene Einordnung bleibt jedoch weiterhin

bestehen, da die Würfel nach wie vor als Bestandteile der auf dem Tisch liegenden gesamten Darstellung sind. Die Zusammenfassung von Nahlas rekonstruierten
Sichtweisen der Phase 3 kann der nachfolgenden (Tab. 7.9) entnommen werden.

Tab. 7.9 Zusammenfassung von Nahlas rekonstruierten Sichtweisen der Phase 3

Sichtweise		Nahla P3
Alltagssicht	Re-Konstruktion und Darstellung des Sachverhalts	
Erster Übergang		
Zahlen-und- Größen-Sicht	Darstellung mathematischer Elemente	
	Arithmetische Verbindung mathematischer Elemente	x
Zweiter Übergang		
Systemisch- relationale Sicht	Zeichenträger ohne Wechselbezüge	
	Zeichenträger mit lokalen Wechselbezügen	
	Zeichenträger mit globalen Wechselbezügen	

Phase 4 (Z. 31–63): Versuch, Pflückmenge und -zeit der Personen zu ermitteln

Die Phase 4 gliedert sich in drei Unterphasen: das Zusammenschieben der linken und
mittleren Würfelteilstruktur mit besonderer Zählweise (4.1; Z. 31–37), die Bestimmung des visualisierten Gesamtgewichts mit Nahlas Zählweise (4.2; Z. 37–45) und
der Thematisierung der verschiedenen Pflückmengen (4.3; Z. 46–63). Zunächst werden die einzelnen Unterphasen nacheinander kleinschrittig interpretiert, bevor eine
gemeinsame ganzheitliche Analyse mit Einordnung in das Theoriekonstrukt erfolgt.

**Phase 4.1 (Z. 31–37) Zusammenschieben der linken und mittleren Würfelteil-
struktur mit Nahlas Zählweise**

31	N	Obwohl (..) eine Stunde schafft jeder aber zwei Kilo. Also- ach so [*legt die zwei Würfel aus ihrer Hand in die zweite* *Zweier-Reihe, sodass sie eine Vierer-Reihe bilden*] jetzt hab ich das hier [*schiebt die anderen Würfel, sowohl die achtzehn* *von links als auch die vier von der Mitte, gemeinsam nach oben* *zur Tischkante, sodass dort zweiundzwanzig Würfel liegen, der* *einzelne Spiel-Würfel bleibt weiterhin links liegen, lacht*]. Ok, also eine ne- nein- eine halbe Stunde [*schiebt jeweils drei Würfel näher zu sich*], eine Stunde, eine#
32	I	#Vielleicht legst du das direkt ein bisschen ähm anders hin, damit man das sehen kann, was du da machst.

33	N	Ja, das mach ich dann gleich.
34	I	Ok.
35	N	Also dann hab ich jetzt hier. Eine halbe Stunde, eine Stunde, eine Stunde dreißig [*zeigt auf jeweils drei der bereits neun verschobenen Würfel*], zwei Stunden, drei Stunden, drei Stunden hmm [*schiebt weiter jeweils drei Würfel von dem Würfelhaufen näher zu sich. Vor ihr liegen einundzwanzig Würfel und ein unverschobener darüber, sowie links der Spiel-Würfel*]. Jetzt hab ich schon wieder einen über. [*Nimmt den einzelnen Würfel in die linke Hand.*]
36	I	Ich glaube, du hast den Opa weggenommen, ne?
37	N	Ne das ist der glaube ich [*hebt den Spiel-Würfel mit der rechten Hand an*]. **Eins, zwei, drei, vier, fünf, sechs, sieben, acht, neun. Zehn, elf, zwölf, dreizehn, vierzehn, fünfzehn** [*zählt den einundzwanziger Würfelhaufen und tippt dabei mit dem Zeigefinger auf die einzelnen Würfel, flüstert unverständlich und zeigt auf die weiteren Würfel*].

Nach ihrer Erkenntnis, die zwei übrig bleibenden Würfel der linken Konstruktion den beiden Kindern korrigierend als zwei weitere von ihnen zu pflückende Kilogramm Kirschen hinzuzufügen, wendet sich Nahla der linken Teilstruktur mit ihren ungeordneten 18 Würfeln zu (Z. 31). Diese scheint Nahla erneut in ihrer besonderen Weise zählen zu wollen. Bei ihrer Handlung verschiebt sie neben diesen 18 Würfeln jedoch ebenfalls die vier in der Mitte liegenden Würfel, sodass 22 Würfel ungeordnet oben an der Tischkante vor ihr liegen. Das heißt, dass der zweite zum Spielen genutzte Würfel jedoch auf seinem Platz verbleibt und hier noch nicht, wie der erste Spielwürfel, aktiv in die Würfeldarstellung zur Lösung der Aufgabenstellung herangezogen wird. Nahla beginnt mit ihrer spezifischen Zählweise, bei der sie drei Würfel verschiebt und eine halbe Stunde zählt, wird aber von der Interviewerin mit dem Vorschlag unterbrochen, die Würfel direkt anders hinzulegen, damit man sehen könne, was sie mache (Z. 32). Nahla stimmt dem zu, möchte dies allerdings erst im Anschluss tun (Z. 33). Erneut startet Nahla mit der spezifischen Zählweise, bis sie 21 der insgesamt 22 Würfel verschoben hat, den links unten liegenden Spielwürfel nicht mitgezählt (Z. 35).

Durch das Zusammenschieben der 18 und vier Würfel sowie anschließendes Zählen findet eine Bedeutungsverschiebung der vier ursprünglich mittig positionierten Würfel statt. Die mittleren Würfel mit ihrer memorierenden Funktion, dass die drei Personen eine Stunde gemeinsam pflücken, werden aufgrund dieses spontanen, unachtsamen Verschiebens umgedeutet zu vier Kilogramm Kirschen und entsprechend als solche in Nahlas besonderer Weise mitgezählt. Die 22 Würfel der linken Teildarstellung, die dem Opa zugeordnet werden, verschiebt Nahla in diesem Interviewausschnitt erneut als Dreier-Gruppierungen, die sie jeweils in Halb-Stunden-Schritten zählt. Durch diese kombinierten Handlungen, das Verschieben und entsprechende Zählen, werden drei Würfel sowohl mit drei Kilogramm Kirschen als auch mit der Zeiteinheit von einer halben Stunde verknüpft. Damit sieht Nahla zwei mathematisch relevante Größen in ein und denselben Zeichenträgern. Die als Würfel von Nahla repräsentierte Gesamtpflückmenge entspricht aufgrund des unachtsamen Zusammenschiebens nun nicht mehr den im Text genannten 22 Kilogramm, sondern besteht aus den vier Kilogramm der rechten Teildarstellung, die die beiden Kinder pflücken, und den 22 Würfeln der linken Teildarstellung, also fälschlicherweise aus insgesamt 26 Würfeln und damit 26 Kilogramm Kirschen.

Nahla kommentiert nach der Durchführung ihrer besonderen Zählweise, dass sie schon wieder einen Würfel übrig habe und hebt diesen hoch (Z. 35). Die Interviewerin äußert die Vermutung, dass Nahla den „Opa weggenommen" habe (Z. 36), was Nahla mit dem Hinweis auf den Spielwürfel jedoch verneint, da sie glaube, dass dieser Würfel der Opa sei (Z. 37). Kurzzeitig erhält der Spielwürfel hier eine darstellungsbezogene Bedeutung, die wiederum in Verbindung mit den 22 Würfeln der linken Teilstruktur gedacht wird. Der Opa, symbolisiert als Spielwürfel, habe diese neben ihm liegende Menge an Kirschen, symbolisiert als 22 ungeordnete Würfel, zu pflücken. Die so vorgenommene Deutung entsteht spontan aus dem Geschehen der Interviewsituation. Nahla versucht, sich gegenüber der Interviewerin zu rechtfertigen. Diese wollte mit ihrer Frage („Opa weggenommen"?) vermutlich auf Nahlas Verschieben der mittig positionierten Würfel und ihrer ursprünglichen Bedeutung (als Opa und zwei Kinder, die eine Stunde gemeinsam Kirschen pflücken) aufmerksam machen, was nicht gelingt. Die von Nahla vorgenommene Umdeutung bleibt an dieser Stelle eine unbewusste, wahrscheinlich unbeabsichtigte, die dazu führt, dass sie sich mit einer falschen Gesamtpflückmenge bzw. mit dem erneuten Überschuss von einem Würfel (anstatt vorher 2 bei 20 Würfeln) für ihre besondere Zählweise konfrontiert sieht.

Phase 4.2 (Z. 37–45) Bestimmung des visualisierten Gesamtgewichts und Nahlas Zählweise

| 37 | N | Ne das ist der glaube ich [*hebt den Spiel-Würfel mit der rechten Hand an*]. Eins, zwei, drei, vier, fünf, sechs, sieben, acht, neun. Zehn, elf, zwölf, dreizehn, vierzehn, fünfzehn [*zählt den einundzwanziger Würfelhaufen und tippt dabei mit dem Zeigefinger auf die einzelnen Würfel, flüstert unverständlich und zeigt auf die weiteren Würfel*]. |

38	I	Zweiundzwanzig, dreiundzwanzig, vierundzwanzig, fünfundzwanzig [*tippt nacheinander auf die Würfel der Vierer-Reihe*].
39	N	Hn? (..) Ich glaub, dann hab ich zu viele- hä dann hab ich ja zu viele Kirschen [*lacht*]. Hmmm. [*Entfernt die zwei äußeren Vierer-Reihe.*] (Zack.)
40	I	Warum nimmst du <u>die</u> weg?
41	N	Keine Ahnung. Ehm (8 Sek.) [*nimmt zwei Würfel von den zweiundzwanzig in die Hand.*] Dann mach ich die noch zusammen, weil ich hab ja drei, sechs, neun, zwölf, fünfzehn, achtzehn [*bedeckt mit den Fingern beim Zählen immer drei Würfel*]. Jetzt hab ich ja schon wieder hier nur noch zwei [*schiebt drei der Würfel zur Seite.*].
42	I	Zwei, vier, sechs, acht, zehn, zwölf, vierzehn, sechzehn, achtzehn, zwanzig [*schiebt dabei je zwei Würfel seitlich*].
43	N	Ach so, ne doch.
44	I	Zweiundzwanzig [*zeigt auf die zweite Zweier-Reihe*].
45	N	Ja dann [*legt die zwei Würfel aus ihrer Hand in den Karton*]. Ok. Hab ich doch falsch gezählt [*schiebt die zwanzig Würfel höher*] einfach nur. (..) Dann mach ich das jetzt nochmal mit dem- halbe Stunde, eine Stunde, halbe Stunde dreißig, zwei Stunden, zwei Stunden dreißig, drei Stunden [*schiebt je drei Würfel immer zusammen ein Stück näher zu sich, also achtzehn Stück, zwei bleiben oben liegen*] hä ey warum hab ich jetzt schon wieder nur noch zwei [*zeigt auf die zwei übrig gebliebenen Würfel und schlägt die Hände über dem Kopf zusammen*].

Nachdem Nahla infolge ihrer Zählweise der Würfel der linken Teilstruktur einen Würfel übrig hat, beginnt sie erneut, die darin enthaltenen 21 Würfel einzeln abzuzählen (Z. 37). Die Interviewerin greift Nahlas Ansatz auf und zählt die Würfel der Vierer-Reihe der rechten Anordnung dazu (Z. 38). Damit interpretiert sie Nahlas Zählweise als Ermittlung der insgesamt verwendeten Würfel mit der Bedeutung eines Kilogramms Kirschen und möchte womöglich mit der Betonung der zuletzt gezählten Zahl „fünfundzwanzig" auf die Unstimmigkeit der von Nahlas verwendeten Gesamtpflückmenge mit der im Text vorgegebenen aufmerksam machen. Nach einer kurzen Pause gelangt Nahla zu der von der Interviewerin angeregten Vermutung, dass sie „zu viele Kirschen" habe, wobei sie sich mit „Kirschen" in verkürzter, metonymischer Weise auf ‚Kilogramm Kirschen' bezieht, und entfernt die zwei äußeren Würfel der Vierer-Reihe (Z. 39). Damit erhält sie 23 Kilogramm als Gesamtpflückmenge, von denen zwei den Kindern und 21 dem Opa zugeordnet werden. Nahla kehrt mit dieser Handlung zu einer vorherigen Darstellung zurück, bei der sie annimmt, dass die Kinder lediglich zwei Kilogramm pflücken. Dies greift die Interviewerin auf und fragt, warum Nahla diese beiden wegnehme (Z. 40), was Nahla nicht beantworten kann (Z. 41). Es entsteht der Eindruck, dass Nahlas neue Erkenntnis bezüglich der Pflückmenge der Kinder (vgl. Z. 31) eher flüchtig ist und ihre ursprüngliche Darstellung Sicherheit vermittelt, weshalb sie zu dieser zurückkehrt.

Dieses Beispiel zeigt die Fragilität der kindlichen Deutungen und Bedeutungszuschreibungen. Sowohl durch das unbeabsichtigte Verschieben der vier Würfel der mittleren Teildarstellung zur linken Teildarstellung als Pflückmenge des Opas als auch die spontane, unbegründete Rückkehr zu einer ursprünglichen (fehlerhaften) Darstellung illustriert die komplexen Anforderungen, die an die Kinder bei der symbolischen Bearbeitung solcher sachbezogener Textaufgaben gestellt werden. Nahla muss bei ihren arbiträren Bedeutungszuschreibungen der Würfel diese stets erinnern und neue Erkenntnisse berücksichtigen. An dieser Stelle erweckt die Möglichkeit des leichten Verschiebens des Materials den Eindruck, für sie eher hinderlich zu sein, da sich dadurch gleich eine unbemerkte Umdeutung einstellen kann (22 Würfel links), die zu einer weiteren falschen Annahme führt (zwei anstatt vier Würfel rechts).

Nahlas nachfolgendes „Ehm" verknüpft mit einer recht langen Pause von acht Sekunden zeigen an, dass sie überlegt, wie nun weiter verfahren werden soll. Nahla nimmt in Folge dieses Vorgehens zwei Würfel des Würfelhaufens mit dem Kommentar in die Hand „Dann mach ich die noch zusammen" und zählt die übrigen Würfel des Haufens in Dreier-Schritten bis 18. Sie habe schon wieder noch zwei Würfel übrig, die mit einem weiteren Würfel zur Seite geschoben werden (Z. 41). Es liegen an dieser Stelle 20 Würfel linksseitig vor Nahla und zwei werden von ihr nach wie vor in der Hand gehalten. Diese beiden wurden bei Nahlas Zählvorgang nicht von ihr miteinbezogen. Die Interviewerin zählt die Würfel ebenfalls durch, wobei sie den Würfelhaufen als 20 zählt (Z. 42) und dazu noch die zweite Zweier-Reihe (Z. 44). Dies kann als erneuter Versuch verstanden werden, Nahla daran zu erinnern, diese beiden rechtsseitig positionierten Würfel bei der Bestimmung der Gesamtpflückmenge zu berücksichtigen und so die beiden Teildarstellungen arithmetisch miteinander zu verbinden. Die Gesamtpflückmenge besteht zu diesem Zeitpunkt nach Nahlas Deutung eben nicht aus 22 Würfeln, sondern nach wie vor aus 24 Würfeln: 20 Würfel links, zwei Würfel rechts und zwei Würfel in Nahlas Hand, die jedoch von der Interviewerin übersehen und daraufhin auch von Nahla mit dem Kommentar, sich verzählt zu haben, in den Karton gelegt werden (Z. 45).

Als Ergebnis dieses Verschiebens, Zählens, Wegnehmens, erneuten Zählens und Wegnehmens besteht die auf dem Tisch als Würfel repräsentierte Gesamtpflückmenge zu diesem Zeitpunkt der Interaktion aus 22 Würfeln, wobei 20 dem Opa und zwei den Kindern zugeordnet werden. Die Würfeldarstellung gleicht nun einer bereits zuvor gelegten, wobei jedoch die mittige Teildarstellung über Umwege unbewusst entfernt wurde. Erneut liegt hierbei die fehlerhafte Annahme vor, dass die beiden Kinder Jakob und Annika in einer Stunde insgesamt zwei Kilogramm Kirschen pflücken, anstatt jeweils zwei. Aus diesem Grund bleiben Nahla bei ihrer besonderen Zählweise zwei Würfel übrig – eben jene zwei, die sie eigentlich ebenfalls Annika und Jakob zuordnen sollte. Nahla hat – so wie die Interviewerin – bei der letzten Zählung die beiden Würfel in ihrer Hand nicht berücksichtigt. Nach dem Entfernen der Würfel erwartet sie jedoch, dass sie die Gesamtanzahl verändert haben müsse. Sie habe schließlich zwei Würfel entfernt, und zwar die zwei Würfel, die vermeintlich übrig geblieben sind. Von Neuem beginnt sie deshalb mit ihrer besonderen Zählweise von je drei Würfeln als halben Stunden innerhalb der linken Teildarstellung und ist überrascht, wieder zwei Würfel übrig zu haben (Z. 45). Mit dem Wissen über ihr unbewusstes Verschieben der mittleren Teildarstellung, deren Umdeutung und langwierigen Prozess des Entfernens dieser vier fälschlicherweise als Kilogramm gedeuteten Würfe kann Nahlas Frustration darüber, erneut zum selben Ergebnis zu gelangen, nachvollzogen werden. Zugleich ist ihr nicht bewusst, was dazu führt, dass sie immer ein und dasselbe Ergebnis erhält, nämlich, dass zwei Würfel bei ihrer Zählweise übrig bleiben.

Phase 4.3 (Z. 46–63) Thematisierung der verschiedenen Pflückmengen

46	I	(…) Ich frage nochmal. Warum hast du vorhin zwei Kilogramm Kirschen hier weggenommen [*deutet auf die zweite Zweier-Reihe*].
47	N	Weil die das in einer Stunde schaffen.
48	I	Was schafft Jakob und Annika in einer Stunde?
49	N	Zwei Kilo.
50	I	Jeder oder zusammen?
51	N	Obwohl ne jeder schafft ein- jeder schafft zwei Kilo eigentlich (.), weil die schafft einer schafft ja in ner halben Stunde ein Kilo und wenn ich dann noch ne halbe Stunde zu dazu mach, sind das ja schon zwei Kilo. Also eigentlich müssten hier [*deutet auf die zweite Zweier-Reihe*] vier liegen, aber dann passt das [*deutet auf die zwanzig Würfel*] (hier) damit wieder nicht.
52	I	Hmh? (verneinend)
53	N	Ne, wenn das das sind dann ja nicht mehr zweiundzwanzig. Sind ja dann mehr.
54	I	Müssen das hier zweiundzwanzig sein [*hält ihre Hand über die zwanzig Würfel*]?
55	N	Ne, das müssen insgesamt zweiundzwanzig sein.
56	I	Kannst du mal zählen [*deutet Richtung Tisch*]?
57	N	[*Legt den Spiel-Würfel beiseite*] (unverständlich). Ja, also drei, sechs, neun, zwölf, fünfzehn, achtzehn [*schiebt jeweils drei Würfel in die Tischmitte, ergo achtzehn*] neunzehn, zwanzig [*tippt auf die zwei unverschobenen Würfel*].

58	I	Und was ist mit den [*zeigt auf die zweite Zweier-Reihe*]?
59	N	Einundzwanzig, zweiundzwanzig. Ja und aber dann ich ehm (..) hab <u>immer</u> zwei übrig. Auch wenn ich die dazutun würde [*hebt die zwei Würfel der zweiten Zweier-Reihe hoch und tut so, als würde sie die Würfel zu den Anderen legen, führt sie jedoch wieder an die ursprüngliche Stelle*]. Dann wären das immer noch zwei, weil dann hab ich hier [*führt die zwei Würfel zu den zwei Würfeln an den oberen Tischrand*] ein Dreierpack, dann hab ich- obwohl ne, dann hab ich nur noch einen übrig [*legt die zwei Würfel wieder zurück als zweite Zweier-Reihe*], aber trotzdem hab ich dann einen übrig.
60	I	(..) Wieso möchtest du die [*zeigt auf die zweite Zweier-Reihe*] denn dazu tun [*zeigt auf die zwei oberen Würfel*]?
61	N	Ne, (..) hm hm. (4 Sek.) Ehm (7 Sek.) [*spielt mit Würfeln*]. Ich komm nicht damit klaaar. (.) Äähm.
62	I	Ist doch schon ganz gut. Bist schon richtig weit.
63	N	Ja, aber (..) ich weiß nicht wie ich weitermachen soll.

Nach einer kurzen Pause, in der die Interviewerin überlegt, welchen Impuls sie Nahla geben könnte, wiederholt sie ihre zuvor gestellte Frage (vgl. Z. 40), warum Nahla zwei Würfel als zwei Kilogramm Kirschen bei der zweiten Zweier-Reihe weggenommen habe (Z. 46). Dabei wird die Bedeutung der Erklärung dieser Handlung durch den Hinweis der Interviewerin: „Ich frage nochmal" hervorgehoben. Es zeigt, Nahla sollte sich noch einmal damit auseinandersetzen, nachdem sie die Frage zuvor mit „Keine Ahnung" (Z. 41) abgetan hatte. Nahla begründet ihre Handlung damit, da sie „das in einer Stunde schaffen" (Z. 47). Diese Antwort legt Nahlas erstes Verständnis und entsprechendes Legen der Würfel nahe. Sie nimmt hier erneut (irrtümlicherweise) an, dass Jakob und Annika gemeinsam in einer Stunde zwei Kilogramm Kirschen pflücken würden. Diesen Fehler hatte Nahla bereits durch das Hinzufügen zweier Würfel in der zweiten Zweier-Reihe berichtigt (vgl. Z. 31), sich jedoch bei der weiteren Bearbeitung der Aufgabenstellung anders besonnen. Die Interviewerin möchte mit ihrer nächsten Frage noch einmal genauer wissen, was Jakob und was Annika in einer Stunde schaffe (Z. 48). Anstatt näher darüber nachzudenken, antwortet Nahla, es seien zwei Kilogramm (Z. 49), sodass die Interviewerin noch spezifischer nachfragt, ob dies jeder pflücke oder beide zusammen (Z. 50). Angeregt durch das Nachfragen der Interviewerin gibt Nahla zu bedenken, dass jeder eigentlich zwei Kilogramm schaffe und begründet dies (Z. 51): Wenn einer bereits in einer halben Stunde ein Kilogramm schafft und noch eine halbe Stunde dazukommt, schafft dieser ja schon zwei Kilogramm. Deshalb müssten zwei Personen vier Kilogramm pflücken und entsprechend vier Würfel in der zweiten Zweier-Reihe positioniert sein. Nahla gibt weiter jedoch zu bedenken, dass es dann jedoch mit dem Würfelhaufen wieder nicht passe. Die Idee, zwei der ungeordneten 20 Würfel zu der zweiten Zweier-Reihe zulegen, kommt ihr in diesem Moment nicht. Augenscheinlich würde Nahla zwei ‚neue' Würfel aus dem Würfelkarton als zwei zusätzliche Kilogramm Kirschen zu den beiden Kindern legen. Mit einem verneinenden „Hmh?" (Z. 52) der Interviewerin erklärt Nahla weiter, dass es ja dann nicht mehr 22 seien, sondern mehr (Z. 53), was die zuvor getätigte Annahme stützt. Die Interviewerin stellt in Frage, ob sich die Anzahl von 22 auf die ungeordneten Würfel beziehe, was Nahla verneint: „Ne, das müssen insgesamt zweiundzwanzig sein" (Z. 55).

Die Interviewerin fordert Nahla erneut auf, die von ihr als Kirschen verwendeten Würfel zu zählen (Z. 56). In Dreierschritten zählt und verschiebt Nahla die ungeordneten Würfel bis 18. In Einer-Schritten ergänzt sie bis 20 und tippt dabei die beiden letzten unverschobenen Würfel an (Z. 57). Somit hat Nahla lediglich die links positionierten Würfel, die dem Opa zugehörig sind, gezählt und die Pflückmenge der Kinder nicht berücksichtigt. Erst nach Rückfrage der Interviewerin, was mit den Würfeln der zweiten Zweier-Reihe sei (Z. 58), zählt Nahla auch diese beiden Würfel hinzu (Z. 59). Dies ändere jedoch nichts, denn Nahla habe immer zwei übrig, auch wenn sie diese beiden Würfel der zweiten Zweier-Reihe zu den ungeordneten 20 Würfeln schieben würde. Nahla ist hier sehr darauf bedacht, die Anzahl der ungeordneten Würfel auf eine durch drei teilbare Zahl zu verändern, damit sie ihre besondere Zählweise ohne Rest durchführen kann. Dies führt dazu, dass sie sogar die Zuordnung der Würfel als gepflückte Kilogramm Kirschen zu den jeweiligen Personen vernachlässigen würde. Tatsächlich legt Nahla probeweise die beiden den Kindern als zwei Kilogramm zugeordneten Würfel zu den zwei unverschobenen Würfeln der linken Teildarstellung um. Sie erklärt erst, sie habe dann auch zwei übrig, bevor sie erkennt, dass sie nach dem Verschieben eines weiteren „Dreierpack[s]" nur einen übrig hätte. Anschließend legt sie die beiden Würfel zurück und verbessert sich, dass sie zwar nur einen anstatt zwei übrig habe, jedoch sei dies immer noch einer zu viel für ihre besondere Zählweise (Z. 59).

Die Interviewerin scheint Nahlas Gedanken nicht ganz folgen zu können und bittet deshalb nach einer Pause von zwei Sekunden um eine Erklärung dafür, warum Nahla diese Würfel der Zweier-Reihe zu der linken Teildarstellung hinzufügen möchte (Z. 60). Nahla verneint und es folgt eine längere Pause, in der Nahla überlegt (Z. 61). Sie erklärt daraufhin, dass sie damit nicht klar komme, weshalb die Interviewerin ihr gut zuredet (Z. 62). Nahla wisse jedoch nicht, wie sie weiter machen soll (Z. 63). Da sich Kaelyn vom Nachbartisch ebenfalls bemerkbar macht, versucht die Interviewerin, Nahla einen aufbauenden Impuls zu geben, der eine weitere Bauphase und damit Phase einleitet, bevor sie Nahla alleine weiterarbeiten lässt (Z. 64).

Ganzheitliche Analyse Phase 4

Zu Beginn der Phase 4.1 liegt erstmalig das richtige den jeweiligen Personen zugeordnete Gewicht an Kirschen auf dem Tisch: Vier Würfel in einer Reihe werden als vier Kilogramm Kirschen Annika und Jakob zugeordnet, die dieses Gewicht in einer Stunde gemeinsam pflücken können, und 18 ungeordnete Würfel in der linken Teildarstellung, die Nahla in ihrer Zählweise in mehreren Dreiergruppen als drei Kilogramm Kirschen unterteilt, die vom Opa jeweils in einer halben Stunde gepflückt werden (vgl. Z. 31). Zu Beginn ihres hier vorgenommenen Zählprozesses schiebt Nahla allerdings diese 18 Würfel der linken Teilstruktur gemeinsam mit den vier Würfeln der mittleren Teilstruktur beiseite. Diese erhielten ursprünglich die memorierende Funktion, dass die drei Personen eine Stunde lang gemeinsam Kirschen pflücken. Aufgrund des von Nahla vorgenommenen spontanen, unachtsamen Verschiebens und anschließenden Mitzählens (vgl. Z. 31 und Z. 35) werden diese vier Würfel umgedeutet zu vier Kilogramm Kirschen. Als Konsequenz entsprechen die als Kilogramm Kirschen gedeuteten, in der Repräsentation enthaltenen Würfel in Summe nun nicht länger den im Text vorgegebenen 22, sondern 26 Kilogramm (22 vom Opa, vier von den Kindern). Durch das Zusammenschieben – und damit im Prinzip ‚Entfernen' der mittleren Teilstruktur – enthält die von Nahla gewählte Darstellung nicht länger rein mathematisch darstellende Elemente, die der Unterebene *Darstellung mathematischer Elemente* der *Zahlen-und-Größen-Sicht* zuzuordnen wären.

In den nachfolgenden Unterphasen 4.2 und 4.3 wird versucht, das von Nahla mit den Würfeln repräsentierte Gesamtgewicht zu bestimmen, was mit weiteren Änderungen der Darstellung einhergeht. Es werden zwei interessante Aspekte für eine mögliche Einordnung der in dieser vierten Phase vorgenommenen Deutungen in das Theoriekonstrukt deutlich. Auffällig ist, dass Nahla sich sehr stark auf ihre besondere Zählweise und somit die linke Teilstruktur stützt. Dabei verliert sie zeitweise die Pflückmenge der Kinder aus dem Blick bzw. wird dieser eine eher geringe Bedeutung zugesprochen.

Nahla entfernt die kürzlich gelegten zwei Würfel aus der rechten Teilstruktur (vgl. Z. 39), um zwar die Gesamtpflückmenge um zwei zu reduzieren, dabei nimmt sie allerdings erneut eine falsche Pflückmenge der Kinder innerhalb einer Stunde an. Mit der Interviewerin wird die Gesamtpflückmenge ermittelt, die sich aufgrund der zwei entfernten Würfel und der zwei in Nahlas Hand verbliebenen inzwischen über Umwege um die vier Würfel der ursprünglich mittleren Teilstruktur wieder auf 22 reduziert hat (vgl. Z. 39–44). Mit ihrer benutzten besonderen Zählweise gelangt Nahla zu dem bereits zuvor erhaltenen Ergebnis: Sie kann sechs Dreier-Gruppen verschieben und hat anschließend erneut zwei übrig (vgl. Z. 45). Nahla gelingt es im Anschluss nicht, ihre Darstellung dahingehend anzupassen, dass sie 18 Würfel dem

Opa und vier den Kindern zuordnet. Es scheint ihr allerdings bewusst zu werden, dass Annika und Jakob gemeinsam vier Kilogramm Kirschen schaffen (vgl. Z. 51). Trotzdem könne sie diese nicht als zwei Würfel zur rechten Darstellung dazulegen, weil sich dann in ihrer Denkweise die Gesamtpflückmenge auf 24 Kilogramm erhöhen würde (vgl. Z. 53). Nahla kann diese beiden den Kindern zugeordneten Würfel wiederum nicht dem Opa zuweisen, weil sie dann erneut zu viele Würfel in der linken Teilstruktur habe. In ihrer besonderen Zählweise wäre es dann einer zu viel (vgl. Z. 59).

Nahlas Fokussierung auf die Würfel der linken Teilstruktur führt zu einer zeitweisen Vernachlässigung der in der Aufgabenstellung aufgeführten epistemologischen Bedingungen. Die Kinder pflücken in einer halben Stunde jeweils ein Kilogramm Kirschen, also insgesamt vier Kilogramm in einer Stunde. Subtrahiert man die von den Kindern gepflückte Menge an Kirschen vom vorgegebenen Gesamtgewicht (22 Kilogramm), so muss der Opa insgesamt 18 Kilogramm Kirschen pflücken. Dieser arithmetische Zusammenhang wird von Nahla in der Form im vorliegenden Transkriptausschnitt nicht hergestellt. Auch die Gesamtpflückmenge verliert sie zeitweise aus dem Blick. Erst mit Hilfe der Impulse der Interviewerin (vgl. Z. 38, 44, 58) wird Nahla ins Gedächtnis gerufen, dass die Gesamtanzahl nicht überschritten werden sollte und dass die Pflückmengen der Kinder ebenfalls Berücksichtigung finden müssen, sie ergo im Zusammenhang mit der Pflückmenge des Opas stehen. Unter Einbezug der von Nahla in den vorherigen Phasen vorgenommenen Deutungen und mit den hier von der Interviewerin unterstützenden Impulsen kann weiterhin vermutet werden, dass Nahla die linke und rechte Teildarstellung als über die vorgegebene Gesamtanzahl als Kilogramm Kirschen miteinander verknüpft deutet, auch wenn diese arithmetische Verbindung fehlerhaften Annahmen unterliegt. Trotz aller von Nahla vorgenommenen fehlerhaften Annahmen ist es sinnvoll, ihre Deutung der rechten Teildarstellung als solche im Theoriekonstrukt der Unterebene *arithmetische Verbindung* der *Zahlen-und-Größen-Sicht* einzuordnen. Dies liegt darin begründet, dass Nahla innerhalb der Teilstruktur eine Verbindung der drei Größen *Zeit* (eine Stunde), *Person* (Annika und Jakob) und *Pflückmenge* (zwei bzw. vier Kilogramm) herstellt. Zudem stehen die rechte Teildarstellung und die linke Teildarstellung (mit der enthaltenen spontanen, flüchtigen Deutung des Spielwürfels als separate Repräsentation des Opas) über die Gesamtpflückmenge 22 Kilogramm in operationaler Beziehung zueinander, sodass auch diese Deutung eine *arithmetische Verbindung* darstellt.

Wie die vielen fehlerhaften Annahmen bereits nahelegen, wird diese Sichtweise bzw. werden die anzunehmenden arithmetischen Beziehungen durch Nahlas Fokussierung auf die linke Teilstruktur überlagert. Die darin enthaltenen Würfel zählt

Nahla konsequent in Dreiergruppen als halbe Stunden, womit sie diese als Zeichenträger versteht, denen mehr als ein Referent zugeordnet wird. Nahla ist so sehr darauf ausgerichtet, dass ihre Zählweise „aufgeht", sie also eine Anzahl erhält, die sich in entsprechend viele Dreiergruppen aufteilen lässt, dass sie darüber sogar die Gesamtanzahl bzw. die den Personen zuzuordnenden Pflückmengen vernachlässigt. Vermutlich „verleitet" das Material Nahla in gewisser Weise dazu, dass dies möglich sein müsse, denn dann könnte sie die von ihr vorgenommenen Handlungen ‚ohne Rest' durchführen und zu einem eindeutigen Ergebnis gelangen. Nahla kommt nicht auf die Idee, dass die beiden Würfel, die übrig bleiben, den Kindern zuzuordnen sind. Stattdessen ist aufgrund des Verschiebens in Dreiergruppen anzunehmen, dass sie alle 20 Würfel weiterhin dem Opa zuordnet und versucht, dessen Gesamtpflückzeit zu ermitteln. Ein Würfel innerhalb dieser Dreiergruppe repräsentiert dabei ein Kilogramm Kirschen, drei Würfel zusammen sind demnach drei Kilogramm Kirschen, die von Nahla in Halb-Stunden-Schritten gezählt werden. Damit ist das Mindest-Kriterium der *systemisch-relationalen-Sicht* erfüllt. Die von Nahla verschobenen Würfel erhalten über ihre arbiträren Zuschreibungen hinaus allerdings keine weitere Anordnung, die äußerlich sichtbar wäre. Allein aufgrund ihrer Handlung und Nennung der entsprechenden Zeiteinheit bzw. Zählweise als Kilogramm Kirschen wird den Würfeln ihre Bedeutung zugeschrieben. Sie stehen als Zeichenträger somit nicht zueinander in Wechselbezügen, die anhand einer wahrnehmbaren Anordnung bzw. Struktur sichtbar gemacht würden, sodass die hier getätigte Deutung der Unterebene *Zeichenträger ohne Wechselbezüge* zugeordnet wird.

Insgesamt können die einzelnen Bestandteile in Nahlas Darstellung folglich unterschiedlichen Sichtweisen zugeordnet werden, die prinzipiell zeitgleich in den verschiedenen Teilstrukturen auftreten. Die hier in der Phase 4 nicht thematisierten (und deshalb auch in der nachfolgenden Tabelle nicht berücksichtigten) beiden Würfel rechts außen als weggehende Kinder sind ein Beispiel für ein Element der *Alltagssicht*. Die rechte Teilstruktur für sich genommen ist der Unterebene *arithmetische Verbindung* der *Zahlen-und-Größen-Sicht* zuzuordnen, weil dort die drei Größen (Zeit, Person, Gewicht) miteinander in Beziehung gebracht werden, trotz der fehlerhaften Annahme, die Kinder würden insgesamt in einer Stunde zwei Kilogramm Kirschen pflücken. Auch der als Opa gedeutete Spielwürfel der linken Teildarstellung steht mit den ungeordneten Würfeln in einer vergleichbaren Verbindung. Die ungeordneten Würfel wiederum werden einerseits aufgrund ihrer Beziehung über die Gesamtpflückmenge zur Pflückmenge der Kinder der *arithmetische Verbindung* der *Zahlen-und-Größen-Sicht* zugeordnet, andererseits werden sie durch Nahlas Zählweise als Zeichenträger mit mehr als einem Referenten und somit *systemisch-relational (ohne Wechselbezüge)* gedeutet. Zudem ist bemerkenswert, dass in dieser Phase Nahlas letzte Sichtweise mehr Relevanz erhält, da sie die arithmetische Verbindung und Richtigkeit der Anzahlen zugunsten ihrer Fokussierung auf das Verschieben von Dreier-Gruppen ‚ohne Rest' eher vernachlässigt und von der Interviewerin daran erinnert werden muss. Die Zusammenfassung von Nahlas rekonstruierten Sichtweisen der Phase 4 kann der nachfolgenden (Tab. 7.10) entnommen werden.

Tab. 7.10 Zusammenfassung von Nahlas rekonstruierten Sichtweisen der Phase 4

Sichtweise		Nahla P4
Alltagssicht	Re-Konstruktion und Darstellung des Sachverhalts	
Erster Übergang		
Zahlen-und-Größen-Sicht	Darstellung mathematischer Elemente	
	Arithmetische Verbindung mathematischer Elemente	x
Zweiter Übergang		
Systemisch-relationale Sicht	Zeichenträger ohne Wechselbezüge	x
	Zeichenträger mit lokalen Wechselbezügen	
	Zeichenträger mit globalen Wechselbezügen	

Phase 5 (Z. 64–75): Initiierung und dritte Bauphase mit erstem Ergebnis

Die Phase 5 lässt sich in drei Unterphasen unterteilen: die Initiierung der dritten Bauphase (5.1; Z. 64), die dritte Bauphase (5.2; Z. 65) und die Anpassung der Repräsentation (anhand der Pflückmenge der Kinder) und Finden eines ersten Ergebnisses (als Antwort auf die im Text formulierte Frage, wie lange der Opa noch alleine weiterpflücken müsse) (5.3; Z. 66–75). Die beiden ersten Unterphasen werden aufgrund ihrer Kürze gemeinsam betrachtet. Nach der kleinschrittigen Analyse der dritten Unterphasen erfolgt die ganzheitliche Analyse aller drei Unterphasen gemeinsam mit Einordnung in das Theoriekonstrukt, wobei ebenfalls ein epistemologisches Dreieck als Analyseinstrument herangezogen wird.

Phase 5.1 (Z. 64) Initiierung der dritten Bauphase und Phase 5.2 (Z. 65) dritte Bauphase

| 64 | I | *[Kaelyn vom Nachbartisch macht auf sich aufmerksam.]* Überleg nochmal wie du die vielleicht hinlegen kannst für den Opa. Du hast ja gesagt, du wolltest die nochmal irgendwie anders hinlegen *[deutet auf die achtzehn Würfel]* und schau nochmal, was Annika und Jakob #pflücken in einer Stunde, weil das musst du ja auch auf jeden Fall hinlegen, ne, die schaffen das ja in der einen Stunde *[deutet auf die erste Zweier-Reihe]*. *[Geht zu Kaelyn.]* |

| 65 | N | # [*Legt die*
achtzehn Würfel als 6 × 3-Rechteck zusammen. Legt die zwei übrigen
Würfel oben an die rechte Rechtecksseite. Überlegt und spielt.]
[*Interviewerin kommt zu Nahla.*]
Ich komm immer noch nicht weiter. Ich hab absolut gar keine Idee. | |

Am Ende der vierten Phase erklärte Nahla, dass sie nicht wisse, wie sie weiter-machen solle (Z. 63). Mit dem Versuch eines aufbauenden Impulses (Z. 64) leitet die Interviewerin die fünfte Phase und somit Nahlas dritte Bauphase ein, da sich Kaelyn vom Nachbartisch bemerkbar macht und ebenfalls die Hilfe der Interview-erin einfordert. Dieser Impuls beinhaltet zwei Aspekte, die in der vorangegangenen Interaktion thematisiert wurden. Zum einen soll sich Nahla Gedanken dazu machen, wie sie die achtzehn der zwanzig verschobenen Würfel anders hinlegen könnte. Damit bezieht sich die Interviewerin auf eine möglicherweise übersichtlichere Dar-stellung als Ergebnis von Nahlas besonderer Zählweise. Sie thematisiert außerdem ihren vorherigen Vorschlag (vgl. Z. 32), dem Nahla zugestimmt hat, dies aber spä-ter tun wollte (vgl. Z. 33). Der zweite Aspekt betrifft die Pflückmenge der beiden Kinder. Die Interviewerin greift zunächst Nahlas Ansatz auf, die beiden Würfel irgendwie zu der linken Darstellung hinzuzufügen. Weiter ergänzt sie jedoch, dass Nahla noch einmal prüfen könne, was Jakob und Annika in einer Stunde pflücken würden. Anschließend lässt die Interviewerin Nahla alleine an ihrer Darstellung weiterarbeiten (Z. 64).

Noch während die Interviewerin ihren Impuls äußert, beginnt Nahla, die Würfel der linken Teildarstellung als Rechteck zu legen. Dafür positioniert sie links drei Würfel und schließt nacheinander weitere Spalten mit jeweils drei Würfeln an, bis sie insgesamt sechs Spalten mit je drei Würfeln erhält. Abschließend positioniert sie ebenfalls die beiden übrigen Würfel an die rechte Rechtecksseite. Es folgt eine Phase, in der Nahla lange ihre Darstellung betrachtet und mit unterschiedlichen Würfeln der Darstellung bzw. aus dem Karton spielt, wobei sie diese in der Hand dreht oder etwas bewegt, aber nicht umpositioniert. Unter anderem nimmt sie dafür auch ihren zweiten Spielwürfel, der nach wie vor auf dem Tisch lag. Diesen positioniert sie zum Ende ihrer gut zwei Minuten andauernden Überlegungen unterhalb des Rechtecks. Die Interviewerin stößt wieder zu Nahla und diese teilt ihr mit, dass sie immer noch nicht weiterkäme und absolut keine Idee habe (Z. 65).

In dieser dritten Bauphase ordnet Nahla die von ihr bisher immer als Dreier-Gruppen verschobenen, ungeordnet platzierten Würfel als Rechteck mit sechs Spalten von je drei Würfeln an. Damit prägt Nahla diesen Würfeln eine neue Ord-nung auf. Überträgt man ihre ursprünglich vorgenommene Deutung als besondere

Zählweise mit Verschieben der Würfel auf dieses Rechteck, so könnten alle Würfel nach wie vor für die Pflückmenge des Opas stehen. Zusätzlich erlaubt die Anordnung die Möglichkeit, die Dreier-Gruppierungen ohne zusätzliches Verschieben in dieses Rechteck hineinzusehen. Analog zur Zählweise der Dreier-Gruppen in Halb-Stunden-Schritten könnten hier nun die Spalten als halbe Stunden gezählt werden. Eine Spalte dieses Rechtecks bestehend aus drei Würfeln könnte so als eine halbe Stunde, in der der Opa drei Kilogramm Kirschen pflückt, gelesen werden. Ob Nahla diese vermutete Deutung vornimmt, muss in der nachfolgenden Interaktion mit der Interviewerin geprüft werden.

Phase 5.3 (Z. 66–75) Anpassung der Repräsentation und Finden eines ersten Ergebnisses

66	I	(5 Sek.) Der Jakob (.) wie viel Kilogramm pflückt der in einer halben Stunde?
67	N	Ein Kilo.
68	I	Wo siehst du das?
69	N	Ähm [*verschiebt den rechten Würfel der zweiten Zweier-Reihe*] ja aber der schafft ja aber ich hab hier eine Stunde liegen [*hebt den obersten einzelnen Würfel hoch*].
70	I	Wie viel schafft er denn in einer Stunde?
71	N	In einer Stunde schafft er zwei Kilo.
72	I	Siehst du die hier in deinem Material?
73	N	Hm hm. [*Einatmen.*] Ich glaube ich hab eine Idee. Vielleicht könnte ich ja die hier [*nimmt die zwei Würfel von der rechten Rechtecksseite hoch*] jetzt so hier hinlegen [*legt die zwei Würfel links und rechts an die zweite Zweier-Reihe, sodass sie zur Vierer-Reihe wird*].
74	I	Was bedeutet das dann?
75	N	(4 Sek.) Ich glaube, ich hab das Ergebnis. Eine Stunde [*zeigt auf die linken zwei Spalten des Würfel-Rechtecks*], zwei Stunden [*zeigt auf die mittleren zwei Spalten*], drei Stunden [*zeigt auf die rechten zwei Spalten*]. **Der Opa muss drei Stunden noch pflücken** [*spielt mit dem Spiel-Würfel*].

Nachdem die Interviewerin sich wieder zu Nahla an den Tisch gesetzt und diese ihre Ideenlosigkeit geäußert hat (vgl. Z. 65), überlegt die Interviewerin zunächst (wie es an der fünf Sekunden langen Pause deutlich wird). Sie scheint sich dafür zu entscheiden, noch einmal die im Text genannten Bedingungen thematisieren zu wollen, weshalb sie nachfragt, wie viel Kilogramm Jakob in einer halben Stunde pflücke (Z. 66). Richtigerweise antwortet Nahla mit „Ein Kilo" (Z. 67). Dies soll Nahla anhand ihrer Darstellung zeigen (Z. 68). Nahla verschiebt den rechten Würfel der zweiten Zweier-Reihe und äußert dann die Unstimmigkeit, dass Jakob doch länger pflücke, nämlich eine Stunde (Z. 69). Dabei betont Nahla die Anzahl der Stunde als eins und hebt zusätzlich den oberen einzelnen Würfel der rechten Teildarstellung an. Sie habe in ihrer Darstellung eine Stunde repräsentiert und nicht eine halbe, weshalb sie die Frage der Interviewerin, bezogen auf ihre Darstellung, etwas zu irritieren scheint. Die Interviewerin präzisiert daraufhin ihre Frage und möchte wissen, wie viel Jakob in einer Stunde pflücken könne (Z. 70). Prompt antwortet Nahla richtig mit zwei Kilogramm (Z. 71). Damit wiederholt sie ihre bereits zu Beginn der zweiten Bauphase (vgl. Z. 17) gemachte, richtige Annahme, die ebenfalls in der Interaktion mit der Interviewerin aufgegriffen und entsprechend in der Darstellung als Umwandlung der zweiten Zweier-Reihe zu einer Vierer-Reihe angepasst wurde (vgl. Z. 31). Es kann angenommen werden, dass sich Nahla der richtigen Pflückmengen der beiden Kinder in einer Stunde zwar bereits für eine längere Zeit bewusst war, ihr es aber nicht gelungen ist, diese entsprechend in ihrer Darstellung zu visualisieren, bzw. machte sie diese Anpassung als Reaktion auf die durch das Zusammenschieben der mittleren und linken Teilstruktur (vgl. Z. 31) hervorgerufenen falsche Anzahl an Würfeln als Pflückmenge des Opas wieder rückgängig, ohne einen triftigen Grund nennen zu können (vgl. Z. 39).

Die nächste Frage der Interviewerin, wie Nahla die zwei Kilogramm von Jakob in ihrer Materialdarstellung sehe (Z. 72), zielt genau auf diese Unstimmigkeit in Nahlas Annahme der Pflückmenge der Kinder und der zugehörigen Visualisierung. Nahla betrachtet ihre Darstellung und zeigt durch wiederholte Äußerungen „hm, hm", dass sie überlegt. Ihr anschließendes lautes Einatmen lässt die Vermutung zu, dass Nahla zu einer neuen Erkenntnis gelangt ist. Sie äußert „Ich glaube ich hab eine Idee.". Sie könne die beiden Würfel an der rechten Rechtecksseite zu der zweiten Zweier-Reihe legen und diese so in eine Vierer-Reihe umwandeln (Z. 73). In ihrer Darstellung vollzieht Nahla eine Handlung des Umlegens, die zwar zu einer möglichen Umdeutung führen könnte, allerdings nicht weiter explizit ausgeführt wird. Die Interviewerin fragt deshalb nach, was ihre Darstellung nun bedeute (Z. 74). Eigentlich hat Nahla zwei ursprünglich dem Opa zugeordnete Kilogramm Kirschen umgelegt und diese dadurch und unter Berücksichtigung der zugeschriebenen Bedeutung der zuvor gelegten Würfel den beiden Kindern zugeordnet. Ihre rechte Teildarstellung lässt sich interpretieren, als pflückten Annika und Jakob gemeinsam vier Kilogramm Kirschen in einer Stunde. Der Opa muss alleine 18 Kilogramm Kirschen pflücken, die nun in einem Rechteck bestehend aus sechs Spalten mit je drei Würfeln angeordnet sind, ohne dass eine weitere, unvollständige Spalte daneben liegt. Möglicherweise hat die Anordnung in Spalten einen gewissen Anteil daran, dass Nahla die als unvollständig gelegte Spalte der übriggebliebenen zwei Würfel umlegt, womit das Material eine gewisse Suggestion aufweisen würde.

Um die Frage der Interviewerin zu beantwortet, überlegt Nahla zunächst (Z. 75). Anstatt sich jedoch anschließend auf die von der Interviewerin fokussierten Pflückmengen der Kinder zu beziehen und so das Umlegen der beiden Würfel zu erklären, stellt Nahla die Vermutung auf, das Ergebnis gefunden zu haben. Sie wendet sich dafür dem Rechteck zu und beginnt, jeweils zwei Spalten als eine Stunde zu zählen. Am Ende des Zählprozesses erklärt sie, der Opa müsse noch drei Stunden pflücken, und spielt erneut mit dem zweiten Spielwürfel, der augenscheinlich nach wie vor nicht als Bestandteil ihrer Darstellung zu betrachten ist. Mit der hier von Nahla vorgenommenen Deutung kann die zuvor aufgestellte Vermutung als bestätigt betrachtet werden. Sie hat zwar nicht jede einzelne Spalte als halbe Stunde gedeutet, allerdings zwei Spalten gemeinsam als eine Stunde. Es wird nach wie vor angenommen, dass sie die nun als Rechteck gelegten Würfel zusätzlich zu den Zeiteinheiten über ihre Anzahl als Pflückmenge versteht, die dabei dem Opa zugehörig ist. Ihre Schlussfolgerung, der Opa müsse noch drei Stunden pflücken, liefert ein weiteres Argument dafür, dass hierbei die unterschiedlichen Größen zusammengedacht werden.

Auffallend ist außerdem Nahlas Verwendung des Wortes ‚noch' in der Aussage „Der Opa muss drei Stunden noch pflücken" (Z. 75). In der Aufgabenstellung wird gefragt, wie lange der Opa noch alleine weiterpflücken müsse, um die vorgegebene Pflückmenge von 22 Kilogramm Kirschen zu erreichen, wobei Annika und Jakob nach einer Stunde spielen gehen. Annika, Jakob und der Opa pflücken folglich *eine* Stunde zu dritt, wie dies auch von Nahla in der ehemals mittleren Teilstruktur anhand von vier Würfeln visualisiert und erklärt wurde (vgl. Z. 5). Die inzwischen von Nahla als Rechteck gelegten Würfel wurden aufgrund von Nahlas Aufteilung der 22 Kilogramm auf die Kinder (zwei bzw. inzwischen vier Kilogramm) und den Opa bisher als gesamte Pflückmenge des Opas verstanden. Die Pflückmenge des Opas müsste entsprechend auf die beiden Zeitabschnitte ‚pflückt gemeinsam mit den Kindern' und ‚pflückt alleine weiter' unterteilt werden. Diese wichtige Unterscheidung nimmt Nahla hier jedoch nicht vor. Sie ordnet stattdessen die gesamte Pflückmenge des Opas seiner alleinigen Pflückzeit zu. Nach ihrem Verständnis müssten Annika und Jakob folglich eine Stunde ohne den Opa pflücken und der Opa beispielsweise anschließend drei Stunden alleine. Im Sinne der Aufgabenstellung jedoch pflücken die drei in der *ersten* Stunde gemeinsam und anschließend in den *weiteren Stunden* der Opa alleine. Die Ordinalzahlen, erste bzw. zweite und weitere Stunden, werden von Nahla allerdings bis zu diesem Zeitpunkt des Interviews nicht verwendet. Sie hat bisher immer von ‚einer' Stunde gesprochen bzw. hier von ‚noch drei Stunden'. Dadurch wird nahegelegt, dass Nahla die Gleichzeitigkeit des Pflückens aller drei Personen in der *ersten* Stunde in dieser Form nicht versteht, sondern ein anderes Zeitverständnis bzw. Verständnis des Ablaufs hat. Auch die Interviewerin ist auf diese sprachliche Auffälligkeit aufmerksam geworden und fragt explizit nach (Z. 76), was, wie Nahlas letzte Aussage ebenfalls, Bestandteil der nächsten Phase ist.

Ganzheitliche Analyse Phase 5
Am Ende der Phase 5.1 besteht Nahlas Materialdarstellung (vgl. Abb. 7.15) aus drei Teilstrukturen: (1) rechts unten etwas abseits zwei einzelne Würfel; (2) ein einzelner Würfel mit einer darunter positionierten Zweier-Reihe sowie einer darunter befindlichen Vierer-Reihe und (3) links ein Rechteck mit 18 Würfeln, die als sechs Spalten von je drei Würfeln angeordnet sind (und darunter ein Spielwürfel). Die beiden rechts unten positionierten Würfel der Teilstruktur (1) werden in der fünften Phase nicht direkt thematisiert, sie sind in der Gesamtdarstellung jedoch nach wie vor enthalten. Besonderes Augenmerk wird in dieser Phase 5 auf die rechte (2) und linke (3) Teilstruktur gelegt.

Abb. 7.15 Nahla Phase 5

Nach wie vor steht der obere, einzelne Würfel der rechten Darstellung (2) für eine Stunde, in der Annika und Jakob, symbolisiert als zwei darunter liegende Würfel, Kirschen pflücken. Die gemeinsame Pflückmenge der beiden Kinder wurde inzwischen dahingehend angepasst, dass sie nun nicht gemeinsam zwei Kilogramm Kirschen pflücken, sondern jeder, weshalb die dritte Reihe aus vier Würfeln für vier Kilogramm Kirschen besteht. Die einzelnen Würfel der rechten Teildarstellung stehen damit in Verbindung zueinander. Jeder Würfel wird für die Repräsentation einer einzelnen mathematisch relevanten Größe benutzt. Die Anzahlen eine Stunde, vier Kilogramm und zwei Kinder sind miteinander verknüpft und enthalten eine erste, zum richtigen Ergebnis beitragende Berechnung. Darüber hinaus steht deren Zwischenergebnis, vier Kilogramm der Kinder in einer Stunde, über die Gesamtpflückmenge in Beziehung zu der linken Teildarstellung. Die linksseitig positionierte Pflückmenge des Opas, als 18 Kilogramm im Rechteck gelegt, muss mit den vier Kilogramm der Kinder insgesamt 22 Kilogramm ergeben. Die Verbindung der beiden Teildarstellungen wird jedoch nur über ihre arithmetische Beziehung deutlich, es liegt keine besondere Anordnung der Würfelkonstellationen vor. Tatsächlich sind sie mit ihrer Darstellung als Rechteck und ihren drei Reihen in ihrem Erscheinungsbild äußerst verschieden. Auffällig ist auch, dass in der rechten Teilstruktur jedes mathematische Element eine eigene Repräsentation erhält, während Nahla bei dem Rechteck in der Lage ist, die Zeit anhand der Spalten abzulesen und demnach davon keine separate Repräsentation benötigt. Damit lassen sich die in der Darstellung enthaltenen beiden Teilstrukturen zwei verschiedenen Unterebenen zuordnen. Der rechte Teil fokussiert auf die mathematischen Elemente, von denen jedes eine eigene Repräsentation erhält. Sie stehen jedoch aufgrund der Zuordnung von einer Stunde und vier Kilogramm in Verbindung zueinander und sind darüber hinaus ebenfalls als Bestandteil der Gesamtpflückmenge arithmetisch mit der Pflückmenge des Opas verknüpft. Daher wird die rechte (2) Teilstruktur der Unterebene *arithmetische Verbindung mathematischer Elemente* der *Zahlen-und-Größen-Sicht* zugeordnet.

Die linke Teildarstellung (3) steht über die 18 Kilogramm Kirschen als 18 Würfel, die dem Opa zugeordnet werden, ebenfalls in arithmetischer Verbindung mit der rechten Teildarstellung. Dabei erhalten die unterschiedlichen Größen jedoch keine einzelnen Repräsentationen, sondern werden gemeinsam in dem Würfelrechteck als Gesamtpflückmenge des Opas betrachtet. An jeweils zwei Spalten kann abgelesen werden, dass dieser für sechs Kilogramm eine Stunde benötigt und entsprechend 18 Kilogramm in drei Stunden schafft (vgl. Z. 75). Die anfänglich von Nahla durch das Verschieben und Gruppieren ‚sichtbar' gemachte Deutung (vgl. z. B. Z. 19) wird nun auch in der Anordnung der Würfel als Rechteck bzw. als Spalten der Anzahl drei deutlich. Die Anpassung der Darstellung durch das Umlegen der zwei ‚übrig' bleibenden Würfel stützt ebenfalls diese Deutung, da nicht länger eine unvollständige Spalte mit weniger als drei (nämlich zwei) Würfeln vorliegt. Das zu erklärende *Zeichen* hat sich im Vergleich zum letzten epistemologischen Dreieck (vgl. Abb. 7.14) verändert, indem es intern zunehmend strukturierter wird. Es verhilft Nahla zu erkennen, dass der Opa drei Stunden pflücken müsse. (Ob dies seine Gesamtpflückdauer oder die alleinige Pflückzeit ist, wird in der nächsten Phase 6 thematisiert.)

Als erklärenden *Referenzkontext* (vgl. Abb. 7.16) nutzt Nahla die so in den Zeichenträger hineingelegte Anordnung, um anhand zweier Spalten Zuschreibungen von Zeitabschnitten vorzunehmen und sechs Spalten folglich als drei Stunden zu zählen. Im Zusammenhang mit der vorangegangenen Interaktion und dem Aufgabenkontext wird überdies ebenfalls die entsprechende Pflückmenge des Opas erkennbar. In einer Stunde, die mit zwei Spalten gezählt wird, schafft dieser sechs Kilogramm Kirschen, was an den jeweils drei Würfeln der beiden Spalten erkennbar ist. Damit nimmt Nahla eine proportionale Zuordnung vor, die die Mediation zwischen Zeichen und Referenzkontext *begrifflich* reguliert.

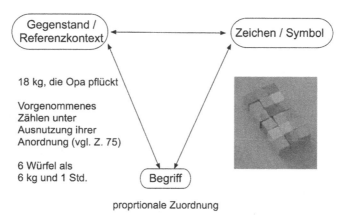

Abb. 7.16   Nahla Phase 5 – epistemologisches Dreieck

Nahla sieht die Würfelkonfiguration des Rechtecks folglich sowohl als Möglichkeit, die vom Opa zu pflückenden Kilogramm Kirschen darzustellen, als auch die entsprechende Pflückzeit anhand der Spalten abzulesen. Drei Würfel in einer solchen Spalte bedeuten folglich, dass Opa in einer halben Stunde drei Kilogramm schafft, bzw. sechs Würfel, dass er sechs Kilogramm in einer Stunde schafft (vgl. Z. 75). Das Mindestkriterium der *systemisch-relationalen Sicht*, mindestens einen Referenten in ein und derselben Zeichenträgerkonfiguration zu sehen, ist damit erfüllt. Zusätzlich liegt eine an der Oberfläche sichtbare Anordnung vor. Die zuvor ungeordneten Würfel, die als Dreier-Gruppierungen verschoben werden mussten, um Nahlas besondere Zählweise durchführen zu können, liegen nun zueinander als sechs Spalten von je drei Würfeln angeordnet. Damit wird diese Teilstruktur nicht länger der Unterebene *Zeichenträger ohne Wechselbezüge* zugeordnet. Die Spalten stellen eine abzulesende Zeiteinheit dar, während die in den Spalten platzierten Würfel die Pflückmenge anzeigt und die Kombination von Menge und Zeiteinheit Opas Pflückgeschwindigkeit (3 kg pro halber Stunde) bedeutet. Durch verschiedene Zählweisen kann so einerseits die Gesamtpflückzeit von drei Stunden abgelesen werden, indem die Spalten von links nach rechts in Halb-Stunden-Schritten gezählt werden. Andererseits können die Würfel ebenfalls anhand der Spalten in Dreier-Schritten gezählt werden und erlauben so die Ermittlung des in der gezählten Zeit gepflückten Gewichts an Kirschen. Diese Beziehung der Würfel zueinander ist von Nahla in die linke Teilstruktur hineingelegt, jedoch nicht in den anderen Bestandteilen der Darstellung enthalten. Zu der rechten Teilstruktur besteht zwar eine arithmetische Verknüpfung, allerdings sind die beiden Teilstrukturen nicht in einer übergreifenden, einheitlichen Form zueinander angeordnet. Die Teilstrukturen (2) und (3) wachsen nicht zu einer gemeinsamen Darstellung mit *umfassenden* Wechselbezügen zusammen. Die linke Teilstruktur als Bestandteil der Gesamtdarstellung muss deshalb aufgrund ihrer ‚internen' Beziehungen der Würfel zueinander der Unterebene *Zeichenträger mit partiellen Wechselbezügen* zugeordnet werden.

Zusammenfassend kann festgehalten werden, dass die drei verschiedenen Teilstrukturen unterschiedlichen Sichtweisen zugeordnet werden. Die Teilstruktur (1) bestehend aus den rechts unten etwas abseits positionierten beiden Würfeln. Sie beschreibt den Vorgang des Weggehens der beiden Kinder und wird anhand der vorherigen Phasen und dessen Analysen nach wie vor der *Alltagssicht* zugeordnet. In der nachfolgenden Tabelle ist sie jedoch nicht aufgeführt, da sie zwar in der Gesamtdarstellung enthalten sind, in der hier vorliegenden Phase 5 allerdings nicht thematisiert werden. Zeitgleich zu dieser alltäglichen Sichtweise besteht eine *arithmetische Verbindung mathematischer Elemente* zwischen den zueinander positionierten Würfeln der rechten Teilstruktur (2), die ebenfalls *arithmetisch* über die Gesamtpflückmenge mit der linken Teilstruktur (3) verknüpft sind. Zum einen führen die vorgenommenen interpretativen Rekonstruktionen der von Nahla produzierten semiotischen Bedeutungen der Zeichenträger dazu, diese beiden Aspekte – die rechte Teilstruktur als solche sowie die Verbindung der beiden Strukturen – der zweiten Unterebene der *Zahlen-und-Größen-Sicht* zuzuordnen. Daneben muss die linke Teilstruktur der Unterebene *Zeichenträger mit partiellen Wechselbezügen* der *systemisch-relationalen Sicht* zugewiesen werden, womit alle drei Sichtweisen zugleich in ein und derselben Gesamtdarstellung anzutreffen sind. Die Zusammenfassung von Nahlas rekonstruierten Sichtweisen der Phase 5 kann der nachfolgenden (Tab. 7.11) entnnommen werden.

Tab. 7.11 Zusammenfassung von Nahlas rekonstruierten Sichtweisen der Phase 5

Sichtweise		Nahla P5
Alltagssicht	Re-Konstruktion und Darstellung des Sachverhalts	
Erster Übergang		
Zahlen-und-Größen-Sicht	Darstellung mathematischer Elemente	
	Arithmetische Verbindung mathematischer Elemente	x
Zweiter Übergang		
Systemisch-relationale Sicht	Zeichenträger ohne Wechselbezüge	
	Zeichenträger mit lokalen Wechselbezügen	x
	Zeichenträger mit globalen Wechselbezügen	

Phase 6 (Z. 75–97): Nahlas Verständnis des zeitlichen Ablaufs

Die Phase 6 lässt sich in zwei Unterphasen einteilen: Nahlas Deutung des gemeinsamen bzw. getrennten Kirschenpflückens (6.1; Z. 75–85) und die Anpassung der Darstellung in einer vierten Bauphase (6.2; Z. 86–97). Im Anschluss an die Analyse der ersten Unterphase werden Möglichkeiten des bevorstehenden Umlegens aufgezeigt, um zur Sensibilisierung des Umgangs mit dem theoretischen Konstrukt beizutragen und eine gewisse Erwartungshaltung gegenüber Nahlas Vorgehen aufzubauen. Die tatsächliche Einordnung in das Theoriekonstrukt mit ganzheitlicher Analyse erfolgt erst nach detaillierter Betrachtung der zweiten Unterphase.

Phase 6.1 (Z. 75–85) Deutung gemeinsam/getrennt pflücken

75	N	(4 Sek.) **Ich glaube, ich hab das Ergebnis. Eine Stunde** [*zeigt auf die linken zwei Spalten des Würfel-Rechtecks*]**, zwei Stunden** [*zeigt auf die mittleren zwei Spalten*]**, drei Stunden** [*zeigt auf die rechten zwei Spalten*]**.** Der Opa muss drei Stunden noch pflücken [*spielt mit dem Spiel-Würfel*].
76	I	Noch oder insgesamt?
77	N	(..) Noch drei Stunden. Weil Annika und Jakob [*legt den Spiel-Würfel unter das Rechteck*] gehen ja [*macht eine Handbewegung von sich aus nach rechts*]. Insgesamt muss der Opa dann (.) vier Stunden pflücken.
78	I	Wenn der Opa vier Stunden pflückt, dann schafft er die vierundzwanzig Kilogramm Kirschen.

79	N	Ja, aber der muss ja nur der muss ja nur [*umfasst die achtzehn mittleren Würfel*] also nachdem Annika und Jakob gegangen sind [*zeigt auf die untersten zwei Würfel*] muss er noch drei Stunden pflücken.
80	I	Das heißt der pflückt mit Annika und Jakob mit oder wie ist das?
81	N	N- Ne also in der (.) ersten Stunde, da machen Annika und Jakob ja mit.
82	I	Mit dem Opa mit oder guckt der Opa zu?
83	N	Mit dem Opa- mit dem Opa mit.
84	I	Hmm. Ok. Ich sehe hier die erste Stunde [*berührt den obersten einzelnen Würfel*], ich sehe Annika und Jakob [*berührt die Zweier-Reihe*] und ich sehe was die pflücken [*berührt die Vierer-Reihe*]. Wo ist denn der Opa in der ersten Stunde?
85	N	(6 Sek.) In einer Stunde schaffen dann müssen müssen hier noch sechs weg [*hebt die rechten zwei Spalten der achtzehn Würfel an*] dann dann pflückt der noch zwei Stunden.

Die Interviewerin greift das von Nahla benannte Ergebnis, der Opa müsse noch drei Stunden pflücken (Z. 75), auf. Sie hinterfragt Nahlas Verständnis des zeitlichen Ablaufs, wobei sie Nahlas „noch" betonend wiederholt und einem fragenden „insgesamt" (Z. 76) gegenüberstellt. Bisher hat Nahla die links gelegenen Würfel, die inzwischen als Rechteck positioniert sind, als Gesamtpflückmenge des Opas gedeutet. Mit der Nennung des Ergebnisses in Zeile 75 findet jedoch augenscheinlich (unbewusst) eine Umdeutung dieser Gesamtpflückmenge in die Menge des Opas statt, die er *alleine* pflückt, nachdem Jakob und Annika gegangen sind. Deshalb möchte die Interviewerin wissen, wie Nahla diese 18 Würfel nun versteht: Sollen sie gedeutet werden als alleinige Pflückmenge des Opas, *nachdem* die Kinder gegangen sind und die er im Anschluss daran alleine weiterpflückt, oder als *gesamte* Pflückmenge des Opas, wobei er in der ersten Stunde mit Annika und Jakob mitpflückt und ab der zweiten Stunde alleine weiterpflückt. An einer zwei Sekunden andauernden Sprechpause wird deutlich, dass Nahla zunächst überlegt, bevor sie der Interviewerin antwortet, der Opa müsse *noch* drei Stunden pflücken, da Annika und Jakob ja gingen. Dabei macht sie eine Handbewegung in Richtung der unten rechts positionierten beiden Würfel. Nahla fährt fort, dass der Opa insgesamt dann vier Stunden pflücken müsse, wobei sie vor der Nennung der Anzahl eine erneute Sprechpause von einer Sekunde einlegt (Z. 77). Nahla selbst scheint sich recht sicher zu sein, wie die von ihr bestimmte Zeiteinheit der drei Stunden zu interpretieren ist: Die als Rechteck gelegten Würfel repräsentieren die Pflückmenge des Opas, die dieser nach dem Weggehen der Kinder *noch* pflücken muss. Schlussfolgernd müsse der Opa also *noch* drei Stunden alleine, *insgesamt* aber vier

Stunden pflücken. Damit vernachlässigt Nahla das in der Aufgabenstellung vorgegebene Gewicht von 22 Kilogramm Kirschen, was insgesamt von allen drei Beteiligten gepflückt werden soll. Dies merkt die Interviewerin ebenfalls an, indem sie provokativ feststellt, dass der Opa in vier Stunden 24 Kilogramm Kirschen pflücken würde (Z. 78). Provokativ ist die Aussage deshalb, weil sie aufzeigt, dass der Opa in vier Stunden alleine bereits mehr pflücken würde, als die Aufgabenstellung insgesamt für alle drei Personen vorsieht.

Nahla verbleibt bei ihrer bisherigen Deutung, der Opa müsse drei Stunden pflücken, nachdem Annika und Jakob gegangen sind (Z. 79). Ihr scheint bis zu diesem Moment der zeitliche Ablauf vom gleichzeitigen Pflücken in der ersten Stunde und alleinigen Weiterpflücken des Opas in den nachfolgenden Stunden nicht zugänglich zu sein. Die Interviewerin versucht deshalb mit einer erneuten Nachfrage, Nahlas zeitliches Verständnis des Pflückvorgangs nachzuvollziehen, indem sie fragt, ob der Opa mit Annika und Jakob mitpflücke – oder wie die Situation zu verstehen sei (Z. 80). Erstmalig bezieht Nahla in ihrer Antwort die zeitliche Abfolge der Stunden ein als *erste Stunde*, in der Annika und Jakob mitpflücken würden (Z. 81). Die Interviewerin möchte sicher gehen und fragt, ob dies bedeute, dass sie mit dem Opa mitpflückten oder dieser nur zuschaue, wobei sie das Wort „mit" gleich zweimal nennt und jeweils betont (Z. 82). Nahla präzisiert, dass Annika und Jakob mit dem Opa mitpflücken würden (Z. 83). Nachdem Nahla damit ihre Ansicht des zeitlichen Ablaufs verdeutlicht hat, wechselt die Interviewerin zu der Würfeldarstellung. Da die drei Personen in der ersten Stunde laut Nahla gemeinsam pflücken, sollte dies ebenfalls in der Visualisierung erkennbar sein. Die Interviewerin schildert dazu, was sie sieht und nicht sieht: Der von Nahla bisher immer nur als „eine Stunde" benannte obere, einzelne Würfel der rechten Teildarstellung wird von der Interviewerin als Folge der vorangegangenen Interaktion mit Nahla (vgl. insbesondere Z. 81) und ihrer präzisierten Erklärung des zeitlichen Ablaufs zur „ersten Stunde" umgedeutet (Z. 84). Neben dieser ersten Stunde sieht die Interviewerin in der Zweier-Reihe die beiden Personen Annika und Jakob und darunter als Vierer-Reihe die Pflückmenge der beiden Kinder, was zuvor von Nahla in dieser Form gedeutet und im Wortlaut mitgeteilt wurde. Die Interviewerin gibt mit ihrer nachfolgenden Frage einen Denkanstoß: Die beiden Kinder und deren Pflückmengen der ersten Stunde sind repräsentiert, jedoch fehlt der Opa. Wo sei dieser in der ersten Stunde (Z. 84)?

Nach einer sechs Sekunden andauernden Pause gelangt Nahla zu der Erkenntnis, dass sechs Würfel in Form der rechten beiden Spalten der links als Rechteck positionierten Würfel ‚weg müssen' und der Opa dann noch zwei Stunden pflücke (Z. 85). Die Fragen der Interviewerin führen zur Intention Nahlas, etwas ‚wegnehmen' bzw. umlegen und entsprechend auch umdeuten zu wollen. Die fünfte und sechste Spalte des Rechtecks werden von ihr angehoben und müssen weggenommen werden. Man kann begründet vermuten, dass Nahla die hochgehobenen Würfel nicht aus ihrer gesamten Darstellung entfernen möchte, sondern diese als erste Stunde umdeutet, in der der Opa sechs Kilogramm Kirschen pflückt, und sie deshalb in irgendeiner Weise zu der ersten Stunde, in der die Kinder Kirschen pflücken, umgelegt werden müssen. Entsprechend werden die übrig bleibenden vier Spalten als zwei Stunden interpretiert, die der Opa dann noch (alleine) weiterpflückt.

Nahla hält weiterhin die sechs angehobenen Würfel in ihrer Hand. Sie platziert sie folglich noch nicht an anderer Stelle, allerdings ist zu erwarten, dass sie diese in irgendeiner Form zu der rechten Teildarstellung legen wird, um ihre Zugehörigkeit als Pflückmenge der ersten Stunde gemeinsam mit den Kindern kenntlich zu machen. Spannend ist, wie dieses Umlegen genau geschehen wird, da hier unterschiedliche Darstellungsweisen aufeinandertreffen. Die sechs Würfel in ihrer Hand repräsentieren zugleich sechs Kilogramm Kirschen, die der Opa pflückt, und die Zeiteinheit von einer Stunde. Sie sind somit Bestandteil einer *systemisch-relationalen* Deutung, weil mehr als ein Referent mit ein und derselben Zeichenträgerkonfiguration dargestellt wird. Die Referenten der rechten Teildarstellung hingegen erhalten jeder gesondert einen eigenen Zeichenträger. Die Stunde wird als einzelner Würfel repräsentiert, die beiden Kinder durch zwei nebeneinander gelegte Würfel und die vier Kilogramm als Vierer-Reihe darunter, wobei *arithmetische Verbindungen* vorliegen. Nahlas Umdeutung zur *ersten* Stunde, in der alle drei gemeinsam pflücken, scheint dementsprechend eine Art Umstrukturierung zumindest einer Teildarstellung einzuleiten, da eine direkte Übertragung der Würfel von einer Teilstruktur in die andere aufgrund ihrer Unterschiedlichkeit so nicht möglich ist, um eine gewisse innere Konsistenz innerhalb dieser Teilstrukturen zu wahren.

Denkbar wäre, dass Nahla die sechs Würfel aus ihrer Hand neben der Viererreihe positioniert, sodass das gepflückte Gewicht an Kirschen beieinander liegt, und noch einen Würfel in die Zweier-Reihe legt, um Opa als Person neben Annika und Jakob zu symbolisieren. Der obere einzelne Würfel würde so als eine bzw. erste Stunde interpretiert, in der drei Personen pflücken. Diese Deutung und Veränderung wird durch Nahlas ehemals mittig positionierter Teilstruktur nahegelegt. Sie hat sie als Memo dafür benutzt, dass Opa, Annika und Jakob in einer Stunde gemeinsam pflücken. Darunter erfolgen dann zusätzlich auf der einen Seite die Pflückmengen der Kinder als Vierreihe und daneben die Pflückmenge des Opas als Rechteck mit zwei Spalten von je drei Würfeln analog zur linken Teilstruktur, nur dass hier der Opa und die Zeit als Größen separat präsentiert werden. Mit diesen Veränderungen würde die rechte Teilstruktur nach wie vor der *arithmetischen Verbindung mathematischer Elemente* der *Zahlen-und-Größen-Sicht* zugeordnet werden.

Denkbar wäre jedoch auch eine Anpassung in die andere Richtung. Die Teilstruktur, die aus der *Zahlen-und-Größßen-Sicht* gedeutet wird, könnte so verändert werden, dass eine *systemisch-relationale* Deutung möglich wird. Dafür könnte Nahla die durch vier Würfel repräsentierte Pflückmenge der Kinder zu einem Quadrat legen und dieses analog zum Rechteck interpretieren. Die erste Spalte würde so gleichsam eine halbe Stunde wie auch zwei Kilogramm Kirschen von Annika und Jakob symbolisieren, mit der zweiten Spalte zusammen eine Stunde und vier Kilogramm. Mit dieser Interpretation würden die Würfel der Zweier-Reihe sowie der einzelne Würfel überflüssig und könnten entfernt werden. Ob Nahla eines dieser beiden hier beschriebenen Vorgehen wählt, wird sich bei der näheren Betrachtung des weiteren Interaktionsverlaufs zeigen. Bisher können lediglich interessant erscheinende Vermutungen angestellt werden, um eine differenziertere Sicht auf die nachfolgend von Nahla vorgenommenen Veränderungen einzunehmen, sodass die Tragweite für den Umgang mit dem und für die Einordnung in das Theoriekonstrukt besser nachvollziehbar wird. Die neue Unterphase wird durch die Interviewerin eingeleitet, die Nahla dazu auffordert, dieses ‚Wegmachen' durchzuführen, welches die Möglichkeit einer neuen Einordnung in das Theoriekonstrukt erlauben könnte.

Phase 6.2 (Z. 86–97) Anpassung der Darstellung als vierte Bauphase

86	I	Kannst du mit den Sechs mal irgendwie was damit machen, wenn du meinst, die müssen weg?
87	N	Ja also dann sind sechs Kilo [*legt die sechs Würfel an den oberen Tischrand*] und das ist jetzt nochmal der Opa [*legt einen weiteren Würfel mit Abstand rechts daneben*]. Das schafft der in einer Stunde [*berührt noch den gerade gelegten Würfel*]. Oh ne dann mache ich das besser so [*legt den Würfel von rechts mit Abstand unter das 2 × 3-Rechteck, legt einen weiteren Würfel rechts daneben*]. Eine Stunde [*zeigt auf den einzelnen Würfel rechts*] schafft der Opa [*deutet mit der Hand Richtung 2 × 3-Rechteck und unteren einzelnen Würfel*] sechs Kilo [*deutet erneut darauf*].
88	I	Und Jakob und Annika schaffen vier Kilo [*deutet auf die Vierer-Reihe*]?
89	N	Ja und ehm der Opa [*hebt den Spiel-Würfel unter dem 4 × 3-Rechteck kurz hoch*] muss noch zwei Stunden den Rest pflücken [*umfasst das 4 × 3-Rechteck*].
90	I	Woran siehst du die zwei Stunden?

91	N	Ehm weil der ja- in einer halben Stunde schafft der ja drei Kilo [*hebt die linke Spalte des 4 × 3-Rechtecks an und zeigt darauf*] und dann hier einfach so drei [*zeigt auf die erste Spalte von links*], sechs [*zeigt auf die zweite Spalte*] [*zeigt auf die dritte Spalte*] ne. Ehm dann immer so eine halbe Stunde [*zeigt auf die erste Spalte von links*], eine Stunde [*zeigt auf die zweite Spalte*], eine halbe Stunde- eh eine Stunde und dreißig [*zeigt auf die dritte Spalte*] und zwei Stunden [*legt die Hand rechts neben das gesamte 4 × 3-Rechteck*].
92	I	Hmhm.
93	N	Ja.
94	I	Das heißt, ähm du siehst hier in den Würfeln, dass der drei Kilo Kirschen pflückt in einer halben Stunde [*berührt die erste Spalte*].
95	N	Ja.
96	I	Das sagen dir diese drei Würfel [*hält Hand weiterhin über die erste Spalte und tippt darauf*]?
97	N	Ja, **weil es könnte man ja auch immer au, aua** [*stößt sich den Ellenbogen am Tisch*] **anhand** [*nimmt den einzelnen Würfel rechts neben dem 2 × 3-Rechteck*] **also das könnte man auch hier dran** [*zeigt abwechselnd auf das 2 × 3-Rechteck und den rechten Würfel*] **herausfinden.**

Zu Beginn der Phase hält Nahla sechs Würfel der linken Teildarstellung in der Hand. Diese hat sie zuvor als die zwei rechten Spalten des Rechtecks mit dem Kommentar angehoben, dass diese weg müssten und der Opa dann noch zwei Stunden pflücke (vgl. Z. 85). Die Interviewerin ist gespannt, wie Nahla mögliche Veränderungen an ihrer bisherigen Darstellung vornimmt, um diese Aktion des ‚Wegmachens' auszuführen. Ihre an Nahla gerichtete Aufforderung (Z. 86) erscheint offen und passt sich Nahlas Wortwahl an, um keine bestimmten Handlungen nahezulegen und mögliche Einflüsse auf Nahlas Deutung und Umbau gering zu halten. Nach der Anforderung der Interviewerin, die von Nahla verbal markierte Umdeutung mit den Würfeln zu visualisieren, beginnt Nahla mit der Positionierung der sechs Würfel in ihrer Hand die nächste Bauphase und damit die Veränderung der bisherigen Darstellung.

Während sie die sechs Würfel in ihrer Hand an den oberen Tischrand legt, benennt sie diese zunächst als „sechs Kilo" (Z. 87), womit Nahla eine eindeutige Zuschreibung der Würfel über ihre Anzahl vornimmt. Es ist davon auszugehen, dass diese sechs Kilogramm weiterhin auch als eine Stunde betrachtet werden, in welcher der Opa diese pflückt. Auffällig ist, dass Nahla die sechs Würfel nicht, wie vermutet, zur rechten Teilstruktur legt und so beispielsweise eine Verbindung zwischen den Kindern und Opa über deren gemeinsames Pflücken in der ersten Stunde herstellt.

Stattdessen positioniert sie die Würfel abseits ihrer bisherigen Darstellungen als neue Teilstruktur.

Nahla legt rechts neben das aus zwei Spalten zu je drei Würfeln bestehende Rechteck einen weiteren Würfel, der „nochmal der Opa" sein soll. Die Verwendung des Wortes „nochmal" ist hier verwunderlich. Zum jetzigen Zeitpunkt der Darstellung existiert kein Würfel, den sie in dieser Form bereits als Opa bezeichnet hätte. Das erneute Legen des Opas kann sich folglich nur entweder auf die zuvor bestehende, mittig gelegene Teilstruktur mit dem einzelnen Würfel als eine Stunde und darunter den drei Würfen als jeweilige Personen beziehen oder wird von Nahla explizit mit den sechs Kilogramm, die in einer Stunde gepflückt werden, mitgedacht. Zuvor wurde angenommen, dass sie den Opa zwar mit dem (größeren) Rechteck verknüpft sieht, jedoch dies nur aufgrund seiner Zugehörigkeit zur vorgegebenen Pflückmenge von drei Kilogramm in einer halben Stunde. Es scheint in dieser Deutung, als seien die sechs gelegten Würfel neben der Menge und Zeit somit ebenfalls als Opa zu betrachten. Diese Deutung wird nahegelegt, da Nahla bereits mit dem nächsten Satz eine Umdeutung des eben gelegten Würfels zu einer Stunde vornimmt, indem sie den Würfel weiterhin festhält und das Zahlwort betont. Diese Betonung rührt vermutlich daher, dass sie das eben gelegte Rechteck und die damit symbolisierte Pflückmenge von sechs Kilogramm explizit von ihrem ersten Rechteck trennen möchte, um ihr neues Verständnis des zeitlichen Verlaufs zu veranschaulichen. Die kurzfristig vorgenommene Umdeutung führt augenscheinlich zu einer neuen Idee. Nahla findet es besser, den rechts neben das kleinere Rechteck positionierten Würfel mit Abstand unterhalb des Rechtecks zu legen. Anschließend legt sie einen neuen Würfel an dessen ursprüngliche Position. Nahla benennt daraufhin in einem komplexen Zusammenspiel aus Sprache und Gestik die Bedeutung der einzelnen Würfel, indem sie bei ihrer Erklärung auf die jeweils genannten Würfel zeigt. Nahla sagt, „Eine Stunde schafft der Opa sechs Kilo" (Z. 87). Durch entsprechende Zeigegesten wird nahegelegt, dass sie den einzelnen rechten Würfel als eine Stunde und den unter dem Rechteck liegenden als Opa sieht. Während der Nennung des Opas führt Nahla jedoch zusätzlich ihre Hand über das kleinere Rechteck und bewegt sie etwas nach unten, womit sie diesen wohl ebenfalls in den sechs Würfeln repräsentiert sieht. Diese sechs Würfel seien sechs Kilo, wie ein wiederholtes Hinabführen der Hand über dem kleinen Rechteck vermuten lässt. Folglich scheint Nahla sowohl den Opa als auch die Zeiteinheit in gleich doppelter Weise repräsentiert zu sehen: einmal im Rechteck und einmal in den jeweiligen einzelnen Würfeln. Die Pflückmenge hingegen sieht Nahla ausschließlich in den sechs Würfeln des Rechtecks.

Nach dieser von Nahla vorgenommenen Erklärung ihrer neu gelegten oberen Teilstruktur erkundigt sich die Interviewerin nach der Gesamtpflückmenge der Kinder als vier Kilogramm Kirschen (Z. 88). Diese werden zeitgleich zu der von Nahla benannten Stunde und sechs Kilogramm des Opas gepflückt, was allerdings hier wohl mitgedacht, aber nicht ausgesprochen wird. Es kann der Interviewerin unterstellt werden, dass sie mit ihrer Frage gedanklich die obere und rechte Teilstruktur über das zeitgleiche Pflücken von einer Stunde miteinander verknüpft. Nahla bestätigt die vier Kilogramm der Kinder und ergänzt, dass der Opa anschließend „noch zwei Stunden den Rest pflücken" müsse (Z. 89). Diese Rekonstruktion kann nur vorgenommen werden, wenn Nahla die eine Stunde des Opas mit der einen Stunde der Kinder als zeitgleich in Verbindung bringt. Der ‚Rest' bezieht sich auf das übrige Gewicht an Kirschen, was die drei Personen bisher nicht innerhalb dieser einen Stunde gepflückt haben und was Nahla im linken größeren Rechteck symbolisiert sieht, wie es ihr Umfassen dieses Rechtecks nahelegt. Während ihrer Aussage „der Opa" hebt sie zudem den zweiten Spielwürfel unterhalb des Rechtecks an. Sie deutet den Spielwürfel hier eindeutig als Bestandteil ihrer Darstellung. Zuvor wurde dieser lediglich mit der unsicheren Vermutung, dass dieser der Opa sei (vgl. Z. 37), als Reaktion auf die Nachfrage der Interviewerin (vgl. Z. 36) gedeutet bzw. hatte keinerlei Bedeutung im Sinne eines Beitrags zur Aufgabenbearbeitung. Aufgrund der veränderten Formulierung und expliziten Geste des Anhebens wird dessen Referenz hier festgelegt. Wie auch beim ersten Spielwürfel wird der zweite Würfel spontan aufgrund dessen Vorhandensein auf dem Tisch mitgedeutet. Es zeigt sich, dass solche als unwichtig erscheinenden Handlungen, wie das Spielen mit dem Material und dessen unachtsames Ablegen zu einem (eher) unbewussten Einbezug des dafür benutzen Materials führen kann, was die Deutung und Ausgestaltung der Darstellung zur Aufgabenbearbeitung beeinflusst.

Nach Nahlas erstmaliger Nennung des richtigen Ergebnisses, der Opa müsse noch zwei Stunden weiterpflücken, möchte die Interviewerin wissen, wie Nahla diese zwei Stunden in ihrem Material sähe (Z. 90). Nahla wendet sich für ihre Erklärung dem linken Rechteck bestehend aus vier Spalten zu je drei Würfeln zu (Z. 91). In einer halben Stunde schaffe der Opa drei Kilogramm, wobei sie die linke Spalte anhebt. Auch wenn sie den Opa als einzelnen Würfel unterhalb des Rechtecks positioniert hat, steht die im Rechteck liegende Pflückmenge nach wie vor zu diesem in Beziehung. Zudem sieht sie jede Spalte gleichzeitig als drei Kilogramm und einer halben Stunde. Dies wird nicht nur anhand ihrer Aussage, der Opa schaffe drei Kilogramm in einer halben Stunde, und der damit verbundenen Handlung des Anhebens deutlich, sondern ebenfalls durch ihre nachfolgende besondere Zählweise. Zunächst benennt sie erneut die linke Spalte als „drei", die rechts daneben als „sechs". Anschließend berührt sie ohne weiteren Kommentar die dritte Spalte von links, wodurch Nahla eine Fortführung ihrer Zählweise der weiteren Spalten in Dreier-Schritten andeutet. Die Würfel des Rechtecks können in einer ersten Variante als Kilogramm Kirschen gezählt werden, womit sie bei Vollendung des Vorgangs bei 12 Kilogramm anlangen würde. Die in der Aufgabenstellung enthaltene Frage bezieht sich allerdings auf die Dauer der alleinigen Pflückzeit des Opas. Diese kann Nahla ebenfalls an demselben Rechteck ablesen. Dafür zählt sie die zuvor als Kilogramm beschriebenen Spalten erneut, dieses Mal jedoch in halb-Stunden-Schritten bis sie bei vier Spalten, entsprechend bei zwei Stunden, anlangt. Nahla liest somit (mindestens) zwei verschiedene Referenten – Gewicht und Zeit – anhand ein und derselben Zeichenträgerkonfiguration ab.

Die Interviewerin drückt ihr Verstehen aus (Z. 92). Sie formuliert die Feststellung, Nahla sehe in den Würfeln, „dass der drei Kilo Kirschen pflückt in einer halben Stunde" und berührt dabei die Würfel innerhalb der linken Spalte des größeren Rechtecks (Z. 94). Nahla stimmt sowohl dieser Aussage (Z. 93) als auch der erneuten Nachfrage bezüglich dieser expliziten drei Würfel zu (Z. 96 f). Die Sichtweise der Würfel als sowohl Gewicht und Zeiteinheit wird hier noch einmal verbal bestätigt. Mit ihrer fortsetzenden Erklärung zeigt Nahla noch eine weitere Möglichkeit auf, wie sie erkennen könne, dass der Opa in einer halben Stunde drei Kilogramm pflücke, was allerdings die nächste Phase einleitet.

Ganzheitliche Analyse Phase 6
In diesem Ausschnitt wird der linken Teilstruktur ein hohes Maß an Aufmerksamkeit gewidmet, da diese innerhalb eines Umlegeprozesses Umwandlungen und Umdeutungen erfährt. Die beiden rechten Spalten des Rechtecks werden von Nahla an den oberen Tischrand verschoben und neu gedeutet. Diese verschobenen Würfel werden nicht länger als sechs Kilogramm verstanden, die der Opa in einer Stunde *alleine* pflückt. Stattdessen stehen sie in Verbindung mit der Stunde, in der Annika und Jakob ebenfalls Kirschen pflücken. Diese Verbindung wird nun nicht von der Legweise der Würfel nahegelegt oder durch Nahla explizit genannt. Sie muss allerdings bestehen, da Nahla zu dem Ergebnis kommt, dass der Opa „noch zwei Stunden den Rest pflücken" (Z. 89) müsse. Über den Opa und aufgrund der Entstehung der neuen Teildarstellung ist diese neue Teildarstellung überdies über die Gesamtpflückmenge sowohl mit der rechten als auch mit der linken Teilstruktur arithmetisch verknüpft. Damit weist sie Merkmale der *Zahlen-und-Größen-Sicht* auf.

Auch die von Nahla gewählten Referenten weisen Eigenschaften dieser Sichtweise auf. In Nahlas neuer Teilstruktur erhält jeder Referent in vergleichbarer Weise zur rechten Teilstruktur einen eigenen Zeichenträger. Sowohl die einzelne Stunde ist durch einen eigenen Würfel repräsentiert wie auch der Opa. Damit liegt die Zeiteinheit von einer Stunde rechts neben dem Rechteck und der Opa darunter. In der rechten Teilstruktur sind die Positionen der Würfel insofern anders gewählt, als dass die entsprechenden Würfel für Zeit, Personen und Pflückmengen in Reihen untereinander positioniert sind. Nahla übernimmt somit die Repräsentation jeder einzelnen mathematischen Größe, jedoch wählt sie eine andere Anordnung der Würfel für die Darstellung der mathematischen Größen zueinander. Es ist nun naheliegend, die neu gelegte Teilstruktur, wie die rechte, der Unterebene *arithmetische Verbindung* der *Zahlen-und-Größen-Sicht* zuzuordnen. Allerdings scheint Nahla sowohl den Opa als auch die Pflückzeit in gleich doppelter Weise symbolisiert zu haben. Einerseits in den einzeln gelegten Würfeln, aber ebenfalls anhand der Spalten des Rechtecks, was höchst interessant ist. Sie legt die Referenz *eine Stunde* als separaten Würfel neben das Rechteck, dass sie als sechs Kilogramm Kirschen sieht, kann aber gleichzeitig über dessen Spalten und jeweiligen drei Würfeln die Zeit in Halb-Stunden-Schritten ablesen. Außerdem wird durch Nahlas Äußerung nahegelegt, dass sie das Rechteck ebenfalls dem Opa zuordnet, wie es die Zeigegesten sowohl auf den rechten einzelnen Würfel als auch auf das Rechteck zur Begleitung des verbalen Ausdrucks „Opa" unterstützen. Die Teildarstellung erhält somit die Besonderheit, dass mehrere Zeichenträger für denselben Referenten gewählt werden. Dabei wird allerdings gleichzeitig das Mindest-Kriterium, einem Zeichenträger (hier: des Rechtecks) mehr als einen Referenten zuzuschreiben, der *systemisch-relationalen Sicht* erfüllt.

Nahlas Deutung dieses kleineren Rechtecks muss folglich der *systemisch-relationalen Sicht* zugeordnet werden, genauer gesagt, ihrer zweiten Unterebene *Zeichenträger mit partiellen Wechselbezügen*. Die sechs Würfel sind in einer bestimmten Weise zueinander angeordnet, nämlich als Spalten von je drei Würfeln. Daraus ergibt sich die Möglichkeit, eine Verbindung zwischen der Anzahl drei (als Kilogramm Kirschen gedeutet) und der Anzahl der Spalten (als je halbe Stunde gedeutet) vorzunehmen. Die gewählte Anordnung betrifft allerdings lediglich dieses (und das linke) Rechteck, die übrigen Teildarstellungen sind nach wie vor getrennt voneinander mit unterschiedlichen Strukturen angeordnet, sodass nicht von umfassenden Wechselbezügen die Rede sein kann.

Auch die linke Teildarstellung hat in der hier thematisierten Interaktion eine kleine Veränderung erfahren. Nach wie vor deutet Nahla die Spalten als halbe Stunden und die drei darin befindlichen Würfel als drei Kilogramm, die der Opa in der entsprechenden Zeit (hier: 2 Stunden) pflückt. Während der Opa zuvor eher indirekt mit dem Rechteck mitgedacht wurde, wählt Nahla nun für ihn eine separate Repräsentation. Möglicherweise resultiert diese Zuweisung aus dem zufällig unterhalb des größeren Rechtecks platzierten zweiten Spielwürfel. Trotz dieses Hinzufügens eines Zeichenträgers, dem ein einzelner Referent zugeschrieben wird, wird die linke Teildarstellung jedoch aufgrund von Nahlas besonderer Zählweise weiterhin als

Beispiel der *systemisch-relationalen Sicht*, genauer *Zeichenträger mit partiellen Wechselbezügen* betrachtet.

Nach wie vor symbolisiert Nahla die beiden weggehenden Kinder als zwei Würfel in der rechten, unteren Teildarstellung (vgl. Z. 79). Die darüber positionierten Würfel erhalten jeweils einen eigenen Referenten als Zeit, Person bzw. Gewicht und stehen in arithmetischer Verbindung zueinander (vgl. Z. 84) und zu den weiteren Würfeln der linken Teilstruktur über das zu pflückende Gesamtgewicht (vgl. Z. 78, 89). Die entsprechenden Zuordnungen zur *Alltagssicht* und der Unterebene *arithmetische Verbindung mathematischer Elemente* der *Zahlen-und-Größen-Sicht* sind aus den Analysen der vorangegangenen Interaktion bereits bekannt und auch nach wie vor im hier interpretierten Transkriptausschnitt gültig. Zusätzlich weist die neu hinzukommende Teilstruktur ebenfalls Merkmale dieser Sichtweise auf. Allerdings ist es für Nahla trotz der separaten Repräsentation der verschiedenen Größen möglich, nach wie vor mehrere Referenten in das (kleinere) Rechteck hineinzusehen. Zudem prägt ihre Anordnung die Deutung der Zeichenträger, sodass anhand der Anzahl der Spalten die Zeit und den Würfeln innerhalb der Spalten das entsprechende damit in Verbindung stehende Gewicht abgelesen werden können. Die neue Teilstruktur (kleineres Rechteck) wird ebenso wie die linke Teilstruktur (größeres Rechteck) der Unterebene *Zeichenträger mit partiellen Wechselbezügen* der *systemisch-relationalen Sicht* zugeordnet.

Es kann gemäß den interpretativen Rekonstruktionen begründet konstatiert werden, dass die einzelnen Teilstrukturen der von Nahla gelegten und gedeuteten Würfeldarstellung mit den daran vorgenommenen Handlungen gleichzeitig als Beispiele für mehrere verschiedene Sichtweisen dienen können. Folglich ist es möglich, sowohl einzelne Deutungen einer Zeichenträgerkonstellation in das theoretische Konstrukt einzuordnen als auch eine gesamte Darstellung als solche. Für die hier von Nahla konstruierte Gesamtrepräsentation kann die *Zahlen-und-Größen-Sicht* mit *arithmetischen Verbindungen* unterstellt werden, die insgesamt überwiegt. Nahla symbolisiert zwar das alltägliche Element des Weggehens der Kinder, allerdings kann diesem im mathematischen Sinne eine Bedeutung als ‚nicht zur Verfügung stehend' zugesprochen werden, die durchaus für die Aufgabenbearbeitung relevant ist, auch wenn es der eigentliche Vorgang des Weggehens nicht ist. Zudem ist Nahla auch in der Lage, eine systemisch-relationale Sicht auf die Rechtecksanordnungen einzunehmen, jedoch entscheidet sie sich dafür, die darin abzulesenden Referenten zusätzlich mit weiteren Würfeln zu repräsentieren, sodass das Merkmal ‚jeder Referent erhält einen eigenen Zeichenträger' zutrifft und das Mindest-Kriterium der systemisch-relationalen Sicht – streng genommen – nicht länger zutrifft. Die Zusammenfassung von Nahlas rekonstruierten Sichtweisen der Phase 6 kann der nachfolgenden (Tab. 7.12) entnommen werden.

Tab. 7.12   Zusammenfassung von Nahlas rekonstruierten Sichtweisen der Phase 6

Sichtweise		Nahla P6
Alltagssicht	Re-Konstruktion und Darstellung des Sachverhalts	x
Erster Übergang		
Zahlen-und-Größen-Sicht	Darstellung mathematischer Elemente	
	Arithmetische Verbindung mathematischer Elemente	x
Zweiter Übergang		
Systemisch-relationale Sicht	Zeichenträger ohne Wechselbezüge	
	Zeichenträger mit lokalen Wechselbezügen	x
	Zeichenträger mit globalen Wechselbezügen	

Phase 7 (Z. 97–112): Fertigstellung der Darstellung
Die Phase 7 ließe sich begründet in die zwei folgenden Unterphasen einteilen:
Veränderung der mittleren und linken Teildarstellung (97–108) und Beendigung
der aktuellen Arbeitsphase (109–112). Es wird jedoch darauf verzichtet, sie getrennt
voneinander zu analysieren, da insbesondere die zweite Unterphase als Abschluss
der ausgewählten Szene keine näher zu betrachtenden symbolischen Deutungen
Nahlas enthält.

**Phase 7.1 (Z. 97–108) Veränderung der mittleren und linken Teildarstellung
und**
Phase 7.2 (Z. 109–112) Beendigung der aktuellen Arbeitsphase

| 97 | N | **Ja**, weil es könnte man ja auch immer au, aua [*stößt sich den Ellenbogen am Tisch*] anhand [*nimmt den einzelnen Würfel rechts neben dem 2 × 3-Rechteck*] also das könnte man auch hier dran [*zeigt abwechselnd auf das 2 × 3-Rechteck und den rechten Würfel*] herausfinden. | |
| 98 | I | Wie? | |

99	N	Weil hier ist ja eine Stunde [*nimmt den rechten einzelnen Würfel*]. Obwohl ich könnte das ja vielleicht besser auch so wie da machen [*zeigt nach rechts Richtung einzelnen Würfel, Zweier-Reihe und Vierer-Reihe*], dass hier oben die eine Stunde ist [*legt den Würfel rechts vom 2 × 3-Rechteck über selbiges*] [*schiebt das 2 × 3-Rechteck runter*], dann kommt der Opa [*legt den ehemals unter dem 2 × 3-Rechteck liegenden Würfel unter den anderen einzelnen*] und dann kommen die sechs Kilo [*legt das 2 × 3-Rechteck unter die zwei einzelnen Würfel*]. Vielleicht dann erkennt man das dann ein bisschen besser [*sortiert Würfel*]. Ich hab das da jetzt etwas anders gemacht [*sortiert Würfel*]. So.
100	I	Hmhm. (4 Sek.) Ich finds interessant, dass du hier die Stunden noch hingelegt hast. Hier [*berührt den linken obersten Würfel*] #und hier [*berührt den rechten obersten Würfel*].
101	N	#Hmhm.
102	N	Das war auch die Stunde.
103	I	Ja, aber hier hast du gar keine Stunden hingelegt [*zeigt auf das 4 × 3-Rechteck mit einzelnem Würfel darunter*]. Hier sagst du, du siehst das hier die zwei Stunden [*hält die Hand über das 4 × 3-Rechteck*]. Hier ist die eine Stunde [*schiebt die erste und zweite Spalte nach links*] #und hier die zweite [*berührt die dritte und vierte Spalte und schiebt sie anschließend auch nach links*].
104	N	Ja man könnte das natürlich auch noch hier zwei Stunden hinlegen [*legt zwei neue Würfel mit Abstand nebeneinander über das 4 × 3-Rechteck*].
105	I	Könnte man. Kann man die auch weglassen?
106	N	Ja kann man auch also kann man da [*zeigt nach oben Richtung des 2 × 3-Rechtecks*] und da auch [*zeigt nach rechts Richtung der Reihen*], aber (.) #vielleicht ein bisschen
107	I	#Was möchtest du?
108	N	Hmm lass ich das da liegen [*berührt den linken Würfel oberhalb des 4 × 3-Rechtecks*].
109	I	Lässt du liegen. Ok. Und das waren die beiden die weglaufen, Annika und Jakob die gehen dann #spielen [*zeigt auf die rechten Würfel unterhalb der Reihen*]?
110	N	#Ja, hmhm.
111	I	Bist du damit fertig?
112	N	Hmhm.

Zum Ende der vorangegangenen Phase stellte die Interviewerin fest, dass Nahla anhand von drei Würfeln innerhalb einer Spalte des größeren Rechtecks die Pflückmenge des Opas als drei Kilogramm in einer halben Stunde erkennen könne (vgl. Z. 94 und 96), was von Nahla bestätigt wird (vgl. Z. 95 und 97). Mit Beginn der neuen Phase behauptet Nahla, dass sie das ebenfalls anhand des kleineren Rechtecks und den rechts daneben liegenden Würfel herausfinden könne. Auf Nachfrage der Interviewerin (Z. 98) beginnt Nahla ihre Erklärung damit, dass der rechts neben dem kleineren Rechteck liegende Würfel eine Stunde sei (Z. 99). Sie unterbricht sich selbst und nimmt mit dem Kommentar „ich könnte das ja vielleicht besser so wie da machen" Veränderungen an der neuen Teilstruktur vor, wobei sie sich an der rechten orientiert. Sie möchte analog zur rechten Teilstruktur die Zeiteinheit (hier: eine Stunde) zuoberst liegen haben, darunter die Person (hier: der Opa) und zuunterst die Pflückmenge (hier: sechs Kilogramm). Ihre veränderte Darstellung verbindet sie mit der Hoffnung, dass man das ein bisschen besser erkennen könne.

Nahla stellt hier eine Verbindung der beiden Teilstrukturen her, die sich auf die Positionierung der Würfel innerhalb der beiden Teildarstellungen bezieht. Der jeweils obere Würfel repräsentiert eine Stunde. In der rechten Darstellung folgen zwei Würfel als Annika und Jakob, in der mittleren einer als Opa. Darunter befinden sich in einer Reihe bzw. als Rechteck das in dieser Zeit von den benannten Personen gepflückte Gewicht an Kirschen. Nahla benennt als weiteres Verbindungsmerkmal allerdings nicht explizit, dass es sich um dieselbe Stunde handle, nämlich die erste, in der alle drei Personen gemeinsam Kirschen pflücken, bevor der Opa alleine weiterpflückt (vgl. linke Teilstruktur). Auch die Anordnung der beiden Teilstrukturen zueinander legt die Verbindung dieser über die Größe *erste Stunde* nicht nahe. Ausgehend von ihrer vorherigen Erklärung und der hier stattfindenden Anpassungen zur Angleichung der Darstellungen, kann jedoch begründet davon ausgegangen werden, dass diese Verbindung zumindest gedanklich von Nahla hergestellt wird und vermutlich ausschlaggebend für die vorgenommene Herstellung der Analogie war.

Die Interviewerin drückt ihr Verstehen aus und äußert nach einer Pause von vier Sekunden eine für sie interessante Beobachtung (Z. 100). Nahla habe die Stunden bei der mittleren und rechten Teilstruktur als obere einzelne Würfel hingelegt, bei der linken Teildarstellung jedoch nicht. Dort sehe sie die zwei Stunden anhand der Spalten, wobei die Interviewerin zählend die Würfel in den Spalten verschiebt (Z. 103). Mit dieser Beobachtung thematisiert die Interviewerin die von Nahla vorgenommene Angleichung der rechten und mittleren Teilstruktur durch das Hinzufügen eines weiteren einzelnen Würfels mit der Referenz auf die Zeiteinheit ,Stunden'. Dieses Hinzufügen wäre eigentlich nicht notwendig gewesen, da Nahla die Zeit anhand der Spalten bereits als eine Stunde ablesen konnte. Die Interviewerin klassifiziert ihre Beobachtung vermutlich als interessant, da Nahla dadurch die Zeit innerhalb der mittleren Teilstruktur zweimal repräsentiert hat. Es ist verwunderlich, dass Nahla gerne in der mittleren Teilstruktur diesen weiteren Würfel als Zeit legen möchte, wohingegen bei der linken Teilstruktur nach wie vor eine einfache (und keine doppelte) Repräsentation der Pflückzeit auszureichen scheint. Nahlas erste Reaktion ist, dass sie zwei Würfel oberhalb des größeren Rechtecks als zwei Stunden nebeneinander positioniert. Damit stellt Nahla eine gewisse Einheitlichkeit der Teilstrukturen her, indem die mathematischen Größen je einen eigenen Zeichenträger erhalten. Eine andere Reaktion auf die von der Interviewerin getätigte Beobachtung hätte auch darin bestehen können, die einzelnen Würfel zu entfernen, sodass die Zeit und Person ausschließlich anhand der beiden Rechtecke und der Vierer-Reihe abgelesen würden. Die Interviewerin fragt nun, ob „man die auch weglassen" könne (Z. 105). Es ist aufgrund ihrer Fokussierung der Stunden (vgl. Z. 103) anzunehmen, dass sie sich dabei hauptsächlich auf die Würfel bezieht, die die Zeit repräsentieren. Nahla räumt diese Möglichkeit ein und erklärt, dass man sie nicht nur bei dem größeren Rechteck, wie es ja zuvor der Fall gewesen war, weglassen könne, sondern ebenfalls bei dem kleineren Rechteck sowie der rechten Teildarstellung (Z. 106). Sie entscheidet sich aber dafür, die Repräsentationen der Stunden liegen zu lassen (Z. 107 und 108). Dies könnte darin begründet sein, dass Nahla durch die separate Repräsentation der einzelnen Referenten hofft, man könne diese dadurch besser erkennen, wie sie es in Zeile 99 äußert. Das gleichzeitige Hineinsehen der Pflückzeit und Pflückmenge des Opas scheint ihr problemlos möglich zu sein, wie sie mehrfach anhand ihrer Zählweise bewiesen hat, trotzdem bevorzugt sie die gesonderte Repräsentation. Vermutet werden kann hier, dass Nahla von einer impliziten Sicht ausgeht, je vermeintlich deutlicher die Darstellung durch das Hinzufügen weiterer Würfel wird, die augenscheinlich ihre Bedeutung selbst nahelegen, desto besser bzw. einfacher kann sie von jemand anderem verstanden werden. Man ist jedoch für beide Weisen der Referenz auf Nahlas Deutung angewiesen, um zu verstehen, welche arbiträren Zuschreibungen sie mit der Würfeldarstellung intendiert. Abschließend vergewissert sich die Interviewerin der Bedeutung der beiden rechts außen liegenden Würfel als Annika und Jakob, die weggehen (Z. 109), und ob Nahla fertig sei (Z. 112). Beide Fragen werden von Nahla bejaht (Z. 110 und 112), womit das Transkript und die ausgewählte Szene enden.

Ganzheitliche Analyse Phase 7
Zu Beginn dieser Phase richtet sich Nahlas Aufmerksamkeit besonders auf die mittlere und linke Teilstruktur. Waren die Würfel innerhalb der mittleren und rechten Teilstruktur zuvor jeweils noch unterschiedlich positioniert, so verändert Nahla hier die Lage der einzelnen Würfel der mittleren Teilstruktur, um diese der rechten anzugleichen. Folglich wird nach wie vor jede mathematische Größe durch einen eigenen Zeichenträger repräsentiert. In der jeweils oberen Reihe, bestehend aus einem Würfel, kann die Zeit von einer Stunde abgelesen werden. Darunter ist ein bzw. sind

zwei Würfel für die Personen Opa bzw. Annika und Jakob gelegt. Zuunterst folgt die Pflückmenge der jeweilig aufgeführten Personen in der besagten einen Stunde, die auch als *erste Stunde*, in der alle drei Personen gemeinsam Kirschen pflücken, gedeutet werden könnte. Damit hat Nahla zusätzlich zur Repräsentation jeder einzelnen mathematischen Größe ebenfalls die Anordnung der Würfel innerhalb der Teilstrukturen gleich gestaltet. Dadurch ist es naheliegend, beide der Unterebene *arithmetische Verbindung* der *Zahlen-und-Größen-Sicht* zuzuordnen. Man kann Nahla jedoch weiterhin zugestehen, dass sie die Zeit und Pflückmenge des Opas ebenfalls ausschließlich anhand des kleineren Rechtecks ablesen kann, wie sie es mehrfach im Transkriptverlauf gezeigt hat. Auch wenn hier aufgrund des Vorhandenseins der separaten Repräsentation der mathematisch relevanten Elemente von der *Zahlen-und-Größen-Sicht* gesprochen werden muss, so beinhaltet die Darstellung jedoch weiterhin das Potenzial, von Nahla *systemisch-relational* gedeutet zu werden, indem sie drei Würfel einer Spalte des Rechtecks als halbe Stunde und drei Kilogramm zählt, die dem Opa zugehörig sind. Dasselbe ist für die linke Teilstruktur anzunehmen, obwohl Nahla auch hier als Reaktion auf die Äußerung einer Beobachtung der Interviewerin ebenfalls eine Anpassung vornimmt.

Die linke Teilstruktur bestand zuvor aus einem Rechteck mit vier Spalten zu je drei Würfeln und einem darunter liegenden, einzelnen Würfel. Dieser einzelne Würfel wurde bereits nachträglich und eher zufällig aus der Umdeutung des zweiten Spielwürfels als Opa der Darstellung hinzugefügt. Nach wie vor konnte Nahla die ihm zugeordnete Pflückzeit und das entsprechende Gewicht an Kirschen anhand der Spalten als zwei Stunden und ‚den Rest' (12 Kilogramm) ablesen. Die Zeit legt sie nun ebenfalls in dieser letzten analysierten Phase als Würfel dazu. Diese zwei Würfel als zwei Stunden liegen ebenfalls zuoberst, jedoch folgt anschließend das Gewicht und zuletzt die Person. Damit liegt eine gewisse Analogie zu den anderen beiden Teilstrukturen vor, die sich lediglich in der Reihenfolge der Würfel unterscheidet. Wichtig ist allerdings, dass jedes Element eine eigene Repräsentation erhält und somit eigentlich nicht länger von einer systemisch-relationalen Sicht gesprochen werden darf. Zwar ist davon auszugehen, dass sie auch hier die Würfel im Rechteck entsprechend zählen kann, jedoch bevorzugt sie diese separate Repräsentation (vgl. Z. 108).

Die zum Abschluss des Transkripts vorliegende Darstellung, die von Nahla als „fertig" deklariert wurde, wird in der interpretativen Rekonstruktion ganzheitlich der Unterebene *arithmetische Verbindung* der *Zahlen-und-Größen-Sicht* zugeordnet. Dies ist zu allererst in der separaten Repräsentation der einzelnen mathematisch relevanten Elemente begründet. Die einzelnen Würfel werden von Nahla entsprechend als ausschließlich Zeit, Personen oder Kilogramm gedeutet. Eine explizite Zusammenführung der verschiedenen Referenten in einem Zeichenträger liegt in dieser letzten Phase und Fertigstellung der Darstellung nicht vor. Es ist zwar anzunehmen, dass Nahla weiterhin fähig wäre, eine explizite systemisch-relationale Deutung anhand der beiden Rechtecke vorzunehmen, wie sie es bereits zuvor mehrfach getan hat, jedoch bevorzugt sie eine Darstellung mit separaten Repräsentationen der Zeit, der Personen und des Gewichts. Diese stehen in arithmetischer Verbindung zueinander, d. h. sie werden nicht nur mit Hilfe der Würfel dargestellt, sondern auch miteinander verknüpft. Die einzelnen Teildarstellungen enthalten Bearbeitungen, die für die Bestimmung des Ergebnisses essentiell sind. Mit Hilfe der rechten Teilstruktur wurde die Pflückmenge der beiden Kinder in einer bzw. der ersten Stunde über die epistemologischen Bedingungen der Aufgabenstellung als vier Kilogramm ermittelt. Der Opa ist ‚dreimal so schnell wie ein Kind', also schafft er in einer Stunde sechs Kilogramm, was an der mittleren Teilstruktur abzulesen ist. Insgesamt müssen 22 Kilogramm Kirschen gepflückt werden. Die Antwort auf die Frage, wie lange der Opa noch alleine weiterpflücken muss, wenn Annika und Jakob nach einer gemeinsamen Pflückzeit (zu dritt eine Stunde) gehen, ist anhand der linken Teilstruktur erkennbar. Die Pflückmengen werden somit insgesamt den jeweiligen Personen und Zeitabschnitten zugeordnet. Dabei hat Nahla, ausgehend von 22 Kilogramm, diese auf die Kinder und Opa in der ersten Stunde aufgeteilt und anschließend über die zeitliche Zuordnung zu den restlichen Kilogramm die Antwort von zwei Stunden ermittelt. Über die Darstellung der relevanten mathematischen Elemente sind diese somit innerhalb der einzelnen Teilstrukturen als auch über die drei Teilstrukturen hinweg über die Gesamtpflückmenge miteinander verknüpft. Die Zusammenfassung von Nahlas rekonstruierten Sichtweisen der Phase 7 kann der nachfolgenden (Tab. 7.13) entnommen werden.

Tab. 7.13 Zusammenfassung von Nahlas rekonstruierten Sichtweisen der Phase 7

Sichtweise		Nahla P7
Alltagssicht	Re-Konstruktion und Darstellung des Sachverhalts	
Erster Übergang		
Zahlen-und-Größen-Sicht	Darstellung mathematischer Elemente	
	Arithmetische Verbindung mathematischer Elemente	x
Zweiter Übergang		
Systemisch-relationale Sicht	Zeichenträger ohne Wechselbezüge	
	Zeichenträger mit lokalen Wechselbezügen	
	Zeichenträger mit globalen Wechselbezügen	

7.2.2   Schritt 6: Zusammenfassung der Analyse und aufschlussreiche Konsequenzen

In dem Fallbeispiel Nahla wurden die verschiedenen Bauphasen, die Erklärungen der Darstellungen sowie deren Deutungen in der Interaktion mit der Interviewerin anhand der einzelnen Phasen detailliert rekonstruiert, ganzheitlich analysiert und in das theoretische Konstrukt eingeordnet. Die Rekonstruktion der Deutungen sowie deren Einordnungen werden nun zusammenfassend wiedergegeben, um einen umfassenden Überblick über das Fallbeispiel zu geben sowie eine Einordnung von Nahlas abschließender Darstellung vorzunehmen. Anhand der Zusammenfassung der an diesem Fallbeispiel gewonnenen Einsichten lassen sich darüber hinaus weitere aufschlussreiche Konsequenzen für das Theoriekonstrukt ableiten sowie interessante Aspekte feststellen, die ebenfalls an dieser Stelle aufgeführt werden. Abschließend werden alle von Nahla in der ausgewählten Szene eingenommenen Sichtweisen in einer Tabelle zusammenfassend aufgeführt und geben so noch einmal einen phasenweisen Überblick über die Entwicklung ihrer Deutungen.

Aufgrund der Vorgabe, die Aufgabenstellung ausschließlich mit dem Material der Holzwürfel zu lösen, wurden die Kinder hinsichtlich der Wahl ihrer Zeichenträger stark eingeschränkt. Diese Beschränkung stellt Kaelyn und Nahla somit vor die Anforderung, für sie geeignete Zeichenträger zu finden, die sich auf den ersten Blick nicht in ihrer phänomenologischen Gestalt unterscheiden. Bei der ersten Bearbeitungsphase mit Nahlas anschließender Erklärung (Phase 1) wird deutlich, dass sie sich keiner Ersatzstrategien bedient, um mit den Holzwürfeln durch Nachbauten der Referenten über dessen äußerliche Erscheinungsmerkmale darauf zu referieren. Die von Nahla vorgenommenen Zuschreibungen sind stattdessen arbiträr, ohne auf Ähnlichkeit der äußerlichen Merkmale beruhenden ikonischen Relationen zwischen Zeichenträger und dessen Bedeutung. Sie fokussiert auf die in der Textaufgabe benannten relevanten mathematischen Aspekte. Dadurch schmückt sie weder die Gestaltung der einzelnen Zeichenträger noch die sachliche Situation um weitere aus dem Alltag vertraute und passende Elemente aus. Die benannten, mathematisch relevanten Elemente werden in einer ersten Bauphase (vgl. Abb. 7.17) zunächst einmal dargestellt, ohne dass weitere Berechnungen vorgenommen werden. Relevant sind die folgenden Aspekte: Es werden insgesamt 22 Kilogramm Kirschen gepflückt. Die drei Personen Opa, Annika und Jakob pflücken eine Stunde gemeinsam, bevor die beiden Kinder nicht mehr weiterpflücken. Über die Darstellung der jeweiligen mathematischen Größen als entsprechende Anzahl der Würfel wirkt es, als übertrage Nahla die verschriftlichte Aufgabenstellung in eine dazu für sie passende Würfelkonstruktion mit memorierender Funktion für die weitere Bearbeitung relevanter Aspekte. Die 22 Kilogramm Kirschen werden als 22 ungeordnet beieinander liegende Würfel repräsentiert, eine Stunde durch einen Würfel und darunter drei einzelne Würfel für die drei Personen aus der Aufgabe. Es finden keine spezifischen Unterscheidungen zwischen Annika, Jakob und Opa statt. Zusätzlich werden die Kinder in doppelter Weise repräsentiert: nicht nur als pflückende Personen, sondern ebenfalls durch zwei abseits gelegene Würfel als weggehende Personen. Dieser Vorgang des Weggehens ist als solcher mathematisch irrelevant und ein eher aus dem Alltag vertrautes Element. Es ist allerdings bedeutsam, dass die Kinder nach einer Stunde als Pflückkräfte ausfallen (aus welchem Grund auch immer) und der Opa alleine weiterpflückt, bis insgesamt 22 Kilogramm Kirschen erreicht sind. Die auf die weggehenden Kinder verweisenden Würfel könnten als Erinnerungszeichen für diesen Ausfall dienen. Sie werden zwar aufgrund ihrer Referenz auf den Vorgang des Weggehens der *Alltagssicht* zugeordnet, allerdings ist festzuhalten, dass dies lediglich einen geringfügigen Teil der Einordnung von Nahlas Darstellung ausmacht. Schließlich gibt es darüber hinaus keine weiteren Hinweise für eine solche Einordnung, wie den Nachbau der sachlichen Situation oder der darin benannten einzelnen sachlichen Elemente oder gar deren Ausschmuckungen. In dieser ersten Bauphase mit anschließender Erklärung ist die *Darstellung mathematischer Elemente* der *Zahlen-und-Größen-Sicht* dominanter. Nahla fokussiert bei der Wahl ihrer Zeichenträger auf die im Text benannten Anzahlen der relevanten Größen. Es ist *eine* Stunde, in der sie zu *dritt* Kirschen pflücken, und insgesamt sollen *zweiundzwanzig* Kilogramm gepflückt werden. Diese Anzahlen werden als Memo auf den Tisch gelegt, wobei eine erste, rudimentäre Beziehung zwischen der einen Stunde und den drei Personen sowohl sprachlich als auch aufgrund ihrer Positionierung zueinander hergestellt wird.

Abb. 7.17   Nahla (1)

Die von Nahla zur *Darstellung mathematischer Elemente* genutzte Würfelrepräsentation wird in einer zweiten Bauphase verändert und umgedeutet, wie die
Analyse des Umbaus und der nachfolgenden Erklärung in der Interaktion mit
der Interviewerin aufzeigt (vgl. Phase 2 und 3.1 insb. Z. 19). Anhand der mittig positionierten vier Würfel ist erkennbar, dass drei Personen eine Stunde lang
Kirschen pflücken. Ausgehend von dieser Darstellung visualisiert Nahla in einem
weiteren Schritt erneut eine Stunde als einen Würfel sowie die beiden Kinder
Annika und Jakob als zwei Würfel und fügt die von ihnen in dieser Zeit (irrtümlicherweise) angenommene gemeinsame Pflückmenge von zwei Kilogramm hinzu
(rechte Teildarstellung). Damit wird eine erste Verbindung zwischen den Größen
der Zeit, der Personen und ebenfalls der Pflückmenge hergestellt. Es findet erstmalig eine Berechnung statt, bei der Nahla aus den Angaben der Textaufgabe
für sich die Pflückmenge der Kinder ermittelt hat. Der nachfolgende Austausch
dieser als zwei Kilogramm neu gelegten Würfel durch zwei Würfel des ungeordneten Würfelhaufens führt zu einer weiteren, arithmetischen Verknüpfung.
Die ursprünglich als Gesamtpflückmenge betrachteten 22 ungeordneten Würfel
mit memorierender Funktion werden umgedeutet zur Gesamtpflückmenge, die
auf den Opa und die Kinder aufzuteilen ist. Damit nimmt Nahla eine Berechnung vor, die sie im Zusammenhang mit der vorgegebenen Gesamtpflückmenge
sieht und dadurch nicht länger eine memorierende, sondern eine ergebnisgene-
rierende Funktion erhält. Deshalb werden die zu diesem Zeitpunkt linke und

rechte Teilstruktur der *arithmetischen Verbindung mathematischer Elemente* der
Zahlen-und-Größen-Sicht zugeordnet, während zeitgleich nach wie vor die mittige Darstellung als Beispiel der *Darstellung mathematischer Elemente* dient, und
die beiden Würfel rechts unten eher einen aus dem *Alltag* vertrauten Vorgang
darstellen (Abb. 7.18).

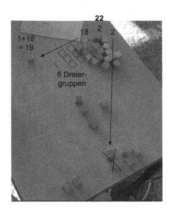

Abb. 7.18 Nahla (2)

Es bleibt jedoch nicht bei der Betrachtung der 20 Würfel als Pflückmenge
des Opas mit arithmetischer Verbindung zur Pflückmenge der Kinder und der
Gesamtpflückmenge. In einer ihr besonderen Art zählt Nahla diese Würfel, indem
sie jeweils drei als drei Kilogramm verschiebt und dabei in Halb-Stunden-
Schritten zählt. Sie sieht folglich bereits in den aus den ungeordnet positionierten
Würfeln entstammenden Dreier-Gruppierungen jeweils eine Zeichenträgerkonstellation, die sich zugleich als dem Opa zugehöriges Pflückgewicht und Pflückzeit
und somit als zwei, wenn nicht gar drei Referenten interpretieren lässt. In die
linke Teildarstellung der ungeordneten 20 Würfel wird von Nahla somit eine (Teil-
)Struktur hineingesehen, die an der Oberfläche durch die Anordnung der Würfel
nicht sichtbar wird. Erst durch die Handlungen des absichtsvollen Verschiebens
in Kombination mit Nahlas Deutung wird das Mindest-Kriterium der *systemisch-
relationalen Sicht* erkennbar. Die linke von Nahla hineingesehene Teilstruktur
wird aufgrund dieses erfüllten Kriteriums trotz der fehlenden, oberflächlichen
Anordnung der Unterebene *Zeichenträger ohne Wechselbezügen* zugeordnet. Erst
nachdem Nahla in einer weiteren Umbauphase (Z. 65) die Würfel als Rechteck mit
sechs Spalten zu je drei Würfeln (und rechtsseitig zwei weitere Würfel) verschiebt

(vgl. Abb. 7.19), prägt sie den systemisch-relational verwendeten Zeichenträgern eine zusätzliche Ordnung auf, sodass von *Zeichenträgern mit lokalen/partiellen Wechselbezügen* die Rede sein kann. Infolgedessen ist sie auch in der Lage, das (vorläufige) Ergebnis von ‚drei Stunden' zu nennen (vgl. Z. 75), indem sie jeweils zwei Spalten zusammen als eine Stunde deutet.

Abb. 7.19   Nahla (3)

Die hier vorliegende Analyse führt insbesondere zu der interessanten Einsicht, dass die von Nahla konstruierte Darstellung aus vier Teilen besteht, die wiederum unterschiedlichen Sichtweisen zugeordnet werden, sodass *gleichzeitig* alle drei im Theoriekonstrukt enthaltenen Ebenen in Nahlas Deutungen rekonstruiert werden können. Folglich muss Nahlas Darstellung im Entstehungsverlauf als eine *Mischform* charakterisiert werden, bei der die verschiedenen Sichtweisen der Teildarstellungen in Nahlas Deutung zusammengeführt werden. Im Theoriekonstrukt ist es möglich und sinnvoll, die Ebenen anhand von Kriterien voneinander unterscheiden zu können. In der Praxis jedoch muss eine solche Trennung nicht zwangsweise vorliegen, wenn ein Kind, wie in diesem Beispielfall Nahla, zu einer sachlich eingekleideten Textaufgabe mehrere Teildarstellungen generiert, um eine Lösung zu finden.

In Nahlas Fall ist es so, dass eine Sichtweise stärker dominiert als die anderen. Zwar benutzt Nahla zur Darstellung des aus dem Alltag vertrauten Vorgangs des Weggehens zwei abseits hingelegte Würfel als Annika und Jakob, allerdings ist dies das einzige Merkmal, was der *Alltagssicht* zugeordnet wird, weshalb diese im Gesamtkontext als vernachlässigbar angesehen werden kann. Auffälliger ist

Nahlas besondere Zählweise der ungeordneten bzw. später im Rechteck angeordneten linken Würfel, die sich im Transkriptverlauf mehrfach wiederholt. Einerseits können diese Würfel in Dreier-Schritten als Kilogramm Kirschen gezählt werden, aber auch drei Würfel zusammen als eine halbe Stunde (vgl. z. B. Z. 91). Mit der weiteren Veränderung ihrer Darstellung durch das Hinzufügen einzelner Würfel (vgl. Abb. 7.20) wird diese *systemisch-relationale Sichtweise* vermutlich nicht verlassen, jedoch zugunsten der *Zahlen-und-Größen-Sicht* in Nahlas abschließenden Ausführungen eher vernachlässigt. Die zusätzlich hinzugefügten Würfel repräsentieren die zuvor in den Rechtecken mitgedachten Referenten der Zeit und des Opas (vgl. Z. 87, 99, 104). Zudem nimmt Nahla eine Angleichung vor, sodass die unterschiedlichen Teilstrukturen in ihrem Aufbau eine gewisse Analogie aufweisen, bei der in drei Reihen untereinander die drei Größen (Zeit, Person, Gewicht) aufgeführt werden (allerdings in zum Teil in unterschiedlicher Reihenfolge). In Nahlas fertiggestellter Darstellung erhält jeder Referent somit einen eigenen Zeichenträger bzw. eine eigene Zeichenträgerkonstellation. Die einzelnen Zeiten, Personen und Pflückmengen werden in den Teilen jeweils durch einen eigenen Würfel repräsentiert. Die Unterscheidung in Teildarstellungen orientiert sich dabei einerseits an den pflückenden Personen (rechts Kinder, links Opa) und andererseits an der Pflückzeit (mittig und rechts eine bzw. erste Stunde; links weitere Stunden). Sie sind additiv über die Gesamtpflückmenge von 22 Kilogramm Kirschen, die auf die jeweiligen Personen und Zeiten aufgeteilt sind, miteinander verbunden. Auch wenn in Nahlas Deutungen ein gewisser Anteil an *alltäglichen* und vor allem auch *systemisch-relationalen* Merkmalen rekonstruierbar ist, so dominiert in ihrer abschließend gewählten Repräsentation die Unterebene *arithmetische Verbindung mathematischer Elemente* der *Zahlen-und-Größen-Sicht*.

Abb. 7.20 Nahla (4)

Es kann zudem festgehalten werden, dass Nahla bei der Bearbeitung der Aufgabenstellung und Generierung sowie Veränderung ihrer Würfeldarstellung zwischen diesen Sichtweisen hin und her wechselt, bis sie sich am Ende für die eben dargestellte entscheidet. Theoretisch bilden die drei Sichtweisen des Konstrukts hinsichtlich ihrer Komplexität durchaus eine gewisse Hierarchie ab. Diese Hierarchie bezieht sich allerdings nicht darauf, die Kompetenzen der Kinder einordnen und bewerten zu können. Stattdessen zeigt sie die an die Kinder gestellten zunehmenden Anforderungen der (mathematischen) Symboldeutung auf. Aufgrund der kindlichen Entwicklung des Symbolverständnisses ist davon auszugehen, dass die *Alltagssicht* wie selbstverständlich eingenommen werden kann, während die Anforderungen an die Kinder durch zunehmende mathematische Relationen komplexer werden. Das Beispiel von Nahla verdeutlicht insbesondere, dass unterschiedliche Wechsel zwischen den Sichtweisen möglich sind. Sie beginnt ihre Aufgabenbearbeitung damit, sich zunächst die in der Aufgabenstellung benannten relevanten mathematischen Elemente vor Augen zu führen, und ergänzt diese durch den für sie als wichtig erscheinenden Vorgang des Weggehens der Kinder. Von der *Darstellung mathematischer Elemente* passt Nahla daraufhin die Würfelkonstellation so an, dass zunehmend *arithmetische Verbindungen* hervortreten bzw. sogar eine *systemisch-relationale Sicht* eingenommen werden kann. Die Darstellung entwickelt sich folglich ‚von oben nach unten' entlang der Ebenen des Konstrukts und gewinnt mehr und mehr an Komplexität innerhalb der von Nahla vorgenommenen Deutungen.

Anstatt jedoch die hineingesehene systemisch-relationale Beziehung zwischen der Pflückzeit und dem Pflückgewicht des Opas auf die Kinder zu übertragen und die Darstellung hinsichtlich ihrer Anordnung anzupassen, wechselt Nahla im Theoriekonstrukt ‚zurück' – also von unten nach oben – zur *Zahlen-und-Größen-Sicht*, mit der sie ebenfalls in der Lage ist, das gesuchte Ergebnis zu verbalisieren und zu veranschaulichen. Womöglich hofft sie, dass dieses mit der von ihr gewählten Darstellung besser zu erkennen sei, vielleicht ist ihr die gewählte Darstellung aber auch einfach nur vertrauter in dem Sinne, dass sie näher an dem aus ihrer langjährigen Erfahrung im alltäglichen Umgang mit Symbolen ist, da jeder Referent seine eigene Repräsentation erhält und hier lediglich zusätzlich mit arithmetischen (und nicht mit komplexen systemisch-relationalen) Beziehungen angereichert wird. Auch die stetigen und teilweise wiederholenden Fragen der Interviewerin zur Bedeutung der Würfel als Zeichenträger könnten hierbei eine Rolle spielen, sodass bei Nahla das Bedürfnis entsteht, in ihre Darstellung weitere Zeichenträger zur Verdeutlichung einzuführen (vgl. Z. 99). Welche Motive hinter dieser abschließenden Entscheidung stehen, lässt sich nur vermuten. Es zeigt allerdings, dass sich die von Nahla vorgenommenen Wechsel der Deutungen in beide Richtungen bewegen können: einerseits von ‚oben nach unten' im Sinne von zunehmender Komplexität hinsichtlich der hineingesehenen Strukturen und Beziehungen, andererseits auch von ‚unten nach oben', indem weitere Zeichenträger hinzugefügt werden, sodass jeder Referent separat repräsentiert wird, diese aber (weiterhin) über arithmetische Beziehungen miteinander verknüpft sind.

Obwohl Nahla zwischen allen drei im Theoriekonstrukt enthaltenen Sichtweisen wechselt, lassen sich im Transkriptverlauf keine konkreten Hinweise finden, die auf einen der beiden möglichen *Übergänge* verweisen. Der *erste Übergang* von der Alltagssicht zur Zahlen-und-Größen-Sicht ist hier nicht von Relevanz, da Nahla bereits seit Beginn der ersten Bearbeitungsphase sehr stark von sich aus auf die mathematisch relevanten Elemente fokussiert und lediglich den Vorgang des Weggehens der Kinder als aus dem Alltag vertrautes Element symbolisiert. Damit ist die Alltagssicht jedoch nicht in einem solchen Ausmaß vorhanden, dass eine Umdeutung der Darstellung von alltäglichen Elementen hin zu mathematischen Größen notwendig wäre (wie dies beispielsweise im Prä-Interview mit Emilia geschah, vgl. Abschnitt 5.3.2, Beispiel 1). Auch der *zweite Übergang* kann nicht direkt im Transkript identifiziert werden, wird aber möglicherweise implizit an Nahlas Handlungen aufgrund der Vorgabe der Interviewerin und der neuen Anforderung, ausschließlich das Material der Holzwürfel zur Aufgabenbearbeitung heranzuziehen, zumindest nahegelegt. Die Verwendung eines einzelnen Materialtyps erlaubt bzw. erleichtert Nahla vermutlich die Deutung der Würfel im Rechteck sowohl als Zeit als auch als Gewicht, da keine phänomenologisch unterscheidbaren Merkmale auf das eine oder andere hindeuten. Die Umdeutung der ungeordneten Würfel des Würfelhaufens von ihrer zunächst memorierenden Funktion über die arithmetische Verknüpfung der Pflückmengen bis zu der systemisch-relationalen Deutung von drei Würfeln als drei Kilogramm, die Opa in einer halben Stunde pflückt, nimmt Nahla eher spontan aus eigenem Antrieb bei der Entwicklung geeigneter Zeichenträger vor. Bis zu diesem Zeitpunkt des Interviews haben darüber hinaus keine weitere Verschärfungen durch die Reduktion der Materialdarstellung bzw. das Umlegen von Materialien mit jeweiliger Erfragung neuer Deutungen stattgefunden. So wäre es denkbar, dass die Interviewerin die von Nahla für die einzelnen Personen und Zeiteinheiten separat gelegten Würfel entfernt, Nahlas Deutung der neuen Darstellung erfragt und Nahla von der im Transkript dominierenderen Zahlen-und-Größen-Sicht aufgrund der vorgenommenen Verschärfungen zugunsten einer systemisch-relationalen Deutung abweicht.

Die hier analysierte Szene mit Nahla ist hinsichtlich einer Betrachtung und Analyse der von Nahla vorgenommenen symbolischen Deutungen äußerst aufschlussreich, und sie zeigt darüber hinaus weitere nennenswerte Punkte. Ein solcher interessanter Punkt ist die in der Aufgabenstellung enthaltene abstrakte Größe der Zeit. Diese kann in verschiedenen Vorstellungskontexten Anwendung finden. Einerseits ist es, wie hier im Kontext ‚Kirschen pflücken', möglich, unterschiedliche Zeitspannen als zum Teil gleichzeitig ablaufend zu verstehen. Die Kinder und der Opa pflücken gemeinsam eine Stunde lang Kirschen, d. h. dass *jeder von ihnen eine Stunde* mit dieser Tätigkeit beschäftigt ist. Eine andere Deutung kann sich aber auch auf dessen Gesamtpflückzeit beziehen. So würden die *drei Personen insgesamt drei Stunden* Kirschen pflücken. Die Addition der Stunden ist in Aufgabenkontexten, die sich auf *Arbeitslöhne* beziehen, überaus sinnvoll, oder wenn die *Dauer unabhängig von der tatsächlichen Personenanzahl* bzw. die zu investierende Arbeitszeit angegeben werden soll, um eine bestimmte Menge an Kirschen zu pflücken. Im Verständnis der vorliegenden Aufgabenstellung ist eine solche additive Vorstellung jedoch eher hinderlich. Hier muss das Pflücken einerseits als *gemeinsame Tätigkeit* verstanden werden und andererseits als *nacheinander* stattfindend. So pflücken Opa, Jakob und Annika in der *ersten* Stunde *gemeinsam* Kirschen im Garten. Annika und Jakob pflücken anschließend nicht weiter mit, sodass der Opa in der *zweiten und allen weiteren* Stunden *alleine* weiterpflückt. Bei der Analyse der ausgewählten Szene wurde deutlich, dass Nahla die gemeinsame Pflückzeit der ersten Stunde zunächst nicht als solche gedeutet hat. In ihrer anfänglichen Vorstellung pflückten Annika und Jakob gemeinsam in einer Stunde Kirschen, jedoch fand dieses Pflücken nicht explizit gemeinsam mit dem Opa statt (vgl. z. B. Z. 19 und 75). Zusätzlich hat Nahla von „einer Stunde" gesprochen. Erst die Deutung dieser einen Stunde als *erste Stunde* (vgl. Z. 81) erlaubte es ihr, eine Stunde des Opas ebenfalls als zeitgleich mit der einen Stunde der Kinder ablaufend zu sehen (vgl. Z. 85) und so das richtige Ergebnis zu formulieren, der Opa müsse noch zwei Stunden alleine weiterpflücken. Die für die Bearbeitung der Aufgabenstellung erforderliche Deutung der Zeit als einerseits *gleichzeitig* ablaufend und andererseits als *nacheinander* stattfindend scheint für manche Kinder der vierten Klasse neben der komplexen Tätigkeit der Symbolisierung mathematischer Beziehungen zur Lösung der Aufgabenstellung eine herausfordernde Anforderung darzustellen.

Weitere interessante, aus der Analyse resultierende und erwähnenswerte Aspekte betreffen den Gebrauch und Umgang mit dem Material. In der ausgewählten Szene nutzt Nahla, wie viele anderer Kinder in der Hauptstudie auch, das Material nicht ausschließlich zur Bearbeitung der Aufgabenstellung, sondern spielt ebenfalls damit. Das heißt, dass die von Nahla dafür benutzten Würfel keine Bedeutung über ihre Funktion, ein Würfel zu sein, hinaus als Zeichenträger erhalten. Dies ist zunächst nicht weiter bemerkenswert, allerdings bezieht Nahla sowohl ihren ersten als auch ihren zweiten dafür verwendeten Würfel spontan und eher unabsichtlich in ihre Darstellung mit ein. In einem ersten Fall führt es dazu, dass sich die gesamte Pflückmenge erhöht (vgl. Z. 17: schiebt Dreiergruppen und Spielwürfel zusammen), wodurch die epistemologischen Bedingungen der Aufgabenstellung nicht länger erfüllt werden. Dies bemerkt Nahla relativ schnell, woraufhin sie einen der Würfel als überflüssig entfernt (vgl. Z. 17 und 19: „Hm, ne das kann jetzt nicht sein", zählt nach und entfernt einen Würfel). Der zweite Spielwürfel wird spontan als Opa gedeutet (vgl. Z. 37 bzw. eindeutiger Z. 89), womit Nahla einen separaten Zeichenträger für seine Repräsentation benutzt. Zuvor hatte sie den Opa womöglich als mit der Pflückmenge und Pflückzeit, die sie in das Rechteck hineingesehen hat, verknüpft betrachtet. Hier hat der Einbezug des zweiten Spielwürfels möglicherweise einen gewissen (sehr kleinen) Beitrag dazu geleistet, dass Nahla von ihrer systemisch-relationalen Sicht, bezogen auf die Bedeutung der Würfel im Rechteck, abweicht und die Größen der Zeit und des Opas lieber gesondert repräsentiert.

Der zweite, den Gebrauch des Materials betreffende interessante Punkt bezieht sich auf das Verschieben bzw. das Umlegen der Würfel. An ihrer Darstellung nimmt Nahla im Verlauf des Transkripts verschiedene Änderungen vor. Nachdem Nahla erstmalig vier Kilogramm als Pflückmenge den beiden Kindern zugeordnet hat, wendet sie sich den Würfeln zu, die bis zu dem Zeitpunkt als linke und mittlere Teildarstellung vor ihr auf dem Tisch liegen (vgl. Z. 31). Nahla verfolgt die Intention, die Anzahl der Würfel der linken Teildarstellung, die sie als Kilogramm der von Opa gepflückten Kirschmenge auffasst, in Dreier-Gruppierungen als halbe Stunden zu zählen. Jedoch schiebt sie sowohl die 18 dem Opa zugeordneten Würfel als auch die vier Würfel der mittleren Teildarstellung mit memorierender Funktion, dass drei Personen eine Stunde lang Kirschen pflücken, zusammen. Aufgrund dieses *unachtsamen, spontanen Verschiebens* ändert sich die Bedeutung der ursprünglich mittleren vier Würfel hin zu weiteren vier Kilogramm Kirschen, die der Opa pflücken muss. Es findet somit eine von Nahla so *nicht beabsichtigte, unbewusste Umdeutung* statt, die sie einiges an Zeit und Anstrengung kostet, um die jeweiligen richtigen Pflückmengen erneut zu ermitteln und ebenfalls mit den Würfeln zu visualisieren. Dem gegenüber steht das *geregelte Verschieben* von Materialien. Dieses kann in unterschiedlichen Weisen stattfinden.

Ein Beispiel des geregelten Verschiebens zeigt uns Nahla mehrfach anhand ihrer besonderen Zählweise der als Pflückmenge dem Opa zugeordneten Würfel. Nahla verschiebt drei Würfel als drei Kilogramm Kirschen, um diese ebenfalls als halbe Stunden zu zählen (vgl. z. B. Z. 19, 35, 45). Das Verschieben dient hier dem Zweck, den ungeordneten Würfeln durch eine an ihnen vorgenommene Handlung eine gewisse Ordnung aufzuprägen und diese sichtbarer zu machen. Ein weiteres Beispiel dieses bewussten Verschiebens ist das Richtigstellen der zu ermittelnden Zwischenergebnisse, wobei die Suggestion des Materials eine nicht zu unterschätzende Rolle spielen könnte. Nach der dritten Bauphase hat Nahla die in Dreier-Schritten gezählten ungeordneten Würfel in eine die zuvor vorgenommene Handlung verdeutlichende, oberflächlich sichtbare Struktur transferiert (vgl. Z. 65). Die Würfel liegen als sechs Spalten von je drei Würfel in einem Rechteck. Allerdings liegen rechtsseitig zwei weitere Würfel, die aufgrund ihrer Anzahl nicht so richtig dazuzugehören scheinen. Es sind auch diese beiden Würfel, die Nahla schließlich zu den Pflückmengen der Kinder umlegt (vgl. Z. 73), um diese richtigerweise auf vier Kilogramm Kirschen zu erhöhen und Opas Menge um zwei auf achtzehn Kilogramm zu reduzieren. Das Entfernen bzw. Verschieben dieser beiden Würfel wurde durch die Ordnung des Rechtecks, in die sie zunächst nicht wirklich passten, nahegelegt und in der Interaktion von Nahla auch durchgeführt. Ein letztes hier auftretendes Beispiel des geregelten Verschiebens ist die Umwandlung des größeren Rechtecks in zwei kleinere, begleitet von entsprechend vorzunehmenden Umdeutungen. Nahla reduziert das aus sechs Spalten bestehende Rechteck auf vier Spalten (vgl. Z. 85), und legt diese separat; die zwei verbleibenden Spalten verweisen nun auf eine Stunde, in der der Opa mit den Kindern gemeinsam Kirschen pflückt. Dieses Verschieben kann als Ergebnis des veränderten Zeitverständnisses bei Nahla betrachtet werden. Die vorherige Darstellung ließ sich eher in der Form interpretieren, dass die Kinder eine Stunde gemeinsam pflückten und der Opa im Anschluss daran drei Stunden alleine arbeiten würde. Das Trennen des größeren Rechtecks in zwei kleinere und die Neupositionierung dieser entfernten sechs Würfel am oberen Tischrand (vgl. Z. 87) steht im Zusammenhang mit der Umdeutung von Opas Pflückzeit als zwei voneinander zu unterscheidende Abschnitte – einmal mit den Kindern mit und einmal alleine (vgl. Z. 79–91). Neben der Rekonstruktion von Nahlas Deutungen und deren Einordnung in das Theoriekonstrukt (Tab. 7.14) werden die daraus resultierenden bzw. weiteren benannten aufschlussreichen Konsequenzen in den daran anschließenden Punkten als Aufzählung zusammengefasst.

Tab. 7.14 Zusammenfassung von Nahlas rekonstruierten Sichtweisen der Phasen 1–7

Sichtweise		1	2	3	4	5	6	7
Alltagssicht	Re-Konstruktion und Darstellung des Sachverhalts	(x)	(x)				x	
Erster Übergang								
Zahlen-und-Größen-Sicht	Darstellung mathematischer Elemente	x	x					
	Arithmetische Verbindung mathemat. Elemente	x	x	x	x	x	x	
Zweiter Übergang								
Systemisch-relationale Sicht	Zeichenträger ohne Wechselbezüge			x		x		
	Zeichenträger mit lokalen Wechselbezügen					x	x	
	Zeichenträger mit globalen Wechselbezügen							

– Nahla begegnet der Anforderung, die Aufgabenstellung mit nur dem gleichartigen Material der Holzwürfel zu bearbeiten, indem sie zunächst die in der Textaufgabe benannten relevanten mathematischen Aspekte in die materiellen Zeichenträger überträgt. Folglich nimmt Nahla von Beginn der Bearbeitung arbiträre Zuschreibungen vor, ohne die einzelnen Zeichenträger oder die sachliche Situation (durch ikonische Relationen) auszuschmücken. Lediglich der aus dem *Alltag* vertraute Vorgang des Weggehens der Kinder wird von Nahla symbolisiert. Allgemein kommt den Würfeln hier neben ihrer *darstellenden Funktion* eine *memorierende Funktion* zu, bevor einzelne Würfel in einer zweiten Bauphase zunehmend *arithmetisch miteinander verknüpft* werden. An Nahlas Handlungen des Verschiebens von Würfeln in Dreier-Gruppen und ihrer besonderen Zählweise kann rekonstruiert werden, dass Nahla mehr als einen Referenten in die Zeichenträgerkonstellation hineindeutet und folglich eine *systemisch-relationale Sichtweise* einnimmt. Erst im Anschluss an diese Handlungen des bewussten Verschiebens findet eine oberflächliche Anordnung der Würfel statt, wodurch die Zeichenträger in partiellen Wechselbezügen zueinander stehen. Die so von Nahla konstruierte Darstellung besteht in der Interaktion zuweilen aus vier Teilen, die wiederum unterschiedlichen Sichtweisen zugeordnet werden. Folglich können *gleichzeitig* alle drei im Theoriekonstrukt enthaltenen Ebenen in ein und derselben Würfeldarstellung mit den entsprechend daran vorgenommenen Deutungen rekonstruiert werden. Nahlas Darstellung muss im Entstehungsverlauf also als *Mischform* charakterisiert werden. Während im Theoriekonstrukt die einzelnen Sichtweisen anhand spezifischer Kriterien voneinander unterschieden werden können, muss in der Praxis nicht zwangsweise eine solche Trennung vorliegen. In Nahlas Fall lässt sich die *Zahlen-und-Größen-Sicht* als dominierend identifizieren.

– In gewisser Weise hat sich Nahlas Darstellung entlang der im Theoriekonstrukt enthaltenen Sichtweisen entwickelt, wodurch die an den Zeichenträgern vorgenommenen Deutungen zunehmend an Komplexität gewinnen. Die drei Sichtweisen des Theoriekonstrukts bilden folglich hinsichtlich ihrer Komplexität durchaus eine Hierarchie ab. Diese Hierarchie bezieht sich allerdings nicht darauf, die Kompetenzen der Kinder einordnen und bewerten zu können. Stattdessen zeigt sie die an die Kinder gestellten *zunehmenden Anforderungen* der (mathematischen) Symboldeutung auf.

– Die in der Aufgabenstellung enthaltene Größe der *Zeit* stellt die Kinder vor die zusätzliche herausfordernde Anforderung, den beschriebenen zeitlichen Ablauf des Pflückvorgangs nachzuvollziehen. Für die Bearbeitung ist es erforderlich, das Pflücken einerseits als gemeinsame Tätigkeit zu verstehen und andererseits als nacheinander stattfindend.

– Bei der Aufgabenbearbeitung mit Materialien ist auffällig, dass viele Kinder wie Nahla mit den verfügbaren Gegenständen spielen und sie, in diesem Sinn benutzt, somit keine Funktion als Zeichenträger erhalten. Allerdings können diese Materialien spontan und unbeabsichtigt als Bestandteil der zu dem Zeitpunkt vorliegenden Darstellung interpretiert werden, sodass sie zu ungewollten Veränderungen (beispielsweise der im Aufgabentext vorgegebenen epistemologischen Bedingungen) führen. Diesem *unachtsamen, spontanen Verschieben* steht das *geregelte Verschieben* von Materialien gegenüber. Mit diesem gelingt es Nahla, drei Würfel in systemischer Relation als Pflückmenge und Pflückzeit des Opas zu deuten. Die Handlung an den ungeordneten Würfeln dient hierbei folglich dem Zweck, diesen durch das Verschieben eine gewisse Ordnung aufzuprägen. Möglicherweise erhält das Material bei solchen Handlungen eine gewisse *suggestive Funktion.*

7.3   Analyseszene *Halina: Holzwürfel als Zeichenträger* – Kontext ‚Kirschen‘ e)

Die dritte und letzte ausgewählte Analyseszene entstammt dem dritten Post-Interview mit Odelia und Halina. Nachdem mit *Nahla* in ausführlicher Weise ein Beispiel zur *Entstehung* einer Würfelrepräsentation als Lösung der Teilaufgabe e) betrachtet wurde, folgt nun ein Beispiel zur *Erklärung und weiteren Arbeit* mit der entstandenen Darstellung. Als Orientierung wird sowohl Halinas Materialdarstellung aufgeführt sowie die wichtigsten Elemente der zu bearbeitenden Aufgabenstellung genannt (vgl. Abb. 7.21).

In den Aufgabenteilen a) und b) des Kontextes *Kirschen I* wird ersichtlich, dass Jakob und Annika in einer halben Stunde jeweils 1 kg Kirschen pflücken. Im Aufgabenteil c) hilft der Opa den beiden Kindern, wobei dieser dreimal so schnell pflückt wie ein Kind. Bei der Teilaufgabe e) ist angegeben, dass Jakob, Annika und Opa gemeinsam eine Stunde Kirschen pflücken, bevor die beiden Kinder spielen gehen. Die zu beantwortende Frage lautet, wie viel Kilogramm Kirschen der Opa noch alleine weiter pflücken muss, damit insgesamt 22 kg Kirschen gepflückt wurden. (Antwort: Jedes Kind pflückt 2 kg und der Opa 6 kg ergo 10 kg in der ersten Stunde; Opa muss noch 12 kg pflücken und dafür braucht er zwei weitere Stunden.)

Abb. 7.21 Halinas Würfeldarstellung ‚Kirschen‘ e)

Für die ersten vier Analyseschritte wird wie bereits zuvor bei den anderen Analysen auf den Anhang verwiesen. Nach der zeitlichen Verortung der Szene in dem gesamten Interviewverlauf (Schritt 1), der Beschreibung des hinführenden Interaktionsverlaufs zum Start der Interviewszene (Schritt 2), der Erstellung bzw. Aufführung des Transkripts (Schritt 3) und der Phaseneinteilung mit zusammenfassender, möglichst objektiv gehaltener Wiedergabe der Szene (Schritt 4) als eher vorbereitende Elemente erfolgt im Unterkapitel 7.3.1 die *epistemologische Analyse (Schritt 5)* sowie in 7.3.2 die *Zusammenfassung der Analyse mit aufschlussreichen Konsequenzen* (Schritt 6) des Beispiels *Halina: Holzwürfel als Zeichenträger*. Insgesamt lässt sich die ausgewählte Szene (K3–1; 35:36–36:59 min und K3–2; 00:00–14:26 min) in *fünf Phasen* unterteilen, die gemäß der beschriebenen Analyseschritte (vgl. Abschnitt 6.4) nacheinander interpretiert werden. An dieser Stelle erscheint es sinnvoll, auf eine Besonderheit dieses letzten ausgewählten Beispiels hinzuweisen (vgl. auch Anhang Halina, *Analyseschritt 4*)

Die Szene besteht im Wesentlichen aus zwei Teilen. In beiden steht Halinas Darstellung im Mittelpunkt des interaktiven Austausches – allerdings mit unterschiedlichem Fokus. Im ersten Teil wird Halina dazu aufgefordert, ihre Darstellung der Interviewerin und Odelia zu erklären. Dabei nimmt Halina selbst einige Anpassungen vor und ihre Interaktionspartner stellen im Wesentlichen Verständnisfragen (Z. 1–119). Im zweiten Teil nimmt die Interviewerin eine aktive Rolle ein, indem sie die von Halina erstellte Würfelkonstellation durch Wegnehmen einzelner Würfelbauten und Verschiebungen verändert sowie die Deutungen der Kinder dazu erfragt (Z. 120–221). Es sei ausdrücklich darauf hingewiesen, dass die Szene somit eigentlich in die beiden benannten Oberphasen eingeteilt werden müsste, die sich jeweils in Unterphasen zergliedern, die wiederum selbst Unterphasen aufweisen. Damit die Phaseneinteilung sich nun nicht aufgrund dieser existierenden Zweiteilung in viele Unterphasen zergliedert, wird die ausgewählte Szene behandelt, als wären es *zwei* – Halinas Erklärung ihrer Darstellung (Teil 1) und Deutungen zu von der Interviewerin vorgenommenen Veränderungen (Teil 2). Da die Szenen direkt hintereinander erfolgen und um doppelten Benennungen vorzubeugen, wird die Nummerierung der Phaseneinteilung jedoch im zweiten Teil fortgesetzt und nicht neu begonnen. Bei der epistemologischen Analyse selbst (Schritt 5) und deren Zusammenfassung mit aufschlussreichen Konsequenzen (Schritt 6) wird das übliche Vorgehen angewandt.

7.3.1 Schritt 5: Interpretative Analyse der Szene unter epistemologischer Perspektive

Phase 1 (Z. 1–11): Die Bäume

Die Phase 1 setzt sich nicht aus weiteren Unterphasen zusammen, die gesondert voneinander interpretiert werden könnten. Deshalb folgt bereits im Anschluss an die detaillierte Analyse ihre ganzheitliche Betrachtung mit Einordnung der in dieser Phase präsenten Deutungen in das Theoriekonstrukt.

Phase 1 (Z. 1–11) Die Bäume

1	I	Okay Halina was hast du denn da gebaut?
2	H	Also das [*deutet in Richtung des linken zusammengesetzten Würfels*] hier solln jetz die Bäume sein #$_1$ ähm
3	I	#$_1$ Was genau zeig mal drauf.
4	O	(Wieso nomma) Bäume?
5	H	Das [*tippt auf den zusammengesetzten linken Würfel*] hier.
6	I	Das ein Baum. Wo hast du noch einen Baum?
7	H	Äh [*tippt auf den zusammengesetzten Würfel zwischen den beiden 10er-Pyramiden*] das hier und [*tippt auf den zusammengesetzten Würfel zwischen dem aufrechten Quader und der 30er- Pyramide*] #$_2$ das (.) das erkennt man weil [*tippt auf den zusammengesetzten Würfel neben der 40er-Pyramide*] die jetz [*legt die Hand um den Würfel, begradigt*] ähm ebend nur zwei haben und jetz nich irgendwie [*deutet auf das Rechteck vor der 40er-Pyramide*] so was sind oder [*deutet auf die 30er-Pyramide und das davor liegende Rechteck*] das und ähm-
8	O	#$_2$ Acht [*beugt sich vor, murmelt*] ähm (wöwö) acht (..) acht aufnander sind das.
9	I	Also hast du vier Bäume?
10	O	Hmhm.
11	H	Ähm ja #$_3$ ähm das hier solln- [*tippt auf das Quadrat links*] soll jetzt die Zeit anzeignnee nich die Zeit äh wie viel Kilo [*schiebt das Quadrat nach rechts vor die linke 10er-Pyramide*] eigentlich müsste das ja hier hin deshalb #$_4$ ähm (.) also das sind vier Kilo [...]

Zu Beginn der ersten Phase leitet die Interviewerin das gemeinsame Gespräch über Halinas Darstellung ein, indem sie diese auffordert, zu erklären, was sie gebaut habe (Z. 1). Diese Frage kann als Initiierung des ersten Teils des Transkripts (Z. 1–119) verstanden werden, in dem Halina selbst ihre Darstellung beschreibt, Anpassungen daran vornimmt und ihre Interaktionspartnerinnen im Wesentlichen Verständnisfragen stellen. Die nachfolgende Interaktion ist folglich darauf ausgerichtet, diese zu Beginn gestellte Frage zu beantworten, wobei unterschiedliche Teildarstellungen bzw. Inhalte fokussiert werden. Ein jeder Inhalt kann überdies als Unterphase aufgeführt werden. Es wird hier allerdings auf die Betrachtung des Transkripts als zwei große Phasen, die aus vielen Unterphasen bestehen, die wiederum ebenfalls Unterphasen aufweisen, verzichtet. Die hier zur Analyse herangezogenen

Phasen stellen somit im eigentlichen Sinn Unterphasen dieser beiden großen Transkriptteile dar, werden jedoch als eigenständige Phasen mit Unterphasen betrachtet, um eine Zergliederung in zu viele Unterphasen zu vermeiden. Eine Erläuterung dazu ist zu Beginn der Phaseneinteilung und objektiv gehaltenen Wiedergabe der Szene (Analyseschritt 4) im Anhang zu finden und soll nachfolgend nicht weiter thematisiert werden.

Halina beginnt die Erklärung ihrer Darstellung und Beantwortung der Frage der Interviewerin damit, dass sie in Richtung des linken zusammengesetzten und aus acht Holzwürfeln bestehenden Würfels deutet und erklärt, „hier solln jetzt die Bäume sein" (Z. 2). Der Interviewerin erscheint die Zeigegeste zu ungenau. Überdies spricht Halina von ‚Bäumen' in der Mehrzahl, deutet allerdings nur auf *eine* Würfelkonstellation. Deshalb fordert die Interviewerin Halina dazu auf, genau zu zeigen, wo sie diese Bäume sähe (Z. 3). Halina tippt daraufhin auf den bereits angedeuteten linken, zusammengesetzten Würfel (Z. 5) und präzisiert somit ihre bereits vorgenommene Aussage und Zeigegeste. Die Interviewerin benennt ihn als Baum und fragt, wo Halina einen weiteren habe (Z. 6). Halina tippt daraufhin nacheinander auf die anderen drei zusammengesetzten Würfel von links nach rechts: zuerst auf den Würfel zwischen den 10er-Pyramiden, dann auf den Würfel neben der 30er-Pyramide und zuletzt auf den Würfel neben der 40er-Pyramide. Sie erklärt überdies, dass man die Bäume daran erkenne, dass sie „ebend nur zwei haben" und nicht wie das Rechteck vor der 40er-Pyramide, die 30er-Pyramide oder das davor liegende Rechteck aussähen (Z. 7). Es ist anzunehmen, dass sich Halina auf die Kantenlänge des zusammengesetzten Würfels bezieht, die aus *zwei* Holzwürfeln besteht, sodass eine Fläche des zusammengesetzten Würfels entsprechend aus zwei mal zwei Holzwürfeln gebildet wird. Damit ist diese Fläche deutlich kleiner als bei den vor den beiden größeren Pyramiden befindlichen Rechtecken, die eine Seitenlänge von zwei mal drei bzw. zwei mal vier Holzwürfeln aufweisen. Offensichtlich sieht solch ein zusammengesetzter Würfel deutlich anders aus als die 30er-Pyramide, die aus mehr als nur *zwei Würfeln* bzw. *einer Kantenlänge von zwei Würfeln* besteht.

Odelia fügt parallel zu Halinas Erklärung hinzu, dass ein solcher als ‚Baum' bezeichneter, zusammengesetzter Würfel aus „acht [Holzwürfeln] aufnander" bestünde (Z. 8). Diese Anzahl wird nicht weiter thematisiert und Halina sowie die Interviewerin gehen auch nicht näher auf die von Odelia vorgenommene Feststellung ein. Die Interviewerin fasst Halinas Beschreibung fragend dahingehend zusammen, dass sie vier Bäume habe (Z. 9), was zuerst Odelia (Z. 10) und anschließend auch Halina (Z. 11) bejahen.

Ganzheitliche Analyse Phase 1

Zu Beginn der Erklärung ihrer Darstellung fokussiert sich Halina auf vier Gebilde. Diese setzen sich aus acht Holzwürfeln zusammen, wie Odelia festgestellt hat (Z. 8), und lassen sich als zusammengesetzte Würfel mit einer Kantenlänge von zwei bzw. einer Fläche von zwei mal zwei Holzwürfeln beschreiben. Diese Anzahl ‚zwei' wird auch von Halina als Besonderheit hervorgehoben und zur Unterscheidung von den Pyramiden und davor positionierten Rechtecken herangezogen (Z. 7). Die vier zusammengesetzten Würfel werden unter Einbezug von expliziten Zeigegesten als *vier Bäume* benannt. Damit greift Halina einen aus dem Aufgabentext bekannten Sachverhalt auf und stellt diesen in ihrer Würfelkonfiguration dar. Das sachliche Element der Bäume ist mathematisch betrachtet irrelevant und muss deshalb kein Bestandteil der materiellen Repräsentation der Lösung sein. Halina hat sich jedoch entschieden, die Bäume separat aufzuführen. Aufgrund der Materialvorgabe ‚nur Holzwürfel' kann allerdings nicht angenommen werden, dass eine bewusste Entscheidung dafür vorliegt, diesen einem (Baum-)Stamm ähnelnden, zusammengesetzten Würfel aus Holzwürfeln zu bauen. Mit der Kenntnis von Halinas Darstellung im zweiten Post-Interview zum selben Kontext mit vielfältigen Materialien kann dies allerdings begründet angenommen werden. Dort hat sie bereits *ihre Bäume* aus Holzwürfeln bestehend gebaut – und zwar in genau gleicher Weise wie hier, obwohl ihr durchaus anderes Material dafür zur Verfügung stand. Die Holzwürfel weisen somit als Zeichenträger aufgrund ihres Materials *Holz* sowie ihrer Bauweise als *Stamm* eine gewisse Ähnlichkeit zu ihrem Referenten *Baum* auf. Halina orientiert sich hier auf den Nachbau eines sachlichen Elements und nutzt die semiotischen Mittel zur Repräsentation von dinglichen, visuell wahrnehmbaren Eigenschaften dieses sachlichen Elements. Die vier zusammengesetzten, aus acht Holzwürfeln bestehenden Würfel als Gebilde sowie Halinas Deutung dieser als *vier Bäume* in Phase 1 werden deshalb der *Alltagssicht* zugeordnet. Die Zusammenfassung von Halinas rekonstruierten Sichtweisen der Phase 1 kann der nachfolgenden (Tab. 7.15) entnommen werden.

Tab. 7.15 Zusammenfassung von Halinas rekonstruierten Sichtweisen der Phase 1

Sichtweise		Halina P1
Alltagssicht	Re-Konstruktion und Darstellung des Sachverhalts	x
Erster Übergang		
Zahlen-und-Größen-Sicht	Darstellung mathematischer Elemente	
	Arithmetische Verbindung mathematischer Elemente	
Zweiter Übergang		
Systemisch-relationale Sicht	Zeichenträger ohne Wechselbezüge	
	Zeichenträger mit lokalen Wechselbezügen	
	Zeichenträger mit globalen Wechselbezügen	

Phase 2 (Z. 11–52): Die Pflückzeit und Pflückmenge der Kinder – die linke Teildarstellung

Die Phase 2 lässt sich in vier Unterphasen unterteilen: die Pflückzeit und -menge der Kinder und deren Anpassung (2.1; Z. 11–18), die fehlenden Kilogramm Kirschen Teil I (2.2; Z. 18–29), die Pflückmenge der Kinder und ihre Darstellung (2.3; Z. 30–37) und die Kirschen und ihre Darstellung (Z. 38–52). Sie werden getrennt voneinander betrachtet und analysiert, bevor sie in der anschließenden ganzheitlichen Analyse zusammengeführt werden. Der Unterphase 2.2 kommt dabei allerdings eine gewisse Sonderstellung zu. Wie die Phaseneinteilung bereits nahelegt, werden die *fehlenden Kilogramm Kirschen* in mehreren *Teilen* betrachtet. Für die Unterphase 2.2 können hier eher Vermutungen zur Rekonstruktion von Halinas Deutung aufgestellt werden. In der Rückschau mit ihren weiteren, die fehlenden Kirschen thematisierenden Teilen, muss die Unterphase deshalb nachträglich analysiert und die Deutung entsprechend in das Theoriekonstrukt eingeordnet werden. Die Unterphase selbst wird sehr detailliert betrachtet, in der ganzheitlichen Analyse (zunächst) jedoch eher vernachlässigt. Es wird auf die Analyse der Phase 4 verwiesen.

Phase 2.1 (Z. 11–18) Die Pflückzeit und -menge der Kinder und deren Anpassung

11	H	Ähm ja #$_3$ ähm das hier solln- [*tippt auf das Quadrat links*] soll jetz die Zeit anzeignee nich die Zeit äh wie viel Kilo [*schiebt das Quadrat nach rechts vor die linke 10er-Pyramide*] eigentlich müsste das ja hier hin deshalb #$_4$ ähm (.) also das sind vier Kilo weil ich hab ja immer nur fünf für ein Kilo genomm also [*tippt beim Zählen mit dem Fingern zwischen die linke 10er-Pyramide und das davor liegende Quadrat*] eins zwei drei vier fünf #$_5$ [*runzelt die Stirn, tippt noch einmal im Zählrhythmus zwischen Pyramide und Quadrat*] hä warum hab ich denn hi- #$_6$ [*nimmt die vorderen zwei Holzwürfel aus dem Quadrat*] da hab ich [*nimmt die vorderen zwei Holzwürfel aus dem Quadrat vor der rechten 10er-Pyramide und schiebt alle vier entfernten Würfel nach links*] zwei zu viel.
12	I	#$_3$ Hmhm
13	O	#$_4$ Also vier
14	O	#$_5$ Hä? Ich versteh nich-
15	O	#$_6$ Hä ähm helfen (.) helfen da nich [*tippt links neben den Zweier-Würfelturm*] Annika und ähm Jakob nochmal mit hier?
16	H	Ja ich- #$_7$
17	I	#$_7$ Lass Halina erstmal zu Ende erklärn.
18	H	Zwei also die beiden solln [*nimmt den linken Würfelturm in die Hand*] ähm [*stellt den Würfelturm hin und hebt den oberen Würfel an*] eine halbe Stunde immer zeigen [*hebt den Würfelturm an*] heißt zwei Stunden [*hebt den Würfelturm an*] (.) äh eine Stunde so und ähm [*deutet auf die verbleibenden zwei Holzwürfel vor der linken 10er-Pyramide*] die haben jetzt hier in der ein Stunde ebent ähm [*tippt die einzelnen Holzwürfel in der Pyramide an*][*flüstert, leiser werdend*] eins zwei drei [*fährt weiter mit dem Finger an der Pyramide entlang*] warte mal [*verfolgt noch einmal den gleichen Weg mit dem Finger*] ja äh [*deutet mit dem Zeigefinger nach links, in Richtung der linken 10er-Pyramide, des linken Würfelturms, des linken Würfels und den beiden Holzwürfel aus dem linken Quadrat*] z- zwei Kilo (.) gesammelt ä-ähm also einmal [*beugt sich vor, tippt mit dem Finger zwischen Würfelturm und Quadratrest*] Jakob und [*tippt mit dem Finger vor den rechten Quadratrest*] auch Annika. **Das sind #$_8$ wären (..) dann bräucht ich aber eignlich noch mehr Kilo.**

Nachdem Halina die Bedeutung der vier zusammengesetzten Würfel als Bäume beschrieben hat, wendet sie sich dem aus vier Würfeln bestehenden Quadrat links außen vor dem linken zusammengesetzten Würfel zu. Dieses soll die Zeit anzeigen bzw. „wie viel Kilo", wie sie sich selbst verbessert (Z. 11). Anschließend schiebt sie das Quadrat vor die linke 10er Pyramide und kommentiert, dass dieses eigentlich dorthin müsse. Ihr nachgeschobenes „deshalb" könnte darauf hinweisen, dass sich Halina mit der Benennung der richtigen Größe aufgrund der falschen Platzierung des Quadrats vertan haben könnte. Möglicherweise bedeutet also die Platzierung *links* vor der 10er-Pyramide bzw. vor dem zu der Pyramide zugehörigen ‚Baum', dass es sich um ein Holzwürfelgebilde handelt, dass die Zeit darstellt, während eine Platzierung *vor* der Pyramide auf die gepflückten Kilogramm Kirschen verweist. Odelia schlussfolgert nach dieser ersten Erklärung, dass es sich um vier Kilogramm handeln müsse (Z. 13). Vermutlich hat sie dafür die in dem Quadrat befindlichen Würfel gezählt.

Halina fährt fort, indem sie Odelia bestätigt und das verschobene Quadrat als „vier Kilo" bezeichnet (Z. 11). Sie erklärt diese vier Kilogramm damit, dass sie „immer nur fünf für ein Kilo genomm" habe und zählt anschließend fünf Würfel der linken 10er-Pyramide. Augenscheinlich besteht somit eine Beziehung zwischen der Anzahl der Würfel des Quadrats und der der 10er-Pyramide. Womöglich stehen fünf Würfel der in dieser Pyramide enthaltenen Holzwürfel für ein Kilogramm Kirschen. Eine solche Verbindung wird von Halinas Gestik insofern unterstützt, dass sie zwischen den beiden Bauwerken hin und her zeigt. Zusätzlich scheint die von ihr gezählte Anzahl zu Verwirrung zu führen, da Halina die Stirn runzelt und einen erneuten Zählversuch vornimmt. Ihre Irritation drückt sie sprachlich durch das Wort „hä" sowie der beginnenden Formulierung der Frage „warum hab ich denn hi-" aus. Das Zählen der in der linken 10er-Pyramide enthaltenen ersten fünf Würfel und die augenscheinlich vorgenommene Schlussfolgerung bezüglich der Anzahl der weiteren Holzwürfel führen dazu, dass Halina jeweils die beiden vorderen Würfel der beiden Quadrate mit dem Kommentar entfernt, „zwei zu viel" zu haben (Z. 11). Damit wird der vermutete Zusammenhang zwischen 10er-Pyramide und davor liegendem Quadrat unterstützt. Fünf Würfel innerhalb der Pyramide werden als ein davor liegender Holzwürfel repräsentiert. Da die Pyramiden aus jeweils zehn Würfeln bestehen, müssen folglich jeweils zwei Holzwürfel als Rechteck vor den beiden kleinen Pyramiden liegen, wie dies Halina auch verbessert. Es bleibt offen, warum diese Beziehung der beiden Würfelgebilde zueinander über die Zuordnung ihrer Anzahlen besteht und welche Bedeutung ein Würfel in der Pyramide enthält. Es kann aufgrund des Kontextes nur vermutet werden, dass ein solcher Würfel gegebenenfalls für eine Kirsche steht, sodass in Halinas Vorstellung fünf Kirschen – also fünf Holzwürfel in der Pyramide – zusammen ein Kilogramm Kirschen – also einen Holzwürfel vor der Pyramide – ergeben.

Während dieser von Halina vorgenommenen Zählungen und Anpassung ihrer Darstellung äußert Odelia ihr Nicht-Verstehen (Z. 14) bzw. ihre Irritation darüber, ob Jakob und Annika hier mithelfen würden (Z. 15). Diese Äußerungen werden von Halina zunächst nicht beachtet, bzw. scheint sie Odelias Frage zu bejahen (Z. 16), bevor sie von der Interviewerin unterbrochen wird. Diese möchte Halina zunächst die Gelegenheit geben, ihre Darstellung zu Ende zu erklären (Z. 17), bevor weitere Fragen gestellt werden, die womöglich innerhalb dieser Erklärung beantwortet werden. Halina erläutert die weiteren Bestandteile der linken Teildarstellung (Z. 18). Dafür nimmt sie den linken Zweier-Würfelturm mit dem Kommentar „Zwei also diese beiden solln" in die Hand. Halina stellt den Würfelturm zurück und hebt den oberen Würfel an. Dieser zeige „eine halbe Stunde". Erneut hebt Halina beide Würfel des Turms mit dem Kommentar „heißt zwei Stunden (.) äh eine Stunde so" an. Wie bereits vermutet wurde, weisen die Würfel in den Zweier-Türmen aufgrund ihrer Platzierung linksseitig vor der Pyramide auf eine Zeiteinheit hin. Zusätzlich unterscheiden sie sich ebenfalls in ihrer Gestalt von den anderen Würfelbauten. Zu diesen stellt Halina in ihrer weiteren Erklärung eine Verbindung her. In der von ihr benannten einen Stunde haben „die" „zwei Kilo gesammelt", „also einmal Jakob und auch Annika". Dabei deutet Halina auf die unterschiedlichen Bestandteile der Teildarstellung. Zunächst tippt sie die einzelnen Holzwürfel der linken 10er-Pyramide an und zählt diese. Sie gelangt zu dem Schluss, dass es zwei Kilo seien, die in dieser einen Stunde gepflückt werden. Halina deutet mit dem Zeigefinger nach links in Richtung des linken Würfelturms, des linken zusammengesetzten Würfels, der linken 10er-Pyramide und der beiden davor liegenden, verbliebenen Holzwürfel. Sie tippt mit dem Kommentar „also einmal Jakob" zwischen diesem Quadratrest und dem Würfelturm sowie mit dem Kommentar „auch Annika" vor den rechten Quadratrest (Z. 18). Mit diesem komplexen Zusammenspiel aus Gestik und sprachlichen Äußerungen erklärt Halina die linken Würfelbauten Jakob zugehörig und die rechten Annika. Als Rekonstruktion der von Halina vorgenommenen Deutung kann angenommen werden, dass sie Jakobs Pflückmenge in dem linken Quadratrest bzw. der linken 10er-Pyramide repräsentiert sieht und seine Pflückzeit in dem linken Zweier-Turm. Außerdem scheint Jakob mit dem linken zusammengesetzten Würfel seinem eigenen ‚Baum' zugeordnet zu werden. Das gilt analog für Annika, zu der die rechten Würfelbauten der Teildarstellung zu gehören scheinen. Damit ordnet Halina die Würfelbauten zwar den Kindern als Pflückkräfte zu, jedoch werden die Kinder selbst nicht mit Hilfe des Materials repräsentiert. Der jeweilige Baum, die jeweilige Pflückmenge und die jeweilige Pflückzeit werden dagegen durch eigene Würfelrepräsentationen dargestellt. Halina schließt ihre Aussage damit ab, dass sie eigentlich noch mehr Kilogramm bräuchte, womit die nächste Unterphase eingeleitet wird.

Phase 2.2 (Z. 18–29) Fehlende Kilogramm Kirschen Teil I

18	H	[...] z- zwei Kilo (.) gesammelt ä-ähm also einmal [*beugt sich vor, tippt mit dem Finger zwischen Würfelturm und Quadratrest*] Jakob und [*tippt mit dem Finger vor den rechten Quadratrest*] auch Annika. Das sind #$_8$ wären (..) dann bräucht ich aber eignlich noch mehr Kilo.
19	O	#$_8$ Aaaah!
20	O	Würfel?
21	I	Nochmal das hab ich jetzt nicht verstanden mit Annika und Jakob.
22	H	Weil ähm hier warte mal hier [*deutet auf das Rechteck vor der 30er-Pyramide*] ham wa sechs (.) sechs und acht [*deutet auf das Rechteck vor der 40er-Pyramide*] sind [*flüsternd*] zwölf

Fortsetzung des Transkripts im neuen Videoabschnitt K3–2 ab 00:00 (bis Ende Gesamtszene 07:23)

23	I	Wir gucken gleich mal.
24	O	#$_9$ [*spielt mit den vier Holzwürfeln, die Halina zur Seite gelegt hat*] Sech- sechs und zwei sind acht (..)
25	H	#$_9$ (Fünfzehn,) sechzehn, siebzehn [*tippt vor die beiden Holzwürfel vor der rechten Pyramide*] achtzehn, neunzehn [*tippt vor die beiden Holzwürfel vor der linken Pyramide*].
26	O	Meins du zwölf plus acht? [*Zieht die Holzwürfel von der Materialdarstellung weg.*]
27	I	Halina wir gucken gleich mal. Fang mal von vorne an und wir gucken gleich was #$_{10}$ dir noch fehlt.
28	H	#$_{10}$ Ich bräuchte hier noch drei Kilo gleich [*deutet Richtung der großen Pyramide*].
29	I	Dann bekommst du gleich noch was.

Zu Beginn der Unterphase äußert Halina „Das sind wären" und macht anschließend eine zwei Sekunden lange Pause, bevor sie feststellt, dass sie „eignlich noch mehr Kilo" bräuchte (Z. 18). Aufgrund dieser ergebnisorientierten Formulierung mit anschließendem Überlegen kann vermutet werden, dass Halina eine Art Berechnung vornimmt. Sie erklärt ihre Gedanken nicht näher, sondern beurteilt, dass sie zu wenig Kilogramm habe. In der vorherigen Unterphase hat Halina jeweils zwei Holzwürfel aus den beiden vor den 10er-Pyramiden liegenden Quadraten entfernt. Diese ehemals zusammen acht Holzwürfel standen in ihrer ursprünglichen Bedeutung für acht Kilogramm. Durch das Entfernen von vieren davon hat Halina die Pflückmenge der einzelnen Kinder um jeweils zwei Kilogramm und dadurch auch die in ihrer Darstellung abgebildete Gesamtpflückmenge um insgesamt vier Kilogramm reduziert. In ihrer Aussage bezieht sich Halina vermutlich darauf, dass sich in ihrer gesamten Darstellung nun zu wenig Holzwürfel mit der Bedeutung von einem Kilogramm Kirschen befinden, um die in der Aufgabenstellung vorgegebene Gesamtpflückmenge von 22 Kilogramm zu erhalten. Durch das Entfernen der Würfel als Pflückmenge der Kinder müssten diese vier (entfernten) Kilogramm entsprechend zu der Pflückmenge des Opas umverteilt werden. Es muss geprüft werden, ob sich in Halinas nachfolgenden Aussagen weiterführende Hinweise finden lassen, die diese Interpretation stützen.

Odelia fragt im Anschluss an Halinas Feststellung, zu wenig Kilogramm zu haben, ob diese noch mehr Würfel bräuchte (Z. 20). Es bleibt unklar, ob Odelia Halinas Überlegungen folgen konnte und die angesprochenen Würfel mit jeweils einem Kilogramm gleichsetzt. Halina bleibt ihr eine Antwort schuldig. Die Interviewerin versucht unterdessen, Halina zu bremsen, und erklärt, dass sie das „mit Annika und Jakob" noch nicht verstanden habe und bittet mit Hilfe des Wortes „Nochmal" um eine Präzisierung ihrer bisherigen Erklärung (Z. 21), bevor Halina weitere Veränderungen vornimmt. Halina beachtet auch diese Aufforderung nicht weiter. Sie konzentriert sich stattdessen auf die von ihr gelegten Würfel und die Ermittlung eines Ergebnisses (Z. 22). Dazu zeigt sie auf das Rechteck vor der 30er-Pyramide und kommentiert „hier ham wa sechs". Diese „sechs" möchte sie zu „acht" hinzufügen, was durch das Wort „und" nahegelegt wird. Diese „acht" sieht Halina augenscheinlich im Rechteck vor der 40er-Pyramide, auf welches sie bei der Nennung der Zahl deutet. Sie flüstert anschließend das von ihr ermittelte Ergebnis „zwölf", welches ebenfalls für die Durchführung der additiven Operation spricht – wenn auch eine falsche Summe bestimmt wurde. Die Interviewerin möchte Halinas Überlegungen auf später verschieben (Z. 23). Odelia scheint Halinas Berechnung prüfen zu wollen, zumindest gelangt sie zu der Schlussfolgerung: „sechs und zwei sind acht" (Z. 24). Halina scheint währenddessen weiterhin mit ihrer Berechnung beschäftigt zu sein (Z. 25). Es ist nicht eindeutig verständlich, jedoch sagt sie vermutlich, dass sie „fünfzehn" und damit womöglich ihr zuvor berechnete Ergebnis von „zwölf" verbessert, bzw. die Zahl Zwölf lediglich als Zwischenergebnis bestimmt haben könnte. Anschließend zählt Halina weiter und benennt die Holzwürfel vor der rechten 10er-Pyramide als „sechzehn, siebzehn" und die beiden Holzwürfel vor der linken 10er-Pyramide als „achtzehn, neunzehn". Odelia versucht, Halinas Überlegungen nachzuvollziehen, und möchte wissen, ob diese „zwölf plus acht" gerechnet habe (Z. 26). Die Interviewerin unternimmt einen weiteren Versuch, Halinas Berechnung und möglicherweise ausstehende Veränderung der Materialdarstellung auf später zu verschieben. Stattdessen solle Halina mit ihrer Erklärung von vorne anfangen, bevor geschaut wird, was ihr noch fehle (Z. 27). Damit erinnert die Interviewerin daran, dass sie Halinas bisherige Erklärung noch nicht verstanden habe und um weitere Präzisierung, insbesondere bezüglich Annika und Jakob, gebeten hat. Halina gelangt unterdessen zu der Schlussfolgerung, dass sie noch „drei Kilo" bräuchte, wobei sie in Richtung der großen 40er-Pyramide deutet (Z. 28). Sie äußert sich also nicht weiter zu den von der Interviewerin und Odelia angesprochenen Inhalten. Die Interviewerin sichert Halina daraufhin zu, dass diese gleich noch weitere Würfel bekommen könnte, womit die Unterphase 2.2 und damit auch die Thematisierung der fehlenden Kilogramm Kirschen (vorläufig) endet.

Für die Phase 2.2 ist anzunehmen, dass Halina in ihren Überlegungen die von ihr in die Darstellung hineingesehen Kilogramm Kirschen ermitteln möchte. Diese scheinen sich auf insgesamt vier Würfelbauten zu beziehen und zwar auf die jeweiligen vor den Pyramiden positionierten Rechtecke. Dies wird insbesondere durch Halinas (Weiter-)Zählen der Würfel in den Rechtecken vor den 10er-Pyramiden deutlich, die sie bereits als jeweils zwei Kilogramm benannt hat. Analog zu dieser Deutung könnten die beiden Rechtecke vor den größeren Pyramiden als Kilogramm gedeutet werden, da ansonsten die Bestimmung der Gesamtanzahl der in allen vier Rechtecken enthaltenen Holzwürfel wenig sinnhaft wäre.

Das Rechteck vor der 30er-Pyramide besteht aus sechs Würfeln, das Rechteck vor der 40er-Pyramide aus acht, die zunächst von Halina irrtümlicherweise zu „fünfzehn" addiert werden. Anschließend werden die den Kindern zugeordneten Kilogramm Kirschen in den Rechtecken vor den beiden 10er-Pyramiden dazu gezählt, sodass Halina auf insgesamt „neunzehn" von ihr verbauten Kilogramm Kirschen kommt. Aus der Aufgabenstellung ist bekannt, dass die drei Personen Annika, Jakob und Opa insgesamt 22 Kilogramm Kirschen pflücken sollen. Deshalb ist es nur naheliegend, dass Halina „drei Kilo" zu dem von ihr ermittelten Ergebnis „neunzehn" fehlen, um diese 22 zu erhalten. Die bisher noch nicht thematisierten Rechtecke vor den größeren Pyramiden müssten folglich als Pflückmengen dem Opa zugeordnet werden. Die Zweiteilung seiner Pflückmenge kann überdies darin begründet sein, dass Opa zunächst mit den beiden Kindern mitpflückt, und zwar eine Stunde lang, bevor die Kinder spielen gehen. In dieser Stunde schafft Opa sechs Kilogramm, wie sich schnell errechnen lässt. Diese sechs Kilogramm könnten möglicherweise in dem Rechteck vor der 30er-Pyramide repräsentiert sein. Die „acht" Würfel als vermutete acht Kilogramm vor der 40er-Pyramide könnten so folglich die noch zur vorgegebenen Gesamtpflückmenge fehlenden Kilogramm darstellen. Gestützt werden diese Vermutungen durch Halinas Zeigegeste auf die 40er-Pyramide während ihrer (irrtümlichen) Feststellung, dass sie „hier noch drei Kilo" benötige. Zudem ist die Pflückmenge der drei Personen innerhalb der ersten Stunde unveränderlich, deshalb müssen diese „drei Kilogramm" bei Opas *alleiniger* Pflückzeit und -menge fehlen. Entsprechend müssen diese drei Kilogramm als drei

(bzw. richtigerweise als vier) Würfel zu dem Rechteck vor der 40er-Pyramide hinzugefügt werden, sodass der Rückschluss, es handle sich hierbei um die Pflückmenge
des Opas, nachdem die beiden Kinder spielen gegangen sind, bestätigt erscheint.

Die Rekonstruktion von Halinas Deutung in dieser Unterphase ergibt, dass Halina
sich augenscheinlich über das vorherige Entfernen der Würfel bei den Pflückmengen
der beiden Kinder bewusst ist. Sie erinnert sich scheinbar nicht länger an die genaue
Anzahl der entfernten (vier) Würfel und versucht deshalb mit Hilfe der in Form von
Rechtecken verbauten Würfel die in ihrer Würfelkonfiguration dargestellte Gesamtmenge an Kilogramm Kirschen zu ermitteln. Aus Halinas vorheriger Erklärung ist
bereits bekannt, dass die beiden Rechtecke vor den 10er-Pyramiden den beiden Kindern als Pflückmengen von je zwei Kilogramm in einer Stunde zugeordnet werden.
Annika und Jakob helfen nicht weiter mit, entsprechend müssen sich die anderen
Würfelbauten auf die Pflückmengen und -zeiten des Opas beziehen. Es ist anzunehmen, dass das aus sechs Würfeln bestehende Rechteck vor der 30er-Pyramide analog
zu der Darstellung der Pflückmenge der Kinder die sechs Kilogramm des Opas in
einer Stunde repräsentiert. Entsprechend muss das Rechteck vor der 40er-Pyramide
die nach dieser ersten Stunde noch vom Opa alleine zu pflückenden Kilogramm Kirschen anzeigen. Gestützt wird dies durch Halinas Zeigegeste mit dem Kommentar,
dass eben dort „noch drei Kilo" fehlten.

Halinas hier vorgenommene Deutung wird in der Interaktion nicht näher von
der Interviewerin (oder Odelia) aufgegriffen. Es ist jedoch anzunehmen, dass die
in der Unterphase 2.1 insgesamt vier entfernten Würfel im Transkriptverlauf zur
Ermittlung der Lösung der Aufgabenstellung aufgegriffen werden müssen, sodass
die Auseinandersetzung damit weitere Hinweise für Halinas Umgang mit dem
Umstand, ,zu wenig Kilo zu haben', liefert. In der Phaseneinteilung (Anhang:
Halina, Analyseschritt 4) wird erkennbar, dass die in Halinas Darstellung fehlenden
Kilogramm Kirschen noch ein weiteres Mal zur Sprache kommen (vgl. Phase 3.2,
Zeile 53–61). Im Anschluss wendet sich die Aufmerksamkeit der Beteiligten der
rechten Teildarstellung zu, also der 40er-Pyramide mit den in ihrer Nähe platzierten
Holzwürfelbauten. Halina passt dabei ihre Darstellung an (Phase 4.1, Zeile 73–89;
vgl. auch Phase 4.4, Zeile 101–112). In der ganzheitlichen Analyse der Phase 2
wird die Unterphase 2.2 deshalb bewusst vernachlässigt. Stattdessen werden alle
vier Teile zur Diskussion um die fehlenden Kilogramm Kirschen (Phase 2.2, 3.2,
4.1, 4.4) in der Rückschau gemeinsam bei der Analyse der Phase 4 betrachtet.

Phase 2.3 (Z. 30–37) Die Pflückmenge der Kinder und ihre Darstellung

30	H	Ähm also- Das hier soll jetzt [*greift nach den beiden Holzwürfeln vor der linken 10er-Pyramide*] der Ki- ähm die Kilo anzeigen. Das hier sind jetz eben zwei- also zwei Kilo [*hält die Hand über den beiden Holzwürfeln vor der rechten 10er-Pyramide*] hier #$_{11}$ auch [*bewegt die Hand in Richtung der beiden großen Pyramiden*]-
31	O	#$_{11}$ Aaahhh
32	I	Warte, das sind jetzt die zwei Kilo, die Jakob in einer Stunde gepflückt hat?
33	H	#$_{12}$ [*Tippt auf die beiden Holzwürfel vor der linken Pyramide*] Ja hier #$_{13}$ und [*tippt auf die beiden Holzwürfel vor der rechten Pyramide*] hier auch Annika-#$_{14}$
34	O	#$_{12}$ [*Nickt betont*] Hmhm.
35	I	#$_{13}$ Unt-
36	I	#$_{14}$ Ja wo seh ich jetzt die zwei Kilo das hab ich noch nicht#$_{15}$ verstanden.
37	H	#$_{15}$ [*Tippt auf die beiden Holzwürfel vor der rechten Pyramide*] Das hier. Also die [*trennt die beiden Holzwürfel, nimmt den linken in der Hand hoch, setzt ihn wieder ab*] beiden also das soll ein Kilo sein und [*hebt den anderen Holzwürfel kurz hoch und setzt ihn wieder ab*] das hier auch ein Kilo also zusamm zwei (.) Kilo [*deutet auf den Würfel links*] das hier sind wie gesagt die Bäume und das [*umgreift mit der Hand locker die linke 10er-Pyramide, zieht dann die Hand zurück*] hier solln jetzt sozusan die Kirschen sein ich habs nur aufgesch-

In der vorherigen Unterphase hatte Halina festgestellt, dass sie noch drei Kilogramm bräuchte (vgl. Z. 18 und 28). Während ihrer Überlegungen hatte die Interviewerin mitgeteilt, dass sie Halinas vorgenommene Erklärung zur linken Teildarstellung, bestehend aus den beiden 10er-Pyramiden und den in ihrer Nähe positionierten weiteren Holzwürfelbauten, bzw. das „mit Annika und Jakob" noch nicht verstanden habe (vgl. Z. 21). Deshalb hatte die Interviewerin Halina aufgefordert, ihre Ausführungen noch einmal zu erklären (vgl. Z. 21) bzw. mit ihrer Erklärung von vorne anzufangen, bevor die fehlenden Kilogramm Kirschen weiter thematisiert werden (vgl. Z. 27). Mit Beginn der Unterphase 2.3 kommt Halina der Bitte der Interviewerin nach und wiederholt ihre erste Erklärung ihrer Darstellung.

Halina greift nach den beiden Holzwürfeln vor der linken 10er-Pyramide und sagt, dass diese „die Kilo anzeigen" sollen. Sie hält anschließend ihre Hand über die beiden Holzwürfel vor der rechten 10er-Pyramide, die „zwei Kilo" darstellen würden. Halina bewegt ihre Hand in Richtung der beiden größeren Pyramiden und merkt an, dass es „hier auch" so sei (Z. 30). In dieser Aussage macht Halina deutlich, dass die jeweiligen beiden Holzwürfel vor den kleineren Pyramiden Kilogramm bedeuten und benennt explizit für die beiden Würfel vor der rechten Pyramide, dass es sich um „zwei Kilo" handele. Entsprechend ihrer Beschreibung und unter Einbezug der in Phase 2.1 gegebenen Erklärung (vgl. Z. 18) handelt es sich bei den Rechtecken vor den kleineren Pyramiden folglich um Pflückmengen. Odelia scheint Halina zu verstehen (Z. 31). Die an Halinas Aussage anschließende Zeigegeste in Richtung der größeren Pyramiden mit dem Kommentar „hier auch" lässt die Schlussfolgerung zu, dass dort die vor den Pyramiden befindlichen Rechtecke ebenfalls als Kilogramm Kirschen zu verstehen sein sollen, was als weiterer Beleg für die vorgenommene Rekonstruktion von Halinas Deutung in der vorherigen Unterphase 2.2 verstanden werden kann.

Die Interviewerin unterbricht Halina und möchte präziser wissen, ob „das" (vermutlich die beiden von Halina gezeigten Würfel vor der rechten 10er-Pyramide) die zwei Kilo seien, „die Jakob in einer Stunde gepflückt hat" (Z. 32). Halina antwortet „Ja hier" und tippt auf die beiden Holzwürfel vor der linken 10er-Pyramide. Sie fährt fort, dass die beiden Holzwürfel vor der rechten Pyramide „hier auch Annika" seien (Z. 33). Die Interviewerin setzt zu einer Anmerkung an (Z. 35) und äußert schließlich, dass sie noch nicht verstanden habe, wo genau sie die zwei Kilogramm sehen könne (Z. 36). Halina tippt auf die beiden Holzwürfel vor der rechten Pyramide und sagt „Das hier". Sie erklärt, dass der linke dieser beiden Würfel ein Kilogramm sei, indem sie diesen anhebt. Halina hebt den rechten Würfel an, der „hier auch ein Kilo" sei. Sie schlussfolgert, dass sie „also zusammen zwei (.) Kilo" darstellen sollen. Daraufhin erklärt Halina die anderen Würfelbauten. Der linke zusammengesetzte Würfel sei „die Bäume". Aufgrund des Plurals und unter Einbezug der Phase 1 kann vermutet werden, dass sie ebenfalls den zweiten zusammengesetzten Würfel als Baum neben der rechten 10er-Pyramide in ihre Erklärung mit einschließt. Zum Ende ihrer Aussage umfasst Halina die linke 10er-Pyramide mit den Worten „hier solln jetzt sozusan die Kirschen sein ich habs nur aufgesch", (Z. 37) wo sie schließlich von der Interviewerin unterbrochen wird, was die Unterphase 2.4 einleitet. Augenscheinlich kommt der Pyramide eine Bedeutung als „Kirschen" zu, die womöglich in Zusammenhang mit der Aussage, sie habe „immer nur fünf für ein Kilo genommen", wobei sie fünf Würfel der linken 10er-Pyramide zählend antippt (vgl. Z. 11), steht. Die Bedeutung der Pyramiden wird anlässlich der von Halina hier vorgenommenen Aussage, dass es „die Kirschen" seien (Z. 37) auf Rückfrage der Interviewerin in der Unterphase 2.4 näher besprochen.

In der Unterphase 2.3 werden damit im Wesentlichen Aspekte aufgegriffen, die bereits in der Unterphase 2.1 thematisiert wurden. Aufgrund des geäußerten Nicht-Verstehens der Interviewerin erklärt Halina die Bedeutung der einzelnen Würfelbauten in der linken Teildarstellung. Es lässt sich rekonstruieren, dass die jeweiligen, in Rechtecken angeordneten Würfel vor den Pyramiden die Pflückmengen darstellen. Dies scheint sowohl für die Rechtecke vor den kleinen als auch vor den großen Pyramiden zu gelten. Zudem präzisiert Halina, dass ein Würfel innerhalb des Rechtecks vor der rechten kleinen Pyramide ein Kilogramm bedeute und es insgesamt zwei seien. Darüber hinaus habe sie mit den zusammengesetzten Würfeln „die Bäume" repräsentiert sowie mit der rechten 10er-Pyramide „die Kirschen".

Phase 2.4 (Z. 38–52) Die Kirschen und ihre Darstellung

38	I	Wie? Weil warte mal aber ich dachte hier [*tippt auf die beiden Holzwürfel vor der rechten Pyramide*] sind die Kirschen?
39	H	[*Tippt auf die beiden Holzwürfel vor der rechten Pyramide*] Das hier solln jetzt die ähm zeign wie viel Kilo das is sons [*schwenkt die Hand vor der 30er-Pyramide*] muss ich immer da oben nachzähln sons wenn ich da #$_{16}$ aus Versehen dran kommen würde wäre es (irgendwie einstürzen)
40	I	#$_{16}$ Ja.
41	I	[*Zeigt auf die rechte 10er-Pyramide*] Wie wie viel ähm (.) ist dann das jetzt hier? Kanns-
42	H	Das sind dann ähm zwei Kilo (.) weil das sind ja zwei [*legt die Hand auf die beiden Holzwürfel vor der rechten Pyramide*] Würfel.
43	I	Ja und ww- warum [*bewegt die Hand hinter der rechten Pyramide auf und ab*] hast du das so gebaut diese (.) Kirschen? #$_{17}$ Hat das nen Grund so?
44	H	#$_{17}$ Ähm (..) Weil wenn man ja jetz Kirschen ähm auch manchma so pflückt dann legt man die ja meistens auf [*hält wiederholt die Hände mit den Handflächen nach unten vor dem Körper, bewegt sie nach unten außen*] einen ah ähm #$_{18}$ also manchmal auch legt man sie manchmal oder auch aufn Haufen da geht ja meistens oder manchmal ja auch so eher so hoch #$_{19}$
45	O	#$_{18}$ (Haufen)
46	I	#$_{19}$ Okay.
47	H	Und ähm [*zeigt zunächst auf die rechte 10er-Pyramide, zieht dann die Hand zurück*] das hier- [*legt die Hand um den linken Würfelturm*] das hier is dann die Z- äh Zeit [*nimmt den Würfelturm hoch, trennt die Würfel, hält einen höher*] Eine- ein Würfel is immer eine halbe Stunde also dann (.) äh eine halbe Stunde so also eine Stunde [*setzt den Würfelturm zurück*] und [*zeigt auf den Würfelturm vor dem rechten Würfel*] hier auch [*legt beide Hände vor die 30er-Pyramide*] hier der Opa der hat-#$_{20}$
48	I	#$_{20}$ Ja äh sind das [*deutet auf die 10er-Pyramiden*] zehn Würfel?
49	H	Nhhh #$_{21}$ das ja glaub schon
50	I	#$_{21}$ [*tippt die einzelnen Holzwürfel in der Pyramide beim Zählen an*] Eins zw- drei vier fünf sechs sieben acht neun zehn. Warum zehn?
51	H	Weil ähm ich hatte ja schon gesagt ähm fünf ähm fünf äh re- fünf Kirschen solln ja ein Kilo sein (.) und da dann ja ähm (.) weil die ja in einer Stu- äh (.) in einer halben Stunde ein Kilo pflücken ähm einmal fünf und dann (eben) noch ne halbe Stunde is nochmal ein- und nochmal ein Kilo so.
52	I	#$_{22}$ Ja.

In ihrer letzten Aussage der vorherigen Unterphase 2.3 umfasst Halina die linke 10er-Pyramide mit den Worten „ hier solln jetzt sozusan die Kirschen sein" (vgl. Z. 37). Dies scheint die Interviewerin zu überraschen: „Wie?". Ihre Irritation bezieht sich auf die augenscheinlich doppelte Repräsentation der Kirschen in den beiden Holzwürfeln *vor* der kleinen Pyramide und *in* der Pyramide: Die Interviewerin dachte, dass die beiden Holzwürfel vor der Pyramide die Kirschen seien (Z. 38). Sie benutzt das Wort *Kirschen* implizit in dem Sinne, dass es *metonymisch* für die Pflückmenge (eines Kindes) steht und nimmt selbiges für Halinas Gebrauch des Wortes (vgl. Z. 37) an. Die Interviewerin mutmaßt hier womöglich, dass Halina die *Kirschen* metonymisch als *zwei Kilogramm Kirschen* sowohl in den beiden Würfeln *vor* der Pyramide als auch augenscheinlich in irgendeiner überraschenden Weise *in* der Pyramide sähe. Die zusätzliche Repräsentation der Pflückmenge *in* den Würfel der Pyramide wirkt überflüssig, was bei der Interviewerin für besagte Irritation sorgt und in ihrer Nachfrage resultiert.

Halina tippt auf die beiden Holzwürfel vor der rechten Pyramide und präzisiert, dass diese anzeigen würden, „wie viel Kilo das is", da sie sonst „immer da oben nach-zähln" müsse und befürchte, dabei die (30er-)Pyramide zu berühren, sodass diese einstürzen könnte (Z. 39). Gestisch stellt Halina hier einen Zusammenhang zwischen den Pyramiden und davor liegenden Rechtecken her. Dieser Zusammenhang scheint überdies nicht nur die kleinen Pyramiden zu betreffen, sondern ebenfalls die 30er- und vermutlich auch 40er-Pyramide, die aufgrund ihrer Größe instabiler wirken und womöglich leichter einstürzen, wenn Halina diese beim Zählen der darin enthaltenen Würfel berührt. Halina scheint die Würfelkonfiguration so aufzufassen, dass die Würfel *vor* der Pyramide für *Kilogramm* stünden, die Würfel *in* der Pyramide müssten schlussfolgernd als *Kirschen* (im alltäglichen Sinn) aufgefasst werden. Schließlich bezieht sich Halina bei der Nennung der mathematischen Größe explizit auf das vor der Pyramide liegende Rechteck und nicht auf die in Frage stehende Pyramide selbst. Somit ist nach dem Ausschlussprinzip und der Annahme, dass keine doppelte Repräsentation vorliegt, zu vermuten, dass es sich bei der Pyramide um besagte ‚reale' Kirschen handeln müsse. Diese Rekonstruktion ist allerdings mit Vorsicht zu behandeln und muss anhand weiterer Aussagen geprüft werden. Es wirkt jedoch so, als verstünde die Interviewerin Halinas Deutung in der eben benannten Weise, weshalb sie mehr Informationen über die (rechte) 10er-Pyramide(n) erhalten möchte, insbesondere darüber, wie Halina diese als (reale) *Kirschen* sehen könnte.

Dafür zeigt die Interviewerin auf eine der 10er-Pyramiden und fragt: „Wie viel ähm (.) ist dann das jetzt hier? Kanns-" (Z. 41). Mit dieser eher unpräzisen Nachfrage möchte sie vermutlich wissen, aus wie vielen Holzwürfeln eine kleine Pyramide besteht und vielleicht auch, warum Halina die Würfel in dieser Weise aufeinander

gelegt hat. Halina sagt, es seien „zwei Kilo". Anschließend legt sie die Hand auf
die beiden Holzwürfel *vor* der rechten 10er-Pyramide und begründet ihre Aussage
damit, dass „das [...] ja zwei Würfel" seien (Z. 42). Für Halina steht die 10er-
Pyramide demnach augenscheinlich ebenfalls für zwei Kilogramm Kirschen, wobei
diese beiden Kilogramm separat in den beiden Würfeln *vor* der Pyramide repräsentiert sind. Damit scheint es, als habe Halina das Wort *Kirschen* wie die Interviewerin
als *metonymische* Kurzfassung für *Kilogramm Kirschen* verwendet. Es handelt sich
also, wie bereits zu Anfang der Analyse dieser Unterphase vermutet, um eine doppelte Repräsentation der jeweiligen Pflückmenge der Kinder, dargestellt durch zwei
unterschiedliche Arten von Zeichenträgerkonfigurationen: Pyramide und Rechteck.
Die jeweiligen beiden Holzwürfel vor den Pyramiden dienen wohl als eine Art
Zusammenfassung oder Kurzversion für die Anzahl der Würfel in der Pyramide,
damit diese nicht jedes Mal neu von Halina ermittelt werden muss. Stattdessen kann
mit ihrer Hilfe ‚auf einen Blick' abgelesen werden, um wie viel Kilogramm es sich
handelt.

    Augenscheinlich war Halinas Aussage von „zwei Kilo" nicht die Antwort, die
die Interviewerin erwartet hat. Sie formuliert deshalb ihre Frage zum Grund des
Aufbaus der Würfel als Pyramide um: „warum [...] hast du das so gebaut diese (.)
Kirschen?" (Z. 43). Die Pause vor dem Wort „Kirschen" lässt die Vermutung zu,
dass sich die Interviewerin über die zugeschriebene Bedeutung der Würfel in der
Pyramide noch nicht ganz im Klaren ist. Halina hatte diese zuerst als solche bezeichnet (vgl. Z. 37) und sie anschließend zu „zwei Kilogramm" umbenannt (Z. 42). Es
ist für die Interviewerin somit nach wie vor fraglich, welches Verständnis Halina
mit dem Wort *Kirschen* in diesem Kontext verbindet. Einerseits könnte es eine *metonymische* Bedeutung haben, wobei *Kirschen* in verkürzter Form für *Kilogramm
Kirschen, die (von einem Kind) gepflückt werden* steht; andererseits könnte es sich
auch um eine referentielle Beziehung zu potenziell *realen Kirschen* handeln. Für die
Interviewerin scheint ihre zuerst gestellte Frage (vgl. Z. 41) zu keiner eindeutigen
Spezifikation der von Halina gewählten Bedeutung zu führen, da sich Halina augenscheinlich hauptsächlich auf die Würfel *vor* der Pyramide konzentriert und nicht
auf die Würfel *darin*. Die Interviewerin versucht es mit einer zweiten, umformu-
lierten Frage, um Halinas Aufmerksamkeit auf die Pyramide zu richten. Sie scheint
Halina weiterhin so zu verstehen, als wären diese zwei Kilogramm in den beiden
Würfeln *vor* der Pyramide repräsentiert und nicht zwangsweise auch *darin*. Dabei
übersieht sie womöglich, dass die mathematische Größe *zwei Kilogramm* für Halina
gleichberechtigt in doppelter Weise repräsentiert wird, wie die Rekonstruktion von
Halinas Aussagen nahelegt.

    Halina überlegt, was an ihrem „ähm" und der zwei Sekunden langen Pause
deutlich wird, bevor sie antwortet. Wenn man Kirschen pflücke, lege man sie ja

„meistens" bzw. „manchmal" „aufn Haufen", der „eher so hoch" ginge (Z. 44). Es entsteht der Eindruck, dass die Veränderung der Frage der Interviewerin von der Anzahl „Wie viel" (vgl. Z. 41) zu „Kirschen" (Z. 43) zu einem Deutungswechsel führt. Halina hat womöglich für sich in bereits ausreichender Weise erklärt, dass sowohl die Pyramide als auch die Würfel davor für *zwei Kilogramm Kirschen* stünden. Die erneute, beharrliche Nachfrage der Interviewerin führt zu einer gewissen Verwunderung, die sich darin ausdrückt, dass Halina zunächst überlegen muss, bevor sie der Interviewerin auf ihre zweite Frage antwortet. Halina bezieht sich mit der Verwendung des Wortes *Kirschen* nun erstmalig nicht länger auf die metonymische Kurzversion für deren Gewicht, sondern auf *reale Kirschen*, die an Bäumen hängen, gepflückt werden und als Resultat dieses Pflückvorgangs zu einer Art *Haufen* aufgetürmt werden. Dieser *Haufen* ist in der Form der Pyramide nachempfunden. Es ist an dieser Stelle offen, ob Halina sich für die Bauweise der die Kirschen repräsentierenden Würfel als Pyramide bereits in ihrer Einzelarbeitsphase entschieden hat, oder ob diese Deutung *nachträglich* aufgrund des Frageverhaltens der Interviewerin in die Pyramidenform hineingesehen wird.

Nach einem Verstehen ausdrückenden „Okay" (Z. 46) der Interviewerin fährt Halina mit ihrer Erklärung fort und benennt den linken Zweier-Turm als „Zeit", wobei der obere Würfel für eine halbe Stunde stünde, der untere ebenfalls, sodass dieser insgesamt „eine Stunde" repräsentiere (Z. 47). Der Gebrauch des Wortes „immer" legt die Vermutung nahe, dass jeder Zweier-Turm in Halinas Darstellung bzw. alle in irgendeiner solchen Form aufgetürmten Würfel (aufrechter Quader bei der 30er-Pyramide aus sechs Würfeln und bei der 40er-Pyramide aus acht Würfeln) für eine bestimmte Zeiteinheit stehen. Explizit benennt Halina, dass es sich bei dem zweiten Zweier-Turm an der rechten 10er-Pyramide „auch" um eine Stunde handle, bevor sie sich der 30er-Pyramide und dem „Opa" zuwenden möchte (Z. 47).

Die Interviewerin unterbricht Halina und richtet die Aufmerksamkeit der Unterhaltung erneut auf die 10er-Pyramiden. Sie möchte wissen, ob diese aus zehn Würfeln bestünden (Z. 48) bzw. *warum* es zehn seien (Z. 50). Halina weist darauf hin, dass sie dies bereits gesagt habe (vgl. hierfür Z. 11) und „fünf Kirschen solln ja ein Kilo sein" (Z. 51). Annika und Jakob („die") würden eine Stunde pflücken, also ein Kilo in einer halben Stunde, das seien „einmal fünf" und ein weiteres Kilo in „noch" einer halben Stunde (Z. 51), was die Interviewerin angibt, verstanden zu haben (Z. 52). Die bereits von Halina angegebene Zuordnung von fünf Kirschen als ein Kilogramm wird hier erneut von ihr aufgegriffen. Entsprechend besteht die kleine Pyramide aus 10 Holzwürfeln, von denen jeweils fünf ein Kilogramm Kirschen bedeuten. Damit spricht Halina einer (kleinen) Pyramide in gewisser Weise eine zweifache Bedeutung zu: Zum einen steht jeder darin enthaltene Würfel für *eine Kirsche*, und zwar augenscheinlich eine aus dem Alltag vertraute, rote, runde

Kirsche. Gleichzeitig kann Halina allerdings fünf Kirschen (bzw. fünf Holzwürfel in der Pyramide) als *ein Kilogramm Kirschen* deuten. Die Zeichenträgerkonfiguration der Pyramide enthält damit in gewisser Weise gleichzeitig zwei unterschiedliche Referenten, wobei sich einer auf die mathematische Größe *Gewicht* bezieht, und die andere auf Halinas Vorstellung, welche Anzahl an Kirschen dieser mathematischen Größe von einem Kilogramm entspricht.

Zusammenfassend kann für die Rekonstruktion der Deutung Halinas festgehalten werden, dass *Kirschen* in drei Aspekten in ihrer Darstellung präsent sind: Die in den Pyramiden enthaltenen Würfel symbolisieren jeweils *eine Kirsche*, wie sie im Alltag als Obst verstanden wird. Gleichzeitig bilden *fünf dieser Kirschen* in Halinas Vorstellung *ein Kilogramm Kirschen*. Dieses Gewicht wird noch einmal in den vor den Pyramiden liegenden Rechtecken in verkürzter Form repräsentiert. Wenn demnach die Rede von *Kirschen* ist, kann sich dies einerseits auf die zehn Holzwürfel der Pyramide als *zehn reale Kirschen* beziehen; andererseits kann es auch *metonymisch* als Pflückgewicht aufgefasst werden, wobei fünf Würfel *in* der Pyramide bzw. ein Würfel *davor* jeweils ein Kilogramm Kirschen bedeuten.

Ganzheitliche Analyse Phase 2
Zunächst erscheint es sinnvoll, die vor Halina liegende Darstellung (vgl. Abb. 7.22) in drei Teilstrukturen zu unterscheiden: (1) links die kleinen Pyramiden mit entsprechenden Holzwürfelbauten, (2) mittig die 30er-Pyramide mit darum platzierten weiteren drei Gebilden und (3) rechts die 40er-Pyramide mit ebenfalls drei weiteren Bauwerken. In der zweiten Phase steht die Betrachtung der linken Teilstruktur (1) von Halinas Darstellung im Vordergrund, wobei vereinzelte Zeigegesten und Anmerkungen sich auf die beiden Teilstrukturen (2) und (3) beziehen. Die Teilstruktur (1) besteht aus den bereits in Phase 1 als ‚Bäume' bezeichneten beiden zusammengesetzten Würfeln, aus zwei Pyramiden mit jeweils zehn Würfeln, aus zwei davor positionierten Quadraten mit jeweils vier Holzwürfeln sowie aus zwei Zweier-Türmen nahe der zusammengesetzten Würfel.

Abb. 7.22   Halina Phase 2 (1)

In der Unterphase 2.1 widmet sich Halina den in der Teildarstellung enthaltenen Quadraten. Diese stellen die Kilogramm Kirschen dar, die von Annika und Jakob in einer Stunde gepflückt werden, wobei die Zeiteinheit in den Zweier-Türmen visualisiert wird, die Kinder jedoch keine eigene Repräsentation erhalten (vgl. Z. 11 und 18). Auffällig ist, dass Halina beim Zählen der Würfel innerhalb einer kleinen Pyramide irritiert wird und anschließend jeweils zwei der Würfel vor den Pyramiden entfernt (vgl. Abb. 7.23). Somit scheint ein besonderer Zusammenhang zwischen der zu dem Zeitpunkt noch nicht näher beschriebenen Bedeutung der Würfel in der Pyramide und den Würfeln davor als Kilogramm Kirschen zu bestehen, die sich gegenseitig bedingen. Als einziger Hinweis dient Halinas Begründung der „vier Kilo" eines Kindes als jeweils „zwei zu viel": „weil ich hab ja immer nur fünf für ein Kilo genomm", woraufhin die besagten acht Würfel in den Quadraten vor den Pyramiden auf vier reduziert und somit in Rechtecke mit je zwei Holzwürfeln umgewandelt werden (vgl. Z. 11).

Abb. 7.23 Halina Phase 2 (2)

Halinas kurz gehaltene Erklärung wird in der Unterphase 2.2 von der Interviewerin hinterfragt, die das „mit Annika und Jakob" noch nicht verstanden habe (vgl. Z. 21). Daraufhin erfolgt eine präzisierende Erklärung in der Unterphase 2.3, die im Wesentlichen die bereits benannten Aspekte der Unterphase 2.1 thematisiert, wobei sich Halina auf die Bedeutung der einzelnen Würfelbauten der linken Teildarstellung fokussiert.

Es lässt sich rekonstruieren, dass die jeweiligen, in Rechtecken angeordneten Würfel vor den kleinen Pyramiden die Pflückmengen der beiden Kinder anzeigen. Sowohl Annika als auch Jakob pflücken jeweils zwei Kilogramm Kirschen. Ein Würfel innerhalb des Rechtecks repräsentiert folglich ein Kilogramm Kirschen. Die beiden Holzwürfel vor der linken Pyramide seien dabei Jakobs Pflückmenge, die beiden vor der rechten Annikas (vgl. Z. 32 und 33). Aufgrund Halinas Gestik in Richtung der größeren Pyramiden kann angenommen werden, dass auch den beiden Rechtecken vor den Pyramiden bestimmte Pflückmengen zugeordnet werden und analog dazu ein Würfel innerhalb eines Rechtecks für ein Kilogramm steht (vgl. Z. 30). Dies muss allerdings sorgsam im Transkriptverlauf geprüft werden. Der Vollständigkeit halber scheint Halina noch einmal explizit die aus Phase 1 bekannten ‚Bäume' als zusammengesetzte Würfel zu erwähnen und beschreibt dabei die 10er-Pyramiden als „sozusan die Kirschen" (vgl. Z. 37).

Diese „Kirschen" werden anschließend in der Unterphase 2.4 ausführlich besprochen, da Halinas Aussage die Interviewerin stark irritiert (vgl. Z. 38). Die sorgsame Rekonstruktion von Halinas Deutung zeigt auf, dass diese die *Kirschen* in unterschiedlicher Weise versteht und entsprechend in ihrer Darstellung integriert hat (vgl. Z. 39 und 42). Es lässt sich festhalten, dass sich sowohl die Holzwürfel *in* den Pyramiden als auch *vor* den Pyramiden als Kirschen beschreiben lassen. In ihrer Deutung nimmt Halina an, dass fünf, aus dem Alltag bekannte Kirschen, die von den einzelnen Personen gepflückt werden, ein Kilogramm bilden. Fünf Holzwürfel in der Pyramide repräsentieren diese *fünf Kirschen*, die gleichzeitig auch als *ein Kilogramm* gezählt werden können (vgl. Z. 51). Um nicht jedes Mal alle in der Pyramide enthaltenen Würfel nachzählen zu müssen, hat Halina die Anzahl der Kilogramm separat vor den Pyramiden als Rechtecke positioniert. Die Rechtecke zeigen folglich an, um wie viel Kilogramm Kirschen es sich bei der dahinter stehenden Pyramide handelt. Der Zusammenhang zwischen den Holzwürfeln in der Pyramide und den Holzwürfeln davor ist bereits in der Unterphase 2.1 angedeutet worden. Aufgrund des Zählens der Holzwürfel einer kleinen Pyramide hat Halina bemerkt, dass sie zu viele Kilogramm in dem ehemals als Quadrat angeordneten vier Würfel repräsentiert hat. Aus diesem Grund hat Halina jeweils zwei Würfel der beiden Quadrate entfernt und diese so in zwei Rechtecke mit je zwei Würfeln umgewandelt. Als Konsequenz bemerkt Halina, dass sie „noch mehr Kilo" bräuchte, wie es in der Unterphase 2.2 erstmalig in Ansätzen angesprochen wird. Die für die Unterphase 2.2 vorgenommene Rekonstruktion gründet sich stark auf *Vermutungen*. Es ist anzunehmen, dass Halina die Holzwürfel in den Rechtecken vor den jeweiligen Pyramiden als *Kilogramm Kirschen* betrachtet. Diese scheint Halina *additiv miteinander verknüpfen* und anschließend mit der im Aufgabentext geforderten Gesamtpflückmenge abgleichen zu wollen. Aufgrund der Offenheit von Halinas Aussagen wird die Unterphase deshalb erst in der Rückschau bei der Analyse der Phase 4 betrachtet.

Insgesamt ist Halinas Darstellung und Deutung stark von Anzahlen und Mengen, also von mathematischen Elementen, geprägt. Die interpretative Rekonstruktion zeigt Halinas Fokussierung auf die Darstellung der Pflückmengen der beiden Kinder. Sowohl Annika als auch Jakob pflücken jeweils *zehn Kirschen*, die in den beiden kleinen Pyramiden repräsentiert sind. *Fünf Kirschen* werden in Halinas Verständnis zu *einem Kilogramm Kirschen* zusammengefasst. Demnach symbolisiert eine solche kleine Pyramide beide Elemente: einerseits *alltägliche Kirschen* mit Konzentration auf deren Anzahl, andererseits die Pflückmenge eines Kindes als *zwei Kilogramm*. Diese mathematische Größe wird noch einmal, und damit in doppelter Weise, *vor* der Pyramide als Rechteck dargestellt. Diese mehrfache Repräsentation bzw. doppelte Bedeutung der Würfel in der Pyramide haben die Interviewerin in der Gesprächssituation irritiert, weshalb sie einige Nachfragen gestellt hat, um dies besser zu verstehen. Dabei erfragt sie auch den Grund des Aufbaus einer Pyramide als eben solche (vgl. Z. 43). Die Form erinnere Halina an einen „Haufen" (Z. 44), wie wenn man die Kirschen pflückt und aufeinanderhäuft. Ob sie dies bereits zuvor überlegt hat oder sich in der Situation spontan überlegt hat, weil die Interviewerin so explizit nachfragt, kann nicht festgestellt werden. Es führt allerdings dazu, dass sich Halinas in der zweiten Phase eingenommene Deutung zwei Sichtweisen im Theoriekonstrukt zuordnen lassen.

Aufgrund ihrer Fokussierung auf die Pflückmengen der Kinder, die sowohl in den Pyramiden als jeweils fünf Kirschen pro Kilogramm und in den Rechtecken als ein Holzwürfel für ein Kilogramm Kirschen (also insgesamt zwei Kilogramm pro Kind) repräsentiert werden, nimmt Halina eine Sichtweise ein, die sich auf die *Darstellung mathematischer Elemente* als Unterebene der *Zahlen-und-Größen-Sicht* konzentriert. In den Unterphasen 2.1, 2.3 und 2.4 erhalten darüber hinaus weitere Bearbeitungen oder Berechnungen keine Berücksichtigung. Neben der Pflückmenge stellt Halina die Pflückzeiten der beiden Kinder als zwei Zweier-Türme dar, womit sie jeweils separate Repräsentationen für die einzelnen Referenten wählt. Auffällig ist noch, dass die beiden Kinder als pflückende Personen selbst nicht repräsentiert werden. Es ist entscheidend, welche Zeit sie für welche Pflückmenge benötigen, nicht aber, dass sie selbst als individuelle Personen eigene Zeichenträger erhalten.

Die zweite, von Halina eingenommene Sichtweise ist die *Alltagssicht*. Zum einen bezeichnet Halina einen zusammengesetzten Würfel als ‚Baum' und somit als Zeichenträger, der zu dessen Bedeutung in ikonischer Relation steht, wie dies für die Phase 1 herausgearbeitet wurde. Des Weiteren wählt Halina für die Darstellung der Kirschen eine einem *Haufen* ähnelnde Form, bei dem die gepflückten Kirschen aufeinandergehäuft werden. Beiden kommt in der Interaktion und in der Rekonstruktion von Halinas Deutung allerdings keine hohe Relevanz zu, weshalb die *Alltagssicht* in den Unterphasen 2.1, 2.3 und 2.4 die weniger präsente Sichtweise darstellt, während die *Darstellung mathematischer Elemente* dominiert. Ob zusätzlich zu den bereits genannten Sichtweisen die *arithmetische Verbindung mathematischer Elemente* als Unterebene der *Zahlen-und-Größen-Sicht* für die Unterphase 2.2 angenommen werden kann, muss der weitere Interaktionsverlauf und dessen Analyse (insbesondere Phase 3.2, 4.1 und 4.4) zeigen. In der nachfolgenden Tabelle wird diese Möglichkeit angedeutet (Tab. 7.16).

Tab. 7.16 Zusammenfassung von Halinas rekonstruierten Sichtweisen der Phase 2

Sichtweise		Halina P2
Alltagssicht	Re-Konstruktion und Darstellung des Sachverhalts	x
Erster Übergang		
Zahlen-und-Größen-Sicht	Darstellung mathematischer Elemente	x
	Arithmetische Verbindung mathematischer Elemente	(x?)
Zweiter Übergang		
Systemisch-relationale Sicht	Zeichenträger ohne Wechselbezüge	
	Zeichenträger mit lokalen Wechselbezügen	
	Zeichenträger mit globalen Wechselbezügen	

Phase 3 (Z. 53–73): Die (gemeinsame) Pflückzeit und Pflückmenge des Opas – die mittlere Teildarstellung
Die Phase 3 lässt sich in drei Unterphasen unterteilen: die (gemeinsame) Pflückzeit und -menge des Opas, bestehend aus Teil I (3.1; Z. 53) und Teil II (3.3; Z. 62–73), unterbrochen von der Fortsetzung der Thematisierung der fehlenden Kilogramm Kirschen Teil II (3.2; Z. 62–73).

In der ganzheitlichen Analyse werden die beiden Transkriptteile zur Erklärung der Pflückzeit und -menge des Opas bzgl. der mittleren Teildarstellung zusammengeführt und die darin vorgenommenen Deutungen gemeinsam in das Theoriekonstrukt eingeordnet. Wie auch die Unterphase 2.2 erhält die Unterphase 3.2 eine gewisse Sonderstellung. Sie stellt den zweiten Teil der *fehlenden Kilogramm Kirschen* dar. In gewisser Weise wird darin die Diskussion des ersten Teils (Phase 2.2) fortgesetzt. Die Unterphase 3.2 selbst wird sehr detailliert betrachtet, in der ganzheitlichen Analyse (zunächst) jedoch eher vernachlässigt. Erst in der Rückschau mit den weiteren, die fehlenden Kirschen thematisierenden Teilen (Phase 4.1 und 4.4) muss die Unterphase deshalb nachträglich analysiert und die Deutung entsprechend in das Theoriekonstrukt eingeordnet werden. Es wird dafür auf die Analyse der Phase 4 verwiesen.

Phase 3.1 (Z. 53) Die (gemeinsame) Pflückzeit und -menge des Opas Teil I

53	H	#22 Und ähm [*berührt den stehenden Quader links von der 30er-Pyramide*] hier der Opa der hat jetz ähm damits besser äh au- angezeicht wird [*hebt einen der Würfel aus dem Quader hoch, dreht ihn in der Hand*] der hat ebent ähm der soll ein Würfel immer zehn sein [*setzt den Würfel zurück, tippt auf die einzelnen Holzwürfel im Quader während des Zählens*] also zehn zwanzich dreißich vierzich fünfzich sechzich #23 sind dann für eine Stunde und [*deutet auf die 30er-Pyramide*] hier solln das dann auch die Kirschen sein das wärn dann sechs Kilo. Und [*deutet auf das Rechteck vor der 30er-Pyramide*] ja eben hier auch ein (..) ein Würfel is ein Kilo und hier [*deutet auf den Würfel links neben der 30er-Pyramide*] auch wieder der Baum ähm **#24 und dann aber jetz hab ich ja natürlich drei Kilo (.) zu wenig grade weil ich hab mich** [*deutet lose mit der Hand auf die Gruppen um die beiden 10er-Pyramiden*] **hier irgendwie vertan-#25**

Nachdem in der vorherigen Phase 2 die linke Teildarstellung im Fokus der Aufmerksamkeit stand, wendet sich Halina in der Phase 3 der mittleren Teildarstellung zu. Insgesamt scheint sie diese dem Opa zuzuordnen. Mit Beginn der Phase 3.1 sagt sie: „Und ähm hier der Opa der hat jetz ähm". Dabei berührt sie den stehenden Quader. Der Quader scheint allerdings nicht *der Opa* zu sein, wie ihre nachfolgende Erklärung aufzeigt. Sie hebt einen Holzwürfel des stehenden Quaders an und benennt, dass „der" bzw. „ein Würfel immer zehn sein" soll. Auch wenn Halina hier lediglich explizit einen Würfel anspricht und ebenfalls nur einen Würfel in der Hand hält, kann aufgrund der verallgemeinernden Wortwahl *ein Würfel* und *immer* davon ausgegangen werden, dass jeder in dem stehenden Quader befindliche Würfel für *zehn* stehen müsste. Bestätigt wird diese Annahme dadurch, dass Halina anschließend die Würfel des Quaders nacheinander als „zehn zwanzich dreißich vierzich fünfzich sechzich" zählt. Bis zu diesem Moment ist noch nicht eindeutig, worauf sich die aufgeführten Zahlen beziehen. Erst die Zusammenführung der sechs als „sechzich" gezählten Würfel zu *einer Stunde* lässt erkennen, dass Halina hier die Pflückzeit des Opas dargestellt hat. Die Repräsentationsform der Pflückzeit des Opas unterscheidet sich damit von der Darstellung der Pflückzeit der Kinder in der linken Teilstruktur. Dies führt Halina in dieser Weise nicht direkt aus, es wird aber dadurch angedeutet, dass sie dies mit den Worten „damits besser äh au- angezeicht wird" zu begründen scheint. Während bei den Kindern zwei Zweier-Türme auf ihre Pflückzeit hindeuten, benutzt Halina für die Pflückzeit des Opas *sechs Würfel*, obwohl es sich um die gleiche Pflückzeit von *einer Stunde* handelt. Den Würfeln in den Türmen wird so die Bedeutung von jeweils *einer halben Stunde*, den Würfeln in dem Quader von jeweils *zehn Minuten* zugeschrieben. An der Stelle, an der Halina die Würfel des Quaders als jeweils zehn Minuten zählt, erwähnt Odelia, dass sie eine Frage habe (Z. 54), die jedoch erst in der übernächsten Unterphase zur Sprache gebracht wird (vgl. Z. 66–68) und deshalb hier nicht weiter thematisiert wird.

Halina deutet anschließend auf die 30er-Pyramide und erklärt analog zu den kleinen Pyramiden bei den beiden Kindern, dass „das dann auch die Kirschen sein" sollen, und zwar „sechs Kilo". Auch die 30er-Pyramide scheint damit eine doppelte Bedeutung zu erhalten. Einmal stellt sie die Anzahl der einzelnen, aus dem Alltag bekannten, zu pflückenden Kirschen dar, andererseits kann aufgrund ihrer Anzahl und der Annahme, dass fünf Kirschen ein Kilogramm ergeben, auf die Pflückmenge des Opas von sechs Kilogramm geschlossen werden. (Man rechne hierfür sechs mal fünf gleich 30, ergo die Anzahl der Würfel in der Pyramide.) Das Wort *Kirschen* wird hier somit sowohl in dessen eigentlicher Bedeutung mit Verweis auf das Obst verwendet als auch in verkürzter Weise *metonymisch* für *Kilogramm Kirschen*.

Weiter erklärt Halina mit einer Zeigegeste auf das aus sechs Würfeln bestehende Rechteck vor der 30er-Pyramide: „Und ja eben hier auch ein (..) ein Würfel is ein Kilo". Die Pflückmenge des Opas wird damit sowohl in der Pyramide selbst als auch im davor positionierten Rechteck dargestellt, wie dies bereits aus der Rekonstruktion von Halinas Deutung und ihrer Andeutungen in der vorangegangenen Phase vermutet wurde. Der Vollständigkeit halber erwähnt Halina noch einmal, ihre Worte aus Phase 1 wiederholend, dass es sich bei dem zusammengesetzten Würfel um den „Baum" handle. Damit wird jeder Person – Annika, Jakob und Opa – augenscheinlich ein eigener Kirschbaum zugeordnet, von dem sie womöglich ihre jeweiligen Kirschen pflücken und sie neben diesem Baum als ‚Haufen' auftürmen.

Halina beendet ihre Erklärung der mittleren Teildarstellung vorerst damit, dass sie drei Kilogramm zu wenig habe, womit sie an die Unterphase 2.2 anschließt und was die nächste Unterphase 3.2 einleitet.

Phase 3.2 (Z. 53–61) Fehlende Kilogramm Kirschen Teil II

53	H	[...] #$_{23}$ sind dann für eine Stunde und [*deutet auf die 30er-Pyramide*] hier solln das dann auch die Kirschen sein das wärn dann sechs Kilo. Und [*deutet auf das Rechteck vor der 30er-Pyramide*] ja eben hier auch ein (..) ein Würfel is ein Kilo und hier [*deutet auf den Würfel links neben der 30er-Pyramide*] auch wieder der Baum ähm #$_{24}$ und dann aber jetz hab ich ja natürlich drei Kilo (.) zu wenig grade weil ich hab mich [*deutet lose mit der Hand auf die Gruppen um die beiden 10er-Pyramiden*] hier irgendwie vertan-#$_{25}$
54	O	#$_{23}$ Ich hab ma ne Frage.
55	O	#$_{24}$ Hmmmmmmm [*hört auf mit den Holzwürfeln zu spielen, betrachtet die Materialdarstellung, zeigt mit dem Zeigefinger in Richtung der Darstellung und bewegt den Finger hin und her*] [*trennt die Holzwürfel in drei und zwei*] #$_{25}$ [*schiebt drei der Holzwürfel zu Halina*]
56	I	#$_{25}$ Die Odelia hat ja da noch Würfel #$_{26}$ mit denen sie da spielt. #$_{27}$ Das heißt die müssen dann [*zeigt von der rechten Seite in Richtung der 30er- und 10er-Pyramiden*] hier hin oder wie?
57	H	#$_{26}$ [*nimmt die Holzwürfel vom Tisch, greift nach denen unter Odelias Hand*] #$_{27}$ [*nimmt die beiden anderen Holzwürfel auf*]
58	O	#$_{27}$ [*zieht die Hand über den Holzwürfeln weg*]
59	H	Eintlich ja da [*zeigt auf die 40er-Pyramide*] hin weil- #$_{28}$
60	I	#$_{28}$ Ja aber da sind wir ja noch gar nicht [*winkt ab*] warte [*zeigt wieder mit dem Zeigefinger in Richtung der anderen Pyramiden*]
61	H	[*deutet auf die Gruppe um die 30er-Pyramide*] Da ja nich hin weil das is ja noch richtich alles ähm-#$_{29}$

Nachdem sich Halina in der vorherigen Unterphase der Beschreibung ihrer mittleren Teildarstellung zugewendet hat (vgl. Z. 53), greift sie zum Ende ihrer Erklärung die in der Unterphase 2.2 benannten (vgl. Z. 28), fehlenden „drei Kilo" auf. Diese würden ihr fehlen, weil sie sich „grade [...] hier irgendwie vertan" habe, wobei sie in Richtung der linken Teildarstellung mit den 10er-Pyramiden zeigt (Z. 53). Im Zuge ihrer vorgenommenen Reduzierung der Pflückmengen der Kinder, symbolisiert in den jeweiligen Würfeln vor den 10er-Pyramiden, hat Halina auch die Gesamtpflückmenge der von ihr in der Darstellung inkludierten Kilogramm Kirschen um insgesamt vier (anstatt ihrer irrtümlicherweise angenommenen drei) Kilogramm reduziert (vgl. Phase 2.1; Z. 11), die ihr nach wie vor fehlen. Währenddessen spielt Odelia mit besagten, entfernten vier und einem übrig gebliebenen Würfel bzw. schiebt Halina drei davon zu (Z. 55), als diese erklärt, „zu wenig" zu haben (vgl.

Z. 53). Die Interviewerin greift Odelias Handlung auf und macht Halina darauf aufmerksam, dass Odelia noch Würfel für eine mögliche Anpassung habe, und möchte wissen, ob diese zur mittleren oder linken Teildarstellung hinzugefügt werden müssten (Z. 56). Halina nimmt alle fünf Würfel von Odelia (Z. 57 und 58) und sagt, dass diese „Eintlich ja da hin" müssten, wobei sie auf die 40er-Pyramide zeigt (Z. 59). Auffällig ist, dass sie nicht nur die drei von Odelia verschobenen Würfel nimmt, um diese als besagte fehlende „drei Kilo" in dem vor der Pyramide liegenden Rechteck zu ergänzen. Stattdessen nimmt Halina alle *fünf* vor Odelia liegenden Würfel. Es ist hier anzunehmen, dass Halina diese benutzen möchte, um die Holzwürfel in der 40er-Pyramide anzupassen. Um dort drei Kilogramm zu ergänzen, müsste sie *15 Holzwürfel* der Pyramide hinzufügen. Damit hätte sie die *gepflückten Kirschen*, die sich zugleich als *Kilogramm* deuten lassen, angepasst. In einem weiteren Schritt müssten weitere drei Holzwürfel dem Rechteck vor der 40er-Pyramide hinzugefügt werden, damit auch dort die ‚richtige' Pflückmenge dargestellt würde.

Bevor Halina dies begründen kann, warum sie die fünf Würfel der 40er-Pyramide hinzufügen möchte, wird sie von der Interviewerin unterbrochen („Ja aber da sind wir ja noch gar nicht"; Z. 60). Halina sagt, dass die fehlenden Kilogramm bzw. Holzwürfel „Da ja nich hin weil das is ja noch richtich alles" sei, wobei sie auf die mittlere Teildarstellung deutet (Z. 61). Das Hinzufügen der fehlenden Würfel als *drei Kilo* wird ein zweites Mal auf später verschoben und das Gespräch darüber damit erst in der Unterphase 4.1 fortgesetzt.

Phase 3.3 (Z. 62–73) Die (gemeinsame) Pflückzeit und -menge des Opas Teil II

62	I	#$_{29}$ Sechs Kilo [*zeigt mit dem Zeigefinger in Richtung der sechs im Rechteck liegenden Würfel vor der 30er-Pyramide*] in welcher Zeit pflückt der Opa die?
63	H	In ähm [*reibt sich das Gesicht*] in einer Stunde #$_{30}$
64	O	#$_{30}$ Hä?
65	I	#$_{30}$ Und die eine Stunde sieht man [*tippt auf den stehenden Quader neben der 30er-Pyramide*] hier?
66	H	Ja weil [*tippt mit dem Zeigefinger auf die einzelnen Holzwürfel im Quader*] #$_{31}$ zehn zwanzich dreißich vierzich [*wendet sich Odelia zu*] ja?
67	O	#$_{31}$ Ich hab mal ne Frage.
68	O	Wieso hier [*zeigt auf den Würfelturm bei der rechten 10er-Pyramide*] ein halb Stunde und da [*zeigt auf die Gruppe um die 30er-Pyramide*] e- zehn Minuten?

69	H	Damit man das besser erkennt [*legt die Hand auf den stehenden Quader an der 30er-Pyramide*] weil ähm es könnt ja jetz auch sein dass äh hier jetz gleich raus [*dreht sich zur 40er-Pyramide und deutet darauf*] kommt irgendwie das ähm ja irgendwie äh für ein Kilo also ein Kilo noch dazu kommt und dann zehn Minuten is das müsst ich irgendwie [*beschreibt mit der Hand einen Kreis in der Luft über der Gruppe um die 40er-Pyramide*] in ein Absatz irgendwie noch so hinstelln-#$_{32}$
70	O	#$_{32}$ Ähm und ähm pflückt der nich in einer Stunde ach nix mehr ich hab mich grad vertan im Kopf.
71	H	Ähm also #$_{33}$ in einer Stunde pfückt der ja sechs äh sechs Kilo #$_{34}$ Kirschen.
72	I	#$_{33}$ Okay [*hebt den Zeigefinger, lässt ihn wieder sinken*]- #$_{34}$ Das sehn wir [*hält die Hand über die Gruppe um die 30er-Pyramide*] hier ne?
73	H	Ja weil der Opa pflückt ja drei mal so schnell wie Jakob und Annika und äh die brauchen ja ne halbe Stunde für ein Kilo **und er dann eben zehn Minuten für ein Kilo und hier** [*schwenkt die Hand kurz vor der 40er-Pyramiden-Gruppe*] **dann da müsst ich dann eintlich noch ähm-** #$_{35}$ [...].

Halinas Aussage, dass die *drei Kilo* nicht zur mittleren Teildarstellung hinzugefügt werden müssen, da dort alles richtig sei (vgl. Z. 61), wird von der Interviewerin aufgegriffen, indem diese die Pflückmenge des Opas als „Sechs Kilo" benennt und sich dabei auf die sechs im Rechteck angeordneten Würfel vor der 30er-Pyramide bezieht. Sie möchte wissen, in welcher Zeit der Opa diese pflücke (Z. 62). Halina antwortet, dass er das „in einer Stunde" schaffe (Z. 63). Odelia ist irritiert („Hä?", Z. 64) und die Interviewerin fragt Bestätigung suchend nach, ob man „die eine Stunde" in dem stehenden Quader neben der 30er-Pyramide sehen könne (Z. 65). Halina bejaht dies und beginnt erneut, die darin enthaltenen einzelnen Würfel in Zehner-Schritten zu zählen (Z. 66). Odelia merkt wiederholend an, dass sie eine Frage habe (Z. 67), woraufhin Halina ihre Zählung bei „vierzich" unterbricht und Odelia auffordert, diese zu stellen („ja?", Z. 66). Bereits bei Halinas erster Zählung der Würfel des Quaders in Zehner-Schritten hat Odelia bemerkt, eine Frage zu haben (vgl. Z. 54), wurde aber zunächst nicht beachtet. Odelias Frage bestand vermutlich bereits schon zu diesem Zeitpunkt darin, wissen zu wollen, wieso Halina bei der linken Teilstruktur von einer halben Stunde pro Holzwürfel im Rechteck spricht, sich im Unterschied dazu bei der mittleren jedoch für die Repräsentation eines Holzwürfels als zehn Minuten entschieden habe (Z. 68).

Halina begründet ihre Entscheidung damit, dass man es besser erkennen könne, „weil ähm es könnt ja jetz auch sein dass äh hier jetz gleich raus [...] kommt irgendwie das ähm ja irgendwie äh für ein Kilo also ein Kilo noch dazu kommt und dann zehn Minuten is das müsst ich irgendwie [...] in ein Absatz irgendwie noch so hinstelln" (Z. 69). Halina versucht vermutlich hier Folgendes zu erklären: Bis zu diesem Zeitpunkt ist in ihrer Darstellung noch nicht klar, was „hier jetzt gleich raus [...] kommt". Dabei bezieht sie sich gestisch auf die Würfelbauten der rechten Teildarstellung. Bisher ist bekannt, dass Halina die Pflückmengen der drei Personen Annika, Jakob und Opa in der *ersten gemeinsamen Stunde* ermittelt und dies in der linken und mittleren Teildarstellung repräsentiert hat. Offen ist die gesuchte Antwort auf die Frage, wie lange der Opa alleine weiterpflücken muss, bis insgesamt 22 Kilogramm Kirschen gepflückt wurden. Diese gesuchte Zeitangabe sowie die noch vom Opa alleine zu pflückenden Kirschen scheinen mit Hilfe der rechten Teildarstellung ermittelt zu werden. Dabei zieht Halina in Betracht, dass das gesuchte Ergebnis nicht zwangsweise eine volle bzw. eine halbe Stunde sein muss, wie sich aus ihrer Aussage „irgendwie äh für ein Kilo also ein Kilo noch dazu kommt und dann zehn Minuten is" ableiten lässt. Es könnte also sein, dass der Opa eine halbe oder ganze Stunde und eben auch noch ein weiteres Kilogramm, also weitere „zehn Minuten" lang, pflücken muss. Sollte dieser Fall eintreten, ist es ungünstig, einen Holzwürfel als halbe Stunde zu deuten, wie dies bei den Kindern (rechte Teildarstellung) der Fall war. Deshalb hat sich Halina bereits hier bei der ersten Stunde des Opas dafür entschieden, eine andere Zeiteinheit zu wählen, nämlich „zehn Minuten", sodass sie später nicht (zusätzlich) weitere Holzwürfel zur Darstellung der Lösung als „Absatz", den sie „irgendwie noch so hinstelln" müsse, heranziehen braucht.

Odelia scheint Halinas Begründung zunächst nicht verstanden zu haben. Sie merkt an, dass der Opa „nich in einer Stunde", unterbricht sich aber selbst mit der Erklärung, sich „grad vertan" zu haben „im Kopf" (Z. 70). Nichtsdestotrotz greift Halina die von Odelia benannte *eine Stunde* auf und ergänzt, dass „der ja äh sechs Kilo Kirschen" in dieser Zeit pflücke (Z. 71). Die Interviewerin möchte daraufhin noch einmal explizit wissen, ob man dies in der 30er-Pyramide sehen könnte (Z. 72). Halina bejaht dies mit der Begründung, „weil der Opa pflückt ja drei mal so schnell wie Jakob und Annika und äh die brauchen ja ne halbe Stunde für ein Kilo und er dann eben zehn Minuten für ein Kilo" (Z. 73). Damit bestätigt Halina nicht nur die Frage der Interviewerin, dass die 30er-Pyramide sechs Kilogramm repräsentiere, sondern fügt außerdem hinzu, wie sie darauf kommt, dass der Opa für ein Kilogramm Kirschen zehn Minuten braucht. In der Fortführung ihrer Erklärung wendet sich Halina der rechten Teilstruktur zu, zu welcher nach wie vor weitere Holzwürfel ergänzt werden müssten, was Phase 4 einleitet.

Ganzheitliche Analyse Phase 3
Die vermutete Bedeutung der mittleren Teilstruktur als Pflückmenge und -zeit, die dem Opa zugeordnet werden, wird in dieser Phase 3 bestätigt. Dabei erhält der Opa selbst keine eigene Repräsentation. Halina konzentriert sich – wie bereits bei

der linken Teilstruktur – stattdessen darauf, *Anzahlen* bzw. *mathematische Größen* darzustellen. Auch hier erhält jede dieser Größen eine eigene Zeichenträgerkonfiguration. Die Zeit erkennt Halina in dem stehenden Quader. Dieser besteht aus sechs Würfeln, die gemeinsam eine Stunde repräsentieren und als jeweils *zehn Minuten* gedeutet werden müssen (vgl. Z. 53). Dies stellt einen wichtigen Unterschied zur Darstellung der Pflückzeit der Kinder dar. Diese pflücken ebenfalls eine Stunde – gemeinsam mit dem Opa mit, wie es der Aufgabentext vorgibt, von Halina aber hier als parallel stattfindende Handlung nicht explizit benannt wird. Allerdings wird diese Stunde als zwei Würfel visualisiert, wobei jeder einzelne Holzwürfel für *eine halbe Stunde* steht. Odelia ist es, die Halina explizit um eine Erklärung für diesen Unterschied bittet (vgl. Z. 68). Die veränderte Repräsentation der Pflückzeit des Opas ist darauf zurückzuführen, dass die gesuchte Lösung noch unbekannt ist und Halina somit nicht wisse, ob der Opa nicht vielleicht ein weiteres Kilogramm pflücken würde und sie so lediglich zehn Minuten (anstatt eine halbe Stunde oder ganze Stunde) zu dessen Pflückzeit ergänzen muss. Die Bedeutung eines Würfels als zehn Minuten würde verhindern, dass Halina noch einen weiteren „Absatz" irgendwo hinstellen müsste (vgl. Z. 69).

Die Pflückmenge des Opas in einer Stunde kann an dem vor der 30er-Pyramide befindlichen Rechteck als „sechs Kilo" abgelesen werden. Die Holzwürfel der 30er-Pyramide selbst seien „auch die Kirschen" (vgl. Z. 53), wie bereits bei den Kindern. Unter Einbezug von Halinas Erklärung in der vorangegangenen Phase bzgl. der Bedeutung der 10er-Pyramiden kann auch die 30er-Pyramide analog dazu in zweierlei Hinsicht verstanden werden. Die darin enthaltenen Holzwürfel können als *einzelne, zu pflückende 30 Kirschen* aufgefasst werden. Gleichzeitig ist aber auch eine Deutung als *sechs Kilogramm Kirschen* möglich, da in Halinas Vorstellung fünf Kirschen ein Gewicht von einem Kilogramm zu haben scheinen. Dies wird allerdings in dieser Phase nicht noch einmal explizit thematisiert. Was Halina allerdings wiederholend anspricht, ist der zusammengesetzte Würfel neben der 30er-Pyramide als „Baum" (vgl. Z. 53). Durch die Repräsentation eines solchen neben jeder bisher besprochenen ‚Pyramide' wird allen drei Personen in gewisser Weise ein eigener Kirschbaum zugeordnet. Aufgrund der bereits verdeutlichten Ähnlichkeitsbeziehung als ikonische Relation zwischen dem so gewählten Zeichenträger des zusammengesetzten Würfels und dessen zugesprochener Bedeutung als *Baum* (vgl. Phase 1) wird auch in dieser Phase ein semiotisches Mittel als Repräsentation von dinglichen, visuell wahrnehmbaren Eigenschaften eines sachlichen, mathematisch nicht relevanten Elements herangezogen. Damit wird auch in dieser Phase die *Alltagssicht* eingenommen, obwohl diese eher als zu vernachlässigende Sichtweise bezeichnet werden kann. Die in den Unterphasen 3.1 und 3.3 dominierende Sicht ist die *Darstellung mathematischer Elemente* der *Zahlen-und-Größen-Sicht*. Dies liegt darin begründet, dass Halina sich auf die mathematischen Elemente fokussiert. Jedes Element erhält seinen eigenen Zeichenträger. Weitere Bearbeitungen der mathematischen Größe *Gewicht* in Form von Berechnungen der den einzelnen Personen zugeordneten Pflückmengen bleiben unberücksichtigt. Die Unterphase 3.2 wird im Zusammenhang der Phase 4 rückblickend betrachtet und gemeinsam mit dieser eingeordnet. Sie wird deshalb an dieser Stelle nicht weiter berücksichtigt. Die Zusammenfassung von Halinas rekonstruierten Sichtweisen der Phase 3 kann der nachfolgenden (Tab. 7.17) entnommen werden.

Tab. 7.17 Zusammenfassung von Halinas rekonstruierten Sichtweisen der Phase 3

Sichtweise		Halina P3
Alltagssicht	Re-Konstruktion und Darstellung des Sachverhalts	(x)
Erster Übergang		
Zahlen-und-Größen-Sicht	Darstellung mathematischer Elemente	x
	Arithmetische Verbindung mathematischer Elemente	
Zweiter Übergang		
Systemisch-relationale Sicht	Zeichenträger ohne Wechselbezüge	
	Zeichenträger mit lokalen Wechselbezügen	
	Zeichenträger mit globalen Wechselbezügen	

Phase 4 (Z. 73–135): Die (alleinige) Pflückzeit und Pflückmenge des Opas – die rechte Teildarstellung

Die Phase 4 lässt sich in sieben Unterphasen unterteilen: die fehlenden Kilogramm Teil III mit der Anpassung der (alleinigen) Pflückmenge und -zeit des Opas sowie Odelias Deutung der rechten Teildarstellung (4.1; Z. 73–89), die Erklärung der (alleinigen) Pflückmenge und -zeit des Opas (4.2; Z. 90–95), die Unstimmigkeit der (alleinigen) Pflückmenge und -zeit des Opas (4.3; Z. 96–101), die fehlenden Kilogramm Teil IV mit der Berechnung der gesamten, dargestellten Pflückmenge und deren Anpassung (4.4; Z. 101–112), die alleinige Pflückzeit des Opas und deren Repräsentation (4.5; Z. 112–119), das Entfernen des stehenden Quaders und Halinas Deutung (4.6; Z. 120–130) und Klärung möglicher Rückfragen seitens Odelia (4.7; Z. 131–135).

Aufgrund ihrer Kürze und ihres starken inhaltlichen Bezugs zueinander werden die Unterphasen 4.2 und 4.3 gemeinsam betrachtet. Dasselbe gilt für die Unterphasen 4.5, 4.6 und 4.7, die ebenfalls gemeinsam analysiert werden. Zusätzlich stellt die Phase 4.7 in gewisser Weise eine Art Abschluss von Halinas Erklärung dar, in der keine weiteren Deutungen auftreten, sondern Odelia die Möglichkeit für Verständnisfragen eingeräumt wird. Sie liefert deshalb keine weiteren Erkenntnisse und wird folglich den inhaltlich relevanteren Phasen in kurzer Form angeschlossen. Zudem liegt in dieser Phase 4 die Besonderheit vor, dass die thematisierten Inhalte der Unterphasen 2.2 und 3.2 aufgegriffen und fortgeführt werden, sodass eine Rekonstruktion von Halinas Deutung bezüglich der noch *fehlenden Kilogramm Kirschen* erstmalig in einem argumentativ gestützten, rationalen Konnex möglich wird. Rückwirkend werden deshalb die benannten Unterphasen in den Betrachtungen der einzelnen Transkriptausschnitte noch einmal aufgegriffen und gemeinsam in der anschließenden ganzheitlichen Analyse mit den auftretenden Deutungen in dieser Phase 4 in das Theoriekonstrukt eingeordnet. Zuvor dient ein epistemologisches Dreieck als ergänzendes Interpretationswerkzeug.

Phase 4.1 (Z. 73–89) Fehlende Kilogramm Teil III: Anpassung der (alleinigen) Pflückmenge und -zeit des Opas mit Odelias Deutung der rechten Teildarstellung

73	H	**Ja weil der Opa pflückt ja drei mal so schnell wie Jakob und Annika und äh die brauchen ja ne halbe Stunde für ein Kilo und er dann eben zehn Minuten für ein Kilo und** hier [*schwenkt die Hand kurz vor der 40er-Pyramiden-Gruppe*] dann da müsst ich dann eintlich noch ähm- #$_{35}$ [*stapelt während des Dialogs zwischen Odelia und der Interviewerin drei zusätzliche Holzwürfel auf die 40er-Pyramide, fügt zwei Holzwürfel dem Rechteck vor der 40er-Pyramide hinzu*].
74	I	#$_{35}$ Odelia weißt du was das [*tippt auf den Würfel neben der 40er-Pyramide*] hier sein soll?
75	O	[*Nickt*] N Baum.
76	I	Weißt du was das [*tippt auf den aufrechten Quader vor dem Würfel*] hier ist?
77	O	[*nickt*] Die Zeit.
78	I	Kannst du erkennen welche Zeit das ist?
79	O	Hm. #$_{36}$ Nhhhh Warte [*betrachtet die 40er-Pyramide*] dis glaub ich sowieso (..) zu wenich das sin glaub ich (..) n paar zu wenich.
80	H	#$_{36}$ Mist ein Würfel zu wenich.
81	I	[*Steht auf.*]
82	O	Ich kann auch was (.) bei der ein- okay.
83	I	[*Gibt Halina einen zusätzlichen Holzwürfel in die Hand.*]

84	H	Ein zu wenich, genau. (Ersma einer) [*nimmt den Holzwürfel und legt ihn unten am Rechteck vor der 40er-Pyramide an*].	
85	O	Jetz schuldes du mir schon (.) #$_{37}$ drei Stunden und ein Würfel.	
86	I	#$_{37}$ [*Setzt sich*] Jaja wir machen das gleich.	
87	H	Ähmm ich glaub [*hält die Hand vor die 40er-Gruppe, tendenziell nahe des Quaders*] hier fehlt dann aber auch noch was aba das äh kann man sich ja jetz auch #$_{38}$ denken. Hauptsache hier [*deutet mit der offenen Hand auf das aus elf Würfel bestehende ,Rechteck' vor der 40er-Pyramide*] is das ja #$_{39}$ jetz okay.	
88	O	#$_{38}$ das sind ja auch (nich) vierzich.	
89	I	#$_{39}$ Gucken wir mal.	

In der Phase 4.1 verlaufen im Wesentlichen zwei Handlungsstränge parallel zueinander ab. Zu Beginn des erstens artikuliert Halina, dass „hier dann da müsst ich dann eintlich noch ähm", womit sie sich auf die 40er Pyramide bezieht. Anschließend beginnt Halina, die Darstellung anzupassen, indem sie drei zusätzliche Holzwürfel auf die 40er-Pyramide legt und zwei Würfel dem davorliegenden Rechteck hinzufügt (Z. 74). Ihre unvollständig artikulierte Aussage in Zusammenhang mit der nachfolgende Ergänzung weiterer Holzwürfel kann so verstanden werden, als möchte Halina ihren Gesprächspartnerinnen signalisieren, dass sie nun die noch fehlenden Kilogramm Kirschen ergänzt. Das Hinzufügen der zwei Würfel zu dem Rechteck vor der 40er-Pyramide könnte aufgrund ihrer Erklärungen in den vorangegangenen Phasen bedeuten, dass Halina ihrer Darstellung *zwei Kilogramm* hinzufügt, und zwar der bisher noch nicht näher erklärten, aber vermuteten alleinigen Pflückmenge des Opas. Damit fehlt ihr jedoch noch ein dritter Holzwürfel zu den von ihr benannten fehlenden ,*drei Kilo'* (vgl. Phase 2.2 und 3.2), was sie in der weiteren Interaktion auch anführt (Z. 80). Außerdem legt Halina drei Würfel zur 40er-Pyramide, womit diese nun aus 43 Holzwürfeln besteht. Für Halina stellten die Pyramiden in ihrer bisherigen Erklärung die einzelnen, von einer bestimmten Person zu pflückenden Kirschen dar, von denen fünf zusammengefasst als ein Kilogramm verstanden werden. Die Ergänzung von drei weiteren Holzwürfeln als drei Kirschen erscheint in diesem Zusammenhang deshalb wenig sinnvoll. Sollte Halina drei Kilogramm hinzufügen wollen, müsste sie entsprechend dieser Deutung insgesamt 15 Holzwürfel zur 40er-Pyramide ergänzen. Es bleibt also offen, wieso Halina lediglich drei Würfel ergänzt, die zusammen noch nicht einmal ein Kilogramm repräsentieren.

Parallel zu Halinas Ergänzung von fünf Würfeln zur rechten Teildarstellung unterhalten sich die Interviewerin und Odelia über eben jene. Die Interviewerin fragt Odelia, ob diese wisse, was der zusammengesetzte Würfel neben der 40er-Pyramide sein solle (Z. 74), was Odelia mit „N Baum" beantwortet (Z. 75). Auf Nachfrage (Z. 76) erklärt sie den aufrechten Quader davor als „Zeit" (Z. 77). Diese soll sie näher spezifizieren (Z. 78). Odelia überlegt („Hm. Nhhh. Warte") (Z. 79). Unterdessen hat Halina ihre fünf Holzwürfel der rechten Teildarstellung hinzugefügt und muss feststellen, dass sie „ein Würfel zu wenich" (Z. 80) habe. Odelia ergänzt womöglich deshalb zu ihrer Antwort bezüglich einer spezifischen Zeitangabe, dass sie glaube, dass es „sowieso" „n paar zu wenich" seien (Z. 79).

Hier laufen beide Handlungsstränge zusammen und die Interviewerin reagiert auf Halinas Feststellung, indem sie einen weiteren Würfel von Odelias Darstellung holt und ihn Halina in die Hand gibt (Z. 81–83). Halina kommentiert, „Ein zu wenich, genau" und legt diesen unten rechts ans Rechteck vor der 40er-Pyramide (Z. 84). Dieses besteht nun aus zehn und einem weiteren, also aus elf Holzwürfeln. Odelia thematisiert, wie viele Holzwürfel Halina inzwischen von ihrer Darstellung erhalten habe (Z. 85), was die Interviewerin auf später verschiebt (Z. 86).

Halina deutet in Richtung der 40er-Pyramide und/oder des aufrechten Quaders und vermutet, dass ihr hier auch noch Würfel fehlen würden, man sich dies aber auch denken könne (Z. 87). Damit greift sie augenscheinlich die bereits vermutete Unstimmigkeit auf, dass Halina der 40er-Pyramide eigentlich insgesamt 15 Würfel hätte zufügen müssen, um drei Kilogramm zu ergänzen, und nicht nur drei Würfel, wie sie es getan hat (vgl. Z. 73). Halina erklärt weiter, es sei die „Hauptsache", dass „hier is das ja jetzt okay", wobei sie auf das aus elf Würfeln bestehende Rechteck deutet (Z. 87). Damit gesteht sie dem Rechteck vor der 40er-Pyramide eine gewisse Priorität zu. Ihr scheint bewusst, dass sie die Kilogramm Kirschen in doppelter Weise repräsentiert hat, einmal in der Pyramide selbst und einmal mit den davor liegenden Würfeln. Es sei nun jedoch wichtiger, dass die Anzahl der Würfel in dem Rechteck stimmen, womit sie in gewisser Weise die 43er-Pyramide überflüssig macht. Diese zeigt nicht länger die richtige Anzahl zu pflückender Kirschen bzw. deren Kilogramm an. Dadurch, dass das Rechteck die Kilogramm jedoch in verkürzter Form repräsentiert, genügt es bzw. sei es die „Hauptsache", dass man diese dort ablesen könne. Wegen ihrer ungenauen Geste könnte sich Halina aber auch auf den stehenden Quader beziehen, der wahrscheinlich die Pflückzeit des Opas repräsentiert, die noch angepasst werden müsste. Warum man es sich dort denken könne (Z. 87), bleibt aber unklar.

Odelia fügt ergänzend vermutlich etwas bezüglich der Anzahl der Würfel in der größten Pyramide hinzu (Z. 88). Dies ist aber nicht gut verständlich und dadurch eine Deutung nicht möglich, da die Interviewerin zeitgleich Halinas Aussage kommentiert (Z. 89). Die Unterphase 4.1 endet an dieser Stelle bzw. könnte die Aussage der Interviewerin, „Guckn wir ma" (Z. 89) so aufgefasst werden, als fordere sie Halina auf, ihre rechte Teildarstellung zu erklären. Dies könnte ebenfalls als Initiierung einer Erklärung aufgefasst werden und somit den Beginn der nachfolgende Unterphase 4.2 markieren.

Phase 4.2 (Z. 90–95) Erklärung der (alleinigen) Pflückmenge und -zeit des Opas und Phase 4.3 (Z. 96–102) Unstimmigkeit der (alleinigen) Pflückmenge und -zeit des Opas

90	H	Ähm also dann hier sinds ebent ähm (..) [*hält die Hand mit den Fingern nach unten zeigend zwischen die Elemente der 40er-Gruppe*] ja wieder [*öffnet die Hand und schwenkt sie in Richtung des Würfels*] der Baum hier [*hebt und senkt die geöffnete Hand vor der Pyramide*] sind dann die Kirschen das sind ja diesmal [*richtet die Holzwürfel im Rechteck*] acht Kilo das war auch am mühsahligsten aufzubaun #$_{40}$ weil da sind ja man sieht ja hier [*zeigt auf die Pyramide*] da sind manche schief weil manche größer sind und (.) andere nich-#$_{41}$
91	I	#$_{40}$ Ja.
92	I	#$_{41}$ Sind das hier vierzich Würfel [*umkreist mit dem Zeigefinger den Umriss der 40er-Pyramide*]?
93	H	Öhh ich glaub #$_{42}$ schon-
94	I	#$_{42}$ [*Zeigt weiterhin auf die Pyramide*] Müss- Sollen es sein? #$_{43}$ Acht mal fünf ne?
95	H	#$_{43}$ Mmnhja. Ich glaub- Und ähm (.) hier [*tippt an den untersten Würfel im Rechteck*] sind dann eben die acht Kilo.
96	I	[*Tippt jeweils auf die einzelnen Holzwürfel des Rechtsecks*] Eins zwei drei vier fünf sechs sieben acht neun zehn elf.
97	H	Hä elf [*schiebt die untersten drei Holzwürfel ein Stück zur Seite, richtet das Rechteck*] Hmmmm warte.
98	O	[*Nimmt die von Halina aus dem Rechteck entfernten Holzwürfel und zieht sie weg.*]
99	H	Nein gib mal bitte [*greift nach den Holzwürfeln*].
100	O	[*Schiebt die Holzwürfel zu Halina.*]

101	H	[*Greift die Holzwürfel, hält sie in der Hand*] Ähm warte mal. [*Zeigt auf die einzelnen Holzwürfel im Quader*] eins zwei drei vier fünf sechs sieben acht (.) sind achtzich Minuten. Und (.) ich glaub dann hab ich hier [*bewegt die herabhängende Hand über dem Rechteck*] einfach die richtigen aber da [*zeigt auf die Pyramide*] drei zu wenich #44 Ähm jedenfalls ähm (...) **acht [*schaut auf das rechte Rechteck mit acht Würfeln*] plus sechs [*schaut auf das mittlere Rechteck mit sechs Würfeln*]** (.) hä?
102	O	#44 [*Macht ein Geräusch, das auf Verwirrung hindeuten könnte.*]

Nachdem Halina in der vorherigen Unterphase 4.1 drei Holzwürfel zur 40er-Pyramide und drei weitere Würfel zu dem davorliegenden Rechteck hinzugefügt hat (vgl. Z. 73 und 84), erklärt sie hier in 4.2 erstmals ihre rechte Teildarstellung, zu der zuvor lediglich interpretative Vermutungen aufgrund ihrer bereits getätigten Deutung der anderen Bauten vorgenommen werden konnten. Wie bei den anderen Würfelgruppierungen repräsentiere der zusammengesetzte Würfel den „Baum", womit sie ihre Erklärung der Phase 1 aufgreift (vgl. Z. 7) und Odelias Aussage (vgl. Z. 75) bestätigt. Die Pyramide seien „dann die Kirschen" und „diesmal acht Kilo". Dabei wendet sie sich zwar den elf Würfeln im Rechteck zu, bezieht sich mit der nachfolgenden Aussage „das war auch am mühsahligsten aufzubaun" aber vermutlich eher auf die große Pyramide. Anhand der Begründung wird dieser Bezug eindeutig. Halina zeigt auf die Pyramide und erklärt die Mühsamkeit des Aufbauens mit der ungleichen Beschaffenheit der Holzwürfel (Z. 90).

Die Interviewerin unterbricht Halina hier und fragt, ob die große Pyramide aus 40 Würfeln bestünde (Z. 92). Halina glaubt schon (Z. 93), obwohl sie zuvor noch drei weitere Würfel ergänzt hat, sodass diese nicht länger aus 40, sondern inzwischen aus 43 Würfeln besteht. Aufgrund dieser unpräzisen Antwort und vermutlich um einem Nachzählen der vielen Würfel vorzubeugen, ergänzt die Interviewerin zu ihrer Frage, ob es vierzig Würfeln sein *sollen*. Halina bejaht dies (Z. 95). Die Interviewerin ergänzt parallel dazu weiter, wie sie darauf käme, dass es 40 Würfeln sein sollen: Halina habe erklärt, dass es acht Kilo seien, und mit der Kenntnis, dass fünf Würfel in der Pyramide ein Kilogramm repräsentieren sollen, schlussfolgert sie auf die Rechnung „Acht mal fünf" (Z. 94). Halina erklärt erneut, sie glaube dies, und ergänzt, dass es acht Kilo seien, wobei sie auf den zuunterst gelegten (elften) Würfel des Rechtecks vor der Pyramide tippt (Z. 95).

Mit dieser Antwort lässt Halina die zuletzt ergänzten Würfel sowohl in der Pyramide als auch im Rechteck außer Acht. Es wirkt aufgrund der Rückfrage der Interviewerin und Halinas indirekter Bestätigung der Rechnung „acht mal fünf" mit „acht Kilo", als würden die Würfel innerhalb der Pyramide analog zu den Würfeln in den kleineren, bereits erklärten Pyramiden für jeweils eine Kirsche und somit auch für jeweils ein Kilogramm stehen. Wegen der hohen Anzahl der Würfel in der

Pyramide scheint nicht aufzufallen, dass es sich nicht um 40, sondern um 43 Würfel handelt bzw. scheint Halina diesem sowie ihrer vorgenommenen Ergänzung keine weitere Aufmerksamkeit zu schenken oder schenken zu wollen. Auffällig ist aber, dass das Rechteck, dessen Würfelanzahl sehr wohl relativ schnell erfasst werden kann und als besonders wichtig erscheint („Hauptsache", vgl. Z. 87), keine acht Würfel, und somit nicht die von Halina benannten „acht Kilo", sondern *elf Würfel* enthält und damit eigentlich *elf Kilogramm* repräsentiert.

Der Quader wird in dieser Unterphase nicht näher erklärt, es kann aber aufgrund der bestehenden Analogie zu den anderen Würfelbauten angenommen werden, dass sich diese acht Würfel auf die Pflückzeit des Opas beziehen. Halina hat bereits für die mittlere Teildarstellung erklärt, dass dabei ein Würfel für zehn Minuten stünde, damit man das besser erkennen könne und um nicht noch einen „Absatz" bauen zu müssen (vgl. Z. 69). In der rechten Teildarstellung wären mit dieser Deutung achtzig Minuten als acht Würfel des Quaders repräsentiert, die somit als (vermeintliche) Lösung der Aufgabenstellung interpretiert werden können. Halina nimmt in dieser Unterphase somit eine (unvollständige) Erklärung der rechten Teilstruktur vor, wobei sie allerdings die in Phase 4.1 vorgenommenen Ergänzungen von sechs Würfeln außer Acht lässt und scheinbar ihre ,alte' Lösung (ohne diese Anpassung) erklärt.

Die in der Unterphase 4.2 beschriebene Unstimmigkeit der von Halina benannten „acht Kilo", die in den *elf Würfeln* des Rechtecks vor der 43er-Pyramide repräsentiert seien (vgl. Z. 90), wird in der Unterphase 4.3 von der Interviewerin aufgegriffen. Diese tippt die einzelnen darin enthaltenen Würfel zählend an (Z. 96) und lässt das Ergebnis „elf" unkommentiert stehen, womit sie allerdings eine Art Widerspruch zur *Acht* zu erzeugen scheint, der bei Halina für Irritation sorgt: „Hä elf?". Sie schiebt die untersten drei Würfel zur Seite und möchte Zeit zum Nachdenken haben (Z. 97). Odelia nimmt die aus dem Rechteck entfernten drei Holzwürfel und zieht sie zu sich auf die Tischseite (Z. 98). Halina fordert sie zurück (Z. 99) und Odelia schiebt die Würfel zu ihr (Z. 100).

Halina greift die Würfel, hält sie in der Hand und überlegt einen Moment („Ähm warte mal"). Daraufhin zählt sie die acht im stehenden Quader enthaltenen Holzwürfel, die sie als „achtzich Minuten" benennt. Damit wird die vermutete Bedeutung der Würfel im Quader als jeweils zehn Minuten analog zur Repräsentation der Pflückzeit des Opas in der mittleren Teildarstellung bestätigt. Halina glaubt außerdem, bei dem Rechteck nun „die richtigen" zu haben, allerdings bei der Pyramide „drei zu wenich" (Z. 101). Die im Rechteck enthaltenen acht Kilogramm Kirschen erscheinen hier vermutlich als richtig, da sie mit der von Halina gelegten Pflückzeit von 80 Minuten übereinstimmen, sodass beide Würfelbauten (Quader und Rechteck) aus derselben Anzahl von Würfeln bestehen und ein gewisser Zuordnungscharakter vorliegt. Es wird jedoch vernachlässigt, dass Halina zu ihrer Darstellung „drei Kilo" hinzufügen wollte, um die bei den Kindern reduzierten Pflückmengen (von insgesamt vier Kilogramm) auszugleichen. Halina erklärt somit an dieser Stelle ihre ‚alte' Lösung. Sie macht ihre Anpassung der Würfel im Rechteck rückgängig, weil sie sich durch die Anzahl der Würfel im Quader irritieren ließ, die ja eigentlich übereinstimmen sollten, es in ihrer aktuellen Darstellung jedoch nicht taten. Nichtsdestotrotz müssen diese „drei Kilo" augenscheinlich irgendwo ergänzt werden. Deshalb äußert Halina die Vermutung, dass sie ja bei der Pyramide fehlen könnten. Odelia erscheint verwirrt (Z. 101) und äußert dies zeitgleich zu Halinas weiteren Worten „ähm jedenfalls ähm" mit anschließender drei Sekunden andauernder Sprechpause, die wiederum ausdrücken, dass auch sie noch überlegt und nicht zufrieden mit ihrer Antwort und rechten Teildarstellung erscheint. Aus diesem Grund beginnt Halina mit der Rechnung „acht plus sechs", die sie allerdings auch zu irritieren scheint („hä?"). Dies leitet die nächste Unterphase ein.

Phase 4.4 (Z. 101–112) Fehlende Kilogramm Teil IV: Berechnung der gesamten, dargestellten Pflückmenge und deren Anpassung

101	H	[*Greift die Holzwürfel, hält sie in der Hand*] Ähm warte mal. [*Zeigt auf die einzelnen Holzwürfel im Quader*] eins zwei drei vier fünf sechs sieben acht (.) sind achtzich Minuten. Und (.) ich glaub dann hab ich hier [*bewegt die herabhängende Hand über dem Rechteck*] einfach die richtigen aber da [*zeigt auf die Pyramide*] drei zu wenich #$_{44}$ Ähm jedenfalls ähm (…) acht [*schaut auf das rechte Rechteck mit acht Würfeln*] plus sechs [*schaut auf das mittlere Rechteck mit sechs Würfeln*] (.) hä?
102	O	#$_{44}$ [*Macht ein Geräusch, das auf Verwirrung hindeuten könnte.*]
103	I	Wir rechnen einmal durch. Wie viel Kilo hast du denn jetzt insgesamt? Acht [*deutet mit dem Zeigefinger in Richtung des rechten Rechtecks mit acht Würfeln*] plus sechs [*deutet in Richtung des mittleren Rechtecks mit sechs Würfeln*] hast du schon angefangen sind vierzehn.
104	H	Acht plus sechs sind vierzehn? A- Sechs und sechs- (.) sechs und sechs sind ähm (.) ja vierzehn [*tippt auf den rechten Holzwürfel im Quadratrest vor der rechten 10er-Pyramide*] fünfzehn [*tippt auf den Würfel links daneben*] sechzehn [*tippt auf den rechten Holzwürfel im Quadratrest vor der linken 10er-Pyramide*] siebzehn [*tippt auf den Würfel links daneben*] achtzehn dann fehln mir noch vier Kilo. Aa- (..) [*beginnt, einen der Holzwürfel aus ihrer Hand auf die 40er-Pyramide zu setzen, zieht aber zurück*] Ich hab jetzt hier drei Stück.
105	I	[*steht auf, nimmt Würfel aus einer anderen Materialdarstellung*]
106	O	Nein! (unverständlich)
107	I	Odelia, wir kriegen das gleich wieder hin.
108	H	Warte [*zeigt auf das Rechteck vor der 40er-Pyramide*] ich bau das dann aber hier unten an damit ich ähm

109	I	Ja hier oben [*deutet auf den Bereich oberhalb der 40er-Pyramide*] bauen wir nix mehr bau [*deutet auf das Rechteck*] da unten irgendwas an. [*Hält Halina auf ihren flachen Händen fünf Holzwürfel hin.*]
110	H	Zwei drei [*Legt die drei Holzwürfel aus ihrer Hand an das Rechteck unten an*] #$_{45}$ [*nimmt die Würfel aus den Händen der Interviewerin.*]
111	O	#$_{45}$ Ach das has du stibitzt.
112	H	Ein- [*legt einen Würfel ins Rechteck, womit sie diesem insgesamt vier Würfel hinzugefügt hat, und legt die übrigen vier Würfel aus ihrer Hand links auf den Tisch*] ähm dann hab ich hier jetz eins zwei drei vier [*atmet zischend ein*] (fünf) sechs sieben acht neun zeh elf zwölf. Also zwölf Kilo [*nimmt die übrigen Würfel vom Tisch in die Hand*]. Ähm [*zeigt mit dem Zeigefinger auf das Rechteck vor der 30er-Pyramide*] zwölf Kilo plus (.) sechs Kilo sind ähm (.) achtzehn (.) neunzehn [*tippt auf den rechten Holzwürfel im Quadratrest vor der rechten 10er-Pyramide*] zwanzich [*tippt auf den Würfel links daneben*] einzwanzich [*tippt auf den rechten Holzwürfel im Quadratrest vor der linken 10er-Pyramide*] zweinzwanzich [*tippt auf den Würfel links daneben*]. Ja das wär dann richtich **nur die Zeit wär dann noch falsch. Also der** ähm (.) **hat ja jetz hier zwölf Kilo** [*deutet mit dem Zeigefinger auf das Rechteck vor der 40er-Pyramide*] **(..) zwölf Kilo ähm (...) ein Kilo braucht er zehn Minuten (.) hundertzwanzich Minuten glaub ich noch zwei Stunden dazu.**

Halina hat recht früh in der Interaktion die Pflückmengen der beiden Kinder von je vier auf je zwei Kilogramm Kirschen reduziert (vgl. Phase 2.1, Z. 11), da sie sich irgendwie vertan habe (vgl. Z. 53). Bereits in den Unterphasen 2.2, 3.2 und 4.1 wird thematisiert, dass ihr deshalb „drei Kilo" (vgl. Phase 2.2, Z. 28; Phase 3.2, Z. 53) fehlen würden. Sie ergänzt diese im Rechteck vor der 40er-Pyramide (Phase 4.1, Z. 73 und 84), entfernt sie allerdings aufgrund der Unstimmigkeit zur alleinigen Pflückzeit des Opas als 80 Minuten kurz darauf wieder (vgl. Phase 4.3, Z. 97). Ihr anschließender Ansatz, eine Berechnung vorzunehmen, leitet die nun vorliegende Unterphase 4.4 ein. Halina äußert, dass sie acht plus sechs rechnen werde, macht eine kurze Pause und drückt dann ihre Verwirrung aus: „hä?" (Z. 101). Während der Nennung der Zahlen schaut sie nacheinander das rechte Rechteck mit acht und das mittlere Rechteck mit sechs Würfeln an. Es ist somit naheliegend, dass sie die die *Pflückmengen des Opas* darstellenden Würfel bzw. durch sie repräsentierten Kilogramm addieren möchte. Warum die Nennung der Rechnung zur Verwirrung führt, lässt sich hier nicht rekonstruieren.

Die Interviewerin greift Halinas Idee auf. Sie ordnet Halinas Aussage für sich ein und deutet diese, als wolle Halina die von ihr in der Darstellung repräsentierte *Gesamtpflückmenge* berechnen: „Wir rechnen einmal durch. Wie viel Kilo hast du denn jetzt insgesamt? Acht plus sechs hast du schon angefangen sind vierzehn"

(Z. 103). Ihre Aussage unterstützt sie mit Zeigegesten in Richtung der Zeichenträger, die auf die benannten Anzahlen verweisen sollen. Im Unterschied zu Halina benennt die Interviewerin direkt das Ergebnis der Addition als „vierzehn", was Halina jedoch zu irritieren scheint. Ungläubig fragt sie: „Acht plus sechs sind vierzehn?" (Z. 104). In Rückschau auf die vorangegangene Interaktion und insbesondere die angesprochene Phase 2.2 könnte diese Irritation durch Halinas anders geartetes Ergebnis hervorgerufen worden sein. Sie hat dort ebenfalls „sechs und acht" berechnet (vgl. Z. 22), gelangt allerdings über das Zwischenergebnis „zwölf" (vgl. Z. 22) zu „Fünfzehn", bevor sie weiterzählend auf die Holzwürfel vor den kleinen Pyramiden tippt und als (vermutete) Gesamtpflückmenge „neunzehn" erhält (vgl. Z. 25). Diese Berechnung ließ sie schlussfolgern, dass sie „noch drei Kilo" benötige (vgl. Z. 28 bzw. auch später Z. 53).

In der vorangegangenen Analyse konnten bezüglich dieser Unterphase 2.2 nur Vermutungen zu Halinas Deutung angestellt werden. Mit der Kenntnis über den weiteren Interaktionsverlauf ist es nun in der Rückschau möglich, diese zu rekonstruieren. Anstatt die bei den kleinen Pyramiden entfernten vier Holzwürfel als fehlende Kilogramm zu interpretieren, hat Halina sich dafür entschieden, die von ihr in der Darstellung repräsentierte Gesamtpflückmenge zu berechnen und mit der im Aufgabentext vorgegebenen abzugleichen. Dabei startete sie mit der Addition der ‚gemeinsamen' und ‚alleinigen' Pflückmenge des Opas. Bei der Berechnung der Aufgabe „sechs und acht" nimmt sie jedoch fälschlicherweise an, dass dies „fünfzehn" ergäbe. Mit den Pflückmengen der Kinder denkt Halina folglich, sie habe 19 Kilogramm repräsentiert und benötige noch drei. Das von der Interviewerin berechnete Ergebnis sorgt entsprechend für Irritation. Als Halina allerdings genau nachrechnet, erhält sie dasselbe Ergebnis wie die Interviewerin. Erneut zählt sie die einzelnen Pflückmengen der Kinder in den Rechtecken vor den kleinen Pyramiden dazu, indem sie sie antippt und die entsprechende Anzahl benennt. Sie gelangt zu der Zahl „achtzehn" und schlussfolgert, dass ihr „noch vier Kilo" fehlen würden, sie jedoch nur drei Holzwürfel vor sich liegen habe (Z. 104).

Die Interviewerin holt unter Protest weitere Holzwürfel von Odelias Darstellung (Z. 105–107). Halina erklärt, dass gewartet werden soll, und beschließt dann, dass sie „das dann aber hier unten an[bauen]" würde, wobei sie auf das rechte Rechteck zeigt (Z. 108). Die Interviewerin stimmt ihr zu und ergänzt, dass bei der 40er-(bzw. 43er-)Pyramide nichts mehr angebaut werden soll (Z. 109). In gewisser Weise wird die Pyramide in dieser Interaktion als nicht länger bedeutend erklärt. Die *Kirschen*, die die Pyramide mit ihrer Würfelanzahl repräsentiert und anhand derer der Rückschluss auf die Pflückmenge des Opas möglich wird, werden somit als überflüssig bewertet, schließlich wird die Pflückmenge noch einmal gesondert im Rechteck vor der Pyramide dargestellt. Es wäre damit durchaus denkbar, dass die große Pyramide (wie möglicherweise auch die weiteren drei) nicht länger Bestandteil von Halinas Darstellung sein müsste(n). Ein weiterer Grund dafür könnte das Material selbst sein. Dieses scheint nicht ausreichend verfügbar zu sein, obwohl die Interviewerin beiden Mädchen insgesamt mehrere hundert Würfel zur Verfügung gestellt hat. (Sowohl Halina als auch Odelia benötigten allerdings *beide* für ihre Lösungsfindung sehr viele Holzwürfel, sodass die Menge bei den *beiden* nicht ausreichte. Sie sind das einzige Paar, dem die Anzahl nicht genügte.) Zweitens ist es, wie Halina bereits selbst geäußert hat, sehr aufwändig, die Würfel zu einer solch großen Pyramide aufeinander zu türmen, sodass sie vielleicht auch keine Lust dazu hatte bzw. die Interviewerin augenscheinlich auch keine weitere Zeit dafür zur Verfügung stellen wollte. Aus diversen Gründen ist also verständlich, dass Halina lediglich das Rechteck vor der 40er- (bzw. 43er-)Pyramide anpasst und nicht (noch zusätzlich) die Pyramide selbst.

Halina legt daraufhin drei Holzwürfel an das Rechteck an, das somit wieder aus elf Holzwürfeln besteht, und nimmt von der Interviewerin einen weiteren Würfel in die Hand (Z. 110). Mit Blick auf ihre Darstellung stellt Odelia fest, was die Interviewerin „stibitzt" habe (Z. 111). Halina ergänzt auch den vierten Würfel, sodass das Rechteck vor der größten Pyramide aus zwölf Würfeln besteht. Diese zwölf Würfel zählt sie und gelangt zu der Erkenntnis, dass sie „zwölf Kilo" repräsentieren. Die zwölf Kilogramm addiert sie zu „sechs Kilo", was „achtzehn" ergebe. Wie zuvor ergänzt sie nacheinander zählend die Würfel vor den kleineren Pyramiden als „zwanzich" (Rechteck vor der rechten kleinen Pyramide) bzw. „zweinzwanzich" (Rechteck vor der linken kleinen Pyramide) – „das wär ja dann richtich" (Z. 112). Die beiden Pflückmengen des Opas (gemeinsam mit den Kindern und die alleinige) ergeben gemeinsam mit den beiden Pflückmengen der Kinder 22 Kilogramm. Diese sind nun in Halinas Darstellung enthalten, sodass die im Aufgabentext genannte Gesamtpflückmenge als vorgegebene Bedingung erfüllt wird. Bezogen auf die Pflückmengen scheint Halina folglich zufrieden zu sein. Einzig die „Zeit wär dann noch falsch". In der nachfolgenden Unterphase wird die Ermittlung der Zeit, die der Opa noch alleine weiterpflücken muss, um besagte 22 Kilogramm Kirschen zu erhalten, und die die gesuchte Lösung darstellt, betrachtet.

Phase 4.5 (Z. 112–119) Die alleinige Pflückzeit des Opas;
Phase 4.6 (Z. 120–130) Entfernen des stehenden Quaders und Deutung und
Phase 4.7 (Z. 131–135) Klärung möglicher Rückfragen

112	H	[...] Ähm [*zeigt mit dem Zeigefinger auf das Rechteck vor der 30er-Pyramide*] zwölf Kilo plus (.) sechs Kilo sind ähm (.) achtzehn (.) neunzehn [*tippt auf den rechten Holzwürfel im Quadratrest vor der rechten 10er-Pyramide*] zwanzich [*tippt auf den Würfel links daneben*] einzwanzich [*tippt auf den rechten Holzwürfel im Quadratrest vor der linken 10er-Pyramide*] zweinzwanzich [*tippt auf den Würfel links daneben*]. Ja das wär dann richtich nur die Zeit wär dann noch falsch. Also der ähm (.) hat ja jetz hier zwölf Kilo [*deutet mit dem Zeigefinger auf das Rechteck vor der 40er-Pyramide*] (..) zwölf Kilo ähm (...) ein Kilo braucht er zehn Minuten (.) hundertzwanzich Minuten glaub ich noch zwei Stunden dazu.
113	I	(..) Insgesamt braucht der zwei Stunden meinst du?
114	H	Ja also (.) ähm (.) [*beschreibt mit der Hand einen Kreis über der 40er-Gruppe*] noch zwei Stunden muss der weiter pflücken glaub ich#$_{46}$ weil ähm der also die ähm (.) sechs Kilo bräuchte der ja ähm [*deutet auf den in zwei Würfeltürme mit je drei Würfeln geteilten Quader neben der 30er-Pyramide*] eine Stunde und dann das Doppelte wärn dann zwölf Kilo bräuchte der dann hundertzwanzich Minuten und dann nehm ich für äh ein (unverständlich) nehm ich an die Seite dann [*legt vier Holzwürfel zu einem Quadrat vor den Quader der 40er-Pyramide*] sinds eine [*tippt mehrfach auf einen der vier Holzwürfel*] ein Würfel dreißich Minuten mal soga- [*tippt auf die einzelnen Holzwürfel im Quadrat*] eins zwei drei vier vier mal dreißich sind ja dann hundertzwanzich.
115	I	#$_{46}$ Das-
116	I	Und was ist mit denen hier [*tippt auf den Quader der 40er-Pyramide*]?
117	H	Die sind zehn Minuten dann noch.
118	I	Ja aber warum hasse die jetzt wenn du jetzt [*tippt auf das neue Quadrat vor der 40er-Pyramide*] zwei Stunden hast warum hast du die dann noch mal hier [*tippt auf den Quader*] die Zeit?
119	H	Also ähm (..) die sind ja jetz nochma grad zugekomm und (..) keine Ahnung.

120	I	Kann ich die wegnehmen? [*Greift alle Holzwürfel des Quaders in einer Hand, nimmt sie weg, verliert dabei zwei, nimmt diese auch.*]
121	H	[*Richtet weiterhin den Würfel.*] Mhhhh nein weil einfach nur zwei Stunden würdn ja nich reichen.
122	I	Wie einfach nur zwei Stunden würden nicht reichen?
123	H	#$_{47}$ Glaube ich, oder? Äh.
124	O	#$_{47}$ [*legt den Kopf auf den Tisch*]
125	I	Du hast grad gesagt [*tippt auf das Rechteck vor der 30er-Pyramide*] in einer Stunde schafft er sechs.
126	H	Kilo.
127	I	Und [*tippt auf das Rechteck vor der 40er-Pyramide, trennt es in zwei Rechtecke mit zwei mal drei Holzwürfeln Kantenlänge*] hier has du sechs Kilogramm und sechs Kilogramm.
128	H	Stimmt dann brauch der nur zwei Stunden.
129	I	Also können [*hebt die beiseitegelegten Würfel aus dem Quader an*] die weg?
130	H	Ja eigentlich schon.
		Es werden erneut die „Würfel-Schulden" thematisiert, jedoch sind die entsprechenden Aussagen nicht im Transkript enthalten (vgl. K7-1 44:13-44:25min bzw. K3-2 7:23-7:36min).
131	I	Hast du ne Frage zu Halinas Darstellung?
132	H	[*leise*] zehn.
133	O	Nein. Nja.
134	I	Nein. Okay.
135	O	Nee.

Nachdem Halina die von ihr dargestellte Gesamtpflückmenge angepasst und herausgefunden hat, wie viel Kilogramm die einzelnen Personen pflücken, möchte sie nun die alleinige Pflückzeit des Opas anpassen: „nur die Zeit wär dann noch falsch" (Z. 112). Dafür zeigt sie auf das Rechteck vor der 40er-(bzw.43er-)Pyramide und sagt, der Opa hätte „ja jetzt hier zwölf Kilo". Halina nimmt an, dass der Opa für ein Kilogramm zehn Minuten braucht und gelangt somit zügig zum Ergebnis „hundertzwanzich Minuten", was „noch zwei Stunden dazu" bedeuten würde (Z. 112). Aufgrund von Halinas besonderer Auffassung davon, dass der Opa *dreimal so schnell* ist, ist es ihr möglich, seine Pflückzeit mehr oder weniger direkt anhand der von ihm gepflückten Menge Kirschen abzulesen: 12 Kilogramm ergeben 120 Minuten. Diese wiederum lassen sich zu *zwei Stunden* umrechnen, die, wie Halina glaubt, „noch dazu" kämen. Dies kann gedeutet werden, als müsse der Opa zusätzlich zu seiner bereits gepflückten Stunde gemeinsam mit den Kindern zwei weitere Stunden alleine weiterpflücken. Mit dieser Deutung würde die von Halina benannte Zeit die in der Textaufgabe enthaltene Frage beantworten. Halina nimmt jedoch keine Veränderung an ihrer Darstellung vor, um die besagten 120 Minuten bzw. zwei Stunden in der rechten Teildarstellung zu repräsentieren. Der stehende Quader beinhaltet nach wie vor *acht Holzwürfel* und wird nicht *um vier weitere* ergänzt, um die ‚neue' alleinige Pflückzeit des Opas zu repräsentieren.

Die Interviewerin scheint sich der Bedeutung der benannten Zeiteinheit *zwei Stunden* unsicher zu sein und möchte deshalb noch einmal genau wissen, ob der Opa insgesamt zwei Stunden pflücken würde (Z. 113). Halina überlegt kurz („Ja also (.) ähm (.)"), kreist mit der Hand über die rechte Teildarstellung und sagt dann, dass der Opa „noch zwei Stunden" „weiter pflücken" müsse. Sie erklärt es damit, dass der Opa für sechs Kilogramm eine Stunde bräuchte, wobei sie auf den stehenden Quader der mittleren Teilstruktur zeigt. Das Doppelte davon wären dann „zwölf Kilo" also „bräuchte er dann hundertzwanzig Minuten" (Z. 114). Auch wenn es Halina nicht explizit benennt, ist anzunehmen, dass sie sich mit der mittleren Teilstruktur auf die Darstellung der gemeinsamen Pflückzeit des Opas mit den Kindern in der ersten Stunde bezieht und mit der rechten auf dessen weitere, in Frage stehende Pflückzeit, um 22 Kilogramm Kirschen zu erhalten. Mit ihrer fortführenden Erklärung gibt Halina überdies eine zweite Begründung zur Ermittlung dieser besagten alleinigen Pflückzeit. Einerseits kann sie diese über die Pflückgeschwindigkeit und damit in Beziehung zu den in der rechten Teildarstellung repräsentierten Kilogramm Kirschen des Opas ermitteln. Ein zweiter Weg besteht darin, von der gemeinsamen Pflückzeit und den dabei gepflückten Kilogramm Kirschen (also von der mittleren Teildarstellung) auszugehen. Die alleine gepflückten Kilogramm Kirschen seien doppelt so viel wie die mit den Kindern gemeinsam gepflückten, ergo braucht Opa auch doppelt so viel Zeit dafür, nämlich zwei Stunden.

Die Nachfrage der Interviewerin scheint zu einer gewissen Verunsicherung bei Halina zu führen. Anschließend möchte sie für die von ihr benannte Zeiteinheit einen zweiten Zeichenträger konfigurieren. Sie legt dafür vier Holzwürfel zu einem Quadrat neben das rechte Rechteck auf den Tisch und zählt jeden darin enthaltenen Würfel als dreißig Minuten bzw. gelangt über die Zählung und einer Rechnung zu

ihrem Ergebnis: „eins zwei drei vier mal dreißig sind dann ja hundertzwanzich".
Damit wird die Pflückzeit des Opas in Anlehnung an die Darstellung der Zeit in der
mittleren Teildarstellung (ein Würfel als zehn Minuten im stehenden Quader) als
auch in der linken Teildarstellung (ein Würfel als eine halbe Stunde im Zweier-Turm)
und somit in doppelter Weise repräsentiert.

Die Interviewerin fragt nach Halinas Ergänzung des weiteren Zeichenträgers,
was es dann mit dem stehenden Quader an der 40er-(43er-)Pyramide auf sich hätte
(Z. 116). Dieser besteht nach wie vor aus *acht Holzwürfeln* und müsste entsprechend um vier weitere ergänzt werden, damit er die richtige Pflückzeit des Opas
anzeigt. Halina erklärt, „Die sind zehn Minuten dann noch" (Z. 117), womit sie
zwar die Bedeutung eines einzelnen darin enthaltenen Würfels benennt, nicht aber,
warum sie beide Repräsentationen für notwendig ansieht. Mit einer weiteren Frage
möchte die Interviewerin genau das wissen, warum Halina die Zeit in dem stehenden Quader repräsentiert habe, wo sie doch die *zwei Stunden* am Rechteck erkennen
könne (Z. 118)? Sie seien einfach gerade noch dazugekommen, Halina selbst habe
aber „kein Ahnung" (Z. 119). Es lässt sich nur vermuten, dass die Nachfrage der
Interviewerin bezüglich der repräsentierten Zeit von zwei Stunden in der rechten
Teildarstellung (vgl. Z. 113), die eigentlich auf den Unterschied des gemeinsamen und getrennten Pflückens abzielte, zu einer gewissen Unsicherheit geführt hat.
Halina nahm möglicherweise aufgrund dieser Nachfrage an, dass die Repräsentation
nicht verständlich genug sei und könnte deshalb eine zusätzliche Repräsentation in
Anlehnung an die Pflückzeit der Kinder hinzugefügt haben, um dieses deutlicher zu
machen. Falls dem so war, muss es eher unterbewusst gewesen sein, denn Halina
selbst kann den Grund der weiteren Repräsentation nicht nennen. Es könnte auch
sein, dass Halina von der Bedeutung eines Würfels für zehn Minuten abweicht, da
die gefragte alleinige Pflückzeit des Opas ein Vielfaches von einer halben Stunde
ist und somit nicht noch eine Art ‚Rest' in den Würfeln repräsentiert werden muss.
Für Halina könnte es deshalb möglicherweise sinnvoll gewesen sein, die Pflückzeit des Opas als neuen Zeichenträger zu symbolisieren und den ‚alten' einfach zu
vernachlässigen.

Unabhängig von der doppelten Repräsentation entschließt sich die Interviewerin,
die Holzwürfel des Quaders zu entfernen, und fragt, ob sie diese wegnehmen könne
(Z. 120). Damit entfernt sie den Zeichenträger, der noch das ‚alte' und damit falsche
Ergebnis von achtzig Minuten darstellt und nach Halinas Hinzufügen des Quadrats
überflüssig gemacht wurde. Hinzukommt, dass Halina die doppelte Repräsentation
nicht wirklich begründen konnte. Die Interviewerin scheint deshalb anzunehmen,
dass dieser Zeichenträger nicht länger benötigt wird, möchte aber von Halina eine
Art Bestätigung oder aber eine Begründung für dessen Erhalt bekommen. Halina
widerspricht, „weil einfach nur zwei Stunden würdn ja nich reichen" (Z. 121). Es

ist schwierig, diese Antwort in einen sinnvollen Deutungszusammenhang einzuordnen. Womöglich bezieht sich Halina mit der Aussage von „zwei Stunden" auf die Repräsentation dieser in dem Quadrat. Das Quadrat scheint in ihren Augen aus irgendeinem nicht näher benannten Grund nicht ausreichend zu sein. Auch die Interviewerin kann Halinas Aussage für sich nicht richtig einordnen und erfragt deshalb deren Bedeutung (Z. 122). Halinas Antwort „Glaube ich, oder? Äh" (Z. 123) spricht dafür, dass sie sich selbst nicht sicher ist, und drückt darüber hinaus eine gewisse Verwirrung aus. Deshalb scheint die Interviewerin noch einmal zusammenfassen zu wollen, was Halina bisher erklärt hat: Der Opa schaffe in einer Stunde sechs (Z. 125), was Halina mit „Kilo" ergänzt (Z. 126) und somit als Zustimmung für die Bedeutung des Rechtecks vor der 30er-Pyramide als sechs Kilogramm gewertet werden kann. Die Interviewerin fährt fort, indem sie das Rechteck vor der 40er-(43er-)Pyramide in zwei gleiche Rechtecke von je sechs Würfeln aufteilt, Halina habe hier „sechs Kilogramm und sechs Kilogramm" (Z. 127). Damit greift sie implizit Halinas vorherige Erklärung auf, in der sie von der *einen Stunde* und den *sechs Kilo* auf „das Doppelte" schlussfolgert, also *zwei Stunden* und *zwölf Kilo* (vgl. Z. 114). Halina stimmt der Interviewerin zu und ergänzt: „Stimmt dann brauch der nur zwei Stunden" (Z. 128). Als Konsequenz beurteilt die Interviewerin, dass die acht Würfel des Quaders wegkönnen, formuliert dies jedoch als erneute Frage an Halina (Z. 129). Dieses Mal wird sie von Halina bejaht (Z. 130). Damit scheinen alle Zeichenträgerkonfigurationen in Halinas Darstellung erklärt und auch eine Lösung wurde benannt. Um die Erklärung abzuschließen, fragt die Interviewerin Odelia, ob sie noch eine Frage hätte (Z. 131), was diese verneint (Z. 133). Hier endet die vierte Phase und damit auch der erste Teil der ausgewählten Szene. Kurz davor – und im Transkript nicht Wort wörtlich enthalten – ist eine weitere Diskussion über *Halinas Schulden* bei Odelia. Die geliehenen Holzwürfel werden selbstverständlich im weiteren Interviewverlauf zurückgelegt, sodass auch Odelia die Chance erhält, ihre vollständige Darstellung Halina erstmalig und der Interviewerin zum zweiten Mal zu erklären.

Ganzheitliche Analyse Phase 4
In der Phase 4 steht die Erklärung und Anpassung der rechten Teilstruktur im Mittelpunkt, die darüber hinaus erstmalig in rekonstruierbarer Weise mit den anderen beiden Teildarstellungen verknüpft wird. Zu Beginn der Phase 4.1 ist es nicht Halina, sondern Odelia, die zunächst einzelne Zeichenträgerkonfigurationen der rechten Teilstruktur deutet. Sie benennt den zusammengesetzten Würfel als „Baum" und greift damit auf Halinas Beschreibung aus einer eher *alltäglichen Sichtweise* in Phase 1 zurück. Weiter erkennt Odelia die „Zeit", ist aber nicht in der Lage, den stehenden Quader mit acht Holzwürfeln als achtzig Minuten zu identifizieren, bzw.

scheint er ohnehin aus zu wenigen Würfeln zu bestehen und auf ein ‚falsches'
Ergebnis zu verweisen (vgl. Z. 74–79). Unterdessen verändert Halina ihre rechte
Teildarstellung dahingehend, dass sie drei Holzwürfel der 40er-Pyramide und drei
weitere dem davorliegenden Rechteck hinzufügt, was damit aus 11 Würfeln besteht
(vgl. Z. 73 und 80–84). Halina nimmt folglich in der Unterphase 4.1 die ausstehende
Veränderung vor, die sie augenscheinlich bereits in den Unterphasen 2.2 und 3.2
als fehlende „drei Kilo" angemerkt hat. Analog zu den ersten beiden Teildarstellungen erklärt Halina in der Unterphase 4.2 den zusammengesetzten Würfel als Baum
und benennt die Pyramide als Kirschen, die mit ihren (angenommenen) 40 Würfeln
acht Kilogramm darstellen soll, die ebenfalls im Rechteck davor repräsentiert seien
(vgl. Z. 90–95). Die angesprochenen fehlenden „drei Kilo", und damit auch die drei
zuletzt hinzugefügten Würfel, werden außer Acht gelassen und scheinen überdies zu
einer gewissen Verwirrung zu führen (vgl. Phase 4.3, Z. 96–102). Es resultiert darin,
dass Halina bestrebt ist, die von hier repräsentierte Gesamtpflückmenge berechnen
zu wollen (vgl. Phase 4.4). Erstmalig verknüpft Halina hier in einer rekonstruierbaren Weise die jeweiligen Pflückmengen des Opas in der ersten Stunde (6 kg)
und der alleinigen Pflückzeit (8 kg) mit den Pflückmengen der beiden Kinder (je
2 kg) additiv. Dabei wird ein von ihr verursachter Rechenfehler aufgedeckt, womit
Halina der rechten Teildarstellung nicht länger drei, sondern *vier Kilogramm* hinzufügen möchte (vgl. insbesondere Z. 104). Die vier Kilogramm legt sie als vier
Holzwürfel zu dem Rechteck vor der 40er-Pyramide. Der Opa pflücke somit 12
Kilogramm alleine weiter. Nur noch die Zeit müsse angepasst werden, wie Halina
bei der Kontrolle der repräsentierten Holzwürfel bemerkt (vgl. Z. 112), die die in
der Textaufgabe vorgegebene Gesamtpflückmenge von 22 Kilogramm repräsentieren. Anstatt nun dem stehenden Quader (80 Minuten bedeutend) ebenfalls vier
Holzwürfel (als weitere 40 Minuten) hinzuzufügen, legt Halina ein Quadrat aus
vier Holzwürfeln, das 120 Minuten bzw. zwei Stunden repräsentiere (vgl. Z. 112–
114). Damit weicht sie von ihrer Repräsentation der Pflückzeit des Opas mit einem
Holzwürfel als 10 Minuten ab. Der stehende Quader wird durch das Hinzufügen der
zusätzlichen Repräsentation überflüssig und im Einverständnis mit Halina von der
Interviewerin entfernt (vgl. Z. 116–130).

Die rechte Teildarstellung mit den von Halina vorgenommenen Deutungen lässt
sich in vergleichbarer Weise zu den anderen Teildarstellungen interpretieren. Mit
dem zusammengesetzten Würfel und der aufgetürmten Pyramide werden erneut *der
Baum* und *die Kirschen* repräsentiert. Die Zeichenträger weisen dabei Eigenschaften auf, die in ikonischer Relation zu deren Bedeutung stehen. *Der Baum* besteht aus
*Holz*würfeln, die zu einer Art *Stamm* zueinander positioniert sind. *Die Kirschen* sind
zu einer Art *Haufen* als Pyramide aufgetürmt, als wären die einzelnen Holzwürfel als
einzelne Kirschen in dieser Weise gepflückt und aufeinandergehäuft worden. Neben

diesen beiden eher unterschwelligen Elementen der *Alltagssicht* fokussiert Halina jedoch nicht auf den weiteren Nachbau der sachlichen Situation. Beispielsweise erhält *der Opa* auch in der rechten Teildarstellung keinen eigenen Zeichenträger. Stattdessen wird der Fokus auf die für Halina relevanten mathematischen Elemente gerichtet. Die Pflückzeit und Pflückmenge des Opas werden als Quader bzw. Rechteck repräsentiert, wobei sich die jeweilige Anzahl der einzelnen Holzwürfel auf 80 Minuten (ein Würfel á 10 Minuten) bzw. auf acht und nachher auf 12 Kilogramm (ein Würfel á ein Kilogramm Kirschen) beziehen. Und auch die Pyramide im eigentlichen Sinn stellt nicht nur 40 Kirschen dar, sondern ebenfalls acht Kilogramm, wenn man jeweils fünf von ihnen als ein Kilogramm zusammenfassend deutet. Zu Beginn von Halinas Erklärung (Phase 4.2 und 4.3) dienen die Zeichenträger folglich der Darstellung der mathematischen Elemente, ohne dass sie darüber hinaus miteinander verknüpft wären. Die in Phase 4.1 hinzugefügten Würfel werden sogar wieder entfernt, um die ursprüngliche Darstellungsform zu erhalten. Damit lassen sie Hinweise dafür finden, auch Halinas rechte Teildarstellung neben der Alltagssicht in die *Darstellung mathematischer Elemente* der *Zahlen-und-Größen-Sicht* einzuordnen, die insgesamt dominanter erscheint als der Einbezug von alltäglichen Elementen.

In der Unterphase 4.4 werden die *darstellenden mathematischen Elemente* darüber hinaus über die Teildarstellungen hinweg miteinander verknüpft. Die Holzwürfel in den jeweils vier vor den Pyramiden liegenden Rechtecken stellen die Pflückmengen der einzelnen Personen dar, die Halina addiert, um die tatsächlich gelegte Pflückmenge mit der geforderten Gesamtpflückmenge abzugleichen. In gewisser Weise können die besagten Rechtecke damit als *Zeichen* im epistemologischen Dreieck interpretiert werden. Durch das Zählen der einzelnen darin enthaltenen Würfel, und damit das Addieren der unterschiedlichen Pflückmengen, erschafft Halina einen erklärenden *Referenzkontext*. In der Mediation zwischen Zeichen und Referenzkontext bemerkt sie, dass die in der Textaufgabe genannte Bedingung der vorgegebenen Gesamtpflückmenge von 22 Kilogramm noch nicht erreicht ist, weshalb sie vier Kilogramm als vier Würfel im Zeichen ergänzt. Neben der benannten epistemologischen Bedingung wird die Mediation *begrifflich* durch arithmetische Zusammenhänge reguliert (Abb. 7.24).

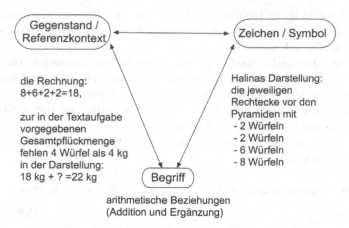

Abb. 7.24   Halina Phase 4 – epistemologisches Dreieck

Aufgrund der von Halina vorgenommenen Addition der Würfel der Rechtecke, deren Ergänzung um *vier Kilogramm* zum Erreichen der geforderten Gesamtpflückmenge von 22 Kilogramm und entsprechender Repräsentation mit Anpassung ihrer Darstellung kann Halinas Deutung der *arithmetischen Verbindung* der *Zahlen-und-Größen-Sicht* zugeordnet werden. Rückwirkend bedeutet dies, dass auch Halinas Deutungen in den vorangegangenen Unterphasen 2.2, 3.2 und 4.1 ebenfalls gewisse Anteile dieser Sichtweise enthalten. Bereits recht zu Anfang der gemeinsamen Interaktion möchte Halina, dass die Gesprächsteilnehmerinnen warten, während sie „sechs und acht" über den Zwischenschritt „zwölf" (vgl. Phase 2.2; Z. 22) zu (irrtümlicherweise) „fünfzehn" addiert. Sie zählt anschließend die Holzwürfel vor den kleinen Pyramiden hinzu, gelangt so zu „neunzehn" (vgl. Z. 25) und schlussfolgert, dass sie „hier noch drei Kilo gleich" bräuchte, wobei sie in Richtung der rechten Teildarstellung deutet (Z. 28). Diese Schlussfolgerung ist nur möglich, wenn Halina die von ihr bereits repräsentierten Pflückmengen der einzelnen Personen addiert und mit der geforderten Gesamtpflückmenge abgeglichen hat. Die vermutete Rekonstruktion in der Analyse der Unterphase 2.2 wird mit der Betrachtung der Unterphase 4 bestätigt. In der Unterphase 3.2 greift Halina das von ihr ermittelte Ergebnis von den fehlenden „drei Kilo" auf (vgl. Z. 53), die sie ihrer Darstellung hinzufügen möchte – genauer gesagt, der rechten Teildarstellung. Sie setzt damit ihre Gedanken aus der Unterphase 2.2 fort, ohne weitere Hinweise für eine Rekonstruktion ihrer Deutung zu liefern. Während die Unterphase 2.2 damit rückwirkend ebenfalls der *arithmetischen Verbindung* der *Zahlen-und-Größen-Sicht* zugeordnet werden kann, stellt die Unterphase 3.2 eher eine Art Einschub oder Fortsetzung dar, die die Anpassung und damit einhergehende erklärende Deutung auf später, nämlich die Phase 4, verschiebt.

Die von Halina in der Phase 4 eingenommenen Sichtweisen werden in der nachfolgenden Tabelle noch einmal zusammenfassend dargestellt. Insgesamt dominiert die *Zahlen-und-Größen-Sicht*. Erstmalig ist es möglich, neben der *Darstellung der mathematischen Elemente* auch deren *arithmetische Verbindung* insbesondere für die Unterphasen 4.1 und 4.4 zu rekonstruieren. Die Zusammenfassung von Halinas rekonstruierten Sichtweisen der Phase 4 kann der nachfolgenden (Tab. 7.18) entnommen werden.

Tab. 7.18 Zusammenfassung von Halinas rekonstruierten Sichtweisen der Phase 4

Sichtweise		Halina P4
Alltagssicht	Re-Konstruktion und Darstellung des Sachverhalts	(x)
Erster Übergang		
Zahlen-und-Größen-Sicht	Darstellung mathematischer Elemente	x
	Arithmetische Verbindung mathematischer Elemente	x
Zweiter Übergang		
Systemisch-relationale Sicht	Zeichenträger ohne Wechselbezüge	
	Zeichenträger mit lokalen Wechselbezügen	
	Zeichenträger mit globalen Wechselbezügen	

Phase 5 (Z. 136–221): Entfernen und Umlegen von Würfeln mit jeweiligen Deutungen

Die Phase 5 wird als *zweiter Teil* der ausgewählten Szene verstanden, der sich somit nicht aus weiteren (Ober-)Phasen zusammensetzt. Der zweite Teil, und damit die Phase 5, gliedert sich in sieben Unterphasen: das Entfernen der zusammengesetzten Würfel (Bäume) (5.1; Z. 136–148), Halinas Anpassung der mittleren und rechten Teildarstellung (5.2; 149–154), das Entfernen der Pyramiden (Kirschen) (5.3; Z. 155–167), das Deuten der Personen anhand der reduzierten Darstellung (5.4; Z. 168–193), das Entfernen der linken und mittleren Würfeltürme (Zeit) (5.5; Z. 193–208), das erste Umlegen der Würfel und Entfernen der rechten Würfeltürme (5.6; 208–211) und das zweite Umlegung mit Deutung (5.7; Z. 212–221). Eine ganzheitlich betrachtende Analyse mit Einordnung in das Theoriekonstrukt erfolgt für den gesamten zweiten Teil der ausgewählten Szene gemeinsam mit allen Unterphasen.

Phase 5.1 (Z. 136–148) Entfernen der zusammengesetzten Würfel (Bäume)

136	I	Du hast die Bäume gemacht, ne?
137	H	#$_{48}$[*nickt*] Eigentli-#$_{49}$
138	O	#$_{48}$[*nickt*] Hmhm.
139	I	#$_{49}$ Brauchen wir die?
140	H	Ei- ähm [*schüttelt den Kopf*] eigentlich nich.
141	I	Das heißt eigentlich [*greift den Würfel neben der 40er-Pyramide*] ich brauch jetzt mal nen Karton #$_{50}$ hier [*steht auf, legt die Holzwürfel des Würfels zu denen des Quaders und verlässt das Bild*]
142	H	#$_{50}$ [*Greift den Würfel neben der 30er-Pyramide, stellt ihn zu den von I. abgelegten Holzwürfeln*] #$_{51}$ [*Genauso mit dem Würfel neben der aus ihrer Sicht linken 10er-Pyramide*]
143	O	#$_{51}$ Muss der weg? [*Greift ebenfalls nach dem Würfel neben der linken 10er-Pyramide, lässt Halina den Vortritt und nimmt den Würfel neben der rechten 10er-Pyramide, legt sie vor sich ab-*]
144	I	Eigentlich brauchen wir die Bäume also gar nicht.
145	O	[*Verliert beim Weglegen einen der Holzwürfel*] Ich nehm mal den-
146	H	Pass auf! [*richtet die Gruppe um die rechte 10er-Pyramide, dann die anderen Guppen*]
147	O	Stimmt eintlich denksu #$_{52}$ ich mach hier so [*bewegt den Arm flach über den ganzen Tisch*] tschuuuuu [*spielt mit den Holzwürfeln vor sich*]
148	I	#$_{52}$ [*räumt die abgelegten Holzwürfel in einen Karton*]
		Es werden weiterhin die Holzwürfel der zusammengesetzten Würfel von der Interviewerin entfernt, wobei Halina und Odelia erneut besprechen, wie viele Holzwürfel Halina Odelia zurückgeben muss, was jedoch inhaltlichen irrelevant und deshalb nicht im Transkript aufgenommen ist (vgl. K7–1 44:59–45:39 min bzw. K3–2 08:08–08:48 min).

Im *ersten Teil* der ausgewählten Szene hat Halina ihre Darstellung erstmalig Odelia und der Interviewerin erklärt. Überdies wurden in der gemeinsamen Interaktion Anpassungen vorgenommen. Diese führten zu einer Halina zufriedenstellenden gewissen Einheitlichkeit der korrekten mathematischen Größen. Mit Beginn des *zweiten Teils* leitet die Interviewerin einen neuen Interaktionsabschnitt ein. Es steht nun nicht länger Halinas *ursprüngliche Deutung* sowie mögliche, wichtige Anpassungen zur Ergebnisfindung im Vordergrund. Stattdessen richtet die Interviewerin das Augenmerk auf die *Darstellung selbst* mit ihren *einzelnen Zeichenträgerkonfigurationen* und deren Funktionen. Die zusammengesetzten Würfel, die Halina zuallererst in Phase 1 als *Bäume* erklärt hat, werden zuerst in dieser Unterphase 5.1 thematisiert.

Die Interviewerin möchte wiederholend wissen, ob Halina die „Bäume gemacht" hätte (Z. 136). Dies stellt keine echte Frage in dem Sinne dar, dass die Interviewerin eine wirkliche Antwort erwartet, da sie diese bereits kennt und auch davon auszugehen ist, dass Odelia die Bedeutung der zusammengesetzten Würfel als Bäume verstanden hat (vgl. Odelias Deutung in Phase 4.1, Z. 74 f.). Vielmehr geht es ihr vermutlich darum, die Aufmerksamkeit der beiden Kinder auf besagte *Bäume* und ihre Repräsentation zu richten. Halina und Odelia nicken bestätigend (Z. 137 f.), während die Interviewerin gleichzeitig ihre eigentliche Frage stellt: „Brauchen wir die?" (Z. 139). Damit wird die Relevanz der Repräsentation der Bäume wie auch die der sie repräsentierenden Zeichenträger grundsätzlich in Frage gestellt. Halina ist der Auffassung, dass man sie „eigentlich nicht" bräuchte (Z. 140). Dies führt dazu, dass alle drei Beteiligten die vier zusammengesetzten Würfel aus Halinas Darstellung entfernen (Z. 141–148) und die Interviewerin noch einmal bestätigend Halinas Aussage wiederholt: „Eigentlich brauchen wir die Bäume also gar nicht" (vgl. Z. 141 bzw. Z. 144).

Es folgt hier keine weitere Erklärung dazu, *warum* die zusammengesetzten Würfel und damit die repräsentierten *Bäume* entfernt werden dürfen. Es scheint trotzdem ein gegenseitiges Einverständnis darüber vorzuliegen, insofern als dass alle drei Interaktionspartnerinnen gemeinsam die besagten Zeichenträger wegräumen. Möglicherweise ist ihnen bei Halinas Erklärung ihrer Darstellung aufgefallen, dass die *Bäume* selbst für die Repräsentation der Lösung und Lösungsfindung nicht benötigt werden. Halina könnte die *Bäume* ursprünglich trotzdem hinzugefügt haben, weil sie vielleicht glaubte, dass dies von ihr erwartet würde, in dem Sinne, dass sie eine möglichst *vollständige* Repräsentation der sachlich eingekleideten Textaufgabe und deren Lösung erstellen wollte. Mit der aktiven Rückfrage der Interviewerin könnte deutlich werden, dass es nicht zwangsläufig um eine solche vollständige Repräsentation geht, sondern dass die mathematischen Größen im Mittelpunkt der Aufmerksamkeit stehen.

Während des Wegräumens überlegen Halina und Odelia, wie viele Würfel inzwischen von Odelias Darstellung entfernt wurden, um Halina die Möglichkeit zu geben, ihre Darstellung anzupassen. Die beiden möchten also ‚Halinas Schulden bei Odelia' ermitteln und Odelia die entsprechende Holzwürfelanzahl von den entfernten *Bäumen* zur Verfügung stellen. Die Interviewerin unterbricht dies jedoch und räumt auch die beiseitegelegten Würfel weg. Später würde geschaut, was bei Odelias Darstellung ergänzt werden müsse, es sei aber jetzt wichtig, sich zu konzentrieren. Mit dieser Aufforderung beginnt die nachfolgende Unterphase 5.2. Da die Thematisierung der Schulden für die inhaltliche Analyse überflüssig erscheint, wurde sie aus dem Transkript entfernt.

Phase 5.2 (Z. 149–154) Halinas Anpassung der mittleren und rechten Teildarstellung

149	I	Das ist wichtig dass ihr euch jetzt konzentriert, kommt, #$_{53}$ das schafft ihr.
150	H	#$_{53}$ Also [*schiebt den oberen linken Würfel des Quadrat neben der 40er-Pyramide etwas nach links und tippt darauf*] das hier sind als ebent immer eine halb Stunde (.) auch ähm (.) das [*deutet auf den als zwei Würfeltürme da stehenden Quader neben der 30er-Pyramide*] könnten dann ja eigentlich auch ne halbe Stunde sein #$_{54}$ das-
151	I	#$_{54}$ Das heißt, dann müssen die [*legt die Hand um die Würfeltürme*] weg [*entfernt die jeweils die oberen beiden Würfel aus jedem Würfelturm, sodass nur zwei Holzwürfel nebeneinander zurück bleiben*] #$_{55}$ so?
152	H	#$_{55}$ Warte. Ähm (.) ja jetzt (.) so ran [*schiebt die beiden verbleibenden Holzwürfel näher an die 30er-Pyramide*]. Ähm. [*Stapelt die beiden Holzwürfel zu einem Würfelturm und schiebt diesen nach vorne.*] (Is) äh also eine halbe Stunde [*tippt mit dem Zeigefinger auf den oberen Würfel des soeben aufgestellten Würfelturms*] dann hier [*zeigt auf dessen unteren Würfel*].
		Hier ebent auch [*nimmt die Holzwürfel aus dem Quadrat vor der 40er-Pyramide in beide Hände*]. Und [*stapelt jeweils zwei der Würfel aufeinander*] ähm (..) ja eine halb Stunde sind (.) zwei Stunden dann eben [*zeigt auf die vier eben aufgestellten Würfel*]. Ähm hier die acht Kilo [*zeigt auf die zwölf vor der 40er-Pyramide im Rechteck angeordneten Würfel*] hier sind s-#$_{56}$
153	I	#$_{56}$ Zwölf.
154	H	Äh ja zwölf Kilo. **Hier sinds glaub ich dann noch n paar zu wenig [*deutet auf die 40er-Pyramide*] aba das brauchen wir jetzt eigentlich nich mehr.**

Nach der Aufforderung der Interviewerin, sich zu konzentrieren, und der Ermutigung, dass Halina und Odelia dies (womöglich trotz der Länge des andauernden Interviews bei der sommerlich heißen Temperatur) auch schaffen würden (Z. 149), wendet sich Halina ihrer inzwischen um die zusammengesetzten Würfel reduzierten Darstellung zu. Sie möchte sie augenscheinlich erneut erklären, wobei sie auch

Anpassungen vornimmt. Halina schiebt den oberen linken Holzwürfel des Quadrats nahe der 40er-Pyramide etwas nach links und tippt darauf. Sie kommentiert: „das hier sind als ebent immer eine halb Stunde" (Z. 150). Damit benennt Halina erneut, wie sie die Zeit in der rechten Teildarstellung repräsentiert sieht. Ein Würfel des Quadrats stehe für eine halbe Stunde. Dies wird durch die Geste des Verschiebens und Zeigens des darin enthaltenen, rechten, oberen Holzwürfel deutlich. Gleichzeitig spricht sie jedoch von „sind" und „immer". Es lässt die Rekonstruktion zu, dass Halina nicht nur besagtem einen Würfel eine Bedeutung von *einer halben Stunde* zuspricht, sondern den anderen drei Würfeln des Quadrats ebenfalls, womit dieser insgesamt das zu ermittelnde Ergebnis der alleinigen Pflückzeit des Opas von zwei Stunden repräsentiert (vgl. Z. 114).

Anschließend deutet Halina auf den als zwei Würfeltürme dastehenden Quader nahe der 30er-Pyramide. Ein darin enthaltener Holzwürfel bedeutet *10 Minuten*, wie es in der vorangegangenen Interaktion des ersten Teils der Szene erklärt wurde (vgl. Z. 53). Anstatt nun die Bedeutung als *10 Minuten* wiederholend darzulegen, merkt Halina an, dass das „auch ähm (.) das könnten dann ja eigentlich auch ne halbe Stunde sein" (Z. 150). In gewisser Weise bahnt sich hier eine Bedeutungsverschiebung an, bei der womöglich eine einheitliche Repräsentation der einzelnen Pflückzeiten angestrebt wird. In der mittleren Teildarstellung repräsentieren die sechs Würfel des Quaders jeweils zehn, also insgesamt 60 Minuten. Mit der Bedeutungsverschiebung eines Würfels zu einer halben Stunde muss die Zeichenträgerkonfiguration des Quaders entsprechend um *vier Würfel* reduziert werden. Andernfalls findet eine Veränderung der zu repräsentierenden Zeiteinheit statt, die Auswirkungen auf die anderen Zeichenträger haben müsste. Es scheint somit auf der Hand zu liegen, dass diese Reduktion stattfinden muss, damit nicht *drei Stunden*, sondern weiterhin *eine Stunde* dargestellt wird. Deshalb entfernt die Interviewerin die jeweils beiden oberen Würfel aus jedem Würfelturm und fragt Bestätigung suchend: „Das heißt, dann müssen die weg, so?" (Z. 151). Halina überlegt („Warte. Ähm"), bevor sie die Nachfrage der Interviewerin bestätigt, dabei allerdings die beiden verbleibenden Holzwürfel zusammen und näher an die 30er-Pyramide schiebt. Halina überlegt weiter und stapelt die beiden Holzwürfel schließlich zu einem Zweier-Turm aufeinander (Z. 152). Mit dem Entfernen der vier Holzwürfel und dem Aufeinandertürmen der beiden verbleibenden wird die Pflückzeit des Opas als *eine Stunde* nun in analoger Weise zu den Pflückzeiten der beiden Kinder in der linken Teildarstellung repräsentiert.

Halina wendet sich daraufhin der rechten Teildarstellung zu, bei der es „ebent auch" so sei. Auch hier stapelt sie die Holzwürfel zur Repräsentation der Zeit zu zwei nebeneinanderstehenden Zweier-Türmen aufeinander. Ein Würfel repräsentiere eine halbe Stunde, die vier Würfel der rechten Teildarstellung bedeuten somit „zwei

Stunden", in denen der Opa noch „acht Kilo" (Z. 152) bzw. „zwölf Kilo" pflücken muss, wie die Interviewerin verbessert (Z. 153) und Halina bestätigt (Z. 154).

Mit den hier vorgenommenen Anpassungen der Zeichenträger für die gemeinsame und alleinige Pflückzeit des Opas stellt Halina eine insgesamt einheitliche Würfelkonfiguration her. Jede Gruppierung von Zeichenträgerkonfigurationen, die einer bestimmten Person zugeordnet werden, enthält somit eine *Pyramide* mit davorliegendem *Rechteck*, die auf die Pflückmenge dieser Person verweisen, sowie *einen Zweier-Turm*, der die dafür benötigte Zeitspanne aufzeigt. Es liegt einzig die Besonderheit vor, dass dem Opa als Person in gewisser Weise *zwei* Gruppierungen von Zeichenträgerkonfigurationen zugeordnet werden, da seine Pflückzeit als *mit den Kindern* und *alleine* aufgeteilt wird, sowie mit dementsprechend zwei voneinander getrennten Gruppierungen (mittlere und rechte Teildarstellung) dargestellt wird.

Phase 5.3 (Z. 154–167) Entfernen der Pyramiden (Kirschen)

154	H	**Äh ja zwölf Kilo.** Hier sinds glaub ich dann noch n paar zu wenig [*deutet auf die 40er-Pyramide*] aba das brauchen wir jetzt eigentlich nich mehr.
155	I	[*Steht auf, geht auf die linke Seite des Tisches*] So. Wir machen mal weiter. Hier sehe ich (.) hast du gesagt (..) [*legt die Hand auf den Tisch und deutet mit dem Zeigefinger auf die Gruppe um die linke 10er-Pyramide*] öhm den Jakob ist das richtig?
156	O	#$_{57}$ Hmhm [*nickt*]
157	H	#$_{57}$ Ja.
158	I	Und der Jakob, weißt du, pflückt zwei Kilogramm [*hebt die zwei Würfel vor der linken 10er-Pyramide an*] in einer Stunde [*berührt den aus zwei Würfeln bestehenden Turm links neben der linken 10er-Pyramide*]. [*Entfernt die 10er-Pyramide.*] Sehe ich das jetzt also immer noch?
159	H	Eigentlich ja [*nickt*].
160	O	Hmhm.
161	I	[*Steht auf, nimmt den Karton mit den übrigen Holzwürfeln und geht auf die Tischseite gegenüber der Kinder, greift mit einer Hand die rechte 10er-Pyramide.*] Erkenn ich immer noch was die Annika pflückt? #$_{58}$ [*Legt die Holzwürfel in den Karton.*] [*Geht zur rechten Tischseite.*]
162	H	#$_{58}$ Ja. [*Fängt an, die 40er-Pyramide abzubauen, indem sie die einzelnen Holzwürfel hoch nimmt, zunächst mit beiden Händen*] Okay warte hier sind eins zwei drei [*greift um; nimmt die Holzwürfel mit der rechten Hand von der Pyramide, legt sie in die linke bis sie zehn Würfel hat*] vier fünf #$_{59}$ sechs sieben acht neun zehn. [*Legt die Holzwürfel vor Odelia ab.*]

163	I	#$_{59}$ [*Stellt den Karton auf den Tisch*] Erkenn ich immer noch was der Opa pflückt [*legt die Holzwürfel der 30er-Pyramide in den Karton*]? [*Legt die von Halina übriggelassenen Holzwürfel der 40er-Pyramide in den Karton.*]	
164	O	(Ich weiß nich ob das richtich is) [*schaut zu I, nimmt die Würfel von Halina und schiebt sie an die linke Seite*] #$_{60}$ [*verschiebt di Holzwürfel auf dem Tisch.*]	
165	I	#$_{60}$ [*Geht wieder auf die linke Seite des Tisches und schiebt Odelias Holzwürfel in den Karton.*] Erkenne ich immer noch was der Opa pflückt?	
166	H	#$_{60}$ [*Schiebt zunächst die beiden Würfeltürme, dann das Rechteck aus der 40er-Gruppe nach hinten, richtet dann auch die anderen Gruppen von rechts nach links gehend entsprechend aus.*] Ja.	
167	I	[*Setzt sich auf ihren Platz.*] Ja?	

Nach den vorgenommenen Anpassungen macht Halina darauf aufmerksam, dass in der 40er-(bzw. 43er-) Pyramide vermutlich nach wie vor zu wenig Würfel enthalten seien. Demnach müssten diese noch ergänzt werden, damit die 40er-(bzw. 43er-)Pyramide nicht länger *acht Kilogramm* (40:5 = 8, bzw. Rest 3) repräsentiert, sondern 12 Kilogramm, analog zum davor liegende Rechteck. Gleichzeitig stellt Halina allerdings auch fest, dass sie „das" „jetzt eigentlich nich mehr" bräuchten (Z. 154). Damit erklärt Halina die rechte Pyramide in gewisser Weise für überflüssig, wie sie es bereits im ersten Teil des Transkripts ebenfalls angedeutet hat (vgl. Z. 87). Die Interviewerin scheint jedenfalls Halinas Aussage zum Anlass zu nehmen, mit der Reduzierung von Halinas Darstellung fortzufahren und sich dafür den angesprochenen, überflüssigen Pyramiden zu widmen: „So. Wir machen mal weiter" (Z. 155).

Anstatt nun allerdings bei der rechten Pyramide zu beginnen, wendet sich die Interviewerin den kleinen Pyramiden in der linken Teildarstellung zu. Wiederholend fasst sie zusammen, dass man in der linken der beiden Gruppierungen „den Jakob" erkennen könne (Z. 155), was Odelia (Z. 156) und Halina (Z. 157) bestätigen. Die Interviewerin fährt fort, dass Jakob in einer Stunde zwei Kilogramm pflücken würde, wobei sie die entsprechenden Zeichenträger *Zweier-Turm* und *Rechteck* berührt. Anschließend entfernt sie die linke 10er-Pyramide und möchte wissen: „Sehe ich das jetzt also immer noch?" (Z. 158). Erneut bestätigen Halina (Z. 159) und Odelia (Z. 160) ihre Aussage. Dadurch, dass die Interviewerin die Bedeutung der einzelnen Würfelbauten wiederholt und damit alle wichtigen, mathematischen Elemente (Zeit und Gewicht) benennt, illustriert sie in deutlicher Weise die Überflüssigkeit der Pyramide. Ihr könnte unterstellt werden, dass sie damit die Antworten der Kinder beeinflusst. Andererseits war es jedoch Halina, die die Anpassung der großen Pyramide und damit quasi die Pyramide selbst als „das brauchen wir jetzt eigentlich nich mehr" (vgl. Z. 154) kennzeichnet. Die Interviewerin überträgt Halinas Aussage folglich auf die kleinere Pyramide und versucht, Halinas zuvor getätigte Deutung zusammenfassend darzulegen, wobei Halina und Odelia jeder Zeit widersprechen könnten. Die Zusammenfassung der Interviewerin könnte somit auch aufgefasst werden, als möchte sie lediglich die Aufmerksamkeit der beiden Mädchen weg vom Opa auf die Kinder richten. Gestützt wird diese Vermutung dadurch, dass die Interviewerin die Bedeutung der Würfelbauten um die zweite kleine Pyramide herum nicht benennt.

Stattdessen entfernt die Interviewerin die zweite kleine Pyramide und fragt ohne weitere Zusammenfassung, ob man erkennen könne, was Annika pflücke (Z. 161). Halina bejaht auch dies und beginnt von sich aus, die 40er-Pyramide abzubauen, indem sie „zehn" Holzwürfel abzählt und zum Begleichen ihrer ‚Schulden' vor Odelia auf den Tisch legt (Z. 162). Mit dem Entfernen der Würfel bekräftigt Halina ihre Aussage (vgl. Z. 154), dass die 40er-Pyramide nicht länger benötigt würde.

Unterdessen entfernt die Interviewerin die 30er-Pyramide mit der Frage, ob man immer noch erkennen könne, was der Opa pflücke. Sie entfernt auch die von Halina übriggelassenen Holzwürfel der 40er-Pyramide (Z. 163). Odelia äußert sich unterdessen zu den zehn vor ihr liegenden Würfeln. Sie wisse nicht, ob dies richtig sei (Z. 164) und damit die ‚Schulden' beglichen würden. Die Interviewerin entfernt auch diese zehn Holzwürfel und fragt erneut, ob man immer noch erkennen könne, was der Opa pflücke (Z. 165). Auch diese Frage wird von Halina bestätigt (Z. 166). Die Reduktion ihrer Darstellung verändert augenscheinlich nicht deren Bedeutung – zumindest drückt Halina ihr Einverständnis zum Wegnehmen der Pyramiden aus. Das die Unterphase abschließende, wiederholende, fragende „Ja?" (Z. 167) der Interviewerin könnte darauf hindeuten, dass diese eine nähere Erklärung erwartet und sich dieses Mal nicht mit einer solch kurzen Antwort zufrieden geben möchte. Halina scheint nach wie vor jedoch mit dem Verschieben der noch bestehenden Würfelbauten beschäftigt zu sein (Z. 166), sodass sie auch Odelias Frage (Z. 168), die die nächste Unterphase einleitet, zunächst nicht beantwortet (Z. 169)

Phase 5.4 (Z. 168–193) Deuten der Personen anhand der reduzierten Darstellung

168	O	Das is die Frage #$_{61}$ Erkenns du immer noch wer wer is?
169	H	#$_{61}$ [*Zieht Rechteck und Würfeltürme aus der 40er-Gruppe näher zu sich*] Da kommt ein bisschen Abstand [*hält die beiden Handkanten parallel zum Rechteck*] weil das is ja die eigentliche Lösung [*deutet auf die vor ihr liegenden Würfel*]. [*Richtet das Rechteck gerade aus.*]
170	O	Das is die Frage, erkennsu immer noch [*wackelt mit den Augenbrauen*] wer wer is?
171	H	Das hat man vorher auch nich so richtich erkannt.
172	I	Ja erkennst du noch wer wer ist?
173	H	(.) Eigentlich ja.
174	I	Eigentlich ja, <u>warum</u>?
175	O	[*Leise zu sich*] Weils deine Aufgabe ist.
176	H	Weil ähm die beiden [*deutet auf die beiden linken Teile ihrer Darstellung*] pflücken ja in einer halben Stunde [*tippt auf den oberen Würfel des zweiten Würfelturms von links*] immer ähm [*verschiebt die beiden Würfel neben besagtem Würfelturm*]. Nur man kann jetzt nich ä- a- auseinander halten wer Annika und Jakob is. Weil die beiden pflücken ja immer äh in einer #$_{62}$ halben Stunde ein Kilo. #$_{63}$ (Halt)
177	O	#$_{62}$ Doch.
178	O	#$_{63}$ Wenn-
179	H	#$_{64}$ Äh-
180	I	Kann man?
181	O	#$_{64}$ Ja wenn man sich eingeprägt hat, dass [*tippt auf den rechten Holzwürfel in der Würfelkette der linken 10er-Gruppe*] hier Jakob ein Dunklen hat kann man imma noch sagen das is Jakob [*tippt erneut auf den rechten Holzwürfel in der Würfelkette der linken 10er-Gruppe*] un das [*deutet auf die rechte 10er-Gruppe*] Annika ist.
182	I	Ich hab zu Halina gesagt #$_{65}$ die sind alle gleich die Würfel. Kann denn das [*deutet auf die rechte 10er-Gruppe, lässt die Hand liegen*] hier auch Jakob sein?
183	H	#$_{65}$ Und das ist die Zeit hier [*zeigt auf den linken Zweier-Turm*].
184	O	Öh #$_{66}$ ja.
185	H	#$_{66}$ Ja.
186	I	Also ist das egal? #$_{67}$ Eigentlich.
187	O	#$_{67}$ Hmhm
188	H	#$_{67}$ Ja.
189	I	Kann das [*legt die Hand hinter die 30er-Gruppe*] hier auch Jakob sein?

190	H	Nein. Weil der hat ja äh [*legt die Hände neben das Rechteck der 30er-Gruppe, stößt dabei einzelne Würfel aus der Formation, richtet das wieder*] huuh weil das sind ja auch wieder #$_{68}$ eine (.) Stunde [*zeigt auf den Zweier-Turm*] und hier sind dann ja diesmal #$_{69}$ sechs Kilo [*umfasst das Rechteck*] und nicht mehr zwei Kilo [*deutet auf die liegenden zwei Würfel der rechten 10er-Gruppe*].
191	O	#$_{68}$ [*Schüttelt den Kopf.*]
192	I	#$_{69}$ Hmhm.
193	I	Okay. [***Beugt sich vor, entfernt die Würfeltürme aller Gruppen außer der 40er. Bewegt die flache Hand mit der Handfläche zu den Kindern in einer offenen Geste nach vorn***].

Zum Ende der vorherigen Unterphase erwartete die Interviewerin von Halina eine weiterführende Erklärung darüber, was diese von dem Entfernen der Holzwürfel halte bzw. ob (oder vielleicht auch wie) sie immer noch erkennen könne, was der Opa pflücke (vgl. Z. 163, 165 und 167). Halina bleibt ihr eine Antwort, die über ein „Ja" (Z. 166) hinausgeht, schuldig und ordnet unterdessen die Würfel der rechten Teildarstellung, von denen das Rechteck „die eigentliche Lösung" sei (Z. 169). In gewisser Weise greift Odelia die Fragen der Interviewerin (vgl. Z. 158, 161, 163, 165 und 167) auf und erweitert sie auf sämtliche am Pflückvorgang beteiligte Personen, indem sie konkret von Halina wissen möchte, ob sie immer noch erkenne, „wer wer is" (Z. 168). Odelia wiederholt ihre Frage, nachdem Halina die Würfel der rechten Teildarstellung geordnet hat (Z. 169): „Das is die Frage, erkennsu immer noch wer wer is?" (Z. 170). Halina entgegnet, das hätte man vorher auch nicht erkannt (Z. 171). Ihre Antwort ist eher verwunderlich, da sie zuvor sehr wohl die Personen bzw. die ihnen zugeordneten Pflückmengen und -zeiten unterscheiden und entsprechend der Interviewerin und Odelia erklären konnte. Möglicherweise möchte Halina an dieser Stelle darauf hinaus, dass *die Personen selbst* in ihrer Darstellung nicht voneinander unterschieden werden können, weil sie zum einen nicht konkret als solche darin repräsentiert sind und zum anderen das Material der Holzwürfel keine solche konkrete Repräsentation der Personen mit individuellen, voneinander unterscheidbaren Merkmalen erlaubt. Wieso Halina allerdings der Meinung ist, dass man aktuell und auch zuvor nicht erkennen könne, „wer wer is", lässt sich anhand der kurzen Aussage nicht genau rekonstruieren.

Auch die Interviewerin ist bestrebt, eine Antwort und somit detailliertere Deutung von Halina zu erhalten, und wiederholt Odelias Frage (Z. 172). Wieder antwortet Halina mit einem kurzen „Eigentlich ja" (Z. 173), was der Interviewerin aber nicht reicht. Sie möchte, dass Halina dies näher begründet (Z. 174). Hier wird deutlich, dass die Interviewerin nicht bestrebt ist, lediglich die Zustimmung der Kinder zur Reduktion der Darstellung zu erhalten. Sie möchte stattdessen über eine einfache Akzeptanz hinaus auch eine begründete Erklärung für diese Zustimmung, bei der Halina auch feststellen darf, dass sie mit der Reduktion (doch) nicht zufrieden sei.

Odelia selbst scheint keine andere plausible Erklärung zu haben, als die, dass es Halinas Darstellung sei und diese deshalb natürlich wissen müsse, wo die entsprechenden Personen repräsentiert seien (Z. 175). Halina begründet es allerdings nicht in einer solch eher ‚ausweichenden' Weise. Stattdessen bezieht sie die Pflückgeschwindigkeiten der Personen mit ein: „die beiden pflücken ja in einer halben Stunde immer" (Z. 176).

Um die Bedeutung dieser Aussage zu rekonstruieren, müssen Halinas Zeigegesten sorgsam mit einbezogen werden. Während sie von den „beiden", also von Annika und Jakob, spricht, deutet Halina auf die beiden linken Teile ihrer Darstellung. Die eine halbe Stunde sehe sie in dem oberen Würfel des rechten Zweier-Turms der linken Teildarstellung. Bei dem Wort „immer" verschiebt Halina die beiden Würfel des daneben liegenden Rechtecks. Unter Einbezug der vorherigen Bedeutungszuschreibungen der Würfel kann ihre Aussage dahingehend verstanden werden, dass Annika und Jakob in einer halben Stunde jeweils ein Kilogramm Kirschen pflücken, wobei die Zeiteinheit, im besagten Zweier-Turm, dargestellt und die gesamte Pflückmenge einer Person in dem nahe diesen Turms positionierten Rechtecks erkennbar wird. Man könne nur „jetz nich ä- a- auseinander halten wer Annika und Jakob is. Weil die beiden pflücken ja immer äh in einer halben Stunde ein Kilo" (Z. 176). Hier wird die vorgenommen Rekonstruktion bzgl. der Pflückgeschwindigkeit der Kinder bestätigt und hinzugefügt, dass die beiden Kinder selbst bzw. deren Pflückmengen nicht voneinander unterschieden werden können, weil sie in der gleichen Zeit dieselbe Menge an Kirschen schaffen würden. Vielleicht bezog sich Halinas vorherige Aussage, dass man das „vorher auch nich so richtich erkannt" habe (vgl. Z. 171), auch hierauf: Die Kinder bzw. deren Pflückmengen und -zeiten können nicht wirklich voneinander unterschieden werden, da sie gleich seien, deshalb könne man nicht genau erkennen, „wer wer is", unabhängig von der vorgenommenen Reduktion der Würfeldarstellung.

Odelia widerspricht dem (Z. 177), man könne die beiden voneinander unterscheiden, „wenn man sich eingeprägt hat, dass hier Jakob ein Dunklen hat kann man imma noch sagen das is Jakob un das Annika ist" (Z. 181). Die Würfel der linken Gruppierung werden demzufolge dem Jakob zugehörig erklärt, die Holzwürfel der rechten Gruppierung (der linken Teildarstellung) der Annika. Damit bezieht Odelia die phänomenologische Gestalt der einzelnen Holzwürfel mit ein, die allerdings nicht als Argument akzeptiert wird, da alle Holzwürfel gleich sein sollen, wie die Interviewerin dies zu Beginn des Interviews festgelegt hat und an dieser Stelle auch noch einmal erinnernd anführt (Z. 182).

Die Interviewerin ist weiter daran interessiert zu erfahren, ob nicht die linke Würfelgruppierung, sondern die *rechte* Gruppierung (der linken Teildarstellung) Jakob sein könne (Z. 182), also ob die Zuschreibungen der beiden Kinder ‚vertauscht' werden können. Sowohl Odelia (Z. 184) als auch Halina (Z. 185) stimmen gleichzeitig zu. Die Interviewerin fasst zusammen, dass es also egal sei, welche der Würfelgruppierungen Jakob und welche Annika darstelle (Z. 186), was ebenfalls bejaht wird (Z. 187 f). Es wird folglich kein Unterschied zwischen den beiden Kindern als *Personen* gemacht. Reduziert auf ihre Pflückgeschwindigkeiten können Jakob und Annika im mathematischen Sinn miteinander *gleichgesetzt* werden, obwohl sie sich in der potenziell realen, sachlichen Situation schon alleine als *Junge und Mädchen* voneinander unterscheiden. Diese sachlichen Kriterien werden an dieser Stelle allerdings von Halina und Odelia zugunsten der mathematischen Größe *Pflückgeschwindigkeit* ausgeblendet.

Die Interviewerin fährt fort und fragt, ob die mittlere Teildarstellung „auch Jakob sein" könne (Z. 189). Dies wird von Halina verneint. Der Opa pflücke zwar auch, wie die Kinder, eine Stunde lang Kirschen, wie es der Zweier-Turm der mittleren Teildarstellung anzeige. Allerdings schaffe der Opa „dann ja diesmal sechs Kilo", wobei sie das Rechteck mit sechs Würfeln umfasst. Mit Verweis auf die Rechtecke der linken Teildarstellung kontrastiert sie: „und nicht mehr zwei Kilo" (Z. 190). Über die dargestellten (gleichen) Zeitangaben und unterschiedlichen Pflückmengen der Personen gelingt es Halina hier, die unterschiedlichen Teildarstellungen den drei Personen zuzuordnen. Den Opa könne man entsprechend an seiner schnelleren Pflückgeschwindigkeit von „sechs Kilo" in einer Stunde anstelle von „zwei Kilo", wie bei den Kindern, erkennen. Damit wählt Halina ein unterscheidbares Element, dass sich nicht auf phänomenologischen Auffälligkeiten bezieht, sondern rein auf die mathematischen Größen *Zeit* und *Pflückmenge*, die man zusammengefasst als *Pflückgeschwindigkeit* beschreiben kann. Damit liegt ein Kriterium vor, dass die Personen bzw. deren Pflückmengen doch voneinander unterschieden werden können – zumindest die Kinder vom Opa.

Auch Odelia scheint die Frage der Interviewerin zu verneinen (Z. 191). Aufgrund der Gleichzeitigkeit ihres Kopfschüttelns mit Halinas Aussage ist es allerdings auch möglich, dass sie mit (einem Aspekt von) Halinas Erklärung nicht einverstanden ist. Da keine weitere Erläuterung seitens Odelia erfolgt, können keine begründeten Vermutungen, bezogen auf einen möglichen Widerspruch, angestellt werden. Zum Abschluss der Phase drückt die Interviewerin ihr Verstehen aus (Z. 192 f).

Phase 5.5 (Z. 193–208) Entfernen der linken und mittleren Würfeltürme (Zeit)

193	I	Okay. [*Beugt sich vor, entfernt die Würfeltürme aller Gruppen außer der 40er. Bewegt die flache Hand mit der Handfläche zu den Kindern in einer offenen Geste nach vorn*].
194	O	Hier [*deutet auf die verbleibenden Würfeltürme in der 40er-Gruppe*] is noch ne Zeit.
195	I	[*Winkt ab*] Machen wir gleich.
196	H	Jetz wirds mans noch erk- erkenn aba wenn man das [*deutet auf die 40er-Gruppe*] jetz ma wi- äh-#$_{70}$
197	I	#$_{70}$ Wir lassen das [*hält die Hand mit dem Handrücken zu den Kindern so, dass die 40er-Gruppe aus Sicht der Kinder hinter der Hand liegt*] mal einmal weg. #$_{71}$ Erkenn ich was [*hält die gespreizte Hand in der Luft über den beiden Würfelketten und dem kleinen Rechteck aus der 30er-Gruppe*] hier passiert?
198	H	#$_{71}$ Also-
199	H	Ja es würde man noch erkenn (.) ähm dass [*tippt auf die linke Würfelkette, nimmt einend er Holzwürfel hoch, dreht ihn in der Hand*] wenn man jetz weiß dass ähm das hier ebent imma [*setzt den Würfel ab*] ein Kilo is also a- [*tippt auf die linke Würfelkette*] zwei Kilo [*tippt auf die rechte Würfelkette*] zwei Kilo und hier [*tippt auf das kleine Rechteck*] sechs Kilo und #$_{72}$ hier [*tippt vorsichtig an die Seite der beide Würfeltürme in der 40er-Gruppe*] aba könnte man das wenn man die Zeit wegnehm also die Würfel hier wegnehm würde nich mehr erkenn-#$_{73}$
200	O	#$_{72}$ A-a-aba-
201	I	#$_{73}$ Hab ich doch dagelassen. Da sind wir ja noch nicht
202	H	A- #$_{74}$ aba wenn man die auch wegnehm würde, könnte man die Lösung gar nich mehr erkenn.
203	O	#$_{74}$ Also.
204	O	Aba man sieht halt nich mehr die Zeit. [*deutet auf jede der Gruppen*] Des- Man sieht halt [*bewegt die Hand vor den Gruppen*] wie viel pflücken aba halt nich #$_{75}$ mehr [*deutet von oben auf die beiden Würfelketten*] die Zeit.
205	H	#$_{75}$ Ja aber du weißt doch wie ähm lang die pflücken. [*Blickt sich suchend um.*] Wo is mein Mäppchen überhaupt?
206	I	Ich hab das weggelegt, das ist am Fenster.
207	O	[*blickt sich suchend um*] Welche Farbe (.) hat dein

| 208 | I | Das heißt [*greift nach der linken Würfelkette und zieht sie über die rechte*] man erkennt das noch son bisschen. **Ich lech die jetz ma untereinander [*schiebt das Rechteck aus der 30er-Gruppe, bestehend aus drei mal zwei Holzwürfeln unter die beiden Würfelketten*]. So. [*greift nach den beiden Würfeltürmen aus er 40er-Gruppe und nimmt sie vom Tisch*] Und wir packen die Zeit weg [*schiebt das 40er-Rechteck aus sechs mal zwei Holzwürfeln rechts neben die anderen*] und die (komm dann) #$_{76}$ hierüber.** |

Die Unterphase 5.5 wird durch die Handlungen der Interviewerin eingeleitet, bei der sie die Würfeltürme der linken und mittleren – nicht aber der rechten – Teildarstellung entfernt und mit einer Zeigegeste die Kinder auffordert, sich zur veränderten Darstellung zu äußern (Z. 193). Prompt reagiert Odelia und sagt, dass in der rechten Teildarstellung „noch ne Zeit" enthalten sei (Z. 194). Es kann angenommen werden, dass Odelia die Reduktion der Interviewerin folglich als *Entfernen der Zeit* versteht, weshalb auch die Würfeltürme der rechten Teildarstellung entfernt werden sollten.

Die Interviewerin möchte dies, wie auch schon zuvor bei Halinas Erklärung im ersten Teil der ausgewählten Szene, allerdings erst später durchführen und besprechen (Z. 195). Halina ist der Meinung, dass „mans noch erk- erkenn" könnte, aber wenn man die beiden Zweier-Türme der rechten Teildarstellung entfernte, vermutlich nicht mehr (Z. 196). Damit äußert Halina zwar Einverständnis mit der vorgenommenen Reduktion, allerdings hebt sie zugleich die Relevanz der rechten beiden Zweier-Türme hervor. Diese stellen die im Aufgabentext erfragte, alleinige Pflückzeit des Opas und somit die Lösung dar. Augenscheinlich dürfen diese deshalb laut Halina nicht entfernt werden, weil besagte Lösung von zwei Stunden ohne ihrer Repräsentation in den beiden Würfeltürmen nicht mehr erkennbar wäre.

Erneut verweist die Interviewerin darauf, dass dieser Teil zunächst außen vor gelassen werden soll, und möchte wissen, ob man erkenne, was in der linken und mittleren Teildarstellung passiere (Z. 197). Halina äußert sich dieses Mal ausführlicher. Man würde es noch erkennen, wenn man wisse, dass ein Würfel in den Rechtecken für ein Kilogramm stünde, also das linke Rechteck „zwei Kilo" sei, das danebene ebenfalls „zwei Kilo" und das Rechteck der mittleren Teildarstellung „sechs Kilo". Aber „wenn man die Zeit", „also die Würfel hier wegnehm würde", dann könne man das nicht mehr erkennen (Z. 199). Halina kann nach wie vor die linke und mittlere Teildarstellung deuten, allerdings bezieht sie sich lediglich auf die drei in den Rechtecken repräsentierten *Pflückmengen*, nicht aber auf die von der Interviewerin entfernten *Pflückzeiten*. Es bleibt damit offen, ob für Halina das Einverständnis der vorgenommenen Reduktion darin begründet ist, dass die Zeit in diesen Teildarstellungen wenig relevant ist und sie deshalb auch nicht erwähnt bzw. dargestellt werden muss. Für die Ermittlung der alleinigen Pflückzeit des Opas muss schließlich lediglich über die bereits gepflückten Kilogramm und die geforderte Gesamtpflückmenge die noch ausstehende Pflückmenge des Opas ermittelt werden, woraus dann auf die gefragte, alleinige Pflückzeit geschlossen werden kann. Zu diesem Zeitpunkt der Interaktion ist es deshalb nicht länger notwendig, die (gemeinsame) Pflückzeit darzustellen. Sie wurde bereits benutzt, um die entscheidenden mathematischen Größen (die jeweiligen Pflückmengen) zu ermitteln. Für eine solche Rekonstruktion von Halinas Deutung spricht, dass sie nach wie vor die Zeit der rechten Teildarstellung als äußerst wichtig erachtet. Da die beiden zusammengeschobenen Würfeltürme die Lösung repräsentieren, dürften diese auch nicht entfernt werden, denn dann könne man die Lösung als wichtigstes Element nicht mehr erkennen. Da die Zeitangaben in der linken und mittleren Teildarstellung nicht (mehr) in dem beschriebenen, direkten Sinne zur Lösungsfindung beitragen, dürften diese entfernt werden.

Die Interviewerin entgegnet, dass sie die beiden Würfeltürme in der rechten Teildarstellung stehen gelassen habe und sie „da" „ja noch nicht" seien (Z. 201). Noch einmal betont Halina daraufhin, dass man die Lösung nicht erkennen könne, würden auch diese beiden Türme entfernt werden (Z. 202). Für sie scheint folglich die *aktuelle* Darstellung nur *mit* diesen beiden Würfel-Türmen und somit mit der Repräsentation der Zeit (zumindest der alleinigen Pflückzeit des Opas) anhand eines eigenen Zeichenträgers ‚richtig' zu sein. Für Odelia hingegen ist augenscheinlich bereits diese aktuelle Darstellung mit der Reduktion der drei linken Zweier-Türme nicht ausreichend. Sie merkt an, dass man „die Zeit" „halt nich mehr" sähe bzw. „man sieht halt wie viel die pflücken aba halt nich mehr die Zeit" (Z. 204). Odelia lehnt folglich die Reduktion der Interviewerin ab und möchte vermutlich die Zweier-Türme wieder hinzufügen, würde man sie danach fragen.

Auf Odelias Einwand reagiert Halina mit Widerstand. Sie erklärt, dass man „doch" wisse, wie „lang die pflücken" (Z. 205). Das Wissen darüber, dass Annika, Jakob und Opa eine Stunde lang gemeinsam Kirschen pflücken, scheint somit für Halina ausreichend, sodass die Repräsentation dieser Pflückzeit nicht länger in ihrer Darstellung enthalten sein muss. Es ist deshalb anzunehmen, dass Halina mit der Reduktion einverstanden ist. Sie versucht sogar, ein Argument zu entwickeln, um auch Odelia von der reduzierten Darstellung zu überzeugen, bevor sie das Thema zu ihrem Schreibmäppchen wechselt (Z. 205–207). Die Interviewerin unterbricht weitere Gespräche über eben jenes, indem sie Halinas und Odelias konträre Meinungen zusammenfasst und damit die Unterphase beendet: „Das heißt, man erkennt das noch son bisschen" (Z. 208).

Phase 5.6 (Z. 208–211) Erstes Umlegen der Würfel und Entfernen der rechten Würfeltürme

208	I	Das heißt [*greift nach der linken Würfelkette und zieht sie über die rechte*] man erkennt das noch son bisschen. Ich leg die jetzt mal untereinander [*schiebt das Rechteck aus der 30er-Gruppe, bestehend aus drei mal zwei Holzwürfeln unter die beiden Würfelketten*]. So. [*greift nach den beiden Würfeltürmen aus er 40er-Gruppe und nimmt sie vom Tisch*] Und wir packen die Zeit weg [*schiebt das 40er-Rechteck aus sechs mal zwei Holzwürfeln rechts neben die anderen*] und die (komm dann) #$_{76}$ hier rüber.
209	H	#$_{76}$ [*schüttelt den Kopf*] Jetzt erkennt man ja nich mehr die Lösung. [*blickt zu I*] Jetzt erkennt man nich mehr die Lösung, weil ähm [*deutet auf das 6 × 2-Rechteck, hält die Handkante daneben*] hier von der (.) wär das ja wieder der eiglich die eigentliche Lösung weil dann ähm also die wolln ja wissen ähm wie lange der Opa noch weiter pflücken müsste und ähm aber jetzt weiß- [*tippt auf das 6 × 2-Rechteck*] jetzt steht da ja nur noch wie viel Kilo aber nich mehr die Zeit weil da steht ja nich wie viel Kilo die dann äh m- weil da [*tippt auf das Aufgabenblatt*] steht ja nur äh wie lange wie lange und äh nich wie viel Kilo muss Opa da pflücken.
210	I	Odelia was sagst du dazu?
211	O	Mhh- (5 Sek.) Ma- man könnte halt nich mehr die Zeit wie Halina gesagt hat (.) halt nur noch wie viele Kilo.

Nachdem Halina ihr Einverständnis zum Entfernen der Zweier-Türme in der linken und mittleren Teildarstellung gegeben hat, entfernt die Interviewerin auch die Zweier-Türme der rechten Teildarstellung mit den Worten „Und wir packen die Zeit weg", obwohl Halina sich ausdrücklich und mehrfach dagegen ausgesprochen hat (Z. 196, 199, 202). Außerdem verschiebt die Interviewerin die Würfel mit den Worten „Ich leg die jetzt mal untereinander" so, dass die drei linken Rechtecke untereinander liegen. Sie positioniert das größte Rechteck mit dem Kommentar „und die (komm dann) hier rüber" rechts daneben (Z. 208). Im Prinzip erstellt die Interviewerin mit den vorgenommenen Veränderungen zwei Spalten und drei Zeilen: In den ersten beiden Zeilen der ersten Spalte wird die Pflückmenge der beiden Kinder innerhalb der ersten Stunde deutlich, darunter in der dritten Zeile die des Opas. In der zweiten Spalte befindet sich die alleinige Pflückmenge des Opas, nachdem die Kinder spielen gegangen sind. Da hier in der zweiten Spalte keine eindeutige Einteilung wie in der ersten Spalte in Zeilen stattfindet, kann über die Zeilen nicht in mehr oder weniger direkter Weise die alleinige Pflückzeit des Opas abgelesen werden. Dafür müsste eine zusätzliche Deutung des größten Rechtecks oder weitere Verschiebungen vorgenommen werden.

Noch bevor die Interviewerin fertig ist, schüttelt Halina den Kopf und protestiert, dass „man ja nich mehr die Lösung" erkennen könne. Mit Blick zur Interviewerin wiederholt sie diese Aussage mit etwas ruhigerer Stimme und fährt mit einer Begründung fort (Z. 209). Das größte Rechteck sei „die eigentliche Lösung" und man wolle wissen, „wie lange der Opa noch weiter pflücken müsste". Allerdings sehe man mit dem größten Rechteck nur, „wie viel Kilo aber nicht mehr die Zeit". Im Aufgabentext würde danach gefragt werden, wie lange der Opa, nicht aber wie viel Kilogramm er pflücken müsse. Entschieden widerspricht Halina damit der Entfernung der restlichen Würfeltürme. Diese stellen gemeinsam mit dem größten Rechteck die Lösung dar. *Nur* das Rechteck ist jedoch nicht ausreichend, da es lediglich die (alleinige) Pflückmenge des Opas repräsentiere, nicht aber, wie lange er dafür benötige. Somit wurde seine Pflückzeit als Zeichenträger entfernt und kann auch nicht anders in die Darstellung hineingesehen werden. Darüber hinaus äußert sich Halina nicht zu den vorgenommenen Verschiebungen der Interviewerin. Es bleibt hier offen, ob die umpositionierten Würfel in der Form ebenfalls ihre Gültigkeit behalten. Aufgrund ihres vehementen Widerspruchs bezüglich des Entfernens der letzten Würfeltürme ist eher anzunehmen, dass Halina hier auch deutlich gegen ein Verschieben protestiert hätte, falls sie grundsätzlich nicht damit einverstanden gewesen wäre.

Die Interviewerin möchte zum Abschluss der Unterphase noch wissen, was Odelia zur veränderten Darstellung meint (Z. 210). Diese überlegt und stimmt dann Halina zu. Man könne die Zeit nicht mehr erkennen, „nur noch wie viel Kilo", wie es „Halina gesagt" habe (Z. 211). Es ist nicht verwunderlich, dass auch Odelia hier gegen das Entfernen der Würfel zur Repräsentation der alleinigen Pflückzeit des Opas spricht, da sie bereits mit der Reduktion der anderen Würfeltürme und somit Pflückzeiten nicht einverstanden war (vgl. Z. 204). Auch Odelia äußert sich nicht zu den von der Interviewerin vorgenommenen Verschiebungen. Es scheint somit beiden Kindern nicht sonderlich wichtig zu sein, *wie* die einzelnen Rechtecke *zueinander* positioniert sind. Nur deren Bedeutung als Kilogramm wirkt relevant.

Phase 5.7 (Z. 212–221) Zweites Umlegung mit Deutung

212	I	Wenn ich das jetzt so hinlege [*trennt das 6 × 2-Rechteck in zwei 3 × 2-Rechtecke und legt diese rechts neben das ursprüngliche 3 × 2-Rechteck*]?	
213	H	Wenn man wüsste dass es zusamm gehört dann (.) nhh ja #77 eigentli-	

214	O	#77 Ja wenn man weiß dasses alles drei (.) [*bewegt den Zeigefinger vor den drei 3 × 2-Rechtecken hin und her*] Opa (.) is #78 halt weiß [*bewegt die Hand über der Darstellung*](man das)-
215	H	#78 Obwohl eigentlich ja schon weil äh man könnt ja die [*bewegt die Hand über der Darstellung*] Lösung eignlich immer noch erkenn weil de- ähm weil man weiß ja der Opa pflückt ja drei mal so schnell wie [*tippt auf die beiden Würfelketten*] die beiden hier und ähm (.) und ähm de- [*bewegt die Hand über dem am weitesten links gelegenen Rechteck auf und ab*] wenn man jetz weiß das ähm (.) dass eine Stunde eben das würde er in einer Stunde schaffen [*hält die Hand über das linke Rechteck*]. Und da ja von ersma nur von [*fährt mit der Hand rechts neben den Würfelketten und dem am weitesten links gelegenen Rechteck her, zwischen dem linken und mittleren Rechteck*] einer Stunde die Rede is ähm (.) könnte man jetz jetz eigenlich schon wissen dass (.) das hier ähm [*legt beide Hände seitlich um das mittlere Rechteck*] (.) noch das Restliche is [*umfasst das rechte Rechteck*] unman könnte jajetz eigenlich auch hier dann immer [*tippt mit jedem Zählschritt einen Holzwürfel aus dem mittleren und rechten Rechteck nacheinander an*] zehn zwanzich dreißich vierzich fünfzich sechzich siebzich achtzich neunzich hundert (.) hundertzehn hundertzwanzich als- [*bewegt die Hand über der Darstellung hin und her*] würden dann noch hundertzwanzich Minuten dann dauern.
216	I	Das heißt ein Würfel [*nimmt einen Holzwürfel aus dem rechten Rechteck und dreht ihn in den Fingern*] wär zehn Minuten?
217	H	(..) Ja aber es würde ja immer noch hundertzwanzich Minuten dauern also #79 zwei Stunden.
218	I	#79 [*legt den Würfel zurück in die Formation*] Ja (da sein) [*legt die Hand über das mittlere und rechte Rechteck*] ja zwölf Würfel hundertzwanzig Minuten aber ein Würfel wäre [*nimmt wieder den gleichen Würfel aus dem rechten Rechteck und dreht ihn in den Fingern*] zehn Minuten hast du ja gerade [*legt den Würfel zurück*] erzählt ne [*tippt die drei äußersten Holzwürfel im rechten Rechteck einzeln an*] zehn zwanzig dreißig das heißt [*nimmt wieder den gleichen Holzwürfel aus dem rechten Rechteck und dreht ihn in den Fingern*] ein Würfel ist eine äh- ein Kilogramm und zehn Minuten? Kann das sein?
219	H	Man könnte es so nehm wenn man ähm also man müsste dann ja eignlich nur wenn man jetz irgenwie das zähln (.) also wirklich die Aufgabe wissen möchte und ähm man das dann irgenwie (.) wissen will müsste man ja irgenwie (.) [*deutet mit der Hand locker auf einzelne Holzwürfe*] zehn zwanzich dreißich vierzich fünfzich sechzich siebzich achtzich neunzich [*tippt auf Holzwürfel im mittleren Rechteck*] hundert hundert- hä? #80 [*Tippt weiter auf die Holzwürfel.*]
220	I	#80 Jaa sind hundertzwanzig hast doch gezählt genau. [*Steht auf, tritt aus dem Bild.*] Möchtet ihr noch was dazu sagen?
221	O	Nö. Ich hab nix mehr dazu zu sagen.

In der vorherigen Unterphase haben sich sowohl Halina als auch Odelia lediglich zur Reduktion der Würfeldarstellung geäußert, nicht aber zum Umlegen der

Rechtecke. Es wirkt somit, als spiele die Position der einzelnen Rechtecke *zueinander* für die beiden Mädchen keine große Rolle. Ihnen schien nur sehr wichtig, dass die alleinige Pflückzeit des Opas (Halina) bzw. aller Personen (Odelia) mit eigenen Zeichenträgern dargestellt wird. Um folglich erstmalige Deutungen zur Umpositionierung der Rechtecke zu erhalten, nimmt die Interviewerin weitere Veränderungen an der reduzierten Würfelrepräsentation vor. Sie trennt das größte Rechteck in zwei gleich große, aus sechs Würfeln bestehende Rechtecke und legt sie nebeneinander, sodass sie mit dem ersten Rechteck aus sechs Würfeln in einer Zeile und insgesamt drei Spalten liegen (Z. 212). Anhand der Spalten könnte die Pflückzeit und anhand der Zeilen die einzelnen beteiligten Personen abgelesen werden, wobei die darin befindlichen Würfel die Pflückmenge angeben. Für die ersten beiden Zeilen der ersten Spalte kann so erkannt werden, dass die Annika und Jakob jeweils eine Stunde lang mitpflücken und jeweils zwei Kilogramm schaffen. In derselben Zeit schafft der Opa sechs Kilogramm, wie das darunterliegende Rechteck in einer weiteren Zeile, aber derselben Spalte aufzeigt. Durch die Positionierung der anderen beiden Rechtecke in derselben Zeile, aber in zwei weiteren Spalten kann in einem entsprechenden Deutungszusammenhang außerdem abgelesen werden, dass der Opa *noch zwei Stunden weitere 12 Kilogramm Kirschen alleine pflückt.* Die Interviewerin ist nun nicht daran interessiert, dass Halina und Odelia *genau diese Deutung* vornehmen. Stattdessen möchte sie mit Hilfe einer offenen Frage herausfinden, was die beiden dazu sagen, und herausfinden, welche Relevanz die Positionen der Würfel zueinander erhalten. Sie fragt also, was wäre, wenn sie „das jetzt so hinlege" (Z. 212).

Halina scheint der Veränderung zuzustimmen, „Wenn man wüsste, dass es zusamm gehört dann nhh ja eigentli" (Z. 213). Es wird vermutet, dass sich Halina ausschließlich auf das Trennen des größeren Rechtecks bezieht, also auf die *neue Veränderung*, ohne jedoch auch dieses Mal die neuen Positionen der Rechtecke zueinander zu berücksichtigen. Erst Odelias nachfolgende Aussage führt augenscheinlich zu einem veränderten Verständnis Halinas. Odelia äußert sich zustimmend insofern, als dass man wisse, „dasses alles drei Opa is", dann „weiß man das" (Z. 214). Mit dem Zeigefinger fährt sie dabei vor den drei größeren Rechtecken hin und her. Für sie gehören nun nicht nur die beiden kleineren, aus dem größeren Rechteck entstandenen Rechtecke zusammen, sondern alle drei Rechtecke der unteren Zeile. Diese werden als zum Opa zugehörig gedeutet. Was man genau erkennen könne, wenn man dies wisse, bleibt aufgrund der unpräzisen Nachfrage der Interviewerin und nicht näheren Erklärung Odelias allerdings offen. Die Deutung von Odelia scheint sich auf Halinas Verständnis der Repräsentation auszuwirken und als eine Art Impuls zu fungieren.

Halina stellt fest, dass man „die Lösung eignlich immer noch erkenn" könne (Z. 215), wobei sie sich mit dem Wort *Lösung* aller Wahrscheinlichkeit nach auf die gesuchte, alleinige Pflückzeit des Opas bezieht. Diese konnte zuvor allerdings nur anhand der separaten Zeichenträgerkonfiguration des stehenden Quaders in der rechten Teildarstellung abgelesen werden und dürfte laut Halina eigentlich *nicht* entfernt werden. Halina scheint hier deshalb eine Art Umdeutung vorzunehmen, die sie kontrastierend zu ihrer vorherigen Sichtweise mit „Obwohl" einleitet und nachfolgend näher erklärt. Man wisse, dass der Opa dreimal so schnell pflücke wie die beiden Kinder Annika und Jakob. Bei der Nennung der Kinder deutet sie auf die beiden kleinen Rechtecke, die deren Pflückmenge darstellen. Der Opa würde „das" „in einer Stunde" schaffen, wobei sie die Hand über das linke Rechteck hält. Dieses enthält dreimal so viele Würfel wie ein kleineres Rechteck, dass einem Kind zugeordnet wird, sodass man wohl anhand dessen die Kinder vom Opa unterscheiden und die jeweiligen Pflückmengen ablesen kann.

Halina fährt fort: „Und da ja von ersma nur von einer Stunde die Rede is ähm (.) könnte man jetz jetz eigenlich schon wissen dass (.) das hier ähm (.) noch das Restliche is". Während ihrer Erklärung zur Zeitangabe fährt sie mit der Hand von oben nach unten zwischen der ersten und zweiten Spalte entlang. Durch diese Geste trennt sie in gewisser Weise die beiden kleineren und das linke Rechteck von den anderen beiden ab. Da sie gleichzeitig von „einer Stunde" spricht und zuvor das linke Rechteck als die *Pflückmenge des Opas in einer Stunde* bezeichnet hat, kann angenommen werden, dass sie damit die Pflückmengen der *ersten Stunde* von denen der weiteren Stunden trennt. In gewisser Weise steht damit die erste Spalte bzw. die darin enthaltenen Würfel für die Pflückzeit von *einer Stunde*, in der die Kinder jeweils zwei Kilogramm und der Opa sechs Kilogramm pflücken, obwohl Halina dies in der Form nicht explizit benennt, sondern lediglich durch ihre Handlung nahelegt. Sie umfasst anschließend nacheinander die beiden rechten Rechtecke und erklärt diese so zum „Restlichen". Da im Aufgabentext die Rede von einer Stunde sei, die Halina laut der vorgenommenen Rekonstruktion in den Würfeln der linken Spalte repräsentiert sähe, könne man schlussfolgern, dass die beiden weiteren Rechtecke die noch vom Opa alleine zu pflückenden Kilogramm Kirschen darstellen, um die Gesamtpflückmenge von 22 Kilogramm zu erreichen. Die mit den Holzwürfeln repräsentierten 12 Kilogramm bilden somit besagtes „Restliche". Dieses könne man in einer gewissen Weise zählen, wie es Halina bereits in der mittleren und rechten Teildarstellung allerdings bei den Quadern getan hat. Sie tippt nacheinander auf die einzelnen Würfel des mittleren und rechten Rechtecks und benennt diese in Zehner-Schritten: „zehn zwanzich dreißich vierzich fünfzich sechzich siebzich achtzich neunzich hundert (.) hundertzehn hundertzwanzich". Für Halina bedeutet das Ergebnis der Zählung, dass es „dann noch hundertzwanzich Minuten dann dauern" würde, bis der Opa die erforderliche Gesamtpflückmenge erreicht hat, sodass man „die Lösung eignlich immer noch erkenn" kann, wie sie es zu Beginn ihrer Erklärung behauptet. Durch das Zählen der Holzwürfel in den Rechtecken findet eine Bedeutungsveränderung statt. Ein Würfel repräsentiert in dieser Zählung nicht zwangsweise *ein Kilogramm*, was dessen ursprüngliche Referenz wäre. Stattdessen wird jeder in den beiden Rechtecken enthaltene *Ein-Kilogramm-Würfel* umgedeutet zu einem *Zehn-Minuten-Würfel*. Aus diesem Grund ist es Halina möglich, trotz des Entfernens *der Zeit*, also des Quaders der rechten Teildarstellung, diese anhand der verschobenen Rechtecke *neu* in die Darstellung hineinzusehen und für sich die Lösung von „hundertzwanzich Minuten" als alleinige Pflückzeit des Opas abzulesen. Es kann vermutet werden, dass Halina die Würfel der Rechtecke trotz dieser Bedeutungsveränderung *weiterhin auch als ein Kilogramm* deuten kann, schließlich stellt dies deren ursprüngliche Bedeutung dar und wurde im ersten Teil der Szene mehrfach als solche erklärt.

Der hier vorgenommene Versuch einer Rekonstruktion von Halinas Deutung lässt sich wie folgt zusammenfassen. Aus Halinas Erklärung und ursprünglicher Darstellung geht hervor, dass die noch auf dem Tisch verbliebenen Würfel jeweils die Pflückmengen der einzelnen Personen repräsentieren. Alles weitere (die Kirschen, die Bäume, die Zeitangaben) wurde entfernt. Man könne noch erkennen, dass der Opa das untere größere und analog dazu auch die beiden anderen größeren Rechtecke pflücke, da dieser dreimal so schnell wie die beiden Kinder sei. Die Rechtecke führen die entsprechende Anzahl an Würfeln auf: Die oberen beiden kleineren Rechtecke enthalten je zwei Würfel für Annikas und Jakobs Pflückmengen von je zwei Kilogramm; das Rechteck darunter enthält sechs Würfel, was dreimal so viele sind, wie in einem kleinen Rechteck enthalten und sechs Kilogramm des Opas bedeuten. Halina unterteilt die Darstellung gestisch in zwei Teile: in die ersten Spalte und „das Restliche". Die in den Würfeln repräsentierten Pflückmengen der linken Spalte würden in einer Stunde gepflückt werden. Hier ist offen, ob sich die Zeitangabe auf die Würfel selbst oder ihre Position innerhalb der linken Spalte, und somit die Lage der Rechtecke zueinander, bezieht. Das „Restliche" seien die beiden rechten, größeren Rechtecke. Die darin befindlichen Würfel zeigen an, wie viel der Opa noch alleine weiterpflücken muss, um die geforderte Gesamtpflückmenge zu erhalten. Anstatt diese zwölf Würfel in Einer-Schritten als Kilogramm Kirschen zu zählen, wie es Halinas ursprüngliche Bedeutungszuschreibung nahelegt, wählt sie allerdings eine andere Zählweise. Jeder Würfel wird als *zehn Minuten* gezählt, womit eine Bedeutungsverschiebung von *Gewichteinheit* zu *Zeiteinheit* stattfindet. Ein Würfel innerhalb dieser beiden rechten Rechtecke kann so auf zwei verschiedene Weisen gezählt werden.

Auch die Interviewerin wirkt ein wenig überrascht bzw. möchte sie womöglich die durch die andere Zählweise angestrebte Bedeutungsverschiebung expliziter thematisieren, weshalb sie Bestätigung suchend nachfragt, ob sie Halina richtig verstanden habe, dass ein Würfel im Rechteck „zehn Minuten" bedeute (Z. 216). Halina bestätigt dies, räumt aber ein, dass es „immer noch hundertzwanzich Minuten" „also zwei Stunden" dauern würde (Z. 217), womit sie sich auf die Nennung und Repräsentation der im Aufgabentext gesuchten Lösung bezieht. Die Interviewerin wiederholt Halinas Aussage zustimmend und zeigt dabei auf das mittlere und rechte größere Rechteck. Sie kontrastiert jedoch zu all den zwölf Würfeln, die 120 Minuten bedeuten, dass „ein Würfel" „zehn Minuten" wäre, wie Halina im Prinzip mit ihrer Zählweise nahegelegt hat. Dafür tippt die Interviewerin – wie Halina zuvor – einzelne Würfel im Rechteck an und beginnt in Zehner-Schritten bis 30 zu zählen. Dies kann als Verweis auf Halinas zuvor durchgeführte Handlung verstanden werden. Sie wird nicht weiter ausgeführt, sondern lediglich andeutungsweise als Argument bzw. Rückverweis stützend aufgeführt. Die Interviewerin schlussfolgert, dass Halina einen Würfel sowohl als *zehn Minuten* als auch als *ein Kilogramm* sehe und fragt, ob dies sein könne (Z. 218). Durch die andere Zählweise wird eine weitere, *zusätzliche* Bedeutung hinzugefügt, womit jeder einzelne Würfel im Rechteck eine *doppelte Bedeutung* als Gewicht und Zeit erhält. Mit ihrer Rückfrage macht die Interviewerin Halina auf diesen Umstand aufmerksam und möchte wissen, ob ein Würfel *gleichzeitig* auf verschiedene mathematische Größen verweisen könne.

Verhalten stimmt Halina der Aussage der Interviewerin zu: „Man könnte es so nehm" (Z. 219). Als Voraussetzung dafür müsse man allerdings „die Aufgabe wissen" und die Würfel in dieser besonderen Weise in Zehner-Schritten als Minuten zählen. Diesen Zählvorgang beginnt Halina erneut, wobei sie sich jedoch zu verzählen scheint („hä?). Die Interviewerin reagiert auf Halinas Irritation mit Zustimmung. Es seien 120 Minuten, das habe Halina bereits zuvor gezählt und würde somit akzeptiert. Weiter fragt sie Halina und Odelia, ob diese noch etwas zur aktuellen Würfelrepräsentation sagen möchten (Z. 202). Odelia verneint dies, womit der zweite Teil der ausgewählten Szene und so auch Phase 5 enden.

Ganzheitliche Analyse Phase 5

Die fünfte Phase wird als zweiter Teil der ausgewählten Szene (Z. 136–221) angesehen, in der Halina im Unterschied zum ersten Teil nicht ihre Darstellung erklärt und im Interaktionsverlauf spontane Anpassungen vorgenommen werden, sondern in der die Interviewerin bewusst die vorgestellte Repräsentation (vgl. Abb. 7.25) um einzelne Zeichenträgerkonfigurationen reduziert, die verbleibenden (zum Teil) verschiebt und die jeweiligen Deutungen von Halina und Odelia erfragt.

Abb. 7.25 Halina Phase 5
(1)

In der Unterphase 5.1 (Z. 136–148) werden so die zusammengesetzten Würfel als *Bäume* entfernt, womit die beiden Mädchen einverstanden sind, aber keine nähere Begründung geben. Anschließend strebt Halina selbst eine Änderung an, bei der sie die dargestellte Pflückzeit des Opas in der mittleren Teildarstellung denen der anderen anpassen möchte (vgl. Z. 150). Die beiden Dreier-Türme werden so von der Interviewerin um jeweils zwei Würfel reduziert (vgl. Z. 151), die beiden verbleibenden Würfel von Halina aufeinander gestapelt und verschoben (vgl. Z. 152). Auch die rechte Darstellung erfährt eine kleine Anpassung, indem das liegende Quadrat zu einem stehenden umgewandelt wird (vgl. ebd.). Es befinden sich somit vier Pyramiden als Kirschen mit davor positioniertem Rechteck für die Pflückmenge und daneben positionierten Zweier-Türmen als Zeitangabe vor Halina als recht einheitliche Zeichenträgerkonfigurationen mit jeweils ähnlicher Bedeutung in den unterschiedlichen Teildarstellungen. Halina selbst ist anschließend diejenige, die anmerkt, dass man die 40er-Pyramide „jetzt eigentlich nich mehr" bräuchte (vgl. Z. 154). Die Interviewerin nimmt dies als Anlass, zunächst die kleinen Pyramiden der rechten Teildarstellung zu entfernen, womit Halina und Odelia einverstanden sind (vgl. Z. 155–161). Halina selbst beginnt mit dem Abbau der 40er-Pyramide (vgl. Z. 162), womit sie noch einmal zeigt, dass sie diese als nicht länger notwendig ansieht. Die Interviewerin entfernt alle Würfel der beiden größeren Pyramiden und erhält auf die Frage, ob man erkennen könne, was der Opa pflücke, ein „Ja" von Halina (vgl. Z. 163–166).

Bis zum Ende der Unterphase 5.3 nehmen Halina und Odelia keine expliziten Deutungen zur Reduktion der Darstellung vor, die Aufschluss über ihr Verständnis der veränderten Repräsentation (vgl. Abb. 7.26) geben und so gegebenenfalls neue Rekonstruktionen und entsprechende Einordnungen in das theoretische Konstrukt erlauben würden. Eine solche potenzielle Deutung erfolgt erst in der Unterphase 5.4, bei der Odelia auf der Beantwortung ihrer Frage beharrt und von der Interviewerin dahingehend unterstützt wird.

Abb. 7.26   Halina Phase 5
(2)

Odelia (und auch die Interviewerin) möchte explizit von Halina wissen, ob diese nach wie vor erkennen könne, „wer wer is?" (vgl. Z. 168–174). Anhand der Pflückmengen der jeweiligen Personen begründet Halina, dass die Würfel in der rechten Teildarstellung den Kindern zugeordnet würden, wobei es egal sei, ob Jakobs Pflückmenge rechts und Annikas links oder umgekehrt interpretiert würde (vgl. Z. 175–188). Die mittlere Teildarstellung könne jedoch nicht „Jakob sein", weil dort nicht dessen Pflückmenge von zwei Kilogramm in einer Stunde läge, sondern sechs Kilogramm in einer Stunde (vgl. Z. 189–193). Die Personen werden an dieser Stelle deutlich auf ihre jeweiligen *Pflückgeschwindigkeiten* reduziert, wodurch Annika und Jakob trotz aller sachlich bestehenden Unterschiede *mathematisch gleichgesetzt* werden können. Der Opa unterscheidet sich hier auch nur in Bezug auf seine Pflückmenge in einer Stunde von den beiden Kindern, und nicht aufgrund anderer sachbezogener, individueller Eigenschaften. Halina wählt folglich zur Unterscheidung der Personen die ihnen zugeordneten *Pflückmengen* und *Pflückgeschwindigkeiten* und konzentriert sich damit auf die jeweiligen Gewichtsangaben als *mathematische Größe*. Die bisherige Reduktion der Würfelkonfiguration mit entsprechenden Nachfragen scheint also die für den ersten Teil der Szene vorgenommene Einordnung von Halinas Deutung in das Theoriekonstrukt zu stützen. Die *Zahlen-und-Größen-Sicht* ist nach wie vor die dominierende Sicht, wobei inzwischen die zusammengesetzten Würfel wie auch die Pyramiden mit eher individuell sachbezogenen, dinglichen Eigenschaften entfernt wurden, sodass nicht länger Deutungen in der *Alltagssicht* vorgenommen werden. Während die Aussagen der beiden Mädchen in den Unterphasen 5.1 bis 5.3 eher zustimmender Natur ohne ergänzende Erklärungen sind, weist Halinas in der Phase 5.4 eingenommene Deutung Aspekte der *Darstellung mathematischer Elemente* auf, indem sie sich, wie bereits beschrieben, vornehmlich auf die Pflückmengen der einzelnen Personen bezieht bzw. deren Unterscheidung als *Kinder* und *Opa*, die jeweils zwei bzw. sechs Kilogramm Kirschen in einer Stunde pflücken. Es kann weiterhin vermutet werden, dass Halina auch an dieser Stelle in der Lage wäre, die so repräsentierten Größen *arithmetisch miteinander zu verknüpfen*. Allerdings *geschieht* dies in der hier konkret betrachteten Interaktion nicht, weshalb diese Sichtweise für die Unterphase auch nicht rekonstruiert und entsprechend nicht als solche in der Tabelle (vgl. Tab. 7.19) aufgeführt wird.

Im weiteren Transkriptverlauf entfernt die Interviewerin die Würfeltürme der linken und mittleren Teildarstellung (vgl. Z. 193; Abb. 7.27). Odelia ist der Meinung, dass man so die Zeit nicht mehr erkennen könne (vgl. Z. 204), während Halina dies für die besagten beiden Teildarstellungen akzeptabel findet, jedoch nicht für die rechte (vgl. Z. 196–205).

Abb. 7.27 Halina Phase 5
(3)

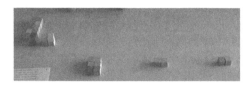

Es lässt sich nur vermuten, dass Halina womöglich mit dieser Reduktion einverstanden ist, weil die entfernten Würfel-Türme nicht (länger) zur Lösungsfindung benötigt werden. In ihrer Erklärung betont sie allerdings mehrfach die Relevanz der rechten Würfel-Türme. Deshalb reagiert sie mit Kopfschütteln, als die Interviewerin diese in der darauffolgenden Unterphase entfernt und die Würfel verschiebt (vgl. Z. 208 f, Abb. 7.28). Man erkenne nicht mehr die Lösung, da nur noch repräsentiert sei, *wie viel* der Opa pflücke, nicht aber *wie lange* und dies würde ja von der Aufgabenstellung erfragt werden (vgl. Z. 209). Das Verschieben der Würfel scheint für beide Mädchen mit keiner weiteren Veränderung verbunden zu sein, bzw. wirkt es, als würde das Entfernen *der Zeit* dieses überlagern. Auch in den Unterphase 5.5 und 5.6 des Transkripts ergeben sich keine (neuen) Rekonstruktionen, die sich in das Theoriekonstrukt einordnen lassen würden. Anders sieht dies für die nachfolgende Unterphase 5.7 aus, in der sich eine neue Sichtweise auf die reduzierte und umgeordnete Darstellung ergibt.

Abb. 7.28 Halina Phase 5
(4)

In der letzten Unterphase des zweiten Teils nimmt die Interviewerin eine weitere Verschiebung vor, zu der sie die Deutungen der beiden Mädchen erfragt (vgl.

Z. 212; Abb. 7.29). Odelia betrachtet die drei größeren Rechtecke der unteren Zeile als zusammengehörig und ordnet sie als Pflückmenge dem Opa zu (vgl. Z. 214). Odelias Kommentar fungiert in gewisser Weise als Impuls für Halina, die daraufhin entgegen ihrer vorherigen Aussagen feststellt, dass man trotz des Entfernens der rechten Würfel-Türme „die Lösung eignlich immer noch erkenn" könne (Z. 215). Die Rechtecke in der ersten Spalte stellen dabei die jeweiligen Pflückmengen von Jakob, Annika und Opa in einer Stunde dar, die Rechtecke in den weiteren beiden Spalten der dritten Zeile das „Restliche", das der Opa noch alleine weiter pflücken müsse. Mit einer veränderten Zählweise der ursprünglich die Pflückmenge des Opas repräsentierenden Rechtecke deutet Halina diese um: Ein Holzwürfel steht damit nicht länger (nur) für *ein Kilogramm Kirschen*, sondern (auch) für *zehn Minuten*, sodass sich die weiteren 12 Würfel sowohl als noch zu pflückende 12 Kilogramm sowie als 120 Minuten interpretieren lassen, womit Halina folglich die Lösung, dass der Opa zwei Stunden alleine weiterpflücken müsse, ablesen kann (vgl. Z. 217). Ein und dieselben Holzwürfel werden zum Abschluss der ausgewählten Szene *gleichzeitig zwei voneinander verschiedenen Bedeutungen* zugeordnet. Die beiden mathematischen Größen *Zeit* und *Gewicht* erfahren in den auf dem Tisch verbliebenen Zeichenträgern eine *Zusammenführung*.

Abb. 7.29   Halina Phase 5
(5)

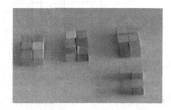

Im epistemologischen Dreieck (vgl. Abb. 7.30) stellt die aktuelle Darstellung das in Frage stehende *Zeichen* dar (vgl. Z. 212: „Wenn ich das jetz so hin lege?"). Dieses kann einerseits als Repräsentation der jeweiligen *Pflückmengen* der im sachlichen Kontext benannten, einzelnen Personen interpretiert werden, wie es im ersten Teil der Szene geschah. *Zusätzlich* kann das fraglich gemachte Zeichen mit verändertem *Referenzkontext* als *Pflückzeit* gedeutet werden. Die in der Darstellung enthaltenen Holzwürfel können in Einer-Schritten als Kilogramm Kirschen gezählt werden, wobei die entsprechenden Gruppierungen zu Rechtecken Hinweise darüber liefern, welche Person diese pflückt. Der Opa ist dreimal so schnell, entsprechend werden ihm die dreimal so großen Rechtecke in der untersten Zeile zugeordnet. Aufgrund der besonderen *Positionierung* der Rechtecke *zueinander* ist es nicht nur möglich, anhand der Zeilen besagte Personen zu identifizieren. Anhand der Spalten können darüber hinaus die einzelnen Pflückstunden abgelesen werden. Halina kennzeichnet die erste Spalte als „eine Stunde", die weiteren als „das Restliche" (vgl. Z. 215). Dieses Restliche wird von *Kilogramm Kirschen* umgedeutet zu *10 Minuten* und entsprechend gezählt, sodass Halina 120 Minuten also zwei Stunden als Lösung erhält. *Begrifflich* wird die vorliegende Mediation durch die grundlegenden Zahlaspekte (z. B. auch Maßzahlaspekt) sowie die vorgegebene proportionale Zuordnung reguliert, die in der Pflückgeschwindigkeit der jeweiligen Personen zum Ausdruck kommt.

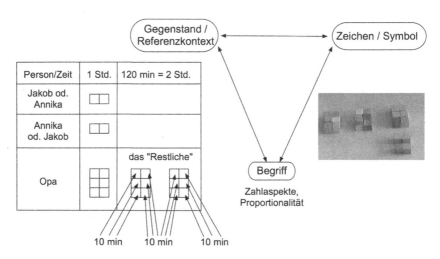

Abb. 7.30 Halina Phase 5 – epistemologisches Dreieck

   Mit der Zusammenführung der beiden mathematischen Größen *Zeit* und *Gewicht* anhand eines Zeichenträgers wird das Mindest-Kriterium der *systemisch-relationalen Sicht* erfüllt. Die Holzwürfel sind dabei in einer Weise zueinander positioniert, dass ihre Anordnung eine unterliegende Struktur (Zeilen und Spalten) enthält, die die Beziehungen der mathematisch relevanten Elemente repräsentiert. Potenziell ist es möglich, einen *internen Austausch* vorzunehmen, bei dem beispielsweise ‚ein Opa' in ‚drei Kinder' umgewandelt wird. In der aktuellen Szene werden allerdings keine solchen Umwandlungsprozesse vollzogen, deshalb kann ausschließlich über die Anordnung der Würfel zueinander argumentiert werden, dass es sich um *Zeichenträger mit globalen Wechselbezügen* handelt. Ob Halina (und Odelia) darüber hinaus in der Lage ist (sind), nicht länger (nur) mit den

Zeichenträgern etwas zu *zeigen,* sondern diese produktiv für weitere Aufgabenbearbeitungen zu verändern, also mit den *Zeichenträgern* zu *operieren,* müsste anhand der Betrachtung des weiteren Interviewverlaufs und damit den Bearbeitungen weiterer Teilaufgaben im selben sachlichen Kontext geprüft werden.

Für den zweiten Teil der ausgewählten Szene lässt sich jedoch im Unterschied zum ersten Teil erstmalig eine *systemisch-relationale Sichtweise* rekonstruieren. In der eigenständigen Bearbeitung und Erklärung hat sich Halina selbst sehr stark auf die im Aufgabentext enthaltenen mathematischen Größen, deren proportionale Zuordnungen und operationale Verknüpfung – also auf die ihrer *Darstellung* und *arithmetischen Verbindung mathematischer Elemente* als Unterebenen der *Zahlen-und-Größen-Sicht* fokussiert. Mit den vorgenommenen Veränderungen (Reduktion und Umlegen der Holzwürfel) und offenen Deutungsmöglichkeiten gelingt es Halina in der Interaktion mit der Interviewerin und Odelia, eine veränderte Sicht einzunehmen. Es werden nicht nur *sachbezogene Elemente* entfernt, die das Potenzial für die *Alltagssicht* minimieren. Stattdessen legt die Interviewerin mit der Umpositionierung der Holzwürfel eine neue Struktur in die Darstellung hinein, die von Halina produktiv genutzt wird, um zu erklären, wie sie trotz des Entfernens der Würfel-Türme nach wie vor die Lösung von „zwei Stunden" ablesen kann. Der zweite Teil der ausgewählten Szene fungiert somit als Beispiel für den im Theoriekonstrukt als *zweiten Übergang* benannten Wechsel zwischen der Zahlen-und-Größen-Sicht und der systemisch-relationalen Sicht. Die Kombination der an Halina gestellten Anforderungen, die Aufgabenstellung nur mit dem Materialtyp der Holzwürfel zu lösen und die anschließende Verschärfung durch Reduktion der Materialdarstellung und Umlegungen von Materialien seitens der Interviewerin mit jeweiliger Erfragung neuer Deutungen scheinen hier diesen Sichtweisenwechsel unterstützt zu haben. Zusammenfassend kann deshalb festgehalten werden, dass sich anhand der Rekonstruktionen von Halinas Deutungen des zweiten Teils der Szene sowohl Aspekte der *Zahlen-und-Größen-Sicht,* des *zweiten Übergangs* wie auch der *systemisch-relationalen Sicht* aufzeigen lassen (Tab. 7.19).

Tab. 7.19 Zusammenfassung von Halinas rekonstruierten Sichtweisen der Phase 5

Sichtweise		Halina P5
Alltagssicht	Re-Konstruktion und Darstellung des Sachverhalts	
Erster Übergang		
Zahlen-und-Größen-Sicht	Darstellung mathematischer Elemente	x
	Arithmetische Verbindung mathematischer Elemente	
Zweiter Übergang		x
Systemisch-relationale Sicht	Zeichenträger ohne Wechselbezüge	
	Zeichenträger mit lokalen Wechselbezügen	
	Zeichenträger mit globalen Wechselbezügen	x

7.3.2 Schritt 6: Zusammenfassung der Analyse und aufschlussreiche Konsequenzen

Erster Teil: Erklärung der Darstellung mit Anpassungen
Die Ergebnisse der Analyse der ausgewählten Szene und die interpretativen Rekonstruktionen von Halinas Deutungen werden abschließend zusammenfassend wiedergegeben. Dazu werden nacheinander die einzelnen von Halina gewählten Zeichenträgerkonfigurationen mit den ihnen zugesprochenen Bedeutungen thematisiert. Zusätzlich orientiert sich die Zusammenfassung an der Abfolge des Theoriekonstrukts und bündelt Halinas Deutungen anhand der darin enthaltenen Sichtweisen. Auf diese Weise werden zunächst die Zeichenträger betrachtet, die eine eher *alltägliche Sicht* nahelegen. Es folgt eine zusammenfassende Beschreibung aller weiteren von Halina im ersten Teil des Transkripts verwendeten Zeichenträgerkonfigurationen. Diese werden in erster Linie der *Darstellung mathematischer Elemente* aber auch der *arithmetischen Verbindung* der *Zahlen-und-Größen-Sicht* zugeordnet. Es folgt eine Zusammenfassung der Analyse des zweiten Teils der Szene. Dieser zweite Teil dient als ausführliches Beispiel für den im Theoriekonstrukt als *zweiten Übergang* benannten Umbruchs. Zudem lassen sich Hinweise finden, dass Halina ihre von der Interviewerin reduzierte und veränderte Darstellung umdeutet. Diese kann als eine *systemisch-relationale* Deutung rekonstruiert werden. In der ausgewählten Szene sind damit alle drei im Theoriekonstrukt aufgeführten Sichtweisen und zudem der zweite Übergang enthalten. Diese werden zum Abschluss der Analyse in einer Tabelle zusammenfassend aufgeführt und geben so noch einmal einen phasenweisen Überblick über die Entwicklung von Halinas Deutungen. Anhand der Zusammenfassung der an diesem Fallbeispiel gewonnenen Einsichten lassen sich darüber hinaus weitere

aufschlussreiche Konsequenzen für das Theoriekonstrukt ableiten sowie interessante Aspekte feststellen, die ebenfalls an dieser Stelle aufgeführt und in einer abschließenden Aufzählung gebündelt werden.

Aufgrund der Vorgabe, die Aufgabenstellung ausschließlich mit dem Material der Holzwürfel zu lösen, wurde Halina hinsichtlich der Wahl ihrer Zeichenträger stark eingeschränkt. Dadurch steht sie vor der Anforderung, eine für sich geeignete Repräsentation mit den gleichartigen, nicht voneinander unterscheidbaren Holzwürfeln zu erstellen. Mit Beginn der Aufgabenbearbeitung hat Halina noch versucht, die unterschiedlichen Farbgebungen des Holzes miteinzubeziehen. Dieser Versuch, ein zusätzliches Kriterium zur Unterscheidbarkeit der Würfel voneinander zu finden, zeigt die Komplexität der Anforderung, die den Kindern bei der Bearbeitung der Aufgabenstellung mit nur einem Materialtyp abverlangt wird. Die Würfel wurden von der Interviewerin jedoch als nicht voneinander unterscheidbar deklariert, sodass Halina auf andere Strategien zurückgreifen musste, um die Aufgabenstellung e) im Kontext ‚Kirschen pflücken' materiell zu lösen. Aus diesem Grund scheint sich Halina für unterschiedliche Figuren zu entscheiden, denen jeweils vergleichbare, aber auch verschiedene Bedeutungen bzw. Referenzen zugeordnet werden.

Die in der ausgewählten Szene erste thematisierte Figur besteht aus acht Holzwürfeln, die zu einem größeren Würfel zusammengesetzt wurden. Insgesamt enthält Halinas Darstellung vier dieser zusammengesetzten Würfel, die jeweils links neben den vier Pyramiden positioniert sind. In Phase 1 benennt Halina die zusammengesetzten Würfel explizit als „Bäume". Wie bereits im zweiten Post-Interview hat Halina damit einen Zeichenträger gewählt, der in einer gewissen auf Ähnlichkeit der äußerlichen Merkmale beruhenden ikonischen Relation zu dessen Bedeutung steht. Diese Ähnlichkeit bezieht sich einerseits auf den Aufbau der Würfel als *Baumstamm*, verknüpft mit dem Versuch, weitere Holzwürfel als *Kirschen* darauf zu türmen. Dies wird in der Beschreibung des hinführenden Interaktionsverlaufs (vgl. Anhang: Halina, Analyseschritt 2) erkennbar, als Halina nacheinander zehn Würfel auf den linken zusammengesetzten Würfel türmt, bevor sie sich entscheidet, sie als 10er-Pyramide rechts neben diesen zu positionieren (vgl. ebd. Beschreibung Video K3–1, 11:06–16:26 min). Andererseits bezieht sich die Ähnlichkeit zwischen dem Zeichenträger *zusammengesetzter Würfel* und dessen Bedeutung *Baum* auf das Material *Holz*. Es kann angemerkt werden, dass Halina im dritten Post-Interview keine andere Materialauswahl als die der *Holz*würfel zur Verfügung hatte, und diese Ähnlichkeit somit eher zufallsbedingt entsteht. Da sie sich allerdings auch im vorherigen zweiten Post-Interview für die

Repräsentation der Bäume mit Hilfe der Holzwürfel entscheidet, *obwohl* ihr vielfältiges, anders geartetes Material zur Verfügung stand, kann jedoch eine gewisse Intention dahinter vermutet werden.

Eine weitere Figur, die in diesem Zusammenhang thematisiert werden sollte, sind die Pyramiden, deren einzelne Holzwürfel die *Kirschen* darstellen sollen. Diese Zuschreibung wirkt auf den ersten Blick *arbiträr*. Halina erklärt in Phase 2 allerdings, dass sie diese zu einem „Haufen" (vgl. Z. 44) gelegt habe, ähnlich wie ein Haufen, der entstehe, wenn man im Pflückvorgang nach und nach die vielen Kirschen aufeinandertürmt. Beachtet man zusätzlich Halinas Versuch, die *Kirschen* repräsentierenden Holzwürfel auf die zusammengesetzten Würfel als *Bäume* zu positionieren, kann eine weitere bzw. anders geartete Ähnlichkeit identifiziert werden. In einer potenziell realen Situation des Kirschenpflückens befinden sich die Kirschen in den Baumkronen oberhalb des Stammes. Die Positionierung der Kirschen *auf* dem Baum erscheint im sachlogischen Zusammenhang deshalb durchaus plausibel. Vermutlich aufgrund der Materialbeschaffenheit und eher kleinen Größe des Baumes werden die Kirschen jedoch schließlich neben diesem positioniert. Sie stellen somit nicht die *im Baum befindlichen Kirschen dar*, sondern *die bereits gepflückten*, und zwar eben als „Haufen".

Damit weist Halinas Darstellung sowie deren Deutung gewisse marginale Aspekte des Nachbaus der sachlichen Situation auf. Dabei werden die aufgeführten *Ersatzstrategien* herangezogen, um potenziell ikonische Relationen zwischen den gewählten Zeichenträgern und deren Bedeutung herzustellen. Mathematisch betrachtet sind die einzelnen Kirschen, dessen besonderer pyramidischer Aufbau sowie die Bäume irrelevant. Nichtsdestotrotz werden diese bestimmten sachlichen Elemente von Halina mitgedacht. Aus diesen Gründen werden die von Halina vorgenommenen Deutungen der vier zusammengesetzten Würfel als Bäume und der vier Pyramiden als einzelne, zu einem Haufen aufeinandergetürmte Kirschen der *Alltagssicht* zugeordnet.

Darüber hinaus verzichtet Halina auf weitere Ausschmückungen der sachlichen Situation bzw. der phänomenologischen Gestalt der einzelnen sachlichen Elemente. Beispielsweise können zwar die zu vier Pyramiden aufgetürmten Kirschen und damit in gewisser Weise auch die vier Bäume als zusammengesetzte Würfel den am Pflückvorgang beteiligten Personen zugeordnet werden, jedoch erhalten die Personen selbst keinen eigenen Zeichenträger. Stattdessen werden sie mit den einzelnen Teildarstellungen mitgedacht.

Die linke Teilstruktur besteht zum Ende der Phase 2 unter anderem aus zwei 10er-Pyramiden mit davor platzierten Rechtecken aus je zwei Würfeln (vgl. Abb. 7.31). Diese Rechtecke repräsentieren die Pflückmengen der beiden Kinder

– das linke Rechteck sei die Pflückmenge Jakobs, das rechte die Pflückmenge Annikas, und zwar jeweils zwei Kilogramm Kirschen. In der Rekonstruktion von Halinas Deutung kann außerdem ein gewisser Zusammenhang zwischen den Pyramiden und den Rechtecken hergestellt werden. Halina nimmt an, dass fünf Kirschen ein Kilogramm ergeben. Deshalb sehe sie die Pflückmenge der Kinder *in den Pyramiden*. Aus den 10 darin enthaltenen Holzwürfeln schlussfolgert Halina also, dass jedes Kind zwei Kilogramm und nicht vier Kilogramm, wie zuerst gelegt, pflücken müsse, woraufhin sie jeweils zwei Würfel entfernt (vgl. Phase 2.1). Die Pflückzeit, die die Kinder für die jeweiligen zwei Kilogramm benötigen, wird anhand der beiden Zweier-Türme nahe der zusammengesetzten Würfel als jeweils eine Stunde dargestellt. Diese Stunde ist es auch, die die linke Teildarstellung implizit mit der mittleren Teildarstellung verknüpft, allerdings ohne dass es Halina explizit in dieser Form benennt. Aufgrund des Aufgabenkontextes und Halinas daran anknüpfender Bearbeitung ist es jedoch naheliegend, diese Verbindung anzunehmen.

Abb. 7.31 Halina (1)

In dieser (ersten) Stunde pflückt auch der Opa Kirschen. Er schafft sechs Kilogramm, die in analoger Weise als sechs Würfel im Rechteck vor der 30er-Pyramide platziert sind (vgl. Abb. 7.32). Für die Repräsentation der Zeit hat sich Halina im Unterschied zur linken Teildarstellung jedoch nicht für eine Würfeleinheit von 30 min entschieden. Einer der sechs Würfel im stehenden Quader bedeutet hier *zehn Minuten* (vgl. Phase 3.1 und 3.3). Mit Hilfe der Anzahl der 30 Würfel in der Pyramide und der Annahme, dass fünf Kirschen ein Kilogramm ergeben, kann auch hier auf die Pflückmenge des Opas anhand der Pyramide als sechs Kilogramm geschlossen werden.

Abb. 7.32 Halina (2)

Auch für die rechte Teildarstellung (vgl. Abb. 7.33) wählt Halina vergleichbare Zeichenträger mit entsprechender Bedeutung. Die acht Würfel im Rechteck vor der Pyramide repräsentieren acht Kilogramm Kirschen, die der Opa in achtzig Minuten pflückt, wie es anhand des aus acht Würfeln bestehenden aufrechten Quaders abgelesen werden kann. Die Darstellung enthält ebenfalls einen Baum und einen pyramidisch aufgetürmten „Haufen" von Kirschen. Es besteht ein Zusammenhang zwischen den darin enthaltenen 40 Würfeln und der ermittelten Pflückmenge von acht Kilogramm, der von der Interviewerin als „acht mal fünf" (Z. 94) und „vierzich Würfel" (Z. 92) benannt wird (vgl. Phase 4.2 und 4.3).

Abb. 7.33 Halina (3)

Im ersten Teil der ausgewählten Szene fokussiert sich Halina damit vorwiegend auf die mathematisch für sie relevant erscheinenden Elemente und deren Darstellung. Die Pflückmengen und Pflückzeiten der einzelnen Personen werden mit eigenen Zeichenträgern dargestellt. Wenn auch die Personen augenscheinlich mit den Teilstrukturen mitgedacht werden, ist es nun jedoch nicht so, dass angenommen werden kann, dass ein und derselbe Zeichenträger auf eine solche Person sowie eine andere Größe verweisen würde. In den meisten rekonstruierten Deutungen der Unterphasen 2.1, 2.3, 2.4, 3.1, 3.3, 4.2 und 4.3 stehen die mathematischen Größen außerdem unverknüpft nebeneinander als Zuordnung der jeweiligen Pflückzeiten und -mengen zu den einzelnen Personen, ohne dass darüber hinaus Berechnungen (die zur Lösungsfindung beitragen und nicht zusätzlich durch Halinas Annahme von fünf Kirschen als einem Kilogramm) vorgenommen würden. Deshalb wird die *Darstellung mathematischer Elemente* der *Zahlen-und-Größen-Sicht* als dominante Sichtweise des gesamten ersten Teils der Szene betrachtet. Zudem liegt die Besonderheit vor, dass die Pflückmenge sowohl in dem Rechteck vor den Pyramiden als auch in der Pyramide selbst repräsentiert ist. Damit wird in gewisser Weise jede den einzelnen Personen zugeordnete Pflückmenge in zweifacher Weise dargestellt. Gleichzeitig verweisen die einzelnen Holzwürfel in den Pyramiden jedoch auch auf einzelne Kirschen, die im Pflückprozess aufeinandergetürmt werden, sodass eine ikonische Relation zu einer potenziell realen Pflücksituation hergestellt wird. Die Pyramiden sind deshalb sehr spezielle Zeichenträger, die sowohl die bereits beschriebene *Alltagssicht*, aber auch die *Darstellung mathematischer Elemente* der *Zahlen-und-Größen-Sicht* zeitgleich in sich vereint.

In der Rückschau lässt sich eine weitere augenscheinlich ebenfalls zentrale Sichtweise Halinas auf ihre Darstellung rekonstruieren. In der Phase 4.4 ermittelt sie die von ihr dargestellte Gesamtpflückmenge. Dafür addiert sie die alleinige und gemeinsame Pflückmenge des Opas ($8 + 6 = 14$) und zählt anschließend die Pflückmengen der Kinder hinzu ($14 + 2 + 2 = 18$) (vgl. Z. 101–104). Mit Hilfe dieses Ergebnisses kann Halina die noch fehlende Menge zur vorgegebenen Gesamtpflückmenge von 22 Kilogramm als vier fehlende Kilogramm ermitteln, die sie entsprechend als vier Holzwürfel zur alleinigen Pflückmenge des Opas in der rechten Teildarstellung ergänzt (vgl. Z. 110–112). Halina überprüft noch einmal die inzwischen dargestellte Pflückmenge, indem sie „zwölf plus (.) sechs Kilo sind ähm (.) achtzehn" berechnet und weiterzählend die vier Kilogramm der beiden Kinder hinzufügt, womit sie bei 22 Kilogramm angelangt, was „dann richtich" wäre (Z. 112). Die Logik von Halinas Narration ist hier stark an arithmetischen Zusammenhängen orientiert. Sie verbindet die dargestellten Anzahlen additiv miteinander, um mit Hilfe einer Ergänzung die noch fehlenden vier Kilogramm zur vorgegebenen Gesamtpflückmenge zu ermitteln. Sie schlussfolgert, dass der Opa zwei Stunden alleine weiterpflücken müsse, womit sie das gesuchte Ergebnis benennt und die Zeitangabe in ihrer Darstellung entsprechend anpasst (vgl. Phase 4.5 und 4.6).

In der Rückschau können mit den Hinweisen und Deutungen aus Phase 4 auch die vorherigen Unterphasen 2.2 und 3.2 unter dieser veränderten Perspektive betrachtet werden. Bereits zu eben jenem früheren Zeitpunkt hat Halina augenscheinlich die von ihr dargestellte Gesamtpflückmenge berechnet und geschlussfolgert, ihr würden noch drei Kilogramm fehlen (vgl. Phase 2.2), die sie nachfolgend ihrer Darstellung hinzufügen wollte (vgl. Phase 3.2), bzw. auch getan (vgl. Phase 4.1) und später angepasst hat (vgl. Phase 4.2 und 4.3). Neben der

Darstellung mathematischer Elemente scheint Halina somit in der Rückschau während des gesamten Interaktionsverlaufs eine Perspektive eingenommen zu haben, die die Diskrepanz der Summe der dargestellten Pflückmengen zur vorgegebenen Gesamtpflückmenge von 22 Kilogramm fokussiert. Demnach muss Halinas Deutung ebenfalls der *arithmetischen Verbindung mathematischer Elemente* der *Zahlen-und-Größen-Sicht* zugeordnet werden. Diese erhält aufgrund Halinas ständigen Wunsches, die Darstellung zu verändern, ebenfalls eine gewisse Dominanz. Obwohl die eben benannte Phase und die damit einhergehende Deutung in den ganzheitlichen Analysen und der (tabellarischen) Verortung im Theoriekonstrukt eher vernachlässigt wurde, müsste diese Sichtweise nachträglich nicht nur als Bestandteil der Phase 4, sondern ebenfalls als Bestanteil der Phasen 2 und 3 hinzugefügt werden.

Zusammenfassend lässt sich für den ersten Teil rekonstruieren, dass Halina bei der Beschreibung und Anpassung ihrer Darstellung in der Interaktion drei Sichtweisen einnimmt. Die *Alltagssicht* bezieht sich auf die Zeichenträger des zusammengesetzten Würfels und der Pyramiden mit ihrer Deutung als *Baum mit Stamm, in dessen Krone sich potenziell Kirschen befinden könnten* und *einzelne gepflückte Kirschen, die im Pflückvorgang als Haufen aufeinandergetürmt werden*. Die *Darstellung mathematischer Elemente* wirkt demgegenüber als die dominierende Sichtweise, der viel Aufmerksamkeit gewidmet wird. Halina wird zunächst aufgefordert, die einzelnen Zeichenträger detailliert zu erklären. Dadurch wird ihr eher darstellender Charakter betont. Erst mit der Gelegenheit, ihre Würfelkonfiguration anzupassen, wird deutlich, dass Halina die mathematischen Elemente nicht nur *darstellen* wollte, sondern sie vermutlich die ganze Zeit als *arithmetisch miteinander verknüpft* betrachtet hat. Die *arithmetische Verknüpfung mathematischer Elemente* ist deshalb ebenfalls eine in Halinas Deutung präsente Sichtweise.

Zweiter Teil: Reduktionen der Zeichenträger und Verallgemeinerung ihrer Bedeutung

Der zweite Teil der ausgewählten Szene ist geprägt von den Veränderungen, die die Interviewerin zum Teil gemeinsam mit Odelia und Halina vornimmt. Nacheinander werden einzelne Zeichenträger von Halinas vorgestellte Repräsentation entfernt. Zunächst betrifft das in der Unterphase 5.1 die vier *zusammengesetzten Würfel*. Es folgen einige kleinere Anpassungen seitens Halina in der Unterphase 5.2. Entscheidend ist jedoch, dass sie dabei *selbst* die größte der von ihr gebauten Pyramiden als *überflüssig* betrachtet (vgl. Z. 154). In der Unterphase 5.3 werden deshalb alle vier Pyramiden der Darstellung entfernt. Die Würfelrepräsentation (vgl. Abb. 7.34) wurde damit um diejenigen Zeichenträger reduziert, deren Bedeutung einer eher *alltäglichen Sicht* entspricht. Die zusammengesetzten

Würfel als *Bäume* erscheinen nicht länger wichtig, ebenso die Pyramiden als *Kirschen*. Es könnte argumentiert werden, dass die Pyramiden jedoch nicht *nur* auf das *sachliche Element Kirschen* verwiesen haben. Stattdessen konnte Halina daran im ersten Teil der Szene ebenfalls das von einer Person gepflückte *Gewicht* an Kirschen ablesen. Dafür bündelte sie in ihrem Verständnis *fünf ‚alltägliche' Kirschen* zu *einem Kilogramm Kirschen*. Diese wurden vermutlich aus Gründen der Übersichtlichkeit noch einmal in einem vor den Pyramiden liegenden Rechteck symbolisiert. Es ist naheliegend, dass aufgrund der Besonderheit dieser *doppelten Repräsentation der einzelnen Pflückmengen* Halina selbst anmerkt, dass die Pyramiden *nicht* zwangsweise notwendig seien.

Abb. 7.34   Halina (4)

Die ersten drei Unterphasen der Phase 5 sind damit in erster Linie von der *Reduktion der Darstellung* geprägt. Dies ist als verschärfte Anforderung im *zweiten Übergang* des Theoriekonstrukts als Handlung der Interviewerin aufgeführt. Eine erste Anforderung, die potenziell für veränderte Deutungen anregend könnte, stellt die Einschränkung des zur Verfügung stehenden Materials auf *ausschließlich Holzwürfel* dar. Die Anforderung an Halina, ihre Repräsentation zu deuten bzw. umzudeuten, wird durch das Entfernen bestimmter Zeichenträger verschärft. Da in den benannten ersten drei Unterphasen keine expliziten Deutungen vorgenommen werden, die Aufschluss über Halinas möglicherweise neues Verständnis der Darstellung geben, können auch keine Rekonstruktionen vorgenommen werden. Es lassen sich folglich keine veränderten Sichtweisen durch die bis dahin vorgenommenen Veränderungen rekonstruieren, die sich in entsprechender Weise in das Theoriekonstrukt einordnen ließen.

In der Unterphase 5.4 stellt Odelia eine wichtige Frage. Sie möchte wissen, ob Halina nach wie vor die einzelnen Personen erkennen könne (vgl. Z. 168–174). Halina begründet die Unterscheidung der Personen anhand ihrer Pflückmengen. Die Kinder pflücken zwei Kilogramm in einer Stunde und müssen aufgrund der Gleichheit nicht voneinander unterschieden werden – Annika und Jakob werden *mathematisch gleichgesetzt*. Der Opa pflückt sechs Kilogramm in einer Stunde, deshalb kann Jakob nicht in der mittleren Teildarstellung repräsentiert sein. Halinas Erklärung der bisherigen, reduzierten Darstellung scheint somit die für den ersten Teil der Szene vorgenommene Einordnung ihrer Deutung in das Theorie-konstrukt zu stützen. Auch an dieser Stelle weist die Rekonstruktion Merkmale der *Darstellung mathematischer Elemente* der *Zahlen-und-Größen-Sicht* auf. Die einzelnen Gewichtsangaben stehen unverknüpft nebeneinander. Alltagsnahe, sach-bezogene Eigenschaften sind nach der Reduktion (der Bäume und Kirschen) nicht länger enthalten.

In den Unterphasen 5.5 und 5.6 werden die Würfel-Türme als Repräsentan-ten der Pflückzeiten der einzelnen Personen entfernt. Die Interviewerin reduziert folglich Halinas Darstellung weiterhin im Sinne des *zweiten Übergangs*. Zudem nimmt sie eine erste Verschiebung vor (vgl. Abb. 7.35.). Dieser wird jedoch keine Beachtung geschenkt, da Halina sich auf das Entfernen des Würfel-Turms der rechten Teildarstellung konzentriert. Dieser stelle die Lösung dar und dürfte deshalb nicht weggenommen werden.

Abb. 7.35 Halina (5)

Es werden keine weiteren Deutungen von Odelia oder Halina vorgenommen. Erst ein weiteres Verschieben (vgl. Abb. 7.36) mit einer ersten Aussage Ode-lias in der Unterphase 5.7 führt dazu, dass Halina eine Deutung zu der ‚neuen‘, reduzierten und veränderten Repräsentation vornimmt.

Abb. 7.36 Halina (6)

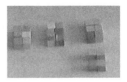

In ihrer ursprünglichen Funktion verwiesen die Rechtecke auf die von den ein-zelnen Personen gepflückten Kilogramm Kirschen. Die als *Gewicht* gedeuteten Holzwürfel werden allerdings in dieser Phase von Halina *umgedeutet*. Sie zählt die Würfel nicht länger als *einzelne Kilogramm*, sondern als *zehn Minuten*. Damit werden ein und demselben Zeichenträger zugleich zwei verschiedene Bedeutun-gen zugesprochen. Ein Würfel bezieht sich sowohl auf die mathematische Größe

Gewicht als auch *Zeit*. Zusätzlich erhalten die Positionen der Holzwürfel in ihrer Anordnung als Rechtecke zueinander eine Relevanz. Die drei Rechtecke der untersten Zeile werden aufgrund der jeweils darin enthaltenen sechs Würfel dem Opa zugehörig erklärt. Die beiden kleineren Rechtecke stehen für die Pflückmengen und -zeiten der Kinder. Die drei linken, untereinander platzierten Rechtecke in einer Art ersten Spalte gehören überdies in gewisser Weise zueinander, da sie die Pflückmengen der einzelnen Personen in *einer Stunde* repräsentieren. Anhand der weiteren Spalte kann das von Halina als „Restliches" Benannte erkannt werden. Dieses bezeichnet die noch zur Gesamtpflückmenge fehlenden 12 Kilogramm, die der Opa nach besagter erster Stunde alleine weiterpflücken muss. Anhand der beiden Rechtecke und ihrer Position in einer weiteren Spalte *neben* den ersten Rechtecken kann die noch ausstehende Pflückzeit abgelesen werden. Dafür zählt Halina jeden einzelnen Würfel als 10 Minuten. Sie gelangt zu 120 Minuten und nennt als Lösung, dass der Opa noch zwei Stunden alleine weiterpflücken müsse. Die in dieser Unterphase 5.7 von Halina vorgenommene, rekonstruierte Deutung lässt sich folglich – aufgrund der *Zusammenführung* der beiden mathematischen Größen *Zeit* und *Gewicht* in ein und dieselbe Zeichenträgerkonfiguration – der *systemisch-relationalen Sichtweise* zuordnen. Zudem stehen die von der Interviewerin verschobenen Würfel anhand ihrer Anordnung in *Beziehung* zueinander. Die mehrdimensionale, aufgabenüberdeckende Anordnung repräsentiert eine *unterliegende Struktur*. Aus diesem Grund wird die Rekonstruktion der Bedeutung der Darstellung als *Zeichenträger mit globalen Wechselbezügen* aufgefasst. Interessant wäre es zu sehen, ob Halina die so gedeuteten Zeichenträger *produktiv* zur Bearbeitung weiterer Teilaufgaben im Kontext ‚Kirschen pflücken' (und ggf. natürlich auch in weiteren Kontexten) nutzen kann, sodass Merkmale des *internen Austausches* (bzw. bei unterschiedlichen Kontexten des externen Austausches) sichtbar werden, die die hier vorgenommene Rekonstruktion stützen würden.

Die in der Phase 5 vorgenommenen Veränderungen der Interviewerin dienen der Verschärfung der bereits an Halina gestellten Anforderung, die Aufgabenstellung mit nur einem Materialtyp zu lösen. Zusätzlich dazu wird sie mit der Reduktion ihrer Darstellung sowie dem Verschieben einzelner Zeichenträger konfrontiert. Diese Veränderungen als Merkmale des *zweiten Übergangs* führen jedoch nicht zwangsweise zu Umdeutungen, wie die Unterphasen 5.1, 5.2, 5.3, 5.5 und 5.6 aufzeigen. Nahezu alle Reduktionen wurden ohne weiteren Kommentar oder Begründung akzeptiert. Es stand Odelia und Halina frei, dem Entfernen und Umlegen der Würfel zu widersprechen. Halina spricht sich nur gegen das Entfernen des Würfel-Turms der rechten Teildarstellung aus. Erst das zweite Verschieben der Interviewerin in Kombination mit Odelias Aussage führt zu einer Umdeutung, und damit einhergehend, bei Halina zu einem Sichtweisenwechsel.

Halina deutet die reduzierte Darstellung unter Nutzung der unterliegenden Struktur und veränderten Zählweise der Zeichenträger (als Gewicht *und* Zeit) erstmalig *systemisch-relational.* Dies zeigt, dass das Einnehmen dieser komplexen Sichtweise die Schülerin vor eine große Herausforderung stellt. Es mag zudem möglich sein, dass sie das Gefühl hat, alle wichtigen Komponenten mit einem eigenen Zeichenträger darstellen zu *müssen.* Vielleicht unterliegt Halina somit der Vorstellung, dass es nicht möglich ist oder von der Interviewerin nicht akzeptiert wird, sollten solche Zusammenführungen mehrerer mathematischer Größen in einen Zeichenträger vorgenommen werden. Die Veränderungen der Interviewerin zeigen auf, dass auch aus wenig Zeichenträgern bestehende Repräsentationen eine Berechtigung haben, und sie konfrontiert die Kinder damit, diese trotz der Reduktion und Umlegeprozesse zu erklären. Damit wird ein Raum für Neu- und Umdeutungen geschaffen. Die Kinder werden angeregt, noch einmal über die Aufgabenstellung und deren Lösung mit Hilfe des Materials nachzudenken, Stellung zu beziehen und ihr Verständnis zu erklären. Dabei können Aussagen eines Kindes die Deutung des Interviewpartners gewinnbringend beeinflussen, wie dies in dem Beispiel von Odelias Erklärung geschieht.

Zusammenfassend lässt sich festhalten, dass der zweite Teil der ausgewählten Szene stark durch die von der Interviewerin an Halina herangetragenen Anforderungen dominiert wird. Zusätzlich zur Einschränkung des Materials auf den einen *Typ Holzwürfel* reduziert die Interviewerin Halinas ursprüngliche Würfeldarstellung um bestimmte Teilkonfigurationen der Zeichenträger. Damit verschärft sie die an Halina gestellte Anforderung, die Repräsentation im Sinne einer Lösungsfindung zu deuten. Die weitere Verschärfung durch das Umlegen von Materialien führt schließlich dazu, dass Halina eine *Umdeutung* vornimmt. Die zuvor eher aus einer *Zahlen-und-Größen-Sicht* betrachteten Holzwürfel werden zu *Zeichenträgern mit globalen Wechselbezügen* umgedeutet. Dafür werden die mathematisch relevanten Größen in einer Zeichenträgerkonfiguration zusammengeführt. Dies wird als *Mindestkriterium* der *systemisch-relationalen Sicht* bezeichnet. Zudem erhält die Position der Würfel zueinander eine Relevanz, die sich in ihrer von der Interviewerin hineingelegten und von Halina genutzten unterliegenden Struktur begründen lässt.

Die Einordnung der von Halina vorgenommenen, rekonstruierten Deutungen der beiden Teile der ausgewählten Szene sind in der nachfolgenden Tabelle anhand der einzelnen Phasen aufgeführt. Sie zeigt, dass sich eine eher auf die *Darstellung der mathematischen Elemente* fokussierende Sicht, die mit *sachlichen Elementen* angereichert wurde, verändern kann. In der Rückschau wurde deutlich, dass Halina bereits in der Phase 2 und 3 eine *arithmetische Verbindung* zwischen den Pflückmengen der einzelnen Personen herstellt. Die Halina von der Interviewerin gestellten Anforderungen regen diese zudem zu einer Umdeutung an. In deren Folge lassen sich neben der *Alltagssicht* und der *Zahlen-und-Größen-Sicht* des ersten Teils ebenfalls Merkmale des *zweiten Übergangs* und in dessen Folge auch *Zeichenträger mit globalen Wechselbezügen*, also die *systemisch-relationale Sichtweise* im zweiten Teil rekonstruieren. Neben der Rekonstruktion von Halinas Deutungen und deren Einordnung in das Theoriekonstrukt (Tab. 7.20) werden die daraus resultierenden bzw. weiteren benannten aufschlussreichen Konsequenzen in den daran anschließenden Punkten als Aufzählung zusammengefasst.

Tab. 7.20 Zusammenfassung von Halinas rekonstruierten Sichtweisen der Phasen 1–5

Sichtweise		1	2	3	4	5.4	5.7
Alltagssicht	Re-Konstruktion und Darstellung des Sachverhalts	x	x	(x)	(x)		
Erster Übergang							
Zahlen-und-Größen-Sicht	Darstellung mathematischer Elemente		x	x	x	x	
	Arithmetische Verbindung mathemat. Elemente		(x)	(x)	x		
Zweiter Übergang							x
Systemisch-relationale Sicht	Zeichenträger ohne Wechselbezüge						
	Zeichenträger mit lokalen Wechselbezügen						
	Zeichenträger mit globalen Wechselbezügen						x

– Halinas anfänglicher Versuch, über die minimal unterschiedliche Farbgebung der Holzwürfel unterschiedliche Zeichenträger zu erhalten, zeigt die Komplexität der Anforderung, vor der die Kinder bei der Bearbeitung der Aufgabenstellung mit nur einem Materialtyp gestellt werden. Halina wählt schließlich unterschiedliche, mathematischen Formen und Körpern ähnelnde Zeichenträger, um sie voneinander unterscheiden zu können. Vergleichbare Zeichenträgerkonfigurationen erhalten in den verschiedenen Teildarstellungen eine analoge Bedeutung. Insgesamt ist erkennbar, dass Halina eine gewisse Einheitlichkeit der Zeichenträger und ihrer Referenzen herstellen möchte. Damit handhabt Halina die an sie gestellte Anforderung produktiv. Obwohl die

Materialvorgabe als Kennzeichen des zweiten Übergangs benannt wird, führt diese (allein) *nicht zwangsweise zu einer systemisch-relationalen Deutung.*

- Bei der Bearbeitung der Aufgabenstellung mit ausschließlich Holzwürfeln erhalten die Kinder Materialien, die sich auf den ersten Blick nicht anhand individueller, dinglicher Merkmale voneinander unterscheiden. Mit Hilfe von *Ersatzstrategien* gelingt es Halina jedoch, auch mit den einheitlichen Holzwürfeln Bezüge zur phänomenologischen Gestalt der sachlichen Elemente herzustellen: Der *Baum* ist aus Holz und ähnelt einem Stamm; die *Kirschen* werden zu einem Haufen aufgetürmt, als wären sie gerade gepflückt worden. Obwohl Halinas Repräsentation stark auf die *Darstellung der mathematischen Elemente* und ihrer *arithmetischen Verknüpfung* ausgerichtet ist, erachtet sie es nach wie vor als notwendig, bestimmte sachliche Elemente mit einzubeziehen. Es ist anzunehmen, dass die sachliche Situation bei der Aufgabenbearbeitung stets mitgedacht wird.
- In der Analyse des ersten Teils der Szene wurde die Vermutung angestellt, dass Halina sich in erster Linie auf die *Darstellung mathematischer Elemente* bezieht. Dies scheint unter anderem dem Versuch der Interviewerin geschuldet zu sein, die einzelnen Bestandteile von Halinas Darstellung nacheinander betrachten zu wollen. Halina selbst beschreibt ihre Würfelkonfiguration eher in unstrukturierter Weise. Dabei möchte sie sowohl zwischen den einzelnen Teildarstellungen wechseln als auch übergreifende Veränderungen vornehmen. Die Interviewerin versucht Halina deshalb etwas zu bremsen. Sie selbst und Odelia sehen Halinas Repräsentation zum ersten Mal und müssen Halinas eher hektische Beschreibung zunächst einmal für sich einordnen und nachvollziehen. Erst in der Rückschau konnte deshalb rekonstruiert werden, dass Halina bereits während der gesamten Interaktion die einzelnen dargestellten Pflückmengen der verschiedenen Personen *arithmetisch miteinander verknüpft* sieht und die vorgegebene Gesamtpflückmenge im Blick hat. Dies betont die Wichtigkeit der *sorgsamen* Rekonstruktion der von den Kindern getätigten Aussagen in einem argumentativ gestützten, rationalen Konnex.
- Die weiteren im zweiten Übergang enthaltenen Merkmale führen ebenfalls *nicht zwangsweise* zu einer *systemisch-relationalen Deutung.* Die Reduktion von Halinas Würfeldarstellung und das Umlegen ausgewählter Zeichenträger werden als anspruchsvolle Verschärfung der Einschränkung verstanden, die Aufgabe nur mit dem Material der Holzwürfel zu lösen. Die von der Interviewerin vorgenommenen Veränderungen stellen die Kinder vor eine neue Deutungsanforderung, die sie zu einer Umdeutung bewegen *könnten.*

In der Analyse wurde deutlich, dass Halina viele Veränderungen ohne weiteren Kommentar oder Begründung akzeptiert, obwohl es ihr frei stand, zu widersprechen. Erst die Kombination eines weiteren Umlegeprozess mit Odelias Deutung führt zum Ende der Szene zu einer Umdeutung. Halina deutet die reduzierte Darstellung unter Nutzung der unterliegenden Struktur und veränderten Zählweise der Zeichenträger (als Gewicht *und* Zeit) erstmalig *systemisch-relational*. Dies ist jedoch nicht ausschließlich auf die verschärften Anforderungen zurückzuführen, sondern insbesondere auch auf den *interaktiven Austausch* mit der Mitschülerin Odelia und der Interviewerin.

Theoriebasierte Ergebnisse und ihre Bedeutung für die Mathematikdidaktik und Schulpraxis

8

Im vorangegangenen Kapitel 7 wurden exemplarisch drei Szenen aus der durchgeführten Hauptstudie detailliert analysiert. Diese wurden so ausgewählt, um anhand eines Aufgaben-Kontextes und den dazu generierten verschiedenen Materialdarstellungen der Kinder aussagekräftige Beispiele für die im Theoriekonstrukt enthaltenen Sichtweisen und Übergänge anzuführen (vgl. Kapitel 5). Die verschiedenen und sich teilweise verändernden Deutungen wurden in den interpretativen Analysen nahe am Datenmaterial betrachtet und sehr fein rekonstruiert. In diesem abschließenden Kapitel 8 wird nicht das Ziel verfolgt, die daraus resultierenden Ergebnisse in einfacher Form zusammenzufassen. Stattdessen erscheint es produktiv und sinnvoll, die *Essenz* der interpretativen Analysen zu fokussieren und sie überdies in theoretisch verallgemeinernder Weise in einen allgemeinen Kontext zu stellen.

Die Kernaspekte der Rekonstruktionen werden deshalb nicht nur zusammenfassend aufgeführt, sondern ihre Bedeutung für die symbolgestützte Deutung von Grundschulkindern anhand der Sichtweisen und Übergänge in der *didaktischen Theorie mathematischer Symbole* herausgestellt (Abschnitt 8.1). Es erscheint wichtig, Rückbezüge zu den theoretischen Grundlagen (vgl. Kapitel 1, 2, 3 und 4) wie auch zur Genese des Theoriekonstrukts und des darin enthaltenen, besonderen Verhältnisses von *Sache* und *Mathematik* (vgl. Kapitel 5) herzustellen. Neben den durchgeführten interpretativen Analysen ist es überdies aufschlussreich, weitere kurze Ausschnitte aus den Interviews mit den an der Hauptstudie teilnehmenden Kindern aufzugreifen. Bei der Fülle an erhobenem Datenmaterial und den limitierten Möglichkeiten der Verschriftlichung musste eine gewisse, geringe Anzahl an Analysen akzeptiert werden. Für die Entwicklung des als zentrales Ergebnis

K. Mros, *Mathematiklernen zwischen Anwendung und Struktur*, Essener Beiträge zur Mathematikdidaktik, https://doi.org/10.1007/978-3-658-33684-4_8

benannten Theoriekonstrukts *ThomaS* (*didaktische Theorie mathematischer Symbole*) wurden jedoch weitaus mehr Szenen interpretiert und in dessen Genese mit einbezogen. In einer Art *Erweiterung* dieser Analysen können im ersten Unterkapitel deshalb weitere Aufgabenteile und die dazu erstellten Lösungen der Kinder und Rekonstruktionen ihrer Deutungen in kurzer Form gewinnbringend angeführt werden. Sie dienen in erster Linie dazu, die in den Beispielen vorgenommenen, detaillierten Rekonstruktionen der Deutungen von *Liam, Nahla* und *Halina* um bisher nur wenig angesprochene Charakteristika zu ergänzen. Dadurch können die bereits in das Theoriekonstrukt eingeordneten Deutungen um wichtige Inhalte erweitert werden, die zu einem umfassenden Blick auf das Theoriekonstrukt führen. Auch der spezifischen Kommunikation in mathematischen Gesprächen mit Grundschulkindern als zu beachtende Bedingung des Forschungsfeldes wird in diesem Zuge explizite Aufmerksamkeit gewidmet.

In einem weiteren Schritt wird die Relevanz der gewonnenen Erkenntnisse und damit (auch) der *didaktischen Theorie mathematischer Symbole* für die wissenschaftliche Mathematikdidaktik sowie ihrer Forschungspraxis herausgestellt und auf kritische Besonderheiten hingewiesen (Abschnitt 8.2). Der Fokus liegt hier im Speziellen auf der problembehafteten Verwendung von semiotischen und kommunikativen Mitteln in mathematischen Interaktionen sowie ihrer möglichen Interpretation in (qualitativen) Forschungsprozessen. Nach der Betrachtung der Relevanz für die Mathematikdidaktik wird die Bedeutung der gewonnenen Erkenntnisse für die Schulpraxis sowie die besonderen Bedingungen ihrer Anwendung und Nutzung bewertet (Abschnitt 8.3). Die darin angesprochenen Inhalte können als Ausblick aufgefasst werden und zeigen überdies in indirekter Weise das Potenzial für weitere Forschungsvorhaben auf.

8.1   Verallgemeinernde Zusammenfassung der Analyseergebnisse im wissenschaftstheoretischen Kontext

Die in dieser Arbeit entwickelte *didaktische Theorie mathematischer Symbole* (kurz: *ThomaS*) bezieht Erkenntnisse aus den verschiedenen Wissenschaften der *Entwicklungspsychologie*, der *Semiotik* und selbstverständlich der *Mathematikdidaktik* ein. Dabei werden die fundamentalen Besonderheiten des Forschungsfeldes berücksichtigt, die sich auf die *epistemologischen Besonderheiten des mathematischen Wissens* sowie auf die *spezifischen Probleme der Kommunikation und Interaktion über mathematisches Wissen* beziehen. Des Weiteren wurden zur Genese des Theoriekonstrukts die von den an der Pilotierung und Hauptstudie teilnehmenden Schülerinnen und Schülern entwickelten, verschiedenen zeichnerischen und vor allem materiellen Darstellungen analysiert. A Posteriori aus interpretativen, epistemologisch orientierten Analysen von klinischen Interviews konnten so die im Theoriekonstrukt enthaltenen drei Sichtweisen und zwei Übergänge im Wechselspiel mit der wissenschaftstheoretischen Fundierung und ihrer stetigen Erweiterung sowie Ausdifferenzierung konstruiert werden. Damit wird die *didaktische Theorie mathematischer Symbole selbst* als das bedeutendste Ergebnis der vorliegenden Forschungsarbeit angesehen. Es bündelt die zentralen Forschungserkenntnisse aus sowohl Theorie und Empirie.

Aus diesem Grund müsste das Theoriekonstrukt folglich erstmalig im Ergebnis-Teil der Arbeit, also hier in Kapitel 8, vorgestellt werden. Verschiedene Argumente haben jedoch zu der Entscheidung geführt, es bereits im Anschluss an die theoretischen Grundlagen (Kapitel 1, 2, 3 und 4) und somit *vor* den epistemologischen Analysen (Kapitel 7) bzw. ihrer Planung (Kapitel 6) aufzuführen und ausführlich mit Beispielen angereichert zu erklären. Das Theoriekonstrukt wird deshalb im Abschnitt 8.1.1 in verkürzter Form der Vollständigkeit halber und zur besseren Übersicht noch einmal aufgeführt. Für eine ausführliche Version wird auf das Kapitel 5, insbesondere 5.3 und 5.4 verwiesen. Zudem werden nachfolgend einige ausgewählte, wichtige Erkenntnisse der einzelnen (Bezugs-) Wissenschaften zusammenfassend wiedergegeben und mit den im Theoriekonstrukt enthaltenen Sichtweisen vernetzt. In den Ausführungen wird der *komplementären Wechselbeziehung* von *Sache* und *Mathematik* eine bedeutende Relevanz zugesprochen. Zudem werden die Charakteristika der einzelnen Sichtweisen und Übergänge in gebündelter Form herausgestellt.

Im nachfolgenden Abschnitt 8.1.2 werden die wichtigsten Inhalte der durchgeführten interpretativen Analysen in zusammenfassender Form mit wissenschaftstheoretischen Rückbezügen betrachtet. Dabei werden zentrale Beziehungen zum Wechselspiel von Sache und Mathematik herausgestellt sowie weiterführende Hinweise zur *didaktischen Theorie mathematische Symbole* gegeben. Als gesonderter Punkt wird überdies auf die spezifische Kommunikation in mathematischen Gesprächen mit Grundschulkindern eingegangen und auf daraus resultierende, wichtige Konsequenzen hingewiesen (Abschnitt 8.1.3), die gleichsam als Vorausschau auf die Relevanz der gewonnenen Erkenntnisse für die Mathematikdidaktik als Wissenschaft verstanden werden können.

8.1.1 Didaktische Theorie mathematischer Symbole als zentrales Forschungsergebnis

Bevor das entwickelte Theoriekonstrukt in zusammengefasster Form aufgeführt wird, sei noch einmal ausdrücklich erwähnt, dass sowohl die theoretisch ausgearbeiteten Erkenntnisse (Kapitel 1, 2, 3 und 4) als auch die aus den Rekonstruktionen der kindlichen Deutungen gewonnenen Einsichten (Kapitel 7) als *zentrale Ergebnisse* in der *didaktischen Theorie mathematischer Symbole* zusammengeführt werden. Das so entwickelte Konstrukt (Tab. 8.1) wird deshalb *selbst* als theoriebasiertes, wichtiges Ergebnis der Analysen und Kernstück der vorliegenden Forschungsarbeit betrachtet.

Tab. 8.1 ThomaS – Didaktische *Theorie mathematischer Symbole*

Didaktische Theorie mathematischer Symbole	
Alltagssicht	Re-Konstruktion und Darstellung des Sachverhalts
Erster Übergang	
Zahlen-und-Größen-Sicht	Darstellung mathematischer Elemente
	Arithmetische Verbindung mathematischer Elemente
Zweiter Übergang	
Systemisch-relationale Sicht	Zeichenträger ohne Wechselbezüge
	Zeichenträger mit lokalen Wechselbezügen
	Zeichenträger mit globalen Wechselbezügen

In der Mathematik sind *Symbole* von besonderer Relevanz. Im Mathematikunterricht der Grundschule werden häufig neben den üblichen mathematischen Symbolen (wie Zahlzeichen, Operationszeichen, usw.) *Arbeits-* und *Anschauungsmittel* als Zeichenträger herangezogen (vgl. Kapitel 3). In der für das Forschungsvorhaben durchgeführten Studie wurden die teilnehmenden Schülerinnen und Schüler dazu aufgefordert, eigenständig für sie geeignete Repräsentationsformen zu entwerfen, um die sachlich eingekleideten, mathematischen Textaufgaben zu lösen (vgl. Kapitel 6). Den Kindern wurden dafür Materialien (wie Steckperlen und Würfel, aber auch Stift und Papier) als Arbeitsmittel zur Verfügung gestellt, um eigenständig (mathematische) Symbole zu erschaffen.

Allgemein gesprochen sind Symbole „something that someone intends to stand for or represent something other than itself" (DeLoache 2002, 73). In der Betrachtung entwicklungspsychologischer Forschungen zum frühkindlichen Spiel (vgl.

Kapitel 2) wird deutlich, dass sich bereits Kleinkinder mit dem Erwerb von für die Symbolisierung wichtigen Fähigkeiten beschäftigen. Als grundlegend wird das Kennenlernen von Materialmerkmalen und physikalischen Eigenschaften im *psychomotorischen Spiel* angesehen, wobei sich die Kinder als Bewirker und Beobachter ihrer eigenen Spieltätigkeiten erleben. Sie erwerben im mit dem psychomotorischen Spiel verknüpften *Objekt-* und *Sozialspiel* Wissen über sinnvolle Handlungsabfolgen (wie Skripte) und Sprachmuster sowie die Erkenntnis der *Objektpermanenz*. Im *Konstruktionsspiel* wird dieses Wissen erweitert, bevor sich im *Fantasiespiel* das entscheidende Element des *So-tun-als-ob* entwickelt. Es ist die erste Möglichkeit für Kinder, sich mit *Zeichen* und *Symbolen* auseinanderzusetzen, wobei sie sich die Umwelt durch *Assimilation* (Piaget), also durch die Symbolisierung von Gegenständen, Handlungen und Situationen *Bedeutungsträger* erschaffen und sich folglich die Wirklichkeit unterordnen. Mit zunehmender *Dezentrierung* und *Dekontextualisierung* wird das Fantasiespiel und damit der Umgang mit Symbolen zunehmend flexibler.

Für das kindliche Spiel ist kennzeichnend, dass sich die verwendeten Symbole auf individuelle, charakteristische Eigenschaften wie Farbe, Größe, äußerliche Erscheinung, Besitz, Kleidung, bestimmte Verhaltensweisen etc. sowie auf durch alltägliche oder narrativ logische Handlungsabläufe beziehen. Das heißt, dass sich die im alltäglichen, kindlichen Spiel verwendeten Symbolisierungen als *dinglich* bzw. *pseudo-dinglich* charakterisieren lassen. Diese Form der Symbolisierung wird zunächst in den Mathematikunterricht (der Grundschule) übertragen. Aufgrund dieser gewonnenen wissenschaftlichen Erkenntnisse der Entwicklungspsychologie sowie der in den Interviews beobachtbaren Übertragung der *dinglichen Symbolisierung* auf die Bearbeitung mathematisch eingekleideter Sachkontexte wurde die *Alltagssicht* im Konstrukt *ThomaS* aufgenommen. Diese Sichtweise zeichnet sich in erster Linie dadurch aus, dass besagte (pseudo-) dingliche, visuell wahrnehmbare Eigenschaften der sachlichen Elemente dargestellt werden. Die gewählten Zeichenträger sind der ihnen zugesprochenen Referenzen im Sinne der *Ikonizität* ähnlich (vgl. Kapitel 4). Die in der Textaufgabe beschriebene Situation mit ihren sachlichen Elementen wird nachgebaut und zum Teil sogar von den Kindern durch Hinzufügen weiterer sachlicher Elemente erweitert. In den drei herangezogenen Analysen konnten solche Charakteristika der *Alltagssicht* rekonstruiert werden.

In den weiteren Bearbeitungen der an der Studie teilnehmenden Kinder konnte beobachtet werden, dass sich ihre Deutungen verändern. Es waren zunehmend weniger die sachlichen Elemente selbst als vielmehr die ihnen zugeschriebenen *Zahlen und Größen*, die in den Mittelpunkt der Aufmerksamkeit gelangten.

Im Unterschied zu einem alltäglichen, aus dem Fantasie- und Rollenspiel entwickelten Symbolverständnis liegt in diesen Deutungen eine andere Form der Mediation von Zeichenträger und Bedeutung mit *relativiertem Gegenstandsbezug* vor (vgl. Abschnitt 4.4.2). Das heißt, dass nicht länger die gegenständlichen, individuellen Eigenschaften als Ähnlichkeitsmerkmale für ikonische Relationen herangezogen werden. Stattdessen wird diese Mediation bereits *begrifflich* reguliert. In der *Darstellung mathematischer Elemente* geschieht dies beispielsweise durch die *grundlegenden Zahlaspekte*. Für diese der *Zahlen-und-Größen-Sicht* zugehörigen ersten Unterebene im Theoriekonstrukt ist folglich die Fokussierung auf mathematische Elemente und ihre Darstellung als charakteristisch aufgeführt. Weitere Berechnungen bzw. Bearbeitungen bleiben hierbei unberücksichtigt. Zudem erhält jeder Referent seinen eigenen Zeichenträger, sodass von einer Trennung der Sachelemente die Rede ist. Eine Deutung, die dieser Sichtweise zugeordnet wird, versteht die verwendeten Zeichenträger als eine Art Übersetzung oder Übertragung der sachlich eingekleideten Textaufgabe in *Anzahlen*. Wenn diese dargestellten mathematischen Elemente zudem miteinander *verbunden* werden, werden darüber hinaus *arithmetische Beziehungen* in die Mediation eingebunden. Als charakteristische Merkmale dieser zweiten Unterebene der *Zahlen-und-Größen-Sicht* lässt sich deshalb die erste (operationale) Verbindung der Anzahlen miteinander nennen. Zudem ist die Logik der Narration an arithmetischen Zusammenhängen orientiert.

Bereits die zweite, im Theoriekonstrukt enthaltene Sichtweise veranschaulicht, dass es über eine erste grundlegende, *aus dem Alltag vertraute* Form der Symbolisierung hinaus erforderlich ist, die *epistemologischen Besonderheiten mathematischen Wissens* zu berücksichtigen. *Symbole* ermöglichen den Lernenden einen Zugang zu mathematischem Wissen. Gleichzeitig dürfen die *unverzichtbaren semiotischen Mittel* jedoch nicht mit dem begrifflichen mathematischen Wissen identifiziert und verwechselt werden (vgl. Abschnitt 1.1). Der begriffliche Kern mathematischen Wissens besteht aus *nicht direkt sinnlich wahrnehmbaren, systemisch-relationalen Strukturen*. Das heißt, dass die mathematischen Elemente in Beziehung zueinander stehen und dabei zugleich Teil eines gemeinsamen, zugrundeliegenden Systems sind. Diese Beziehungen und Strukturen müssen *aktiv* vom lernenden Subjekt hergestellt und in die *(mathematischen) Symbole* hineingedeutet werden. Dabei ist das Subjekt frei in der Wahl der *Art der Repräsentation*, nicht aber in der *epistemologischen Bedeutung* des mathematischen Inhalts, wie es durch die Anwendungssituation in Form von mathematischen Beziehungen/Strukturen konstituiert ist. Auffallend ist, dass die gewählte Art der Repräsentation bzw. das gewählte Darstellungssystem die Möglichkeiten mitgestaltet, Strukturen und Beziehungen in diese/s hineinzusehen (vgl. Abschnitt 1.1).

Zudem müssen im Sinne der *empirischen* und vor allem der *theoretischen Mehrdeutigkeit* vielfältige symbolische Deutungen akzeptiert und unterstützt werden (vgl. Kapitel 3). Dazu war es erforderlich, eine Gesprächskultur zu initiieren, in der sich die mathematischen Bedeutungen der gewählten Zeichenträger als Elemente einer systemisch-relationalen Struktur mit vielfältigen Beziehungen zu den anderen Elementen dieses Systems entwickeln konnten. Die von der Interviewerin an die Kinder gestellten Anforderungen der Materialeinschränkung, der Reduktion und des Umlegens (*zweiter Übergang*) werden als potentielle Unterstützungsmaßnahmen für eine solche besondere Gesprächskultur verstanden, in der Umdeutungen und Neukonstruktionen von den Zeichenträgern zugeschriebenen Bedeutungen erwünscht sind und gefördert werden. Ein so vom Lernenden individuell konstruiertes, (um-)gedeutetes Arbeitsmittel erhält damit auch auf enaktiver und ikonischer Ebene einen höchst symbolischen Charakter mit eigener zugrundeliegender Struktur.

Mathematische Objekte sowie deren Zeichenträger müssen also von den Lernenden als *systemisch-relationale Strukturen* aufgefasst und in einem stetig wachsenden Wissensnetz mit vielfältigen Verknüpfungen zu den anderen Elementen dieses Systems verstanden und weiterentwickelt werden. Deshalb wurde das Theoriekonstrukt *ThomaS* um die *systemisch-relationale Sicht* erweitert. Als Mindestkriterium dieser Sichtweise ist die Zusammenführung der Sachelemente als gleichzeitiges Ablesen von mindesten zwei Referenten anhand eines Zeichenträgers bzw. einer Zeichenträgerkonfiguration aufgeführt. Sofern die so gedeuteten Zeichenträger nicht in einer an der Oberfläche sichtbaren Anordnung zueinander stehen, werden sie als *Zeichenträger ohne Wechselbezüge* klassifiziert. Mit ihnen soll in erster Linie etwas *gezeigt* werden. Eine lokale, partielle Anordnung der Zeichenträger ohne einheitliche Form bzw. sichtbare Anordnung *aller* mathematisch relevanten Aspekte ist als zweite Unterebene *Zeichenträger mit partiellen/lokalen Wechselbezügen* Bestandteil der systemisch-relationalen Sicht. Erst bei einer aufgabenüberdeckenden, mehrdimensionalen Anordnung, die eine unterliegende Struktur repräsentiert, wird von *Zeichenträgern mit umfassenden/globalen Wechselbezügen* gesprochen. Anhand dieser ist es möglich zu *operieren*, sodass sowohl ein *interner* als auch ein *externer Austausch* möglich wird. Die verwendeten und bereits gedeuteten Zeichenträger können so verschoben werden, dass kontextintern ‚ein Opa in drei Kinder‘ bzw. kontextübergreifend ‚ein Opa in eine Fliege‘ umgewandelt wird.

Das Theoriekonstrukt *ThomaS* ist ein grundlegender Beitrag zur didaktischen Theorieerweiterung, zur differenzierten Beschreibung des Grundproblems der kindlichen symbolischen Deutungen im besonderen *Verhältnis von Sache und*

Mathematik. In diesem Verhältnis stehen Sache und Mathematik in einer komplementären Wechselbeziehung zueinander (vgl. Abschnitt 5.2.1). Bei der Bearbeitung von sachlich eingekleideten Textaufgaben werden die darin benannten mathematischen Zahlen und Größen einerseits mit den Elementen der sachlichen Situation *verknüpft.* Andererseits sind die mathematischen und sachlichen Elemente jedoch voneinander zu *unterscheiden.* Die Vermittlung der Sache und der Mathematik stellt damit weder eine *Übersetzung* dar (vgl. Steinbring 2011, 174) noch wird die Beziehung durch *Vernachlässigung von sachlichen Details* hergestellt (vgl. Schwarzkopf 2006, 104). Es ist hingegen erforderlich, dass *aktiv Beziehungen und Strukturen* in den sachlichen Kontext hineingesehen werden. Bei einer solchen *strukturellen Erweiterung* des Sachverhalts werden *begriffliche Beziehungen* konstruiert, die eine neue Deutungsgrundlage erschaffen. Hieran wird die wichtige *Unterscheidung* von sachlichen und mathematischen Elementen deutlich. Die individuellen Eigenschaften der sachlichen Elemente werden zunehmend ausgeblendet. Nach wie vor werden diese Elemente jedoch mit der zugrundeliegenden, systemisch-relationalen Struktur (von vielen Kindern) mitgedacht; sie sind folglich weiterhin miteinander *verknüpft.* Eine solche Verknüpfung des Sachverhalts mit der Mathematik erscheint überdies nur plausibel, da auf Grundlage des sachlichen Zusammenhangs eine solche Struktur in der interaktiven Auseinandersetzung und der Auswahl geeigneter Zeichenträgern erst entwickelt wird. Bereits an dieser komplementären Wechselbeziehung wird somit deutlich, dass die im Theoriekonstrukt enthaltenen Sichtweisen nicht trennscharf in den Deutungen der an der Studie teilnehmenden Kinder rekonstruierbar sind. Stattdessen treten sehr häufig sogenannte *Mischformen* auf. Die durchgeführten Analysen liefern hierfür vielfältige Beispiele. Neben der kurz gehaltenen Zusammenfassung der wichtigsten Inhalte werden diese unter dem besonderen Fokus des komplementären Wechselspiels *Sache* und *Mathematik* betrachtet.

8.1.2   Erkenntnisse der Analysen

Nachfolgend werden die rekonstruierten kindlichen Deutungen sowie ihre Einordnungen in die *Theorie der mathematischen Symbole* in stark komprimierter Form zusammengefasst aufgeführt. Dabei werden beispielspezifische Auffälligkeiten ausformuliert und wissenschaftstheoretische Rückbezüge hergestellt. Zudem werden aus den Rekonstruktionen resultierende Hinweise zur komplementären Wechselbeziehung von Sache und Mathematik gegeben. Der zusätzliche Einbezug weiterer Aufgabenbearbeitungen seitens Liam und der beiden Mädchen Halina und Odelia verfolgt das Ziel, die bisher aus den Rekonstruktionen gewonnen Erkenntnisse auszudifferenzieren, indem charakteristische Merkmale der systemisch-relationalen Sicht sowie des konzipierten Aufgabennetzwerks herangezogen werden.

8.1.2.1 Liam

Liam konzentriert sich bei der Wahl von für ihn geeigneten Zeichenträgern (Abschnitt 7.1, insbesondere Phase 1) augenscheinlich auf die ikonische Relation ihrer individuellen Eigenschaften zu der ihnen zugesprochenen Bedeutungen. Gewisse sachliche Elemente werden so unter Einbezug ihrer *dinglichen* Merkmale von Liam *nachgebaut*. Rote, runde Plättchen repräsentieren Kirschen, kleine Becher stehen für Eimer und aufeinandergetürmte Becher mit einer umgedrehten grünen Muffinform verweisen auf einen Baum. Die vorgenommenen Symbolisierungen orientieren sich folglich an individuellen, charakteristischen Eigenschaften, wie dies für das *kindliche Spiel* kennzeichnend ist. In der vorgenommenen Rekonstruktion zu Liams Entscheidung für und gegen bestimmte Zeichenträger wurde seine Wahl deshalb der *Alltagssicht* zugeordnet.

Liam ist darüber hinaus jedoch in der Lage, von diesen äußerlichen Merkmalen abzusehen. Sein *Umgang* mit den Zeichenträgern ist stark von Rechnungen geprägt. Er erklärt, wie er einen Fehler berichtigt hat und benennt die daraus resultierenden, den einzelnen Personen zugeordneten Pflückmengen als mathematische Größe *Gewicht*. Mit der *Darstellung* dieser Pflückmengen als Plättchen in den Bechern deutet Liam die Zeichenträger in der *Zahlen-und-Größen-Sicht* (vgl. Phase 1 und 2). Durch diesen spontanen Wechsel von der Fokussierung der *dinglichen Merkmale* hin zu den den Materialien zugeschriebenen *Gewichtsangaben* können implizit Aspekte des *ersten Übergangs* rekonstruiert werden. Liam selbst begründet in der Interaktion mit der Interviewerin seine Materialauswahl allerdings nicht weiter. Damit bezieht er sich auch nicht explizit durch verbale Äußerungen auf die individuell dinglichen Eigenschaften der Materialien und ihrer (potenziellen) Referenten. Die roten Plättchen werden zwar vermutlich aufgrund ihrer Ähnlichkeitsbeziehung zu bekannten ‚alltäglichen‘ Kirschen ausgewählt, sie verweisen darüber hinaus allerdings auf *Gewichtsangaben*. Dadurch kann Liam die Plättchen als Pflückmengen der drei Personen arithmetisch miteinander verbinden, indem er sie schrittweise addiert und das gesuchte Ergebnis der Gesamtpflückmenge aller drei beteiligten Personen in drei Stunden ermittelt (vgl. Abschnitt 7.1, Phase 4). Liams Deutung wird hier der Unterebene *arithmetische Verbindung mathematischer Elemente* der *Zahlen-und-Größen-Sicht* zugeordnet.

Mit seinen kindlichen verbalen Ausdrucksmöglichkeiten erklärt Liam zudem, dass ein Plättchen gleichzeitig für ein bestimmtes Gewicht wie auch für eine bestimmte Zeitspanne stehe. Die beiden mathematischen Größen *Zeit* und

Gewicht sind somit in ein und demselben Zeichenträger (Plättchen) repräsentiert, womit eine *systemisch-relationale Sichtweise* eingenommen wird (vgl. Phase 3 und auch Phase 1). Die Plättchen als Zeichenträger stehen darüber hinaus in *keinem besonderen Wechselbezug* zueinander, der an einer oberflächlichen Anordnung erkennbar werden könnte: Sie sind ungeordnet in den Bechern vermischt. Nach wie vor sind die roten Plättchen jedoch mit der sachlichen Situation verbunden. Aus dieser heraus entstanden die Zeichenträger mit der ihnen zugeschriebenen Bedeutung. Zu dieser sachbezogenen Referenz kann Liam flexibel je nach Frageverhalten der Gesprächspartner wechseln (vgl. Phase 5). Das heißt, dass Liam trotz des gleichzeitigen Ablesens zweier mathematischer Größen anhand ein und desselben Zeichenträgers diesen vermutlich nach wie vor mit der Ausgangssituation verknüpft sieht. Gleichzeitig ist Liam in der Bearbeitung bzw. bei seiner Erklärung in der Lage, die phänomenologischen Eigenschaften des Materials, und damit ihre ikonischen Relationen, zugunsten der ihnen zugeordneten mathematischen Elemente auszublenden. An den Rekonstruktionen von Liams Deutungen wird somit eine *Mischform* der Sichtweisen deutlich und damit ebenso die *komplementäre Wechselbeziehung zwischen Sache und Mathematik.*

Während des Bearbeitungsprozesses scheint Liam stets die sachliche Situation mitzudenken. Er entscheidet sich deshalb für Zeichenträger, die Gemeinsamkeiten mit der ihnen zugeschriebenen Bedeutung/Referenz im Sinne einer ikonischen Relation aufweisen. Zudem benennt er die Plättchen als augenscheinlich sachliches Element *Kirschen*. In der Rekonstruktion wurde deutlich, dass er sich damit nicht zwangsweise auf ‚echte Kirschen', sondern *metonymisch* auf die Pflückmengen, also die mathematische Größe *Gewicht* bezieht. Jedes Plättchen (also vermeintlich jede Kirsche) stehe so für ein Kilogramm. Die Beziehung zwischen Zeichen und Referenzkontext wird hierbei im Unterschied zu einem alltäglichen Symbolverständnis durch Aspekte des Zahlbegriffs und Zählprinzipien *begrifflich* reguliert. Dieser grundlegende, *relativierte* Gegenstandsbezug unterliegt damit den epistemologischen Bedingungen mathematischen Wissens. Dabei erscheint es auf den ersten Blick, als würde eine *empirische, pseudo-dingliche Bedeutungskonstruktion* (vgl. Steinbring 1994, 17; Söbbeke 2005, 119 und 136; Steenpaß 2014, 117; vgl. Abschnitt 4.4.2) für dieses mathematische Zeichen aufrechterhalten. Es könnte argumentiert werden, dass Liam den Plättchen die jeweiligen Gewichtsangaben sechs Kilogramm und achtzehn Kilogramm als *Namen* zuordnet. Gestützt wird diese empirische Herangehensweise dadurch, dass Liam die Plättchen als konkrete Objekte benutzt, um die mathematischen Elemente *darzustellen*, er diese aber darüber hinaus (zunächst) nicht arithmetisch miteinander verknüpft.

Im weiteren Verlauf der Interaktion wird allerdings erkennbar, dass ein Plätt-chen für Liam mehr bedeutet, als auf lediglich *eine Kirsche* bzw. auf *ein Kilogramm Kirschen* zu verweisen. Er benutzt die Zeichenträger, um das von der Interviewerin in Frage gestellte Ergebnis von *30 Kilogramm* zu erklären, wobei er die Plättchen als Pflückmengen *arithmetisch* miteinander verbindet. Zusätzlich zu *einem Kilogramm* wird ein Plättchen allerdings auch mit einer Zeiteinheit verknüpft gesehen. Eine solche Deutung wird als wichtiges Cha-rakteristikum der *systemisch-relationalen Sicht* betrachtet. Es wird möglich, die so gewählten Zeichenträger zunehmend als *Diagramm* mit eigenen, vielfältigen relationalen Strukturen zu nutzen. Abgesehen von der Zusammenführung zweier Referenten weisen die von Liam gewählten Zeichenträger allerdings keine *Wech-selbezüge* zueinander auf. Sie stehen folglich in keiner besonderen Anordnung mit unterliegender Struktur zueinander.

Durch die Zusammenführung (mindestens) zweier Referenten fokussiert Liam auf die wichtigsten in den Textaufgaben benannten Elemente, die zu *Pflückge-schwindigkeiten* der einzelnen Personen zusammengefasst werden können. Daran wird das Potenzial für Möglichkeiten zur strukturellen Erweiterung des sachlichen Kontextes erkennbar, die jedoch bei der Bearbeitung des Aufgabenteils c) nicht ausgeschöpft werden. Dies scheint auch nicht notwendig, da Liam unter Einnahme der *Zahlen-und-Größen-Sicht* die gesuchte Lösung ermitteln kann. Anders gestal-tet sich dies beim Aufgabenteil d). Liams Vorgehen ist dabei nicht Bestandteil der durchgeführten Analyse (Abschnitt 7.1). Es erscheint jedoch hilfreich, Liams Darstellungen und Deutungen zu dieser Teilaufgabe ergänzend heranzuziehen. Es sei betont, dass es sich hierbei vielfach um Vermutungen handelt, da seine Deu-tungen in dieser zweiten Szene schwierig zu rekonstruieren sind. Dies liegt in erster Linie darin begründet, dass die für das Interview zur Verfügung stehende Zeit begrenzt war. Liam musste seine Gedanken in kurzer Zeit entwickeln und erklären, ist dabei jedoch nicht zu einem Endresultat gelangt.

Für die Lösung der Teilaufgabe d) zieht Liam erneut rote, runde Plättchen als zu pflückende Kilogramm Kirschen heran (vgl. Abb. 8.1). Diese gruppiert er ungeordnet in unterschiedlichen und wechselnden Anzahlen zusammen. Eine dieser Varianten besteht aus fünf Fünfergruppen, anhand derer Liam ermitteln kann, wie viel Kilogramm die drei Personen gemeinsam in den ersten 2,5 Stun-den pflücken: Eine Fünfergruppe wird Jakob und eine Annika als jeweils fünf Kilogramm sowie 2,5 Stunden zugeordnet. Die anderen drei Fünfergruppen reprä-sentieren *gemeinsam* 2,5 Stunden und 25 Kilogramm vom Opa. Dieser muss folglich noch 15 weitere Kilogramm alleine pflücken. In der weiteren Bearbei-tung nimmt Liam vielfältige Veränderungen und Umdeutungen vor, wobei es ihm jedoch nicht gelingt, zu einer Lösung zu gelangen. Es wirkt, als würde die

d) Es gibt noch immer Kirschen in Opas Garten. Also pflücken die Drei am folgenden Tag wieder Kirschen. An diesem Tag wollen sie 40 kg Kirschen Pflücken. Nach 2 Stunden und 30 Minuten haben Annika und Jakob keine Lust mehr und gehen lieber spielen. Wie lange muss Opa noch alleine Kirschen pflücken, bis insgesamt 40 kg gepflückt sind? (Material)

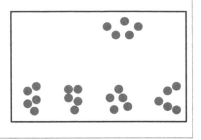

Abb. 8.1 Beispielhafte Plättchendarstellung von Liam zur Teilaufgabe d)

gemeinsame Deutung aller mathematischen Größen anhand der unterschiedlichen Zeichenträger einerseits zu einer Erleichterung führen, da lediglich wenig Material herangezogen wird, ohne dass viele verschiedene arbiträre Zuschreibungen in Erinnerung gehalten werden müssen. Andererseits scheint das zu vielen spontanen Umdeutungen einzuladen, die im Falle Liams zu einer gewissen Verwirrung aufgrund der Flüchtigkeit der Deutungen führt. Die Position der Gruppierungen zueinander ist dabei von keiner sichtbaren Anordnung geprägt, die zur Festigung einer bestimmten Deutungszuschreibung beitragen könnte.

Dieses in all seiner Kürze herangezogene Beispiel illustriert drei wichtige Punkte.

Erstens: Der im Theoriekonstrukt als *zweiter benannter Übergang* kann auch *eigenständig von einem Kind* durchgeführt werden. Ohne Eingreifen der Interviewerin durch Materialeinschränkung, Wegnehmen oder Umlegen deutet Liam die von ihm ausgewählten Zeichenträger systemisch-relational, indem er verschiedene Referenten in ihnen zusammenführt und versucht, eine rudimentäre Ordnung als Gruppen zu etablieren. Dafür reduziert er von sich aus das zur Aufgabenbearbeitung herangezogene Material auf einen Typ, und zwar der roten Plättchen. Die Einschränkung auf einen Materialtyp scheint demnach eine gewisse Hilfe für die Entstehung bzw. Entwicklung von systemisch-relationalen Deutungen zu sein.

Zweitens: Ohne eine übergeordnete Struktur, bei der die Plättchen (bzw. allgemeiner: die Zeichenträger) ihre Bedeutung aufgrund ihrer Position zueinander erhalten, ist es schwierig, die Übersicht über getätigte Symboldeutungen zu behalten. Liam kommt nicht selbst dazu, solche systemisch-relationalen Beziehungen in die Plättchenkonfiguration hineinzulegen. Es scheint, als wären hier Unterstützungsmaßnahmen seitens der Interviewerin angebracht, damit er seine

Gedanken in produktiver Weise weiterentwickeln kann und sich nicht in einem ‚Deutungsdschungel' verliert. Auch wenn dies nur ein Beispiel für kindliche Deutungsprozesse ist, so wirkt es plausibel, dass Förderungsmöglichkeiten für solche Schwierigkeiten in weiteren Forschungsarbeiten erdacht und erprobt werden, um auch den Lehrpersonen bei ihrer unterrichtlichen Tätigkeit Unterstützungsmöglichkeiten für solche Situationen anzubieten. Diese dürfen jedoch nicht als ‚rezeptartige' konkrete Handlungsabläufe verstanden werden. Sie sollten sich stattdessen in Form von an das Kind herangetragene Anforderungen bzw. geeigneten Aufgabenformaten manifestieren.

Drittens: Manche Deutungen der Kinder sind äußerst schwierig zu rekonstruieren. Entsprechend herausfordernd ist es, eine Einordnung in die *didaktische Theorie mathematischer Symbole* vorzunehmen. Aus diesem Grund wurde versucht, möglichst trennscharfe Kriterien zu entwickeln, um die aus den Äußerungen und Handlungen rekonstruierten kindlichen Deutungen weitestgehend eindeutig einer bestimmten Ebene zuordnen zu können. Erst wenn das Mindest-Kriterium der Zusammenführung mehrerer Sachelemente in eine Zeichenträgerkonfiguration als charakteristisches Merkmal erkennbar wird, wird deshalb von *Zeichenträgern ohne Wechselbezügen* als erste Unterebene der *systemisch-relationalen Sicht* gesprochen. Liam gelingt dies auch in der Bearbeitung des Aufgabenteils d). Ein weiteres, entscheidendes Kriterium stellt der (handelnd) vollzogene interne bzw. externe Austausch für eine Einordnung als *Zeichenträger mit globalen/umfassenden Wechselbezügen* dar. Liam ist in seiner Bearbeitung auf einem guten Weg hin zu einer solchen Deutung. Aufgrund der Ermangelung eines solchen Austausches können seine Deutungen trotz ihres hohen Potenzials jedoch nicht *eindeutig* dieser dritten Unterebene zugeordnet werden.

8.1.2.2 Nahla

In der zweiten Analyse (Abschnitt 7.2) wurde die Entstehung der Würfeldarstellung von Nahla mit den daran vorgenommenen Deutungen rekonstruiert. Infolge der vorgegebenen Materialeinschränkung auf *gleichartige Zeichenträger* nimmt Nahla *arbiträre Zuschreibungen* vor. Dies wird aufgrund der zunehmenden *Dezentrierung* und *Dekontextualisierung* im kindlichen Fantasiespiel und dem damit einhergehenden, flexiblen Umgang mit Symbolen möglich. Die Personen, das Gewicht und die Pflückzeit werden demnach ohne Bezugnahme auf ihre potenziell individuellen, dinglichen Eigenschaften repräsentiert. Die Würfel erhalten ihre Bedeutung somit *nicht* gemäß ihrer ikonischen Relation zu den sachlichen Elementen. Stattdessen sind allein Nahlas Benennungen und die *Position* der Würfel innerhalb einer Teilstruktur sowie zueinander ausschlaggebend.

In einem ersten Schritt (vgl. Phase 1) vergegenwärtigt sich Nahla anhand der Würfel die in der Textaufgabe benannten, mathematischen Elemente, indem sie diese von der wörtlichen in eine materielle Darstellungsform überträgt. Bis auf den aus dem Alltag vertrauten Vorgang des Weggehens werden Nahlas Deutungen der *Darstellung mathematischer Elemente* der *Zahlen-und-Größen-Sicht* zugeordnet. Die *Alltagssicht* tritt hier folglich eher begleitend auf. In der weiteren Bearbeitung der Aufgabenstellung (vgl. Phase 2) nimmt Nahla Verschiebungen der Würfel vor und ergänzt in ihrer Darstellung weitere Holzwürfel. Zunehmend versteht sie dabei die 22 Kilogramm repräsentierenden 22 Holzwürfel als Gesamtpflückmenge, die auf die unterschiedlichen Personen *aufgeteilt* wird. Über die von ihr erstellten unterschiedlichen Teilstrukturen hinaus wird damit eine *arithmetische Verbindung* zwischen den Zeichenträgern als Pflückmengen der Kinder und als Pflückmenge des Opas hergestellt.

Auffallend ist außerdem Nahlas *Umgang* mit den Würfeln der linken Teilstruktur. Diese hat sie als Pflückmenge dem Opa zugehörig erklärt. Nahla zählt die (irrtümlicherweise) 20 Würfel in einer Weise, dass jeweils drei Würfel gruppiert (zwei bleiben übrig) sowohl für drei Kilogramm Kirschen stehen als auch auf eine halbe Stunde verweisen. Den Zeichenträgern wird damit zusätzlich zu ihrer Funktion, ein bestimmtes Gewicht zu repräsentieren, eine Zeiteinheit sowie eine gewisse *Struktur* aufgeprägt. Diese ist in der Form an der Oberfläche nicht sichtbar, sondern wird kurzzeitig durch Nahlas Handlung des Verschiebens angezeigt. Die Würfel stehen damit zueinander in Beziehung. Zugleich werden zwei Sachelemente in einem Zeichenträger zusammengeführt. Die Zeichenträger weisen zu Beginn dieser *systemisch-relationalen Sichtweise* noch *keine Wechselbezüge* zueinander auf (vgl. neben Phase 2 auch Phase 4). In einer anschließenden Bauphase (Phase 5) werden sie schließlich so zueinander positioniert, dass ein Rechteck entsteht, in dessen ‚Spalten' sich jeweils drei Würfel befinden. Mit dieser Handlung des Umlegens prägt Nahla den Zeichenträgern eine an der Oberfläche sichtbare Ordnung auf. Zwei Spalten werden als *eine Stunde* gedeutet; die darin enthaltenen Würfel zeigen an, dass der Opa in dieser Zeit *sechs Kilogramm Kirschen* pflückt. Die Würfel als Zeichenträger im Rechteck stehen somit in *partiellen Wechselbezügen* zueinander, d. h. dass ihre *Position* innerhalb des Rechtecks und zu den anderen darin enthaltenen Würfeln ihnen ihre Bedeutung aufprägt.

Von Beginn an fokussiert sich Nahla bei der Bearbeitung des Aufgabenteils e) auf die im Text benannten, relevanten mathematischen Elemente, ihre Darstellung sowie später auch deren arithmetischen Verknüpfung. Die Anforderung, nur mit dem Material der Holzwürfel eine geeignete Zeichenträgerkonstellation zu erstellen, mag (mit) dazu geführt haben, dass Nahla dabei *nicht auf ikonische Relationen als Ähnlichkeitsbeziehungen* zurückgreift. Sie blendet folglich viele dingliche, individuelle Eigenschaften der Sachelemente aus und bedient sich arbiträrer Zuschreibungen. Neben der *Vernachlässigung von sachlichen Details* deutet sie zunehmend *aktiv Beziehungen* in ihre Darstellung. Kamen den Würfeln zunächst eine verweisende, memorierende Funktion zu, so werden sie in einem zweiten Schritt bereits arithmetisch verknüpft. Über diese erste Beziehung hinaus entwickelt Nahla eine Zählweise, die es ihr erlaubt, zusätzlich eine (Teil-) *Struktur* in den sachlichen Kontext hineinzusehen. Mit dem Verschieben der Dreiergruppen als Pflückgeschwindigkeit des Opas bzw. deren Positionierung als Rechteck *erweitert* Nahla den Sachverhalt *strukturell*. Anhand der in der Analyse vorgenommenen Rekonstruktionen wird ersichtlich, dass sie *begriffliche Beziehungen* konstruiert, die eine neue Deutungsgrundlage schaffen. Die zu Analysezwecken herangezogenen epistemologischen Dreiecke zeigen auf, wie sich diese begrifflichen Beziehungen gestalten. Neben grundlegenden Aspekten des Zahlbegriffs und der Zählprinzipien (vgl. Abb. 7.5) werden arithmetische Beziehungen (Proportionalität, Addition, Aufteilen; vgl. Abb. 7.14) in die ausgewählten Zeichenträger hineingedeutet. Die im Sachzusammenhang konstruierten Beziehungen werden schließlich unter Ausnutzung der Würfelanordnung im Rechteck *systemisch-relational* erweitert (vgl. auch Phase 5). Die systemisch-relationale Sichtweise wird allerdings nur bei der linken Teilstruktur angewandt. Die anderen Teilstrukturen stehen zu dieser im arithmetischen Zusammenhang, werden aber nicht in der hineingedeuteten Struktur inkludiert. Nahla nutzt die Zeichenträger folglich mit *partiellen*, nicht aber mit *umfassenden Wechselbezügen*.

In der weiteren Interaktion (Phase 6 und 7) ist zudem auffällig, dass Nahla eine Art Vereinheitlichung ihrer Darstellung vornimmt. Bei dieser wechselt sie jedoch anhand der Sichtweisen im Theoriekonstrukt ‚zurück' in die *Zahlen-und-Größen-Sicht*. Anstatt die hineingedeutete systemisch-relationale Struktur auf die anderen Teildarstellungen zu übertragen und so Zeichenträger mit globalen Wechselbezügen herzustellen, ergänzt Nahla einzelne Würfel bei der Pflückmenge des Opas. Die mathematisch relevanten Elemente erhalten somit jeweils einen eigenen Zeichenträger (ein Würfel für Opa; ein Würfel für eine Stunde) bzw. eine eigene Zeichenträgerkonstellation (Rechtecke als Pflückmengen). Es ist zwar anzunehmen, dass Nahla (zumindest partiell) weiterhin eine systemisch-relationale Deutung vornehmen kann, in ihrer Darstellung möchte sie jedoch lieber die darin abzulesenden Referenten mit zusätzlichen Würfeln repräsentieren. Auch Nahlas Würfelkonstellation dient damit als Beispiel für eine *Mischform* der Sichtweisen: Die Rekonstruktionen ihrer Deutungen weisen in erster Linie Merkmale der *Zahlen-und-Größen-Sicht* auf, aber auch ein aus dem *Alltag* vertrautes Element wird mit einbezogen (ein Vorgang des Weggehens). Zudem kann sie die

Zeichenträger einer Teildarstellung *systemisch-relational mit partiellen Wechsel-bezügen* deuten. Trotz der von ihr vorgenommenen strukturellen Erweiterung des Sachverhalts bleiben die Zeichenträger und neu konstruierten Beziehungen mit der sachlichen Situation verknüpft.

8.1.2.3 Halina

Für die dritte Analyse (Abschnitt 7.3) wurde eine Szene ausgewählt, in der eine fertige Darstellung im interaktiven Austausch mit einer anderen Schülerin beschrieben wurde (Teil 1) und daran anknüpfend Veränderungen seitens der Interviewerin vorgenommen wurden (Teil 2). Zu Beginn ihrer Erklärung hebt Halina die Bedeutung der Zeichenträger *zusammengesetzte Würfel* als *Bäume* heraus (vgl. Phase 1). In dieser *alltäglichen Sichtweise* erhält jede pflückende Person ihren eigenen Kirschbaum. Zudem können die als Pyramiden aufgetürmten Würfel als konkrete, bereits gepflückte, einzelne Kirschen gedeutet werden (vgl. Phase 2.4). Die Darstellung ist damit trotz der reduzierten Materialauswahl zum Teil an *ikonischen Relationen* ausgerichtet. Halina hat sich dazu *Ersatzstrategien* bedient, um mit den gleichartigen Würfeln Zeichenträgerkonfigurationen zu entwerfen, die u. a. anhand ihrer Formgebung *Ähnlichkeiten* zu den sachlichen Elementen aufweisen. Wie im *kindlichen Spiel* werden hier folglich Symbolisierungen herangezogen, die sich eher als *dinglich* bzw. *pseudo-dinglich* charakterisieren lassen.

Die weiteren Zeichenträger dienen der *Darstellung mathematischer Elemente*. Die Pflückzeiten der einzelnen Personen sind als stehende Türme bzw. Quader aufgeführt, die Pflückmengen als Rechtecke vor den Pyramiden. Dabei muss die Besonderheit der *doppelten Repräsentation* der Pflückmenge hervorgehoben werden. Halina kann sie sowohl anhand der Pyramiden erkennen, indem sie fünf Würfel als fünf Kirschen zu einem Kilogramm verbindet. Ebenfalls verweist ein Würfel in dem vor der Pyramide liegenden Rechteck auf ein Kilogramm Kirschen. Die Deutung der Pyramiden kann demnach sowohl aus der *Alltagsicht* wie auch aus der *Zahlen-und-Größen-Sicht* erfolgen. Neben der *Darstellung der mathematischen Elemente* (vgl. Phasen 2, 3, 4 und auch 5.4) wird in der Rückschau der Betrachtung der Analyse ersichtlich, dass Halina die ganze Zeit auch *deren Verbindung* im Blick hat (vgl. Phasen 2.2, 3.2, 4.1 und 4.4). Die Pflückmengen der einzelnen Personen müssen additiv so miteinander verknüpft werden können, dass das Gesamtgewicht von 22 Kilogramm erreicht wird. Über eine Ergänzungsaufgabe stellt Halina folglich fest, dass ihr noch zwei Kilogramm fehlen, die sie entsprechend ihrer Darstellung hinzufügt.

Halina scheint es zunächst wichtig zu sein, sowohl die *Kirschen* als auch die *Bäume* aus einer *alltäglichen Sicht* in ihre Repräsentation zu inkludieren. Dabei deutet sie die auf Kirschen verweisenden Pyramiden jedoch ebenfalls als Kilogramm um. Der Übersicht halber werden die Pflückmengen erneut in separater Weise vor den Pyramiden anhand der Rechtecke aufgeführt. Insgesamt wird das sachliche Element der ‚echten' Kirschen mit dem mathematischen Element *Pflückmenge* verbunden. Halinas Repräsentation wird deshalb ebenfalls als *Mischform* klassifiziert. Außerdem wird hieran das *komplementäre Verhältnis von Sache und Mathematik* deutlich. Die sachliche Situation mit ihren spezifischen Elementen ist nach wie vor in Halinas Vorstellung präsent und eng mit den mathematischen Elementen *verknüpft*. Gleichzeitig *unterscheiden* sich diese jedoch insofern voneinander, als dass in die die Pflückmengen repräsentierenden Zeichenträger *aktiv Beziehungen* hineingesehen werden. Die Rechtecke, also die einzelnen Pflückmengen, lassen sich *arithmetisch* miteinander verbinden: es werden *begriffliche Beziehungen* konstruiert (Addition und Ergänzung).

Im zweiten Teil der ausgewählten Szene verändert die Interviewerin Halinas Darstellung, indem sie Würfel *entfernt* und *umlegt* (vgl. Phase 5). Diese verschärften Anforderungen sind als Merkmale im *zweiten Übergang* des Theoriekonstrukts aufgeführt. In den meisten Fällen akzeptieren Halina und Odelia ohne weitere Deutung die neue Repräsentation. Erst zum Ende der Interaktion (vgl. Phase 5.7) nimmt Halina eine veränderte Sicht auf die stark reduzierte Darstellung mit umpositionierten Würfeln ein. In ihrer ursprünglichen Bedeutung haben sie als Rechtecke auf die jeweiligen Pflückmengen der einzelnen Personen verwiesen. Da die Interviewerin die Zeichenträger entfernt hat, die die Zeit repräsentieren, muss diese in anderer Weise abgelesen werden. Halina deutet deshalb *eine Stunde* in die drei linken, untereinander positionierten Rechtecke. Die beiden ‚restlichen' Rechtecke der unteren Reihe werden anschließend nicht nur als jeweils ein Kilogramm Kirschen gezählt, sondern ebenfalls als *zehn Minuten*. Halina führt somit die beiden mathematischen Größen *Zeit* und *Gewicht* in einem Zeichenträger zusammen und ist in der Lage, die Lösung „zwei Stunden" zu nennen. Der Würfelrepräsentation wird eine interne Struktur aufgeprägt. Anhand der Positionierung der Würfel bzw. Rechtecke zueinander, können unter Einbezug der Zeilen die *Personen* abgelesen werden. Zudem gelingt es Halina, die in der ersten Spalte enthaltenen Würfel zu *einer Stunde* zusammenzufassen. Die beiden weiteren Rechtecke könnten ebenfalls anhand der Spalten als zwei weitere Stunden identifiziert werden, was Halina in der Form allerdings nicht explizit tut. Sie nutzt stattdessen eine andere Zählweise der Würfel. Die hier vorgenommene Deutung wurde der Unterebene *Zeichenträger mit globalen Wechselbezügen* der *systemisch-relationalen Sicht* zugeordnet.

Wie es in der Rekonstruktion bereits aufgeführt wurde, findet die Einordnung lediglich aufgrund der von der Interviewerin vorgenommenen Anordnung der Würfel zueinander statt. Es wäre interessant, weitere Aufgabenbearbeitungen zu betrachten, um festzustellen, ob und inwiefern die Mädchen produktiv *mit den Zeichenträgern operieren.* Denn erst die rekonstruierbare Durchführung eines internen Austauschs ermöglicht es als *eindeutiges Kriterium*, die Deutung der letzten Unterebene der systemisch-relationalen Sicht zuzuordnen. Deshalb wird ergänzend zu den bereits getätigten Analysen der weitere Interaktionsverlauf mit Halina und Odelia skizziert. Zudem werden Hinweise für die Einordnung ihrer Deutung der generierten Würfeldarstellung zur Teilaufgabe f) gegeben. Es wird nicht das Ziel verfolgt, eine weitere sorgsame, interpretative, epistemologische Analyse anzuschließen. Stattdessen sollen die Ausführungen als kurz gehaltene Ergänzung verstanden werden, die es erlaubt, die *systemisch-relationale Sicht* auszudifferenzieren sowie einige ihrer wesentlichen, charakteristischen Merkmale herauszustellen.

Abb. 8.2   Halinas und Odelias Lösungen zu den Teilaufgaben f) und g)

Im weiteren Verlauf des dritten Post-Interviews und im Anschluss an die Deutung der reduzierten Würfeldarstellung bearbeiten Halina und Odelia gemeinsam den Aufgabenteil f) im Kontext ‚Kirschen pflücken‘ (vgl. K3–3, 00:23–14:47 min). In intensiver, diskussionsreicher Partnerarbeit entsteht eine Würfelkonfiguration, die aus sechs Reihen mit je sechs Würfeln als zu pflückende Kilogramm besteht (vgl. in Abb. 8.2 links). Ein stehender Quader aus sechs Würfeln ist mittig unterhalb besagter Reihen positioniert und verweist auf die Zeiteinheit ‚drei Stunden‘. Zudem liegt über jeder Reihe ein weiterer Würfel. Diese sechs einzelnen Würfel repräsentieren jeweils ein Kind, d. h. Jakob sowie fünf Freunde (als gesuchte Lösung). Auch diese Würfeldarstellung wird ebenfalls von der Interviewerin dahingehend reduziert, dass nur noch die Reihen verbleiben (vgl.in Abb. 8.2 rechts oben). Die einzelnen Reihen können von Odelia und Halina sowohl als sechs Kilogramm gedeutet werden, die von einem Kind gepflückt werden, als auch als Zeiteinheit von drei Stunden. Im Anschluss liest die Interviewerin die Teilaufgabe g) vor, die ebenfalls bearbeitet wird (K3–3, 14:47–17:32 min). Halina erkennt, dass die geforderten 36 kg bereits in den Würfeln vor ihr auf dem Tisch liegen. Odelia hat daraufhin eine Idee und sagt: „Wir legen das ma zum Opa drei Stunde zusamm also hier is Opa", wobei sie zwei der Würfelketten zu einer langen Reihe zusammenschiebt und nach einer dritten greift. In weiterer Zusammenarbeit entsteht schließlich aus der langen Reihe ein Rechteck (vgl. in Abb. 8.2 rechts unten), wobei mehrere Erklärungen zur Darstellung gegeben werden. Auf die Frage der Interviewerin, was die beiden gemacht haben, erklärt Odelia: „Wir ham einfach nur ähmmm zwei Freun- drei Freunde weggenomm und die zum Opa gemacht." Halina ergänzt diese kurze Zusammenfassung, indem sie ihr mit „sozusagen" zustimmt und erklärt, wie die mathematischen Größen in der Würfeldarstellung zu erkennen seien.

Mit der ihr eigenen, kindlichen Ausdrucksfähigkeit fasst Odelia in sehr passender, *metonymischer* Weise zusammen, was die beiden Mädchen gemacht haben, um von der Lösung zur Teilaufgabe f) zu einer geeigneten Darstellung zur Teilaufgabe g) zu gelangen: Sie haben drei Freunde zusammengeschoben und diese so in einen Opa umgewandelt. Die Gleichsetzung ,3 Kinder = 1 Opa' ist in der sachlichen Situation als solche nicht möglich. Mathematisch betrachtet, entsprechen die Pflückmengen von drei Kindern in einer bestimmten Zeit allerdings der Pflückmenge des Opas in derselben Zeit. Deshalb führt dieser vorgenommene, *interne Austausch* sinnvoll zu einer schnellen Lösung. Es hat sich in den Analysen zu vielfältigen kindlichen Repräsentationen und Erklärungen gezeigt, dass diese *Handlung* als eindeutiges Kriterium zur Einordnung der getätigten und rekonstruierten Deutung in das Theoriekonstrukt als *Zeichenträger mit globalen/umfassenden Wechselbezügen* der *systemisch-relationalen Sicht* herangezogen werden kann. Halina und Odelia ziehen die *Position der Holzwürfel zueinander* heran, um entsprechend der Zeilen und Spalten Deutungen vorzunehmen, die auf die Personen, die Zeit und das Gewicht verweisen. Zudem können sie die Darstellung flexibel anpassen. Das heißt, sie *operieren mit den Zeichenträgern*, wodurch sie im Anschluss an getätigte Umlegeprozesse neue Erkenntnisse (hier: in Form der Lösung) gewinnen.

Die in den Teilaufgaben enthaltenen, übertragbaren Strukturen stellen sich damit als produktive Bedingungen heraus, die es den Schülerinnen und Schülern ermöglichen, neben den konkret sachlichen Eigenschaften auf die intendierten systemisch-relationalen Beziehungen zurückzugreifen. So ist es ausreichend, eine Darstellung (wie z. B. die von Halina und Odelia erdachte) heranzuziehen, um anhand kleiner Veränderungen die unterschiedlichen Teilaufgaben eines sachlichen Kontextes zu bearbeiten. Darüber hinaus ist es aufgrund der Konstruktion der Aufgaben produktiv, diese Repräsentation ebenfalls für die Bearbeitung von *kontextübergreifenden* Aufgabenstellungen heranzuziehen. Die bewusst hineinkonstruierten, übertragbaren Strukturen ermöglichen somit einen *externen Austausch*: ein Kind (in der Lösung von Halina und Odelia) kann im Kontext der Aufgabenstellung ‚Reifenwechsel' zu einem LKW mit sechs Reifen werden oder im Kontext ‚Tiere am See' zu einer Fliege. Aufgrund der Menge des erhobenen Datenmaterials und der begrenzten Möglichkeiten dieses Dissertationsvorhabens wurden zu aufgabenübergreifenden Deutungen jedoch keine detaillierten epistemologischen Analysen vorgenommen, obwohl diese erhoben wurden. Es erscheint allerdings als äußerst lohnenswert, weitere Forschungen dahingehend zu betreiben, um herauszufinden, wie Grundschulkinder bei solchen Bearbeitungen vorgehen, inwiefern eine Übertragung der in den Darstellungen enthaltenen Strukturen stattfindet und welche Sachkontexte solche externen Austauschvorgänge begünstigen.

8.1.3   Die spezifische Kommunikation in mathematischen Gesprächen mit Grundschulkindern

Unter Rückgriff auf Luhmanns Systemtheorie wurde zu Beginn in Abschnitt 1.2 auf die spezifischen Probleme der Kommunikation und Interaktion über mathematisches Wissen als eine besondere Bedingung des Forschungsfeldes hingewiesen. Luhmann versteht Kommunikation *nicht* als eine Art Gedankenübertragung „von semantischen Gehalten von einem psychischen System, das sie schon besitzt, auf ein anderes" (1997, 104). Es ist nur möglich, die Gedanken von außen in der Weise und Form des jeweiligen Beobachters zu beobachten (vgl. Baraldi, Corsi & Esposito 1997, 142 f.). Dabei bilden psychische Systeme die Voraussetzung für das Zustandekommen von sozialen Systemen. Sie stellen folglich zwei klar getrennte autopoietische Systeme dar. Die Systeme sind jedoch in besonders engem Verhältnis miteinander verbunden bzw. strukturell aneinander gekoppelt: Sie können sich ko-evolutiv entwickeln, weil sie sich durch Interpenetrationen die notwendigen Umweltvoraussetzungen schaffen und offen für Irritationen sind (vgl. Luhmann 1997, 103; vgl. Baraldi, Corsi & Esposito 1997, 86 f.).

In mathematischen Gesprächen mit Grundschulkindern ist es somit nicht möglich, dass die Kinder ihre Gedanken der Interviewerin in einer direkten Art und
Weise mitteilen bzw. übertragen. Die an der Interaktion Teilnehmenden müssen sich der *Sprache* als Verbindungsmittel zwischen Kommunikationssystemen
und psychischen Systemen bedienen. Das heißt, dass der Mitteilende Worte,
Gestik, Mimik, Zeichen oder Bilder heranziehen kann, um eine *Mitteilung* zu
tätigen. Dabei ist zu beachten, dass die an der Studie teilnehmenden Viertklässler
nicht (zwangsweise) über die sprachlichen Ausdrucksfähigkeiten eines Erwachsenen verfügen. Die Schülerinnen und Schüler (als psychische Systeme) sind
zudem keine trivialen Maschinen, die einen Input erhalten und nach bestimmten Regeln in einen richtigen Output transformieren (vgl. Luhmann 2009, 98 f.).
Kommunikation mit Grundschulkindern über mathematische Inhalte funktioniert
außerdem nicht in simpler Weise als eindeutiges Fachgespräch zwischen profes-
sionellen mathematischen Experten. Die lernenden Kinder sind auf dem Weg,
mathematisches Wissen nach und nach zu verstehen, und die von ihnen getätigten Mitteilungen müssen deshalb in besonderer Weise unter Berücksichtigung
der Sprachfähigkeiten von der entstehenden *Information* unterschieden werden.
Es sei betont, dass die Information nicht in den verwendeten kommunikativen
Mitteln selbst liegt. Stattdessen muss jede/r Gesprächsteilnehmer/in für sich die
Bedeutung (re)konstruieren und somit ihr/sein eigenes Verstehen selbst aktiv
herstellen. Weiter gilt es zu beachten, dass die getätigten Einzeläußerungen in
der sozialen Interaktion und im Zusammenhang mit den an die Kinder gestellten Anforderungen und nicht isoliert für sich genommen betrachtet werden. Die
kindlichen Aussagen müssen demnach in der Interviewsituation selbst in einem
„individuellen rationalen Konnex (‚Netzwerk‘) gemeinsamer begrifflicher Auffassungen und einer übergreifenden Handlungspraxis sinnvoll" (Steinbring 2013, 64;
Hervorhebung KM) von der Interviewerin interpretiert werden. Es lässt sich festhalten, dass die verwendeten *kommunikativen Mittel* der Kinder nicht mit der von
ihnen intendierten Bedeutung gleichzusetzen sind. Diese besondere Bedingung
des Forschungsfeldes muss bereits in der konkreten Interviewsituation und natürlich darüber hinaus in den sorgsamen Rekonstruktionen der kindlichen Deutungen
Berücksichtigung finden.

Des Weiteren war es erforderlich, eine Art *Vehikel* zu entwickeln, um zwischen
der den Kindern gewohnten *Unterrichtspraxis* und der für die vorliegende Arbeit
notwendigen *Forschungspraxis* als zwei autopoietischen Systemen zu vermitteln.
Aus diesem Grund wurden der Konzeption und Erprobung der unterschiedlichen Aufgaben, der Interviewform und den Impulsen in der Pilotierung viel Zeit
und Aufmerksamkeit gewidmet. Insbesondere wird den Aufgabenstellungen, die

unterschiedliche sachliche Kontexte einbeziehen und übertragbare Strukturen enthalten, dabei die Funktion als *Vermittlungsvehikel* zugesprochen. Sie eröffnen den Schülerinnen und Schülern die Möglichkeit, in den (dinglichen) sachlichen Elementen systemisch-relationale Beziehungen hineinzusehen, die sich potenziell auf weitere Sachkontexte übertragen lässt. Die teilnehmenden Grundschulkinder können so zuweilen einen *internen Austausch* vornehmen, indem sie beispielsweise ‚einen Opa' in ‚drei Kinder' umwandeln. Gleichzeitig ist es aber auch in einem *externen Austausch* möglich, ‚zwei Opas' (alternativ ‚eine Oma und einen Opa' oder ‚sechs Kinder') in eine Fliege zu transferieren.

Diese Gleichsetzung bzw. dieser Austausch wird in der *didaktischen Theorie mathematischer Symbole* als eindeutiges Charakteristikum für eine systemisch-relationale Deutungsrekonstruktion klassifiziert. Aufgrund der Einkleidung der generierten Textaufgaben in unterschiedliche Sachkontexte mit übertragbaren Strukturen war es erst möglich, dieses Merkmal als ein entscheidendes zu bewerten. Damit wird den ausgewählten und weiterentwickelten Aufgaben ein hoher produktiver Wert für das Finden von eindeutigen Kriterien zugesprochen, um die Sichtweisen (zumindest theoretisch) klar voneinander abgrenzen und unterscheiden zu können. Sie erlauben zudem, dass sich die Schülerinnen und Schüler in der ihnen vertrauten *(Unterrichts-) Praxis* mit mathematischen Fragestellungen beschäftigen. Die Bearbeitungen von Textaufgaben mit anschließendem Austausch über die ermittelte Lösung sowie des Weges dahin ist ein aus dem Unterricht vertrautes Vorgehen. Die Lösungen und dazu vorgenommenen Erklärungen erlauben wiederum der Forscherin, diese als grundlegendes Datenmaterial für die interpretative *Forschungspraxis* zu verwenden. Die Aufgaben werden somit ihrer Vermittlungsfunktion dieser beiden unterschiedlichen Praxisarten als zwei verschiedene Systeme gerecht.

Analog zur Interviewsituation dürfen die verwendeten *kommunikativen Mittel* der Kinder auch in den Analysen der Forschungspraxis nicht mit der von ihnen intendierten Bedeutung gleichgesetzt werden. In sorgsamen Rekonstruktionen gilt es zu prüfen, worauf sich die Kinder insbesondere bei der Nennung der in den Textaufgaben enthaltenen sachlichen Elemente beziehen. Es ist möglich, dass sich ein Kind mit dem Wort „Kirschen" auf rote, runde, leckere Kirschen aus dem Garten bezieht. Gleichzeitig kann mit dem Wort jedoch auf was gänzlich anderes verwiesen werden. So nutzt *Liam* den Ausdruck „Kirschen" in metonymischer Weise, indem er die Pflückmenge und Pflückzeit anhand eines Zeichenträgers als Pflückgeschwindigkeit zusammenführt. Dieser Umstand ist darauf zurückzuführen, dass die Ausdrucksweise der Kinder stark mit der sachlichen Ausgangssituation verknüpft ist. Somit ist es nicht möglich, anhand von einzelnen isolierten Äußerungen eine Einordnung der Deutung zu einer bestimmten Sichtweise vorzunehmen. Erst wenn auch die Forscherin die von den Beteiligten getätigten Mitteilungen in einem theoriebasierten, rationalen und argumentativ gestützten *Konnex* rekonstruiert und interpretiert, werden solche Einordnungen in das Theoriekonstrukt sinnvoll. Beziehungsweise war es erst anhand der so am Datenmaterial vorgenommenen Analysen möglich, die einzelnen Rekonstruktionen theoriebasiert in drei Sichtweisen mit entsprechenden Unterebenen zu unterscheiden.

8.2   Bedeutung und Erkenntnisse für die Wissenschaft *Mathematikdidaktik*

Das *mathematische Wissen* und die *Kommunikation* mit ihren jeweiligen Besonderheiten wurden als zwei wesentliche Bedingungen des Forschungsfeldes *Mathematikunterricht (in der Grundschule)* benannt (vgl. Kapitel 1). Im Unterschied zu anderen Wissenschaften ist die Mathematik nicht in direkter Weise den Sinnen zugänglich (vgl. Duval 2000, 2006). Mathematische Objekte bestehen als theoretische Begriffe aus *Beziehungen* und *Relationen zwischen ihnen*. Die Zahl 5 erhält ihre Bedeutung nicht auf Grundlage empirischer Beobachtungen und physikalischer Eigenschaften. Sie wird als Element in einem systemisch-relationalen, theoretischen Kontext mit unendlichen Relationen zu den anderen Elementen dieses Systems verstanden (vgl. Hersh 1998). Das heißt, dass nicht die Individualität eines einzelnen Elements, wie der Zahlen 5 oder 3, wesentlich ist, sondern die *Struktur*, die sie gemeinsam aufweisen, sowie ihre *systemischen Beziehungen* zueinander (vgl. Benacerraf 1984). Um Zugang zu diesen nicht direkt sinnlich fassbaren, mathematischen Inhalten zu erhalten, bedarf es der Visualisierung in Form von Symbolen (vgl. Otte 1983), die wiederum selbst nicht mit der ihnen zugesprochenen mathematischen Bedeutung verwechselt werden dürfen (vgl. Resnik 2000, Otte 2001, Duval 2006). Diese konfliktbeladene Voraussetzung wird als spezifisches Charakteristikum mathematischen Wissens verstanden. Sie stellt die Lernenden vor die Anforderung, die verwendeten semiotischen Mittel als *Träger von mathematischen Beziehungen und Strukturen* zu verstehen. Diese Relationen sind selbst amedial und bedürfen eines passenden Zeichenträgers in einem gegenständlichen Medium, um dem Denken zugänglich zu sein (vgl. Dörfler 1988). Das heißt, dass gegenständliche Repräsentationen dieser mathematischen Beziehungen unvermeidbar sind. Durch eine Bezugnahme auf konkrete Dinge und Sachverhalte unter Nutzung von Materialien verschiedenster Art (z. B. Plättchen) können erste, eher empirisch-dingliche Deutungen von den Lernenden vorgenommen werden (vgl. Kapitel 3). Die Entwicklung des *diskursiven Wechselspiels von*

Vergegenständlichung und Strukturbildung führt dann zu Beziehungen zwischen den Dingen als neue Teilstrukturen bzw. zu theoretischen Objekten, zwischen denen wiederum neue Relationen entstehen können (vgl. Steinbring 2013, 68). Cassirer spricht in dem Zusammenhang von einer „halb-mythischen Hypostase reiner Funktions- und Beziehungsbegriffe" (Cassirer 1973, 76): Mathematische Begriffe als systemische Strukturen werden nachträglich vergegenständlicht, um es dem erkennenden menschlichen Subjekt zu ermöglichen, mit diesen Relationsbegriffen umzugehen, als *wären* sie konkrete Gegenstände bzw. Dingbegriffe (was sie jedoch im eigentlichen Sinne nicht sind) (vgl. Abschnitt 1.1).

Für das Kernelement der *Kommunikation* als zweite wesentliche Bedingung des Forschungsfeldes wurde herausgestellt, dass die an dem Prozess Beteiligten zwischen der hinter einer getätigten Mitteilung stehenden Information und der mit kommunikativen Mitteln getätigten Mitteilung unterscheiden müssen (vgl. Luhmann). Analog zur Bedeutung eines semiotischen Mittels wird auch die Bedeutung/Information einer Mitteilung *aktiv* und *individuell* von jeder/m Gesprächsteilnehmer/in selbst in der sozialen Interaktion *rekonstruiert*. Dies gilt einerseits für die unterrichtliche Interaktion selbst (als Beobachter zweiter Ordnung) und andererseits ebenso für die Forschenden (als Beobachter dritter Ordnung). Steinbring (2013, 64 f.) spricht in diesem Zusammenhang vom *doppelten Verstehensproblem* in der interpretativen Forschung: Zunächst sei das „wechselseitige Verstehen" der an der mathematischen Interaktion Teilnehmenden „nicht direkt möglich", sondern erfordere „die Einordnung auftretender kommunikativer Mitteilungen in einen aktiv herzustellenden rationalen Konnex von begrifflichen Vorstellungen und einer gemeinsamen Handlungspraxis". Dies wiederum führt zur Konsequenz, dass auch in der mathematikdidaktischen Forschung „Verstehensvorgänge in realen mathematischen Interaktionen nicht durch bloßes Beobachten direkt" aufgeklärt werden können. Daher müssen auch hier „(dokumentierte) mathematische Interaktionen mit Hilfe von Forschungsmethoden in einen theoretisch fundierten, rationalen Konnex von wissenschaftlichen Begriffen und Modellen" eingeordnet und so „objektiv nachvollziehbare Deutungen" rekonstruiert werden (vgl. dazu auch Steinbring 2015b, 284 f.). In sorgsamen, epistemologischen Analysen von Transkripten wurden die von den an dieser Studie teilnehmenden Grundschulkindern getätigten Aussagen unter wechselweisem Einbezug von Erkenntnissen der entwicklungspsychologischen, mathematikdidaktischen und semiotischen Wissenschaften in einem solchen argumentativ gestützten, rationalen Konnex rekonstruiert und interpretiert. Die Resultate selbst wurden in der entwickelten *didaktischen Theorie mathematischer Symbole* zusammengeführt. Die beispielhaften Interpretationen stellen in dieser

Weise nicht einfach „detaillierte deskriptive Beschreibungen realer Interaktions-verläufe" dar, sondern dienen durch ihre Ausarbeitung als theoretisches Konstrukt bzw. in Form eines wissenschaftlichen Konnexes „in grundlegender Weise der mathematikdidaktischen Theorieentwicklung" (Steinbring 2013, 69).

Das Konstrukt *ThomaS* ist ein fundamentaler Beitrag für die mathema-tikdidaktische Theoriebildung zu symbolgestützten mathematischen Deutungen von Grundschulkindern. Es macht auf die besondere Wechselbeziehung der im Lehrplan als Leitprinzipien benannten Anwendungs- und Strukturorientie-rung aufmerksam, wobei es gleichzeitig dazu verhilft, die Spannung zwischen empirisch-dinglichen und systemisch-relationalen Deutungen bei der Bearbei-tung von sachbezogenen Textaufgaben sensibel wahrzunehmen. Aufgrund der theoriegeleiteten, in sich konsistenten Bündelung der rekonstruierten kindlichen Deutungen verhilft es dazu, die Forschungsproblematik der Deutungen von Kin-dern unter Berücksichtigung epistemologischer, semiotischer und kommunikativer Bedingungen im Wechselspiel von Sache und Mathematik differenzierter zu verstehen. Insgesamt ist zu beachten, dass es die Ergebnisse dieser *qualitati-ven* Studie nicht erlauben, die Deutungen von Grundschulkindern vorherzusagen oder zu garantieren. Dem rekonstruierten Deutungsspektrum kann allerdings trotz der geringen Fallzahlgröße eine potenzielle Allgemeingültigkeit zugesprochen werden. Dieses wird im Wesentlichen durch die ausführliche und zudem interdis-ziplinäre theoretische Grundlegung sichergestellt. Auch wenn in der Studie eine eher überschaubare Anzahl an Teilnehmenden einbezogen wurde, konnten äußerst vielfältige, interpretative Rekonstruktionen vorgenommen werden, die zu auf-schlussreichen Erkenntnissen führten. Diese erlauben es, *Tendenzen* zum Umgang der Kinder mit den an sie herangetragenen Anforderungen der symbolischen Deu-tung zu erkennen. Neben seines theorieerweiternden Beitrags stellt *ThomaS* damit gleichzeitig auch ein *Analyseinstrument* dar, um die rekonstruierten Deutungen theoriegestützt einordnen zu können.

Ein weiterer Nutzen der vorliegenden Arbeit für die mathematikdidaktische Wissenschaft bildet die ausführliche Ausarbeitung der *besonderen Bedingungen des Forschungsfeldes kindlicher mathematischer Lernprozesse*. Vor Beginn eines jeden (qualitativen) Forschungsvorhabens ist es unabdingbar, sich sowohl der epistemologischen Besonderheiten mathematischen Wissens wie auch der pro-blembehafteten Basis von Kommunikation bewusst zu werden. Letzteres erhält überdies nicht nur Relevanz in den durchzuführenden und anschließend zu beobachtenden mathematischen Gesprächen mit den Kindern selbst (in Form von Interviews, Unterricht, …), sondern darüber hinaus ebenfalls in der inter-pretierenden Forschungstätigkeit. Nicht nur in der direkten Interaktion muss jede/r Gesprächsteilnehmer/innen aktiv die Bedeutungen der getätigten Mitteilungen für sich in seinem/ihren individuellen Konnex zu rekonstruieren. Auch in den Analysen dieser Gespräche ist es zentral, die rekonstruierten Deutungen in einen theoretisch fundierten, argumentativ gestützten Konnex sinnhaft einzuordnen. Diese anspruchsvolle Perspektive auf qualitative mathematikdidaktische Forschungsprozesse verbietet es, die von den Kindern produzierten Mitteilungen (Transkripte, Bilder, Materialdarstellungen) für sich genommen in naiver und oberflächlicher Weise zu klassifizieren oder zu codieren und anschließend zu prüfen, wie oft der jeweilige Code vorkommt oder welche Kategorien sich bilden lassen. Stattdessen muss in solchen Forschungsprozessen die mit den verwendeten semiotischen und kommunikativen Mitteln der Kinder beim Mitteilungsempfänger potentiell ausgelösten Informationen (Bedeutungen), die nicht direkt in diesen Mitteln enthalten sind (weshalb eine solche Codierung unmöglich wird), anhand begrifflicher Vorstellungen und der gemeinsamen Handlungspraxis sorgsam rekonstruiert und theoriegestützt interpretiert werden. Das heißt, dass in der qualitativen, mathematikdidaktischen Forschung neue Einsichten und Erkenntnisse nicht durch terminologisch festgelegte Codierprozesse erzielt werden können. An ihrer Stelle müssen die von den Kindern herangezogenen semiotischen und kommunikativen Mittel sinnvoll gedeutet werden, indem durch die Herstellung von Zusammenhängen, Beziehungen und Argumenten ein dafür erforderlicher entsprechender Konnex (re)konstruiert wird.

Es sei hier insbesondere an die Beispiele *Halina* (Abschnitt 7.3) und *Liam* (Abschnitt 7.1) erinnert. Erst in der Rückschau, d. h. unter Einbezug der Rekonstruktionen vielfältiger Deutungen in der gemeinsamen, interaktiven Handlungspraxis konnten Halinas Überlegungen (vgl. Unterphasen 2.2, 3.2 und 4.1) zur Anpassung ihrer Würfelrepräsentation nachvollzogen werden. Während der gesamten Interaktion schien sie die einzelnen Teildarstellungen über die repräsentierte Pflückmenge miteinander verknüpft zu sehen, die wiederum mit der in der Textaufgabe vorgegebenen Gesamtpflückmenge abgeglichen und folglich ergänzt werden musste. Halinas Aussagen und Tätigkeiten konnten nur aufgrund des Zusammenhangs und der Verknüpfung vielfältiger Aussagen über die einzelnen Phasen hinweg sinnhaft rekonstruiert werden, sodass es möglich wurde, ihre vorgenommene Deutung(sentwicklung) schließlich der *arithmetischen Verbindung mathematischer Elemente* zuzuordnen.

Liam spricht im Interview in vielfacher Weise von *Kirschen*. Einerseits können die roten Plättchen als gewählte Zeichenträger aufgrund ihrer ikonischen Relation auf potenziell ‚echte‘, rote, runde Kirschen verweisen. Sorgsame Rekonstruktionen haben jedoch aufgezeigt, dass Liam ein Plättchen nicht länger als eine einzelne Kirsche sieht, auch wenn er es nach wie vor *metonymisch* so benennt.

Stattdessen bezieht Liam das Plättchen auf eine Gewichtsangabe, die zudem als Pflückzeit gänzlich anders gedeutet werden kann. Folglich führt Liam in einem Plättchen sowie in dem Ausdruck „Kirschen" die zwei mathematischen Größen *Zeit* und *Gewicht* zusammen, sodass nicht länger von einer *Alltagssicht* die Rede sein kann. Die Deutung Liams muss demnach der *systemisch-relationalen Sicht* zugeordnet werden, und das, obwohl er sich in seiner sprachlichen Ausdrucksfähigkeit augenscheinlich nach wie vor dem sachlichen Element zuwendet. Hieran wird deutlich, dass eine auf der Wortwahl der Kinder basierende Analyse nicht ausreichend ist. Sowohl für die Grundschulkinder, die sich ihrer ‚eingeschränkten' sprachlichen Fähigkeiten bedienen müssen, um solch komplexe systemisch-relationale Zusammenhänge herzustellen, aber auch für die Lehrpersonen und Forschenden, die versuchen, die in den getätigten Aussagen enthaltenen Beziehungen zu erkennen, stellt das wechselseitige Verstehen eine anspruchsvolle Aufgabe dar.

8.3 Bedeutung und besondere Bedingungen der Anwendung und Nutzung der gewonnenen Erkenntnisse in der Schulpraxis

Mit Rückgriff auf Luhmanns Kommunikationsbegriff (1997, 2009) ist ersichtlich, dass *Lernen und Unterrichten* von Mathematik nicht als Übergabe oder Gedankenübertragung fertigen Wissens von einem Individuum an das andere erfolgen kann. Die Entstehung mathematischen Wissens erfolgt grundsätzlich im Kontext individueller Interpretationsprozesse. In der mathematischen Tätigkeit wird potenziell nach und nach ein dichter werdendes Netz aus Beziehungen und Relationen zwischen den mathematischen Inhalten aufgebaut und es werden somit neue Bezüge zu bereits vorher vorhandenem Wissen hergestellt (vgl. Abschnitt 1.1). Mit der Beschreibung der Mathematik als *Tätigkeit* betont Freudenthal (1973, 110 und 118) die Eigenaktivität des lernenden Individuums als aktiven Lernprozess, in dem eigenständig subjektive Erfindungen bzw. Konstruktionen vorgenommen werden. Dies trifft nun nicht nur auf die Aneignung mathematischen Wissens der Schülerinnen und Schüler zu. Gleichwohl müssen sich auch angehende wie erfahrene Lehrpersonen nicht nur mit fachlichen Inhalten, sondern ebenfalls mit den didaktischen und unterrichtspraktischen Bedingungen des Lehrens und Lernens von Mathematik auseinandersetzen:

„Zusätzlich zu der Erkenntnis, dass Lernen nur auf der Grundlage eigener Aktivitäten und persönlicher Konstruktionen von Wissen letztlich erfolgreich sein kann, wird mehr und mehr deutlich, dass diese selbst durchgeführten Lernaktivitäten immer auch zusätzlich von expliziten Reflexionen über das bloße Tun begleitet und gesteuert werden müssen. Diese *Komplementarität von Aktivität und Reflexion* spielt auf allen Ebenen des Mathematiklernens der Schüler sowie in der Mathematiklehrerbildung an der Hochschule und in der Berufspraxis eine zunehmend wichtige Rolle" (Steinbring 2003, 216; Hervorhebung KM).

Eine entscheidende Rolle kommt dabei der kritischen Auseinandersetzung mit der eigenen Unterrichtstätigkeit zu. Die darin „zu beobachtende interaktive Konstitution mathematischen Wissens" sollte selbst zum „zentralen Gegenstand einer gemeinsamen Reflexion" gemacht werden (Steinbring 2003, 197). Ausführlicher heißt es, dass „die Tätigkeit des eigenen Lernens von Mathematik und didaktischem Fachwissen, die Tätigkeit der Beobachtung und Analyse von Lern- und Verstehensprozessen der Kinder, [sowie] die Tätigkeit des (erprobenden) Unterrichtens von Mathematik" (ebd. 201) zum einen *durchgeführt* und zum anderen *reflektiert* werden müssen. Wesentlich ist, dass diese Reflexion aus einer *Metaperspektive* heraus (d. h. theoriegestützt mit einer gewissen kritischen Distanz) und *gemeinsam* mit anderen Lehrpersonen (Ausbildern, Referendaren, Lehramtsstudierenden...) stattfindet (vgl. ebd.).

Für die unterrichtspraktische Anwendung der in dem Forschungsprojekt *AuS-ReDen* gewonnenen Erkenntnisse muss dementsprechend geschlussfolgert werden, dass sie nicht ‚rezeptmäßig' als Abarbeitung von konkreten, im Unterricht umzusetzenden Handlungsschritten vonstatten gehen kann. Analog zur problemhaften Basis von Kommunikation über mathematisches Wissen mit Grundschulkindern müssen (vgl. Abschnitt 8.1.3) auch hierbei die systemischen Besonderheiten zweier voneinander zu unterscheidenden und dennoch aneinander gekoppelten, autopoietischen Systemen (vgl. Luhmann) Berücksichtigung finden. Mit Hilfe eines Netzwerks an kontextübergreifenden Aufgabenstellungen als *Vehikel* konnte bereits zwischen der (*lernende*) Unterrichtspraxis, die den Kindern vertraut ist, und der für die vorliegende Arbeit notwendigen Forschungspraxis *vermittelt* werden. Um wiederum die darin gewonnenen Erkenntnisse für die (*lehrende*) Unterrichtspraxis zugänglich zu machen, müssen auch den Lehrerinnen und Lehrern Möglichkeiten des aktiven *Verstehens*, *Handelns* und *Denkens* gegeben werden. Es ist erforderlich, dass sich die Lehrerinnen und Lehrer zunächst in *Eigenaktivität* mit der Komplementarität von *Sache* und *Mathematik* auseinandersetzen. Die Reflexion eigener Lernprozesse von mathematischem und didaktischem Fachwissen wird dabei als eine wichtige Voraussetzung für ein angemessenes Verstehen kindlicher Lernprozesse angesehen (vgl. Steinbring

2003, 216). Erst wenn sich die Lehrpersonen (gleichsam in Ausbildung und Praxis) selbst vielfältige mögliche Zugänge und Strukturen im mathematischen Inhalt verfügbar machen, erschaffen sie für sich

> „eine flexible Basis, von der her die eigenartigen und teils idiosynkratrischen Ideen und Vorschläge der Kinder wahrgenommen und zu produktiven Vorstellungen weiterentwickelt werden können. Ansonsten wird häufig eine zunächst unverständliche mathematische Idee eines Kindes vorschnell nach mathematischer Korrektheit eines einzigen Bearbeitungsweges bewertet bzw. verworfen" (Steinbring 2003, 216).

Demnach scheint es für eine Art Vermittlung zwischen den Systemen *Forschung* und *Unterricht* zielführend zu sein, gemeinsam mit den Lehrpersonen ein Netzwerk von Aufgaben mit unterschiedlichen Sachkontexten zu erstellen. In der aktiven Auseinandersetzung mit verschiedenen Aufgabenstellungen und ihrer rechnerischen, zeichnerischen und materiellen Bearbeitungen können die Lehrpersonen ein Gefühl für die die Aufgabenkontexte übergreifenden, wesentlichen systemisch-relationalen Beziehungen und ihrer zugrunde liegenden Struktur entwickeln. Mit Einbezug von verschiedenen kindlichen Lösungen, wie sie beispielsweise in dieser Arbeit enthalten sind, ist es zudem möglich, ein Spektrum von vielfältigen Darstellungsvarianten aufzuzeigen. Anhand der in den Sichtweisen der *didaktischen Theorie mathematischer Symbole* gebündelten Erkenntnisse können dabei wichtige Charakteristika unterschiedlicher Deutungen herangezogen werden, die das Verstehen der Komplementarität von Sache und Mathematik seitens der Lehrpersonen weiter ausdifferenzieren. Ziel ist es nicht, die Lehrerinnen und Lehrer zu befähigen, das Theoriekonstrukt als Analyseinstrument für konkrete Unterrichtsprozesse einzusetzen – also selbst als Forschende zu agieren. Dazu bedarf es für den Schulalltag zu zeitaufwendiger, sorgsamer, detaillierter, epistemologischer Analysen von Transkriptausschnitten. Das Wissen über die Sichtweisen und ihrer wesentlichen Merkmale kann jedoch als unterstützende Theoriegrundlage zu einem besseren Verständnis und einer sensibleren Einordnung der im Unterricht entstehenden, kindlichen Darstellungen und ihrer Deutungen führen. Auch kann das Frageverhalten der Lehrperson in der unterrichtlichen Interaktion mit den Lernenden hinsichtlich der von den Kindern eingenommenen Deutungen und ihrer theoretischen Einordnung bewusster betrachtet werden. Die Theoriegrundlage vermag den Lehrpersonen zu verhelfen, selbst unterschiedliche, potenziell mögliche Sichtweisen einzunehmen und entsprechende Darstellungen zu generieren sowie individuelle Deutungen dieser vorzunehmen. Die somit theoriebegleitete, bewusste *Reflexion* der vorbereitenden, eigenen Lerntätigkeiten und der im Unterricht stattfindenden Interaktionstätigkeiten sowie die *Aktivitäten* selbst bilden ein „wesentliches Bedingungsfeld für eine angemessene Wahrnehmung, Unterstützung und Beförderung der mathematischen Lernprozesse der Kinder" (Steinbring 2003, 217), die selbst das Kernanliegen von Unterricht darstellen. Die Ermittlung günstiger Bedingungen sowie Konkretisierung einer entsprechenden Unterrichtskultur, in der sensibel über symbolgestützte Deutungen von Grundschulkindern gesprochen, diese akzeptiert und gezielt fördert werden, kann als Bestandteil eines neuen, an dieser Arbeit anknüpfenden Forschungsprojekts gesehen werden. Das gilt auch für die Zusammenarbeit mit Lehrkräften zur Sensibilisierung und anschließenden reflektierten Umsetzung in der eigenen Unterrichtspraxis.

8.4   Weiterführung der zentralen Erkenntnisse und Schlussfolgerungen

Die ausführlichen Analysen (Kapitel 7) wie auch ihre in diesem Kapitel enthaltenen theoriegestützten Zusammenfassungen und Ausdifferenzierungen erlauben wichtige theoretische Rückschlüsse. Diese beziehen sich auf die von Grundschulkindern zu eingekleideten, mathematischen Textaufgaben entwickelten Zeichenträger und deren Deutungen und damit ebenfalls auf die *didaktische Theorie mathematischer Symbole*. Die aus den Rekonstruktionen der kindlichen Deutungen resultierenden Erkenntnisse sind in ihren Grundzügen zum Teil bereits implizit in den Ausführungen zu den erstellten Analysen (Kapitel 7) bzw. ihrer verallgemeinernden Zusammenfassung mit wissenschaftstheoretischen Rückbezügen (Abschnitt 8.1) enthalten. Nachfolgend werden sie jedoch explizit und in gebündelter Form konkretisiert. Die so ausformulierten einzelnen Inhalte der Auflistung werden als weiterführende Erkenntnisse betrachtet, die in enger Verknüpfung mit dem Theoriekonstrukt stehen. Zusätzlich werden die daraus resultierenden wichtigsten Konsequenzen für die Mathematikdidaktik als Wissenschaft (Abschnitt 8.2) sowie der Schulpraxis (Abschnitt 8.3) noch einmal herausgestellt bzw. präzisiert.

– Das didaktische Theoriekonstrukt *ThomaS* bündelt die zentralen Forschungserkenntnisse aus Theorie und Empirie als Beschreibung des Grundproblems der kindlichen symbolischen Deutungen im besonderen *Verhältnis von Sache und Mathematik*. Dabei wird es als eigenständiger Beitrag zur substanziellen Erweiterung der mathematikdidaktischen Wissenschaft verstanden. Gleichzeitig dient es als auch als Analyseinstrument, um die einzelnen, sorgsam rekonstruierten Deutungen von Schülerinnen und Schülern anhand theoretisch unterscheidbarer Kriterien in diesem besonderen Verhältnis einordnen zu können. Es besteht aus zwei Übergängen und den drei Sichtweisen: Alltagssicht, Zahlen-und-Größen-Sicht und systemisch-relationale Sicht.

– Die in den kindlichen Deutungen rekonstruierten Sichtweisen treten in der Regel nicht isoliert voneinander auf. Vielmehr lassen sich sogenannte *Mischformen* rekonstruieren. Dies liegt zum einen im flexiblen Umgang mit den gewählten Zeichenträgern begründet. Zum anderen sind die in der Aufgabenstellung enthaltenen *sachlichen* Elemente mit den *mathematischen* Elementen eng miteinanderverknüpft. Das Kind kann in seinen Deutungen jedoch nicht einfach die sachlichen Details vernachlässigen. Vielmehr muss der Sachverhalt strukturell erweitert werden, indem aktiv begriffliche Beziehungen konstruiert werden. Hierbei werden die sachlichen Elemente jedoch weiterhin mit der hineingedeuteten zugrundeliegenden systemisch-relationalen Struktur von vielen Kindern mitgedacht. Die *Sache* und die *Mathematik* stehen folglich in einer komplementären Wechselbeziehung, die in einer entsprechend gemischten kindlichen Deutung ebenfalls zum Ausdruck kommen kann und grundsätzlich als wesentlicher Bestandteil in der *Theorie der mathematischen Symbole* mitgedacht wird.

– Beim Umgang mit den Zeichenträgern und den ihnen zugeschriebenen Bedeutungen offenbart sich die Flexibilität der Deutungen der an der Studie teilnehmenden Grundschulkinder. In Abhängigkeit vom Frageverhalten der mit dem Kind interagierenden Person wird zumeist eine bestimmte Sichtweise des Theoriekonstrukts nahelegt. Auch die an das Kind gestellten Anforderungen beeinflussen die Deutungen. So ist es möglich, dass in der Interaktion zwischen den Sichtweisen hin und her gewechselt werden kann. Aus diesem Grund ist es entscheidend zu betonen, dass nicht die *Kompetenzen* der Grundschulkinder in das Theoriekonstrukt eingeordnet werden. Stattdessen können die Einordnungen individueller, *einzelner Deutungen* zu wertvollen Erkenntnissen führen. Außerdem zeigt es, dass die im Theoriekonstrukt enthaltenen Sichtweisen *keine Hierarchie* darstellen, wenn auch das Theoriekonstrukt selbst eine gewisse hierarchische Steigerung der Anforderungen an das Kind erkennen lässt.

– Die von den Kindern ausgewählten und entwickelten semiotischen Mittel dienen in der *Alltagssicht* der Repräsentation von dinglichen, visuell wahrnehmbaren Eigenschaften der sachlichen Elemente. Dafür werden ikonische Relationen als Ähnlichkeitsbeziehungen zwischen den Zeichenträgern und der ihnen zugesprochenen Bedeutung/Referenz hergestellt. Sogar wenn die Kinder zur Aufgabenbearbeitung auf die Verwendung von gleichartigem Material eingeschränkt werden, können sie Ersatzstrategien heranziehen, um (weiterhin) eine alltagsbezogene Deutung vorzunehmen. Damit wird die aus dem kindlichen Spiel vertraute Form der Symbolisierung trotz des veränderten Kontextes ‚Unterricht' bzw. im Falle der Interviews ‚Gespräche über mathematische Inhalte' auch für die Bearbeitungen von Textaufgaben mit sachlichen Bezügen herangezogen.

– Trotz aller bei der Symbolisierung berücksichtigten individuell dinglichen Eigenschaften können die (zunächst) *alltäglich* gedeuteten Zeichenträger auch mit der *Zahlen-und-Größen-Sicht* betrachtet werden. Dieser Wechsel gelingt meist spontan oder wird in der Interaktion mit der Interviewerin bzw. dem anderen Kind mit einer Frage eingeleitet, die den Fokus auf bestimmte Aspekte richtet, wie z. B. das Erkennen der Lösung. Dieser Wechsel ist als erster Übergang in der *Theorie mathematischer Symbole* benannt.

– Insbesondere bei der Analyse der Zeichnungen sowie Darstellungen mit vielfältigen Materialien erscheint es in einem ersten Zugriff aufschlussreich, die Zeichenträger auch als solche für sich zu betrachten. Häufig weisen diese hohe Ähnlichkeiten zu den ihnen zugesprochenen Bedeutungen auf, ohne dass diese von den Kindern explizit benannt werden. Es wäre naheliegend, die Zeichnungen und Materialdarstellungen aufgrund der vielfältigen ikonischen Relationen als *alltägliche Symbolisierungen* zu klassifizieren. Bei dieser ersten, eher oberflächlichen Betrachtungsweise zur Entwicklung einer gewissen Sensibilität für potenzielle, in die Zeichenträger hineingelegte Ähnlichkeitsbeziehungen darf man jedoch nicht stehen bleiben. Darüber hinaus müssen die verbalen Aussagen und die verwendete Gestik der Kinder mit einbezogen werden. Die hinzugezogenen kindlichen Deutungen weisen vielfach Merkmale der *Zahlen-und-Größen-Sicht* auf. Es scheint damit in gewisser Weise selbstverständlich zu sein, Zeichenträger mit Ähnlichkeitsbeziehungen zu ihrer Bedeutung zu erschaffen, diese dann in der Interaktion zugunsten der mathematischen Beziehungen jedoch auszublenden. Auch hieran wird deutlich, dass die Kinder bei der Wahl von geeigneten Zeichenträgern zur Aufgabenbearbeitung trotz aller Fokussierung auf den mathematischen Inhalt die sachliche Situation weiterhin mitdenken und als mit den mathematischen Elementen verknüpft betrachten.

– Die von der Interviewerin an die Kinder herangetragenen Anforderungen und ihre Verschärfungen eröffnen das Potenzial, in der gemeinsamen Interaktion Umdeutungen bzw. Neudeutungen vorzunehmen. Bereits die Reduzierung des Materials auf denselben Typ führt vielfach (allerdings nicht zwangsweise!) zu einer Reduzierung der Herstellung von Ähnlichkeitsbeziehungen als ikonische Relationen zwischen Zeichenträgern und ihrer Bedeutung. Die Reduktion der

Würfeldarstellung sowie Umpositionierung einzelner Würfel bzw. Würfelbauten unterstützt als verändertes Darstellungssystem die Möglichkeit, Strukturen in dieses hineinzusehen. Die von der Interviewerin (um)positionierten Zeichenträger können als Elemente einer systemisch-relationalen Struktur mit vielfältigen Beziehungen zu den anderen Elementen dieses Systems gedeutet werden – müssen es jedoch nicht. Die Kinder werden somit in der in den Interviews entwickelten Gesprächskultur vor eine neue Deutungsanforderung gestellt, in der sie aktiv diese Beziehungen herstellen oder die neue Repräsentation als unzulänglich ablehnen. Die an die Kinder gestellten Anforderungen der Einschränkung des Materials, der Reduzierung der Würfeldarstellung und das Umlegen einzelner Würfel(bauten) sind als zweiter Übergang in der *didaktischen Theorie mathematischer Symbole* aufgeführt. Sie können den Kindern zu einem Deutungswechsel von der *Zahlen-und-Größen-Sicht* zu einer *systemisch-relationalen Deutung* verhelfen.

– Die separaten, voneinander ‚getrennten' Repräsentationen der relevanten mathematischen Elemente (Personen, Zeit, Gewicht) als eigenständige Zeichenträger ist ein wichtiges Entscheidungskriterium für die Einordnung der eingenommenen Sicht. Solange eine solche Trennung vorliegt, wird die kindliche Deutung der *Zahlen-und-Größen-Sicht* zugeordnet, da es den Kindern in erster Linie nach wie vor darum geht, mit den Zeichenträgern *etwas zu zeigen* (die Personen, das gepflückte Gewicht, ein Zeitabschnitt, …) und so eine eher pseudo-dingliche Bedeutungskonstruktion auch für mathematische Zeichen aufrechtzuerhalten. Erst eine Zusammenführung der relevanten Sachelemente als das gleichzeitige Ablesen von mindestens zwei Referenten anhand eines einzigen Zeichenträgers (bzw. einer Zeichenträgerkonstellation, bestehend aus beispielsweise einer bestimmten Anzahl in gewisser Weise gruppierter Holzwürfel) führt zu einer Einordnung der Deutung als *systemisch-relational*. In dieser Sichtweise nutzen die Kinder die gewählten Zeichenträger als Diagramme mit vielfältigen relationalen Strukturen, die exploriert, ausgebaut sowie mehrdeutig interpretiert werden können (vgl. Steinbring 1994, 11). In einer solchen Sicht wird es möglich, die Deutung nicht mit den Referenzen zu beginnen, also nicht zuerst die einzelnen Personen, Zeitabschnitte und das Gewicht der gepflückten Kirschen anhand der Zeichenträger *zu zeigen*, sondern aufgrund der Anzahl sowie Position der Würfel zueinander Relationen zwischen den Zeichenträgern herzustellen, die ihrerseits *Rückschlüsse* auf potenziell mögliche Referenzen zulassen, sodass erst das Hantieren, Interpretieren und (Um-)Deuten zu vielfältigen möglichen Bedeutungszuschreibungen (als bestimmte Personen, Zeitabschnitte und Gewicht von Kirschen) und schließlich auch zur Lösung führt. Diese wichtige Unterscheidung zwischen dem *Zeigen* einerseits und dem *einsichtsvollen Operieren* mit den Zeichenträgern andererseits ist in den Unterebenen der systemisch-relationalen Sicht als Spanne enthalten.

– Die Ausdrucksweise der Kinder ist mit der sachlichen Ausgangssituation verknüpft – und zwar unabhängig von der eingenommenen Sichtweise. In sorgsamen Rekonstruktionen gilt es zu prüfen, worauf sich die Kinder mit der Nennung der sachlichen Elemente wie „Kirschen" beziehen. Es ist möglich, dass damit auf echte, lebensweltliche Kirschen verwiesen wird. Gleichzeitig kann damit jedoch auch *metonymisch* die Zusammenführung von Pflückmenge und Pflückzeit anhand eines Zeichenträgers als Pflückgeschwindigkeit gemeint sein. Die Aussagen der Kinder müssen entsprechend, und wie dies in den Analysen geschehen ist, in einem *argumentativ gestützten, rationalen Konnex* rekonstruiert werden. Es ist zudem zu beachten, dass die getätigte Mitteilung nicht mit der Information (Luhmann) als dahinterstehende Bedeutung zu verwechseln ist. Zudem müssen insbesondere die von den Kindern am Material vorgenommenen Handlungen einbezogen und als wichtiges Ausdrucksmittel mit den zum Teil unvollständigen kindlichen Aussagen sinnhaft verknüpft werden.

– Die für die Pilotierung und Studie entwickelten, strukturgleichen Aufgaben mit variablen Sachkontexte haben sich als äußerst produktive *Vehikel* herausgestellt. Neben ihrer *Vermittlungsfunktion* zwischen der von den Kindern gewohnten Unterrichtspraxis und der hier zur Anwendung kommenden, erkenntnissuchenden Forschungspraxis war es aufgrund ihrer Strukturgleichheit möglich, ein eindeutiges Charakteristikum der *systemisch-relationalen Sicht* zu identifizieren. Denn aufgrund der in den Textaufgaben enthaltenen systemisch-relationalen Beziehungen können kontextinterne Gleichsetzungen wie ‚1 Opa = 3 Kinder' hergestellt werden. Zudem wird wegen der Strukturgleichheit der Aufgaben ein kontextübergreifender Austausch wie ‚2 Opas = 1 Fliege = 6 Kinder' möglich. Dieser als *interner* und *externer* benannte Vorgang des Austausches kann anhand von *Zeichenträgern mit globalen Wechselbezügen* vorgenommen werden. Die Rekonstruktion eines solchen internen oder externen Austausches ist als spezifisches Charakteristikum der *systemisch-relationalen Sicht* (mit globalen Wechselbezügen) zu verstehen und ermöglicht folglich eine eindeutige Zuordnung der kindlichen Deutung zu dieser Sicht.

– Das Theoriekonstrukt ThomaS ist ein grundlegender, eigenständiger Beitrag zur mathematikdidaktischen Theorieentwicklung, der zum einen auf die Wechselbeziehung der im Lehrplan als Leitprinzipien benannten Anwendungs- und Strukturorientierung aufmerksam macht. Zum anderen verhilft er dazu, die Forschungsproblematik der Deutungen von Kindern unter Berücksichtigung epistemologischer, semiotischer und kommunikativer Bedingungen in der Spannung zwischen empirisch-dinglichen und systemisch-relationalen Deutungen bei der Bearbeitung von sachbezogenen Textaufgaben sensibel wahrzunehmen und differenzierter zu verstehen. Aufgrund der multiwissenschaftlichen theoretischen Grundlegung und in sich konsistenten Bündelung der Forschungsergebnisse in diesem argumentativ gestützten, wissenschaftlichen Konnex wird dem so konstruierten Deutungsspektrum trotz der eher geringen Fallzahlgröße eine potenzielle Allgemeingültigkeit zugesprochen, die es erlaubt, Tendenzen der kindlichen, symbolischen Deutungen zu erkennen. Neben seiner theorieerweiternden Funktion kann das Theoriekonstrukt überdies als Analyseinstrument zur Einordnung von in detaillierten, interpretativen, sorgsamen Analysen bei der Rekonstruktion von kindlichen Deutungen erkenntnisgewinnend herangezogen werden.

– Aufgrund der epistemologischen Besonderheiten mathematischen Wissens und der spezifischen Probleme der Kommunikation und Interaktion über mathematisches Wissen als sorgsam zu beachtende Bedingungen des Forschungsfeldes können in der mathematikdidaktischen Forschung Verstehensvorgänge nicht durch bloße Beobachtung in direkter Weise aufgeklärt werden. Stattdessen müssen die verwendeten semiotischen und kommunikativen Mittel in einen theoretisch fundierten, rationalen Konnex von wissenschaftlichen Begriffen und Modellen eingeordnet und so objektiv nachvollziehbare Deutungen rekonstruiert werden. Diese anspruchsvolle Perspektive hat zur Folge, dass *neue Einsichten und Erkenntnisse* in der qualitativen, mathematikdidaktischen Forschung *nicht durch fachterminologisch definierte Codierprozesse erzielt werden können*, die sich in einer eher an Oberflächenmerkmalen ausgerichteten Weise lediglich an den (kindlichen) verbalen Mitteilungen orientieren.

– Für eine Anwendung der in dieser Forschungsarbeit gewonnenen Erkenntnisse in der unterrichtlichen Praxis ist es zunächst erforderlich, dass sich die Lehrpersonen in eigener Aktivität und durch eigene Wissenskonstruktionen mit der komplementären Wechselbeziehung von Sache und Mathematik auseinandersetzen. Die Entwicklung und Bereitstellung eines Netzwerks von kontextübergreifenden Aufgabenstellungen als Vermittlungsvehikel zwischen den beiden Systemen *Forschung* und *Unterricht* kann unterstützend wirken, um den Lehrerinnen und Lehrern in einem ihnen vertrauten Praxis-Kontext Möglichkeiten des eigenen aktiven *Verstehens*, *Handelns* und *Denkens* anzubieten. Sie selbst machen sich in der Auseinandersetzung mit den strukturgleichen, sachlich unterschiedlichen Aufgaben vielfältige mögliche Zugänge und systemisch-relationale Beziehung im mathematischen Inhalt verfügbar. Auf dieser flexiblen Basis können die im Unterricht generierten kindlichen Ideen zu produktiven Vorstellungen weiterentwickelt werden. Bei der eigenen mathematischen Tätigkeit sowie in der bewussten, kritischen Reflexion sowohl über die eigene Lernaktivität als auch über unterrichtliche Interaktionstätigkeiten bietet die *didaktische Theorie mathematischer Symbole* gewinnbringende Orientierungen. Sie erlaubt es, die vielfältigen symbolgestützten Deutungen theoretisch fundiert einzuordnen und anhand dessen das mathematikdidaktische Professionswissen der Lehrerinnen und Lehrer hinsichtlich potenzieller Wechsel und Spannungen zwischen empirisch-dinglichen und systemisch-relationalen Deutungen auszudifferenzieren. Zudem vermag das Theoriekonstrukt dazu verhelfen, die Lehrpersonen hinsichtlich epistemologischer und kommunikativer Grundprobleme des Mathematiklernens (in der Grundschule) zu sensibilisieren: Die semiotischen und kommunikativen Mittel dürfen nicht mit der vom Mitteilungsempfänger potenziell hergestellten Information (Bedeutung) gleichgesetzt werden. Diese kann nur in einem aktiv herzustellenden rationalen Konnex von begrifflichen Vorstellungen und einer gemeinsamen Handlungspraxis theorieabhängig rekonstruiert werden. Der gemeinsame begriffliche Hintergrund und die gemeinsame Handlungspraxis bilden die Basis für Verstehen, unterliegen jedoch gleichzeitig Veränderungen sowie Umdeutungen und damit unerwarteten Umbrüchen in der Entwicklung mathematischen Wissens.

– Neben den aufgeführten Erkenntnissen rückt das Dissertationsprojekt potenzielle Forschungsarbeiten in den Blick, die sich anschließen könnten. Bereits die wenigen Analysen haben aufgezeigt, welche Relevanz dem kindlichen Sprachgebrauch bei der Rekonstruktion der vorgenommenen Deutungen und insbesondere ihrer Einordnung als *systemisch-relational* zukommt. Die mit dem Kind interagierenden Personen haben zudem durch ihr Frageverhalten erheblichen Einfluss auf die entstehenden kindlichen Deutungen. Inwiefern können in diesem Interaktionsrahmen einerseits Muster in der kindlichen Ausdrucksfähigkeit erschlossen werden, die bestimmte Deutungen nahelegen, und wie können andererseits die an das Kind herangetragenen Impulse und Formulierungen dazu verhelfen, bestimmte Sichtweisen zu unterstützen? Welche Bedeutung erhalten dabei die *Metonymien*? Des Weiteren erscheint es interessant, solche Analysen zu kindlichen Bearbeitungen durchzuführen, bei denen *ein und dieselbe* (Würfel-) Darstellung bei *kontextübergreifenden* sachlich eingekleideten Textaufgaben Verwendung findet. Wie gehen Grundschulkinder bei solchen Bearbeitungen vor? Inwiefern findet eine Übertragung der in den Aufgabenstellungen enthaltenen Strukturen und Beziehungen statt? Welche Kontexte begünstigen diese als *extern* benannten Tauschvorgänge? Zudem sei betont, dass die Auswertung der Zeichnungen und Materialdarstellungen in der Ausdifferenzierung des Theoriekonstrukts *gemeinsam* stattfand. Es wäre sicherlich ebenfalls höchst interessant, die entstandenen kindlichen Produkte getrennt voneinander nach Bearbeitungsweisen zu betrachten. Hierbei könnten im Anschluss Vergleiche angestrebt werden, die aufschlussreiche Erkenntnisse bezüglich möglicher Unterschiede der *materiellen und zeichnerischen Bearbeitungsform* aufzeigen. Zuletzt sei angeführt, dass eine weitere Forschungsaufgabe darin bestehen könnte, einen Zugang für die hier gewonnenen theorieerweiternden Erkenntnisse im Unterrichtsalltag zu etablieren. Eine Möglichkeit, wie Lehrkräfte dafür sensibilisiert werden könnten, wurde bereits aufgezeigt. Darüber hinaus ist es jedoch erforderlich, eine Unterrichtskultur zu entwickeln, in der die verschiedensten symbolgestützten kindlichen Deutungen akzeptiert und durch gezielte Förderung weiterentwickelt werden können. Die an diese Dissertation anschließenden Forschungsprojekte können und sollten auf den in der *didaktischen Theorie mathematischer Symbole* konzentrierten Ergebnissen aufbauen und die gewonnenen Erkenntnisse im Hinblick auf ihre theoretische Erweiterung und praktische Implementierung fortführen.

Anhang

ANHANG 1 Terminübersicht zur Durchführung der Hauptstudie

Phase	Schule A		Schule B	
	Datum	Hinweis und Zeit	Datum	Hinweis und Zeit
Prä-Interviews	08. Mai 2017	2 Stück, 3.-6. Std.	02. Mai 2017	3 Stück, 1.-6. Std.
	11. Mai 2017	3 Stück, 1.-6. Std.	03. Mai 2017	3 Stück, 1.-6. Std.
	12. Mai 2017	3 Stück, 1.-6. Std.	05. Mai 2017	2 Stück, 1.-4. Std.
Intervention I	15. Mai 2017	1.+2.Std.	19. Mai 2017	3.+4.Std.
Intervention II	22. Mai 2017	1.+2.Std.	23. Mai 2017	1.+2.Std.
Intervention III	31. Mai 2017	1.+2.Std.	29. Mai 2017	1.+2.Std.
Intervention IV	02. Juni 2017	3.+4.Std.	01. Juni 2017	3.+4.Std.
1. Post-Interview	08. Juni 2017	1a 3.+4.Std.	07. Juni 2017	1a 3.+4.Std.
		1c 5.+6.Std.		1b 5.+6.Std.
	09. Juni 2017	1b 3.+4.Std.	13. Juni 2017	1c 3.+4.Std.
2. Post-Interview	12. Juni 2017	2a 1.+2.Std.	13. Juni 2017	2a 1.+2.Std.
		2b 3.+4.Std.		2c 1.+2.Std.
		2c 5.+6.Std.	19. Juni 2017	2b 3.+4.Std.
3. Post-Interview	14. Juni 2017	3c 1.+2.Std.	20 Juni 2017	3a 1.+2.Std.
		3b 3.+4.Std.	22. Juni 2017	3c 1.+2.Std.
		3a 5.+6.Std.	23. Juni 2017	3b 1.+2.Std.

© Der/die Herausgeber bzw. der/die Autor(en), exklusiv lizenziert durch
Springer Fachmedien Wiesbaden GmbH, ein Teil von Springer Nature 2021
K. Mros, *Mathematiklernen zwischen Anwendung und Struktur*,
Essener Beiträge zur Mathematikdidaktik,
https://doi.org/10.1007/978-3-658-33684-4

ANHANG 2 Arbeitsblätter zur Interventionseinheit 1: Pferde und Fliegen

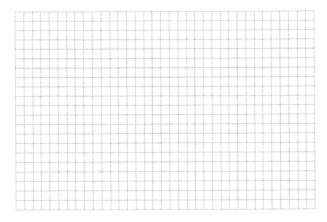

UNIVERSITÄT
D U I S B U R G
E S S E N

Promotionsprojekt von Katharina Kleine

Name:_____
Datum:_____
Intervention: A_I_1 Pferde-Fliegen

Aufgabe: Pferde und Fliegen

a) Bauer Holte ist 45 Jahre alt und lebt auf einem Bauernhof. Er hat natürlich viele Ställe mit vielen Tieren. In einem Stall von Bauer Holte sind Pferde und Fliegen. Bauer Holte zählt: „Es sind 3 Pferde und 9 Fliegen in meinem Stall!"

   – Wie viele Beine haben die Pferde zusammen?
   – Wie viele Beine haben die Fliegen zusammen?
   – Wie viele Beine gibt es insgesamt?

Löse die Aufgabe rechnerisch!

1

Name:_____
Datum:_____
Intervention: A_I_1 Pferde-Fliegen

Promotionsprojekt von Katharina Kleine

b) Bauer Holte ist 45 Jahre alt und lebt auf einem Bauernhof. Er hat natürlich viele Ställe mit vielen Tieren. In einem Stall von Bauer Holte sind Pferde und Fliegen. Bauer Holte zählt: „Es sind 7 Pferde und 5 Fliegen in meinem Stall!"

- – Wie viele Beine haben die Pferde zusammen?
- – Wie viele Beine haben die Fliegen zusammen?
- – Wie viele Beine gibt es insgesamt?

Erstelle eine Zeichnung!

Nutze dafür das separate Blatt.

Keine Rechnung!

2

Name:_____
Datum:_____·_____
Intervention: A_I_1 Pferde-Fliegen

Promotionsprojekt von Katharina Kleine

c) Der Bauernhof ist riesengroß. Deshalb sind in einem anderen Stall von Bauer Holte auch Pferde und Fliegen. Aber dieses Mal zählt er etwas anders: „In meinem Stall sind 15 Tiere. Zusammen haben sie 72 Beine" Er möchte nun von Dir wissen:

- Wie viele Pferde sind im Stall?
- Wie viele Fliegen sind im Stall?

Löse die Aufgabe rechnerisch oder mit einer Zeichnung!

3

UNIVERSITÄT
D U I S B U R G
  E S S E N

Name:_____
Datum:_____
Intervention: A_I_1 Pferde-Fliegen

Promotionsprojekt von Katharina Kleine

Sternchenaufgabe d)

In einem weiteren Stall von Bauer Holte sind auch Pferde und Fliegen. Aber dieses Mal zählt er etwas anders: „In meinem Stall sind 15 Tiere. Zusammen haben sie 80 Beine" Er möchte nun von Dir wissen:

- Wie viele Pferde sind im Stall?
- Wie viele Fliegen sind im Stall?

Löse die Aufgabe rechnerisch oder mit einer Zeichnung!

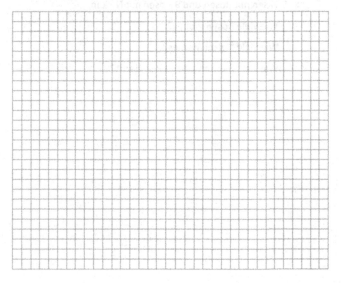

4

ANHANG 3 Arbeitsblätter zur Interventionseinheit 2: Blumen

UNIVERSITÄT
DUISBURG
ESSEN

Promotionsprojekt von Katharina Kleine

Name:_____
Datum: _____
Intervention: A_I_2 Blumen

Aufgabe: Tische, Vasen und Blumen

a) In dem Klassenraum der 3c gibt es 14 Tische. Auf jedem Tisch
steht eine Blumenvase mit Blumen. Es gibt Vasen, in denen sind
jeweils 3 Rosen. In den anderen Vasen sind jeweils 7 Nelken. Es
gibt 5 Vasen mit Rosen und 9 Vasen mit Nelken.

  – Wie viele Rosen gibt es?

  – Wie viele Nelken gibt es?

  – Wie viele Blumen gibt es insgesamt?

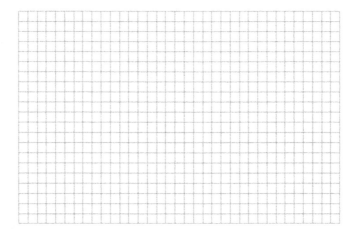

1

Name:_____

Datum:_____

Intervention: A_I_2 Blumen

Promotionsprojekt von Katharina Kleine

b) In dem Klassenraum der 4a gibt es 10 Tische. Auf jedem Tisch
steht eine Blumenvase mit Blumen. Es gibt Vasen, in denen sind
jeweils 3 Rosen. In den anderen Vasen sind jeweils 7 Nelken. Es
gibt 6 Vasen mit Rosen und 4 Vasen mit Nelken.

- Wie viele Rosen gibt es?
- Wie viele Nelken gibt es?
- Wie viele Blumen gibt es insgesamt?

Benutze das Material und erstelle Deine Lösung!

Keine Rechnung!

Tausche Dich anschließend mit einem Kind über Aufgabe a)
und Aufgabe b) aus. Die vorbereiteten Fragen helfen Dir dabei.

2

Name:_____

Datum: _____

Intervention: A_I_2 Blumen

Promotionsprojekt von Katharina Kleine

c) In dem Klassenraum der 2b gibt es 12 Tische. Auf jedem Tisch steht eine Blumenvase mit Blumen. Es gibt Vasen, in denen sind jeweils 3 Rosen. In den anderen Vasen sind jeweils 7 Nelken. In den 12 Vasen gibt es insgesamt 52 Blumen.

  – Wie viele Vasen mit Rosen gibt es?

  – Wie viele Vasen mit Nelken gibt es?

Löse die Aufgabe rechnerisch oder mit Material!

Tausche Dich mit einem Kind mit Hilfe der vorbereiteten Fragen aus!

3

UNIVERSITÄT
DUISBURG
ESSEN

Promotionsprojekt von Katharina Kleine

Name:_____
Datum:_____
Intervention: A_I_2 Blumen

d) In dem Klassenraum der 4c gibt es auch 12 Tische. Auf jedem Tisch steht eine Blumenvase mit Blumen. Es gibt Vasen, in denen sind jeweils 3 Rosen. In den anderen Vasen sind jeweils 7 Nelken. In den 12 Vasen gibt es insgesamt 76 Blumen.

- Wie viele Vasen mit Rosen gibt es?
- Wie viele Vasen mit Nelken gibt es?

Löse die Aufgabe! (Löse sie anders als Aufgabenteil c)!)

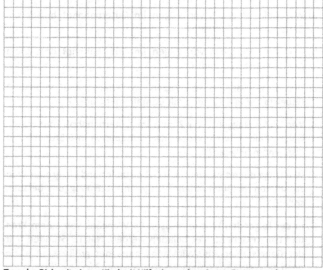

Tausche Dich mit einem Kind mit Hilfe der vorbereiteten Fragen aus!

4

ANHANG 4 Arbeitsblatt zur Interventionseinheit 3: Container

Name:_____

Datum: _____

Intervention: A_I_3 _____

Promotionsprojekt von Katharina Kleine

Aufgabe: Container

Im Hafen werden Schiffs-Container unterschiedlicher Größe auf Güterzüge verladen. Es gibt Gabelstapler und große Kräne. Ein Gabelstapler belädt einen Güterzug von 20 Waggons in 5 Stunden. Ein großer Kran belädt einen Güterzug von 40 Waggons in 5 Stunden.

a) Wie viele Waggons von Zügen im Güterbahnhof belädt ein Gabelstapler in 1 Stunde?

b) Wie viele Waggons von Zügen im Güterbahnhof belädt ein großer Kran in 1 Stunde?

c) Wie viele Waggons von Zügen im Güterbahnhof können 2 Gabelstapler in 8 Stunden mit Containern beladen?

d) Wie viele Waggons von Zügen im Güterbahnhof können ein Gabelstapler und ein großer Kran zusammen in 6 Stunden mit Containern beladen?

e) Wie lange dauert es, wenn ein Gabelstapler und ein großer Kran zusammen im Güterbahnhof insgesamt 126 Waggons beladen sollen?

f) In der folgenden Woche müssen 84 Waggons von einem Kran und einem Gabelstapler beladen werden. Nach 3 Stunden fällt der Gabelstapler aus. Wie lange muss der große Kran allein noch die weiteren Container auf Züge laden?

Löse die Aufgaben mit Hilfe einer Rechnung, einer Zeichnung oder mit Material! Benutzte jede Variante mindestens einmal!

ANHANG 5 Arbeitsblatt zur Interventionseinheit 4: Eismaschine

UNIVERSITÄT
D U I S B U R G
E S S E N

Name:_____
Datum: _____
Intervention: A_I_4 _____

Promotionsprojekt von Katharina Kleine

Aufgabe: Eis am Stiel

Die Eisfirma „Schleck" gibt es seit 30 Jahren. Jedes Jahr produzieren sie große Mengen Eis am Stiel. Es gibt viele verschiedene Sorten. „Schleck" produziert das Eis mit Eismaschinen. Eine kleine Eismaschine produziert 200 Eis am Stiel in 8 Stunden. Eine große Eismaschine produziert 400 Eis am Stiel in 8 Stunden.

a) Wie viel Eis am Stiel produziert eine kleine Maschine in einer Stunde? Löse die Aufgabe mit Hilfe einer Rechnung!

b) Wie viel Eis am Stiel produziert eine große Maschine in einer Stunde? Löse die Aufgabe mit Hilfe einer Rechnung!

c) Wie lange dauert es, wenn eine kleine und eine große Maschine zusammen gleichzeitig 825 Eis am Stiel produzieren? Löse die Aufgabe mit Hilfe des Materials! Tausche Dich anschließend mit deinem Sitznachbarn aus! Einigt euch auf eine Darstellung, die ihr beide der Klasse erklären könnt!

Sternchenaufgaben: Löse sie mit Hilfe von Zeichnungen!

d) Wie viele Eis am Stiel können 2 kleine und eine große Eismaschine gemeinsam in 5 Stunden produzieren?

e) Am nächsten Tag müssen 875 Eis am Stiel produziert werden. Die Firma „Schleck" benutzt dafür 3 kleine und eine große Eismaschine. Wie lange brauchen sie dafür?
  - Nach 4 Stunden fällt die große Eismaschine aus. Wie lange müssen die 3 kleinen Maschinen noch alleine Eis am Stiel produzieren, um die 875 Eis am Stiel zu erreichen?

ANHANG 6 Leitfaden Transkription

Abkürzung der Namen			
Pilotierung		Hauptstudie	
M	Mogli	L	Liam
P	Peter	N	Nahla
		H	Halina
		O	Odelia
Pilotierung und Hauptstudie			
I		Interviewerin (Katharina Mros, geb. Kleine)	

Gesprochenes	
1	Die einzelnen Aussagen werden pro Szene beginnend bei 1 durchnummeriert.
2	
3	
Un hier hab ich den Verkäufa. Ähm, al- also, sach mal, ham wa, ne, ner, zähln	Gesprochenes wird wortgetreu gedruckt. Das bedeutet, dass auch stockende Sprechweisen und deutlich hörbare ‚Mundarten' berücksichtigt werden.
I Neh? #$_1$ Sondern? L #$_1$ Ne. In einer halben Stunde.	Ein Sprecher fällt dem anderen ohne vorherige Pause ins Wort. Gleichzeitig verlaufende Sprechakte oder auch Handlungen werden mit einer Raute („#") markiert. Dabei sind die Rauten insbesondere bei mehrmaligem Vorkommen durchnummeriert, um eine eindeutige Zuordnung zu ermöglichen.
vier Kilogramm, zwei Stunden, zehn plus achtzehn sind achtundzwanzig	Zahlwörter, Rechenzeichen und Einheiten werden ausgeschrieben
Hmhm	eindeutige Bejahung
Hmh	eindeutige Verneinung
Hm?	nachfragend
Hm, hmm, hmmm, ähm, ehm, öhm	überlegend

Betonung	
Also für <u>beides.</u>	Besonders betonte Wörter werden durch Unterstreichung kenntlich gemacht.
Klaaar.	Besonders lang gezogene Wörter werden durch Wiederholung der den lang gezogenen Lauten entsprechenden Buchstaben kenntlich gemacht.
?	Durch Intonation oder Satzstellung erkennbare Frage
Unverständliche Beiträge	
(unverständlich)	Unverständlicher Beitrag
(Fünfzehn,) sechzehn, siebzehn.	Unverständlicher Beitrag, bei dem eine Vermutung über den Inhalt besteht.
Handlungen	
Äh die beiden sechs [*berührt den rechten und mittleren kleinen Becher. Schiebt die Becher aneinander.*]	Handlungen, Ausdruck, Anmerkungen werden unmittelbar nach der gleichzeitig ablaufenden Aussage in kursiver Schrift wiedergegeben– Klammern aber nicht. Hierbei markiert das Satzzeichen die Gleichzeitigkeit von Handlung und Sprechakt des ersten Teils. Die nachfolgende weitere Handlung wird ohne Sprechakt vollzogen.
Pausen	
(.)	Pause von ca. 1 Sekunde
(..)	Pause von ca. 2 Sekunden
(...)	Pause von ca. 3 Sekunden
(5 Sek.)	Bei längeren Pausen wird ihre geschätzte Dauer in Sekunden in runden Klammern angegeben.

ANHANG 7

Verortung und Beschreibung der Analyseszenen

1) Analyse Liam: Material als Zeichenträger – Kontext ‚Kirschen' c)

1.1) Analyseschritt 1: Zeitliche Verortung der Szene in den gesamten Interviewverlauf
Die ausgewählte Szene stammt aus dem zweiten Post-Interview mit Ahmet und Liam, die die meiste Zeit unabhängig und räumlich getrennt voneinander an den verschiedenen Aufgabenstellungen arbeiten. Nach dem Intervieweinstieg bearbeitet Liam den ersten Aufgabenteil im Kontext ‚Kirschen pflücken' mit einer Rechnung (K6–1; 01:00–05:08 min) und den zweiten mit einer Zeichnung (05:09–17:12 min), bevor er die dritte Teilaufgabe mit Material löst (17:12–43:21 min). *Am Ende dieser Bearbeitung erklärt Liam der Interviewerin seine Materialdarstellung (39:22–42:50 min). Diese Erklärung sowie seine Materialdarstellung werden als Gegenstand in der vorliegenden Analyse detailliert betrachtet.* Der ausgewählten Szene und einem nachfolgend gemachten Foto der Darstellung (42:51–43:21 min) schließt sich eine Variation des Aufgabenteils c) mit materieller Bearbeitung (43:22–44:33 min) an. Nach einer kurzen Pause folgt eine weitere Variation desselben Aufgabenteils, der dieses Mal zeichnerisch bearbeitet wird (K6–1 45:33–47:39 min sowie K6–2 00:00–08:53 min). Im Anschluss tauschen sich Ahmet und Liam über ihre jeweiligen Rechnungen, Zeichnungen und Darstellungen aus (08:54–24:47 min). Zuletzt bearbeiten Ahmet und Liam den Aufgabenteil d) mit Material, unabhängig und räumlich getrennt voneinander (24:47–37:36 min). Das Interview endet nach etwa 90 Minuten.

1.2) Analyseschritt 2: Hinführender Interaktionsverlauf zum Start der Interviewszene
Bevor die ausgewählte Szene (39:22–42:50 min) im Analyseschritt 4 zusammenfassend beschrieben wird, wird skizziert, wie Liam bei der Bearbeitung des Aufgabenteils c) vorgeht (17:12–39:21 min). In diesem Zuge wird die Entstehung seiner Materialdarstellung, bestehend aus drei *Bechern* – mit sechs, sechs und achtzehn *roten Plättchen* gefüllt – und einem Becherturm mit umgedrehter *grüner Muffinform*, schrittweise und mit bildlicher Unterstützung aufgeführt. Die so im Interaktionsverlauf entstehende Darstellung wird bereits an dieser Stelle als Orientierung vorangestellt (vgl. Abb. 1).

Abb. 1 Liam 1

Ebenso werden kurz die wichtigsten Elemente der zu bearbeitenden Aufgaben-stellung genannt. In den Aufgabenteilen a) und b) des Kontextes *Kirschen I* wird ersichtlich, dass Jakob und Annika in einer halben Stunde jeweils 1 kg Kirschen pflücken. Im Aufgabenteil c) hilft der Opa den beiden Kindern, wobei dieser drei-mal so schnell pflückt wie ein Kind. Die zu beantwortende Frage lautet, wie viel Kilogramm Kirschen die Drei gemeinsam in drei Stunden pflücken. (Antwort: Jedes Kind pflückt 6kg, der Opa 18 kg, insgesamt sind es also 30 kg.)

Zunächst liest Liam die Aufgabenstellung mehrfach, sichtet das Material, über-legt, legt zwischendurch die Schachtel mit den nach Farben (rot, gelb, blau, grün) sortierten Plättchen auf den Tisch und macht sich dabei Notizen zu verschiedenen Zeitangaben (17:12–22:06 min). Liam nimmt einige kleine Becher aus dem Kar-ton mit dem Material, steckt sie zusammen und stellt sie als eine Art Turm auf den Tisch. Er öffnet die Plättchendose und legt vier rote und sechs gelbe Plättchen auf den Tisch Liam schiebt sie zusammen zu einem Haufen (22:34–23:06 min, vgl. Abb. 2) und überlegt (23:07–23:22 min).

Abb. 2 Liam 2

Er stellt der Interviewerin die Frage: „Woran kann ich erkennen, dass das ein Kilo äh gramm Kirschen sind?" Die Interviewerin entgegnet, dass dies „eine gute Frage" sei. Sie möchte, dass er sich überlegt, woran man das erkennen könne. Es folgt ein Gespräch über Liams bisherige Überlegungen, in dessen Zuge er auch seine Notizen erklärt. Liam hat notiert, dass »Jakop 3 Std« pflückt, »Annika 3 Std« und »Opa 15 Std«. Diese korrigiert er jedoch auf neun Stunden, da der Opa dreimal so schnell wie die Kinder sei. Dies liest Liam aus dem Aufgabentext heraus selbst vor. Die Interviewerin erfragt die Bedeutung von „dreimal so schnell". Liam benennt nach einer dieser Frage anschließenden Aufforderung seitens der Interviewerin, dass der Opa in einer halben Stunde drei Kilogramm Kirschen pflücken könne. Außerdem würde der Opa nach Liams Verständnis auch länger pflücken, nämlich neun Stunden. Mit Blick auf die Aufgabenstellung gelangt er allerdings zu dem Schluss, dass der Opa auch drei Stunden lang Kirschen pflücke. Als erstes Ergebnis benennt Liam daran anknüpfend, dass der Opa neun Kilogramm Kirschen in den drei Stunden pflücken würde (23:23–27:02 min). Die Interviewerin fordert Liam nach dem „Vorrechnen seiner Gedanken" auf, die Aufgabe mit Material zu lösen und dabei die Frage zu beantworten, wie man „machen kann, dass man ein Kilogramm Kirschen sieht?" (27:03–27:21 min).

Abb. 3 Liam 3

Auf Nachfrage, was Liam mit den bereits hingestellten Bechern vorhabe, erwidert dieser, dass es die „Bäume" seien. Die Interviewerin möchte wissen, ob es ein Baum sei oder mehrere seien. Liam verneint ihre Frage und nimmt den oberen Becher in die Hand. Er bezeichnet ihn als „Eimer" und erklärt, dass in „den die Kirschen rein gepflückt werden". Diesen stellt er im Interaktionsverlauf auf den Tisch. Die Interviewerin fragt erneut danach, was der Becherturm sei. Liam teilt diesen bei „der Hälfte", wobei die untere „der Baum" sei und auf dem Tisch stehen bleibt. Das habe er sich so nicht vorher überlegt, sondern gerade ausgedacht. Liam stellt einen Becher von der oberen Hälfte, die er weiterhin in der

Hand hält, auf den Tisch. Außerdem fällt der untere Becher dieser Hälfte ebenfalls auf den Tisch, sodass sich dort drei Becher befinden (27:22–28:06 min), als
die Interviewerin Liam alleine weiterarbeiten lässt. (*Anmerkung*: Zwei der von
Liam hingelegten vier Plättchen liegen in der Abb. 3 unter dem Blatt Papier mit
seinen Notizen.)

Liam füllt den heruntergefallenen Becher mit 15 roten Plättchen (28:06–
28:51 min). Dann spielt er mit dem Material, welches zwischenzeitlich oft
herunterfällt, und er überlegt (28:52–32:28 min). Eins von den roten Plättchen,
das heruntergefallen ist, behält er in der Hand und legt dieses in einen zweiten
Becher. Er entleert den noch mit mehreren roten Plättchen gefüllten Becher in
seine Hand, legt ein Plättchen zurück und legt ein weiteres Plättchen in einen
dritten Becher. Damit stehen drei Becher mit je einem Plättchen vor ihm auf dem
Tisch. Die übrigen 12 roten Plättchen legt Liam auf den Tisch (32:29–33:59 min;
vgl. Abb. 4).

Abb. 4 Liam 4

Abb. 5 Liam 5

Anschließend legt er jeweils zwei rote Plättchen in den rechten und mittleren Becher, sowie acht Plättchen in den linken Becher (33:59–34:45 min). Liam sagt, damit sei er „fertig". Er hat also zwei Becher (rechts und mittig) mit je drei und einen Becher (links) mit neun roten Plättchen vor sich stehen (vgl. Abb. 5). Die Interviewerin fordert ihn auf, alles wegzuräumen, was nicht zu seiner Materialdarstellung gehöre (34:45–35:32 min). Beim Wegräumen fragt sie Liam explizit, ob der Becherturm dazugehöre. Der Turm sei laut Liam ein „Baum" und gehöre dazu. Liam nimmt eine von den grünen Muffinförmchen (in seiner Materialkisten befinden sich ausschließlich grüne Förmchen) und legt diese umgedreht auf den Becherturm. Nach Aufforderung, den Becherturm mit der Muffinform „irgendwie dazu zu stellen", positioniert Liam diesen oberhalb der drei mit roten Plättchen gefüllten Becher (35:33–36:00 min; vgl. Abb. 6). Er erklärt, dass Annika in drei Stunden drei Kilogramm Kirschen pflücken kann. Liam stellt dann aber fest, dass dies falsch sei (36:01–36:29 min), woraufhin er in Einzelarbeit Veränderungen vornimmt.

Abb. 6 Liam 6

Nach erstem Überlegen bewegt er seine Finger (36:52–37:06 min), bevor er in den rechten und mittleren Becher jeweils drei und in den linken Becher neun weitere rote Plättchen legt (37:07–38:07). In den Bechern befinden sich nun sechs (rechts und mittig) bzw. achtzehn (links) rote Plättchen. Nachdem er erneut die überflüssigen Materialien weggeräumt und die Becher sowie den Becherturm zueinander platziert hat (vgl. Abb. 7), wartet er auf die Interviewerin, um ihr seine Darstellung zu erklären (38:08–39:21). An dieser Stelle beginnen das Transkript und die zusammenfassende Beschreibung der ausgewählten Szene nach einer von Liam benötigten Bearbeitungszeit von 22:10 min für den Aufgabenteil c) (Tab. 1).

Abb. 7 Liam 7

1.3) Analyseschritt 3: Betrachtung der ausgewählten Szene anhand des Transkripts

1	I	Dann erklär mir mal, was hast du da gemacht?
2	L	Also [*räuspert sich*]
3	I	Ich schieb das hier mal ein bisschen zur Seite, damit die Kamera das gut sehen kann [*verschiebt den Becherturm nach links bzw. etwas zu sich*].
4	L	Ja. Also ich hab die ganze Zeit einen Fehler gemacht. Hab die ganze Zeit gerechnet, <u>eine</u> Stunde ist <u>ein</u> Kilogramm.
5	I	Ja.
6	L	Aber das stimmt nich.
7	I	Neh? #$_1$ Sondern?
8	L	#$_1$ Ne. In einer halben Stunde.
9	I	Halbe Stunde ist was?
10	L	Ein Kilogramm.
11	I	Okay.
12	L	Dann hab ich gerechnet. Also dann al- also dann drei Stunden [*zeigt mit der rechten Hand drei Finger*]. Zwei wusste ich vorhin, dass das vier sind von dem letzte Aufgabe von den. Dann ham- dann warn wir- dann ham wir noch eine Stunde [*zeigt den rechten Zeigefinger*] dann plus diese zwei er- eh Kilogramm Kirschen sind denn äh die beiden sechs [*berührt den rechten und mittleren kleinen Becher. Schiebt die Becher aneinander.*] (.) #$_2$ Also sechs von den Kirschn.
13	I	#$_2$ Das ging mir zu schnell
14		[*Schulglocke läutet.*]
15	L	Also in den beiden sind von denen sechs. [*Spielt mit Bechern.*]
16	I	Sechs #$_3$
17	L	#$_3$ Kil- Sechs- sechs Kilogramm. Von Kirschen. Also von Jan und von Jakob [*hebt den mittleren Becher an*]. Äh von Annika, von Jakob.

18	I	Ok.
19	L	Von Opa äh ist es also dreimal so schneller also der hat hier achtzehn Kirschen [*hält den linken Becher hoch*].
20	I	Ja. Ich hab noch nicht ganz verstanden, wie kommst du da drauf, dass das dass da sechs Kilo Kirschen drin sein müssen?
21	L	Weil in (.) vorhin hatte ich ja die Aufgabe rechnet mit a glaub ich äh zwei Stunden sind ja vier Kilogramm
22	I	Ja.
23	L	Danach plus diese eine Stunde sind ja ham ja beide dann ähm die Hälfte und die Hälfte also in dreißig Minuten also ja dann sind eh sechs Kilogramm.
24	I	Hmhm. Ok. Äh wie siehst du denn jetzt die sechs Kilogramm?
25	L	Äh also wenn ich die raushole [*nimmt den rechten Becher in die Hand*] #$_4$ (unverständlich)
26	I	#$_4$ Ja mach das ruhig. Zeig mir mal. #$_5$ Leg ruhig auf den Tisch, damit man das sehen kann.
27	L	#$_5$ [*Schüttet die roten Plättchen aus dem rechten Becher in seine Hand, legt den leeren Becher auf den Tisch.*] Also jedes ist eins- ein Kilogramm [*hält ein rotes Plättchen nach oben*].
28	I	Das ist ein Kilogramm.
29	L	[*Legt das hoch gehaltene Plättchen auf den Tisch.*]
30	I	Ja. Eins.
31	L	Das auch [*legt ein zweites rotes Plättchen daneben*]. [*Legt nacheinander alle Plättchen aus seiner Hand auf den Tisch.*]
32	I	Sechs. Ok.
33	L	Und hier auch [*nimmt den mittleren Becher in die Hand*].
34	I	Ja kannst du drin lassen. Das glaub ich dir, #$_6$ wenn du mir das jetzt sagst. Das heißt ähm wofür genau steht jetzt ein Plättchen?
35	L	#$_6$ [*Stößt mit dem mittleren Becher in der Hand an die Tischkante, dieser entleert sich teilweise auf dem Tisch, legt Plättchen zurück in den Becher, stellt den Becher mittig zurück auf den Tisch.*]
36	L	Für ein Kilogramm also für ne halbe Stunde, ein Kilogramm [*schiebt die sechs Plättchen des rechten Bechers zusammen*].
37	I	Hmhm. Also für <u>beides,</u> #$_7$ für eine halbe Stunde und für ein Kilogramm $_8$#
38	L	#$_7$ Hmhm [*nickt*]. #$_8$ Hmhm.
39	I	Alles klar. Kannst du ruhig wieder rein tun in den Becher, wenn du möchtest [*deutet Richtung Plättchen*]. #$_9$ Und der Opa, der macht was?

40	L	#9 [*Nimmt den leeren, rechten Becher in die Hand, schiebt die Plättchen nacheinander in den Becher unterhalb der Tischkante*] Der der macht dreimal so schnell. Der hat achtzehn Kirschen gepflückt.
41	I	Ja.
42	L	Achtzehn Kilogramm Kirschen.
43	I	Ja ok. Und wie viel Kilogramm schaffen die jetzt insgesamt? Die Drei?
44	L	[*Hat inzwischen alle Plättchen in den Becher geschoben, stellt nun den Becher wieder rechts auf den Tisch.*] Insgesamt schaffen die [*räuspern*] (…) dreißig Kilogramm Kirschen [*räuspern*]
45	I	Was hast du gerechnet?
46	L	[*Husten, räuspern.*] Also achtzehn [*stellt den linken Becher mit 18 Plättchen weiter nach links*] plus zwölf [*schiebt den rechten Becher näher an den mittleren*]. Zehn [*zeigt mit dem Daumen auf den rechten, mit dem Zeigefinger auf den mittleren Becher*] plus [*zeigt auf den linken Becher*] achtzehn sind achtundzwanzig plus dann noch die zwei von der zwölf [*steckt den Daumen in den rechten, den Zeigefinger in den mittleren Becher, schiebt sie zusammen und hält sie aneinandergedrückt fest*] sind dreißig.
47	I	Ja ok. Uund äh das ist der Baum [*deutet auf den Becherturm mit der Muffinform*], sagst du?
48	L	Hmhm das ist der Baum.
49	I	Kannst du mir den mal erklären den Baum?
50	L	Also hier ist der Baum, die haben die Kirschen gepflückt [*zeigt unter die Muffinformhaube*] von da aus [*zieht die Hand weg, führt sie wieder an die Stelle zurück, zieht sie wieder weg*]
51	I	Hmhm.
52	L	Und dann ham die die ham die hier die Kirsche hier rein getan [*stellt den mittleren Becher rechts an den Turm*].
53	I	Ja.
54	L	Also von die also jeder einzelne [*stellt den linken Becher rechts an den Turm*] jeder hatn ähm [*hebt den linken Becher an*] so n Eimer und da tut jeder seins rein.
55	I	Okay. Und woran erkennt die, welcher Eimer von wem ist?
56	L	Äh also bei den beiden isses egal [*deutet auf die beiden Becher mit je sechs Plättchen rechts am Turm*]. Die ham ja eh das alles das beide die die sind ja eh alles gleich. Der Opa [*hebt den linken Becher mit achtzehn roten Plättchen an*] sieht man das am meisten, weil er so viel hat.
57	I	Ach so. Ok.

1.4) Analyseschritt 4: Zusammenfassende, objektiv gehaltene Wiedergabe der Szene Die zusammenfassende **Wiedergabe der Szene erfolgt anhand der folgenden Phaseneinteilung (Tab. 1):**

Tab. 1 Phaseneinteilung Liam

Phase	Zeit	Zeile	Inhalt
1	09:32–10:55	1–24	Berichtigung eines Fehlers und Erklärung der Rechnung
1.1	09:32–09:48	1–11	Berichtigung eines Fehlers
1.2	09:49–10:29	12–20	Erklärung der Rechnung
1.3	10:29–10:55	20–24	Erklärung der Ermittlung von *sechs Kilogramm Kirschen*
2	10:56–11:23	24–34	Erklärung, wie *sechs Kilogramm Kirschen* im Material sichtbar sind
3	11:24–11:39	34–39	Bedeutung eines Plättchens
4	11:40–12:15	39–47	Pflückmenge des Opas und Gesamtpflückmenge
4.1	11:40–11:51	39–43	Pflückmenge des Opas
4.2	11:52–12:15	43–47	Nennung und Berechnung der Gesamtpflückmenge
5	12:15–12:52	47–57	Bedeutung der Becher (Baum und Eimer)

Phase 1
Auf die Aufforderung der Interviewerin zu erklären, was er gemacht habe (Z. 1; die Zeilenangaben beziehen sich auf das vorangestellte Transkript), erwidert Liam, dass er während der materiellen Bearbeitung des Aufgabenteils c) einen Fehler gemacht habe. Anstatt mit einem Kilogramm für eine halbe Stunde zu rechnen, nahm er an, dass es sich um ein Kilogramm und einer Stunde gehandelt habe (Z. 4–10). Nachdem er diesen Fehler bemerkte, berechnete er neu, dass die beiden Kinder je sechs Kilogramm Kirschen pflücken. Dafür bezieht er sich auf ein zuvor ermitteltes Zwischenergebnis aus der Teilaufgabe a), bei der ein Kind in zwei Stunden vier Kilogramm Kirschen pflückt. Ergänzt man eine weitere Stunde und zwei Kilogramm Kirschen, erhalte man das Ergebnis von sechs Kilogramm Kirschen für die beiden Kinder. Während seiner Aussage berührt Liam den rechten und mittleren Becher der Materialdarstellung, die mit jeweils sechs roten Plättchen befüllt sind (Z. 12). Für die Interviewerin sei Liams Erklärung aufgrund der Schnelligkeit noch nicht einsichtig (Z. 13). Daraufhin erklärt Liam, dass sich in einem Becher sechs Kilogramm Kirschen von Jakob und in dem anderen sechs

Kilogramm Kirschen von Annika befänden (Z. 15 und 17). Und weil der Opa dreimal so schnell sei, befänden sich achtzehn Kilogramm im linken Becher (Z. 19). Die Interviewerin stellt die Rückfrage, wie er darauf komme, dass in einem Becher sechs Kilogramm Kirschen sein müssen (Z. 20). Liam erklärt dies unter erneutem Rückbezug zum Aufgabenteil a), wobei ein Kind in zwei Stunden vier Kilogramm Kirschen pflücke. Rechne man eine Stunde dazu, dann pflücken die Kinder sechs Kilogramm Kirschen (Z. 21 und 23). Die Interviewerin äußert ihr Verstehen (Z. 22 und 24).

Phase 2
Die Interviewerin knüpft in der Phase 2 an den von Liam benannten sechs Kilogramm an, indem sie fragt, wie er diese in dem Material sehe (Z. 24). Liam nimmt den rechten Becher mit sechs roten Plättchen in die Hand (Z. 25). Er schüttet nach Zustimmung seitens der Interviewerin (Z. 26) die darin enthaltenen Plättchen in seine andere Hand. Jedes Plättchen sei ein Kilogramm. Bei dieser Aussage hält er zunächst eines der in seiner Hand befindlichen Plättchen nach oben in die Luft, bevor er es auf den Tisch legt (Z. 27 und 29). Die Interviewerin kommentiert, dass es ein Kilogramm sei (Z. 28) und zählt „eins" (Z. 30). Es folgt ein zweites Plättchen mit Liams Kommentar „Das auch" (Z. 31). Nacheinander legt er auch die verbliebenen vier Plättchen in ungeordneter Weise auf den Tisch. Die Interviewerin benennt ihre Gesamtanzahl „sechs" (Z. 32). Liam greift den mittleren Becher mit ebenfalls sechs Plättchen und kommentiert „Und hier auch" (Z. 33). Die Interviewerin glaube ihm, dass es sich um sechs Plättchen handle, sodass diese in dem zweiten Becher verweilen können (Z. 34).

Phase 3
Die Interviewerin möchte anschließend wissen, wofür genau ein Plättchen stehe (Z. 34). Liam entgegnet, es stehe „für ein Kilogramm also für eine halbe Stunde" (Z. 36). Die Rückfrage der Interviewerin, ob ein Plättchen für beides, also sowohl ein Kilogramm als auch eine halbe Stunde, stehe (Z. 37), bejaht Liam (Z. 38). Die Interviewerin fordert Liam auf, die Plättchen zurück in den Becher zu legen (Z. 39), was dieser anschließend auch tut (Z. 40).

Phase 4
Während Liam die Plättchen zurücklegt, stellt die Interviewerin die Frage, was der Opa mache (Z. 39–40). Liam antwortet, dass dieser dreimal so schnell sei und achtzehn Kilogramm Kirschen pflücke (Z. 40). Dies kommentiert die Interviewerin mit ihrem Verständnis bzw. ihrer Zustimmung „Ja" (Z. 41). Liam verbessert seine zuvor getroffene Aussage auf „Achtzehn Kilogramm Kirschen" (Z. 42)

und trifft ebenfalls auf Verständnis/Zustimmung „Ja ok" (Z. 43). Es schließt sich die Frage an, wie viel Kilogramm die drei Personen insgesamt pflücken (Z. 43), woraufhin Liam nach einer kurzen Pause von etwa drei Sekunden mit „dreißig Kilogramm Kirschen" antwortet (Z. 44). Die Interviewerin ist daran interessiert, wie Liam dieses Ergebnis berechnet habe (Z. 45). Liam erläutert, er habe achtzehn plus zehn gerechnet, das seien achtundzwanzig. Dann habe er die weiteren „Zwei von der Zwölf" dazu addiert und so dreißig erhalten (Z. 46).

Phase 5
Die daran anschließenden letzten Fragen der Interviewerin betreffen die Bedeutung der einzelnen von Liam benutzten Becher in der Materialdarstellung. Zunächst stellt sie die Rückfrage, ob der Becherturm mit der Muffinform der Baum sei (Z. 47). Dies bejaht Liam (Z. 48). Die Interviewerin fordert ihn anschließend auf, den Baum näher zu erklären (Z. 49). Mit dem Kommentar, dass die Personen die Kirschen von da aus gepflückt hätten, deutet Liam unter die Muffinformhaube, zieht die Hand weg, führt sie wieder an die Stelle zurück, bevor er sie erneut wegzieht (Z. 50). Nach dem Pflücken hätten Annika, Jakob und Opa dann die Kirschen in die Eimer getan, wobei er die kleinen Becher näher an den Baum positioniert bzw. den dritten Becher lediglich anhebt (Z. 52 und 54). Dabei habe jede Person ihren eigenen Eimer, in den sie ihre gepflückten Kirschen reinlege (Z. 54). Die Interviewerin fragt, woran man erkennen könne, welcher Eimer zu welcher Person gehöre (Z. 55). Liam antwortet, dass es bei den beiden Bechern egal sei. Dabei deutet er auf die beiden Becher mit jeweils sechs roten Plättchen, die rechts am Turm platziert sind. Liam begründet es damit, dass die beiden gleich seien. Den Opa erkenne man daran, dass er am meisten habe. Liam hebt den linken Becher mit achtzehn Plättchen an (Z. 56). Die Interviewerin äußert ihr Verstehen (Z. 57) und fordert Liam anschließend auf, das von ihm für die Erklärungen verschobene Material wieder zurück in die ursprüngliche Darstellung zu stellen. Liam kommt der Bitte nach, sodass die Interviewerin zur Dokumentation der Materialdarstellung als Bestandteil der Daten der Hauptstudie ein Foto von Liams Lösung machen kann, womit die Szene und auch das Transkript enden.

2) Analyse Nahla: Holzwürfel als Zeichenträger – Kontext ‚Kirschen' e)

2.1) Analyseschritt 1: Zeitliche Verortung der Szene in den gesamten Interviewverlauf
Die ausgewählte Szene stammt aus dem dritten Post-Interview mit Kaelyn und Nahla. Nach dem gemeinsamen Intervieweinstieg (K7–1; 00:00–04:14 min) bearbeiten die beiden getrennt voneinander den Aufgabenteil e) im Kontext ‚Kirschen

pflücken' mit dem Material der Holzwürfel (K7–1; 04:15–23:00 min). *Nahlas Konstruktionen und Erklärungen in Einzelarbeit und teilweise im begleitenden Austausch mit der Interviewerin werden als Gegenstand in der vorliegenden Analyse detailliert betrachtet.* Der ausgewählten Szene folgt der gemeinsame Austausch über Kaelyns (K6–1; 24:41–29:44 min) und Nahlas Lösung (K7–2; 00:15–07:56 min), bevor die beiden Mädchen gemeinsam den Aufgabenteil f) mit Würfeln bearbeiten (K7–2; 07:57–26:21 min). Nach einem kurzen Kommentar zu einer vorbereiteten Zeichnung zum Aufgabenteil f) (K3–3; 00:59–02:28) wird der Aufgabenteil g) ebenfalls gemeinsam mit dem Material der Würfel bearbeitet (K3–3; 02:29–08:15) sowie eine weitere vorbereitete Zeichnung betrachtet (K3–3; 08:16–08:57). Anschließend wird eine neue Aufgabenstellung im Kontext der ‚Boote' eingeführt (K3–3; 08:58–11:09 min) und von Nahla (K3–3; 11:10–16:03 min) und Kaelyn (K0–3; 01:49–09:17 min) an ihren voneinander getrennten Sitzplätzen mit Hilfe des Materials der schwarzen Plättchen bearbeitet. Die Plättchendarstellungen werden einander gegenseitig vorgestellt (K0–3; 10:00–10:52 min Kaelyn und K3–3 20:56–21:46 min Nahla) sowie miteinander verglichen (K3–3; 21:46–22:49 min). Auch zu dieser Aufgabenstellung werden Nahla und Kaelyn aufgefordert, eine vorbereitete Zeichnung zu kommentieren (K3–3; 22:50–24:00 min). Die generierten Würfel- und Plättchendarstellungen werden miteinander verglichen (K3–3 24:01–25:50 min). Es wird eine neue Aufgabenstellung bezüglich der Passung weiterer, unterschiedlicher sachlicher Kontexte zu diesen generierten Darstellungen erläutert (K3–3; 25:50–27:34 min) sowie in Partnerarbeit gemeinsam kommentiert (K3–3; 27:35–36:05 min). Das Interview endet nach etwa 94 Minuten.

2.2) Analyseschritt 2: Hinführender Interaktionsverlauf zum Start der Interviewszene

Bevor die ausgewählte Szene (04:15–23:00 min) im Analyseschritt 4 zusammenfassend beschrieben wird, wird skizziert, was im Intervieweinstieg geschieht. In diesem Zuge werden die wichtigsten Elemente der zu bearbeitenden Aufgabenstellung genannt. Zur Orientierung werden sie hier jedoch noch einmal vorangestellt aufgeführt. In den Aufgabenteilen a) und b) des Kontextes *Kirschen I* wird ersichtlich, dass Jakob und Annika in einer halben Stunde jeweils 1kg Kirschen pflücken. Im Aufgabenteil c) hilft der Opa den beiden Kindern, wobei dieser dreimal so schnell pflückt wie ein Kind. Bei der Teilaufgabe e) ist angegeben, dass Jakob, Annika und Opa gemeinsam eine Stunde Kirschen pflücken, bevor die beiden Kinder spielen gehen. Die zu beantwortende Frage lautet, wie viel Kilogramm Kirschen der Opa noch alleine weiter pflücken muss, damit insgesamt 22 kg Kirschen gepflückt wurden. (Antwort: Jedes Kind pflückt 2 kg und der Opa 6 kg ergo 10 kg in der ersten Stunde; Opa muss noch 12 kg pflücken und dafür braucht er zwei weitere Stunden.)

Das dritte Post-Interview mit Kaelyn und Nahla beginnt mit einem gemeinsamen Rückblick auf das vorangegangene zweite Post-Interview und den darin bereits bearbeiteten Aufgabenstellung im Kontext ‚Kirschen pflücken'. Es wird gemeinsam wiederholt, welche Personen mit welcher Geschwindigkeit Kirschen pflücken: Jakob und Annika pflücken jeweils 1 kg Kirschen in einer halben Stunde; der Opa ist dreimal so schnell und schafft somit 3 kg in einer halben Stunde. Die Interviewerin gibt anschließend einen Überblick über die verschiedenen Bearbeitungsformen und benennt wiederholend die bereits bearbeiteten Aufgabenstellungen. Im dritten Interview wird die Bearbeitung von Aufgabenstellungen im Kontext ‚Kirschen pflücken' fortgesetzt, weshalb Kaelyn und Nahla an dieser Stelle ebenfalls die Möglichkeit erhalten, Rückfragen zu stellen. Die Interviewerin liest die Aufgabenstellung e) vor, die Nahla daraufhin mit ihren Worten erklärt. Die Interviewerin fragt, welche Personen in der ersten Stunde Kirschen pflücken, was Nahla mit „Der Opa, Annika und Jakob" beantwortet. Das zeitgleiche Pflücken dieser drei Personen wird von der Interviewerin erneut benannt, bevor sie Kaelyn dazu auffordert, zu ergänzen, was nach dieser ersten Stunde passiert. Kaelyn erklärt, dass Annika und Jakob gehen und sie herausfinden müssten, wie lange der Opa noch braucht, bis er 22 kg Kirschen gepflückt hat. Anschließend erhalten Kaeyln und Nahla die verschriftlichte Aufgabenstellung und die Interviewerin fordert die beiden auf, diese ausschließlich mit dem Material der Holzwürfel zu lösen. Dafür haben Kaelyn und Nahla jeweils einen Karton mit vielen Holzwürfeln vor sich auf dem Tisch stehen und können darüber hinaus bei Bedarf weitere Holzwürfel von der Interviewerin bekommen. In Einzelarbeit beginnen die beiden räumlich getrennt voneinander die besprochene Aufgabenstellung e) zu bearbeiten. Dafür liest Nahla zunächst noch einmal für sich die Aufgabenstellung durch, bevor sie 04:15 min nach dem Interviewueinstieg mit der Bearbeitung beginnt, die nachfolgend anhand der vorgenommenen Phaseneinteilung zusammenfassend beschrieben wird (Tab. 2).

2.3) Analyseschritt 3: Betrachtung der ausgewählten Szene anhand des Transkripts

1	N	[*Legt zwanzig Würfel als vier Fünferreihen auf den Tisch und schiebt sie in Richtung der Tischkante vor sich, wobei sie deren Anordnung leicht verändert. Legt zwei weitere Würfel dazu. Schiebt die insgesamt zweiundzwanzig Würfel zusammen. Legt einen Würfel mittig auf den Tisch. Legt darunter drei weitere Würfel mit Abstand zueinander. Legt zwei weitere Würfel mit Abstand zueinander an den rechten Tischrand. Spielt mit einem Würfel und betrachtet die Aufgabenstellung.*]
2	I	Nahla was hast du denn bis jetzt da gelegt?
3	N	Ja ehm [*legt den Spiel-Würfel links auf den Tisch*], also das hier [*umfasst mit beiden Händen die zweiundzwanzig Würfel*] sind jetzt erstmal zweiundzwanzig Kilo Kirschen also sind erstmal zweiundzwanzig [*deutet auf die zweiundzwanzig Würfel*].
4	I	Hmhm. [*Legt das Mäppchen beiseite.*]
5	N	Ähm und das ist jetzt eine Stunde [*hebt den oberen der vier Würfel an*]. Eine Stunde lang pflü- pflücken die ja zu dritt [*zeigt auf bzw. hebt die unteren drei Würfel an*] und nach einer Stunde [*zeigt auf den oberen Würfel*] gehen Annika und Jakob [*hebt die zwei Würfel rechts unten am Tischrand kurz hoch*] dann spielen [*legt die zwei Würfel nebeneinander zurück an den Tischrand*].
6	I	Hmhm.
7	N	Ehm und jetzt muss der Opa noch alleine pflücken [*spielt mit dem Spiel-Würfel*] und jetzt möchte der wissen wie lange er noch pflücken muss. (.)
8	I	Das hier war die Stunde [*umfasst den oberen der vier Würfel*]?
9	N	Hmhm.
10	I	Und das ist- jeweils einer ist eine Person [*tippt nacheinander auf die drei Würfel darunter*]?
11	N	Hmhm.
12	I	Also Annika, Jakob und Opa [*tippt erneut nacheinander auf die drei Würfel*]?
13	N	Hmhm.

14	I	Ok. Interessant. Ich schieb die mal so ein bisschen rüber [*verschiebt die zwei am rechten Tischrand liegenden Würfel; N. spielt mit dem Spiel-Würfel*]. [*Steht auf*] sonst ist die nachher nicht drauf [*verstellt die Kamera*]. Und was überlegst du weiter Nahla?	
15	N	Ehm ich rechne jetzt erstmal im Kopf und guck dann wie ich das aufbaue	
16	I	Kannst du das vielleicht ohne rechnen vorher machen, sondern erst mal mit dem Material? Dass du das mit dem Material lösen kannst? [*Geht.*]	
17	N	(…) Bei- in einer halben Stunde schafft Jakob ein Kilo und noch ne halbe Stunde zwei Kilo [*lässt den Spiel-Würfel auf den Tisch fallen*]. [*Überlegt, schiebt die drei einzelnen Würfel zu einer Reihe zusammen. Spielt mit ihnen.*] In einer Stunde schaffen die (…) au (5 Sek.) [*Legt Würfel mit Abstand in einer Dreier-Reihe zurück. Schiebt den darüber liegenden einzelnen Würfel nach rechts. Legt einen neuen Würfel über die Dreier-Reihe. Schiebt die zwei Würfel von der Tischkante als Zweier-Reihe unter den einzelnen rechten Würfel. Legt darunter zwei neue Würfel als zweite Zweier-Reihe. Legt zwei neue Würfel erneut an die Tischkante unten rechts. Behält einen zweiten Spiel-Würfel in der rechten Hand. Überlegt und spielt. Entfernt die Würfel der zweiten Zweierreihe. Nimmt von den zweiundzwanzig Würfeln zwei und legt sie als zweite Zweierreihe. Schiebt den ersten Spiel-Würfel mit der linken Hand höher. Schiebt achtzehn der übrigen zwanzig Würfel als sechs Dreiergruppen in die Tischmitte zu dem ersten Spiel-Würfel. Überlegt und spielt dabei mit den oben zurück gebliebenen zwei Würfeln.*] Hm ne das kann jetzt nicht sein. [*Legt den zweiten Spiel-Würfel aus der rechten Hand in die linke. #Zählt die neunzehn Würfel und tippt dabei mit dem rechten Zeigefinger auf die einzelnen Würfel.*]
18	I	#Was kann nicht sein? [*Setzt sich zu Nahla.*]	

19	N	[*Entfernt einen der beiden oben liegenden Würfel.*] Und zwar hab ich jetzt [*legt den zweiten Spiel-Würfel auf den Tisch unter die linken zwanzig Würfel*] hier also das sind halt immer noch in einer Stunde [*zeigt auf den einzelnen Würfel über der Dreierreihe*] arbeiten die drei zusammen [*umfasst die drei Würfel in der Mitte*] und in- nach einer Stunde- also in einer Stunde [*zeigt und berührt mehrfach den einzelnen Würfel rechts über den zwei Zweier-Reihen*] schaffen Jakob und Annika [*hebt die erste Zweier-Reihe an*] zwei Kilo [*hebt die zweite Zweier-Reihe an*] ähm und dann gehen die nach der Stunde- nach einer Stunde [*hebt die zwei Würfel unten rechts hoch*] und das muss der Opa einfach alleine pflücken [*hebt den zweiten Spiel-Würfel an*]. Und jetzt hab ich hier das so [*hantiert mit den Würfelhaufen*] naja ich kann man- weiß nicht ob das so berechnet nennen kann- halt hier so eine halbe Stunde, eine Stunde, ehm eine Stunde dreißig, zwei Stunden, zwei Stunden dreißig, drei Stunden [*schiebt jeweils die Würfel als sechs Dreiergruppen nach unten*] und jetzt hab ich noch zwei übrig [*hebt die beiden oben liegenden Würfel hoch und behält sie in der Hand*] und nicht drei.
20	I	Ja, zählen wir doch nochmal. Wie viele Kilogramm Kirschen hast du denn jetzt verbaut? Also wenn ich das richtig gesehen habe, sind das hier diese vier, ne [*tippt auf die zwei Zweier-Reihen*]?
21	N	Hmhm.
22	I	Für Annika und Jakob- richtig?
23	N	Eh nein, das sind Annika und Jakob [*hebt erste Zweier-Reihe an*] und das sind und das sind zwei Kilo [*hebt die zweite Zweier-Reihe*].
24	I	Ach so, das hier ist Annika und das Jakob [*tippt nacheinander auf die Würfel der ersten Zweier-Reihe*].
25	N	Ja.
26	I	Und das ist ein Kilo [*tippt auf den ersten Würfel der zweiten Zweierreihe*] was Annika pflückt [*tippt auf den ersten Würfel der ersten Zweierreihe*]?
27	N	Und ein Kilo [*tippt auf den zweiten Würfel der zweiten Zweierreihe*] was Jakob pflückt [*schiebt den zweiten Würfel der zweiten Zweierreihe leicht zur Seite*].
28	I	In einer Stunde [*zeigt auf den oberen einzelnen Würfel*]?
29	N	Ja.
30	I	Aha [*hebt den Zeigefinger*].

31	N	Obwohl (..) eine Stunde schafft jeder aber zwei Kilo. Also- ach so [*legt die zwei Würfel aus ihrer Hand in die zweite Zweier-Reihe, sodass sie eine Vierer-Reihe bilden*] jetzt hab ich das hier [*schiebt die anderen Würfel, sowohl die achtzehn von links als auch die vier von der Mitte, gemeinsam nach oben zur Tischkante, sodass dort zweiundzwanzig Würfel liegen, der einzelne Spiel-Würfel bleibt weiterhin links liegen, lacht*]. Ok, also eine ne- nein- eine halbe Stunde [*schiebt jeweils drei Würfel näher zu sich*], eine Stunde, eine#
32	I	#Vielleicht legst du das direkt ein bisschen ähm anders hin, damit man das sehen kann, was du da machst.
33	N	Ja, das mach ich dann gleich.
34	I	Ok.
35	N	Also dann hab ich jetzt hier. Eine halbe Stunde, eine Stunde, eine Stunde dreißig [*zeigt auf jeweils drei der bereits neun verschobenen Würfel*], zwei Stunden, drei Stunden, drei Stunden hmm [*schiebt weiter jeweils drei Würfel von dem Würfelhaufen näher zu sich. Vor ihr liegen einundzwanzig Würfel und ein unverschobener darüber, sowie links der Spiel-Würfel*]. Jetzt hab ich schon wieder einen über. [*Nimmt den einzelnen Würfel in die linke Hand.*]
36	I	Ich glaube du hast den Opa weggenommen ne?
37	N	Ne das ist der glaube ich [*hebt den Spiel-Würfel mit der rechten Hand an*]. Eins, zwei, drei, vier, fünf, sechs, sieben, acht, neun. Zehn, elf, zwölf, dreizehn, vierzehn, fünfzehn [*zählt den einundzwanziger Würfelhaufen und tippt dabei mit dem Zeigefinger auf die einzelnen Würfel, flüstert unverständlich und zeigt auf die weiteren Würfel*].
38	I	Zweiundzwanzig, dreiundzwanzig, vierundzwanzig, fünfundzwanzig [*tippt nacheinander auf die Würfel der Vierer-Reihe*].
39	N	Hn? (..) Ich glaub, dann hab ich zu viele- hä dann hab ich ja zu viele Kirschen [*lacht*]. Hmmm. [*Entfernt die zwei äußeren Vierer-Reihe.*] (Zack.)
40	I	Warum nimmst du die weg?

41	N	Keine Ahnung. Ehm (8 Sek.) [*nimmt zwei Würfel von den zweiundzwanzig in die Hand.*] Dann mach ich die noch zusammen, weil ich hab ja drei, sechs, neun, zwölf, fünfzehn, achtzehn [*bedeckt mit den Fingern beim Zählen immer drei Würfel*]. Jetzt hab ich ja schon wieder hier nur noch zwei [*schiebt drei der Würfel zur Seite.*].
42	I	Zwei, vier, sechs, acht, zehn, zwölf, vierzehn, sechzehn, achtzehn, zwanzig [*schiebt dabei je zwei Würfel seitlich*].
43	N	Ach so, ne doch.
44	I	Zweiundzwanzig [*zeigt auf die zweite Zweier-Reihe*].
45	N	Ja dann [*legt die zwei Würfel aus ihrer Hand in den Karton*]. Ok. Hab ich doch falsch gezählt [*schiebt die zwanzig Würfel höher*] einfach nur. (..) Dann mach ich das jetzt nochmal mit dem- halbe Stunde, eine Stunde, halbe Stunde dreißig, zwei Stunden, zwei Stunden dreißig, drei Stunden [*schiebt je drei Würfel immer zusammen ein Stück näher zu sich, also achtzehn Stück, zwei bleiben oben liegen*] hä ey warum hab ich jetzt schon wieder nur noch zwei [*zeigt auf die zwei übrig gebliebenen Würfel und schlägt die Hände über dem Kopf zusammen*].
46	I	(…) Ich frage nochmal. Warum hast du vorhin zwei Kilogramm Kirschen hier weggenommen [*deutet auf die zweite Zweier-Reihe*].
47	N	Weil die das in einer Stunde schaffen.
48	I	Was schafft Jakob und Annika in einer Stunde?
49	N	Zwei Kilo.
50	I	Jeder oder zusammen?
51	N	Obwohl ne jeder schafft ein- jeder schafft zwei Kilo eigentlich (.), weil die schafft ein- einer schafft ja in ner halben Stunde ein Kilo und wenn ich dann noch ne halbe Stunde zu dazu mach, sind das ja schon zwei Kilo. Also eigentlich müssten hier [*deutet auf die zweite Zweier-Reihe*] vier liegen, aber dann passt das [*deutet auf die zwanzig Würfel*] (hier) damit wieder nicht.
52	I	Hmh? (verneinend)
53	N	Ne, wenn das das sind dann ja nicht mehr zweiundzwanzig. Sind ja dann mehr.
54	I	Müssen das hier zweiundzwanzig sein [*hält ihre Hand über die zwanzig Würfel*]?
55	N	Ne, das müssen insgesamt zweiundzwanzig sein.
56	I	Kannst du mal zählen [*deutet Richtung Tisch*]?
57	N	[*Legt den Spiel-Würfel beiseite*] (unverständlich). Ja, also drei, sechs, neun, zwölf, fünfzehn, achtzehn [*schiebt jeweils drei Würfel in die Tischmitte, ergo achtzehn*] neunzehn, zwanzig [*tippt auf die zwei unverschobenen Würfel*].

58	I	Und was ist mit denen [*zeigt auf die zweite Zweier-Reihe*]?
59	N	Einundzwanzig, zweiundzwanzig. Ja und aber dann ich ehm (..) hab <u>immer</u> zwei übrig. Auch wenn ich die dazutun würde [*hebt die zwei Würfel der zweiten Zweier-Reihe hoch und tut so, als würde sie die Würfel zu den Anderen legen, führt sie jedoch wieder an die ursprüngliche Stelle*]. Dann wären das immer noch zwei, weil dann hab ich hier [*führt die zwei Würfel zu den zwei Würfeln an den oberen Tischrand*] ein Dreierpack, dann hab ich- obwohl ne, dann hab ich nur noch einen übrig [*legt die zwei Würfel wieder zurück als zweite Zweier-Reihe*], aber trotzdem hab ich dann einen übrig.
60	I	(..) Wieso möchtest du die [*zeigt auf die zweite Zweier-Reihe*] denn dazu tun [*zeigt auf die zwei oberen Würfel*]?
61	N	Ne, (..) hm hm. (4 Sek.) Ehm (7 Sek.) [*spielt mit Würfeln*]. Ich komm nicht damit klaaar. (.) Äähm.
62	I	Ist doch schon ganz gut. Bist schon richtig weit.
63	N	Ja, aber (..) ich weiß nicht wie ich weitermachen soll.
64	I	[*Kaelyn vom Nachbartisch macht auf sich aufmerksam.*] Überleg nochmal wie du die vielleicht hinlegen kannst für den Opa. Du hast ja gesagt, du wolltest die nochmal irgendwie anders hinlegen [*deutet auf die achtzehn Würfel*] und schau nochmal, was Annika und Jakob #pflücken in einer Stunde, weil das musst du ja auch auf jeden Fall hinlegen, ne, die schaffen das ja in der einen Stunde [*deutet auf die erste Zweier-Reihe*]. [*Geht zu Kaelyn.*]
65	N	# [*Legt die achtzehn Würfel als 6 × 3-Rechteck zusammen. Legt die zwei übrigen Würfel oben an die rechte Rechteckseite. Überlegt und spielt.*] [*Interviewerin kommt zu Nahla.*] Ich komm immer noch nicht weiter. Ich hab absolut gar keine Idee.
66	I	(5 Sek.) Der Jakob (.) wie viel Kilogramm pflückt der in einer halben Stunde?
67	N	Ein Kilo.
68	I	Wo siehst du das?
69	N	Ähm [*verschiebt den rechten Würfel der zweiten Zweier-Reihe*] ja aber der schafft ja aber ich hab hier <u>eine</u> Stunde liegen [*hebt den obersten einzelnen Würfel hoch*].
70	I	Wie viel schafft er denn in einer Stunde?
71	N	In einer Stunde schafft er zwei Kilo.
72	I	Siehst du die hier in deinem Material?

73	N	Hm hm. [*Einatmen.*] Ich glaube ich hab eine Idee. Vielleicht könnte ich ja die hier [*nimmt die zwei Würfel von der rechten Rechtecksseite hoch*] jetzt so hier hinlegen [*legt die zwei Würfel links und rechts an die zweite Zweier-Reihe, sodass sie zur Vierer-Reihe wird*].
74	I	Was bedeutet das dann?
75	N	(4 Sek.) Ich glaube, ich hab das Ergebnis. Eine Stunde [*zeigt auf die linken zwei Spalten des Würfel-Rechtecks*], zwei Stunden [*zeigt auf die mittleren zwei Spalten*], drei Stunden [*zeigt auf die rechten zwei Spalten*]. Der Opa muss drei Stunden noch pflücken [*spielt mit dem Spiel-Würfel*].
76	I	Noch oder insgesamt?
77	N	(..) Noch drei Stunden. Weil Annika und Jakob [*legt den Spiel-Würfel unter das Rechteck*] gehen ja [*macht eine Handbewegung von sich aus nach rechts*]. Insgesamt muss der Opa dann (.) vier Stunden pflücken.
78	I	Wenn der Opa vier Stunden pflückt, dann schafft der vierundzwanzig Kilogramm Kirschen.
79	N	Ja, aber der muss ja nur der muss ja nur [*umfasst die achtzehn mittleren Würfel*] also nachdem Annika und Jakob gegangen sind [*zeigt auf die untersten zwei Würfel*] muss er noch drei Stunden pflücken.
80	I	Das heißt der pflückt mit Annika und Jakob mit oder wie ist das?
81	N	N- Ne also in der (.) ersten Stunde, da machen Annika und Jakob ja mit.
82	I	Mit dem Opa mit oder guckt der Opa zu?
83	N	Mit dem Opa- mit dem Opa mit.
84	I	Hmm. Ok. Ich sehe hier die erste Stunde [*berührt den obersten einzelnen Würfel*], ich sehe Annika und Jakob [*berührt die Zweier-Reihe*] und ich sehe was die pflücken [*berührt die Vierer-Reihe*]. Wo ist denn der Opa in der ersten Stunde?
85	N	(6 Sek.) In einer Stunde schaffen dann müssen müssen hier noch sechs weg [*hebt die rechten zwei Spalten der achtzehn Würfel an*] dann dann pflückt der noch zwei Stunden.
86	I	Kannst du mit den Sechs mal irgendwie was damit machen, wenn du meinst, die müssen weg?

87	N	Ja also dann sind sechs Kilo [*legt die sechs Würfel an den oberen Tischrand*] und das ist jetzt nochmal der Opa [*legt einen weiteren Würfel mit Abstand rechts daneben*]. Das schafft der in <u>einer</u> Stunde [*berührt noch den gerade gelegten Würfel*]. Oh ne dann mache ich das besser so [*legt den Würfel von rechts mit Abstand unter das 2×3-Rechteck, legt einen weiteren Würfel rechts daneben*]. Eine Stunde [*zeigt auf den einzelnen Würfel rechts*] schafft der Opa [*deutet mit der Hand Richtung 2×3-Rechteck und unteren einzelnen Würfel*] sechs Kilo [*deutet erneut darauf*].
88	I	Und Jakob und Annika schaffen vier Kilo [*deutet auf die Vierer-Reihe*]?
89	N	Ja und ehm der Opa [*hebt den Spiel-Würfel unter dem 4×3-Rechteck kurz hoch*] muss noch zwei Stunden den Rest pflücken [*umfasst das 4×3-Rechteck*].
90	I	Woran siehst du die zwei Stunden?
91	N	Ehm weil der ja- in einer halben Stunde schafft der ja drei Kilo [*hebt die linke Spalte des 4×3-Rechtecks an und zeigt darauf*] und dann hier einfach so drei [*zeigt auf die erste Spalte von links*], sechs [*zeigt auf die zweite Spalte*] [*zeigt auf die dritte Spalte*] ne. Ehm dann immer so eine halbe Stunde [*zeigt auf die erste Spalte von links*], eine Stunde [*zeigt auf die zweite Spalte*], eine halbe Stunde- eh eine Stunde und dreißig [*zeigt auf die dritte Spalte*] und zwei Stunden [*legt die Hand rechts neben das gesamte 4×3-Rechteck*].
92	I	Hmhm.
93	N	Ja.
94	I	Das heißt, ähm du siehst hier in den Würfeln, dass der drei Kilo Kirschen pflückt in einer halben Stunde [*berührt die erste Spalte*].
95	N	Ja.
96	I	Das sagen dir diese drei Würfel [*hält Hand weiterhin über die erste Spalte und tippt darauf*]?
97	N	Ja, weil es könnte man ja auch immer au, aua [*stößt sich den Ellenbogen am Tisch*] anhand [*nimmt den einzelnen Würfel rechts neben dem 2×3-Rechteck*] also das könnte man auch hier dran [*zeigt abwechselnd auf das 2×3-Rechteck und den rechten Würfel*] herausfinden.
98	I	Wie?

99	N	Weil hier ist ja eine Stunde [*nimmt den rechten einzelnen Würfel*]. Obwohl ich könnte das ja vielleicht besser auch so wie da machen [*zeigt nach rechts Richtung einzelnen Würfel, Zweier-Reihe und Vierer-Reihe*], dass hier oben die eine Stunde ist [*legt den Würfel rechts vom 2×3-Rechteck über selbiges*] [*schiebt das 2×3-Rechteck runter*], dann kommt der Opa [*legt den ehemals unter dem 2×3-Rechteck liegenden Würfel unter den anderen einzelnen*] und dann kommen die sechs Kilo [*legt das 2×3-Rechteck unter die zwei einzelnen Würfel*]. Vielleicht dann erkennt man das dann ein bisschen besser [*sortiert Würfel*]. Ich hab das da jetzt etwas anders gemacht [*sortiert Würfel*]. So.
100	I	Hmhm. (4 Sek.) Ich finds interessant, dass du hier die Stunden noch hingelegt hast. Hier [*berührt den linken obersten Würfel*] # und hier [*berührt den rechten obersten Würfel*].
101	N	# Hmhm.
102	N	Das war auch die Stunde.
103	I	Ja, aber hier hast du gar keine Stunden hingelegt [*zeigt auf das 4× 3-Rechteck mit einzelnem Würfel darunter*]. Hier sagst du, du siehst das hier die zwei Stunden [*hält die Hand über das 4×3-Rechteck*]. Hier ist die eine Stunde [*schiebt die erste und zweite Spalte nach links*]# und hier die zweite [*berührt die dritte und vierte Spalte und schiebt sie anschließend auch nach links*].
104	N	Ja man könnte das natürlich auch noch hier zwei Stunden hinlegen [*legt zwei neue Würfel mit Abstand nebeneinander über das 4×3-Rechteck*].
105	I	Könnte man. Kann man die auch weglassen?
106	N	Ja kann man auch also kann man da [*zeigt nach oben Richtung des 2× 3-Rechtecks*] und da auch [*zeigt nach rechts Richtung der Reihen*], aber (.) #vielleicht ein bisschen
107	I	#Was möchtest du?
108	N	Hmm lass ich das da liegen [*berührt den linken Würfel oberhalb des 4× 3-Rechtecks*].
109 Para>	I	Lässt du liegen. Ok. Und das waren die beiden die weglaufen, Annika und Jakob die gehen dann #spielen [*zeigt auf die rechten Würfel unterhalb der Reihen*]?
110	N	#Ja, hmhm.
111	I	Bist du damit fertig?

112	N	Hmhm.

2.4) Analyseschritt 4: Zusammenfassende, objektiv gehaltene Wiedergabe der Szene
Die zusammenfassende Wiedergabe erfolgt anhand der folgenden Phaseneinteilung (Tab. 2):

Phase 1
Nahla legt 22 Würfel links vor sich, einen Würfel mit drei weiteren Würfeln darunter mittig auf den Tisch und zwei weitere Würfel rechts daneben. Einen Würfel nimmt sie in die Hand zum Spielen (Z. 1; Abb. 8).
    Auf Rückfrage der Interviewerin, was sie gelegt habe (Z. 2), erklärt Nahla, dass die links positionierten Würfel 22 Kilogramm Kirschen seien (Z. 3). Der obere mittig liegende Würfel stelle eine Stunde dar, in der die drei Personen Kirschen pflücken, wobei sie auf die drei mittig liegenden Würfel deutet. Mit dem Kommentar, dass Annika und Jakob spielen gingen, verweist Nahla auf die beiden Würfel rechts außen (Z. 5). Es sei fraglich, wie lange der Opa noch alleine weiterpflücken müsse (Z. 7). Die Interviewerin stellt daraufhin Rückfragen zu den Referenzen der vier mittig positionierten Würfel (Z. 8, 10 und 12), die Nahla für den oberen Würfel als eine Stunde und die drei darunter liegenden als jeweils die Personen Jakob, Annika und Opa bestätigt (Z. 9, 11 und 13). Die Interviewerin drückt ihr Verstehen aus (Z. 14).

Phase 2
Die Interviewerin fragt Nahla, was diese weiter überlege (Z. 14). Nahla möchte zunächst im Kopf rechnen und anschließend schauen, wie sie ihre Überlegungen aufbauen könne (Z. 15). Die Interviewerin fordert Nahla daraufhin dazu auf, die Aufgabe mit dem Material zu lösen und lässt Nahla alleine weiterarbeiten (Z. 16). Nahla überlegt laut, dass Jakob in einer halben Stunde ein Kilogramm und mit einer weiteren halben Stunde zwei Kilogramm schaffe. Sie lässt ihren ersten Spielwürfel (vgl. Z. 1) auf den Tisch fallen. Nahla überlegt und spielt dabei mit verschiedenen Würfeln.
    Sie schiebt den einzelnen mittig liegenden Würfel nach rechts und legt einen neuen Würfel an dessen alte Position. Unterhalb des neuen Würfels schiebt sie anschließend die rechts außen liegenden beiden Würfel. Darunter legt Nahla zwei weitere neue Würfel als zweite Zweier-Reihe. Sie nimmt zwei weitere neue Würfel, um diese an die alte Position der beiden rechts außen liegenden Würfel

Tab. 2 Phaseneinteilung Nahla

Phase	Zeit	Zeile	Inhalt
1	04:13–06:36	1–14	Erste Bauphase e) und Erklärung
1.1	04:13–05:44	1	Erste Bauphase zu e) (nur Würfel)
1.2	05:44–06:12	2–7	Erklärung der bisherigen Würfeldarstellung
1.3	06:13–06:36	8–14	Rückfragen der Interviewerin
2	06:37–11:11	14–19	Initiierung und zweite Bauphase mit Erklärung
2.1	06:37–06:49	14–16	Initiierung der zweiten Bauphase
2.2	06:50–10:19	17	Zweite Bauphase
2.3	10:20–11:11	18–19	Erklärung der bisherigen Darstellung
3	11:11–11:50	19–31	Bestimmung der Gesamtpflückmenge bzw. die der beiden Kinder
4	11:50–15:59	31–63	Versuch, Pflückmenge und -zeit der Personen zu ermitteln
4.1	11:50–12:24	31–37	Zusammenschieben der linken und mittleren Würfelteilstruktur mit Nahlas Zählweise
4.2	12:24–13:53	37–45	Bestimmung des visualisierten Gesamtgewichts mit Nahlas Zählweise
4.3	13:54–15:59	46–63	Thematisierung der verschiedenen Pflückmengen
5	16:00–19:45	64–75	Initiierung und dritte Bauphase mit erstem Ergebnis
5.1	16:00–16:17	64	Initiierung der dritten Bauphase
5.2	16:13–19:01	65	Dritte Bauphase
5.3	19:02–19:45	66–75	Anpassung der Repräsentation und Finden eines ersten Ergebnisses
6	19:46–21:50	75–97	Nahlas Verständnis des zeitlichen Ablaufs
6.1	19:46–20:55	75–85	Deutung gemeinsam/getrennt pflücken
6.2	20:56–21:50	86–97	Anpassung der Darstellung als vierte Bauphase
7	21:50–23:00	97–112	Fertigstellung der Darstellung
7.1	21:50–22:49	97–108	Veränderung der mittleren und linken Teildarstellung
7.2	22:50–23:00	109–112	Beendigung der aktuellen Arbeitsphase

zu positionieren (vgl. Abb. 9). Nahla nimmt sich einen neuen Würfel, den sie ebenfalls als Spielwürfel benutzt.

Abb. 8 Nahla 1

Nach weiteren Überlegungen entfernt Nahla die Würfel der zweiten Zweier-Reihe. Stattdessen nimmt sie von den oben links liegenden 22 Würfeln zwei Würfel und positioniert diese an deren Stelle. Von diesen 20 übriggebliebenen Würfeln schiebt sie 18 als sechs Dreiergruppen nach unten zu ihrem ersten Spielwürfel, sodass 19 Würfel ungeordnet beieinander liegen (vgl. Abb. 10). Nahla überlegt weiter, wobei sie die zwei übriggebliebenen Würfel hin und her verschiebt. Sie kommentiert, dass das jetzt nicht sein könne und zählt die 19 Würfel, wobei sie diese mit dem Zeigefinger antippt (Z. 17).

Die Interviewerin greift Nahlas letzte Äußerung auf und erfragt, was nicht (möglich) sein könne (Z. 18). Einen der beiden links oben liegenden Würfel entfernt Nahla. Anschließend legt sie ihren zweiten Spielwürfel links unten auf den Tisch (vgl. Abb. 11) und beginnt ihre Erklärung, indem sie zunächst die mittleren vier Würfel fokussiert. Die Drei arbeiteten immer noch eine Stunde zusammen, wobei Nahla die drei bzw. den einzelnen Würfel nacheinander berührt. Die rechts

Abb. 9 Nahla 2

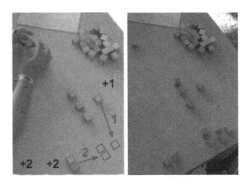

Abb. 10 Nahla 3

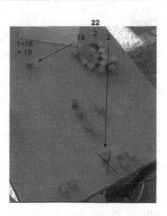

positionierten Würfel seien das, was Jakob und Annika in einer Stunde schaffen, bevor diese nach einer Stunde spielen gehen. Dabei hebt Nahla nacheinander den oberen einzelnen Würfel, die erste Zweier-Reihe, die zweite Zweier-Reihe und die unteren beiden Würfel an. Nahla ergänzt, dass der Opa alleine pflücken müsse und hebt den zweiten Spielwürfel an, bevor sie sich dem Würfelhaufen zuwendet. Sie kommentiert, dass sie nicht wisse, ob man ihr Vorgehen als ‚berechnen' beschreiben kann. Nahla beginnt damit, in halben Stunden bis drei Stunden zu zählen, wobei sie 18 Würfel des Würfelhaufens als sechs Dreiergruppen nach unten schiebt. Ein Würfel des Würfelhaufens und ein Würfel der oben links liegenden Würfel verbleiben an ihrer Position bzw. werden von Nahla in die Hand genommen. Nahla beurteilt, sie habe zwei Würfel übrig, und nicht drei (Z. 19).

Abb. 11 Nahla 4

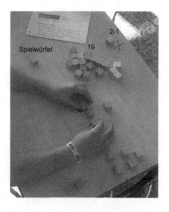

Phase 3

Nach Nahlas Beurteilung, noch zwei übrig zu haben und nicht drei (Z. 19), fordert die Interviewerin Nahla auf, zu zählen, wie viel Kilogramm Kirschen diese
in ihrer Darstellung verwendet habe. Die Interviewerin tippt die rechts gelegenen
zwei Zweier-Reihen an (vgl. Abb. 12) und fragt Nahla, ob die Interviewerin es
richtig sehe, dass dies vier Kilogramm seien (Z. 20). Nahla bejaht (Z. 21). Die
Interviewerin erbittet Bestätigung dafür, dass diese vier Kilogramm von Annika
und Jakob seien (Z. 22). Nahla verneint und erklärt, dass die erste Zweier-Reihe
Jakob und Annika und die zweite Zweier-Reihe zwei Kilogramm seien (Z. 23).
Die Interviewerin wiederholt Nahlas Äußerung mit ihren Worten (Z. 24 und 26).
Nahla stimmt zu (Z. 25) und sagt, während sie den zweiten Würfel der zweiten
Zweier-Reihe berührt, dies sei ein Kilo, was Jakob pflücke (Z. 27). Die Interview-
erin zeigt auf den oberen einzelnen Würfel und fragt „in einer Stunde?" (Z. 28),
was Nahla bejaht (Z. 29).

Abb. 12 Nahla 5

Anschließend bemerkt Nahla, dass jeder in einer Stunde zwei Kilo schaffe, woraufhin sie die zwei zuvor übrig gebliebenen Würfel in die zweite Zweier-Reihe legt und diese in eine Vierer-Reihe umwandelt (Z. 31; vgl. Abb. 13).

Abb. 13 Nahla 6

Phase 4
Nahla schiebt die 18 Würfel linksseitig sowie die vier Würfel in der Mitte zu einem Würfelhaufen von 22 Würfeln zusammen mit dem Kommentar, dass sie diese hier habe. Der Spielwürfel verbleibt dabei auf seinem Platz. Nahla beginnt erneut damit, jeweils drei Würfel zu verschieben, während sie in halb-Stunden-Schritten zählt (Z. 31). Die Interviewerin unterbricht Nahla mit dem Vorschlag, die Würfel direkt anders hinzulegen, damit man sehen könne, was Nahla mache (Z. 32). Nahla stimmt dem zu, möchte dies allerdings erst im Anschluss tun (Z. 33). Erneut startet Nahla mit der spezifischen Zählweise, indem sie jeweils drei Würfel verschiebt und eine halbe Stunde dazu zählt. Dies geschieht, bis sie 21 Würfel verschoben hat. Nahla kommentiert, dass sie schon wieder einen übrig habe (Z. 35; vgl. Abb. 14).

Abb. 14 Nahla 7

Die Interviewerin äußert die Vermutung, dass Nahla den Opa *weggenommen* habe (Z. 36), was Nahla mit dem Hinweis auf den Spielwürfel verneint. Nahla zählt die 21 Würfel, indem sie jeden einzeln antippt und die entsprechende Zahl benennt (Z. 37). Die Interviewerin zählt bis 25 weiter und tippt dabei nacheinander auf die Würfel der Vierer-Reihe (Z. 38). Nach einer kurzen Pause kommt Nahla zu der Vermutung, dass sie zu viele Kirschen habe und entfernt die zwei äußeren Würfel der Vierer-Reihe (Z. 39). Die Interviewerin möchte wissen, warum Nahla diese beiden wegnehme (Z. 40), was Nahla nicht beantworten kann (Z. 41). Sie überlegt, nimmt zwei Würfel des Würfelhaufens mit dem Kommentar „Dann mach ich die noch zusammen" in die Hand und zählt die übrigen Würfel des Haufens in Dreier-Schritten bis 18. Sie kommentiert, dass sie schon wieder nur noch zwei übrig habe, und schiebt die beiden nicht gezählten sowie einen weiteren Würfel zur Seite (Z.41). Die Interviewerin zählt die Würfel ebenfalls durch, wobei sie den Würfelhaufen als 20 zählt (Z. 42) und dazu noch die zweite Zweier-Reihe (Z. 43). Nahla legt die beiden Würfel aus ihrer Hand in den Karton und stellt fest, dass sie wohl falsch gezählt habe. Erneut beginnt sie mit ihrer spezifischen Zählweise bis sie bei 18 Würfeln und drei Stunden anlangt. Dabei bleiben wieder zwei Würfel übrig, was sie verwundert kommentiert und die Hände über dem Kopf zusammen schlägt (Z. 45). Die Interviewerin fragt nach einer kurzen Pause erneut, warum Nahla die zwei Kilogramm Kirschen bei der zweiten Zweier-Reihe weggenommen habe (Z. 46). Nahla erklärt, dass sie dies in einer Stunde schaffen (Z. 47). Die Interviewerin möchte genauer wissen, was Jakob und was Annika in einer Stunde schaffe (Z. 48). Nahla erwidert, es seien zwei Kilogramm (Z. 49), und die Interviewerin fragt, ob jeder dies pflücke oder beide zusammen (Z. 50). Nahla erkennt, dass jeder zwei Kilogramm in einer Stunde schaffe, weshalb in der zweiten Zweier-Reihe eigentlich vier Würfel liegen müssten, jedoch passe es dann mit dem Würfelhaufen wieder nicht (Z. 51). Auf Nachfrage (Z. 52) erklärt Nahla weiter, dass es ja dann nicht mehr 22 seien sondern mehr (Z. 53). Die Interviewerin hinterfragt diese Anzahl bezogen auf den Würfelhaufen (Z. 54) und Nahla benennt, dass es insgesamt 22 sein müssten (Z. 55). Nach Aufforderung (Z. 56) zählt Nahla erneut die Anzahl der Würfel in der Mitte als 20 (Z. 57). Nach Rückfrage der Interviewerin (Z. 58) zählt Nahla auch die beiden Würfel der zweiten Zweier-Reihe dazu, jedoch habe sie trotzdem zwei (18+2) bzw. einen Würfel (21+1) übrig, wenn sie die Würfel der zweiten Zweier-Reihe in die Mitte lege und in ihrer spezifischen Zählweise zähle (Z. 59). Die Interviewerin erfragt, warum Nahla diese Würfel dazu tun möchte (Z. 60), was Nahla verneint. Sie überlegt und erklärt, dass sie damit nicht klar komme (Z. 61). Die Interviewerin spricht ihr zu (Z. 62), aber Nahla weiß nicht, wie sie weitermachen soll (Z. 63).

Phase 5
Kaelyn erbittet am anderen Arbeitsplatz die Hilfe der Interviewerin, worauf diese Nahla dazu auffordert, erneut zu überlegen, wie Nahla die Würfel für den Opa hinlegen könne, sowie zu schauen, was Annika und Jakob pflücken, bevor sie zu Kaelyn geht (Z. 64).

Nahla legt die 18 Würfel als Rechteck zusammen und positioniert die beiden übrigen Würfel an dessen rechter Seite (vgl. Abb. 15). Sie überlegt und spielt dabei mit den Würfeln, bis die Interviewerin zurückkommt. Sie teilt dieser mit, dass sie immer noch nicht weiterkäme und keine Idee habe (Z. 65).

Abb. 15 Nahla 8

Nach einer Pause fragt die Interviewerin, wie viel Kilogramm Jakob in einer halben Stunde pflücke (Z. 66). Nahla antwortet mit einem Kilo (Z. 67) und soll anschließend erklären, wo sie dies sehe (Z. 68). Nahla verschiebt den rechten Würfel der zweiten Zweier-Reihe und sagt, dass sie hier jedoch eine Stunde liegen habe, wobei sie den oberen einzelnen Würfel anhebt (Z. 69). Die Interviewerin greift dies auf und formuliert ihre Frage dahingehend um (Z. 70). Nahla erläutert, dass Jakob in einer Stunde zwei Kilogramm schaffe (Z. 71), was die Interviewerin ebenfalls am Material erklärt haben möchte (Z. 72). Nahla hat die Idee, die zwei Würfel der rechten Rechtecksseite links und rechts an die zweite Zweier-Reihe zu legen (Z. 73; vgl. Abb. 16). Nahla denkt, dass sie das Ergebnis gefunden habe, und zählt jeweils zwei Spalten des Rechtecks als eine Stunde, sodass der Opa noch drei Stunden pflücken müsse (Z. 75).

Phase 6
Nach Nahlas Feststellung, der Opa müsse noch drei Stunden pflücken (Z. 75), erfragt die Interviewerin, ob der Opa noch drei Stunden oder insgesamt drei Stunden pflücken müsse (Z. 76). Nahla erwidert, dass es noch drei Stunden seien, weil Annika und Jakob gehen und der Opa insgesamt vier Stunden pflücke (Z. 77). Die Interviewerin stellt fest, dass der Opa in vier Stunden 24 Kilogramm Kirschen pflücke (Z. 78). Nahla entgegnet, dass der Opa noch drei Stunden pflücken

Abb. 16 Nahla 9

müsse, nachdem Annika und Jakob gegangen seien (Z. 79). Die Interviewerin erkundigt sich danach, ob der Opa mit Annika und Jakob mitpflücke oder wie das zu verstehen sei (Z. 80). In der ersten Stunde würden Annika und Jakob mitpflücken (Z. 81). Die Interviewerin fragt, ob sie mit dem Opa mitpflückten oder dieser nur zuschaue (Z. 82).

Nahla präzisiert, dass die beiden mit dem Opa mitpflücken (Z. 83). Anschließend beschreibt die Interviewerin, dass sie die erste Stunde, Annika und Jakob sowie deren Pflückmenge sehe, wobei sie nacheinander den einzelnen Würfel, die Zweier-Reihe und die Vierer-Reihe berührt, bevor sie wissen möchte, wo der Opa in der ersten Stunde sei (Z. 84). Nach einer Pause entscheidet Nahla, dass die rechten sechs Würfel des Rechtecks *weg* müssten und der Opa somit noch zwei Stunden pflücke (Z. 85). Nach Aufforderung der Interviewerin, mit diesen Würfeln etwas zu machen, wenn diese weg müssten (Z. 86), legt Nahla diese an den oberen Tischrand, ebenso wie einen weiteren Würfel, den Opa darstellend, rechts daneben. Sie entscheidet sich dann jedoch um, positioniert diesen Würfel unterhalb der sechs Würfel am Tischrand als den Opa und einen weiteren Würfel als eine Stunde rechts daneben (vgl. Abb. 17). Nahla kommt zu dem Schluss, dass der Opa in einer Stunde sechs Kilo schaffe, wobei sie auf die gelegten Würfel deutet (Z. 87). Die Interviewerin erkundigt sich nach der Gesamtpflückmenge der Kinder als vier Kilogramm Kirschen (Z. 88), was Nahla bestätigt. Mit dem Kommentar „der Opa" hebt sie ihren ursprünglichen Spielwürfel unterhalb des größeren Rechtecks an und ergänzt, dass dieser noch zwei Stunden den Rest pflücken müsse, wobei sie das entsprechende Rechteck umfasst (Z. 89). Die Interviewerin greift die zwei Stunden auf und erfragt, woran Nahla diese sehe (Z. 90). Nahla erklärt, das der Opa in einer halben Stunde drei Kilogramm pflücke, wobei sie die drei Würfel der linken Spalte des größeren Rechtecks anhebt. Sie zeigt erneut auf die erste Spalte von links und zählt „drei", dann zeigt sie auf die zweite Spalte von links und zählt sechs und zeigt abschließend auf die dritte

Spalte von links. Nahla zeigt erneut nacheinander auf die einzelnen Spalten, dieses Mal zählt sie jedoch in Halb-Stunden-Schritten bis zwei Stunden (Z. 91). Nach kurzem jeweiligem Einverständnis (Z. 92, 93) benennt die Interviewerin die von ihr verstandene Bedeutung als *der Opa pflückt drei Kilogramm Kirschen in einer halben Stunde*, wobei sie die drei Würfel der ersten Spalte berührt (Z. 94). Nach Nahlas Bestätigung (Z. 95) und der erneuten Nachfrage seitens der Interviewerin (Z. 96) erklärt Nahla, dass man dies auch an dem oberen Rechteck und dem rechts daneben liegenden Würfel herausfinden könne (Z. 97).

Abb. 17 Nahla 10

Phase 7

Die Interviewerin fragt danach, wie dies möglich sei. Nahla beginnt mit einer Erklärung, positioniert dann jedoch die Würfel so um, wie sie es bei den rechtsseitig gelegenen Würfeln getan hat: Oben sei die eine Stunde, dann komme der Opa und darunter die sechs Kilogramm, wodurch man das vielleicht besser erkennen könne (Z.99; vgl. Abb. 18).

Abb. 18 Nahla 11

Die Interviewerin findet es interessant, dass Nahla die Stunde oben bei dem mittleren sowie dem rechten Teil noch hingelegt habe, wobei die Interviewerin jeweils auf die oberen einzelnen Würfel deutet (Z. 100), Nahla allerdings oberhalb des größeren Rechtecks keine Stunde hingelegt habe, sondern die beiden Stunden anhand von jeweils zwei Spalten erkennen könne (Z. 103). Man könne die zwei Stunden dort ebenfalls noch hinlegen, was Nahla auch tut (Z. 104; vgl. Abb. 19). Man könne sie aber auch weglassen, und zwar sowohl oberhalb des kleineren Rechtecks als auch den einzelnen Würfel rechts an der Seite, wie Nahla auf Nachfrage der Interviewerin (Z. 105) erklärt (Z. 106). Sie entscheidet sich, diese liegenzulassen (Z. 108), was die Interviewerin akzeptiert. Diese fragt nach, ob die beiden Würfel unten rechts die beiden weggehenden Kinder Annika und Jakob seien (Z.109), was Nahla bejaht (Z. 110). Nahla bestätigt, sie sei mit ihrer Aufgabenbearbeitung fertig (Z. 112).

Abb. 19   Nahla 12

3) Analyse Halina: Holzwürfel als Zeichenträger – Kontext ‚Kirschen' e)

3.1) Analyseschritt 1: Zeitliche Verortung der Szene in den gesamten Interviewverlauf
Die ausgewählte Szene stammt aus dem dritten Post-Interview mit Halina und Odelia. Nach dem gemeinsamen Intervieweinstieg (K3–1; 00:00–05:27 min) bearbeiten die beiden getrennt voneinander den Aufgabenteil e) im Kontext ‚Kirschen pflücken' mit dem Material der Holzwürfel (K3–1; 05:28–35:18 min). Dieser Einzelarbeitsphase folgt der gemeinsame Austausch über die generierten Darstellungen. Zunächst erklärt Halina ihre Würfelkonstruktion ihrer Mitschülerin Odelia und der Interviewerin (K3–1; 35:36–36:59 min und K3–2; 00:00–14:26 min). *Halinas Konstruktion, daran vorgenommene Anpassungen und Erklärung sowie ihre Deutungen zu von der Interviewerin vorgenommene Veränderungen werden als Gegenstand in der Analyse detailliert betrachtet.* Der ausgewählten Szene folgt der gemeinsame Austausch über Odelias Lösung (K0–3; 00:25–04:06 min), bevor das Interview aufgrund von Kurzstunden durch die große Pause unterbrochen wird.

Nach der Pause bearbeiten Halina und Odelia gemeinsam den Aufgabenteil f) (K3–3; 00:23–14:47 min) sowie den Aufgabenteil g) (K3–3; 14:47–17:32 min) mit dem Material der Holzwürfel. Nach einem kurzen Kommentar zu einer vorbereiteten Zeichnung zum Aufgabenteil f) (K3–3; 17:32–20:22 min) bearbeiten Halina und Odelia gemeinsam die Aufgabenstellung im Kontext ‚Boote' mit ausschließlich dem Material der schwarzen Plättchen (K3–3; 20:41–26:10 min). Anschließend liest die Interviewerin drei Aufgabenstellungen mit unterschiedlichen Sachkontexten vor, von denen Halina und Odelia eine als ebenfalls passend für die bereits generierte Plättchendarstellung auswählen und diese den anderen beiden Kontexten entsprechend anpassen (K3–3; 26:11–32:43 min). Abschließend liest die Interviewerin eine vierte Aufgabenstellung in einem weiteren Kontext vor, woraufhin die beiden Schülerinnen erneut die Plättchendarstellung verändern (K3–3; 32:44–34:58 min). Das Interview endet nach etwa 91 Minuten.

3.2) Analyseschritt 2: Hinführender Interaktionsverlauf zum Start der Interviewszene

Vor der zusammenfassenden Beschreibung der ausgewählten Szene (K3–1; 35:36–36:59 min und K3–2; 00:00–14:26 min) im Analyseschritt 4 wird Halinas Bearbeitung des Aufgabenteils e) skizziert (K3–1; 05:28–35:18 min). Dabei wird die Entstehung ihrer Materialdarstellung schrittweise und mit bildlicher Unterstützung aufgeführt. Die so im Interaktionsverlauf entstehende Darstellung wird bereits an dieser Stelle als Orientierung vorangestellt (vgl. Abb. *Halinas Materialdarstellung Kirschen II e)*). Es wird überdies die Absicht verfolgt, die Lesenden bereits frühzeitig mit der Benennung der einzelnen Bestandteile vertraut zu machen. Die Benennung dient in erster Linie der Unterscheidung der einzelnen Zeichenträgerkonfigurationen und orientiert sich an ihrer Ähnlichkeit zu mathematischen Formen und Körpern.

Halinas Darstellung wird in drei Teildarstellungen zerlegt (vgl. Abb. 20): 1) links befinden sich zwei kleine Pyramiden mit je zehn Würfeln, zwei aus je acht Holzwürfeln zusammengesetzte Würfel, zwei Zweier-Türme und zwei liegende Quadrate mit je vier Holzwürfeln; 2) mittig ist eine größere Pyramide mit 30 Holzwürfeln aufgebaut, ein zusammengesetzter Würfel, ein stehender Quader aus sechs Holzwürfeln und ein liegendes Rechteck aus sechs Holzwürfeln 3) rechts befindet sich eine große Pyramide mit 40 Holzwürfeln, ein zusammengesetzter Würfel, ein stehender Quader mit acht Holzwürfeln und ein liegendes Rechteck mit acht Holzwürfeln.

Ebenso werden kurz die wichtigsten Elemente der zu bearbeitenden Aufgabenstellung genannt, bevor der zur Interviewszene hinführende Interaktionsverlauf beschrieben wird. In den Aufgabenteilen a) und b) des Kontextes *Kirschen I* wird

Abb. 20 Halina 1

ersichtlich, dass Jakob und Annika in einer halben Stunde jeweils 1 kg Kirschen pflücken. Im Aufgabenteil c) hilft der Opa den beiden Kindern, wobei dieser dreimal so schnell pflückt wie ein Kind. Bei der Teilaufgabe e) ist angegeben, dass Jakob, Annika und Opa gemeinsam eine Stunde Kirschen pflücken, bevor die beiden Kinder spielen gehen. Die zu beantwortende Frage lautet, wie viel Kilogramm Kirschen der Opa noch alleine weiter pflücken muss, damit insgesamt 22 kg Kirschen gepflückt wurden. (Antwort: Jedes Kind pflückt 2 kg und der Opa 6 kg ergo 10 kg in der ersten Stunde; Opa muss noch 12 kg pflücken und dafür braucht er zwei weitere Stunden.)

Das dritte Post-Interview mit Halina und Odelia beginnt mit einem gemeinsamen Rückblick auf das vorangegangene zweite Post-Interview und den darin bereits bearbeiteten Aufgabenstellungen im Kontext ‚Kirschen pflücken‘. Es wird wiederholt, welche Personen mit welcher Geschwindigkeit Kirschen pflücken: Jakob und Annika pflücken jeweils 1 kg Kirschen in einer halben Stunde; der Opa ist dreimal so schnell und schafft somit 3 kg in einer halben Stunde bzw. braucht der Opa „zehn Minuten um ein Kilo zusammen zu kriegen", wie es Halina formuliert. Sie gibt überdies eine ausführliche Zusammenfassung der Lösung zur bearbeiteten Aufgabenstellung d). Im dritten Interview wird die Bearbeitung von Aufgabenstellungen im Kontext ‚Kirschen pflücken‘ fortgesetzt. Die Interviewerin liest die Aufgabenstellung e) vor, die Halina daraufhin mit ihren Worten erklärt. Die Aufgabe soll nur mit dem Material der *einfarbigen* Holzwürfel gelöst werden, was Halina mit „dann erkennt man das ja gar nicht" kommentiert (vgl. Intervieweinstieg, K3–1; 00:00–05:27). In Einzelarbeit beginnen Halina und Odelia räumlich getrennt voneinander die besprochene Aufgabenstellung e) zu bearbeiten (Halina K3–1; 5:28–35:18 und Odelia K0–1; 05:11–29:49 sowie K0–2 00:00–02:03 min).

Halina begutachtet die Würfel in dem Karton. Sie erklärt, dass es zum Glück verschiedene Farbtöne gäbe, was die Interviewerin abtut und festlegt, dass die Würfel alle gleich seien (K3-1; 05:28–05:50 min). Halina betrachtet das vor ihr liegende Arbeitsblatt mit der Aufgabenstellung (05:51–06:09). Sie baut einen als *zusammengesetzten Würfel* bezeichnetes Gebilde, das aus acht Holzwürfeln besteht. Halina kommentiert, dass sie dieses Mal lieber nur zwei nähme, weil es sonst zu lange dauerte. (Zuvor hatte sie einen zusammengesetzten Würfel mit einer weiteren Ebene aus vier Holzwürfeln als Würfelkonstellation gewählt.) Die Interviewerin fragt: „als Baum?", was Halina bejaht. Sie baut anschließend zwei weitere zusammengesetzte Würfel (06:10–08:45 min; vgl. Abb. 21).

Abb. 21 Halina 2

Die Interviewerin möchte wissen, ob dies jetzt drei Bäume seien, was Halina bejaht. Halina sagt, sie müsse diese aber länger machen, da sie die Holzwürfel als Kirschen benutzen müsse. Daraufhin legt Halina vier weitere Holzwürfel rechts an den linken (ersten) zusammengesetzten Würfel. (Obwohl dieser somit mathematisch gesehen keinen Würfel mehr darstellt, wird er hier der Einfachheit halber nach wie vor als solcher bezeichnet.) Die Interviewerin fragt, ob Halina dann Holzwürfel als Kirschen darauf legen wollte. Halina erklärt, dass sie das nur „so halb" machen wolle, damit die Kirschen nicht wie der Baum aussähen. Im Dialog wird die Beschaffenheit der Holzwürfel thematisiert. Halina legt anschließend vier weitere Würfel zum zweiten und danach zum dritten zusammengesetzten Würfel (vgl. Abb. 22) und kommentiert „So, die Bäume". Währenddessen merkt die Interviewerin an, dass Halina und Odelia jeweils etwa 100 Holzwürfel hätten, sie darüber hinaus noch etwa weitere 100 Stück habe, sollten diese benötigt werden (08:46–10:39 min).

Abb. 22 Halina 3

Halina betrachtet ihre bisherige Darstellung (10:40–11:05 min) und fragt die Interviewerin: „Wie viele Kirschen waren nochmal ein Kilo hatte ich gesagt? Fünf, glaub ich, oder?" Diese bejaht und ergänzt, dass Halina zuerst zehn nehmen wollte. Die Interviewerin erwidert weiter, dass dies Halina aber zu viele waren,

weshalb sie für ihre bildliche Bearbeitung der Teilaufgabe b) schließlich besagte
fünf gewählt hätte. Die Interviewerin ergänzt, dass Halina bei der materiellen
Bearbeitung der Teilaufgabe c) zunächst fünf Steckperlen benutzt habe, weil diese
jedoch nicht gereicht hätten, habe Halina später nur noch eine Steckperle verwendet. Halina habe gesagt, „eine Steckperle ist ein Kilogramm". Währenddessen legt
Halina vier Holzwürfel als Reihe vor sich auf den Tisch (11:06–11:30 min; vgl.
Abb. 23).

Abb. 23   Halina 4

Halina schiebt den linken zusammengesetzten Würfel nach oben Richtung
Tischkante und äußert, dass es jetzt das Schwierigste sei. Dabei versucht sie,
die Vierer-Reihe auf den linken zusammengesetzten Würfel zu legen. Drei der
Holzwürfel legt sie recht weit hinten auf den zusammengesetzten Würfel und
den vierten links auf diese. Sie nimmt einen fünften Holzwürfel in die Hand
und positioniert ihn nach einer kurzen Pause neben dem vierten Holzwürfel (vgl.
Abb. 24).

Abb. 24   Halina 5

Die zuletzt gelegten fünf Würfel nimmt Halina wieder runter und legt sie
vor sich auf den Tisch (11:31–12:00 min). Sie positioniert die fünf Holzwürfel erneut auf dem zusammengesetzten Würfel und legt nach und nach zwei,
zwei und einen weiteren Holzwürfel dazu, wobei sie zwischendurch auf einzelne gelegte Holzwürfel tippt und diese gelegentlich durch andere Holzwürfel
austauscht (12:01–13:10 min; vgl. Abb. 25).

Halina entfernt die zuletzt gelegten zehn Holzwürfel. Sie positioniert mit
Abstand zueinander vier Holzwürfel nebeneinander nahe des linken zusammengesetzten Würfels. Diese Reihe verschiebt sie vor den Würfel und stapelt einen

Abb. 25 Halina 6

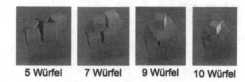

| 5 Würfel | 7 Würfel | 9 Würfel | 10 Würfel |

fünften Holzwürfel darauf. Halina reduziert den Abstand der untersten Holzwürfel zueinander und stapelt die weiteren fünf Holzwürfel darauf, sodass sie eine 10er-Pyramide erhält (Abb. 26). Dabei achtet sie sorgsam auf die Beschaffenheit der Holzwürfel und tauscht gelegentlich welche aus (13:11–16:02 min). Halina verschiebt die Pyramide und den zusammengesetzten Würfel anschließend mehrfach, bis diese rechts neben ihm liegt (16:03–16:26 min). Sie richtet sorgsam die Holzwürfel der beiden Gebilde (16:26–17:26 min). Es folgen weitere Verschiebungen, wobei der Abstand zwischen allen Gebilden zueinander erhöht wird (17:27–17:51 min), damit eine zweite 10er-Pyramide rechts neben dem zweiten zusammengesetzten Würfel gebaut werden kann (17:52–19:50 min) und eine dritte rechts neben dem dritten (19:51–21:05 min).

Abb. 26 Halina 7

Nach weiterem Verschieben zur Erhöhung des Abstandes der linken vier Würfelbauten zur dritten Pyramide und zum dritten zusammengesetzten Würfel inklusive das Richten der Holzwürfel (21:06–22:11 min) legt Halina zwei Holzwürfel vor den linken zusammengesetzten Würfel und zwei Holzwürfel neben diese beiden. Die zuletzt gelegten entfernt sie wieder, die anderen beiden stapelt sie zu einem Zweier-Turm aufeinander. Halina stellt einen zweiten solchen Zweier-Turm vor den zweiten zusammengesetzten Würfel von links (22:12–22:35 min; vgl. Abb. 27).

Halina schiebt die beiden rechten Würfelbauten näher zu den anderen nach links. Sie entfernt die rechte 10er-Pyramide. Halina stellt einen Zweier-Turm vor

Abb. 27 Halina 8

den rechten zusammengesetzten Würfel und versetzt ihn später links neben diesen unter Hinzufügen eines dritten Holzwürfels. Anschließend stellt sie einen weiteren Dreier-Turm neben den ersten. Halina legt rechts neben den dritten zusammengesetzten Würfel eine Fünfer-Reihe, auf der sie vier und darauf wiederum drei Holzwürfel positioniert (22:36–25:23 min; vgl. Abb. 28).

Abb. 28 Halina 9

Die Interviewerin erfragt Halinas Arbeitsstand. Diese sei „noch nicht fertig", woraufhin sie die Holzwürfel der unvollständigen Pyramide zählt (25:24–25:36 min). Halina ergänzt weitere Holzwürfel, sodass eine 15er-Pyramide entsteht (vgl. Abb. 29). Sie zählt erneut und ergänzt nacheinander rechts außen zwei Reihen aus je sechs Holzwürfeln, bevor sie einen weiteren Holzwürfel dazulegt. Halina tauscht einige Holzwürfel aus und zählt erneut die in der 28er-Pyramide enthaltenen Holzwürfel, wobei sie nacheinander die Finger ihrer linken Hand aus streckt (25:37–28:55 min). Sie ergänzt zwei weitere Holzwürfel rechts in den untersten beiden Reihen und legt die oberen Reihen um, sodass fünf vollständige Reihen als 30er-Pyramide aufeinander liegen (28:56–29:06 min).

Halina betrachtet ihre bisherige Darstellung, zählt die Holzwürfel der linken 10er-Pyramide und legt anschließend vier Holzwürfel als Quadrat vor diese. Sie legt weitere vier Holzwürfel als Quadrat vor den linken zusammengesetzten Würfel und sechs Holzwürfel als Rechteck vor die 30er-Pyramide, wobei sie diese vorher mehrfach umpositioniert (29:07–29:54 min; vgl. Abb. 30).

Halina deutet auf unterschiedliche Teile ihrer Darstellung (vermutlich auf die zuletzt gelegten Quadrate und das Rechteck, die zusammen 14 Holzwürfel ergeben). Sie legt drei Holzwürfel auf den Tisch und zeigt mit der rechten Hand vier Finger (29:55–30:13 min). Halina entfernt die zuletzt gelegten Holzwürfel an den zusammengesetzten Würfeln, sodass diese wieder zu ‚echten Würfeln' werden. Sie richtet einzelne Teile der Darstellung und baut einen vierten zusammengesetzten Würfel (30:14–30:46 min; vgl. Abb. 31).

Abb. 29 Halina 10

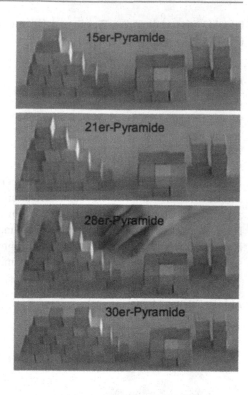

Abb. 30 Halina 11

Abb. 31 Halina 12

Die Interviewerin stößt zu Halina und sagt: „Die Zeit ist jetzt so langsam um. Wie weit bist du?". Halina brauche noch „acht Kilo", dann sei sie „fertig". Odelia ermahnt Halina: „Es geht nicht um Schönheit, es geht darum, dass man die Lösung sieht". Halina erklärt, dass man diese „noch nicht" sehen könne. Sie baut eine vierte Pyramide, bei der die Interviewerin hilft. Als diese aus 15 Holzwürfeln besteht, zeigt Halina drei Finger und Odelia setzt sich zu Halina an den Tisch (30:47–32:13 min; vgl. Abb. 32).

Abb. 32   Halina 13

Halina baut weiter an der Pyramide, wobei die Interviewerin ihr Holzwürfel anreicht. Halina zählt die bis dahin verbauten 30 Holzwürfel der Pyramide und zeigt nacheinander sechs ihrer Finger – fünf der linken und einen der rechten Hand. Sie legt weitere fünf Holzwürfel dazu und zeigt zwei Finger mit der rechten Hand. Halina sagt: „Ein Kilo noch", woraufhin sie fünf Holzwürfel dazulegt und so eine 40er-Pyramide erstellt (32:14–33:55 min; vgl. Abb. 33).

Abb. 33   Halina 14

Halina betrachtet ihre Darstellung und sagt, dass acht Kilogramm dazugekommen seien. Der Opa brauche für ein Kilogramm zehn Minuten also 80 Minuten für acht Kilogramm. Halina legt acht Würfel als Rechteck vor sich auf den Tisch (33:56–34:22 min, vgl. Abb. 34).

Abb. 34   Halina 15

Halina erklärt, sie brauche noch mehr Holzwürfel, woraufhin die Interviewerin sich welche von Odelias Darstellung borgt. Halina legt sechs Holzwürfel als Rechteck vor die 40er-Pyramide und türmt das aus acht Holzwürfel bestehende Rechteck zu einem aufrechten Quader auf. Zum Schluss ergänzt sie zwei weitere

Holzwürfel im Rechteck vor der 40er-Pyramide, das nun aus acht Holzwürfeln besteht (34:22–35:18 min; vgl. Abb. 35). Die Interviewerin macht aus unterschiedlichen Perspektiven Fotos von Halinas Darstellung (35:19–35:36 min), bevor Halina der Interviewerin und Odelia ihre Darstellung erstmalig erklären soll, womit die ausgewählte Szene und das Transkript beginnen.

Abb. 35 Halina 16

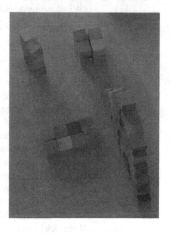

3.3) Analyseschritt 3: Betrachtung der ausgewählten Szene anhand des Transkripts

1	I	Okay Halina was hast du denn da gebaut?
2	H	Also das [deutet in Richtung des linken zusammengesetzten Würfels] hier solln jetz die Bäume sein #1 ähm
3	I	#1 Was genau zeig mal drauf.
4	O	(Wieso nomma) Bäume?
5	H	Das [tippt auf den zusammengesetzten linken Würfel] hier.
6	I	Das ein Baum. Wo hast du noch einen Baum?
7	H	Äh [tippt auf den zusammengesetzten Würfel zwischen den beiden 10er-Pyramiden] das hier und [tippt auf den zusammengesetzten Würfel zwischen dem aufrechten Quader und der 30er- Pyramide] #2 das (.) das erkennt man weil [tippt auf den zusammengesetzten Würfel neben der 40er-Pyramide] die jetz [legt die Hand um den Würfel, begradigt] ähm ebend nur zwei haben und jetz nich irgendwie [deutet auf das Rechteck vor der 40er-Pyramide] so was sind oder [deutet auf die 30er-Pyramide und das davor liegende Rechteck] das und ähm-
8	O	#2 Acht [beugt sich vor, murmelt] ähm (wöwö) acht (..) acht aufnander sind das.
9	I	Also hast du vier Bäume?
10	O	Hmhm.
11	H	Ähm ja #3 ähm das hier solln- [tippt auf das Quadrat links] soll jetz die Zeit anzeign- nee nich die Zeit äh wie viel Kilo [schiebt das Quadrat nach rechts vor die linke 10er-Pyramide] eigentlich müsste das ja hier hin deshalb #4 ähm (.) also das sind vier Kilo weil ich hab ja immer nur fünf für ein Kilo genomm also [tippt beim Zählen mit dem Fingern zwischen die linke 10er-Pyramide und das davor liegende Quadrat] eins zwei drei vier fünf #5 [runzelt die Stirn, tippt noch einmal im Zählrhythmus zwischen Pyramide und Quadrat] hä warum hab ich denn hi- #6 [nimmt die vorderen zwei Holzwürfel aus dem Quadrat] da hab ich [nimmt die vorderen zwei Holzwürfel aus dem Quadrat vor der rechten 10er-Pyramide und schiebt alle vier entfernten Würfel nach links] zwei zu viel.
12	I	#3 Hmhm

13	O	#4 Also vier
14	O	#5 Hä? Ich versteh nich-
15	O	#6 Hä ähm helfen (.) helfen da nich [tippt links neben den Zweier-Würfelturm] Annika und ähm Jakob nochmal mit hier?
16	H	Ja ich- #7
17	I	#7 Lass Halina erst mal zu Ende erklären.
18	H	Zwei also die beiden solln [nimmt den linken Würfelturm in die Hand] ähm [stellt den Würfelturm hin und hebt den oberen Würfel an] eine halbe Stunde immer zeigen [hebt den Würfelturm an] heißt zwei Stunden [hebt den Würfelturm an] (.) äh eine Stunde so und ähm [deutet auf die verbleibenden zwei Holzwürfel vor der linken 10er-Pyramide] die haben jetzt hier in der ein Stunde ebent ähm [tippt die einzelnen Holzwürfel in der Pyramide an][flüstert, leiser werdend] eins zwei drei [fährt weiter mit dem Finger an der Pyramide entlang] warte mal [verfolgt noch einmal den gleichen Weg mit dem Finger] ja äh [deutet mit dem Zeigefinger nach links, in Richtung der linken 10er-Pyramide, des linken Würfelturms, des linken Würfels und den beiden Holzwürfel aus dem linken Quadrat] z-zwei Kilo (.) gesammelt ä-ähm also einmal [beugt sich vor, tippt mit dem Finger zwischen Würfelturm und Quadratrest] Jakob und [tippt mit dem Finger vor den rechten Quadratrest] auch Annika. Das sind #8 wären (..) dann bräucht ich aber eignlich noch mehr Kilo.
19	O	#8 Aaaah!
20	O	Würfel?
21	I	Nochmal das hab ich jetzt nicht verstanden mit Annika und Jakob.
22	H	Weil ähm hier warte mal hier [deutet auf das Rechteck vor der 30er-Pyramide] ham wa sechs (.) sechs und acht [deutet auf das Rechteck vor der 40er-Pyramide] sind [flüsternd] zwölf

Fortsetzung des Transkripts im neuen Videoabschnitt K3-2 ab 00:00 (bis Ende Gesamtszene 07:23)

23	I	Wir gucken gleich mal.
24	O	#9 [spielt mit den vier Holzwürfeln, die Halina zur Seite gelegt hat] Sech-sechs und zwei sind acht (..)
25	H	#9 (Fünfzehn,) sechzehn, siebzehn [tippt vor die beiden Holzwürfel vor der rechten Pyramide] achtzehn, neunzehn [tippt vor die beiden Holzwürfel vor der linken Pyramide].
26	O	Meins du zwölf plus acht? [Zieht die Holzwürfel von der Materialdarstellung weg.]
27	I	Halina wir gucken gleich mal. Fang mal von vorne an und wir gucken gleich was #10 dir noch fehlt.

28	H	#10 Ich bräuchte hier noch drei Kilo gleich [deutet Richtung der großen Pyramide].
29	I	Dann bekommst du gleich noch was.
30	H	Ähm also- Das hier soll jetzt [greift nach den beiden Holzwürfeln vor der linken 10er-Pyramide] der Ki- ähm die Kilo anzeigen. Das hier sind jetz eben zwei- also zwei Kilo [hält die Hand über den beiden Holzwürfeln vor der rechten 10er-Pyramide] hier #11auch [bewegt die Hand in Richtung der beiden großen Pyramiden]-
31	O	#11 Aaahhh
32	I	Warte, das sind jetzt die zwei Kilo, die Jakob in einer Stunde gepflückt hat?
33	H	#12 [Tippt auf die beiden Holzwürfel vor der linken Pyramide] Ja hier #13und [tippt auf die beiden Holzwürfel vor der rechten Pyramide] hier auch Annika-#14
34	O	#12 [Nickt betont] Hmhm.
35	I	#13 Unt-
36	I	#14 Ja wo sehe ich jetzt die zwei Kilo das hab ich noch nicht#15 verstanden.
37	H	#15 [Tippt auf die beiden Holzwürfel vor der rechten Pyramide] Das hier. Also die [trennt die beiden Holzwürfel, nimmt den linken in der Hand hoch, setzt ihn wieder ab] beiden also das soll ein Kilo sein und [hebt den anderen Holzwürfel kurz hoch und setzt ihn wieder ab] das hier auch ein Kilo also zusamm zwei (.) Kilo [deutet auf den Würfel links] das hier sind wie gesagt die Bäume und das [umgreift mit der Hand locker die linke 10er-Pyramide, zieht dann die Hand zurück] hier solln jetz sozusan die Kirschen sein ich habs nur aufgesch-
38	I	Wie? Weil warte mal aber ich dachte hier [tippt auf die beiden Holzwürfel vor der rechten Pyramide] sind die Kirschen?
39	H	[Tippt auf die beiden Holzwürfel vor der rechten Pyramide] Das hier solln jetz die ähm zeign wie viel Kilo das is sons [schwenkt die Hand vor der 30er-Pyramide] muss ich immer da oben nachzähln sons wenn ich da #16 aus Versehen dran kommen würde wäre es (irgendwie einstürzen)
40	I	#16 Ja.
41	I	[Zeigt auf die rechte 10er-Pyramide] Wie wie viel ähm (.) ist dann das jetzt hier? Kanns-
42	H	Das sind dann ähm zwei Kilo (.) weil das sind ja zwei [legt die Hand auf die beiden Holzwürfel vor der rechten Pyramide] Würfel.
43	I	Ja und ww- warum [bewegt die Hand hinter der rechten Pyramide auf und ab] hast du das so gebaut diese (.) Kirschen? #17Hat das nen Grund so?

44	H	#17 Ähm (..) Weil wenn man ja jetz Kirschen ähm auch manchma so pflückt dann legt man die ja meistens auf [hält wiederholt die Hände mit den Handflächen nach unten vor dem Körper, bewegt sie nach unten außen] einen ah ähm #18 also manchmal auch legt man sie manchmal oder auch aufn Haufen da geht ja meistens oder manchmal ja auch so eher so hoch #19
45	O	#18 (Haufen)
46	I	#19 Okeh.
47	H	Und ähm [zeigt zunächst auf die rechte 10er-Pyramide, zieht dann die Hand zurück] das hier- [legt die Hand um den linken Würfelturm] das hier is dann die Z- äh Zeit [nimmt den Würfelturm hoch, trennt die Würfel, hält einen höher] Eine- ein Würfel is immer eine halbe Stunde also dann (.) äh eine halbe Stunde so also eine Stunde [setzt den Würfelturm zurück] und [zeigt auf den Würfelturm vor dem rechten Würfel] hier auch [legt beide Hände vor die 30er-Pyramide] hier der Opa der hat-#20
48	I	#20 Ja äh sind das [deutet auf die 10er-Pyramiden] zehn Würfel?
49	H	Nhhh #21 das ja glaub schon
50	I	#21 [tippt die einzelnen Holzwürfel in der Pyramide beim Zählen an] Eins zw- drei vier fünf sechs sieben acht neun zehn. Warum zehn?
51	H	Weil ähm ich hatte ja schon gesagt ähm fünf ähm fünf äh re- fünf Kirschen solln ja ein Kilo sein (.) und da dann ja ähm (.) weil die ja in einer Stu- äh (.) in einer halben Stunde ein Kilo pflücken ähm einmal fünf und dann (eben) noch ne halbe Stunde is nochmal ein- und nochmal ein Kilo so.
52	I	#22 Ja.
53	H	#22 Und ähm [berührt den stehenden Quader links von der 30er-Pyramide] hier der Opa der hat jetz ähm damits besser äh au- angezeicht wird [hebt einen der Würfel aus dem Quader hoch, dreht ihn in der Hand] der hat ebent ähm der soll ein Würfel immer zehn sein [setzt den Würfel zurück, tippt auf die einzelnen Holzwürfel im Quader während des Zählens] also zehn zwanzich dreißich vierzich fünfzich sechzich #23 sind dann für eine Stunde und [deutet auf die 30er-Pyramide] hier solln das dann auch die Kirschen sein das wärn dann sechs Kilo. Und [deutet auf das Rechteck vor der 30er-Pyramide] ja eben hier auch ein (..) ein Würfel is ein Kilo und hier [deutet auf den Würfel links neben der 30er-Pyramide] auch wieder der Baum ähm #24 und dann aber jetz hab ich ja natürlich drei Kilo (.) zu wenig grade weil ich hab mich [deutet lose mit der Hand auf die Gruppen um die beiden 10er-Pyramiden] hier irgendwie vertan-#25

54	O	#23 Ich hab ma ne Frage.
55	O	#24 Hmmmmmmm [hört auf mit den Holzwürfeln zu spielen, betrachtet die Materialdarstellung, zeigt mit dem Zeigefinger in Richtung der Darstellung und bewegt den Finger hin und her] [trennt die Holzwürfel in drei und zwei] #25[schiebt drei der Holzwürfel zu Halina]
56	I	#25 Die Odelia hat ja da noch Würfel #26 mit denen sie da spielt. #27 Das heißt die müssen dann [zeigt von der rechten Seite in Richtung der 30er- und 10er-Pyramiden] hier hin oder wie?
57	H	#26 [nimmt die Holzwürfel vom Tisch, greift nach denen unter Odelias Hand] #27 [nimmt die beiden anderen Holzwürfel auf]
58	O	#27 [zieht die Hand über den Holzwürfeln weg]
59	H	Eintlich ja da [zeigt auf die 40er-Pyramide] hin weil- #28
60	I	#28 Ja aber da sind wir ja noch gar nicht [winkt ab] warte [zeigt wieder mit dem Zeigefinger in Richtung der anderen Pyramiden]
61	H	[deutet auf die Gruppe um die 30er-Pyramide] Da ja nich hin weil das is ja noch richtich alles ähm-#29
62	I	#29 Sechs Kilo [zeigt mit dem Zeigefinger in Richtung der sechs im Rechteck liegenden Würfel vor der 30er-Pyramide] in welcher Zeit pflückt der Opa die?
63	H	In ähm [reibt sich das Gesicht] in einer Stunde #30
64	O	#30 Hä?
65	I	#30 Und die eine Stunde sieht man [tippt auf den stehenden Quader neben der 30er-Pyramide] hier?
66	H	Ja weil [tippt mit dem Zeigefinger auf die einzelnen Holzwürfel im Quader] #31 zehn zwanzich dreißich vierzich [wendet sich Odelia zu] ja?
67	O	#31 Ich hab mal ne Frage.
68	O	Wieso hier [zeigt auf den Würfelturm bei der rechten 10er-Pyramide] ein halb Stunde und da [zeigt auf die Gruppe um die 30er-Pyramide] e- zehn Minuten?
69	H	Damit man das besser erkennt [legt die Hand auf den stehenden Quader an der 30er-Pyramide] weil ähm es könnt ja jetz auch sein dass äh hier jetz gleich raus [dreht sich zur 40er-Pyramide und deutet darauf] kommt irgendwie das ähm ja irgendwie äh für ein Kilo also ein Kilo noch dazu kommt und dann zehn Minuten is das müsst ich irgendwie [beschreibt mit der Hand einen Kreis in der Luft über der Gruppe um die 40er-Pyramide] in ein Absatz irgendwie noch so hinstelln-#32
70	O	#32 Ähm und ähm pflückt der nich in einer Stunde ach nix mehr ich hab mich grad vertan im Kopf.
71	H	Ähm also #33 in einer Stunde pflückt der ja sechs äh sechs Kilo #34 Kirschen.

72	I	#33 Okay [hebt den Zeigefinger, lässt ihn wieder sinken]-

#34 Das sehen wir [hält die Hand über die Gruppe um die 30er-Pyramide] hier ne?

73	H	Ja weil der Opa pflückt ja drei mal so schnell wie Jakob und Annika und äh die brauchen ja ne halbe Stunde für ein Kilo und er dann eben zehn Minuten für ein Kilo und hier [schwenkt die Hand kurz vor der 40er-Pyramiden-Gruppe] dann da müsst ich dann eintlich noch ähm-

#35 [stapelt während des Dialogs zwischen Odelia und der Interviewerin drei zusätzliche Holzwürfel auf die 40er-Pyramide, fügt zwei Holzwürfel dem Rechteck vor der 40er-Pyramide hinzu].

74	I	#35 Odelia weißt du was das [tippt auf den Würfel neben der 40er-Pyramide] hier sein soll?
75	O	[Nickt] N Baum.
76	I	Weißt du was das [tippt auf den aufrechten Quader vor dem Würfel] hier ist?
77	O	[nickt] Die Zeit.
78	I	Kannst du erkennen welche Zeit das ist?
79	O	Hm. #36 Nhhhh Warte [betrachtet die 40er-Pyramide] dis glaub ich sowieso (..) zu wenich das sin glaub ich (..) n paar zu wenich.
80	H	#36 Mist ein Würfel zu wenich.
81	I	[Steht auf.]
82	O	Ich kann auch was (.) bei der ein- okay.
83	I	[Gibt Halina einen zusätzlichen Holzwürfel in die Hand.]
84	H	Ein zu wenich, genau. (Ersma einer) [nimmt den Holzwürfel und legt ihn unten am Rechteck vor der 40er-Pyramide an].
85	O	Jetz schuldes du mir schon (.) #37 drei Stunden und ein Würfel.
86	I	#37 [Setzt sich] Jaja wir machen das gleich.
87	H	Ähmm ich glaub [hält die Hand vor die 40er-Gruppe, tendenziell nahe des Quaders] hier fehlt dann aber auch noch was aba das äh kann man sich ja jetzt auch #38 denken. Hauptsache hier [deutet mit der offenen Hand auf

das aus elf Würfel bestehende ‚Rechteck' vor der 40er-Pyramide] is das ja #39 jetzt okay.

88	O	#38 das sind ja auch (nich) vierzich.
89	I	#39 Gucken wir mal.

90	H	Ähm also dann hier sinds ebent ähm (..) [hält die Hand mit den Fingern nach unten zeigend zwischen die Elemente der 40er-Gruppe] ja wieder [öffnet die Hand und schwenkt sie in Richtung des Würfels] der Baum hier [hebt und senkt die geöffnete Hand vor der Pyramide] sind dann die Kirschen das sind ja diesmal [richtet die Holzwürfel im Rechteck] acht Kilo das war auch am Mühsahligsten aufzubaun #40 weil da sind ja man sieht ja hier [zeigt auf die Pyramide] da sind manche schief weil manche größer sind und (.) andere nich-#41
91	I	#40 Ja.
92	I	#41 Sind das hier vierzig Würfel [umkreist mit dem Zeigefinger den Umriss der 40er-Pyramide]?
93	H	Öhh ich glaub #42 schon-
94	I	#42 [Zeigt weiterhin auf die Pyramide] Müss- Sollen es sein? #43 Acht mal fünf ne?
95	H	#43 Mmnhja. Ich glaub- Und ähm (.) hier [tippt an den untersten Würfel im Rechteck] sind dann eben die acht Kilo.
96	I	[Tippt jeweils auf die einzelnen Holzwürfel des Rechtsecks] Eins zwei drei vier fünf sechs sieben acht neun zehn elf.
97	H	Hä elf [schiebt die untersten drei Holzwürfel ein Stück zur Seite, richtet das Rechteck] Hmmmm warte.
98	O	[Nimmt die von Halina aus dem Rechteck entfernten Holzwürfel und zieht sie weg.]
99	H	Nein gib mal bitte [greift nach den Holzwürfeln].
100	O	[Schiebt die Holzwürfel zu Halina.]
101	H	[Greift die Holzwürfel, hält sie in der Hand] Ähm warte mal. [Zeigt auf die einzelnen Holzwürfel im Quader] eins zwei drei vier fünf sechs sieben acht (.) sind achtzich Minuten. Und (.) ich glaub dann hab ich hier [bewegt die herabhängende Hand über dem Rechteck] einfach die richtigen aber da [zeigt auf die Pyramide] drei zu wenich #44 Ähm jedenfalls ähm (...) acht [schaut auf das rechte Rechteck mit acht Würfeln] plus sechs [schaut auf das mittlere Rechteck mit sechs Würfeln] (.) hä?
102	O	#44 [Macht ein Geräusch, das auf Verwirrung hindeuten könnte.]
103	I	Wir rechnen einmal durch. Wie viel Kilo hast du denn jetzt insgesamt? Acht [deutet mit dem Zeigefinger in Richtung des rechten Rechtecks mit acht Würfeln] plus sechs [deutet in Richtung des mittleren Rechtecks mit sechs Würfeln] hast du schon angefangen sind vierzehn.

104	H	Acht plus sechs sind vierzehn? A- Sechs und sechs- (.) sechs und sechs sind ähm (.) ja vierzehn [tippt auf den rechten Holzwürfel im Quadratrest vor der rechten 10er-Pyramide] fünfzehn [tippt auf den Würfel links daneben] sechzehn [tippt auf den rechten Holzwürfel im Quadratrest vor der linken 10er-Pyramide] siebzehn [tippt auf den Würfel links daneben] achtzehn dann fehln mir noch vier Kilo. Aa- (..) [beginnt, einen der Holzwürfel aus ihrer Hand auf die 40er-Pyramide zu setzen, zieht aber zurück] Ich hab jetz hier drei Stück.
105	I	[steht auf, nimmt Würfel aus einer anderen Materialdarstellung]
106	O	Nein! (unverständlich)
107	I	Odelia, wir kriegen das gleich wieder hin.
108	H	Warte [zeigt auf das Rechteck vor der 40er-Pyramide] ich bau das dann aber hier unten an damit ich ähm
109	I	Ja hier oben [deutet auf den Bereich oberhalb der 40er-Pyramide] bauen wir nix mehr bau [deutet auf das Rechteck] da unten irgendwas an. [Hält Halina auf ihren flachen Händen fünf Holzwürfel hin.]
110	H	Zwei drei [Legt die drei Holzwürfel aus ihrer Hand an das Rechteck unten an] #45 [nimmt die Würfel aus den Händen der Interviewerin.]
111	O	#45 Ach das has du stibitzt.
112	H	Ein- [legt einen Würfel ins Rechteck, womit sie diesem insgesamt vier Würfel hinzugefügt hat, und legt die übrigen vier Würfel aus ihrer Hand links auf den Tisch] ähm dann hab ich hier jetz eins zwei drei vier [atmet zischend ein] (fünf) sechs sieben acht neun zeh elf zwölf. Also zwölf Kilo [nimmt die übrigen Würfel vom Tisch in die Hand]. Ähm [zeigt mit dem Zeigefinger auf das Rechteck vor der 30er-Pyramide] zwölf Kilo plus (.) sechs Kilo sind ähm (.) achtzehn (.) neunzehn [tippt auf den rechten Holzwürfel im Quadratrest vor der rechten 10er-Pyramide] zwanzich [tippt auf den Würfel links daneben] einzwanzich [tippt auf den rechten Holzwürfel im Quadratrest vor der linken 10er-Pyramide] zweinzwanzich [tippt auf den Würfel links daneben]. Ja das wär dann richtich nur die Zeit wär dann noch falsch. Also der ähm (.) hat ja jetz hier zwölf Kilo [deutet mit dem Zeigefinger auf das Rechteck vor der 40er-Pyramide] (..) zwölf Kilo ähm (...) ein Kilo braucht er zehn Minuten (.) hundertzwanzich Minuten glaub ich noch zwei Stunden dazu.
113	I	(..) Insgesamt braucht der zwei Stunden meinst du?

114	H	Ja also (.) ähm (.) [beschreibt mit der Hand einen Kreis über der 40er-Gruppe] noch zwei Stunden muss der weiter pflücken glaub ich#46 weil ähm der also die ähm (.) sechs Kilo bräuchte der ja ähm [deutet auf den in zwei Würfeltürme mit je drei Würfeln geteilten Quader neben der 30er-Pyramide] eine Stunde und dann das Doppelte wärn dann zwölf Kilo bräuchte der dann hundertzwanzich Minuten und dann nehm ich für äh ein (unverständlich) nehm ich an die Seite dann [legt vier Holzwürfel zu einem Quadrat vor den Quader der 40er-Pyramide] sinds eine [tippt mehrfach auf einen der vier Holzwürfel] ein Würfel dreißich Minuten mal soga- [tippt auf die einzelnen Holzwürfel im Quadrat] eins zwei drei vier vier mal dreißich sind ja dann hundertzwanzich.
115	I	#46 Das-
116	I	Und was ist mit den hier [tippt auf den Quader der 40er-Pyramide]?
117	H	Die sind zehn Minuten dann noch.
118	I	Ja aber warum hast du die jetzt wenn du jetzt [tippt auf das neue Quadrat vor der 40er-Pyramide] zwei Stunden hast warum hast du die dann noch mal hier [tippt auf den Quader] die Zeit?
119	H	Also ähm (..) die sind ja jetzt nochma grad zugekomm und (..) keine Ahnung.
120	I	Kann ich die wegnehmen? [Greift alle Holzwürfel des Quaders in einer Hand, nimmt sie weg, verliert dabei zwei, nimmt diese auch.]
121	H	[Richtet weiterhin den Würfel.] Mhhhh nein weil einfach nur zwei Stunden würdn ja nich reichen.
122	I	Wie einfach nur zwei Stunden würden nicht reichen?
123	H	#47 Glaube ich, oder? Äh.
124	O	#47 [legt den Kopf auf den Tisch]
125	I	Du hast grad gesagt [tippt auf das Rechteck vor der 30er-Pyramide] in einer Stunde schafft er sechs.
126	H	Kilo.
127	I	Und [tippt auf das Rechteck vor der 40er-Pyramide, trennt es in zwei Rechtecke mit zwei mal drei Holzwürfeln Kantenlänge] hier hast du sechs Kilogramm und sechs Kilogramm.
128	H	Stimmt dann brauch der nur zw ei Stunden.
129	I	Also können [hebt die beiseitegelegten Würfel aus dem Quader an] die weg?

130	H	Ja eigentlich schon.
131	I	Hast du ne Frage zu Halinas Darstellung?
132	H	[leise] zehn.
133	O	Nein. Nja.
134	I	Nein. Okay.
135	O	Nee.
136	I	Du hast die Bäume gemacht, ne?
137	H	#48[nickt] Eigentli-#49
138	O	#48[nickt] Hmhm.
139	I	#49 Brauchen wir die?
140	H	Ei- ähm [schüttelt den Kopf] eigentlich nich.
141	I	Das heißt eigentlich [greift den Würfel neben der 40er-Pyramide] ich brauch jetzt mal nen Karton #50 hier [steht auf, legt die Holzwürfel des Würfels zu denen des Quaders und verlässt das Bild]
142	H	#50 [Greift den Würfel neben der 30er-Pyramide, stellt ihn zu den von I. abgelegten Holzwürfeln] #51 [Genauso mit dem Würfel neben der aus ihrer Sicht linken 10er-Pyramide]
143	O	#51 Muss der weg? [Greift ebenfalls nach dem Würfel neben der linken 10er-Pyramide, lässt Halina den Vortritt und nimmt den Würfel neben der rechten 10er-Pyramide, legt sie vor sich ab-]
144	I	Eigentlich brauchen wir die Bäume also gar nicht.
145	O	[Verliert beim Weglegen einen der Holzwürfel] Ich nehm mal den-
146	H	Pass auf! [richtet die Gruppe um die rechte 10er-Pyramide, dann die anderen Guppen]
147	O	Stimmt eintlich denksu #52 ich mach hier so [bewegt den Arm flach über den ganzen Tisch] tschuuuuu [spielt mit den Holzwürfeln vor sich]
148	I	#52 [räumt die abgeleg- ten Holzwürfel in einen Karton]
		Es werden weiterhin die Holzwürfel der zusammengesetzten Würfel von der Interviewerin entfernt, wobei Halina und Odelia erneut besprechen, wie viele Holzwürfel Halina Odelia zurückgeben muss, was jedoch inhaltlichen irrelevant und deshalb nicht im Transkript aufgenommen ist (vgl. K7-1 44:59-45:39 min bzw. K3-2 08:08-08:48min).

149	I	Das ist wichtig dass ihr euch jetzt konzentriert kommt, #53 das schafft ihr.
150	H	#53 Also [schiebt den oberen linken Würfel des Quadrat neben der 40er-Pyramide etwas nach links und tippt darauf] das hier sind als ebent immer eine halb Stunde (.) auch ähm (.) das [deutet auf den als zwei Würfeltürme da stehenden Quader neben der 30er-Pyramide] könnten dann ja eigentlich auch ne halbe Stunde sein #54 das-
151	I	#54 Das heißt, dann müssen die [legt die Hand um die Würfeltürme] weg [entfernt die jeweils die oberen beiden Würfel aus jedem Würfelturm, sodass nur zwei Holzwürfel nebeneinander zurück bleiben] #55 so?
152	H	#55 Warte. Ähm (.) ja jetzt (.) so ran [schiebt die beiden verbleibenden Holzwürfel näher an die 30er-Pyramide]. Ähm. [Stapelt die beiden Holzwürfel zu einem Würfelturm und schiebt diesen nach vorne.] (Is) äh also eine halbe Stunde [tippt mit dem Zeigefinger auf den oberen Würfel des soeben aufgestellten Würfelturms] dann hier [zeigt auf dessen unteren Würfel].
		Hier ebent auch [nimmt die Holzwürfel aus dem Quadrat vor der 40er-Pyramide in beide Hände]. Und [stapelt jeweils zwei der Würfel aufeinander] ähm (..) ja eine halb Stunde sind (.) zwei Stunden dann eben [zeigt auf die vier eben aufgestellten Würfel]. Ähm hier die acht Kilo [zeigt auf die zwölf vor der 40er-Pyramide im Rechteck angeordneten Würfel] hier sind s-#56
153	I	#56 Zwölf.
154	H	Äh ja zwölf Kilo. Hier sinds glaub ich dann noch n paar zu wenig [deutet auf die 40er-Pyramide] aba das brauchen wir jetzt eigentlich nich mehr.
155	I	[Steht auf, geht auf die linke Seite des Tisches] So. Wir machen mal weiter. Hier sehe ich (.) hast du gesagt (..) [legt die Hand auf den Tisch und deutet mit dem Zeigefinger auf die Gruppe um die linke 10er-Pyramide] öhm den Jakob ist das richtig?
156	O	#57 Hmhm [nickt]
157	H	#57 Ja.

158	I	Und der Jakob, weißt du, pflückt zwei Kilogramm [hebt die zwei Würfel vor der linken 10er-Pyramide an] in einer Stunde [berührt den aus zwei Würfeln bestehenden Turm links neben der linken 10er-Pyramide]. [Entfernt die 10er-Pyramide.] Sehe ich das jetzt also immer noch?
159	H	Eigentlich ja [nickt].
160	O	Hmhm.
161	I	[Steht auf, nimmt den Karton mit den übrigen Holzwürfeln und geht auf die Tischseite gegenüber der Kinder, greift mit einer Hand die rechte 10er-Pyramide.] Erkenne ich immer noch was die Annika pflückt? #58 [Legt die Holzwürfel in den Karton.][Geht zur rechten Tischseite.]
162	H	#58 Ja. [Fängt an, die 40er-Pyramide abzubauen, indem sie die einzelnen Holzwürfel hochnimmt, zunächst mit beiden Händen] Okay warte hier sind eins zwei drei [greift um; nimmt die Holzwürfel mit der rechten Hand von der Pyramide, legt sie in die linke bis sie zehn Würfel hat] vier fünf #59 sechs sieben acht neun zehn. [Legt die Holzwürfel vor Odelia ab.]
163	I	#59 [Stellt den Karton auf den Tisch] Erkenn ich immer noch was der Opa pflückt [legt die Holzwürfel der 30er-Pyramide in den Karton]?

[Legt die von Halina übrig gelassenen Holzwürfel der 40er-Pyramide in den Karton.]

164	O	(Ich weiß nich ob das richtich is) [schaut zu I, nimmt die Würfel von Halina und schiebt sie an die linke Seite] #60 [verschiebt di Holzwürfel auf dem Tisch.]
165	I	#60 [Geht wieder auf die linke Seite des Tisches und schiebt Odelias Holzwürfel in den Karton.] Erkenne ich immer noch was der Opa pflückt?
166	H	#60 [Schiebt zunächst die beiden Würfeltürme, dann das Rechteck aus der 40er-Gruppe nach hinten, richtet dann auch die anderen Gruppen von rechts nach links gehend entsprechend aus.] Ja.
167	I	[Setzt sich auf ihren Platz.] Ja?
168	O	Das is die Frage #61 Erkenns du immer noch wer wer is?
169	H	#61 [Zieht Rechteck und Würfeltürme aus der 40er-Gruppe näher zu sich] Da kommt ein bisschen Abstand [hält die beiden Handkanten parallel zum Rechteck] weil das is ja die eigentliche Lösung [deutet auf die vor ihr liegenden Würfel]. [Richtet das Rechteck gerade aus.]

170	O	Das is die Frage, erkennsu immer noch [wackelt mit den Augenbrauen] wer wer is?
171	H	Das hat man vorher auch nich so richtich erkannt.
172	I	Ja erkennst du noch wer wer is?
173	H	(.) Eigentlich ja.
174	I	Eigentlich ja, warum?
175	O	[Leise zu sich] Weils deine Aufgabe ist.
176	H	Weil ähm die beiden [deutet auf die beiden linken Teile ihrer Darstellung] pflücken ja in einer halben Stunde [tippt auf den oberen Würfel des zweiten Würfelturms von links] immer ähm [verschiebt die beiden Würfel neben besagtem Würfelturm]. Nur man kann jetz nich ä- a-auseinander halten wer Annika und Jakob is. Weil die beiden pflücken ja immer äh in einer #62 halben Stunde ein Kilo. #63 (Halt)
177	O	#62 Doch.
178	O	#63 Wenn-
179	H	#64 Äh-
180	I	Kann man?
181	O	#64 Ja wenn man sich eingeprägt hat, dass [tippt auf den rechten Holzwürfel in der Würfelkette der linken 10er-Gruppe] hier Jakob ein Dunklen hat kann man imma noch sagen das is Jakob [tippt erneut auf den rechten Holzwürfel in der Würfelkette der linken 10er-Gruppe] un das [deutet auf die rechte 10er-Gruppe] Annika ist.
182	I	Ich hab zu Halina gesagt #65 die sind alle gleich die Würfel. Kann denn das [deutet auf die rechte 10er-Gruppe, lässt die Hand liegen] hier auch Jakob sein?
183	H	#65 Und das ist die Zeit hier [zeigt auf den linken Zweier-Turm].
184	O	Öh #66 ja.
185	H	#66 Ja.
186	I	Also ist das egal? #67 Eigentlich.
187	O	#67 Hmhm
188	H	#67 Ja.
189	I	Kann das [legt die Hand hinter die 30er-Gruppe] hier auch Jakob sein?

190	H	Nein. Weil der hat ja äh [legt die Hände neben das Rechteck der 30er-Gruppe, stößt dabei einzelne Würfel aus der Formation, richtet das wieder] huuh weil das sind ja auch wieder #68 eine (.) Stunde [zeigt auf den Zweier-Turm] und hier sind dann ja diesmal #69 sechs Kilo [umfasst das Rechteck] und nicht mehr zwei Kilo [deutet auf die liegenden zwei Würfel der rechten 10er-Gruppe].
191	O	#68 [Schüttelt den Kopf.]
192	I	#69 Hmhm.
193	I	Okay. [Beugt sich vor, entfernt die Würfeltürme aller Gruppen außer der 40er. Bewegt die flache Hand mit der Handfläche zu den Kindern in einer offenen Geste nach vorn].
194	O	Hier [deutet auf die verbleibenden Würfeltürme in der 40er-Gruppe] is noch ne Zeit.
195	I	[Winkt ab] Machen wir gleich.
196	H	Jetz wirds mans noch erk- erkenn aba wenn man das [deutet auf die 40er-Gruppe] jetz ma wi- äh-#70
197	I	#70 Wir lassen das [hält die Hand mit dem Handrücken zu den Kindern so, dass die 40er-Gruppe aus Sicht der Kinder hinter der Hand liegt] mal einmal weg. #71 Erkenne ich was [hält die gespreizte Hand in der Luft über den beiden Würfelketten und dem kleinen Rechteck aus der 30er-Gruppe] hier passiert?
198	H	#71 Also-
199	H	Ja es würde man noch erkenn (.) ähm dass [tippt auf die linke Würfelkette, nimmt einend er Holzwürfel hoch, dreht ihn in der Hand] wenn man jetz weiß dass ähm das hier ebent imma [setzt den Würfel ab] ein Kilo is also a- [tippt auf die linke Würfelkette] zwei Kilo [tippt auf die rechte Würfelkette] zwei Kilo und hier [tippt auf das kleine Rechteck] sechs Kilo und #72 hier [tippt vorsichtig an die Seite der beide Würfeltürme in der 40er-Gruppe] aba könnte man das wenn man die Zeit wegnehm also die Würfel hier wegnehm würde nich mehr erkenn-#73
200	O	#72 A-a-aba-
201	I	#73Hab ich doch da gelassen. Da sind wir ja noch nicht
202	H	A- #74 aba wenn man die auch wegnehm würde, könnte man die Lösung gar nich mehr erkenn.
203	O	#74 Also.
204	O	Aba man sieht halt nich mehr die Zeit. [deutet auf jede der Gruppen] Des Man sieht halt [bewegt die Hand vor den Gruppen] wie viel pflücken aba halt nich #75 mehr [deutet von oben auf die beiden Würfelketten] die Zeit.

205	H	#75 Ja aber du weißt doch wie ähm lang die pflücken. [Blickt sich suchend um.] Wo is mein Mäppchen überhaupt?
206	I	Ich hab das weggelegt, das ist am Fenster.
207	O	[blickt sich suchend um] Welche Farbe (.) hat dein
208	I	Das heißt [greift nach der linken Würfelkette und zieht sie über die rechte] man erkennt das noch son bisschen. Ich leg die jetzt mal untereinander [schiebt das Rechteck aus der 30er-Gruppe, bestehend aus drei mal zwei Holzwürfeln unter die beiden Würfelketten]. So. [greift nach den beiden Würfeltürmen aus er 40er-Gruppe und nimmt sie vom Tisch] Und wir packen die Zeit weg [schiebt das 40er-Rechteck aus sechs mal zwei Holzwürfeln rechts neben die anderen] und die (komm dann) #76 hier rüber.
209	H	#76 [schüttelt den Kopf] Jetzt erkennt man ja nich mehr die Lösung. [blickt zu I] Jetzt erkennt man nich mehr die Lösung, weil ähm [deutet auf das 6x2-Rechteck, hält die Handkante daneben] hier von der (.) wär das ja wieder der eiglich die eigentliche Lösung weil dann ähm also die wolln ja wissen ähm wie lange der Opa noch weiter pflücken müsste und ähm aber jetzt weiß- [tippt auf das 6x2-Rechteck] jetz steht da ja nur Kilo aber nich mehr die Zeit weil da steht ja nich so viel Kilo die dann äh m- weil da [tippt auf das Aufgabenblatt] steht ja nur äh wie lange wie lange und äh nich wie viel Kilo muss Opa da pflücken.
210	I	Odelia was sagst du dazu?
211	O	Mhh- (5 sek.) Ma- man könnte halt nich mehr die Zeit wie Halina gesagt hat (.) halt nur noch wie viele Kilo.
212	I	Wenn ich das jetzt so hinlege [trennt das 6× 2-Rechteck in zwei 3×2-Rechtecke und legt diese rechts neben das ursprüngliche 3×2-Rechteck]?
213	H	Wenn man wüsste dass es zusamm gehört dann (.) nhh ja #77 eigentli-
214	O	#77 Ja wenn man weiß dasses alles drei (.) [bewegt den Zeigefinger vor den drei 3x2-Rechtecken hin und her] Opa (.) is #78 halt weiß [bewegt die Hand über der Darstellung](man das)-

215	H	#78 Obwohl eigentlich ja schon weil äh man könnt ja die [bewegt die Hand über der Darstellung] Lösung eignlich immer noch erkenn weil de- ähm weil man weiß ja der Opa pflückt ja drei mal so schnell wie [tippt auf die beiden Würfelketten] die beiden hier und ähm (.) und ähm de- [bewegt die Hand über dem am weitesten links gelegenen Rechteck auf und ab] wenn man jetz weiß das ähm (.) dass eine Stunde eben das würde er in einer Stunde schaffen [hält die Hand über das linke Rechteck]. Und da ja von ersma nur von [fährt mit der Hand rechts neben den Würfelketten und dem am weitesten links gelegenen Rechteck her, zwischen dem linken und mittleren Rechteck] einer Stunde die Rede is ähm (.) könnte man jetz jetz eigenlich schon wissen dass (.) das hier ähm [legt beide Hände seitlich um das mittlere Rechteck] (.) noch das Restliche is [umfasst das rechte Rechteck] unman könnte jajetz eigenlich auch hier dann immer [tippt mit jedem Zählschritt einen Holzwürfel aus dem mittleren und rechten Rechteck nacheinander an] zehn zwanzich dreißich vierzich fünfzich sechzich siebzich achtzich neunzich hundert (.) hundertzehn hundertzwanzich als- [bewegt die Hand über der Darstellung hin und her] würden dann noch hundertzwanzich Minuten dann dauern.
216	I	Das heißt ein Würfel [nimmt einen Holzwürfel aus dem rechten Rechteck und dreht ihn in den Fingern] wäre zehn Minuten?
217	H	(..) Ja aber es würde ja immer noch hundertzwanzich Minuten dauern also #79 zwei Stunden.
218	I	#79 [legt den Würfel zurück in die Formation] Ja (da sein) [legt die Hand über das mittlere und rechte Rechteck] ja zwölf Würfel hundertzwanzig Minuten aber ein Würfel wäre [nimmt wieder den gleichen Würfel aus dem rechten Rechteck und dreht ihn in den Fingern] zehn Minuten hast du ja gerade [legt den Würfel zurück] erzählt ne [tippt die drei äußersten Holzwürfel im rechten Rechteck einzeln an] zehn zwanzig dreißig das heißt [nimmt wieder den gleichen Holzwürfel aus dem rechten Rechteck und dreht ihn in den Fingern] ein Würfel ist eine äh- ein Kilogramm und zehn Minuten? Kann das sein?
219	H	Man könnte es so nehm wenn man ähm also man müsste dann ja eignlich nur wenn man jetz irgenwie das zähln (.) also wirklich die Aufgabe wissen möchte und ähm man das dann irgenwie (.) wissen will müsste man ja irgenwie (.) [deutet mit der Hand locker auf einzelne Holzwürfe] zehn zwanzich dreißich vierzich fünfzich sechzich siebzich achtzich neunzich [tippt auf Holzwürfel im mittleren Rechteck] hundert hundert- hä? #80 [Tippt weiter auf die Holzwürfel.]
220	I	#80 Jaa sind hundertzwanzig hast doch gezählt genau. [Steht auf, tritt aus dem Bild.] Möchtet ihr noch was dazu sagen?
221	O	Nö. Ich hab nix mehr dazu zu sagen.

3.4) Analyseschritt 4: Zusammenfassende, objektiv gehaltene Wiedergabe der Szene
Bevor eine Phaseneinteilung vorgenommen und der Inhalt des Transkripts möglichst objektiv wiedergegeben wird, erscheint es sinnvoll, eine Besonderheit der ausgewählten Szene (K3–1 35:36–36:59 min und K3–2 00:00–14:27 min) hervorzuheben. Die Szene besteht im Wesentlichen aus zwei Teilen. In beiden steht Halinas Darstellung im Mittelpunkt des interaktiven Austausches – allerdings mit unterschiedlichem Fokus. Im ersten Teil wird Halina dazu aufgefordert, ihre Darstellung der Interviewerin und Odelia zu erklären. Dabei nimmt Halina selbst einige Anpassungen vor und ihre Interaktionspartner stellen im Wesentlichen Verständnisfragen (Z. 1–119). Im zweiten Teil nimmt die Interviewerin eine aktivere Rolle ein, indem sie die von Halina erstellte Würfelkonstellation durch Wegnehmen einzelner Würfelbauten und Verschiebungen verändert sowie die Deutungen der Kinder dazu erfragt (Z. 120–221). Es sei ausdrücklich darauf hingewiesen, dass die Szene somit eigentlich in die beiden benannten Oberphasen eingeteilt werden müsste, die sich jeweils in Unterphasen zergliedern, die wiederum selbst Unterphasen aufweisen. Damit die Phaseneinteilung (Tab. 3) sich nun nicht aufgrund dieser existierenden Zweiteilung in viele Unterphasen zergliedert, wird die ausgewählte Szene behandelt, als wären es *zwei* – Halinas Erklärung ihrer Darstellung (Teil 1) und Deutungen zu von der Interviewerin vorgenommenen Veränderungen (Teil 2). Da die Szenen direkt hintereinander erfolgen und um doppelten Benennungen vorzubeugen, wird die Nummerierung der Phaseneinteilung jedoch im zweiten Teil fortgesetzt und nicht neu begonnen. Bei der epistemologischen Analyse selbst wird das übliche Vorgehen verwendet. Zunächst werden die einzelnen Unterphasen beider Teile möglichst objektiv beschrieben und im Detail analysiert. Die zu einer Phase gehörenden Unterphasen werden in einem nächsten Schritt ganzheitlich unter teilweiser Bezugnahme zum epistemologischen Dreieck interpretiert und in das Theoriekonstrukt eingeordnet. Am Ende der Analyse *beider Szenenteile* erfolgt die Zusammenfassung der Ergebnisse mit den daraus resultierenden aufschlussreichen Konsequenzen.

Phase 1 (Teil 1)
Die ausgewählte Szene beginnt mit der Frage der Interviewerin, was Halina gebaut habe (Z. 1). Diese deutet in Richtung des linken zusammengesetzten Würfels und kommentiert, dies seien die Bäume (Z. 2). Die Interviewerin fordert Halina dazu auf, genau zu zeigen, wo sie die Bäume sähe (Z. 3 und 6). Zunächst berührt Halina den bereits angesprochenen linken, zusammengesetzten Würfel (Z. 5) und tippt anschließend auf die übrigen drei zusammengesetzten Würfel der Darstellung (Z. 7; vgl. rote Kreise in der Abb. 36). Halina erklärt, man könne die Bäume daran erkennen, dass sie „nur zwei haben" und nicht irgendwie anders

Tab. 3 Phaseneinteilung Halina

Teil 1

Phase	Zeit	Zeile	Inhalt
1	35:36–35:58	1–11	Die Bäume
2	35:59–01:57	11–52	Die Pflückzeit und Pflückmenge der Kinder – die linke Teildarstellung
2.1	35:59–36:46	11–18	Die Pflückzeit und -menge der Kinder und deren Anpassung
2.2	36:46–36:59 00:00–00:15	18–29	Fehlende Kilogramm Kirschen Teil I
2.3	00:15–00:41	30–37	Die Pflückmenge der Kinder und ihre Darstellung
2.4	00:41–01:57	38–52	Die Kirschen und ihre Darstellung
3	01:57–03:26	53–73	Die (gemeinsame) Pflückzeit und Pflückmenge des Opas – die mittlere Teildarstellung
3.1	01:57–02:23	53	Die (gemeinsame) Pflückzeit und -menge des Opas Teil I
3.2	02:23–02:39	53–61	Fehlende Kilogramm Kirschen Teil II
3.3	02:39–03:26	62–73	Die (gemeinsame) Pflückzeit und -menge des Opas Teil II
4	03:27–07:46	73–135	Die (alleinige) Pflückzeit und Pflückmenge des Opas – die rechte Teildarstellung
4.1	03:27–04:04	73–89	Fehlende Kilogramm Teil III: Anpassung der (alleinigen) Pflückmenge und -zeit des Opas mit Odelias Deutung der rechten Teildarstellung
4.2	04:04–04:27	90–95	Erklärung der (alleinigen) Pflückmenge und -zeit des Opas
4.3	04:27–04:51	96–101	Unstimmigkeit der (alleinigen) Pflückmenge und -zeit des Opas
4.4	04:52–05:52	101–112	Fehlende Kilogramm Teil IV: Berechnung der gesamten, dargestellten Pflückmenge und deren Anpassung
4.5	05:52–07:01	112–119	Die alleinige Pflückzeit des Opas und deren Repräsentation
4.6	07:02–07:22	120–130	Entfernen des stehenden Quaders und Deutung
4.7	07:37–07:46	131–135	Klärung möglicher Rückfragen
Teil 2			
5	07:47–14:27	136–221	Entfernen und Umlegen von Würfeln mit jeweiligen Deutungen

(Fortsetzung)

Tab. 3 (Fortsetzung)

5.1	07:47–08:47	136–148	Entfernen der zusammengesetzten Würfel (Bäume)
5.2	08:48–09:20	149–154	Halinas Anpassung der mittleren und rechten Teildarstellung
5.3	09:20–10:10	154–167	Entfernen der Pyramiden (Kirschen)
5.4	10:11–11:05	168–193	Deuten der Personen anhand der reduzierten Darstellung
5.5	11:06–11:57	193–208	Entfernen der linken und mittleren Würfeltürme (Zeit)
5.6	11:57–12:52	208–211	Erstes Umlegen der Würfel und Entfernen der rechten Würfeltürme
5.7	12:52–14:27	212–221	Zweites Umlegen und Deutung

aussähen, wobei sie nacheinander auf das Rechteck vor der rechten Pyramide, auf die mittlere Pyramide und das davor liegende Rechteck deutet (Z. 7). Während ihrer Aussage stellt Odelia fest, dass es sich bei einem zusammengesetzten Würfel um acht kleinere Holzwürfel handle (Z. 8). Die Interviewerin schlussfolgert nach Halinas Aussage, dass es vier Bäume sein müssten (Z. 9), was sowohl Odelia (Z. 10) als auch Halina (Z. 11) bejahen.

Abb. 36 Halina 17

Phase 2
Halina fährt mit ihrer Erklärung fort, indem sie das linke Quadrat nach rechts vor die kleine Pyramide verschiebt und kommentiert, dass dieses die Kilogramm anzeige. Es seien vier Kilogramm, weil sie immer „fünf für ein Kilo" genommen habe. Dabei beginnt sie, die Holzwürfel der linken Pyramide zu zählen. Halina

zeigt auf die unterste Reihe und einen weiteren Holzwürfel der Pyramide, wobei sie bis fünf zählt. Sie runzelt die Stirn, beginnt erneut zu zählen und erscheint verwundert. Halina entfernt die beiden vorderen Holzwürfel des linken Quadrats sowie des rechten Quadrats mit der Äußerung, dass sie zwei zu viel habe (Z. 11; vgl. Abb. 37). Odelias Unterbrechungen (Z. 13–15) werden nicht näher thematisiert bzw. wird sie von der Interviewerin aufgefordert, Halina zunächst einmal ihre Darstellung zu Ende erklären zu lassen (Z. 17).

Abb. 37 Halina 18

Halina setzt ihre Erklärung fort, indem sie den linken Zweier-Turm in die Hand nimmt. Sie sagt, Annika und Jakob würden eine Stunde lang pflücken. Halina zählt daraufhin erneut die Holzwürfel der linken Pyramide und ergänzt, dass sowohl Jakob als auch Annika jeweils zwei Kilogramm gesammelt hätten, wobei Halina vor den Holzwürfeln der linken Teildarstellung auf den Tisch tippt bzw. auf die zwei flach liegenden Holzwürfel vor der kleinen rechten Pyramide zeigt. Sie beendet ihre Äußerung damit, dass sie noch mehr Kilo bräuchte (Z. 18). Odelia stellt daraufhin die Frage „Würfel?" (Z. 20) und die Interviewerin äußert, dass sie die auf Jakob und Annika bezogene Erklärung nicht verstanden habe (Z. 21).

Halina fordert ihre Interaktionspartner auf, zu warten. Sie nennt die Aufgabe „sechs und acht", flüstert das (Zwischen-) Ergebnis „zwölf" (Z. 22) bzw. „fünfzehn", bevor sie die jeweiligen beiden Holzwürfel vor den beiden kleineren Pyramiden zählt und zur Zahl „neunzehn" gelangt (Z. 25). Odelia fragt, ob Halina zwölf plus acht berechnen möchte (Z. 26). Die Interviewerin fordert, dass Halina später schaue, was ihr noch fehle (Z. 23 und 27). Stattdessen solle sie mit ihrer Erklärung von vorne beginnen. Halina setzt ihren Gedanken fort und benennt, dass sie „hier noch drei Kilo" brauche, wobei sie in Richtung der großen Pyramide deutet (Z. 28). Die Interviewerin erwidert, dass sie diese später bekommen könne (Z. 29).

Halina beginnt erneut mit ihrer Erklärung der Darstellung, indem sie zunächst die beiden Holzwürfel vor der linken, kleinen Pyramide anhebt und als „zwei

Kilo" benennt. Sie deutet anschließend auf die beiden Holzwürfel vor der rechten kleinen Pyramide und kommentiert „hier auch", bevor sie die Hand weiter
Richtung der größeren Pyramiden bewegt (Z. 30). Die Interviewerin unterbricht
sie mit der Rückfrage, ob dies zwei Kilogramm seien, die Jakob in einer Stunde
gepflückt habe (Z. 32). Dies bejaht Halina, während sie auf die beiden Holzwürfel
vor der linken kleinen Pyramide tippt und ergänzt, dass das „hier auch Annika" sei, wobei sie auf die beiden Holzwürfel vor der rechten kleinen Pyramide
zeigt (Z. 33). Die Interviewerin habe noch nicht verstanden, wo Halina die zwei
Kilogramm sehe (Z. 36). Halina tippt auf die beiden Holzwürfel vor der rechten
Pyramide. Sie hebt anschließend beide Würfel nacheinander hoch und kommentiert, dass der erste „ein Kilo" sei und der zweite „auch ein Kilo also zusammen
zwei (.) Kilo" (Z. 37). Sie fährt in ihrer Erklärung fort, indem sie sich nochmals
auf die Bäume bezieht und dabei auf den linken zusammengesetzten Würfel zeigt.
Halina umfasst die linke kleine Pyramide und ergänzt, dass dies sozusagen „die
Kirschen" seien (Z. 37). Die Interviewerin unterbricht sie mit einem fragenden
„Wie?" und erklärt, sie dachte, dass die beiden Holzwürfel vor der rechten kleinen
Pyramide die Kirschen seien (Z. 38). Halina präzisiert, dass die beiden Holzwürfel die Kilogramm anzeigen würden, da sie sonst immer nachzählen müsse und
die Pyramide womöglich einstürzen könnte, wobei sie die Hand vor der 30er-
Pyramide schwenkt (Z. 39). Die Interviewerin fragt danach, wie viel die rechte
kleinere Pyramide sei (Z. 41). Halina beantwortet dies mit „zwei Kilo", da es ja
„zwei Würfel" wären, die vor der rechten Pyramide lägen (Z. 42). Die Interviewerin präzisiert ihre Frage dahingehend, dass sie den Grund für die Bauweise als
Pyramide erfragt (Z. 43). Der Grund läge in der Pflückweise der Kirschen, die
man zu einem „Haufen" aufeinanderlege (Z. 44).

Nach der Beantwortung der von der Interviewerin gestellten Zwischenfragen
setzt Halina ihre Erklärung fort und benennt die beiden Holzwürfel des Würfel-
turms neben der linken Pyramide als jeweils „eine halbe Stunde". Der Würfelturm
an der linken kleinen Pyramide sei folglich „eine Stunde", ebenso wie der Würfelturm an der rechten kleinen Pyramide (Z. 47). Bevor Halina ihre Erklärung
bezüglich des Opas fortsetzen kann, wird sie von der Interviewerin unterbrochen.
Diese fragt, ob die rechte kleinere Pyramide aus zehn Holzwürfel bestehe (Z.
48). Halina glaube schon (Z. 49), sodass die Interviewerin nachzählt und den
Grund dieser Anzahl wissen möchte (Z. 50). Halina sähe fünf Kirschen als ein
Kilogramm an: „fünf Kirschen solln ja ein Kilo sein". In „einer halben Stunde"
würde „ein Kilo" gepflückt werden, also fünf Kirschen und dann noch einmal eine
halbe Stunde und ein Kilogramm (Z. 51). Die Interviewerin drückt ihr Verstehen
aus (Z. 52) und Halina beginnt mit der Beschreibung der Pflückzeit und -menge
des Opas.

Phase 3

Halina wendet sich der Teildarstellung mit der 30er-Pyramide, dem davor liegenden aus sechs Holzwürfeln bestehenden Rechteck, dem zusammengesetzten Würfel und dem links neben diesen Würfel stehenden Quader zu (vgl. Abb. 38). Ein Holzwürfel des stehenden Quaders repräsentiere „zehn" Minuten. Halina zählt die sechs Würfel des Quaders als sechzig Minuten, also repräsentierten sie „eine Stunde". Mit dem Kommentar „hier solln das dann auch die Kirschen sein" deutet Halina auf die 30er-Pyramide. Es wären „sechs Kilo". Dabei zeigt Halina auf das aus sechs Holzwürfeln bestehende Rechteck vor besagter 30er-Pyramide und benennt einen darin enthaltenen Würfel als „ein Kilo". Der zusammengesetzte Würfel neben der Pyramide sei „auch wieder der Baum". Sie habe allerdings „drei Kilo zu wenig". Halina begründet den Umstand damit, dass sie sich gerade „irgendwie vertan" habe, wobei sie mit der Hand lose auf die Gruppen um die beiden 10er-Pyramiden deutet (Z. 53). Die Interviewerin erwidert, Odelia habe noch Holzwürfel, und fragt, ob diese zur 30er-Pyramide müssten (Z. 56). Odelia schiebt Halina drei Holzwürfel zu (Z. 55), diese nimmt sie in die Hand, ebenso wie Odelias weitere zwei Würfel (Z. 57). Sie antwortet der Interviewerin, dass die Holzwürfel zur 40er-Pyramide gehörten (Z. 59). Die Interviewerin unterbricht Halina, da sie diese Teildarstellung bisher noch nicht besprochen hätten, und verweist auf die 30er-Pyramide, die aktuell im Mittelpunkt stehe (Z. 60). Zu dieser würden die hinzuzufügenden Holzwürfel nicht gehören, da dort alles richtig sei (Z. 61).

Abb. 38 Halina 19

Die Interviewerin greift die von Halina benannten sechs Kilogramm (vgl. Z. 53) auf und fragt, in welcher Zeit der Opa diese pflücke (Z. 62). Er brauche dafür eine Stunde (Z. 63), die man anhand des stehenden Quaders neben der 30er-Pyramide und der entsprechenden Zählweise von einem Holzwürfel als zehn Minuten erkennen könne (Z. 65–66). Odelia habe eine Frage (Z. 67), weshalb Halina bei vierzig Minuten beim Zählen der Würfel des Quaders stoppt und sich ihr zuwendet (Z. 67). Odelia möchte wissen, wieso ein Holzwürfel im Würfelturm bei der rechten 10er-Pyramide für eine halbe Stunde stünde, bei dem stehenden Rechteck an der 30er-Pyramide jedoch für zehn Minuten (Z. 68). Halina erklärt,

man könne es so besser erkennen und es könnte sein, dass bei der rechten Teildarstellung herauskommt, dass „irgendwie [...] also ein Kilo noch dazu kommt und
dann zehn Minuten" einzeln repräsentiert werden müssten (Z. 69). Odelia möchte
eine weitere Frage stellen, unterbricht sich aber selber (Z. 70). Halina erklärt,
dass Opa in einer Stunde sechs Kilo pflücken würde (Z. 71). Die Interviewerin
deutet auf die Gruppe der Holzwürfel bei der 30er-Pyramide und fragt, ob man
dies hier sehe (Z. 72). Halina bejaht die Frage und erklärt, dass Opa sechs Kilogramm pflücke, weil er dreimal so schnell wie Annika und Jakob sei und diese
bekanntlich eine halbe Stunde für ein Kilogramm brauchten. Entsprechend würde
der Opa für ein Kilogramm zehn Minuten benötigen (Z. 73).

Phase 4
Halina legt anschließend drei Holzwürfel auf die 40er-Pyramide und zwei zu dem
davor liegenden Rechteck (Z. 73; vgl. Abb. 39), wobei sie jedoch „ein Würfel zu
wenich" habe (Z. 80). Die 40er-Pyramide besteht somit aus 43 Holzwürfeln und
das davor liegende Rechteck aus 10 Holzwürfeln.

Abb. 39   Halina 20

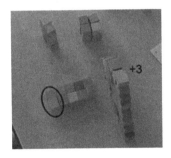

Während Halina diese Änderungen vornimmt, fragt die Interviewerin Odelia,
ob sie wisse, wofür der zusammengesetzte Würfel (Z. 74) sowie der aus acht
Holzwürfeln bestehende Quader (Z. 76) bei der 40er-Pyramide stünden. Odelia
nickt und benennt die Bestandteile der Darstellung als „Baum" (Z. 75) bzw. als
„Zeit" (Z. 77). Der Frage der Interviewerin nach einer spezifischeren Zeitangabe
(Z. 78) bleibt Odelia eine Antwort schuldig bzw. erklärt, dass es sowieso zu wenig
seien (Z. 79).
      Die Interviewerin steht auf (Z. 81) und reagiert damit auf Halinas Feststellung,
einen Holzwürfel zu wenig zu haben (vgl. Z. 80). Sie holt einen Würfel von
Odelias Darstellung und gibt ihn Halina in die Hand (Z. 83). Diese nimmt ihn
und fügt ihn unten am Rechteck vor der 40er-Pyramide an, sodass dieses nicht

länger aus acht bzw. zehn sondern inzwischen aus elf Holzürfeln besteht (Z. 84; vgl. Abb. 40). Odelia erklärt, dass Halina ihr nun „drei Stunden und ein Würfel" schulde (Z. 85), was die Interviewerin als Diskussionspunkt auf später verschiebt (Z. 86). Halina vermutet, dass nach wie vor Würfel bei der rechten Teildarstellung fehlen, die man sich aber auch denken könnte. Wichtig sei, dass das ‚Rechteck' vor der 40er-Pyramide aus elf Holzwürfeln bestünde (Z. 87).

Abb. 40 Halina 21

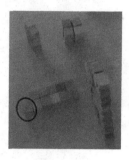

Abb. 41 Halina 22

Halina fährt mit ihrer Erklärung fort und ¡benennt den zusammengesetzten Würfel links neben der 40er-Pyramide als „Baum". Die 40er-Pyramide seien die „Kirschen". Dieses Mal wären es acht Kilogramm, wobei Halina auf das aus inzwischen elf Holzwürfeln bestehende ‚Rechteck' deutet. Der Aufbau der Pyramide sei aufgrund der Beschaffenheit der einzelnen Holzwürfel am mühseligsten gewesen (Z.90). Die Interviewerin möchte wissen, ob die Pyramide aus 40 Holzwürfeln bestehe (Z. 92) bzw. bestehen solle und zwar als Ergebnis der Multiplikationsaufgabe acht mal fünf (Z. 94). Halina vermutet schon (Z. 93) bzw. bejaht die Frage der Interviewerin, dass es 40 sein sollen (Z. 95). Sie tippt den untersten Würfel im ‚Rechteck' an und erklärt erneut, es seien acht Kilogramm (Z. 95). Die Interviewerin zählt die im ‚Rechteck' enthaltenen Würfel als „elf" (Z. 96), woraufhin Halina die zuletzt gelegten, untersten drei Würfel zur Seite schiebt (Z. 97; vgl. Abb. 41). Odelia nimmt die von Halina entfernten Holzwürfel (Z. 98). Diese fordert sie zurück (Z. 99), sodass Odelia diese wieder zu Halina schiebt (Z. 100), die sie wiederum in die Hand nimmt (Z. 101).

Abb. 42 Halina 23

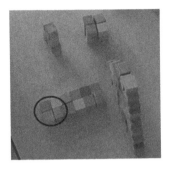

Halina zählt die einzelnen Würfel des stehenden Quaders als „achtzich Minuten" und kommentiert, sie habe beim liegenden Rechteck und stehendem Quader wohl „die richtigen" aber bei der 30er-Pyramide „drei zu wenich", wobei ihre Gesten zu den Kommentaren nicht ganz eindeutig sind. Anschließend nennt sie die Aufgabe „sechs plus acht", stellt dies aber direkt mit einem „hä?" in Frage (Z. 101). Die Interviewerin fordert dazu auf, einmal durchzurechnen, wie viel Kilogramm Halina insgesamt habe. Sie ergänzt, dass Halina mit „Acht plus sechs […] sind vierzehn" bereits angefangen habe (Z. 103). Halina rechnet nach und gelangt ebenfalls zum Ergebnis „vierzehn". Sie zählt daraufhin weiter bis achtzehn, wobei sie die jeweiligen beiden Holzwürfel vor der rechten und der linken kleineren Pyramide antippt. Halina schlussfolgert, es würden ihr noch „vier Kilo" fehlen. Sie hätte allerdings „hier drei Stück", wobei sie die Würfel in ihren Händen bewegt und andeutet, diese auf die 40er-Pyramide legen zu wollen (Z. 104). Die Interviewerin holt fünf weitere Holzwürfel (Z. 105) unter Protest (Z. 106) von Odelias Darstellung. Währenddessen zeigt Halina auf das Rechteck vor der 40er-Pyramide und entscheidet sich, dass sie „das dann aber hier unten an [baue]" (Z. 108). Die Interviewerin stimmt ihr zu und hält Halina auf ihren Handflächen fünf Würfel hin (Z. 109). Halina legt zunächst die drei Würfel aus ihrer Hand unten an das Rechteck an (Z. 110), nimmt die Würfel der Interviewerin und legt davon einen weiteren zum Rechteck vor der 40er-Pyramide, welches somit aus zwölf

Holzwürfeln besteht (vgl. Abb. 42). Halina zählt die im Rechteck enthaltenen Würfel und benennt sie als „zwölf Kilo". Sie berechnet, dass zwölf Kilogramm plus sechs Kilogramm achtzehn ergeben und zählt anschließend die vier Würfel vor den beiden kleineren Pyramiden dazu. Diese zweiundzwanzig seien richtig, nur die Zeit sei noch falsch. Der Opa habe bei dem Rechteck vor der 40er-Pyramide zwölf Kilogramm. Er bräuchte für ein Kilogramm zehn Minuten, also 120 Minuten bzw. „noch zwei Stunden dazu" (Z. 112).

Nach einer Pause fragt die Interviewerin, ob Halina meine, dass der Opa „insgesamt" zwei Stunden brauche (Z. 113). Dies wird von Halina bejaht und anschließend präzisiert. Der Opa müsse „noch zwei Stunden [...] weiter pflücken". Er brauche für sechs Kilogramm eine Stunde. Man müsse „das Doppelte" nehmen, sodass Opa für zwölf Kilogramm 120 Minuten benötigte. Halina legt die in ihrer Hand verbliebenen vier Holzwürfel als Quadrat nahe der 40er-Pyramide (vgl. Abb. 43). Ein Würfel repräsentiere dabei dreißig Minuten, also „vier mal dreißich sind ja dann hundertzwanzich" (Z. 114).

Abb. 43 Halina 24

Die Interviewerin fragt daraufhin, was mit den acht Würfeln des stehenden Quaders sei (Z. 116). Halina erklärt, ein Holzwürfel davon stünde nach wie vor für zehn Minuten (Z. 117). Die Interviewerin möchte wissen, warum Halina zusätzlich zur Repräsentation der zwei Stunden als Quadrat nahe der 40er-Pyramide die Zeit noch einmal in den acht Würfeln des stehenden Quaders repräsentiere (Z.118). Halina überlegt und sagt, sie wären gerade noch einmal dazu gekommen, sie hätte aber keine Ahnung (Z. 119). Daraufhin entfernt die Interviewerin diese acht Würfel (vgl. Abb. 44) und fragt Halina, ob sie die Holzwürfel wegnehmen könne (Z. 120). Dies wird von ihr mit der Begründung, dass einfach nur zwei Stunden nicht ausreichend wären, verneint (Z. 121). Die Interviewerin wiederholt fragend Halinas Aussage (Z. 122), ohne eine Antwort von Halina oder Odelia zu erhalten (Z. 123f). Die Interviewerin fasst zusammen, dass der Opa in einer Stunde sechs Kilogramm schaffe, wobei sie auf das Rechteck vor der 30er-Pyramide zeigt. Die Interviewerin trennt das Rechteck vor der 40er-Pyramide mittig horizontal und erklärt, hier habe Halina sechs Kilogramm und sechs Kilogramm (Z. 125 und 127). Halina stimmt ihr zu und führt fort, dass der Opa zwei Stunden brauche (Z. 128). Die Interviewerin fragt erneut, ob die von ihr bereits entfernten Würfel weg könnten (Z. 129), was Halina bejaht (Z. 130). Anschließend werden erneut die „Würfel-Schulden" thematisiert, die jedoch nicht im Transkript aufgenommen sind (vgl. K7–1 44:13–44:25 min bzw. K3–2 7:23–7.36 min). Die Interviewerin möchte von Odelia wissen, ob diese eine Frage zu Halinas Darstellung habe (Z. 131). Odelia verneint (Z. 133).

Abb. 44   Halina 25

Phase 5 (Teil 2)
Zu Beginn der Phase 5 und damit des zweiten Teils der Szene fragt die Interviewerin, ob man die Bäume, die Halina gemacht habe (Z. 136) brauche (Z. 139). Halina entgegnet, „eigentlich nich" (Z. 140). Daraufhin entfernen Halina, Odelia und die Interviewerin gemeinsam ‚die Bäume' aus der Darstellung (Z. 141ff, vgl. in Abb. 45 rote Markierung). Anschließend werden nicht benötigte Würfel entfernt und erneut die „Schulden" thematisiert, was jedoch ebenfalls nicht im Transkript aufgenommen ist (vgl. K7–1 44:59–45:39 min bzw. K3–2 08:08–08:46 min).

Abb. 45 Halina 26

Die Interviewerin spricht Halina und Odelia zu und ermuntert sie, sich zu konzentrieren (Z. 149). Halina wendet sich dem Rechteck vor der 40er-Pyramide zu. Sie schiebt den oberen linken Würfel etwas zur Seite, tippt darauf und erklärt, „das hier sind als ebent immer eine halb Stunde". Anschließend deutet sie auf den als zwei 3er-Würfeltürme stehenden Quader neben der 30er-Pyramide, die „dann ja eigentlich auch ne halbe Stunde sein" könnten (Z. 150). Die Interviewerin entfernt daraufhin jeweils die beiden oberen Würfel, sodass nur zwei Holzwürfel verbleiben (vgl. Abb. 46). Dabei kommentiert sie ihre Handlung und fragt Halina nach ihrem Einverständnis (Z. 151). Diese überlegt („Warte. Ähm"), bevor sie mit „ja" antwortet und die beiden Holzwürfel zusammen sowie näher an die 30er-Pyramide schiebt.

Abb. 46 Halina 27

Halina stapelt die beiden Würfel aufeinander zu einem Würfelturm (vgl. Abb. 47).

Abb. 47 Halina 28

Während sie auf den oberen Würfel tippt, benennt sie diesen als „eine halbe Stunde" und tippt mit dem Kommentar „dann hier" auf den unteren Würfel. Halina nimmt das aus vier Würfeln bestehende Quadrat bei der 40er-Pyramide in die Hand: „Hier ebent auch". Auch hier stapelt sie die Würfel als zwei nebeneinanderstehende Zweier-Türme aufeinander (vgl. Abb. 48). Diese seien „zwei Stunden". Halina zeigt auf das Rechteck vor der 40er-Pyramide und benennt es als „hier die acht Kilo" (Z. 152). Bevor Halina fortfahren kann, wird sie von der Interviewerin mit der Aussage „Zwölf" (Z. 153) unterbrochen. Dem stimmt Halina zu. Sie deutet auf die 40er-Pyramide und vermutet, dass es hier „dann noch n paar zu wenig" seien, man es aber eigentlich nicht mehr bräuchte (Z. 154).

Abb. 48 Halina 29

Dies nimmt die Interviewerin als Anreiz, auf die andere Tischseite zu gehen und ‚weiterzumachen'. Dafür deutet sie zunächst mit der Hand auf die Gruppe um die linke 10er-Pyramide und fragt, ob dies Jakob sei (Z. 155). Halina und Odelia bejahen es beide (Z. 156f). Die Interviewerin fährt fort, dass Jakob zwei Kilogramm pflücke, wobei sie die zwei liegenden Würfel vor der linkem 10er-Pyramide anhebt. Dies schaffe er in einer Stunde, wobei die Interviewerin den zweier-Turm links neben der Pyramide berührt. Sie entfernt daraufhin die linke 10er-Pyramide (vgl. in Abb. 49 links) und fragt, ob man das immer noch sehen könne (Z. 158). Erneut stimmen sowohl Halina (Z. 159) als auch Odelia (Z. 160) zu. Die Interviewerin entfernt die rechte 10er-Pyramide (vgl. in Abb. 49 rechts)

und möchte wissen, ob man erkennen könne, was Annika pflücke (Z. 161). Halina bejaht die Frage. Sie zählt von der 40er-Pyramide zehn Würfel ab, die sie vor Odelia legt (Z. 162).

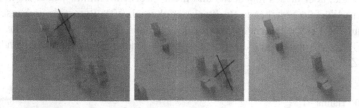

Abb. 49 Halina 30

Die Interviewerin entfernt mit der Frage, ob man erkennen könne, was der Opa pflücke, alle Würfel der 30er- und 40er-Pyramide (Z. 163; vgl. Abb. 50) – auch die von Halina abgezählten – und wiederholt ihre Frage (Z. 165). Halina bejaht diese (Z. 166). Die Interviewerin fragt „Ja?" (Z. 167) und Odelia (168) möchte wissen, ob Halina immer noch erkennen könne „wer wer is" (Z. 168). Diese richtet unterdessen die Würfelkonfigurationen in ihrer Darstellung (Z. 166) und zieht das Rechteck und die Würfeltürm aus der 40er-Gruppe mit dem Kommentar, „Da kommt ein bisschen Abstand [...] weil das is ja die eigentliche Lösung" näher zu sich (Z. 169). Odelia wiederholt ihre Frage (Z. 170). Halina sagt, man hätte dies auch vorher nicht so richtig erkannt (Z. 171). Die Interviewerin möchte es auch wissen und wiederholt Odelias Frage (Z. 172). Halina bejaht sie (Z. 173) und erklärt auf Rückfrage der Interviewerin (Z. 174) weiter: „Weil ähm die beiden [...] pflücken ja in einer halben Stunde [...] immer ähm [...]". Dabei deutet sie auf die beiden linken Teile ihrer Darstellung, tippt auf den oberen Würfel des zweiten Würfelturms von links und schiebt die beiden danebenliegenden Würfel auseinander und wieder zusammen. Man könne allerdings nicht auseinanderhalten, wer Annika und wer Jakob sei, weil die beiden immer in einer halben Stunde ein Kilogramm pflücken würden (Z. 176). Odelia widerspricht Halina (Z. 177). Man könne sie doch auseinanderhalten, wenn man sich eingeprägt habe, „dass hier Jakob ein Dunklen hat kann man imma noch sagen das is Jakob un das [...] Annika ist" (Z. 181). Dabei tippt Odelia auf besagten dunkleren Würfel in der linken Teildarstellung und deutet anschließend Richtung der beiden liegenden Würfel in der rechts daneben befindlichen Teildarstellung. Halina ergänzt, dass der linke Zweier-Turm die Zeit sci (Z. 183), während die Interviewerin die angedachte Gleichheit aller Würfel hervorhebt und sich erkundigt, ob die Würfel

vor der ehemals rechten 10er-Pyramide ebenfalls ‚Jakob' sein könnten (Z. 182).
Halina und Odelia bejahen die Frage (Z. 184f), es sei „egal" (Z. 186–188). Die
Interviewerin fragt, ob die Würfel vor der ehemaligen 30er-Pyramide auch ‚Jakob' sein könnten (Z. 189). Dies wird von Halina verneint. Es sei auch wieder
eine Stunde, aber dieses mal sechs und nicht zwei Kilogramm, wobei sie auf das
aus sechs Würfeln bestehende Rechteck der ehemals 30er-Pyramide und anschließend auf die beiden liegenden Würfel der ehemals rechten 10er-Pyramide zeigt
(Z. 190). Als Antwort auf die Frage schüttelt Odelia ebenfalls verneinend den
Kopf (Z. 191).

Abb. 50 Halina 31

Die Interviewerin entfernt die Zweier-Würfeltürme der drei linken Würfelgruppierungen (vgl. Abb. 51) – lediglich die Türme der 40er-Gruppe lässt sie
stehen und bewegt die flache Hand mit der Handfläche zu Halina und Odelia
in einer offenen Geste nach vorne (Z. 193). Odelia zeigt auf die stehengelasse-
nen Würfeltürme der 40er-Gruppe und sagt, dass hier noch die Zeit sei (Z. 194).
Mit dem Kommentar, dass dies gleich gemacht werde, winkt die Interviewerin
ab (Z. 195). Halina würde es noch erkennen und möchte ebenfalls eine Erklärung zu den Würfel der ehemaligen 40er-Pyramide abgeben (Z. 196), wird aber
von der Interviewerin unterbrochen. Die rechte Teildarstellung soll zunächst weggelassen werden. Sie interessiere, ob man erkennen könne, was bei den beiden
noch verbliebenen, aus jeweils zwei Würfeln bestehenden Reihen und dem aus
sechs Würfeln bestehenden Rechteck passiere (Z. 197). Halina bestätigt, dass
man es noch erkennen könne, und erklärt, wenn man wisse, dass ein Würfel der
linken Zweier-Reihe ein Kilogramm sei, und die linke Zweier-Reihe zwei Kilogramm, die rechte Zweier-Reihe zwei Kilogramm und das kleine Rechteck sechs

Kilogramm, dann würde man das noch sehen. Entfernte man allerdings die Zeit dargestellt als die beiden Würfeltürme der 40er-Gruppe, könnte man „die Lösung" dort nicht mehr erkennen (Z. 199 und 202). Die Interviewerin beharrt darauf, die Teildarstellung zunächst weiterhin außen vor zu lassen (Z. 201). Odelia merkt nach mehreren Versuchen (Z. 198, 200, 203) schließlich an, dass man bei den linken drei Gruppierungen noch erkennen könne, wie viel gepflückt wurde, nicht aber die Zeit (Z. 204). Halina entgegnet, man wisse doch „wie ähm lang die pflücken" und sucht ihr Mäppchen (Z. 205), welches die Interviewerin beiseite gelegt habe (Z. 206). Odelia interessiert sich für dessen Farbe (Z. 207) und die Interviewerin fährt fort, die Würfeldarstellung zu verändern.

Abb. 51 Halina 32

Abb. 52 Halina 33

Sie legt die drei linken Teildarstellungen untereinander, entfernt die beiden noch verbliebenen Zweier-Türme als „Zeit" und schiebt das große Rechteck rechts neben die anderen Würfel (Z. 208; vgl. Abb. 52). Noch bevor die Interviewerin fertig ist, schüttelt Halina den Kopf und behauptet, man erkenne die Lösung nicht mehr. Das größere Rechteck stelle die „eigentliche Lösung" dar. Sie wollen schließlich wissen, wie lange der Opa noch weiter pflücken müsste. So erkenne man „nur noch wie viel Kilo aber nich mehr die Zeit" (Z. 209). Halina zieht zur Begründung ebenfalls die verschriftlichte Textaufgabe heran. Die Interviewern möchte von Odelia wissen, was sie dazu sage (Z. 210). Diese überlegt und schließt sich Halinas Antwort an. Man könne nicht mehr die Zeit erkennen, sondern „nur noch wie viele Kilo" (Z. 211).

Abb. 53 Halina 34

Die Interviewerin trennt das größere Rechteck in zwei gleich große kleinere und legt diese beiden neben das erste Rechteck (vgl. Abb. 53) und fragt „Wenn ich das jetzt so hinlege?" (Z. 212). Halina beginnt eine Antwort (Z. 213), wird aber von Odelia unterbrochen. Odelia erklärt, wenn man wisse, dass alle drei Rechtecke zum Opa gehörten (Z. 214), wird aber wiederum von Halina unterbrochen. Halina bemerkt, dass man die Lösung weiterhin erkennen könne. Man wisse, dass Opa dreimal schneller als die beiden Kinder pflücke. Dabei tippt Halina auf die beiden Würfelreihen. Sie fährt mit der Hand über das linke Rechteck und erklärt: „wenn man jetzt weiß das ähm (.) dass eine Stunde eben das würde er in einer Stunde schaffen". Halina fährt mit der Hand rechts neben den beiden Würfelreihen und dem linken Rechteck (also zwischen dem linken und mittleren Rechteck) her und sagt „da ja von ersma nur von […] einer Stunde die Rede is". Anschließend umfasst sie nacheinander das mittlere und rechte Rechteck und kommentiert, „könnte man jetzt jetzt eigenlich schon wissen dass (.) das hier ähm […] (.) noch das Restliche is". Sie beendet ihre Erklärung damit, dass sie die einzelnen Würfel des mittleren und rechten Rechtecks antippt, jeweils als zehn Minuten zählt und zu der Schlussfolgerung kommt, es würde noch 120 Minuten dauern (Z. 215). Die Interviewerin nimmt den rechten oberen Würfel des rechten Rechtecks in die Hand und fragt, ob ein Würfel zehn Minuten wäre (Z. 216), was Halina bejaht und ergänzt, dass es „ja immer noch hundertzwanzich Minuten […] also zwei Stunden [dauern]" würde (Z. 217). Die Interviewerin legt den Würfel zurück und stimmt Halina zu. Zwölf Würfel wären 120 Minuten, also müsse ein Würfel doch zehn Minuten sein, wie Halina ja auch gezählt habe. Sie fragt weiter, ob ein Würfel somit ein Kilogramm und zehn Minuten wären und ob dies sein könne (Z. 218). Halina stimmt dem zu, man müsse es entsprechend zählen und die Aufgabe wissen. Sie beginnt erneut, die Würfel des mittleren und rechten Rechtecks in Zehn-Minuten-Schritten zu zählen, unterbricht sich aber „hä?" (Z. 219). Die Interviewerin bestätigt, dass Halina zuvor 120 Minuten gezählt habe und fragt abschließend, ob Halina oder Odelia noch etwas zu der Darstellung sagen möchten (Z. 220), was Odelia verneint (Z. 221).

Literaturverzeichnis

Aebli, H. (1980). Denken: Das Ordnen des Tuns (Band 1). Stuttgart: Klett

Ball, D. L. (1992). Magical hopes – Manipulatives and the Reform of Math Education. *American Educator: The Professional Journal of the American Federation of Teachers* 16 (2), 14–18, 46–47.

Baraldi, C., Corsi, G. & Esposito, E. (1997). GLU – Glossar zu Niklas Luhmanns Theorie sozialer Systeme. Frankfurt am Main: Suhrkamp.

Bauersfeld, H. (1978). Kommunikationsmuster im Mathematikunterricht – Eine Analyse am Beispiel der Handlungsverengung durch Antworterwartung. In: Bauersfeld, H. (Hrsg.), *Fallstudien und Analysen zum Mathematikunterricht*. Hannover: Schroedel, 158–170.

Bauersfeld, H. & Zawadowski, W. (1981). Metaphors and metonymies in the teaching of mathematics (Occasional Paper No. 11). Bielefeld: IDM Universität Bielefeld.

Bauersfeld, H. (1983): Kommunikationsverläufe im Mathematikunterricht. Diskutiert am Beispiel des „Trichtermusters". In: K. Ehlich & J. Rehbein (Hrsg.), *Kommunikation in Schule und Hochschule: linguistische und ethnomethodologische Analysen*. Tübingen: Gunter Narr Verlag, 21–28.

Beck, C. & Maier, H. (1993): Zu Methoden der Textinterpretation in der empirischen mathematikdidaktischen Forschung. In: H. Maier & J. Voigt (Hrsg.), *Verstehen und Verständigung. Untersuchungen zum Mathematikunterricht*. Band 19. Köln: Aulis, 43–62.

Benacerraf, P. (1984). What numbers could not be. In: P. Benacerraf & H. Putnam (Hrsg.), *Philosophy of Mathematics: Selected Readings*. Cambridge: Cambridge University Press, 272–294.

Berghaus, M. (2011). Luhmann leicht gemacht. 3. überarbeitete und ergänzte Auflage. Köln u. a.: Böhlau Verlag.

Bikner-Ahsbahs, A. (2005). Mathematikinteresse zwischen Subjekt und Situation: Theorie interessendichter Situationen, Baustein für eine Mathematikdidaktische Interessentheorie. Hildesheim: Franzbecker.

Bischof-Köhler, D. (2011). Soziale Entwicklung in Kindheit und Jugend. Bindung, Empathie, Theory of Mind. Stuttgart: Kohlhammer.

Blanke, B. (1998). Modelle des ikonischen Zeichens. *Zeitschrift für Semiotik* 20, 3–4. Stauffenburg Verlag Tübingen, 285–303.

© Der/die Herausgeber bzw. der/die Autor(en), exklusiv lizenziert durch Springer Fachmedien Wiesbaden GmbH, ein Teil von Springer Nature 2021
K. Mros, *Mathematiklernen zwischen Anwendung und Struktur*, Essener Beiträge zur Mathematikdidaktik, https://doi.org/10.1007/978-3-658-33684-4

Blanke, B. (2003). Vom Bild zum Sinn. Das ikonische Zeichen zwischen Semiotik und analytischer Philosophie. Wiesbaden: Deutscher Universitäts-Verlag.

Bruner, J. S. (1974). Entwurf einer Unterrichtstheorie. Berlin: Berlin Verlag.

Brunner, M. (2015). Diagrammatische Realität und Regelgebrauch. In: G. Kadunz (Hrsg.), *Semiotische Perspektiven auf das Lernen von Mathematik*. Berlin: Springer Spektrum, 9–32.

Burghardt, G.M. (2011). Defining and recognizing play. In: A.D. Pellegrini (Hrsg.), *The Oxford handbook of play*. New York: Oxford University Press, 9–18.

Cassirer, E. (1973). Philosophie der symbolischen Formen. Zweiter Teil. Das mythische Denken. 6. unveränderte Auflage. Darmstadt: Wissenschaftliche Buchgesellschaft.

Cassirer, E. (1980). Substanzbegriff und Funktionsbegriff. Untersuchungen über die Grundlagen der Erkenntniskritik. 5. unveränderte Auflage. Darmstadt: Wissenschaftliche Buchgesellschaft.

Clements, D. H. & Sarama, J. (2018). Myths of Early Math. Education Sciences, 8, 71.

Clements, D. H. & McMillen, S. (1996). Rethinking „Concrete" Manipulatives. *Teaching Children Mathematics,* 2 (5), 270–279.

Cobb, P. & Bauersfeld, H. (1995). The Emergence of Mathematical Meaning – Interaction in Classroom Cultures. Hillsdale, New Jersey: Lawrence Erlbaum Associates

Davis, P. J. & Hersh, R. (1985). Erfahrung Mathematik. Basel, Boston, Stuttgart: Birkhäuser.

DeLoache, J. S. (2000). Dual Representations and young children's use of scale models. *Child Development,* 71, 329–338.

DeLoache, J. S. (2002). The Symbol-Mindedness of Young Children. In W. Hartup & R. A. Weinberg (Hrsg.), *Child Psychology in Retrospect and Prospect*. Mahwah, NJ: Lawrence Erlbaum Associates, 73–101.

DeLoache, J. S. (2004). Becoming symbol-minded. *Trends in Cognition Science,* 8 (2), 66–70.

Deutscher Schachbund (2014). Die FIDE – Schachregeln. Schiedsrichterkommision des Deutschen Schachbundes e.V.

Dörfler, W. (1988). Rolle und Mittel von Vergegenständlichung in der Mathematikdidaktik. In: *Beiträge zum Mathematikunterricht*. Bad Salzdetfurth: Franzbecker, 110–113.

Dörfler, W. (2006). Diagramme und Mathematikunterricht. *JMD* 27 (2006) H. 3/4, 200–219.

Dörfler, W. (2010). Mathematische Objekte als Indizes in Diagrammen. Funktionen in der Analysis. In: Kadunz, G. (Hrsg.), *Sprache und Zeichen*. Franzbecker: Hildesheim, Berlin, 25–48.

Dörfler, W. (2011). Formen der Referenz in der Mathematik. In: R. Haug & L. Holzäpfel (Hrsg.), *Beiträge zum Mathematikunterricht 2011* (1). Münster: WTM, 203–206.

Dörfler, W. (2015). Abstrakte Objekte in der Mathematik. In: G. Kadunz (Hrsg.), *Semiotische Perspektiven auf das Lernen von Mathematik*. Berlin: Springer Spektrum, 33–49.

Duval, R. (2000). Basic Issues for Research in Mathematics Education. In: T. Nakahara & M. Koyama (Hrsg.), *Proceedings of the 24th International Conference for the Psychology of Mathematics Education*. Hiroshima, Japan: Nishiki Print Co., Ltd., 55–69.

Duval, R. (2006). A cognitive analysis of problems of comprehension in a learning of mathematics. *Educational Studies in Mathematics,* 61, 103–131.

Einsiedler, W. (1999). Das Spiel der Kinder. 3. Aktualisierte und erweiterte Auflage. Bad Heilbrunn: Klinkhardt.

Feller, W. (1968). An Introduction to Probability Theory and Its Applications. Volume 1. Dritte Auflage. New York: Wiley.

Freudenthal, H. (1977). Mathematik als pädagogische Aufgabe. Band 1. 2. durchgesehene Auflage. Stuttgart: Ernst Klett Verlag.

Friedrich, G. (2006). Wenn Kinder ihre Nerven bündeln – Lernen im Zahlenland. In: M. R. Textor (Hrsg.), *Kindergartenpädagogik – Online-Handbuch*.https://www.kindergartenpae dagogik.de/1471.pdf (aufgerufen am 14.05.2019).

Friedrich G. & Munz, H. (2006). Förderung schulischer Vorläuferfähigkeiten durch das didaktische Konzept „Komm mit ins Zahlenland". In: *Psychologie in Erziehung und Unterricht*, 53, 134–146.

Gasteiger, H. (2010). Elementare mathematische Bildung im Alltag der Kindertagesstätte. Grundlegung und Evaluation eines kompetenzorientierten Förderansatzes. Münster u. a.: Waxmann.

Goffmann, E. (1977). Rahmen-Analyse. Frankfurt a. M.: Suhrkamp.

Goffmann, E. (1974). Frame Analysis. An Essay on the Organisation of Experience. Cambridge: Harvard University Press.

Goodman, N. (1997). Sprachen der Kunst. Entwurf einer Symboltheorie. Frankfurt am Main: Suhrkamp.

Hauser, B. (2013). Spielen – Frühes Lernen in Familie, Krippe und Kindergarten. Stuttgart: Kohlhammer.

Heinze, S. (2007). Spielen und Lernen in Kindertagesstätte und Grundschule. In: Ch. Brokmann-Nooren, I. Gereke, H. Kiper & W. Renneberg (Hrsg.), *Bildung und Lernen der Drei- bis Achtjährigen*. Bad Heilbrunn: Klinkhardt, 266–280.

Heringer, H. J. (2017). Interkulturelle Kommunikation- Grundlagen und Konzepte. 5. Auflage. Tübingen: Narr Francke Attempto.

Hersh., R. (1998). What is Mathematics, Really? *DMV Mitteilungen*, 6 (2), 13–14.

Hoffmann, M. H. G. (2000). Die Paradoxie des Lernens und ein semiotischer Ansatz ihrer Auflösung. *Zeitschrift für Semiotik* 22 (1), 31–50.

Hoffmann, M. H. G. (2001). Peirces Zeichenbegriff: seine Funktionen, seine phänomenologische Grundlegung und seine Differenzierung. pdf-Version der Seite: https://www.uni-bielefeld.de/idm/semiotik/Peirces_Zeichen.html. (Stand 11. November 2001.)

Hoffmann, M. H. G. (2003). Semiotik als Analyseinstrument. In M. H. G. Hoffmann (Hrsg.), *Mathematik verstehen. Semiotische Perspektiven*. Hildesheim, Berlin: Franzbecker, 34–77.

Hoffmann, M. H. G. (2005). Erkenntnisentwicklung. Ein semiotisch-pragmatischer Ansatz. Frankfurt am Main: Vittoria Klostermann.

Hughes, M. (1986). Children and number. Difficulties in learning mathematics. Oxford: Basil Blackwell.

Jahnke, H. N. (1984). Anschauung und Begründung in der Schulmathematik. *Beiträge zum Mathematikunterricht: Vorträge auf der … Tagung für Didaktik der Mathematik. 1984. 18. Bundestagung vom 13.3. bis 16.3.1984 in Oldenburg. (1984)*. Münster: WTM, Verl. für Wiss. Texte und Medien. Bad Salzdetfurth u. a.: Franzbecker, 32–41.

Jahnke, H. N. (1989). Abstrakte Anschauung, Geschichte und didaktische Bedeutung. *Schriftenreihe Didaktik der Mathematik*, 18. Wien: Hölder-Pichler-Tempsky; Stuttgart: B. G. Teubner, 33–53.

Jungwirth, H. (2003). Interpretative Forschung in der Mathematikdidaktik – ein Überblick für Irrgäste, Teilzieher und Standvögel. *Zentralblatt für Didaktik der Mathematik*, 35 (5), 189–200.

Kautschitsch, H. (1994). „Neue" Anschaulichkeit durch „neue" Medien. *Zentralblatt für die Didaktik der Mathematik*, 26 (3), 79–82.

Knowlton, J. Q. (1966). On the Definition of „Picture". *Audio Visual Communication Review* 14 (2), 157–183.

Kowal, S. & O'Conell, D. C. (2015). Zur Transkription von Gesprächen. In: U. Flick, E. v. Kardorff & I. Steinke (Hrsg.), *Qualitative Forschung. Ein Handbuch*. 11. Auflage. Reinbek bei Hamburg: Rowohlt, 437–446.

Krause, Ch. (2016). The mathematics in our hands: how gestures contribute to constructing mathematical knowledge. Wiesbaden: Springer Spektrum.

Krauthausen, G. (2018). Einführung in die Mathematikdidaktik – Grundschule. 4. Auflage. Berlin: Springer.

Krauthausen, G. & Scherer, P. (2007). Einführung in die Mathematikdidaktik. 3. Auflage. Heidelberg: Spektrum Springer.

Krummheuer, G. (1982). Rahmenanalyse zum Unterricht einer achten Klasse über „Termumformungen". In H. Bauersfeld (Hrsg.), *Analysen zum Unterrichtshandeln*. Köln: Aulis Verlag, 41–102

Krummheuer, G. (1983). Algebraische Termumformungen in der Sekundarstufe I. Abschlußbericht eines Forschungsprojektes. IDM Materialien und Studien Bd. 31, Bielefeld.

Krummheuer, G. (1984). Zur unterrichtsmethodischen Dimension von Rahmungsprozessen. JMD, 5 (4), 285–306.

Krummheuer, G. (1989). Die Veranschaulichung als „formatierte" Argumentation im Mathematikunterricht. *mathematica didactica* 12, 225–243.

Krummheuer, G. (1992). Lernen mit »Format«. Elemente einer interaktionistischen Lerntheorie. Diskutiert an Beispielen mathematischen Unterrichts. Weinheim: Deutscher Studien Verlag.

Krummheuer, G. & Naujok, N. (1999). Grundlagen und Beispiele interpretativer Unterrichtsforschung. Opladen: Leske Budrich.

Lorenz, J. H. (1995). Arithmetischen Strukturen auf der Spur. Funktion und Wirkungsweise von Veranschaulichungsmitteln. *Die Grundschulzeitschrift* (82), 8–12.

Lorenz, J. H. (1998). Anschauung und Veranschaulichungsmittel im Mathematikunterricht. Mentales visuelles Operieren und Rechenleistung. 2. unveränderte Auflage. Göttingen: Hogrefe.

Lorenz, J. H. (2000). Aus Fehlern wird man . . . *Irrtümer in der Mathematikdidaktik des 20. Jahrhunderts. Grundschule* (1), 19–22.

Lorenz, Je. H. (2012). Kinder begreifen Mathematik. Frühe mathematische Bildung und Förderung. Stuttgart: Kohlhammer.

Luhmann, N. (1994). Der „Radikale Konstruktivismus" als Theorie der Massenmedien? Bemerkungen zu einer irreführenden Debatte. *Communicatio Socialis* 27 (1), 7–12.

Luhmann, N. (1995a). Soziologische Aufklärung 6. Die Soziologie und der Mensch. Opladen.

Luhmann, N. (1995b). Die Kunst der Gesellschaft. Frankfurt a. M.

Luhmann, N. (1996). Das Erziehungssystem und die Systeme seiner Umwelt. In: N. Luhmann & K.-E. Schorr (Hrsg.), *Zwischen System und Umwelt. Fragen an die Pädagogik*. Frankfurt am Main: Suhrkamp, 14–52.

Luhmann, N. (1997). Die Gesellschaft der Gesellschaft. Frankfurt am Main: Suhrkamp.

Luhmann, N. (2002). Das Erziehungssystem der Gesellschaft. Frankfurt am Main: Suhrkamp.

Luhmann, N. (2007). Die Realität der Massenmedien. 5. Auflage. Wiesbaden: Springer.

Luhmann, N. (2009). Einführung in die Systemtheorie. 5. Auflage. Heidelberg: Carl-Auer.

Maier, H. & Voigt, J. (1991). Interpretative Unterrichtsforschung: Heinrich Bauersfeld zum 65. Geburtstag. Köln: Aulis Verlag

Maier, H. & Steinbring, H. (1998). Begriffsbildung im alltäglichen Mathematikunterricht – Darstellung und Vergleich zweier Theorieansätze zur Analyse von Verstehensprozessen. *Journal für Mathematik* 19, 98 (4), 292–329.

Martin, T. (2009). A Child Theory of Physically Distributes Learning. How External Environments and Internal States Interact in Mathematics Learning. *Child Development Perspectives* 3 (3), 140–144.

McNeil, N. M. & Uttal, D. H. (2009). Rethinking the Use of Concrete Materials in Learning: Perspective From Development and Education. Child Development Perspectives 3(3), 137–139.

Miller, M. (1986). Kollektive Lernprozesse. Frankfurt a. M.: Suhrkamp.

MSW – Ministerium für Schule und Weiterbildung des Landes Nordrhein-Westfalen (2008). Richtlinien und Lehrpläne für die Grundschule in Nordrhein-Westfalen. Nr. 2012. Frechen: Ritterbach Verlag.

Mogel, H. (2008). Psychologie des Kinderspiels. Von den frühesten Spielen bis zum Computerspiel. Die Bedeutung des Spiels als Lebensform des Kindes, seine Funktion und Wirksamkeit für die kindliche Entwicklung. 3. Auflage. Heidelberg: Springer.

Morris, Ch. W. & Hamilton, D. T. (1965). Aesthetics, Signs, and Icons. *Philosophy and Phenomenological Research* 25 (3), 356–364.

Morris, Ch. W. (1973). Zeichen, Sprache und Verhalten. Mit einer Einführung von Karl-Otto Apel. In: W. Loch, H. Paschen, & G. Priesemann (Hrsg.), *Sprache und Lernen. Internationale Studien zur pädagogischen Anthropologie.* Band 28. Lengerich: Pädagogischer Verlag Schwann Düsseldorf.

Nöth, W. (2000). Handbuch der Semiotik. 2. Auflage. Stuttgart, Weimar: Metzler.

Nührenbörger, M. & Steinbring, H. (2008). Manipulatives as Tools in Mathematics Teacher Education. In D. Tirosh & T. Wood (Hrsg.), *Tools and Processes in Mathematics Teacher Education.* Rotterdam: Sense Publishers, 157–181.

Oehl, W. (1962): Der Rechenunterricht in der Grundschule. Berlin, Hannover, Darmstadt: Hermann Schröder Verlag.

Ogden, C. K. & Richards, I. A. (1923/1966): The Meaning of Meaning. A Study of the Influence of Language upon Thought and of the Science of Symbolism. 10. Auflage. London: Routledge & Kegan Paul LTD.

Ogden, C. K. & Richards, I. A. (1974): Die Bedeutung der Bedeutung (The Meaning of Meaning). Eine Untersuchung über den Einfluß der Sprache auf das Denken und über die Wissenschaft des Symbolismus. Frankfurt am Main: Suhrkamp.

Ott, B. (2016). Textaufgaben grafisch darstellen. Entwicklung eines Analyseinstruments und Evaluation einer Interventionsmaßnahme. Münster: Waxmann.

Otte, M. (1983). Texte und Mittel. *Zentralblatt für Didaktik der Mathematik*, 83 (4), 183–194.

Otte, M. (2001). Mathematical Epistemology from a Semiotic Point of View. Paper presented to the Discussion Group on Semiotics in Mathematics Education Research at the 25th PME International Conference, The Netherlands, University of Utrecht, July 12–17, 2001. Unpublished manuscript, corrected version.

Piaget, J., & Inhelder, B. (1979). Die Entwicklung des inneren Bildes beim Kind. Frankfurt: Suhrkamp.

Posner, R. (1981). Charles Morris und die verhaltenstheoretische Grundlegung der Semiotik. In: M. Krampen, K. Oehler, R. Posner & T. v. Uexküll (Hrsg.), *Die Welt als Zeichen. Klassiker der modernen Semiotik.* Berlin: Severin und Siedler, 52–97.

Preiß, G. (2007). Leitfaden Zahlenland 1. Verlaufspläne für die Lerneinheiten 1 bis 10 der »Entdeckungen im Zahlenland« von Prof. Gerhard Preiß. Erweiterte Auflage mit den Geschichten aus dem Zahlenland. Kirchzarten: Klein Druck.

Presmeg, N. (2006). Semiotics and the „Connections" Standard: Significance of Semiotics for Teachers of Mathematics. *Educational Studies for Mathematics* 2006 (61), 163–182.

Radatz, H. (1993). Ikonomanie. Oder: Wie sinnvoll sind die vielen Veranschaulichungen im Mathematikunterricht? *Grundschulmagazin* 8 (3), 4–6.

Resnik, M. D. (2000). 'Some remarks on mathematical progress from a structural perspective'. In: E. Grossholz & H. Berger (Hrsg.), *The Growth of Mathematical Knowledge.* Dordrecht: Kluwer Academic Publishers, 353–362.

Richter, H.-G. (1997). Die Kinderzeichnung. Entwicklung, Interpretation, Ästhetik. Berlin: Cornelson.

Rotman, B. (2000). Mathematics as Sign: writing, imaging, counting. Stanford, California: Stanford University Press.

Sarama, J. & Clements, D. H. (2009). „Concrete" Computer Manipulaitves in Mathematics Education. *Child Development Perspectives* 3 (3), 145–150.

Schipper, W. & Hülshoff, A. (1984). Wie anschaulich sind Veranschaulichungshilfen? *Grundschule* 16 (4), 54–56.

Schipper, W. (1995). Veranschaulichungen in alten und neuen Rechenbüchern. *Die Grundschulzeitschrift* (82), 13–16.

Schipper, W. (2003). Lernen mit Material im arithmetischen Anfangsunterricht. In: M. Baum & H. Wielpütz (Hrsg.), *Mathematik in der Grundschule – Ein Arbeitsbuch.* Seelze: Kallmeyer, 221–237.

Schreiber, Ch. (2006) Die Peirce'sche Zeichentriade zur Analyse mathematischer Chat-Kommunikation. *JMD* 27 (3/4), 240–267.

Schreiber, Ch. (2010). Semiotische Prozess-Karten – Chatbasierte Inskriptionen in mathematischen Problemlöseprozessen. Waxmann: Münster u. a.

Schuler, S. (2013). Mathematische Bildung im Kindergarten in formal offenen Situationen. Eine Untersuchung am Beispiel von Spielen zum Erwerb des Zahlbegriffs. Münster u. a.: Waxmann.

Schulte-Wißing, Eva-Maria (2020). Kinder deuten Zahlenmuster. Epistemologische Analysen kindlicher Strukturattributionen. Wiesbaden: Springer Spektrum.

Schuster, M. (2001). Kinderzeichnungen. Wie sie entstehen, was sie bedeuten. 2. Auflage. München, Basel: Ernst Reinhardt.

Schülke, C. (2013). Mathematische Reflexion in der Interaktion von Grundschulkindern. Theoretische Grundlegung und empirisch-interpretative Evaluation. Münster: Waxmann.

Schwarzkopf, R. (2006). Elementares Modellieren in der Grundschule. In A. Büchter, S. Hußmann, S. Prediger (Hrsg.), *Realitätsnaher Mathematikunterricht – vom Fach aus und für die Praxis.* Hildesheim: Franzbecker, 95–105.

Selter, Ch., Spiegel, H. (1997). Wie Kinder rechnen. Leipzig: Ernst Klett Grundschulverlag.

Söbbeke, E. (2005). Zur visuellen Strukturierungsfähigkeit von Grundschulkindern – Epistemologische Grundlagen und empirische Fallstudien zu kindlichen Strukturierungsprozessen mathematischer Anschauungsmittel. Hildesheim, Berlin: Verlag Franzbecker.

Steenpaß, A. (2014). Grundschulkinder deuten Anschauungsmittel. Eine epistemologisch orientierte Kontext- und Rahmenanalyse zu den Bedingungen der visuellen Strukturierungskompetenz. (Letzter Zugriff am 07.09.2020 unter https://nbn-resolving.org/urn:nbn:de:hbz:464-20141006-103422-9)

Steinbring, H. (1989). Routine and meaning in the mathematics classroom. *For the Learning of Mathematics* 9 (1), 24–33.

Steinbring H. (1991). Eine andere Epistemologie der Schulmathematik – Kann der Lehrer von seinen Schülern lernen? *Mathematica Didactica*, 2/3, 69–99.

Steinbring, H. (1994a). Frosch, Känguruh und Zehnerübergang – Epistemologische Probleme beim Verstehen von Rechenstrategien im Mathematikunterricht der Grundschule. In: H. Maier & J. Voigt (Hrsg.), *Verstehen und Verständigung*. Köln: Aulis Verlag, 182–217.

Steinbring, H. (1994b). Die Verwendung strukturierter Diagramme im Arithmetikunterricht der Grundschule. Zum Unterschied zwischen empirischer und theoretischer Mehrdeutigkeit mathematischer Zeichen. *Mathematische Unterrichtspraxis* 1994 (4), 7–19.

Steinbring, H. (1997). „... zwei Fünfer sind ja Zehner ...“ Kinder interpretieren Dezimalzahlen mit Hilfe von Rechengeld. In E. Glumpler & S. Luchtenberg (Hrsg.), *Jahrbuch Grundschulforschung* 1. Weinheim: Deutscher Studien Verlag, 286–196.

Steinbring, H. (1998). Elements of epistemological knowledge for mathematics teachers. Kluwer Academic Publishers. *Journal of Mathematics Teacher Education* 1, 157–189.

Steinbring, H. (2000). Abschlußbericht zum DFG-Projekt. Epistemologische und sozialinteraktive Bedingungen der Konstruktion mathematischer Wissensstrukturen (im Unterricht der Grundschule). Dortmund.

Steinbring, Heinz (2001). Der Sache mathematisch auf den Grund gehen – heißt Begriffe bilden. In: Ch. Selter & G. Walter (Hrsg.), *Mathematik und gesunder Menschenverstand. Festschrift für Gerhard Norbert Müller*. Leipzig, u.a.: Ernst Klett Grundschulverlag, 174–183.

Steinbring, H. (2003), Zur Professionalisierung des Mathematiklehrerwissens – Lehrerinnen reflektieren gemeinsam Feedbacks zur eigenen Unterrichtstätigkeit. In: M. Baum & H. Wielpütz (Hrsg.) *Mathematikunterricht in der Grundschule – ein Arbeitsbuch*. Seelze: Kallmeyersche Verlagsbuchhandlung, 195–219.

Steinbring, H. (2005). The Construction of New Mathematical Knowledge in Classroom Interaction – an Epistemological Perspective, *Mathematics Education Library* (MELI), 38. New York: Springer.

Steinbring, H. (2006). What Makes a Sign a Mathematical Sign? – An Epistemological Perspective on Mathematical Interaction. *Educational Studies in Mathematics*, 61 (1-2), 133–162.

Steinbring, H. (2009). Ist es möglich mathematische Bedeutungen zu kommunizieren? – Epistemologische Analyse interaktiver Wissenskonstruktionen. In: M. Neubrand (Hrsg.), *Beiträge zum Mathematikunterricht 2009*. Münster: WTM, 95–98.

Steinbring, H. (2013). Mathematische Interaktion aus Sicht der interpretativen Forschung – Fallstudien als Basis theoretischen Wissens. In G. Greefrath, F. Käpnick & M. Stein (Hrsg.), *Beiträge zum Mathematikunterricht 2013*. Münster: WTM-Verlag, 62–69.

Steinbring, H. (2015a), Mathematical interaction shaped by communication, epistemological constraints and enactivism. *ZDM The International Journal on Mathematics Education*, April 2015, 47 (2), 281–293.

Steinbring, H. (2015b): Mathematik lehren und lernen – Grundprobleme der Kommunikation mathematischen Wissens. Vorlesung vom 02.12.2015 in Essen.

Uttal, D. H., Liu, L. L., & DeLoache, J. S. (1999). Taking a Hard Look at Concreteness: Do Concrete Objects Help Young Children Learn Symbolic Relations? In: C. Tamis-LeMonda & L. Balter (Hrsg.), *Child psychology: A handbook of contemporary issues*. Hamden, CT: Garland, 177–192.

Uttal, D. H. (2003). On the Relation between Play and Symbolic Thought. The Case of Mathematics Manipulatives. In: O. N. Saracho & B. Spodek (Hrsg.), *Contemporary Perspectives in Early Childhood Education*. Greenwich, Connecticut: IAP, 97–114.

Voigt, J. (1991). Die mikroethnographische Erkundung von Mathematikunterricht – Interpretative Methoden der Interaktionsanalyse. In H. Maier & J. Voigt (Hrsg.), *Interpretative Unterrichtsforschung: Heinrich Bauersfeld zum 65. Geburtstag*. Köln: Aulis Verlag, 152–175.

Voigt, J. (1993). Unterschiedliche Deutungen bildlicher Darstellungen zwischen Lehrerin und Schülern. In: J.-H. Lorenz (Hrsg.), *Mathematik und Anschauung*. Köln: Aulis, 147–166.

Voigt, Jörg (1995). Merkmale der interpretativen Unterrichtsforschung zum Fach Mathematik. In: H.-G. Steiner & H.-J. Vollrath (Hrsg.), *Neue problem- und praxisbezogene Forschungsansätze*. Köln: Aulis Verlag Deubner & Co KG, 153–160.

Wallis, M. (1975). Arts and Signs. Bloomington: Indiana University.

Werner, H. & Kaplan, B. (1963). Symbol Formation. An Organismic-Developmental Approach to Language and the Expression of Thought. New York: John Wiley & Sons.

Winter, H. (1994). Modelle als Konstrukte zwischen lebensweltlichen Situationen und arithmetischen Begriffen. *Grundschule* 3/1994, 10–13.

Wittmann, E. Ch. (1978). Grundfragen des Mathematikunterrichts. 5. neu bearbeitete Auflage. Braunschweig: Vieweg.

Wittmann, E. Ch. (1993). »Weniger ist mehr«: Anschauungsmittel im Mathematikunterricht der Grundschule. In K. P. Müller (Hrsg.), *Beträge zum Mathematikunterricht*, 394–397.

Wittmann, E. Ch. (1994). Leben und Überlegen. Wendeplättchen im aktiv-entdeckenden Rechenunterricht. Die Grundschulzeitschrift (72), 44–46.

Wittmann, Erich Ch. & Müller, Gerhard N. (2009): Das Zahlenbuch 4. Lehrerband. Leipzig, Stuttgart, Düsseldorf: Klett.

Wißing, E.-M. (2015). Kinder deuten strukturierte arithmetisch-symbolische Zahlenmuster – Erste Einsichten aus einer qualitativen Studie. In: F. Calouri, H. Linneweber-Lammerskitten & C. Streit (Hrsg.), *Beiträge zum Mathematikunterricht 2015* (2). Münster: WTM-Verlag, 1000–1003.

Wißing, E.-M. (2016). Kinder deuten Beziehungen zwischen Phänomenen und Strukturen in arithmetisch-symbolischen Zahlenmuster. In: Institut für Mathematik und Informatik Heidelberg (Hrsg.), *Beiträge zum Mathematikunterricht 2016*. Münster: WTM-Verlag, 1069–1072.

Wygotski, L.S. (1977). Denken und Sprechen. Frankfurt am Main: Fischer.

Printed in the United States
by Baker & Taylor Publisher Services